普通高等教育“十一五”国家级规划教材

工业和信息化部“十四五”规划教材

电　路（第2版）

主编　黄锦安

参编　陈胜垚　李　竹　徐行健

蔡小玲　孙建红　沙　涛

主审　孙宪君

中国教育出版传媒集团

高等教育出版社·北京

内容提要

本书是根据教育部高等学校电子电气基础课程教学指导分委员会制定的“电路理论基础”和“电路分析基础”课程教学基本要求编写的。

全书共15章。内容有电路模型和电路定律、简单电阻电路分析、电阻电路的一般分析、电路定理、运算放大器、一阶电路和二阶电路、正弦电流电路基础、正弦稳态电路的分析、含耦合电感的电路、三相电路、非正弦周期电流电路、电路方程的矩阵形式、二端口网络、非线性电阻电路分析、运算法和网络函数,对应章节介绍了相关的工程应用实例等,另外附有MATLAB在电路分析中的应用实例。书中添加了二维码,链接重、难点知识点教学视频和综合例题教学视频,读者可体验新的获取知识的方法。各章配有习题并附部分参考答案。

本书可作为普通高等学校电子信息类、电气类、自动化类等专业“电路”“电路分析基础”等课程的教材,也可供有关科技人员参考。

图书在版编目(CIP)数据

电路/黄锦安主编.--2版.--北京:高等教育出版社,2024.1

ISBN 978-7-04-060871-7

Ⅰ.①电… Ⅱ.①黄… Ⅲ.①电路-高等学校-教材 Ⅳ.①TM13

中国国家版本馆CIP数据核字(2023)第135995号

Dianlu

策划编辑 王 楠　责任编辑 王 楠　封面设计 张 志　版式设计 李彩丽
责任绘图 于 博　责任校对 吕红颖　责任印制 刁 毅

出版发行	高等教育出版社	网　址	http://www.hep.edu.cn
社　址	北京市西城区德外大街4号		http://www.hep.com.cn
邮政编码	100120	网上订购	http://www.hepmall.com.cn
印　刷	涿州市京南印刷厂		http://www.hepmall.com
开　本	787mm×1092mm 1/16		http://www.hepmall.cn
印　张	32	版　次	2019年6月第1版
字　数	760千字		2024年1月第2版
购书热线	010-58581118	印　次	2024年7月第2次印刷
咨询电话	400-810-0598	定　价	63.00元

物 料 号 60871-00

计算机访问:

1　计算机访问https://abooks.hep.com.cn/60871。

2　注册并登录，点击页面右上角的个人头像展开子菜单，进入“个人中心”，点击“绑定防伪码”按钮，输入图书封底防伪码（20位密码，刮开涂层可见），完成课程绑定。

3　在“个人中心”→“我的图书”中选择本书，开始学习。

手机访问:

1　手机微信扫描下方二维码。

2　注册并登录后，点击“扫码”按钮，使用“扫码绑图书”功能或者输入图书封底防伪码（20位密码，刮开涂层可见），完成课程绑定。

3　在“个人中心”→“我的图书”中选择本书，开始学习。

课程绑定后一年为数字课程使用有效期。受硬件限制，部分内容无法在手机端显示，请按提示通过计算机访问学习。

如有使用问题，请直接在页面点击答疑图标进行问题咨询。

https://abooks.hep.com.cn/60871

第2版前言

本书符合教育部高等学校电子电气基础课程教学指导分委员会制定的“电路理论基础”和“电路分析基础”课程教学基本要求，可供电子信息类、电气类、自动化类等本科专业用作“电路”课程的教材，也可以作为电路课程的教学参考书。

本书为工业和信息化部“十四五”规划教材立项建设项目（工信部人〔2021〕116号），在原江苏省“十三五”高等学校重点建设教材（编号：2018-2-029）及普通高等教育“十一五”国家级规划教材的基础上进行修订，也作为“电路”国家精品课程、国家精品资源共享课、国家精品在线开放课程及国家级线下一流课程建设的重要组成部分，全书共15章。

本书修订注重“坚持问题导向”“坚持系统概念”。结合课程特点和内容，以工程问题为导向，介绍学科领域科学家对科学执着追求的精神、严谨求实的态度、多学科交叉研究的成果，以展现科学家具有的科学创新能力；在教学视频和工程案例中，辩证运用课程基本理论，解决具体工程问题，培养科学精神，以提高学生正确认识问题、分析问题和解决问题的能力。本书修订力争做到“讲好中国故事”，弘扬一流科技领军人才和创新团队、卓越工程师、大国工匠的自主创新奋斗精神。结合课程内容，以“大国重器之中国特高压”介绍两个“国家卓越工程师团队”为建成世界首个全景电网实时仿真分析平台，成功构建我国自主的特高压柔性直流技术体系和电力系统高端设备制作共创造31项“世界第一”；介绍为保障能源安全所涌现的一批“大国工匠”技术创新的成果，展示了他们是支撑中国制造、中国创造的重要力量，以培养学生的家国情怀。

全书采用基本理论与教学重、难点教学视频相结合；各章小结与综合例题教学视频相结合；工程应用实例与习题进阶训练相结合的模式进行编写，结构合理、多样，特色明显。此次修订中丰富了各章节的思考与练习；增加了部分工程应用实例；对各章习题重新审定，进行增减、修订；相应章节增添了习题进阶训练教学视频，以满足不同层次学生的学习需求，并帮助他们提高分析问题、解决问题的能力。全书编写贯彻了教学适用性的要求，例题的选用、实例的选择、习题的选配均反映了一线教师的教学体会和服务于教学的理念。

本身传承了南京理工大学“电路”教学团队优良的教学传统，文字教材全面系统，教学视频严谨规范，教学课件细致美观。参加本书编写的有南京理工大学电子工程与光电技术学院陈胜垚（第2、3、4章）、李竹（第1、6章）、徐行健（第7、8章）、蔡小玲（第9、12章）、孙建红（第10、11、14章）、沙涛（第5、13、15章和附录）。全书经黄锦安审定、修改和定稿，并拍摄了全书的所有教学视频。孙宪君教授仔细审阅了本书，并提出了宝贵意见，在此表示深切的谢意！同时，也深深地感谢本书所引用参考文献的全体作者！

限于编者水平，书中的不足与错误之处，希望使用本书的读者和教师给予批评指正。作者email：circuitnjust@126.com。

编者

2023年5月

第2版前言

第1版前言

本书是根据教育部高等学校电子电气基础课程教学指导分委员会制定的“电路理论基础”和“电路分析基础”课程教学基本要求编写的，可供电子信息类、电气类、自动化类等本科专业用作“电路”课程的教材，也可以作为电路课程的教学参考书。

本书为江苏省“十三五”高等学校重点建设教材（编号：2018-2-029），且作为“电路”国家精品课程、国家精品资源共享课及国家精品在线开放课程建设的重要组成部分，在原有的普通高等教育“十一五”国家级规划教材的基础上进行编写，全书共15章。在内容选材上突出了基本内容和传统内容，强调基本概念和基本原理，辅以每小节的思考与练习，以便为读者打下扎实的电路理论基础。在内容体系上保持了电路理论的系统性和完整性，可根据专业或课程学分数的不同取舍内容，以满足不同层次学生的学习需求。在内容的编排上注重了科学性和教学实用性的有机结合，例题和习题的类型全面多样，可供读者灵活选择。在内容选择上加强了应用性，对应章节通过工程应用实例，将电路理论与工程实际应用相结合，可帮助读者学以致用。为适应互联网+的教学需求，帮助读者能够综合地应用基本概念分析具体问题，全书配有70个综合例题视频，读者可扫描二维码观看，以帮助读者提高分析问题、解决问题的能力。

本书传承了南京理工大学“电路”课程教学团队优良的教学传统，文字教材全面系统，教学视频严谨规范，教学课件细致美观。参加本书编写的有南京理工大学电子工程与光电技术学院李竹（第1、6、12章）、徐行健（第7、8、9章）、康明才（第2、3、4章）、孙建红（第10、11、14章）、沙涛（第5、13、15章和附录）。全书经黄锦安审定、修改和定稿，并拍摄了全书的所有教学视频，蔡小玲制作了全部基本知识点的教学课件。孙宪君教授仔细审阅了本书，并提出了很多宝贵意见，在此表示深切的谢意。同时，也深深地感谢本书所引参考文献的全体作者！

限于编者的水平，书中的不足与错误之处在所难免，希望使用本书的读者和教师给予批评指正。作者 email：circuitnjust@126.com。

编者

2018年9月

目　　录

第 1 章　电路模型和电路定律

现代人类社会的各种活动离不开电，信息的处理和传输要靠电，计算机、通信网和无线电等无不以电作为信息的载体。从探索物质粒子的加速器，到探索宇宙天体的飞船和卫星，从研究可在人体血管内爬行的电机，到研究可作为未来能源技术的受控核聚变装置，都需要电的支撑。电路可用于发电、输电和电能的消耗，信息的编码、解码、存储、检索、传输和处理也离不开电路。

本章首先介绍电路元件和电路模型的概念，在回顾电流和电压概念的基础上，引入电流和电压的参考方向；推导元件、电路吸收或发出功率的表达式并进行计算；重点介绍电压源和电流源、基尔霍夫定律。本章内容在以后各章中都要用到，因此必须充分重视。

1.1　电路和电路模型

电路和电路模型

实际电路由电路元器件（例如电阻器、电容器、电感线圈、晶体管、变压器、电动机等）相互连接构成。在电路中，随着电流的通过，可以完成能量的传输与转换、信号的传递与处理以及信息的存储。例如，图 1-1-1(a) 所示的一个简单的实际电路，其中干电池供给电能，两根连接导线将电能传输到小灯泡，小灯泡将电能转换成热能和光能。

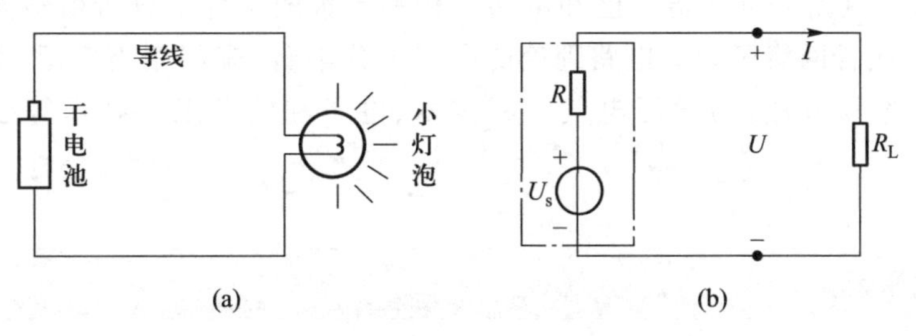

图 1-1-1　一个实际电路与电路模型

(a) 实际电路；(b) 电路模型

又例如，在收音机中，天线接收的微弱的高频信号通过调谐电路、检波电路与放大电路的信号处理，最后变成了可供输出的音频信号。通常，将提供电能或电信号的电路器件称为电源，将利用电能或电信号的电路器件称为负载，将电源至负载的中间部分称为中间环节。

实际的电路元器件多种多样，其工作过程都与电路中的电磁现象有关。对实际电路的分析需要建立电路模型，图 1-1-1(b) 为图 1-1-1(a) 的电路模型。电路模型是在一定条件下对实际电路的科学抽象与近似描述，它能足够准确地反映实际电路的电磁现象和性质。一个简单的实际电路的电路模型由各种理想电路元件用理想导线连接而成。不同特性的理想电路元件按照不同的方式连接就构成了不同特性的电路。

理想电路元件也是从实际电路元件简化抽象得到，需要说明的是，在不同的条件下，同一个电路器件，其电路模型也可能不同。例如，当工作频率比较低时，一个电感线圈可以用一个理想电阻元件与一个理想电感元件的串联组合作为它的电路模型。但是，当工作频率比较高时，电感线圈绕线之间的电容效应便不可忽略，其比较精确的电路模型中还应当包含理想电容元件。大量实践证明，只要电路模型建立得恰当，对电路模型的分析结果就会与实际电路的测试结果保持基本一致。

每一种理想电路元件都有一种数学模型，而且只具有单一电磁性质，都有各自的精确定义，并且用规定的图形符号表示。常用的理想电路元件有理想电阻元件、理想电容元件、理想电感元件和理想电压源元件、理想电流源元件等。

除非特别说明，本书中所讨论的电路均指由理想电路元件组成的电路模型。

根据电路本身的线性尺寸(l)与工作信号波长(λ)的关系，电路可分为两类：集总参数电路和分布参数电路。当实际电路的尺寸远远小于电路的工作频率对应的信号波长时，便可视为集总参数电路。例如，当工作信号频率为 20 Hz~20 kHz 时(音频范围)，对应的信号波长为 1.5~15 km。实验室常用电路尺寸与信号波长相比，完全可以忽略，应用集总电路模型是适用的。而在集成电路的设计中，每个电路元件的尺寸小到几十到几百微米，当工作信号频率很高，波长短至可以与电路元件的尺寸相比拟时，需要考虑电路的分布参数特性。另外，电力系统中的电力传输线是比较典型的分布参数电路。这种电路的电压、电流的频率很低($f=50$ Hz)，波长很长($\lambda=c/f=6\ 000$ km)，传输线的长度达数百公里甚至几千公里，已可与波长相比拟。本书只讨论满足集总假设条件的集总电路。

电路理论是研究电路分析、电路综合或电路设计的一门基础工程学科，它与近代系统理论有密切的关系。电路分析是指在已知电路结构和参数的条件下分析由输入(或激励)产生的输出(或响应)或者网络函数。电路理论的内容十分丰富，应用相当广泛，本书主要介绍电路分析的基本理论和方法，为学习电气工程技术、电子和信息工程技术等建立必要的理论基础。

思考与练习(判断题)

1-1-1 电路理论研究的对象不是实际电路，而是理想化的电路模型。( )

1-1-2 电路理论是研究电路的基本规律及其计算方法的工程科学。( )

1-1-3 理想元件是对实际电路元件理想化处理的结果。( )

1-1-4 在不同条件下，对同一实际器件，可以建立不同的电路模型。( )

1-1-5 由集总参数元件相互连接而成的电路称为集总电路。( )

1.2 电流和电压的参考方向

描述电路特性的物理量主要有电流、电压、电荷和磁链,功率和能量也很重要。在电路分析中,通常将任意时刻 t(瞬时)的物理量用小写字母表示,例如电流用 $i(t)$、电压用 $u(t)$、电荷用 $q(t)$、磁链用 $\psi(t)$、功率用 $p(t)$ 表示,且分别可简写为 i、u、q、ψ、p,而用对应大写字母 I、U、Q、Ψ、P 表示其对应的物理量是恒定量。在电路分析中,一般选用电流和电压作为基本物理量,通过这两个基本物理量可以比较方便地表示电路中的其他物理量。

1.2.1 电流和电流的参考方向

电流及参考方向

电荷的定向运动形成电流。单位时间内通过导体横截面的电荷定义为电流,其数学定义式为

$$i=\frac{\mathrm{d}q}{\mathrm{d}t}$$

式中,q 表示电荷量,国际单位制中,其单位为 C(库仑),电流的单位为 A(安培)。常用的电流单位还有 kA(千安)、mA(毫安)和 μA(微安)等。

习惯上将正电荷的流动方向规定为电流的实际流动方向。在导线或电路元件中,电流流动的实际方向只有两种可能,如图 1-2-1 所示。当有正电荷的净流量从元件的 A 端流入并从其 B 端流出时,电流的实际方向是从元件的 A 端流向 B 端;反之,则认为电流的实际方向是从元件的 B 端流向 A 端。

在电路分析中,对于比较复杂的电路中的某一段电路,其电流实际流动方向很难直观预测,况且电流的实际方向有时又在不断地改变,因此,直接标明电路中电流的实际方向是比较困难的。为此,引入电流的参考方向概念。

为了电路分析和计算的需要,可任意标示电路中电流的方向并指定为电流的参考方向。所指定的电流参考方向具有任意性,并不一定就是电流的实际方向。在指定电流参考方向下,如果电流为正值($i>0$),则表示该电流的实际方向与指定的电流参考方向相同;反之,如果电流为负值($i<0$),则表示该电流的实际方向与指定的电流参考方向相反。电流的参考方向在电路中通常用箭头表示,如图 1-2-2 所示,图中实线箭头表示电流的参考方向,虚线箭头表示电流的实际方向。

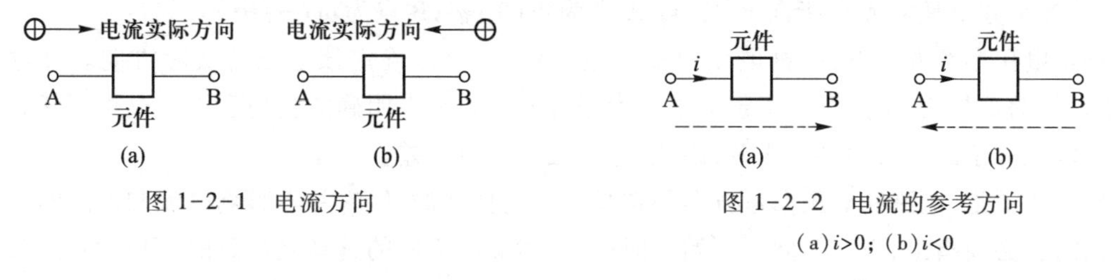

图 1-2-1 电流方向

图 1-2-2 电流的参考方向

(a) $i>0$; (b) $i<0$

在指定电流参考方向下,根据电流数值的正与负便可以确定电流的实际方向;反过来讲,电流数值的正与负只有在指定电流参考方向下才具有明确的物理意义。

思考与练习（判断题）

1-2-1-1　单位时间内通过导体横截面的电荷量定义为电流强度。　（　　）

1-2-1-2　通常将正电荷的运动方向规定为电流的参考方向。　（　　）

1-2-1-3　当 $i<0$ 时，实际方向与参考方向一致。　（　　）

1-2-1-4　选定参考方向后，当 $i>0$ 时，实际方向与参考方向一致。　（　　）

1.2.2　电压和电压的参考方向

电压及参考方向、电压电流关联参考方向

单位正电荷在电场中从 a 点移动到 b 点的电场力做功定义为 ab 两点间的电压，其表达式为

$$u=\frac{\mathrm{d}W}{\mathrm{d}q}$$

国际单位制中，电压的单位为 V（伏特）。常用的电压单位还有 kV（千伏）、mV（毫伏）和 μV（微伏）等。W 表示能量（或电能），单位为 J（焦耳）。

电路中任意两点之间的电压的实际方向（或极性）也只有两种可能，习惯上将高电位点指向低电位点的方向规定为电压的实际方向（或极性）。类似地，直接标明电路中电压的实际方向是比较困难的，可以选定任意一个方向为电压的参考方向。在指定电压参考方向下，如果电压为正值（$u>0$），则表示该电压的实际方向与指定的电压参考方向相同；反之，如果电压为负值（$u<0$），则表示该电压的实际方向与指定的电压参考方向相反。

如图 1-2-3 所示，图中实线箭头（或+、-号）表示电压的参考方向（或极性），而虚线箭头（或+、-号）表示电压的实际方向（或极性）。指定电压的参考方向后，电压就是一个代数量。

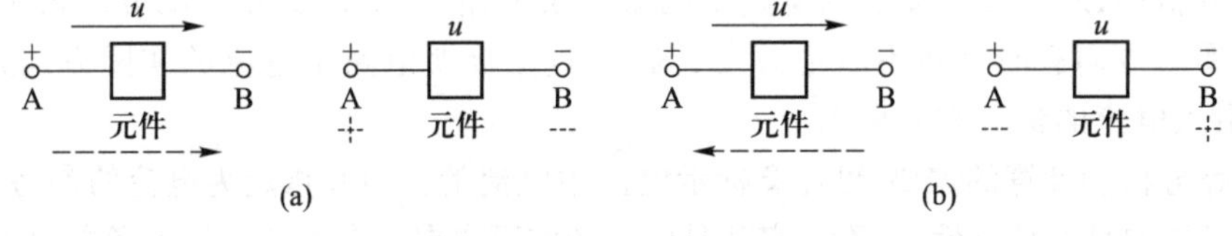

图 1-2-3　电压的参考方向

（a）$u>0$；（b）$u<0$

另外，电压的参考方向还可以采用双下标表示，例如，电压 u_{AB} 表示电路中 A 点和 B 点之间的电压，其参考方向是由 A 点指向 B 点（或 A 点为正（+）极，B 点为负（-）极）。

在指定电压参考方向下，根据电压数值的正与负，便可以确定该电压的实际方向。反过来讲，电压数值的正与负，也只有在指定的电压参考方向下才具有明确的物理意义。电路中任意两点之间的电压等于该两点的电位之差，因此，电压又称为电位差。

需要说明的是，电流和电压参考方向的选择完全是任意的，但它并不影响电流和电压的实际方向。同时也必须指出，当一个问题开始的时候，虽然参考方向的选择是任意的，但一经选定，那么以后的分析乃至对分析结果的解释，都必须以此选取为准。

对于一个电路元件或一段电路，电流和电压的参考方向可以彼此独立地任意指定。为了分析方便，常常指定电流参考方向和电压参考方向一致，如图 1-2-4（a）所示，即指定电流从标明电压“+”极性的一端流入，并从标明电压“-”极性的一端流出，称此参考方向为关联参考方向。这样，在电路图中只需标出电流或电压中一个参考方向。当电流参考方向和电压参考方向不一致时，称此参考方向为非关联参考方向，如图 1-2-4(b)所示。注意关联参考方向或非关联参考方向都是针对某一二端元件或某一段电路而言的。例如，在图 1-2-5 中，对二端电路 N_1 来说，电流和电压的参考方向是非关联参考方向；而对二端电路 N_2 来说，电流和电压的参考方向是关联参考方向。

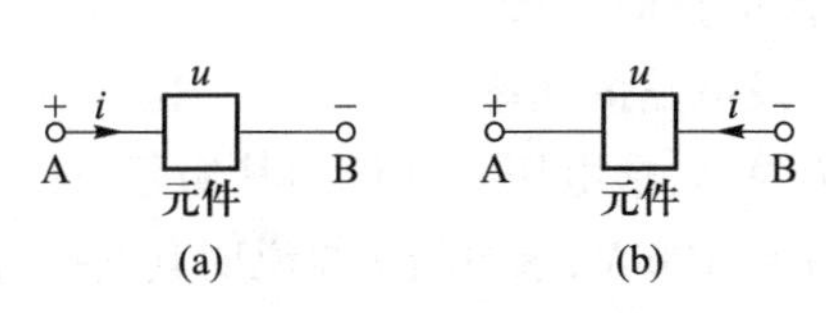

图 1-2-4 电压和电流的关联与非关联参考方向

(a) 关联；(b) 非关联

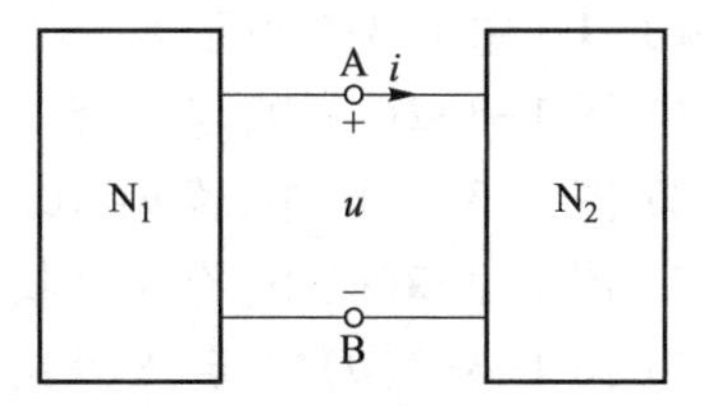

图 1-2-5 电路中的关联与非关联参考方向

思考与练习

1-2-2-1 判断题 电路中电压和电流的参考方向是不能任意选择的。( )

1-2-2-2 判断题 两点之间的电压与选择路径无关。( )

1-2-2-3 判断题 电压与电流的关联参考方向只能针对一段电路讨论。( )

1-2-2-4 判断题 在一段电路中，电压与电流参考方向关联时是指电流的参考方向由电压的“+”极性端指向“-”极性端。( )

1-2-2-5 电路如题 1-2-2-5 图所示，$U=5$ V，$I=-3$ A，则电压与电流的参考方向关联吗？实际电压方向( )端为正，( )端为负。实际电流方向从( )端流向( )端。

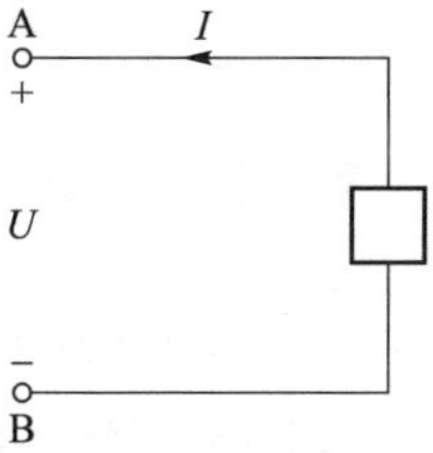

题 1-2-2-5 图

1.3 功率和能量

功率和能量

在图 1-3-1(a)所示电路中，电路元件的电流和电压取关联参考方向。根据电流和电压的物理含义可以知道，在 t 时刻电路元件吸收的瞬时功率为

$$p=ui \tag{1-3-1}$$

如果电流和电压取非关联参考方向，如图 1-3-1(b)所示，则在 t 时刻电路元件吸收的瞬时功率为

$$p=-ui \tag{1-3-2}$$

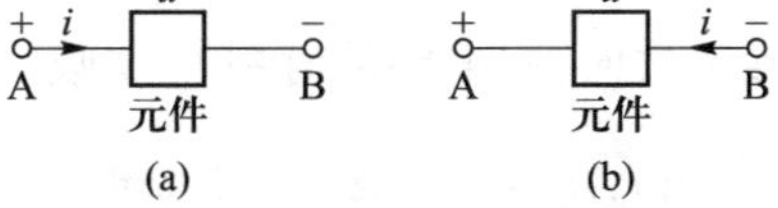

图 1-3-1 电路元件吸收功率的计算

(a) $p=ui$；(b) $p=-ui$

由于电压 u 和电流 i 均为代数量，所以，功率 p 也为代数量。根据式（1-3-1）或式（1-3-2）计算得到 t 时刻电路元件吸收瞬时功率数值的正或负，便可以确定该时刻元件是吸收功率还是发出功率。当 $p>0$ 时表示该时刻元件吸收功率 p；当 $p<0$ 时表示该时刻元件实际上向外发出功率 $|p|$。如果式（1-3-1）和式（1-3-2）中，电压 u 单位为 V（伏特），电流 i 单位为 A（安培），则功率 p 单位为 W（瓦特）。

上述有关功率的讨论不局限于一个电路元件，可适用于任何一段电路。

例 1-1　图 1-3-2 所示为一段电路 N。

（1）图 1-3-2（a）中，若 $u=5$ V，$i=2$ A，计算该段电路的功率。

（2）图 1-3-2（b）中，若 $u=10$ V，$i=3$ A，计算该段电路的功率。

（3）图 1-3-2（c）中，若 N 吸收功率为 100 W，$i=4$ A，求电压 u 并说明其实际方向。

（4）图 1-3-2（d）中，若 N 发出功率为 500 W，$u=-100$ V，求电流 i 并说明其实际方向。

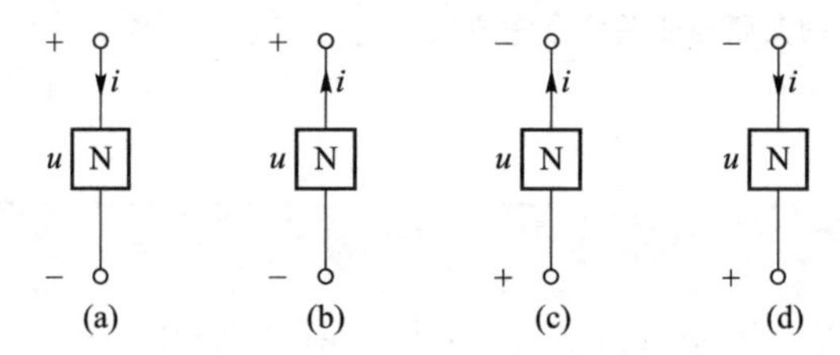

图 1-3-2　例 1-1 的电路

解　（1）图 1-3-2（a）中电压 u 和电流 i 为关联参考方向，因此，可以应用式（1-3-1）得

$$p=ui=5\ \text{V}\times 2\ \text{A}=10\ \text{W}$$

说明该电路吸收功率为 10 W。

（2）图 1-3-2（b）中电压 u 和电流 i 为非关联参考方向，因此，可以应用式（1-3-2）得

$$p=-ui=-10\ \text{V}\times 3\ \text{A}=-30\ \text{W}$$

说明该电路吸收功率为-30 W，实际上该电路向外发出功率为 30 W。

（3）图 1-3-2（c）中，N 吸收功率为 100 W，u 与 i 参考方向关联，$i=4$ A，于是

$$u=p/i=100\ \text{W}/4\ \text{A}=25\ \text{V}$$

电压 u 为正值，说明电压的实际方向与参考方向相同。

（4）图 1-3-2（d）中，N 发出功率为 500 W，u 和 i 为非关联参考方向，$u=-100$ V，于是

$$i=p/(-u)=-500\ \text{W}/100\ \text{V}=-5\ \text{A}$$

电流 i 为负值，说明电流的实际方向与参考方向相反。

在电流和电压取关联参考方向时，对式（1-3-1）等号两边从时刻 $t_0 \sim t$ 进行积分，便得到电路从时刻 $t_0 \sim t$ 吸收的能量

$$w(t_0,t)=\int_{t_0}^{t} p\mathrm{d}\tau=\int_{t_0}^{t} ui\mathrm{d}\tau \tag{1-3-3}$$

如果电流和电压取非关联参考方向，则电路从时刻 $t_0 \sim t$ 吸收的能量

$$w(t_0,t)=\int_{t_0}^{t} p\mathrm{d}\tau=-\int_{t_0}^{t} ui\mathrm{d}\tau \tag{1-3-4}$$

根据式（1-3-3）或式（1-3-4）计算得到的能量为正值或负值，便可以确定从时刻 $t_0 \sim t$，电路

是吸收能量还是发出能量。当 $w>0$ 时,说明电路从时刻 $t_0 \sim t$ 吸收能量;当 $w<0$ 时,说明电路从时刻 $t_0 \sim t$ 向外发出能量 $|w|$。当电流和电压的单位分别为 A(安培)和 V(伏特),时间单位为 s(秒)时,则能量单位为 J(焦耳)。

如果对任意时刻 t,二端元件吸收的能量恒有

$$w(t)=\int_{-\infty}^{t} u(\tau)i(\tau)\,\mathrm{d}\tau \geqslant 0 \tag{1-3-5}$$

则称此类元件为无源元件。

思考与练习

1-3-1 判断题 任意一段电路吸收的功率均可由公式 $p=ui$ 进行计算。 ( )

1-3-2 判断题 关联参考方向下,一段电路的功率可由 $p=ui$ 进行计算,且 $p>0$ 时,才说明该段电路吸收功率。 ( )

1-3-3 判断题 电路中所有的电源都是提供功率的。 ( )

1-3-4 计算题 1-3-4 图中各元件功率,并指出是吸收功率还是发出功率。

(a) 2 A, + 1 V −, N　(b) 2 A, − 1 V +, N　(c) −2 A, + 1 V −, N

题 1-3-4 图

1.4 电阻元件

电阻元件

电阻是描述材料对电荷移动阻碍特性的物理量,用符号 R 表示。电阻元件的阻值同样用 R 表示,与其所用材料的电阻率、长度成正比,与其横截面积成反比。还有一个影响阻值大小的因素是温度系数,其定义为温度每升高1 ℃时电阻值发生变化的百分数。电阻分为线性和非线性两类,本节主要讨论线性电阻元件,非线性电阻电路在第 14 章讨论。

线性电阻是一个二端理想电路元件,其电路图形符号如图 1-4-1 所示。电阻是最简单的无源元件,在任何时刻,其两端电压与其电流的关系都遵循欧姆定律,即在电流和电压关联参考方向下,线性电阻的电压 u 和电流 i 的关系为

$$u=Ri \tag{1-4-1}$$

式(1-4-1)也称为线性电阻的伏安关系。式(1-4-1)说明线性电阻的电压与其电流成正比。式(1-4-1)中电压和电流的单位分别为 V(伏特)和 A(安培),电阻的单位为 Ω(欧姆)。

电路元件的两个端子的电路物理量之间的代数函数关系称为元件的端子特性(亦称元件特性)。如果将电阻电压作为横坐标(或纵坐标),将电阻电流作为纵坐标(或横坐标),则可以在 u-i平面(或 i-u 平面)上画出电阻电压和电流的关系曲线,该曲线称为电阻的伏安特性曲线。线性电阻的伏安特性曲线是一条通过 u-i 平面(或 i-u 平面)上坐标原点的直线,如图 1-4-2 所

示。通常，特性曲线都是在关联参考方向下测得或绘制的。如果一个电阻元件的伏安特性曲线位于第二、四象限，则此元件的电阻为负值，即 $R<0$。负电阻元件实际上是一个发出电能的元件，一般需要专门设计。

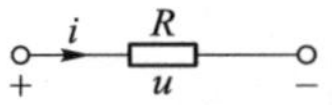

图 1-4-1 线性电阻的图形符号

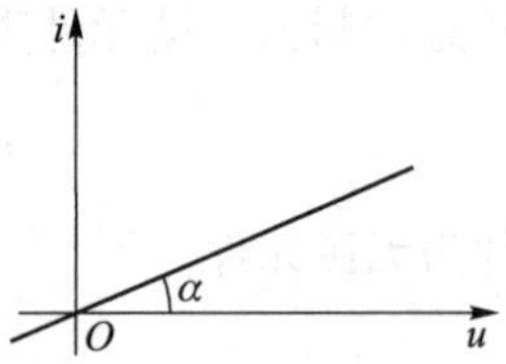

图 1-4-2 线性电阻的伏安特性

根据图 1-4-2 所示的 u-i 平面的伏安特性曲线，可以由下式确定线性电阻的电阻值

$$R=\frac{u}{i} \tag{1-4-2}$$

如果令 $G=1/R$，则式(1-4-1)变为

$$i=Gu \tag{1-4-3}$$

式中，G 称为线性电阻的电导，其单位为西门子，简称西(S)。

线性电阻的伏安特性曲线有几种特殊情况，一是伏安特性曲线与 u 轴重合，此时 $R=\infty$，$G=0$，称为开路。开路状态下，只要电压为有限值，通过电阻元件的电流恒等于零。二是伏安特性曲线与 i 轴重合，此时 $R=0$，$G=\infty$，称为短路。短路状态下，只要电流为有限值，施加于电阻元件的电压恒等于零。三是伏安特性曲线为坐标原点，此时 $u=0$，$i=0$，R 为任意值。

应当注意，在线性电阻的电流和电压取关联参考方向时才能应用式(1-4-1)和式(1-4-3)。当线性电阻的电流和电压取非关联参考方向时，其伏安关系应该为

$$u=-Ri \tag{1-4-4}$$

$$i=-Gu \tag{1-4-5}$$

也就是说，线性电阻的伏安关系式必须与其电流、电压的参考方向配合使用。

在电流和电压取关联参考方向下，任意时刻，线性电阻吸收的功率为

$$p=ui=Ri^2=Gu^2 \tag{1-4-6}$$

由式(1-4-6)可知，由于线性电阻的电阻 R 和电导 G 均为正实常数，故其吸收的功率恒为非负值，这说明线性电阻是耗能元件，只能吸收电能而不能产生电能。它将吸收的电能(功率)全部转变成其他非电能量消耗掉或者作为其他用途。

线性电阻是遵循欧姆定律的无源、耗能的二端理想电路元件。对于某些实际电阻器，如金属膜电阻器、碳膜电阻器、线绕电阻器等，在一定的工作范围内，它们的电阻值基本不变，用线性电阻作为电路模型可以得到满意的结果。但是应当注意，实际电阻器的电压和电流都有一定的限额，超过这些限额将会由于过电压或过电流而损坏电阻器。通常将上述限额称为额定值，即额定电压 U_N、额定电流 I_N、额定功率 P_N 等。在使用时不仅要选择正确的电阻值，而且不应该超过电阻的额定值，以保证实际电阻器正常安全地工作。

例 1-2 图 1-4-3 所示线性电阻 $R=5\ \Omega$，某时刻其电压 $u=10\ \text{V}$，求该时刻流过该电阻的电流和它吸收的功率。

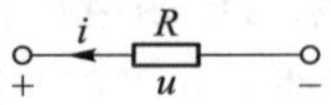

图 1-4-3 例 1-2 的电路

解　图 1-4-3 所示线性电阻 R 的电流和电压取非关联参考方向，因此由式(1-4-4)得

$$i=-u/R=-10\ \text{V}/5\ \Omega=-2\ \text{A}$$

说明电流实际方向与图示参考方向相反，其电流值为 2 A。

由式(1-4-6)得该电阻吸收的功率为

$$p=u^2/R=(10\ \text{V})^2/5\ \Omega=20\ \text{W}$$

或

$$p=Ri^2=5\ \Omega\times(-2\ \text{A})^2=20\ \text{W}$$

也可应用式(1-3-2)得到

$$p=-ui=-10\ \text{V}\times(-2\ \text{A})=20\ \text{W}$$

思考与练习

1-4-1　电阻总是吸收功率吗？为什么？

1-4-2　在计算电阻功率时，由公式 $p=I^2R$ 可知：R 越大则 p 越大；由公式 $p=\dfrac{U^2}{R}$ 可知，R 越大则 p 越小。解释这一“矛盾”。

1-4-3　电阻 R 的 u、i 参考方向非关联，$u=-5$ V，消耗功率 1 W，求电阻的阻值。

1.5　电压源和电流源

独立电源的分类及电压源

本节介绍另外两个理想电路元件——电压源和电流源，它们都是理想二端有源元件。

理想电压源具有两个特点：① 电压源输出电压 u 是恒定值或者是一定的时间函数，不会因为它连接不同的外电路而改变，即电压 $u=u_s$，电压 u_s 是电压源电压。② 电压源的电流的大小和方向将随着与其连接的外电路不同而改变。

理想电压源的电路图形符号如图 1-5-1 所示，图 1-5-1(a)和图 1-5-1(b)均可表示直流电压源，但是只有图 1-5-1(a)可以表示时变电压源。直流电压源的电压值为常数，通常用大写字母表示。图中“+”“-”号是其参考极性，“+”号表示电压源的高电位端(正极)，“-”号表示电压源的低电位端(负极)。直流电压源的伏安特性曲线如图 1-5-2 所示，在 I-U 平面上，任何时刻其电压都是一条与电流轴平行的直线。如果电压源电压为正弦函数时，则称其为正弦电压源。

若电压源的端电压与流过的电流取非关联参考方向，如图 1-5-1(b)所示，则在对应的 I-U 平面上，第Ⅰ象限和第Ⅲ象限为供能区，表示电压源向外电路发出功率，起到电源作用；第Ⅱ象限和第Ⅳ象限为耗能区，表示电压源从外电路吸收功率，此时的电压源不起电源作用，而是外电路的负载。

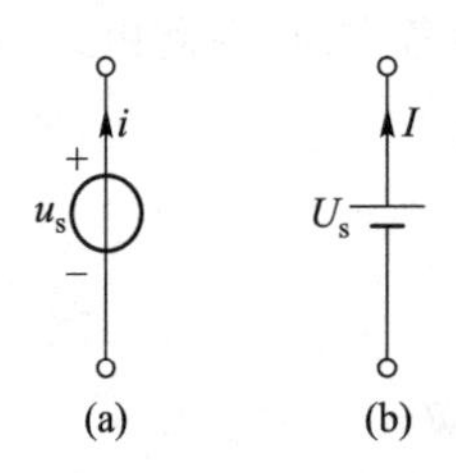

图 1-5-1 理想电压源的电路图形符号

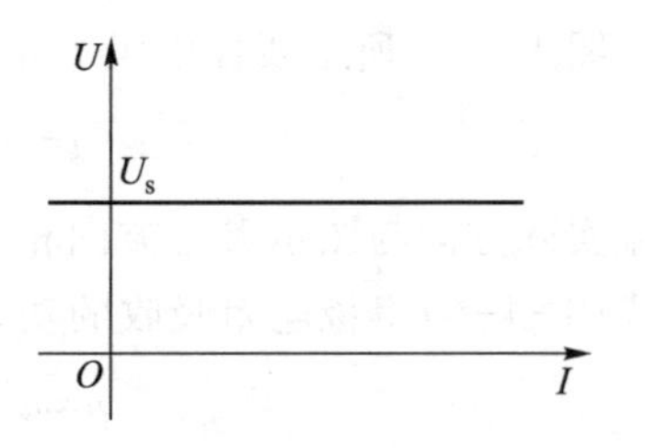

图 1-5-2 直流电压源的伏安特性曲线

某些实际电源,例如化学电池、直流发电机等,在一定的工作电流范围内可以提供恒定的电压,因此,可以用直流电压源作为它们的电路模型。一般地讲,实际直流电压源输出电压都会随其电流的增大而降低,因此,可以用一个电压源 U_s 和一个电阻 R 的串联组合作为其电路模型,如图 1-5-3(a)所示。在图 1-5-3(a)所示电压 U 与电流 I 的参考方向下,实际直流电压源的伏安特性方程为

$$U=U_s-RI \tag{1-5-1}$$

其伏安特性曲线如图 1-5-3(b)所示。

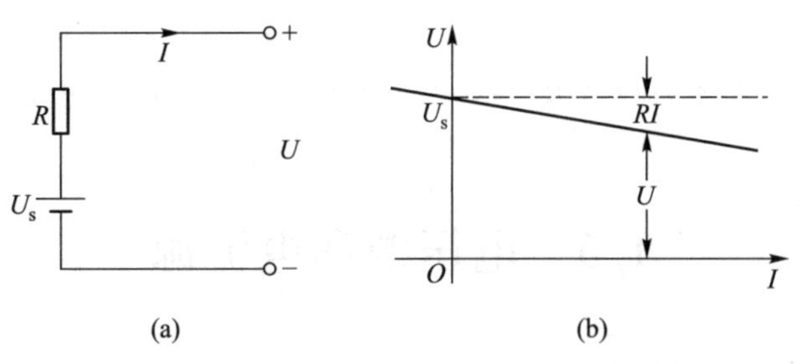

图 1-5-3 实际直流电压源的电路模型及其伏安特性

(a) 实际直流电压源的电路模型;(b) 实际直流电压源的伏安特性

当输出电流 $I=0$ 时,实际电压源处于开路状态,此时的输出电压称为开路电压,用 U_{oc} 表示,可知 $U_{oc}=U_s$。当输出电压 $U=0$ 时,实际电压源处于短路状态,此时的输出电流称为短路电流,用 I_{sc} 表示,可知 $I_{sc}=U_s/R$。对于化学电池而言,其内电阻 R 非常小,而电压源电压 U_s 一定,故短路电流 I_{sc} 非常大,在短时间内即可毁坏此电源。因此,实际电压源器件不允许短路。

理想电流源也具有两个特点:① 电流源输出的电流 i 是恒定值或者是一定的时间函数,不会因为它连接不同的外电路而改变,即 $i=i_s$,i_s 是电流源电流。② 电流源端电压的大小和方向将随着与其连接的外电路不同而改变。

理想电流源的电路图形符号如图 1-5-4 所示,图中 i_s 是电流源电流,箭头所指方向是其参考方向。如果电流源电流为常数,即 $i_s=I_s$,则称其为直流电流源。直流电流源的伏安特性曲线如图 1-5-5 所示,在 U-I 平面上任何时刻它都是一条与电压轴平行的直线。如果电流源电流为正弦函数时,则称其为正弦电流源。

电流源

若电流源的电流与端电压取非关联参考方向,如图 1-5-4 所示,则在对应的 U-I 平面上,第Ⅰ、Ⅲ象限为供能区,表示电流源向外电路发出功率,起到电源作用;第Ⅱ、Ⅳ象限为耗能区,表示电流源从外电路吸收功率,此时的电流源不起电源作用,而是外电路的负载。

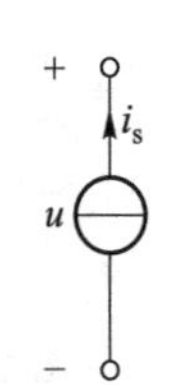

图 1-5-4　理想电流源的电路图形符号

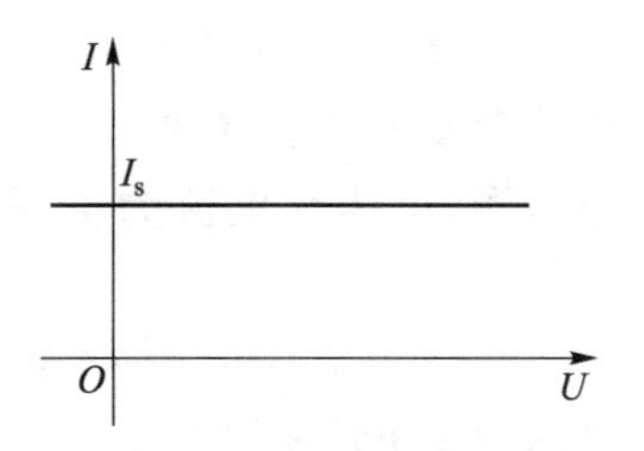

图 1-5-5　直流电流源的伏安特性

某些实际电源，如光电池等，在一定的工作电压范围内可以提供恒定的电流，因此，可以用直流电流源作为其电路模型。一般地讲，实际电流源输出电流都会随其电压的升高而减少，因此，可以用一个电流源 I_s 和一个电导 G 的并联组合作为其电路模型，如图 1-5-6(a)所示。在图1-5-6(a)所示电压 U 与电流 I 的参考方向下，实际直流电流源的伏安特性方程为

$$I=I_s-GU \tag{1-5-2}$$

其伏安特性曲线如图 1-5-6(b)所示。

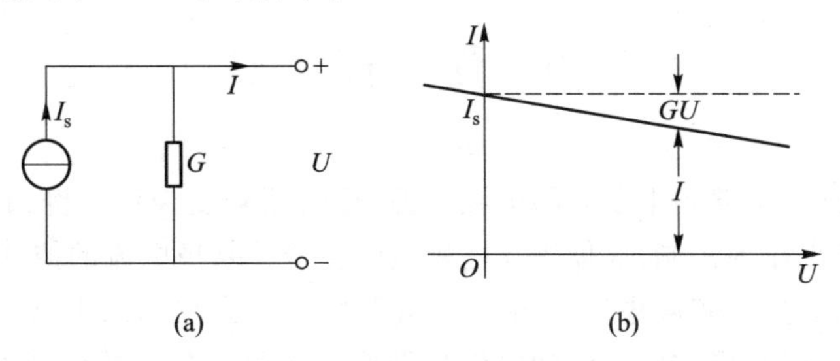

图 1-5-6　实际直流电流源的电路模型与其伏安特性

(a)实际直流电流源的电路模型；(b)实际直流电流源的伏安特性

当输出电流 $I=0$ 时，实际电流源处于开路状态，此时开路电压 $U_{oc}=I_s/G=I_sR$。当输出电压 $U=0$ 时，实际电流源处于短路状态，此时短路电流 $I_{sc}=I_s$。对于光电池而言，其并联电导 G 非常小，即并联电阻 R 非常大，而电流源电流 I_s 一定，故开路电压 U_{oc}非常大，在短时间内即可毁坏此电源。因此，实际电流源不允许开路。

电压源电压和电流源电流都不受其连接的外电路的影响，在电路中起“激励”作用，这类电源称为独立电源，简称独立源。

如果一个电压源的电压 $u_s=0$，则其伏安特性曲线为 $i-u$ 平面上的电流轴，也就是说，电压为零的电压源可以用“短路”替代。如果一个电流源的电流 $i_s=0$，则其伏安特性曲线为 $u-i$ 平面上的电压轴，也就是说，电流为零的电流源可以用“开路”替代，这些都是值得注意的独立源性质。另外，电压源允许开路，但是不允许短路；电流源允许短路，但是不允许开路，在电路分析中要注意。

例 1-3　计算图 1-5-7 所示电路中电源发出的功率。

解　电阻中的电流由电流源决定，其值为 $I=4$ A。

设电流源两端电压为 U，参考方向如图所示，其值取决于外电路，即

$$U=RI+6\text{ V}=2\ \Omega\times4\text{ A}+6\text{ V}=14\text{ V}$$

对于电流源，电压与电流为非关联参考方向，则电流源吸收功率为

$$P_I=-4\ \text{A}\times U=-4\times 14\ \text{W}=-56\ \text{W}$$

可知电流源发出功率 56 W。

对于电压源，电压与电流为关联参考方向，则电压源吸收功率为

$$P_U=6I=6\times 4\ \text{W}=24\ \text{W}$$

可知电压源发出功率-24 W。

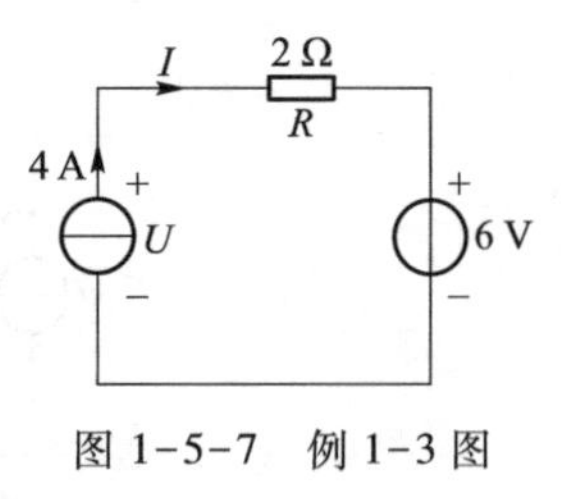

图 1-5-7 例 1-3 图

思考与练习(判断题)

1-5-1 理想电压源的输出电流随外电路的不同而变化。 ( )

1-5-2 理想电流源和电压源在电路中只起提供能量的作用。( )

1-5-3 理想电流源的输出电压随外电路的不同而变化。 ( )

1.6 受 控 源

在电路分析中，除了会遇到上节介绍的独立源，还会遇到受控源。例如，电子管输出的交变电压要受其输入交变电压的控制；晶体管集电极电流要受其基极电流的控制；运算放大器的输出电压受输入电压控制。这些实际电路器件可以用受控源作为它们的电路模型来描述其工作性能。受控源不同于独立源，受控电压源的电压与受控电流源的电流要受到电路中某部分电流或电压的控制，因此，受控源又称为非独立源。在分析含电子管、晶体管、运算放大器等电路时，受控源概念是很重要的。

根据控制量是电压还是电流，受控电源是电压源还是电流源，将受控源分为下述四种：

1）电压控制电压源(VCVS，voltage controlled voltage source)。

2）电压控制电流源(VCCS，voltage controlled current source)。

3）电流控制电压源(CCVS，current controlled voltage source)。

4）电流控制电流源(CCCS，current controlled current source)。

受控源

四种受控源的电路图形符号如图 1-6-1 所示。

在图 1-6-1 中，菱形符号表示受控源，以区别于独立源。所取的电压和电流参考方向的表示方法与独立源相同，μ、g、r 和 β 都是有关的控制参数，其中 μ 称为电压增益，g 称为转移电导，r 称为转移电阻，β 称为电流增益，这里 μ 和 β 量纲为 1，g 和 r 分别具有电导和电阻的量纲。当这些控制系数为常数时，被控制量与控制量成正比，这类受控源称为线性受控源。本书只考虑线性受控源，为叙述方便，将它们简称为受控源。

在图 1-6-1 中，将受控源表示成具有两对端钮的电路模型，其中受控电压源 u_2 或者受控电流源 i_2 具有一对端钮，而另一对端钮的电压 u_1 为控制电压或者电流 i_1 为控制电流，这对端钮或为开路，或为短路。

四种受控源的伏安关系分别为

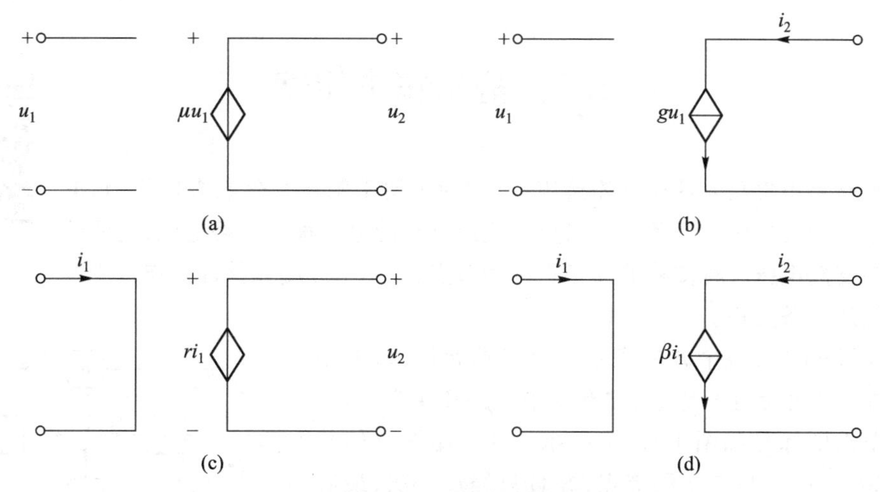

图 1-6-1　四种受控源的电路图形符号

(a) VCVS; (b) VCCS; (c) CCVS; (d) CCCS

$$\text{VCVS}\quad u_2=\mu u_1$$
$$\text{VCCS}\quad i_2=gu_1$$
$$\text{CCVS}\quad u_2=ri_1$$
$$\text{CCCS}\quad i_2=\beta i_1$$

受控源与独立源有相似之处,其相似之处在于其“电源性”,也即向外电路输出电压或电流。但是必须指出:只有独立源才能在电路中起“激励”作用,即电路中有了独立源才能产生“响应”——电流和电压;而受控源本身不能起到“激励”作用,不能产生响应,仅用来反映电路中某部分电压或者电流能够控制另一部分的电压或者电流的现象,这反映了受控源的“电阻性”。

例 1-4　电路如图 1-6-2 所示,已知 VCVS 的电压$u_2=0.5u_1$,电流源 $i_s=4$ A,计算电路中电流 i 和受控源的功率。

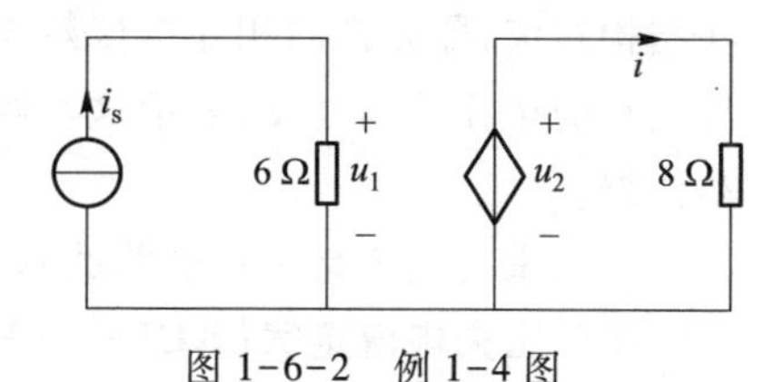

图 1-6-2　例 1-4 图

解　先求出控制电压,从图示电路可得

$$u_1=6\ \Omega\times i_s=6\times4\ \text{V}=24\ \text{V}$$

于是　$i=u_2/8\ \Omega=0.5u_1/8\ \Omega=0.5\times24\ \text{V}/8\ \Omega=1.5\ \text{A}$

受控源吸收功率

$$p=-u_2i=-0.5u_1i=-0.5\times24\ \text{V}\times1.5\ \text{A}=-18\ \text{W}$$

可见,受控源向外提供功率 18 W。

思考与练习

1-6-1 判断题　受控电流源的电流确定为不等于零时,其功率也一定不等于零。　(　　)

1-6-2 判断题　受控电流源的输出量为电压或者电流,取决于电路符号。　(　　)

1-6-3　求题 1-6-3 图中受控源发出的功率。

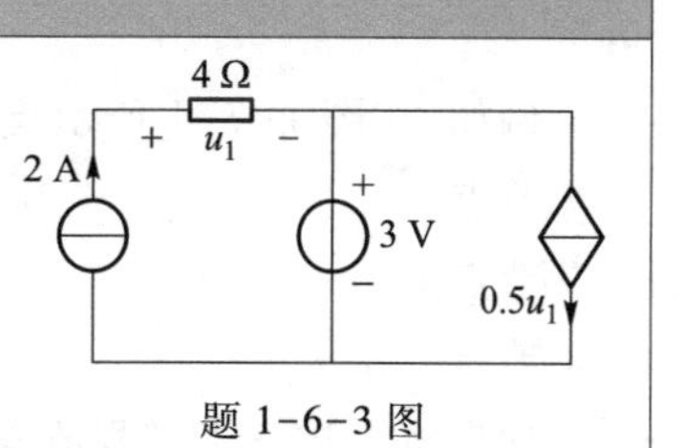

题 1-6-3 图

1.7 基尔霍夫定律

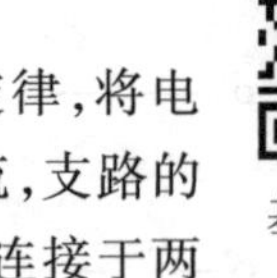
基尔霍夫定律

集总电路是由集总元件相互连接组成的，为了便于阐述基尔霍夫定律，将电路中每一个二端元件称为一条支路，这样，流经支路的电流称为支路电流，支路的端电压称为支路电压。将支路的连接点称为节点，每一个二端元件都是连接于两个节点之间的一条支路。

在图 1-7-1 中，每个方框表示一个二端元件，该电路由 6 个二端元件相互连接组成，共有 6 条支路和 4 个节点，各支路和节点的标号如图 1-7-1 所示。从电路图上的某一节点开始，经过一些支路和节点，并且只经过一次，最后又回到起始节点的闭合路径称为回路。回路可以用支路集合表示或者闭合节点序列表示。例如，图 1-7-1 中支路集合(4,5,2,1)构成一个回路，该回路也可以用闭合节点序列(a,b,c,d,a)表示。应该注意，构成任何一个回路的闭合节点序列中除了起始节点和终止节点相同外，其余节点只能出现一次，而且相邻的两个节点之间必须存在一条支路。图 1-7-1 中每一条支路上的箭头表示该支路电流的参考方向，而支路电压一般与支路电流取关联参考方向。

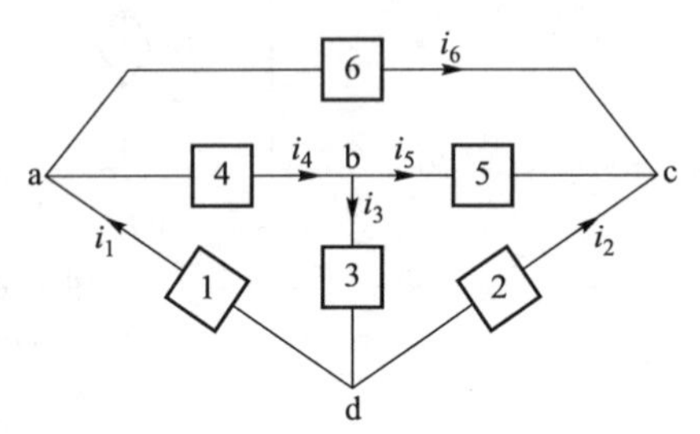

图 1-7-1 支路和节点

电路中每一条支路的电压和电流要受到两类约束：一类是元件性质约束，即元件的特性对本元件的电压和电流造成的约束。例如，在关联参考方向下，电阻 R 的电压 u 和电流 i 必须遵循伏安关系 $u=Ri$。这种关系称为元件的电压电流关系(VCR，voltage current relation)。另一类是拓扑结构约束，即元件的相互连接对支路电压、支路电流构成的约束，这类约束与元件性质无关，只与电路的拓扑结构有关，表示这类约束关系的是基尔霍夫定律。上述两类约束是电路分析的基本依据。

基尔霍夫定律是集总电路的基本定律，包括电流定律和电压定律。

基尔霍夫电流定律(KCL——Kirchhoff's current law)

“在集总电路中，任何时刻，对任一节点，所有支路电流的代数和恒等于零。”

基尔霍夫电流定律的表达式(称为 KCL 方程)，即

$$\sum i_k=0 \tag{1-7-1}$$

支路电流的“代数和”可根据支路电流的参考方向是流出节点还是流入节点进行判断。通常规定流出节点的支路电流前面取“+”号，流入节点的支路电流前面取“-”号，相反的规定也可以。

例如，在图 1-7-1 所示支路电流参考方向下，对节点 a、b、c 应用 KCL，有

节点 a $\qquad -i_1+i_4+i_6=0$

节点 b $\qquad i_3-i_4+i_5=0$

节点 c $\qquad -i_2-i_5-i_6=0$

如果将上述三个方程改写为

对节点 a $i_1=i_4+i_6$

对节点 b $i_4=i_3+i_5$

对节点 c $i_2+i_5+i_6=0$

结果表明:在集总电路中,任何时刻,流入任一节点的支路电流之和必然等于流出该节点的支路电流之和,称之为电流的连续性。

在列写 KCL 方程时会出现两类不同的“+”“-”号,一类是上述的 KCL 方程中每个支路电流前面的“+”“-”号;另一类是 KCL 方程中每个支路电流带有的正或负。两者不要混淆。例如,在图 1-7-1 的电路中,已知 $i_1=-3\ \text{A}$,$i_4=-2\ \text{A}$,欲求支路电流 i_6 时,可暂不考虑支路电流数值的正负号,只考虑支路电流的参考方向,对节点 a 应用式(1-7-1)列写 KCL 方程,得到

$$-i_1+i_4+i_6=0$$

于是 $i_6=i_1-i_4$。然后代入支路电流具体数值,得到 $i_6=+(-3\ \text{A})-(-2\ \text{A})=-1\ \text{A}$。这一结果表明支路电流 i_6 的实际方向与图示参考方向相反,即有 1 A 电流流入节点 a。

基尔霍夫电流定律通常适用于节点,但也适用于包围几个节点的闭合面。例如,在图 1-7-2 所示电路中,点画线包围节点 d、e、f 形成闭合面 S。在图示支路电流参考方向下,分别对节点 d、e、f应用 KCL,得到

节点 d $i_1+i_4+i_6=0$

节点 e $-i_2-i_4+i_5=0$

节点 f $i_3-i_5-i_6=0$

将上述三个方程相加,得到

$$i_1-i_2+i_3=0$$

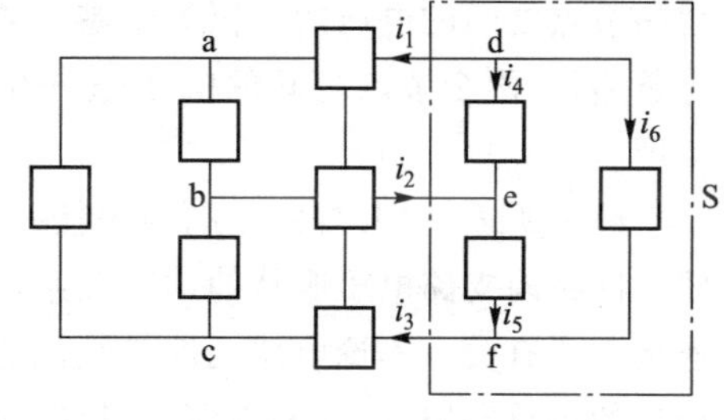

图 1-7-2 KCL 的推广

上式表明通过闭合面 S 的支路电流的代数和等于零,也就是说,任何时刻,通过集总电路中任一闭合面的所有支路电流的代数和恒等于零,即流出任一闭合面的支路电流之和必然等于流入该闭合面的支路电流之和。可见,基尔霍夫电流定律是电荷守恒的体现。

根据基尔霍夫电流定律容易说明,电流只能在闭合的路径中通过。如果两部分电路之间仅通过一条导线连接,或一电路中只有一处接地,那么这些连接线中都不会有电流通过。

基尔霍夫电压定律(KVL——Kirchhoff's voltage law)

“在集总电路中,任何时刻,沿任一回路,所有支路电压的代数和恒等于零。”

基尔霍夫电压定律的表达式(称为 KVL 方程)为

$$\sum u_k=0 \tag{1-7-2}$$

在列写 KVL 方程时,首先需要任意指定一个回路绕行方向,然后根据支路电压的参考方向与回路绕行方向是否一致,来确定支路电压的“代数和”。通常规定当支路电压参考方向(参考正极性指向参考负极性方向)与回路绕行方向一致时,该支路电压前面取“+”号;当支路电压参考方向与回路绕行方向相反时,该支路电压前面取“-”号。

在图 1-7-3 所示电路中,已经标明各支路电压 u_1、u_2、u_3 和 u_4 的参考极性。对支路集合(1,2,3,4)构成的回路,取图中虚线箭头方向为该回路绕行方向,应用式(1-7-2)列写 KVL 方程,得到

$$-u_1+u_2+u_3+u_4=0$$

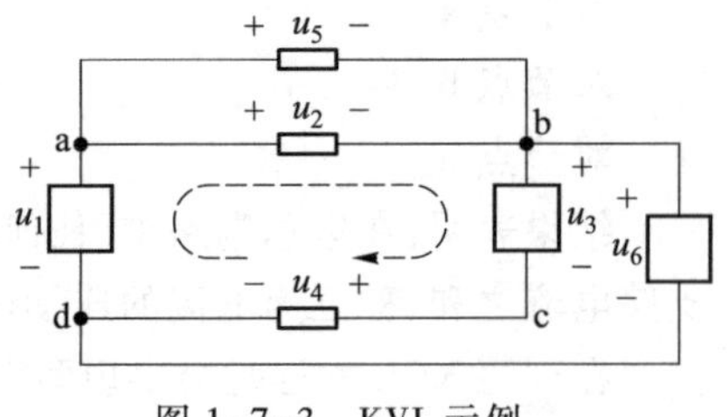

图 1-7-3 KVL 示例

回路和回路绕行方向也可以通过闭合节点序列表示。例如，上述回路如果用闭合节点序列(a,b,c,d,a)表示，则该回路绕行方向与图 1-7-3 中虚线箭头所示方向相同。如果上述回路用闭合节点序列(a,d,c,b,a)表示，则该回路绕行方向与图 1-7-3 中虚线箭头所示方向相反。

如果取闭合节点序列(b,c,d,b)，则对由支路集合(3,4,6)构成的回路，其 KVL 方程为 $u_3+u_4-u_6=0$。

在列写 KVL 方程时，同样会出现两类不同的“+”“-”号，一类是 KVL 方程中每个支路电压前面的“+”“-”号；另一类是 KVL 方程中每个支路电压数值的“+”“-”号。两者不可混淆。

有时，一个闭合节点序列不构成回路。例如在图 1-7-3 中，闭合节点序列(a,b,c,a)不构成回路，因为节点 c 和 a 之间没有一条支路直接连接这两个节点，但是可以设节点 c 和 a 之间的电压为 u_{ca}，于是 KVL 将同样适用于这类闭合节点序列(称这类回路为假想回路)，得到

$$u_2+u_3+u_{ca}=0$$

或

$$u_{ab}+u_{bc}+u_{ca}=0$$

这是 KVL 的另一种形式，即“在集总电路中，任何时刻，沿任何闭合节点序列，前一节点和相邻的后一节点之间的电压的和恒等于零。”在集总电路中，两个节点之间的电压是单值的，即不论沿哪条路径，两个节点之间的电压值是相同的，因此，基尔霍夫电压定律是电压与路径无关性的体现。

综上所述，KCL 规定了电路中任一节点处支路电流服从的约束关系，而 KVL 规定了电路中任一回路内支路电压服从的约束关系。这两个约束与电路元件性质无关，而仅与电路元件相互连接方式有关。不论电路元件是线性的还是非线性的，是时变的还是非时变的，只要是集总元件构成的集总电路，KCL 和 KVL 总是成立的。

例 1-5 在图 1-7-4 所示电路中，已知 $u_{ab}=14\ \text{V}$，求电流 i。

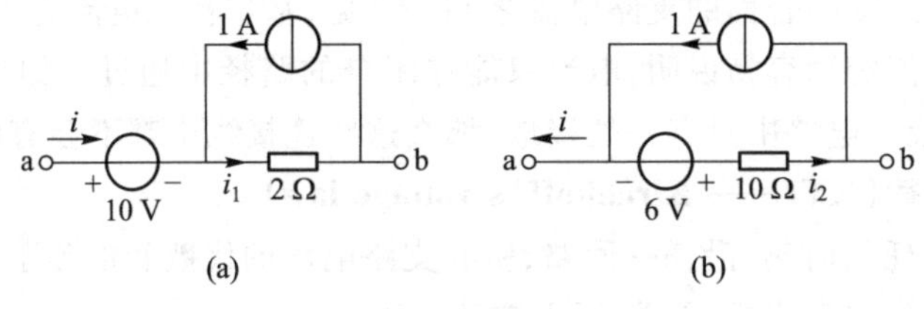

图 1-7-4 例 1-5 的电路

解 图 1-7-4 所示电路是由电压源、电流源和电阻元件构成的两种复合支路，可根据元件特性以及 KCL、KVL 解出支路电流 i。

在图 1-7-4(a)中，由 KCL 可得

$$i_1=i+1\ \text{A}$$

于是

$$u_{ab}=10\ \text{V}+2\ \Omega\times i_1$$

$$14\ \text{V}=10\ \text{V}+2\ \Omega\times(i+1\ \text{A})$$

$$i=1\ \text{A}$$

在图 1-7-4(b)中，由 KCL 可得

$$i_2=1\ \text{A}-i$$

于是

$$u_{ab}=-6\ \text{V}+10\ \Omega\times i_2$$

$$14\ \text{V}=-6\ \text{V}+10\ \Omega\times(1\ \text{A}-i)$$

$$i=-1\ \text{A}$$

另解 对图 1-7-4(a),由 KVL 可得

$$u_{ab}=10\ \text{V}+2\ \Omega\times i_1=14\ \text{V}$$

解得

$$i_1=2\ \text{A}$$

根据 KCL 可得

$$i=i_1-1\ \text{A}=1\ \text{A}$$

对图 1-7-4(b),由 KVL 可得

$$u_{ab}=-6\ \text{V}+10\ \Omega\times i_2=14\ \text{V}$$

解得

$$i_2=2\ \text{A}$$

根据 KCL 可得

$$i=1\ \text{A}-i_2=-1\ \text{A}$$

例 1-6 在图 1-7-5 所示电路中,已知 $R_1=2\ \Omega$,$R_2=3\ \Omega$,$U_3=10\ \text{V}$,$U_4=-2\ \text{V}$,$U_5=4\ \text{V}$,$U_6=6\ \text{V}$,$U_7=-9\ \text{V}$。求电流 I_1 和电压 U_{ac}。

解 在图 1-7-5 所示电路中的支路电流和电压的参考方向下,对闭合节点序列(a,b,e,d,a)构成的回路列写 KVL 方程,得

$$U_{ab}+U_4+U_6-U_3=0$$

式中

$$U_{ab}=R_1I_1$$

代入已知数据,得 $I_1=3\ \text{A}$。

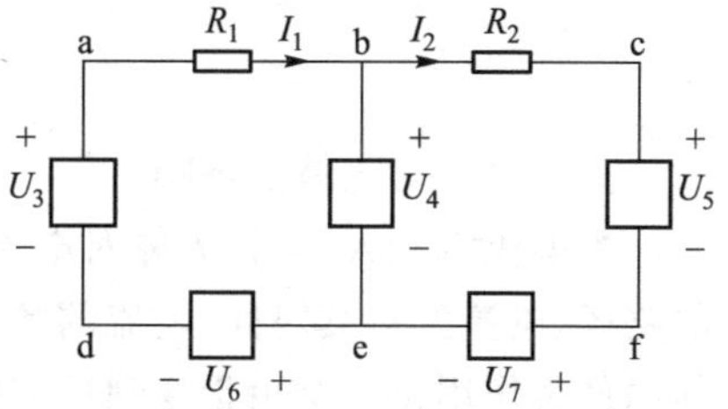

图 1-7-5 例 1-6 的电路

对闭合节点序列(a,c,f,e,d,a)构成的回路列写 KVL 方程得

$$U_{ac}+U_5+U_7+U_6-U_3=0$$

代入已知数据,得 $U_{ac}=9\ \text{V}$。

例 1-7 在图 1-7-6 所示电路中,已知 $R_1=R_2=2\ \Omega$,$U_s=7\ \text{V}$,$U_{bd}=5\ \text{V}$,CCVS 的电压 $U_3=4I_1$,求电压 U_{bc}和电流 I_2。

解 在图 1-7-6 所示电路中,对闭合节点序列(a,b,d,a)构成的回路列写 KVL 方程,得

$$U_{ab}+U_{bd}-U_s=0$$

所以

$$U_{ab}=U_s-U_{bd}=7\ \text{V}-5\ \text{V}=2\ \text{V}$$

$$I_1=U_{ab}/R_1=2\ \text{V}/2\ \Omega=1\ \text{A}$$

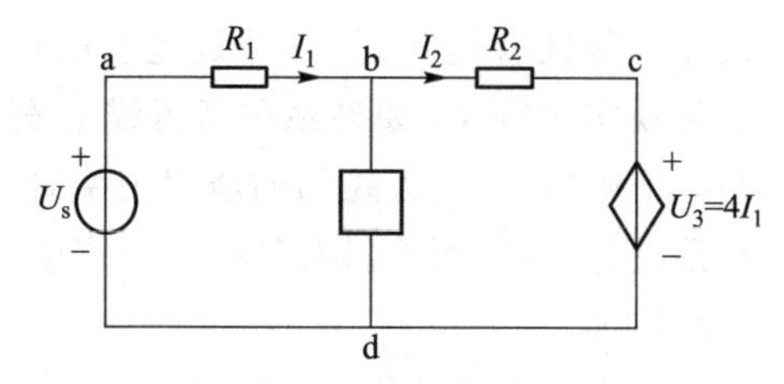

图 1-7-6 例 1-7 的电路

对闭合节点序列(a,b,c,d,a)构成的回路列写 KVL 方程,得

$$U_{ab}+U_{bc}+U_3-U_s=0$$

又

$$U_3=4I_1=4\times1\ \text{V}=4\ \text{V}$$

故

$$U_{bc}=U_s-U_{ab}-U_3=7\ \text{V}-2\ \text{V}-4\ \text{V}=1\ \text{V}$$

根据电阻的伏安关系，得

$$I_2 = U_{bc}/R_2 = 0.5\ \text{A}$$

本题应用了KVL和欧姆定律，注意列写KCL、KVL方程时，先将受控源暂时看作独立源，然后代入控制量 I_1 进行求解。

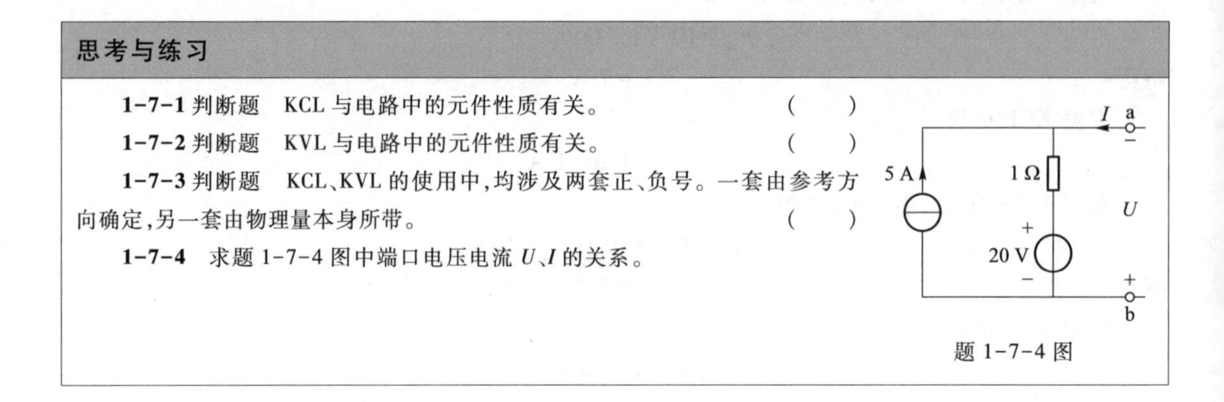

思考与练习

1-7-1 判断题　KCL与电路中的元件性质有关。　（　　）

1-7-2 判断题　KVL与电路中的元件性质有关。　（　　）

1-7-3 判断题　KCL、KVL的使用中，均涉及两套正、负号。一套由参考方向确定，另一套由物理量本身所带。　（　　）

1-7-4　求题1-7-4图中端口电压电流 U、I 的关系。

题1-7-4图

1.8　应用实例

关于电流对人体的影响

当电流流经人体时，人体对电流的生理反应程度（承受能力）与电流的大小、电流流经人体的路径、电流的持续时间、电流的频率以及人体健康状况等因素有关。根据统计资料，电流对人体的伤害作用是一个由量变到质变的过程。

（1）通过人体的工频电流为0.6~1.5 mA时，开始感到手指麻刺。

（2）5~7 mA时，手的肌肉痉挛。

（3）20~25 mA时，手迅速麻痹，不能摆脱带电体，全身剧痛及呼吸困难。

（4）50~80 mA时，呼吸麻痹，持续3 s以上时间，心脏麻痹并停搏。

至于电压对人体的危害，则要分两种情况：一种是电压加于人体会产生持续电流。在这种情况下，当电阻一定时，人体触及带电体的电压越高，通过人体的电流就越大，时间越长，对人体危险性就越大；另一种是光有电压，没有电流流经人体，那就不会造成什么危害。这样的事例现实中很多，如鸟站在高压线上安然无恙，人穿等电位衣在高压线上工作安然无事等。又如在干燥的冬天，人拉门的金属把手时，静电电压高到数千伏，人仅突然感到手麻一下而已，这些都是只有电压，而人触及带电体时产生的电流却极微小，时间也极短，所以不足以对人体造成危险的伤害。

电流对人体的伤害主要分为：电击、电伤。

（1）电击：电流流过人体内部，造成人体内部器官的伤害，是最危险的触电伤害。

（2）电伤：由于电流热效应、化学和机械效应，对人体外表造成的局部伤害。

影响电流对人体危害程度的主要因素有：

（1）电流大小：电流越大，危险性越大。一般大于50 mA的电流被认为是致命电流。

(2) 作用于人体的电压：电压越高，危险性越大。

(3) 持续时间：持续时间越长，危险性越大。

(4) 电流路径：电流通过人心脏时伤害程度最大(由左手至脚时最危险)。

(5) 电流频率及种类：频率为 50~60 Hz 交流电危险性最大，交流电危险性大于直流电。

(6) 人体状况：年龄、性别、身体。

发生触电后，电流对人体的影响程度，主要决定于流经人体的电流大小、电流通过人体的持续时间、人体电阻、电流路径、电流种类、电流频率以及触电者的体重、性别、年龄、健康情况和精神状态等多种因素。人体电阻由体内电阻和皮肤组成，体内电阻基本稳定，约为 500 Ω。接触电压为 220 V 时，人体电阻的平均值为 1 900 Ω；接触电压为 380 V 时，人体电阻降为 1 200 Ω。经过对大量实验数据的分析研究确定，人体电阻的平均值一般为 2 000 Ω 左右，而在计算和分析时，通常取下限值 1 700 Ω。一般情况下，人体能够承受的安全电压为 36 V，安全电流为 10 mA。当人体电阻一定时，人体接触的电压越高，通过人体的电流就越大，对人体的损害也就越严重。安全电流又称安全流量或允许持续电流，人体安全电流即通过人体电流的最低值。一般 1 mA 的电流通过时即有感觉，25 mA 以上人体就很难摆脱。50 mA 可以导致心脏停止和呼吸麻痹，即有生命危险。

本章小结

1. 电路模型：一个实际电路的电路模型由理想的电路元件相互连接而成。理想电路元件都有一种数学模型，而且只具有单一电磁性质，都有各自的精确定义，并且用规定的图形符号表示。常用的理想电路元件有理想电阻元件、理想电容元件、理想电感元件和理想电压源元件、理想电流源元件等。本书中所讨论的电路均指由理想电路元件组成的电路模型。

2. 电流、电压的参考方向：在分析较为复杂的电路时，通常难以判断电流和电压的实际方向(极性)，因此，在分析计算电路时可以先任意假定一个方向，称为电流或电压的参考方向。参考方向一旦假定，在分析电路时不再改变。

3. 电流、电压的参考方向假定后，根据计算结果确定实际方向：若计算结果为正，则实际方向与参考方向一致；若计算结果为负，则实际方向与参考方向相反。

4. 功率与能量：u 与 i 在关联参考方向下 $p=ui$，在非关联参考方向下 $p=-ui$。当 $p>0$ 时，表示电路吸收(或消耗)功率；当 $p<0$ 时，表示电路发出(或提供)功率。

5. 欧姆定律：在关联参考方向下 $u=Ri$，在非关联参考方向下 $u=-Ri$。

6. 理想电源有两类：理想电压源和理想电流源。理想电压源输出电压恒定，与外电路无关，其流过的电流由外电路决定；理想电流源输出电流恒定，与外电路无关，其两端电压由外电路决定。

7. 受控源的输出电压(或电流)受到电路中其他支路的电压(电流)的控制，有四种类型：电压控制电压源(VCVS)；电流控制电压源(CCVS)；电压控制电流源(VCCS)；电流控制电流源(CCCS)。

8. 电路结构名词解释，电路中常用的术语：节点、支路、回路、网孔等。

9. 基尔霍夫电流定律：任一时刻，流入电路中任一节点的电流代数和恒为零：$\sum i_k=0$。

10. 基尔霍夫电压定律:任一时刻,沿任一闭合回路各电压代数和恒为零:$\sum u_k=0$。

1.3 节习题

1-1 电路如题 1-1 图所示,根据所示参考方向和数值确定各元件的电流和电压的实际方向,计算各元件的功率,并说明元件是吸收功率还是发出功率。

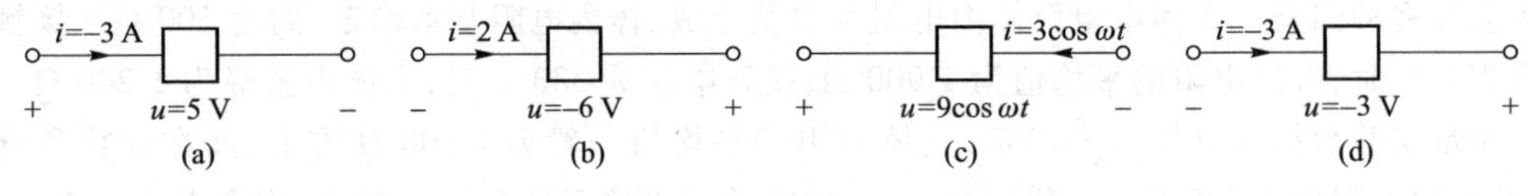

题 1-1 图

1-2 电路如题 1-2 图所示:

(1) 若元件 A 吸收 10 W 功率,求其电压 u_A;

(2) 若元件 B 吸收 10 W 功率,求其电流 i_B;

(3) 若元件 C 吸收-10 W 功率,求其电流 i_C;

(4) 试求元件 D 吸收的功率;

(5) 若元件 E 发出 10 W 功率,求其电流 i_E;

(6) 若元件 F 发出-10 W 功率,求其电压 u_F;

(7) 若元件 G 发出 10 mW 功率,求其电流 i_G;

(8) 试求元件 H 发出的功率。

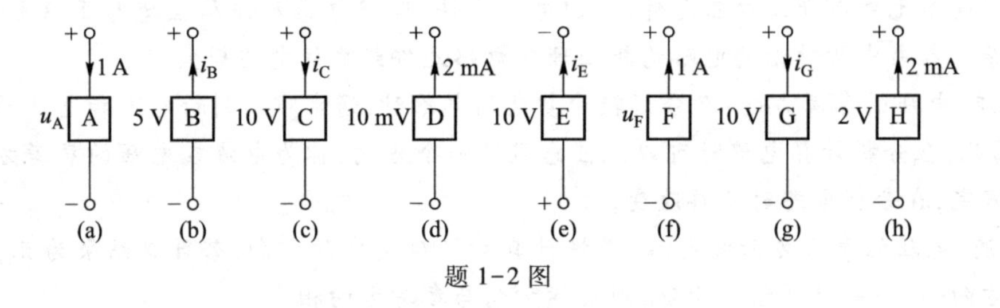

题 1-2 图

1.4 节习题

1-3 电路如题 1-3 图所示,电阻吸收的功率为 8 W,求 U、I。

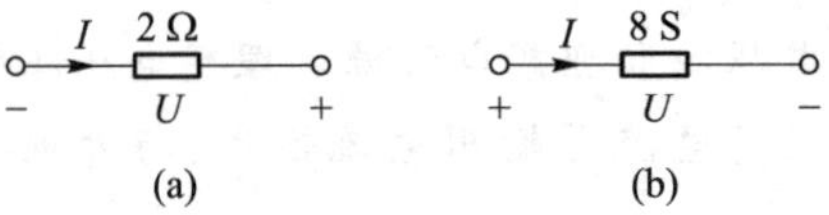

题 1-3 图

1.5 节习题

1-4 在指定的参考方向下,写出题 1-4 图所示各元件的伏安关系式。

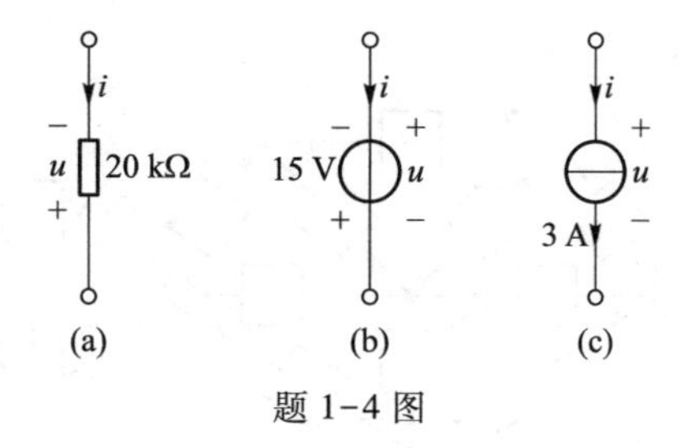

题 1-4 图

1-5　求题 1-5 图所示各电路中的未知量。

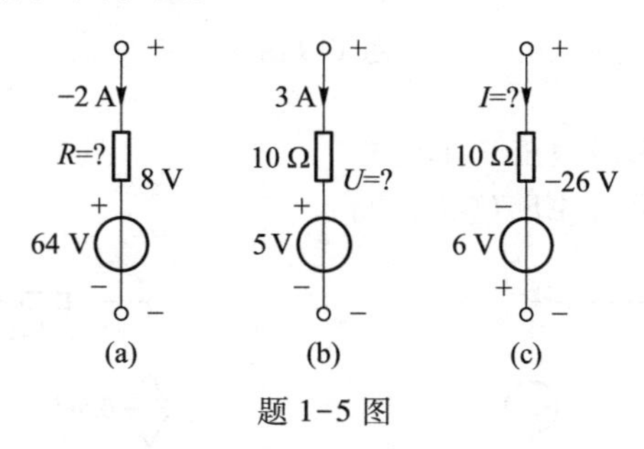

题 1-5 图

1-6　电路如题 1-6 图所示，求各支路电源及支路的功率，并说明是吸收功率还是发出功率。

1-7　电路如题 1-7 图所示，求各电源发出的功率。

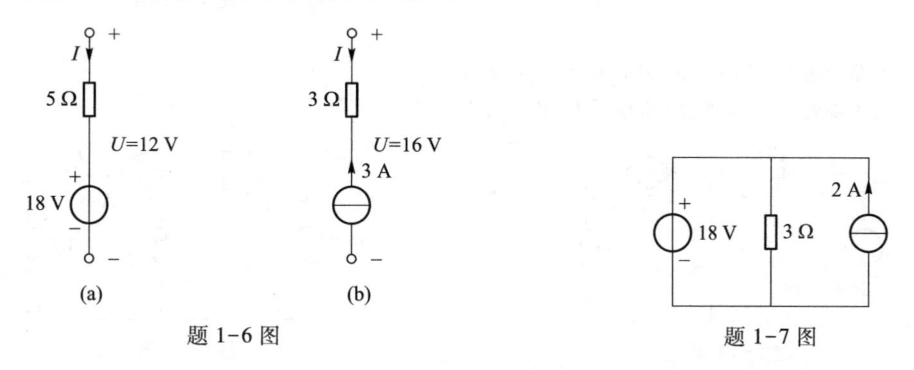

题 1-6 图　　　　题 1-7 图

1-8　电路如题 1-8 图所示，求电压 U 和电流 I。

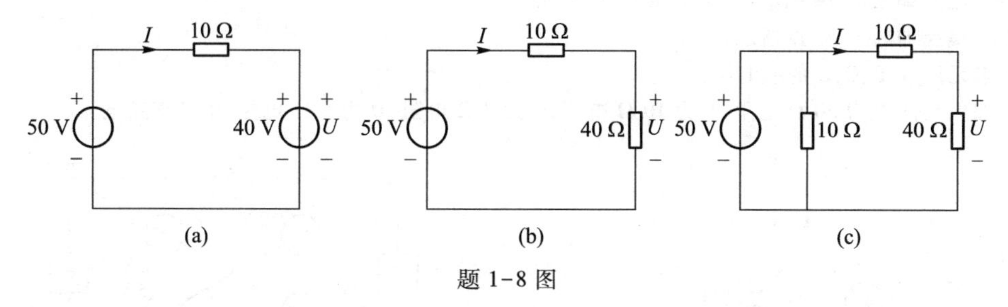

题 1-8 图

1.6~1.7 节习题

1-9　在题 1-9 图所示参考方向和数值下，求：

（1）图（a）电路中电流 I；

（2）图（b）电路中各未知支路的电流；

(3) 图(c)中各未知支路的电压。

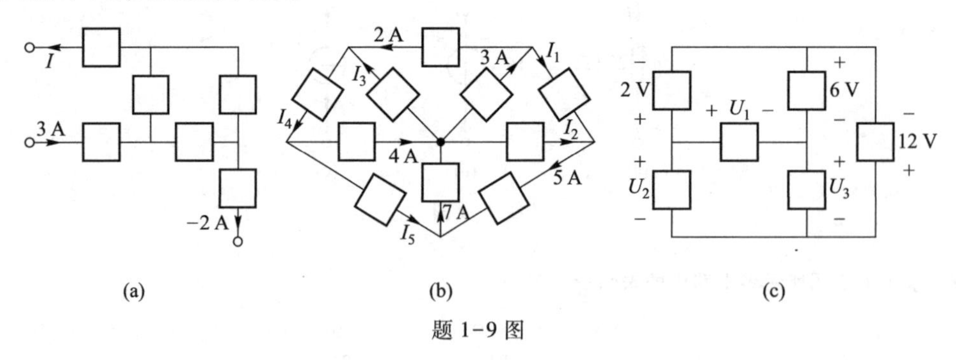

题 1-9 图

1-10 电路如题 1-10 图所示,求电压 U_{ab} 和电流 I_1。

1-11 电路如题 1-11 图所示,求电压 U_1、U_{ab}、U_{cb}。

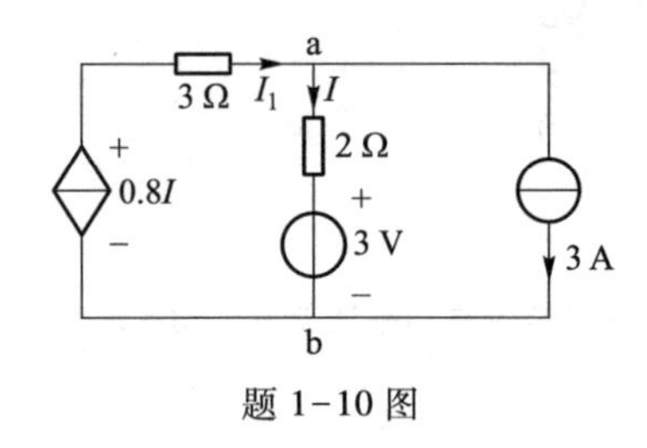

题 1-10 图

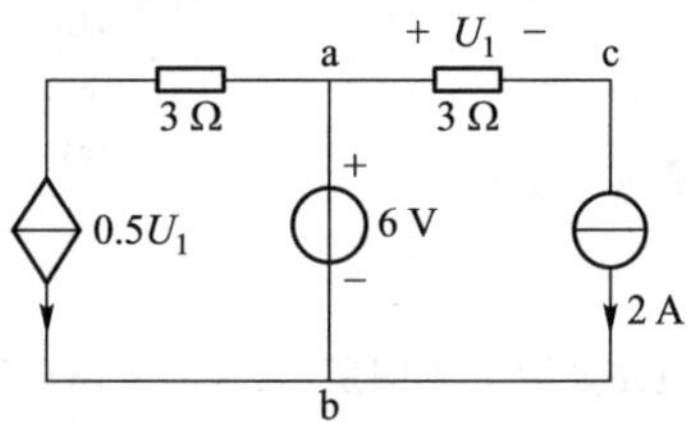

题 1-11 图

1-12 电路如题 1-12 图所示,求电压 U_s 和电流 I_1。

1-13 电路如题 1-13 图所示,求电压 U_1 和电流 I_2。

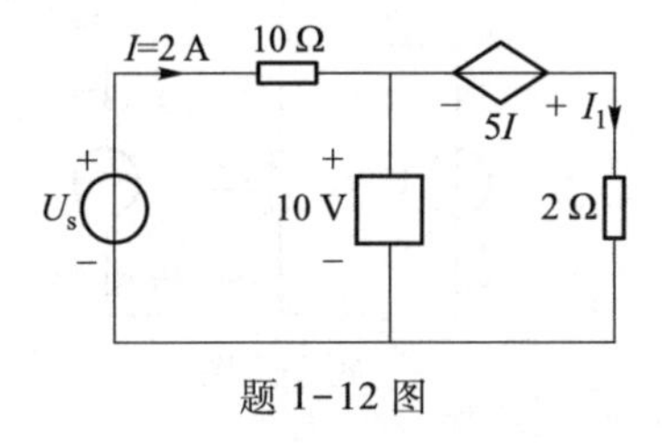

题 1-12 图

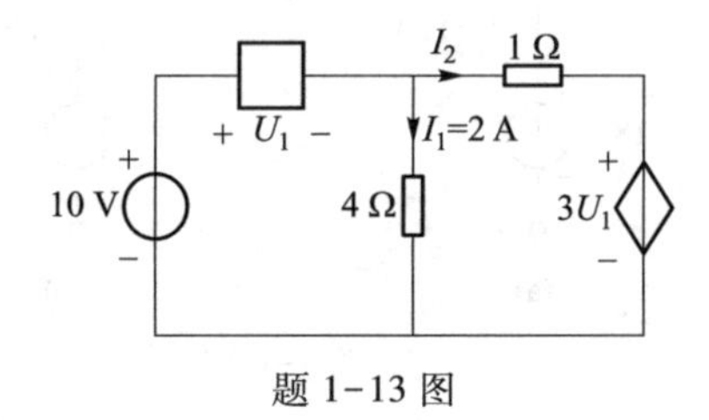

题 1-13 图

1-14 电路如题 1-14 图所示,求电压 U_s 和电流 I。

1-15 电路如题 1-15 图所示:

(1) 求元件 A、B、C、D 的端电压;

(2) 如果元件 A 为 50 Ω 电阻,B 为 10 Ω 电阻,C 为 7 Ω 电阻,D 为 8 Ω 电阻,求各支路电流。

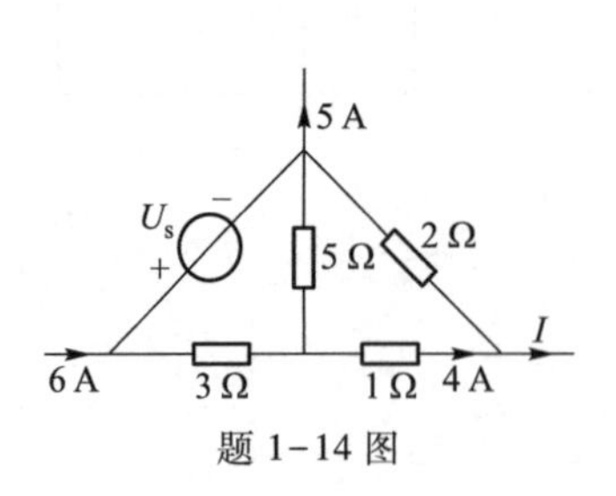

题 1-14 图

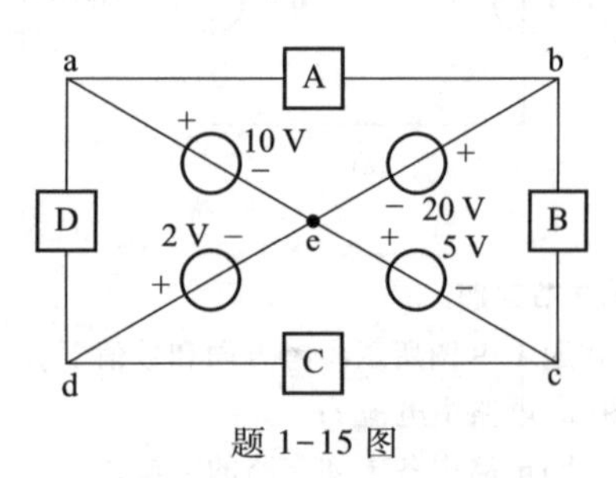

题 1-15 图

1-16　电路如题 1-16 图所示，求受控电流源的电流 $2I_1$ 和每个元件的功率。

1-17　电路如题 1-17 图所示，求各元件的功率。

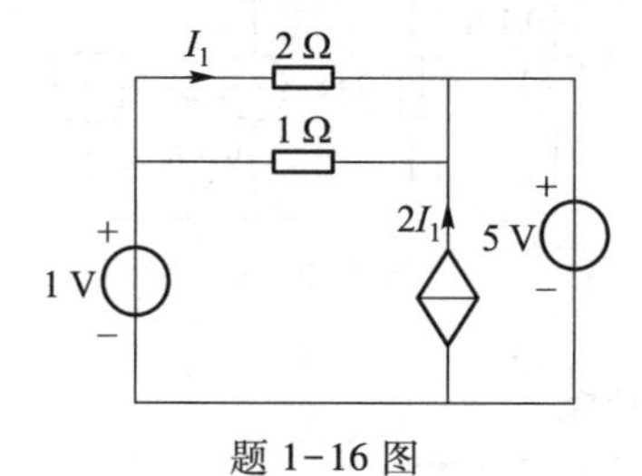

题 1-16 图

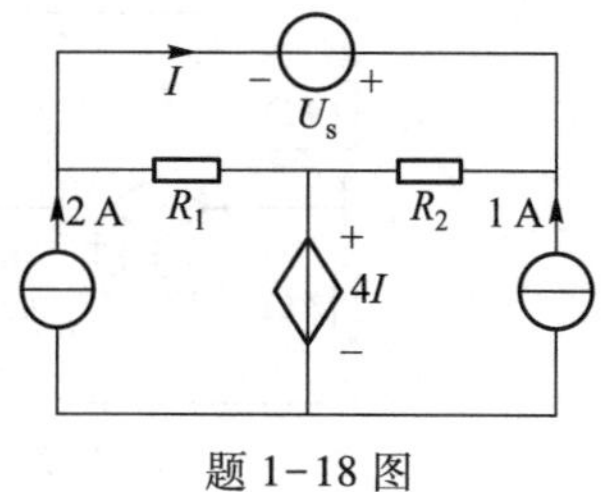

题 1-17 图

1-18　电路如题 1-18 图所示，电压源电压 U_s 为 55 V，受控源吸收功率为 48 W，欲使电阻 R_1 吸收的功率为电阻 R_2 吸收功率的 2 倍，R_1、R_2 为何值？

1-19　电路如题 1-19 图所示，计算各独立电源和各受控源提供的功率。

1-20　电路如题 1-20 图所示，根据给定的电流数值尽可能多地确定电路中各电阻中的未知电流。

题 1-18 图

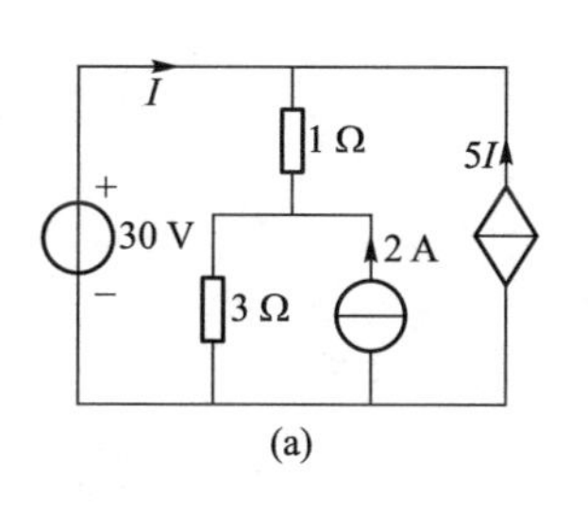

(a)

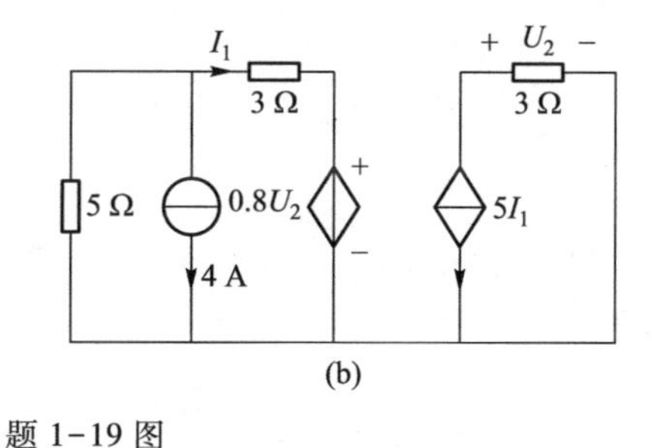

(b)

题 1-19 图

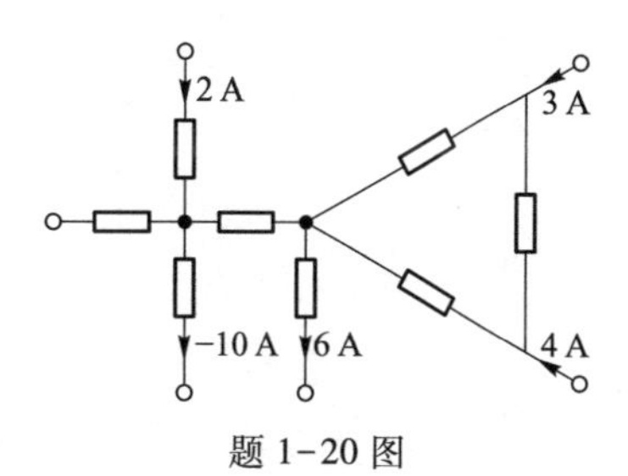

题 1-20 图

1-21　电路如题 1-21 图所示，根据给定的电压数值尽可能多地确定电路中各元件的未知电压。

1-22　电路如题 1-22 图所示，写出电路中所有回路的 KVL 方程。这些方程彼此独立吗？

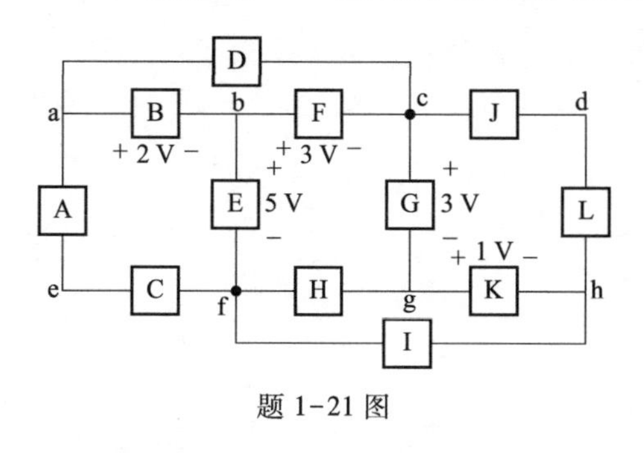

题 1-21 图

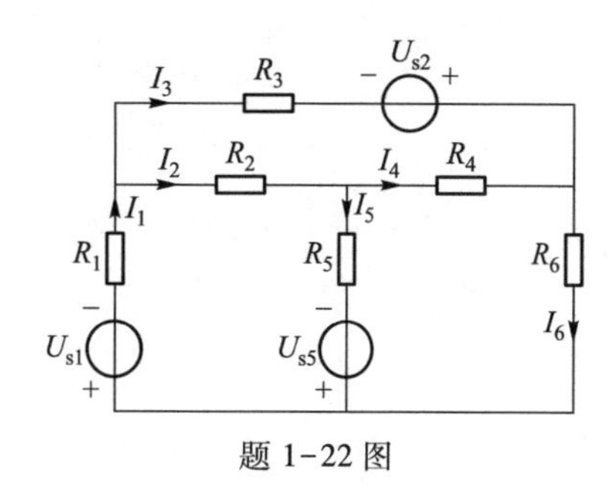

题 1-22 图

1-23　电路如题 1-23 图所示，求电压 U 和电阻 R 的值。

1-24　在如题 1-24 图所示直流电路中，0.1 A 电流源在半分钟内吸收能量为 120 J。求流过元件 A 的电流，判断该元件为何种元件，并求其发出的功率。

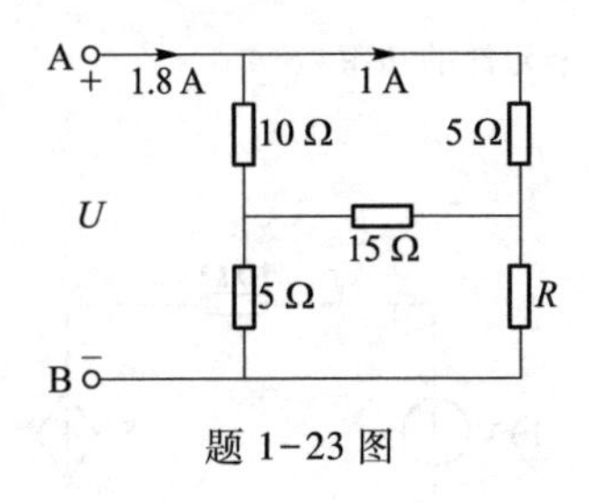

题 1-23 图

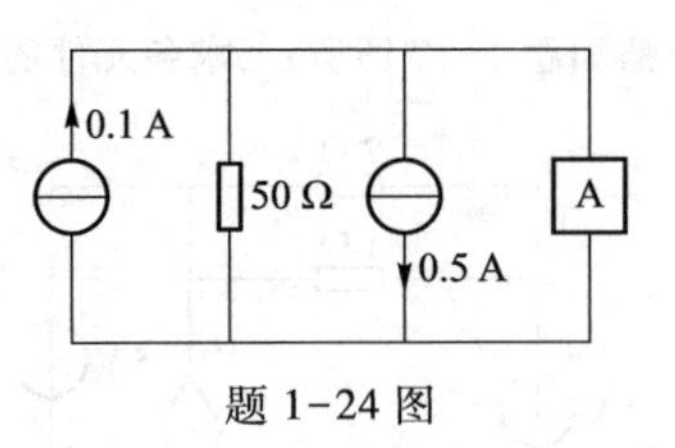

题 1-24 图

1-25　电路如题 1-25 图所示，求 1.5U 受控电压源发出的功率。

1-26　电路如题 1-26 图所示，问 R_X 为何值时，4 V 电压源发出的功率为 0。

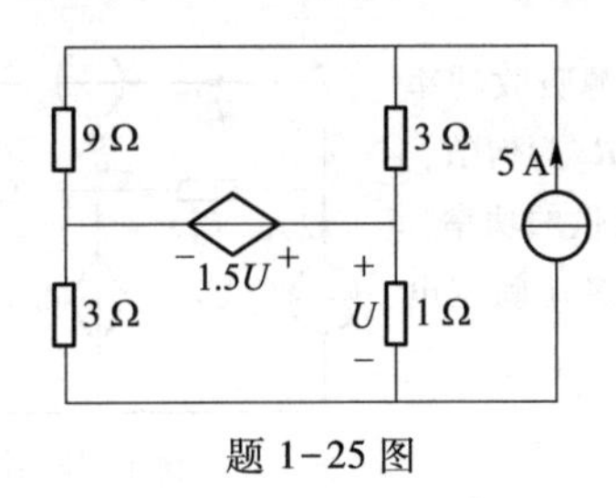

题 1-25 图

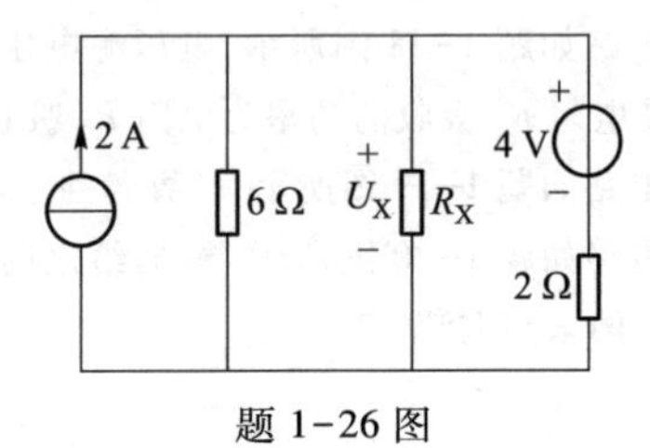

题 1-26 图

第2章　简单电阻电路分析

由线性无源元件、线性受控源和独立源构成的电路，称为线性电路。如果构成线性电路的无源元件都是线性电阻，则称其为线性电阻电路，简称电阻电路。电阻电路中的电压源电压和电流源电流可以是直流(称为直流电阻电路)，也可以是随时间按任何规律变化的函数。

线性电路分析一般通过下列三个途径进行：(1) 运用等效变换概念；(2) 运用独立变量概念；(3) 运用线性电路性质。本章主要运用等效变换概念对简单电阻电路进行分析。第3章和第4章分别运用独立变量概念和运用线性电路的几个定理对一般线性电路进行分析。

2.1　等效变换的概念

等效变换的概念

如果一个电路(或网络)向外引出一对端钮，这对端钮可以作为测量用，也可以作为与外部的电源或其他电路连接用。这类具有一对端钮的电路称为一端口电路(网络)或二端电路(网络)，如图2-1-1所示。两端钮之间呈现的电压 u 称为端口电压，流经端钮的电流 i 称为端口电流。显然，从一端口网络的一个端钮流入的电流 i 必定等于从它的另一个端钮流出的电流 i'。

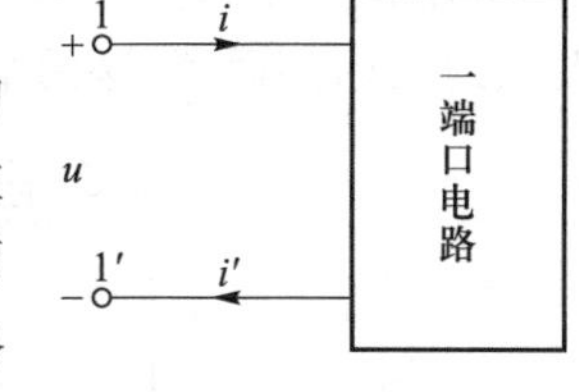

图2-1-1　一端口电路

如果一个一端口网络在端口处的伏安关系和另一个一端口网络的端口处的伏安关系完全相同，则称这两个一端口网络是等效的。等效的两个一端口网络可以相互替代，这种替代称为等效变换。尽管这两个一端口网络内部可以具有完全不同的结构，但对于任意一个外电路而言，它们却具有完全相同的影响，没有丝毫区别，也就是说，在接任何外电路时，这两个一端口网络都具有相同的端电压和端电流，这就是“对外等效”的概念。

运用等效变换概念，可以将一个结构复杂的一端口网络用一个结构简单的一端口网络等效替代，从而简化了电路的分析和计算。显然，等效电路与原电路是不同的。如果要求计算原电路内部的电压、电流，就必须回到原电路，然后可根据已求得的端口处电压、电流求解。

上述等效变换的概念，可以推广到具有三个及三个以上端钮的多端电路的场合，即等效是指两个多端电路对应端钮处的电压-电流关系式完全相同，或者说两个多端电路对任意相同的外电路的作用效果相同。

思考与练习

2-1-1　何谓电路等效？两电路等效必须满足什么条件？等效的对象、等效的目是什么？

2-1-2　等效变换前后一端口网络的功率是否变化？

2.2 电阻的串联、并联和混联

电阻的串联、并联和混联

n 个电阻的串联电路如图 2-2-1(a)所示。电阻串联时,在外加电源作用下,任何时刻流经每个电阻的电流是同一个电流。设串联的每个电阻的阻值分别为 R_1、R_2、…、R_n,总电压为 u,总电流为 i,串联的每个电阻的电压分别为 u_1、u_2、…、u_n,在电压和电流关联参考方向下,根据 KVL,得

$$u=u_1+u_2+\cdots+u_n=\sum_{k=1}^{n}u_k \tag{2-2-1}$$

根据电阻的伏安关系,得

$$u_1=R_1 i, u_2=R_2 i, \cdots, u_n=R_n i$$

代入式(2-2-1),得

$$u=(R_1+R_2+\cdots+R_n)i=R_{\text{eq}}i \tag{2-2-2}$$

其中

$$R_{\text{eq}}=R_1+R_2+\cdots+R_n=\sum_{k=1}^{n}R_k \tag{2-2-3}$$

称 R_{eq} 为串联电阻的等效电阻。下标 eq 为等效的简写。

用等效电阻 R_{eq} 替代 n 个串联电阻后,电路如图 2-2-1(b)所示。图 2-2-1(a)电路和图 2-2-1(b)电路在端口 1-1′处的伏安关系完全相同,也就是说,这 n 个串联电阻与等效电阻所起的作用完全相同。注意,等效变换是指这两个一端口网络对外部而言在端口处伏安关系完全相同;对其内部而言,这两个一端口网络是不相同的。

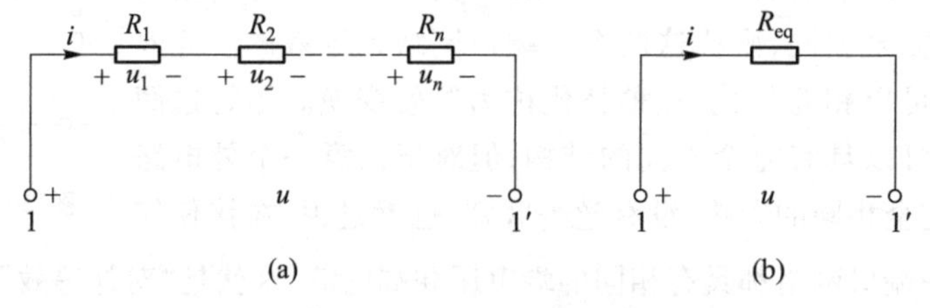

图 2-2-1 电阻的串联

由式(2-2-3)可知,等效电阻 R_{eq} 必定大于串联的任何一个电阻的阻值,即

$$R_{\text{eq}}>R_k \qquad k=1,2,\cdots,n \tag{2-2-4}$$

可以证明,n 个串联电阻吸收的总功率等于其等效电阻吸收的功率,即

$$P=\sum_{k=1}^{n}P_k=\sum_{k=1}^{n}(R_k i^2)=R_{\text{eq}}i^2 \tag{2-2-5}$$

式中,P_k 代表电阻 R_k 吸收的功率,P 代表吸收的总功率。

电阻串联时,每个电阻的电压

$$u_k=R_k i=\frac{R_k}{R_{\text{eq}}}u \qquad k=1,2,\cdots,n \tag{2-2-6}$$

式(2-2-6)称为电压分配公式,简称分压公式。它表明:串联的任何一个电阻的电压等于该电阻对等效电阻的比值乘以总电压。也就是说,串联的每一个电阻的电压与其电阻值成正比,电阻值大的分配到的电压高。

n 个电阻的并联电路如图 2-2-2(a)所示。电阻并联时,在外加电源作用下,任何时刻每个电阻的电压是同一个电压。设并联的每个电阻的电导值分别为 G_1、G_2、…、G_n,总电压为 u,总电流为 i,并联的每个电阻的电流分别为 i_1、i_2、…、i_n。在电压和电流关联参考方向下,根据 KCL,得

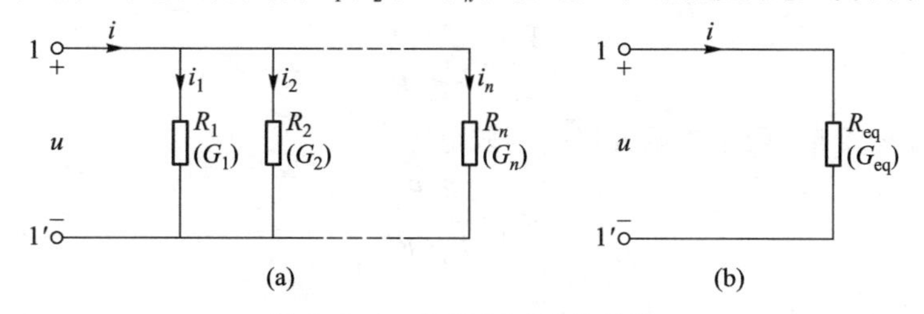

图 2-2-2 电阻(电导)的并联

$$i=i_1+i_2+\cdots+i_n=\sum_{k=1}^{n} i_k \tag{2-2-7}$$

根据电阻的伏安关系,得

$$i_1=G_1u,i_2=G_2u,\cdots\cdots,i_n=G_nu$$

代入式(2-2-7),得

$$i=(G_1+G_2+\cdots+G_n)u=G_{eq}u \tag{2-2-8}$$

其中

$$G_{eq}=\frac{i}{u}=G_1+G_2+\cdots+G_n=\sum_{k=1}^{n} G_k \tag{2-2-9}$$

式中,G_{eq}称为并联电阻的等效电导。

用等效电导 G_{eq}替代这 n 个并联电阻后,电路如图 2-2-2(b)所示。就端口 1-1′处的伏安关系而言,图 2-2-2(a)和图 2-2-2(b)所示的两个一端口网络是完全相同的。

由式(2-2-9)可知,等效电导 G_{eq}必定大于并联的任何一个电阻的电导值,即

$$G_{eq}>G_k \qquad k=1,2,\cdots,n \tag{2-2-10}$$

并联的每个电阻

$$R_k=1/G_k \qquad k=1,2,\cdots,n \tag{2-2-11}$$

并联电阻的等效电阻

$$R_{eq}=1/G_{eq} \tag{2-2-12}$$

因此

$$R_{eq}<R_k \qquad k=1,2,\cdots,n \tag{2-2-13}$$

即并联电阻的等效电阻必定小于并联的任何一个电阻的阻值。

可以证明,n 个并联电阻吸收的总功率等于其等效电阻吸收的功率,即

$$P=\sum_{k=1}^{n} P_k=\sum_{k=1}^{n}(G_ku^2)=G_{eq}u^2=R_{eq}i^2 \tag{2-2-14}$$

电阻并联时,每个电阻中的电流

$$i_k = G_k u = \frac{G_k}{G_{eq}} i \qquad k=1,2,\cdots,n \tag{2-2-15}$$

式(2-2-15)称为电流分配公式,简称分流公式。它表明,并联的任何一个电阻的电流等于该电阻的电导对等效电导的比值乘以总电流。也就是说,并联的每一个电阻的电流与其电导值成正比。电导值越大,分配到的电流也越大。

等效电阻与并联的每个电阻之间的关系为

$$\frac{1}{R_{eq}} = \sum_{k=1}^{n} \frac{1}{R_k} \tag{2-2-16}$$

由上式知,当 $n=2$ 时,两个电阻并联的等效电阻

$$R_{eq} = \frac{R_1 R_2}{R_1 + R_2} \tag{2-2-17}$$

如图 2-2-3 所示。

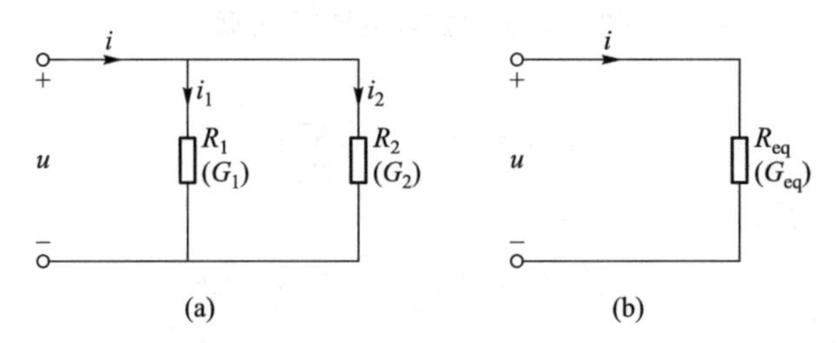

图 2-2-3 两个电阻(电导)的并联

两个电阻并联时,用电阻表示电流分配公式时,得

$$i_1 = \frac{G_1}{G_1 + G_2} i = \frac{R_2}{R_1 + R_2} i \tag{2-2-18}$$

$$i_2 = \frac{G_2}{G_1 + G_2} i = \frac{R_1}{R_1 + R_2} i \tag{2-2-19}$$

应当注意,当 $n=3$ 时,应按式(2-2-16)计算,得

$$R_{eq} = \frac{1}{\frac{1}{R_1} + \frac{1}{R_2} + \frac{1}{R_3}} = \frac{R_1 R_2 R_3}{R_1 R_2 + R_2 R_3 + R_3 R_1}$$

特别注意

$$R_{eq} \neq \frac{R_1 R_2 R_3}{R_1 + R_2 + R_3}$$

电阻串联的电压分配公式和电阻并联的电流分配公式是简单电阻电路分析中非常有用的两个公式。

通过对电阻串联与电导并联分析,不难发现,电阻串联与电导并联具有对偶性。例如,在电流 i 和电压 u 的关联参考方向下,电阻 R 的伏安关系是 $u=Ri$,而电导 G 的伏安关系是 $i=Gu$。考察上述两个关系式可知,如电压 u 和电流 i 互换,电阻 R 和电导 G 互换,则对应的伏安关系式可以相互转换而形式不变。这些可以相互转换的元素称为对偶元素,而这两个关系式称为对偶关系式。

既有电阻串联又有电阻并联的连接方式,称为电阻混联或电阻串并联。电阻混联电路多种多样,可以应用串联电阻的等效电阻公式、并联电阻的等效电阻公式以及电压分配公式、电流分配公式对电阻混联电路进行分析。

例 2-1 图 2-2-4 所示为一个电阻分压器电路。电阻分压器的固定端 a 和 b 连接到直流电压源,固定端 b 和活动端 c 经开关 S 连接到负载电阻 R_L。利用活动端 c 的滑动,可向负载电阻输出 $0 \sim U_s$ 的可变电压。已知直流电压源电压 $U_s = 30$ V,活动端 c 的位置使 $R_1 = 600\ \Omega$,$R_2 = 400\ \Omega$,求:

(1) 开关 S 打开时分压器的输出电压 U_2;

(2) 负载电阻 $R_L = 1.2$ kΩ 时,闭合开关 S 后分压器的输出电压 U_2;

(3) 负载电阻 $R_L = 15$ kΩ 时,闭合开关 S 后分压器的输出电压 U_2。

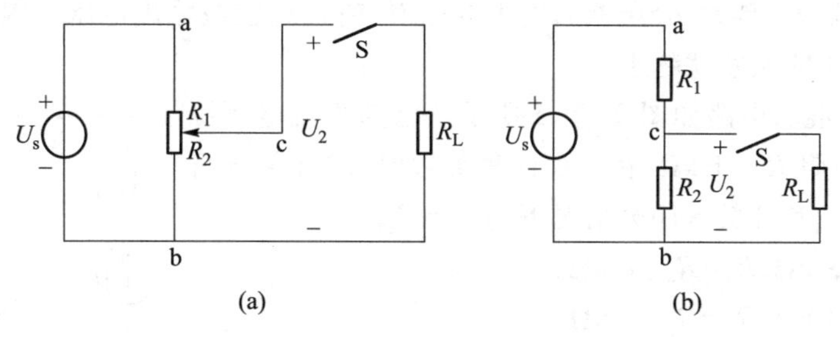

图 2-2-4 例 2-1 的电路

解 将电路重新画成如图 2-2-4(b)所示电路。

(1) 当开关 S 打开时,等效电阻

$$R_{eq} = R_1 + R_2 = 600\ \Omega + 400\ \Omega = 1\ 000\ \Omega$$

根据电压分配公式得输出电压

$$U_2 = \frac{R_2}{R_{eq}} U_s = \frac{400}{1\ 000} \times 30\ \text{V} = 12\ \text{V}$$

(2) 当开关 S 闭合后,电阻 R_2 和 R_L 并联后再和 R_1 串联。R_2 和 R_L 并联的等效电阻

$$R_{cb} = \frac{R_2 R_L}{R_2 + R_L} = \frac{400 \times 1\ 200}{400 + 1\ 200}\ \Omega = 300\ \Omega$$

电路的等效电阻 R_{eq} 为 R_{cb} 和 R_1 串联,故

$$R_{eq} = R_{cb} + R_1 = 300\ \Omega + 600\ \Omega = 900\ \Omega$$

根据电压分配公式,得输出电压

$$U_2 = \frac{R_{cb}}{R_{eq}} U_s = \frac{300}{900} \times 30\ \text{V} = 10\ \text{V}$$

由(1)和(2)的计算结果可见,分压器在空载和负载两种情况下的输出电压是不同的。输出电压将随着负载电阻的大小而改变。如果将负载电阻 R_L 看成是内阻为 R_L 的电压表,在 $R_L = 1.2$ kΩ 情况下其读数为 10 V。而分压器在不接此电压表的情况下输出电压为 12 V。可见测量结果有误差。其相对误差

$$\gamma = \frac{10 - 12}{12} \times 100\% \approx -16.67\%$$

(3) 当负载电阻增至 15 kΩ 时,开关 S 闭合后

$$R_{cb}=\frac{R_2R_L}{R_2+R_L}=\frac{400\times15\ 000}{400+15\ 000}\ \Omega\approx389.61\ \Omega$$

$$R_{eq}=R_{cb}+R_1=389.61\ \Omega+600\ \Omega=989.61\ \Omega$$

根据电压分配公式,得输出电压

$$U_2=\frac{R_{cb}}{R_{eq}}U_s=\frac{389.61}{989.61}\times30\ \text{V}\approx11.81\ \text{V}$$

此时,相对误差

$$\gamma=\frac{11.81-12}{12}\times100\%\approx-1.58\%$$

可见,负载电阻 R_L 越大,分压器的输出电压 U_2 越接近空载输出电压。因此,电压表的内阻值越大,测得的电压的误差就越小。

例 2-2 电阻混联电路如图 2-2-5 所示。已知直流电压源电压 $U_s=165$ V,电阻 $R_1=1$ kΩ,在下面两种参数时,求开关 S 打开情况下的电压 U_{cd}和开关 S 闭合情况下的电流 I_{cd}。

(1) $R_2=R_5=3$ kΩ,$R_3=R_4=6$ kΩ;

(2) $R_2=R_3=3$ kΩ,$R_4=R_5=6$ kΩ。

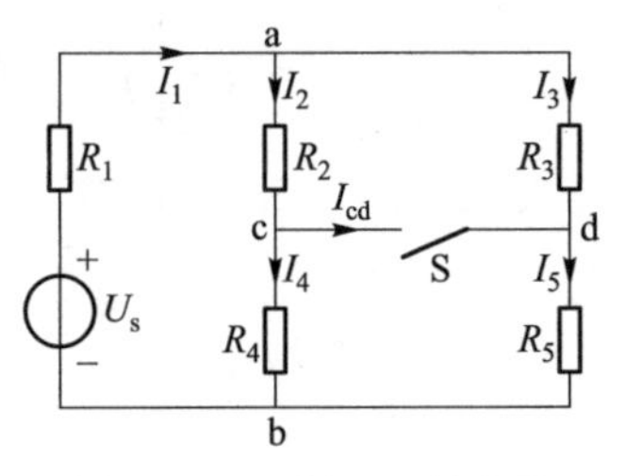

图 2-2-5 例 2-2 的电路

解 设各支路电流参考方向如图 2-2-5 所示。

(1) 当开关 S 打开时,电阻 R_2 和 R_4 串联,其等效电阻

$$R_{24}=R_2+R_4=9\ \text{k}\Omega$$

电阻 R_3 和 R_5 串联,其等效电阻

$$R_{35}=R_3+R_5=9\ \text{k}\Omega$$

等效电阻 R_{24}和 R_{35}并联后的等效电阻

$$R_{ab}=\frac{R_{24}R_{35}}{R_{24}+R_{35}}=4.5\ \text{k}\Omega$$

电路的等效电阻 R_{eq}为 R_1 和 R_{ab}串联,故

$$R_{eq}=R_1+R_{ab}=5.5\ \text{k}\Omega$$

根据电压分配公式,得

$$U_{ab}=\frac{R_{ab}}{R_{eq}}U_s=\frac{4.5}{5.5}\times165\ \text{V}=135\ \text{V}$$

$$U_{cb}=\frac{R_4}{R_{24}}U_{ab}=\frac{6}{9}\times135\ \text{V}=90\ \text{V}$$

$$U_{db}=\frac{R_5}{R_{35}}U_{ab}=\frac{3}{9}\times135\ \text{V}=45\ \text{V}$$

对闭合节点序列(c,d,b,c)列写 KVL 方程,得

$$U_{cd}+U_{db}+U_{bc}=0$$

故

$$U_{cd}=-U_{db}-U_{bc}=-U_{db}+U_{cb}=-45\ \text{V}+90\ \text{V}=45\ \text{V}$$

当开关 S 闭合后，电阻 R_2 和 R_3 并联，电阻 R_4 和 R_5 并联，其等效电阻分别为

$$R_{23}=\frac{R_2R_3}{R_2+R_3}=2\ \mathrm{k\Omega}$$

$$R_{45}=\frac{R_4R_5}{R_4+R_5}=2\ \mathrm{k\Omega}$$

电阻 R_{23} 和 R_{45} 串联后再和 R_1 串联，其等效电阻

$$R_{eq}=R_{23}+R_{45}+R_1=5\ \mathrm{k\Omega}$$

电路总电流

$$I_1=\frac{U_s}{R_{eq}}=\frac{165\ \mathrm{V}}{5\ \mathrm{k\Omega}}=33\ \mathrm{mA}$$

根据电流分配公式，得

$$I_2=\frac{R_3}{R_2+R_3}I_1=\frac{6}{3+6}\times 33\ \mathrm{mA}=22\ \mathrm{mA}$$

$$I_4=\frac{R_5}{R_4+R_5}I_1=\frac{3}{3+6}\times 33\ \mathrm{mA}=11\ \mathrm{mA}$$

对节点 c 列写 KCL 方程，得

$$-I_2+I_{cd}+I_4=0$$

故

$$I_{cd}=I_2-I_4=22\ \mathrm{mA}-11\ \mathrm{mA}=11\ \mathrm{mA}$$

(2) 当开关 S 打开时，由电压分配公式，得

$$U_{cb}=\frac{R_4}{R_2+R_4}U_{ab}=\frac{6}{3+6}U_{ab}=\frac{2}{3}U_{ab}$$

$$U_{db}=\frac{R_5}{R_3+R_5}U_{ab}=\frac{6}{3+6}U_{ab}=\frac{2}{3}U_{ab}$$

于是

$$U_{cd}=U_{cb}-U_{db}=0$$

当开关 S 闭合时，由电流分配公式，得

$$I_2=\frac{R_3}{R_2+R_3}I_1=\frac{3}{3+3}I_1=\frac{1}{2}I_1$$

$$I_4=\frac{R_5}{R_4+R_5}I_1=\frac{6}{6+6}I_1=\frac{1}{2}I_1$$

于是

$$I_{cd}=I_2-I_4=0$$

说明开关 S 支路中无电流。

在电路分析中有时会遇到两种特殊情况：一是某条支路电流为零；二是某条支路电压为零。

遇到此类情况时可以将电流为零的支路断开,而将电压为零的支路用“短路”替代。这样处理后,不影响其他未处理支路的电压和电流,大大地简化了电路的分析和计算。

思考与练习

2-2-1 在计算电阻混联的电路时,你是如何判别各电阻之间的连接关系的?有没有总结出自己的几条小“经验”?

2-2-2 在应用分压公式、分流公式时需不需要考虑电压、电流的参考方向?若遇电压、电流参考方向非关联,分压公式、分流公式应如何变化?

2-2-3 合并题2-2-3图中所示电路中的电阻,求出该电路的等效电阻 R_{ab}。

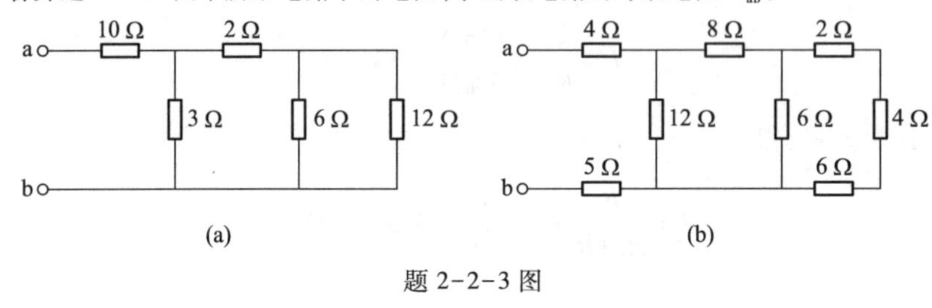

题2-2-3图

2.3 电阻的Y-△等效变换

电阻的Y-△等效变换

在分析电阻电路时,有时会遇到电阻的连接既不是串联又不是并联的情况。例如,在图2-3-1(a)所示电路中,电阻 R_1、R_2、R_3 分别连接在节点a、b、c的每两个节点之间而构成电阻三角形(△形)联结。电阻 R_2、R_3、R_4 的一端连接在公共节点c,它们的另一端分别连接到节点a、b、d而构成电阻星形(Y形)联结。图2-3-1(a)也称为桥形电路,即具有四个节点,每个节点有三条支路相连的电路结构。桥形电路平衡条件是,任一对边桥臂电阻乘积等于另一对边桥臂电阻乘积,这里 $R_2R_5=R_1R_4$,此时将中间支路(此处 R_3 支路)断开或短路都不影响其他支路的电压和电流。当桥形电路不平衡时,不能直接应用上节介绍的电阻串联和并联的等效电阻公式来等效变换一端口电阻电路。如果能将图2-3-1(a)所示电路中△形联结的电阻 R_1、R_2 和 R_3 等效变换成图2-3-1(b)所示的Y形联结的电阻 R_a、R_b 和 R_c;或将图2-3-1(a)所示电路中Y形联结的电阻 R_2、R_3 和 R_4 等效变换成图2-3-1(c)所示的△形联结的电阻 R_{ab}、R_{bd} 和 R_{da},则可以看出图2-3-1(b)和(c)所示电路中的电阻或是串联或是并联,便可以应用电阻串联和并联的等效电阻公式很方便地求得节点a和d之间的等效电阻。由于等效变换,使得图2-3-1(b)和(c)所示电路的节点a和d之间的等效电阻就等于原来图2-3-1(a)所示电路中节点a和d之间的等效电阻。

在图2-3-1(a)所示电路中,电阻 R_3、R_4、R_5 分别连接在节点b、c、d的每两个节点之间,也构成电阻三角形(△形)联结。三角形(△形)联结也被称作π形联结。

在图2-3-1(a)所示电路中,电阻 R_1、R_3、R_5 有一端连接在公共节点b,它们的另一端分别连接到节点a、c、d而构成电阻星形(Y形)联结。星形(Y形)联结也被称作T形联结。

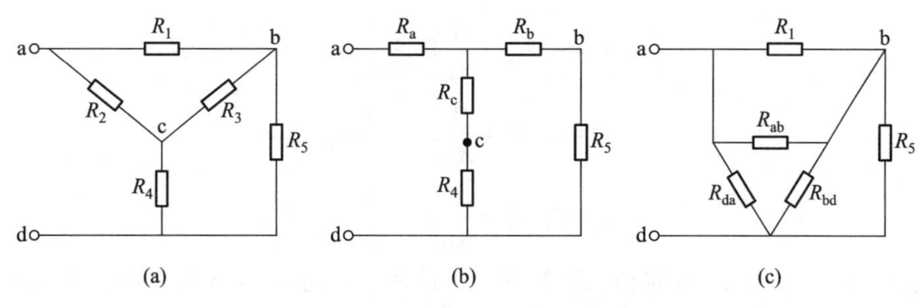

图 2-3-1 电阻的 Y 形和△形联结

下面讨论电阻 Y 形联结和△形联结的等效变换公式。电阻的 Y 形联结和△形联结都是通过三个不同的端钮与外电路相连接,两者之间等效变换要求对外部而言,其端钮处的伏安关系应完全相同,即当它们对应的端钮之间的电压相同时,流入对应端钮的电流也必须相同。设电阻 R_1、R_2 和 R_3 连接在端钮 1、2 和 3,构成 Y 形联结,如图 2-3-2(a)所示。设电阻 R_{12}、R_{23}和 R_{31}连接在端钮 1、2 和 3,构成△形联结,如图 2-3-2(b)所示。这两个电路都与外电路相连接,在它们对应的端钮之间具有相同的电压 u_{12}、u_{23}和 u_{31}。如果这两个电路彼此等效,则流入对应端钮的电流必须分别相同,即

$$i_1=i_1',\qquad i_2=i_2',\qquad i_3=i_3'$$

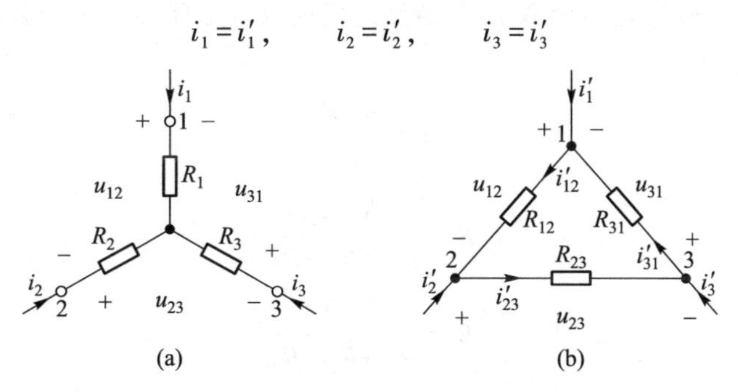

图 2-3-2 电阻的 Y-△等效变换

对于图 2-3-2(a)所示电阻 Y 形联结电路,根据 KCL,得

$$i_1+i_2+i_3=0 \tag{2-3-1}$$

根据 KVL,得

$$u_{12}=R_1\, i_1-R_2\, i_2 \tag{2-3-2}$$

$$u_{23}=R_2\, i_2-R_3\, i_3 \tag{2-3-3}$$

联立并求解式(2-3-1)、式(2-3-2)、式(2-3-3),得

$$i_1=\frac{R_3u_{12}}{R_1R_2+R_2R_3+R_3R_1}-\frac{R_2u_{31}}{R_1R_2+R_2R_3+R_3R_1} \tag{2-3-4}$$

$$i_2=\frac{R_1u_{23}}{R_1R_2+R_2R_3+R_3R_1}-\frac{R_3u_{12}}{R_1R_2+R_2R_3+R_3R_1} \tag{2-3-5}$$

$$i_3=\frac{R_2u_{31}}{R_1R_2+R_2R_3+R_3R_1}-\frac{R_1u_{23}}{R_1R_2+R_2R_3+R_3R_1} \tag{2-3-6}$$

对于图 2-3-2(b)所示电阻△形联结电路,根据 KCL,得

$$i_1' = i_{12}' - i_{31}' = \frac{1}{R_{12}}u_{12} - \frac{1}{R_{31}}u_{31} \tag{2-3-7}$$

$$i_2' = i_{23}' - i_{12}' = \frac{1}{R_{23}}u_{23} - \frac{1}{R_{12}}u_{12} \tag{2-3-8}$$

$$i_3' = i_{31}' - i_{23}' = \frac{1}{R_{31}}u_{31} - \frac{1}{R_{23}}u_{23} \tag{2-3-9}$$

不论电压 u_{12}、u_{23} 和 u_{31} 为何值，图 2-3-2(a)和(b)所示两电路要彼此等效时，则要求式(2-3-4)至式(2-3-6)中有关电压前面的系数必须分别等于式(2-3-7)至式(2-3-9)中对应的有关电压前面的系数。于是，得

$$R_{12} = \frac{R_1R_2 + R_2R_3 + R_3R_1}{R_3} = R_1 + R_2 + \frac{R_1R_2}{R_3} \tag{2-3-10}$$

$$R_{23} = \frac{R_1R_2 + R_2R_3 + R_3R_1}{R_1} = R_2 + R_3 + \frac{R_2R_3}{R_1} \tag{2-3-11}$$

$$R_{31} = \frac{R_1R_2 + R_2R_3 + R_3R_1}{R_2} = R_3 + R_1 + \frac{R_3R_1}{R_2} \tag{2-3-12}$$

式(2-3-10)至式(2-3-12)是电阻Y形联结等效变换成△形联结的三个公式。

由上述三式可得到

$$R_1 = \frac{R_{12}R_{31}}{R_{12} + R_{23} + R_{31}} \tag{2-3-13}$$

$$R_2 = \frac{R_{23}R_{12}}{R_{12} + R_{23} + R_{31}} \tag{2-3-14}$$

$$R_3 = \frac{R_{31}R_{23}}{R_{12} + R_{23} + R_{31}} \tag{2-3-15}$$

式(2-3-13)至式(2-3-15)是电阻△形联结等效变换成Y形联结的三个公式。

为了便于记忆，将式(2-3-10)至(2-3-12)中电阻用电导表示，改写为

$$G_{12} = \frac{G_1G_2}{G_1 + G_2 + G_3} \tag{2-3-16}$$

$$G_{23} = \frac{G_2G_3}{G_1 + G_2 + G_3} \tag{2-3-17}$$

$$G_{31} = \frac{G_3G_1}{G_1 + G_2 + G_3} \tag{2-3-18}$$

这样，式(2-3-16)至式(2-3-18)便与式(2-3-13)至式(2-3-15)具有类似的形式。

用文字表达如下：

$$\text{星形(Y形)电阻} = \frac{\text{三角形(△形)相邻电阻的乘积}}{\text{三角形(△形)电阻之和}}$$

$$\text{三角形(△形)电导} = \frac{\text{星形(Y形)相邻电导的乘积}}{\text{星形(Y形)电导之和}}$$

如果 Y 形联结的三个电阻相等，即 $R_1=R_2=R_3=R_Y$，则等效变换成△形联结的三个电阻也相等，即 $R_{12}=R_{23}=R_{31}=R_\triangle$，而且

$$R_\triangle=3R_Y \tag{2-3-19}$$

反之，得

$$R_Y=R_\triangle/3 \tag{2-3-20}$$

在比较复杂的电路中，可以应用式(2-3-10)至式(2-3-20)对电阻进行 Y-△等效变换，从而简化电路的计算，同时，并不影响电路中其余未经变换部分的电压和电流。

例 2-3 求图 2-3-3(a)所示桥形电阻电路中的电流 I。

解 如果能求得图 2-3-3(a)所示电路中端钮 a 和 b 之间的等效电阻 R_{eq}，则可应用电阻的伏安关系求得电流 I。

可见电路中含有不平衡的桥形电路，利用电阻 Y-△等效变换将桥形电路结构进行变形，可以将端钮 c、d 和 e 之间连接成△形的三个电阻等效成 Y 形联结；也可以将端钮 b、c 和 d 之间连接成△形的三个电阻等效变换成 Y 形联结。经过比较，可以看出后者的电阻△-Y 等效变换更简捷，因为△形联结的三个电阻相等，均为 9 Ω，故等效变换成 Y 形联结的三个电阻也相等，而且 $R_Y=R_\triangle/3=3\ \Omega$。结果如图 2-3-3(b)所示。然后应用电阻串联、并联的等效电阻公式，不难求得电路在端钮 a 和 b 之间的等效电阻。

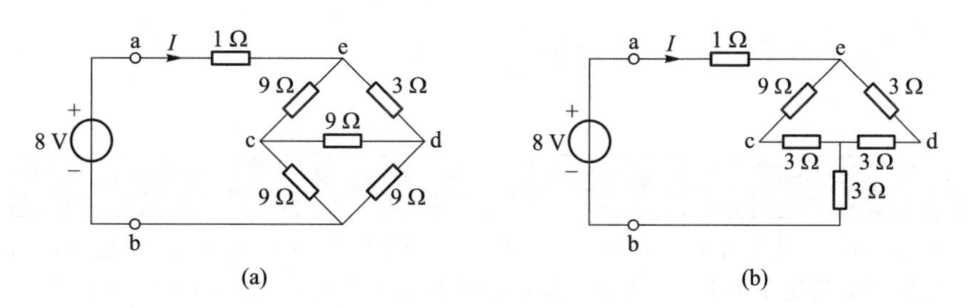

图 2-3-3 例 2-3 的电路

$$R_{eq}=1\ \Omega+\frac{(3+9)\times(3+3)}{(3+9)+(3+3)}\Omega+3\ \Omega=8\ \Omega$$

故电流

$$I=\frac{8}{R_{eq}}=1\ \text{A}$$

通过例 2-3 可以看出，在进行电阻△-Y(或 Y-△)等效变换时，应该考虑如何进行等效变换更简捷。一方面要尽量利用电路中三个相等的电阻进行电阻 Y-△(或△-Y)等效变换；另一方面要使等效变换的次数尽量少。例如，对图 2-3-3(a)所示电路而言，如果首先对端钮 a、c 和 d 之间连接成 Y 形的三个电阻等效变换成△形联结的三个电阻，一方面由于 Y 形联结的三个电阻阻值不同而使计算过程烦琐；另一方面，在电阻 Y-△等效变换后，仍然不能直接运用电阻串联、并联的等效电阻公式，必须再一次进行电阻△-Y 等效变换。今后应用电阻△形联结和 Y 形联结的等效变换时，一定要考虑到这些问题，使得运用更合理、更巧妙。

例 2-4 求图 2-3-4 所示电路中的电流 I。

解 本例 2-4 电路和例 2-3(a)电路均为桥形电路，可以先进行电阻 Y-△(或△-Y)等效变

换,求出电流 I。但是,仔细观察本例电路结构特点和元件参数,不难看出这是一个平衡电阻电桥电路。电阻电桥电路的平衡条件是任一对边桥臂电阻乘积必须等于另一对边桥臂电阻乘积。当电阻电桥电路平衡时,10 Ω电阻支路中电流等于零,端钮 c 和 d 之间的电压也等于零。考虑到 10 Ω 电阻支路中电流等于零,可以将该支路断开。考虑到端钮 c 和 d 之间电压等于零,也可以将端钮 c 和 d 短接,即将 10 Ω 电阻支路用“短路”替代。这两种处理都不影响其他支路的电压和电流。

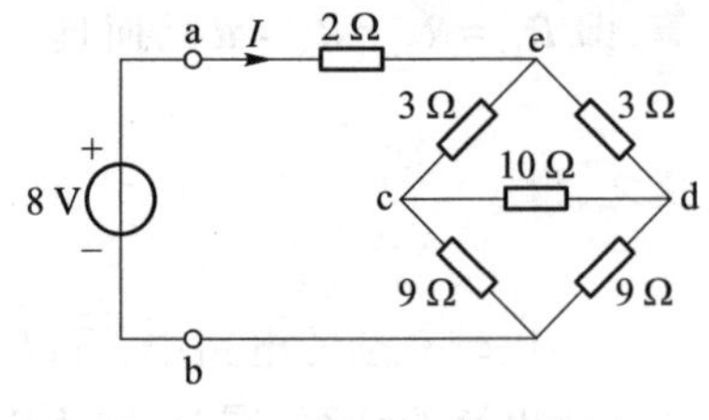

图 2-3-4 例 2-4 的电路

如果将 10 Ω 电阻支路断开,便可以直接运用电阻串联、并联的等效电阻公式计算电路的总等效电阻

$$R_{eq}=2\ \Omega+\frac{1}{2}\times(3+9)\ \Omega=8\ \Omega$$

如果将 10 Ω 电阻支路用“短路”替代,同样可以直接运用电阻串联、并联的等效电阻公式计算电路的总等效电阻

$$R_{eq}=2\ \Omega+\frac{3}{2}\ \Omega+\frac{9}{2}\ \Omega=8\ \Omega$$

故电流

$$I=\frac{8\ \text{V}}{R_{eq}}=1\ \text{A}$$

思考与练习

2-3-1 同学 A 讲:二端电路 VAR 用一个式子表示,三端电路 VAR 用两个式子描述,据此推论,对一般的 n 端子电路,其 VAR 要用 $n-1$ 个式子表示。你认为他归纳联想的这些结论正确吗?为什么?

2-3-2 同学 B 说:某电路中 T 形结构的三个电阻被与之等效的 π 形结构的三个电阻代替,代替前、后流进(或流出)各对应端子的电流相等;代替前、后各对应端子间的电压相等;代替前三个电阻吸收的功率总和与代替后三个电阻吸收的功率总和相等。你同意这些观点吗?请说明理由。

2-3-3 将题 2-3-3 图中所示的 Y 形电阻电路等效变换为△形电阻电路。

2-3-4 试求题 2-3-4 图中电桥电路的等效电阻 R_{ab}。

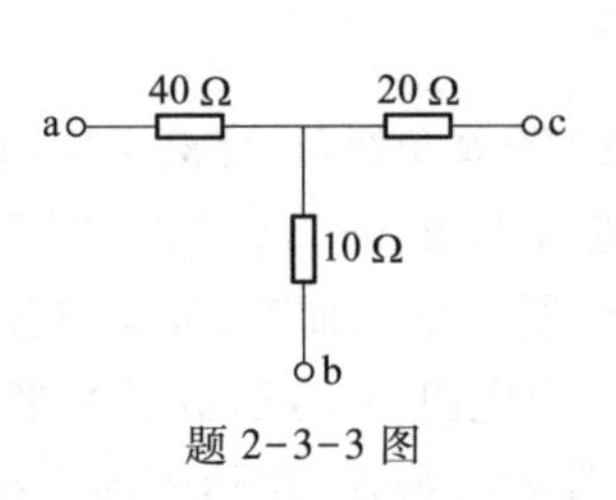

题 2-3-3 图

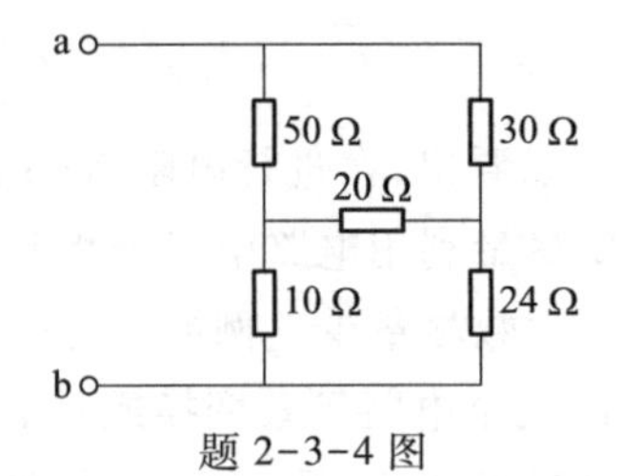

题 2-3-4 图

2.4　电压源、电流源的串联和并联

当 n 个电压源串联时，可以用一个电压源等效替代，这个等效电压源的电压等于这 n 个电压源电压的代数和，即

$$u_s=\sum_{k=1}^{n}u_{sk} \tag{2-4-1}$$

当 u_{sk} 方向与 u_s 方向一致时前面取正号；u_{sk} 方向与 u_s 方向相反时，前面取负号。例如，图 2-4-1(a) 所示两个电压源串联电路的等效电路如图 2-4-1(b) 所示，其中 $u_s=u_{s1}-u_{s2}$。

电压源并联时需要注意，只有电压相等的 n 个电压源才允许同极性并联，如图 2-4-2(a) 所示，而且可以用并联中的一个电压源等效替代，如图 2-4-2(b) 所示。

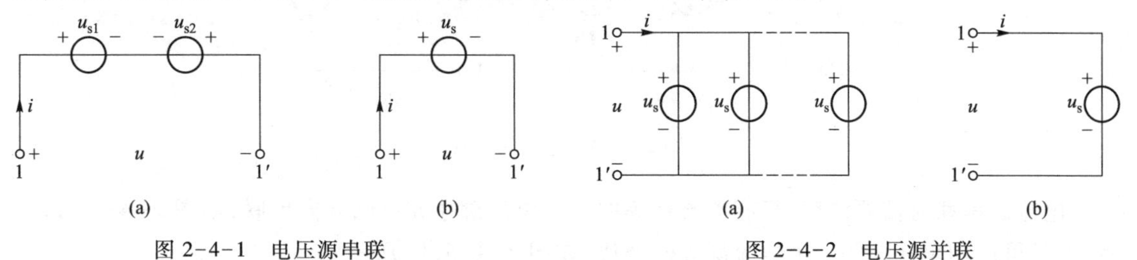

图 2-4-1　电压源串联　　　　图 2-4-2　电压源并联

对外部而言：从端口伏安关系完全相同的等效角度看，一个电压源 u_s 和任何一条支路(一个电流源 i_s 或一个电阻 R)并联，如图 2-4-3(a) 所示，可以用一个等效电压源替代，这个等效电压源的电压就是 u_s，如图 2-4-3(b) 所示。但是这个等效电压源的电流等于输出电流 i，而不等于替代前的电压源的电流 i_1，即 $i\neq i_1$，如图 2-4-3(a)、(b) 所示。

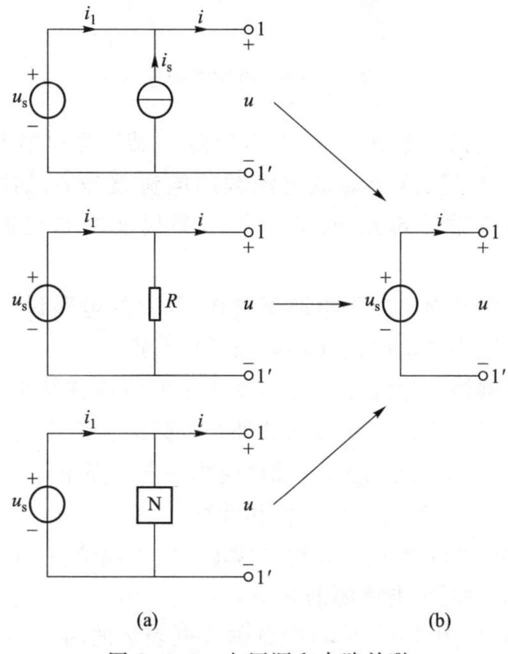

图 2-4-3　电压源和支路并联

可见,与理想电压源并联的电路对外电路不起作用,对外电路讨论时可将其视为断开;若要计算流过电压源支路的电流时,并联电路的作用必须予以考虑。

理想电流源的并联和串联

当 n 个电流源并联时,可以用一个电流源等效替代,这个等效电流源的电流等于这 n 个电流源电流的代数和,即

$$i_s = \sum_{k=1}^{n} i_{sk} \tag{2-4-2}$$

当 i_{sk} 方向与 i_s 方向一致时,前面取正号;i_{sk} 方向与 i_s 方向相反时,前面取负号。例如,图2-4-4(a)所示两个电流源并联电路的等效电路如图 2-4-4(b)所示,其中 $i_s = i_{s1} - i_{s2}$。

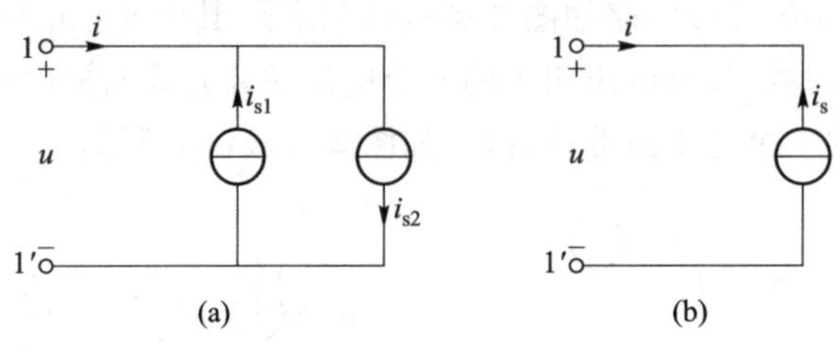

图 2-4-4 电流源并联

电流源串联时需要注意,只有电流相等的 n 个电流源才允许同方向串联,如图 2-4-5(a)所示,而且可以用串联中的一个电流源等效替代,如图 2-4-5(b)所示。

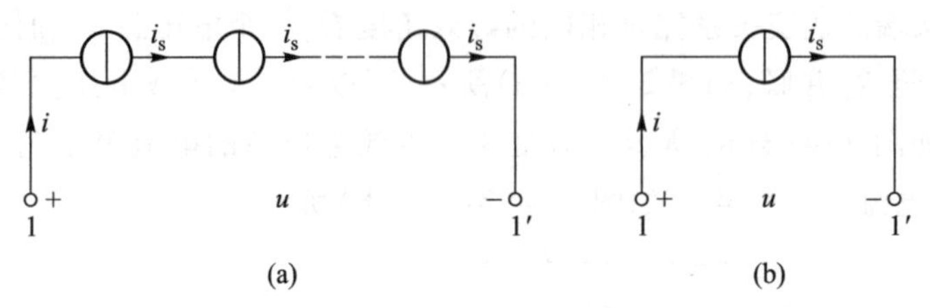

图 2-4-5 电流源串联

同样,一个电流源 i_s 和任何一条支路(一个电压源 u_s 或一个电阻 R)串联,如图 2-4-6(a)所示,可以用一个等效电流源替代,这个等效电流源的电流就是 i_s,如图 2-4-6(b)所示。但是这个等效电流源的电压等于输出电压 u,而不等于替代前的电流源的电压 u_1,即 $u \neq u_1$,如图 2-4-6(a)、(b)所示。

可见,与理想电流源串联的电路对外电路不起作用,对外电路讨论时可将它们用短路替代;若要计算电流源的端电压时,串联电路的作用必须予以考虑。

这里再次强调,一端口网络的等效变换虽然改变了网络内部结构,但是,一端口网络对外的伏安关系保持不变。因此,等效变换后不影响其外接电路的工作情况。但是,等效变换后的电路与原电路不相同。在要求计算等效变换前一端口网络中各支路电压、电流和功率时,还应按照原来一端口网络的连接情况和元件参数进行分析和计算。

例 2-5 电路如图 2-4-7(a)所示,已知电压源 $U_{s1} = 1$ V,电流 $I_{s1} = 1$ A,$I_{s2} = 2$ A,电阻 $R_1 = 3$ Ω,$R_2 = 4$ Ω,求电路中的电流 I 和两个电流源的功率。

解 对于外电路 R_2 而言,图 2-4-7(a)中点画线框表示的两个一端口网络可以应用电流源

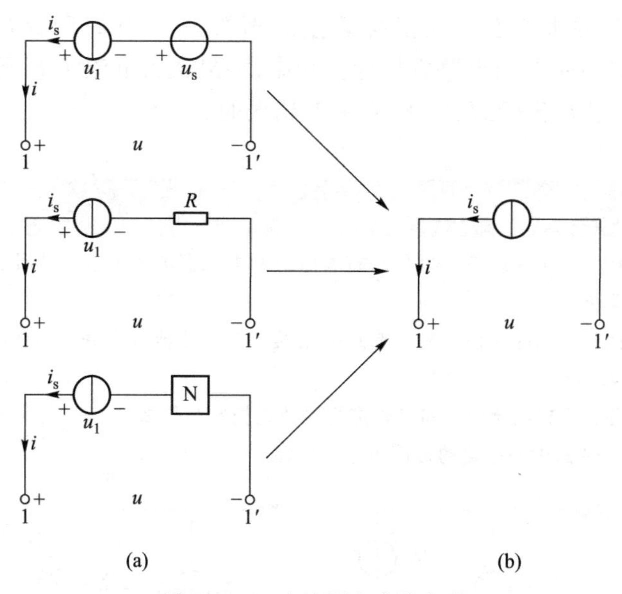

图 2-4-6 电流源和支路串联

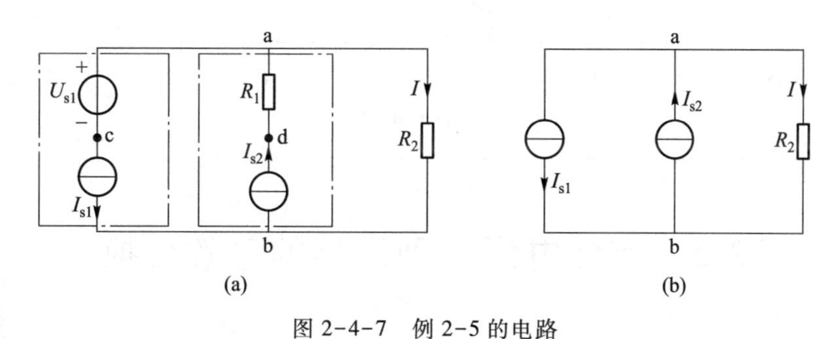

图 2-4-7 例 2-5 的电路

和任何一条支路串联的等效变换方法进行等效替代，得到图 2-4-7(b)所示等效电路，对该电路中节点 a 列写 KCL 方程，得

$$I=I_{s2}-I_{s1}=1\ \text{A}$$

故

$$U_{ab}=R_2I=4\times1\ \text{V}=4\ \text{V}$$

根据原电路，即图 2-4-7(a)所示电路进行功率计算。对原电路中闭合节点序列(a,d,b,a)列写 KVL 方程，得电流源 I_{s2} 的端电压

$$U_{db}=U_{da}+U_{ab}=R_1I_{s2}+U_{ab}=(3\times2+4)\ \text{V}=10\ \text{V}$$

对于电流源 I_{s2}，其端电压 U_{db} 和电流 I_{s2} 为非关联参考方向，故它吸收的功率

$$-U_{db}I_{s2}=(-10\times2)\ \text{W}=-20\ \text{W}$$

即电流源 I_{s2} 实际上发出功率 20 W。

对闭合节点序列(a,c,b,a)列写 KVL 方程，得电流源 I_{s1} 的端电压

$$U_{cb}=U_{ca}+U_{ab}=-U_{s1}+U_{ab}=(-1+4)\ \text{V}=3\ \text{V}$$

对于电流源 I_{s1}，其端电压 U_{cb} 和电流 I_{s1} 为关联参考方向，故它吸收的功率

$$U_{cb}I_{s1}=3\times1\ \text{W}=3\ \text{W}$$

在计算两个电流源的功率时，应该根据原电路，即图2-4-7(a)所示电路进行功率计算，绝不能根据图2-4-7(b)所示等效电路直接计算功率，如果认为电流源I_{s1}吸收功率等于$U_{ab}I_{s1}=4\ W$，电流源I_{s2}吸收功率等于$-U_{ab}I_{s2}=-8\ W$，则是错误的。

思考与练习

2-4-1　电压源为什么不允许短路？两个不同电压值的电压源能否并联？为什么？能否串联？两个电压相同的电压源就能并联吗？

2-4-2　电流源为什么不允许开路？两个不同电流值的电流源能否串联？为什么？能否并联？两个电流相同的电流源就能串联吗？

2-4-3　理想电压源和理想电流源之间能否进行等效变换？为什么？

2-4-4　试求题2-4-4图中各电路的最简单等效电路。

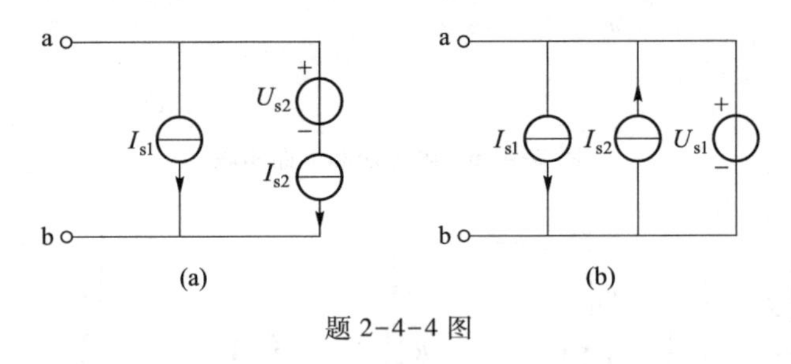

题2-4-4图

2.5　实际电源两种模型的等效变换

实际电源的等效变换

在电路分析中，常将一个理想电压源与一个电阻的串联组合作为实际电压源的电路模型；将一个理想电流源与一个电导的并联组合作为实际电流源的电路模型。实际电压源和实际电流源的电路模型分别如图2-5-1(a)、(b)所示。

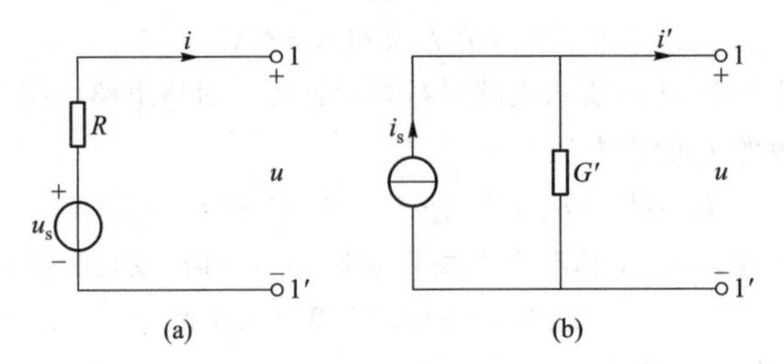

图2-5-1　实际电压源与实际电流源的等效变换

对于图2-5-1(a)所示的实际电压源

$$i=\frac{u_s-u}{R}=\frac{u_s}{R}-\frac{u}{R} \tag{2-5-1}$$

对于图 2-5-1(b)所示的实际电流源

$$i'=i_s-G'u \tag{2-5-2}$$

如果这两种组合可以相互等效替代，则要求它们与外电路连接的端口 1-1′处具有完全相同的伏安关系。本节主要讨论这两种电路模型等效变换必须满足的条件。

根据等效变换的要求，当端口 1-1′处具有相同的电压 u 时，端钮上的电流必须相等，即 $i=i'$。上述两式中对应项应该相等，于是

$$G'=\frac{1}{R},\quad i_s=\frac{u_s}{R} \tag{2-5-3}$$

式(2-5-3)就是实际电压源与实际电流源相互等效替代时必须满足的参数条件。如果已知实际电压源电压 u_s 和电阻 R，则对应的实际电流源中电流源电流 $i_s=\frac{u_s}{R}$，并联的电导 $G'=\frac{1}{R}$。如果已知实际电流源电流 i_s 和电导 G'，则对应的实际电压源中的电压源电压 $u_s=\frac{i_s}{G'}$，串联的电阻$R=\frac{1}{G'}$。

应当注意，在运用式(2-5-3)时，电压源 u_s 的参考极性和电流源 i_s 的参考方向应该如图 2-5-1所示那样，即电流源电流 i_s 的参考方向由电压源电压 u_s 的参考负极指向参考正极。作为验证，可比较两种实际电源端口的开路电压或短路电流是否大小相等、方向相同，若是，则电压源 u_s 参考极性和电流源 i_s 参考方向的对应是正确的；反之，是错误的。另外，在一般情况下，这两种等效变换组合的内部功率情况不相同。但是对外部而言，它们吸收或发出的功率却总是相同的。例如，当不连接外电路，即开路时，$i=0$。在图 2-5-1(a)所示的实际电压源内部，电压源不发出功率，电阻也不吸收功率。而在图 2-5-1(b)所示的实际电流源内部，电流源却发出功率$\frac{i_s^2}{G'}$，而且此功率被并联电导 G'所吸收。但是对外部而言，此时两种组合都是既不发出功率也不吸收功率。由此可见，实际电压源与实际电流源的等效变换是对外部等效，对内部而言，两种实际电源是不同的。

运用本章前四节介绍的等效变换概念，可以对一些电路进行等效化简，使电路分析和计算变得简捷。

例 2-6 电路如图 2-5-2(a)所示，运用等效变换法求支路电流 I。

解 运用等效变换将图 2-5-2(a)所示电路简化为如图 2-5-2(b)所示电路，再等效变换如图 2-5-2(c)、(d)所示。根据图 2-5-2(d)所示电路便可很容易地求得电流

$$I=\frac{24-2}{3+3+2+2}\ \text{A}=2.2\ \text{A}$$

再次强调，等效变换是对外电路而言。因此，在等效变换过程中不要将待求电流或电压的支路参加等效变换，而应当将它作为外电路处理。

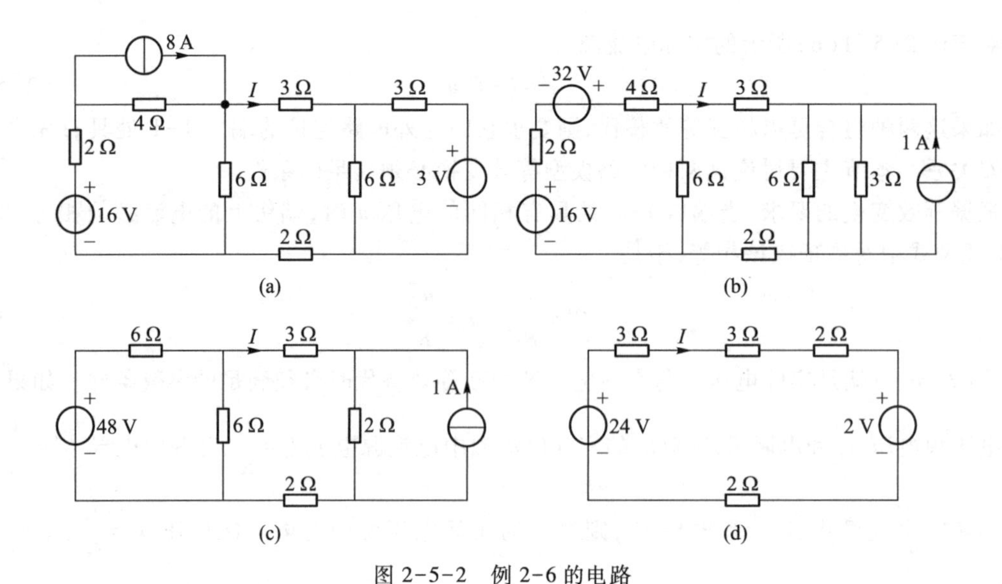

图 2-5-2　例 2-6 的电路

思考与练习

2-5-1　对于两个等效的实际电压源和实际电流源，如果分别外接一个相同的电阻作为负载，两个电源的功率是否相同？两个电源内阻的功率是否相同？为什么？保证两个电源内阻功率相同的条件是什么？

2-5-2　某电源的开路电压为 15 V，其短路电流为 5 A，画出该电源的两种模型。

2-5-3　电源的开路电压为 15 V，当其连接 5 Ω 电阻时，电源端电压降为 5 V，画出该电源的两种模型。

2.6　运用等效变换分析含受控源的电阻电路

含受控源电路的输入电阻

运用等效变换可以解决一些含受控源的电阻电路的分析问题，一般情况下，可以运用实际电源等效变换方法对实际受控源进行变换。应当注意，在变换过程中不要将受控源的控制量消除掉，否则容易出现错误。例如，已知图 2-6-1(a)所示的电压控制电压源和电阻 R_2 的串联组合，可以等效变换为如图 2-6-1(b)所示，电压控制电流源和电导 G_2 的并联组合，其中

$$G_2=\frac{1}{R_2},\quad g=\frac{\mu}{R_2} \tag{2-6-1}$$

反之，已知图 2-6-1(b)所示的电压控制电流源和电导 G_2 的并联组合，也可以等效变换为如图 2-6-1(a)所示的电压控制电压源和电阻 R_2 的串联组合，其中

$$R_2=\frac{1}{G_2},\quad \mu=\frac{g}{G_2} \tag{2-6-2}$$

运用等效变换分析含受控源的电阻电路

同样应当注意：受控电流源 gu_1 的参考方向和受控电压源 μu_1 的参考极性之间的关系，应如图 2-6-1 所示。

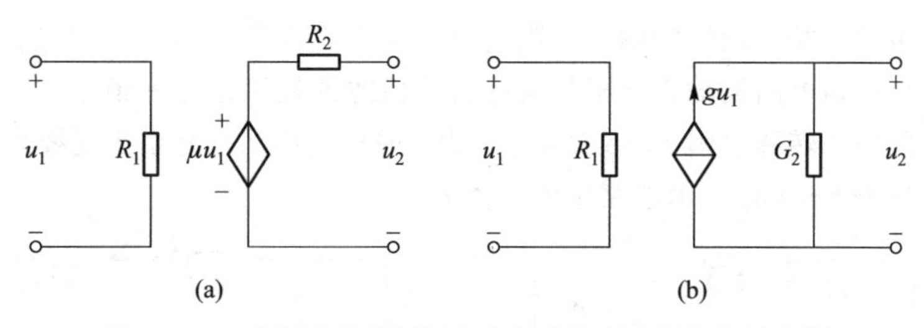

图 2-6-1 实际受控电压源与实际受控电流源的等效变换

受控源不仅具有“电源性”,而且还有“电阻性”,体现在含有受控源而不含有独立源的一端口电路对外电路呈现“电阻性”,运用等效变换方法可以求解一端口电路的输入电阻 R_i。下面通过例题来说明受控源的特殊之处。

例 2-7 求图 2-6-2(a)所示含受控源的一端口网络的输入电阻 R_i。

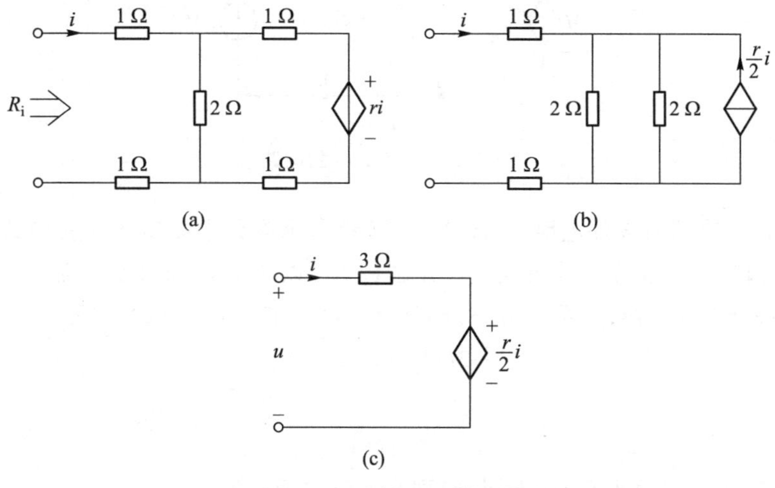

图 2-6-2 例 2-7 的电路

解 将受控电压源视为独立电压源,运用实际电压源与实际电流源之间的等效变换,可以用图 2-6-2(c)所示电路等效替代图 2-6-2(a)所示电路,变换过程如图 2-6-2(b)、(c)所示。在此变换过程中,将受控源视为独立源,而受控源的控制量始终保留而没有消除掉。对图2-6-2(c)所示的一端口网络列写 KVL 方程,得

$$3i+\frac{ri}{2}-u=0$$

根据输入电阻定义,输入电阻 R_i 等于无独立源的一端口网络在端口处的外加电压 u 和端口处标有电压 u 的“+”号的端钮流入的电流 i 之比,得

$$R_i=\frac{u}{i}=3+\frac{r}{2}$$

当 $r>-6\ \Omega$ 时,$R_i>0$;

当 $r=-6\ \Omega$ 时,$R_i=0$;

当 $r<-6\ \Omega$ 时,$R_i<0$。

一个只含电阻的一端口网络的输入电阻将永远不会出现负值情况。但是,一个含受控源的无独立源的一端口电阻电路的输入电阻将会随着受控源的控制系数取值不同而改变,甚至出现负电阻情况。本例中当转移电阻 $r<-6\ \Omega$ 时,一端口向外发出功率是由于受控源发出功率。

例 2-8 求图 2-6-3(a)所示电路中的电流 I_1。

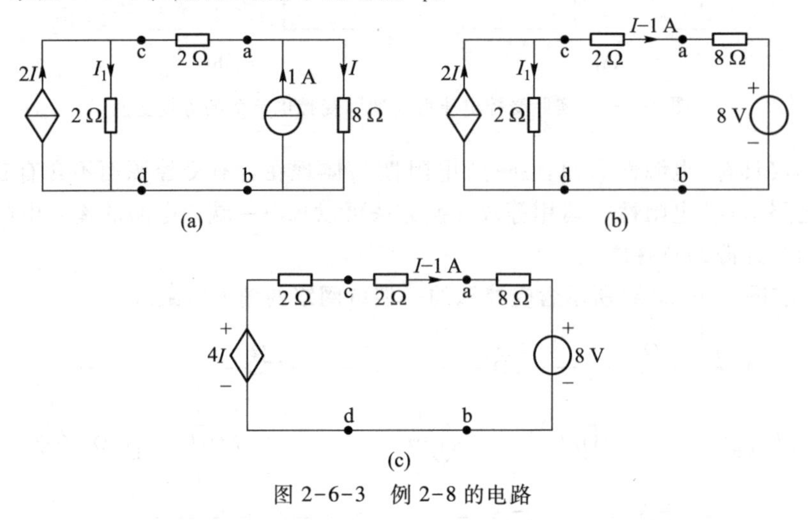

图 2-6-3 例 2-8 的电路

解 将电流 I_1 支路看成外电路,对图 2-6-3(a)所示电路中端钮 a、b 右侧部分电路的受控源控制量 I 进行转移,才能应用等效变换。控制量 I 可以转移成 ca 支路电流($I-1$),对 ab 端钮右侧部分电路进行等效变换,如图 2-6-3(b)所示。列写节点 c 的 KCL 方程

$$-2I+I_1+(I-1)=0$$

即

$$I_1=I+1 \tag{1}$$

对图 2-6-3(b)右侧回路(c-a-b-d-c)列写 KVL 方程,得

$$(8+2)(I-1)+8-2I_1=0$$

解得 $I_1=1.5\ \text{A}$。

为求得控制电流 I,也可以在图 2-6-3(b)中将 $2I$ 受控电流源和 2 Ω 电阻的并联组合进行等效变换,如图 2-6-3(c)所示。对图 2-6-3(c)回路(c-a-b-d-c)列写 KVL 方程,得

$$(2+8+2)(I-1)+8-4I=0$$

$$I=0.5\ \text{A}$$

将 $I=0.5\ \text{A}$ 代入式(1)得 $I_1=1.5\ \text{A}$。

特别注意,对含有受控源的电阻电路进行等效变换时,将受控源视为独立源,但不能将受控源的控制量消除掉。

思考与练习

2-6-1 在计算由电阻和受控源组成的无源一端口网络的等效电阻时,能否将受控电压源用短路替代,将受控电流源用开路替代?说明理由。

2-6-2 何谓输入电阻？何谓输出电阻？在求含有受控源的电阻二端电路的输入电阻或输出电阻时，常用什么方法？

2-6-3 试计算题 2-6-3 图所示电路端口 ab 处的等效电阻。

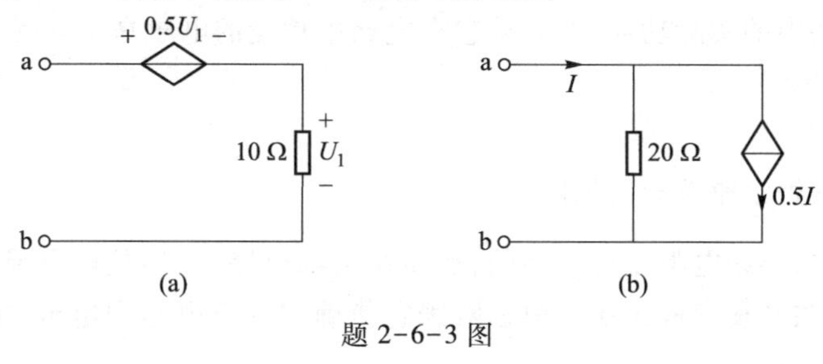

题 2-6-3 图

2.7 应用实例

电阻是最常见的电路元件之一，在电路中应用非常广泛。实际分析与设计电路时，选用电阻器不仅电阻值要满足要求，而且电阻功率也要满足要求，否则会烧坏电阻器。本节通过实例说明电阻功率的选择，以及电阻值测算，如何进行电阻电路故障检测，梯形电阻网络设计。

实例 1：电阻功率的选择

电阻器在电路中长时间连续工作不损坏或不显著改变其性能时所允许消耗的最大功率，称为电阻器的额定功率。电阻器的额定功率也已系列化，标称值通常有 1/8 W、1/4 W、1 W、2 W、3 W、5 W、10 W 等。

电阻器是耗能元件，在工作电路中将电能转化为热能释放。如果耗能太多，将会被烧毁。电阻器工作时实际消耗的功率是消耗功率。因此，并不是电阻的额定功率越大，它在电路中消耗的功率就越大，而是它在电路中可以承受的功率消耗就越大。正确选择电阻的方法，首先是估计电阻在电路中可能消耗的最大功率，然后增加一定的裕量。电阻器的额定功率是电阻器在工作时允许消耗功率的限制。为防止电阻器在电路中被烧毁，选择电阻器时，应使额定功率高于实际消耗功率的 1.5~2 倍。

例如，一只 1 kΩ 的电阻，其两端可能出现的电压为 6 V，因而该电阻的可能功耗为 0.036 W，选择一只 1/16 W=0.062 5 W 的电阻可以满足要求。市场上销售的电阻器，对小于 0.5 W 的一般不标其功率，使用者凭经验，按体积大小估计。同类电阻，体积越大，功率越大。

有几种特殊情况说明如下：

(a) 在实际电路中，不允许长时间超过其额定值，也不允许其平均功率超出其额定值，但一般允许电阻的瞬时功耗（消耗的功率）超过其额定值。

(b) 在要求比较高的场合，例如，用于微弱信号检测的前置放大器中，应该增加电阻额定功率。这样可以使电阻的温升低、电阻的热噪声小，相对功耗小。在可靠性要求高的时候，也应该增加其功率裕量。

(c) 在选择电阻的额定功率时需要考虑充分的裕量。电阻的额定功率是在常温和正常散热条件下给出的，如果工作在高温或/和散热条件很差时，要酌情削减其额定功率值。

(d) 电阻还有一些其他的参数，如耐压值、允许误差等，也需要考虑。即使电阻的额定功耗已足够大于其在电路中的实际功耗，但如果它在电路中承受的电压高于其耐压值，哪怕是瞬时超过，也将导致电阻损坏。

实例 2：用欧姆定律求导线长度

在理想电路图中，导线电阻是可忽略的，然而在实际电路中，连接电器导线的电阻则不能忽略，并且导线的电阻与其长度成正比。根据欧姆定律确定部分电路中电流、电压、电阻三者之间的对应关系，进而求出导线长度。

例如，如图 2-7-1(a)所示，由电源处甲地向施工处乙地供电，在乙处接有一个电阻为484 Ω的灯泡。现在测得甲处两极间电压是 220 V，乙处灯泡两端的电压是 193 V，输电用的铝导线每米长的电阻为 0.02 Ω，甲、乙两地间的距离为多远呢（不考虑电阻阻值随温度的变化）？

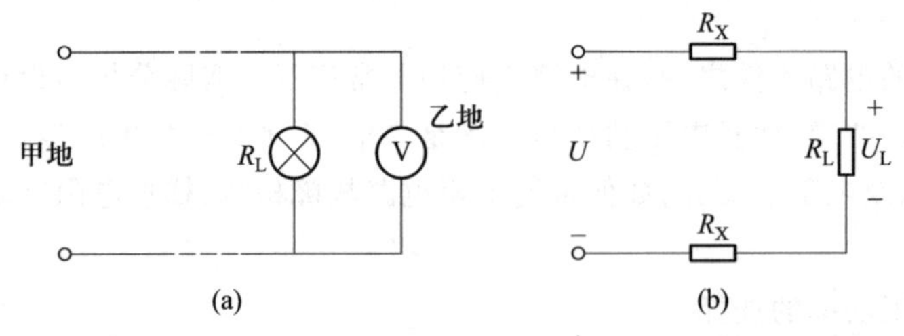

图 2-7-1　正常情况下测量电线的长度

假设甲、乙两地之间的距离为 L，每股输电导线的电阻为 R_X，则此电路可看成 $2R_X$ 与 R_L 串联，画出电路模型如图 2-7-1(b)所示。由串联电路特点可知，电压的分配与电阻成正比，即

$$U_L=\frac{R_L}{2R_X+R_L}U \qquad 2R_X+R_L=\frac{R_L}{U_L}U$$

$$R_X=\frac{U-U_L}{2U_L}R_L=\frac{220\ \text{V}-193\ \text{V}}{2\times193\ \text{V}}\times484\ \Omega\approx33.85\ \Omega$$

则甲、乙两地之间的距离为

$$L=\frac{33.85\ \Omega}{0.02\ \Omega/\text{m}}=1\ 692.7\ \text{m}$$

在上述供电两导线之间某处，由于绝缘皮磨损裸露而发生短路，为了检测出短路处距甲地的确切位置，检验员在电源端接入电压为 6 V 的电源，并用电流表测得电路中的电流为 0.15 A，短路处距甲地多远呢？

假设短路处距甲地距离为 S，每根导线的电阻均设为 R_X，则电路中的总电阻为 $2R_X$，如图2-7-2所示。

由欧姆定律得

$$2R_X=\frac{U}{I}=\frac{6\ \text{V}}{0.15\ \text{A}}=40\ \Omega \quad 则 \quad R_X=20\ \Omega$$

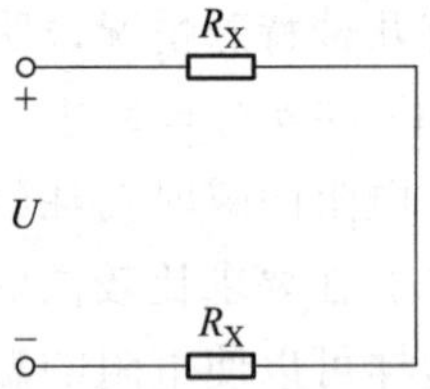

图 2-7-2　发生短路故障的情况下测量电线的长度

可知短路处距甲地的距离为

$$S=\frac{20\ \Omega}{0.02\ \Omega/\mathrm{m}}=1\ 000\ \mathrm{m}$$

实例 3: 衰减器设计

电阻星形联结和三角形联结应用非常广泛,在电子系统中,衰减器就是其典型应用之一。衰减器主要用途是,调整电路中信号的大小;在比较法测量电路中,可用来直读被测网络的衰减值;改善负载匹配。

通常,衰减器接于信号源和负载之间,是由电阻元件组成的四端网络。实际应用中,衰减器有固定衰减器和可变衰减器两大类。常用的固定衰减器有T形、π形、桥T形、倒L形等几种结构,现以T形衰减器为例说明。

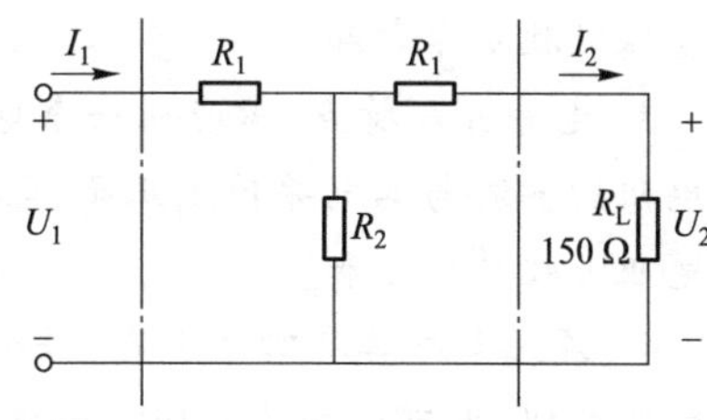

图 2-7-3 T型衰减器的应用

如图 2-7-3 所示,三个电阻 R_1、R_1、R_2 构成对称T形衰减器,负载电阻 $R_L=150\ \Omega$,电压衰减量为 $N=3.16$ 倍(即衰减 10 dB),输入电阻 $R_{eq}=R_L$。试计算电阻 R_1、R_2。

设 $I_2=1$ A,则 $U_2=R_L\mathrm{V}$,根据 $N=\dfrac{U_1}{U_2}$,$U_1=R_{eq}I_1=R_LI_1$,得 $U_1=NR_L\mathrm{V}$,$I_1=N\mathrm{A}$

由电阻 R_1、R_1、R_L 以及 U_1 构成的回路,应用 KVL

$$U_1=R_1I_1+R_1I_2+R_LI_2$$

于是

$$NR_L=R_1N+R_1+R_L$$

$$R_1=R_L\frac{N-1}{N+1}$$

由左边电阻 R_1、R_2 以及 U_1 构成的回路,应用 KVL

$$U_1=R_1I_1+R_2(I_1-I_2)$$

于是

$$NR_L=R_1N+R_2(N-1)$$

$$R_2=R_L\frac{2N}{N^2-1}$$

当负载电阻 $R_L=150\ \Omega$,电压衰减量为 $N=3.16$ 倍时

$$R_1=150\times\frac{3.16-1}{3.16+1}\ \Omega\approx77.89\ \Omega$$

$$R_2=150\times\frac{2\times3.16}{3.16^2-1}\ \Omega\approx105.50\ \Omega$$

衰减器设计的难点主要是理解电路原理,并计算。计算比较繁琐,可能会出错,这是特别要注意的,若计算出错,那么设计出来的衰减器就不能满足要求。现在已将衰减器设计做成软件,应用非常方便。

本章小结

1. 等效是电路分析中一个非常重要的概念。

根据研究电路的需要,将电路划分为外电路与内部电路。等效变换对外电路来讲是等效的,对变换的内部电路则不一定等效。

结构、元件参数完全不相同的两部分电路,若具有完全相同的外特性(端口电压-电流关系),则相互称为等效电路。通常,将复杂的部分电路等效为简单的部分电路。

2. 电阻串联特点:流过同一个电流,串联电阻的等效电阻等于各分电阻之和。串联的每一个电阻的电压与其电阻值成正比,电阻值大,分配到的电压高。等效电阻吸收的功率等于其各串联电阻吸收功率之和。

3. 电导并联特点:承受同一个电压,并联电导的等效电导等于各分电导之和。并联的每一个电阻的电流与其电导值成正比,电导值大,分配到的电流大。等效电阻吸收的功率等于其各并联电阻吸收功率之和。

4. 桥式电路具有四个节点,每个节点连接三条支路。当电阻电桥平衡时,中间桥臂电阻可以断路处理,也可以短路处理。若电阻电桥电路不平衡时,可以利用 Y-△ 变换或求等效电阻的一般方法求取。

5. 三端无源网络的两个例子:电阻星形联结与电阻三角形联结,两者的等效互换也是等效变换最简单的例子。

已知 Y 联结电导值,则等效△联结电导值为

$$G_{\triangle}=\frac{\mathrm{Y}_{\text{相邻电导乘积}}}{\sum G_{\mathrm{Y}}}$$

已知△联结电阻值,则等效 Y 联结电阻值为

$$R_{\mathrm{Y}}=\frac{\triangle_{\text{相邻电阻乘积}}}{\sum R_{\triangle}}$$

已知 Y 联结三个电阻值相等,△联结三个电阻值相等,则等效变换关系

$$R_{\triangle}=3R_{\mathrm{Y}} \quad \text{或者} \quad R_{\mathrm{Y}}=\frac{1}{3}R_{\triangle}$$

6. 电源串并联的等效化简。

电压源串联:$u_{\mathrm{seq}}=\sum u_{sk}$,实际使用时注意参考方向。

电压源并联:只有电压相等、极性一致的电压源才能并联,且 $u_{\mathrm{seq}}=u_{sk}$。

电流源并联:$i_{\mathrm{seq}}=\sum i_{sk}$,实际使用时注意参考方向。

电流源串联:只有电流相等、流向一致的电流源才能串联,且 $i_{\mathrm{seq}}=i_{sk}$。

电压源和电流源串联等效为电流源;电压源和电流源并联等效为电压源。

元件(或电路)与理想电压源并联,元件(或电路)对外电路不起作用,可以断开,只保留电压源。若要求理想电压源支路电流时,则予以考虑。

元件(或电路)与理想电流源串联,元件(或电路)对外电路不起作用,可以短路,只保留电流

源。若要求理想电流源端电压时，则予以考虑。

7. 实际电源的两种模型及其等效转换。

实际电压源可以用一个电压源 u_s 和一个表征电源损耗的电阻 R_s 的串联电路来模拟。

实际电流源可以用一个电流源 i_s 和一个表征电源损耗的电导 G_s 的并联电路来模拟。

两类实际电源等效转换的条件为

$$R_s=\frac{1}{G_s} \quad 与 \quad u_s=R_s i_s$$

实际应用时，注意：① 两个条件必须同时满足（理想电源不能等效变换）；② 变换前后的参考方向要一致；③ 变换前后电压源 u_s 的正极性端与电流源 i_s 参考方向的箭头指向端对应。

8. 实际受控源的两种模型及其等效转换。

在等效化简过程中，实际电源的等效变换方法同样适用于受控源，但是在等效变换过程中必须保证控制量完整，不被改变。也就是说，在等效变换过程中受控源支路可以参与等效变换，而控制支路一般不宜参与等效变换。同时，应用欧姆定律、KCL、KVL 列写有关方程时，要将受控源视为电源，并且保留其控制关系，这是基本原则。

9. 若令有源二端网络中的独立源为零，此时的网络称为无源二端网络，就端口特性而言，等效为一个线性电阻，该电阻称为二端网络的输入电阻或等效电阻。当端口上的电压 u 和电流 i 参考方向向内关联时，输入电阻为

$$R_i=R_s=\frac{u}{i}$$

习题进阶练习

2.2 节习题

2-1 电路如题 2-1 图所示，已知 $R_1=2\ \Omega$，$R_2=4\ \Omega$，$R_3=5\ \Omega$，求各电路的等效电阻 R_{ab}。

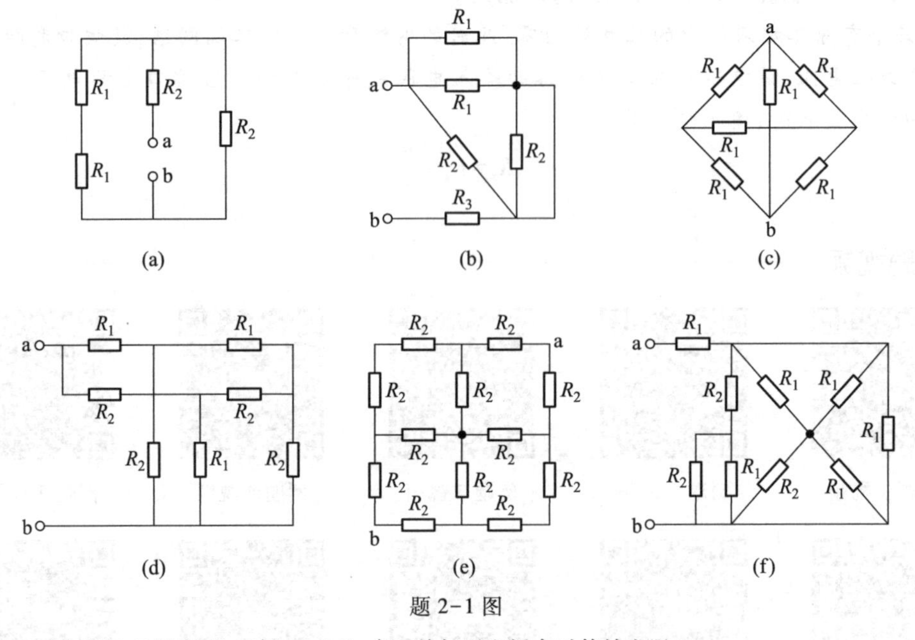

题 2-1 图

2-2 电路如题 2-2 图所示，已知 $R=2\ \Omega$，求开关打开和闭合时等效电阻 R_{ab}。

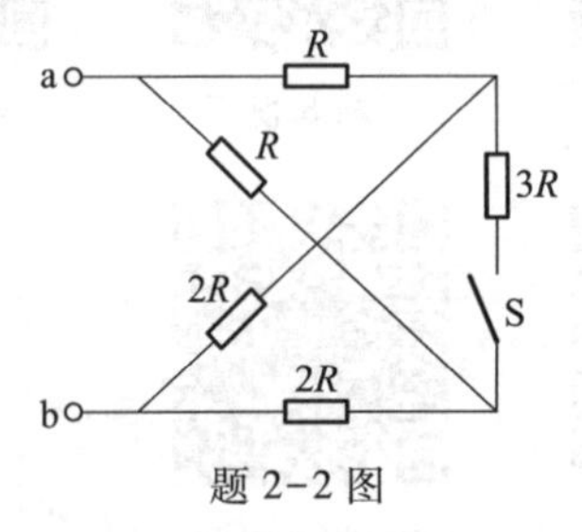

题 2-2 图

2-3 电路如题 2-3 图所示，已知 $R=12\ \Omega$，求等效电阻 R_{ab} 和 R_{ac}。

2-4 电路如题 2-4 图所示，求电源提供的功率和电流 I。

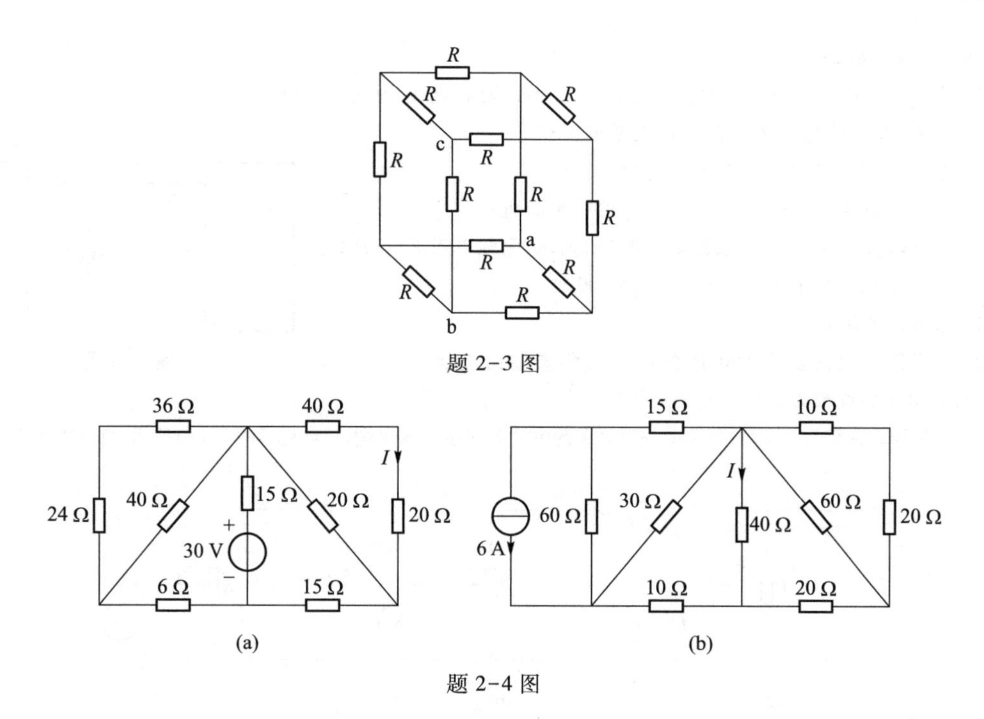

题 2-3 图

题 2-4 图

2-5　电路如题 2-5 图所示。

（1）开关 S_1 和 S_2 同时打开时，求等效电阻 R_{ab}；

（2）开关 S_1 和 S_2 同时闭合时，求等效电阻 R_{ab}；如果此时端口处电压 $U_{ab}=72.9$ V，求开关 S_1、S_2 上流过的电流 I_{S1}、I_{S2}。

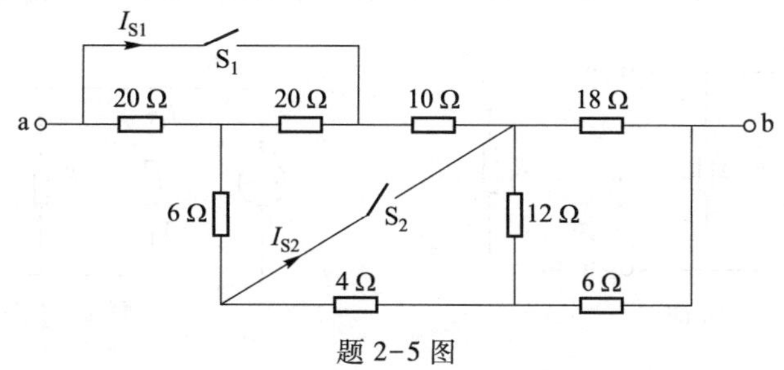

题 2-5 图

2-6　梯形电路如题 2-6 图所示，若输入电压 $U_1=16$ V，求各节点电压 U_a、U_b、U_c、U_d，并总结其规律。

2-7　电路如题 2-7 图所示。如果电压源电压 $U_s=22.5$ V，求电流 I 和输出电压 U_o。如果已知输出电压 $U_o=15$ V，那么电压源电压 U_s 等于多少伏？此时电流 I 等于多少？

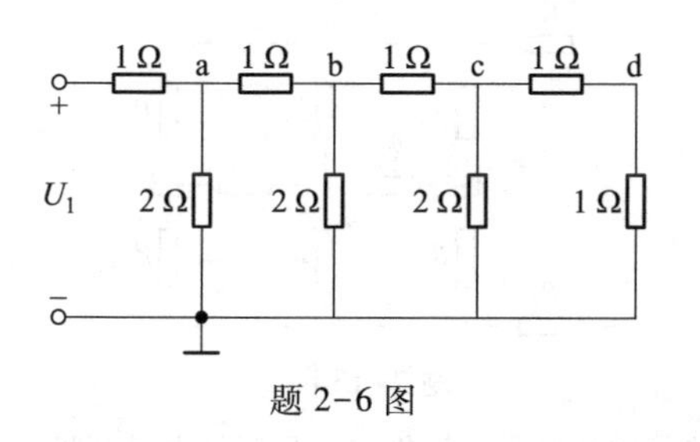

题 2-6 图

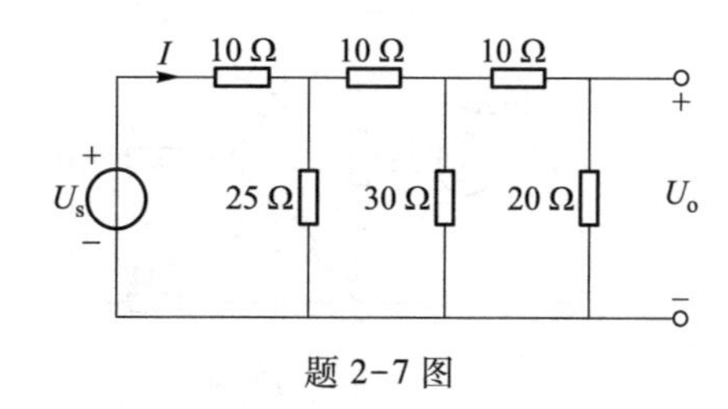

题 2-7 图

2-8　电路如题 2-8 图所示。

(1) 当 N_1 与 N_2 为任意网络时，U_2 与 U_1 的关系以及 I_2 与 I_1 的关系如何？

(2) 在 $I_2=0$ 的情况下，U_2 与 U_1 的关系如何？

(3) 在 $I_1=0$ 的情况下，U_2 与 U_1 的关系如何？

(4) 分别在 $U_2=0$ 和 $U_1=0$ 时，I_2 与 I_1 的关系如何？

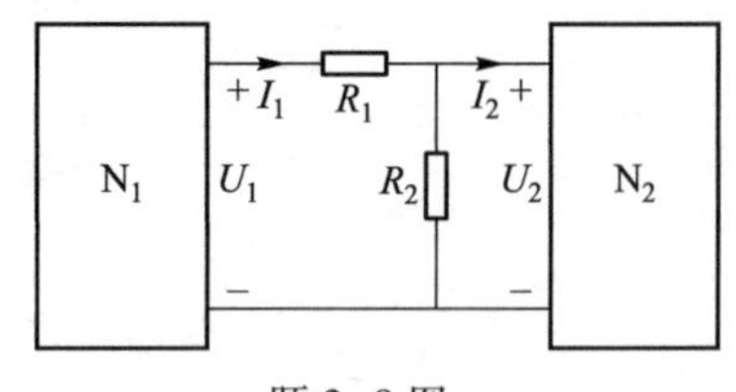

题 2-8 图

2-9　滑线电阻分压器电路如题 2-9 图(a)所示，已知电阻 $R=500\ \Omega$，额定电流为 1.8 A，外加电压 $U=500$ V，$R_1=100\ \Omega$。

(1) 求输出电压 U_o；

(2) 如果用一只内阻为 800 Ω 的电压表测量输出电压，如题 2-9 图(b)所示，电压表读数为多少？其相对误差 γ 为多少？

(3) 如果误将内阻为 0.5 Ω，最大量程为 2 A 的电流表连接在输出端口，如题 2-9 图(c)所示，将发生什么后果？

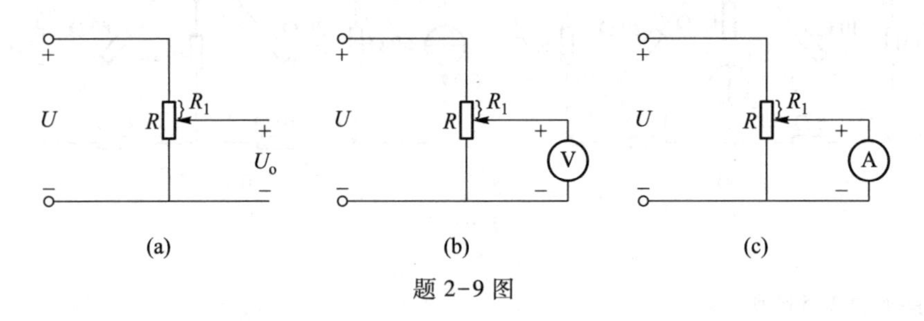

题 2-9 图

2-10　分压器电路如题 2-10 图所示，空载时电压 U_o 为 8 V，当负载电阻加到 a 和 b 两端时，电压 U_o 降至 6 V，求负载电阻 R_L，并确定加负载前后电压源发出的功率。

2-11　分流器电路如题 2-11 图所示，已知 $R_1=40\ \Omega$，$I_2=0.5I_1$，$I_3=2I_1$，$I_4=5I_2$，求电阻 R_2、R_3、R_4的阻值。

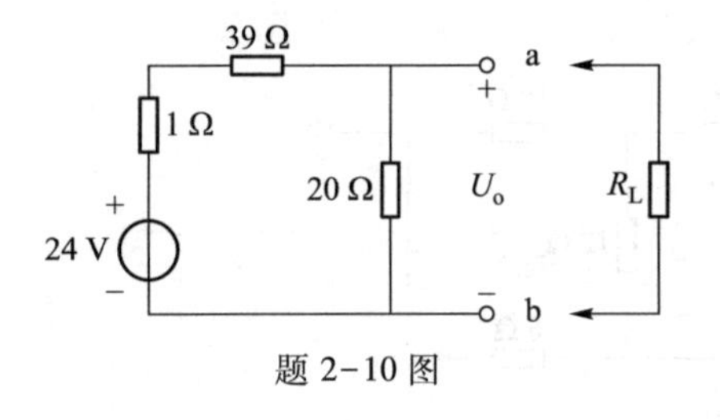

题 2-10 图

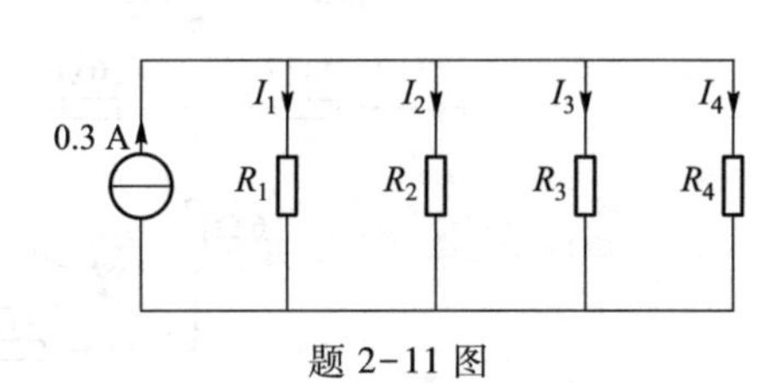

题 2-11 图

2.3 节习题

2-12　电路如题 2-12 图所示，求电压 U_{ab} 和 U_{cd}。

2-13　电路如题 2-13 图所示，R_5、R_6、R_7、R_8、R_9、R_{10}应满足什么关系才能使电压 U_{12}和 $U_{23}=0$？

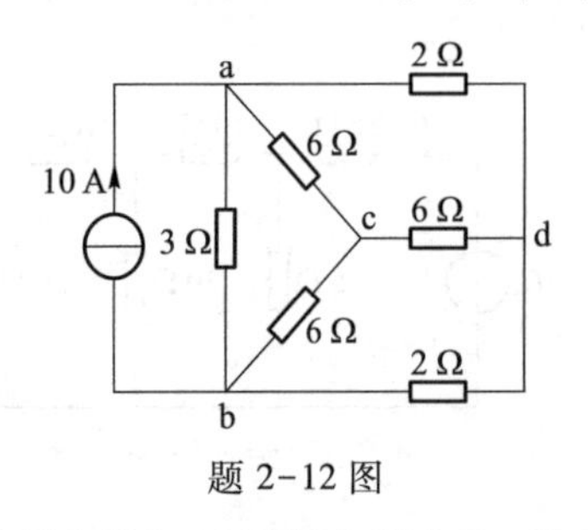

题 2-12 图

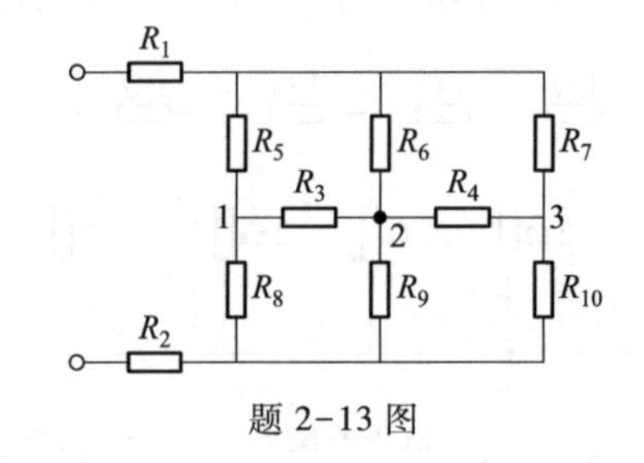

题 2-13 图

2-14　电路如题 2-14 图所示，其中 $R=60\ \Omega$，把该电路等效变换为最简化的 Y 形联结电阻电路。

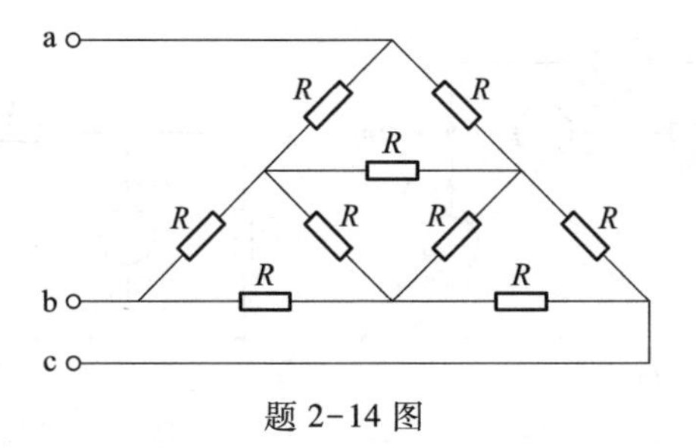

题 2-14 图

2.4 节习题

2-15　求如题 2-15 图所示各电路的最简单的等效电路。

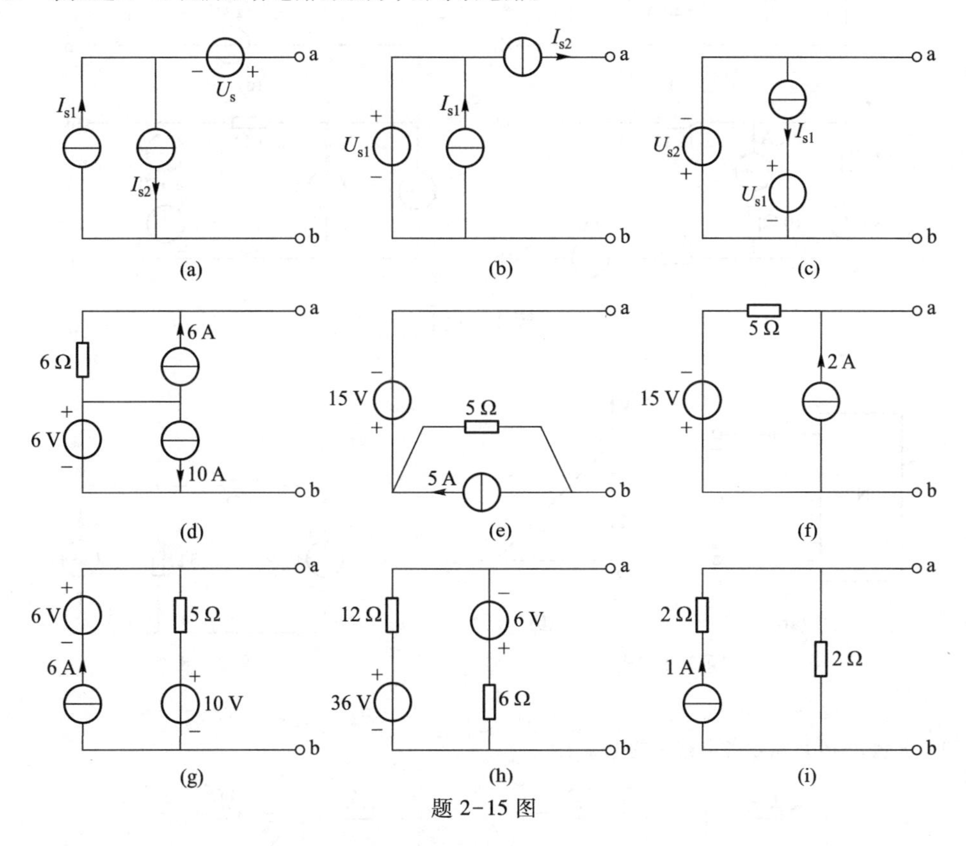

题 2-15 图

2-16　求如题 2-16 图所示各电路的最简单的等效电路。

2.5 节习题

2-17　电路如题 2-17 图(a)所示，N_s 为含源一端口网络，其端口伏安关系如题 2-17 图(b)所示，试确定其最简单的串联和并联模型及参数。

2-18　电路如题 2-18 图所示。

(1) 若电流源对电路提供的功率为零，求电流 I_s；

(2) 若电压源对电路提供的功率为零，求电流 I_s；

(3) 若电压源对电路提供的功率与电流源对电路提供的功率相等，求电流 I_s。

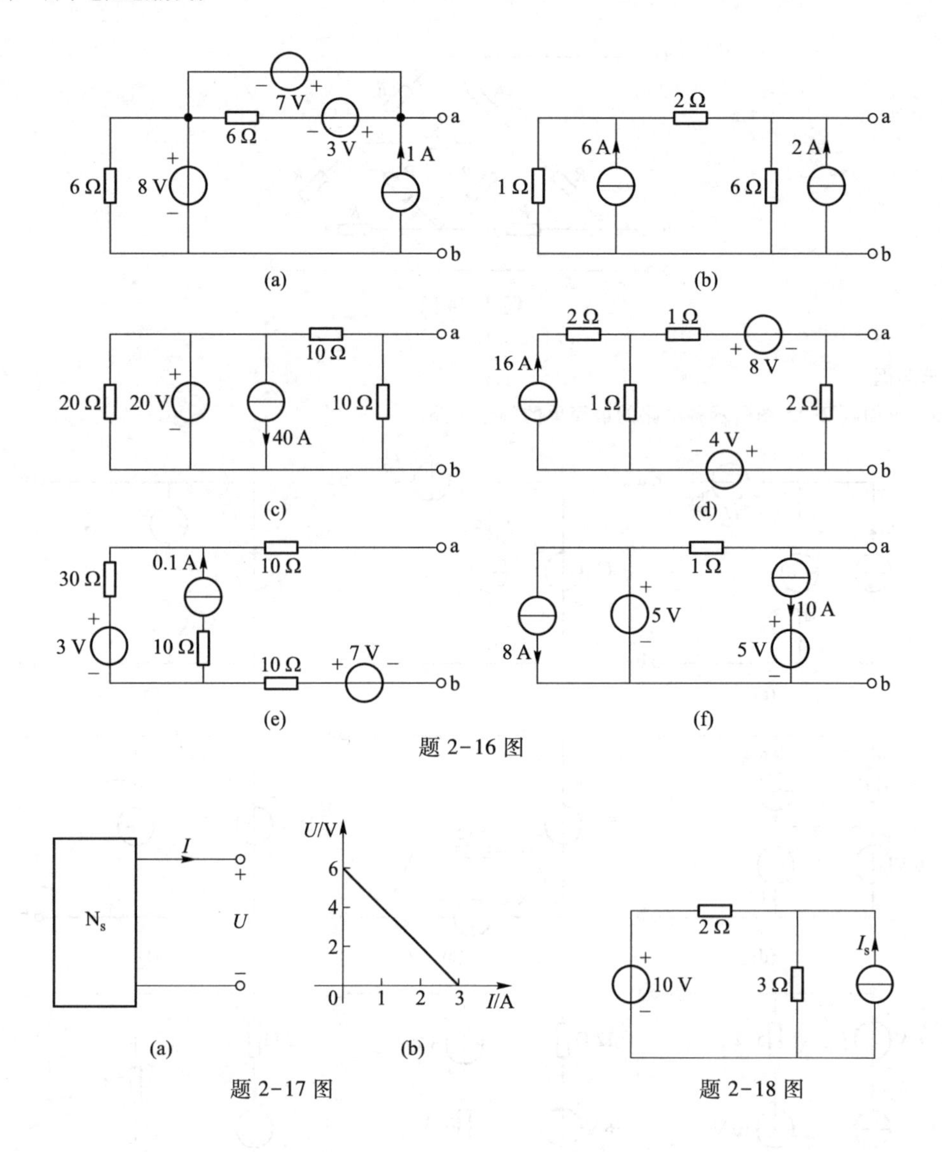

题 2-16 图

题 2-17 图

题 2-18 图

2-19 求题 2-19 图所示各电路中的电流 I_1。

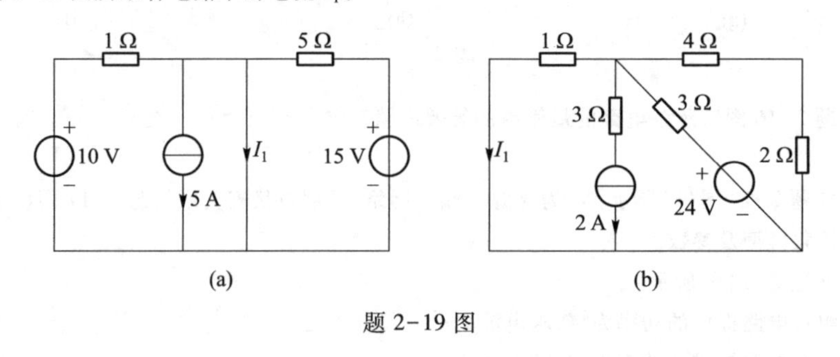

题 2-19 图

2-20 电路如题 2-20 图所示，试用等效变换法求电流 I 及 5 A 电流源发出的功率。

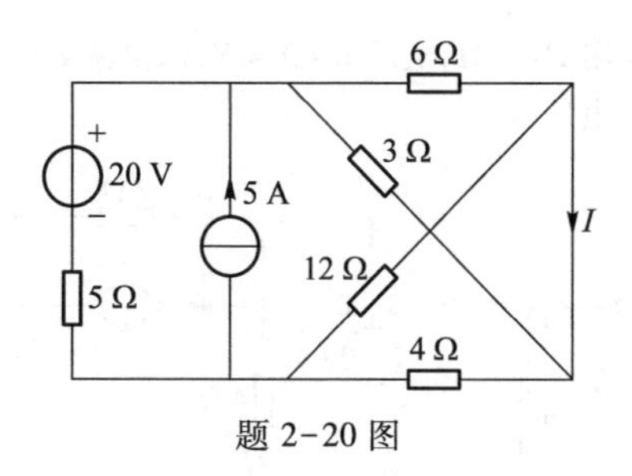

题 2-20 图

2.6 节习题

2-21　题 2-21 图所示电路中各含受控源是否可看为电阻？试求各电路 a、b 端的等效电阻 R_{ab}。

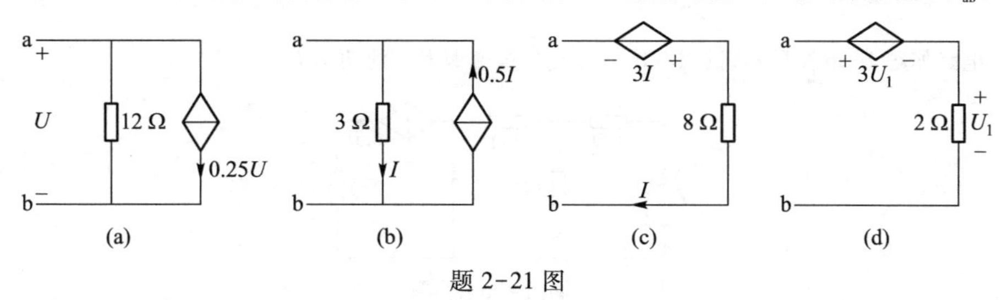

题 2-21 图

2-22　求题 2-22 图所示各含受控源电路的输入电阻 R_i。

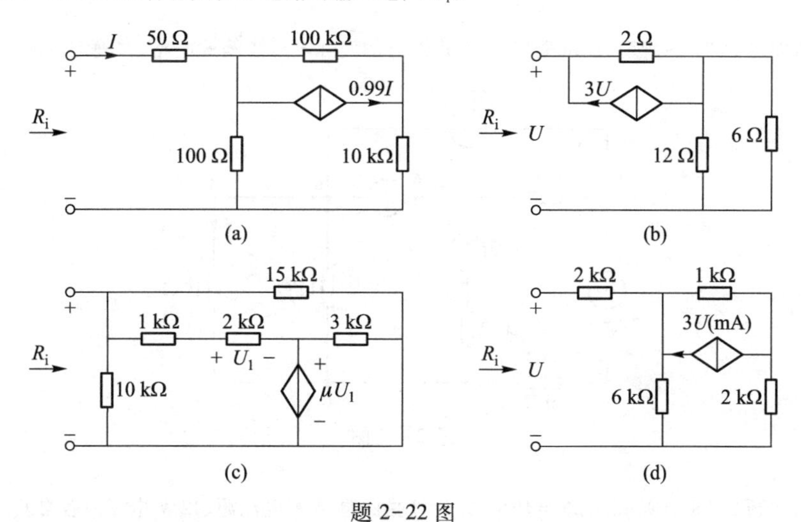

题 2-22 图

2-23　求题 2-23 图所示各电路中的电压比 U_o/U_s。

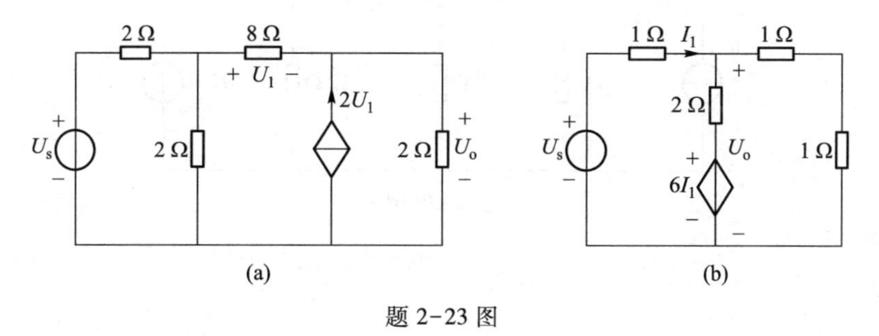

题 2-23 图

2-24　题2-24图所示电路中电阻 $R=1\ \Omega$，电压 $U=0.4\ \text{V}$，求电流 I。

2-25　求题2-25图所示电路中电压 U。

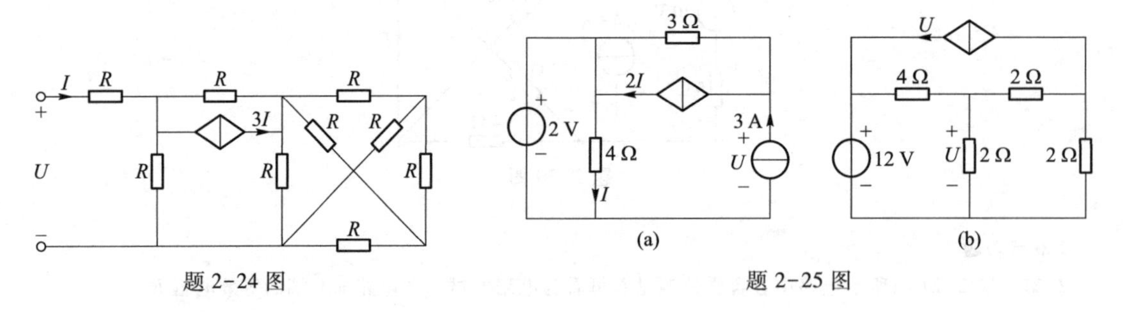

题2-24图　　　　　　　　　　　　题2-25图

2-26　电路如题2-26图所示，试求电压 U 及受控电流源发出的功率 P。

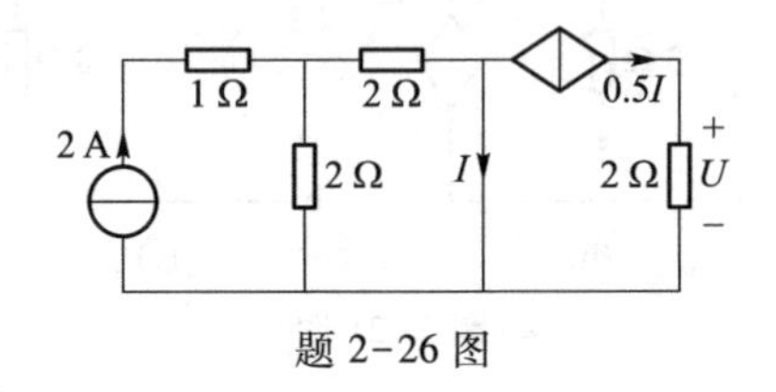

题2-26图

综合习题

2-27　电路如题2-27图所示，试求端口 ab 左边部分的实际电压源等效电路，并确定电流 I。

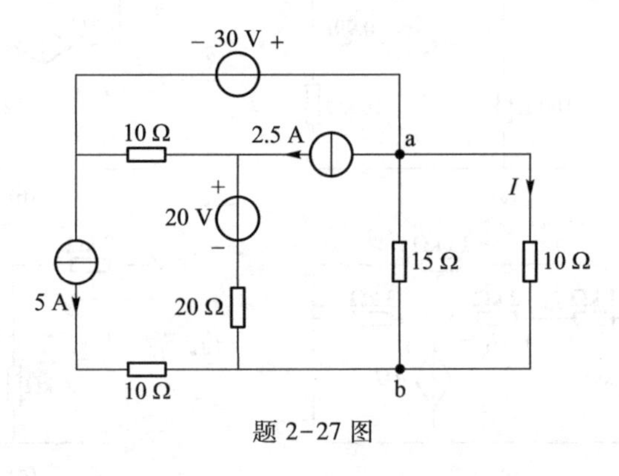

题2-27图

2-28　电路如题2-28图所示，试求电压 U，并计算受控源、6 A 电流源、12 V 电压源各自发出的功率。

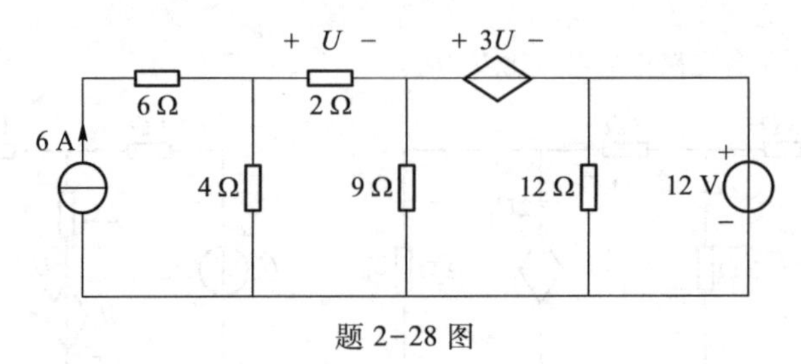

题2-28图

2-29　电路如题 2-29 图(a)所示,为了计算电流 I,应用等效变换法将电路变换为题 2-29(b)所示电路,计算 R_s、U_s 和 I。

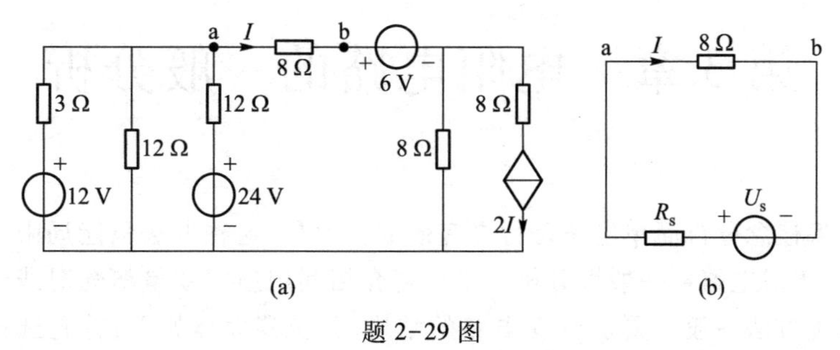

题 2-29 图

第3章　电阻电路的一般分析

利用等效变换概念分析简单电路是行之有效的。但是,这种方法只能局限于分析一定结构形式的电路,不便于对电路作一般性分析。本章将介绍利用独立变量概念对线性电阻电路进行分析的方法。这类方法一般不要求改变电路的结构,其步骤大体如下:首先选择电路独立变量(电流和/或电压);然后根据 KCL 和 KVL 以及元件的伏安关系建立电路独立变量的方程;最后从方程中解出电路独立变量。对于线性电阻电路,电路独立变量方程是一组线性代数方程。

本章主要介绍建立线性电阻电路独立变量方程的一般分析方法,包括支路电流法、网孔电流法、回路电流法和节点电压法。在第 12 章中主要介绍电路的计算机辅助分析基本方法。电路方程的建立及求解还将推广应用于交流电路、非线性电路,时域、频域分析等领域中。

3.1　支路电流法

支路电流法

支路法是以支路电流和支路电压作为电路的独立变量,直接列写电路独立变量方程进行电路分析的一种方法。

为了便于建立所需的电路独立变量的方程,重新介绍电路名词:支路、节点、回路和网孔。

流过同一个电流的一段无分支的电路,称为支路。在图 3-1-1 所示电路中,dea、ab、bd、cb、ac 和 dfc 都是支路,其中支路 ab、bd、cb、ac 中不含独立源,称为无源支路;支路 dea 和 dfc 中含有独立源,称为有源支路。该电路具有 6 条支路。三条和三条以上支路的连接点称为节点。在图 3-1-1 所示电路中 a、b、c、d 点都是节点,故该电路具有 4 个节点。可见支路也是连接两个节点的一段电路。电路中任一闭合路径称为回路。如图 3-1-1 所示电路中 abdea、bcfdb、acba、abcfdea 等都是回路。对于平面电路(指画在平面上不出现任何交叉支路的电路)而言,网孔是那些内部不含支路的回路。在图 3-1-1 所示电路中,回路 abdea、bcfdb、acba 都是网孔,而回路 abcfdea 就不是网孔,因其内部含电阻 bd 支路。

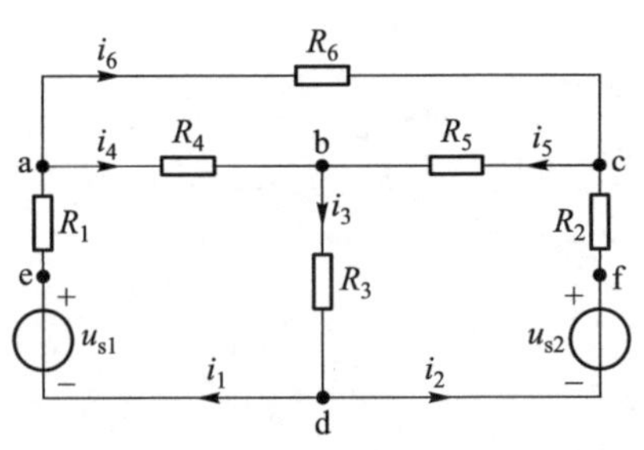

图 3-1-1　仅含电阻和电压源的电路

根据前两章介绍,KCL、KVL 和元件的伏安关系是对电路中电压和电流所施加的全部约束。由电路图论的基本知识(将在第 12 章介绍)得知,对于具有 n 个节点和 b 条支路的电路,其独立的 KCL 方程为$(n-1)$个。换言之,对电路中 n 个节点列写的 KCL 方程并非相互独立,其中任何一个 KCL 方程都可以由其余的$(n-1)$个 KCL 方程推导得到。因此,如果将电路中某一个节点选为参考节点后,对其余的$(n-1)$个节点列写的 KCL 方程便相互独立。这其余的$(n-1)$个节点称为独立节点。另外，由电路图论的基本知识还得知，电路中的独立回路数为$(b-n+1)$，因此独立的KVL方程数为$(b-n+1)$。对于平面电路，其网孔就是独立回路，且有$(b-n+1)$个网孔。因此，平面电路的$(b-n+1)$个网孔的KVL方程便相互独立。这样，由KCL和KVL可列写$(n-1)+(b-n+1)=b$个独立方程。另外对电路中b条支路可以列写其伏安关系（简称支路方程）b个。于是，列写的独立方程总数为$2b$个。而电路中待求的b个支路电压和b个支路电流，总数恰好也为$2b$个。因此求解上述$2b$个独立方程，便可求得待求的b个支路电压和b个支路电流，这种方法也称为$2b$法。

对于图3-1-1所示仅含电阻和电压源的电路，4个节点编号为a、b、c、d，而6条支路编号由1~6，支路电流$(i_1\sim i_6)$和支路电压$(u_1\sim u_6)$为关联参考方向。若选节点d为参考节点，对其余三个独立节点a、b、c列写KCL方程，得

$$\begin{aligned}-i_1+i_4+i_6&=0\\ i_3-i_4-i_5&=0\\ -i_2+i_5-i_6&=0\end{aligned}\qquad(3-1-1)$$

该电路独立回路数为3。如果选择网孔作为独立回路，取顺时针方向作为网孔abdea、bcfdb和acba的回路绕行方向，根据KVL，得

$$\left.\begin{aligned}u_1+u_3+u_4&=0\\ -u_2-u_3-u_5&=0\\ -u_4+u_5+u_6&=0\end{aligned}\right\}\qquad(3-1-2)$$

对各支路列写支路方程，得

$$\left.\begin{aligned}u_1&=R_1i_1-u_{s1}\\ u_2&=R_2i_2-u_{s2}\\ u_3&=R_3i_3\\ u_4&=R_4i_4\\ u_5&=R_5i_5\\ u_6&=R_6i_6\end{aligned}\right\}\qquad(3-1-3)$$

现在列写的KCL方程、KVL方程和支路方程共有12个，待求支路电流和支路电压共有12个，独立方程数和待求变量数恰好相等，联立求解这12个方程，便可求得各支路电流$(i_1\sim i_6)$和各支路电压$(u_1\sim u_6)$。

$2b$法的特点是列写方程方便，但其方程数较多。电路结构越复杂，方程数也越多，计算工作量越繁重，因此在手算分析时将十分困难，几乎被完全舍弃，必须借助计算机来解决这繁重的计算工作量。

由式(3-1-3)可知，各支路电流和支路电压是由该支路的支路方程相联系的，一旦求得各支路电流（电压），根据相应的支路方程则立刻可求得各支路电压（电流）。因此，上述电路分析可以分为两步进行：首先设法求得各支路电流（电压），然后再根据支路方程求得各支路电压（电流）。这样，在求支路电流（电压）时，所需要的方程数将由$2b$减到b。这种以支路电流（电压）为待求电路变量的方法称为支路电流（电压）法。

现在仍以图3-1-1所示电路为例，用支路电流法进行分析。将式(3-1-3)代入式(3-1-2)中，消去各支路电压变量，式(3-1-2)变为

$$\left.\begin{aligned}R_1i_1-u_{s1}+R_3i_3+R_4i_4=0\\-R_2i_2+u_{s2}-R_3i_3-R_5i_5=0\\-R_4i_4+R_5i_5+R_6i_6=0\end{aligned}\right\}$$

整理上述方程后,得

$$\left.\begin{aligned}R_1i_1+R_3i_3+R_4i_4=u_{s1}\\-R_2i_2-R_3i_3-R_5i_5=-u_{s2}\\-R_4i_4+R_5i_5+R_6i_6=0\end{aligned}\right\}\tag{3-1-4}$$

式(3-1-4)是元件的伏安关系与 KVL 方程结合的结果。

根据式(3-1-4)可以得出下述结论:任一回路中各电阻的电压的代数和必定等于各电压源电压的代数和,其中支路电流参考方向与回路绕行方向相同时,对应的电阻电压项前面取“+”号,否则取“-”号;电压源的参考正极性指向参考负极性的方向与回路绕行方向相同时,该电压项前面取“-”号,否则取“+”号,即

$$\sum_{k=1}^{l}R_ki_k=\sum_{k=1}^{m}u_{sk}\tag{3-1-5}$$

其中,l 为回路中电阻的个数,m 为回路中电压源的个数。

式(3-1-5)仅对含电阻和电压源的回路适用。

式(3-1-1)和式(3-1-4)便组成了图 3-1-1 所示电路的支路电流方程,联立求解得各支路电流。

应用支路电流法求电路中各支路电流的步骤归纳如下:

(1) 任选各支路电流的参考方向。

(2) 任选一个参考节点,并对其余($n-1$)个独立节点列写($n-1$)个 KCL 方程。

(3) 选取($b-n+1$)个独立回路并指定其回路绕行方向。为保证所选的回路为独立回路,一个方便的方法就是所选的独立回路中均含有一条其他独立回路中没有的新支路(这是选取独立回路的充分条件,但不是必要条件)。如果是平面电路,则可选取网孔作为独立回路。

(4) 对选取的($b-n+1$)个独立回路,在指定的回路绕行方向下按式(3-1-5)列写($b-n+1$)个 KVL 方程。

(5) 联立并求解上述 b 个方程,得 b 条支路电流。

例 3-1 电路如图 3-1-2 所示,已知 $U_{s1}=9\ \text{V}$,$U_{s2}=14\ \text{V}$,$R_1=3\ \Omega$,$R_2=4\ \Omega$,$R_3=2\ \Omega$,用支路电流法计算各支路电流、各电阻和电源的功率。

解 节点标号、支路标号和支路电流参考方向如图 3-1-2 所示。本例电路有两个节点和三条支路。选节点 b 为参考节点,对节点 a 列写 KCL 方程,得

$$-I_1-I_2+I_3=0$$

选网孔作为独立回路,按图 3-1-2 中虚线所示的回路绕行方向,根据式(3-1-5),得

$$R_1I_1+R_3I_3=U_{s1}$$
$$-R_2I_2-R_3I_3=-U_{s2}$$

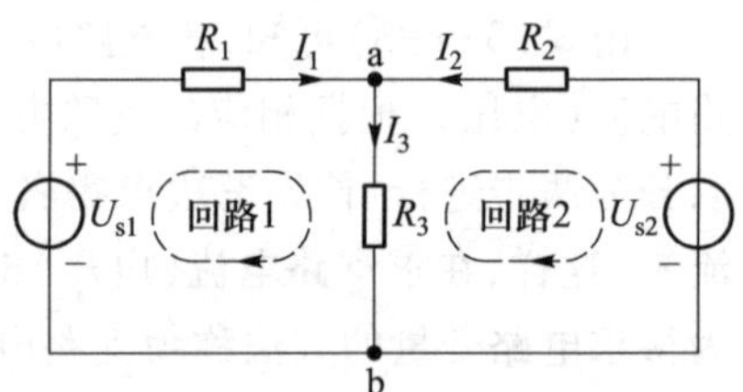

图 3-1-2 例 3-1 的电路

代入已知数据,整理得

$$-I_1-I_2+I_3=0$$
$$3I_1+2I_3=9$$
$$4I_2+2I_3=14$$

联立求解上述三个方程，得

$$I_1=1\ \text{A}$$
$$I_2=2\ \text{A}$$
$$I_3=3\ \text{A}$$

电阻 R_1、R_2 和 R_3 消耗的功率分别为

$$P_{R1}=I_1^2R_1=3\ \text{W}$$
$$P_{R2}=I_2^2R_2=16\ \text{W}$$
$$P_{R3}=I_3^2R_3=18\ \text{W}$$

电压源电压 U_{s1} 和支路电流 I_1 的参考方向非关联，电压源电压 U_{s2} 和支路电流 I_2 的参考方向也非关联，故它们吸收功率分别为

$$P_{Us1}=-U_{s1}I_1=-9\times1\ \text{W}=-9\ \text{W}$$
$$P_{Us2}=-U_{s2}I_2=-14\times2\ \text{W}=-28\ \text{W}$$

说明两个电压源实际上发出的功率分别为 9 W 和 28 W。根据功率守恒概念，电路吸收的功率必定等于电路发出的功率。在本例电路中，吸收功率为(3+16+18) W=37 W，而发出功率为(9+28) W=37 W。满足功率守恒，说明计算结果正确。

例 3-2 电路如图 3-1-3 所示，设电路中 R_1、R_2、R_3、R_4、U_s 和 I_s 均为已知，列写支路电流方程。

解 节点标号、支路标号和支路电流参考方向均如图 3-1-3 所示。本例电路共有 3 个节点和 5 条支路。其中已知电流源支路电流 I_s，设电流源支路电压为 U_5，参考极性如图 3-1-3 所示。

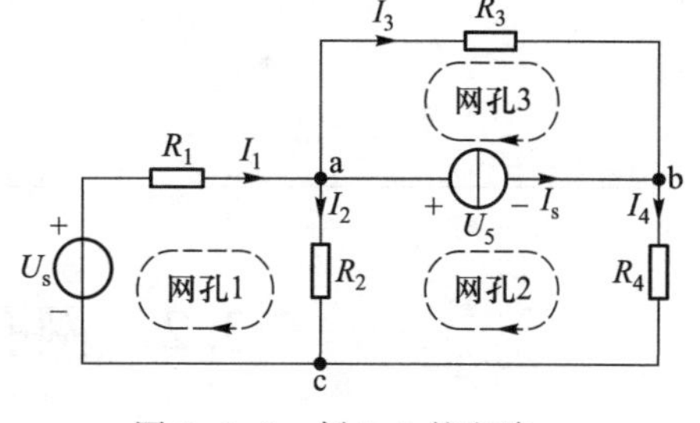

图 3-1-3 例 3-2 的电路

选节点 c 为参考节点，对节点 a、b 列写 KCL 方程，得

$$-I_1+I_2+I_3+I_s=0 \quad (1)$$
$$-I_3-I_s+I_4=0 \quad (2)$$

选定网孔作为独立回路，均取顺时针的回路绕行方向，如图 3-1-3 所示。列写 KVL 方程，得

$$R_1I_1+R_2I_2=U_s \quad (3)$$
$$-R_2I_2+U_5+R_4I_4=0 \quad (4)$$
$$R_3I_3-U_5=0 \quad (5)$$

上述式(1)~式(5)含 5 个未知量，联立求解便可得 5 个待求变量(I_1、I_2、I_3、I_4、U_5)。

注意：在列写含电流源的独立回路的 KVL 方程时，不能丢掉电流源的电压，应设电流源的电压为未知量。

若只需求支路电流 I_1、I_2、I_3、I_4、(电流源支路电流 I_s 已知)，可不必设电流源支路电压 U_5，其方法是选取独立回路时避开电流源支路。在本例中，选支路序列(2,3,4)为独立回路，由 KVL 得

$$-R_2I_2+R_3I_3+R_4I_4=0 \tag{6}$$

联立方程(1)~(3)和方程(6)求解,就可得4个支路电流 I_1、I_2、I_3、I_4。

支路电流法的方程数仍然较多,特别是电路复杂,支路数较多时,联立求解 b 个方程,计算工作量也相当繁重。

思考与练习

3-1-1 如题3-1-1图所示电路有几个节点?哪些元件是串联的?哪些是并联的?

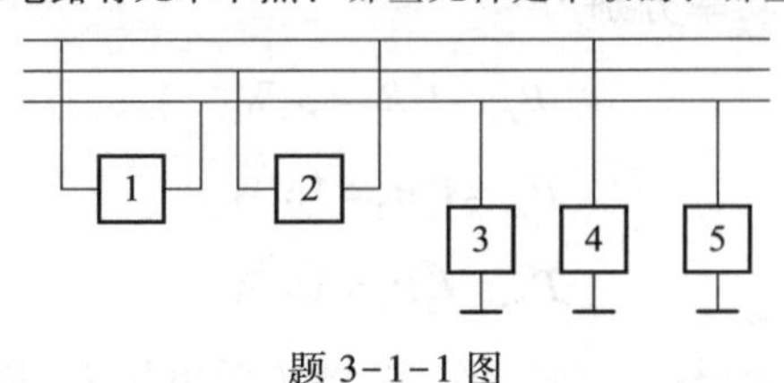

题3-1-1图

3-1-2 用支路电流法求解电路的基本步骤是什么?能仿效支路电流法的步骤归纳总结出支路电压法的步骤吗?试试看。

3-1-3 电路中含有受控源,在应用支路电流法列方程时应如何处置受控源?若控制量是某一支路电流,需要增加相互独立的方程数吗?若控制量为电路中某两点间的电压,又该如何处理?

3-1-4 试用支路电流法求题3-1-4图所示电路中各支路的电流 I_1、I_2、I_3。

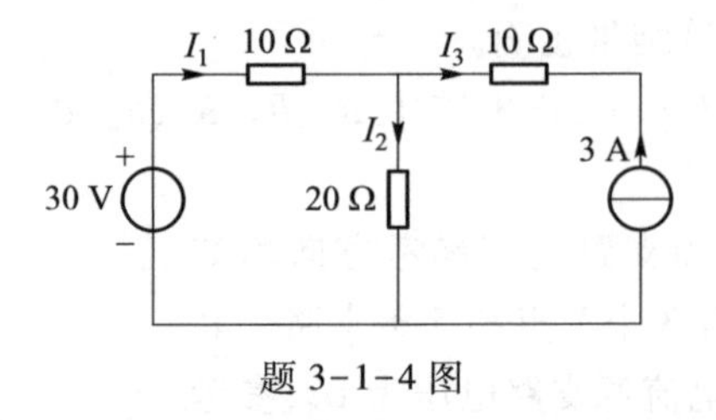

题3-1-4图

3.2 网孔电流法和回路电流法

网孔电流法是电路分析常用的分析方法。网孔电流法是以网孔电流作为电路独立变量,适用于平面电路。

网孔电流是假想沿着电路中网孔边界流动的电流,如图3-2-1所示电路中闭合虚线所示的电流 i_{m1}、i_{m2}(下标m表示网孔"mesh")。图3-2-1所示电路中有2个节点、3条支路,支路电流 i_1、i_2、i_3 参考方向如图所示,支路电压与支路电流取关联参考方向。

一般电路的网孔电流法

由图3-2-1不难看出,每一个网孔电流沿着闭合的网孔边界流动,流经某一节点时,必然从该节点流入,又从该节点流出。因此,就KCL而言,网孔电流已经体现了电流连续,即KCL的制约关系,而且相互独立。

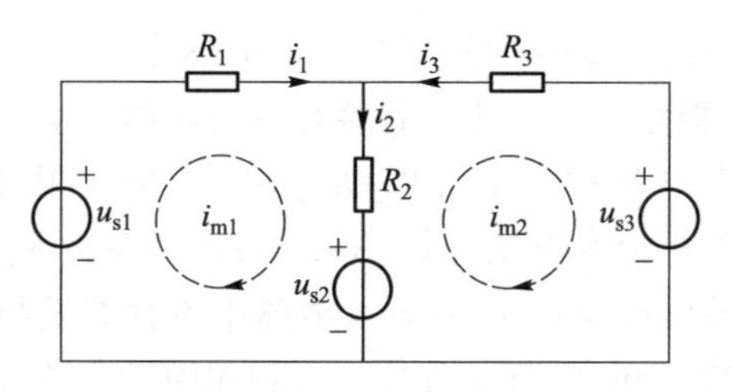

图 3-2-1 网孔电流

由图 3-2-1 还可看出,电路中所有支路电流都可以用网孔电流表示。例如,电路中支路 1 只有网孔电流 i_{m1} 流过,且与支路电流 i_1 参考方向相同,故 $i_1=i_{m1}$;支路 2 中流过网孔电流 i_{m1} 和 i_{m2},其中网孔电流 i_{m1} 和支路电流 i_2 的参考方向相同,而网孔电流 i_{m2} 和支路电流 i_2 的参考方向相反,故 $i_2=i_{m1}-i_{m2}$;支路 3 中只有网孔电流 i_{m2} 流过,但网孔电流 i_{m2} 和支路电流 i_3 的参考方向相反,故 $i_3=-i_{m2}$。因此,一旦求得网孔电流,电路中所有支路的支路电流便可根据支路电流和网孔电流的关系方程得到。

综上所述,网孔电流是一组完备的独立电路变量。

由于平面电路中全部网孔是一组独立回路,因此,以网孔电流作为电路的独立变量,根据 KVL 对电路中全部网孔列写 KVL 方程,将得到一组独立方程。

由于这组方程是以网孔电流为未知变量的电路方程,称为网孔电流方程。对于一个节点数为 n、支路数为 b 的平面电路,其网孔数为$(b-n+1)$,因此,网孔电流数也为$(b-n+1)$。可见,网孔电流数比支路电流数减少了$(n-1)$个,从而使联立方程数减少了$(n-1)$个,达到了降低计算量的目的。

在列写 KVL 方程时,通常将网孔电流的参考方向作为列写 KVL 方程的回路绕行方向。下面仍以图 3-2-1 所示电路为例,对网孔 1 和网孔 2 列写 KVL 方程,得

$$\left.\begin{aligned}u_1+u_2=0\\-u_2-u_3=0\end{aligned}\right\}\tag{3-2-1}$$

式中 u_1、u_2、u_3 分别为支路 1、2、3 的支路电压。根据 KVL,且考虑到支路电流和网孔电流的关系方程,得支路电压和支路电流的关系

$$\left.\begin{aligned}u_1&=R_1i_1-u_{s1}=R_1i_{m1}-u_{s1}\\u_2&=R_2i_2+u_{s2}=R_2(i_{m1}-i_{m2})+u_{s2}\\u_3&=R_3i_3-u_{s3}=-R_3i_{m2}-u_{s3}\end{aligned}\right\}\tag{3-2-2}$$

将式(3-2-2)代入式(3-2-1),经整理,得

$$\left.\begin{aligned}(R_1+R_2)i_{m1}-R_2i_{m2}&=u_{s1}-u_{s2}\\-R_2i_{m1}+(R_2+R_3)i_{m2}&=u_{s2}-u_{s3}\end{aligned}\right\}\tag{3-2-3}$$

式(3-2-3)是以网孔电流为独立变量的网孔电流方程,再进一步写成具有两个网孔的网孔电流方程一般形式

$$\left.\begin{aligned}R_{11}i_{m1}+R_{12}i_{m2}=u_{s11}\\R_{21}i_{m1}+R_{22}i_{m2}=u_{s22}\end{aligned}\right\}\tag{3-2-4}$$

将式(3-2-3)、式(3-2-4)和图 3-2-1 所示电路进行对照比较,不难找出直接凭观察方法

列写式(3-2-4)的规律。在式(3-2-4)等号的左边,R_{jj}称为网孔 j 的自电阻,简称自阻,它等于网孔 $j(j=1,2)$ 的所有支路电阻之和。由于回路绕行方向与网孔电流方向相同,故 R_{11}、R_{22}恒为正值。图 3-2-1 所示电路中,$R_{11}=R_1+R_2$、$R_{22}=R_2+R_3$。式(3-2-4)中 $R_{11}i_{m1}$、$R_{22}i_{m2}$分别为网孔电流 i_{m1}、i_{m2}在网孔 1、2 的自电阻上产生的电压。式(3-2-4)等号左边 R_{jk}和 R_{kj}称为网孔 j 和 k 之间的互电阻,简称互阻,其中,j、$k=1,2$,但 $j\neq k$,而且当电路中不含有受控源时,$R_{jk}=R_{kj}$。它们等于网孔 j 和 k 之间公共支路的电阻之和,值可正可负。当相邻网孔电流在公共支路上流向一致时,互电阻 R_{kj}和 R_{jk}取正值,当相邻网孔电流在公共支路上流向不一致时,互电阻 R_{kj}和 R_{jk}取负值。例如,图 3-2-1 所示电路中,$R_{12}=R_{21}=-R_2$。如果将各网孔电流的参考方向一律取顺时针或逆时针方向,则网孔之间的各互阻均取负值。当网孔 j 与 k 之间不存在公共支路电阻时,则互电阻为零。式(3-2-4)中 $R_{kj}i_{mj}$为网孔电流 i_{mj}在其互电阻上产生的电压;而 $R_{jk}i_{mk}$为网孔电流 i_{mk}在其互电阻上产生的电压。在式(3-2-4)等号右边,u_{sjj}为在不含电流源的情况下加于网孔 j 的电压源电压的代数和,其中 $j=1,2$。当此电压的参考极性与网孔电流参考方向为关联参考方向时,该电压项前面取“-”号,否则取“+”号。例如,图 3-2-1 所示电路中,$u_{s11}=u_{s1}-u_{s2}$,$u_{s22}=u_{s2}-u_{s3}$。

网孔电流方程本身已包含了 KCL,故以 KVL 形式体现。因为方程等号左边是各网孔电流在任一网孔中电阻上产生的电压降的代数和;而方程等号右边是在无电流源的情况下,该网孔中各电压源产生的电压升的代数和。

对于具有 m 个网孔的平面电路,可根据式(3-2-4)推广得其网孔电流方程的一般形式

$$\left.\begin{aligned}R_{11}i_{m1}+R_{12}i_{m2}+\cdots+R_{1m}i_{mm}&=u_{S11}\\R_{21}i_{m1}+R_{22}i_{m2}+\cdots+R_{2m}i_{mm}&=u_{S22}\\&\cdots\cdots\\R_{m1}i_{m1}+R_{m2}i_{m2}+\cdots+R_{mm}i_{mm}&=u_{Smm}\end{aligned}\right\}\tag{3-2-5}$$

应用网孔电流法求解电路中支路电流、电压的步骤归纳如下:

(1) 选取网孔电流,并标出各网孔电流参考方向,一般均取为顺时针或逆时针方向。

(2) 运用观察法,按自电阻、互电阻、网孔中电压源电压代数和的形成规律,列写如式(3-2-5)形式的网孔电流方程。

(3) 联立求解网孔电流方程组,得各网孔电流。

(4) 标出支路电流和电压参考方向,应用支路电流、电压与网孔电流关系,解出待求支路电流、电压和功率。

例 3-3 电路如图 3-2-2 所示,用网孔电流法求电路中各支路电流。

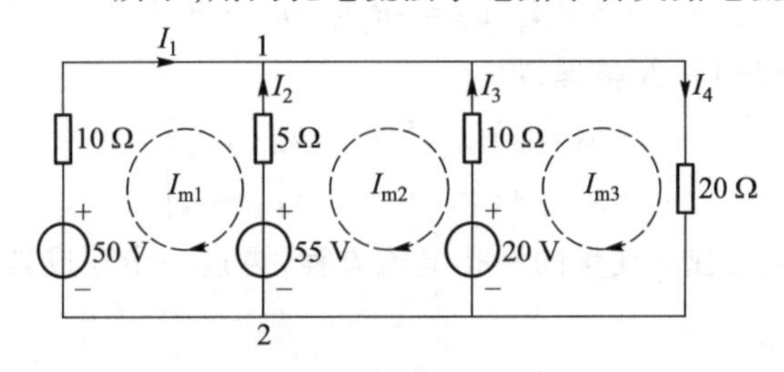

图 3-2-2 例 3-3 的电路

解 图 3-2-2 所示电路为有三个网孔的平面电路。设网孔电流分别为 I_{m1}、I_{m2}、I_{m3},其参考

方向均取顺时针方向,如图 3-2-2 中闭合虚线所示。凭观察可知

$R_{11}=(10+5)\ \Omega=15\ \Omega$

$R_{22}=(5+10)\ \Omega=15\ \Omega$

$R_{33}=(10+20)\ \Omega=30\ \Omega$

$R_{12}=R_{21}=-5\ \Omega$

$R_{13}=R_{31}=0$

$R_{23}=R_{32}=-10\ \Omega$

$U_{s11}=(50-55)\ V=-5\ V$

$U_{s22}=(55-20)\ V=35\ V$

$U_{s33}=20\ V$

故网孔电流方程为

网孔 1 $$15I_{m1}-5I_{m2}=-5$$

网孔 2 $$-5I_{m1}+15I_{m2}-10I_{m3}=35$$

网孔 3 $$-10I_{m2}+30I_{m3}=20$$

联立求解上述三个方程,得

$$I_{m1}=1\ A$$
$$I_{m2}=4\ A$$
$$I_{m3}=2\ A$$

在图 3-2-2 所示支路电流参考方向下,根据支路电流与网孔电流关系,求得各支路电流

$$I_1=I_{m1}=1\ A$$
$$I_2=I_{m2}-I_{m1}=3\ A$$
$$I_3=I_{m3}-I_{m2}=-2\ A$$
$$I_4=I_{m3}=2\ A$$

支路电流法中曾讨论了含电流源处理的问题,同样,在网孔法也会遇到这类问题。如果电路中含电流源和电导的并联组合,一般可用下述两种方法进行处理。

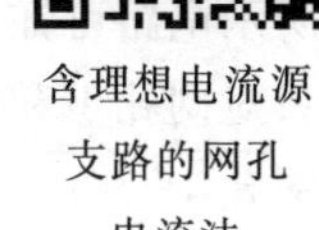

含理想电流源支路的网孔电流法

第一种方法是将电流源和电导的并联组合等效变换为电压源和电阻的串联组合,然后再按上述方法列写式(3-2-5)形式的网孔电流方程。但要注意,原电路中与电流源并联的电导中的电流并不是等效变换后与电压源串联的电阻中的电流,要根据原电路进行计算确定。

第二种方法是不改变电路结构,而将电流源的电压作为待求电路变量,每引入这样一个变量必须增加一个电流源电流与有关网孔电流的关系方程。因此,方程中待求变量包括网孔电流和电流源电压,这是一种混合变量法。当然此法也适合于无电阻和电流源并联或电流源和电阻串联的电路。

另外,如果电流源支路或电流源和电阻串联支路中只有一个网孔电流流过,则网孔电流=±电流源电流。当网孔电流的参考方向和电流源电流的参考方向相同时,该电流源电流前面取“+”号,否则取“-”号。于是,该网孔电流便为已知,不必对该网孔列写网孔电流方程,此时方程数要比上述两种方法的方程数少。这种解法简捷,应用较多,也可以根据具体要求和电路结构情况选择处理方法。

例 3-4 电路如图 3-2-3(a)所示,列写其网孔电流方程。

解 图 3-2-3(a)所示电路为平面电路,共有三个网孔。网孔电流 I_{m1}、I_{m2} 和 I_{m3} 及其参考方向如图 3-2-3(a)中闭合虚线所示。

设电流源电压 U 为待求变量,其参考极性如图 3-2-3(a)所示。因此可对网孔 3 列写网孔电流方程,同时增加网孔电流 I_{m3} 等于电流源电流 1 A 的关系方程,得到混合变量方程。

网孔 1 $\quad 12I_{m1}-2I_{m2}=-2$

网孔 2 $\quad -2I_{m1}+16I_{m2}-10I_{m3}=2$

网孔 3 $\quad -10I_{m2}+10I_{m3}-U=0$

关系方程 $\quad I_{m3}=1$

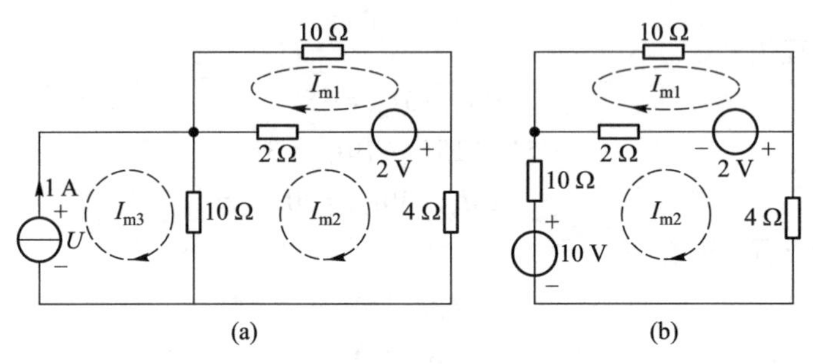

图 3-2-3 例 3-4 的电路

对于电流源和电阻的并联组合可以用电压源和电阻串联组合等效替代。变换后的电路如图 3-2-3(b)所示,电路结构发生变化,网孔数减少了。对图 3-2-3(b)所示电路中网孔 1 和网孔 2 列写网孔电流方程,得

网孔 1 $\quad (10+2)I_{m1}-2I_{m2}=-2$

网孔 2 $\quad -2I_{m1}+(10+2+4)I_{m2}=10+2$

经整理,得

$$12I_{m1}-2I_{m2}=-2$$
$$-2I_{m1}+16I_{m2}=12$$

如果不允许电路结构发生变化,则可根据前面介绍的第一种方法处理电流源。观察图 3-2-3(a)所示电路可知:$I_{m3}=1$ A。因此,若不需要求电流源电压时,可以不列写网孔 3 的网孔电流方程,只对网孔 1 和网孔 2 列写网孔电流方程,得

网孔 1 $\quad 12I_{m1}-2I_{m2}=-2$

网孔 2 $\quad -2I_{m1}+16I_{m2}-10I_{m3}=2$

网孔 3 $\quad I_{m3}=1$

此时方程数要比上述两种处理后的方程数少(至少相当)。可以根据具体要求和电路结构情况考虑选择处理方法。

含受控源电路的网孔电流法

如果电路中含受控源,可以先将受控源视为独立源。对于受控电流源和电导并联组合,可以运用受控电压源和电阻串联组合等效替代,也可以按照上述对独立电流源的处理方法进行,再按式(3-2-5)列写网孔电流方程,然后将各受控源

的控制量用网孔电流表示，最后对列写的网孔电流方程进行整理，将方程等号右边用网孔电流表示的各受控源电压项移到方程等号左边。因此，对于含受控源的电路，其最终的网孔电流方程等号左边的系数行列式一般是不对称的。

例 3-5 含受控源电路如图 3-2-4 所示，用网孔电流法求其各支路电流。

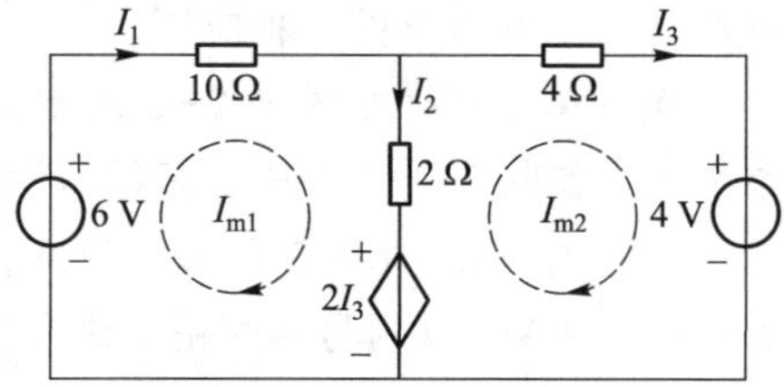

图 3-2-4 例 3-5 的电路

解 此电路为有两个网孔的平面电路。选择网孔电流 I_{m1} 和 I_{m2}，其参考方向如图 3-2-4 中闭合虚线所示，均为顺时针方向。首先将受控电压源 $2I_3$ 视为独立电压源，列写网孔电流方程，得

网孔 1 $$12I_{m1}-2I_{m2}=6-2I_3 \tag{1}$$

网孔 2 $$-2I_{m1}+6I_{m2}=2I_3-4 \tag{2}$$

然后将受控电压源 $2I_3$ 的控制量——电流 I_3 用网孔电流表示，得关系方程

$$I_3=I_{m2} \tag{3}$$

将式(3)代入式(1)和式(2)，并移项整理，联立求解上述方程，得

$$12I_{m1}=6$$

$$-2I_{m1}+4I_{m2}=-4$$

注意：上述方程中，互电阻 $R_{12}=0$，$R_{21}=-2\ \Omega$，$R_{12}\neq R_{21}$。

联立求解上述方程，得

$$I_{m1}=0.5\ \text{A}$$

$$I_{m2}=-0.75\ \text{A}$$

选定支路电流及其参考方向如图 3-2-4 所示。根据支路电流与网孔电流的关系，得各支路电流

$$I_1=I_{m1}=0.5\ \text{A}$$

$$I_2=I_{m1}-I_{m2}=1.25\ \text{A}$$

$$I_3=I_{m2}=-0.75\ \text{A}$$

现在将网孔电流推广到回路电流。回路电流是在一个回路中连续流动的假想电流。一个具有 b 条支路和 n 个节点的电路，其独立回路数为 $(b-n+1)$。如果选择 $(b-n+1)$ 个独立回路电流作为待求变量，可以证明它们是相互独立、完备的变量。对这些回路列写 KVL 方程，并运用支路方程将 KVL 方程用回路电流表示，就可以得到与网孔电流法的式(3-2-5)类似的回路电流方程。这种以回路电流作为电路独立变量进行电路分析的方法称为回路电流法。回路电流方程的一般形式为

含理想电流源支路的回路电流法

$$\left.\begin{aligned}R_{11}i_{l1}+R_{12}i_{l2}+\cdots+R_{1l}i_{ll}&=u_{s11}\\R_{21}i_{l1}+R_{22}i_{l2}+\cdots+R_{2l}i_{ll}&=u_{s22}\\&\cdots\cdots\\R_{l1}i_{l1}+R_{l2}i_{l2}+\cdots+R_{ll}i_{ll}&=u_{sll}\end{aligned}\right\} \tag{3-2-6}$$

式中，$l=(b-n+1)$ 为独立回路数。i_{ll} 的第一个下标 l 表示回路 loop。

比较式(3-2-5)和式(3-2-6)可知，列写回路电流方程与列写网孔电流方程的步骤类似，只

是网孔电流法适用于平面电路,平面电路的网孔便是独立回路。而回路电流法不受此限制,但要找到$(b-n+1)$个独立回路。可见网孔电流法是回路电流法在平面电路的一种应用。

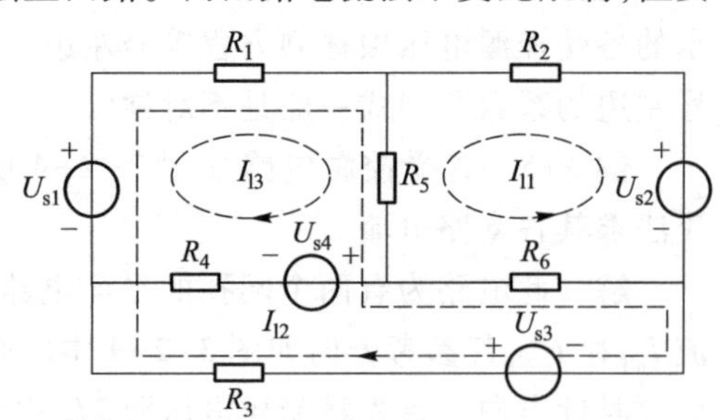

图 3-2-5 例 3-6 的电路

例 3-6 电路如图 3-2-5 所示。独立回路电流参考方向如图 3-2-5 中闭合虚线所示。已知$R_1=R_2=R_3=1\ \Omega, R_4=R_5=R_6=2\ \Omega, U_{s1}=1\ V, U_{s2}=2\ V, U_{s3}=3\ V, U_{s4}=4\ V$。试列写其回路电流方程。

解 在选定的独立回路和回路电流参考方向下,可用观察方法直接列写回路电流方程

回路 1 $(R_2+R_5+R_6)I_{l1}+(R_5+R_6)I_{l2}+R_5 I_{l3}=U_{s2}$

回路 2 $(R_5+R_6)I_{l1}+(R_1+R_3+R_5+R_6)I_{l2}+(R_1+R_5)I_{l3}=U_{s1}+U_{s3}$

回路 3 $R_5I_{l1}+(R_1+R_5)I_{l2}+(R_1+R_4+R_5)I_{l3}=U_{s1}-U_{s4}$

代入已知数据,经整理,得

$$5I_{l1}+4I_{l2}+2I_{l3}=2$$
$$4I_{l1}+6I_{l2}+3I_{l3}=4$$
$$2I_{l1}+3I_{l2}+5I_{l3}=-3$$

电路中不含受控源,故其回路电流方程的等号左边的系数行列式是对称的。注意:在计算网孔(回路)的自电阻与互电阻时,电路中的电压源用短路替代,电流源用开路替代,也很方便。

例 3-7 电路如图 3-2-6 所示,已知电路参数。按图 3-2-6 中闭合虚线所示独立回路(网孔)电流参考方向,列写回路(网孔)电流方程。

解 选定的独立回路正是该平面电路的网孔,因此列出的回路电流方程也是网孔电流方程。网孔一定是独立回路,但独立回路不一定是网孔。网孔电流法是回路电流法的特例。

图 3-2-6 所示电路中有只含电流源i_{s1}的支路,而且有两个回路电流i_{l2}和i_{l3}流过它。故采用混合变量法处理,即设电流源电压u_i为待求变量,其参考极性如图 3-2-6 所示,同时增加回路电流i_{l2}、i_{l3}和电流源电流i_{s1}之间的关系方程。

在选定的回路电流参考方向下,列写回路电流方程

回路 1 $(R_1+R_2)i_{l1}-R_2 i_{l2}=u_{s1}$

回路 2 $-R_2i_{l1}+(R_2+R_3)i_{l2}+u_i=0$

回路 3 $R_4 i_{l3}-u_i=-u_{s2}$

关系方程 $-i_{l2}+i_{l3}=i_{s1}$

联立求解上述四个方程,便可得到回路电流i_{l1}、i_{l2}、i_{l3}和电流源i_{s1}的电压u_i。

如果任意选择独立回路时,本例的列写回路电流方程过程将会简捷。重画图 3-2-6 所示电路于图 3-2-7。现在选定独立回路与回路电流的参考方向如图 3-2-7 中闭合虚线表示,其特点是只有一个回路电流流过电流源的支路。

于是只需对回路 1、2 列写回路电流方程,得

回路 1 $(R_1+R_2)i_{l1}-R_2 i_{l2}=u_{s1}$

回路 2 $-R_2i_{l1}+(R_2+R_3+R_4)i_{l2}+R_4i_{l3}=-u_{s2}$

$$i_{l3}=i_{s1}$$

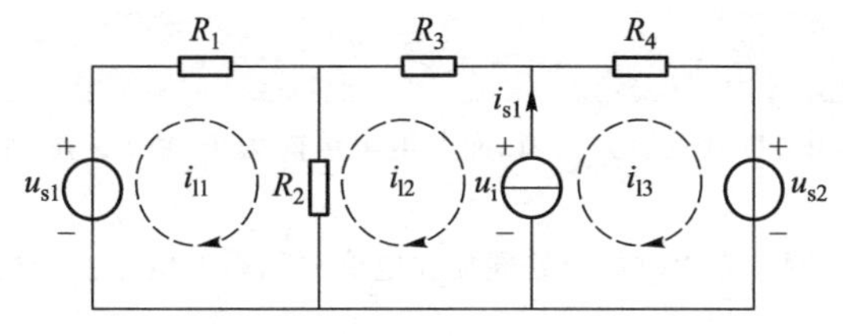

图 3-2-6 例 3-7 的电路

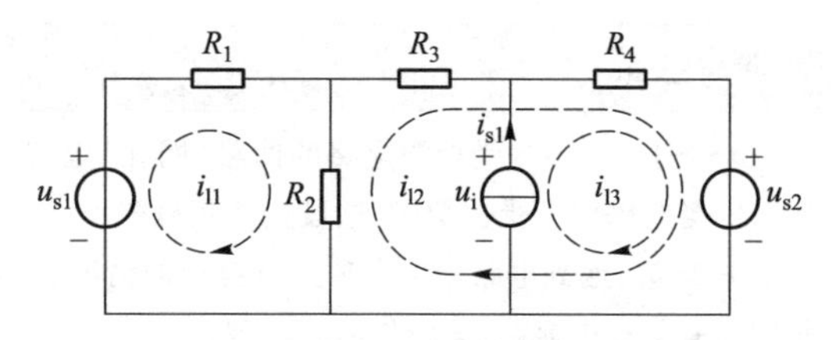

图 3-2-7 用回路电流法求解例 3-7

可见回路电流法要比网孔电流法更灵活。

例 3-8 电路如图 3-2-8 所示，用回路电流法求电路中各支路电流。

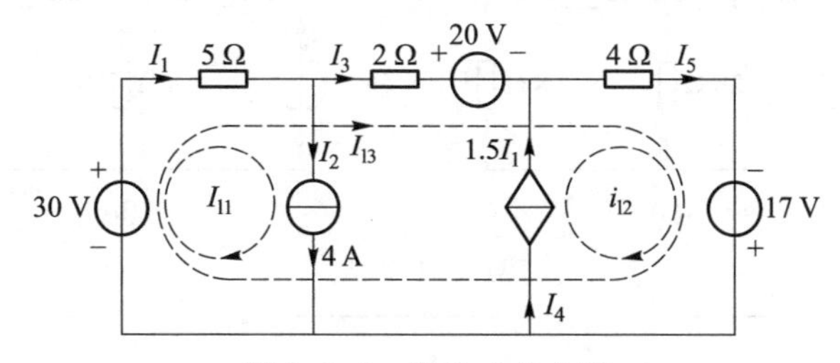

图 3-2-8 例 3-8 的电路

解 本例电路中有只含电流源 4 A 的支路和只含受控电流源 1.5 I_1 的支路。为使回路电流方程列写过程简捷，应该尽量设法只使一个回路电流流经这类支路。本电路具有 5 条支路和 3 个节点，其独立回路数为 3。选定回路电流和其参考方向如图 3-2-8 中闭合虚线所示，使得只有回路电流 I_{l1} 流经 4 A 电流源，只有回路电流 I_{l2} 流经受控电流源 1.5 I_1，而回路电流 I_{l3} 不流经这两个电流源。在图 3-2-8 所示回路电流参考方向下，只需对回路 3 列写回路电流方程，得

$$I_{l1}=4$$

$$I_{l2}=1.5\ I_1$$

回路 3

$$5\ I_{l1}+4\ I_{l2}+11\ I_{l3}=30-20+17$$

关系方程

$$I_1=I_{l1}+I_{l3}$$

联立求解上述四个方程，得回路电流

$$I_{l1}=4\ \text{A}$$

$$I_{l2}=4.5\ \text{A}$$

$$I_{l3}=-1\ \text{A}$$

选定各支路电流和其参考方向如图 3-2-8 所示。根据支路电流和回路电流的关系方程，便可得支路电流

$$I_1=I_{l1}+I_{l3}=(4-1)\ \text{A}=3\ \text{A}$$

$$I_2=I_{l1}=4\ \text{A}$$

$$I_3=I_{l3}=-1\ \text{A}$$

$$I_4=I_{l2}=4.5\ \text{A}$$

$$I_5=I_{l2}+I_{l3}=(4.5-1)\ \text{A}=3.5\ \text{A}$$

思考与练习

3-2-1　在不含受控源电路的回路(网孔)电流方程中,自电阻恒为正值,而互电阻可能为正、负、零值,为什么？当电路中含受控源时,这段论述正确吗？

3-2-2　遇到电路中含有独立电流源的情况,在列写网孔方程时如何处理独立电流源两端的电压？若电路中含有受控电流源,又该如何处理呢？

3-2-3　试用网孔电流法求题 3-2-3 图所示电路中的电压 U_0。

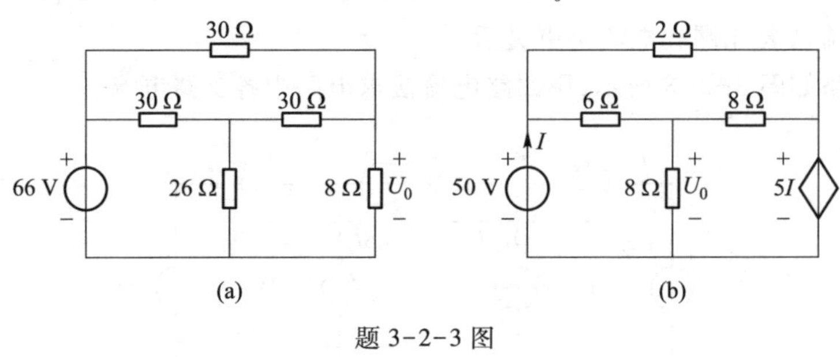

题 3-2-3 图

3.3　节点电压法

节点电压法是以节点电压作为电路独立变量进行电路分析的一种方法。任意选择电路中某一节点作为参考节点,其余节点对此参考节点的电压分别称为对应的节点电压,节点电压的参考极性均以所对应节点为正极性端,以参考节点为负极性端。例如,对于图 3-3-1 所示的电路,该电路共有 4 个节点和 7 条支路。现在选节点 4 为参考节点,则其余三个节点电压分别为 u_{n1}、u_{n2}、u_{n3}(下标 n 表示 node)。

选支路电压与支路电流为关联参考方向,根据 KVL,对闭合节点序列(1,2,4,1),有

$$u_1+u_3+u_4=0$$

电路中任一条支路都与两个节点连接,因此,根据 KVL 得知,电路中任一支路电压等于该支路连接的两个节点的节点电压之差。这样,支路电压可以用节点电压表示:$u_1=-u_{n1}$;$u_3=u_{n2}$;$u_4=u_{n1}-u_{n2}$。将它们代入上式,可见节点电压体现了电荷能量守恒即 KVL 的制约关系。

一般电路的节点电压法

同理可得,$u_2=-u_{n3}$;$u_5=u_{n3}-u_{n2}$;$u_6=u_{n1}-u_{n3}$。可见电路中各支路电压都可以用有关的节点电压表示。也就是说,一旦求得了电路中节点电压,便可根据 KVL 确定电路中所有支路的支路电压。

综上所述,节点电压是一组完备的独立电路变量,其个数为$(n-1)$,其中 n 为电路中节点数。

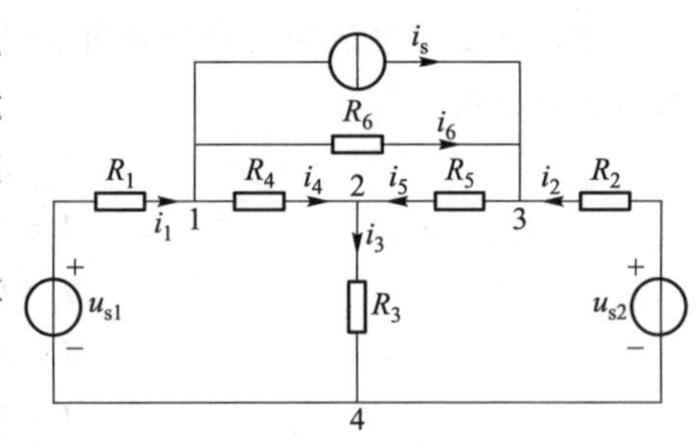

图 3-3-1　一般电路

如何建立求解节点电压所需要的方程？由于节点电压自动满足 KVL,故不必列写 KVL 方程。对独立节点列

写支路电流的 KCL 方程，然后通过各支路的支路方程将各支路电流用有关的节点电压表示，就得到一组与节点电压数相同的$(n-1)$个独立的节点电压方程。联立求解这组节点电压方程便得到各节点电压，进而可以根据节点电压计算电路中所有支路的支路电压和支路电流。

以图 3-3-1 所示电路为例，对独立节点 1、2、3 列写 KCL 程，得

$$\left.\begin{aligned}&-i_1+i_4+i_6+i_s=0\\&i_3-i_4-i_5=0\\&-i_2+i_5-i_6-i_s=0\end{aligned}\right\}\tag{3-3-1}$$

电路中各支路方程为

$$\left.\begin{aligned}&u_1=R_1i_1-u_{s1}\\&u_2=R_2i_2-u_{s2}\\&u_3=R_3i_3\\&u_4=R_4i_4\\&u_5=R_5i_5\\&u_6=R_6i_6\end{aligned}\right\}\tag{3-3-2}$$

将式(3-3-2)中各支路电流用有关节点电压表示，得

$$\left.\begin{aligned}&i_1=-\frac{u_{n1}}{R_1}+\frac{u_{s1}}{R_1}\\&i_2=-\frac{u_{n3}}{R_2}+\frac{u_{s2}}{R_2}\\&i_3=\frac{u_{n2}}{R_3}\\&i_4=\frac{u_{n1}}{R_4}-\frac{u_{n2}}{R_4}\\&i_5=\frac{u_{n3}}{R_5}-\frac{u_{n2}}{R_5}\\&i_6=\frac{u_{n1}}{R_6}-\frac{u_{n3}}{R_6}\end{aligned}\right\}\tag{3-3-3}$$

令 $G_k=1/R_k, k=1,2,\cdots,6$。将式(3-3-3)代入式(3-3-1)，经整理得

$$\left.\begin{aligned}&(G_1+G_4+G_6)u_{n1}-G_4u_{n2}-G_6u_{n3}=G_1u_{s1}-i_s\\&-G_4u_{n1}+(G_3+G_4+G_5)u_{n2}-G_5u_{n3}=0\\&-G_6u_{n1}-G_5u_{n2}+(G_2+G_5+G_6)u_{n3}=G_2u_{s2}+i_s\end{aligned}\right\}\tag{3-3-4}$$

式(3-3-4)是以节点电压为未知变量的电路方程，称为节点电压方程。再进一步写成具有三个独立节点的电路的节点电压方程的一般形式

$$\left.\begin{aligned}&G_{11}u_{n1}+G_{12}u_{n2}+G_{13}u_{n3}=i_{s11}\\&G_{21}u_{n1}+G_{22}u_{n2}+G_{23}u_{n3}=i_{s22}\\&G_{31}u_{n1}+G_{32}u_{n2}+G_{33}u_{n3}=i_{s33}\end{aligned}\right\}\tag{3-3-5}$$

将式(3-3-4)和图 3-3-1 所示电路进行对照比较,不难找出直接列写式(3-3-5)的规律。在式(3-3-5)的等号左边,G_{jj}称为节点j的自电导,简称自导,它等于连接于节点$j(j=1,2,3)$的所有支路电导之和,恒为正值。图 3-3-1 所示电路中 $G_{11}=G_1+G_4+G_6$、$G_{22}=G_3+G_4+G_5$、$G_{33}=G_2+G_5+G_6$。式(3-3-5)中 $G_{11}u_{n1}$,$G_{22}u_{n2}$、$G_{33}u_{n3}$分别为节点电压 u_{n1}、u_{n2}、u_{n3}在节点 1、2、3 的自电导中流过的电流。由于此电流的参考方向与节点电压的参考极性是关联的,故 $G_{11}u_{n1}$、$G_{22}u_{n2}$、$G_{33}u_{n3}$项前面总是取"+"号。式(3-3-5)等号左边 G_{jk}和 G_{kj}称为节点j和k之间的互电导,简称互导,其中j、$k=1,2,3$,但$j\neq k$,而且当电路中不含有受控源时 $G_{jk}=G_{kj}$,它们等于节点j和k之间公共支路的电导之和的负值;当节点j和k之间无公共支路电导,则相应互导为零,$G_{jk}=G_{kj}=0$。例如图 3-3-1 所示电路中,$G_{12}=G_{21}=-G_4$,$G_{13}=G_{31}=-G_6$,$G_{23}=G_{32}=-G_5$。式(3-3-5)中 $G_{kj}u_{nj}$为节点电压 u_{nj}在其互电导中流过的电流;而 $G_{jk}u_{nk}$为节点电压 u_{nk}在其互电导中流过的电流。由于在节点$j(k)$和相邻节点$k(j)$的互电导上的电压总是节点$j(k)$的参考极性为正,相邻节点$k(j)$的参考极性为负,故节点电压 $u_{nk}(u_{nj})$在互电导中流过的电流项前面总是取"-"号。在式(3-3-5)等号右边,i_{sjj}为在不含电压源支路的情况下流入节点j的电流源和等效电流源的电流的代数和,其中$j=1,2,3$。当此电流的参考方向指向该节点时,该电流项前面取"+"号,否则取"-"号。例如图 3-3-1所示电路中,$i_{s11}=G_1u_{s1}-i_s$,$i_{s22}=0$,$i_{s33}=G_2u_{s2}+i_s$。

节点电压方程本身已包含了 KVL 方程,故以 KCL 方程形式体现。因为方程等号左边是各节点电压引起的流出任一节点的电流的代数和,而方程等号右边是在不含电压源支路的情况下,流入该节点的电流源与等效电流源(由电压源和电阻串联组合等效变换得到)电流的代数和。如要检验答案,应取支路电流用 KCL 进行。

对于具有$(n-1)$个独立节点的电路,可根据式(3-3-5)推广得其节点电压方程的一般形式

$$\left.\begin{aligned}G_{11}u_{n1}+G_{12}u_{n2}+\cdots+G_{1(n-1)}u_{n(n-1)}&=i_{s11}\\G_{21}u_{n1}+G_{22}u_{n2}+\cdots+G_{2(n-1)}u_{n(n-1)}&=i_{s22}\\&\cdots\cdots\\G_{(n-1)1}u_{n1}+G_{(n-1)2}u_{n2}+\cdots+G_{(n-1)(n-1)}u_{n(n-1)}&=i_{s(n-1)(n-1)}\end{aligned}\right\}\qquad(3-3-6)$$

注意,在系统列写式(3-3-6)节点电压方程时,不考虑各支路电流的参考方向。

例 3-9 电路如图 3-3-2 所示,用节点电压法求电路中各支路电流。(注:图中的电阻元件,其值用电导表示,单位为 S,下同。)

解 选节点 4 为参考节点,其余三个独立节点的节点电压方程为

节点 1 $\quad (3+4)U_{n1}-3U_{n2}-4U_{n3}=-3-8$

节点 2 $\quad -3U_{n1}+(3+1+2)U_{n2}-2U_{n3}=3$

节点 3 $\quad -4U_{n1}-2U_{n2}+(4+2+5)U_{n3}=25$

联立求解上述三个方程,得

$$U_{n1}=1\ \text{V},\qquad U_{n2}=2\ \text{V},\qquad U_{n3}=3\ \text{V}$$

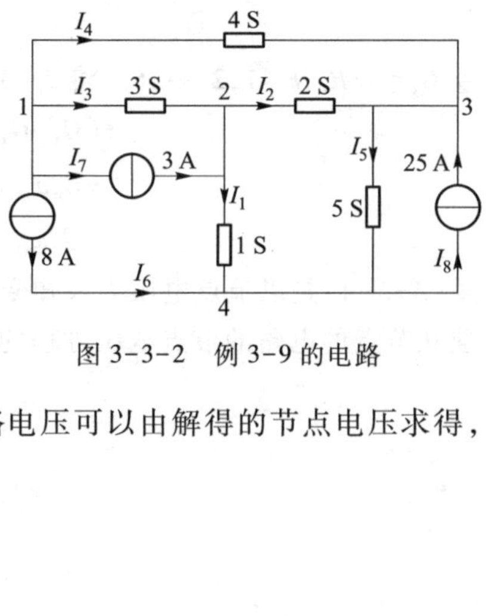

图 3-3-2 例 3-9 的电路

本例电路共有八条支路,指定各支路电流参考方向如图 3-3-2 所示。各支路电压和电流取关联参考方向。各支路电压可以由解得的节点电压求得,进而应用支路伏安关系求得各支路电流

$$I_1=1\times(U_{n2})=1\times2\ \text{A}=2\ \text{A}$$
$$I_2=2\times(U_{n2}-U_{n3})=2\times(2-3)\ \text{A}=-2\ \text{A}$$
$$I_3=3\times(U_{n1}-U_{n2})=3\times(1-2)\ \text{A}=-3\ \text{A}$$
$$I_4=4\times(U_{n1}-U_{n3})=4\times(1-3)\ \text{A}=-8\ \text{A}$$
$$I_5=5\times(U_{n3})=5\times3\ \text{A}=15\ \text{A}$$
$$I_6=8\ \text{A}$$
$$I_7=3\ \text{A}$$
$$I_8=25\ \text{A}$$

例 3-10 含受控源电路如图 3-3-3 所示，设电路中各元件的参数均为已知，列写其节点电压方程。

含受控源支路的节点电压法

解 选节点 5 为参考节点。本例的电路中含一个独立电压源和两个受控源，其中独立电压源 U_{s1} 和电导 G_1 的串联组合可以用独立电流源和电导 G_1 的并联组合等效替代，该电流源电流为 G_1U_{s1}，其参考方向为由节点 5 指向节点 1；将受控电流源 αI_5 视为独立电流源，其控制量为电流 I_5，用节点电压表示：$I_5=-G_5U_{n3}$；将受控电压源 μU_2 视为独立电压源处理，它与电导 G_7 的串联组合可以用一个受控电流源和电导 G_7 的并联组合等效替代，该受控电流源电流为 μG_7U_2，其参考方向为节点 4 指向节点 3，其控制量为电压 U_2，用节点电压表示：$U_2=U_{n1}-U_{n2}$。经过上述处理后便可列写节点电压方程，得

节点 1 $\quad (G_1+G_2+G_3)U_{n1}-G_2U_{n2}-G_3U_{n3}=G_1U_{s1}$

节点 2 $\quad -G_2U_{n1}+(G_2+G_4+G_6)U_{n2}-G_6U_{n4}=0$

节点 3 $\quad -G_3U_{n1}+(G_3+G_5+G_7)U_{n3}-G_7U_{n4}=\mu G_7(U_{n1}-U_{n2})$

节点 4 $\quad -G_6U_{n2}-G_7U_{n3}+(G_6+G_7)U_{n4}=-\alpha G_5U_{n3}-\mu G_7(U_{n1}-U_{n2})$

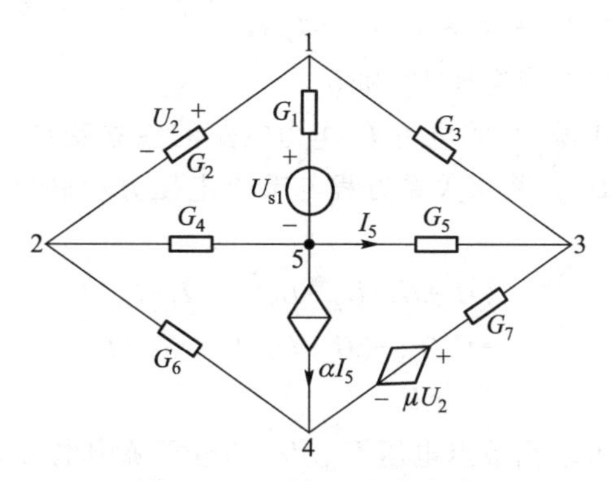

图 3-3-3 例 3-10 的电路

将上述方程中等号右边用节点电压表示的电流项移到各式等号的左边，经过整理，得

$$(G_1+G_2+G_3)U_{n1}-G_2U_{n2}-G_3U_{n3}=G_1U_{s1}$$
$$-G_2U_{n1}+(G_2+G_4+G_6)U_{n2}-G_6U_{n4}=0$$
$$-(G_3+\mu G_7)U_{n1}+\mu G_7U_{n2}+(G_3+G_5+G_7)U_{n3}-G_7U_{n4}=0$$
$$\mu G_7U_{n1}-(G_6+\mu G_7)U_{n2}-(G_7-\alpha G_5)U_{n3}+(G_6+G_7)U_{n4}=0$$

考察上述方程可见，含受控源电路的节点电压方程的等号左边系数行列式一般是不对称的。

应用节点电压法求电路中支路电流、电压的步骤归纳如下：

(1) 任选参考节点，独立节点与参考节点之间的电压就是对应节点的节点电压。节点电压的参考正极性均分别为对应的节点，节点电压的参考负极性均为参考节点。

(2) 按式(3-3-6)列写各独立节点的节点电压方程。

(3) 如果电路中含受控源，则可将受控源视为独立源，并用有关的节点电压表示受控源的控制量，按步骤(2)列写节点电压方程；然后将用节点电压表示的受控源电流项移到方程的等号左边，进行同类项合并。

(4) 联立求解节点电压方程，得各独立节点的节点电压。

(5) 根据需要，应用支路电流和电压与节点电压的关系，求解电路中各支路电流和电压。

含理想电压源支路的节点电压法

如果电路中有只含电压源的支路，即电压源没有任何电阻与其串联，此时无法按上述步骤处理，即无法用电流源和电导并联组合等效替代。因为此时电压源 U_s 相当于与 $R=0$ 的电阻串联。在这种情况下需要特殊处理。处理的方法有多种，下面介绍两种不需要改变电路结构的处理方法。

例 3-11 在图 3-3-4 所示电路中，电压源 U_{s1} 没有电阻与其串联。此时，如果将与此电压源负极性端连接的节点 3 选为参考节点，则与此电压源正极性端连接的独立节点 1 的节点电压 U_{n1} 便已确定，即 $U_{n1}=U_{s1}$。也就是说，不用再对节点 1 列写节点电压方程，只需对独立节点 2 列写节点电压方程，使节点电压方程少 1 个。即

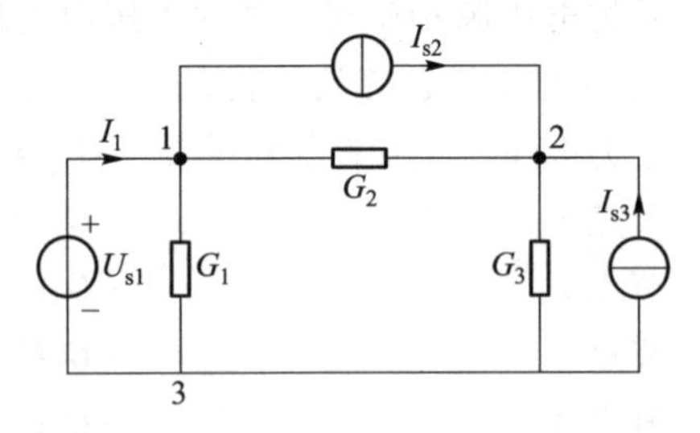

图 3-3-4 例 3-11 的电路

节点 1 $\qquad U_{n1}=U_{s1}$

节点 2 $\qquad -G_2U_{n1}+(G_2+G_3)U_{n2}=I_{s2}+I_{s3}$

联立求解上述两方程，便求得节点电压 U_{n1} 和 U_{n2}。

也可以这样处理，将电压源 U_{s1} 的电流 I_1 作为电路的独立变量，同时增加该电压源电压 U_{s1} 与节点电压关系方程：$U_{n1}=U_{s1}$。将该关系方程与节点电压方程联立，使方程数与电路的独立变量数相等，得

节点 1 $\qquad (G_1+G_2)U_{n1}-G_2U_{n2}=I_1-I_{s2}$

节点 2 $\qquad -G_2U_{n1}+(G_2+G_3)U_{n2}=I_{s2}+I_{s3}$

关系方程 $\qquad U_{n1}=U_{s1}$

联立求解上述三个方程，便可求出节点电压 U_{n1}、U_{n2} 和电压源中电流 I_1。

这种方法使电路待求变量包括节点电压和电压源中电流，有时称此法为混合法。

上述两种处理方法相比较，可见第一种处理方法更简捷，使节点电压方程数减少，计算工作量也减少。因此，在电路中有一条只含电压源的支路且尚未选择参考节点时，应选择与电压源一端连接的节点为参考节点，可使节点电压方程的列写过程简化。但是，当电路中有多条理想电压源支路，且又不具有公共节点时，只能采用第二种处理方法。

上述处理方法也适用于电路中有只含受控电压源支路的情况。

例 3-12 电路如图 3-3-5 所示，用节点电压法求电路中各节点电压。

解 本例的电路中出现只含 10 V 电压源支路的情况。如果选节点 4 为参考节点，则节点 2

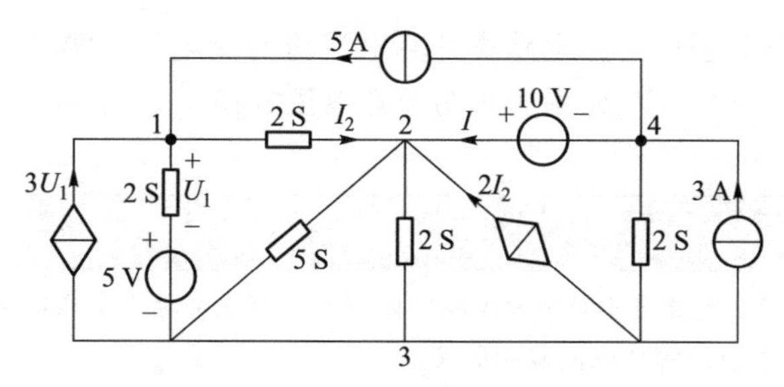

图 3-3-5 例 3-12 的电路

的节点电压便确定:$U_{n2}=10$ V。于是只需要对节点 1 和节点 3 列写节点电压方程,得

节点 1 $\quad 4U_{n1}-2U_{n2}-2U_{n3}=3U_1+5\times2+5$

节点 2 $\quad U_{n2}=10\ \text{V}$

节点 3 $\quad -2U_{n1}-7U_{n2}+11U_{n3}=-3U_1-5\times2-2I_2-3$

控制量与节点电压关系方程

$$U_1=U_{n1}-U_{n3}-5$$
$$I_2=2(U_{n1}-U_{n2})$$

经过整理,得

$$U_{n1}+U_{n3}=20$$
$$5U_{n1}+8U_{n3}=112$$

联立求解,得

$$U_{n1}=16\ \text{V},\qquad U_{n2}=10\ \text{V},\qquad U_{n3}=4\ \text{V}$$

也可以选节点 3 为参考节点,该节点是电路中连接支路数最多的节点。设只含电压源 10 V 的支路电流为 I,参考方向如图 3-3-5 所示,得节点电压方程

节点 1 $\quad 4U_{n1}-2U_{n2}=3U_1+10+5$

节点 2 $\quad -2U_{n1}+9U_{n2}-I=2I_2$

节点 4 $\quad 2U_{n4}+I=3-5$

只含电压源 10 V 的支路方程 $\quad U_{n2}-U_{n4}=10$

受控源的控制量与节点电压关系方程 $U_1=U_{n1}-5$, $I_2=2(U_{n1}-U_{n2})$ 经过整理,得

$$U_{n1}-2U_{n2}=0$$
$$-6U_{n1}+13U_{n2}+2U_{n4}=-2$$
$$U_{n2}-U_{n4}=10$$

联立求解上述三个方程,得

$$U_{n1}=12\ \text{V},\qquad U_{n2}=6\ \text{V},\qquad U_{n4}=-4\ \text{V}$$

由此例可见,参考节点选择适当,可使方程简单。另外,参考节点选得不同,独立节点电压发生改变,但两个节点之间的电压保持不变。

最后介绍电路中含电流源与电阻串联支路的处理。设图 3-3-5 中电流源 5 A 与电阻 R 串联组成一条支路连接在节点 1 和节点 4 之间。此时列写节点电压方程时需要特殊处理,一般采用如下两种方法。第一种方法是将与电流源串联的电阻 R“短路”处理后再列写节点电压方程。这种处理方法不影响节点电压的计算。但是,处理后电流源的端电压并不等于处理前电流源的原来的端电压,必须根据处理前的原电路去计算电流源的端电压。第二种方法是在电流源和串联的电阻的连接点增设一个节点,然后再列写节点电压方程。

思考与练习

3-3-1 使用节点法分析电路受不受平面电路的限制？具有3个独立节点的电路的节点方程通式会写吗？自电导、互电导、流入节点的等效电流源如何求？

3-3-2 遇电路中两节点间有理想电压源或理想受控电压源支路情况,如何列写节点方程？

3-3-3 在列写节点电压方程过程中,如何处理(独立或受控)电流源和电阻串联支路？如何处理(独立或受控)电压源和电阻并联支路？

3-3-4 试用节点电压法求题3-3-4图所示电路中各支路电流。

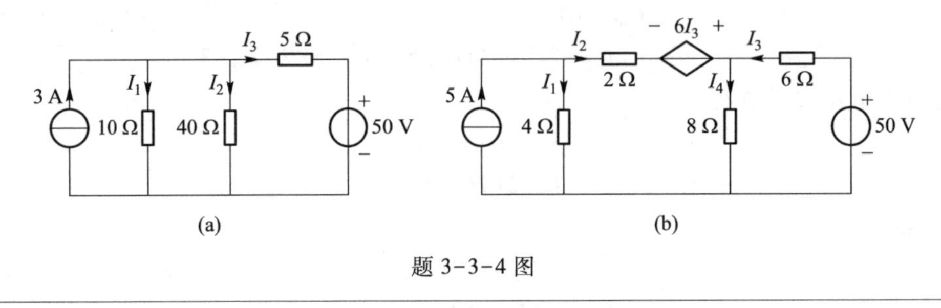

题3-3-4图

3.4 应用实例

支路电流法是电路分析方法中最基本的方法,节点电压法是电路分析方法中较为常用方法。由节点电压法可以推出许多电路定理(见第4章),本节实例通过节点电压法说明密勒定理及其应用,运用支路电流法说明双臂电桥测量原理。

实例1: 密勒定理及其应用

密勒定理由Miller J M于1920年在研究平板电路的真空三极管输入阻抗时提出,也称为密勒效应。利用密勒定理可简化对电路的分析,起到事半功倍的作用。

密勒定理较为严谨的表述形式如下:任一如图3-4-1(a)所示具有n个节点的电路,设节点1、2的电压分别为U_{n1}、U_{n2}。如已知$\dfrac{U_{n2}}{U_{n1}}=A$,则图3-4-1(b)所示电路与图3-4-1(a)所示电路等效,其中

$$R_1=\frac{R}{1-A},\qquad R_2=\frac{R}{1-\dfrac{1}{A}} \tag{3-4-1}$$

密勒定理有多种证明方法,这里给出运用节点法的证明。将如图3-4-1(a)所示电路等效

为图 3-4-2 所示电路，且使其中节点电压 $U_{n(n+1)}=0$，则有

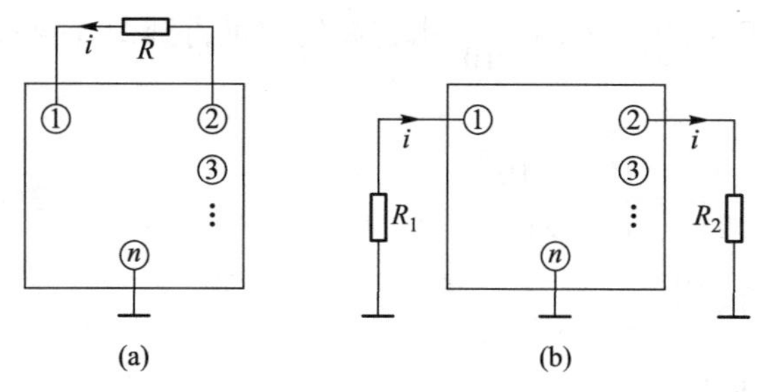

图 3-4-1 密勒定理

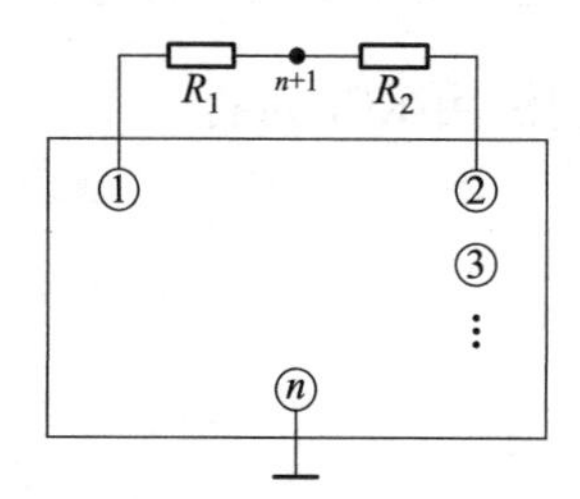

图 3-4-2 密勒定理的证明

$$R=R_1+R_2$$

$$-\frac{1}{R_1}U_{n1}-\frac{1}{R_2}U_{n2}+\left(\frac{1}{R_1}+\frac{1}{R_2}\right)U_{n(n+1)}=0 \tag{3-4-2}$$

即

$$-\frac{1}{R_1}U_{n1}-\frac{1}{R_2}U_{n2}=0 \tag{3-4-3}$$

将$\frac{U_{n2}}{U_{n1}}=A$ 代入式(3-4-3)，可得

$$R_2+AR_1=0 \tag{3-4-4}$$

联立式(3-4-2)和式(3-4-4)，解得

$$R_1=\frac{R}{1-A},\quad R_2=\frac{R}{1-\frac{1}{A}} \tag{3-4-5}$$

而图 3-4-2 所示电路与图 3-4-1(b)所示电路等效，由此定理得证。

从密勒定理的表述中可以看出，对于具有支路连接的两个节点，如知道该两节点的电压，则利用密勒定理可消除两节点的支路连接关系，从而使得电路的分析过程得到简化。如果将图 3-4-1(a)中的节点 1 看作输入节点，节点 2 看作输出节点，则利用密勒定理可简化输入、输出电阻的计算。

密勒定理在电路分析中具有广泛的应用，下面通过例子加以说明。

如图 3-4-3(a)所示电路，试求电压 U。

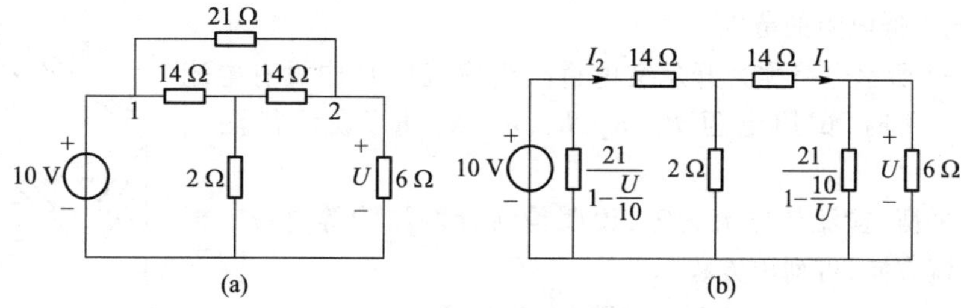

图 3-4-3 密勒定理应用实例

本例采用密勒定理求解。

设电压源的负极为参考节点，则 $U_{n1}=10\ \text{V}$，$U_{n2}=U$，$A=\dfrac{U}{10}$，由密勒定理可得到图3-4-3(a)所示电路，由KCL可得

$$I_1=\frac{U}{6}+\frac{\dfrac{U}{21}}{1-\dfrac{10}{U}}=\frac{U}{6}+\frac{U-10}{21} \tag{3-4-6}$$

$$I_2=I_1+\frac{14I_1+U}{2}=8I_1+\frac{U}{2} \tag{3-4-7}$$

由KVL可得

$$14I_2+14I_1+U=10 \tag{3-4-8}$$

将式(3-4-6)和式(3-4-7)代入式(3-4-8)，可解得

$$U=2\ \text{V}$$

与采用Y-△等效变换法或节点法或回路法等其他方法求解得到的结果相同。

由本例可见，即使节点电压未知，也可采用密勒定理对电路进行分析。

密勒定理在电路分析中有着广泛的应用，如在理想微分电路、电容补偿、电阻补偿、滤波器电路等方面，密勒定理都有很好的应用。随着对密勒定理的进一步深入研究，还会挖掘出密勒定理在电路中更有意义的价值。

实例2：双臂电桥测量低值电阻

电阻按照阻值大小可分为高电阻(100 kΩ以上)、中电阻(1 Ω~100 kΩ)和低电阻(1 Ω以下)三种。电桥是一种利用电位比较法进行测量电阻的仪器。直流单臂电桥又称惠斯通电桥，主要用于测量 $1\sim10^6\ \Omega$ 的中值电阻；直流双臂电桥又称开尔文电桥，则用于测量1 Ω以下的低值电阻，可用于测量 $10^{-6}\sim10\ \Omega$ 的电阻，是一种常用的测量低电阻的方法。

单电桥桥臂上的导线电阻和接点处的接触电阻约为 $10^{-3}\ \Omega$ 量级。由于这些附加电阻与桥臂电阻相比小得多，故可忽略其影响。一般说导线本身以及和接点处引起的电路中附加电阻约大于0.1 Ω，但若用单臂电桥测1 Ω以下的电阻时，这些附加电阻对测量结果的影响就突出了。双臂电桥能够有效地消减附加电阻的影响，灵敏度和准确度都比较高，已广泛应用于科技测量中。例如，测量金属的电导率、分流器的电阻值、电机和变压器绕组的电阻以及各类阻值线圈的电阻等，都是属于低电阻的范围。

如图3-4-4所示电路称为开尔文电桥。当检流计G中没有电流流过，即电桥平衡时，试用电阻 R_1、R_2、R_3、R_4、R_5、R_6，表示待测电阻 R_X。

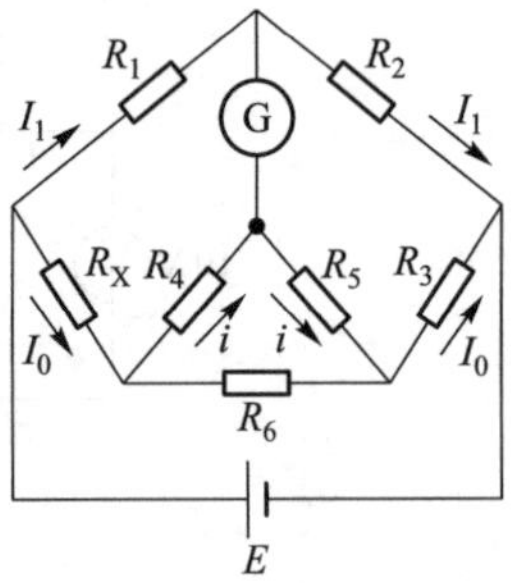

调节电桥平衡，检流计电流为零，说明检流计两端为等电位。根据图中所示电流方向，可列出方程

$$\begin{cases}R_1I_1=R_XI_0+R_4i\\R_2I_1=R_3I_0+R_5i\end{cases}\qquad\begin{cases}R_XI_0=R_1I_1-R_4i\\R_3I_0=R_2I_1-R_5i\end{cases}$$

图3-4-4 开尔文电桥

两式之比

$$\frac{R_X}{R_3}=\frac{R_1}{R_2}\times\frac{I_1-\dfrac{R_4}{R_1}i}{I_1-\dfrac{R_5}{R_2}i}$$

双电桥在结构上满足

$$\frac{R_4}{R_1}=\frac{R_5}{R_2},即\frac{R_1}{R_2}=\frac{R_4}{R_5}$$

于是

$$\frac{R_X}{R_3}=\frac{R_1}{R_2}$$

故

$$R_X=\frac{R_1}{R_2}R_3$$

就是双电桥的平衡条件。如同单电桥那样计算 R_X 了。

需要说明,双电桥在线路结构上与单电桥有两点显著不同:① 待测电阻 R_X 和桥臂电阻 R_3(标准电阻)均为四端接法;② 增加两个高阻值电阻 R_1、R_2,构成双电桥的“内臂”。

本章小结

1. 对于具有 b 条支路和 n 个节点的连通网络,有 b 个支路(元件)约束方程,$(n-1)$ 个线性无关的独立 KCL 方程,$(b-n+1)$ 个线性无关的独立 KVL 方程。

2. 支路分析法可分为支路电流法和支路电压法。所需列写的方程数为 b 个。支路电流法用 b 个支路电流(是完备变量,但不是相互独立变量)作为电路变量,列出 $(n-1)$ 个节点的 KCL 方程和 $(b-n+1)$ 个回路的 KVL 方程,然后代入元件的 VCR。求解这 b 个支路电流。最后,求解其他响应。

支路电压法用 b 个支路电压(是完备变量,但不是相互独立变量)作为电路变量,列方程,求解的方法。

选取独立回路的方法,可以根据充分条件,即每一个回路中均具有一条其他回路不具有的新支路;对于平面电路也可以直接选取网孔作为一组独立回路。

3. 网孔分析法适用于平面电路,以网孔电流(完备且相互独立变量)为电路变量,需列写 $(b-n+1)$ 个网孔的 KVL 方程(网孔方程)。

(1) 一般电路

选定网孔电流方向,网孔方程列写的规则如下:

对于含有三个网孔电路的网孔电流方程一般形式为

$$\left.\begin{aligned}R_{11}I_{m1}+R_{12}I_{m2}+R_{13}I_{m3}=U_{s11}\\R_{21}I_{m1}+R_{22}I_{m2}+R_{23}I_{m3}=U_{s22}\\R_{31}I_{m1}+R_{32}I_{m2}+R_{33}I_{m3}=U_{s33}\end{aligned}\right\}$$

式中,$R_{ij}(i=j)$称为第i个网孔自电阻,为第i个网孔中各支路的电阻之和,值恒为正。

$R_{ij}(i\neq j)$称为第i个与第j个网孔互电阻,为第i个与第j个网孔之间公共支路的电阻之和;当相邻网孔电流在公共支路上流向一致时为正,不一致时为负。不含受控源的电路系数矩阵为对称阵。注意,计算网孔(回路)的自电阻与互电阻时,网络中的独立源都处于置零状态。

U_{sii}为第i个网孔中的等效电压源,其值为该网孔中各支路电压源电压值的代数和。当电压源方向与绕行方向一致时取负,不一致时取正。

(2) 含电流源的电路

实际电流源支路转换为实际电压源支路,再列写网孔方程。

理想电流源支路如果为某一个网孔所独有,则与其相关的网孔电流为已知,等于该电流源电流值或其负值,该网孔的正规的网孔方程可以省去。

理想电流源支路如果为两个网孔所共有,则需多增设一个变量:电流源两端的电压。在列写与电流源相关的网孔方程时,必须考虑电流源两端的电压。再增列相应的辅助方程,将理想电流源的电流用网孔电流表示出来。

特别注意,当一个电阻与理想电流源串联时,则该电阻不计入自电阻、互电阻之中。

(3) 含受控源的电路

将受控源作独立源对待,利用直接观察法列方程;再将控制量用网孔电流表示,并整理方程。由于含受控源,方程的系数矩阵一般不对称。

4. 回路分析法

网孔分析法是回路分析法的特例,回路分析法是网孔分析法的推广。

回路电流:是在一个回路中连续流动的假想电流。一个具有b条支路和n个节点的电路,其独立回路数为$(b-n+1)$。回路电流法是以回路电流(完备且相互独立变量)作为电路独立变量进行电路分析的方法,适用于含多个理想电流源支路的电路。

5. 节点分析法不仅适用于平面电路,而且适用于立体电路。节点分析法以独立节点的节点电压(完备且相互独立变量)为电路变量,列写$n-1$个节点的KCL方程(节点方程),进行电路求解的方法。

(1) 一般电路

选定参考节点。节点方程列写规则如下:

对于含有三个独立节点电路的节点电压方程一般形式为

$$\left.\begin{aligned}G_{11}U_{n1}+G_{12}U_{n2}+G_{13}U_{n3}=I_{s11}\\G_{21}U_{n1}+G_{22}U_{n2}+G_{23}U_{n3}=I_{s22}\\G_{31}U_{n1}+G_{32}U_{n2}+G_{33}U_{n3}=I_{s33}\end{aligned}\right\}$$

式中,$G_{ij}(i=j)$称为第i个节点自电导,为连接到第i个节点各支路电导之和,值恒正。$G_{ij}(i\neq j)$称为节点i与j之间互电导,为连接于节点i与j之间支路上的电导之和,值恒为负。注意,计算节点的自电导与互电导时,网络中的独立源都处于置零状态。不含受控源的电路系数矩阵为对称阵。

I_{sii}为流入第i个节点的各支路电流源电流值代数和,流入取正,流出取负。

(2) 含电压源的电路

实际电压源转换为实际电流源,再列写节点电压方程。

含理想电压源时，可选择理想电压源的一端为参考节点，则另一端节点电压为已知，等于该电压源的电压值或其负值，该节点的正规的节点电压方程可以省去。否则，则需多假设一个变量：流经电压源的电流。在列写与电压源相关的节点方程时，必须考虑流经电压源的电流。再增列对应的辅助方程，将理想电压源的电压用节点电压表示出来。

特别注意，当一个电导与理想电压源并联，或者一个电阻与理想电流源串联时，则该电导（电阻）不计入自电导、互电导之中。

(3) 含受控源的电路

将受控源作独立电源对待，利用直接观察法列方程；再将控制量用节点电压表示。由于含受控源，方程的系数矩阵一般不对称。

6. 支路电流法、网孔电流法和节点电压法比较

对于同一电路，可以分别运用支路电流法、网孔电流法和节点电压法进行求解。很显然，网孔电流法和节点电压法解方程的数目明显少于支路电流法，所以今后人工计算分析电路时，应当注意电路解法的选择。当平面电路的网孔个数少于独立节点数时，一般选网孔电流法分析比较简单；当平面电路的独立节点数少于网孔个数时，一般选节点电压法分析比较简单。通过观察电路特点，熟练写出电路的网孔方程或者节点方程是本章的重点之一。

习题进阶练习

3.1—3　　3.4—5　　3.6—7

习题 3

3.1 节习题

3-1　电路如题 3-1 图所示，指出下列各项的数目：(a) 节点；(b) 支路；(c) 回路；(d) 网孔。如果采用支路电流法求解各支路电流，KCL 方程和 KVL 方程的个数分别为多少？

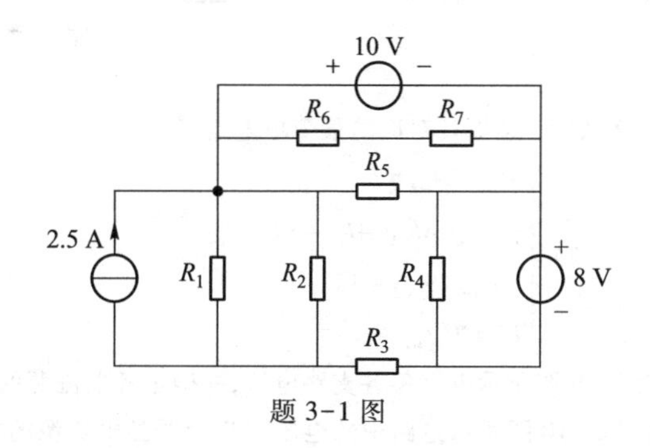

题 3-1 图

3-2 如果用支路电流法分析如题 3-2 图所示电路，列写其电路方程。

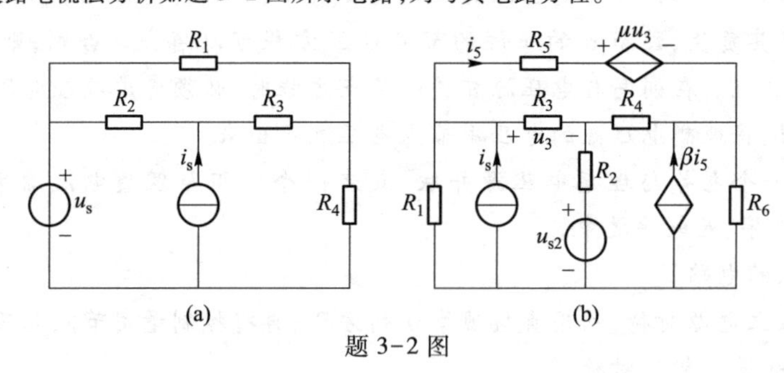

题 3-2 图

3-3 用支路电流法求解题 3-3 图所示电路中各支路电流。

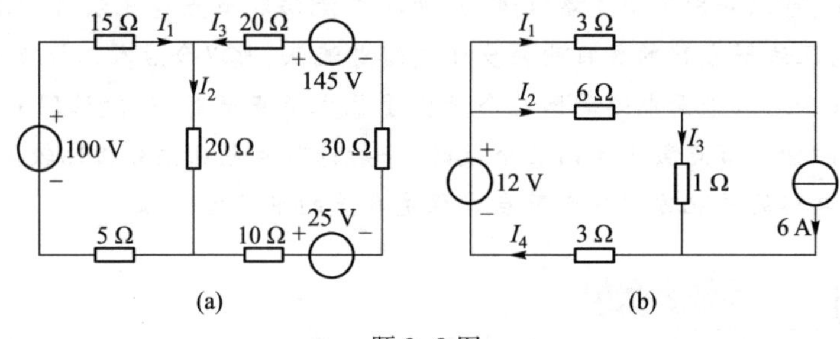

题 3-3 图

3.2 节习题

3-4 列写题 3-2 图所示电路的网孔电流方程。

3-5 用网孔电流法求解题 3-3 图所示电路中各支路电流。

3-6 用网孔电流法求解题 3-6 图所示电路中电流 i 和电压 u。

3-7 用网孔电流法求解题 3-7 图所示电路中电流 I、受控源发出的功率。

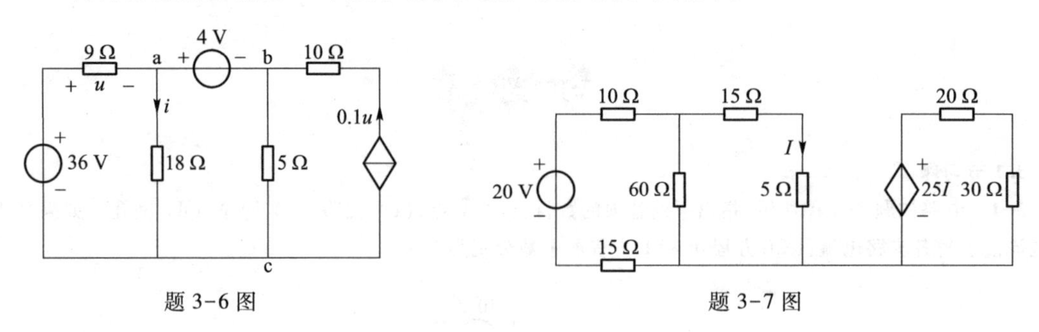

题 3-6 图　　　　题 3-7 图

3-8 某电路的网孔电流方程如下，绘出其对应的最简单电路。

(1) $\begin{cases} 2I_{m1}-I_{m3}=-4 \\ I_{m2}-I_{m3}=3 \\ -I_{m1}-I_{m2}+I_{m3}=0 \end{cases}$　　(2) $\begin{cases} 3I_{m1}-2I_{m2}=5 \\ -2I_{m1}+8I_{m2}-4I_{m3}=-U_1 \\ -4I_{m2}+9I_{m3}=3U_1 \\ U_1=2(I_{m1}-I_{m2}) \end{cases}$

3-9 用回路电流法求解题 3-9 图所示电路中各支路电压，并确定各电流源的功率。

3-10 用回路电流法求解题 3-10 图所示电路中的电压 U 以及受控电流源的功率。

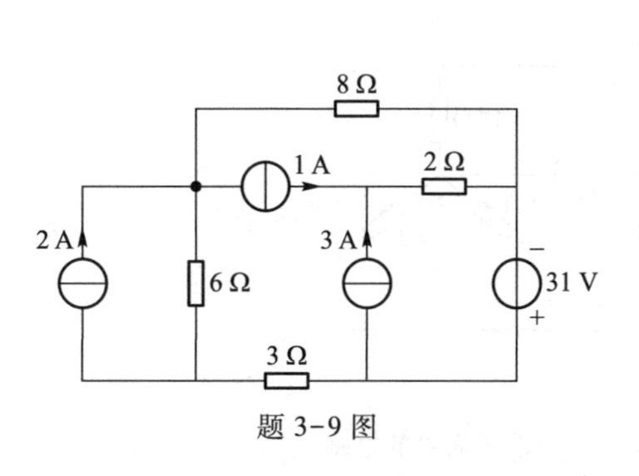

题 3-9 图

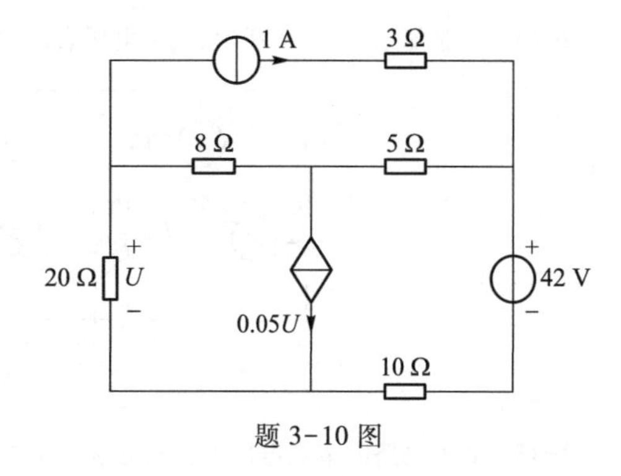

题 3-10 图

3-11　已知 $R_1R_2=R^2$，用网孔电流法求题 3-11 图示电路中 U_o/U_s。

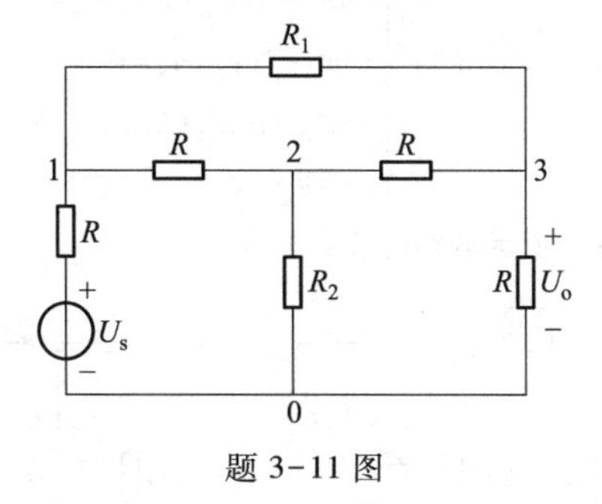

题 3-11 图

3.3 节习题

3-12　电路如题 3-12 图所示，列写电路的节点电压方程并求解之。

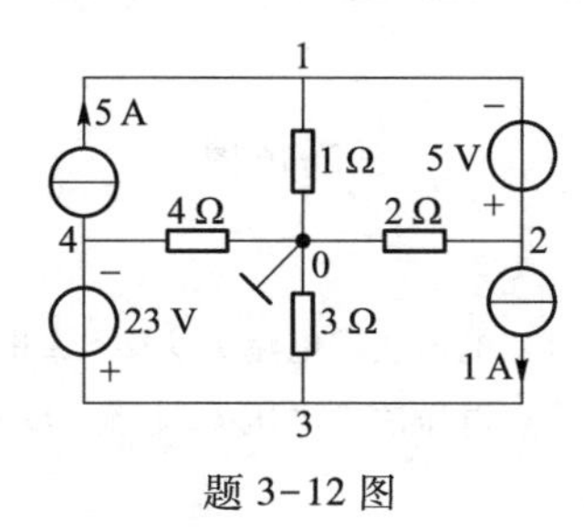

题 3-12 图

3-13　列写题 3-13 图所示电路的节点电压方程。

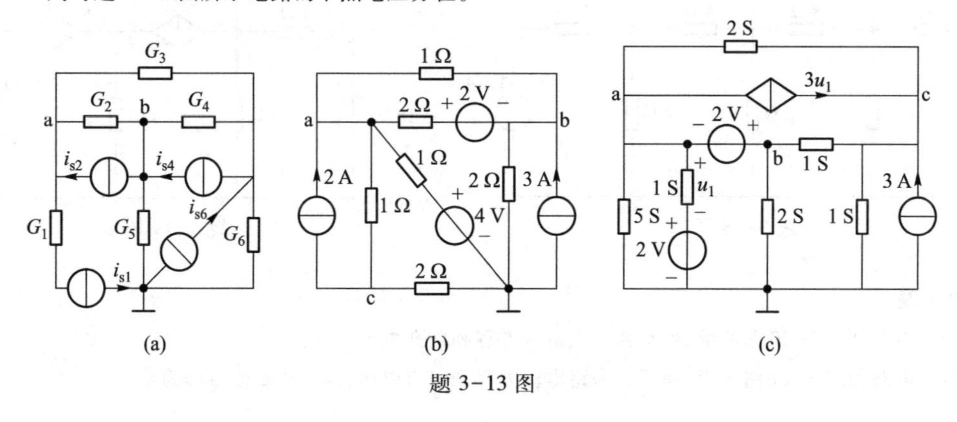

题 3-13 图

3-14 电路如题 3-14 图所示，试求电压表的读数。

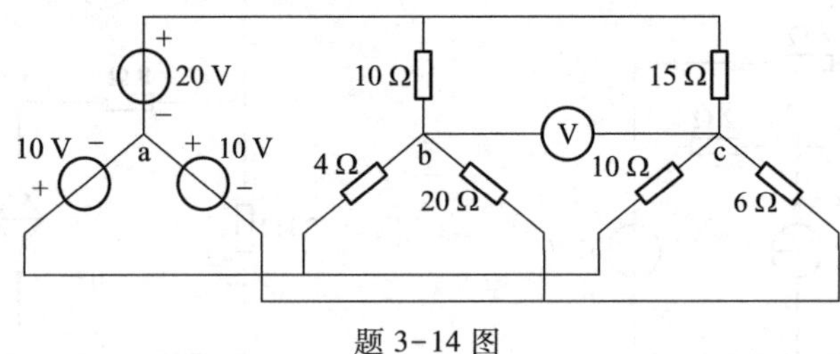

题 3-14 图

3-15 如果电路的节点电压方程式分别表示如下，分别绘出对应的最简单的电路。

(1) $\begin{cases} 1.6u_{n1}-0.5u_{n2}-u_{n3}=3 \\ -0.5u_{n1}+1.6u_{n2}-0.1u_{n3}=0 \\ -u_{n1}-0.1u_{n2}+3.1u_{n3}=0 \end{cases}$ (2) $\begin{cases} 5u_{n1}-4u_{n2}=-3 \\ -4u_{n1}+17u_{n2}-8u_{n3}-i_6=3 \\ 17u_{n3}-10u_{n4}+i_6=0 \\ -8u_{n2}-10u_{n3}+27u_{n4}=-8 \\ u_{n2}-u_{n3}=6 \end{cases}$

3-16 用节点电压法求题 3-16 图所示电路的节点电压。

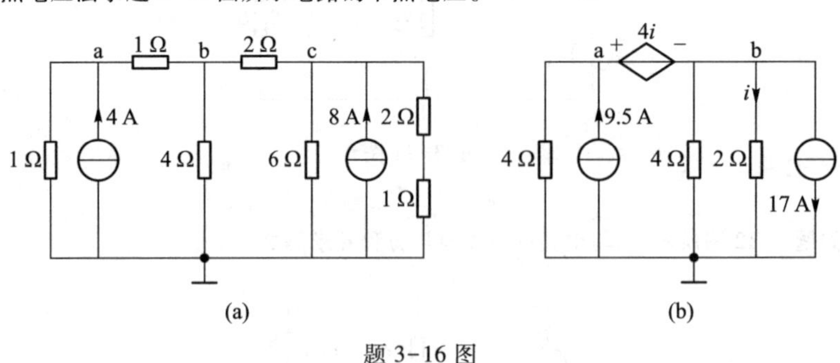

题 3-16 图

3-17 用节点电压法计算题 3-6。

3-18 电路如题 3-18 图所示，试用节点电压法求电流 I 以及 5 A 电流源的功率。

3-19 电路如题 3-19 图所示，试用节点电压法求电压 U、电流 I 以及各受控源的功率。

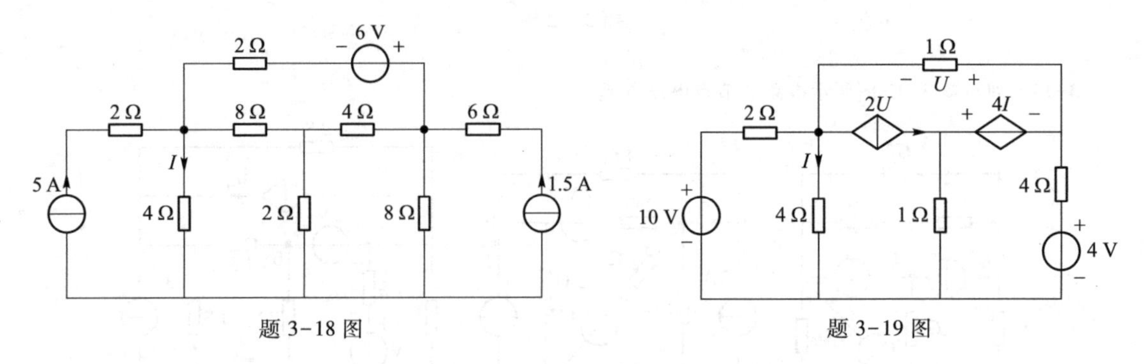

题 3-18 图 题 3-19 图

综合习题

3-20 电路如题 3-20 图所示，列写其节点电压方程和网孔电流方程。

3-21 电路如题 3-21 图所示，列写其回路电流方程和节点电压方程，尽量使方程简洁。

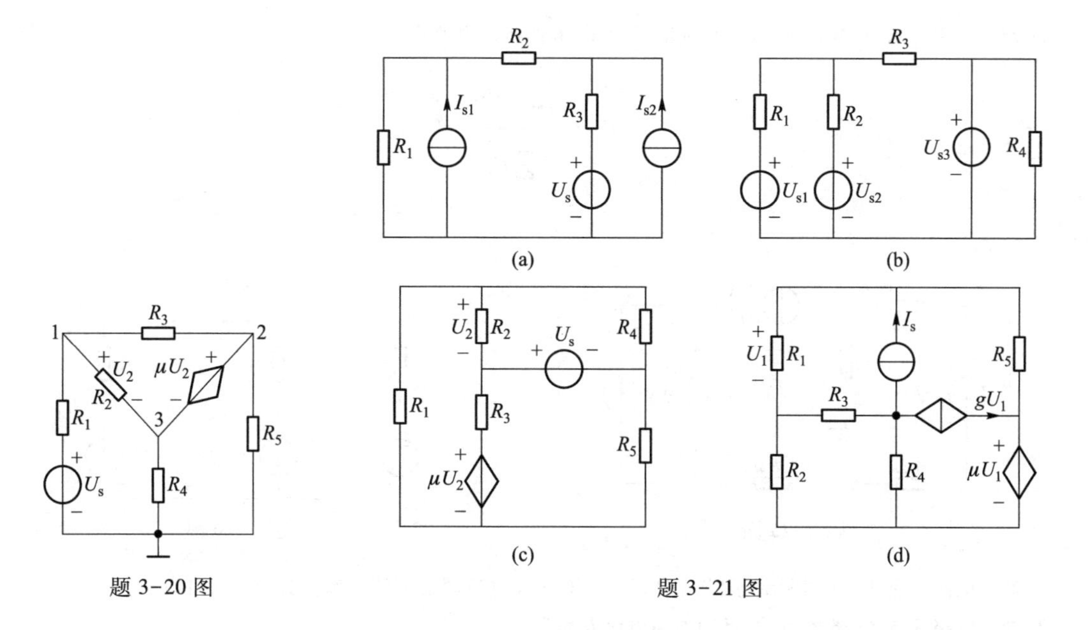

题 3-20 图

题 3-21 图

3-22　电路如题 3-22 图所示，若要计算电路中 20 V 电压源的功率，你会选择节点电压法还是网孔电流法？说出你的原因，并使用选择的方法求功率。

3-23　电路如题 3-23 图所示，试用节点电压法和网孔电流法求电流 I 和电压 U，并比较哪种方法分析更加简捷，为什么？

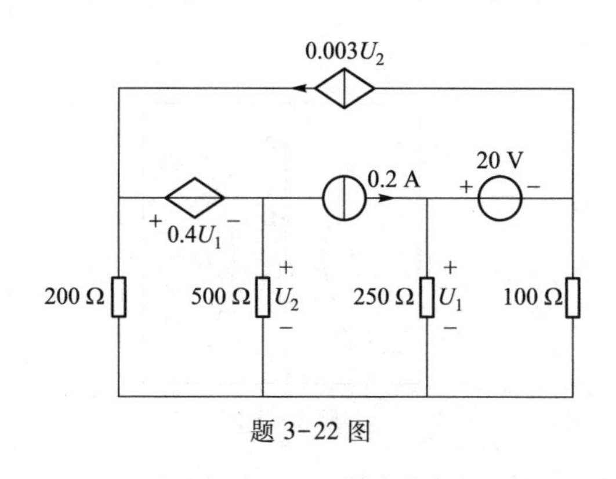

题 3-22 图

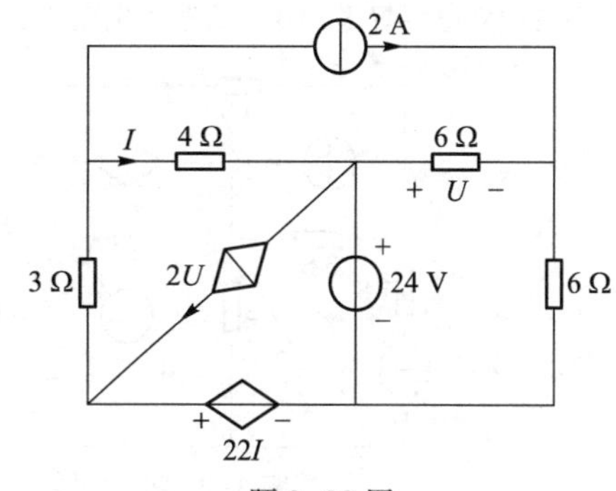

题 3-23 图

3-24　电路如题 3-24 图所示，试用回路电流法求电流 I 和受控电流源功率，并分析哪种回路选择方式分析更简捷，为什么？能否直接使用基尔霍夫定律快速分析？

3-25　电路如题 3-25 图所示，当 $R=0$ 时，计算各电源发出的功率。若调节使 $R\neq 0$，对各支路电流有无影响？对各电源功率有无影响？欲使 1 A 电流源功率 $P_{1s}=0$，求电阻 R 值。

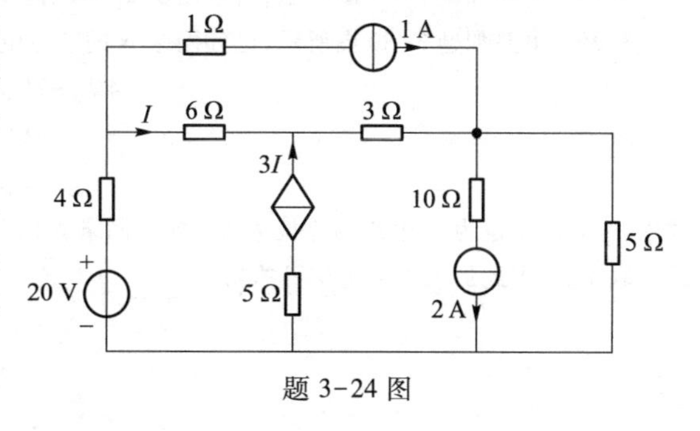

题 3-24 图

3-26 应用弥尔曼(Millman)定理,试证明题3-26图所示电路中

$$U_o = \frac{\sum_{k=1}^{n} U_{sk} G_k}{\sum_{k=1}^{n} G_k}$$

式中,$G_k = \dfrac{1}{R_k}$。

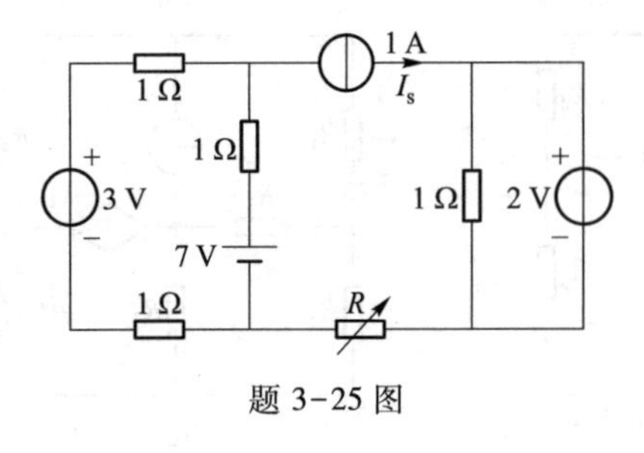

题3-25图

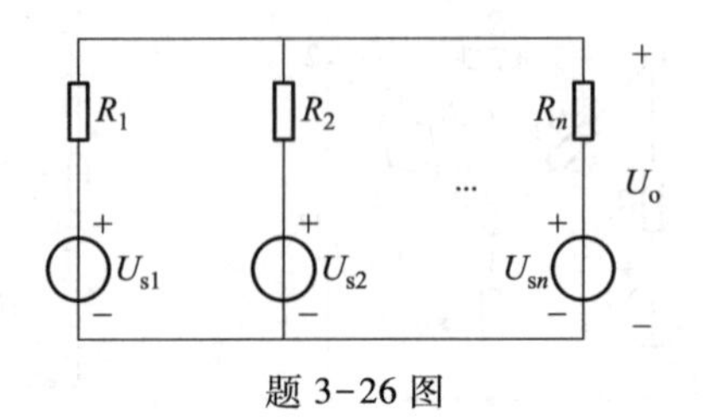

题3-26图

3-27 电路如题3-27图所示,用节点法求8 A和3 A电流源发出的功率。其中$r=0.125\ \Omega$。

3-28 电路如题3-28图所示,已知回路电流方程为

$$4i_1+2i_2+2i_3=4$$
$$2i_1+9i_2-i_3=2$$
$$2i_1-i_2+6i_3=14$$

式中,电阻的单位为Ω,电压的单位为V,回路电流i_2和i_3经过R_k支路。现将AB间钳断以形成一对端钮A、B。求将所有独立电源置零,AB端的输入电阻R_{AB}。

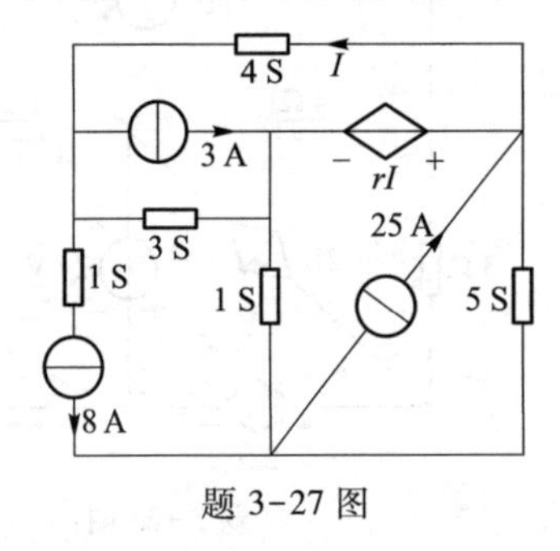

题3-27图

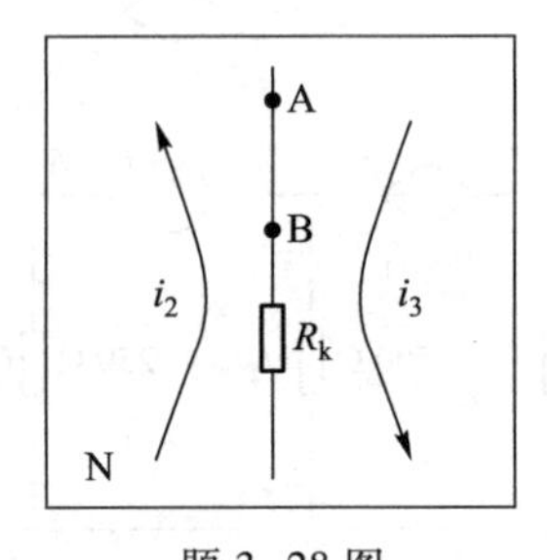

题3-28图

3-29 电路如题3-29图所示,若电压源u_s提供的功率为零,试求受控源参数g,方法尽量简捷。

3-30 电路如题3-30图所示,已知网络N的节点电压方程为

$$4U_{n1}-2U_{n2}-U_{n3}=3$$
$$-2U_{n1}+6U_{n2}-4U_{n3}=0$$
$$-U_{n1}-2U_{n2}+3U_{n3}=1$$

式中,电导的单位为S,电流的单位为A。如在网络N的节点3与参考节点4之间加入一0.2 Ω电阻与受控电压源串联支路,求此加入支路所获得的功率。

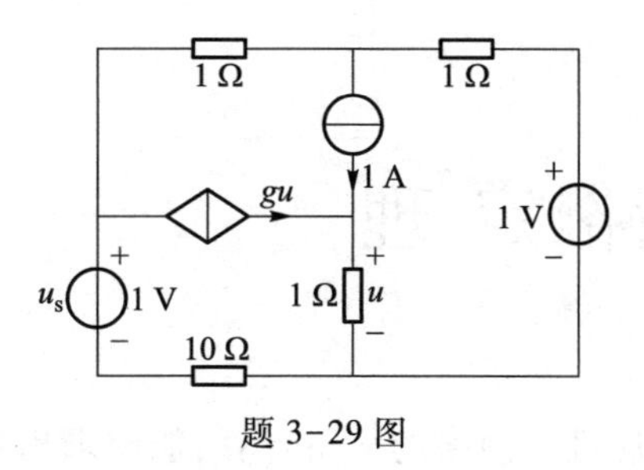

题 3-29 图

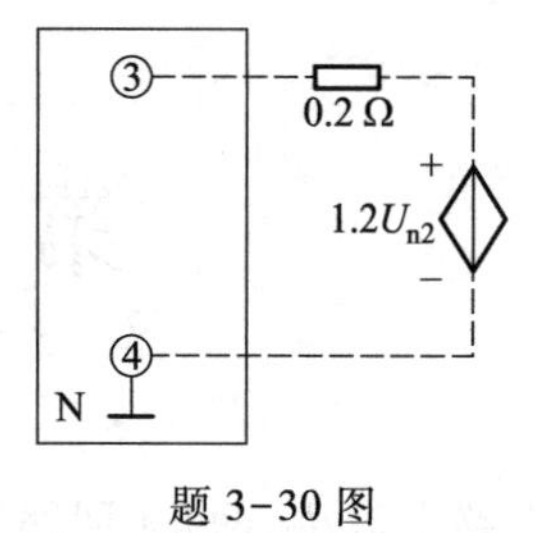

题 3-30 图

第4章　电路定理

运用支路电流法、网孔(回路)电流法、节点电压法进行网络的分析计算,能够求出各分析方法的全部未知量,行之有效。但有时在电路分析计算中仅需要求出某条支路的电压或电流时,用这些方法并不简便且工作量大。线性电阻电路的一些定理却为解决这一类问题提供了较好的途径。为此,本章介绍这些定理,包括叠加定理、替代定理、戴维南定理、诺顿定理、特勒根定理、互易定理、对偶原理,所得到的结论也可以推广到其他电路。

4.1　叠加定理

叠加定理

叠加定理是线性电路的一个重要定理,它反映了线性电路的基本性质,即可加性与齐次性两方面,是分析线性电路的基础。叠加定理不仅是线性电路的一种分析方法,而且根据叠加定理可以推导出线性电路的其他重要定理。

下面用图4-1-1(a)所示线性电阻电路来具体说明叠加定理。

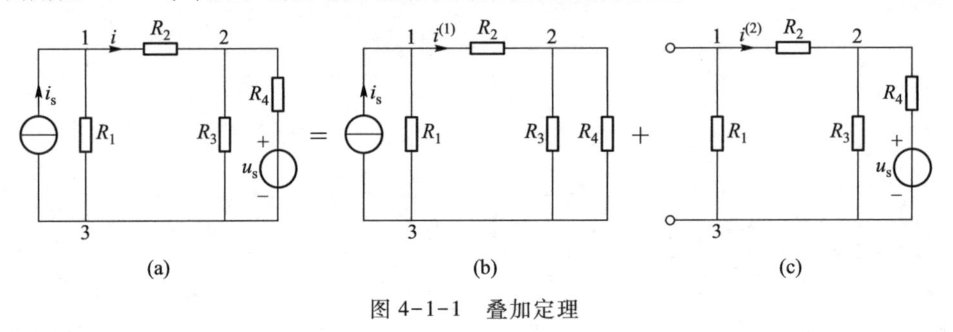

图4-1-1　叠加定理

该电路由电阻和独立源组成,假设欲求电路节点电压。在电路中电阻确定的条件下,现讨论节点电压与独立源的关系。采用节点电压法进行分析,选节点3为参考节点,对节点1和2列写节点电压方程,得

$$G_{11}u_{n1}+G_{12}u_{n2}=i_s$$

$$G_{21}u_{n1}+G_{22}u_{n2}=\frac{u_s}{R_4}$$

式中

$$G_{11}=\frac{1}{R_1}+\frac{1}{R_2},\quad G_{22}=\frac{1}{R_2}+\frac{1}{R_3}+\frac{1}{R_4}$$

$$G_{12}=G_{21}=-\frac{1}{R_2}$$

联立求解上述两个方程,得

$$\left.\begin{aligned} u_{n1} &= \frac{G_{22}}{\Delta}i_s - \frac{G_{12}}{\Delta}\frac{u_s}{R_4} \\ u_{n2} &= -\frac{G_{21}}{\Delta}i_s + \frac{G_{11}}{\Delta}\frac{u_s}{R_4} \end{aligned}\right\} \tag{4-1-1}$$

式中

$$\Delta = G_{11}G_{22} - G_{12}G_{21}$$

对于线性电阻电路,Δ、G_{11}、G_{12}、G_{21}、G_{22}、R_4 均为定值。如果令

$$K_{11} = \frac{G_{22}}{\Delta} \qquad K_{12} = -\frac{G_{12}}{\Delta}\frac{1}{R_4}$$

$$K_{21} = -\frac{G_{21}}{\Delta} \qquad K_{22} = \frac{G_{11}}{\Delta}\frac{1}{R_4}$$

则式(4-1-1)改写为

$$\left.\begin{aligned} u_{n1} &= K_{11}i_s + K_{12}u_s \\ u_{n2} &= K_{21}i_s + K_{22}u_s \end{aligned}\right\} \tag{4-1-2}$$

由式(4-1-2)可知,节点电压 u_{n1} 和 u_{n2} 是电流源电流 i_s 和电压源电压 u_s 的一次函数。当电流源单独作用时,即令 $u_s=0$,节点电压 $u_{n1}^{(1)}=K_{11}i_s$,$u_{n2}^{(1)}=K_{21}i_s$。当电压源单独作用时,即令 $i_s=0$,节点电压 $u_{n1}^{(2)}=K_{12}u_s$,$u_{n2}^{(2)}=K_{22}u_s$。当两个独立源共同作用时

$$\left.\begin{aligned} u_{n1} &= u_{n1}^{(1)} + u_{n1}^{(2)} \\ u_{n2} &= u_{n2}^{(1)} + u_{n2}^{(2)} \end{aligned}\right\} \tag{4-1-3}$$

由式(4-1-3)可以看出,图 4-1-1(a)所示电路的节点电压等于电流源和电压源分别单独作用时在相应节点引起的节点电压的叠加。

上述叠加过程如图 4-1-1(b)和(c)所示,其中图(b)所示为电流源 i_s 单独作用时的电路,此时令电压源电压 $u_s=0$,即将其用短路替代。图(c)所示为电压源 u_s 单独作用时的电路,此时令电流源电流 $i_s=0$,即将其用断路替代。图(a)所示电路的分析结果等于图(b)和图(c)所示电路分析结果的叠加。如支路电流 i 等于 $i^{(1)}$ 和 $i^{(2)}$ 叠加,即 $i=i^{(1)}+i^{(2)}$。

将上述结论推广到一般线性电路便得到叠加定理。叠加定理:在线性电路中,任一支路电流(电压)都是电路中每个独立源单独作用时在该支路产生的电流(电压)分量的代数和。

在应用叠加定理进行电路分析时,当考虑该电路中某一独立源单独作用时,其余不作用的独立源都要置零值,即令独立电流源电流为零,将其用断路替代;令独立电压源电压为零,将其用短路替代。对于电压源和电阻的串联组合或电流源和电导的并联组合构成的实际独立源,当考虑它们不作用时,仍需将其电阻或电导保留在电路中。另外要注意每个独立源单独作用时某支路电流(电压)的参考方向是否与原电路中该支路电流(电压)的参考方向一致。如果一致,则在叠加时该支路电流(电压)分量前面取"+"号,否则取"-"号。

下面举例具体说明叠加定理的应用。

例 4-1 电路如图 4-1-2(a)所示,应用叠加定理求支路电流 I_1 和 I_2。

解 根据叠加定理画出三个独立电源单独作用时的电路。8 A 电流源单独作用时的电路如图(b)所示;16 V 电压源单独作用时的电路如图(c)所示;9 V 电压源单独作用时的电路如图(d)所示。

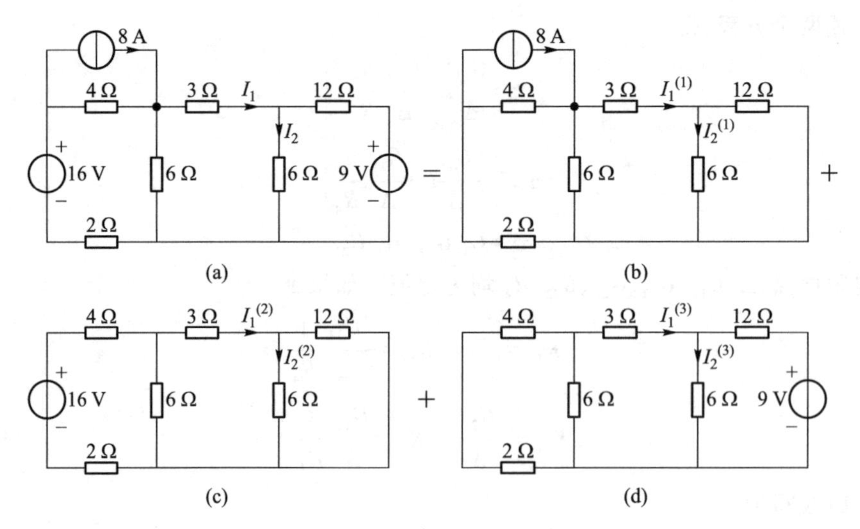

图 4-1-2 例 4-1 的电路

对于图 4-1-2(b)所示电路,得

$$I_1^{(1)}=1.6\ \text{A};I_2^{(1)}=1.07\ \text{A}$$

对于图 4-1-2(c)所示电路,得

$$I_1^{(2)}=0.8\ \text{A};I_2^{(2)}=0.53\ \text{A}$$

对于图 4-1-2(d)所示电路,得

$$I_1^{(3)}=-0.3\ \text{A};I_2^{(3)}=0.3\ \text{A}$$

对于图 4-1-2(a)所示电路,应用叠加定理,得

$$I_1=I_1^{(1)}+I_1^{(2)}+I_1^{(3)}=1.6+0.8-0.3=2.1\ \text{A}$$

$$I_2=I_2^{(1)}+I_2^{(2)}+I_2^{(3)}=1.07+0.53+0.3=1.9\ \text{A}$$

如果电路中含受控源,应用叠加定理进行分析时要将受控源始终保留在电路中,不能将受控源视为独立源。也就是说,电路中任一支路的电流(电压)只能是独立源单独作用时产生的电流(电压)分量的叠加。

例 4-2 含受控源电路如图 4-1-3(a)所示,应用叠加定理求电压 u。

解 根据叠加定理,图 4-1-3(a)所示电路中电压 u 是 4 A 电流源单独作用产生的电压分量 $u^{(1)}$ 和 4 V 电压源单独作用产生的电压分量 $u^{(2)}$ 的叠加。电流源单独作用时的电路如图 4-1-3(b)所示,而 4 V 电压源单独作用时的电路如图 4-1-3(c)所示。注意,受控源始终保留在电路中。

对于图 4-1-3(b)所示电路,可以应用等效变换概念对电路等效化简。由于 4 V 电压源用“短路”替代,故 1 Ω 电阻和 2 Ω 电阻并联,得等效电阻 2/3 Ω 与受控源 $3u^{(1)}$ 并联,于是得 2/3 Ω 电阻和 $2u^{(1)}$ 受控电压源的串联组合。此过程如图 4-1-4(a)、(b)所示。

对图 4-1-4(b)所示电路,根据 KVL,得

$$\left(4-\frac{u^{(1)}}{2}\right)\left(4+\frac{2}{3}\right)+2u^{(1)}-u^{(1)}=0$$

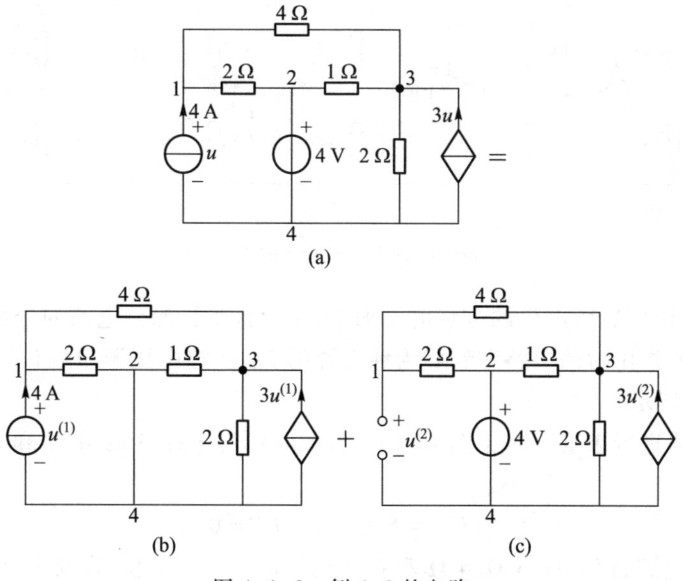

图 4-1-3　例 4-2 的电路

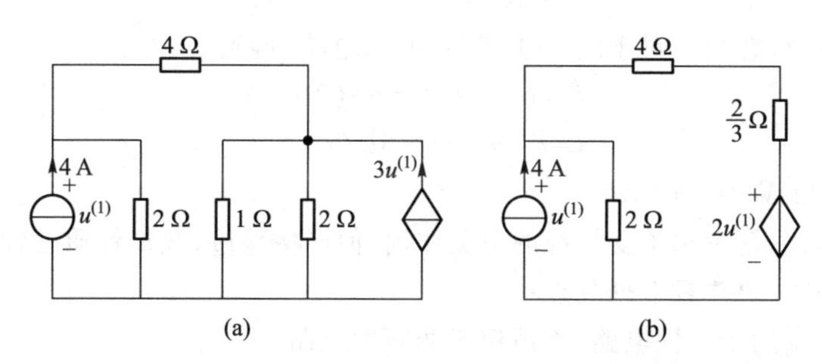

图 4-1-4　图 4-1-3(b)的等效变换

解得

$$u^{(1)}=14\ \text{V}$$

对图 4-1-3(c)所示电路，应用节点电压法分析，选节点 4 为参考节点，得节点 1、2、3 的节点电压 u_{n1}、u_{n2}、u_{n3} 方程

节点 1

$$\left(\frac{1}{4}+\frac{1}{2}\right)u_{n1}-\frac{1}{2}u_{n2}-\frac{1}{4}u_{n3}=0$$

节点 2

$$u_{n2}=4$$

节点 3

$$-\frac{1}{4}u_{n1}-u_{n2}+\left(1+\frac{1}{2}+\frac{1}{4}\right)u_{n3}=3u^{(2)}$$

关系方程

$$u^{(2)}=u_{n1}$$

联立求解上述 4 个方程，得

$$u^{(2)}=9\ \text{V}$$

于是

$$u=u^{(1)}+u^{(2)}=(14+9)\ \text{V}=23\ \text{V}$$

例 4-3　含受控源电路如图 4-1-5(a)所示，求电流 I。

解　使用叠加定理时，通常不考虑将受控源当作独立源那样单独作用。若要将受控源按独立源处理，则注意受控源的控制量不是该分电路中的控制量，而是原电路中的控制量，且在将独

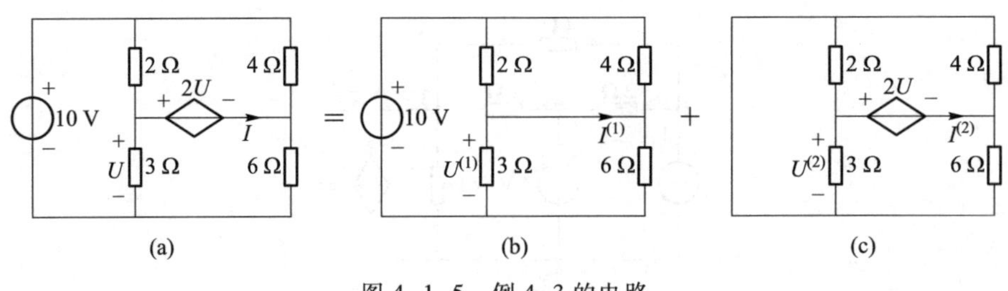

图 4-1-5 例 4-3 的电路

立源和受控源分别作用后所产生的分量的叠加中,应包含受控源分电路的分量。本例中,首先画出 10 V 电压源单独作用时的电路和看成为独立源的 $2U$ 受控电压源单独作用时的电路,分别如图 4-1-5(b)、(c)所示。

其次,对分电路进行求解。对于图 4-1-5(b)电路,用 2 Ω、3 Ω、4 Ω 和 6 Ω 构成一平衡电桥,容易得到

$$U^{(1)}=6\ \text{V},\qquad I^{(1)}=0$$

对于图 4-1-5(c)电路,用 2 Ω、3 Ω、4 Ω 和 6 Ω 仍构成一平衡电桥,容易得到

$$U^{(2)}=2U/3,\qquad I^{(2)}=-5U/9$$

最后,对相应分量进行叠加。对于图 4-1-5(a)所示电路,得到

$$U=U^{(1)}+U^{(2)}=6+(2U/3)$$

$$I=I^{(1)}+I^{(2)}=-5U/9$$

由上两式可得 $U=18$ V,$I=-10$ A。

需要指出的是,尽管考虑了受控源的单独作用,但严格地讲,叠加性质是针对各独立电源的。

应用叠加定理时,要注意下列几点:

(1) 叠加定理适用于线性电路,不适用于非线性电路。

(2) 应用叠加定理时,电路的连接以及电路中所有电阻和受控源都不能改动。

(3) 所谓电压源不作用就是将该电压源电压置零值,即将该电压源用短路替代。所谓电流源不作用就是将该电流源电流置零值,即将该电流源用断路替代。

(4) 叠加时要注意电流(电压)分量的参考方向(极性)。

(5) 由于功率不是电流或电压的一次函数,因此,不能应用叠加定理直接计算线性电路的功率,但是可以首先应用叠加定理计算有关电流、电压,然后根据电流、电压计算功率。

(6) 应用叠加定理求电路中任一支路电流(电压)时,可以分别计算电路中每一个独立源单独作用下在该支路产生的电流(电压)分量,然后将这些结果进行叠加,也可以将电路中所有的独立源分成若干组,然后按组计算该支路的电流(电压)分量,最后进行叠加。

例 4-4 直流线性电路如图 4-1-6(a)所示,求电路中 4 Ω 电阻消耗的功率。

解 本例目的是强调不能应用叠加定理直接计算电路的功率。但是,可以应用叠加定理计算支路电流和电压,然后求出功率。本例电路中电压源单独作用时,如图 4-1-6(b)所示。电流源单独作用时,如图 4-1-6(c)所示。

对于图 4-1-6(b)所示电路,得

$$I^{(1)}=1\ \text{A},P_{4\Omega}^{(1)}=(I^{(1)})^2\times 4\ \Omega=4\ \text{W}$$

10 V 电压源的功率

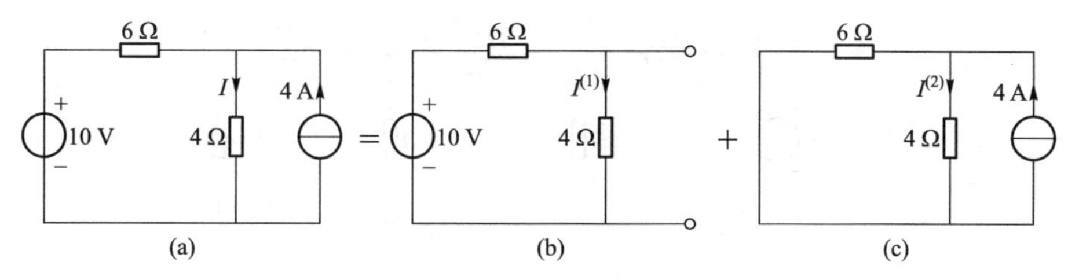

图 4-1-6 例 4-4 的电路

$$P_{10\ \text{V}}^{(1)}=-I^{(1)}\times 10\ \text{V}=-10\ \text{W}$$

对于图 4-1-6(c)所示电路，得

$$I^{(2)}=\frac{6}{4+6}\times 4\ \text{A}=2.4\ \text{A}$$

$$P_{4\ \Omega}^{(2)}=(I^{(2)})^2\times 4=(2.4)^2\times 4\ \text{W}=23.04\ \text{W}$$

4 A 电流源的功率

$$P_{4\ \text{A}}^{(2)}=-I^{(2)}\times 4\ \Omega\times 4\ \text{A}=-38.4\ \text{W}$$

对于图 4-1-6(a)所示电路，应用叠加定理，得

$$I=I^{(1)}+I^{(2)}=(1+2.4)\ \text{A}=3.4\ \text{A}$$

但是，不能认为将 $P_{4\ \Omega}^{(1)}$ 和 $P_{4\ \Omega}^{(2)}$ 叠加起来就是 4 Ω 电阻消耗的功率，即

$$P\neq P_{4\ \Omega}^{(1)}+P_{4\ \Omega}^{(2)}=(4+23.04)\ \text{W}=27.04\ \text{W}$$

4 Ω 电阻消耗的功率

$$P=I^2\times 4\ \Omega=(I^{(1)}+I^{(2)})^2\times 4\ \Omega=3.4^2\times 4\ \text{W}=46.24\ \text{W}$$

同时，10 V 电压源的功率

$$P_{10\ \text{V}}=(4\ \text{A}-I)\times 10\ \text{V}=6\ \text{W}\neq P_{10\ \text{V}}^{(1)}$$

4 A 电流源的功率

$$P_{4\ \text{A}}=-I\times 4\ \Omega\times 4\ \text{A}=-54.4\ \text{W}\neq P_{4\ \text{A}}^{(2)}$$

但观察发现，

$$P_{10\ \text{V}}+P_{4\ \text{A}}=P_{10\ \text{V}}^{(1)}+P_{4\ \text{A}}^{(2)}$$

实际上，在任意的不含受控源的线性电阻电路中，所有电源对电路提供的总功率等于电压源组单独作用时对电路提供的功率和电流源组单独作用时对电路提供的功率的总和。读者学习特勒根定理后可试证明之。

可见，叠加定理只能用来计算线性电路的支路电流或电压，不能直接计算直流线性电路元件的功率。

在线性电路中，如果所有激励(独立电压源和电流源)同时扩大或缩小 K 倍(K 为实常数)，则电路响应(电流和电压)也将同样地扩大或缩小 K 倍，这就是齐次定理。齐次定理可以由叠加定理推导得出。应用齐次定理时要注意，此定理只适用于线性电路，所谓激励是指独立源，不包括受控源。另外，必须当所有激励同时扩大或同时缩小 K 倍，电路响应才能扩大或缩小同样的 K 倍。显然，当线性电路中只有一个激励时，则响应将与激励成正比。

例 4-5 用齐次定理求图 4-1-7 所示梯形电路中各支路电流。

解 本例电阻电路中只有一个电压源，电路中各支路电流与该电压源电压成正比。各支路

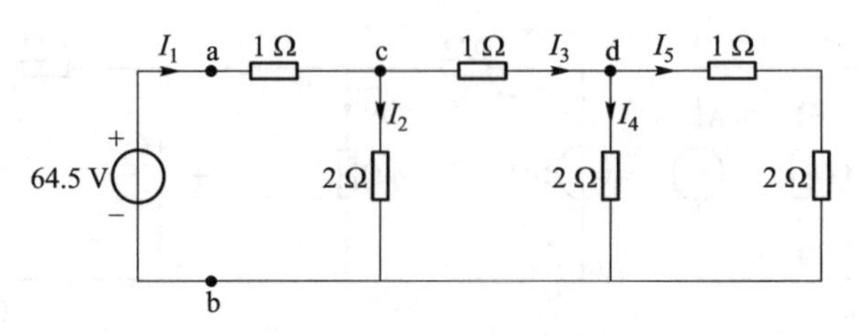

图 4-1-7 例 4-5 的电路

电流及其参考方向如图 4-1-7 所示。如果设 $I_5=1$ A,则各支路电流和支路电压为

$$U_{db}=(1+2)\ \Omega\times I_5=3\ \text{V}$$
$$I_4=U_{db}/2\ \Omega=1.5\ \text{A}$$
$$I_3=I_4+I_5=2.5\ \text{A}$$
$$U_{cb}=I_3\times 1\ \Omega+U_{db}=5.5\ \text{V}$$
$$I_2=U_{cb}/2\ \Omega=2.75\ \text{A}$$
$$I_1=I_2+I_3=5.25\ \text{A}$$
$$U_s=I_1\times 1\ \Omega+U_{cb}=10.75\ \text{V}$$

在假设响应 $I_5=1$ A 时,电压源电压为 10.75 V,现在已知电压源电压为 64.5 V,故 $K=64.5/10.75=6$。这相当于将激励——电压源电压 10.75 V 扩大 6 倍便是已知电压源电压 64.5 V。因此,根据齐次定理得知电路响应同样扩大 6 倍,最后得到在 64.5 V 电压源作用下各支路电流为上述计算结果的 6 倍,即

$$I_1=5.25\times 6\ \text{A}=31.5\ \text{A}$$
$$I_2=2.75\times 6\ \text{A}=16.5\ \text{A}$$
$$I_3=2.5\times 6\ \text{A}=15\ \text{A}$$
$$I_4=1.5\times 6\ \text{A}=9\ \text{A}$$
$$I_5=1\times 6\ \text{A}=6\ \text{A}$$

本例是由离电压源最远的支路开始计算,假设其电流为 1 A,然后由远到近地推算到电压源支路,最后用齐次定理予以修正。这种方法称为“倒推法”。有时,也可以利用此法计算一端口电阻电路的输入电阻。例如,欲求图 4-1-7 所示电路中端钮 a 和 b 右侧的一端口电阻电路的输入电阻。首先假设 $I_5=1$ A,倒推到端口 a b 时得 $I_1=5.25$ A,$U_{ab}=10.75$ V,于是输入电阻为 $10.75/5.25\ \Omega=2.05\ \Omega$。经电阻串联、并联等效变换方法验证上述结果是正确的,一端口电阻网络的输入电阻与其等效电阻是相等的。

例 4-6 电路如图 4-1-8 所示,其中 N 为线性无源电阻电路。已知当电压源电压 $U_s=1$ V,电流源电流 $I_s=1$ A 时,输出电压 $U_o=0$;当 $U_s=10$ V,$I_s=0$ 时,输出电压 $U_o=1$ V。分别在下列情况下求 U_o:

(1) 当 $U_s=10$ V,$I_s=5$ A 时,求输出电压 U_o;

(2) 若网络 N 中含有独立源,且上述数据有效,并当 $U_s=0$,$I_s=10$ A 时,输出电压 $U_o=7$ V。计算当 $U_s=2$ V,$I_s=1$ A 时的输出电压 U_o。

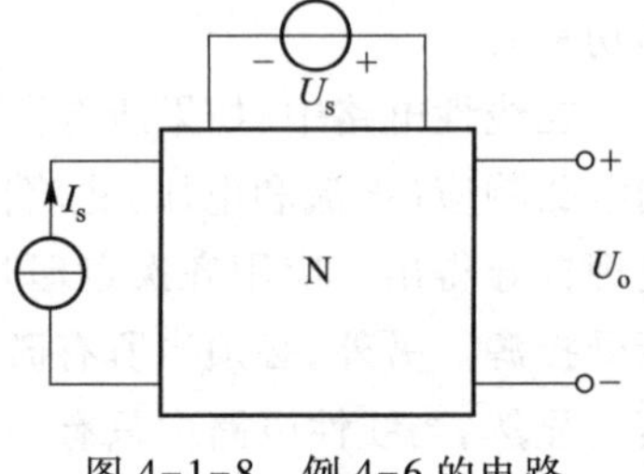

图 4-1-8 例 4-6 的电路

解 (1) 根据叠加定理,输出电压 U_o 等于电压源 U_s 和电流源 I_s 分别单独作用时产生的输出电压分量的叠加,即

$$U_o=K_1U_s+K_2I_s$$

对于线性电阻电路,上式中 K_1 和 K_2 均为实常数。代入已知数据,有

$$K_1\times1+K_2\times1=0$$

$$K_1\times10+K_2\times0=1$$

解得

$$K_1=0.1,K_2=-0.1\ \Omega$$

因此,当电压源 U_s 和电流源 I_s 共同作用时,输出电压

$$U_o=0.1\ U_s-0.1\ I_s$$

将 $U_s=10\ \text{V}$、$I_s=5\ \text{A}$ 代入上式,得

$$U_o=(0.1\times10-0.1\times5)\ \text{V}=0.5\ \text{V}$$

(2) 由于网络 N 中含有独立源,因此根据叠加定理,输出电压 U_o 等于电压源 U_s、电流源 I_s 和网络 N 中所有独立源分别作用时产生输出电压的叠加,即

$$U_o=K_3U_s+K_4I_s+C$$

对于线性电阻电路,上式中 K_3、K_4 和 C 均为实常数。代入已知数据,有

$$K_3\times1+K_4\times1+C=0$$

$$K_3\times10+K_4\times0+C=1$$

$$K_3\times0+K_4\times10+C=7$$

解得

$$K_3=0.2,\quad K_4=0.8\ \Omega,\quad C=-1\ \text{V}$$

因此,当电压源 U_s、电流源 I_s 和网络 N 中含有独立源共同作用时,输出电压

$$U_o=0.2\ U_s+0.8\ I_s-1\ \text{V}$$

将 $U_s=2\ \text{V}$、$I_s=1\ \text{A}$ 代入上式,得

$$U_o=(0.2\times2+0.8\times1-1)\ \text{V}=0.2\ \text{V}$$

思考与练习

4-1-1 试利用网孔电流方程组(3-2-5)证明叠加定理。如电路中含有受控源,证明过程中将如何处理?

4-1-2 试利用节点电压方程组(3-3-6)证明叠加定理。如电路中含有受控源,证明过程中将如何处理?

4-1-3 应用叠加定理分析和计算含受控源电路时,对受控源的处理不能像节点法、回路法那样将受控源视为独立电源,而是将受控源视为电阻,始终保留在电路中。你知道原因吗?

4-1-4 试用叠加定理计算题 4-1-4 图所示电路中的电流 I。

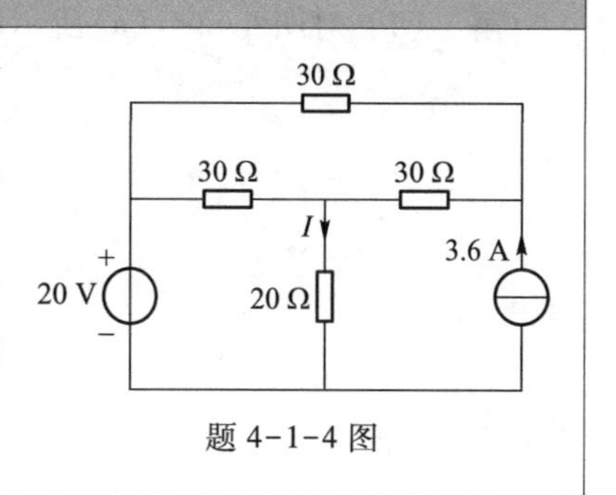

题 4-1-4 图

4.2 替代定理

替代定理也称为置换定理,是一个理论和实用都比较重要的定理,它既适用于线性电路,又

适用于非线性电路。

替代定理：如果已知电路中第 k 条支路的电压 u_k 和电流 i_k，则该支路可以用一条电压等于 u_k 的电压源支路或用一条电流等于 i_k 的电流源支路替代，替代后电路中全部电压和电流都将保持原值不变。

替代定理

下面举例说明替代定理。

例 4-7　电路如图 4-2-1(a)所示，各支路电流和电压的参考方向已标出。

(1) 求电路中各支路电流和 3 Ω 电阻电压 U_4；

(2) 用计算得到的 U_4 作为电压源电压替代 3 Ω 电阻支路，重新计算各支路电流；

(3) 用(1)中计算得到的 I_4 作为电流源电流替代 3 Ω 电阻支路，重新计算各支路电流。

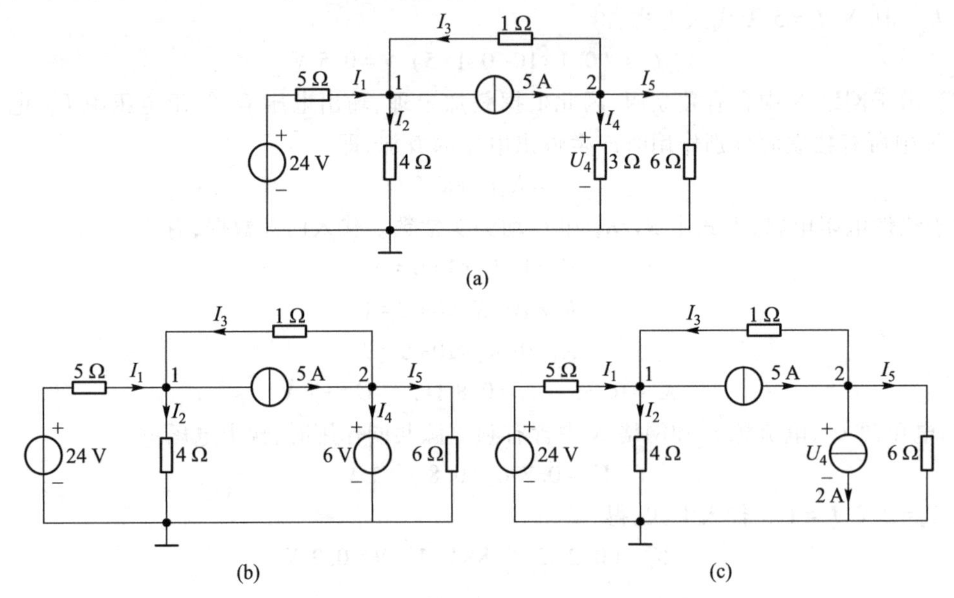

图 4-2-1　例 4-7 的电路

解　(1) 对图 4-2-1(a)所示电路列写节点电压方程，得

$$\left(\frac{1}{5}+\frac{1}{4}+1\right)U_{n1}-U_{n2}=\frac{24}{5}-5$$

$$-U_{n1}+\left(1+\frac{1}{3}+\frac{1}{6}\right)U_{n2}=5$$

解得

$$U_{n1}=4\ \text{V},\qquad U_{n2}=6\ \text{V}$$

于是各支路电流

$$I_1=\frac{24\ \text{V}-U_{n1}}{5\ \Omega}=4\ \text{A}$$

$$I_2=\frac{U_{n1}}{4\ \Omega}=1\ \text{A}$$

$$I_3=\frac{U_{n2}-U_{n1}}{1\ \Omega}=2\ \text{A}$$

$$I_4=\frac{U_{n2}}{3\ \Omega}=2\ \text{A}$$

$$I_5=\frac{U_{n2}}{6\ \Omega}=1\ \text{A}$$

3 Ω 电阻支路电压 $$U_4=U_{n2}=6\ \text{V}$$

(2) 用电压 $U_s=U_4=6$ V 的电压源替代 3 Ω 电阻支路,如图 4-2-1(b)所示。此时如果仍用节点电压法进行分析,则节点 1 的节点电压方程仍不变,即

$$\left(\frac{1}{5}+\frac{1}{4}+1\right)U_{n1}-U_{n2}=\frac{24}{5}-5$$

$$U_{n2}=6$$

解得

$$U_{n1}=4\ \text{V}$$

可见两个独立节点电压仍然保持原值,故各支路电流也保持原值。

(3) 用电流 $I_s=I_4=2$ A 的电流源替代 3 Ω 电阻支路,如图 4-2-1(c)所示。此时如果仍用节点电压法进行分析,则节点 1 的节点电压方程仍不变,即

$$\left(\frac{1}{5}+\frac{1}{4}+1\right)U_{n1}-U_{n2}=\frac{24}{5}-5$$

$$-U_{n1}+\left(1+\frac{1}{6}\right)U_{n2}=5-2$$

联立求解上述两方程,得

$$U_{n1}=4\ \text{V},\qquad U_{n2}=6\ \text{V}$$

可见,两个独立节点电压仍保持原值,故各支路电流也保持原值。

替代定理证明如下。

电路中第 k 条支路用一条电压源 u_s 支路替代后,新电路与原电路的连接是完全相同的。因此,两个电路的 KCL 方程和 KVL 方程也相同。两个电路中除了第 k 条支路,其余支路的支路方程也完全相同。新电路中第 k 条支路的电压现在被规定为 $u_s=u_k$,即等于原电路中第 k 条支路电压,而其电流则可以是任意的,这是电压源的特点。这样,电路在替代前后,各支路电压和电流都应当是唯一的,则在原电路中全部支路电压和电流又将满足新电路中全部支路电压和电流的约束关系下,原电路的支路电流和电压也就是新电路的支路电流和电压,仍保持唯一而不变。同样,可以类似地证明电路中第 k 条支路用一个等于原电路第 k 条支路电流 i_k 的电流源 i_s 支路替代后,新电路中全部支路电流和电压仍保持唯一而不变。

替代定理有许多应用,例如,电压等于零的支路可用"短路"替代,即为电压等于零的电压源支路;电流等于零的支路可用"开路"替代,即为电流等于零的电流源支路。下节介绍的戴维南定理与诺顿定理的证明也应用了替代定理。

应该指出:替代定理不仅可以用电压源支路或者电流源支路替代已知电压或者电流的电路中某一条支路,而且可以替代已知端钮处电压和电流的二端网络。当电路中含有受控源、耦合电感之类耦合元件时,耦合元件所在支路和其控制量所在支路,一般不能应用替代定理。另外,"替代"与"等效"是两个不同的概念。"替代"是指用电压源支路或者电流源支路替代已知电压

或电流的支路或者部分电路，电路中未替代部分的结构和元件参数都不变。"等效"是端钮处伏安关系完全相同的两个二端网络之间的相互变换，与电路内部的结构与元件参数无关。例如，一个5 Ω电阻与一个3 Ω电阻串联支路，当该电阻串联支路与一个电压为8 V的电压源并联时，该电阻串联支路可以用一个电流为1 A的电流源替代；而当该电阻串联支路与一个电压为16 V的电压源并联时，该电阻串联支路却要用一个电流为2 A的电流源替代，但在上述两种不同连接情况下，该电阻串联支路都能用一个电阻为8 Ω的电阻等效。

综合应用叠加定理和替代定理，可以更深刻地理解电路中的线性关系，为线性电路分析提供方便。下面通过例题说明。

例 4-8 如图4-2-2(a)所示电路中，$U_s=10$ V，$I_s=4$ A时，$I_1=4$ A，$I_3=2.8$ A；$U_s=0$，$I_s=2$ A时，$I_1=-0.5$ A，$I_3=0.4$ A。若将图(a)中电压源U_s换以8 Ω电阻，如图(b)所示。在图(b)中，$I_s=10$ A时，求I_1和I_3。

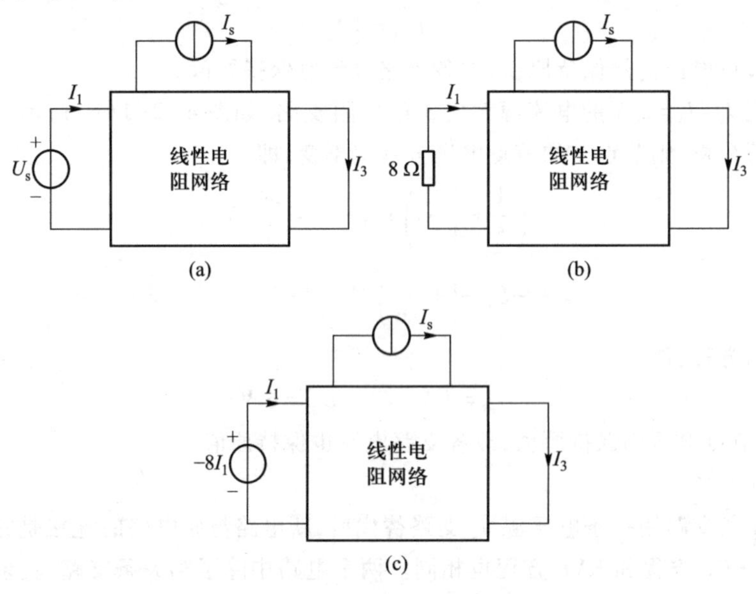

图4-2-2 例4-8的电路

解 图4-2-2(a)中电路为线性电路，根据叠加定理得

$$I_1=K_1U_s+K_2I_s,\quad I_3=K_3U_s+K_4I_s$$

式中K_1、K_2、K_3、K_4为常数。由已知条件可得

$$\begin{cases}4=10K_1+4K_2\\-0.5=0+2K_2\end{cases}\qquad\begin{cases}2.8=10K_3+4K_4\\0.4=0+2K_4\end{cases}$$

$$\begin{cases}K_1=0.5\text{S}\\K_2=-0.25\end{cases}\qquad\begin{cases}K_3=0.2\text{S}\\K_4=0.2\end{cases}$$

$$I_1=0.5U_s-0.25I_s\qquad I_3=0.2U_s+0.2I_s$$

图(b)中将8 Ω电阻用电压源$(-8I_1)$替代，如图(c)所示，则

$$\begin{cases}I_1=0.5\times(-8I_1)-0.25\times10\\I_3=0.2\times(-8I_1)+0.2\times10\end{cases}\Rightarrow\begin{cases}I_1=-0.5\text{ A}\\I_3=2.8\text{ A}\end{cases}$$

思考与练习

4-2-1 有人说:理想电压源与理想电流源之间不便等效互换,但对某一确定的电路,若已知理想电压源 U_s 中的电流为 3 A,则该理想电压源 U_s 可以替换为 3 A 的理想电流源,这种替换不改变原电路的工作状态。你同意这种说法吗?为什么?

4-2-2 等效与替代有何异同?

4-2-3 试将题 4-2-3 图中 10 Ω 电阻替代为电压源或电流源,验证替代前后电流 I 是否发生改变。

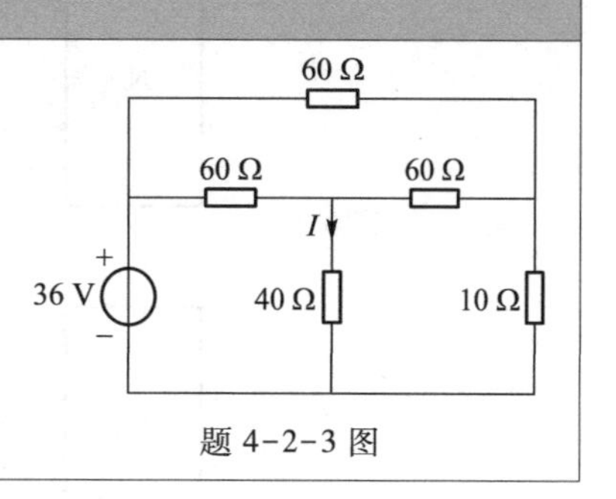

题 4-2-3 图

4.3 戴维南定理和诺顿定理

在电路分析中常将一端口网络用一个方框表示,并标明字符 N_s 或 N_0,其中 N_s 表示该一端口网络内含独立源,称其为有源一端口网络;N_0 表示该一端口网络内不含独立源,称其为无源一端口网络。由前面介绍已知,对于不含独立源而仅含线性电阻和受控源的无源一端口网络 N_0,其输入电压和电流的比值为一个实常数。因此,这类无源一端口网络的等效电路是一个等效电阻 R_{eq},如图 4-3-1 所示。

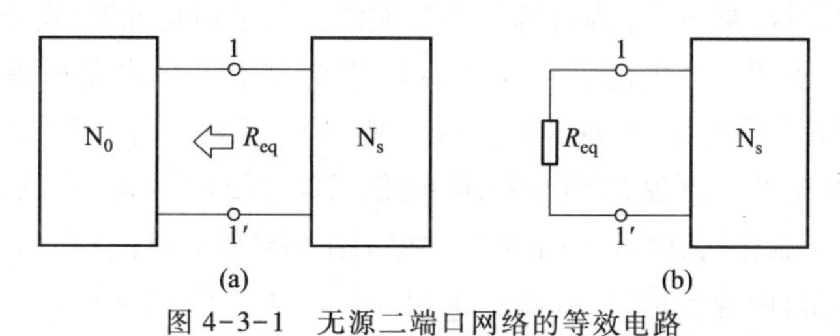

图 4-3-1 无源二端口网络的等效电路

对于含独立源的一端口网络 N_s,其等效电路是什么,由戴维南定理和诺顿定理给出答案。

戴维南定理:任何一个线性有源一端口网络,对外电路而言,它可以用一个电压源和电阻的串联组合电路等效,该电压源的电压等于该有源一端口网络在端口处的开路电压 u_{oc},而与电压源串联的电阻等于该有源一端口网络中全部独立源置零值后的输入电阻 R_{eq}。

戴维南定理

下面用图 4-3-2 来说明戴维南定理。在图 4-3-2(a)所示电路中,N_s 为有源一端口网络,它与外电路连接。如果将外电路断开,如图 4-3-2(b)所示,在端口 1-1′处出现的电压称为 N_s 的开路电压,用 u_{oc}表示。将 N_s 中全部独立源置零值,即将 N_s 中的独立电压源用“短路”替代,独立电流源用“断路”替代,得到的无源一端口网络 N_0 用一个等效电阻 R_{eq}替代,它就是 N_0 的输入电阻,如图 4-3-2(c)所示。因此,图 4-3-2(a)所示的有源一端口网络 N_s,对外电路而言,它可以用图 4-3-2(d)所示的一个电压源 u_{oc}和电阻 R_{eq}的串联组合电路等效变换。此电压源和电阻的串联组合电路称为戴维南等效电路,而此电阻称为戴维南等效电阻。有源一端口网络 N_s 用戴维南等效电路等效变换后,不影响对外电路的分析和计算,即等效变换前后,外电路中电流和电压仍保持原值。

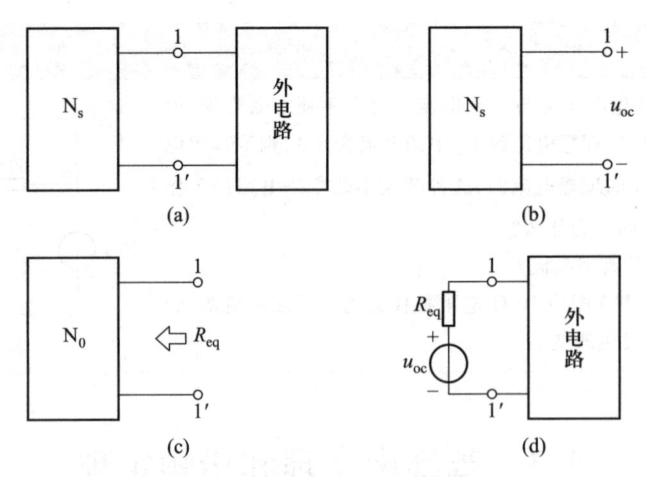

图 4-3-2 戴维南定理说明

当有源一端口网络含受控源时,应用戴维南定理要注意,此受控源的控制量只能是该有源一端口网络内部的电流或电压,也可以是该有源一端口网络端口处的电流或电压,一般不允许该有源一端口网络内部的电流或电压是外电路中受控源的控制量。

戴维南定理证明如下。

在图 4-3-3(a)所示电路中,N_s 为有源一端口网络。为了简化证明,设外电路是一个电阻 R。根据替代定理,电阻 R 可用一个电流 $i_s=i$ 的电流源替代,替代后的电路如图 4-3-3(b)所示。对图 4-3-3(b)所示电路应用叠加定理,如图 4-3-3(c)和(d)所示两电路。其中图 4-3-3(c)所示电路为电流源 i_s 不作用、由 N_s 中全部独立源作用时的电路,其端电压 $u^{(1)}=u_{oc}$,电流 $i^{(1)}=0$。图 4-3-3(d)所示电路为电流源 i_s 单独作用、而 N_s 中全部独立源不作用时的电路;于是 N_s 变为 N_0,用等效电阻 R_{eq}表示,如图 4-3-3(d)中虚线所示,其端口电压 $u^{(2)}=-R_{eq}i^{(2)}$,且 $i^{(2)}=i$。根据叠加定理,端口 1-1′处电流 $i=i^{(1)}+i^{(2)}$,端口 1-1′处电压

$$u=u^{(1)}+u^{(2)}=u_{oc}-R_{eq}i$$

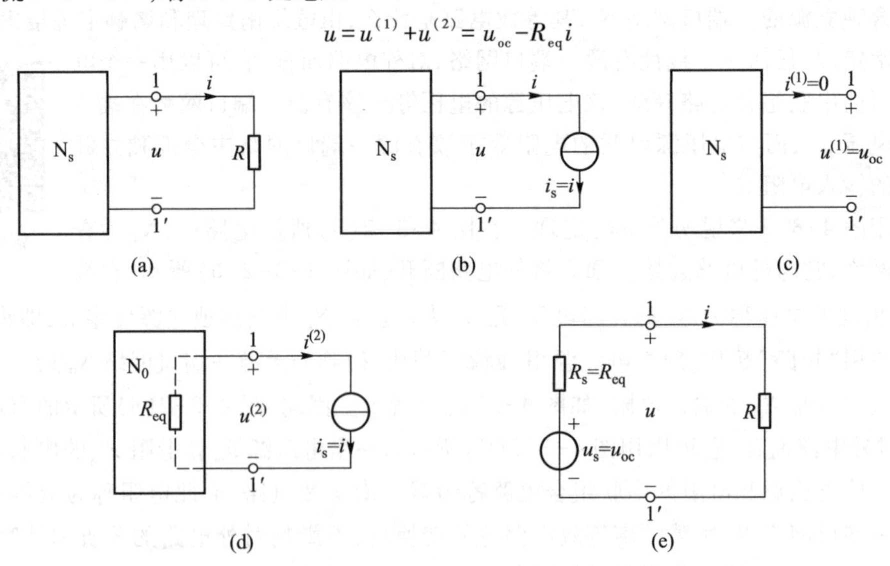

图 4-3-3 戴维南定理的证明

上式为 N_s 在端口 1-1′处的伏安关系。对于图 4-3-3(e)所示电压源 u_s 和电阻 R_s 的串联组合电路，如果令 $u_s=u_{oc}$，$R_s=R_{eq}$，则其伏安关系将与上式完全相同。因此，图 4-3-3(a)所示电路中 N_s 可用图 4-3-3(e)所示电路中的电压源和电阻的串联组合电路等效变换，此即戴维南定理。

如果将图 4-3-3(a)所示电路中电阻 R 改为另外的有源一端口网络(甚至还可含有非线性电阻)，戴维南定理仍能适用。

应用戴维南定理的关键是求出有源一端口网络的开路电压和戴维南等效电阻。

例 4-9 电桥电路如图 4-3-4(a)所示。已知 $U_s=24\ \text{V}$，$R_1=8\ \Omega$，$R_2=20\ \Omega$，$R_3=R_4=4\ \Omega$，$R_5=14\ \Omega$。应用戴维南定理求通过 R_5 的电流 I。

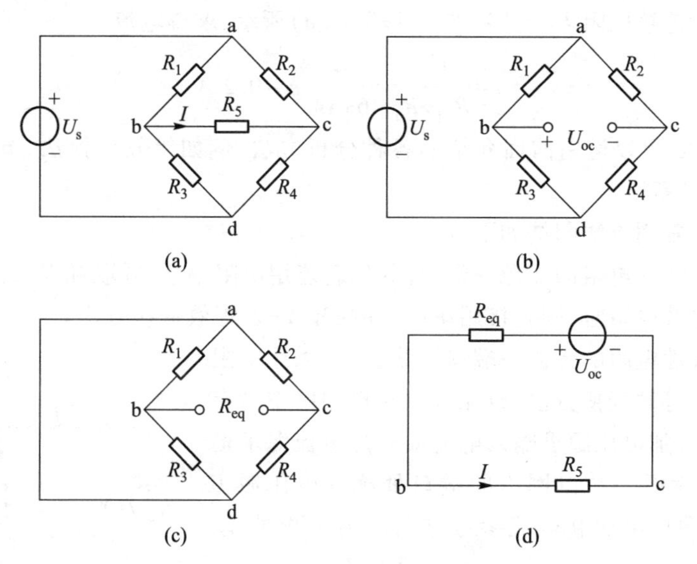

图 4-3-4 例 4-9 的电路

解 应用戴维南定理进行电路分析时，有下列三个步骤。

首先计算开路电压 U_{oc}。将图 4-3-4(a)所示电路中待求电流 I 的支路断开，如图 4-3-4(b)所示，该有源一端口网络的开路电压 $U_{oc}=U_{bc}$。根据 KVL，得

$$U_{bc}=U_{bd}-U_{cd}$$

$$U_{bd}=\frac{R_3}{R_1+R_3}U_s=\frac{4}{8+4}\times 24\ \text{V}=8\ \text{V}$$

$$U_{cd}=\frac{R_4}{R_2+R_4}U_s=\frac{4}{20+4}\times 24\ \text{V}=4\ \text{V}$$

$$U_{oc}=U_{bd}-U_{cd}=(8-4)\ \text{V}=4\ \text{V}$$

也可以

$$U_{bc}=U_{ac}-U_{ab}$$

$$U_{ac}=\frac{R_2}{R_2+R_4}U_s=\frac{20}{20+4}\times 24\ \text{V}=20\ \text{V}$$

$$U_{ab}=\frac{R_1}{R_1+R_3}U_s=\frac{8}{8+4}\times 24\ \text{V}=16\ \text{V}$$

所以

$$U_{bc}=U_{ac}-U_{ab}=(20-16)\ \text{V}=4\ \text{V}$$

其次计算等效电阻 R_{eq}。将图 4-3-4(b)所示有源一端口网络中的电压源置于零值，即令 $U_s=0$，用“短路”替代，如图 4-3-4(c)所示，于是

$$R_{eq}=\frac{R_1R_3}{R_1+R_3}+\frac{R_2R_4}{R_2+R_4}=\left(\frac{8\times 4}{8+4}+\frac{20\times 4}{20+4}\right)\ \Omega=6\ \Omega$$

最后画出等效电路，求电流 I。根据前两步骤求得的开路电压 U_{oc} 和等效电阻 R_{eq}，画出戴维南等效电路。然后连接电阻 R_5 支路，如图 4-3-4(d)所示，求得电流

$$I=\frac{U_{oc}}{R_{eq}+R_5}=\frac{4}{6+14}\ \text{A}=0.2\ \text{A}$$

计算开路电压，可以运用前面介绍的各种分析方法，例如等效变换法、节点电压法、回路电流法等。

一般方法求等效电阻

求等效电阻的常用方法归纳如下。

（1）对于仅含线性电阻的无源一端口网络，若能用电阻串联、并联和 Y-△等效变换方法求取等效电阻时，则直接用串联、并联和 Y-△等效变换方法。

（2）若仅含线性电阻的无源一端口网络，无法采用电阻串联、并联和 Y-△等效变换方法，或无源一端口网络中含有受控源时，则采用外加电压源求输入电流或外加电流源求输入电压方法，即在无源一端口网络的端口处施加电压源 U（或电流源 I），在端口电压和电流参考方向对内关联时，求得端口处电流 I（或电压 U），则等效电阻 $R_{eq}=\frac{U}{I}$。例如，对于图 4-3-5 所示含受控源的无源一端口网络，可以假设在端口 1-1′处施加 1 V 电压源，故 $I_1=1$ A，受控电压源电压 $4I_1=4$ V，端口处电流

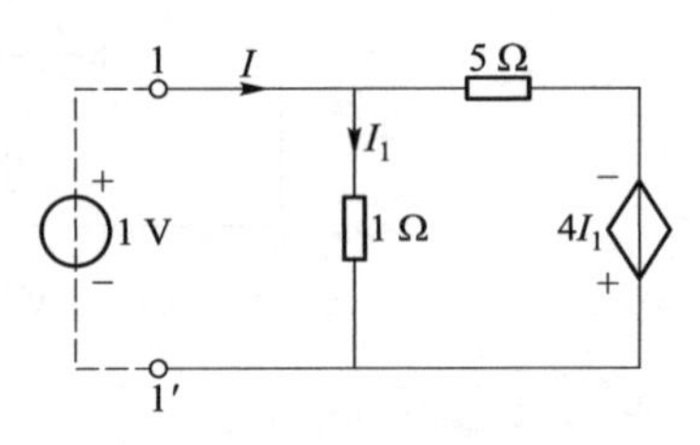

图 4-3-5　外加电源计算等效电阻

$$I=\left(1+\frac{4+1}{5}\right)\ \text{A}=2\ \text{A}$$

于是其等效电阻

$$R_{eq}=\frac{U}{I}=\frac{1}{2}\ \Omega=0.5\ \Omega$$

（3）开路电压和短路电流法：当求得有源一端口网络的开路电压 U_{oc} 后，将端口处短路，求出短路电流 I_{sc}，令 U_{oc} 和 I_{sc} 为关联参考方向，于是等效电阻

$$R_{eq}=\frac{U_{oc}}{I_{sc}}$$

此法适用于线性电阻（尤其是含受控源的）有源一端口网络的等效电阻的计算。但是，当 U_{oc} 和 I_{sc} 同时为零值时，此法失效。

对于同一有源一端口的开路电压 U_{oc}、短路电流 I_{sc} 和等效电阻 R_{eq}，在这三个参数中选择容

易求解的两个参数，再确定另一个参数，这也是求解等效电路简捷方法之一。

例 4-10 电路如图 4-3-6(a)所示，已知 $U_s=10\ \text{V}$，$R_1=R_2=1\ 000\ \Omega$，$R_3=500\ \Omega$。应用戴维南定理求电流 I_1。

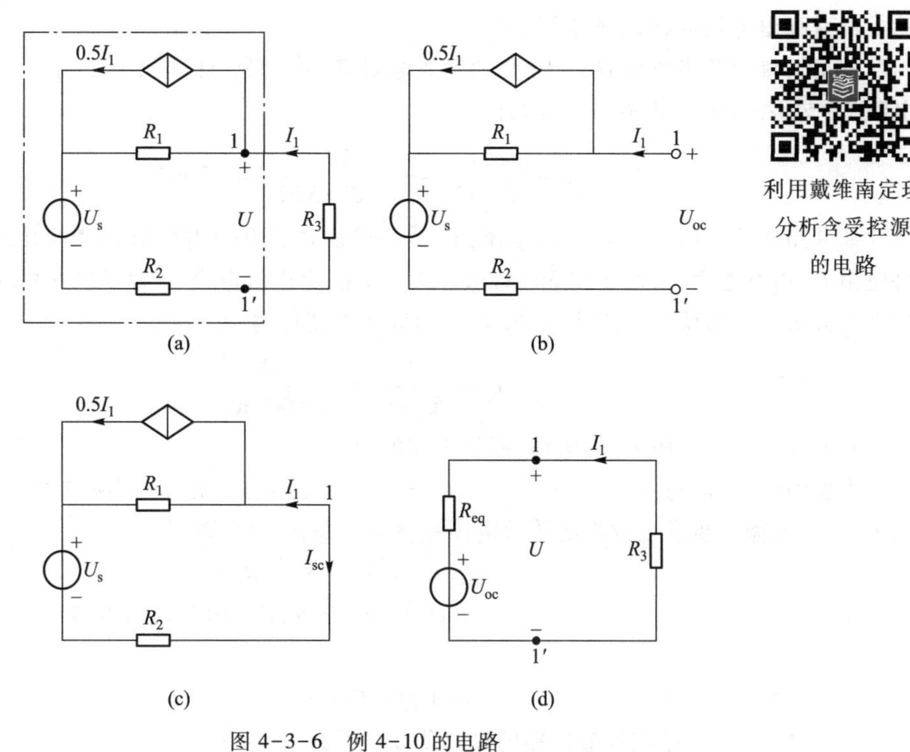

图 4-3-6 例 4-10 的电路

解 首先计算开路电压 U_{oc}。将 R_3 支路视为外电路，其余部分便是有源一端口网络，如图4-3-6(a)中点画线方框所围部分电路所示。其中受控电流源的控制量为有源一端口网络端口处电流 I_1。为了求开路电压，将电阻 R_3 支路断开，如图 4-3-6(b)所示。由于电阻 R_3 支路断开，故 $I_1=0$，于是受控电流源电流 $0.5\ I_1=0$，用“开路”替代，故开路电压 $U_{oc}=U_s=10\ \text{V}$。

其次计算等效电阻 R_{eq}。

为了求 R_{eq}，可以采用前面介绍的第二种方法或第三种方法。如果采用第三种方法，要求短路电流 I_{sc}。为此将有源一端口网络的端口短路，如图 4-3-6(c)所示，可知，$I_{sc}=-I_1$。根据 KVL，得

$$R_2\ I_1+(I_1-0.5\ I_1)R_1+U_s=0$$

代入已知数据，解得

$$I_1=-\frac{20}{3}\ \text{mA}$$

短路电流

$$I_{sc}=\frac{20}{3}\ \text{mA}$$

因此，等效电阻

$$R_{eq}=\frac{U_{oc}}{I_{sc}}=\frac{10}{\frac{20}{3}\times 10^{-3}}\ \Omega=1\ 500\ \Omega$$

最后画出等效电路,求电流 I_1。

根据求得的开路电压 $U_{oc}=10$ V 和等效电阻 $R_{eq}=1\ 500\ \Omega$,画出戴维南等效电路,然后连接电阻 R_3 支路,如图 4-3-6(d)所示,得

$$I_1=-\frac{U_{oc}}{R_{eq}+R_3}=-\frac{10}{1\ 500+500}\ \text{A}=-5\ \text{mA}$$

如果图 4-3-6(a)所示电路中电阻 R_3 是一个阻值在 0~5 000 Ω 范围变化的可变电阻,现在将电阻 R_3 由 0 增大,每次变化 50 Ω,求每次电阻值变化后电流 I_1 为多少安培时,应用戴维南定理进行分析十分简便。由图 4-3-6(d)所示等效电路可得

$$I_1=-\frac{U_{oc}}{R_{eq}+R_3}=-\frac{10}{1\ 500+R_3}$$

只要代入可变电阻 R_3 的阻值,便得不同的电流 I_1。

本例中,也可以对图 4-3-6(a)中点画线方框所围部分电路,列写端口电压 U 和端口电流 I_1 的关系式,就能一步求出戴维南等效电路和参数。应用 KVL 可得

$$\begin{aligned}U&=R_1(I_1-0.5\ I_1)+U_s+R_2\ I_1\\&=1\ 000\ \Omega(I_1-0.5\ I_1)+10\ \text{V}+1\ 000\ \Omega\ I_1\end{aligned}$$

所以

$$U=1\ 500\ \Omega\ I_1+10\ \text{V}$$

与图 4-3-6(d)中戴维南等效电路的端口伏安关系式

$$U=R_{eq}I_1+U_{oc}$$

比较,可得

$$R_{eq}=1\ 500\ \Omega,\qquad U_{oc}=10\ \text{V}$$

这一方法常称为待定系数法。其优点在于不需要改变电路结构,一次就求出等效电路。

应用电压源和电阻的串联组合与电流源和电导的并联组合的等效变换,可以由戴维南定理推导出诺顿定理,如图 4-3-7 所示,其中

$$i_{sc}=\frac{u_{oc}}{R_{eq}},\qquad G_{eq}=\frac{1}{R_{eq}}\ ,i=i_{sc}-G_{eq}u$$

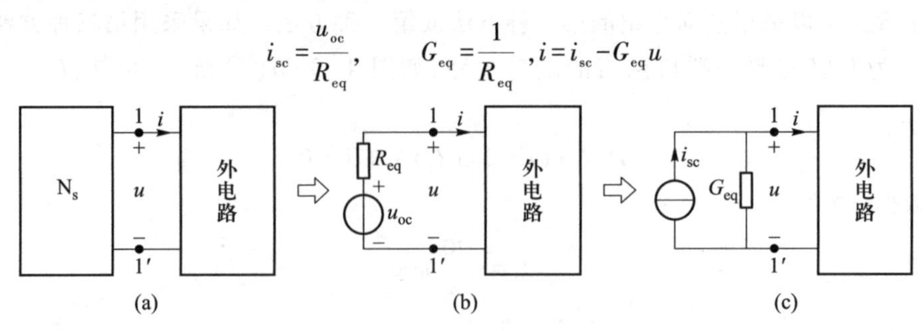

图 4-3-7 诺顿定理说明

诺顿定理:任何一个线性有源一端口网络,对外电路而言,它可以用一个电流源和电导的并联组合电路等效,该电流源的电流等于该有源一端口网络端口处的短路电流 i_{sc},与电流源并联

的电导等于该有源一端口网络中全部独立源置零值后的输入电导 G_{eq}。

此电流源和电导的并联组合电路称为诺顿等效电路，该电导称为诺顿等效电导。

例 4-11 电路如图 4-3-8(a)所示，应用诺顿定理求电阻 $R=5\ \Omega$ 的功率。

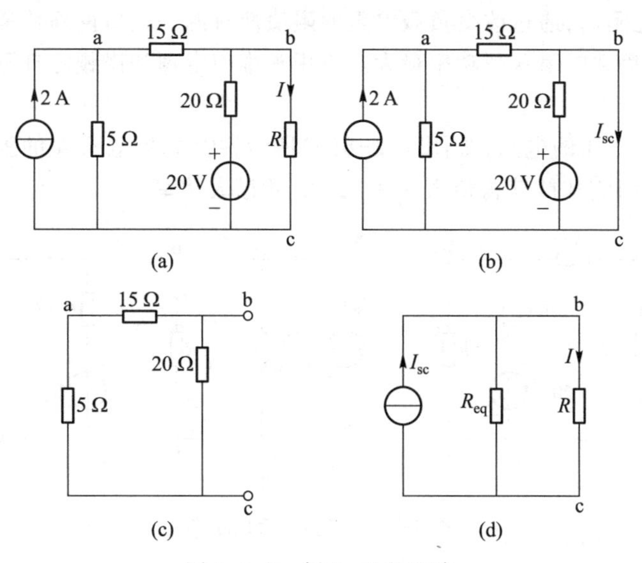

图 4-3-8 例 4-11 的电路

解 首先计算短路电流 I_{sc}。将 R 视为外电路，其余部分便为有源一端口网络。为了求 I_{sc}，将该有源一端口网络的端口短路，如图 4-3-8(b)所示，得

$$I_{sc}=\left(\frac{20}{20}+\frac{5}{5+15}\times 2\right)\ \text{A}=1.5\ \text{A}$$

其次计算等效电导 G_{eq}(或等效电阻 $R_{eq}=\frac{1}{G_{eq}}$)。

将有源一端口网络中独立源置零值，即将 2 A 电流源用“开路”替代，将 20 V 电压源用“短路”替代，如图 4-3-8(c)所示，从端口 b-c 看进去的等效电阻

$$R_{eq}=\frac{1}{2}\times 20\ \Omega=10\ \Omega$$

最后画出等效电路，如图 4-3-8(d)所示，其中 $I_{sc}=1.5\ \text{A}$，$R_{eq}=10\ \Omega$，得到流过 R 的电流

$$I=\frac{R_{eq}}{R_{eq}+R}I_{sc}=\frac{10}{10+5}\times 1.5\ \text{A}=1\ \text{A}$$

所以电阻 R 消耗的功率为

$$P=I^2R=1^2\times 5\ \text{W}=5\ \text{W}$$

一般情况下，有源一端口网络的戴维南等效电路和诺顿等效电路同时存在。但是，当有源一端口网络含受控源时，在令其全部独立源置零值后求得的输入电阻可能等于零或无限大，此时戴维南等效电阻为零或无限大，于是戴维南等效电路成为一个电压源或开路支路。当戴维南等效电路为一个电压源支路时，对应的诺顿等效电路便不存在。同理，如果在令含受控源的有源一端口网络中全部独立源置零值后求得的输入电导可能等于零或无限大，此时诺顿等效电导为零或

无限大，于是诺顿等效电路成为一个电流源或短路支路。当诺顿等效电路成为一个电流源支路时，对应的戴维南等效电路便不存在。

最大功率传输定理

在电路分析中还常遇到最大功率传输问题。所谓最大功率传输是指有源一端口网络连接负载电阻后，通过改变负载电阻的阻值使有源一端口网络传递最大功率，也就是说此时负载电阻获得功率最大。应用戴维南定理和诺顿定理分析这类问题十分方便。

例 4-12 在例 4-11 的电路（如图 4-3-8(a)所示）中，如果电阻 R 的阻值可以改变，当 R 为何值时它才能获得最大功率？计算此最大功率。

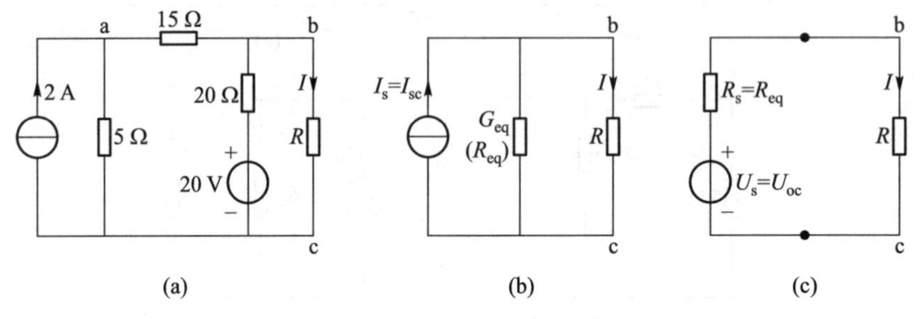

图 4-3-9 例 4-12 的电路

解 将例 4-11 的电路重新画出，如图 4-3-9(a)所示。由例 4-11 得知，将电路 R 视为外电路时，其余部分便为有源一端口网络，其诺顿等效电路重新画出，如图 4-3-9(b)所示，其中电流源电流 $I_s=I_{sc}=1.5\ \text{A}$，等效电阻 $R_{eq}=10\ \Omega$（即等效电导 $G_{eq}=0.1\ \text{S}$）。该有源一端口网络的戴维南等效电路可由其诺顿等效电路通过实际电压源与实际电流源之间的等效变换得到，如图 4-3-9(c)所示，其中电压源电压 $U_s=U_{oc}=I_{sc}\ R_{eq}=1.5\times10\ \text{V}=15\ \text{V}$。

对于图 4-3-9(b)所示电路，电阻 R 吸收功率

$$P=I^2R=\left(\frac{R_{eq}}{R_{eq}+R}I_{sc}\right)^2R \tag{4-3-1}$$

对于图 4-3-9(c)所示电路，电阻 R 吸收功率

$$P=I^2R=\left(\frac{U_{oc}}{R_{eq}+R}\right)^2R \tag{4-3-2}$$

式(4-3-1)和式(4-3-2)中，I_{sc}、U_{oc}、R_{eq} 都为实常数，保持不变。因此负载电阻 R 获得的功率 P 是 R 的函数，当 $\frac{dP}{dR}=0$ 时，电阻 R 获得最大功率，即有源一端口网络传输最大功率。得到电阻 R 获得最大功率的条件

$$R=R_{eq} \tag{4-3-3}$$

在本例中，当 $R=R_{eq}=10\ \Omega$ 时，电阻 R 可以获得最大功率，也就是说，当负载电阻等于有源一端口网络的戴维南（或诺顿）等效电阻时，负载电阻获得最大功率。此时有源一端口网络传输最大功率，称为负载和电源内阻相匹配。注意，此时电源内阻是有源一端口网络的戴维南或诺顿等效电阻。

将式(4-3-3)代入式(4-3-1)和式(4-3-2)，得负载电阻获得的最大功率

$$P_{max}=\frac{I_{sc}^2}{4G_{eq}} \tag{4-3-4}$$

或

$$P_{\max}=\frac{U_{\mathrm{oc}}^{2}}{4R_{\mathrm{eq}}} \tag{4-3-5}$$

其中式(4-3-4)对应于诺顿等效电路,如图 4-3-9(b)所示。式(4-3-5)对应于戴维南等效电路,如图 4-3-9(c)所示。

需要指出,负载电阻获得最大功率的条件式(4-3-3)是在戴维南等效电路中电压源电压和与其串联的电阻(在诺顿等效电路中电流源电流和与其并联的电导)都不变的前提下推导得出的。因此,在应用式(4-3-4)与式(4-3-5)计算最大功率时必须注意电路是否满足上述前提,否则不可以套用式(4-3-4)与式(4-3-5)计算最大功率。

思考与练习

4-3-1 同学 A 认为:一个含源一端口网络根据置换定理可以用一个电压源来替换,而根据戴维南定理,却要求用电压源串联电阻来替换,因此,置换定理更为有用。试加以评论。

4-3-2 试证明诺顿定理。

4-3-3 同学 B 认为:既然诺顿等效电路和戴维南等效电路可以等效互换(图 4-3-7),诺顿定理还有必要吗? 试加以评论。

4-3-4 一线性有源二端网络 N 的戴维南等效电源的内阻为 R_0,则 R_0 上消耗的功率就是 N 内所有电阻及受控源所吸收的功率之和。你同意此说法吗? 为什么?

4-3-5 试计算题 4-3-5 图所示电路端口 ab 处的戴维南等效电路与诺顿等效电路。

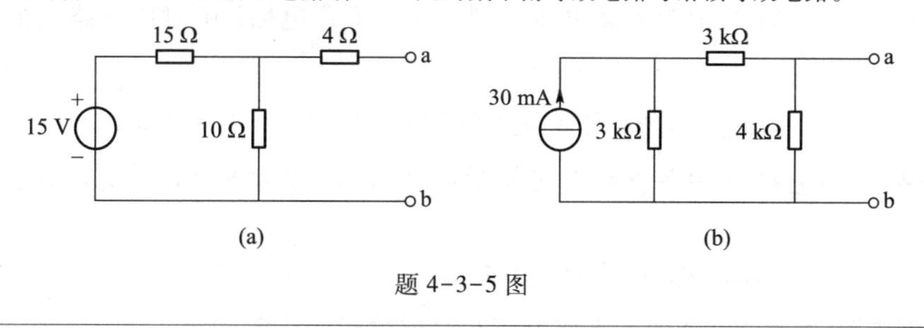

题 4-3-5 图

4.4 特勒根定理

特勒根定理

特勒根定理是一个具有普遍意义的定理,它适用于任何集总电路,不论该电路中包含的元件是线性的还是非线性的、无源的还是有源的、时变的还是非时变的,也不论该电路中包含什么类型的激励。

下面举例说明特勒根定理。

图 4-4-1(a)和(b)所示两个电路 N 和 $\hat{\mathrm{N}}$,尽管元件参数与激励不同,但它们具有相同的节点数、支路数与拓扑结构(即对应的连通图相同,参考第 12 章内容),设两个电路对应的支路采取相同编号与关联参考方向。

对图 4-4-1(a)电路 N 进行电路分析,得到

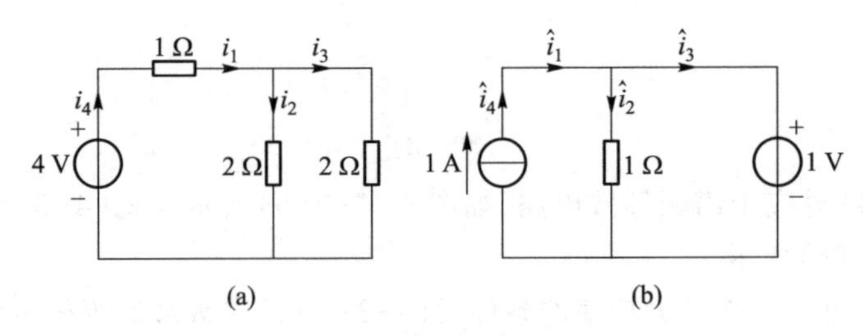

图 4-4-1　结构相同的两电路

(a) 电路 N;(b) 电路 $\hat{\mathrm{N}}$

$i_1=2\ \mathrm{A}$　　$i_2=1\ \mathrm{A}$　　$i_3=1\ \mathrm{A}$　　$i_4=2\ \mathrm{A}$

$u_1=2\ \mathrm{V}$　　$u_2=2\ \mathrm{V}$　　$u_3=2\ \mathrm{V}$　　$u_4=-4\ \mathrm{V}$

对图 4-4-1(b)电路$\hat{\mathrm{N}}$进行电路分析,得到

$\hat{i}_1=1\ \mathrm{A}$　　$\hat{i}_2=1\ \mathrm{A}$　　$\hat{i}_3=0$　　$\hat{i}_4=1\ \mathrm{A}$

$\hat{u}_1=0$　　$\hat{u}_2=1\ \mathrm{V}$　　$\hat{u}_3=1\ \mathrm{V}$　　$\hat{u}_4=-1\ \mathrm{V}$

将图 4-4-1(a)电路 N 中各支路电压与电流的乘积相加,得到

$$u_1i_1+u_2i_2+u_3i_3+u_4i_4=2\times2+2\times1+2\times1+(-4)\times2=0$$

将图 4-4-1(b)电路$\hat{\mathrm{N}}$中各支路电压与电流的乘积相加,得到

$$\hat{u}_1\hat{i}_1+\hat{u}_2\hat{i}_2+\hat{u}_3\hat{i}_3+\hat{u}_4\hat{i}_4=0\times1+1\times1+1\times0+(-1)\times1=0$$

将图 4-4-1(a)电路 N 中各支路电压与图 4-4-1(b)电路$\hat{\mathrm{N}}$中对应支路电流的乘积相加得到

$$u_1\hat{i}_1+u_2\hat{i}_2+u_3\hat{i}_3+u_4\hat{i}_4=2\times1+2\times1+2\times0+(-4)\times1=0$$

将图 4-4-1(a)电路 N 中各支路电流与图 4-4-1(b)电路$\hat{\mathrm{N}}$中对应支路电压的乘积相加得到

$$\hat{u}_1i_1+\hat{u}_2i_2+\hat{u}_3i_3+\hat{u}_4i_4=0\times2+1\times1+1\times1+(-1)\times2=0$$

通过上例表明,电路 N 或$\hat{\mathrm{N}}$的各支路电压与电流乘积的代数和等于零。电路 N 与$\hat{\mathrm{N}}$中对应的支路电压与支路电流乘积的代数和也等于零。条件是电路 N 和$\hat{\mathrm{N}}$具有相同的拓扑结构。

特勒根定理 1:对于具有 n 个节点与 b 条支路的任一集总电路,设其支路电压与电流分别为 u_k 与 $i_k(k=1,2,\cdots,b)$,且采取关联参考方向,则在任何时刻,

$$\sum_{k=1}^{b}u_k\,i_k=0 \tag{4-4-1}$$

式(4-4-1)中等号左侧中每一项代表对应的支路吸收的功率,故该式是电路的瞬时功率平衡方程,也就是说,特勒根定理 1 是电路功率守恒的一种表示形式。

特勒根定理 2:对于具有相同拓扑结构的两个集总电路 N 与$\hat{\mathrm{N}}$,设其对应的支路取相同的编号,其电压与电流分别为 u_k、i_k 与$\hat{u}_k$、$\hat{i}_k(k=1,2,\cdots,b)$且采取关联参考方向,则在任何时刻,

$$\sum_{k=1}^{b}u_k\hat{i}_k=0 \tag{4-4-2}$$

$$\sum_{k=1}^{b} \hat{u}_k i_k = 0 \tag{4-4-3}$$

式(4-4-2)与式(4-4-3)等号左侧的每一项代表电路N中支路电压(电流)与电路$\hat{\text{N}}$中对应支路电流(电压)的乘积,具有功率的量纲,但不表示任何支路的瞬时功率,故称为"似功率"。虽然"似功率"没有实际物理意义,但是,特勒根定理2对两个具有相同拓扑结构的电路的支路电压与电流给出了十分普遍而且非常有用的数学方程,而且该定理在应用方面具有很大的灵活性。例如,电路N中某一元件支路可以在电路$\hat{\text{N}}$中对应短路或开路等。

特勒根定理的证明:

对于电路N的n个节点列写KCL方程,得

$$\begin{aligned}
&\text{节点 }1 \quad i_{12}+i_{13}+\cdots+i_{1(n-1)}+i_{1n}=0\\
&\text{节点 }2 \quad i_{21}+i_{23}+\cdots+i_{2(n-1)}+i_{2n}=0\\
&\cdots\cdots\\
&\text{节点 }n \quad i_{n1}+i_{n2}+\cdots+i_{n(n-1)}=0
\end{aligned} \tag{4-4-4}$$

上式中各项电流表示两个节点之间支路电流,例如,i_{kj}表示节点k与节点j之间连接支路的支路电流,参考方向为由节点k流向节点j。如果两个节点k与j之间无支路直接连接,则式(4-4-4)中缺少相应的支路电流项i_{kj}与i_{jk}。如果两节点之间有多条支路并联,则取相应的各支路电流之和。

设电路$\hat{\text{N}}$与电路N具有相同的拓扑结构,节点编号、支路编号与对应的电路N中情况相同。设电路$\hat{\text{N}}$中节点n为参考节点,即$\hat{u}_{\text{nn}}=0$。设其余$(n-1)$个独立节点的节点电压分别为;$\hat{u}_{\text{n1}}$、$\hat{u}_{\text{n2}}$、…、$\hat{u}_{\text{n}(n-1)}$。将式(4-4-4)中每个方程乘以电路$\hat{\text{N}}$中对应的节点电压,得到

$$\begin{aligned}
&(i_{12}+i_{13}+\cdots+i_{1(n-1)}+i_{1n})\hat{u}_{\text{n1}}=0\\
&(i_{21}+i_{23}+\cdots+i_{2(n-1)}+i_{2n})\hat{u}_{\text{n2}}=0\\
&\cdots\cdots\\
&(i_{n1}+i_{n2}+\cdots+i_{n(n-1)})\hat{u}_{\text{nn}}=0
\end{aligned} \tag{4-4-5}$$

将式(4-4-5)中所有方程相加并进行整理,得到

$$\begin{aligned}
&(i_{12}\hat{u}_{\text{n1}}+i_{21}\hat{u}_{\text{n2}})+(i_{13}\hat{u}_{\text{n1}}+i_{31}\hat{u}_{\text{n3}})+\cdots+(i_{1n}\hat{u}_{\text{n1}}+i_{n1}\hat{u}_{nn})+\\
&(i_{23}\hat{u}_{\text{n2}}+i_{32}\hat{u}_{\text{n3}})+(i_{24}\hat{u}_{\text{n2}}+i_{42}\hat{u}_{\text{n4}})+\cdots+(i_{2n}\hat{u}_{\text{n2}}+i_{n2}\hat{u}_{\text{nn}})+\cdots+\\
&(i_{n(n-1)}\hat{u}_{\text{nn}}+i_{(n-1)n}\hat{u}_{\text{n}(n-1)})=0
\end{aligned}$$

由于$i_{12}=-i_{21}$、$i_{13}=-i_{31}$、…、$i_{kj}=-i_{jk}$、…,故上式为

$$\begin{aligned}
&i_{12}(\hat{u}_{\text{n1}}-\hat{u}_{\text{n2}})+i_{13}(\hat{u}_{\text{n1}}-\hat{u}_{\text{n3}})+\cdots+i_{1n}(\hat{u}_{\text{n1}}-\hat{u}_{nn})+\\
&i_{23}(\hat{u}_{\text{n2}}-\hat{u}_{\text{n3}})+i_{24}(\hat{u}_{\text{n2}}-\hat{u}_{\text{n4}})+\cdots+i_{2n}(\hat{u}_{\text{n2}}-\hat{u}_{nn})+\cdots+\\
&i_{(n-1)n}(\hat{u}_{\text{n}(n-1)}-\hat{u}_{nn})=0
\end{aligned}$$

如果上式中i_{12}对应电路N中节点1指向节点2的支路电流i_1,则$(\hat{u}_{\text{n1}}-\hat{u}_{\text{n2}})$对应电路$\hat{\text{N}}$中节点1指向节点2的支路电压$\hat{u}_1$。如果上式中$i_{13}$对应电路N中节点1指向节点3的支路电流$i_2$,则$(\hat{u}_{\text{n1}}-\hat{u}_{\text{n3}})$对应电路$\hat{\text{N}}$中节点1指向节点3的支路电压$\hat{u}_2$,如此类推,便可得到$\sum\limits_{k=1}^{b} i_k\,\hat{u}_k=0$。用

类似方法也可证明 $\sum_{k=1}^{b} u_k \hat{i}_k = 0$，留给读者自我练习。当取电路 N 和 $\hat{\mathrm{N}}$ 为同一电路时，便得到 $\sum_{k=1}^{b} u_k\, i_k = 0$。

例 4-13　电路如图 4-4-2 所示。已知电阻 $R=4\ \Omega$ 时 $I_1=2\ \mathrm{A}$，$I_2=1\ \mathrm{A}$；又知电阻 $R=8\ \Omega$ 时 $I_1=1.5\ \mathrm{A}$，求此时电流 I_2。

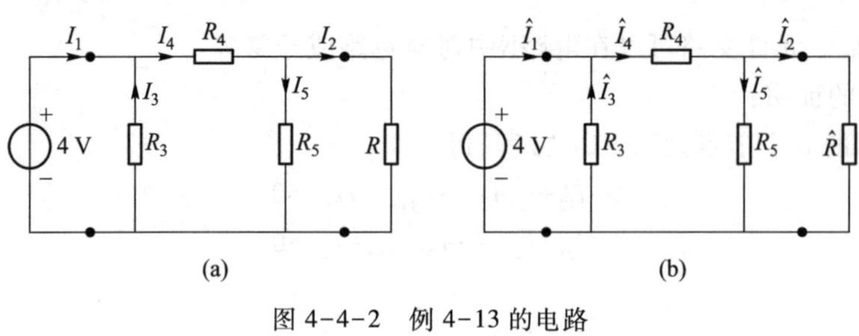

图 4-4-2　例 4-13 的电路

(a) N；(b) $\hat{\mathrm{N}}$

解　设电阻 $R=4\ \Omega$ 时电路为 N，如图 4-4-2(a) 所示，设电阻 R 变为 $R'=8\ \Omega$ 时电路为 $\hat{\mathrm{N}}$，如图 4-4-2(b) 所示。在图示参考方向下，根据特勒根定理 2，有

$$\sum_{k=1}^{5} U_k \hat{I}_k = 0$$

$$\sum_{k=1}^{5} \hat{U}_k I_k = 0$$

因此

$$\sum_{k=1}^{5} U_k \hat{I}_k = \sum_{k=1}^{5} \hat{U}_k I_k \tag{4-4-6}$$

式(4-4-6)中

$$\sum_{k=1}^{5} U_k \hat{I}_k = U_1 \hat{I}_1 + U_2 \hat{I}_2 + U_3 \hat{I}_3 + U_4 \hat{I}_4 + U_5 \hat{I}_5$$

$$\sum_{k=1}^{5} \hat{U}_k I_k = \hat{U}_1 I_1 + \hat{U}_2 I_2 + \hat{U}_3 I_3 + \hat{U}_4 I_4 + \hat{U}_5 I_5$$

即

$$\sum_{k=1}^{5} U_k \hat{I}_k = U_1 \hat{I}_1 + U_2 \hat{I}_2 + I_3 R_3 \hat{I}_3 + I_4 R_4 \hat{I}_4 + I_5 R_5 \hat{I}_5$$

$$\sum_{k=1}^{5} \hat{U}_k I_k = \hat{U}_1 I_1 + \hat{U}_2 I_2 + \hat{I}_3 R_3 I_3 + \hat{I}_4 R_4 I_4 + \hat{I}_5 R_5 I_5$$

则有

$$\sum_{k=3}^{5} U_k \hat{I}_k = \sum_{k=3}^{5} \hat{U}_k I_k$$

故式(4-4-6)变为

$$U_1 \hat{I}_1 + U_2 \hat{I}_2 = \hat{U}_1 I_1 + \hat{U}_2 I_2 \tag{4-4-7}$$

注意第一条支路上电压 U_1 与电流 I_1 取关联参考方向，第二条支路上电压 U_2 与电流 I_2 取关联参考方向。在本例的网络 N 中，$U_1=-4\ \text{V}$，$I_1=2\ \text{A}$，$I_2=1\ \text{A}$，$U_2=R\ I_2=4\times1=4\ \text{V}$；网络$\hat{\text{N}}$中，$\hat{U}_1=-4\ \text{V}$，$\hat{I}_1=1.5\ \text{A}$，$\hat{U}_2=\hat{R}\hat{I}_2=8\ \hat{I}_2$。

代入式(4-4-7)，得

$$-4\times1.5+4\ \hat{I}_2=-4\times2+8\ \hat{I}_2\times1$$

解得

$$\hat{I}_2=0.5\ \text{A}$$

思考与练习

4-4-1 试由特勒根定理和 KVL 推导 KCL。

4-4-2 如题 4-4-2 图所示电路，外加负载时（如图(a)所示），$I_2=1.5\ \text{A}$，$I_1=2.6\ \text{A}$，$U_3=26\ \text{V}$；负载短路时（如图(b)所示），$\hat{I}_2=2.4\ \text{A}$，$\hat{I}_1=2.96\ \text{A}$，$\hat{U}_3=35\ \text{V}$。试用特勒根定理确定负载电阻 R_L。

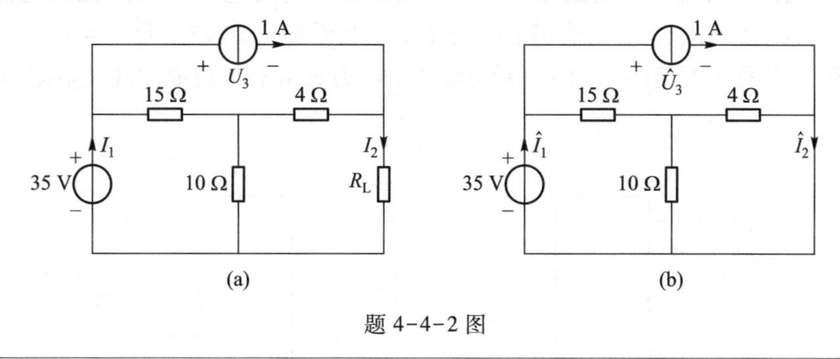

题 4-4-2 图

4.5 互易定理

互易定理

互易定理是线性电路的重要定理，对于单一激励的不含受控源的线性电阻电路，存在三种互易性质，分别阐述如下。

互易定理 1：在图 4-5-1(a)、(b)所示电路中，N_0 为只由电阻组成的线性电阻电路，有

$$\frac{i_2}{u_{s1}}=\frac{i_1}{u_{s2}} \tag{4-5-1}$$

1 2 u_{s1} N_0 i_2 1′ 2′ (a)

1 2 i_1 N_0 u_{s2} 1′ 2′ (b)

图 4-5-1 互易定理 1

互易定理1表明:对于不含受控源的单一激励的线性电阻电路,互易激励(电压源)与响应(电流)的位置,其响应与激励的比值仍然保持不变。当激励 $u_{s1}=u_{s2}$ 时,则 $i_2=i_1$。

互易定理2:在图4-5-2(a)、(b)所示电路中,N_0 为只由电阻组成的线性电阻电路,有

$$\frac{u_2}{i_{s1}}=\frac{u_1}{i_{s2}} \tag{4-5-2}$$

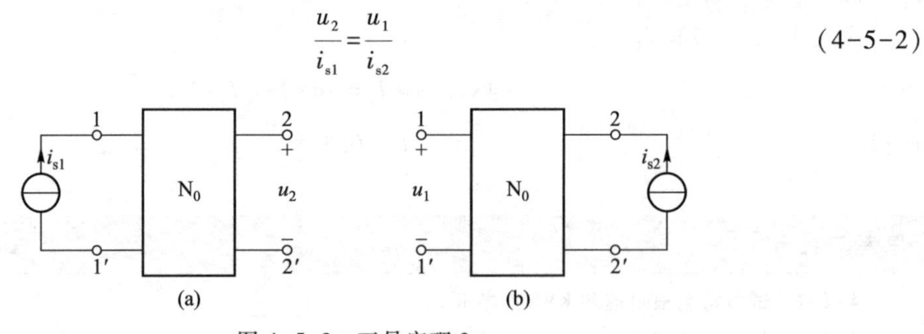

图4-5-2 互易定理2

互易定理2表明:对于不含受控源的单一激励的线性电阻电路,互易激励(电流源)与响应(电压)的位置,其响应与激励的比值仍然保持不变。当激励 $i_{s1}=i_{s2}$ 时,则 $u_2=u_1$。

互易定理3:在图4-5-3(a)、(b)所示电路中,N_0 为只由电阻组成的线性电阻电路,有

$$\frac{u_2}{u_{s1}}=\frac{i_1}{i_{s2}} \tag{4-5-3}$$

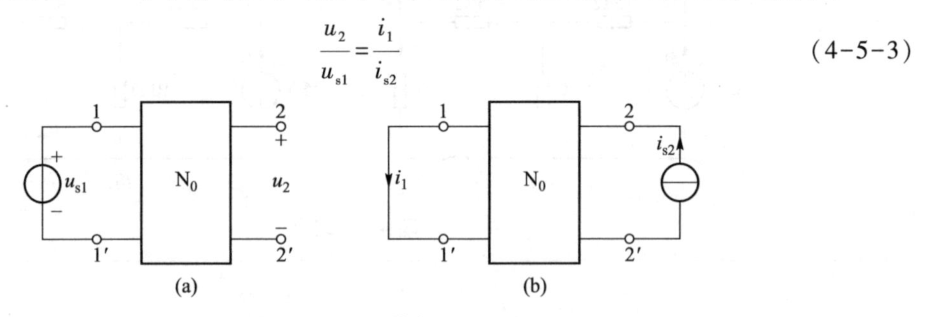

图4-5-3 互易定理3

互易定理3表明:对于不含受控源的单一激励的线性电阻电路,互易激励与响应的位置,且将原电压激励改换为电流激励,将原电压响应改换为电流响应,则互易位置前后响应与激励的比值仍然保持不变。如果在数值上 $u_{s1}=i_{s2}$,则 $u_2=i_1$。

下面应用特勒根定理证明互易定理。

重新绘画图4-5-1(a)、(b)电路如图4-5-4(a)、(b)所示。

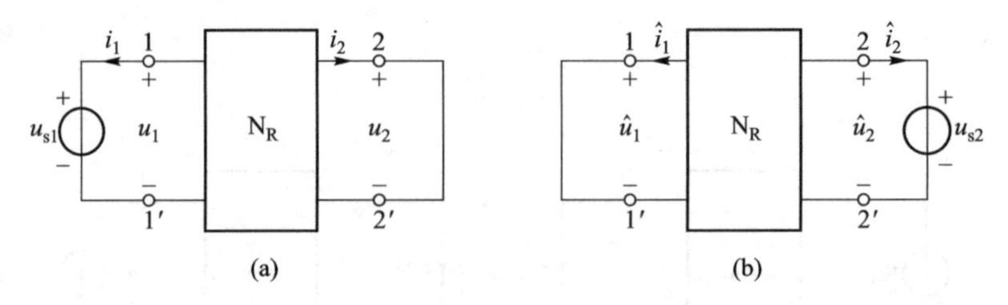

图4-5-4 应用特勒根定理证明互易定理1

(a) N; (b) $\hat{N}$

设由电阻组成的电路 N_R 内部支路编号为 3、4、…、b，采取关联参考方向，根据特勒根定理有 $\sum_{k=1}^{b} u_k \hat{i}_k = 0$ 和 $\sum_{k=1}^{b} \hat{u}_k i_k = 0$。

对于图 4-5-4(a)电路 N 有 $u_1 = u_{s1}, u_2 = 0$；对于图 4-5-4(b)电路 $\hat{N}$ 有 $\hat{u}_1 = 0, \hat{u}_2 = u_{s2}$，而且有

$$\sum_{k=3}^{b} u_k \hat{i}_k = \sum_{k=3}^{b} (R_k i_k) \hat{i}_k$$

$$\sum_{k=3}^{b} \hat{u}_k i_k = \sum_{k=3}^{b} (R_k \hat{i}_k) i_k$$

于是

$$\sum_{k=3}^{b} u_k \hat{i}_k = \sum_{k=3}^{b} \hat{u}_k i_k$$

则

$$u_1 \hat{i}_1 + u_2 \hat{i}_2 = \hat{u}_1 i_1 + \hat{u}_2 i_2$$

代入数据

$$u_{s1} \cdot \hat{i}_1 + 0 \cdot \hat{i}_2 = 0 \cdot i_1 + u_{s2} \cdot i_2$$

得到

$$\frac{i_2}{u_{s1}} = \frac{\hat{i}_1}{u_{s2}}$$

即互易定理 1 成立。

用类似的方法，可以应用特勒根定理证明互易定理 2 与互易定理 3，留给读者自我练习。

从证明过程可知，由电阻组成的电路 N_R 内部($b-2$)条支路的电压、电流必须满足下列关系

$$\sum_{k=3}^{b} u_k \hat{i}_k = \sum_{k=3}^{b} \hat{u}_k i_k$$

这一关系是判断网络是否互易的条件。

下面举例说明互易定理在电路分析方面的应用。

例 4-14　试求图 4-5-5(a)所示直流电阻电桥电路中电流 I。

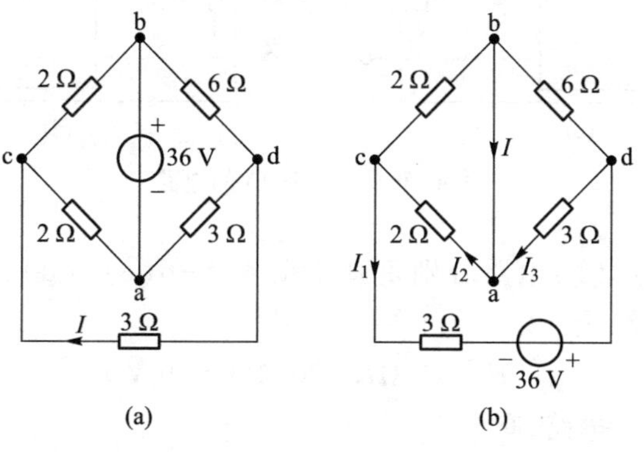

图 4-5-5　例 4-14 的电路

解　应用互易定理求解此题。将单一激励（电压源）与响应（电流 I）互易位置，如图 4-5-5(b)所示，这样处理后，便将一个比较复杂的电路求解变为比较简单的电路求解。由图 4-5-5(b)所示电路可知

$$I_1=\frac{36}{3+\frac{2\times2}{2+2}+\frac{6\times3}{6+3}}\ \text{A}=\frac{36}{3+1+2}\ \text{A}=6\ \text{A}$$

根据并联电阻的电流分配得到

$$I_2=\frac{2}{2+2}I_1=\frac{2}{2+2}\times6\ \text{A}=3\ \text{A}$$

$$I_3=\frac{6}{6+3}I_1=\frac{6}{6+3}\times6\ \text{A}=4\ \text{A}$$

对节点 a 列写 KCL 方程，得到

$$I=I_2-I_3=(3-4)\ \text{A}=-1\ \text{A}$$

根据互易定理 1，图 4-5-5(a)电路中响应电流 $I=-1$ A。

此题可以应用第 2 章介绍的等效变换法或者第 3 章介绍的独立变量法求解。请读者自行求解。

例 4-15　图 4-5-6(a)所示电路中，$I_{s1}=10$ A，测得 $I_2=1$ A；图 4-5-6(b)所示电路中，$I_{s2}=20$ A，测得 $I_1=4$ A；图 4-5-6(a)、(b)电路中 N_R 为不含受控源的线性电阻电路，求电阻 R_1 的阻值。

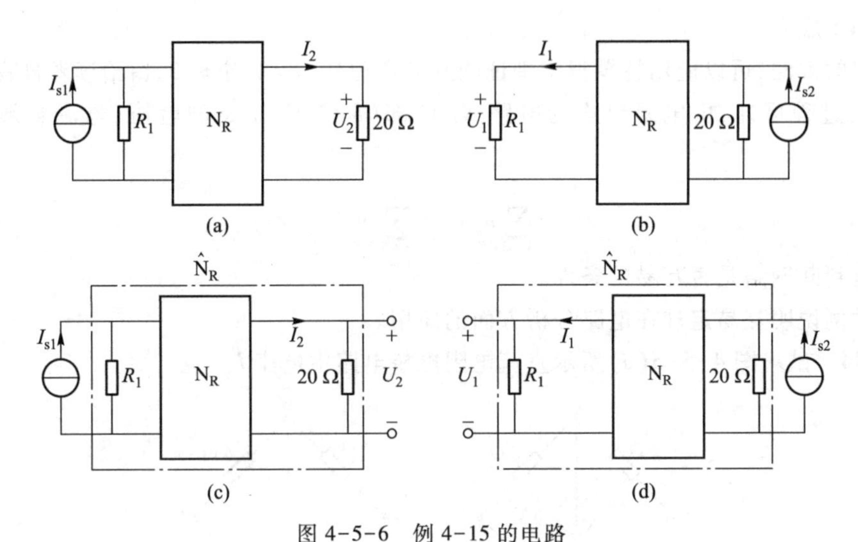

图 4-5-6　例 4-15 的电路

解　将图 4-5-6(a)、(b)电路分别重画于图 4-5-6(c)、(d)，并构造电阻网络 $\hat{N}_R$。对于图 4-5-6(c)所示电路，有

$$U_2=20\ \Omega I_2=20\times1\ \text{V}=20\ \text{V}$$

对于图 4-5-6(d)所示电路，有

$$U_1=R_1I_1=4\ R_1$$

根据互易定理 2,有

$$\frac{U_2}{I_{s1}}=\frac{U_1}{I_{s2}}$$

即

$$\frac{20}{10}=\frac{4R_1}{20}$$

解得

$$R_1=10\ \Omega$$

应用互易定理进行电路分析时应该注意下述几点:

(1) 对于直流电阻电路,互易定理只适用于单一激励的不含受控源的线性电阻电路。

(2) 互易定理 1 中单一激励为电压源,响应为电流;互易定理 2 中单一激励为电流源,响应为电压;互易定理 3 中一对激励和响应均为电压,另一对激励和响应均为电流,不可混换。

(3) 激励和响应互易位置后要注意激励的连接方法与激励、响应的参考方向。激励和响应互易位置后,电压源应串联于响应支路,电流源应并联于响应支路,且使互易位置前后的两个电路具有相同的端口极性,即互易定理 1 要符合图 4-5-1 中参考方向,互易定理 2 要符合图 4-5-2中参考方向,互易定理 3 要符合图 4-5-3 中参考方向,否则响应在互易位置前后互为负号,即互易位置后响应值为互易位置前响应的负值。

思考与练习

4-5-1 同学 A 说:具有互易性的电路一定是线性电路,凡是线性电路一定具有互易性。你同意这一观点吗?并说明理由。

4-5-2 设电流表内阻为零,电压表内阻为无限大。已知用这两只表测量某电路时,电压表读数为 5 V,电流表读数为 2 A。如果将这两只表的位置互易后,要求其读数保持原值不变,对该电路有什么要求?

4-5-3 如果电路的激励为电流源(电压源),响应为电流(电压),能否应用互易定理进行分析?为什么?

4-5-4 试用互易定理快速求解题 4-5-4 图所示电路中的电压 U。

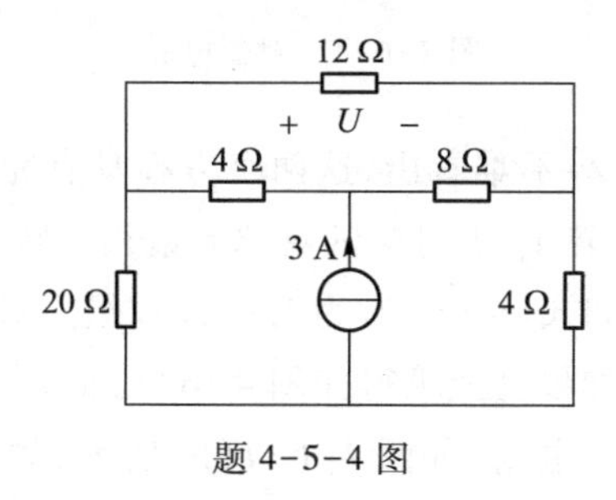

题 4-5-4 图

4.6 对偶原理

对偶原理在电路理论中占有重要地位。电路元件的特性、电路方程和其解答都可以通过对它们的对偶元件、对偶方程的研究而获得。电路的对偶性,存在于电路变量、电路元件、电路定律、电路结构和分析方法等之间的一一对应中。例如第2.2节中曾指出,电阻元件R,在电流i与电压u的关联参考方向下,伏安关系$u=Ri$;电导元件G,在电压u与电流i的关联参考方向下,伏安关系$i=Gu$。考察上述两个关系式可知具有对偶性,即电压u和电流i互换,电阻R和电导G互换,则对应的伏安关系可以相互转换而形成。这些可以相互转换的元素称为对偶元素,而这两个关系式称为对偶关系式。

再例如,电压源u_s和电阻R的串联组合支路的伏安关系$u=u_s-Ri$,而电流源i_s和电导G的并联组合支路的伏安关系$i=i_s-Gu$。考察这两个关系式可以看出也具有对偶性,电压u和电流i,电阻R和电导G,电压源电压u_s和电流源电流i_s分别互为对偶元素,而这两个关系式也互为对偶关系式。

再例如,图4-6-1(a)、(b)所示两电路的节点电压方程和网孔电流方程分别为

$$\begin{aligned}&\text{节点 1}\quad &(G_1+G_3)u_{n1}-G_3u_{n2}=i_{s1}\\&\text{节点 2}\quad &-G_3u_{n1}+(G_2+G_3)u_{n2}=-i_{s2}\end{aligned}\quad(4-6-1)$$

$$\begin{aligned}&\text{网孔 1}\quad &(R_1+R_3)i_{m1}-R_3i_{m2}=u_{s1}\\&\text{网孔 2}\quad &-R_3i_{m1}+(R_2+R_3)i_{m2}=-u_{s2}\end{aligned}\quad(4-6-2)$$

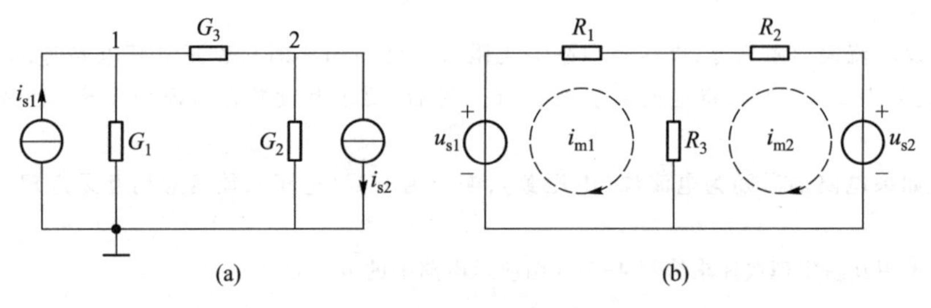

图4-6-1 对偶电路

考察式(4-6-1)和式(4-6-2)不难看出,这两个方程具有完全相同的形式。如果按照G和R,i_s和u_s,节点电压u_n和网孔电流i_m等对应的对偶元素相互转换,则式(4-6-1)和式(4-6-2)也可以相互转换,称式(4-6-1)和式(4-6-2)为对偶方程组。对应的图4-6-1(a)、(b)所示的两个电路互为对偶电路。于是,如果已经求得如图4-6-1(a)所示电路的节点电压u_{n1}和u_{n2},则当对偶元素在数值上相等时,对偶电路(如图4-6-1(b)所示)的网孔电流便不解而得。因此,利用对偶原理分析和计算电路可以获得事半功倍的效果。同时,利用对偶原理记忆有关电路的基本概念、基本定律、基本定理、基本公式与基本分析和计算方法也是一种好方法。

对偶原理:电路中某些元素之间的关系(或方程、电路、定律、定理等)用它们的对偶元素对应地置换后所得到的新关系(或新方程、新电路、新定律、新定理等)也一定成立。

电路中常见对偶元素如表 4-6-1 所示,对偶关系式如表 4-6-2 所示。这些对偶元素派生的对偶关系,该表没有一一列出,请读者自己推导,有利于掌握本课程的基本内容。

表 4-6-1 电路中常见对偶元素

原电路元素	对偶电路元素	原电路元素	对偶电路元素
电压 U	电流 I	电压源 U_s	电流源 I_s
磁链 Ψ	电荷 q	开路	短路
电阻 R	电导 G	串联	并联
电感 L	电容 C	Y 形联结	△形联结
VCVS	CCCS	节点	网孔
VCCS	CCVS	节点电压 U_n	网孔电流 I_m

表 4-6-2 电路中常见对偶关系式

原电路公式	对偶电路公式	原电路公式	对偶电路公式
$U=RI$	$I=GU$	$P=I^2R$	$P=U^2G$
$\sum_{k=1}^{n} U_k = 0$	$\sum_{k=1}^{n} I_k = 0$	$R_{eq} = \sum_{k=1}^{n} R_k$	$G_{eq} = \sum_{k=1}^{n} G_k$
$U_k=\dfrac{R_k}{R_{eq}}U$	$I_k=\dfrac{G_k}{G_{eq}}I$	$R_Y=\dfrac{相邻 R_\Delta 的乘积}{\sum R_\Delta}$	$G_\Delta=\dfrac{相邻 G_Y 的乘积}{\sum G_Y}$
$R_并=\dfrac{R_1R_2}{R_1+R_2}$	$G_串=\dfrac{G_1G_2}{G_1+G_2}$	$P_{Lmax}=\dfrac{U_{oc}^2}{4R_0}$	$P_{Lmax}=\dfrac{I_{sc}^2}{4G_0}$
$u_L=L\dfrac{di_L}{dt}$	$i_C=C\dfrac{du_C}{dt}$	节点电压方程	网孔电流方程

必须指出,两个电路互为对偶,绝非意指这两个电路等效。“对偶”和“等效”是两个不同的概念,不可混淆。

例 4-16 验证图 4-6-2(a)、(b)所示两个电路互为对偶电路。

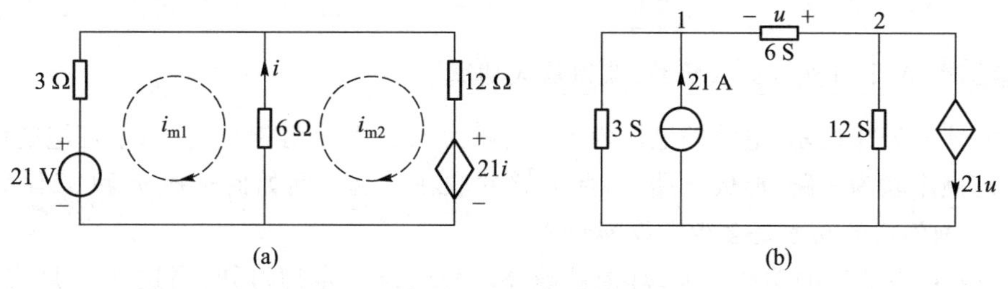

图 4-6-2 例 4-16 的电路

解 根据对偶原理得知,如果图 4-6-2(a)和(b)两个电路互为对偶,则对图 4-6-2(a)电路列写的网孔电流方程必然与对图4-6-2(b)电路列写的节点电压方程在形式上完全相同。

对图4-6-2(a)所示电路列写网孔电流方程为

$$9i_{m1}-6i_{m2}=21$$
$$-6i_{m1}+18i_{m2}=-21i$$
$$i=-i_{m1}+i_{m2}$$

对图4-6-2(b)所示电路列写节点电压方程为

$$9u_{n1}-6u_{n2}=21$$
$$-6u_{n1}+18u_{n2}=-21u$$
$$u=-u_{n1}+u_{n2}$$

比较所列写的网孔电流方程组和节点电压方程组可知,这两组方程互为对偶方程,故对应的图4-6-2(a)、(b)所示的两电路互为对偶电路。

思考与练习

4-6-1　举例说明认识电路的对偶性质有助于掌握电路研究和分析的规律性,可以由此及彼,举一反三。说明电阻串联电路和电导并联电路之间的对偶性,再说明电压源串联电阻支路和电流源并联电导支路之间的对偶性。

4-6-2　试画出如题4-6-2图所示电路的对偶电路。

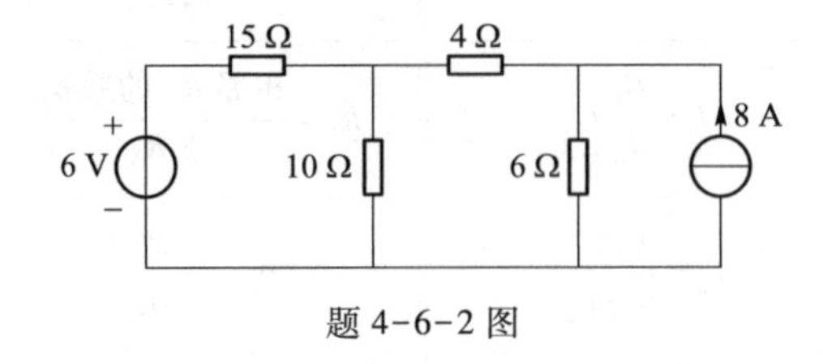

题4-6-2图

4.7　应用实例

最大功率传输是戴维南定理的典型应用,在实际工程中有多种情况。为了获得最大功率,有可能多个小负载组成大负载,有可能多个小电源组成大电源。下面通过实例说明。

实例1:　N个灯泡组成大负载,获得最大功率

电路如图4-7-1所示,电池的电压为U_S、内阻为r,给N个灯泡供电,每个灯泡的电阻为R,将每m个灯泡串联为一路,形成n路,将此n路并联在一起。问如何选择m和n,使灯泡最亮?此时,每个灯泡消耗的功率是多少?设$mn=N$。

解　(1) 灯泡消耗的功率越大,灯泡就越亮。由戴维南定理可知,当这N个灯泡的总电阻等于电源内阻r时,消耗的功率为最大

$$\begin{cases}\dfrac{mR}{n}=r\\ mn=N\end{cases}$$

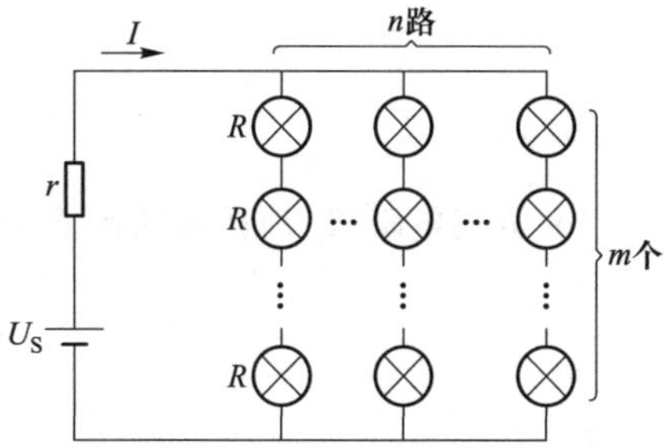

由此可求出 m、n

$$\begin{cases}m=\sqrt{\dfrac{r}{R}N}\\ n=\sqrt{\dfrac{R}{r}N}\end{cases}$$

图 4-7-1 实例 1 电路

取值时尽量靠近上述值的整数即可。

电池输出的最大功率 $P_{\max}$ 为

$$P_{\max}=\frac{U_s^2}{4r}=\frac{nU_s^2}{4mR}$$

(2) N 个灯泡经过 m 个串联、n 路并联处理后,每一路电流

$$\frac{I}{n}=\frac{U_s}{n\left(r+\dfrac{mR}{n}\right)}=\frac{U_s}{2mR}$$

每个灯泡消耗的功率 P_i 是

$$P_i=\left(\frac{I}{n}\right)^2R=\left(\frac{U_s}{2mR}\right)^2R=\frac{U_s^2}{4m^2R}$$

也可以这样计算电池输出最大功率时每个灯泡消耗的功率 P_i,灯泡共有 N 个,每个灯泡消耗功率相同,于是

$$P_i=\frac{P_{\max}}{N}=\frac{U_s^2}{4Nr}$$

实例 2: N 个电池组成大电源,输出最大功率

电路如图 4-7-2 所示,每个电池的电压为 U_s、内阻为 r,共有 N 个电池,现将每 m 个电池串联成一路,形成 n 路,将此 n 路并联在一起,向负载电阻 R_L 供电。问如何选择 m 和 n,使输出功率 $P_{\max}$ 为最大?此时,每个电池输出的功率是多少?设 $mn=N$。

解 N 个电池经过 m 个串联、n 路并联处理后,电源的总电压为 mU_s,总内阻为 $\dfrac{mr}{n}$,故流经 R_L 的电流 I 为

$$I=\frac{mU_s}{\dfrac{mr}{n}+R_L}$$

由于 $n=\dfrac{N}{m}$

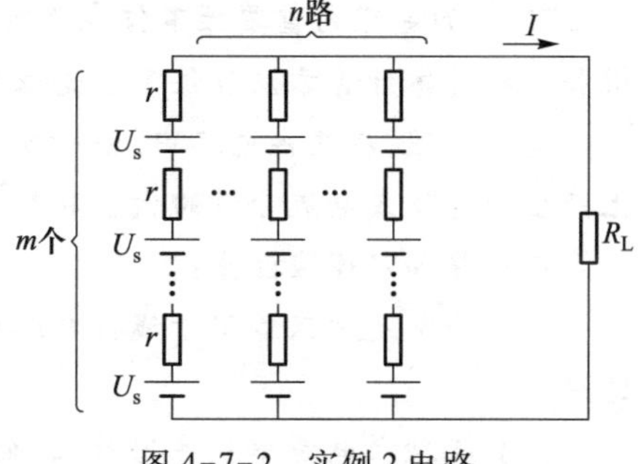

图 4-7-2 实例 2 电路

$$I=\frac{U_s}{\frac{mr}{N}+\frac{R_L}{m}}$$

(1) 负载电阻 R_L 消耗的功率 P 为

$$P=I^2R_L=\frac{R_LU_s^2}{\left(\frac{mr}{N}+\frac{R_L}{m}\right)^2}$$

要使功率 P 为最大,只要上式分母最小即可。对分母微分,得

$$\frac{d}{dm}\left(\frac{mr}{N}+\frac{R_L}{m}\right)=\frac{r}{N}-\frac{R_L}{m^2}=0$$

由此求得 m 和 n 如下

$$m=\sqrt{\frac{NR_L}{r}},\qquad n=\frac{N}{m}=\sqrt{\frac{Nr}{R_L}}$$

电源的总内阻为

$$\frac{mr}{n}=\frac{m^2r}{mn}=\frac{r}{N}\times\frac{N}{r}R_L=R_L$$

将 m 和 n 代入 P 的计算式,得最大功率

$$P_{max}=\left(\frac{mU_s}{R_L+R_L}\right)^2R_L=\frac{m^2U_s^2}{4R_L}=\frac{NU_s^2}{4r}$$

当$\frac{mr}{N}=\frac{R_L}{m}$即 $m=\sqrt{\frac{NR_L}{r}}$时,取最大功率 $P_{max}=\frac{NU_s^2}{4r}=\frac{m^2U_s^2}{4R_L}$。

(2) 负载电阻 R_L 消耗的功率 P 为最大功率 P_{max}时,N 个电池经过 m 个串联、n 路并联处理后,每个电池发出功率相同,于是

$$P_i=\frac{P_{max}}{N}=\frac{mU_s^2}{4nR_L}=\frac{U_s^2}{4r}$$

本章小结

1. 叠加定理的重要性不仅在于可用叠加法分析电路本身,而且在于它为线性电路的定性分析和一些具体计算方法提供了理论依据。

叠加定理:在线性电路中,任一支路电压或电流都是电路中各独立电源单独作用时在该支路上产生的电压或电流分量的代数和。

应用叠加定理应注意:

(1) 叠加定理只适用于线性电路(电路参数不随电压、电流的变化而改变),非线性电路不适用。

(2) 某独立电源单独作用时,其余独立源置零。理想电压源置零即令 $U_s=0$,应予以短路替代;理想电流源置零即令 $I_s=0$,应予以开路替代。电源的内阻以及电路其他部分结构、参数应保

持不变。

(3) 叠加定理只适用于求取任一支路电压或电流,不适用于直接求功率。

(4) 受控源为非独立电源,一般不可以单独作用,当每个独立源作用时均予以保留,控制量随之改为对应的控制分量。

(5) 响应叠加是代数和。应注意响应分量的参考方向与原响应参考方向之间的关系。

(6) 运用叠加定理时也可以将电源分组求解,每个分电路的电源个数可能不止一个。

2. 齐次定理是表征线性电路齐次性(又称均匀性)的重要定理。

齐次定理:线性电路中,所有激励(独立源)都增大(或减小)同样的倍数,则电路中响应(电压或电流)也增大(或减小)同样的倍数。当激励只有一个时,响应与激励成正比。

3. 替代定理(又称置换定理)是集总参数电路的一个重要定理。

替代定理(又称置换定理):在具有唯一解的集总参数电路中,若已知第 k 条支路的电压 u_k 或电流 i_k,且第 k 条支路与其他支路无耦合,那么,该支路可以用一个电压为 u_k 的电压源替代,或用一个电流为 i_k 的电流源替代。所得电路仍具有唯一解,替代前后电路中各支路的电压和电流保持不变。

应用替代定理应注意:

(1) 替代前后必须保证电路具有唯一解的条件。

(2) 被替代支路与其他支路无耦合。

(3) “替代”与“等效变换”是两个不同的概念。

4. 等效电源定理是线性电路的一个重要定理。

(1) 戴维南定理:任一线性有源二端网络 N,就其两个端钮而言,总可以用一个独立电压源和一个电阻的串联电路来等效,其中,独立电压源的电压等于该二端网络 N 端钮处的开路电压 u_{oc},串联电阻等于将该二端网络 N 内所有独立源置零时从端钮处看进去的等效电阻 R_{eq}。

(2) 诺顿定理:任一线性有源二端网络 N,就其两个端钮而言,总可以用一个独立电流源和一个电阻的并联电路来等效,其中,独立电流源的电流等于该二端网络 N 端钮处的短路电流 i_{sc},并联电阻等于将该二端网络 N 内所有独立源置零时从端钮处看进去的等效电阻 R_{eq}。

应用戴维南定理和诺顿定理应注意:

① 要求有源二端网络 N 是线性的,与外电路不能有耦合关系。

② 戴维南定理和诺顿定理互为对偶。同一线性含源二端网络 N 的戴维南等效电路与诺顿等效电路可以等效互换。

③ 在分析计算开路电压 u_{oc}、短路电流 i_{sc}、等效电阻 R_{eq} 时,选择其中容易求解的两个参数,进而计算第三个参数。

④ 当有源二端口网络内部含有受控源时,控制支路与被控支路必须包含在被化简的同一部分电路中,控制量为端口 U 或 I 除外。

⑤ 计算等效电阻 R_{eq} 可以使用串联、并联等方法时,直接用串联、并联化简方法。当一端口内部含有受控源时,要用一般方法计算等效电阻 R_{eq},即外加激励法或开路短路法。

⑥ 等效电源定理反映了端钮处支路电压(电流)之间的线性关系。

⑦ 最大功率传输:

有源二端网络 N 与一个可变负载电阻 R_L 相接,当 $R_L=R_{eq}$ 时负载获得最大功率,称负载与有

源二端网络N匹配,最大功率为

$$P_{\max}=\frac{U_{\mathrm{oc}}^2}{4R_{\mathrm{eq}}} \qquad 或者 \qquad P_{\max}=\frac{I_{\mathrm{sc}}^2}{4G_{\mathrm{eq}}}$$

最大功率传输定理用于一端口给定,负载电阻可调的情况;一端口等效电阻消耗的功率一般并不等于端口内部消耗的功率,因此当负载获取最大功率时,电路的传输效率并不一定是50%;计算最大功率问题结合应用戴维南定理或诺顿定理最方便。

5. 特勒根定理。

(1) 特勒根第一定理反映电路功率守恒,又称功率守恒定理。

特勒根第一定理:对于 n 个节点、b 条支路的集总参数网络,设支路电压为 u_k,支路电流为 i_k,$k=1,2,\cdots,b$,各支路电压和电流取关联参考方向,在任一时刻 t,有

$$\sum_{k=1}^{b} u_k i_k = 0$$

(2) 特勒根第二定理又称似功率守恒定理。

特勒根第二定理:两个具有相同有向线图的 n 个节点、b 条支路的集总参数网络N和$\hat{\mathrm{N}}$,设支路电压分别为 u_k 和 $\hat{u}_k$,支路电流分别为 i_k 和 $\hat{i}_k$,$k=1,2,\cdots,b$,各支路电压和电流取关联参考方向,在任一时刻 t,有

$$\sum_{k=1}^{b} u_k \hat{i}_k = 0 \qquad 和 \qquad \sum_{k=1}^{b} \hat{u}_k i_k = 0$$

应用特勒根定理应注意:

① 证明特勒根定理成立只用到了KCL和KVL,所以适应于任意集总参数电路。

② 特勒根第二定理可以应用于同一电路的两个不同时刻,也可以应用于两个同构电路的两个不同时刻或者相同时刻。

③ 在实际应用中,注意各支路电压和电流取关联参考方向。

6. 互易定理是特勒根定理的特例。

互易定理适用的条件:一个仅由线性电阻组成的无独立源无受控源电路,而且是单一激励。

互易定理简述为:在单一激励的情况下,响应与激励互换位置,响应与激励比值保持不变。但必须清楚互易定理三种形式各自所要求的激励、响应类型,不能混淆。

互易定理有三种形式:

① 电压源与响应电流互换位置,电压源电压值不变,其响应电流不变。

② 电流源与响应电压互换位置,电流源电流值不变,其响应电压不变。

③ 电压源与响应电压,若互换成数值相同的电流源与响应电流,其响应电流在数值上与原响应电压相等。

7. 对偶原理在电路理论中占有重要地位。

电路中许多变量、元件结构和定律都成对出现,且存在明显的一一对应关系,这种关系称为电路的对偶关系。

互为对偶的电路相互之间元件对偶,结构也对偶。注意:平面电路才有对偶电路。

例题视频

例题 14 视频　例题 15 视频　例题 16 视频　例题 17 视频　例题 18 视频

例题 19 视频　例题 20 视频　例题 21 视频　例题 22 视频　例题 23 视频

习题进阶练习

4.1—3　4.4—6　4.7—10　4.11—14　4.15—18

习 题 4

4.1 节习题

4-1　试用叠加定理求题 4-1 图所示电路的电流 i。

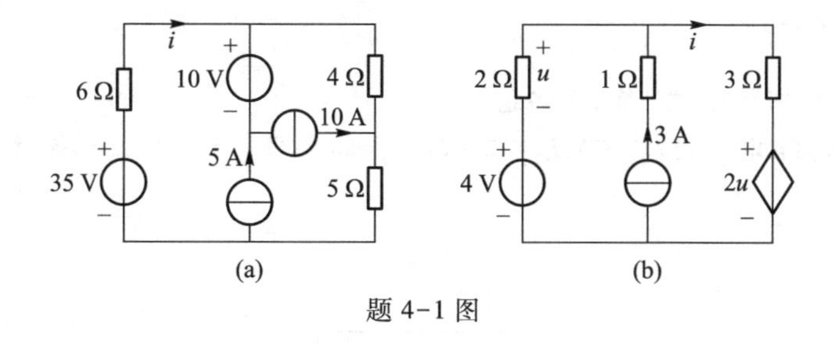

题 4-1 图

4-2　试用叠加定理求解题 4-2 图所示电路的电压 u。

4-3　电路如题 4-3 图所示，试用叠加定理列写输出电压 u_o 的表达式，并证明当 $R_1R_4=R_2R_3$，时，输出电压 u_o 正比例于 u_{s2}。

4-4　电路如题 4-4 图所示，用叠加定理求各节点电压。（可先令所有电压源电压置零，由所有电流源作用；再令所有电流源置零，由所有电压源作用。）

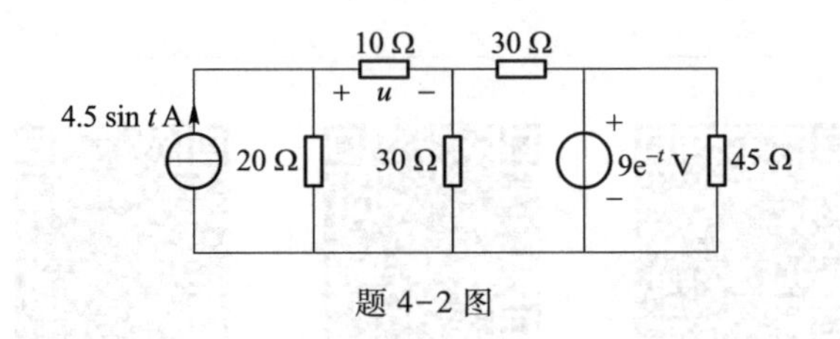

题 4-2 图

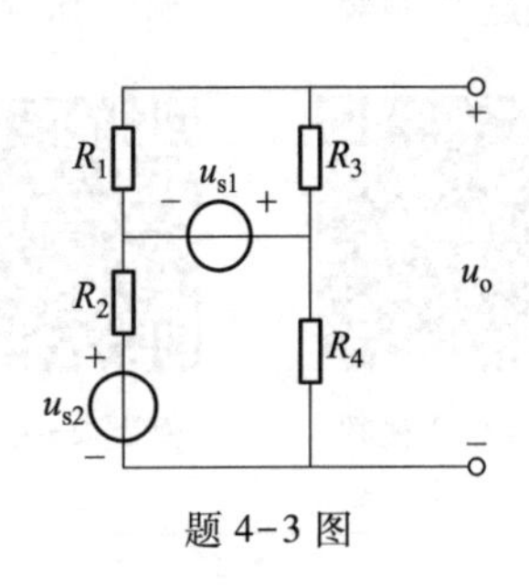

题 4-3 图

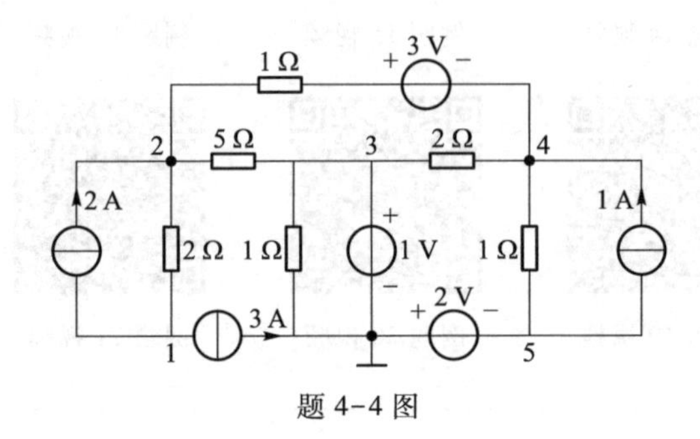

题 4-4 图

4-5 应用叠加定理,按下列步骤求解题 4-5 图所示电路中 u_1。

(1) 将受控源参与叠加,画出三个分电路。第三个分电路中受控源电压 $10i$,控制电流 i 并非分响应,而为未知总响应。

(2) 求出三个分电路的分响应 i'、i''、i'''和 u_1'、u_1''、u_1'''。

(3) 利用 $i=i'+i''+i'''$, $u_1=u_1'+u_1''+u_1'''$,求出 u_1。

4-6 电路如题 4-6 图所示,其中 N_0 为线性无源电阻网络。当 5 A 电流源移去时,3 A 电流源发出功率为 54 W,$U_2=14$ V;当 3 A 电流源移去时,5 A 电流源发出功率为 80 W,$U_1=10$ V。求当两个电流源共同作用时,二者各自发出的功率。

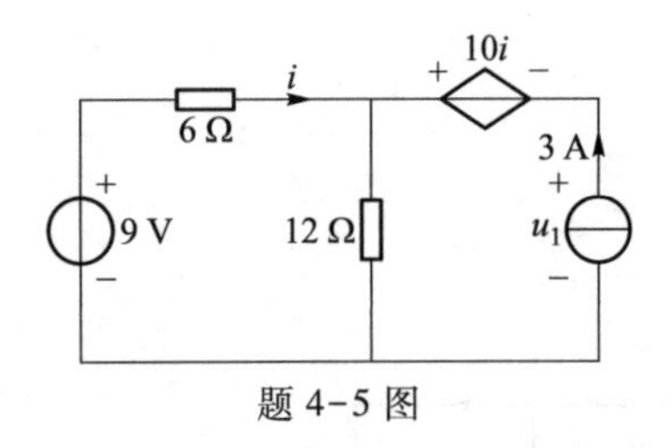

题 4-5 图

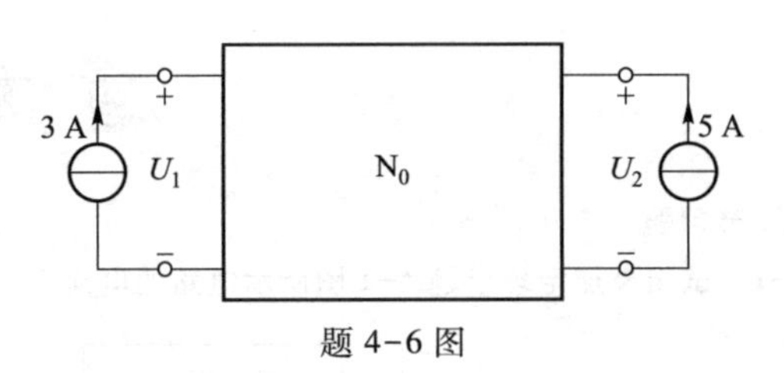

题 4-6 图

4-7 电路如题 4-7 图所示,试计算下列各题。

(1) 若所示网络 N 只含电阻,当 $I_{s1}=8$ A,$I_{s2}=12$ A 时,$U_o=80$ V;当 $I_{s1}=-8$ A,$I_{s2}=4$ A 时,U_o 为零。求 $I_{s1}=I_{s2}=$ 20 A时 U_o 的值。

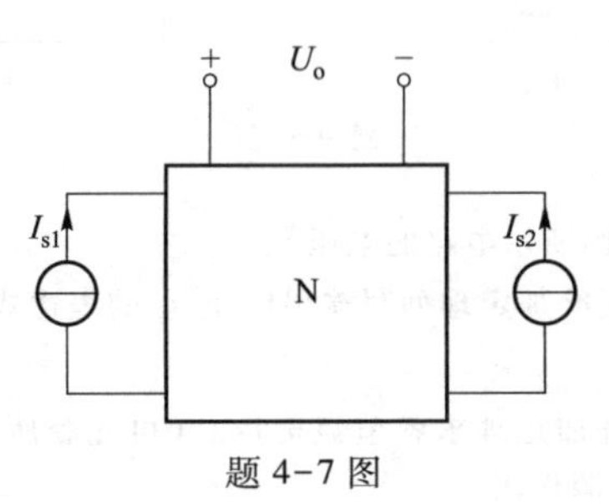

题 4-7 图

(2) 若网络 N 中含有一个独立电源，当 $I_{s1}=I_{s2}=0$ 时，$U_o=-40$ V，所有(1)中数据仍有效。求 $I_{s1}=I_{s2}=-32$ A 时 U_o 的值。

4-8　电路如题 4-8 图所示，当电流源 i_{s1} 和电压源 u_{s1} 反向而电压源 u_{s2} 不变时，电压 u_o 是原来的 1.2 倍；当 i_{s1} 和 u_{s2} 反向而 u_{s1} 不变时，电压 u_o 是原来的 0.8 倍。如果仅 i_{s1} 反向而 u_{s1} 和 u_{s2} 不变时，电压 u_o 应是原来的多少倍？

4-9　电路如题 4-9 图所示，$U_{ab}=0$，试用叠加定理求电压源电压 U_s，并计算出 3 A 电流源发出的功率。

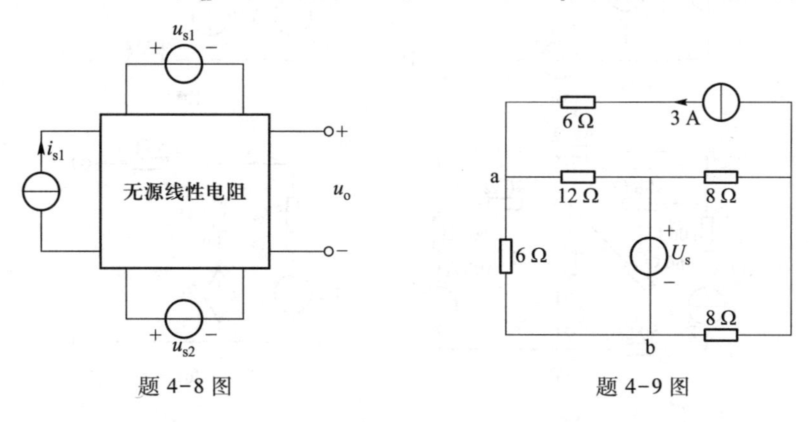

题 4-8 图　　　　题 4-9 图

4.2 节习题

4-10　电路如题 4-10 图所示。

(1) 用叠加定理求各支路电流和电压。

(2) 试选一个电压源替代原来的 18 Ω 电阻而不影响电路各电流和电压。

(3) 试选一个电流源替代原来的 9 Ω 电阻而不影响电路各电流和电压。

4-11　电路如题 4-11 图所示，支路电流 $i=0.5$ A，用替代定理求电阻 R。

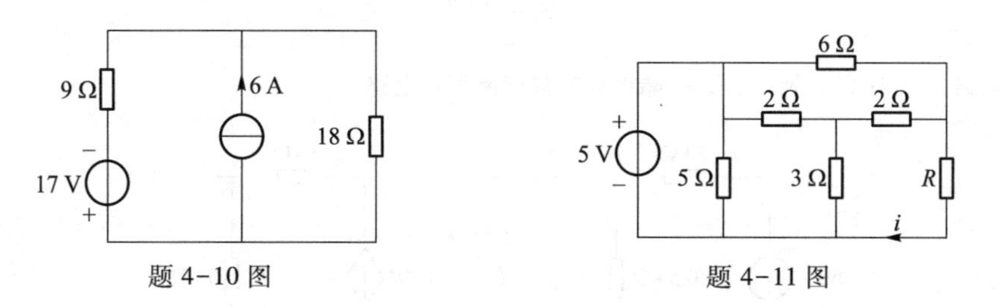

题 4-10 图　　　　题 4-11 图

4.3 节习题

4-12　电路如题 4-12 图所示，含受控源二端网络 N_S 通过 π 形衰减电路连接负载 R_L。现欲使输出电流为网络 N_S 端口电流的 $\frac{1}{2}$，计算负载 R_L 的值。

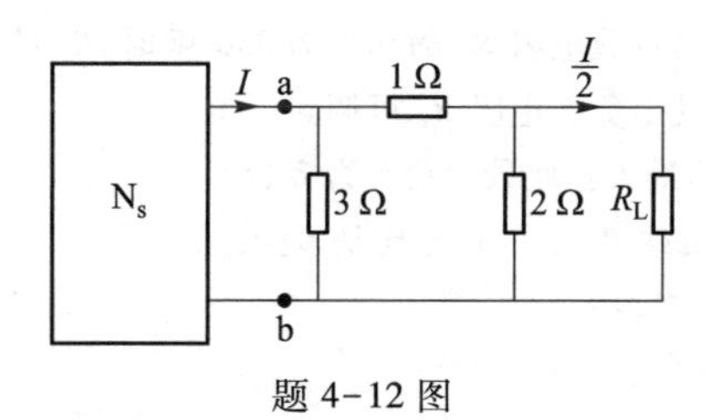

题 4-12 图

4-13　求题 4-13 图所示各一端口网络的戴维南等效电路或诺顿等效电路。

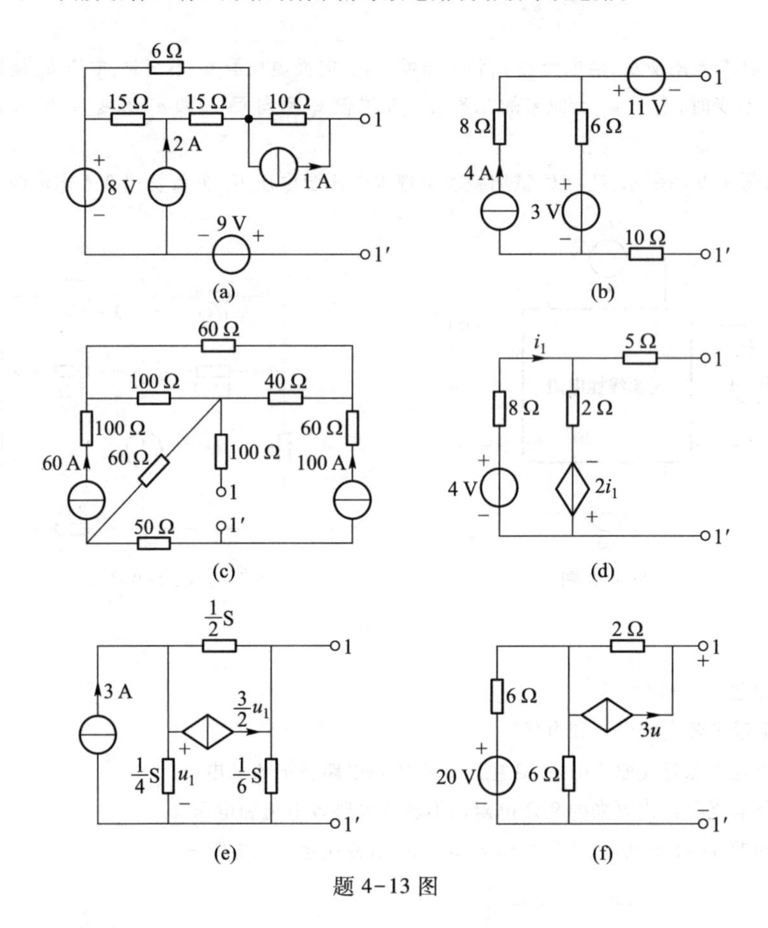

题 4-13 图

4-14　电路如题 4-14 图所示，求 ab 端口处的戴维南等效电路。

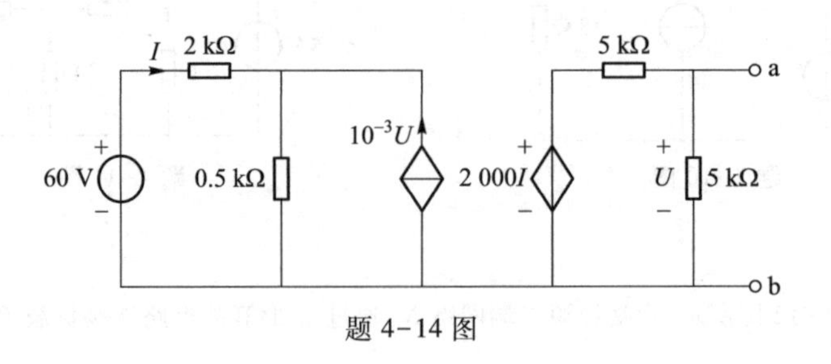

题 4-14 图

4-15　题 4-15 图所示各电路中负载电阻 R_L 可变，问 R_L 为何值时它吸收的功率最大？此最大功率等于多少？

4-16　电路如题 4-16 图所示，当负载电阻 R_L 的功率为 250 W 时，R_L 的电阻值为多少？

4-17　电路如题 4-17 图所示，其中负载电阻 R_L 可调。

（1）R_L 为何值时，它吸收的功率最大？此最大功率为多少？

（2）电源产生的总功率传输到负载 R_L 上的百分比是多少？

（3）240 V 电压源发出的功率是多少？

（4）受控源发出的功率是多少？

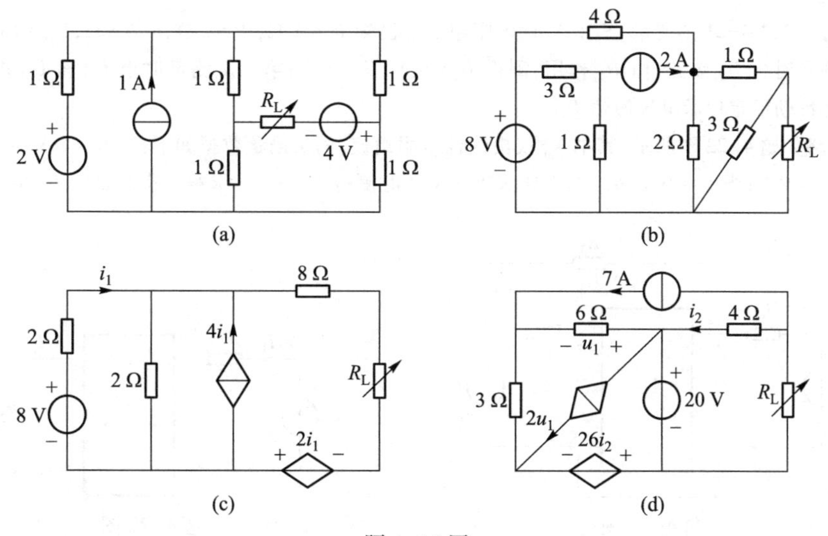

题 4-15 图

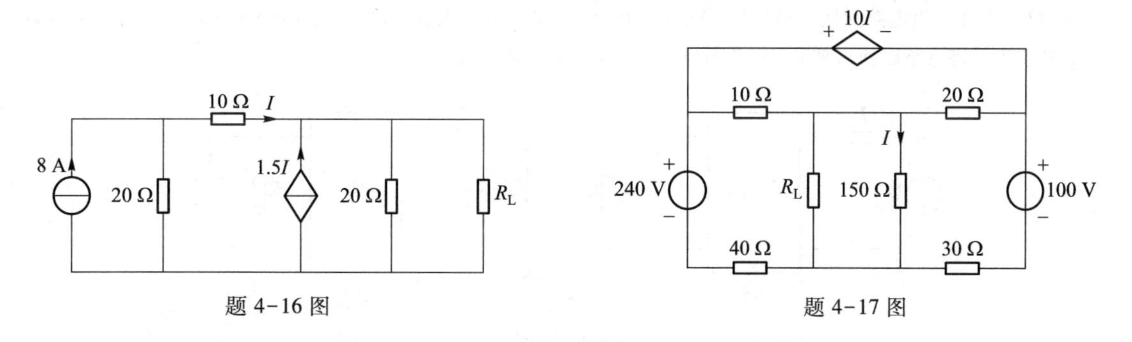

题 4-16 图　　　题 4-17 图

4-18　电路如题 4-18 图所示，电阻 $R=18\ \Omega$ 时其支路电流为 I。现欲使电流 I 增大 1.5 倍，电阻 R 应改为多大？

4-19　电路如题 4-19 图所示，如果要求输出电压 u_o 不受电压源 u_{s2} 的影响，α 应为何值？

4-20　电路如题 4-20 图所示。

（1）R 为多大时它吸收的功率最大，并求此最大功率；

（2）若 $R=100\ \Omega$，欲使 R 中的电流为零，则节点 1 和 0 之间并接什么理想元件，其参数为多少？并画出其电路图；

（3）若要使流经 40 V 电压源中的电流为零，试计算电阻 R 的值。

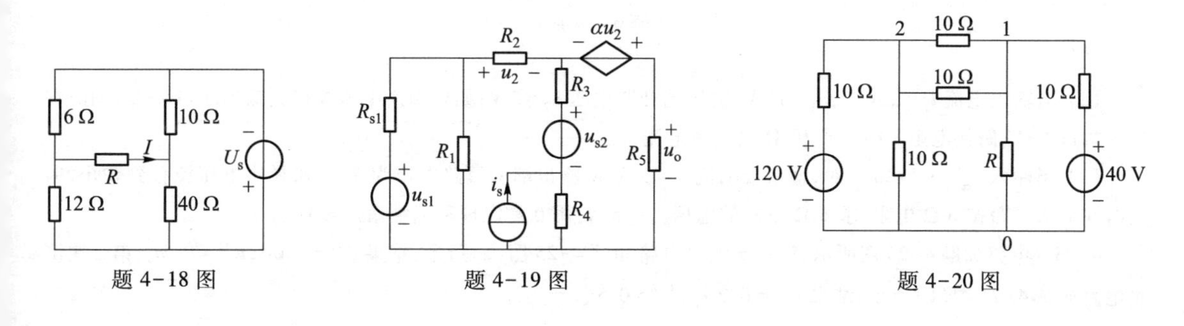

题 4-18 图　　　题 4-19 图　　　题 4-20 图

4.4 节习题

4-21 电路如题4-21图所示，N_0 由线性电阻组成。已知 $R_1=1\ \Omega$，$R_2=2\ \Omega$，$R_3=3\ \Omega$，$U_{s1}=18\ V$。进行两次测量，第一次测量时将 U_{s2} 短路，由 U_{s1} 作用，测得 $U_1=9\ V$，$U_2=4\ V$；第二次测量时由 U_{s1} 和 U_{s2} 共同作用，测得 $U_3=-30\ V$。用特勒根定理求电压源值 U_{s2}。

4-22 电路如题4-22图所示，其中 N_0 仅由线性电阻组成，两次测量数据如下：当 $U_s=8\ V$、$R_1=R_2=2\ \Omega$ 时，测得 $I_1=2\ A$，$U_2=2\ V$；当 $U_s=9\ V$、$R_1=1.4\ \Omega$、$R_2=0.8\ \Omega$ 时测得 $I_1=3\ A$。求第二次测量时 U_2 的值。

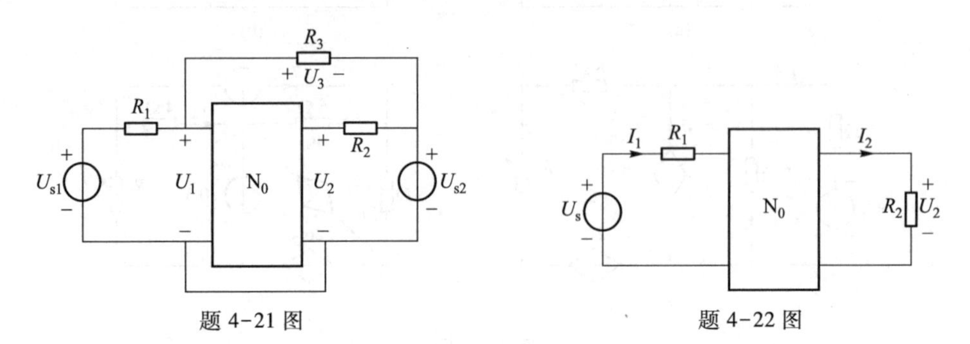

题4-21图　　　　题4-22图

4.5 节习题

4-23 线性电阻电路如题4-23图(a)所示，其中 N_0 仅由电阻构成。已知 $U_s=100\ V$，$U_2=20\ V$；$R_1=10\ \Omega$，$R_2=5\ \Omega$。如果将电路改换成如题4-23图(b)所示，$I_s=5\ A$，求电流 I_1。

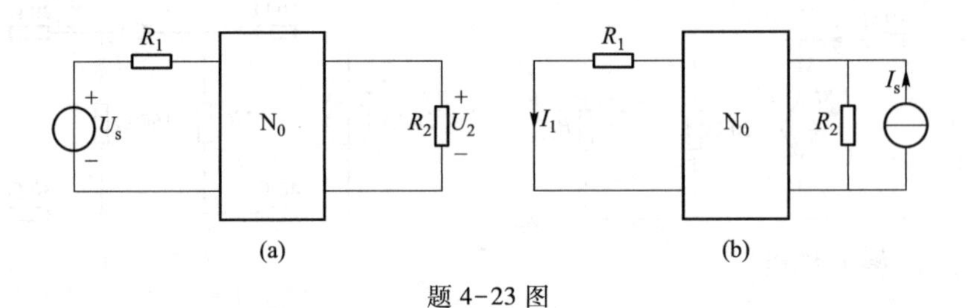

题4-23图

4-24 无源双端口网络 N_0 如题4-24图所示。

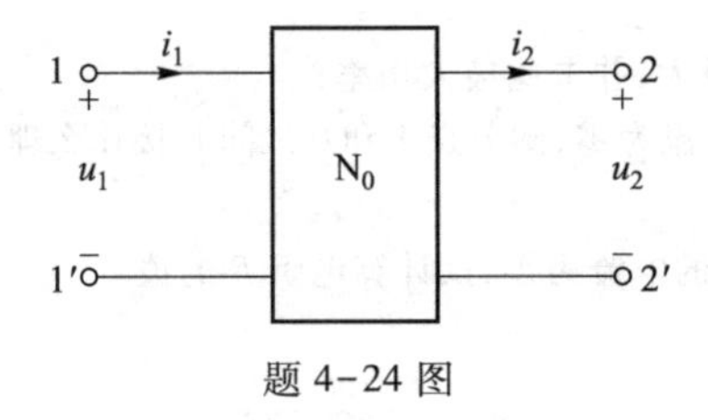

题4-24图

(1) 当输入电流 $i_1=2\ A$ 时，$u_1=10\ V$，输出端开路电压 $u_2=5\ V$；如果输入电流源移到输出端口2-2′，同时在输入端口1-1′跨接电阻10 Ω，求10 Ω电阻中电流；

(2) 当输入电压 $u_1=10\ V$ 时，输入端电流 $i_1=5\ A$，而输出端的短路电流为1 A，如果将电压源移到输出端，同时在输入端跨按6 Ω电阻，求6 Ω电阻的电压。（提示：用互易定理和戴维南定理）

4-25 电路如题4-25图所示，第一次测量电路如题4-25图(a)所示，结果 $i_1^{(1)}=0.6i_s$，$i_2^{(1)}=0.3i_s$；第二次测量电路如题4-25图(b)所示，结果 $i_1^{(2)}=0.2\ i_s$，$i_2^{(2)}=0.5i_s$。

（1）应用互易定理求电阻 R_1；

（2）设两个电流源同时作用于该网络，如题 4-25 图(c)所示，调节 k 值使 R_3 两端电压为零。应用叠加定理确定 k 值；

（3）根据确定的 k 值计算电流 i_1 和 i_2、电阻 R_2 和 R_4；

（4）利用两次测量结果，计算电阻 R_3。

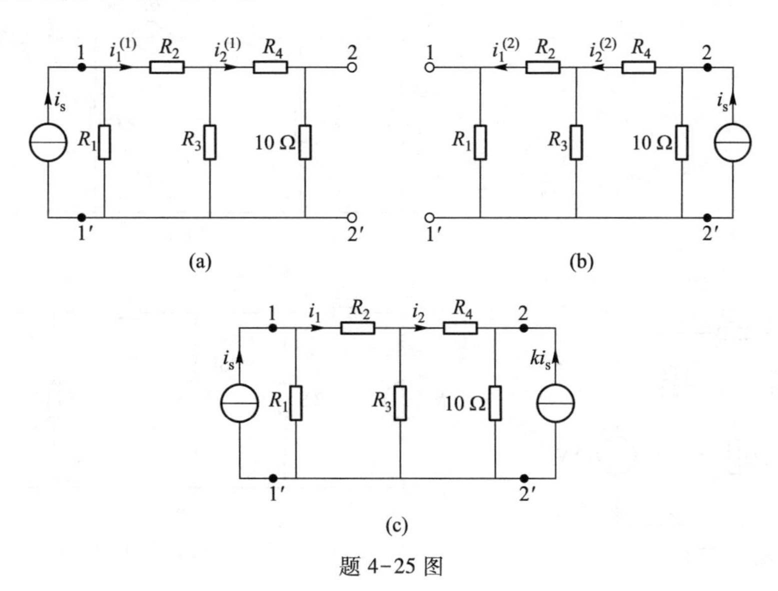

题 4-25 图

4-26　对如题 4-26 图所示电路进行两次测量：对题 4-26 图(a)电路，$u_2^{(1)}=0.45u_s$，$u_4^{(1)}=0.25u_s$；对题4-26图(b)电路，$u_2^{(2)}=0.15u_s$，$u_4^{(2)}=0.25u_s$。

（1）应用互易定理求 R_1；

（2）设有两个电压源同时作用于该电路，如题 4-26 图(c)所示，应用叠加定理确定使 R_3 中无电流时的 k 值；

（3）计算 R_2、R_3 与 R_4。（提示：参考题 4-25）

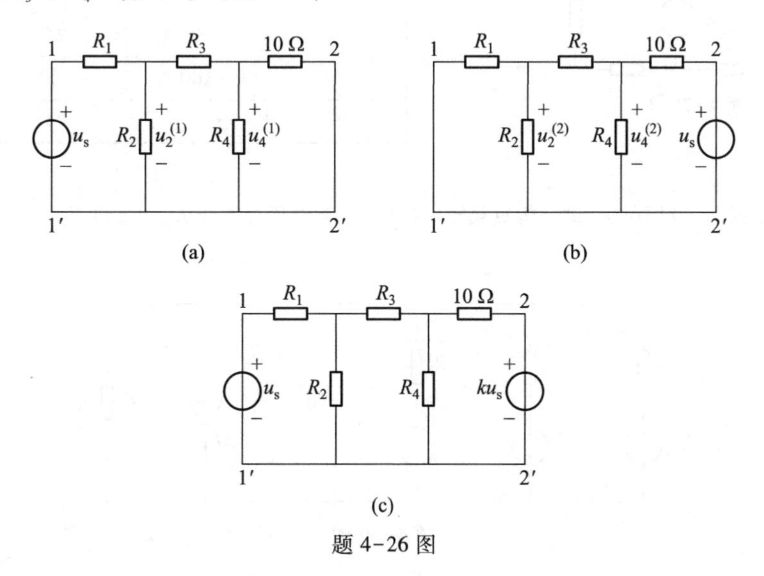

题 4-26 图

4.6 节习题

4-27 电路如题 4-27 图所示，试画出对应的对偶电路。

4-28 列出题 4-28 图(a)对应的网孔电流方程和题 4-28 图(b)对应的节点电压方程，判断二者是否互为对偶电路。

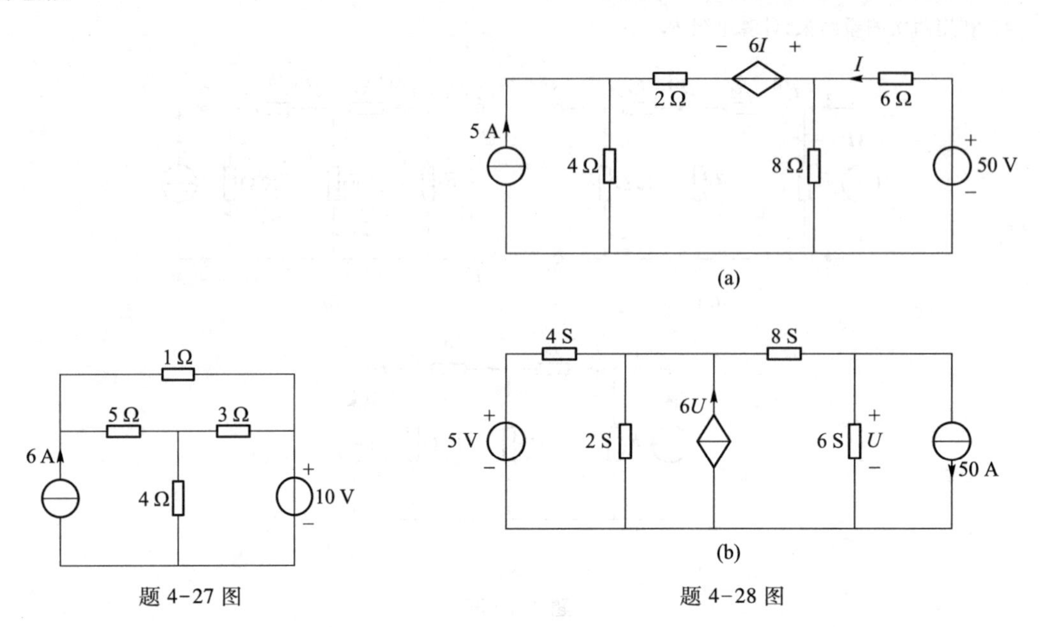

题 4-27 图　　　　题 4-28 图

综合习题

4-29 电路如题 4-29 图所示，填写下表：

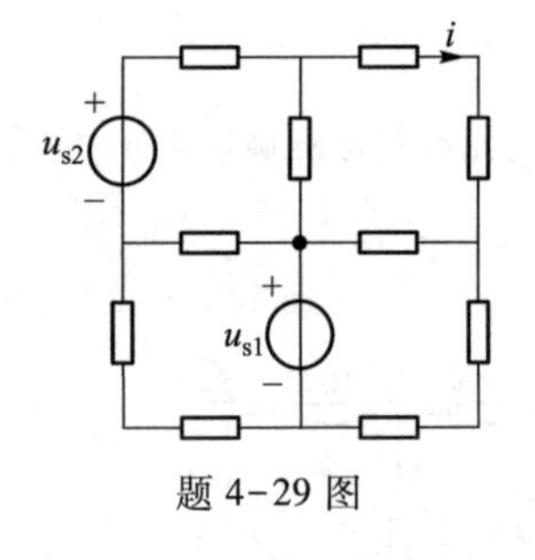

题 4-29 图

组	u_{s1}/V	u_{s2}/V	i/A
1	60	0	15
2	20	0	( )
3	( )	0	-8
4	0	25	2
5	100	100	( )
6	( )	75	0

4-30 电路如题 4-30 图所示，试分析负载输出电压 U_o 与电压源电压 U_{s1}、U_{s2} 和 U_{s3} 之间的函数关系，并指出该电路的功能。

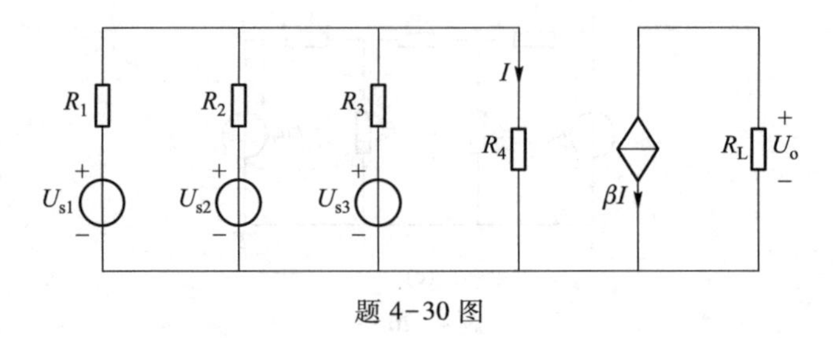

题 4-30 图

4-31　电路如题 4-31 图所示，试用戴维南或诺顿定理求电压 U 和电流 I。

4-32　电路如题 4-32 图所示，其中 N_0 仅由线性电阻组成，已知：当 $U_s=12$ V，$I_s=0$ 时，$U=8$ V；当 $U_s=0$，$I_s=3$ A 时，$U=12$ V。当 $U_s=9$ V，电流源替换为一个 6 Ω 电阻时，电压 U 为何值？（提示：综合利用叠加定理和戴维南定理）

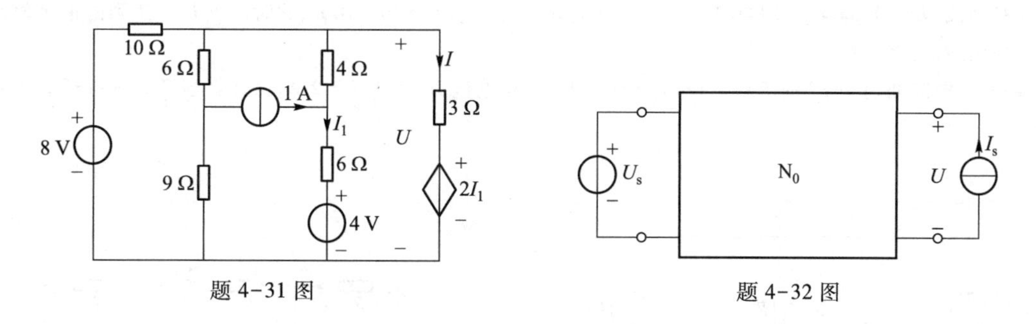

题 4-31 图　　　　题 4-32 图

4-33　电路如题 4-33 图所示，当开关 S 在位置 1 时电流表读数为 $I'=40$ mA；当开关 S 倒向位置 2 时电流表读数为 $I''=-60$ mA。当开关 S 倒向位置 3 时电流表读数应为多少？

4-34　电路如题 4-34 图所示，N_1 由线性电阻和独立电源构成，设点画框表示的一端口网络 N 戴维南等效电阻 R_{ab} 为已知。当 $R=0$ 时，$u=u_1$；当 $R=\infty$ 时，$u=u_2$。求 R 为何值时，电压

$$u=\frac{R_{ab}u_1+Ru_2}{R_{ab}+R}$$

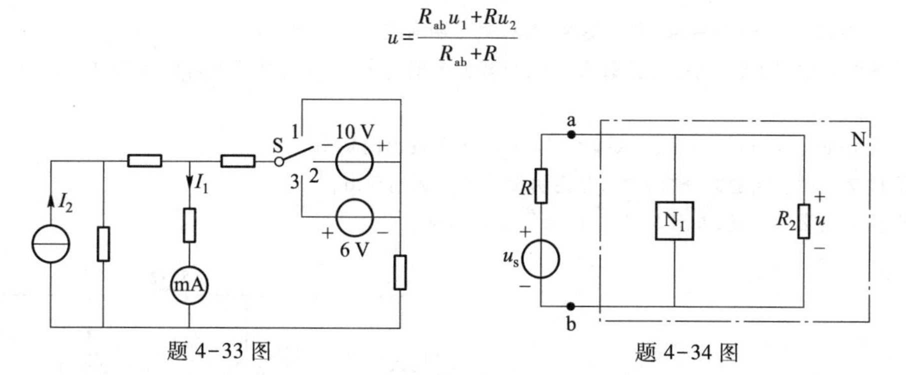

题 4-33 图　　　　题 4-34 图

4-35　试证明：电路如题 4-35 图(a)所示，电阻 R 改变为 $R+\Delta R$ 后如题 4-35 图(b)所示，所引起的电流变化为 ΔI，相当于题 4-35 图(c)中电压源 ΔRI 单独作用在电阻改变后的电路中所产生的电流，即

$$\Delta I=-\frac{\Delta RI}{R_{in}+R+\Delta R}$$

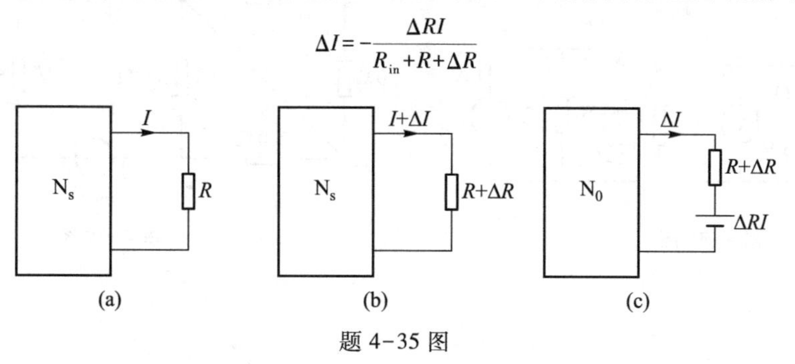

题 4-35 图

4-36　电路如题 4-36 图所示，两个电压源 U_1 和 U_2 之间用导线连接，导线电阻为 r Ω/m，一个负载电阻 R 在两个电源之间平行移动，L 为两个电源之间的距离，L_0 为负载与电压源 U_1 的距离。

(1) 证明：

$$U=\frac{U_1RL+R(U_2-U_1)L_0}{RL+2rLL_0-2rL_0^2}$$

(2) L_0等于多少时，电压 U 取最小值？

(3) 如果 $L=40$ km，$U_1=1\ 000$ V，$U_2=1\ 200$ V，$R=3.9$ Ω，$r=5\times10^{-5}$ Ω/m，此时电压 U 可达到的最小值是多少？对应的 L_0是多少？

4-37　电路如题 4-37 图所示，当开关 S 闭合时，支路电流 $I_1=5$ A，$I_2=2$ A；试计算当开关 S 打开后支路电流 I_1。

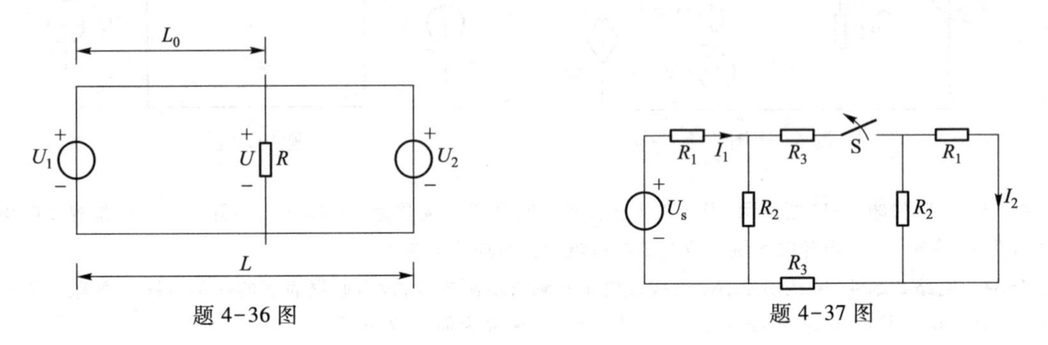

题 4-36 图　　题 4-37 图

4-38　电路如题 4-38 图所示，当开关 N_S 为有源二端网络。

当开关 S 倒向位置 1 时，电压表读数为 3 V，当开关 S 倒向位置 2 时，电压表读数为 18 V。计算当开关 S 倒向位置 3 时，电压表读数。

4-39　电路如题 4-39 图所示，需要确定 50 V 电压源发出的功率。

(1) 请提交一种该问题的分析方案，并说明设计该方案的理由；

(2) 根据你提交的方案，求出 50 V 电压源发出的功率。

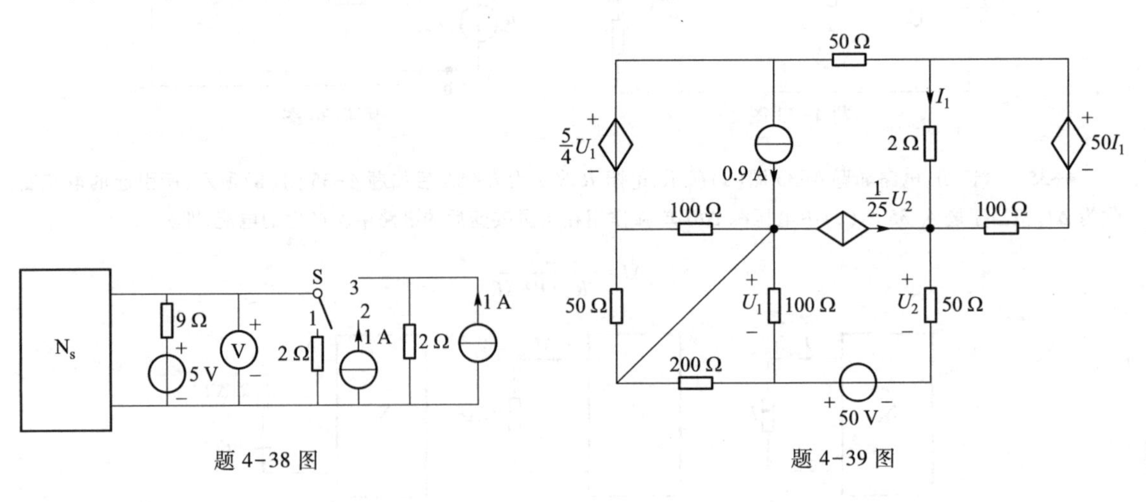

题 4-38 图　　题 4-39 图

第 5 章　运算放大器及应用电路

本章主要介绍运算放大器的基本概念和基本特性。分析比例器、电压跟随器和加法器等常见运算放大器构成的电路，并以实例研究含运算放大器电路的分析方法。

5.1　运算放大器

运算放大器基本概念

运算放大器是一种电压放大倍数很高的放大器，最初用于模拟计算机设计中求解微分方程。它可以和其他元件组合起来构成电路，用于完成加法、减法、乘法、除法、微分和积分等数学运算，因而称为运算放大器。目前它的应用已远远超出了这些范围，是获得最广泛应用的有源元件和多端元件之一。它具有稳定性高、高增益、高输入电阻和低输出电阻的特性。

随着半导体技术的发展，运算放大器经历了从电子管、晶体管到当今集成电路的发展。以德州仪器 μA741 典型运算放大器为例，其中集成了 22 个晶体管、11 个电阻、1 个二极管和 1 个电容元件。图 5-1-1 显示的是一个双列 8 个引脚的 μA741 封装图。其中 5 个重要的引脚为：引脚 7 为正电源输入端，典型值为 15 V；引脚 4 为负电源输入端，典型值为-15 V；引脚 2 为反相输入端；引脚 3 为同相输入端；引脚 6 为输出端。

运算放大器在电路图中的图形符号如图 5-1-2(a) 所示，它有两个输入端（反相输入端 a 和同相输入端 b）和一个输出端 o。反相输入端和同相输入端分别和三角形中标注的“-”“+”号相对应。运算放大器电压的参考方向如图 5-1-2(b) 所示。

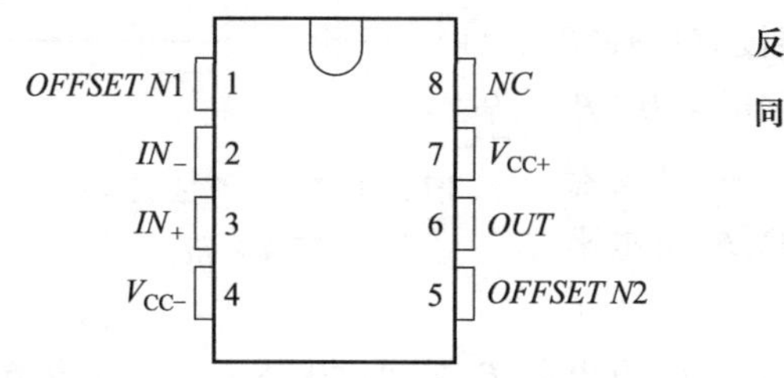

图 5-1-1　双列 8 个引脚的 μA741 封装图

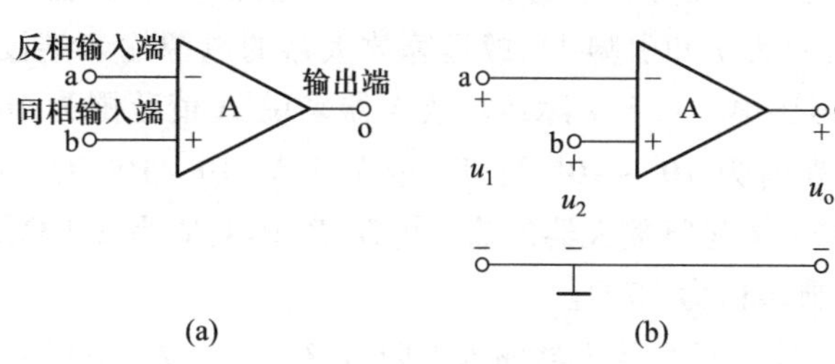

图 5-1-2　运算放大器

运算放大器在电路图中的图形符号中应当注意两个问题。首先，图形中的“+”“-”符号并不表示电压的参考方向，反映的是同相输入端和反相输入端。其次，从分析简便的角度考虑，运算放大器电源的输入端并没有反映在图形符号中，这并不是说明电源不重要，相反实际应用中两个电源输入端是相当重要的，电源的输入确保了运算放大器的正常工作。因此在对运算放大器构成的电路进行分析时，应当明确运算放大器的引脚 7 和引脚 4 接电源，如图 5-1-3所示。使用

KCL 对电路进行分析时，应当考虑两引脚的电流，易知 $i_2+i_3+i_4+i_6+i_7=0$，而非 $i_2+i_3+i_6=0$。除此之外，电源输入端对电路分析不构成任何影响，因此通常不在电路图中画出。

如果在运算放大器输入端 a、b 施加输入电压 u_1 和 u_2，在输出端口就得到输出电压 u_o，u_o 对差分输入电压 $u_d=u_2-u_1$ 的关系特性被称为运算放大器的转移特性，如图 5-1-4 所示。这个关系曲线又称为运算放大器的外特性。

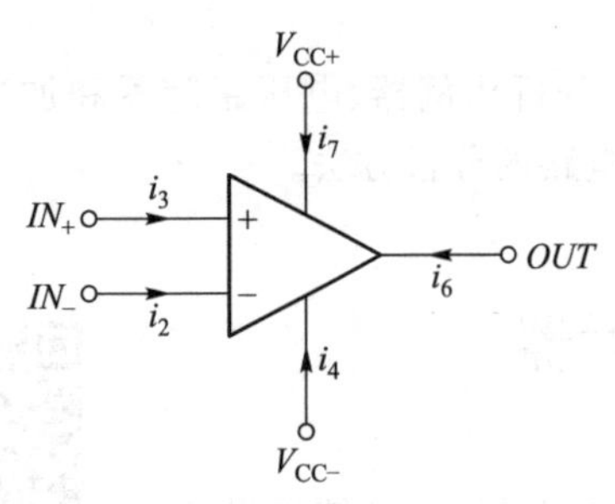

图 5-1-3　运算放大器的电源接法

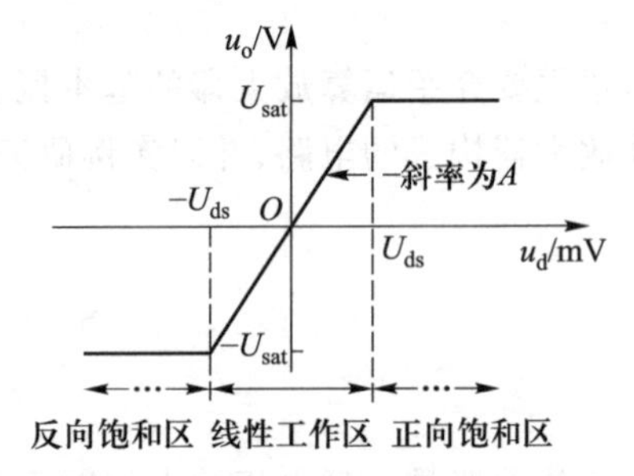

图 5-1-4　运算放大器的转移特性

图中，U_{sat}称为饱和电压，A 称为运算放大器的开环电压放大倍数。德州仪器 μA741Y 运算放大器的开环电压放大倍数 A 的典型值为 2×10^5，饱和电压 U_{sat}的典型值为 14 V。由图中运算放大器的转移特性曲线可知 $|u_o|\leqslant U_{sat}$，曲线可分为三个区域：当 $|u_d|<U_{ds}=U_{sat}/A$ 时，输出电压与输入电压成正比，即 $u_o=Au_d$，此区域称为线性工作区；当 $u_d>U_{ds}=U_{sat}/A$ 时，输出电压为一正恒定值，即 $u_o=U_{sat}$，此区域称为正向饱和区；当 $u_d<-U_{ds}=-U_{sat}/A$ 时，输出电压为一负的恒定值，即 $u_o=-U_{sat}$，此区域称为反向饱和区。运算放大器工作在线性工作区时，放大倍数 A 很大，可以超过 10^5；U_{ds}是运算放大器的工作进入饱和区时的输入电压。如果输出电压的最大值$\pm U_{sat}=\pm14$ V，$A=2\times10^5$，那么只有当 $|u_d|\leqslant70$ μV 时运算放大器才工作在线性工作区。

运算放大器在线性工作区工作时，反映其外部关系的等效电路如图 5-1-5 所示，其中受控源的电压为 $A(u_2-u_1)$，R_i 和 R_o 分别为运算放大器的输入电阻和输出电阻。由图 5-1-5 可知运算放大器的等效电路中并不需要运算放大器电源的输入端（引脚 7 和引脚 4），故运算放大器的电源输入端没有反映在符号图中。对于实际运算放大器来说，A 值范围为 $10^5\sim10^7$，R_i 值范围为 $10^6\sim10^{13}$ Ω，R_o 值范围为 10～100 Ω。德州仪器 μA741Y 运算放大器的输入电阻 R_i 典型值为 2 MΩ，输出电阻 R_o 典型值为 75 Ω。

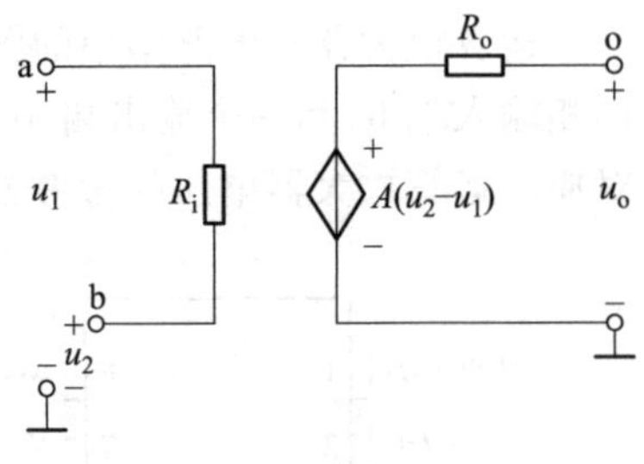

图 5-1-5　运算放大器的等效电路

实际运算放大器输入电阻 R_i 很大，输入电流很小，输出电阻 R_o 很小，开环电压放大倍数 A 很大。如果运算放大器的参数满足如下三个条件：

（1）开环电压放大倍数 A 为无穷大。

（2）输入电阻 R_i 为无穷大。

（3）输出电阻 R_o 等于零。

则称此运算放大器为理想运算放大器。由运算放大器的等效电路，可得理想运算放大器的等效电路，如图 5-1-6 所示。

此时 $u_o=A(u_2-u_1)=Au_d$ (5-1-1)

如果将反相输入端 a 接地,只在同相输入端 b 与公共接地端之间施加输入电压 u_2,则由式(5-1-1)知输出电压 $u_o=Au_2$,u_o 与 u_2 同相;如果将同相输入端 b 接地,只在反相输入端 a 与公共接地端之间施加输入电压 u_1,则由式(5-1-1)知输出电压 $u_o=-Au_1$,u_o 与 u_1 反相。这就是同相输入端和反相输入端的由来。

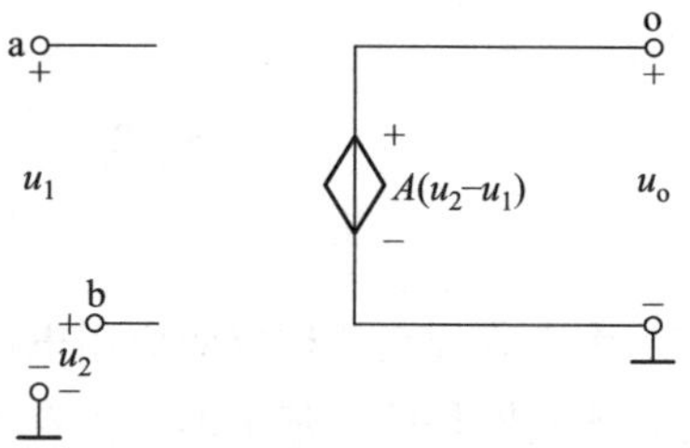

图 5-1-6 理想运算放大器的等效电路

运算放大器工作在线性工作区的两个重要特性:"虚断"和"虚短"。

(1) 虚断特性

理想运算放大器,输入电阻 R_i 为无穷大,故两个输入端的输入电流近似为零,即 $i_a\approx0$,$i_b\approx0$,认为此两输入端断开,称此特性为"虚断(路)"。对于实际运算放大器,输入电阻 R_i 越大,两个输入端的输入电流就越接近于零,因此可以说输入端几乎不用从外电路取用电流。

(2) 虚短特性

理想运算放大器输出电阻 R_o 为零,故 $u_o=Au_d$;理想运算放大器开环电压放大倍数为无穷大,而输出电压有限($|u_o|\leqslant U_{sat}$),故运算放大器差动输入电压 $u_d=\frac{u_o}{A}=\frac{u_o}{\infty}\approx0$,即 $u_b-u_a\approx0$,认为此两输入端间短路,称此特性为"虚短(路)"。对于实际运算放大器,输出电阻 R_o 越小,u_o 就越接近于 Au_d;开环电压放大倍数 A 越大,两个输入端的电位就越接近于相等。

理想运算放大器两个输入端"虚断(路)"和"虚短(路)"的特性是运算放大器的基本属性。这两个概念是分析含理想运算放大器电路的基础。然而必须注意,在实际应用与电路分析中,这两个输入端既不能处于断路也不能处于短路状态。

在实际应用时,一般要求运算放大器工作在线性区域,并且运算放大器一般不是工作在开环状态,而是将输出的一部分反馈到反相输入端。当运算放大器工作在线性区域时,常常近似地将其看成理想运算放大器。本书在分析含运算放大器的电路时,如不加说明,均认为运算放大器是理想的。

思考与练习

5-1-1 运算放大器同相输入端用"+"号表示,反相输入端用"-"号表示,这意味着同相输入端的电位高于反相输入端吗?为什么?

5-1-2 如果作一闭合面包含理想运算放大器的图形符号,对闭合面可以使用 KCL 吗?解释原因。

5-1-3 根据运算放大器的输出电压 $u_o=Au_d$,能说明运算放大器输入电压 u_d 总能被放大 A 倍吗?请解释原因。

5.2　运算放大器构成的比例器

运算放大器构成的比例器

由运算放大器构成的应用电路很多，但在放大器的应用方面，反相比例器和同相比例器是两个基本的放大器类型。下面介绍由运算放大器构成的比例器的基本分析方法。

图5-2-1(a)所示电路是一个由实际运算放大器构成的反相比例器。已知实际运算放大器参数 $A=50\ 000$、$R_i=1\ \text{M}\Omega$、$R_o=100\ \Omega$；元件参数 $R_s=10\ \text{k}\Omega$、$R_f=100\ \text{k}\Omega$。运算放大器的输入电压为 u_1'，输出电压为 u_o。输出电压通过电阻 R_f 反馈到反相输入端上。由于运算放大器可用图5-1-5所示的等效电路表示，故图5-2-1(a)所示电路的等效电路如图5-2-1(b)所示。

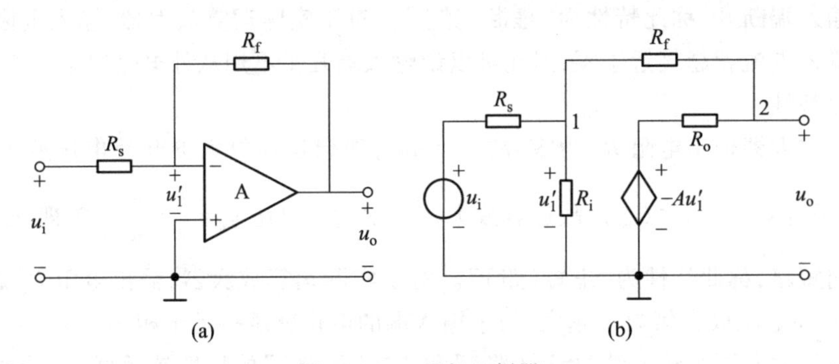

图5-2-1　反相比例器

现在来求电压放大倍数 u_o/u_i。对含有运算放大器电路的分析，一般都用节点电压法。如果选图5-2-1(b)中公共接地端为参考节点，对节点1、2列节点电压方程：

$$\left(\frac{1}{R_s}+\frac{1}{R_i}+\frac{1}{R_f}\right)u_1'-\frac{1}{R_f}u_o=\frac{u_i}{R_s}$$

$$-\frac{1}{R_f}u_1'+\left(\frac{1}{R_o}+\frac{1}{R_f}\right)u_o=-\frac{Au_1'}{R_o}$$

联立求解上述方程，可得 u_o，于是

$$\frac{u_o}{u_i}=-\frac{R_f}{R_s}\times\frac{1}{1+\dfrac{\left(1+\dfrac{R_o}{R_f}\right)\left(1+\dfrac{R_f}{R_s}+\dfrac{R_f}{R_i}\right)}{A-\dfrac{R_o}{R_f}}}$$

将已知数据代入上式得

$$\frac{u_o}{u_i}=-\frac{R_f}{R_s}\times\frac{1}{1.000\ 22}\approx-\frac{R_f}{R_s}\tag{5-2-1}$$

由上述结果可知，图5-2-1(a)所示的电路可以使输出电压与输入电压成比例，故此电路称为比例器。由于输出电压与输入电压反相，所以称图5-2-1(a)所示电路为反相比例器。比例

器输出电压与输入电压之比主要取决于 R_f 与 R_s 的比值，而似乎与运算放大器的内部参数无关，因此选择不同的 R_f 和 R_s 值可以获得不同的电压放大倍数，即 u_o/u_i 的值。

如果将运算放大器作为理想运算放大器来处理，应用运算放大器两输入端"虚断""虚短"的特性来分析（例 5-1 中将说明），则根据理想运算放大器输入端"虚短"可得 $u_1'=0$，根据理想运算放大器输入端"虚断"可得 $\frac{u_i}{R_s}=-\frac{u_o}{R_f}$，可以推出

$$\frac{u_o}{u_i}=-\frac{R_f}{R_s} \tag{5-2-2}$$

此结果与式(5-2-1)相比，误差很小，具有足够的精确程度。若 R_f 大于 R_s，实现电压放大，为反相放大器。

例 5-1 同相比例器如图 5-2-2 所示，求电压放大倍数 u_o/u_i。

解 根据理想运算放大器两输入端"虚断"特性，有 $i_1=i_2=0$

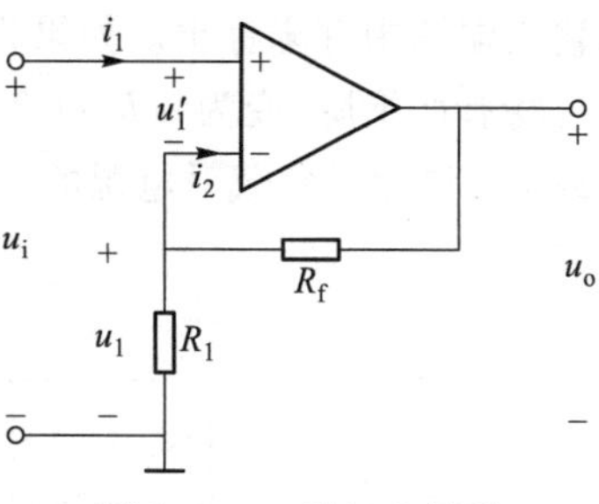

图 5-2-2 同相比例器

故
$$u_1=\frac{R_1}{R_1+R_f}u_o$$

根据理想运算放大器两输入端"虚短"特性，有 $u_1'=0$

故
$$u_i=u_1+u_1'=\frac{R_1}{R_1+R_f}u_o$$

于是
$$\frac{u_o}{u_i}=1+\frac{R_f}{R_1} \tag{5-2-3}$$

由式(5-2-3)可见，输出电压 u_o 与输入电压 u_i 同相，故称这种比例器为同相比例器。并且可以发现同相比例器的增益仅取决于和运算放大器相连的电阻，选取不同的 R_1、R_f 值可以得到不同的增益 u_o/u_i 值，且比值大于 1（当 R_1 为正有限值，R_f 大于零时）。

思考与练习

5-2-1 比例器输出电压与输入电压之比仅取决于 R_f 与 R_s 的比值，有什么样的好处？这一结论是否与运算放大器无关？

5-2-2 请分析比较反相比例器和同相比例器在输入电阻、输出电阻和电压放大倍数上的特点。

5-2-3 求题 5-2-3 图中电压放大倍数 u_o/u_i。

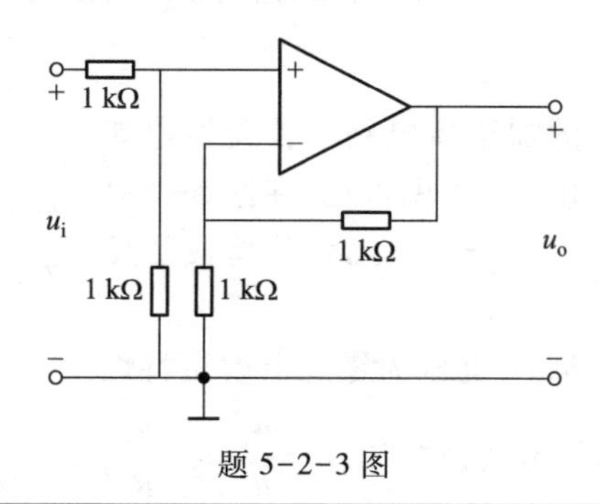

题 5-2-3 图

5.3 运算放大器典型电路分析

在上节图 5-2-2 讨论的同相比例器中,如果参数 $R_f=0$ 或 $R_1=\infty$,则电压增益 $\frac{u_o}{u_i}=1$。此时输出电压与输入电压的幅值相等,且相位相同,称为电压跟随器。图 5-3-1 中所示的运算放大器为一电压跟随器,由虚短特性知 $u_2=u_1$,输出电压 u_2 跟随输入电压 u_1 变化。由虚断特性知 $i_1=0$,故 $u_1=u_s$。负载中的电流 $i_2=u_2/R_L=u_s/R_L$。

电压跟随器提供了一个单位增益的放大器,加在电路中并不从电源 u_s 取用任何电流。负载 R_L 中的电流 i_2 不是从电源 u_s 取得,而是从运算放大器的供电电源获得的,注意运算放大器的电源输入端图中并未标出。如果将负载 R_L 直接接于 u_1 两端,则因为负载效应的缘故,负载 R_L 的电压将有所下降,变为 $u_sR_L/(R_L+R_s)$。可见,电路中使用电压跟随器的好处是隔离了电源 u_s 和负载 R_L,消除了负载对电源的负载效应,保持负载 R_L 的电压为 u_s。

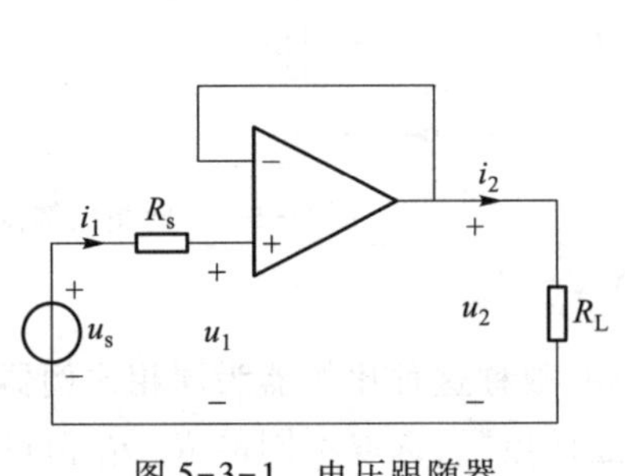

图 5-3-1 电压跟随器

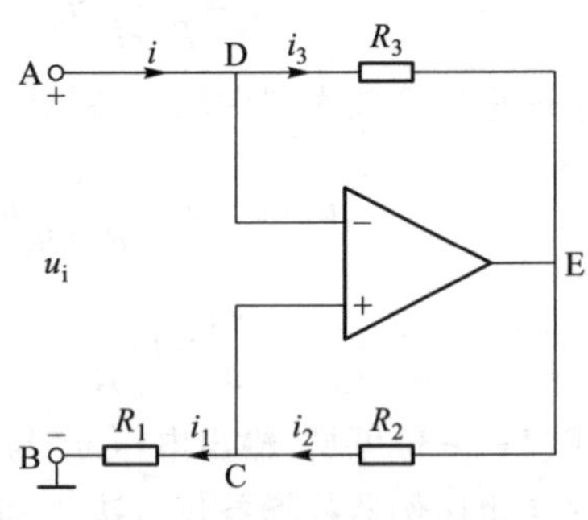

图 5-3-2 负电阻变换器

接下来讨论运算放大器构成的负电阻变换器。在图 5-3-2 所示的负电阻变换器中,由运算放大器虚短特性可知 A(D)、C 两点的节点电压相等,由欧姆定律知 $i_1=\frac{u_i}{R_1}$。由运算放大器虚断特性可知 $i=i_3$,$i_2=i_1=\frac{u_i}{R_1}$。再由运算放大器虚短特性,沿节点 DECD 构成的回路,运用 KVL,易知 $i_3R_3+i_2R_2=0$,故 $i_3=-\frac{u_iR_2}{R_1R_3}$。可见,沿 AB 两端往右看,输入电阻为 $R_{in}=\frac{u_i}{i}=-\frac{R_1R_3}{R_2}$,该运算放大器构成的电路实现了负电阻。

最后讨论运算放大器构成的加法器电路。首先讨论如图 5-3-3所示的反相输入求和电路。由图可见,在图 5-2-1 反相比例器电路的基础上,增加一个输入支路,就构成了反相输入求和电路。

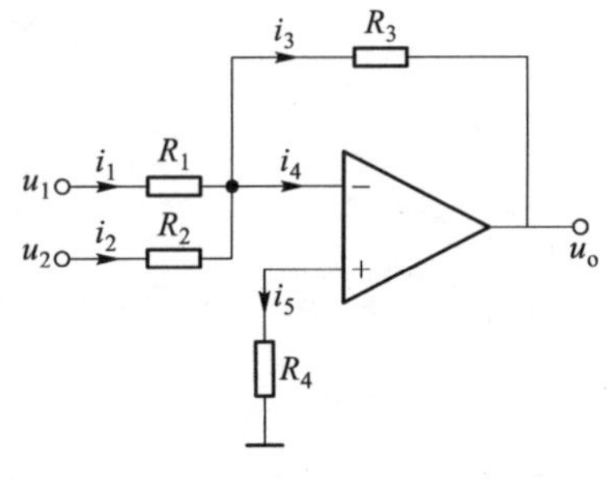

图 5-3-3 反相输入求和电路

由虚断特性可知 $i_4=i_5=0$,R_4 上电压为零。由虚短特性可知反相输入端节点电压为零。由欧姆定律,$i_1=\frac{u_1}{R_1}$,$i_2=\frac{u_2}{R_2}$,

$i_3=-\frac{u_o}{R_3}$。由 KCL,$i_1+i_2=i_3$。故有

$$u_o=-i_3R_3=-(i_1+i_2)R_3=-\left(\frac{u_1}{R_1}+\frac{u_2}{R_2}\right)R_3=-\left(\frac{R_3}{R_1}u_1+\frac{R_3}{R_2}u_2\right) \tag{5-3-1}$$

由式(5-3-1)可以看出:输出电压是两输入电压的比例和。当参数满足 $R_1=R_2=R_3$ 时,输出电压等于两输入电压反相之和,即

$$u_o=-(u_1+u_2)$$

其次讨论同相输入求和电路,如图 5-3-4 所示。由图可见,同相输入求和电路由同相比例器变化而来。

由虚断特性,在同相输入端 A,根据叠加定理,u_1 单独起作用,u_2 置零,R_4 和 R_5 为并联关系,故由分压公式,u_1 在 A 点处产生的电压为

$$u_A'=\frac{\frac{R_4R_5}{R_4+R_5}}{R_3+\frac{R_4R_5}{R_4+R_5}}u_1$$

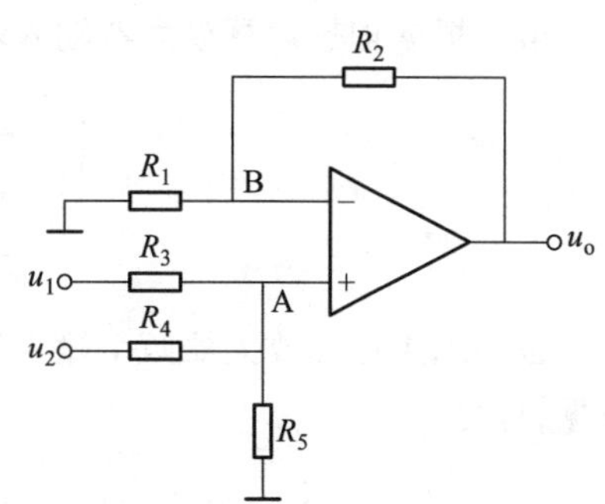

图 5-3-4 同相输入求和电路

同理,u_2 单独起作用,u_1 置零,u_2 在 A 点处产生的电压为

$$u_A''=\frac{\frac{R_3R_5}{R_3+R_5}}{R_4+\frac{R_3R_5}{R_3+R_5}}u_2$$

故节点电压 u_A 为

$$u_A=\frac{\frac{R_4R_5}{R_4+R_5}u_1}{R_3+\frac{R_4R_5}{R_4+R_5}}+\frac{\frac{R_3R_5}{R_3+R_5}u_2}{R_4+\frac{R_3R_5}{R_3+R_5}}$$

在反相输入端 B,由分压公式,易得反相输入端电压 $u_B=\frac{R_1}{R_1+R_2}u_o$

由虚短特性可知 $u_A=u_B$。

由上述关系式可推得输出电压:

$$u_o=u_B\frac{R_1+R_2}{R_1}=u_A\frac{R_1+R_2}{R_1}=\left(\frac{\frac{R_4R_5}{R_4+R_5}u_1}{R_3+\frac{R_4R_5}{R_4+R_5}}+\frac{\frac{R_3R_5}{R_3+R_5}u_2}{R_4+\frac{R_3R_5}{R_3+R_5}}\right)\frac{R_1+R_2}{R_1} \tag{5-3-2}$$

当参数满足 $R_3=R_4=R_5=R,2R_1=R_2$ 时,式(5-3-2)可简化为

$$u_o=u_1+u_2$$

可见该电路实现了加法运算。

除以上讨论的电路以外，由运算放大器构成的电路还很多，如减法器、比较器、微分电路与积分电路等。随着以后的学习可以发现，对这些电路的分析方法均有共同之处。分析电路时，KCL、KVL、欧姆定律及运算放大器的虚断、虚短特性仍是基本方法。

一般而言，对于元件较多且含运算放大器的电路分析，可以应用节点电压法并结合理想运算放大器两个输入端“虚断”和“虚短”特性来进行求解。下面举例加以说明。需特别指出的是：在应用节点电压法时，对含运算放大器输出端的节点，不要列其节点电压方程，因为输出端电流一般较难确定。

例 5-2 求图 5-3-5 所示电路中的 u_o 及从电压源两端看进去的等效电阻 R_{in}。已知 $R_1=2\ \text{k}\Omega, R_2=2\ \text{k}\Omega, R_3=1\ \text{k}\Omega, R_4=2\ \text{k}\Omega, R_5=2\ \text{k}\Omega, u_i=18\ \text{V}$。

解 根据理想运算放大器输入端“虚断”特性，对节点 1 和 2 列节点电压方程得

$$\left(\frac{1}{R_1}+\frac{1}{R_2}+\frac{1}{R_4}+\frac{1}{R_5}\right)u_1-\frac{1}{R_4}u_2-\frac{1}{R_5}u_o=\frac{u_i}{R_1} \tag{1}$$

$$-\frac{1}{R_4}u_1+\left(\frac{1}{R_3}+\frac{1}{R_4}\right)u_2-\frac{1}{R_3}u_o=0 \tag{2}$$

根据理想运算放大器两个输入端“虚短”特性，有 $u_2=0$，代入方程(2)进行简化，并代入已知数据，可得

$u_1=-\frac{R_4}{R_3}u_o=-2u_o$，将该式代入方程(1)，整理得

$$u_o=-2\ \text{V}, u_1=4\ \text{V}$$

则

$$i=\frac{u_i-u_1}{R_1}=7\ \text{mA}$$

所以从电压源两端看进去的等效电阻为 $R_{in}=\frac{u_i}{i}=\frac{18}{7}\ \text{k}\Omega=2.57\ \text{k}\Omega$。

例 5-3 求图 5-3-6 所示电路的输出电压与输入电压之比 u_o/u_i。

解 本例有两个理想运算放大器，对节点 3 和 5 不列节点电压方程，因为它们含理想运算放大器的输出端；只列节点 2 和 4 的节点电压方程。

根据理想运算放大器两个输入端“虚断”特性，由节点电压法得

$$\left(\frac{1}{R_1}+\frac{1}{R_2}+\frac{1}{R_3}\right)u_2-\frac{1}{R_2}u_3-\frac{1}{R_3}u_o=\frac{u_i}{R_1} \tag{1}$$

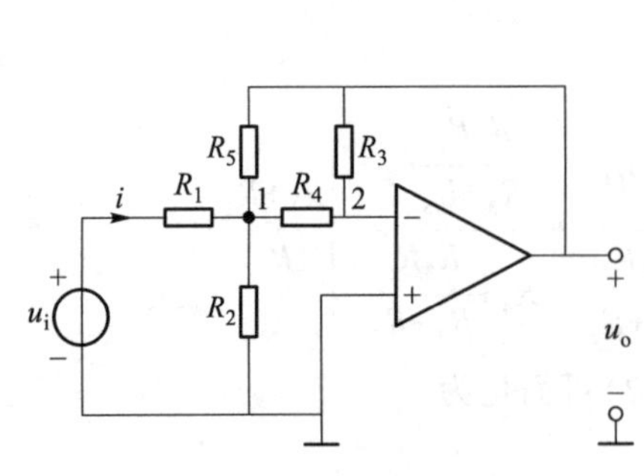

图 5-3-5 例 5-2 的电路

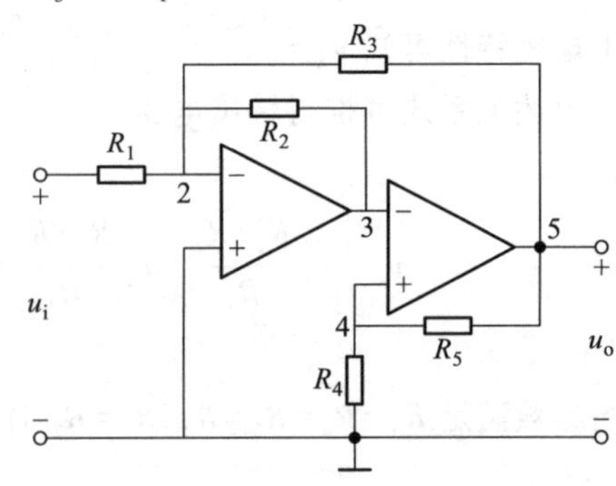

图 5-3-6 例 5-3 的电路

$$\left(\frac{1}{R_4}+\frac{1}{R_5}\right)u_4-\frac{1}{R_5}u_o=0 \tag{2}$$

根据理想运算放大器两个输入端“虚短”特性，得 $u_2=0, u_3=u_4$

将这两式代入式(1)和式(2)，得

$$-u_o\left[\frac{R_4}{R_2(R_4+R_5)}+\frac{1}{R_3}\right]=\frac{u_i}{R_1}$$

故

$$\frac{u_o}{u_i}=\frac{-R_2R_3(R_4+R_5)}{R_1(R_3R_4+R_2R_4+R_2R_5)}$$

思考与练习

5-3-1 为什么说电压跟随器是同相比例器的特例？请简述电压跟随器是如何起“隔离”作用的。

5-3-2 对于含运算放大器的电路，采用节点电压法分析时应该注意什么问题？请解释原因。

5-3-3 求题 5-3-3 图中电流 I。

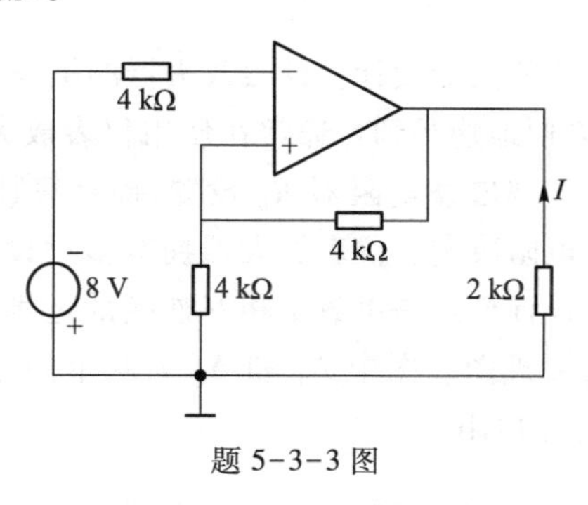

题 5-3-3 图

5.4 应用实例

在前几节中，介绍了运算放大器的原理、特性和分析含运算放大器电路的方法。在这一节中，将讨论运算放大器在信号检测、仪表放大器和数字电路模/数转换中的应用。

实例 1: 零电平检测器

在信号检测中，信号源出现某一电压常常具有特殊意义，因此需要检测该具体的电压是否出现。例如可以设计一个基于运算放大器的比较器，以判断输入的信号是否具有某一电平。如图 5-4-1(a)所示，该电路是一个零电平检测器。电路处于一种开环的工作状态，同相输入端“+”接信号源，反相输入端“-”接地，以产生一个参考的零电平。设该运放的开环放大倍数 $A=2\times10^5$，供电电源为±15 V，信号源信号如图 5-4-1(b)所示。

一般双极型运算放大器输出饱和时，其输出电压最大值都是比供电电压低 1~2 V，而对于某些类型运算放大器，输出电压在数值上接近于放大器的正负电源。假设本运算放大器正饱和电

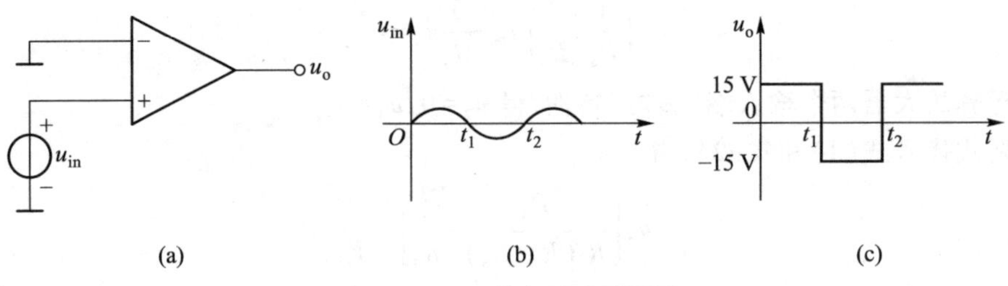

图 5-4-1 正弦电压过零检测

压为15 V,负饱和电压为−15 V。故运算放大器的线性区范围为±0.075 mV 之间,约等于 0。当正弦信号大于零电平时正向饱和,输出电压为 15 V。当正弦信号小于零电平时负向饱和,输出电压为−15 V。运算放大器的输出电压曲线如图 5-4-1(c)所示,可见,输出电压变为简单的矩形波,变化由零电平产生。因此,该电路可以实现电压过零情况的检测。

实例 2: 仪表放大器

运算放大器还可以用于仪表放大器设计。仪表放大器的抗噪声能力强,输入阻抗高,放大倍数更易于调节,在市场上可以方便地购买到。通常在使用仪表放大器时,增益既可由内部预置,也可由用户通过引脚连接一个外部增益电阻器 R_G 设置,而运算放大器的闭环增益由其反向输入端和输出端之间连接的外部电阻决定。仪表放大器拥有多种设计模式,多数实用设计中均将元件数量降至最低。最常见的设计模式是由数个相互连接的运算放大器和精密电阻网络构成。图 5-4-2为仪表运算放大器的原理图。图中 A_1 和 A_2 为两个同相放大器,A_3 为单位差分放大器。R_G 是仪表运算放大器的外接电阻。

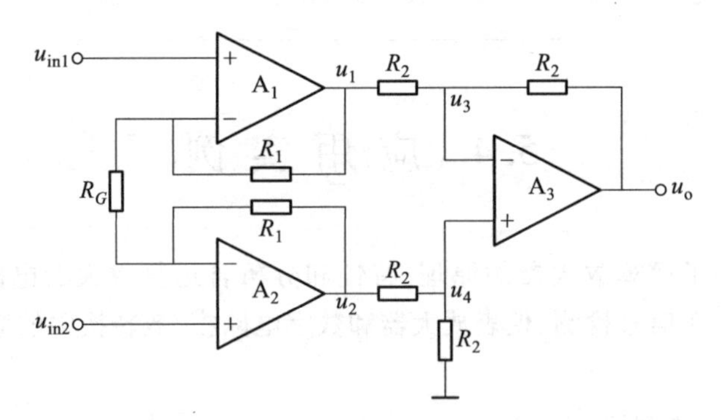

图 5-4-2 仪表运算放大器的原理图

由图 5-4-2 所示,运算放大器 A_1 的输出端电压为

$$u_1=u_{in1}+\frac{u_{in1}-u_{in2}}{R_G}R_1=\left(1+\frac{R_1}{R_G}\right)u_{in1}-\frac{R_1}{R_G}u_{in2}$$

运算放大器 A_2 的输出端电压为

$$u_2=u_{in2}+\frac{u_{in2}-u_{in1}}{R_G}R_1=\left(1+\frac{R_1}{R_G}\right)u_{in2}-\frac{R_1}{R_G}u_{in1}$$

运算放大器 A_3 的输出端电压为

$$u_o=\frac{u_3-u_1}{R_2}R_2+u_4$$

由"虚短"$u_3=u_4$;且 $u_4=\frac{R_2}{2R_2}u_2=\frac{u_2}{2}$,则

$$u_o=2u_4-u_1=u_2-u_1=\left(1+\frac{R_1}{R_G}\right)u_{in2}-\frac{R_1}{R_G}u_{in1}-\left(1+\frac{R_1}{R_G}\right)u_{in1}+\frac{R_1}{R_G}u_{in2}=\left(1+\frac{2R_1}{R_G}\right)(u_{in2}-u_{in1})$$

整个仪表放大器的增益为

$$A=\frac{u_o}{u_{in2}-u_{in1}}=\left(1+\frac{2R_1}{R_G}\right)$$

可见增益仅由外接电阻 R_G 决定。以 AD622 为例,该仪表放大器是美国 ADI 公司 1996 年推出的一种低成本、中精度的仪表放大器。它只需一个外接电阻即可实现 2~1 000 任何范围内的增益。如增益为 1 则无须外接电阻。R_1 为仪表放大器的内部电阻,参数为 25.25 kΩ,故实现不同的增益所需的外接电阻值为

$$R_G=\frac{2R_1}{A-1}=\frac{50.5}{A-1}\ \text{k}\Omega$$

实例 3: 权电阻网络数模转换电路分析

下面介绍运算放大器在 DAC(数/模转换器)中的应用。以四位 DAC 为例,输入为二进制信号 $d_3d_2d_1d_0$。DAC 能将数字信号成比例转换为模拟信号输出 A,即

$$A=KD=K(2^3\times d_3+2^2\times d_2+2^1\times d_1+2^0\times d_0)$$

式中 K 为常数,D 为二进制 $d_3d_2d_1d_0$ 转换的十进制数。

DAC 的设计方法有多种,如权电阻网络、倒 T 形电阻网络,大家可以深入进行比较。

图 5-4-3 为权电阻网络 DAC 原理示意图,图中 A_1 为反相加法器。S_3、S_2、S_1 和 S_0 为电子开关,由输入数字量$(d_3d_2d_1d_0)_2$ 各位分别控制。当数字量某位为 1 时,对应开关合于参考电压 u_{ref};当某位为 0 时,对应开关合于接地端。

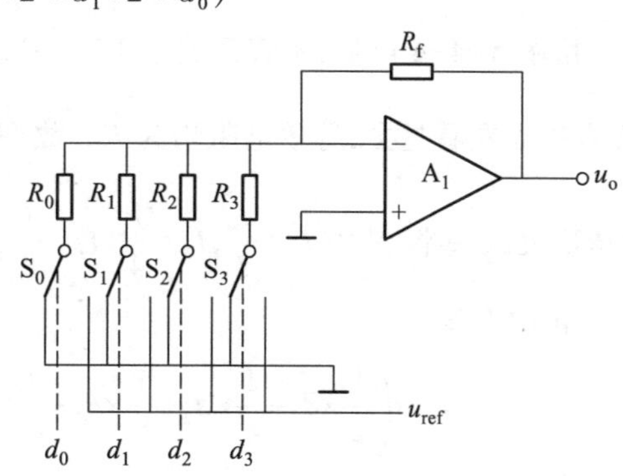

图 5-4-3 权电阻网络 DAC 原理示意图

由图 5-4-3 可知

$$\begin{aligned}u_o&=-\frac{u_{ref}}{R_3}\times R_f\times d_3-\frac{u_{ref}}{R_2}\times R_f\times d_2-\frac{u_{ref}}{R_1}\times R_f\times d_1-\frac{u_{ref}}{R_0}\times R_f\times d_0\\&=-u_{ref}\times\left(\frac{R_f}{R_3}\times d_3+\frac{R_f}{R_2}\times d_2+\frac{R_f}{R_1}\times d_1+\frac{R_f}{R_0}\times d_0\right)\end{aligned}$$

选择高精度电阻,使 $$\frac{R_f}{R_3}=8,\frac{R_f}{R_2}=4,\frac{R_f}{R_1}=2,\frac{R_f}{R_0}=1$$

则 $$u_o=-u_{ref}(8\times d_3+4\times d_2+2\times d_1+1\times d_0)$$

上式与$(d_3d_2d_1d_0)_2$按权展开十进制数$D=2^3\times d_3+2^2\times d_2+2^1\times d_1+2^0\times d_0$比较,完全成正比,实现了数/模转换。

实例4: 倒T形电阻网络数模转换电路分析

图5-4-4为倒T形电阻网络DAC原理示意图,由R和$2R$构成倒T形电阻网络,A为求和运算放大器。S_3、S_2、S_1和S_0为电子开关,由输入数字量$(d_3d_2d_1d_0)_2$各位分别控制。当某位为1时,对应开关合于运算放大器反相输入端(虚地);当某位为0时,对应开关合于运算放大器同相输入端(接地)。u_{ref}为参考电压。

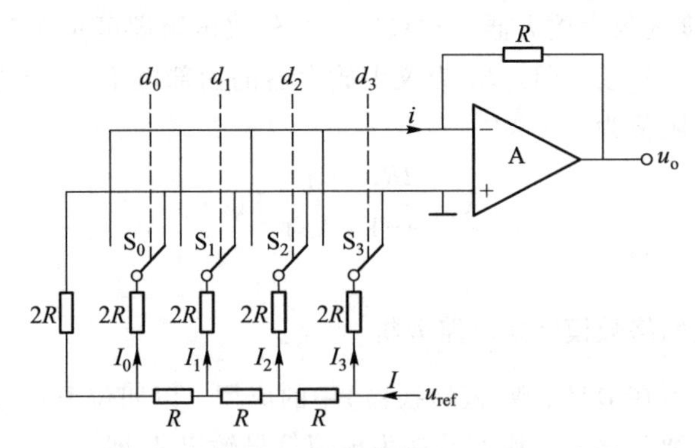

图5-4-4 倒T形电阻网络DAC原理示意图

由图5-4-4可见,不管开关合于哪一边,开关S_3、S_2、S_1和S_0均相当于接地。从开关下电阻$2R$右边往左看过去,等效电阻均为R。故图5-4-4中电流$I=\frac{u_{ref}}{R}$,由分流公式易求得各支路电流依次衰减一半,其中$I_3=\frac{I}{2},I_2=\frac{I}{4},I_1=\frac{I}{8},I_0=\frac{I}{16}$。

由KCL知

$$i=I\left(\frac{1}{2}\times d_3+\frac{1}{4}\times d_2+\frac{1}{8}\times d_1+\frac{1}{16}\times d_0\right)=\frac{u_{ref}}{2^4R}(2^3\times d_3+2^2\times d_2+2^1\times d_1+2^0\times d_0)$$

$$=\frac{u_{ref}}{2^4R}(8\times d_3+4\times d_2+2\times d_1+1\times d_0)$$

故 $$u_o=-Ri=-\frac{u_{ref}}{2^4}(8\times d_3+4\times d_2+2\times d_1+1\times d_0)$$

可见,输出电压与输入的二进制数成正比。

本章小结

1. 本章研究的运算放大器均为理想运算放大器，运算放大器工作在线性工作区有两个重要特性：输入电阻 R_i 为无穷大，故同相输入端和反相输入端的输入电流均为零，此特性通常称为“虚断(路)”；运算放大器开环电压放大倍数 A 为无穷大，且输出电压有限，故运算放大器差分输入电压 u_d 为零，同相输入端和反相输入端等电位，此特性通常称为“虚短(路)”。

2. 反相比例器和同相比例器是两个重要电路。反相比例器的输入电压接入反相输入端，同相比例器的输入电压接入同相输入端，同相比例器具有高输入电阻的特点。

3. 电压跟随器是一个单位增益的放大器，是一个 R_1 无穷大，R_f 为零的简化的同相放大器。电压跟随器具有“隔离”特性，有时又称为“缓冲器”。

4. 对运算放大器电路分析，采用的基本分析方法是节点电压法。通常先在“虚断”的条件下，列出节点的节点电压方程，然后采用“虚短”的特性来简化节点电压方程。注意在应用节点电压法时，对含运算放大器输出支路的节点，不要列其节点电压方程，因为通常输出支路的电流未知。

例题视频

例题 24 视频

例题 25 视频

习题进阶练习

5.1—2

5.1 节习题

5-1　电路如题 5-1 图所示，求电路的电流 i。

5-2　电路如题 5-2 图所示，求电路的输出电压 u_o。

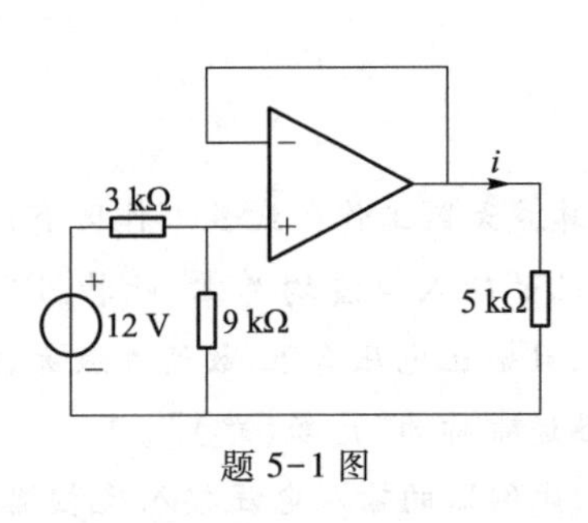

题5-1图

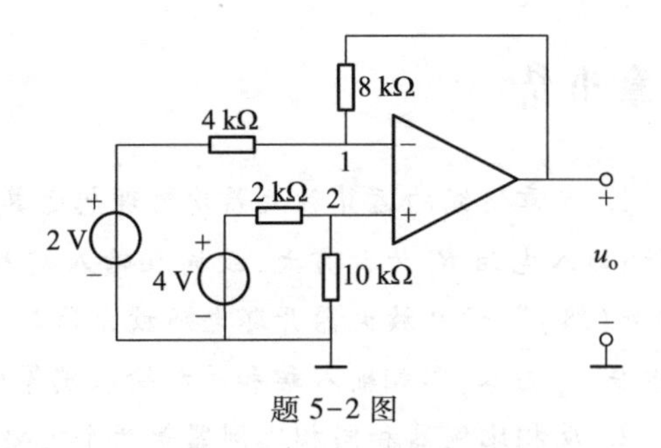

题5-2图

5.2节习题

5-3 电子欧姆表电路如题5-3图所示,已知直流电压表读数为10 V,求电阻R。

5.3节习题

5-4 电路如题5-4图所示,求电路的输入电阻R_i。

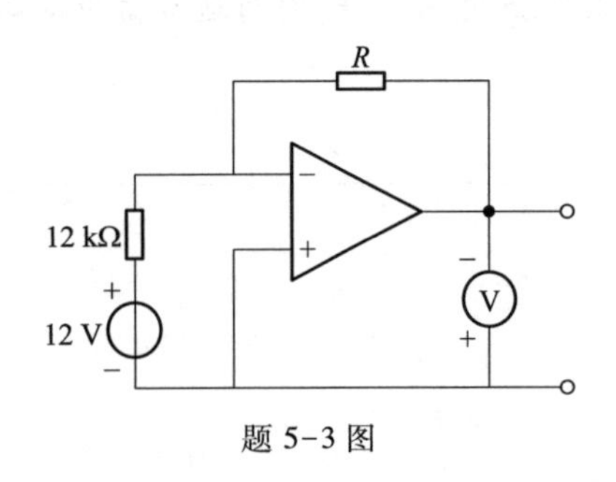

题5-3图

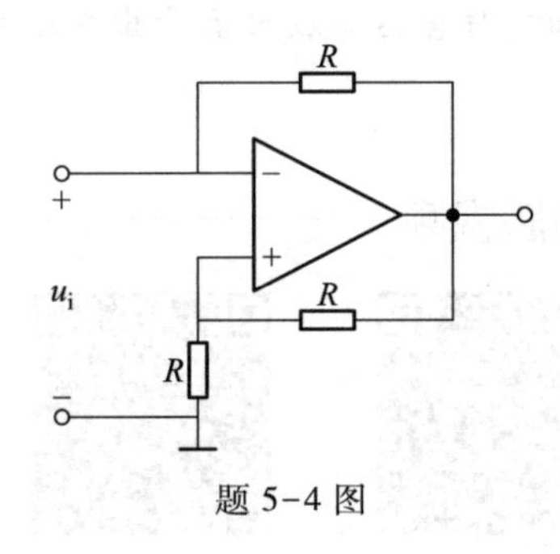

题5-4图

5-5 电路如题5-5图所示,求电路的电压比u_o/u_i。

5-6 电路如题5-6图所示,证明电路中流过负载R_L的电流i_L仅决定于输入电压u_i而与R_L无关的条件是$R_1R_4=R_2R_3$。

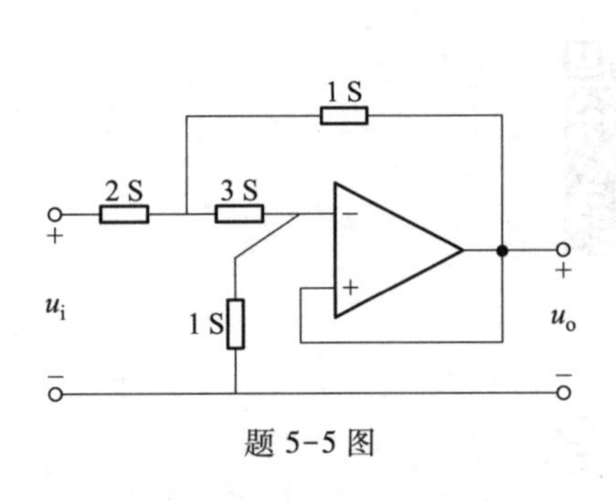

题5-5图

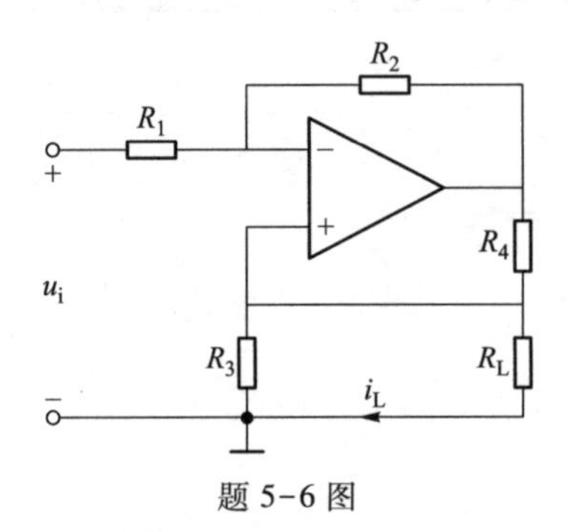

题5-6图

5-7 电路如题5-7图所示,要求输出电压$u_o=-(2u_1+5u_2)$,求R_1和R_2。已知$R_o=5\text{ k}\Omega$。

5-8 电路如题5-8图所示,求电路的转移电压比u_o/u_s。

5-9 电路如题5-9图所示,求电路中的输出电压u_o。

5-10 电路如题5-10图所示,求电路的输出电压u_2与输入电压u_1比值u_2/u_1。

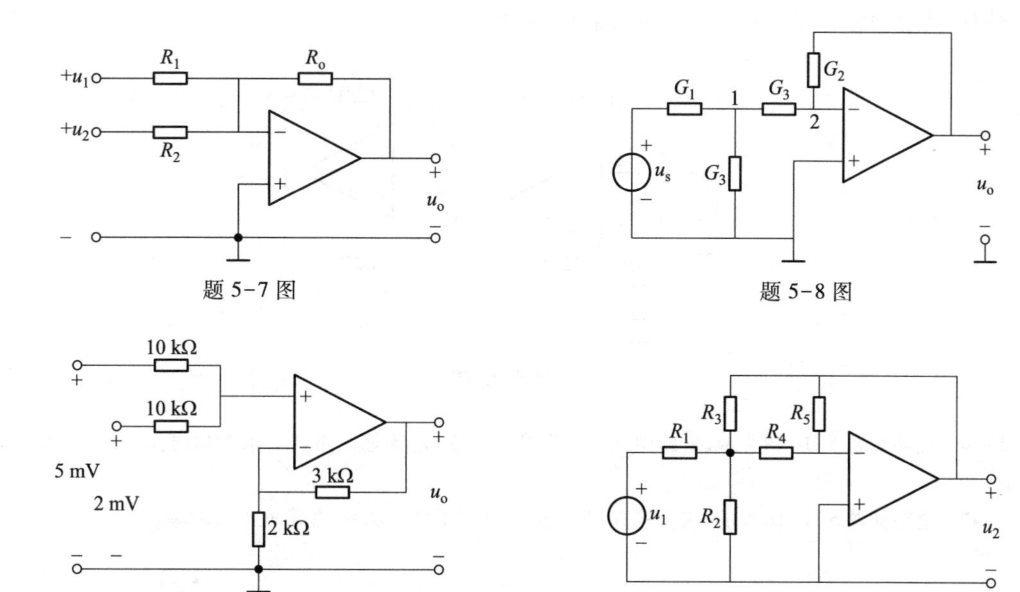

题 5-7 图　　题 5-8 图

题 5-9 图　　题 5-10 图

5-11　电路如题 5-11 图所示，求电路的电压比 u_o/u_i。

5-12　电路如题 5-12 图所示，求电路中电流 i。已知 $u_s=3\cos 5t$ V。

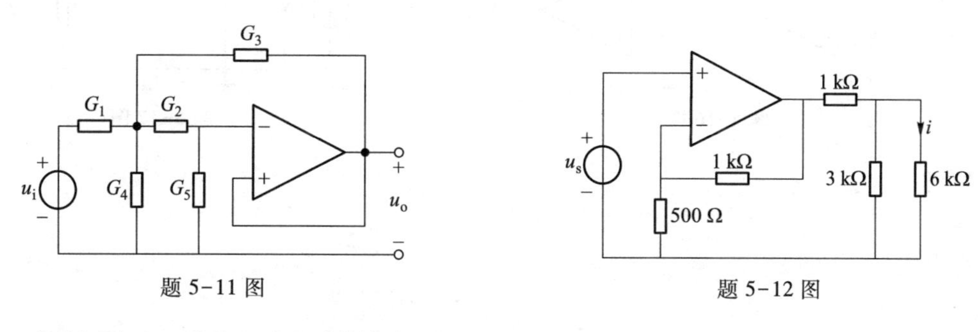

题 5-11 图　　题 5-12 图

5-13　电路如题 5-13 图所示，求电路的转移电压比 u_o/u_s。

5-14　电路如题 5-14 图所示，求电路中输出电压 u_o 与输入电压 u_1、u_2 的关系。

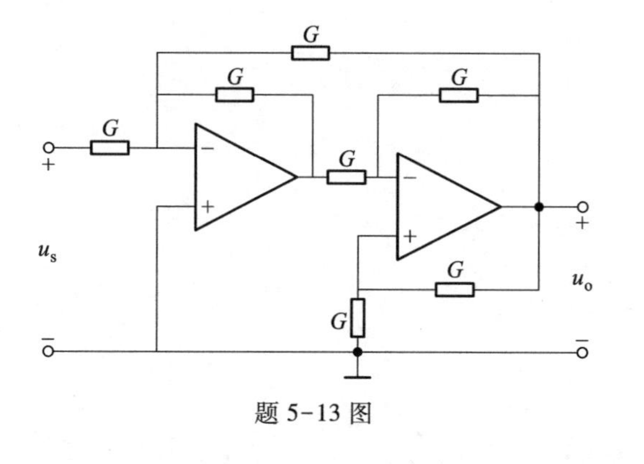

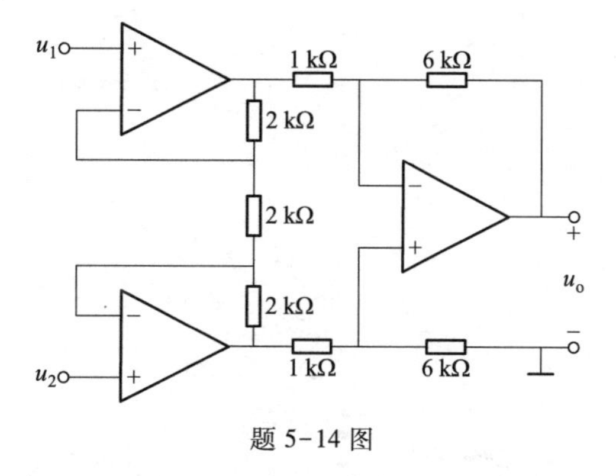

题 5-13 图　　题 5-14 图

5-15 电路如题 5-15 图所示,求电路的输入电阻 R_i。

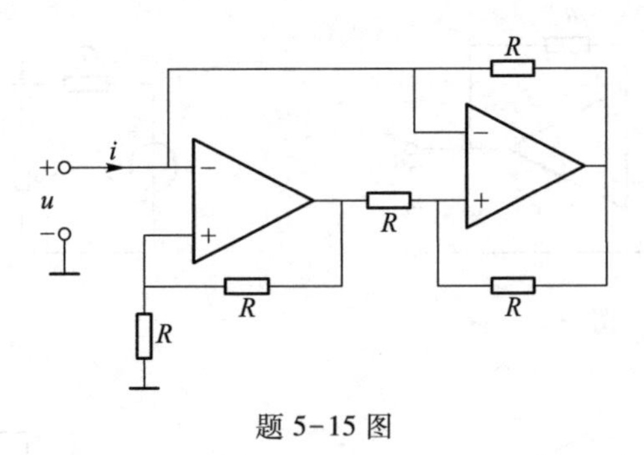

题 5-15 图

5-16 电路如题 5-16 图所示,电路中 u_{s1}、u_{s2}为输入电压,u_o 为输出电压。求输出电压 u_o 与输入电压 u_{s1}、u_{s2}的关系。

5-17 电路如题 5-17 图所示,求负载 R_L 为何值时可获得最大功率,并求此最大功率。

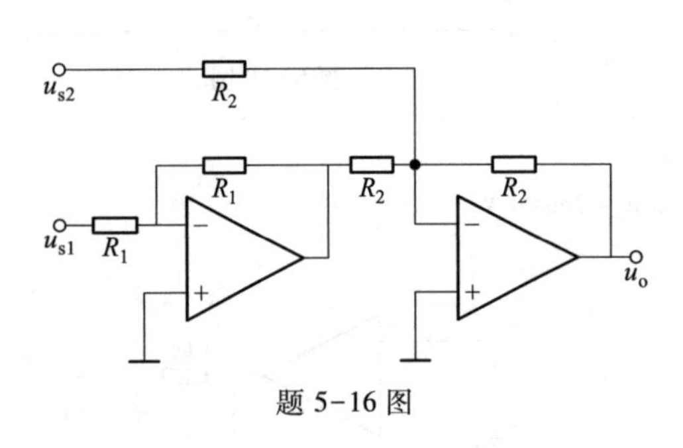

题 5-16 图

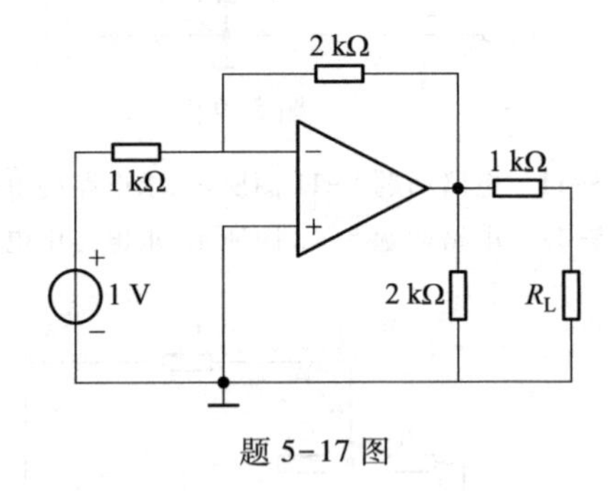

题 5-17 图

第 6 章　一阶电路和二阶电路

线性动态电路的暂态过程分析是电路分析的重要组成部分。本章将重点介绍一阶电路的时域分析，包括零输入响应、零状态响应、全响应、暂态响应、稳态响应、阶跃响应和冲激响应等。在一阶电路分析的基础上，对二阶电路采用经典法进行分析，通过实例说明二阶电路的零输入响应、零状态响应、全响应和阶跃响应。

6.1　电 容 元 件

电容元件

用介质(如云母、绝缘纸、电解质等)将两块金属极板隔开就可构成一个电容器。在电容器两端加上电源，两块极板能分别聚集等量的异性电荷，在介质中建立电场，并储存电场能量。电源移去后，这些电荷由于电场力的作用，互相吸引，但被介质所绝缘而不能中和，因而极板上电荷能长久地储存起来，所以电容器是一种能够储存电场能量的电路器件。电容元件是电容器的理想化模型，是只具有电容 C 的理想元件。本节讨论线性二端电容元件(简称线性电容)。线性电容的电路图形符号如图 6-1-1(a)所示。图中 $+q$ 和 $-q$ 是该元件正极板和负极板上的电荷量。

线性电容是一个(二端)理想电路元件。如果电容上电压的参考极性如图 6-1-1(a)所示，则任何时刻线性电容上电荷 q 与其两端电压 u 的关系(简称库伏关系)为

$$q=Cu \tag{6-1-1}$$

式中，C 称为线性电容，它是联系线性电容的电荷和电压的一个参数，是一个正实常数。式(6-1-1)说明线性电容的电压与其电荷成正比。当式(6-1-1)中电压的单位用 V(伏特，简称伏)，电荷的单位用 C(库仑，简称库)时，电容的单位为 F(法拉，简称法)。实际上电容器的电容往往比 1 F 小得多，故常用 μF(10^{-6} F)和 pF(10^{-12} F)作为电容单位。习惯上，用 C 表示电容元件，也可以表示电容器的电容值。如果将电容的电荷取为纵坐标(或横坐标)，而将电压取为横坐标(或纵坐标)，则可以在 u-q(或 q-u)平面上画出电荷和电压的关系曲线，称该曲线为该电容的库伏特性(曲线)。线性电容的库伏特性(曲线)是一条通过 u-q(或 q-u)平面上坐标原点的直线，如图 6-1-1(b)所示。

按图 6-1-1(b)所示的 u-q 平面的库伏特性，可以根据下式确定线性电容的电容值：

$$C=\frac{q}{u}$$

当电容电压 u 发生变化时，聚集在电容极板上的电荷也相应地发生变化，于是在连接该电容的导线中出现电流。当电容电流的参考方向为流向带正电荷的极板时，电容电流

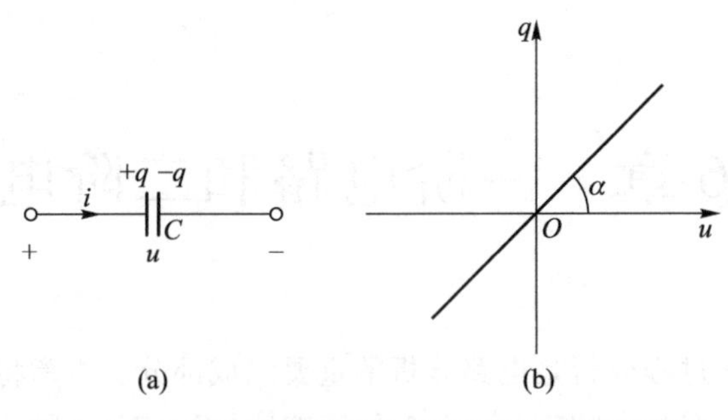

图 6-1-1　线性电容元件的图形符号及其库伏特性

（a）线性电容元件的图形符号；（b）库伏特性

$$i=\frac{\mathrm{d}q}{\mathrm{d}t}$$

将式(6-1-1)代入上式,得到电压和电流在关联参考方向时线性电容的伏安关系

$$i=C\frac{\mathrm{d}u}{\mathrm{d}t} \tag{6-1-2}$$

注意,当电压和电流为非关联参考方向时,电容伏安关系应为 $i=-C\frac{\mathrm{d}u}{\mathrm{d}t}$。

式(6-1-2)表明:

(1) 任何时刻,线性电容的电流与该时刻电压的变化率成正比。如果电容电压变化很快,即 $\mathrm{d}u/\mathrm{d}t$ 很大,则电容电流也很大。如果电容电压不变,即 $\mathrm{d}u/\mathrm{d}t$ 为零,此时电容上虽有电压,但电容电流为零,这时的电容相当于开路,故电容有隔断直流的作用。

(2) 如果在任何时刻,通过电容的电流是有限值,则 $\mathrm{d}u/\mathrm{d}t$ 就必须是有限值,这就意味着电容电压不可能发生跃变而只能是连续变化的。电容电压发生跃变(例如,由 0 跃变为 100 V),意味着 $\mathrm{d}u/\mathrm{d}t\to\infty$,这就要求通过电容的电流→∞。如果通过电容的电流是无限大,则电容电压就可以跃变,这是电容的一个重要性质。例如,将一个电容与一个电压源接通,在接通时刻,电容电压必须跃变为电压源的电压值,这是受 KVL 约束的结果。此时通过电容的电流必须是无限大,这是受电容的伏安关系约束的结果,而电压源是可以提供无限大电流的。当实际电路的模型过于理想,就可能出现电容电压跃变的情况。本书分析的对象是电路模型,电容电压发生跃变或不发生跃变都是可能的。

电容的电压 u 也可以表示为电流 i 的函数。对式(6-1-2)积分可得

$$u(t)=\frac{1}{C}\int_{-\infty}^{t}i(\xi)\,\mathrm{d}\xi \tag{6-1-3}$$

这里将积分号内的时间变量 t 改用 ξ 表示,以区别于积分上限 t。式(6-1-3)表明:在某一时刻 t 电容电压的数值并不取决于该时刻的电流值,而是取决于从 $-\infty$ 到 t 所有时刻的电流值,也就是说与电流全部过去历史有关。所以,电容电压有“记忆”电流的作用,电容是一种“记忆元件”。如果只对某一任意选定的初始时刻 t_0 以后电容电压的情况感兴趣,便可将式(6-1-3)写为

$$u(t)=\frac{1}{C}\int_{-\infty}^{t_0}i(\xi)\,\mathrm{d}\xi+\frac{1}{C}\int_{t_0}^{t}i(\xi)\,\mathrm{d}\xi=u(t_0)+\frac{1}{C}\int_{t_0}^{t}i(\xi)\,\mathrm{d}\xi \tag{6-1-4}$$

式(6-1-4)表明如果知道了由初始时刻 t_0 开始作用的电流 $i(t)$ 以及电容的初始电压 $u(t_0)$，就能确定 $t \geqslant t_0$ 时的电容电压 $u(t)$。

例 6-1 电容与电压源相连接的电路如图 6-1-2(a)所示，电压源电压随时间按三角波方式变化，如图 6-1-2(b)所示，求电容电流。

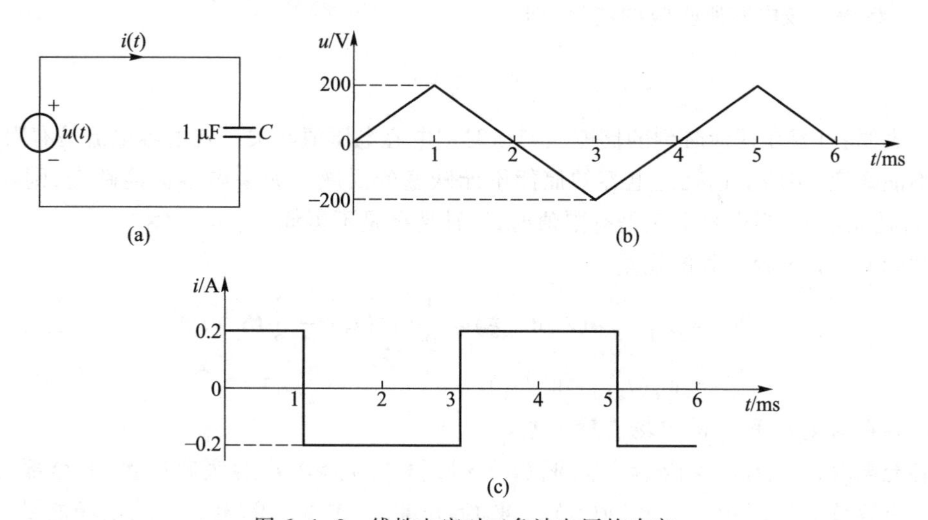

图 6-1-2 线性电容对三角波电压的响应

(a) 电容电路；(b) 三角波方式；(c) 电容电流

解 在 0~1 ms 期间，电压 u 由 0 均匀上升到 200 V，其变化率

$$\frac{\mathrm{d}u}{\mathrm{d}t}=\frac{200\ \mathrm{V}}{1\times10^{-3}\mathrm{s}}=2\times10^{5}\ \mathrm{V/s}$$

此期间电流可由式(6-1-2)得

$$i=C\frac{\mathrm{d}u}{\mathrm{d}t}=10^{-6}\times2\times10^{5}\ \mathrm{A}=0.2\ \mathrm{A}$$

在 1~3 ms 期间

$$\frac{\mathrm{d}u}{\mathrm{d}t}=-\frac{400\ \mathrm{V}}{2\times10^{-3}\mathrm{s}}=-2\times10^{5}\ \mathrm{V/s}$$

此期间

$$i=C\frac{\mathrm{d}u}{\mathrm{d}t}=-10^{-6}\times2\times10^{5}\ \mathrm{A}=-0.2\ \mathrm{A}$$

电流随时间变化的曲线如图 6-1-2(c)所示。可见电容的电压波形和电流波形是不相同的，不同于电阻的电压波形和电流波形是相同的情况。

在电压和电流关联参考方向下，线性电容吸收的瞬时功率

$$P_C=ui=uC\frac{\mathrm{d}u}{\mathrm{d}t}$$

从时刻 $t_0 \sim t$，电容吸收的电能

$$W_C=\int_{t_0}^{t}u(\xi)i(\xi)\mathrm{d}\xi=\int_{t_0}^{t}Cu(\xi)\frac{\mathrm{d}u(\xi)}{\mathrm{d}\xi}\mathrm{d}\xi$$

$$=C\int_{u(t_0)}^{u(t)}u(\xi)\mathrm{d}u(\xi)=\frac{1}{2}Cu^2(t)-\frac{1}{2}Cu^2(t_0)$$

如果取 t_0 为$-\infty$,由于在该时刻电容电压为零,处于未充电的状态,于是可认为该时刻电场能量也为零。电容吸收的能量以电场能量形式储存在电场中,因此,在任何时刻 t,电容储存的电场能量 W_C 将等于该电容所吸收的能量,即

$$W_C=\frac{1}{2}Cu^2$$

上式表明:电容在任何时刻的储能只与该时刻电容电压值有关。在电容电流是有限值时,电容电压不能跃变,实质上也就是电容的储能不能跃变的反映。如果电容储能跃变,则功率 $P_C=\mathrm{d}W_C/\mathrm{d}t$ 将是无限大,当电容电流是有限值时,这种情况是不可能的。

从时刻 $t_1\sim t_2$,电容吸收的能量

$$W_C=C\int_{u(t_1)}^{u(t_2)}u(\xi)\mathrm{d}u(\xi)=\frac{1}{2}Cu^2(t_2)-\frac{1}{2}Cu^2(t_1)$$
$$=W_C(t_2)-W_C(t_1)$$

它等于电容在时刻 t_2 和 t_1 的电场能量之差。

电容充电时,$|u(t_2)|>|u(t_1)|$,$W_C(t_2)>W_C(t_1)$,$W_C>0$,电容吸收能量,并全部转换成电场能量。电容放电时,$|u(t_2)|<|u(t_1)|$,$W_C(t_2)<W_C(t_1)$,$W_C<0$,电容释放电场能量。如果电容连接电源后,在时刻 t_1 和 t_2 都不带电荷,即

$$u(t_2)=u(t_1)=0,W_C(t_2)=W_C(t_1)=0,W_C=0$$

则电容在充电时吸收并储存起来的能量一定又在放电完毕时全部释放,电容从电路吸取的总能量等于零。电容并不消耗能量,所以电容是一种储能元件。同时,电容也不会释放出多于它所吸收或储存的能量,因此,电容又是一种无源元件。

思考与练习

6-1-1 如果某电容元件的连接导线中的电流为零,则该电容元件的两端电压是否一定为零?为什么?

6-1-2 已知某一个1 F的电容元件在某瞬时其两端电压为1 V,是否能够确定该瞬时的电容元件的电流值?

6-1-3 电容元件储能与其两端电压有关,是否也与其电流有关?

6-1-4 若两个电容 C_1、C_2 并联,其等效总电容为(　　);若两个电容 C_1、C_2 串联,其等效电容为(　　)。

6.2 电感元件

电感元件

用导线绕制成空心或具有铁心的线圈就可构成一个电感器或电感线圈。线圈中通以电流 i 后将产生磁通 Φ_L,在线圈周围建立磁场,并储存磁场能量,所以电感线圈是一种能够储存磁场能量的电路器件。如果磁通 Φ_L 与线圈的 N 匝都交链,则磁链 $\psi_L=N\Phi_L$,如图6-2-1所示。Φ_L 和 ψ_L 都是由线圈本身的电流产生的,称为自感磁

通和自感磁链。本节讨论线性二端电感元件(简称线性电感)。电感元件是电感器的理想化模型,是只具有电感 L 的理想元件。线性电感的电路图形符号如图 6-2-2(a)所示。

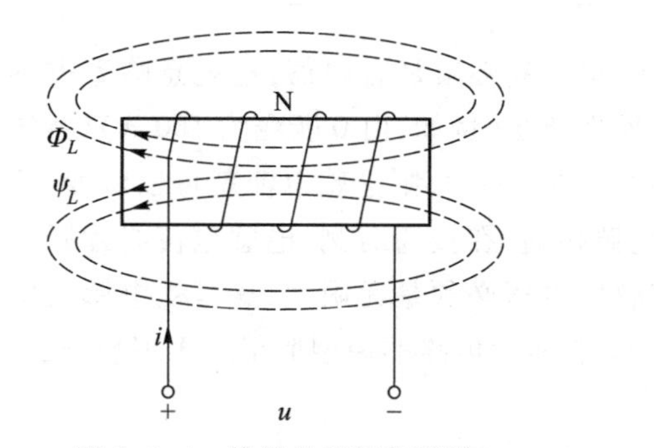

图 6-2-1 线圈的磁通和磁链

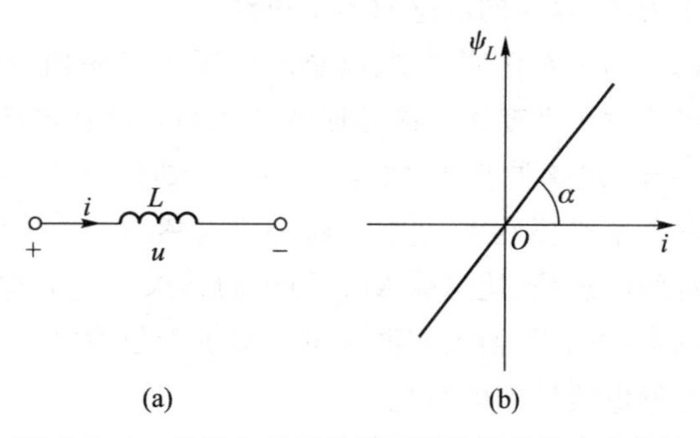

图 6-2-2 线性电感元件的图形符号及其韦安特性

线性电感是一个(二端)理想电路元件。如果电感上磁通 Φ_L 的参考方向与电流 i 的参考方向之间满足右手螺旋定则,则任何时刻线性电感的自感磁链 ψ_L 与其电流 i 的关系(简称韦安关系)

$$\psi_L = Li \tag{6-2-1}$$

式中,L 称为线性电感的自感或电感,它是联系线性电感的自感磁链和电流的一个参数,是一个正实常数。

式(6-2-1)说明线性电感的电流与其自感磁链成正比。当式(6-2-1)中电流的单位用 A(安培,简称安),自感磁链的单位用 Wb(韦伯,简称韦)时,电感的单位为 H(亨利,简称亨)。L 的常用单位还有 mH (10^{-3} H)和 μH (10^{-6} H)。习惯上,用电感表示电感器的电感值,又将电感元件简称为电感。

如果将电感的自感磁链取为纵坐标(或横坐标),而将电流取为横坐标(或纵坐标),则可以在 i-ψ_L(或 ψ_L-i)平面上画出自感磁链和电流的关系曲线,称该曲线为该电感的韦安特性(曲线)。线性电感的韦安特性(曲线)是一条通过 i-ψ_L(或 ψ_L-i)平面上坐标原点的直线,如图 6-2-2(b)所示。

按图 6-2-2(b)所示的 i-ψ_L 平面的韦安特性,可以根据下式确定线性电感的电感值

$$L = \frac{\psi_L}{i}$$

当电感电流发生变化时,自感磁链也相应地发生变化,于是该电感上将出现感应电压 u。根据电磁感应定律,在电感电压的参考方向与自感磁链的参考方向符合右手螺旋定则时,电感电压

$$u = \frac{\mathrm{d}\psi_L}{\mathrm{d}t}$$

将式(6-2-1)代入上式,得到在电压和电流关联参考方向下线性电感的伏安关系

$$u = L\frac{\mathrm{d}i}{\mathrm{d}t} \tag{6-2-2}$$

注意,当电压和电流为非关联参考方向时,电感伏安关系应为 $u = -L\frac{\mathrm{d}i}{\mathrm{d}t}$。

式(6-2-2)表明:

(1) 任何时刻,线性电感的电压与该时刻的电流的变化率成正比。如果电感电流变化很快,即 $\mathrm{d}i/\mathrm{d}t$ 很大,电感电压也很大。如果电感电流不变,即 $\mathrm{d}i/\mathrm{d}t$ 为零,此时电感中虽有电流,但电感电压为零,这时的电感相当于短路。

(2) 如果在任何时刻,电感的电压是有限值,则 $\mathrm{d}i/\mathrm{d}t$ 就必须是有限值,这就意味着电感电流不可能发生跃变而只能是连续变化的。电感电流发生跃变(例如,由0跃变为100 A),意味着 $\mathrm{d}i/\mathrm{d}t \to \infty$,这就要求电感的电压 $\to \infty$。如果电感的电压是无限大,则电感电流就可以跃变,这是电感的一个重要性质。例如,将一个电感与一个电流源接通,在接通时刻,电感电流必须跃变为电流源的电流值,这是受KCL约束的结果。此时电感的电压必须是无限大,这是受电感的伏安关系约束的结果,而电流源是可以提供无限大电压的。将实际电路的模型取得过于理想,就可能出现电感电流跃变的情况。

电感的电流 i 也可以表示为电压 u 的函数,对式(6-2-2)积分可得

$$i(t)=\frac{1}{L}\int_{-\infty}^{t} u(\xi)\,\mathrm{d}\xi \tag{6-2-3}$$

在任选初始时刻 t_0 以后,式(6-2-3)可写为

$$i(t)=\frac{1}{L}\int_{-\infty}^{t_0} u(\xi)\,\mathrm{d}\xi+\frac{1}{L}\int_{t_0}^{t} u(\xi)\,\mathrm{d}\xi=i(t_0)+\frac{1}{L}\int_{t_0}^{t} u(\xi)\,\mathrm{d}\xi \tag{6-2-4}$$

式(6-2-3)表明:在某一时刻 t,电感电流的数值并不取决于该时刻的电压值,而是取决于从 $-\infty \sim t$ 所有时刻的电压值,也就是说与电压全部过去历史有关。所以说电感电流有"记忆"电压的作用,电感是一种"记忆元件"。式(6-2-4)表明:如果知道了由初始时刻 t_0 开始作用的电压 $u(t)$ 以及电感的初始电流 $i(t_0)$,就能确定 $t \geqslant t_0$ 时的电感电流 $i(t)$。

在电压和电流关联参考方向下,线性电感吸收的瞬时功率

$$p_L=ui=Li\frac{\mathrm{d}i}{\mathrm{d}t}$$

从时刻 $t_0 \sim t$,电感吸收的电能

$$W_L=\int_{t_0}^{t} u(\xi)i(\xi)\,\mathrm{d}\xi=\int_{t_0}^{t} Li(\xi)\frac{\mathrm{d}i(\xi)}{\mathrm{d}\xi}\mathrm{d}\xi=L\int_{i(t_0)}^{i(t)} i(\xi)\,\mathrm{d}i(\xi)=\frac{1}{2}Li^2(t)-\frac{1}{2}Li^2(t_0)$$

如果取 t_0 为 $-\infty$,由于在该时刻电感电流为零,没有磁链,于是可认为该时刻磁场能量也为零。电感吸收的能量以磁场能量形式储存在磁场中,因此,在任何时刻 t,电感所储存磁场能量 W_L 将等于该电感所吸收的能量,即

$$W_L=\frac{1}{2}Li^2$$

上式表明:电感在任何时刻的储能只与该时刻电感电流值有关。在电感电压是有限值时,电感电流不能跃变,实质上也就是电感的储能不能跃变的反映。如果电感储能跃变,则功率 $p_L=\mathrm{d}W_L/\mathrm{d}t$ 将是无限大,当电感电压是有限值时,这种情况是不可能的。

从时刻 $t_1 \sim t_2$,电感吸收的能量

$$W_L=L\int_{i(t_1)}^{i(t_2)} i(\xi)\,\mathrm{d}i(\xi)=\frac{1}{2}Li^2(t_2)-\frac{1}{2}Li^2(t_1)=W_L(t_2)-W_L(t_1)$$

它等于电感在 t_2 和 t_1 时刻的磁场能量之差。

当电感电流 $|i(t_2)|>|i(t_1)|$ 时，$W_L(t_2)>W_L(t_1)$，$W_L>0$，电感吸收能量，并全部转换成磁场能量。当电感电流 $|i(t_2)|<|i(t_1)|$ 时，$W_L(t_2)<W_L(t_1)$，$W_L<0$，电感释放磁场能量。如果电感连接电源后，在时刻 t_1 和 t_2 都没有磁链，即 $i(t_2)=i(t_1)=0$，$W_L(t_2)=W_L(t_1)=0$，$W_L=0$，则电感在电感电流增大过程中吸收并储存起来的能量一定又在电感电流减小过程中全部释放，电感从电路吸取的总能量等于零。电感并不消耗能量，所以电感是一种储能元件。同时，电感也不会释放出多于它所吸收或储存的能量，因此，电感又是一种无源元件。

思考与练习

6-2-1 当电感元件的两端电压为零时，其电流是否也一定为零？为什么？

6-2-2 某电感元件的两端电压为零，其储能一定为零吗？

6-2-3 电感元件的储能与其电流有关吗？是否也与其两端电压有关？为什么？

6-2-4 若两个电感 L_1、L_2 并联，其等效总电感为(　　)；若两个电感 L_1、L_2 串联，其等效电感为(　　)。

6.3 一 阶 电 路

动态电路方程与一阶电路

在建立电路方程时，电路中除支路电流和支路电压要受 KCL 和 KVL 约束外，元件还要受伏安关系约束。由于电阻的伏安关系是代数关系，因此，在电阻电路中所建立的电路方程是一组以电流、电压为变量的代数方程。在含有储能元件(电容、电感)的电路中，由于电容、电感的伏安关系是微分或积分关系，因此建立的电路方程是一组以电流、电压为变量的微分方程或微分-积分方程。当电路的无源元件都是线性和非时变时，电路方程是线性、常系数、常微分方程。实际工作中常遇到只含一个储能元件的线性、非时变电路，它可用线性、常系数、一阶常微分方程描述。用一阶常微分方程描述的电路称为一阶(动态)电路。

动态电路的一个特征是当电路发生换路，即电路的结构或元件的参数发生改变时，如电路中电源或无源元件的断开或接入，信号的突然输入等，可能使电路从原来的工作状态转变到另一个工作状态，这种转变往往需要一个过程，在工程上称为过渡过程。由于过渡过程往往为时短暂，所以又称为暂态过程，简称暂态。如果在换路前或换路后，电路中各物理量(电流、电压)在给定条件下达到了稳定值，就称此时状态为稳态。对于直流电而言，它的数值稳定不变；对于正弦交流电而言，它的振幅、频率稳定不变。

6.4 电路的初始条件

求解描述动态电路性状的微分方程时，必须根据电路的初始条件来确定解答中的积分常数。如果假设 $t=0$ 为换路时刻(当然也可以假设 $t=t_0$ 为换路时刻)，并以 $t_1=0_-$ 表示换路前的终了时刻，$t_2=0_+$ 表示换路后的初始时刻，换路经历的时间为 $0_-\sim0_+$，则初始条件就是指电路中所求变量

(电压或电流)及其各阶导数在$t=0_+$时的值,此值又称为初始值。其中,除独立电源的初始值外,电容电压的初始值$u_C(0_+)$和电感电流的初始值$i_L(0_+)$称为独立的初始条件或初始状态;其余的初始值称为非独立初始条件,例如电容电流的初始值$i_C(0_+)$、电感电压的初始值$u_L(0_+)$、电阻电压的初始值$u_R(0_+)$、电阻电流的初始值$i_R(0_+)$等等。

对于线性电容来说,在任意时刻t时,它的电荷和电压的关系

$$q(t)=q(t_0)+\int_{t_0}^{t}i_C(\xi)\,\mathrm{d}\xi$$

$$u_C(t)=u_C(t_0)+\frac{1}{C}\int_{t_0}^{t}i_C(\xi)\,\mathrm{d}\xi$$

式中,q、u_C和i_C——电容的电荷、电压和电流。

如果令$t_0=0_-$,$t=0_+$,则得

$$q(0_+)=q(0_-)+\int_{0_-}^{0_+}i_C(\xi)\,\mathrm{d}\xi$$

$$u_C(0_+)=u_C(0_-)+\frac{1}{C}\int_{0_-}^{0_+}i_C(\xi)\,\mathrm{d}\xi$$

由上式可知,如果在换路时刻前后$i_C(t)$为有限值,则式中等号右方积分项将为零,此时电容上电荷和电压不发生跃变,即

$$q(0_+)=q(0_-) \tag{6-4-1}$$

$$u_C(0_+)=u_C(0_-) \tag{6-4-2}$$

对一个原来不带电荷的电容来说,在换路时刻前后不发生电压跃变的情况下,$u_C(0_+)=u_C(0_-)=0$。可见,在换路时刻前后,此电容可用“短路”来替代。

对于线性电感来说,在任意时刻t,它的磁链和电流的关系

$$\psi_L=\psi_L(t_0)+\int_{t_0}^{t}u_L(\xi)\,\mathrm{d}\xi$$

$$i_L(t)=i_L(t_0)+\frac{1}{L}\int_{t_0}^{t}u_L(\xi)\,\mathrm{d}\xi$$

式中,ψ_L、i_L和u_L——电感的磁链、电流和电压。

如果令$t_0=0_-$,$t=0_+$,则得

$$\psi_L(0_+)=\psi_L(0_-)+\int_{0_-}^{0_+}u_L(\xi)\,\mathrm{d}\xi$$

$$i_L(0_+)=i_L(0_-)+\frac{1}{L}\int_{0_-}^{0_+}u_L(\xi)\,\mathrm{d}\xi$$

由上式可知,如果在换路时刻前后$u_L(t)$为有限值,则式中等号右方积分项将为零,此时电感上磁链和电流不发生跃变,即

$$\psi_L(0_+)=\psi_L(0_-) \tag{6-4-3}$$

$$i_L(0_+)=i_L(0_-) \tag{6-4-4}$$

对一个原来没有电流的电感来说,在换路时刻前后不发生电流跃变的情况下,$i_L(0_+)=i_L(0_-)=0$。可见,在换路时刻前后,此电感可用“开路”来替代。

综上所述,在换路时刻,如果电容电流保持为有限值,则电容电压不能跃变;如果电感电压保

持为有限值，则电感电流不能跃变，此被称为换路定则，如果令 $t=0$ 为换路时刻，则换路定则的数学表达式为

$$u_C(0_+)=u_C(0_-)$$

$$i_L(0_+)=i_L(0_-)$$

由上式可知，独立初始条件 $u_C(0_+)$ 和 $i_L(0_+)$ 一般可由 $t=0_-$ 时的 $u_C(0_-)$ 和 $i_L(0_-)$ 来确定。而非独立初始条件（电容电流、电感电压、电阻电压和电流）需要由 $t=0_+$ 时的独立初始条件求得。可按下述步骤来求初始条件。

(1) 画出 $t=0_-$ 时电路。对于直流电路，由于原电路已处稳态，$i_C=C\dfrac{\mathrm{d}u_C}{\mathrm{d}t}\bigg|_{0_-}=0$，

电路初始条件的计算

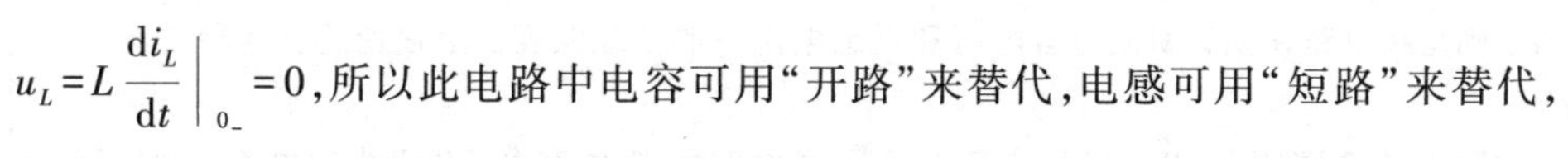

$u_L=L\dfrac{\mathrm{d}i_L}{\mathrm{d}t}\bigg|_{0_-}=0$，所以此电路中电容可用“开路”来替代，电感可用“短路”来替代，独立电压（或电流）源的电压（或电流）取其 $t=0_-$ 时的值。由 $t=0_-$ 时电路求出 $u_C(0_-)$ 和 $i_L(0_-)$，其中 $u_C(0_-)$ 等于电容开路电压，$i_L(0_-)$ 等于电感短路电流。

(2) 用换路定则求出独立初始条件，$u_C(0_+)=u_C(0_-)$、$i_L(0_+)=i_L(0_-)$。

(3) 在要求非独立初始条件的情况下，画出 $t=0_+$ 时电路。在此电路中，电容可用电压值为 $u_C(0_+)$ 的电压源来替代（在 $u_C(0_+)=0$ 时，电容可用“短路”来替代）；电感可用电流值为 $i_L(0_+)$ 的电流源来替代（在 $i_L(0_+)=0$ 时，电感可用“开路”来替代）；独立电压（或电流）源的电压（或电流）取其 $t=0_+$ 时的值。根据 $t=0_+$ 时电路来求出非独立初始条件。

例 6-2 电路如图 6-4-1(a) 所示，换路前电路已处稳态，在 $t=0$ 时开关 S 打开，求 $u_C(0_+)$，$i_L(0_+)$，$i_C(0_+)$，$u_L(0_+)$ 和 $u_{R_3}(0_+)$。

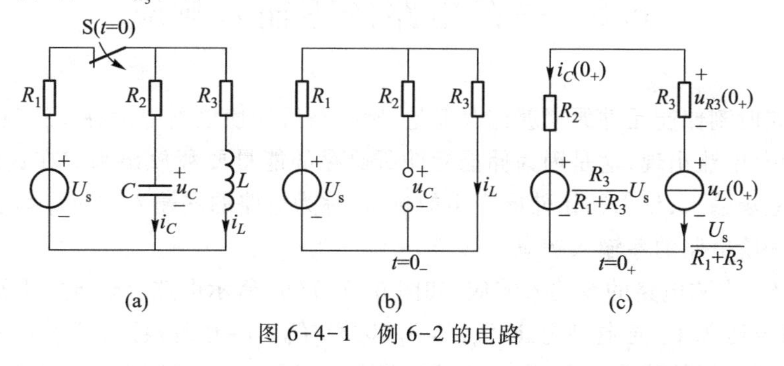

图 6-4-1 例 6-2 的电路

解 先画出 $t=0_-$ 时的电路，如图 6-4-1(b) 所示，电容用“开路”来替代，电感用“短路”来替代。根据此电路，得

$$u_C(0_-)=\frac{R_3}{R_1+R_3}U_s,\quad i_L(0_-)=\frac{U_s}{R_1+R_3}$$

该电路换路时，i_L 和 u_C 都不会跃变，根据换路定则，得

$$u_C(0_+)=\frac{R_3}{R_1+R_3}U_s,\quad i_L(0_+)=\frac{U_s}{R_1+R_3}$$

再画出 $t=0_+$ 时的电路，如图 6-4-1(c) 所示。电容用电压为 $u_C(0_+)$ 的电压源来替代，电感用电流为 $i_L(0_+)$ 的电流源来替代。根据此电路，得

$$i_L(0_+)=-i_C(0_+)=\frac{U_s}{R_1+R_3}$$

$$u_L(0_+)=i_C(0_+)(R_2+R_3)+\frac{R_3}{R_1+R_3}U_s=-\frac{R_2}{R_1+R_3}U_s$$

$$u_{R_3}(0_+)=i_L(0_+)R_3=\frac{R_3}{R_1+R_3}U_s$$

思考与练习

6-4-1 电路产生过渡过程的原因和条件是什么？

6-4-2 换路定则是指电路在换路瞬间电容电压和电感电流一般不能跃变。上述论述在何种情况下不成立？试举例说明。

6-4-3 电路如题6-4-3图所示，开关动作时已达稳态，求电感电流、电容电压以及电阻电流的初始值。

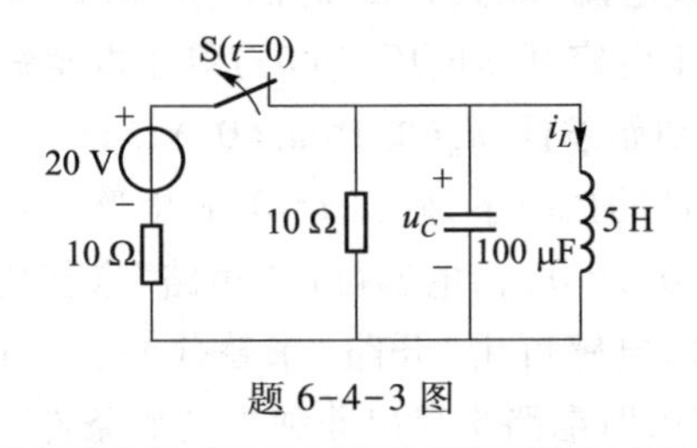

题6-4-3图

6.5 一阶电路的零输入响应

如果在换路时刻储能元件原来就储存能量，则换路后即使电路中没有外施独立源输入，电路中却仍将有电压、电流出现，这是因为储能元件所储存的能量要释放出来。在这种情况下，电路中没有外施独立源输入，仅由初始储能产生的响应，称为电路的零输入响应。本节将研究只含一个储能元件的一阶电路的零输入响应。

首先研究 RC 串联电路的零输入响应，如图6-5-1(a)所示电路，$t<0$ 时，开关S一直闭合于1侧，电容 C 被电压源 U_s 充电到电压 U_0，即 $u_C(0_-)=U_0$。$t=0$ 时换路，开关S由1侧闭合于2侧。于是，在电容电场储能作用下，在 $t>0$ 时电路中（如图6-5-1(b)所示）虽无外加独立源，但仍有电压、电流出现，构成零输入响应。

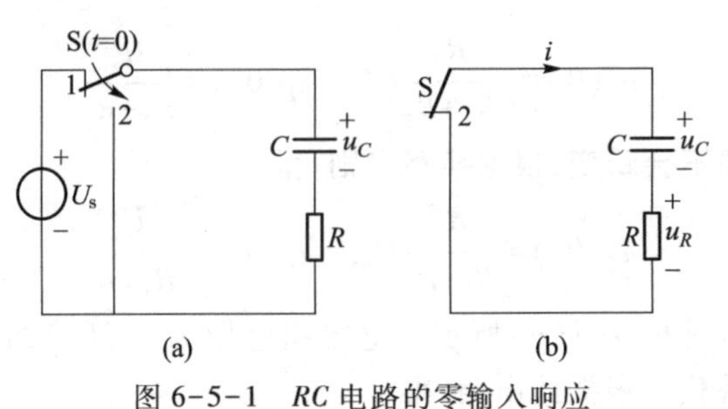

图6-5-1 RC 电路的零输入响应

一阶电路的零输入响应及 RC 电路的放电过程

对 $t>0$ 时电路，根据 KVL，得

$$u_C+u_R=0 \qquad t>0$$

根据元件的伏安关系，得

$$u_R=Ri$$

$$i=C\frac{\mathrm{d}u_C}{\mathrm{d}t}$$

上述三式包含三个未知量 u_C、u_R 和 i，消去其中任何两个未知量，便可写出只含一个未知量的一阶齐次微分方程。通常是列写初始条件已知的那个未知量（电容电压或电感电流）的一阶齐次微分方程。消去未知量 u_R 和 i 后，得到 $t>0$ 时电路的只含未知量 u_C 的一阶齐次微分方程

$$RC\frac{\mathrm{d}u_C}{\mathrm{d}t}+u_C=0 \qquad t>0$$

再根据 $u_C(0_-)=U_0$ 和换路定则 $u_C(0_+)=u_C(0_-)$，得到初始条件 $u_C(0_+)=U_0$，进而求得满足上述一阶齐次微分方程和初始条件的未知量 u_C 的解。

此一阶齐次微分方程的通解

$$u_C=A\mathrm{e}^{pt} \tag{6-5-1}$$

式中，p 为特征方程 $RCp+1=0$ 的特征根，因此

$$p=-\frac{1}{RC}$$

A 为积分常数，由初始条件来确定。$t=0_+$时 A 值应满足式(6-5-1)，得

$$u_C(0_+)=A$$

将初始条件 $u_C(0_+)=U_0$ 代入上式，得 $A=u_C(0_+)=U_0$，从而得到满足初始条件的式(6-5-1)的解为

$$u_C=U_0\mathrm{e}^{-\frac{t}{RC}} \qquad t>0$$

$$i=C\frac{\mathrm{d}u_C}{\mathrm{d}t}=C\frac{\mathrm{d}}{\mathrm{d}t}(U_0\mathrm{e}^{-\frac{t}{RC}})=C\left(-\frac{1}{RC}\right)U_0\mathrm{e}^{-\frac{t}{RC}}=-\frac{U_0}{R}\mathrm{e}^{-\frac{t}{RC}} \qquad t>0$$

$$u_R=Ri=-U_0\mathrm{e}^{-\frac{t}{RC}} \qquad t>0$$

u_C、u_R 和 i 随时间变化的曲线（或波形）如图 6-5-2 所示。可见，u_C、u_R 和 i 都按同样指数规律变化。由于 $p=-\frac{1}{RC}$为负值，所以 u_C、u_R 和 i 都按指数规律不断衰减，最后当 $t\to\infty$ 时，它们都趋于零。注意到在 $t=0$ 时，$u_C(t)$ 是连续的，没有跃变，这正是由电容电压不能跃变所决定的。而 u_R 和 i 分别由 U_s-U_0 和$\frac{U_s-U_0}{R}$跃变为$-U_0$ 和$-\frac{U_0}{R}$，发生跃变。

令 $\tau=RC$，如果 R 的单位为 Ω（欧）、C 的单位为 F（法），则 τ 的单位为 s（秒），这是因为

$$欧\cdot法=欧\cdot\frac{库}{伏}=欧\cdot\frac{安\cdot秒}{伏}=欧\cdot\frac{秒}{欧}=秒$$

τ 称为 RC 串联电路的时间常数。这样 $u_C(t)$、$u_R(t)$ 和 $i(t)$ 又可表示为

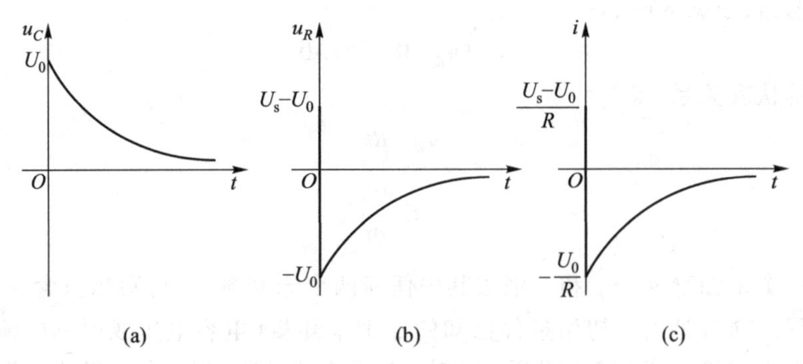

图 6-5-2 u_C、u_R 和 i 随时间变化的曲线

RC 放电电路中的时间常数

$$u_C = U_0 e^{-\frac{t}{\tau}} \qquad t>0$$

$$u_R = -U_0 e^{-\frac{t}{\tau}} \qquad t>0$$

$$i = -\frac{U_0}{R} e^{-\frac{t}{\tau}} \qquad t>0$$

τ 的大小反映此一阶电路过渡过程的进展速度。以电容电压为例，当 $t=\tau$ 时，$u_C(\tau)=U_0 e^{-1}=0.368U_0$，电容电压衰减到初始值 U_0 的 36.8%。当 $t=3\tau$ 时，$u_C(3\tau)=U_0 e^{-3}=0.05U_0$，电容电压已衰减到初始值 U_0 的 5%。当 $t=5\tau$ 时，$u_C(5\tau)=0.007U_0$，电容电压已衰减到初始值 U_0 的 0.7%。一般可认为换路后时间经 $(3\sim5)\tau$ 后，电压、电流已衰减到零（从理论上讲，$t\to\infty$ 时才衰减到零）。因此，τ 越小，过渡过程进展越快；反之，则越慢。τ 是反映过渡过程特性的一个重要参量。

可以用数学证明，指数曲线上任意点的次切距的长度等于 τ。例如，以图 6-5-3 中 $(t_0, u_C(t_0))$ 为例，$\left.\frac{du_C}{dt}\right|_{t=t_0} = -\frac{U_0 e^{-\frac{t_0}{\tau}}}{\tau}$，即过 $(t_0, u_C(t_0))$ 的切线与横轴相交于 t_1，次切距长度 $\overline{t_0 t_1}$ 等于 τ。

时间常数可以用改变电路参数的办法来调节或控制，如图 6-5-4 所示。在相同初始值 U_0 下，给出了 RC 串联电路在 3 种不同 τ 值下 u_C 随时间变化的曲线，其中

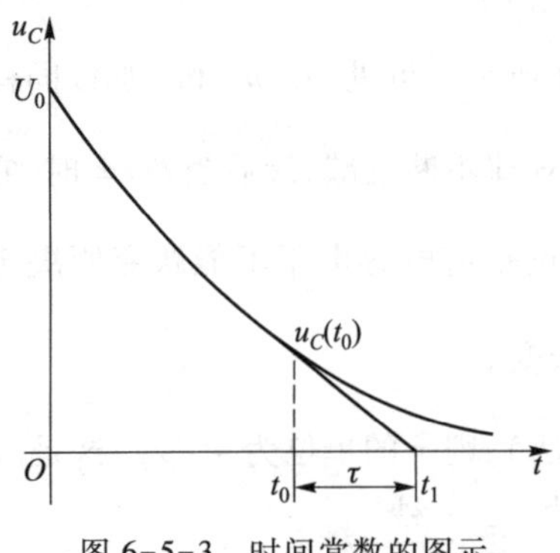

图 6-5-3 时间常数的图示

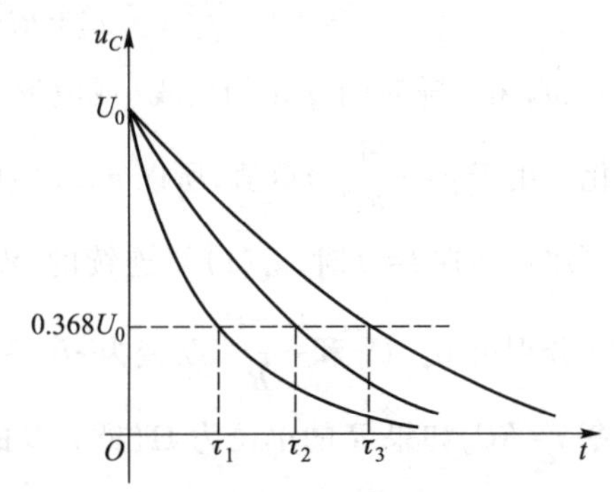

图 6-5-4 3 种不同时间常数下 RC 电路放电时 u_C 随时间变化的曲线

$$\tau_1=50\ \mu s(R=100\ \Omega, C=0.5\ \mu F), \tau_2=100\ \mu s(R=100\ \Omega, C=1\ \mu F),$$

$$\tau_3=150\ \mu s(R=150\ \Omega, C=1\ \mu F)。$$

RC 电路的零输入响应随时间变化的过程实质上是电容的放电过程。换路后，电容不断放出能量，电阻不断消耗能量。电容中原先储存的电场能量$\left(W_C=\frac{1}{2}CU_0^2\right)$最后全被电阻吸收而转换为热能。

现在再研究 RL 串联电路的零输入响应。如图 6-5-5(a)所示电路，$t<0$ 时，开关 S 一直合于 1 侧，电压源 U_0 使电感电流为 $U_0/R=I_0$，即 $i_L(0_-)=I_0$。$t=0$ 时换路，开关 S 由 1 侧闭合于 2 侧。于是，在电感磁场储能作用下，在 $t>0$ 时，如图 6-5-5(b)所示电路，根据 KVL，可得一阶齐次微分方程

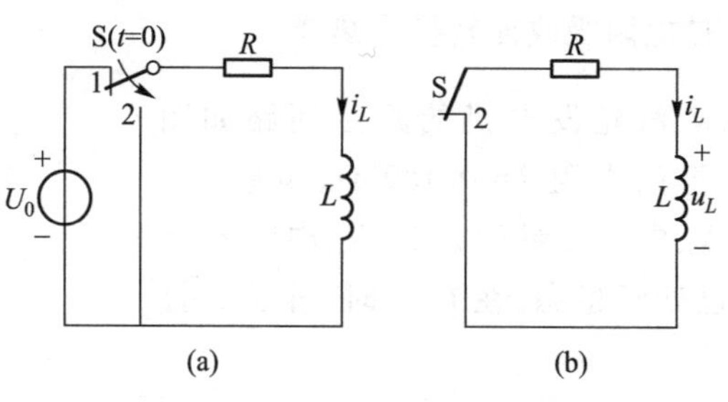

图 6-5-5　RL 电路的零输入响应

RL电路的放磁过程及一阶电路的零输入响应

$$L\frac{di_L}{dt}+Ri_L=0 \qquad t>0$$

上式的通解为

$$i_L=Ae^{pt} \tag{6-5-2}$$

相应的特征方程 $Lp+R=0$ 的特征根为

$$p=-\frac{R}{L}$$

上式代入式(6-5-2)，得

$$i_L=Ae^{-\frac{R}{L}t}$$

根据 $i_L(0_+)=i_L(0_-)=I_0$，代入上式可求得 $A=i_L(0_+)=I_0$，从而有

$$i_L=i_L(0_+)e^{-\frac{R}{L}t}=I_0e^{-\frac{R}{L}t} \qquad t>0$$

$$u_R=Ri_L=RI_0e^{-\frac{R}{L}t} \qquad t>0$$

$$u_L=L\frac{di_L}{dt}=-RI_0e^{-\frac{R}{L}t} \qquad t>0$$

令 $\tau=\frac{L}{R}=GL$，其中 $G=\frac{1}{R}$，如果 R 的单位为 Ω(欧)，L 的单位为 H(亨)，则 τ 的单位为 s(秒)。τ 为 RL 串联电路的时间常数。这样 $i_L(t)$、$u_R(t)$ 和 $u_L(t)$ 又可表示为

$$i_L = I_0 e^{-\frac{t}{\tau}} \qquad t>0$$

$$u_R = RI_0 e^{-\frac{t}{\tau}} \qquad t>0$$

$$u_L = -RI_0 e^{-\frac{t}{\tau}} \qquad t>0$$

i_L、u_R 和 u_L 随时间变化的曲线如图 6-5-6 所示，它们都是随时间衰减的指数曲线。注意，RL 串联电路中，时间常数 τ 与电阻 R 成反比，R 越大，τ 越小；而在 RC 串联电路中，τ 与 R 成正比，R 越大，τ 越大。

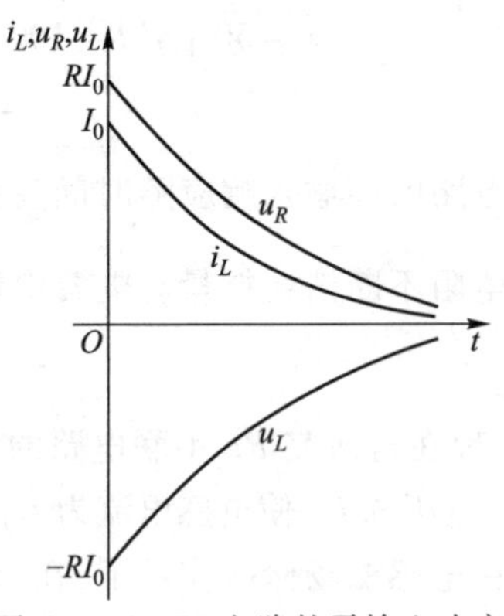

图 6-5-6　RL 电路的零输入响应

RL 串联电路的零输入响应随时间变化的过程实质上是电感中磁场能量的释放过程。换路后，电感中原先储存的磁场能量$\left(W_L=\dfrac{1}{2}LI_0^2\right)$全被电阻吸收而转换为热能。

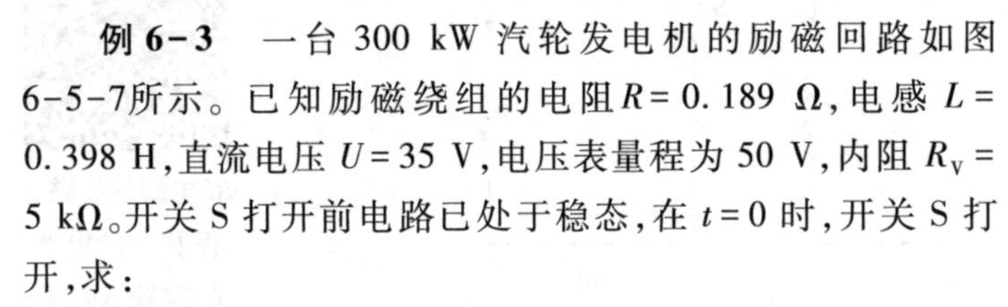

例 6-3　一台 300 kW 汽轮发电机的励磁回路如图 6-5-7所示。已知励磁绕组的电阻 R = 0.189 Ω，电感 L = 0.398 H，直流电压 U = 35 V，电压表量程为 50 V，内阻 R_V = 5 kΩ。开关 S 打开前电路已处于稳态，在 $t=0$ 时，开关 S 打开，求：

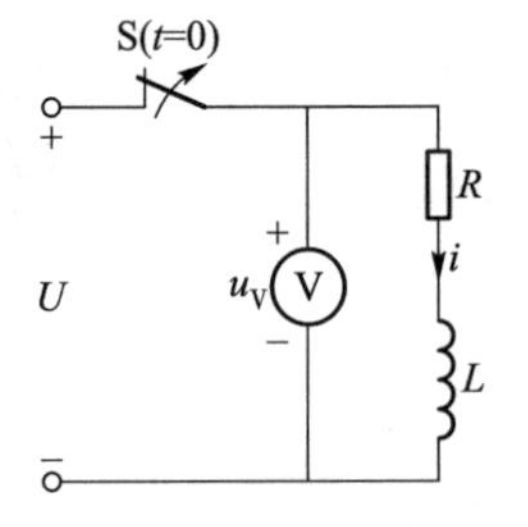

图 6-5-7　例 6-3 的励磁回路

（1）RL 串联电路的时间常数；

（2）换路后电流 i 的初始值和最终值；

（3）求换路后的 i 和 u_V 的表达式；

（4）换路后瞬时电压表的读数。

解　（1）时间常数

$$\tau=\frac{L}{R+R_V}=\frac{0.398}{0.189+5\times10^3}\ \text{s}=79.6\ \mu\text{s}$$

（2）换路前原电路已处于稳态，L 可用"短路"来替代，所以

$$i(0_-)=\frac{U}{R}=\frac{35}{0.189}\ \text{A}=185.2\ \text{A}$$

根据换路定则得 i 的初始值 $i(0_+)=i(0_-)=185.2$ A。

换路后，i 的最终值等于零。

（3）换路后

$$i=i(0_+)e^{-\frac{t}{\tau}}=185.2e^{-12\,563t}\ \text{A} \qquad t>0$$

$$u_V=-R_V i=-5\times10^3\times185.2e^{-12\,563t}\ \text{V}=-926e^{-12\,563t}\ \text{kV} \qquad t>0$$

（4）换路后瞬时，电压表读数

$$u_V(0_+)=-926\ \text{kV}$$

换路后瞬时电压表承受很高电压，有可能损坏电压表。出现这么高的电压是因为电感电流不能跃变，$i(0_+)=i(0_-)=\dfrac{U}{R}$，而 $u_V(0_+)=-R_V i(0_+)=-\dfrac{R_V}{R}U$，$R_V \gg R$，所以 $|U_V| \gg U$。因此，切断电感电

流时必须考虑磁场能量的释放,防止产生过电压。

思考与练习

6-5-1 判断题:RL 电路的放磁过程是一阶电路的零输入响应。 ( )

6-5-2 判断题:一阶电路的零输入响应仅能通过解电路微分方程的方法求解。 ( )

6-5-3 电路如题 6-5-3 图所示,$t<0$ 时电路稳定,$t=0$ 时开关闭合,求 $t>0$ 时 $u_C(t)$。

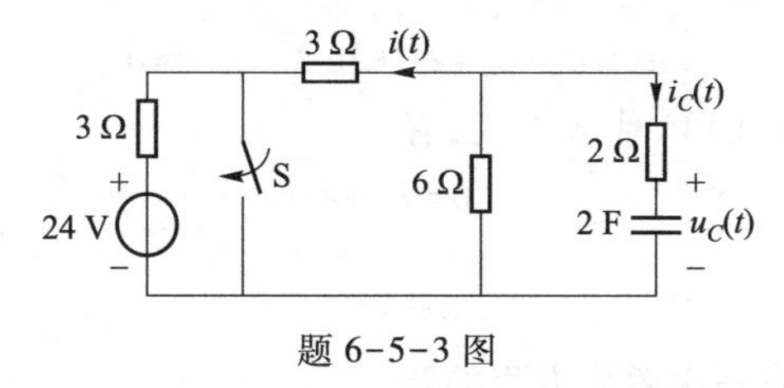

题 6-5-3 图

6.6 一阶电路的零状态响应

RC 充电电路

零状态响应是指零初始状态下(即 $t=0$ 时换路,$u_C(0_+)=0$,$i_L(0_+)=0$)的电路在外施激励下所出现的电压、电流。现先研究 RC 串联电路的零状态响应,如图 6-6-1 所示。$t<0$ 时,电容上不带电荷,即 $u_C(0_-)=0$。$t=0$ 时,开关 S 闭合,RC 串联电路与直流电压源 U_s 接通。由于 $u_C(0_+)=u_C(0_-)=0$,所以换路后电路中的响应就是零状态响应。

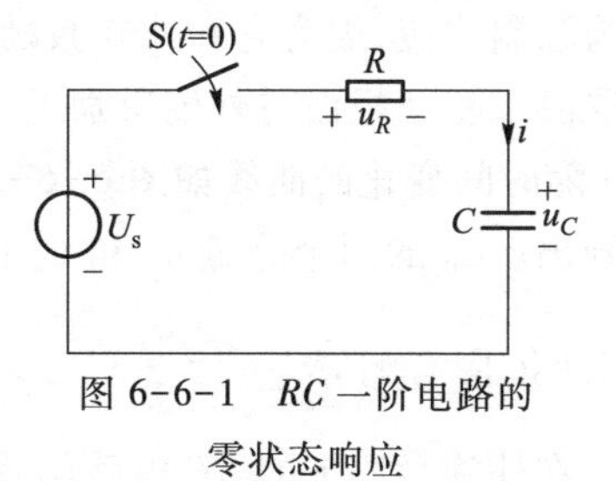

图 6-6-1 RC 一阶电路的零状态响应

对 $t>0$ 时的电路,根据 KVL,得

$$u_R+u_C=U_s \qquad t>0$$

将元件的伏安关系 $u_R=Ri$,$i=C\dfrac{\mathrm{d}u_C}{\mathrm{d}t}$代入上式,得以 $u_C(t)$ 为变量的一阶非齐次微分方程

$$RC\frac{\mathrm{d}u_C}{\mathrm{d}t}+u_C=U_s \qquad t>0 \tag{6-6-1}$$

此一阶非齐次微分方程的解由非齐次微分方程的特解 u_p 和齐次微分方程的通解 u_h 组成,即

$$u_C=u_p+u_h \qquad t>0 \tag{6-6-2}$$

其中特解可认为具有和外施激励函数相同的形式。由于式(6-6-1)的外施激励为常量 U_s,因此,可设

$$u_p=K$$

代入式(6-6-1),有

$$RC\frac{\mathrm{d}K}{\mathrm{d}t}+K=U_s$$

得

$$K=U_s$$

故特解

$$u_p=U_s$$

而齐次微分方程通解

$$u_h=Ae^{-\frac{t}{RC}}$$

于是得此微分方程的解

$$u_C=u_p+u_h=U_s+Ae^{-\frac{t}{RC}} \qquad t>0$$

根据初始条件 $u_C(0_+)=u_C(0_-)=0$,代入上式,有

$$0=U_s+A$$

得积分常数

$$A=-U_s$$

从而,得满足初始值的一阶非齐次微分方程的解

$$u_C=U_s-U_se^{-\frac{t}{RC}}=U_s(1-e^{-\frac{t}{\tau}}) \qquad t>0$$

式中,$\tau=RC$;$u_C(\infty)=U_s$ 为 $t\to\infty$ 时 $u_C(t)$的值,被称为 u_C 的最终值。

电路中的电流 i 为

$$i=C\frac{du_C}{dt}=\frac{U_s}{R}e^{-\frac{t}{\tau}} \qquad t>0$$

式中,$i(0_+)=\dfrac{U_s}{R}$为 $i(t)$的初始值;$t\to\infty$ 时 $i(\infty)$被称为 i 的最终值,$i(\infty)=0$。可见,当 $t\to\infty$ 时,u_C 以指数形式趋近于它的最终值 U_s。到达此值后,可以说电路达到了稳定状态(简称稳态)。显然,此时电路中电压和电流不随时间变化,电容可用“开路”来替代,电流为零。式(6-6-2)中 u_p 又称为强制响应,因为它和外施激励的变化规律有关。而 u_h 又称为固有响应,因为它的变化规律仅取决于特征根而与外施激励无关。固有响应按指数规律衰减,随时间的增长最后趋于零。u_C 和 i 随时间变化的曲线如图 6-6-2 所示,因为 $u_R=Ri$,所以 u_R 随时间变化的曲线同 i 相似,图中未画出。u_C 的两个分量 u_p 和 u_h 也示于图 6-6-2 中。i 也可视为由两个分量组成,其中强制响应 $i_p=0$,固有响应 $i_h=i=\dfrac{U_s}{R}e^{-\frac{t}{\tau}}$。

在外施激励下的 RC 电路的零状态响应随时间变化的过程实质上是电容的充电过程,电容充电的快慢由时间常数 τ 决定,在这里 τ 的物理含义为电容电压由 $u_C(t_0)$上升了 $u_C(\infty)$与 $u_C(t_0)$差值的 63.2%所需时间,如图 6-6-3 所示,即

$$u_C(t_0)=U_s(1-e^{-\frac{t_0}{\tau}})$$

$$\begin{aligned}u_C(t_0+\tau)&=U_s(1-e^{-\frac{t_0+\tau}{\tau}})\\&=U_s(1-e^{-\frac{t_0}{\tau}})+(1-e^{-1})[U_s-U_s(1-e^{-\frac{t_0}{\tau}})]\\&=u_C(t_0)+63.2\%[U_s-u_C(t_0)]\end{aligned}$$

RC 充电电路中的时间常数

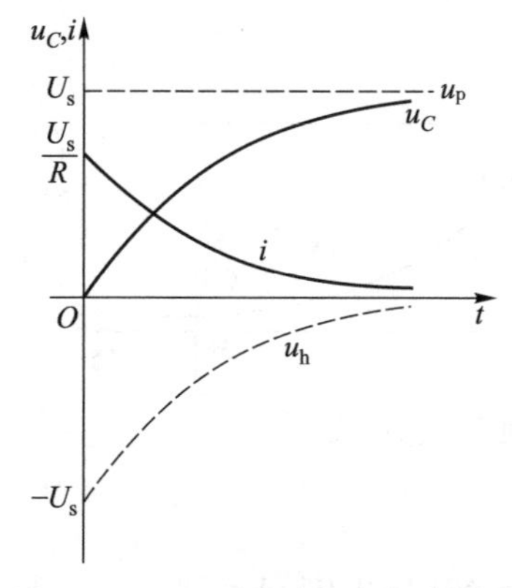

图 6-6-2 u_C、i 随时间变化的曲线

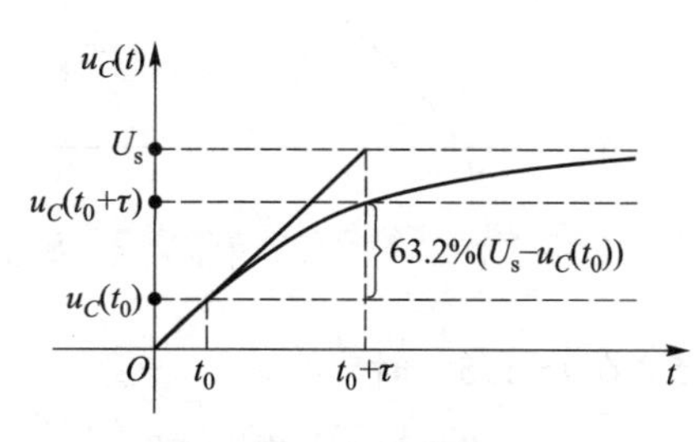

图 6-6-3 τ 的物理含义

同样，当 $t \geqslant (3\sim5)\tau$ 时，电路进入新的稳态。

换路后，外施激励提供的能量有两部分，其中一部分转换为电场能量储存在电容中，另一部分被电阻消耗掉。充电效率仅为 50%，这是因为在 $0<t<\infty$ 范围内，电阻所消耗的电能 W_R 等于电容在 $t\to\infty$ 时储存的最终能量，即

$$W_R = \int_0^\infty i^2 R\mathrm{d}t = \int_0^\infty \left(\frac{U_s}{R}\mathrm{e}^{-\frac{t}{RC}}\right)^2 R\mathrm{d}t = \frac{1}{2}CU_s^2 = W_C(\infty)$$

例 6-4 如图 6-6-4 所示 RC 串联电路，已知 $U_s = 40$ V，$R = 5$ kΩ，$C = 100$ μF，电容原先未带电荷。在 $t = 0$ 时，开关 S 闭合。求：

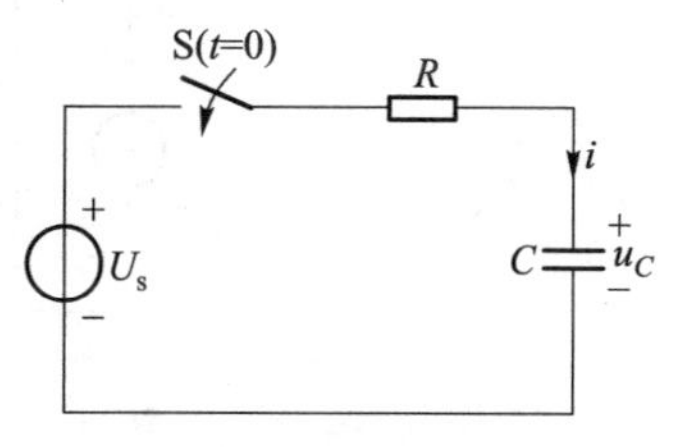

图 6-6-4 例 6-4 的电路

(1) 时间常数；

(2) 最大充电电流；

(3) 换路后电容电压 u_C 和电流 i 的表达式；

(4) 画出 u_C 和 i 随时间变化的曲线；

(5) 开关 S 闭合 1.5 s 时的 u_C 和 i 的数值。

解 (1) 时间常数

$$\tau = RC = 5\times10^3\times100\times10^{-6}\ \text{s} = 0.5\ \text{s}$$

(2) 开关 S 刚合上时充电电流最大，其值为

$$i_{\max} = \frac{U_s}{R} = \frac{40}{5\times10^3}\ \text{A} = 8\ \text{mA}$$

(3) 电容电压

$$u_C = U_s - U_s\mathrm{e}^{-\frac{t}{\tau}} = (40-40\mathrm{e}^{-\frac{t}{0.5}})\ \text{V} = 40(1-\mathrm{e}^{-2t})\ \text{V} \qquad t>0$$

电流

$$i = \frac{U_s}{R}\mathrm{e}^{-\frac{t}{\tau}} = \frac{40}{5\times10^3}\mathrm{e}^{-2t}\ \text{A} = 8\mathrm{e}^{-2t}\ \text{mA} \qquad t>0$$

(4) u_C 和 i 随时间变化的曲线如图 6-6-5 所示。

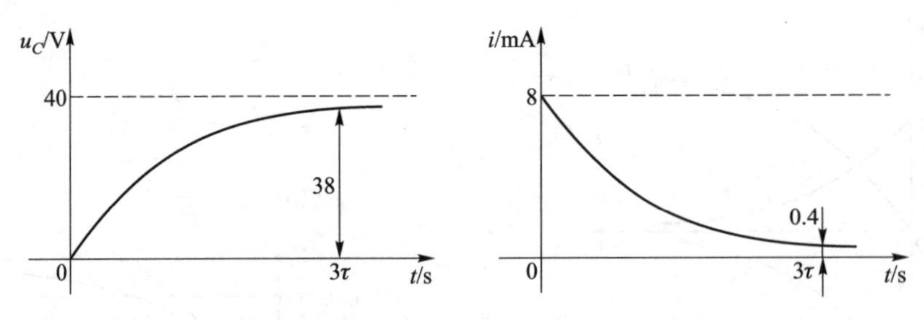

图 6-6-5　例 6-4 中 u_C、i 随时间变化的曲线

（5）在 $t=1.5$ s 时

$$u_C(1.5)=40(1-e^{-2\times 1.5})\ \text{V}=40(1-e^{-3})\ \text{V}=40(1-0.05)\ \text{V}=38\ \text{V}$$

$$i(1.5)=8e^{-2\times 1.5}\ \text{mA}=8e^{-3}\ \text{mA}=0.4\ \text{mA}$$

现在研究 RL 一阶电路的零状态响应。RL 一阶电路的零状态响应与 RC 一阶电路的零状态响应类似，如图 6-6-6(a)所示，电路在开关 S 打开前已稳定，电感电流 $i_L(0_-)=0$。当 $t=0$ 时开关打开，由于电感电流不能跃变，所以 $i_L(0_+)=i_L(0_-)$。

开关打开后，在外接电源的作用下，电路中的电压电流逐渐达到稳态。RL 一阶电路的零状态响应分析计算如下：

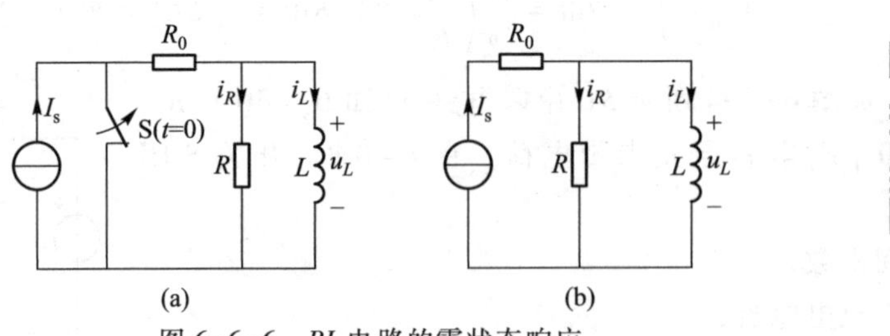

图 6-6-6　RL 电路的零状态响应

（a）直流激励下的 RL 电路；（b）开关打开后电路

RL 电路的充磁过程

开关打开后电路如图 6-6-6(b)所示，列电路方程

$$\text{KCL:}\qquad i_R+i_L=I_s$$

$$u_L=L\frac{\mathrm{d}i_L}{\mathrm{d}t}$$

$$i_R=\frac{u_L}{R}=\frac{1}{R}L\frac{\mathrm{d}i_L}{\mathrm{d}t}$$

$$\frac{L}{R}\frac{\mathrm{d}i_L}{\mathrm{d}t}+i_L=I_s\qquad t>0\tag{6-6-3}$$

这是一个常系数非齐次一阶微分方程，解答过程与一阶 RC 电路相似，i_L 由特解 i_{Lp} 和通解 i_{Lh} 组成，即

$$i_L=i_{Lp}+i_{Lh}\qquad t>0\tag{6-6-4}$$

i_{Lp} 具有和外施激励函数 I_s 相同的形式，为一常数，因此，可设

$$i_{Lp}=K$$

代入式(6-6-3)

$$\frac{L}{R}\frac{\mathrm{d}i_{Lp}}{\mathrm{d}t}+i_{Lp}=I_s$$

故特解

$$i_{Lp}=I_s$$

而齐次微分方程通解

$$i_{Lh}=A\mathrm{e}^{-\frac{Rt}{L}}$$

于是得此微分方程的解

$$i_L=i_{Lp}+i_{Lh}=I_s+A\mathrm{e}^{-\frac{Rt}{L}}\qquad t>0$$

根据初始条件 $i_L(0_+)=i_L(0_-)=0$,代入上式,有

$$0=I_s+A$$

得积分常数

$$A=-I_s$$

从而,得到一阶 RL 电路的零状态响应为

$$i_L=I_s-I_s\mathrm{e}^{-\frac{Rt}{L}}=I_s(1-\mathrm{e}^{-\frac{t}{\tau}})\qquad t>0$$

式中,$\tau=L/R=GL$。

电路中的电压 u_L 为

$$u_L=L\frac{\mathrm{d}i_L}{\mathrm{d}t}=RI_s\mathrm{e}^{-\frac{t}{\tau}}\qquad t>0$$

其曲线如图 6-6-7 所示。

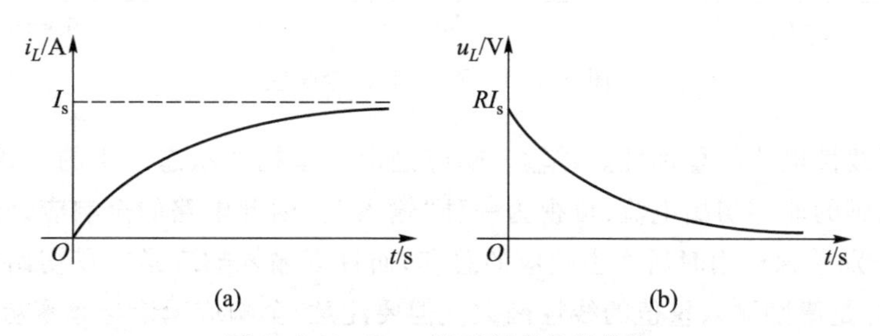

图 6-6-7 i_L、u_L 随时间变化的曲线

(a) i_L 随时间变化的曲线;(b) u_L 随时间变化的曲线

思考与练习

6-6-1 一阶电路的零状态响应就是强制分量,零输入响应就是自由分量。你认为对吗?

6-6-2 如果已知某一阶电路的微分方程,能否根据此微分方程求得电路的时间常数 τ?

6-6-3 从物理概念说明 RC 电路的时间常数 τ 与 R 和 C 成正比;而 RL 电路的时间常数 τ 与 L 成正比,而与 R 成反比。

6-6-4 一阶 RL 电路在 $t=0$ 时刻发生换路,$L=100$ mH,其电感电流的初始值为 0 A,稳态值为 10 A,时间常数为 0.2 s,则电感电流的零状态响应为(　　),若激励源的值变为原来的 3 倍,则电感电流的零状态响应为(　　)。

6.7 一阶电路的全响应

一阶电路的全响应

当非零初始状态和外施激励都作用时，换路后电路的响应称为全响应。对于线性电路，全响应为零输入响应和零状态响应之和。电路如图 6-7-1 所示，已充电的电容经电阻接到直流电压源 U_s，换路前时刻电容上电压为 U_0。$t=0$ 时开关 S 闭合，可得到电容电压的零状态响应 $u_C^{(1)}$ 和零输入响应 $u_C^{(2)}$ 分别为

$$u_C^{(1)}=U_s(1-e^{-\frac{t}{RC}}) \qquad t>0$$

$$u_C^{(2)}=U_0e^{-\frac{t}{RC}} \qquad t>0$$

而电容电压的全响应

$$u_C=u_C^{(1)}+u_C^{(2)}=U_s(1-e^{-\frac{t}{RC}})+U_0e^{-\frac{t}{RC}} \qquad t>0$$

即

全响应=零状态响应+零输入响应

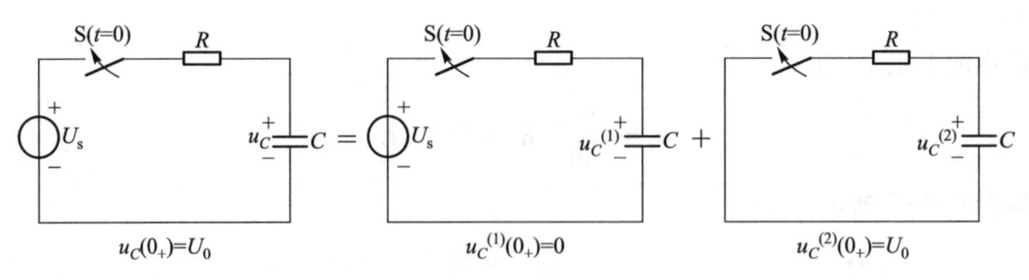

图 6-7-1 *RC* 电路的全响应

上式体现了线性电路的叠加性。零输入响应是由非零初始状态产生的。相应地，电容的非零初始电压和电感的非零初始电流，可视为一种“输入”。因此电路的全响应是由输入激励和初始状态“输入”分别单独作用时所产生响应的总和，而且零输入响应是非零初始状态量值的线性函数，零状态响应是激励输入量值的线性函数。但要注意，全响应无论与非零初始状态量值还是与激励输入量值之间都不再存在线性函数关系。

类似地，也可得到电流的零状态响应与零输入响应之和的全响应

$$i=\frac{U_s}{R}e^{-\frac{t}{RC}}-\frac{U_0}{R}e^{-\frac{t}{RC}} \qquad t>0$$

图 6-7-2 画出了 $U_s>U_0$ 时 u_C 和 i 随时间变化的曲线。

电路的全响应也可以分解为强制响应和固有响应之和，即

全响应=强制响应+固有响应

对于图 6-7-1 所示电路，电容电压的全响应

$$u_C=U_s(1-e^{-\frac{t}{RC}})+U_0e^{-\frac{t}{RC}}=U_s+(U_0-U_s)e^{-\frac{t}{RC}} \qquad t>0$$

式中，U_s 为强制响应；$(U_0-U_s)e^{-\frac{t}{RC}}$为固有响应。在有损耗的电路中（$R$ 为正值），当 t 趋于无

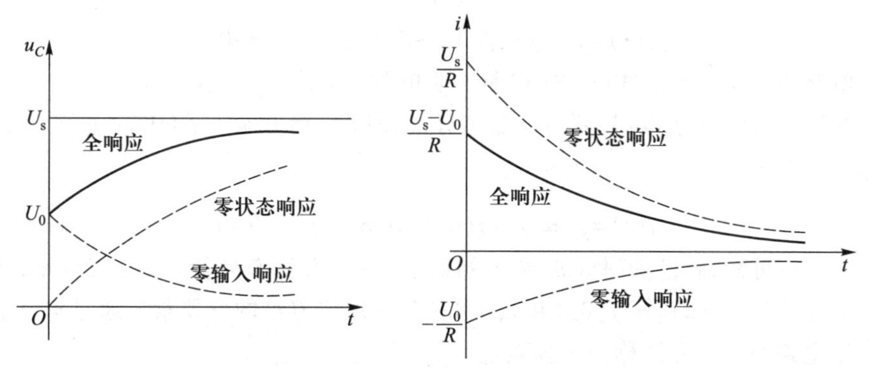

图 6-7-2　$U_s>U_0$ 时 u_C 和 i 随时间变化的曲线

穷大时,固有响应就衰减为零,所以固有响应又称为暂态响应。当激励为常量或时间的正弦函数时,强制响应分别为常量或与激励同频率的正弦函数,所以此情况下强制响应又称为稳态响应。此两种情况下全响应又可表示为

$$全响应=稳态响应+暂态响应$$

需要指出的是,如果激励函数是随时间衰减的指数函数,则强制响应也将是以相同规律衰减的指数函数。此时强制响应就不再称为稳态响应。将全响应分解为零输入响应和零状态响应则是着眼于电路中的因果关系。不是所有的线性电路都能分出暂态和稳态这两种工作状态的,例如,如果暂态响应不是随时间衰减的,则不能区分出这两种状态。但是,只要是线性电路,全响应总可分解为零输入响应和零状态响应。

思考与练习

6-7-1　判断题:一阶电路中零输入响应是线性响应,零状态响应是线性响应,则完全响应也是线性响应。(　　)

6-7-2　判断题:电容 C 在充电过程中,电容电压均按指数规律上升。(　　)

6-7-3　一阶 RC 动态电路中,已知电容电压全响应为 $u_C(t)=(8+6e^{-2t})\text{V}(t\geqslant0)$,则电容电压的零输入响应为(　　),零状态响应为(　　)。

6.8　一阶电路的三要素法

一阶电路的三要素法

对一阶电路,设 $f(t)$ 代表电路中任意电流或电压,其全响应都可写成

$$f(t)=f_p(t)+f_h(t)=f_p(t)+Ae^{-\frac{t}{\tau}}\quad t>0$$

令上式中 $t=0_+$,则

$$f(0_+)=f_p(0_+)+A$$

即

$$A=f(0_+)-f_p(0_+)$$

故

$$f(t)=f_{p}(t)+[f(0_{+})-f_{p}(0_{+})]e^{-\frac{t}{\tau}} \quad t>0 \tag{6-8-1}$$

式中，τ——电路的时间常数。式(6-8-1)是一阶电路全响应的一般形式。

当外加激励为直流时，$f_p(t)$是$f(t)$的稳态分量，即$f_p(t)=f(\infty)$，$f_p(0_+)=f_p(t)\big|_{t=0_+}=f(\infty)$，式(6-8-1)就可写成

$$f(t)=f(\infty)+[f(0_{+})-f(\infty)]e^{-\frac{t}{\tau}} \quad t>0 \tag{6-8-2}$$

从式(6-8-2)可知，若已知时间常数τ、初始值$f(0_+)$和稳态分量$f(\infty)$三要素，便可唯一地决定$f(t)$。对于式(6-8-2)，τ、$f(0_+)$和$f(\infty)$是唯一决定$f(t)$的三要素。通过求取电路变量的三要素来决定电路响应的方法称为三要素法。

对于$f(0_+)$，可利用第6.4节所述换路定则和$t=0_+$等效电路的计算获得。对于直流激励，$f(\infty)$可通过对换路后达到稳态时的直流电路计算取得(对于正弦激励，$f_p(t)$可用相量法计算得到，相量法将在第7章中介绍)。时间常数τ则为RC或L/R，这里的R是与C或L相连的二端网络的戴维南等效电阻。这样，三要素法将暂态过程的分析计算归结为相应稳态电路的分析计算，而不必通过列写和求解电路微分方程。因此，三要素法是分析一阶电路暂态过程的一个简便有效的方法。

例 6-5 如图6-8-1(a)所示电路，已知$U_s=10\ \text{V}$，$R_1=20\ \text{k}\Omega$，$R_2=30\ \text{k}\Omega$，$C=0.1\ \mu\text{F}$，换路前电路已处稳态。在$t=0$时开关S打开，求换路后电容电压u_C和电流i。

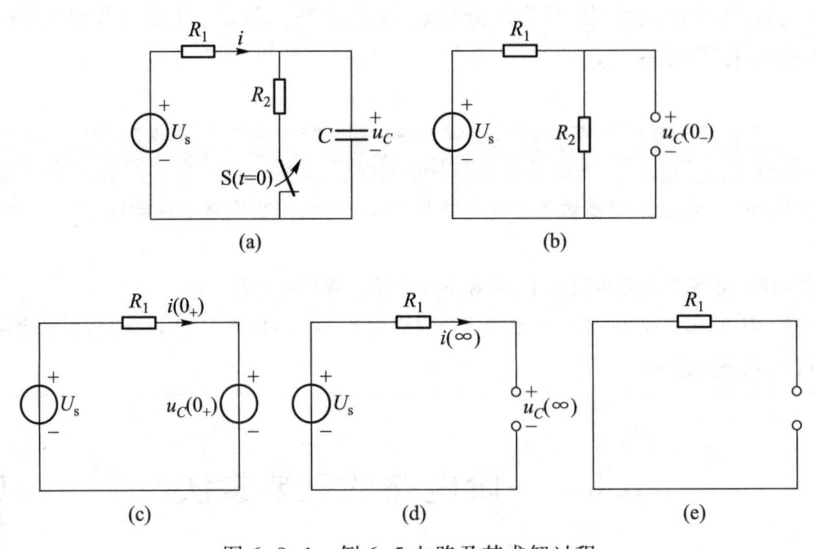

图6-8-1 例6-5电路及其求解过程

解 第一步 求$u_C(0_+)$和$i(0_+)$：先画出$t=0_-$时的电路，如图6-8-1(b)所示，其中，电容用"开路"来替代。根据电压分配公式，得

$$u_C(0_-)=\frac{R_2}{R_1+R_2}U_s=\frac{30}{30+20}\times 10\ \text{V}=6\ \text{V}$$

再画出$t=0_+$时的电路，如图6-8-1(c)所示，其中，电容用值为$u_C(0_+)$的电压源来替代。该电路换路时，u_C不会跃变，故$u_C(0_+)=u_C(0_-)=6\ \text{V}$。根据KVL，得

$$i(0_+)=\frac{U_s-u_C(0_+)}{R_1}=\frac{10-6}{20}\ \text{mA}=0.2\ \text{mA}$$

第二步　求 $u_C(\infty)$ 和 $i(\infty)$：画出 $t\to\infty$ 时的电路，如图 6-8-1(d)所示，电容用“开路”替代。根据 KVL，得

$$u_C(\infty)=U_s=10\ \text{V}$$

$$i(\infty)=0$$

第三步　求 τ：画出从动态元件两端看进去而独立源置零的无源二端网络，如图 6-8-1(e)所示，其中，电压源用“短路”替代。根据电阻串并联等效变换，该无源二端网络的等效电阻

$$R=R_1=20\ \text{k}\Omega$$

$$\tau=RC=20\times10^3\times0.1\times10^{-6}\ \text{s}=2\ \text{ms}$$

第四步　将上述值分别代入式(6-8-2)，得

$$\begin{aligned}u_C&=u_C(\infty)+[u_C(0_+)-u_C(\infty)]\text{e}^{-\frac{t}{\tau}}\\&=[10+(6-10)\text{e}^{-\frac{t}{2\times10^{-3}}}]\ \text{V}\\&=(10-4\text{e}^{-500t})\ \text{V}\qquad t>0\end{aligned}$$

$$\begin{aligned}i&=i(\infty)+[i(0_+)-i(\infty)]\text{e}^{-\frac{t}{\tau}}\\&=0+(0.2-0)\text{e}^{-500t}\ \text{mA}\\&=0.2\text{e}^{-500t}\ \text{mA}\qquad t>0\end{aligned}$$

例 6-6　如图 6-8-2(a)所示电路，已知 $R_1=R_2=3\ \Omega$，$R_3=6\ \Omega$，$L=5\ \text{H}$，$U_{s1}=15\ \text{V}$，$U_{s2}=18\ \text{V}$。换路前，电路已处稳态，在 $t=0$ 时开关 S 由 1 侧闭合于 2 侧，求换路后 i 和 i_L，并画出它们随时间变化的曲线。

解　第一步　求 $i_L(0_+)$ 和 $i(0_+)$：换路前电路已处稳态，先画出 $t=0_-$ 时电路，如图 6-8-2(b)所示，电感用“短路”替代。根据电流分配公式，得

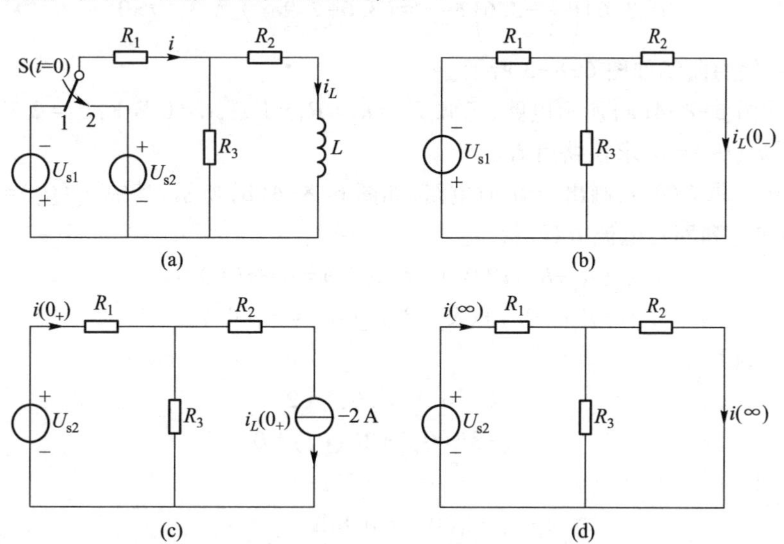

图 6-8-2　例 6-6 电路与其求解过程

$$i_L(0_-)=-\frac{U_{s1}}{R_1+\dfrac{R_2R_3}{R_2+R_3}}\cdot\frac{R_3}{R_2+R_3}=-\frac{15}{3+\dfrac{3\times6}{3+6}}\times\frac{6}{3+6}\ \text{A}=-2\ \text{A}$$

再画出 $t=0_+$ 时电路，如图 6-8-2(c) 所示。其中电路换路时，i_L 不会跃变，故 $i_L(0_+)=i_L(0_-)=-2$ A。电感用值为 $i_L(0_+)$ 的电流源来替代。列网孔电流方程，得

$$(R_1+R_3)i(0_+)-R_3i_L(0_+)=U_{s2}$$

于是

$$i(0_+)=\frac{U_{s2}+R_3i_L(0_+)}{R_1+R_3}=\frac{18-6\times2}{9}\ \text{A}=\frac{2}{3}\ \text{A}$$

第二步　求 $i_L(\infty)$ 和 $i(\infty)$：画出 $t\to\infty$ 时电路，如图 6-8-2(d) 所示，电感用"短路"替代。根据 KVL 和电流分配公式，得

$$i(\infty)=\frac{U_{s2}}{R_1+\dfrac{R_2R_3}{R_2+R_3}}=\frac{18}{3+\dfrac{3\times6}{3+6}}\ \text{A}=3.6\ \text{A}$$

$$i_L(\infty)=i(\infty)\frac{R_3}{R_2+R_3}=3.6\times\frac{6}{3+6}\ \text{A}=2.4\ \text{A}$$

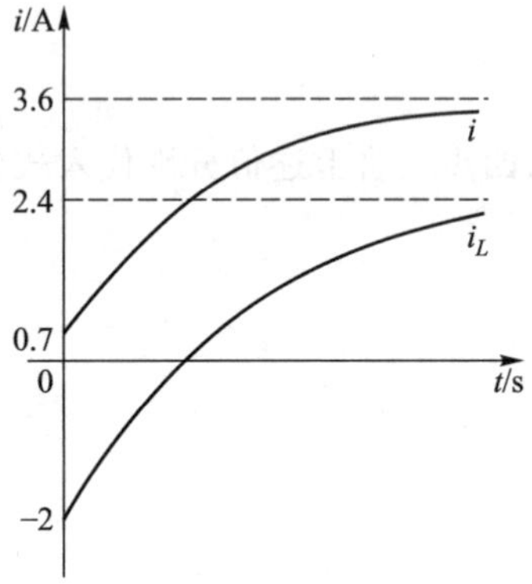

图 6-8-3　例 6-6 中 i_L 和 i 随时间变化的曲线

第三步　求 τ：开关合向 2 侧后，从电感两端看进去的戴维南等效电路的电阻

$$R=R_2+\frac{R_1R_3}{R_1+R_3}=3\ \Omega+\frac{3\times6}{3+6}\ \Omega=5\ \Omega$$

于是

$$\tau=\frac{L}{R}=\frac{5}{5}\ \text{s}=1\ \text{s}$$

第四步　将上述值分别代入式(6-8-2)，得

$$i_L=2.4+(-2-2.4)\text{e}^{-t}\text{A}=(2.4-4.4\text{e}^{-t})\ \text{A}\qquad t>0$$

$$i=3.6+\left(\frac{2}{3}-3.6\right)\text{e}^{-t}\text{A}=(3.6-2.9\text{e}^{-t})\ \text{A}\qquad t>0$$

i_L 和 i 随时间变化的曲线如图 6-8-3 所示。

例 6-7　如图 6-8-4(a) 所示电路，已知 $R_1=R_2=R_3=1\ \Omega$，$C=0.8$ F，$U_s=2$ V，$r=2\ \Omega$。$t=0$ 时开关 S 合上，$u_C(0_-)=0$，求换路后 i_1。

解　第一步　求 $i_1(0_+)$：画出 $t=0_+$ 时电路，如图 6-8-4(b) 所示，其中 $u_C(0_+)=u_C(0_-)=0$，电容用"短路"替代。列网孔电流方程，得

$$(R_1+R_2)i_1(0_+)-R_2i_2(0_+)=U_s-ri_1(0_+)$$
$$-R_2i_1(0_+)+(R_2+R_3)i_2(0_+)=ri_1(0_+)$$

移项并代入数据，得

$$4i_1(0_+)-i_2(0_+)=2$$
$$-3i_1(0_+)+2i_2(0_+)=0$$

解上述方程组，得

$$i_1(0_+)=0.8\ \text{A}$$

第二步　求 $i_1(\infty)$：画出 $t\to\infty$ 时电路，如图 6-8-4(c) 所示，电容用"开路"替代。由 KVL，得

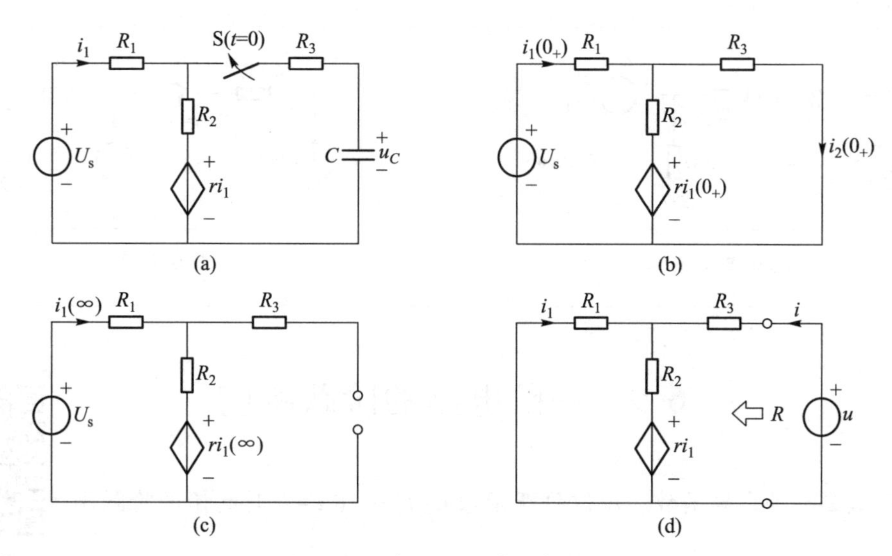

图 6-8-4 例 6-7 电路的求解过程

$$(R_1+R_2)i_1(\infty)=U_s-ri_1(\infty)$$

$$i_1(\infty)=\frac{U_s}{R_1+R_2+r}=\frac{2}{1+1+2}\text{A}=0.5\ \text{A}$$

第三步 求 τ:画出从动态元件两端看进去而独立源置零的无源二端网络,如图 6-8-4(d)所示,其中独立电压源用“短路”替代。注意,受控源仍然保留在电路中。然后,外施电压源 u,由 KVL 得

$$u=R_3i+R_2(i+i_1)+ri_1$$

$$R_1i_1+R_2(i+i_1)+ri_1=0$$

由上述第二式,得

$$i_1=\frac{-R_2}{R_1+R_2+r}i=-\frac{1}{1+1+2}i=-0.25i$$

代入第一式,得

$$u=(R_2+R_3)i+(R_2+r)i_1=(1+1)i+(1+2)(-0.25i)=1.25i$$

$$R=\frac{u}{i}=1.25\ \Omega$$

$$\tau=RC=1.25\times0.8\ \text{s}=1\ \text{s}$$

第四步 将上述值代入式(6-8-2),得

$$i_1=0.5\ \text{A}+(0.8-0.5)\text{e}^{-t}\text{A}=(0.5+0.3\text{e}^{-t})\text{A}\qquad t>0$$

思考与练习

6-8-1 是否全部一阶电路都能用“三要素”法分析?试描述三要素法的适用条件。

6-8-2 电路如题 6-8-2 图所示,$t<0$ 时电路稳定,$t=0$ 时开关闭合,求 $t>0$ 的 $u_C(t)$。

6-8-3 电路如题 6-8-3 图所示,$t<0$ 时电路稳定,$t=0$ 时开关闭合,求 $t>0$ 的 $i_L(t)$。

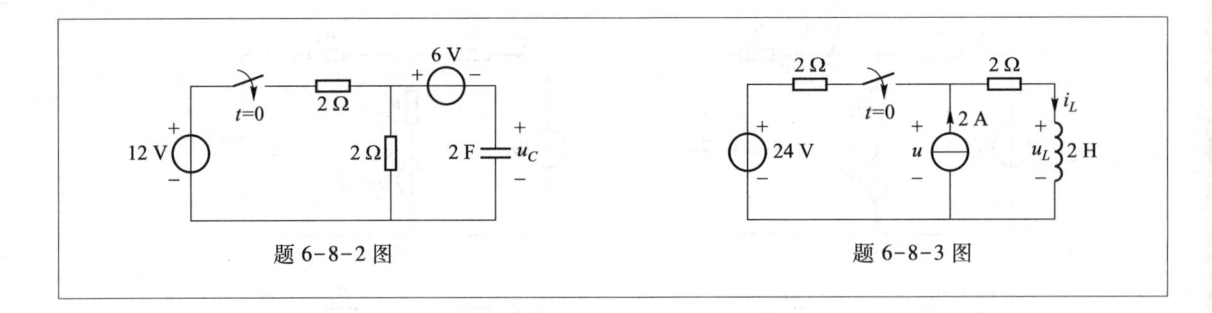

题 6-8-2 图　　　　题 6-8-3 图

6.9　一阶电路的阶跃响应

一阶电路的单位阶跃响应

阶跃函数是一种奇异函数。单位阶跃函数 $\varepsilon(t)$ 是在 $t=0$ 时起始的阶跃函数，定义为

$$\varepsilon(t)=\begin{cases}0 & t<0 \\ 1 & t>0\end{cases} \tag{6-9-1}$$

它在$(0_-,0_+)$时域内发生单位阶跃，其波形如图 6-9-1 所示。这个函数可以用来描述二端动态电路接通或断开直流电压源或电流源的开关动作。

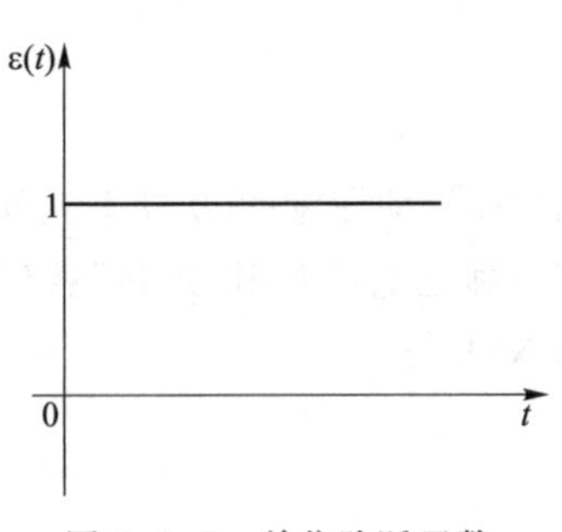

图 6-9-1　单位阶跃函数

作为电压激励，如图 6-9-2(a)所示，在 $t=0$ 时开关 S 离开 1 侧后闭合于 2 侧，1 V 直流电压源与二端动态电路相连接（换路前该二端动态电路的输入端一直被短路），于是可等效为如图6-9-2(b)所示。在二端动态电路连接电压 $u_s(t)=\varepsilon(t)$ V 的电压源，其随时间变化的曲线如图 6-9-2(c)所示。对应地，作为电流激励，如图 6-9-3(a)所示，在 $t=0$ 时开关 S 由 1 侧闭合于 2 侧，使 1 A 直流电流源与二端动态电路相连接（换路前该二端动态电路的输入端一直被开路），于是可等效为如图 6-9-3(b)所示。二端动态电路连接电流 $i_s(t)=\varepsilon(t)$ A 的电流源，其随时间变化的曲线如图 6-9-3(c)所示。

延时 t_0 的延时单位阶跃函数 $\varepsilon(t-t_0)$ 可表示为

$$\varepsilon(t-t_0)=\begin{cases}0 & t<t_0 \\ 1 & t>t_0\end{cases}$$

(a)　(b)　(c)

图 6-9-2　用单位阶跃函数描述开关作用

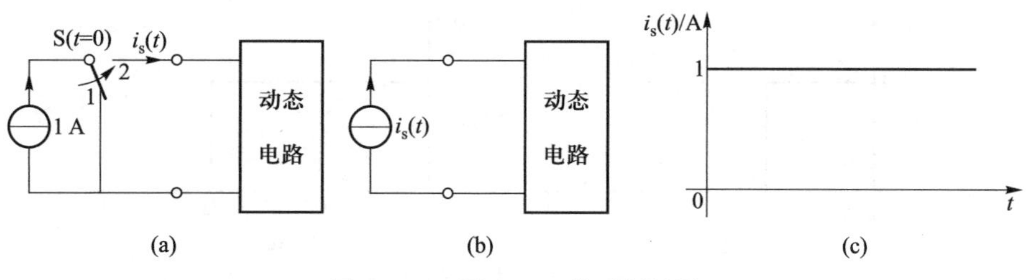

图 6-9-3 图 6-9-2 的对偶情况

式中,t_0 为任一起始时刻。$\varepsilon(t-t_0)$ 可视为 $\varepsilon(t)$ 在时间轴上向右移动 t_0 的结果,其随时间变化的曲线如图 6-9-4 所示。如果在 $t=t_0$ 时将二端动态电路接到 2 A 直流电流源上,则此二端动态电路输入端所连接的电流激励 $i_s(t)$ 可写为 $2\varepsilon(t-t_0)$ A。

单位阶跃函数可用来"起始"任意一个 $f(t)$,这给函数的表示与电路的计算带来了方便。如果假设 $f(t)$ 是对所有 t 都有定义的一个任意函数,如图 6-9-5(a)所示,则

$$f(t)\varepsilon(t-t_0)=\begin{cases}0 & t<t_0\\ f(t) & t>t_0\end{cases} \tag{6-9-2}$$

其随时间变化的曲线如图 6-9-5(b)所示。

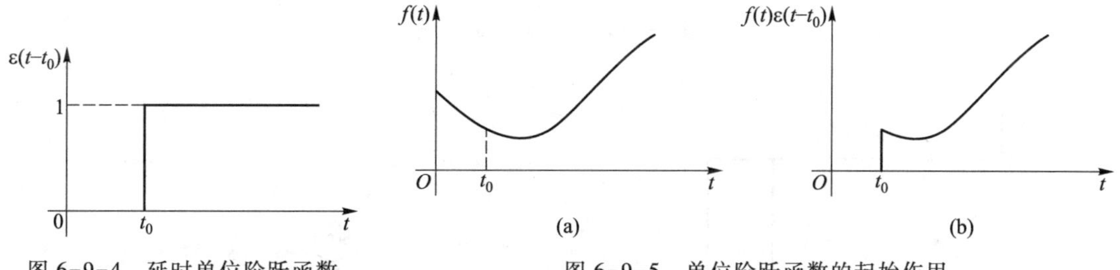

图 6-9-4 延时单位阶跃函数　　图 6-9-5 单位阶跃函数的起始作用

单位阶跃函数和延时单位阶跃函数的组合可用来表示矩形脉冲波和任意阶梯波。对如图 6-9-6(a)所示的幅度为 1 的矩形脉冲波,其表达式可写为

$$f(t)=\varepsilon(t)-\varepsilon(t-t_0)$$

其随时间变化的曲线可分解为如图 6-9-6(b)所示。同理,对如图 6-9-6(c)所示幅度为 1 的矩形脉冲波,其表达式可写为

$$f(t)=\varepsilon(t-t_1)-\varepsilon(t-t_2)$$

其随时间变化的曲线可分解为如图 6-9-6(d)所示。

对如图 6-9-7 所示阶梯波,其表达式可写为

$$f(t)=\varepsilon(t-t_1)+2\varepsilon(t-t_2)+3\varepsilon(t-t_3)-6\varepsilon(t-t_4)$$

单位阶跃函数可用来表示电路的激励和响应。电路对于单位阶跃激励输入的零状态响应称为电路的单位阶跃响应,用 $s(t)$ 表示。如图 6-9-8 所示 RC 电路,换路前电路处于零状态,在 $t=0$时开关 S 闭合。利用单位阶跃函数,电路的激励输入的表达式可写为

$$u_s=\varepsilon(t)\text{ V}$$

同样,电容电压的零状态响应的表达式可写为

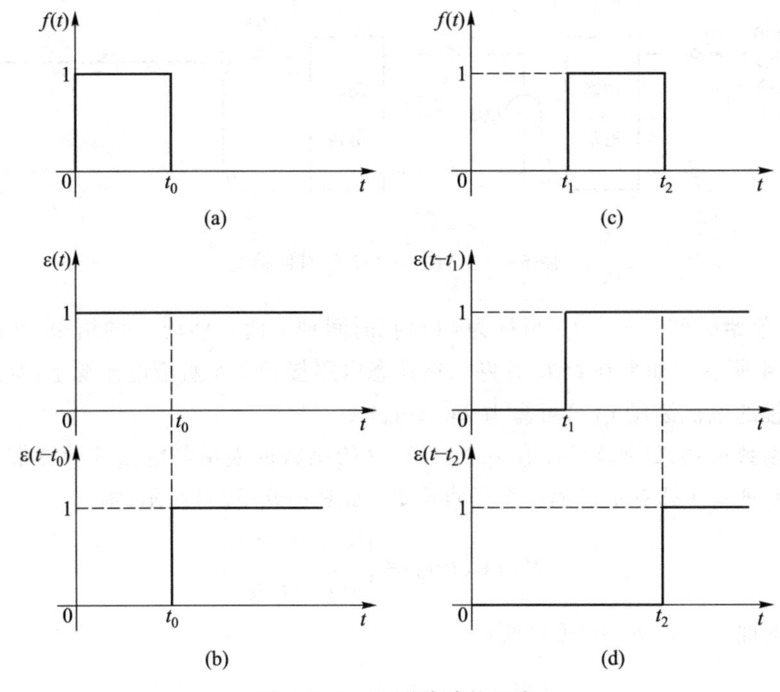

图 6-9-6　矩形脉冲的组成

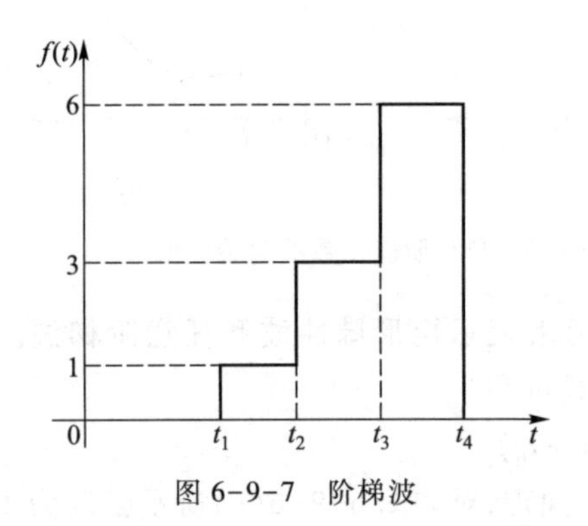

图 6-9-7　阶梯波

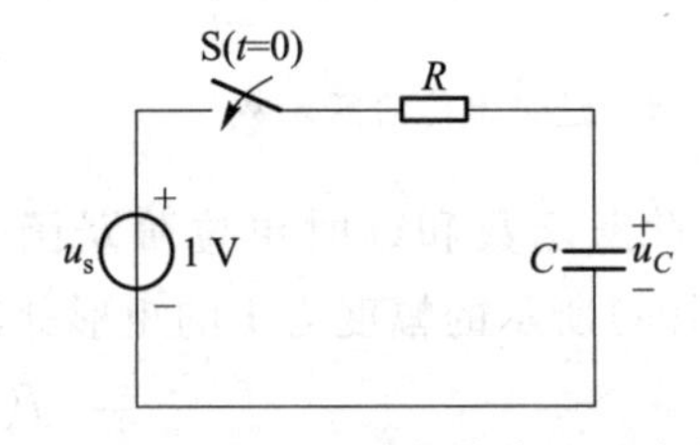

图 6-9-8　RC 电路的单位阶跃响应

$$u_C=(1-e^{-\frac{t}{\tau}})\,\varepsilon(t)\,\mathrm{V}$$

可见,求电路的单位阶跃响应,只需令一阶电路在直流输入情况下的零状态响应的表达式中的输入为 $\varepsilon(t)$。为表示此响应仅适用于 $t>0$,可在所得表达式后乘以 $\varepsilon(t)$,这样一方面可省去响应表达式后的"$t>0$",另一方面为今后计算带来方便。

如果单位阶跃激励不是在 $t=0$ 时施加,而是在某一时刻 t_0 时施加,则只需在上述表达式中将 t 改为 $(t-t_0)$,便可得到延时 t_0 的延时单位阶跃响应。例如,图 6-9-8 所示电路在 $t=t_0$ 时换路,$u_s=1\ \mathrm{V}$,则电路激励的表达式可写为

$$u_s=\varepsilon(t-t_0)\,\mathrm{V}$$

电容电压的零状态响应的表达式可写为

$$u_C=(1-e^{-\frac{t-t_0}{\tau}})\varepsilon(t-t_0)\text{V}$$

其波形是将起始 $t=0$ 的波形向右延迟时间 t_0，如图 6-9-9 所示。注意，这与用 $\varepsilon(t-t_0)$ 去“起始”一个波形是不同的。

已知单位阶跃响应，就能求出任意直流激励下的零状态响应。因为零状态响应是激励的线性函数，只要将单位阶跃响应乘以直流激励的量值就可以了。

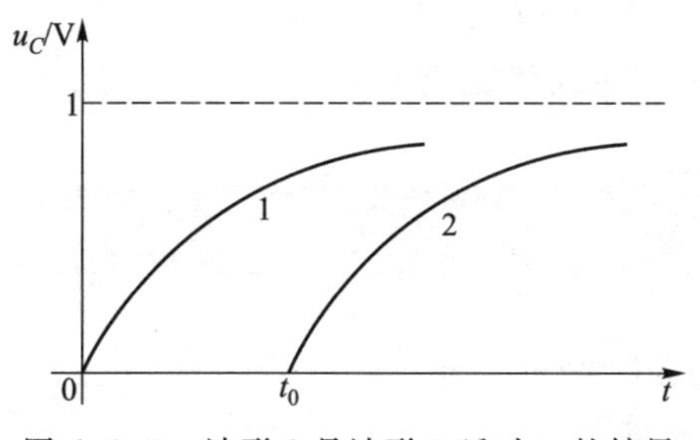

图 6-9-9　波形 2 是波形 1 延时 t_0 的结果

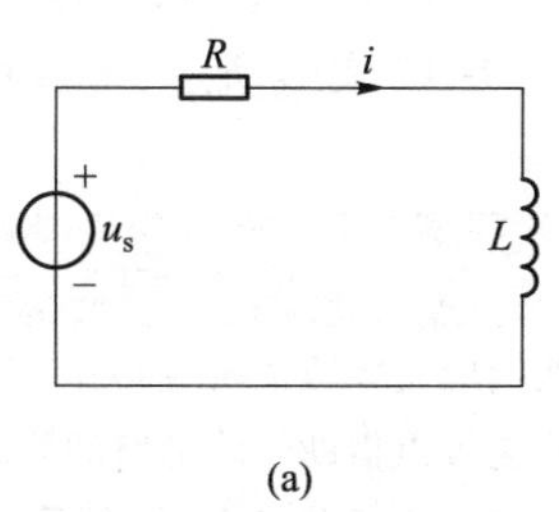

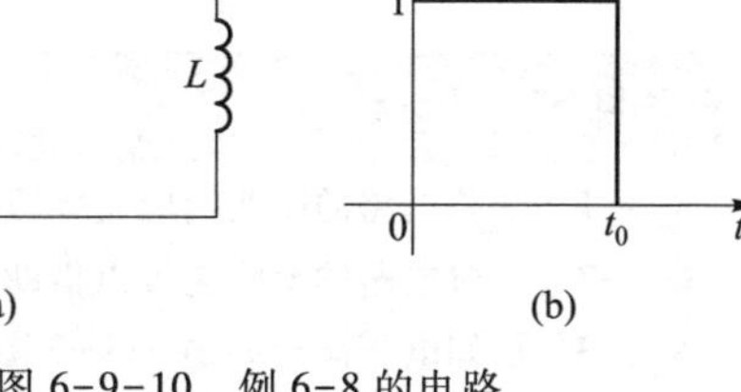

图 6-9-10　例 6-8 的电路

例 6-8　电路如图 6-9-10(a)所示，已知 $R=1\ \Omega, L=1\ \text{H}, u_s$ 的波形如图 6-9-10(b)所示，求电流 i，并画出 i 随时间变化的曲线。

一阶电路的延时单位阶跃响应

解　在 $t<t_0$ 时，电路相当于在 1 V 直流电压的作用下，所以

$$i=\frac{1}{R}(1-e^{-\frac{t}{\tau}})=(1-e^{-t})\text{A}\qquad 0<t\leqslant t_0$$

当 $t=t_0$ 时

$$i(t_0)=(1-e^{-t_0})\ \text{A}$$

在 $t>t_0$ 时，电压源相当于被短路，电路在 $i(t_0)$ 的作用下产生零输入响应，所以

$$i=(1-e^{-t_0})e^{-(t-t_0)}\text{A}\qquad t>t_0$$

i 随时间变化的曲线如图 6-9-11 所示。注意，电流要用两个表达式分段表示。

另一种解法，将 $u_s(t)$ 看作是两个阶跃电压之和，即

$$u_s=[\varepsilon(t)-\varepsilon(t-t_0)]\text{V}$$

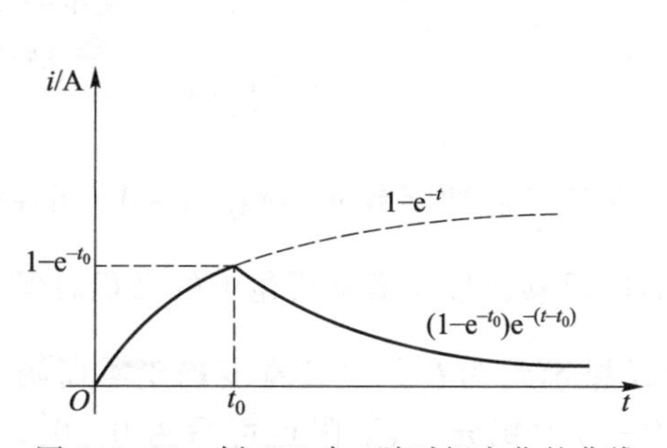

图 6-9-11　例 6-8 中 i 随时间变化的曲线

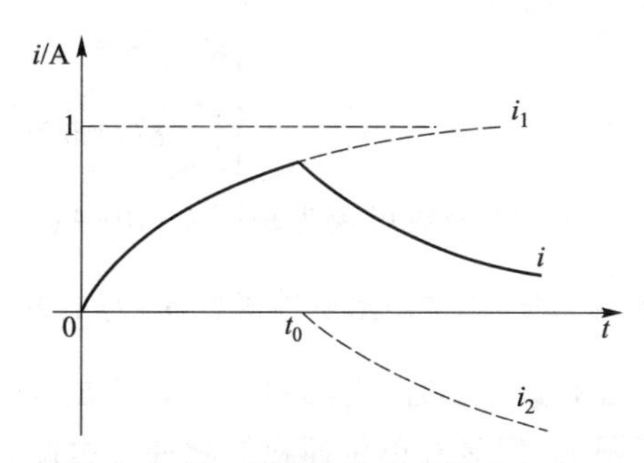

图 6-9-12　用叠加定理求例 6-8 中 i

分别计算这两个阶跃电压所产生的电流 i_1 和 i_2 后，叠加 i_1 和 i_2 所得总电流就是所求的 i。

在 $\varepsilon(t)$V 作用下

$$i_1=\frac{1}{R}(1-\mathrm{e}^{-\frac{t}{\tau}})\varepsilon(t)=(1-\mathrm{e}^{-t})\varepsilon(t)\mathrm{A}$$

在 $-\varepsilon(t-t_0)$ V 作用下

$$i_2=-\frac{1}{R}(1-\mathrm{e}^{-\frac{t-t_0}{\tau}})\varepsilon(t-t_0)=-[1-\mathrm{e}^{-(t-t_0)}]\varepsilon(t-t_0)\mathrm{A}$$

i_1 和 i_2 随时间变化的曲线如图 6-9-12 虚线所示。由叠加定理，得

$$i=i_1+i_2=(1-\mathrm{e}^{-t})\varepsilon(t)-[1-\mathrm{e}^{-(t-t_0)}]\varepsilon(t-t_0)\mathrm{A}$$

i 随时间变化的曲线如图 6-9-12 实线所示，电流用一个表达式就能表示了。

思考与练习

6-9-1　一阶电路的阶跃响应是零输入响应吗？

6-9-2　一阶电路的全响应可以借助一阶电路的阶跃响应分析吗？

6-9-3　已知电压波形如题 6-9-3 图所示，可用阶跃函数表示为（　　）。

6-9-4　电路如题 6-9-4 图所示，电压源 $u(t)$ 为单位阶跃函数，求 $t>0$ 时的 $u_C(t)$。

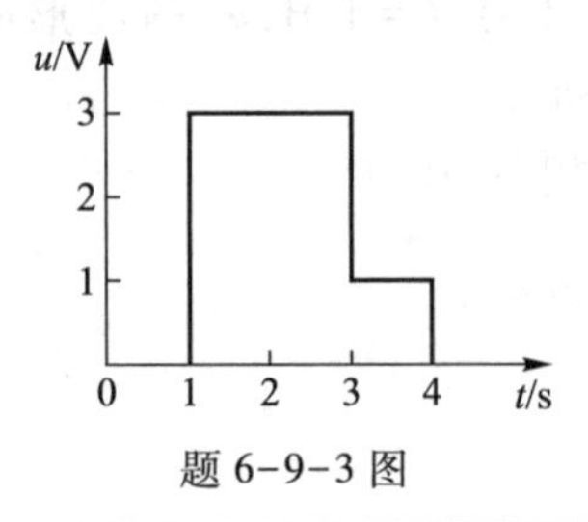

题 6-9-3 图

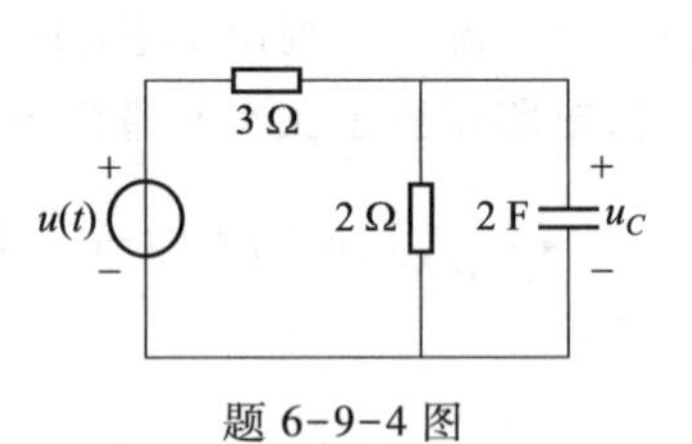

题 6-9-4 图

6.10　一阶电路的冲激响应

一阶电路的单位冲激响应

冲激函数又称为 δ 函数，也是一种奇异函数。单位冲激函数 $\delta(t)$ 是在 $t=0$ 时存在的函数，定义为

$$\begin{cases}\delta(t)=0 & t\neq 0\\ \int_{-\infty}^{\infty}\delta(t)\mathrm{d}t=1\end{cases}\qquad(6\text{-}10\text{-}1)$$

单位冲激函数可视为是图 6-10-1(a) 所示的单位矩形脉冲函数 $p_\Delta(t)$ 在 $\Delta\to 0$ 时的极限。当 Δ 减小时，单位矩形脉冲函数 $p_\Delta(t)$ 的幅度 $\frac{1}{\Delta}$ 却增加，但其波形与横轴所包围的面积总保持为 1，当 Δ 趋近于零时，式(6-10-1)即可成立。因此可设想 $\delta(t)$ 为在原点处宽度趋于零而幅度趋于无限大，但具有单位面积的脉冲。由此，式(6-10-1)中积分上、下限也可写为 0_+、0_-，其波形如图 6-10-1(b) 所示，在箭头旁边注明"1"。冲激函数所包含的面积称为冲激函数的强度。单位冲激函数就是强度为 1 个单位的冲激函数。冲激函数 $k\delta(t)$ 的强度为 k 个单位，其波形如图 6-10-1(c) 所示，在箭头旁边注明"k"。冲激函数是用强度而不是用幅度来表征的。

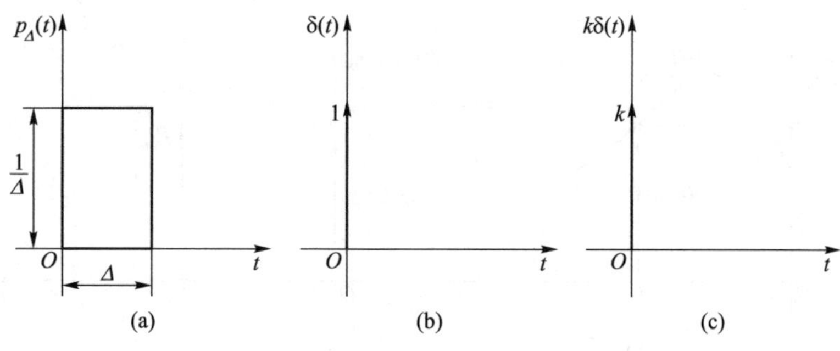

图 6-10-1 冲激函数

延时 t_0 的延时单位冲激函数 $\delta(t-t_0)$ 可表示为

$$\begin{cases} \delta(t-t_0)=0 & t \neq t_0 \\ \int_{-\infty}^{\infty} \delta(t-t_0)\,\mathrm{d}t=1 \end{cases} \tag{6-10-2}$$

式中，t_0——任一瞬间。

$\delta(t-t_0)$ 可视为将 $\delta(t)$ 在时间轴上向右移动 t_0 的结果，其波形如图 6-10-2(a)所示。可设想 $\delta(t-t_0)$ 为在 $t=t_0$ 处宽度趋于零而幅度趋于无限大，但具有单位面积的脉冲。在 t_0 处强度为 k 的冲激函数，其波形如图 6-10-2(b)所示。

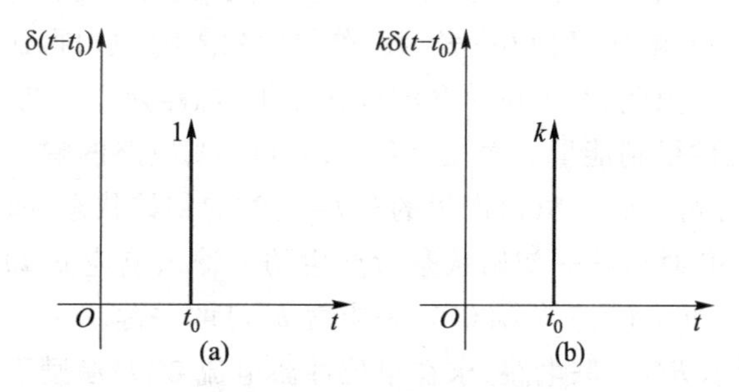

图 6-10-2 延时冲激函数

冲激函数具有筛分性质。由于在 $t\neq 0$ 时，$\delta(t)=0$，所以对于在 $t=0$ 时为连续的任意函数 $f(t)$，除 $t=0$ 外，对所有 t，乘积 $f(t)\delta(t)$ 也将为零，而在 $t=0$ 时 $f(t)=f(0)$，得

$$f(t)\delta(t)=f(0)\delta(t)$$

因此

$$\int_{-\infty}^{\infty} f(t)\delta(t)\,\mathrm{d}t=f(0)\int_{-\infty}^{\infty}\delta(t)\,\mathrm{d}t=f(0)$$

同理，对于在 $t=t_0$ 时为连续的任意函数 $f(t)$，得

$$\int_{-\infty}^{\infty} f(t)\delta(t-t_0)\,\mathrm{d}t=f(t_0)$$

这些都说明，冲激函数能将函数 $f(t)$ 在冲激存在时刻的函数值筛选出来，这一性质称为冲激函数的筛分性。例如，将图 6-10-3(a)所示连续函数 $f(t)$ 在 $t=t_0$ 时刻的函数值筛出来，如图 6-10-3(b)所示。

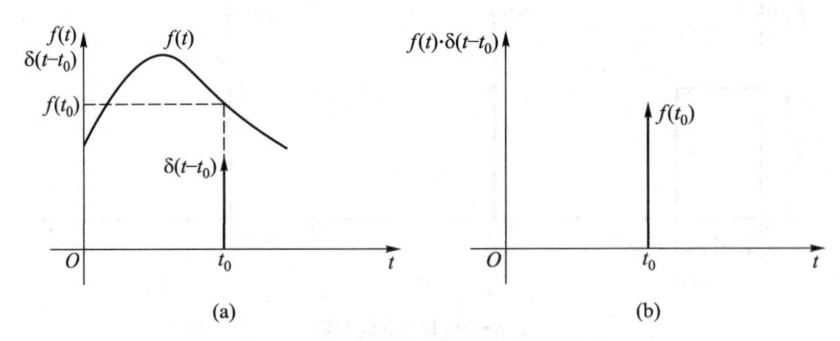

图 6-10-3 冲激函数的"筛分"性质

冲激函数的另一重要性质是单位冲激函数为单位阶跃函数的导数。根据单位冲激函数的定义,得

$$\int_{-\infty}^{t} \delta(\xi)\,\mathrm{d}\xi=\begin{cases}0 & t<0\\ 1 & t>0\end{cases}=\varepsilon(t)$$

从而可得

$$\delta(t)=\frac{\mathrm{d}\varepsilon(t)}{\mathrm{d}t} \tag{6-10-3}$$

单位冲激函数也可用来表示电路的激励和响应。电路对于单位冲激函数 $\delta(t)$ 激励的零状态响应称为电路的单位冲激响应,用 $h(t)$ 表示。单位冲激激励 $\delta(t)$ 可认为是在 $t=0$ 时幅度无限大,持续期趋于零的信号。因此,在单位冲激激励作用下,电路建立了初始状态,使电容电压或电感电流发生跃变,储能元件得到能量。而在 $t>0$ 时,$\delta(t)=0$,电路的响应就由刚建立的初始状态产生。求 $h(t)$ 的方法是:先求解由 $\delta(t)$ 产生的在 $t=0_+$ 时的初始状态,即 $\delta(t)$ 作用下引起的电路的零状态响应;再求解 $t>0$ 时由这一初始状态所产生的零输入响应 $h(t)$。显然,计算 $\delta(t)$ 在 $t=0_-$ 到 0_+ 产生的初始状态,即 $u_C(0_+)$ 或 $i_L(0_+)$,是求解 $h(t)$ 的关键。

如图 6-10-4(a)所示 RC 并联电路,求在单位冲激电流 $\delta_i(t)$ 激励下的零状态响应。

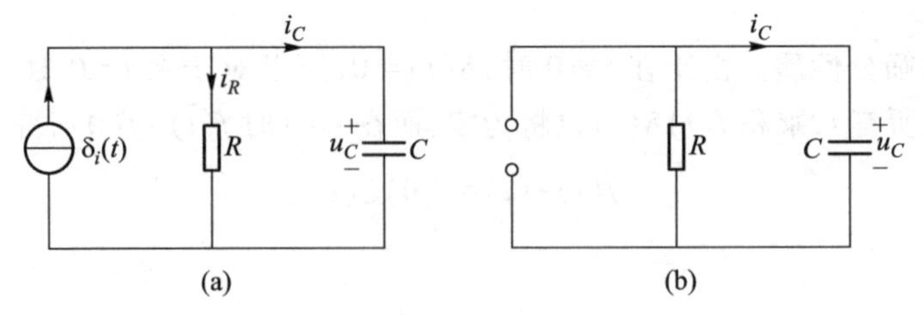

图 6-10-4 RC 电路的单位冲激响应

根据 KCL,得

$$C\frac{\mathrm{d}u_C}{\mathrm{d}t}+\frac{u_C}{R}=\delta_i(t) \qquad t\geqslant 0_-$$

而 $u_C(0_-)=0$。式中电容电压 u_C 不可能为冲激函数,否则 $i_R=\dfrac{u_C}{R}$ 也为冲激函数,而 $i_C=C\dfrac{\mathrm{d}u_C}{\mathrm{d}t}$ 将为冲激函数的一阶导数,使上式不能成立。为了求 $u_C(0_+)$,将上式从 $t=0_-$ 到 0_+ 进行积分,得

$$\int_{0_-}^{0_+} C\frac{\mathrm{d}u_C}{\mathrm{d}t}\mathrm{d}t + \int_{0_-}^{0_+}\frac{u_C}{R}\mathrm{d}t = \int_{0_-}^{0_+}\delta_i(t)\,\mathrm{d}t$$

由于 u_C 不可能是冲激函数,所以上式等号左边的第二个积分为零。从而得

$$C[u_C(0_+)-u_C(0_-)]=1$$

上式等号右边按 $\delta_i(t)$ 积分的结果具有电荷的量纲。由于 $u_C(0_-)=0$,所以得到在 $\delta_i(t)$ 作用下产生的 $t=0_+$时的初始状态

$$u_C(0_+)=\frac{1}{C}$$

注意:u_C 从 $t=0_-$到 0_+发生了跃变。当 $t>0$ 时,因为 $\delta_i(t)=0$,所以冲激电流源可用“开路”来替代,如图 6-10-4(b)所示。由此图容易求得 $t>0$ 时此电路电容电压的零输入响应

$$u_C=u_C(0_+)\mathrm{e}^{-\frac{t}{RC}}\varepsilon(t)=\frac{1}{C}\mathrm{e}^{-\frac{t}{\tau}}\varepsilon(t)$$

此时电容电流

$$i_C=\delta_i(t)-\frac{u_C}{R}=\delta_i(t)-\frac{1}{RC}\mathrm{e}^{-\frac{t}{RC}}\varepsilon(t)$$

u_C、i_C 随时间变化曲线分别如图 6-10-5(a)、(b)所示。可以看出 $t=0_-$到 0_+ u_C 的跃变和 i_C 中含有冲激。

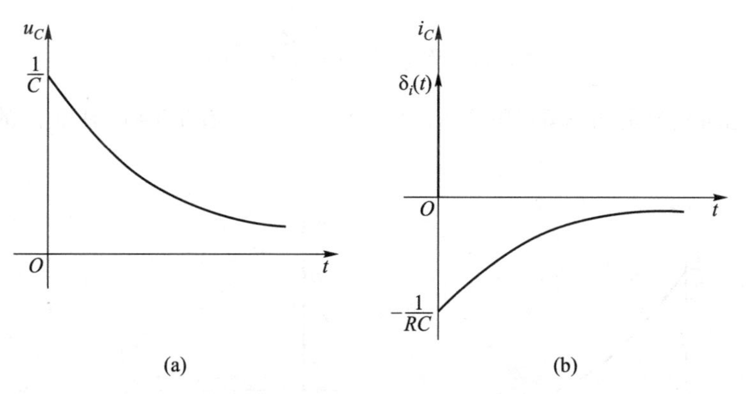

图 6-10-5 u_C 和 i_C 随时间变化的曲线

下面再对偶地来求如图 6-10-6(a)所示的 RL 串联电路在单位冲激电压 $\delta_u(t)$ 激励下的零状态响应。根据 KVL,得

$$L\frac{\mathrm{d}i_L}{\mathrm{d}t}+Ri_L=\delta_u(t) \qquad t\geqslant 0_-$$

而 $i_L(0_-)=0$。式中电感电流 i_L 不可能为冲激函数,否则 $u_R=Ri_L$ 也为冲激函数,$u_L=L\frac{\mathrm{d}i_L}{\mathrm{d}t}$将为冲激函数的一阶导数,使上式不能成立。为了求 $i_L(0_+)$,将上式由 $t=0_-$到 0_+进行积分,得

$$\int_{0_-}^{0_+} L\frac{\mathrm{d}i_L}{\mathrm{d}t}\mathrm{d}t + \int_{0_-}^{0_+}Ri_L\mathrm{d}t = \int_{0_-}^{0_+}\delta_u(t)\,\mathrm{d}t$$

由于 i_L 不可能是冲激函数,所以上式等号左边的第二个积分为零。从而得

$$L[i_L(0_+)-i_L(0_-)]=1$$

上式等号右边按 $\delta_u(t)$ 积分的结果具有磁链的量纲。由于 $i_L(0_-)=0$，所以得到在 $\delta_u(t)$ 作用下产生的 $t=0_+$ 时的初始状态

$$i_L(0_+)=\frac{1}{L}$$

注意，i_L 从 $t=0_-$ 到 0_+ 发生了跃变。当 $t>0$ 时，因为 $\delta_u(t)=0$，所以冲激电压源可用“短路”来替代，如图 6-10-6(b)所示。从此图容易求得 $t>0$ 时此电路电感电流的零输入响应

$$i_L=i_L(0_+)\mathrm{e}^{-\frac{R}{L}t}\varepsilon(t)=\frac{1}{L}\mathrm{e}^{-\frac{t}{\tau}}\varepsilon(t)$$

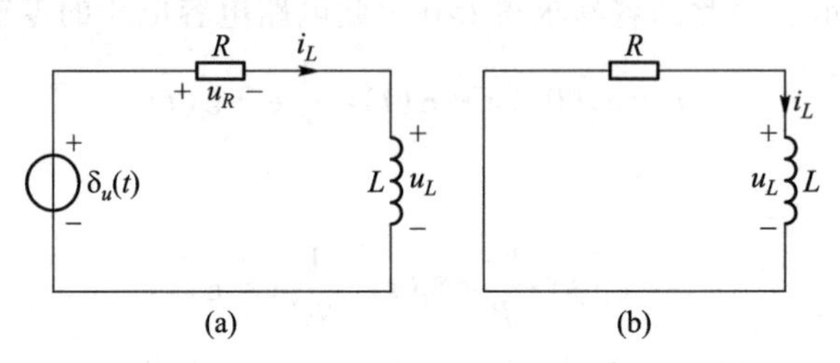

图 6-10-6 *RL* 电路的单位冲激响应

此时电感电压

$$u_L=\delta_u(t)-Ri_L=\delta_u(t)-\frac{R}{L}\mathrm{e}^{-\frac{R}{L}t}\varepsilon(t)$$

i_L、u_L 随时间变化曲线分别如图 6-10-7(a)、(b)所示。可以看出 $t=0_-$ 到 0_+ i_L 的跃变和 u_L 中含有冲激。

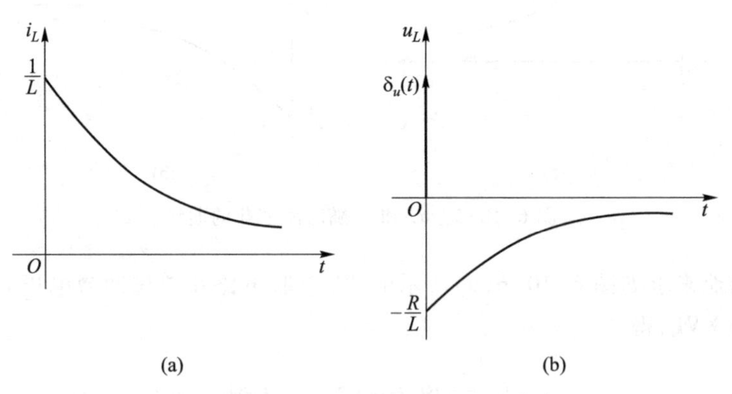

图 6-10-7 i_L 和 u_L 随时间变化的曲线

式(6-10-3)指出单位冲激函数为单位阶跃函数的导数，即

$$\delta(t)=\frac{\mathrm{d}\varepsilon(t)}{\mathrm{d}t}$$

对于线性电路来说，描述电路性状的微分方程为线性、常系数方程，从而得到下述一个重要关系：单位冲激响应为单位阶跃响应的一阶导数。如果设这种电路的激励为 $e(t)$、响应为 $r(t)$，则当

激励为 $e(t)$ 的导数或积分时，所得的响应必为 $r(t)$ 的导数或积分。单位冲激激励 $\delta(t)$ 为单位阶跃激励 $\varepsilon(t)$ 的一阶导数，因此单位冲激响应 $h(t)$ 可由单位阶跃响应 $s(t)$ 的一阶导数求得，即

$$h(t)=\frac{\mathrm{d}s(t)}{\mathrm{d}t} \tag{6-10-4}$$

这样就得到了求单位冲激响应的另一种较简单的方法。

例 6-9 利用单位冲激响应为单位阶跃响应的导数这一重要关系，求图 6-10-8(a)所示电路的 u_C。

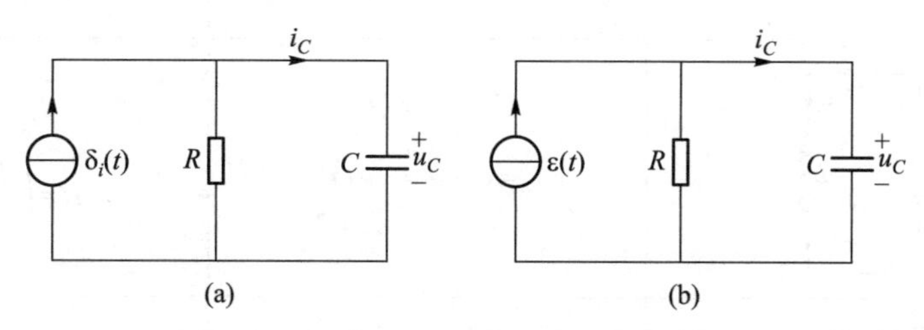

图 6-10-8 例 6-9 电路及其单位阶跃响应

解 该电路 u_C 的单位阶跃响应（如图 6-10-8(b)所示）

$$s(t)=R(1-\mathrm{e}^{-\frac{t}{RC}})\varepsilon(t)$$

由于

$$h(t)=\frac{\mathrm{d}s(t)}{\mathrm{d}t}$$

可得 u_C 的单位冲激响应

$$\begin{aligned}
h(t)&=R\frac{\mathrm{d}}{\mathrm{d}t}[\varepsilon(t)-\mathrm{e}^{-\frac{t}{RC}}\varepsilon(t)]\\
&=R\left[\delta(t)-\delta(t)\mathrm{e}^{-\frac{t}{RC}}+\frac{1}{RC}\mathrm{e}^{-\frac{t}{RC}}\varepsilon(t)\right]\\
&=R\left[\delta(t)-\delta(t)+\frac{1}{RC}\mathrm{e}^{-\frac{t}{RC}}\varepsilon(t)\right]\\
&=\frac{1}{C}\mathrm{e}^{-\frac{t}{RC}}\varepsilon(t)=\frac{1}{C}\mathrm{e}^{-\frac{t}{\tau}}\varepsilon(t)
\end{aligned}$$

与先前的结果完全一致。表 6-10-1 列出了简单的一阶电路的阶跃响应和冲激响应。

表 6-10-1 一阶电路的阶跃响应和冲激响应

电路	零状态响应	
	阶跃响应 $s(t)$	冲激响应 $h(t)$
$i_s(t)$ R C u_C	$i_s(t)=\varepsilon(t)$ $u_C=R(1-\mathrm{e}^{-\frac{t}{\tau}})\varepsilon(t)$	$i_s(t)=\delta(t)$ $u_C=\left(\frac{1}{C}\mathrm{e}^{-\frac{t}{\tau}}\right)\varepsilon(t)$

续表

电路	零状态响应	
	阶跃响应 $s(t)$	冲激响应 $h(t)$
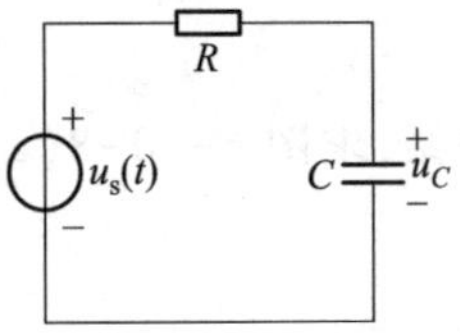	$u_s(t)=\varepsilon(t)$ $u_C=(1-e^{-\frac{t}{\tau}})\varepsilon(t)$	$u_s(t)=\delta(t)$ $u_C=\left(\frac{1}{RC}e^{-\frac{t}{\tau}}\right)\varepsilon(t)$
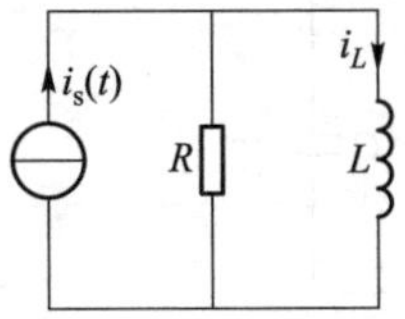	$i_s(t)=\varepsilon(t)$ $i_L=(1-e^{-\frac{t}{\tau}})\varepsilon(t)$	$i_s(t)=\delta(t)$ $i_L=\left(\frac{R}{L}e^{-\frac{t}{\tau}}\right)\varepsilon(t)$
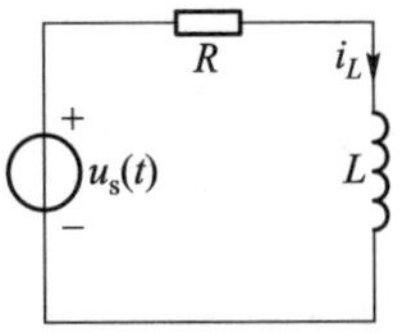	$u_s(t)=\varepsilon(t)$ $i_L=\frac{1}{R}(1-e^{-\frac{t}{\tau}})\varepsilon(t)$	$u_s(t)=\delta(t)$ $i_L=\left(\frac{1}{L}e^{-\frac{t}{\tau}}\right)\varepsilon(t)$

思考与练习

6-10-1　当激励为阶跃函数时电路的响应为阶跃响应，当激励为冲激函数时电路的响应为冲激响应。这种说法对吗？若不对，应该怎么说？

6-10-2　求题6-10-2图所示电路的单位冲激响应 $i_L(t)$。

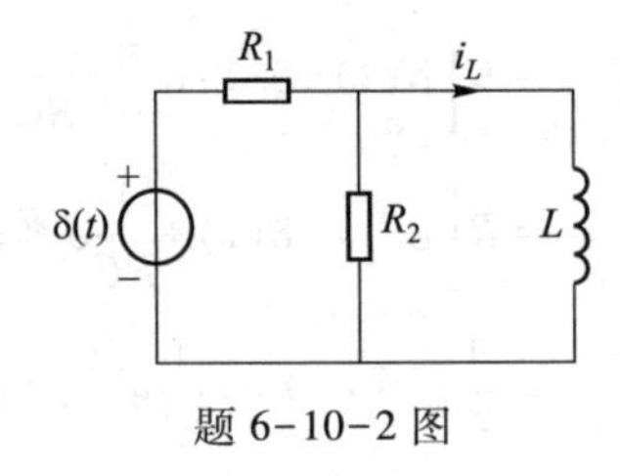

题6-10-2图

6.11　卷积积分

当电路的冲激响应已知时，通过在时间域内的卷积积分可以求出该电路在任意输入作用下的零状态响应。

设任意输入激励 $e(t)$ 的波形如图6-11-1所示，$e(t)$ 在 $t=0$ 时作用于初始状态为零的线性定常电路，为求解 $t>0$ 时电路的零状态响应，应将时间区间 $(0,t)$ 分成相等的 n 段，每一段的宽度为 Δ。于是 $e(t)$ 可用图6-11-2所示的阶梯形折线来逼近，而阶梯形折线可看作为一系列矩形脉冲。一系列矩形脉冲可通过如下单位脉冲函数和延迟的单位脉冲函数,即 $p_\Delta(t)$ 和 $p_\Delta(t-k\Delta)$ 来表示:

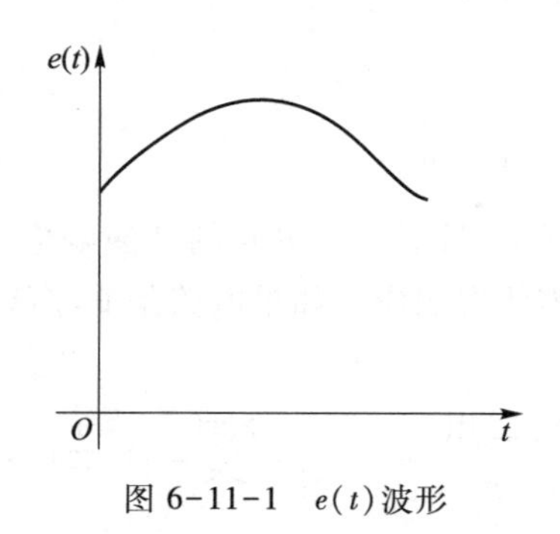

图 6-11-1 $e(t)$ 波形

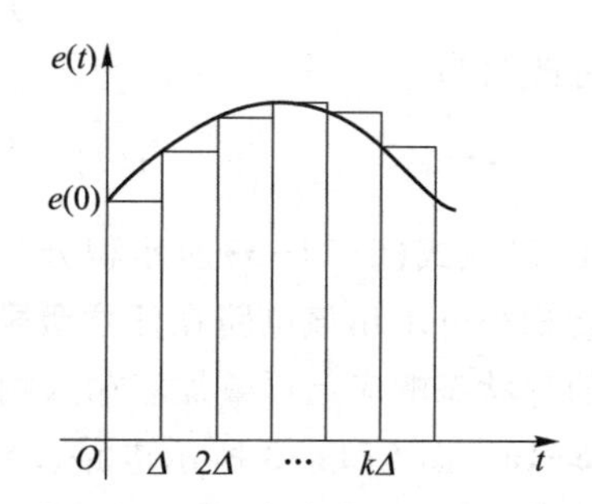

图 6-11-2 将 $e(t)$ 分为一系列矩形脉冲

第一个矩形脉冲 $e(0)[\varepsilon(t)-\varepsilon(t-\Delta)]=e(0)\dfrac{\varepsilon(t)-\varepsilon(t-\Delta)}{\Delta}\Delta=e(0)p_\Delta(t)\Delta$

第二个矩形脉冲 $e(\Delta)p_\Delta(t-\Delta)\Delta$

第三个矩形脉冲 $e(2\Delta)p_\Delta(t-2\Delta)\Delta$

⋮ ⋮

第 $k+1$ 个矩形脉冲 $e(k\Delta)p_\Delta(t-k\Delta)\Delta$

⋮ ⋮

第 n 个矩形脉冲 $e[(n-1)\Delta]p_\Delta[t-(n-1)\Delta]\Delta$

因此,阶梯形折线可表示为

$$\begin{aligned}e_\Delta(t)&=e(0)p_\Delta(t)\Delta+e(\Delta)p_\Delta(t-\Delta)\Delta+e(2\Delta)p_\Delta(t-2\Delta)\Delta+\cdots\\&\quad+e(k\Delta)p_\Delta(t-k\Delta)\Delta+\cdots+e[(n-1)\Delta]p_\Delta[t-(n-1)\Delta]\Delta\\&=\sum_{k=0}^{n-1}e(k\Delta)p_\Delta(t-k\Delta)\Delta\end{aligned}$$

为求 $e_\Delta(t)$ 所产生的零状态响应 $r_\Delta(t)$,可先求出下述每个矩形脉冲的响应,然后进行叠加。

第一个矩形脉冲响应 $r[e(0)p_\Delta(t)\Delta]=e(0)h_\Delta(t)\Delta$

第二个矩形脉冲响应 $r[e(\Delta)p_\Delta(t-\Delta)\Delta]=e(\Delta)h_\Delta(t-\Delta)\Delta$

第三个矩形脉冲响应 $r[e(2\Delta)p_\Delta(t-2\Delta)\Delta]=e(2\Delta)h_\Delta(t-2\Delta)\Delta$

⋮ ⋮

第 $k+1$ 个矩形脉冲响应 $r[e(k\Delta)p_\Delta(t-k\Delta)\Delta]=e(k\Delta)h_\Delta(t-k\Delta)\Delta$

⋮ ⋮

第 n 个矩形脉冲响应

$$r\{e[(n-1)\Delta]p_\Delta[t-(n-1)\Delta]\Delta\}=e[(n-1)\Delta]h_\Delta[t-(n-1)\Delta]\Delta$$

从而

$$r_\Delta(t)=\sum_{k=0}^{n-1}r[e(k\Delta)p_\Delta(t-k\Delta)\Delta]=\sum_{k=0}^{n-1}e(k\Delta)h_\Delta(t-k\Delta)\Delta \tag{6-11-1}$$

当 $n\to\infty$,即 $\Delta\to 0$ 时,单位脉冲成为单位冲激,即 $p_\Delta(t)\to\delta(t)$;脉冲响应成为冲激响应,即

$h_{\Delta}(t)\to h(t)$。此时记无穷小量 Δ 为 $\mathrm{d}\zeta$，记离散变量 $k\Delta$ 变成的连续变量为 ζ，式(6-11-1)中各项求和转变成积分，式(6-11-1)可写成

$$r(t)=\int_{0}^{t}e(\zeta)h(t-\zeta)\mathrm{d}\zeta \quad t\geqslant 0 \tag{6-11-2}$$

上式还可改写为

$$r(t)=\int_{0}^{t}e(t-\zeta)h(\zeta)\mathrm{d}\zeta \quad t\geqslant 0 \tag{6-11-3}$$

式(6-11-2)或式(6-11-3)所示积分称为卷积积分。可见，只要已知电路的冲激响应 $h(t)$，就可根据卷积积分求出该电路在任意激励函数 $e(t)$下的零状态响应。如果电路是非零状态，只需在求得的零状态响应上再叠加零输入响应即可。

例 6-10　图 6-11-3 所示电路，$t=0$ 时开关 S 闭合，试用卷积积分求 $t\geqslant 0$ 时零状态下的 $i(t)$。

解　设 $u_{s}(t)=U_{m}\sin(\omega t+\psi_{u})$。已知 RL 串联电路的冲激响应电流为 $h(t)=\dfrac{1}{L}\mathrm{e}^{-\frac{R}{L}t}$，则由式(6-11-2)得

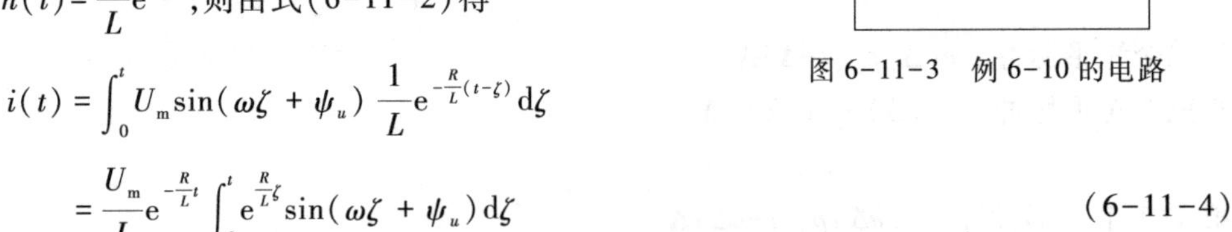

图 6-11-3　例 6-10 的电路

$$\begin{aligned}i(t)&=\int_{0}^{t}U_{m}\sin(\omega\zeta+\psi_{u})\frac{1}{L}\mathrm{e}^{-\frac{R}{L}(t-\zeta)}\mathrm{d}\zeta\\&=\frac{U_{m}}{L}\mathrm{e}^{-\frac{R}{L}t}\int_{0}^{t}\mathrm{e}^{\frac{R}{L}\zeta}\sin(\omega\zeta+\psi_{u})\mathrm{d}\zeta\end{aligned} \tag{6-11-4}$$

应用分部积分法

$$\begin{aligned}&\int_{0}^{t}\mathrm{e}^{\frac{R}{L}\zeta}\sin(\omega\zeta+\psi_{u})\mathrm{d}\zeta\\&=\frac{L}{R}\int_{0}^{t}\sin(\omega\zeta+\psi_{u})\mathrm{d}\mathrm{e}^{\frac{R}{L}\zeta}\\&=\frac{L}{R}\left[\mathrm{e}^{\frac{R}{L}\zeta}\sin(\omega\zeta+\psi_{u})\Big|_{0}^{t}-\int_{0}^{t}\mathrm{e}^{\frac{R}{L}\zeta}\mathrm{d}\sin(\omega\zeta+\psi_{u})\right]\\&=\frac{L}{R}\mathrm{e}^{\frac{R}{L}\zeta}\sin(\omega\zeta+\psi_{u})\Big|_{0}^{t}-\frac{\omega L^{2}}{R^{2}}\int_{0}^{t}\cos(\omega\zeta+\psi_{u})\mathrm{d}\mathrm{e}^{\frac{R}{L}\zeta}\\&=\frac{L}{R}\mathrm{e}^{\frac{R}{L}\zeta}\sin(\omega\zeta+\psi_{u})\Big|_{0}^{t}-\frac{\omega L^{2}}{R^{2}}\left[\mathrm{e}^{\frac{R}{L}\zeta}\cos(\omega\zeta+\psi_{u})\Big|_{0}^{t}-\int_{0}^{t}\mathrm{e}^{\frac{R}{L}\zeta}\mathrm{d}\cos(\omega\zeta+\psi_{u})\right]\\&=\frac{L}{R}\mathrm{e}^{\frac{R}{L}\zeta}\sin(\omega\zeta+\psi_{u})\Big|_{0}^{t}-\frac{\omega L^{2}}{R^{2}}\mathrm{e}^{\frac{R}{L}\zeta}\cos(\omega\zeta+\psi_{u})\Big|_{0}^{t}-\frac{\omega^{2}L^{2}}{R^{2}}\int_{0}^{t}\mathrm{e}^{\frac{R}{L}\zeta}\sin(\omega\zeta+\psi_{u})\mathrm{d}\zeta\\&=\frac{L}{R}\mathrm{e}^{\frac{R}{L}t}\sin(\omega t+\psi_{u})-\frac{L}{R}\sin\psi_{u}-\frac{\omega L^{2}}{R^{2}}\mathrm{e}^{\frac{R}{L}t}\cos(\omega t+\psi_{u})+\frac{\omega L^{2}}{R^{2}}\cos\psi_{u}-\\&\quad\frac{\omega^{2}L^{2}}{R^{2}}\int_{0}^{t}\mathrm{e}^{\frac{R}{L}\zeta}\sin(\omega\zeta+\psi_{u})\mathrm{d}\zeta\end{aligned}$$

$$\begin{aligned}&\int_{0}^{t}\mathrm{e}^{\frac{R}{L}\zeta}\sin(\omega\zeta+\psi_{u})\mathrm{d}\zeta\\&=\frac{R^{2}}{R^{2}+\omega^{2}L^{2}}\left[\frac{L}{R}\mathrm{e}^{\frac{R}{L}t}\sin(\omega t+\psi_{u})-\frac{\omega L^{2}}{R^{2}}\mathrm{e}^{\frac{R}{L}t}\cos(\omega t+\psi_{u})-\frac{L}{R}\sin\psi_{u}+\frac{\omega L^{2}}{R^{2}}\cos\psi_{u}\right]\end{aligned}$$

将上式代入式(6-11-4),并设 $R^2+\omega^2L^2=|Z|^2$, $\dfrac{R}{|Z|}=\cos\varphi$, $\dfrac{\omega L}{|Z|}=\sin\varphi$,则

$$i(t)=\frac{U_{\mathrm{m}}}{|Z|}\left[\frac{R}{|Z|}\sin(\omega t+\psi_u)-\frac{\omega L}{|Z|}\cos(\omega t+\psi_u)-\right.$$
$$\left.\mathrm{e}^{-\frac{R}{L}t}\left(-\frac{\omega L}{|Z|}\cos\psi_u+\frac{R}{|Z|}\sin\psi_u\right)\right]$$
$$=\frac{U_{\mathrm{m}}}{|Z|}\sin(\omega t+\psi_u-\varphi)-\frac{U_{\mathrm{m}}}{|Z|}\sin(\psi_u-\varphi)\mathrm{e}^{-\frac{R}{L}t}$$

思考与练习

6-11-1 电路对任意波形激励的零状态响应在数值上等于该激励与冲激响应的卷积。这种说法正确吗?

6.12 二阶电路的零输入响应

二阶电路的零输入响应(1)

二阶电路的零输入响应(2)

用二阶微分方程来描述的电路称为二阶电路。二阶电路的类型有三种,即含一个电容和一个电感的二阶电路,含两个独立电容的二阶电路以及含两个独立电感的二阶电路。下面仅讨论电阻、电感和电容串联的二阶电路。

如图 6-12-1 所示 *RLC* 串联电路,根据 KVL,得

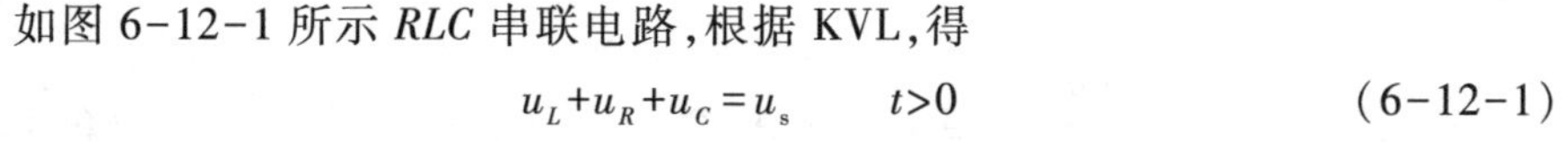

$$u_L+u_R+u_C=u_{\mathrm{s}}\qquad t>0 \tag{6-12-1}$$

根据元件伏安关系,得

$$i_L=C\frac{\mathrm{d}u_C}{\mathrm{d}t}$$

$$u_R=Ri_L=RC\frac{\mathrm{d}u_C}{\mathrm{d}t}$$

$$u_L=L\frac{\mathrm{d}i_L}{\mathrm{d}t}=LC\frac{\mathrm{d}^2u_C}{\mathrm{d}t^2}$$

一般二阶电路分析

代入式(6-12-1),得

$$LC\frac{\mathrm{d}^2u_C}{\mathrm{d}t^2}+RC\frac{\mathrm{d}u_C}{\mathrm{d}t}+u_C=u_{\mathrm{s}}\qquad t>0$$

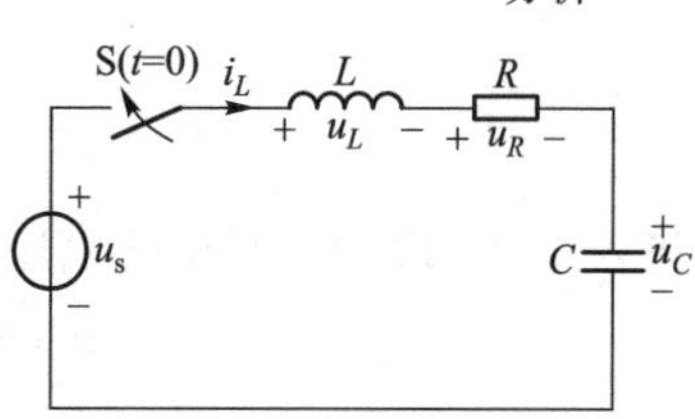

图 6-12-1 *RLC* 串联电路

这是一个只含一个变量 u_C 的线性常系数二阶非齐次常微分方程。要求解 u_C,必须知道两个初始条件:$u_C(0_+)$ 和 $\left.\dfrac{\mathrm{d}u_C}{\mathrm{d}t}\right|_{t=0_+}$,其中 $u_C(0_+)$ 为电容的初始状态,而 $\left.\dfrac{\mathrm{d}u_C}{\mathrm{d}t}\right|_{t=0_+}=\dfrac{i_L(0_+)}{C}$,$i_L(0_+)$ 为电感

的初始状态。因此,根据电路的初始状态 $u_C(0_+)$、$i_L(0_+)$ 和 $t=0$ 时开关 S 闭合后电路的激励 u_s,就可完全确定 $t>0$ 时的响应 u_C。

下面研究此电路的零输入响应,即 $u_s=0$ 时的响应。此时,电路的二阶齐次微分方程为

$$LC\frac{d^2u_C}{dt^2}+RC\frac{du_C}{dt}+u_C=0 \qquad t>0$$

此二阶齐次微分方程的特征方程为

$$LCp^2+RCp+1=0$$

这一方程有两个特征根,即

$$p_{1,2}=-\frac{R}{2L}\pm\sqrt{\left(\frac{R}{2L}\right)^2-\frac{1}{LC}}$$

特征根 p_1、p_2 可出现三种不同的情况:当$\left(\frac{R}{2L}\right)^2>\frac{1}{LC}$时,$p_1$、$p_2$ 为不相等的负实数;当$\left(\frac{R}{2L}\right)^2=\frac{1}{LC}$时,$p_1$、$p_2$ 为相等的负实数;当$\left(\frac{R}{2L}\right)^2<\frac{1}{LC}$时,$p_1$、$p_2$ 为共轭复数,其实部为负数。下面对这三种情况分别进行讨论。

首先讨论$\left(\frac{R}{2L}\right)^2>\frac{1}{LC}$,即 $R>2\sqrt{\frac{L}{C}}$ 时的过阻尼(非振荡性)情况。二阶齐次微分方程的通解为

$$u_C=A_1e^{p_1t}+A_2e^{p_2t} \tag{6-12-2}$$

而 u_C 的一阶导数为

$$\frac{du_C}{dt}=p_1A_1e^{p_1t}+p_2A_2e^{p_2t} \tag{6-12-3}$$

积分常数 A_1、A_2 由初始条件 $u_C(0_+)$ 和 $i_L(0_+)$ 来确定。在 $t=0_+$ 时,由式(6-12-2)和式(6-12-3)得

$$u_C(0_+)=A_1+A_2$$

$$\left.\frac{du_C}{dt}\right|_{t=0_+}=p_1A_1+p_2A_2=\frac{i_L(0_+)}{C}$$

联立求解上两式,得

$$A_1=\frac{1}{p_2-p_1}\left[p_2u_C(0_+)-\frac{i_L(0_+)}{C}\right]$$

$$A_2=\frac{1}{p_1-p_2}\left[p_1u_C(0_+)-\frac{i_L(0_+)}{C}\right]$$

代入式(6-12-2),得电容电压

$$u_C=\frac{u_C(0_+)}{p_2-p_1}(p_2e^{p_1t}-p_1e^{p_2t})+\frac{i_L(0_+)}{(p_2-p_1)C}(e^{p_2t}-e^{p_1t}) \qquad t>0$$

电流

$$i_L=C\frac{\mathrm{d}u_C}{\mathrm{d}t}=\frac{u_C(0_+)}{L(p_2-p_1)}(\mathrm{e}^{p_1t}-\mathrm{e}^{p_2t})+\frac{i_L(0_+)}{p_2-p_1}(p_2\mathrm{e}^{p_2t}-p_1\mathrm{e}^{p_1t})\quad t>0$$

上式中 $p_1p_2=\frac{1}{LC}$。

电感电压

$$u_L=L\frac{\mathrm{d}i_L}{\mathrm{d}t}=\frac{u_C(0_+)}{p_2-p_1}(p_1\mathrm{e}^{p_1t}-p_2\mathrm{e}^{p_2t})+\frac{i_L(0_+)L}{p_2-p_1}(p_2^2\mathrm{e}^{p_2t}-p_1^2\mathrm{e}^{p_1t})\quad t>0$$

图 6-12-2 画出了 u_C、i_L、u_L 在 $u_C(0_+)=U_0$、$i_L(0_+)=0$ 时随时间变化的曲线。由这些曲线可分析这种情况下非振荡的放电过程。

由图 6-12-2 可见，u_C 从 U_0 开始一直单调地衰减到零；i_L 始终小于零，且 $u_Ci_L\leqslant 0$，表明电容在整个放电过程中一直释放所储存的电场能量。

在放电过程中，i_L 始终为负值，也表明电容一直处于放电状态。在 $t=0_+$时，$i_L(0_+)=0$，在 $t\to\infty$ 时，电容中所储存的电场能量完全放尽，电流当然为零。在 $t=t_{\mathrm{m}}$ 时 i_L 达极小值。放电刚开始，即 $t=0_+$时，$u_L(0_+)=-U_0$。在 $0<t<t_{\mathrm{m}}$ 期间，电流的绝对值不断增加，因而 $u_L<0$。在 $t=t_{\mathrm{m}}$ 时 i_L 达极小值，因而 $u_L=0$。在 $t_{\mathrm{m}}<t<\infty$ 期间，电流绝对值不断减小，因而 $u_L>0$。

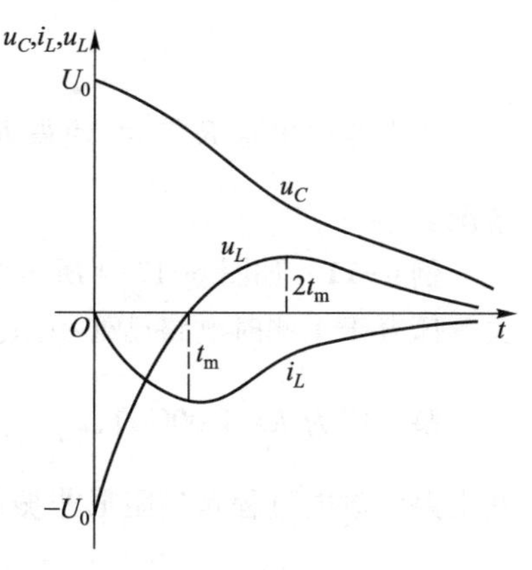

图 6-12-2　非振荡放电过程中 u_C、i_L 和 u_L 随时间变化的曲线

u_L 的零值与 i_L 的极小值发生在同一时刻，即 t_{m} 时刻。这是因为 $u_L=L\frac{\mathrm{d}i_L}{\mathrm{d}t}$，$u_L=0$ 恰好对应于 $\mathrm{d}i_L/\mathrm{d}t=0$，而 $\mathrm{d}i_L/\mathrm{d}t=0$ 正是 i_L 到达极小值的体现，接着 u_L 变成正值，在 $t=2t_{\mathrm{m}}$ 时 u_L 呈现极大值，而后逐渐衰减到零。

根据 $u_L=0$，可求得 i_L 极小值发生的时间

$$t_{\mathrm{m}}=\frac{1}{p_1-p_2}\ln\frac{p_2}{p_1}$$

对 u_L 求导一次，根据$\frac{\mathrm{d}u_L}{\mathrm{d}t}=0$ 可求得 u_L 发生极大值的时间

$$t=\frac{2}{p_1-p_2}\ln\frac{p_2}{p_1}=2t_{\mathrm{m}}$$

由图 6-12-2 也可分析非振荡放电过程中的能量转换关系。当 $0<t<t_{\mathrm{m}}$ 时，u_C 减小，i_L 的绝对值增加，因为 $u_Ci_L<0$，所以电容不断释放出所储存的电场能量。因为 $u_Li_L>0$，所以电感则不断吸收能量，而电阻总是消耗能量。在这段时间内，电容所放出的电场能量中的一部分转变成储存于电感中的磁场能量，另一部分转变成热能被电阻消耗掉。当 $t_{\mathrm{m}}<t<\infty$ 时，u_C 仍不断减小，同时 i_L 的绝对值也减小，所以电容继续释放出所储存的电场能量，电感也不断释放出所储存的磁场能量。在这段时间内，这两部分能量全部转变成热能被电阻消耗掉。图 6-12-3 用箭头表示非振荡放电过程中能量转换情况，并分别标出 u_C、u_R、u_L 和 i_L 的实际极性和方向。

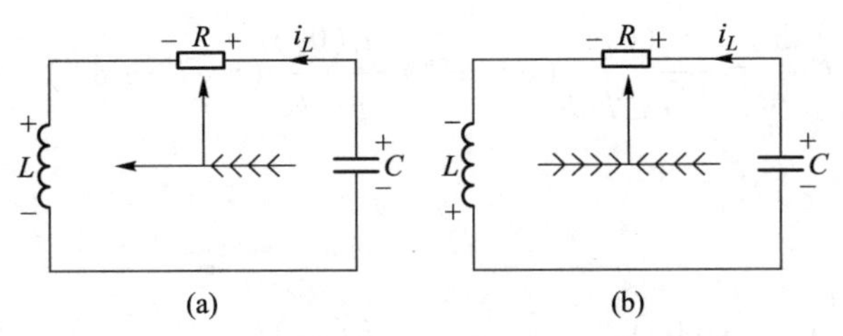

图 6-12-3 非振荡放电过程中的能量转换情况

(a) $0<t<t_m$；(b) $t_m<t<\infty$

当电路中电阻 R 较大，使得 $R>2\sqrt{\frac{L}{C}}$ 时，电路的响应便是非振荡性的，故此情况又称过阻尼情况。

例 6-11 如图 6-12-4 所示电路，已知 $U_s=10\ \text{V}$，$C=1\ \mu\text{F}$，$R=4\ 000\ \Omega$，$L=1\ \text{H}$，$i_L(0_-)=0$，开关 S 闭合于 1 侧时电路已处稳态。在 $t=0$ 时，开关 S 由 1 侧闭合于 2 侧，求 u_C、u_R、i_L 和 u_L。

解 因为 $R=4\ 000\ \Omega$、$2\sqrt{\frac{L}{C}}=2\ 000\ \Omega$，使 $R>2\sqrt{\frac{L}{C}}$，所以此电路的放电过程是过阻尼非振荡性的。特征根

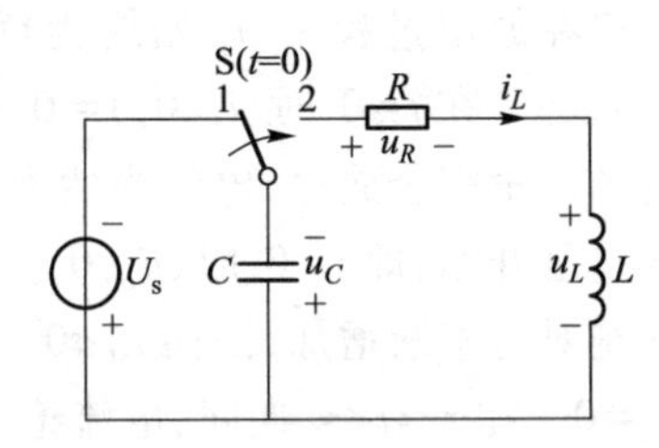

图 6-12-4 例 6-11 的电路

$$p_1=-\frac{R}{2L}+\sqrt{\left(\frac{R}{2L}\right)^2-\frac{1}{LC}}=-268\ \text{s}^{-1}$$

$$p_2=-\frac{R}{2L}-\sqrt{\left(\frac{R}{2L}\right)^2-\frac{1}{LC}}=-3\ 732\ \text{s}^{-1}$$

根据初始条件，$u_C(0_+)=10\ \text{V}$，$i_L(0_+)=0$，求得 $A_1=10.77\ \text{V}$，$A_2=-0.77\ \text{V}$，由式(6-12-2)得

$$u_C=(10.77\text{e}^{-268t}-0.77\text{e}^{-3\ 732t})\ \text{V} \qquad t>0$$

和

$$i_L=C\frac{\text{d}u_C}{\text{d}t}=-2.89(\text{e}^{-268t}-\text{e}^{-3\ 732t})\ \text{mA} \qquad t>0$$

$$u_R=Ri_L=-11.55(\text{e}^{-268t}-\text{e}^{-3\ 732t})\ \text{V} \qquad t>0$$

$$u_L=L\frac{\text{d}i_L}{\text{d}t}=(0.77\text{e}^{-268t}-10.77\text{e}^{-3\ 732t})\ \text{V} \qquad t>0$$

接下来讨论$\left(\frac{R}{2L}\right)^2=\frac{1}{LC}$，即 $R=2\sqrt{\frac{L}{C}}$ 的临界阻尼(临界非振荡性)情况。二阶齐次微分方程的通解

$$u_C=A_1\text{e}^{p_1t}+A_2t\text{e}^{p_2t} \tag{6-12-4}$$

式中，$p_1=p_2=-\frac{R}{2L}=-\delta$。而 u_C 的一阶导数

$$\frac{\text{d}u_C}{\text{d}t}=p_1A_1\text{e}^{p_1t}+A_2(1+p_2t)\text{e}^{p_2t} \tag{6-12-5}$$

积分常数 A_1、A_2 由初始条件 $u_C(0_+)$ 和 $i_L(0_+)$ 来确定。在 $t=0_+$ 时，由式(6-12-4)和式(6-12-5)得

$$u_C(0_+)=A_1$$

$$\left.\frac{\mathrm{d}u_C}{\mathrm{d}t}\right|_{t=0_+}=p_1A_1+A_2=\frac{i_L(0_+)}{C}$$

联立求解上两式，得

$$A_1=u_C(0_+)$$

$$A_2=\frac{i_L(0_+)}{C}-p_1u_C(0_+)$$

代入式(6-12-4)，且以$-\delta$代替 p_1 和 p_2，得电容电压

$$u_C=u_C(0_+)(1+\delta t)\mathrm{e}^{-\delta t}+\frac{i_L(0_+)}{C}t\mathrm{e}^{-\delta t} \qquad t>0$$

电流

$$i_L=C\frac{\mathrm{d}u_C}{\mathrm{d}t}=-\frac{u_C(0_+)}{L}t\mathrm{e}^{-\delta t}+i_L(0_+)(1-\delta t)\mathrm{e}^{-\delta t} \qquad t>0 \tag{6-12-6}$$

电感电压

$$u_L=L\frac{\mathrm{d}i_L}{\mathrm{d}t}=-u_C(0_+)(1-\delta t)\mathrm{e}^{-\delta t}-i_L(0_+)L\delta(2-\delta t)\mathrm{e}^{-\delta t} \qquad t>0$$

式中，$\delta=\frac{R}{2L}=\frac{1}{\sqrt{LC}}$。此时，电路的响应仍是非振荡性的，但如果电阻 R 稍小，使得 $R<2\sqrt{\frac{L}{C}}$，则电路的响应将为振荡性的。因此，$R=2\sqrt{\frac{L}{C}}$ 时电路的响应处于振荡与非振荡的临界状况，此情况又称为临界阻尼情况。

例 6-12 如图 6-12-4 所示电路，已知 $U_s=-1$ V，$R=1$ Ω，$L=\frac{1}{4}$ H，$C=1$ F，开关 S 合于 1 侧时已处稳态，$i_L(0_-)=0$。在 $t=0$ 时，开关 S 由 1 侧闭合于 2 侧，求 i_L。

解 因为 $R=1$ Ω，$2\sqrt{\frac{L}{C}}=1$ Ω，使 $R=2\sqrt{\frac{L}{C}}$，所以此电路的放电过程是临界非振荡性的。

特征根
$$p_{1,2}=-\frac{R}{2L}\pm\sqrt{\left(\frac{R}{2L}\right)^2-\frac{1}{LC}}=-2\ \mathrm{s}^{-1}$$

由于

$$i_L=A_1\mathrm{e}^{p_1t}+A_2t\mathrm{e}^{p_2t} \qquad t>0$$

$$\left.\frac{\mathrm{d}i_L}{\mathrm{d}t}\right|_{t=0_+}=A_1p_1+A_2=\frac{u_L(0_+)}{L}=-\frac{u_C(0_+)+Ri_L(0_+)}{L}=-\frac{u_C(0_+)}{L}=4\ \mathrm{A/s}$$

由上两式，得

$$A_1=0,\quad A_2=4\ \mathrm{A/s}$$

所以

$$i_L = 4te^{-2t}\text{ A}$$

直接用式(6-12-6)也可得这个结果。i_L 随时间变化的曲线如图 6-12-5 所示。

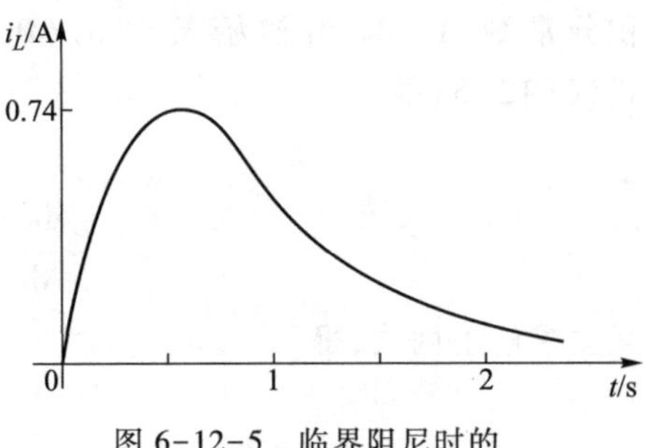

图 6-12-5　临界阻尼时的零输入响应 i_L

最后讨论 $\left(\frac{R}{2L}\right)^2 < \frac{1}{LC}$，即 $R < 2\sqrt{\frac{L}{C}}$ 的欠阻尼（振荡性）情况。在这种情况下，特征根 p_1 和 p_2 是一对共轭复数，可表示为

$$p_{1,2} = -\frac{R}{2L} \pm \sqrt{\left(\frac{R}{2L}\right)^2 - \frac{1}{LC}} = -\frac{R}{2L} \pm j\sqrt{\frac{1}{LC} - \left(\frac{R}{2L}\right)^2}$$
$$= -\delta + j\omega$$

式中
$$\delta = \frac{R}{2L}, \quad \omega = \sqrt{\frac{1}{LC} - \left(\frac{R}{2L}\right)^2} = \sqrt{\omega_0^2 - \delta^2}, \quad \omega_0 = \frac{1}{\sqrt{LC}}$$

这时，二阶齐次微分方程的通解为

$$u_C = e^{-\delta t}(A_1\cos\omega t + A_2\sin\omega t) \qquad t>0 \tag{6-12-7}$$

而 u_C 的一阶导数为

$$\frac{du_C}{dt} = e^{-\delta t}[-\delta(A_1\cos\omega t + A_2\sin\omega t) + \omega(A_2\cos\omega t - A_1\sin\omega t)]$$

积分常数 A_1、A_2 由初始条件 $u_C(0_+)$ 和 $i_L(0_+)$ 确定。在 $t=0_+$ 时，由上两式得

$$u_C(0_+) = A_1$$
$$\left.\frac{du_C}{dt}\right|_{t=0_+} = -\delta A_1 + \omega A_2 = \frac{i_L(0_+)}{C}$$

联立求解上两式，得

$$A_1 = u_C(0_+)$$
$$A_2 = \frac{1}{\omega}\left[\delta u_C(0_+) + \frac{i_L(0_+)}{C}\right]$$

为了便于反映响应的特点，将式(6-12-7)改写为

$$u_C = e^{-\delta t}\sqrt{A_1^2+A_2^2}\left(\frac{A_1}{\sqrt{A_1^2+A_2^2}}\cos\omega t + \frac{A_2}{\sqrt{A_1^2+A_2^2}}\sin\omega t\right)$$
$$= Ae^{-\delta t}\cos(\omega t - \varphi) \qquad t>0 \tag{6-12-8}$$

式中
$$A = \sqrt{A_1^2+A_2^2}, \quad \varphi = \arctan\frac{A_2}{A_1}$$

式(6-12-8)说明 u_C 是衰减振荡的，如图 6-12-6 所示，其振幅 $Ae^{-\delta t}$ 随时间作指数衰减。一般将 δ 称为衰减系数，δ 越大，衰减越快。将 ω 称为衰减振荡的角频率，ω 越大，振荡周期 $T = \frac{2\pi}{\omega}$ 越小，振荡越快。图中所示按指数规

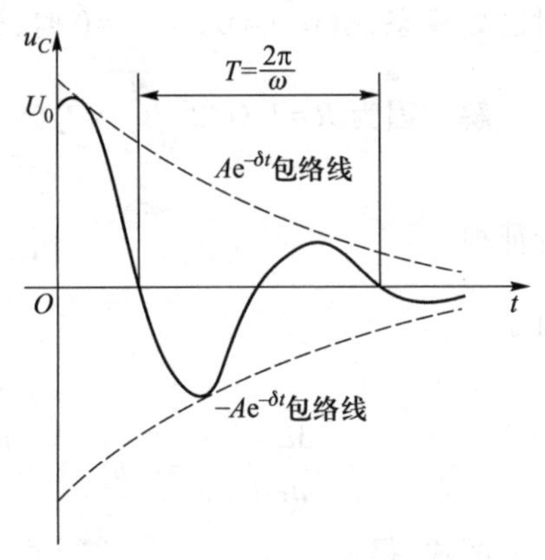

图 6-12-6　振荡放电过程中 u_C 随时间变化的曲线

律变化的虚线称为包络线。显然,如果 δ 增大,则包络线衰减就更快,表明振荡的振幅衰减就更快。

将 A_1、A_2 的表达式代入式(6-12-8),可得

$$u_C=u_C(0_+)\frac{\omega_0}{\omega}\mathrm{e}^{-\delta t}\cos(\omega t-\theta)+\frac{i_L(0_+)}{\omega C}\mathrm{e}^{-\delta t}\sin\omega t \qquad t>0$$

并可得

$$i_L=-u_C(0_+)\frac{1}{\omega L}\mathrm{e}^{-\delta t}\sin\omega t+i_L(0_+)\frac{\omega_0}{\omega}\mathrm{e}^{-\delta t}\cos(\omega t+\theta) \qquad t>0$$

$$u_L=-u_C(0_+)\frac{\omega_0}{\omega}\mathrm{e}^{-\delta t}\cos(\omega t+\theta)-i_L(0_+)\frac{1}{\omega C}\mathrm{e}^{-\delta t}\sin(\omega t+2\theta) \qquad t>0$$

式中,$\omega_0=\sqrt{\delta^2+\omega^2}$;$\theta=\arctan\dfrac{\delta}{\omega}$。$\delta$、$\omega$、$\omega_0$ 与 θ 的关系如图 6-12-7 所示。

当电路中电阻 $R=0$ 时

$$\delta=\frac{R}{2L}=0 \qquad \omega=\omega_0=\frac{1}{\sqrt{LC}}$$

此时

$$A_1=u_C(0_+)$$

$$A_2=\frac{i_L(0_+)}{\omega_0 C}$$

$$u_C=u_C(0_+)\cos\omega_0 t+\frac{i_L(0_+)}{\omega_0 C}\sin\omega_0 t \qquad t>0$$

$$i_L=-u_C(0_+)\omega_0 C\sin\omega_0 t+i_L(0_+)\cos\omega_0 t \qquad t>0$$

$$u_L=-u_C(0_+)\cos\omega_0 t-i_L(0_+)\frac{1}{\omega_0 C}\sin\omega_0 t \qquad t>0$$

此时的响应是不衰减的等幅振荡,其振荡角频率为 ω_0。$R=0$ 的情况又称为无阻尼情况。

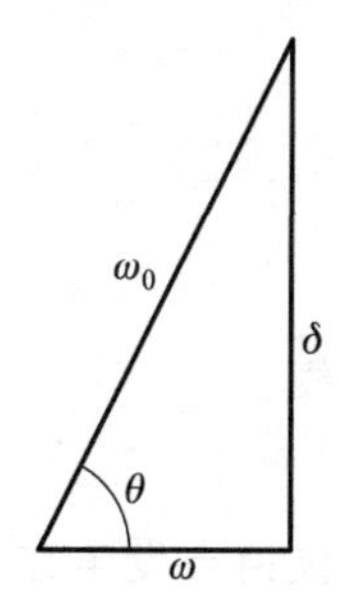

图 6-12-7 表示 ω_0、ω 和 δ 相互关系的三角形

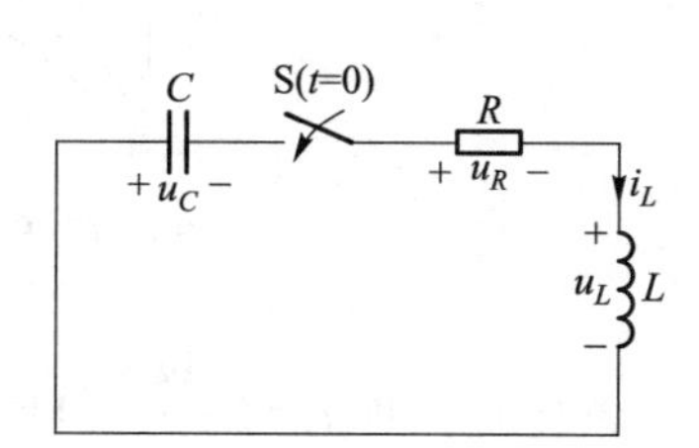

图 6-12-8 例 6-13 的电路

例 6-13 如图 6-12-8 所示电路,已知 $C=1\ \mu\mathrm{F}$,$R=1\ 000\ \Omega$,$L=1\ \mathrm{H}$,开关 S 闭合前电容 C 已充电至 $u_C(0_-)=100\ \mathrm{V}$,而 $i_L(0_-)=0$,求开关 S 在 $t=0$ 时闭合后 u_C、i_L 和 u_L。

解 因为 $R=1\ 000\ \Omega$,$2\sqrt{\dfrac{L}{C}}=2\ 000\ \Omega$,使 $R<2\sqrt{\dfrac{L}{C}}$,所以此电路的放电过程是衰减振荡性的,其特征根为一对共轭复根,即

$$p_1=(-500+\mathrm{j}866)\ \mathrm{s}^{-1}$$

$$p_2=(-500-\mathrm{j}866)\ \mathrm{s}^{-1}$$

于是
$$\omega_0=\frac{1}{\sqrt{LC}}=\frac{1}{\sqrt{1\times1\times10^{-6}}}\ \mathrm{s}^{-1}=1\ 000\ \mathrm{s}^{-1}$$

且
$$\delta=\frac{R}{2L}=500\ \mathrm{s}^{-1},\quad \omega=\sqrt{\omega_0^2-\delta^2}=866\ \mathrm{s}^{-1}$$

$$\theta=\arctan\frac{500}{866}=\frac{\pi}{6}$$

根据初始条件 $u_C(0_+)=100\ \mathrm{V}$,$i_L(0_-)=0$,求得 $A_1=100$,$A_2=57.74$,$A=115.5$,$\theta=\frac{\pi}{6}$,代入式(6-12-8)得

$$u_C=115.5\mathrm{e}^{-500t}\cos\left(866t-\frac{\pi}{6}\right)\ \mathrm{V}\qquad t>0$$

$$i_L=C\frac{\mathrm{d}u_C}{\mathrm{d}t}=-115.5\mathrm{e}^{-500t}\sin866t\ \mathrm{mA}\qquad t>0$$

$$u_L=L\frac{\mathrm{d}i_L}{\mathrm{d}t}=-115.5\mathrm{e}^{-500t}\cos\left(866t+\frac{\pi}{6}\right)\ \mathrm{V}\qquad t>0$$

u_C、i_L、u_L 随时间变化的曲线如图 6-12-9 所示,其零点和极值点的关系如下:

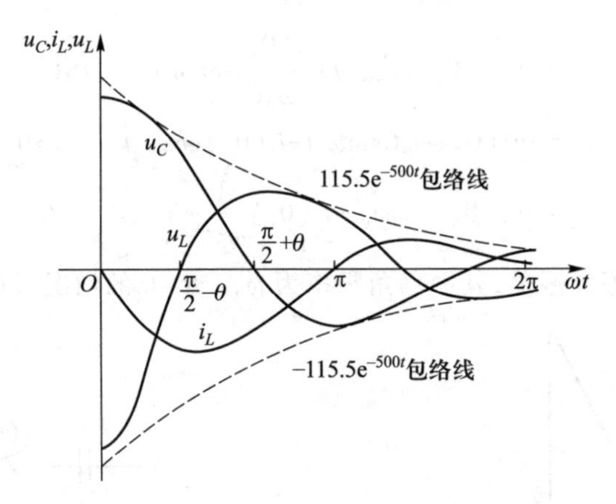

图 6-12-9 u_C、i_L 和 u_L 随时间变化的曲线

1) $i_L=0$(零点),即 $i_L=C\frac{\mathrm{d}u_C}{\mathrm{d}t}=0$ 时 u_C 有极值点,得到 u_C 有极值点发生在 $\omega t=0,\pi,2\pi,\cdots,n\pi$ 的时刻。这些时刻对应的 u_C 的极值为

$$u_C(0_+)\frac{\omega_0}{\omega}\mathrm{e}^{-\delta t}\cos(n\pi-\theta)=\pm u_C(0_+)\frac{\omega_0}{\omega}\mathrm{e}^{-\delta t}\cos\theta=\pm100\mathrm{e}^{-500t}\ \mathrm{V}$$

2) $u_L=0$(零点),即 $u_L=L\frac{\mathrm{d}i_L}{\mathrm{d}t}=0$ 时 i_L 有极值点,得 i_L 的极值点发生在 $\omega t=\frac{\pi}{2}-\theta,\frac{3\pi}{2}-\theta,\cdots$,

$(2n+1)\frac{\pi}{2}-\theta$ 的时刻。$\omega t=\frac{\pi}{2}-\theta$ 时为电流的第一个极值点，其值为

$$-115.5\mathrm{e}^{-500t}\sin(866t)=-54.64\ \mathrm{mA}$$

3）$u_C=0$（零点），即 $\cos(\omega t-\theta)=0$，得 u_C 的零点发生在 $\omega t=\frac{\pi}{2}+\theta,\frac{3\pi}{2}+\theta,\cdots,(2n+1)\frac{\pi}{2}+\theta$ 时刻。$\omega t=\frac{\pi}{2}+\theta$ 为 u_C 的第一个零点。

由上述零点划分的时域可看出各元件之间的能量转换及吸收的情况，如表 6-12-1 所示。

表 6-12-1　不同时域各元件间能量转换

	$0<\omega t<\frac{\pi}{2}-\theta$	$\frac{\pi}{2}-\theta<\omega t<\frac{\pi}{2}+\theta$	$\frac{\pi}{2}+\theta<\omega t<\pi$
电感	$p_L=u_Li_L>0$，吸收	$p_L=u_Li_L<0$，释放	$p_L=u_Li_L<0$，释放
电容	$p_C=u_Ci_L<0$，释放	$p_C=u_Ci_L<0$，释放	$p_C=u_Ci_L>0$，吸收
电阻	$p_R=u_Ri_L>0$，消耗	$p_R=u_Ri_L>0$，消耗	$p_R=u_Ri_L>0$，消耗

上述能量转换情况可用图 6-12-10 来示意。显然，在第二个半周期内能量的转换情况和第一个半周期的情况类似。如此周而复始，形成衰减振荡的放电过程。

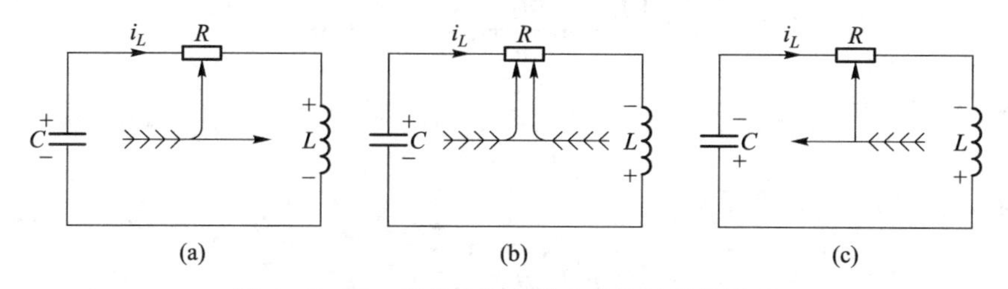

图 6-12-10　振荡放电电路中的能量转换情况

(a) $0<\omega t<\frac{\pi}{2}-\theta$；(b) $\frac{\pi}{2}-\theta<\omega t<\frac{\pi}{2}+\theta$；(c) $\frac{\pi}{2}+\theta<\omega t<\pi$

思考与练习

6-12-1　$C=1\ \mu\mathrm{F}, R=5\ 000\ \Omega, L=4\ \mathrm{H}$ 的三个元件串联后，电路的暂态响应属于振荡、非振荡、临界振荡还是不能确定？

6-12-2　$C=1\ \mu\mathrm{F}, R=3\ 000\ \Omega, L=4\ \mathrm{H}$ 的三个元件并联后，电路的暂态响应属于振荡、非振荡、临界振荡还是不能确定？

6-12-3　思考题 6-12-2 中，电路的谐振角频率为多少？电路的振荡角频率为多少？

6-12-4　如题 6-12-4 图所示电路，电容原已充电，$u_C(0_-)=12\ \mathrm{V}$，$C=0.5\ \mathrm{F}, L=0.5\ \mathrm{H}$。试分别求出 $R=3\ \Omega, R=2\ \Omega, R=0\ \Omega$ 时电路中的电压 $u_C(t)$ 和电流 $i(t)$。

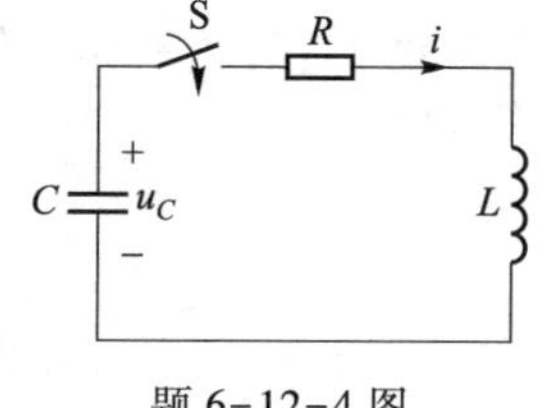

题 6-12-4 图

6.13 二阶电路的零状态响应和阶跃响应

二阶电路在阶跃激励下的零状态响应称为二阶电路的阶跃响应。此时两个初始状态都为零,即在 $t=0$ 时换路,$u_C(0_+)=0,i_L(0_+)=0$。下面通过对例6-14的 RLC 并联电路的讨论来说明二阶电路的阶跃响应的求解方法。

例6-14 如图6-13-1所示电路,已知 $G=2\times10^{-3}$ S,$C=1$ μF,$L=1$ H,$i_s=\varepsilon(t)$ A,在 $t=0$ 时打开开关S,求阶跃响应 i_L、u_C 和 i_C。

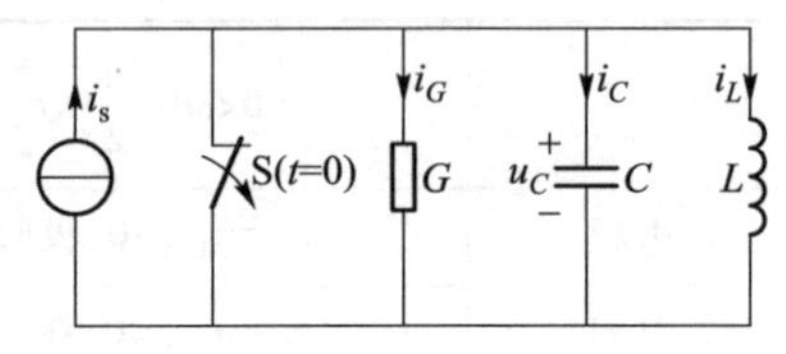

图6-13-1 例6-14的电路

解 根据KCL,得

$$i_C+i_G+i_L=i_s$$

将元件的伏安关系 $i_C=C\dfrac{du_C}{dt},i_G=Gu_C$ 代入上式,得

$$C\frac{du_C}{dt}+Gu_C+i_L=i_s$$

而 $u_C=u_L=L\dfrac{di_L}{dt}$,所以有

$$LC\frac{d^2i_L}{dt^2}+GL\frac{di_L}{dt}+i_L=i_s \qquad t>0$$

其特解

$$i_{Lp}=1\ \text{A}$$

特征方程为

$$p^2+\frac{G}{C}p+\frac{1}{LC}=0$$

代入已知数值,求得特征根

$$p_1=p_2=-10^3\ \text{s}^{-1}$$

电路的响应处于临界阻尼情况,所以上述二阶非齐次微分方程的通解为

$$i_L=[1+(A_1+A_2t)\text{e}^{-10^3t}]\ \text{A} \qquad t>0$$

而 i_L 的一阶导数为

$$\frac{di_L}{dt}=[-10^3(A_1+A_2t)+A_2]\text{e}^{-10^3t}\ \text{A/s}$$

积分常数 A_1、A_2 由初始条件 $u_C(0_+)=0$ 和 $i_L(0_+)=0$ 来确定。在 $t=0_+$ 时,由上两式得

$$i_L(0_+)=1+A_1=0$$

$$\left.\frac{di_L}{dt}\right|_{t=0_+}=-10^3A_1+A_2=\frac{1}{L}u_L(0_+)=\frac{1}{L}u_C(0_+)=0$$

联立求解上两式,得 $A_1=-1,A_2=-10^3$,所以

$$i_L=[1-(1+10^3t)e^{-10^3t}]\varepsilon(t)\ \text{A}$$

$$u_C=L\frac{di_L}{dt}=10^6te^{-10^3t}\varepsilon(t)\ \text{V}$$

$$i_C=C\frac{du_C}{dt}=(1-10^3t)e^{-10^3t}\varepsilon(t)\ \text{A}$$

它们随时间变化的曲线如图 6-13-2 所示。可见 i_L、u_C(即 u_L)始终不改变方向和极性,$u_Li_L\geqslant 0$,电感一直吸收电能,并将其转化为磁能储存起来;在 $0<t\leqslant 1$ ms 时,$u_Ci_C\geqslant 0$,电容吸收电能;当 $t\geqslant 1$ ms 时,$u_Ci_C\leqslant 0$,电容释放电能,i_C 改变方向一次,最后趋于零。

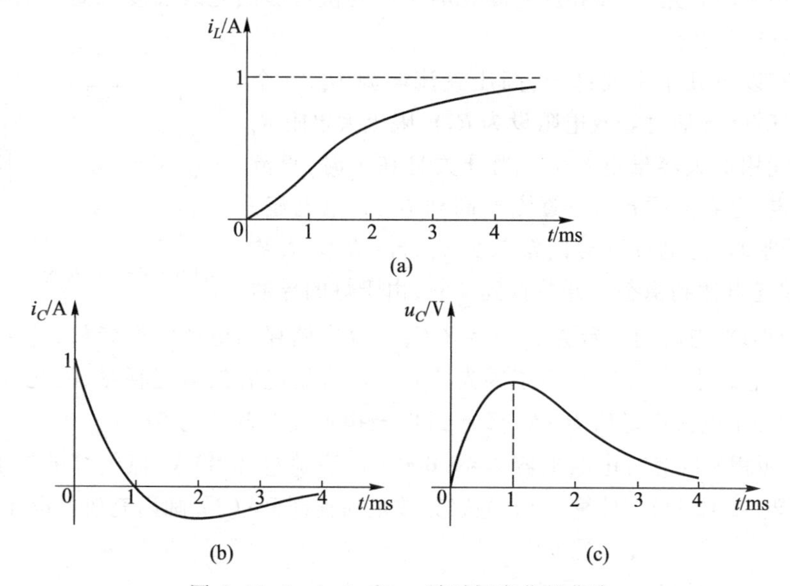

图 6-13-2 i_L、i_C 和 u_C 随时间变化的曲线

已知电路的单位阶跃响应,就能求出任意直流激励下的零状态响应,只要将单位阶跃响应乘以该直流激励的量值便得之。

思考与练习

6-13-1 直流激励二阶电路的完全响应也可以用三要素法确定吗?试说明理由。

6-13-2 题 6-13-2 图中电路 $t<0$ 时稳定,$t=0$ 时开关从 1 打到 2。求 $t>0$ 时的响应 $u_C(t)$ 和 $i_L(t)$。

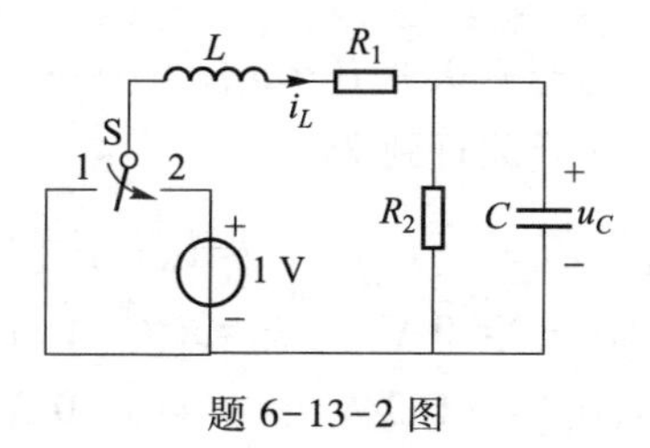

题 6-13-2 图

6.14 应用实例

实例1: 照相机闪光灯电路

一张清晰的图像曝光到胶卷上需要大量光线。为了在光线较差的场合提高照相质量,需要瞬间增加光线强度才能获得清晰的照片。电子闪光灯可以解决摄影的这个问题,它的用途是在按下快门时发出瞬间亮光,从而在胶卷曝光的瞬间提供足够的光线强度。简化的闪光灯工作原理电路如图6-14-1所示。

电路主要有以下几个主要部分:高压直流电源U_s、一个产生闪光的氙气灯(导通时等效电阻设为R_2)、限流大电阻R_1和一个储存电能用的大容量电容C。当开关打在1时,直流电源对电容充电,电容电压u由0逐渐升高到U_s,充电电流i从U_s/R_1降低到0。充电过程时间常数为τ_1,$\tau_1=R_1C$,大约$5\tau_1$时间后电路充电达到稳态。开关打到2时,由于灯的导通等效电阻R_2较小,放电时间常数为τ_2,$\tau_2=R_2C$,电容中储存的电能瞬间释放,产生瞬间大电流,使得氙气灯亮度急剧上升,也就产生了闪光的效果。直到电容的电能耗尽,闪光灯熄灭,完成一次闪光,放电过程中电流由峰值U_s/R_2降低到0,放电所需时间约为$5\tau_2$。

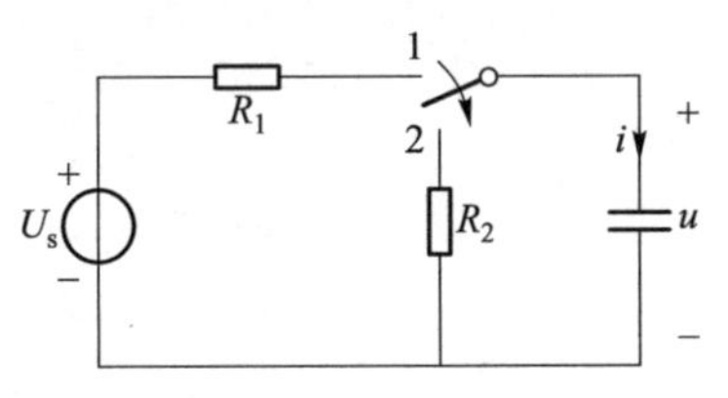

图6-14-1 闪光灯工作原理电路

例6-15 照相机闪光灯电路电容$C=2\,000\ \mu F$,直流电压80 V,氙气灯的导通等效电阻为0.5 Ω,限流电阻$R_1=2\ k\Omega$。计算:(1) 电容充放电所需时间;(2) 画出充放电电压u和电流i的变化曲线。

解 (1) 设充电时间为t_1,$t_1=5\tau_1=5\ R_1C=20$ s

设放电时间为t_2,$t_2=5\tau_2=5\ R_2C=5$ ms

(2) 充电时电压u和电流i的表达式为(开关打到1)

三要素法 $u=u(\infty)+[u(0_+)-u(\infty)]e^{-\frac{t}{\tau_1}}$ $i=i(\infty)+[i(0_+)-i(\infty)]e^{-\frac{t}{\tau_1}}$

充电时 $u(0_+)=0$ V $u(\infty)=80$ V $\tau_1=R_1C=4$ s

$i(0_+)=40$ mA $i(\infty)=0$ A

$$u=u(\infty)+[u(0_+)-u(\infty)]e^{-\frac{t}{\tau_1}}=80-80e^{-\frac{t}{4}}\ \text{V}$$

$$i=i(\infty)+[i(0_+)-i(\infty)]e^{-\frac{t}{\tau_1}}=40e^{-\frac{t}{4}}\ \text{mA}$$

放电时电压u和电流i的表达式为(开关打到2)

$u=u(\infty)+[u(0_+)-u(\infty)]e^{-\frac{t}{\tau_2}}$ $i=i(\infty)+[i(0_+)-i(\infty)]e^{-\frac{t}{\tau_2}}$

放电时 $u(0_+)=80$ V $u(\infty)=0$ V $\tau_2=R_2C=1$ ms

$i(0_+)=-160$ A $i(\infty)=0$ A

$$u=u(\infty)+[u(0_+)-u(\infty)]e^{-\frac{t}{\tau_2}}=80e^{-1\,000t}\ \text{V}$$

$$i=i(\infty)+[i(0_+)-i(\infty)]e^{-\frac{t}{\tau_2}}=-160e^{-1\,000t}\text{ A}$$

电压和电流的变化曲线如图 6-14-2 所示。

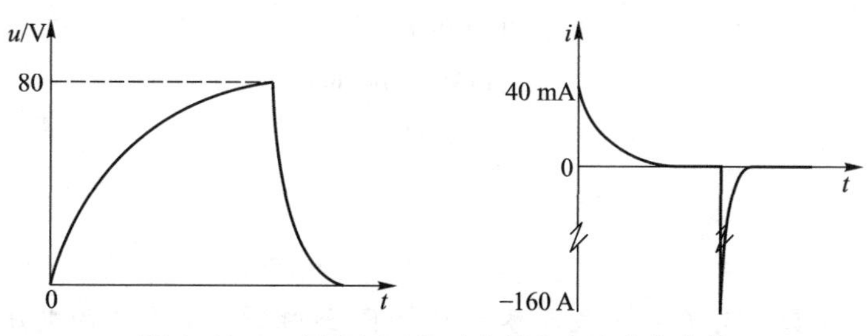

图 6-14-2 闪光灯工作时电压和电流变化曲线

实例 2: 电磁继电器电路

电磁继电器(relay)是一种用电流控制的开关装置,通常应用于自动化的控制电路中,其实际上是用小电流去控制大电流运作的一种"自动开关",在电路中起着自动调节、安全保护、转换电路等作用。其工作原理如图 6-14-3 所示(a 为示意图,b 为控制部分等效电路)。电磁继电器工作电路可分为低压控制电路和受控工作电路。控制电路是由电磁铁 L、低压电源 U_s 和开关 S_1 组成;受控工作电路部分的开关为 S_2,电磁铁的等效电路为 L 与 R 的串联,当开关 S_1 闭合后,RL 电路充磁,线圈电流 i 逐渐增加并产生磁场,当磁场足够强时产生足够的磁力,控制受控工作电路部分的开关 S_2 闭合,从而工作电路可以正常工作。开关 S_1 和 S_2 闭合的时间间隔称为继电器的延迟时间 t_d。

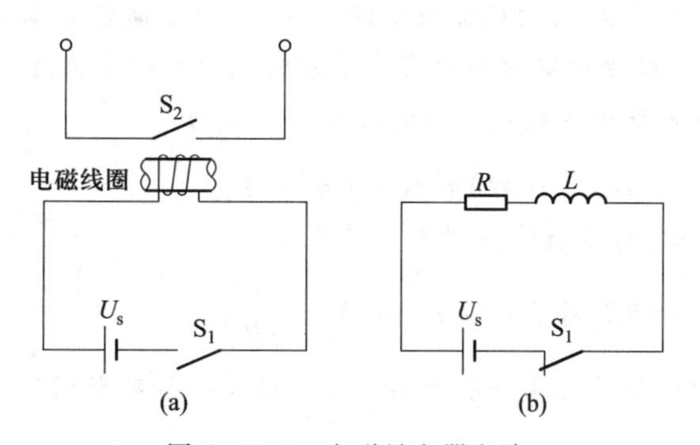

图 6-14-3 电磁继电器电路

例 6-16 一个继电器的控制电路部分 $R=200\ \Omega$,$L=300$ mH,$U_s=12$ V。当电流 $i=40$ mA 时开关 S_2 闭合,试求延迟时间 t_d。

解 控制电路为一个一阶 RL 电路,流过的电流为 i,有

$$i=i(\infty)+[i(0_+)-i(\infty)]e^{-\frac{t}{\tau}}$$

$$i(0_+)=0\text{ A}\qquad i(\infty)=\frac{12}{200}=60\text{ mA}\qquad \tau=\frac{L}{R}=1.5\text{ ms}$$

$$i=60-60e^{-\frac{t}{\tau}}\ \text{mA}$$

当 $i=40$ mA 时

$$40=60-60e^{-\frac{t_d}{\tau}}$$

则

$$t_d=\tau\ln 3=1.64\ \text{ms}$$

本章小结

1. 电容元件的参数 C 为 $C=\dfrac{q}{u}$，关联参考方向下，线性时不变电容的电压 u 与电流 i_C 的关系为 $i_C=C\dfrac{du}{dt}$，储存的电场能量 $W_C=\dfrac{1}{2}Cu^2$。

2. 电感元件的参数 L 为 $L=\dfrac{\psi}{i}=\dfrac{N\Phi}{i}$，关联参考方向下，线性时不变电感的电压 u_L 与电流 i 的关系为 $u_L=L\dfrac{di}{dt}$，储存的磁场能量 $W_L=\dfrac{1}{2}Li^2$。

3. 换路定则只适用于换路瞬间，公式为：$u_C(t_{0_+})=u_C(t_{0_-})$，$i_L(t_{0_+})=i_L(t_{0_-})$。$t=t_0$ 为换路时刻。

4. 初始值计算的步骤：① 对于独立初始值，先由 $t=0_-$ 等效电路中求取 $u_C(0_-)$，$i_L(0_-)$，再根据换路定则确定 $u_C(0_+)$，$i_L(0_+)$；② 根据 $u_C(0_+)$，$i_L(0_+)$ 在 $t=0_+$ 等效电路中求出其他非独立电压电流的初始值。

5. RC 与 RL 动态电路的完全响应由独立激励源和动态元件的初始储能共同产生。独立激励源为零时，仅由初始储能引起的响应称为零输入响应；初始储能为零时，仅由独立激励源引起的响应称为零状态响应。线性电路的全响应等于零输入响应和零状态响应之和。

6. 直流激励下一阶电路中的任一响应的三要素公式为

$$f(t)=f(\infty)+[f(0_+)-f(\infty)]e^{-\frac{t}{\tau}}\qquad t>0$$

其中 $f(0_+)$ 为初始值，$f(\infty)$ 为稳态值，τ 为时间常数。

对于一阶 RC 电路，$\tau=RC$；对于一阶 RL 电路，$\tau=\dfrac{L}{R}$。

7. 一阶电路的单位阶跃响应指一阶电路在唯一的单位阶跃激励下所产生的零状态响应，可以用三要素法求解。

8. 单位冲激响应指电路在单位冲激电压或电流的激励下所产生的零状态响应，线性时不变电路的冲激响应可以用阶跃响应对时间求导数的方法得到。

9. 线性含源二阶电路的全响应等于固有响应和强制响应之和。其中固有响应对应于齐次微分方程的通解 $f_h(t)$，强制响应为非齐次微分方程的特解 $f_p(t)$。

10. 线性含源二阶电路的全响应等于零输入响应和零状态响应之和。其中零输入响应为仅由初始储能引起的响应，零状态响应为仅由独立激励源引起的响应。

11. 用时域方法求解二阶动态电路响应 $f(t)$ 的一般方法为

(1) 列出以 $f(t)$ 为变量的二阶微分方程。

（2）找出确定待定常数所需的初始条件 $f(0_+)$，$\left.\dfrac{\mathrm{d}f(t)}{\mathrm{d}t}\right|_{t=0_+}$。

（3）求出对应齐次微分方程的通解 $f_{\mathrm{h}}(t)$ 和非齐次微分方程的特解 $f_{\mathrm{p}}(t)$，将它们相加可得完全响应 $f(t)=f_{\mathrm{h}}(t)+f_{\mathrm{p}}(t)$。

（4）利用初始条件 $f(0_+)$，$\left.\dfrac{\mathrm{d}f(t)}{\mathrm{d}t}\right|_{t=0_+}$，确定响应 $f(t)$ 中的待定常数，得到 $f(t)$ 的表达式。

习题进阶练习

习题 6

6.1 节、6.2 节习题

6-1　电路如题 6-1 图所示。

（1）图（a）中 $x=u_R$，x 的波形如图（d）、（e）、（f）所示，试作出电流 i 的波形；

（2）图（b）中 $x=u_C$，x 的波形如图（e）、（f）所示，试作出电流 i 的波形；

（3）图（c）中 $x=u_L$，x 的波形如图（d）、（e）所示，试作出电流 i 的波形。

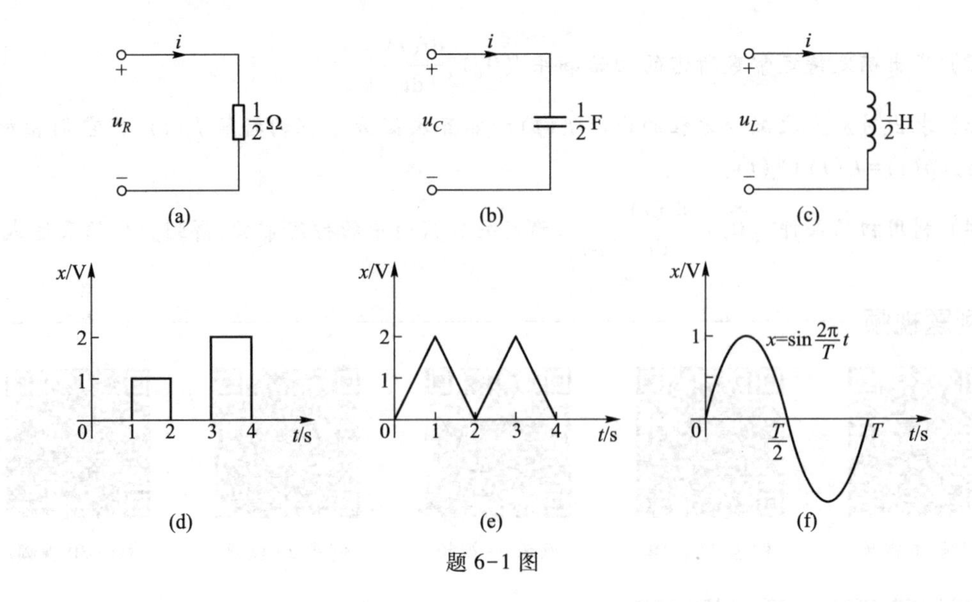

题 6-1 图

6.4 节习题

6-2 电路如题 6-2 图所示，原来处于稳态，$t=0$ 时开关 S 打开。求换路后 $t=0_+$ 时刻各支路电流与动态元件电压(电流)的初始值。

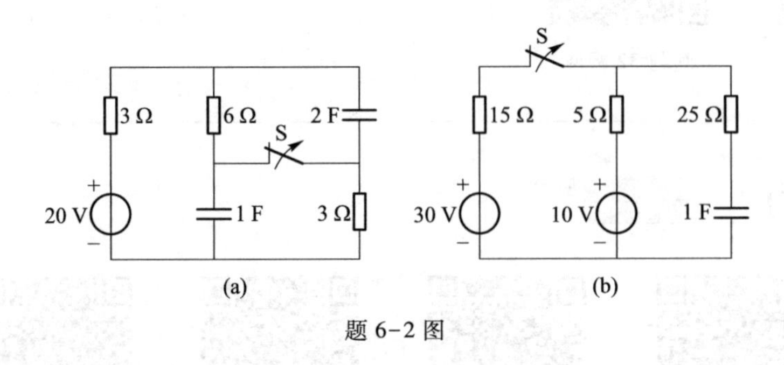

题 6-2 图

6-3 电路如题 6-3 图所示，开关 S 在 1 位置已久，$t=0$ 时合到 2 位置。求电路在 $t=0_+$时刻各元件电流与电压。

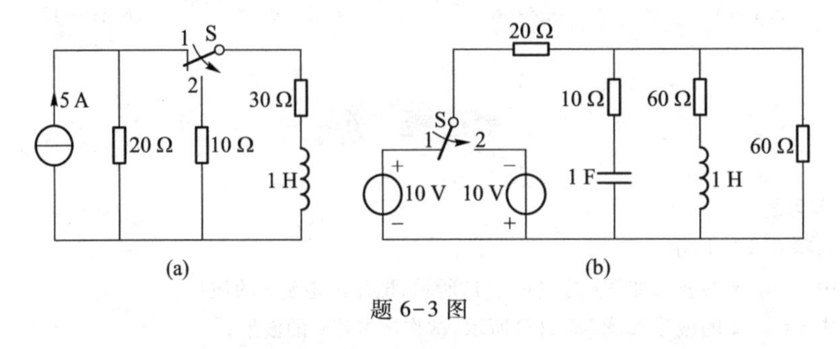

题 6-3 图

6-4 电路如题 6-4 图所示，原来已处稳态，$t=0$ 时开关 S 合上，试：

(1) 画出 $t=0_+$时刻等效电路，求出各元件的电流与电压的初始值；

(2) 画出 $t\to\infty$ 时的稳态等效电路，求出各元件电流与电压的稳态值。

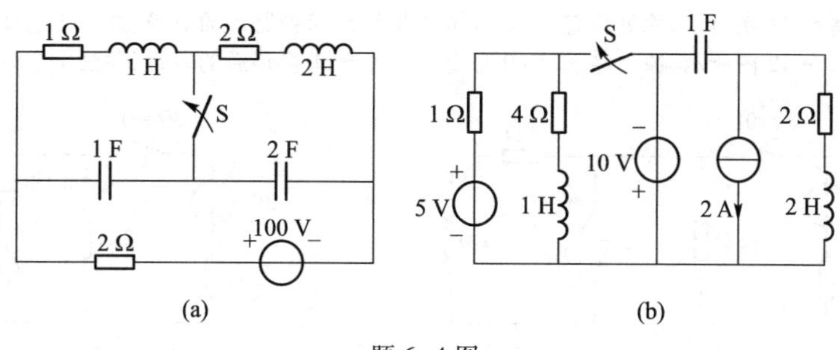

题 6-4 图

6.5 节习题

6-5　电路如题 6-5 图所示，开关 S 在 1 位置已久，$t=0$ 时合向 2 位置，求换路后的 $u_C(t)$ 与 $i(t)$，并画出它们随时间变化的曲线。

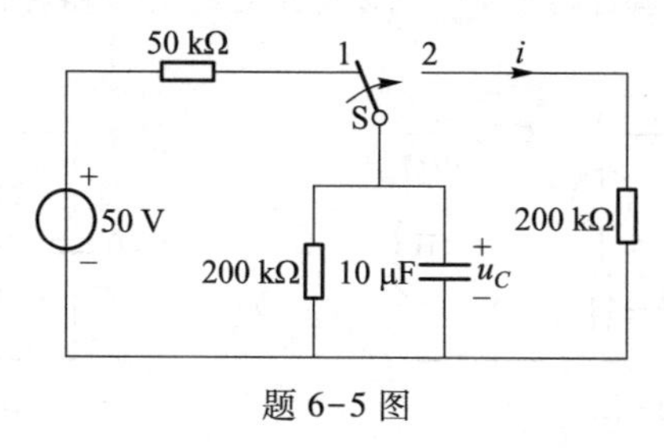

题 6-5 图

6-6　电路如题 6-6 图所示，原处稳态，$t=0$ 时开关 S 闭合，求换路后的 $i_L(t)$。

6-7　电路如题 6-7 图所示，原处稳态，$t=0$ 时开关 S 闭合，求换路后的 $i(t)$ 和 $i_1(t)$。

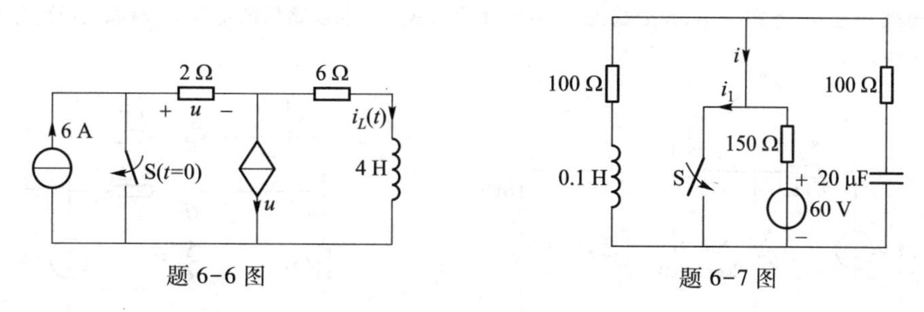

题 6-6 图　　　　题 6-7 图

6.6 节习题

6-8　电路如题 6-8 图所示，电容原来不带电荷，$t=0$ 时合上开关 S，已知经过 1.5 ms 时电流为 0.11 A，求电容 C 值、电流的初始值和电容电压 $u_C(t)$，并画出 $u_C(t)$ 随时间变化的曲线。

6-9　电路如题 6-9 图所示，原处稳态，$t=0$ 时打开开关 S，求换路后的 $u_C(t)$ 和电流源发出的功率。

6-10　电路如题 6-10 图所示，原处稳态，$t=0$ 时闭合开关 S，求换路后的 $i_L(t)$ 和电压源发出的功率。

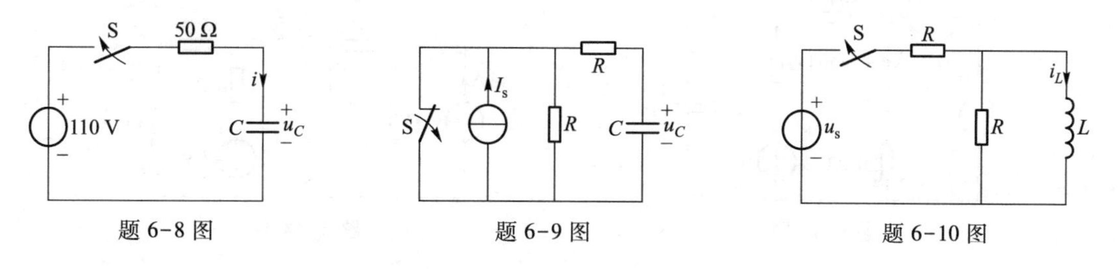

题 6-8 图　　　　题 6-9 图　　　　题 6-10 图

6-11　电路如题 6-11 图所示，原处稳态，$t=0$ 时闭合开关 S，求换路后的 $i(t)$，并画出它随时间变化的曲线。

6-12　电路如题 6-12 图所示，原处稳态，$t=0$ 时闭合开关 S，求换路后的 $i(t)$，并画出它随时间变化的曲线。

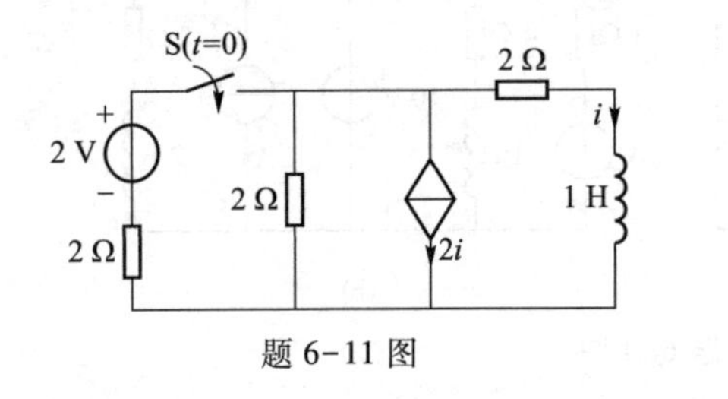

题 6-11 图

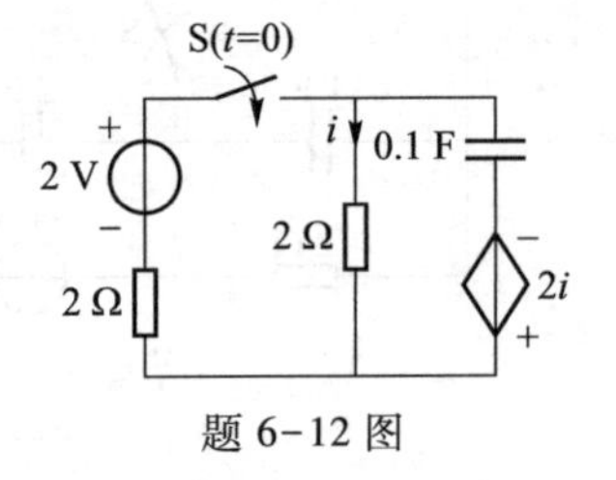

题 6-12 图

6.7 节、6.8 节习题

6-13　电路如题 6-13 图所示，在 $t=0$ 时闭合开关 S，求换路后的电感电流 $i_L(t)$。

6-14　电路如题 6-14 图所示，原处稳态，$t=0$ 时闭合开关 S。求换路后的电容电压 $u_C(t)$。

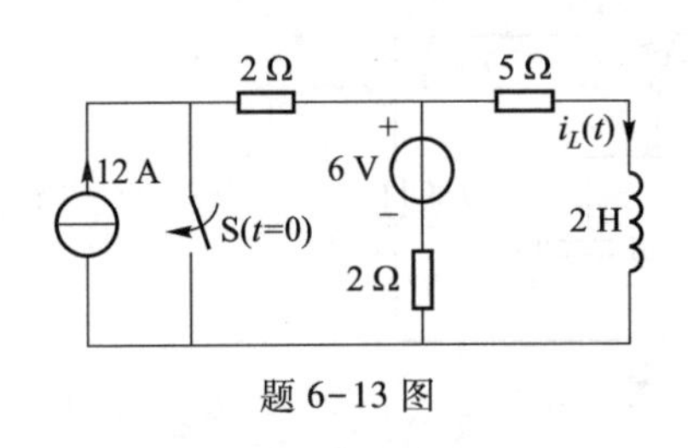

题 6-13 图

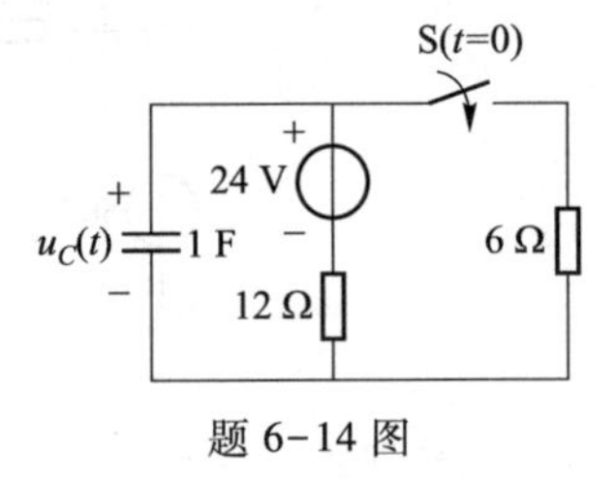

题 6-14 图

6-15　电路如题 6-15 图所示，原处稳态，$t=0$ 时打开开关，$t=5$ ms 时再闭合，求换路后的电流 $i_L(t)$ 和 $u(t)$，并画出它们随时间变化的曲线。

6-16　电路如题 6-16 图所示，原处稳态，$t=0$ 时闭合开关 S。求换路后的电流 $i_L(t)$ 和 $i_R(t)$，并画出它们随时间变化的曲线。

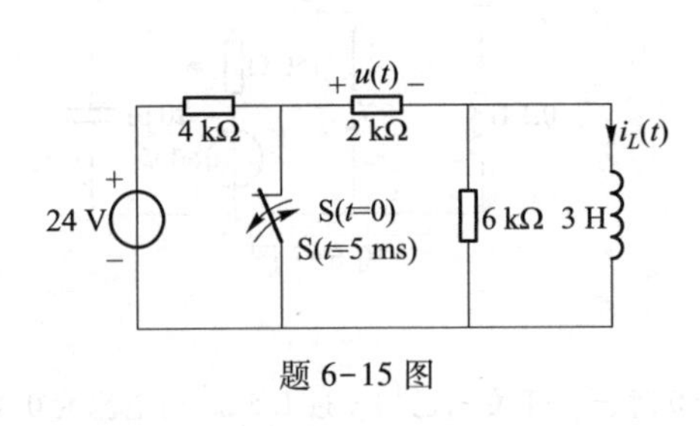

题 6-15 图

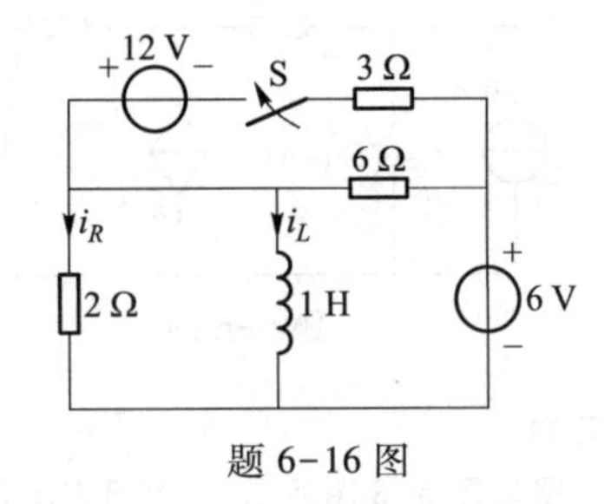

题 6-16 图

6-17　电路如题 6-17 图所示，原处稳态，$t=0$ 时闭合开关 S。求换路后的 $u_C(t)$ 和 $i(t)$。

6-18　电路如题 6-18 图所示，原处稳态，$t=0$ 时打开开关 S。求换路后的 $u_C(t)$ 和 $i_L(t)$。

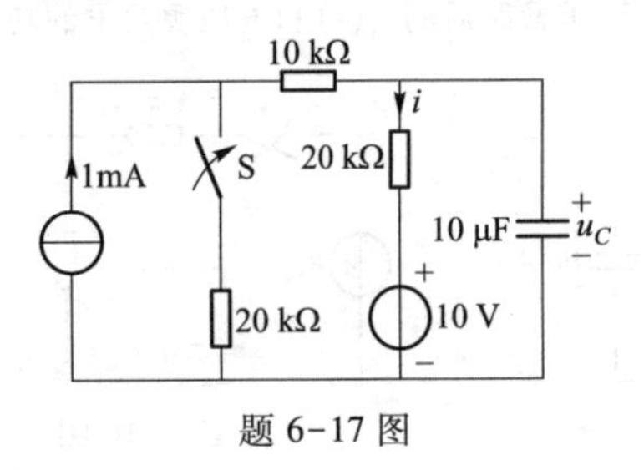

题 6-17 图

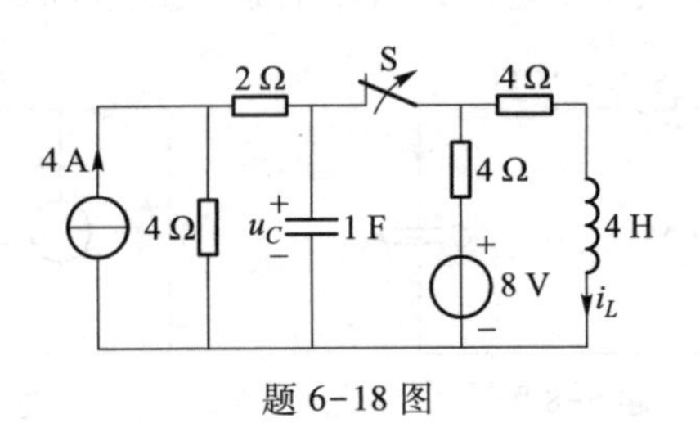

题 6-18 图

6-19　电路如题 6-19 图所示，原处稳态，$t=0$ 时闭合开关 S，$t=10\ \mu s$ 时再打开 S，求换路后的 $i_L(t)$，并画出 $i_L(t)$ 随时间变化的曲线。

6-20　电路如题 6-20 图所示，原处稳态，$t=0$ 时打开开关 S，求换路后的 $i(t)$、$i_C(t)$ 和 $u_C(t)$。

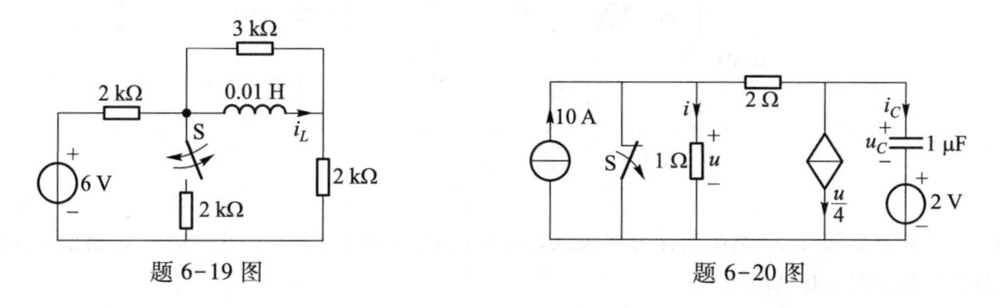

题 6-19 图　　　　　　　　题 6-20 图

6-21　电路如题 6-21 图所示，开关 S 在 1 位置已久，$t=0$ 时合至 2 位置，求换路后的电压 $u(t)$。

6-22　把电阻 R 和电容 C 串联电路在 $t=0$ 时接到 $u_s=220\sqrt{2}\cos 314t\text{V}$ 的正弦电压源上，求在下述两种情况下的零状态响应 $u_C(t)$。

(1) $R=20\ \Omega$，$C=400\ \mu\text{F}$；

(2) $R=10\ \Omega$，$C=20\ \mu\text{F}$。

6-23　把电阻 R 和电感 L 串联电路在 $t=0$ 时接到 $u_s=220\sqrt{2}\cos(314t-30°)$ V 的正弦电压源上，求当 $R=50\ \Omega$、$L=0.2$ H 时电路的零状态响应电感电流 $i_L(t)$。

6-24　一阶电路如题 6-24 图所示，$t<0$ 时原电路已经稳定，$t=0$ 时合上开关 S。求 $t\geqslant 0_+$ 时的 $u_C(t)$ 及 $i(t)$，并定性画出它们随时间变化的曲线。

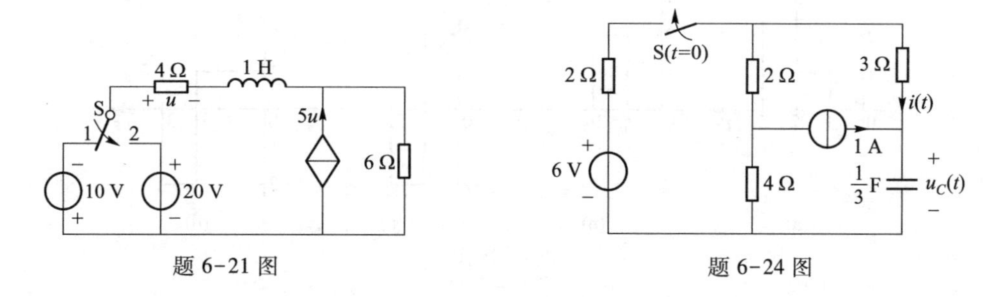

题 6-21 图　　　　　　　　题 6-24 图

6-25　一阶电路如题 6-25 图所示，$t<0$ 时原电路已稳定，$t=0$ 时打开开关 S。试求 $t\geqslant 0_+$ 时的电流 $i_L(t)$、电压 $u_C(t)$ 和 $u_S(t)$。

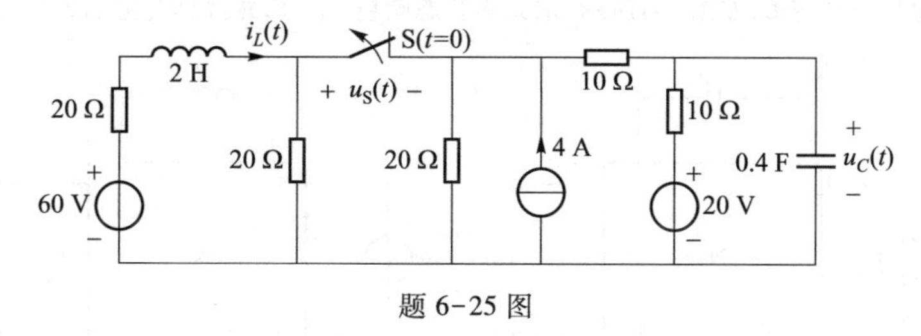

题 6-25 图

6-26　一阶电路如题 6-26 图所示，$t<0$ 时原电路已经稳定，$t=0$ 时打开开关 S。求 $t\geqslant 0_+$ 时的 $u_C(t)$ 及 $i(t)$，并定性画出它们随时间 t 变化的曲线。

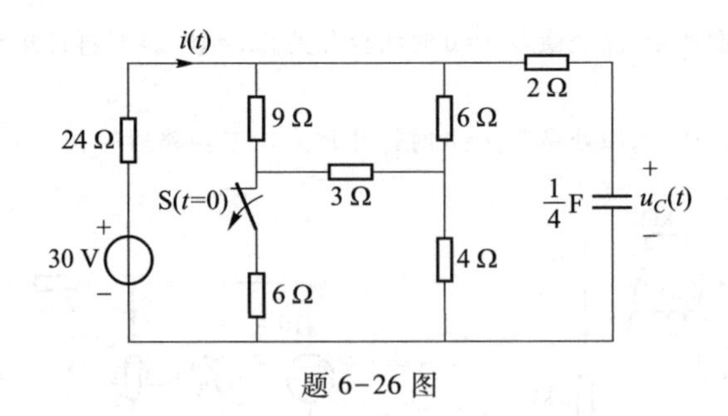

题 6-26 图

6-27 一阶电路如题 6-27 图所示，$t<0$ 时原电路已经稳定，$t=0$ 时合上开关 S。求 $t\geqslant 0_+$ 时的 $i_L(t)$ 和 $i(t)$，并定性画出它们随时间变化的曲线。

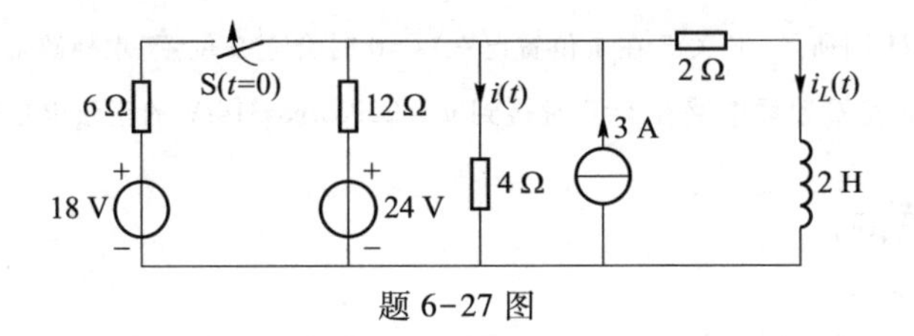

题 6-27 图

6.9 节习题

6-28 用阶跃函数表示题 6-28 图所示各波形信号。

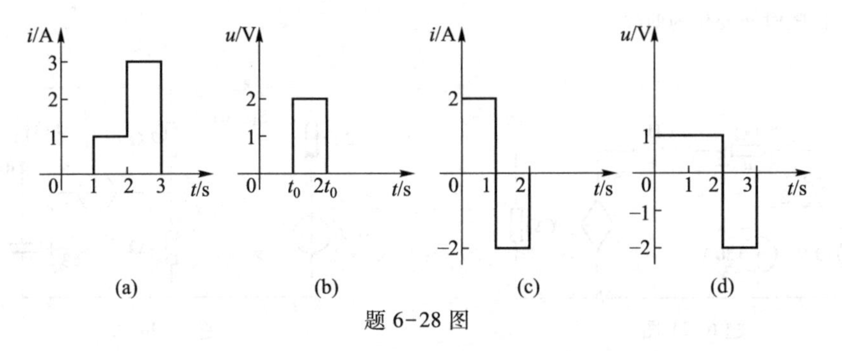

题 6-28 图

6-29 已知题 6-29 图(a)所示电路中，N_0 为电阻电路，$u_s(t)=\varepsilon(t)$ V，$C=2$F，其零状态响应

$$u_2(t)=(0.5+0.125e^{-0.25t})\varepsilon(t)\ \text{V}$$

如果用 $L=2$H 的电感代替电容 C，如图(b)所示，求其零状态响应 $u_2(t)$，并选择合适的元件组成电路 N_0。

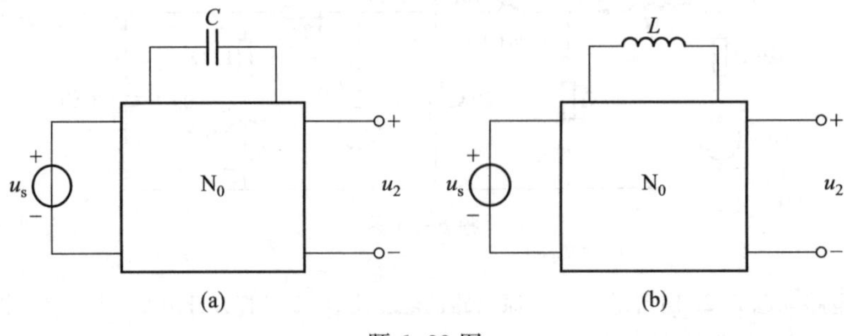

题 6-29 图

6-30　电路如题 6-30 图所示，$t<0$ 时已稳定，求 $t>0$ 时的 $i_L(t)$。

6-31　电路如题 6-31 图所示，$t<0$ 时已稳定，$i_s(t)=4\varepsilon(t)$ A，求 $t>0$ 时的 $u_C(t)$。

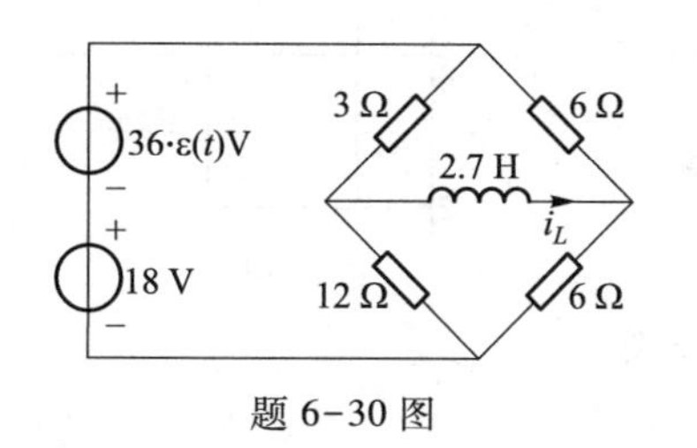

题 6-30 图

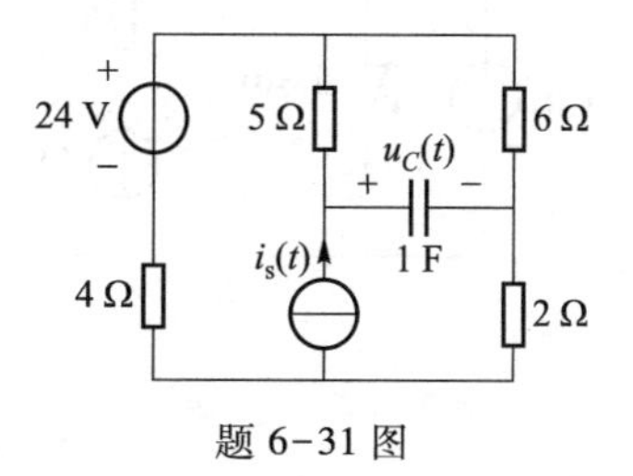

题 6-31 图

6-32　求题 6-32 图(a)所示电路的阶跃响应 $u_C(t)$。

(1) $i_s=\varepsilon(t)$ A；

(2) i_s 波形如图(b)所示。

6-33　题 6-33 图(a)所示 *RC* 电路中 u_s 的波形如图(b)所示。在下述两种情况下求阶跃响应 $u_0(t)$ 并绘其波形图。

(1) $C=50$ pF；

(2) $C=600$ pF。

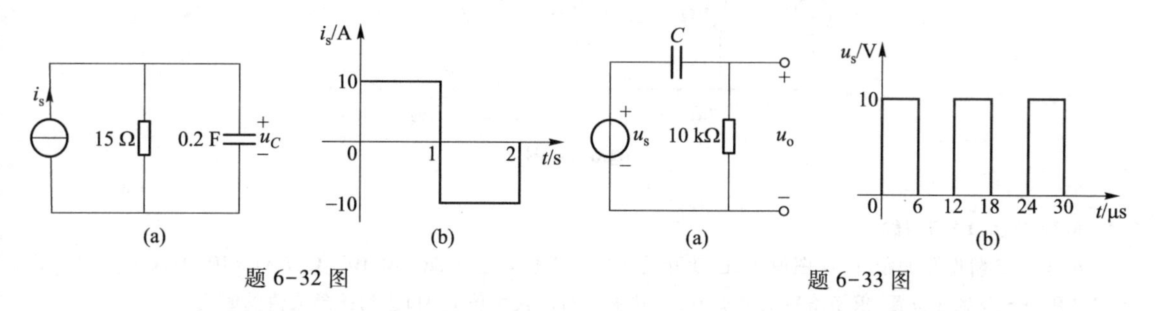

题 6-32 图　　题 6-33 图

6-34　题 6-34 图(a)所示电路中开关 S 在 1 位置已久，$t=0$ 时合到 2 位置，求换路后的电流 i_1 和 i_2。

(1) u_s 为 2 V 直流电压源；

(2) u_s 波形如图(b)所示。

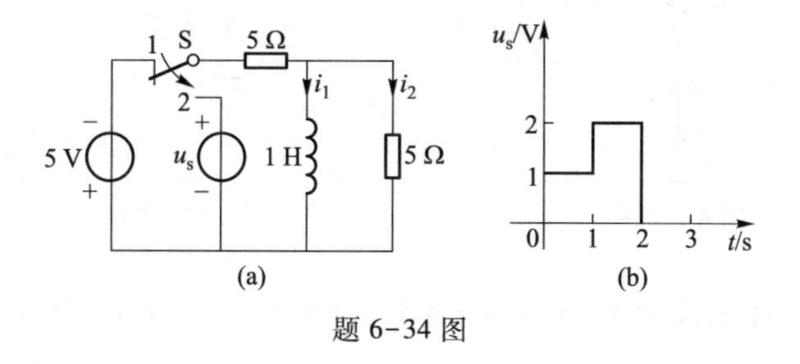

题 6-34 图

6-35　一阶电路如题 6-35 图所示，$t<0$ 时原电路已经稳定，$t=0$ 时打开开关 S。试求 $t\geqslant0_+$ 时的 $i_L(t)$。

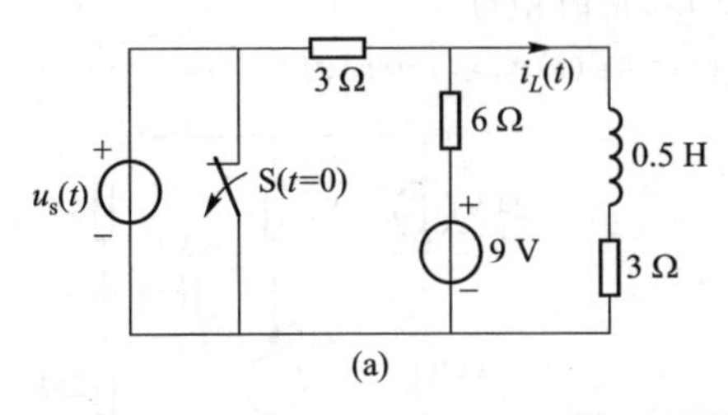

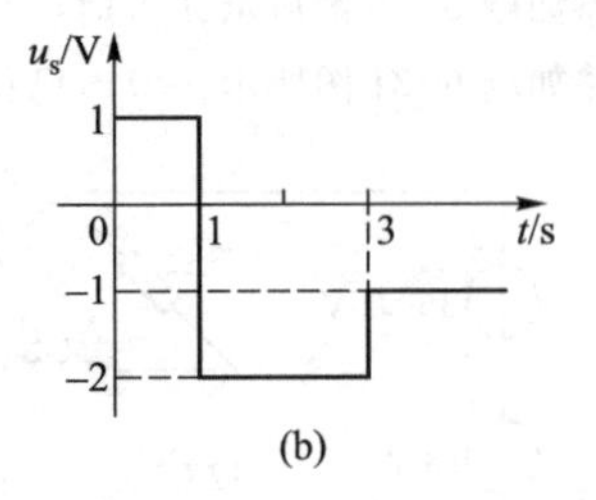

题 6-35 图

6.10 节习题

6-36 题 6-36 图(a)所示电路原处稳态,$t=0$ 时合上开关 S,求换路后的响应 $u_L(t)$ 和电流 $i_L(t)$。

(1) $u_s=\delta(t)$;

(2) $u_s=e^{-t}$ V;

(3) u_s 波形如图(b)所示。

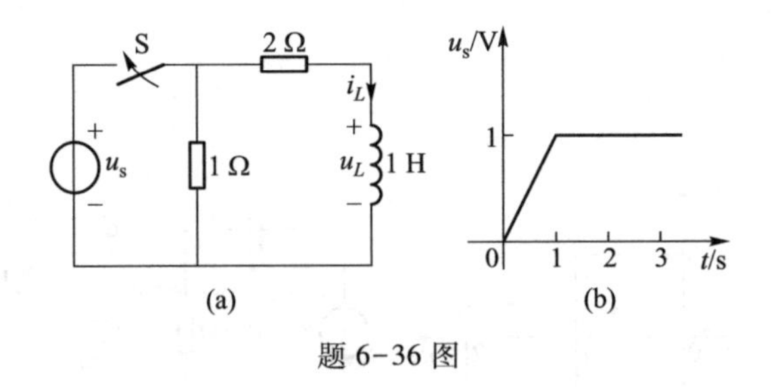

题 6-36 图

6.12 节、6.13 节习题

6-37 二阶电路如题 6-37 图所示,已知开关 S 处在 1 位置已久,$R=6\times10^{-4}$ Ω,$L=6\times10^{-9}$ H,$C=1\ 760$ μF。$t=0$时开关 S 合到 2 位置,求换路后的电流 $i(t)$,并求 $i(t)$ 的最大值 i_{max} 和达到此最大值的时间。

6-38 $R=250$ Ω,$L=1$ H,$C=100$ μF 接成串联电路,如题 6-38 图所示。已知 $u_C(0_-)=0$,$i_L(0_-)=1$A,求 $t\geqslant0$ 时 $u_C(t)$。

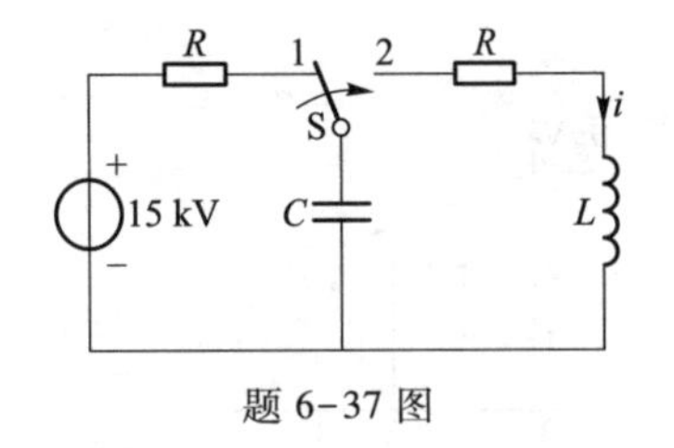

题 6-37 图

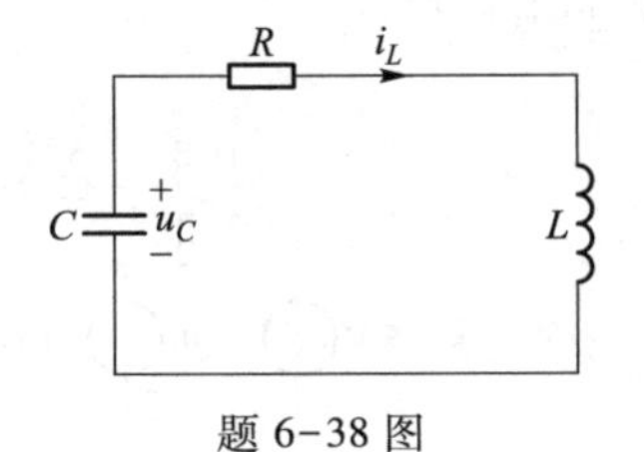

题 6-38 图

6-39 电路如题 6-39 图所示,开关 S 在 1 位置已久,$t=0$ 时合到 2 位置,$i_s=\sqrt{2}\sin100t$ A,求换路后的$u_C(t)$ 与 $i_L(t)$。

6-40 电路如题 6-40 图所示,已知 $i_L(0_+)=3$ A,$u_C(0_+)=4$ V,求 $t\geqslant0$ 时的电压 $u_C(t)$。

6-41 电路如题 6-41 图所示,原处稳态,$t=0$ 时开关 S 打开,求 $t\geqslant0$ 时的 $u_L(t)$。

6-42 电路如题 6-42 图所示,原处稳态,$t=0$ 时开关 S 闭合。设 $u_C(0_-)=100$ V,求换路后的电流 $i_L(t)$。

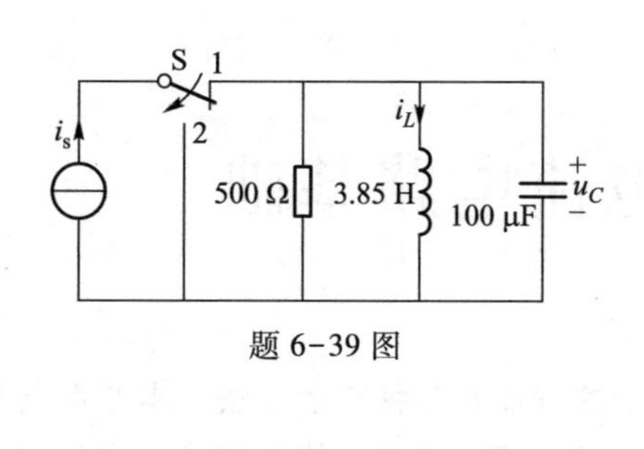

题 6-39 图

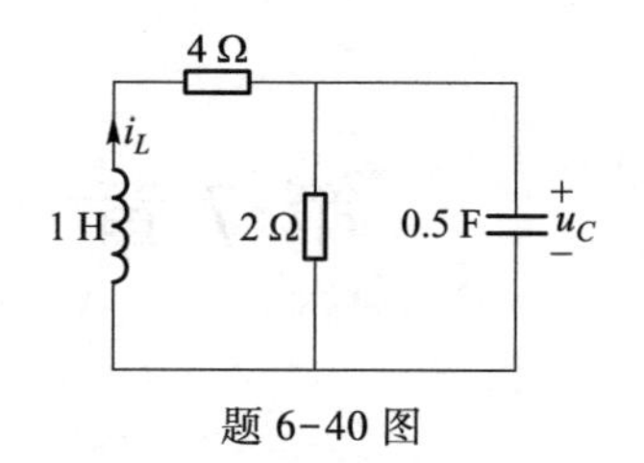

题 6-40 图

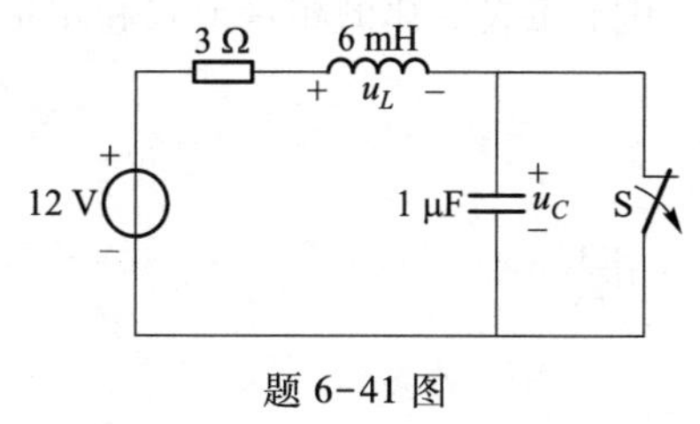

题 6-41 图

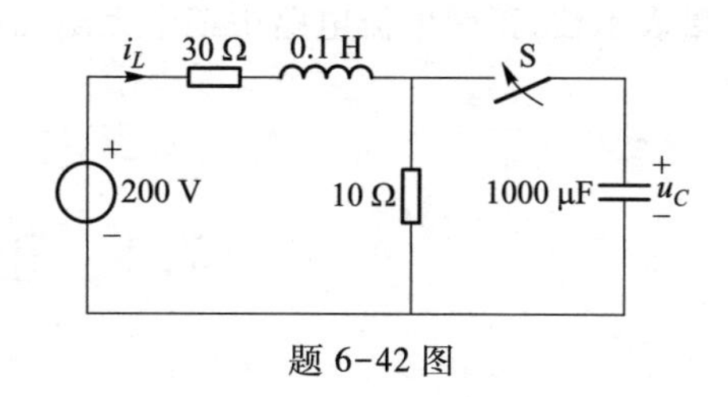

题 6-42 图

第7章　正弦电流电路基础

正弦交流电路分析的基础知识主要涉及正弦量的特征和各种表示方法。本章重点介绍正弦量的相量表示法、正弦电流电路中三个无源元件的特征、基尔霍夫定律的相量形式和相量法的基本概念。

7.1　正　弦　量

从本章到第10章，将分析和计算线性电路在正弦激励下的稳态响应问题。可以证明，在线性电路中，如果全部激励都是同一频率的正弦函数，则电路的全部稳态响应也将是同一频率的正弦函数，这类电路称为正弦电流电路。

研究正弦电流电路的重要意义在于，目前世界上电能的生产、输送和应用大多采用正弦电流的形式，其中大多数问题都可以按正弦电流电路的问题来加以分析处理。正弦交流电虽比直流电复杂，但它仍是一种简单的周期函数，且具有很多优点。例如，同频率的两个正弦时间函数之和仍是同频率的正弦时间函数；它的导数和积分也是同频率的正弦时间函数；非正弦的周期函数一般可以分解为该周期函数频率整数倍的正弦时间函数的无穷级数等。因此，正弦电流电路又是研究其他周期电流电路的基础。

凡是按正弦规律随时间变化的电流、电压等都称为正弦量，它们在某时刻的值称为该时刻的瞬时值，分别用字母 i、u 表示。下面以正弦电流为例，说明正弦量的各个要素和不同的表达式。

图7-1-1所示为正弦电路中的一条支路，在所指定的参考方向下，电流 i 的瞬时值表达式为

图7-1-1　正弦电流支路

$$i=I_{\mathrm{m}}\cos(\omega t+\psi_i) \tag{7-1-1}$$

式中，I_{m}——正弦电流 i 的振幅(A)，它是正弦电流在整个变化过程中所能达到的最大值，当 $\cos(\omega t+\psi_i)=1$ 时，$i=I_{\mathrm{m}}$；

ω——正弦电流 i 的角频率(rad/s)，它是正弦电流角度随时间变化的速度，它反映了正弦电流变化的快慢。正弦电流变化的快慢还可以用周期 T 和频率 f 表示。周期 T 是正弦电流完成一次变化所需要的时间，频率 f 是每秒中正弦电流变化的周期数。显然，周期和频率互为倒数，即 $f=\dfrac{1}{T}$。

正弦量及其三要素

正弦函数角在一个周期内变化了 2π rad(弧度)，即 $\omega T=2\pi$，所以

$$\omega=\frac{2\pi}{T}=2\pi f \tag{7-1-2}$$

上式表示了 T、f、ω 三者之间的关系，只要知道了其中之一，其余均可以由式(7-1-2)求出。

周期 T 的单位为 s(秒)，频率 f 的单位为 1/s 或者 Hz(赫兹，简称赫)。我国习惯上简称周，实际上是周/秒。在工程上，频率还常用下列倍数单位：

$$1\ \text{kHz}(\text{千赫}) = 1\times10^{3}\ \text{Hz}$$

$$1\ \text{MHz}(\text{兆赫}) = 1\times10^{6}\ \text{Hz}$$

$$1\ \text{GHz}(\text{吉赫}) = 1\times10^{9}\ \text{Hz}$$

相应的周期常用下列倍数单位：

$$1\ \text{ms}(\text{毫秒}) = 1\times10^{-3}\ \text{s}$$

$$1\ \mu\text{s}(\text{微秒}) = 1\times10^{-6}\ \text{s}$$

$$1\ \text{ns}(\text{纳秒}) = 1\times10^{-9}\ \text{s}$$

例 7-1 已知某正弦量的 $f=50$ Hz，求 ω 和 T。

解 $\omega=2\pi f=2\pi\times50\ \text{rad/s}=314\ \text{rad/s}$

$$T=\frac{1}{f}=\frac{1}{50}\ \text{s}=0.02\ \text{s}=20\ \text{ms}$$

在工程上，常将 $f=50$ Hz 称为工频；也常以频率(或角频率)的大小作为区分电路的标志，如高频电路、低频电路等。

式(7-1-1)中的角度($\omega t+\psi_i$)称为正弦电流的相位角(简称相位)，它反映了正弦电流变化的进程，单位为 rad(弧度)或°(度)。

ψ_i 称为正弦电流 i 的初相位角(简称初相)，它是该正弦电流在 $t=0$ 时刻的相位，即

$$\psi_i=(\omega t+\psi_i)\big|_{t=0}$$

它反映了正弦电流的初始值，即 $t=0$ 时刻的值，因为 $i\big|_{t=0}=I_m\cos\psi_i$。

根据正弦电流的初相的数值，可以知道在 $t=0$ 时刻正弦电流是增长的还是减小的，即正弦电流的初相还反映了正弦电流在 $t=0$ 时刻的变化趋势。初相的单位为 rad(弧度)或°(度)，通常在 $|\psi_i|\leqslant\pi$ 的主值范围内取值。

ψ_i 的大小与计时起点和正弦电流参考方向的选择有关。在波形图上，如果横轴用角度 ωt 表示，则 ψ_i 就是正弦电流值的诸最大值中最靠近坐标原点的正最大值点与坐标原点之间的角度值。如果坐标原点改变，则 ψ_i 也改变，如图 7-1-2(a)、(b)、(c)所示，分别为 $\psi_i=0$、$\psi_i<0$、$\psi_i>0$ 的情况。如果正弦电流选定如图 7-1-3(a)所示的参考方向时，其表达式为 $i=I_m\cos(\omega t+\psi_i)$，则当选择其相反方向为正弦电流的参考方向(如图 7-1-3(b)所示)时，其表达式为

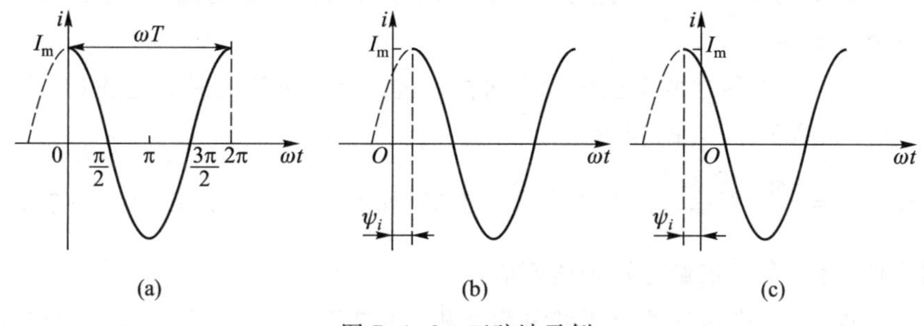

图 7-1-2 正弦波示例

(a) $\psi_i=0$；(b) $\psi_i<0$；(c) $\psi_i>0$

$$i'=-i=-I_m\cos(\omega t+\psi_i)=I_m\cos(\omega t+\psi_i\pm\pi)=I_m\cos(\omega t+\psi_i')$$

式中，$\psi_i'=\psi_i\pm\pi$。当 $\psi_i>0$ 时，$\psi_i'=\psi_i-\pi$；当 $\psi_i<0$ 时，$\psi_i'=\psi_i+\pi$。可见，在电路中参考方向选的不同时，相应的电流的值相差一个负号，在正弦电流电路中具体表现为初相相差 π rad（180°），正弦电流 i、i' 的波形图如图 7-1-3(c)所示。

正弦量的振幅、角频率（或周期、频率）、初相称为正弦量的三要素。

在正弦电流电路的分析中，经常要比较同频率正弦量的相位差。例如正弦电压 u 与正弦电流 i 为任意的两个同频率的正弦量，即

$$u=U_m\cos(\omega t+\psi_u)$$
$$i=I_m\cos(\omega t+\psi_i)$$

同频率正弦量的相位差

它们之间的相位之差称为相位差，用 φ 表示，即

$$\varphi=(\omega t+\psi_u)-(\omega t+\psi_i)=\psi_u-\psi_i$$

可见，对两个同频率的正弦量来说，相位差在任何瞬时都是一个常数，即等于它们的初相之差，而与时间无关。φ 的单位为 rad（弧度）或°（度）。它也在 $|\varphi|\leqslant\pi$ 的主值范围内取值。相位差是区分两个同频率正弦量的重要标志之一。如果 $\varphi=\psi_u-\psi_i>0$（如图 7-1-4 所示），则称电压 u 的相位超前电流 i 的相位一个角度 φ，简称电压 u 超前电流 i 角度 φ，意指在波形图中，由坐标原点向右看，电压先到达第一个正的最大值，经过 φ，电流 i 到达其第一个正的最大值。反过来也可以说电流 i 滞后电压 u 角度 φ。

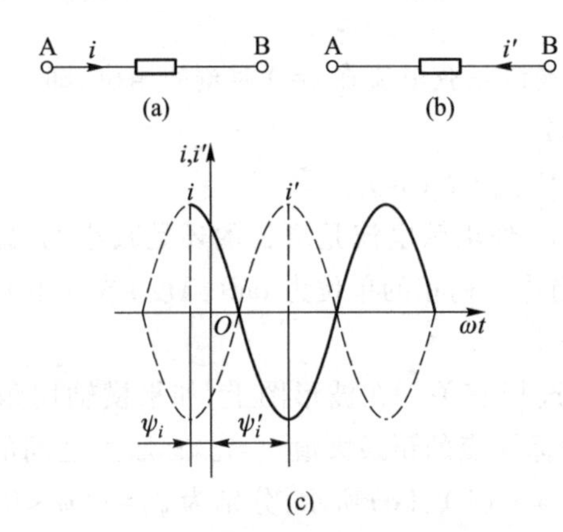

图 7-1-3　参考方向与正弦量的关系

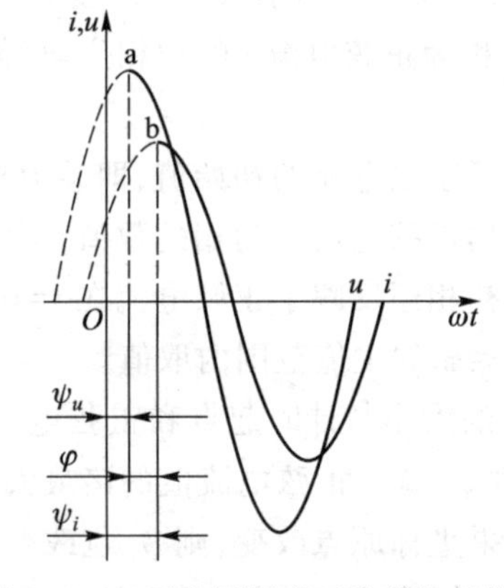

图 7-1-4　两个同频率正弦量的相位差

如果 $\varphi=\psi_u-\psi_i<0$，则结论刚好与上述情况相反，即电压 u 滞后电流 i 一个角度 $|\varphi|$，或电流 i 超前电压 u 一个角度 $|\varphi|$。

如果 $\varphi=\psi_u-\psi_i=0$，则称这两个正弦量为同相。这两个正弦量同时到达正（或负）的最大值，或同时到达零值（如图 7-1-5(a)所示）。

如果 $\varphi=\psi_u-\psi_i=\pm\frac{\pi}{2}$，则称这两个正弦量为正交（如图 7-1-5(b)所示）。一个正弦量到达正（或负）的最大值，另一个正弦量正好到达零值。

如果 $\varphi=\psi_u-\psi_i=\pm\pi$，则称这两个正弦量为反相（如图 7-1-5(c)所示）。这两个正弦量除了同时到达零值时，在其他时刻都是到达异号值。

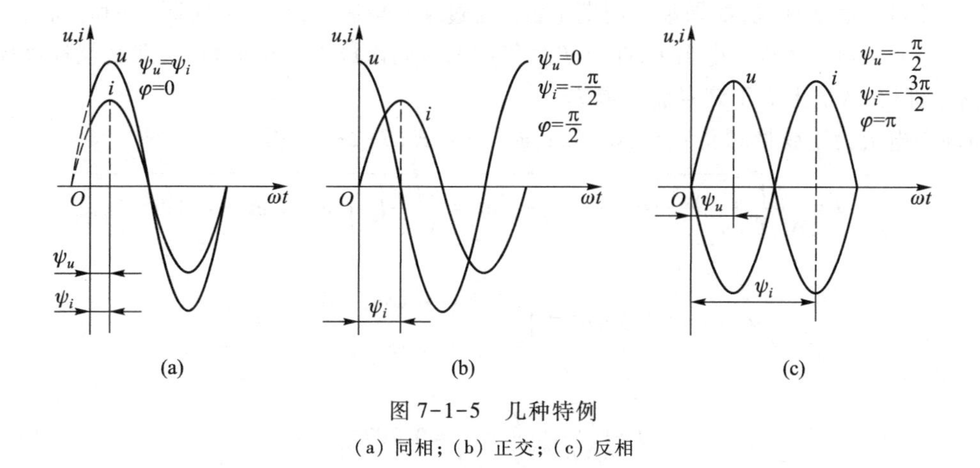

图 7-1-5 几种特例

(a) 同相；(b) 正交；(c) 反相

不同频率的两个正弦量之间的相位差是随时间而变的，因而比较它们之间的相位差就没有实际意义。

应当注意，当两个同频率正弦量的计时起点（即波形图中的坐标原点）改变时，它们的初相也跟着改变，但它们的相位差保持不变。所以两个同频率正弦量的相位差与计时起点的选择无关。

当计算两个同频率正弦量的相位差时，两个正弦量的函数表达形式要一致；两个正弦量函数表达式前的正、负号要统一。

思考与练习

7-1-1 两个同频率的正弦量的相位差与计时起点、频率无关，取决于两正弦量的初相位之差。你知道为什么吗？如何应用相位差来判断两正弦量在相位方面的超前、滞后与同相？两个不同频率的正弦量也存在上述情况吗？

7-1-2 若 $i_1=10\cos(100t+30°)$ A，$i_2=10\sin(100t-15°)$ A，能说 i_1 和 i_2 的相位差 $\varphi=30°-15°=15°$ 吗？相位差 φ 应为多少？

7.2 正弦量的有效值

周期电压、周期电流的瞬时值是随时间变化的。工程上为了衡量其效应，常采用有效值。以电流 i 为例，它的有效值（大写字母表示）定义为

$$I=\sqrt{\frac{1}{T}\int_0^T i^2\,\mathrm{d}t} \tag{7-2-1}$$

式中，T——周期(s)。

从式(7-2-1)可知，周期量的有效值等于它的瞬时值的平方在一个周期内积分的平均值取平方根。因此，有效值又称为方均根值。

实际上，有效值是一个在效应上（例如，电流的热效应）与周期量在一个周期内的平均效应

相等的直流量。确切地说,如果某一周期电流 i 流过某一电阻 R,在一个周期 T 的时间内放出的热量与某一直流电流 I 流过电阻 R,在与 T 值等同的时间内放出的热量相等,那么就称该周期电流 i 的有效值在数值上等于该直流电流 I。

当周期电流为正弦量时,将 $i=I_m\cos(\omega t+\psi_i)$ 代入式(7-2-1),得

$$I=\sqrt{\frac{1}{T}\int_0^T[I_m\cos(\omega t+\psi_i)]^2\mathrm{d}t}=\sqrt{\frac{1}{T}I_m^2\int_0^T\cos^2(\omega t+\psi_i)\mathrm{d}t}$$

其中

$$\int_0^T\cos^2(\omega t+\psi_i)\mathrm{d}t=\int_0^T\frac{1+\cos2(\omega t+\psi_i)}{2}\mathrm{d}t=\frac{T}{2}$$

所以

$$I=\sqrt{\frac{1}{T}I_m^2\frac{T}{2}}=\frac{I_m}{\sqrt{2}}=0.707I_m \tag{7-2-2}$$

或

$$I_m=\sqrt{2}I=1.414I \tag{7-2-3}$$

同理,正弦电压 $u=U_m\cos(\omega t+\psi_u)$ 的有效值为

$$U=0.707U_m$$

必须强调指出,有效值的计算公式(7-2-1)适用于任意周期量,而有效值等于幅值的 $\frac{1}{\sqrt{2}}$ 这一关系仅适用于正弦量。

引入有效值概念后,可将正弦电流和正弦电压的数学表达式写为

$$i=\sqrt{2}I\cos(\omega t+\psi_i)$$

$$u=\sqrt{2}U\cos(\omega t+\psi_u)$$

因此,正弦量的有效值可以代替最大值作为它的一个要素。

在工程上,一般所说的正弦电压、电流大小都是指有效值。例如,交流测量仪表所指示的读数、交流电气设备铭牌上的额定值都是指有效值。我国所使用的单相正弦电源的电压 $U=220$ V,就是正弦电压的有效值,它的最大值 $U_m=\sqrt{2}U=1.414\times220$ V $=311$ V。

应当指出,并非在一切场合都用有效值来表征正弦量的大小。例如,在确定各种交流电气设备的耐压值时,就应按电压的最大值来考虑。

思考与练习

7-2-1 正弦量的有效值与其频率、初相位无关,只取决于其最大值。这是为什么?正弦量的有效值与最大值之间有何关系?

7-2-2 某电子元件耐压值为250 V,意指该元件端电压超过250 V时可能瞬时被击穿损坏。能否将该元件应用于电源电压有效值为220 V的正弦交流电路中?为什么?在电源电压有效值为220 V的正弦交流电路中所使用的元器件的最低耐压值应该不低于多少?

7-2-3 已知某一支路的电压和电流在关联参考方向下分别为:$u(t)=311.1\sin(314t+30°)$ V,$i(t)=14.1\sin(314t-120°)$ A。

（1）确定它们的周期、频率和有效值；

（2）画出它们的波形，求其相位差，并说明超前和滞后关系；

（3）若电流参考方向与前相反，重新回答问题（2）。

7.3 相量法的基本概念

相量

用时域形式描述线性电路特征的电路方程是常系数微分（积分）方程。正弦激励下的稳态响应就是这类方程的特解。下面将介绍一种分析正弦电路稳态响应的重要方法——相量法。

相量法的基础是用复数表示正弦量。为此，先复习一下复数的基本概念。

一个复数 $\boldsymbol{A}$ 可以用几种形式表示。一个复数 $\boldsymbol{A}$ 的代数形式为

$$\boldsymbol{A}=a_1+\mathrm{j}a_2$$

式中，a_1——复数 $\boldsymbol{A}$ 的实部；

a_2——复数 $\boldsymbol{A}$ 的虚部；

j——虚数的单位，$\mathrm{j}=\sqrt{-1}$（数学中虚数单位用 i 表示，在电路理论中 i 已用来表示电流，故改用 j 表示虚数单位）。

实部 a_1、虚部 a_2 与复数 $\boldsymbol{A}$ 之间可用运算符号“Re”和“Im”相联系，即

$$a_1=\mathrm{Re}[\boldsymbol{A}]$$

$$a_2=\mathrm{Im}[\boldsymbol{A}]$$

式中，运算符号 Re[ ]——取复数的实部；

运算符号 Im[ ]——取复数的虚部。

复数 $\boldsymbol{A}$ 在复平面上可以用横坐标为 a_1、纵坐标为 a_2 的点来表示，也可以由坐标原点 O 至该点的有向线段表示，如图 7-3-1 所示。该有向线段的长度为 $|\boldsymbol{A}|$，称为复数的模，模总为正值。有向线段与实轴正方向的夹角 ψ 称为复数的辐角。实部、虚部与模、辐角的关系为

$$\begin{cases}a_1=|\boldsymbol{A}|\cos\psi\\ a_2=|\boldsymbol{A}|\sin\psi\end{cases}\tag{7-3-1}$$

$$\begin{cases}|\boldsymbol{A}|=\sqrt{a_1^2+a_2^2}\\ \tan\psi=\dfrac{a_2}{a_1}\end{cases}\tag{7-3-2}$$

式中，辐角 ψ 所在的象限由 a_1、a_2 的正负号决定。

利用式（7-3-1）、式（7-3-2）可将复数的代数形式变换为三角函数形式。一个复数 $\boldsymbol{A}$ 的三角函数形式为

$$\boldsymbol{A}=|\boldsymbol{A}|\cos\psi+\mathrm{j}|\boldsymbol{A}|\sin\psi=|\boldsymbol{A}|(\cos\psi+\mathrm{j}\sin\psi)$$

根据欧拉公式

$$\mathrm{e}^{\mathrm{j}\psi}=\cos\psi+\mathrm{j}\sin\psi$$

可以将复数 $\boldsymbol{A}$ 的三角形式变换为指数形式。一个复数 $\boldsymbol{A}$ 的指数形式为

$$A=|A|e^{j\psi}$$

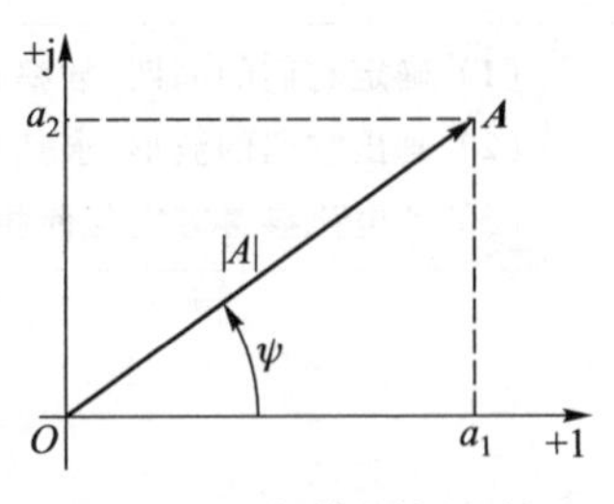

图 7-3-1　复数的向量表示

在电路理论中,复数的指数形式又常简写为极坐标形式。一个复数 $\boldsymbol{A}$ 的极坐标形式为

$$A=|A|\angle\psi$$

根据计算需要,可以灵活选用上述复数形式进行互相变换。

复数相加或相减的运算(一般)用代数形式进行。例如,如果令 $\boldsymbol{A}=a_1+\mathrm{j}a_2$,$\boldsymbol{B}=b_1+\mathrm{j}b_2$,则

$$A\pm B=(a_1\pm b_1)+\mathrm{j}(a_2\pm b_2)$$

复数相加或相减的运算也可以根据平行四边形法则在复平面上用作图法进行。图 7-3-2(a)、(b)分别示出了两个复数 $\boldsymbol{A}$ 和 $\boldsymbol{B}$ 相加和相减的运算过程。

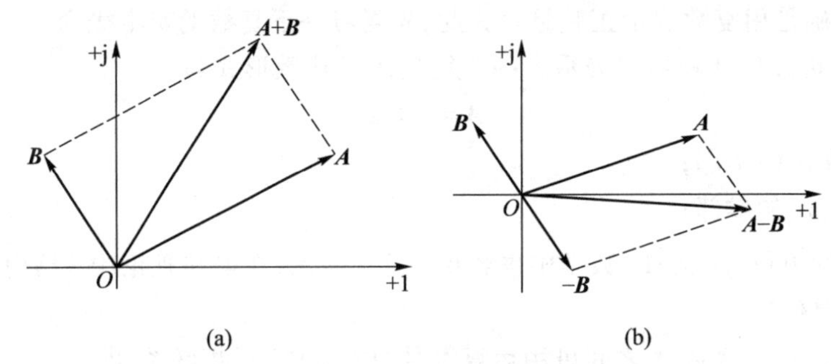

图 7-3-2　两个复数相加和相减的几何意义

(a) $\boldsymbol{A}+\boldsymbol{B}$; (b) $\boldsymbol{A}-\boldsymbol{B}$

两个复数相乘或相除的运算(一般)用指数形式或极坐标形式进行。例如,复数 $\boldsymbol{A}$ 乘以复数 $\boldsymbol{B}$ 时,则

$$AB=|A|e^{j\psi_a}|B|e^{j\psi_b}=|A||B|e^{j(\psi_a+\psi_b)}$$

$$AB=|A|\angle\psi_a\,|B|\angle\psi_b=|A||B|\angle\psi_a+\psi_b$$

两个复数相乘运算也可以在复平面上进行。如图 7-3-3(a)所示,将复数 $\boldsymbol{A}$ 的模 $|\boldsymbol{A}|$ 乘以复数 $\boldsymbol{B}$ 的模 $|\boldsymbol{B}|$,得复数 $\boldsymbol{AB}$ 的模,而复数 $\boldsymbol{AB}$ 的位置处于将复数 $\boldsymbol{A}$(或 $\boldsymbol{B}$)逆时针旋转一个角度 $\psi_b(\psi_a)$ 的位置上。

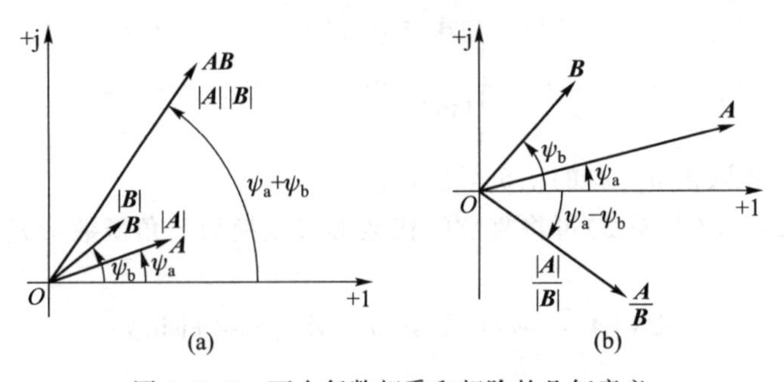

图 7-3-3　两个复数相乘和相除的几何意义

(a) $\boldsymbol{AB}$; (b) $\boldsymbol{A}/\boldsymbol{B}$

两个复数相除的运算，例如复数 $\boldsymbol{A}$ 除以复数 $\boldsymbol{B}$ 时，则

$$\frac{\boldsymbol{A}}{\boldsymbol{B}}=\frac{|\boldsymbol{A}|\mathrm{e}^{\mathrm{j}\psi_a}}{|\boldsymbol{B}|\mathrm{e}^{\mathrm{j}\psi_b}}=\frac{|\boldsymbol{A}|}{|\boldsymbol{B}|}\mathrm{e}^{\mathrm{j}(\psi_a-\psi_b)}$$

$$\frac{\boldsymbol{A}}{\boldsymbol{B}}=\frac{|\boldsymbol{A}|\angle\psi_a}{|\boldsymbol{B}|\angle\psi_b}=\frac{|\boldsymbol{A}|}{|\boldsymbol{B}|}\angle\psi_a-\psi_b$$

两个复数相除的运算同样可以在复平面上进行。如图 7-3-3(b)所示，将复数 $\boldsymbol{A}$ 的模 $|\boldsymbol{A}|$ 除以复数 $\boldsymbol{B}$ 的模 $|\boldsymbol{B}|$ 得到复数 $\dfrac{\boldsymbol{A}}{\boldsymbol{B}}$ 的模，而复数 $\dfrac{\boldsymbol{A}}{\boldsymbol{B}}$ 的位置处于将复数 $\boldsymbol{A}$ 顺时针旋转一个角度 ψ_b 的位置上。

复数 $\mathrm{e}^{\mathrm{j}\psi}=1\angle\psi$ 是一个模为 1、辐角为 ψ 的复数。任意复数 $\boldsymbol{A}=|\boldsymbol{A}|\mathrm{e}^{\mathrm{j}\psi_a}$ 乘以复数 $\mathrm{e}^{\mathrm{j}\psi}$ 等于将复数 $\boldsymbol{A}$ 逆时针旋转一个角度 ψ，而复数 $\boldsymbol{A}$ 的模值不变，所以 $\mathrm{e}^{\mathrm{j}\psi}$ 称为旋转因子。

根据欧拉公式，不难得出 $\mathrm{e}^{\mathrm{j}\frac{\pi}{2}}=\mathrm{j}$、$\mathrm{e}^{-\mathrm{j}\frac{\pi}{2}}=-\mathrm{j}$、$\mathrm{e}^{\mathrm{j}\pi}=-1$。因此，$\pm\mathrm{j}$ 和 -1 都可以看作为旋转因子。例如，一个复数乘以 j，就等于将该复数在复平面上逆时针旋转 90°（或 $\dfrac{\pi}{2}$ 弧度），如图 7-3-4(a)所示。一个复数乘以 $-\mathrm{j}$（即除以 j），就等于将该复数在复平面上顺时针旋转 90°（或 $\dfrac{\pi}{2}$ 弧度），如图 7-3-4(b)所示。

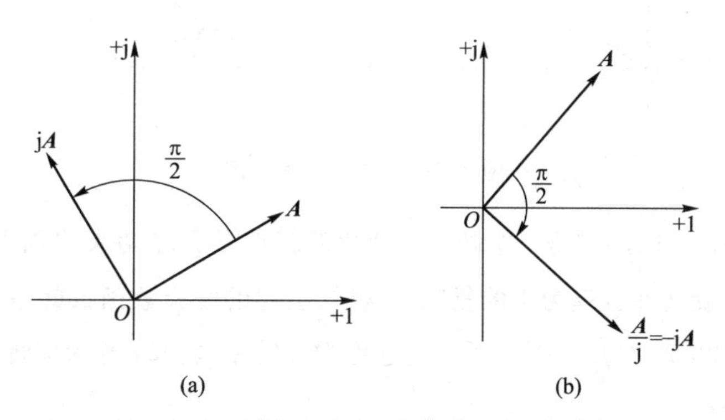

图 7-3-4 复数 $\boldsymbol{A}$ 乘以 j 和除以 j 的几何意义

在简要地复习了复数的基本概念后，下面讨论正弦量与复数之间的联系。

令正弦量 $f(t)=F_m\cos(\omega t+\psi)=\sqrt{2}F\cos(\omega t+\psi)$，根据欧拉公式可知

$$\mathrm{e}^{\mathrm{j}\theta}=\cos\theta+\mathrm{j}\sin\theta$$

式中 θ 为实数，它可以是常数，也可以是时间的函数。如果 $\theta=\omega t+\psi$，则

$$\mathrm{e}^{\mathrm{j}(\omega t+\psi)}=\cos(\omega t+\psi)+\mathrm{j}\sin(\omega t+\psi)$$

所以

$$f(t)=\mathrm{Re}[\sqrt{2}F\mathrm{e}^{\mathrm{j}(\omega t+\psi)}]=\mathrm{Re}[\sqrt{2}F\mathrm{e}^{\mathrm{j}\psi}\mathrm{e}^{\mathrm{j}\omega t}]$$
$$=\mathrm{Re}[\sqrt{2}F\angle\psi\ \angle\omega t] \tag{7-3-3}$$

式中，$\sqrt{2}F\mathrm{e}^{\mathrm{j}\psi}\mathrm{e}^{\mathrm{j}\omega t}$ 称为复指数函数。

式(7-3-3)表明,可以通过数学的方法,将一个实数域的正弦时间函数与一个复数域的复指数函数一一对应起来,而复指数函数的复常数部分是用正弦量的有效值和初相结合成一个复数表示出来的。这个复数称为正弦量的有效值相量(简称相量),并用

$$\dot{F}=Fe^{j\psi}=F\angle\psi$$

表示。式中,$\dot{F}$称为正弦量$f(t)=\sqrt{2}F\cos(\omega t+\psi)$的相量,相量$\dot{F}$的模为正弦量$f(t)$的有效值$F$,相量$\dot{F}$的辐角为正弦量$f(t)$的初相$\psi$。运用相量进行正弦稳态电路的分析和计算,可同时将正弦量的有效值和初相计算出来。有效值相量$\dot{F}$上面加小圆点是用来与有效值F相区分,也是与普通复数区别的记号,这种命名和记号的目的是强调它与正弦量的联系,但在数学运算上与一般复数运算并无区别。

相量既然是复数,它也可以在复平面上用一条有向线段表示,如图7-3-5(a)所示为正弦电流$i=\sqrt{2}I\cos(\omega t+\psi_i)$的相量,其中$\psi_i>0$。相量$\dot{I}$的长度是正弦电流的有效值$I$,相量$\dot{I}$与正实轴的夹角是正弦电流的初相。这种表示相量的图称为相量图。为了简化起见,相量图中不画出虚轴,而实轴改画为水平的虚线,如图7-3-5(b)所示。

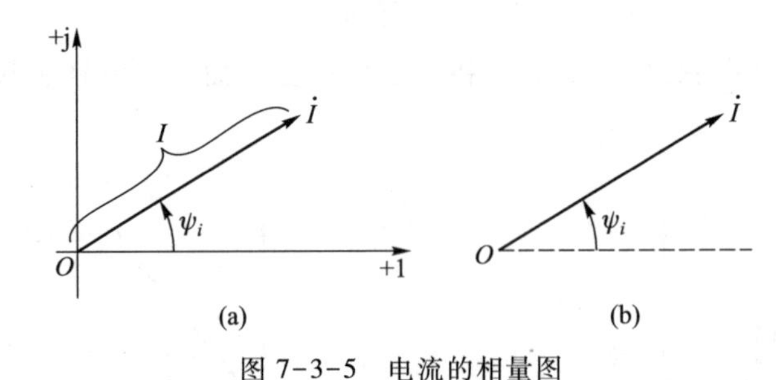

图7-3-5　电流的相量图

复指数函数的另一部分$e^{j\omega t}$是一个随时间变化的旋转因子,它在复平面上是一个以原点为中心,以角速度ω等速旋转并且模为1的复数。这样,上述的复指数函数就等于相量($\dot{F}=Fe^{j\psi}$)乘以旋转因子$e^{j\omega t}$再乘以$\sqrt{2}$,即$\sqrt{2}\dot{F}e^{j\omega t}$。所以将它称为旋转相量,$\sqrt{2}\dot{F}$称为旋转相量的复振幅相量,如图7-3-6(a)所示。

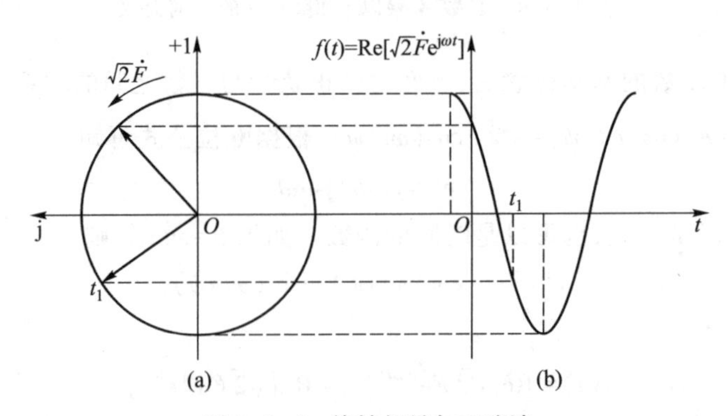

图7-3-6　旋转相量与正弦波

引入旋转相量的概念以后,可以说明式(7-3-3)对应关系的几何意义,即一个正弦量在任何

时刻的瞬时值,等于对应的旋转相量该时刻在实轴上的投影。这个关系可以用图 7-3-6(a)、(b)分别所示的旋转相量$\sqrt{2}\dot{F}e^{j\omega t}$和正弦量$f(t)$的波形图之间的对应关系来说明。

式(7-3-3)实质上是一种数学变换。对于任何正弦时间函数都可以找到唯一的与其对应的复指数函数,建立起像式(7-3-3)那样的对应关系,从而得到表示这个正弦量的相量。由于这种对应关系非常简单,因而可以直接写出。

例 7-2 (1) 设已知正弦电流电压分别为

$$i=10\sqrt{2}\cos(314t+90°)\ \mathrm{A}$$

$$u=220\sqrt{2}\cos(314t-30°)\ \mathrm{V}$$

写出表示正弦电流 i、电压 u 的相量和旋转相量。

(2) 设已知两个频率为 100 Hz 的正弦电流的相量

$$\dot{I}_1=7.07e^{j30°}=7.07\underline{/30°}\ \mathrm{A}$$

$$\dot{I}_2=10e^{-j60°}=10\underline{/-60°}\ \mathrm{A}$$

写出上述两个正弦电流的瞬时值表达式。

解 (1) 根据定义可以直接写出正弦电流、电压的相量和旋转相量

$$\dot{I}=10\underline{/90°}\mathrm{A}\quad \sqrt{2}\dot{I}e^{j\omega t}=\sqrt{2}\times10e^{j(314t+90°)}\ \mathrm{A}$$

$$\dot{U}=220\underline{/-30°}\mathrm{V}\quad \sqrt{2}\dot{U}e^{j\omega t}=\sqrt{2}\times220e^{j(314t-30°)}\ \mathrm{V}$$

相量法的基本概念

(2) 根据式(7-3-3),得

$$i_1=\mathrm{Re}[\sqrt{2}\dot{I}_1e^{j\omega t}]=\mathrm{Re}[\sqrt{2}\times7.07e^{j(2\pi ft+30°)}\ \mathrm{A}]$$
$$=10\cos(628t+30°)\ \mathrm{A}$$

$$i_2=\mathrm{Re}[\sqrt{2}\dot{I}_2e^{j\omega t}]=\mathrm{Re}[\sqrt{2}\times10e^{j(2\pi ft-60°)}\ \mathrm{A}]$$
$$=14.14\cos(628t-60°)\ \mathrm{A}$$

在引入正弦量的相量表示以后,同频率的正弦量的下列运算可以用对应的相量来进行。

(1) 同频率正弦量的和 设 $i=i_1+i_2+\cdots$,其中 $i=\sqrt{2}I\cos(\omega t+\psi)$,$i_1=\sqrt{2}I_1\cos(\omega t+\psi_1)$,$i_2=\sqrt{2}I_2\cos(\omega t+\psi_2)$。根据式(7-3-3)和复指数函数的和差运算规则(复指数函数取实部的和差等于复指数函数的和差取实部),得

$$i=i_1+i_2+\cdots=\mathrm{Re}[\sqrt{2}\dot{I}_1e^{j\omega t}]+\mathrm{Re}[\sqrt{2}\dot{I}_2e^{j\omega t}]+\cdots$$
$$=\mathrm{Re}[\sqrt{2}(\dot{I}_1+\dot{I}_2+\cdots)e^{j\omega t}]$$

式中,$\dot{I}_1=I_1\underline{/\psi_1}$,$\dot{I}_2=I_2\underline{/\psi_2}$,…。

令 $i=\mathrm{Re}[\sqrt{2}\dot{I}e^{j\omega t}]$,得

$$\mathrm{Re}[\sqrt{2}\dot{I}e^{j\omega t}]=\mathrm{Re}[\sqrt{2}(\dot{I}_1+\dot{I}_2+\cdots)e^{j\omega t}]$$

式中$\dot{I}=I\underline{/\psi}$。上式对任何时刻 t 都成立,故

$$\dot{I}=\dot{I}_1+\dot{I}_2+\cdots=I_1\underline{/\psi_1}+I_2\underline{/\psi_2}+\cdots$$

上式表明,同频率正弦量的和仍为一个同频率的正弦量。同理,同频率正弦量的差仍为一个同频率的正弦量。

(2) 正弦量的微分 设 $i=\sqrt{2}I\cos(\omega t+\psi)$,根据式(7-3-3)和复指数函数的微分运算规则(复指数函数取实部的微分等于复指数函数的微分取实部,复指数函数的微分等于复指数函数乘以 jω),得

$$\frac{\mathrm{d}i}{\mathrm{d}t}=\frac{\mathrm{d}}{\mathrm{d}t}[\sqrt{2}I\cos(\omega t+\psi_i)]=\frac{\mathrm{d}}{\mathrm{d}t}[\mathrm{Re}(\sqrt{2}\dot{I}\mathrm{e}^{\mathrm{j}\omega t})]$$

$$=\mathrm{Re}\left[\frac{\mathrm{d}}{\mathrm{d}t}(\sqrt{2}\dot{I}\mathrm{e}^{\mathrm{j}\omega t})\right]=\mathrm{Re}[\mathrm{j}\omega(\sqrt{2}\dot{I}\mathrm{e}^{\mathrm{j}\omega t})]$$

上式表明,正弦量的一阶导数仍为一个同频率的正弦量,其相量等于原正弦量的相量乘以 jω。

$$\mathrm{j}\omega\dot{I}=\omega I\angle\psi_i+90°$$

可见,正弦量一阶导数的相量的模是原正弦量相量的模的 ω 倍,其辐角(正弦量一阶导数的初相)超前原正弦量 90°。

例 7-3 设已知两个正弦电流分别为

$$i_1=\sqrt{2}\cos(100t+30°)\ \mathrm{A}$$

$$i_2=2\sqrt{2}\cos(100t-45°)\ \mathrm{A}$$

求 i_1+i_2 和 i_1-i_2。

解 i_1 和 i_2 为同频率的正弦量,它们的和或差仍为一个同一频率的正弦量。设 $i=i_1+i_2$,$i'=i_1-i_2$,得

$$\dot{I}=\dot{I}_1+\dot{I}_2=1\angle 30°+2\angle -45°$$

$$=(0.866+\mathrm{j}0.5)\ \mathrm{A}+(1.414-\mathrm{j}1.414)\ \mathrm{A}$$

$$=2.456\angle -21.84°\ \mathrm{A}$$

$$\dot{I}'=\dot{I}_1-\dot{I}_2=(0.866+\mathrm{j}0.5)\ \mathrm{A}-(1.414-\mathrm{j}1.414)\ \mathrm{A}$$

$$=1.991\angle 105.98°\ \mathrm{A}$$

上述计算也可以根据平行四边形法则在相量图上进行,$\dot{I}=\dot{I}_1+\dot{I}_2$ 和 $\dot{I}'=\dot{I}_1-\dot{I}_2$ 分别如图7-3-7(a)和(b)所示。

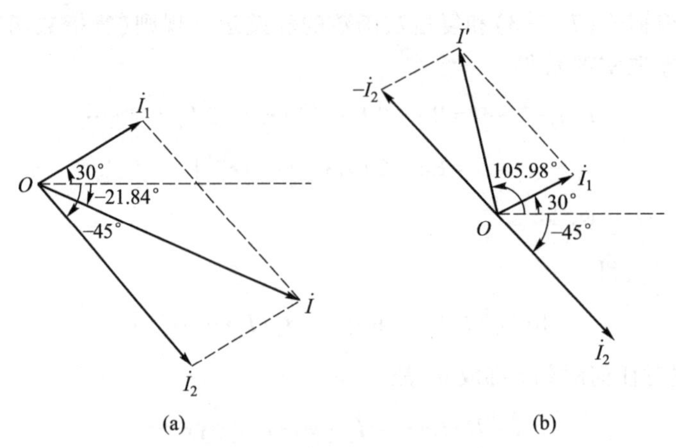

图 7-3-7 两个相量相加与相减

(a) $\dot{I}_1+\dot{I}_2$;(b) $\dot{I}_1-\dot{I}_2$

最后得

$$i=2.456\sqrt{2}\cos(100t-21.84°)\ \text{A}$$

$$i'=1.991\sqrt{2}\cos(100t+105.98°)\ \text{A}$$

必须强调指出，用相量表示正弦函数时，其相量并不等于正弦时间函数；对同频率的正弦量求和与差时，只能用瞬时值或相量表示进行和差运算，一般不能简单地用有效值或振幅进行和差运算。

下面通过研究 RL 串联电路在正弦电压源输入下的零状态响应，从而了解使用相量法求解正弦电流电路的微分方程的过程。

如图 7-3-8 所示，外施电压源为 $u_s(t)=\sqrt{2}U\cos(\omega t+\psi_u)$，$t=0$ 时，开关 S 闭合，电路方程为

$$L\frac{\mathrm{d}i}{\mathrm{d}t}+Ri=\sqrt{2}U\cos(\omega t+\psi_u)$$

其通解为 i_p+i_h，其中固有响应 $i_h=Ae^{-\frac{t}{\tau}}$，$\tau=\dfrac{L}{R}$为时间常数。强制响应 i_p 为

$$L\frac{\mathrm{d}i}{\mathrm{d}t}+Ri=\sqrt{2}U\cos(\omega t+\psi_u) \tag{7-3-4}$$

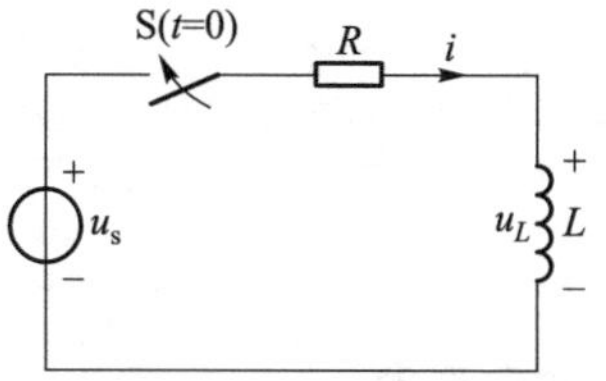

的特解。可以证明：这个微分方程的特解将是与电压 $u_s(t)$ 同频率的正弦量。该特解不再利用待定常数法求取，而是运用正弦量的相量和相应的运算法则来求取。设 $i_p(t)=\sqrt{2}I_p\cos(\omega t+\psi_i)$，$u_s(t)$ 和 $i_p(t)$ 对应的相量分别为 $\dot{U}_s=U_s\angle\psi_u$ 和 $\dot{I}_p=I_p\angle\psi_i$，利用相量的有关运算，可以将微分方程式(7-3-4)变换为复数代数方程，其过程如下

图 7-3-8 正弦电压激励下的 RL 电路

$$L\frac{\mathrm{d}}{\mathrm{d}t}[\mathrm{Re}(\sqrt{2}\dot{I}_p e^{\mathrm{j}\omega t})]+\mathrm{Re}[\sqrt{2}R\dot{I}_p e^{\mathrm{j}\omega t}]=\mathrm{Re}[\sqrt{2}\dot{U}_s e^{\mathrm{j}\omega t}]$$

$$\mathrm{Re}\left[\frac{\mathrm{d}}{\mathrm{d}t}(\sqrt{2}L\dot{I}_p e^{\mathrm{j}\omega t})\right]+\mathrm{Re}[\sqrt{2}R\dot{I}_p e^{\mathrm{j}\omega t}]=\mathrm{Re}[\sqrt{2}\dot{U}_s e^{\mathrm{j}\omega t}]$$

上式应对任何时刻 t 都成立，则有

$$\sqrt{2}\mathrm{j}\omega L\dot{I}_p e^{\mathrm{j}\omega t}+\sqrt{2}R\dot{I}_p e^{\mathrm{j}\omega t}=\sqrt{2}\dot{U}_s e^{\mathrm{j}\omega t}$$

由此可得

$$\mathrm{j}\omega L\dot{I}_p+R\dot{I}_p=\dot{U}_s$$

这个复数代数方程反映了正弦激励和与其同频率正弦稳态响应之间的相量关系。求解这个复数代数方程是很方便的，因为

$$\dot{I}_p=\frac{\dot{U}_s}{\mathrm{j}\omega L+R}=\frac{U_s\angle\psi_u}{\sqrt{(\omega L)^2+R^2}\angle\arctan\dfrac{\omega L}{R}}=I_p\angle\psi_i$$

式中

$$I_p=\frac{U_s}{\sqrt{(\omega L)^2+R^2}}$$

$$\psi_i=\psi_u-\arctan\frac{\omega L}{R}$$

记
$$\sqrt{(\omega L)^2+R^2}=|Z|,\arctan\frac{\omega L}{R}=\varphi_z$$

所以特解
$$i_p(t)=\frac{\sqrt{2}U_s}{|Z|}\cos(\omega t+\psi_u-\varphi_z)$$

而

$$i(t)=i_p(t)+i_h(t)=\frac{\sqrt{2}U_s}{|Z|}\cos(\omega t+\psi_u-\varphi_z)+Ae^{-\frac{t}{\tau}}\quad t>0$$

由于 $i(0_+)=i(0_-)=0$，代入上式有

$$0=\frac{\sqrt{2}U_s}{|Z|}\cos(\psi_u-\varphi_z)+A$$

得

$$A=-\frac{\sqrt{2}U_s}{|Z|}\cos(\psi_u-\varphi_z)$$

从而电流为

$$i(t)=\frac{\sqrt{2}U_s}{|Z|}\cos(\omega t+\psi_u-\varphi_z)-\frac{\sqrt{2}U_s}{|Z|}\cos(\psi_u-\varphi_z)e^{-\frac{t}{\tau}}\quad t>0$$

由上可知，$i(t)$的强制响应与外施激励按相同的正弦规律变化，而固有响应按指数规律衰减，且指数函数前面的系数与正弦电压的接入相位角 ψ_u 有关，即与开关闭合时刻有关。若开关闭合时，$\psi_u=\varphi_z\pm\frac{\pi}{2}$，则

$$A=-\frac{\sqrt{2}U_s}{|Z|}\cos(\psi_u-\varphi_z)=0$$

于是

$$i_h(t)=Ae^{-\frac{t}{\tau}}=0$$

从而得

$$i(t)=i_p(t)=\frac{\sqrt{2}U_s}{|Z|}\cos\left(\omega t\pm\frac{\pi}{2}\right)$$

开关闭合后，电路中不发生过渡过程而直接进入稳态，当$\psi_u=\varphi_z-\frac{\pi}{2}$时，如图 7-3-9 所示。若开关闭合时，$\psi_u=\varphi_z$，则

$$A=-\frac{\sqrt{2}U_s}{|Z|}$$

于是

$$i_h(t)=-\frac{\sqrt{2}U_s}{|Z|}e^{-\frac{t}{\tau}}$$

从而

$$i(t)=\frac{\sqrt{2}U_s}{|Z|}\cos\omega t-\frac{\sqrt{2}U_s}{|Z|}e^{-\frac{t}{\tau}}$$

$i(t)$随时间变化的曲线如图 7-3-10 所示。在这种情况下，若 τ 很大$\left(R\to 0,\tau=\frac{L}{R}\to\infty\right.$，即 $\left.\varphi_z=\arctan\frac{\omega L}{R}\approx\frac{\pi}{2}\right)$，则 $i_h(t)$衰减很慢。在开关闭合经半个周期时，电流值达最大，几乎为其稳态时最大值 I_{pm}的两倍。可见，RL 电路过渡过程与开关动作的时刻相关。

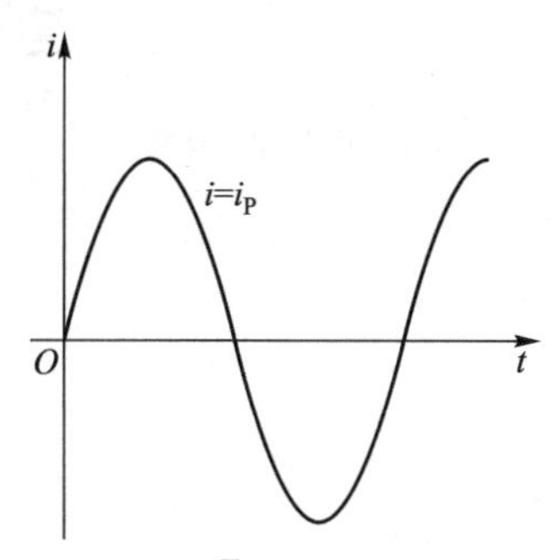

图 7-3-9 $\psi_u=\varphi_z-\frac{\pi}{2}$时，$i(t)$随时间变化的曲线

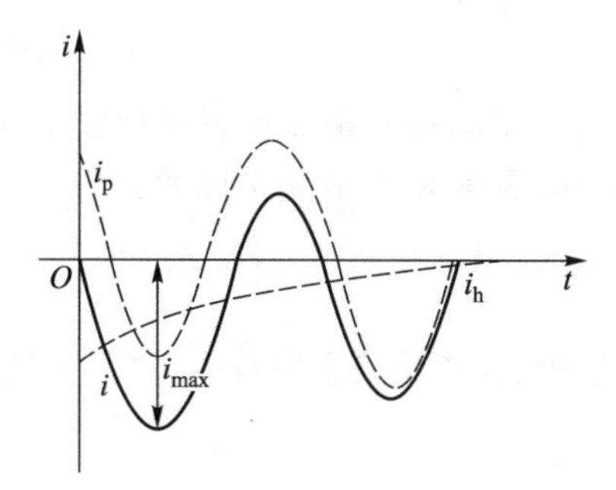

图 7-3-10 $\psi_u=\varphi_z$ 时，$i(t)$随时间变化的曲线

一般地讲，用相量法求解正弦电流电路的微分方程的特解，可以将微分方程中的未知正弦量和正弦激励分别用相量$\dot{X}$和$\dot{F}$替换，未知正弦量的 k 阶导数用$(\mathrm{j}\omega)^k\dot{X}$替换$(k=1,2,3,\cdots,n)$，由此可得到与微分方程所对应的复数代数方程。通过求解此复数代数方程即可解得微分方程的特解。显然，这种求特解的方法要比待定常数法简便得多。事实上，这种方法仍需先列出电路的微分方程，再将它变换成复数代数方程，最后求得解答。这样做，仍感不便。在下一章，将对相量法加以发展，不需要从列写电路微分方程入手，而根据电路图就能直接算出正弦电路的稳态响应。

思考与练习

7-3-1 几个同频率的正弦量相加或相减的结果仍为一个该频率的正弦量；一个角频率为 ω 的正弦量对时间求导或者取积分运算的结果仍为角频率为 ω 的正弦量。这种论断正确吗？

7-3-2 如果某正弦电流的有效值为 1 A，频率为f，能否写出其时间函数表达式？如何用相量表示？$I=$ 1 A 与$\dot{I}=$ 1 A 有何区别？

7.4 基尔霍夫定律的相量形式

在同一频率激励作用下的线性正弦稳态电路中，所有的支路电流、电压均为与激励同频率的正弦量。当它们都用相量表示后，对这类电路中正弦时间函数的分析问题就变换为对这类电路中相量的分析问题。电路的两种约束关系，即基尔霍夫定律和电路元件的伏安关系是分析和计算各种电路的基本依据，对正弦稳态电路也不例外。为了利用相量的概念分析和计算正弦电路，需将上述两种约束关系变换为相量形式的约束关系。

第1章中提出了基尔霍夫定律的时域形式，KCL指出，在任一时刻，对任一节点，所有支路电流的代数和恒等于零。由于线性正弦稳态电路的电流都是同频率的正弦量，因此，在所有时刻，对任意节点的KCL可以表示为

$$\sum_{k=1}^{m} i_k = \sum_{k=1}^{m} \mathrm{Re}[\sqrt{2}\, \dot{I}_k \mathrm{e}^{\mathrm{j}\omega t}] = 0$$

其中

$$\dot{I}_k = I_k \mathrm{e}^{\mathrm{j}\psi_{ik}} = I_k \angle \psi_{ik}$$

为流出节点的第 k 条支路正弦电流 i_k 对应的相量。根据上节所述的相量运算，很容易推导出KCL的相量形式，即

基尔霍夫定律的相量形式

$$\sum_{k=1}^{m} \dot{I}_k = 0 \tag{7-4-1}$$

同理，在正弦稳态电路中，沿任一回路，KVL可表示为

$$\sum_{k=1}^{m} \dot{U}_k = 0 \tag{7-4-2}$$

式中，$\dot{U}_k$——回路中第 k 条支路的电压相量。

KCL、KVL的相量形式分别表示了正弦稳态电路中各节点的支路电流相量之间、各回路的支路电压相量之间的约束关系。必须强调指出，式(7-4-1)、式(7-4-2)所表示的是相量的代数和恒等于零，并非有效值的代数和恒等于零。

例7-4　图7-4-1所示电路中的一个节点，已知

$$i_1(t) = 10\sqrt{2}\sin(\omega t+60°)\ \mathrm{A}$$

$$i_2(t) = 5\sqrt{2}\cos\omega t\ \mathrm{A}$$

求 $i_3(t)$ 及 I_3。

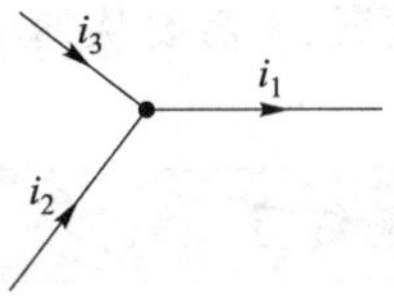

图7-4-1　例7-4图

解　为了使用式(7-4-1)，首先应写出已知电流 i_1 和 i_2 对应的相量，即

$$\dot{I}_1 = 10\angle -30°\ \mathrm{A} \qquad \dot{I}_2 = 5\angle 0°\ \mathrm{A}$$

注意，要将 i_1 与 i_2 的瞬时值表达式统一为余弦表达式后再写出对应相量。

设未知电流 i_3 对应的相量为 $\dot{I}_3$，则由式(7-4-1)得

$$\dot{I}_1 - \dot{I}_2 - \dot{I}_3 = 0$$

注意，在运用式(7-4-1)时，各相量前的正负号根据对应的正弦电流参考方向而定。流出节点取正，流入节点取负，由此可得

$$\begin{aligned}\dot{I}_3 = \dot{I}_1 - \dot{I}_2 &= (10\angle -30° - 5\angle 0°)\ \mathrm{A}\\ &= (8.66-\mathrm{j}5-5)\ \mathrm{A}\\ &= (3.66-\mathrm{j}5)\ \mathrm{A} = 6.2\angle -53.81°\ \mathrm{A}\end{aligned}$$

根据所得的相量$\dot{I}_3$即可写出对应的正弦电流 i_3

$$i_3(t)=6.2\sqrt{2}\cos(\omega t-53.81°)\ \text{A}$$

而
$$I_3=6.2\ \text{A}$$
显见
$$I_3\neq I_1+I_2$$

思考与练习

7-4-1 为什么不能将 KCL 和 KVL 的相量形式$\sum\dot{I}=0$和$\sum\dot{U}=0$写成$\sum I=0$和$\sum U=0$?

7-4-2 设正弦电流 i_1 和 i_2 同频率,其有效值分别为 I_1 和 I_2,i_1+i_2 的有效值为 I,问下列关系在什么条件下成立?

(1) $I_1+I_2=I$;(2) $I_1-I_2=I$;(3) $I_2-I_1=I$;(4) $I_1^2+I_2^2=I^2$;(5) $I_1+I_2=0$;(6) $I_1-I_2=0$。

7-4-3 工频正弦电流电路中某节点的 KCL 方程为:$i_1-i_2-i_3=0$。已知 $I_2=5$ A,$\psi_2=30°$,$I_3=4$ A,$\psi_3=90°$,试求 I_1,i_1。

7-4-4 已知电路中有四个节点 1、2、3、4,$\dot{U}_{21}=(30+\text{j}40)$ V,$\dot{U}_{34}=50\angle 45°$ V,$\dot{U}_{14}=(20+\text{j}60)$ V,求有效值 U_{23}。当 $\omega t=60°$时,瞬时值 u_{23}为多少?

7.5 正弦电流电路中的三种基本电路元件

在正弦稳态电路中,三种基本电路元件 R、L、C 的电压、电流之间的关系都是同频率正弦电压、电流之间的关系,所涉及的有关运算都可以用相量进行,因此这些关系的时域形式都可以转换为相量形式。

当正弦电流 $i_R(t)=\sqrt{2}I_R\cos(\omega t+\psi_i)$通过电阻 R 时,其两端出现同频率的正弦电压 $u_R(t)=\sqrt{2}U_R\cos(\omega t+\psi_u)$,其时域电路如图 7-5-1(a)所示。在电压和电流的参考方向关联时,电阻 R 的伏安关系的时域形式

$$u_R=Ri_R \tag{7-5-1}$$

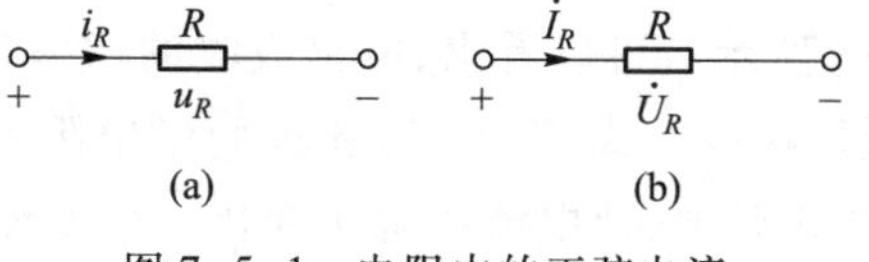

图 7-5-1 电阻中的正弦电流

正弦交流电路中的电阻元件

根据式(7-3-3)得

$$u_R=\text{Re}[\sqrt{2}U_R\angle\psi_u\ \angle\omega t],$$
$$i_R=\text{Re}[\sqrt{2}I_R\angle\psi_i\ \angle\omega t]$$

将上述两式代入式(7-5-1),根据复指数函数与常数相乘的运算规则(复指数函数取实部与常数相乘等于复指数函数与常数相乘后取实部),得

$$\mathrm{Re}[\sqrt{2}U_R\underline{/\psi_u}\ \underline{/\omega t}]=R\mathrm{Re}[\sqrt{2}I_R\underline{/\psi_i}\ \underline{/\omega t}]$$
$$=\mathrm{Re}[\sqrt{2}RI_R\underline{/\psi_i}\ \underline{/\omega t}]$$

所以

$$U_R\underline{/\psi_u}=RI_R\underline{/\psi_i}$$

令$\dot{U}_R=U_R\underline{/\psi_u}$,$\dot{I}_R=I_R\underline{/\psi_i}$,则在电压和电流关联参考方向下,电阻 R 的伏安关系的相量形式为

$$\dot{U}_R=R\dot{I}_R \tag{7-5-2}$$

式中,$U_R=RI_R$ 或 $I_R=GU_R$, $G=\dfrac{1}{R}$, $\psi_u=\psi_i$。

线性电阻的相量电路如图 7-5-1(b)所示。

式(7-5-1)和式(7-5-2)表明,在正弦电流电路中,线性电阻的电压和电流在瞬时值之间、有效值之间、相量之间成正比;在相位上,电压与电流同相。线性电阻中正弦电压和电流的波形图、相量图分别如图 7-5-2(a)、(b)所示。

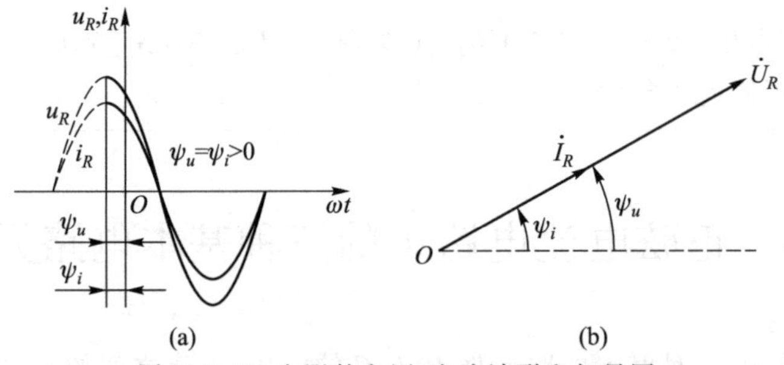

图 7-5-2　电阻的电压、电流波形和相量图

由于瞬时功率 p 是由同一时刻的电压和电流的乘积来确定的,因此当流过电阻 R 的电流为 $i_R(t)=\sqrt{2}I_R\cos(\omega t+\psi_i)$时,电阻所吸收的瞬时功率为

$$p_R(t)=R\sqrt{2}I_R\cos(\omega t+\psi_i)\sqrt{2}I_R\cos(\omega t+\psi_i)$$
$$=2RI_R^2\cos^2(\omega t+\psi_i)=2U_RI_R\cos^2(\omega t+\psi_i)$$

由于对任何角 $2\cos^2x=1+\cos2x$,所以

$$p_R(t)=U_RI_R[1+\cos2(\omega t+\psi_i)] \tag{7-5-3}$$

瞬时功率的波形图如图 7-5-3 所示。可以看出,电阻吸收的功率是随时间变化的,但 p_R 始终大于或等于零,表明了电阻的耗能特性。式(7-5-3)还表明了电阻元件的瞬时功率包含一个常数项和一个两倍于原电流频率的正弦项,即电流或电压变化一个循环时,功率变化了两个循环。

瞬时功率在一周期内的平均值称为平均功率,记为 P,即

$$P=\frac{1}{T}\int_0^T p(t)\,\mathrm{d}t \tag{7-5-4}$$

将式(7-5-3)代入式(7-5-4),可得到电阻的平均功率为

$$P_R=U_RI_R \tag{7-5-5}$$

如果将电阻元件上电压有效值与电流有效值之间的关系代入式(7-5-5),可得

$$P_R=RI_R^2 \tag{7-5-6}$$

或

$$P_R = U_R^2 / R \tag{7-5-7}$$

在正弦稳态电路中，我们通常所说的功率都是平均功率。平均功率又称为有功功率，单位为 W。

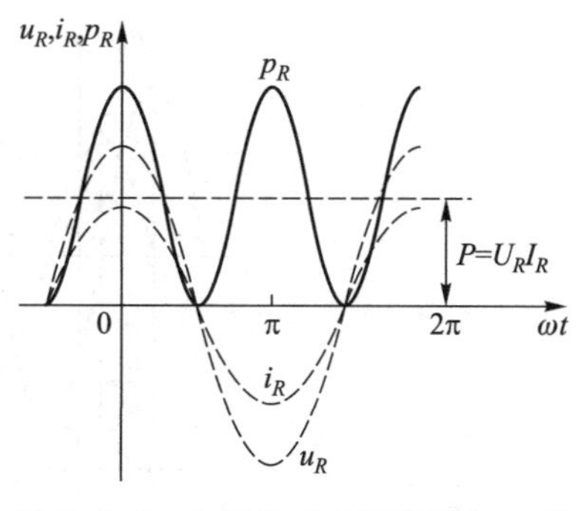

图 7-5-3　电阻的功率波形图($\psi_i=0$)

当正弦电流 $i_L=\sqrt{2}I_L\cos(\omega t+\psi_i)$ 通过电感 L 时，其两端出现同频率的正弦电压 $u_L=\sqrt{2}U_L\cos(\omega t+\psi_u)$，其时域电路如图 7-5-4(a)所示。当电压和电流参考方向关联时，电感 L 的伏安关系的时域形式为

$$u_L = L\frac{\mathrm{d}i_L}{\mathrm{d}t} \tag{7-5-8}$$

正弦交流电路中的电感元件

图 7-5-4　电感中的正弦电流

根据式(7-3-3)，得

$$u_L = \mathrm{Re}[\sqrt{2}U_L \angle\psi_u \ \angle\omega t] \qquad i_L = \mathrm{Re}[\sqrt{2}I_L \angle\psi_i \ \angle\omega t]$$

将以上两式代入式(7-5-8)，根据复指数函数的微分运算规则，得

$$\begin{aligned}\mathrm{Re}[\sqrt{2}U_L \angle\psi_u \ \angle\omega t] &= L\frac{\mathrm{d}}{\mathrm{d}t}\mathrm{Re}[\sqrt{2}I_L \angle\psi_i \ \angle\omega t] \\ &= \mathrm{Re}[\sqrt{2}\mathrm{j}\omega L I_L \angle\psi_i \ \angle\omega t] \\ &= \mathrm{Re}[\sqrt{2}\omega L I_L \angle\psi_i+90^\circ \ \angle\omega t]\end{aligned}$$

所以

$$U_L \angle\psi_u = \omega L I_L \angle\psi_i+90^\circ$$

令 $\dot{U}_L=U_L\angle\psi_u$，$\dot{I}_L=I_L\angle\psi_i$，则得在电压和电流的参考方向关联时电感 L 的伏安关系相量形式

$$\dot{U}_L = \mathrm{j}\omega L\dot{I}_L \tag{7-5-9}$$

式中

$$U_L=\omega L I_L \text{ 或 } I_L=\frac{1}{\omega L}U_L, \qquad \psi_u=\psi_i+90^\circ$$

线性电感的相量电路如图 7-5-4(b)所示。

式(7-5-8)和式(7-5-9)表明，在正弦电流电路中，线性电感的电压电流在瞬时值之间不成正比，而在有效值之间、相量之间成正比。此时电压与电流有效值之间的关系不仅与 L 有关，还与角频率 ω 有关。当 L 值不变，流过的电流 I_L 一定时，ω 越高则 U_L 越大；ω 越低则 U_L 越小。当 $\omega=0$(相当于直流激励)时，$U_L=0$ 电感相当于短路。式(7-5-9)还表明，在相位上电感电压超前电流 90°。线性电感中正弦电压和电流的波形图、相量图分别如图 7-5-5(a)、(b)所示。

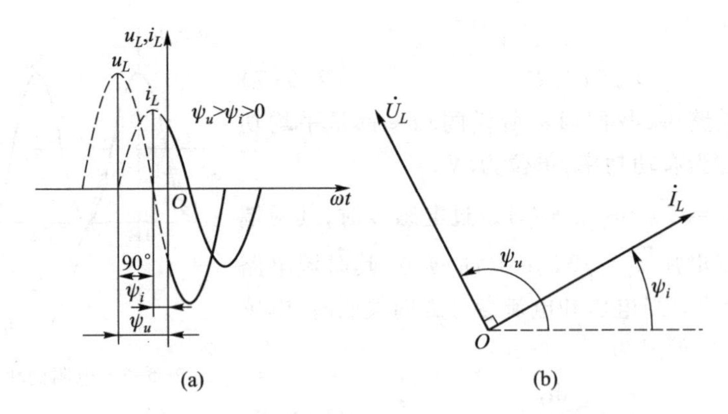

图 7-5-5 电感的电压、电流波形和相量图

当流过电感的电流为 $i_L(t)=\sqrt{2}\,I_L\cos\omega t$ 时，电感两端的电压为 $u_L(t)=\sqrt{2}\,\omega L I_L\cdot\cos\left(\omega t+\dfrac{\pi}{2}\right)=-\sqrt{2}\,U_L\sin\omega t$，则瞬时功率为

$$p_L(t)=u_L i_L=-2U_L I_L\cos\omega t\sin\omega t=-U_L I_L\sin 2\omega t \tag{7-5-10}$$

正弦稳态电路中电感元件瞬时功率的波形如图 7-5-6(a)所示。可见，瞬时功率 $p_L(t)$ 仅为一个两倍于原电流频率的正弦量，其平均值为零，即

$$P_L=0$$

也即在正弦电流电路中，电感元件不吸收平均功率。电感元件的瞬时能量为

$$\begin{aligned} w_L(t)&=\frac{1}{2}Li_L^2(t)=\frac{1}{2}L(\sqrt{2}\,I_L\cos\omega t)^2\\ &=\frac{1}{2}LI_L^2(1+\cos 2\omega t) \end{aligned} \tag{7-5-11}$$

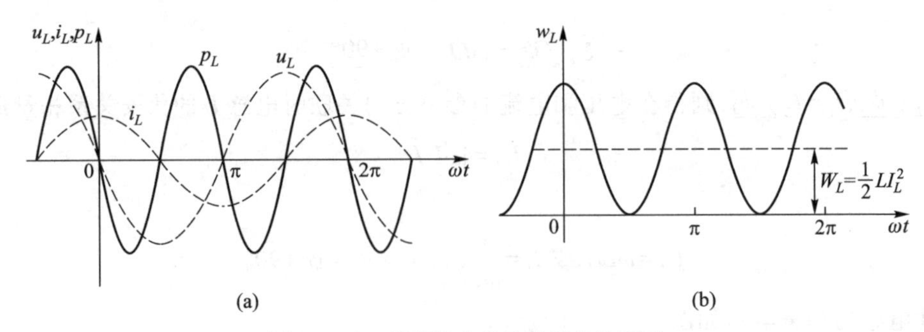

图 7-5-6 电感的功率及能量的波形图

其波形图如图 7-5-6(b)所示。电感储能的平均值

$$W_L=\frac{1}{2}LI_L^2 \tag{7-5-12}$$

正弦交流电路中的电容元件

由图 7-5-6 可以看出，当 $p_L>0$ 时，电感吸收能量，其储能增长；当 $p_L<0$ 时，电感输出能量，其储能减少。而电感的储能在 0 与 LI_L^2 之间变动。在正弦稳态电路

中,电感元件与外部电路之间不断进行能量交换的现象,是由电感的储能本质所决定的。

当正弦电压 $u_C=\sqrt{2}U_C\cos(\omega t+\psi_u)$ 加于电容 C 上时,电路中出现同频率的正弦电流 $i_C=\sqrt{2}I_C\cos(\omega t+\psi_i)$,其时域电路如图 7-5-7(a)所示。当电压和电流参考方向关联时,电容 C 的伏安关系的时域形式为

$$i_C=C\frac{\mathrm{d}u_C}{\mathrm{d}t} \tag{7-5-13}$$

根据式(7-3-3),得

$$u_C=\mathrm{Re}[\sqrt{2}U_C\angle\psi_u\ \angle\omega t],\qquad i_C=\mathrm{Re}[\sqrt{2}I_C\angle\psi_i\ \angle\omega t]$$

将上式代入式(7-5-13),根据复指数函数的运算规则,得

$$I_C\angle\psi_i=\omega CU_C\angle\psi_u+90^\circ$$

令 $\dot{I}_C=I_C\angle\psi_i$, $\dot{U}_C=U_C\angle\psi_u$,得当电压和电流参考方向关联时电容 C 的伏安关系相量形式

$$\dot{I}_C=\mathrm{j}\omega C\dot{U}_C\ 或\ \dot{U}_C=\frac{1}{\mathrm{j}\omega C}\dot{I}_C \tag{7-5-14}$$

式中

$$I_C=\omega CU_C\ 或\ U_C=\frac{1}{\omega C}I_C,\qquad \psi_i=\psi_u+90^\circ$$

线性电容的相量电路如图 7-5-7(b)所示。

式(7-5-13)和式(7-5-14)表明,在正弦电流电路中,线性电容的电压和电流在瞬时值之间不成正比,而在有效值之间,相量之间成正比。此时电压与电流有效值之间的关系不仅与 C 有关,还与角频率 ω 有关。当 C 值不变,外加电压 U_C 一定时,ω 越高,则 I_C 值越大;ω 越低,则 I_C 值越小。当 $\omega=0$(相当于直流激励)时,$I_C=0$,电容相当于断路。式(7-5-14)还表明,相位上,电容电流超前电压 90°。线性电容中正弦电压和电流的波形图、相量图分别如图 7-5-8(a)、(b)所示。

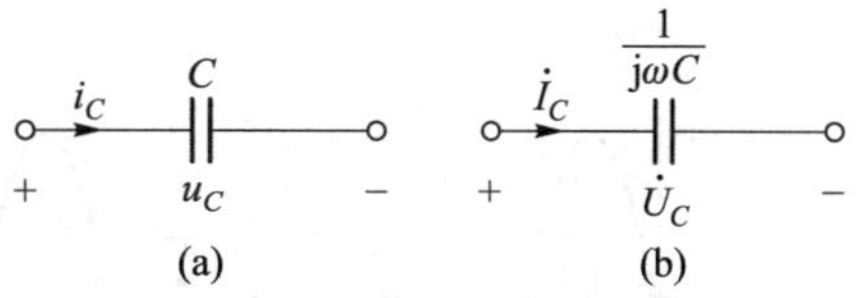

图 7-5-7　电容中的正弦电流

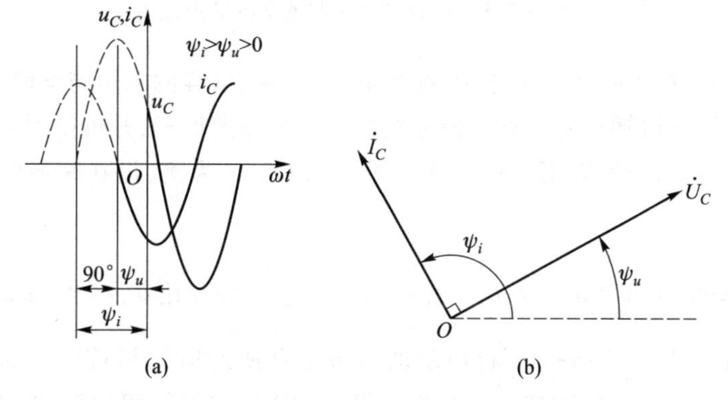

图 7-5-8　电容的电压、电流波形图和相量图

正弦稳态时电容元件的功率、能量关系,与所讨论的电感的关系相类似。当流过电容的电流

$i_C(t)=\sqrt{2}I_C\cos\omega t$ 时，则电容两端的电压为 $u_C(t)=\sqrt{2}\dfrac{1}{\omega C}I_C\cos\left(\omega t-\dfrac{\pi}{2}\right)=\sqrt{2}U_C\sin\omega t$，则瞬时功率为

$$p_C(t)=u_Ci_C=2U_CI_C\sin\omega t\cos\omega t=U_CI_C\sin2\omega t \tag{7-5-15}$$

正弦稳态电路中电容瞬时功率的波形图如图 7-5-9(a)所示。显而易见，电容元件的平均功率也为零，即

$$P_C=0$$

电容元件的瞬时能量为

$$\begin{aligned}w_C(t)&=\frac{1}{2}Cu_C^2(t)=\frac{1}{2}C(\sqrt{2}U_C\sin\omega t)^2\\&=\frac{1}{2}CU_C^2(1-\cos2\omega t)\end{aligned} \tag{7-5-16}$$

其波形图如图 7-5-9(b)所示。电容储能的平均值

$$W_C=\frac{1}{2}CU_C^2 \tag{7-5-17}$$

由图 7-5-9 可以看出，当 $p_C>0$ 时，电容吸收能量，其储能增长；当 $p_C<0$ 时，电容输出能量，其储能减少。而电容的储能在 0 与 CU_C^2 之间变动。在正弦稳态电路中，电容元件与外部电路不断进行能量交换的现象，也是由电容的储能本质确定的。

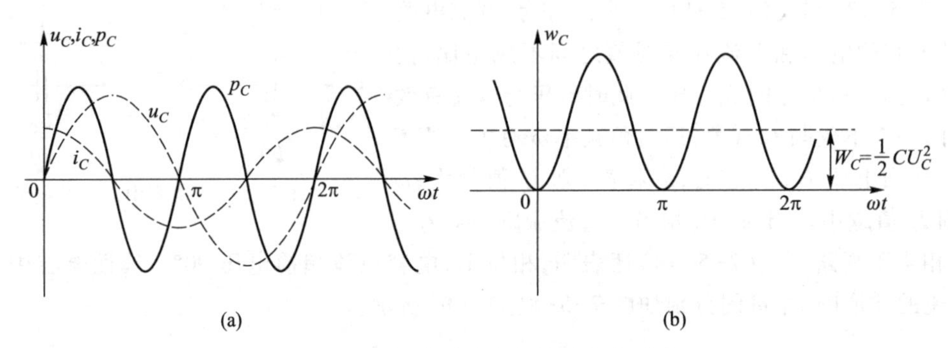

图 7-5-9 电容的功率与能量的波形图

由上述讨论可见，在正弦稳态电路中，线性电阻、电感、电容的电压与电流相量之间的关系成正比，与电阻的欧姆定律相似，所以称它们为欧姆定律的相量形式，并可得到对应的相量电路。

对于线性受控源，同样可以用相量形式表示。以 CCVS 为例，设在时域中有 $u_k=ri_j$，其相量形式为$\dot{U}_k=r\dot{I}_j$。

至此，可以根据给定的用 u、i、R、L、C 表示的时域电路分别用$\dot{U}$、$\dot{I}$、R、$\mathrm{j}\omega L$、$\dfrac{1}{\mathrm{j}\omega C}$替代，得到对应的相量电路。例如，如图 7-5-10(a)所示的时域电路所对应的相量电路如图 7-5-10(b)所示。在选定的电压、电流的参考方向下，写出 KCL 和 KVL 方程的相量形式，再将元件伏安关系的相量形式代入，便得到一组以待求量(电压或电流)的相量为未知量的复数代数方程组。解此方程组就可以求得正弦电压或电流的相量，最后根据相量与时间函数的对应关系，写出待求量在

时域中瞬时值表达式。这种方法就是求解正弦电流电路的相量法。

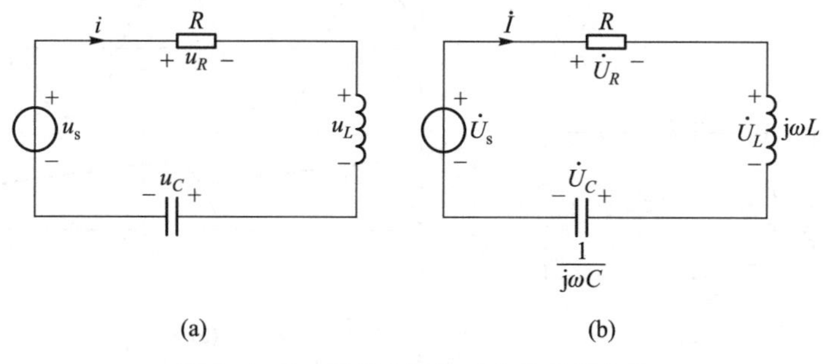

图 7-5-10 时域电路与对应的相量电路

思考与练习

7-5-1 在正弦电流电路中,有人说电阻两端电压与其电流总是同相。你同意这种观点吗?说明理由。

7-5-2 某 *RL* 串联电路接到 220 V 交流电源上,如果电阻两端电压为 120 V,则电感两端的电压为多少?

7.6 应用实例

实例 电容“滤波”作用

电容在电子电路中几乎是不可缺少的储能元件,它具有隔断直流、连通交流、阻止低频的特性,广泛应用在耦合、隔直、旁路、滤波、调谐、能量转换和自动控制等电路中。熟悉电容器在不同电路中的名称意义,有助于我们读懂电子电路图。

电容器的特点就是:对直流电表现出的阻抗极大,相当于不通;对交流电,频率越高,阻抗越小。利用电容器的这个特点,我们就可以把混杂在直流电里的交流成分过滤出来,所以叫“滤波”。经过滤波,交流成分都经过电容器回到电源,电容器两侧剩下的就是没有波动的纯直流电。利用同样的原理,我们可以通过电容器筛选出交流信号,把直流成分去掉,还可以利用电容器和电阻构成充放电时间电路,还可以利用电容器和电感组成谐振电路,等等。

滤波电容:接在直流电源的正、负极之间,以滤除直流电源中不需要的交流成分,使直流电变平滑。一般采用大容量的电解电容器或钽电容,也可以在电路中同时并接其他类型的小容量电容以滤除高频交流电。

电容为什么能滤波?到底是什么原理?

交流电经过整流后输出的直流电并不稳定,仍然存在较大的脉动电压,这种不平稳的直流电会对元件的使用寿命造成较大影响。大多数电子设备都是依赖平稳的直流电,因此,在整流电路之后还需加滤波电路,来过滤掉不平稳直流电中的交流成分,最终得到较平滑的直流输出电压。

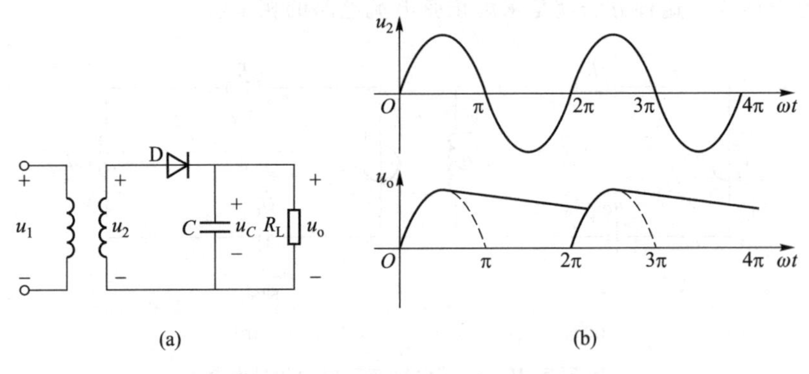

图 7-6-1　整流滤波电路及波形图

滤波就离不开电容或电感,因为它们都有能量存储功能,滤波就是利用这种功能来实现的。

如图 7-6-1(a),当 u_2 电压为正半周期时,二极管 D 导通。此时,u_2 不仅对负载 R_L 供电,还对电容 C 充电。二极管的压降很小,可以忽略不计。因为电容电压 u_C 是随着 u_2 电压以正弦规律升至 u_2 的最大值,然后 u_2 又继续以正弦规律下降。由于电容 C 一直在充电,当 u_2 继续以正弦规律下降时,此时电容 C 的电压 u_C 值大于 u_2,即 $u_C>u_2$。此刻二极管 D 不再是导通状态,而是截止状态了。二极管 D 截止,R_L 的电源不再由 u_2 提供,而是来自电容 C 放电。电容对负载 R_L 以指数规律进行放电。当 U_C 放电的电压小于 u_2,二极管 D 又导通,电容又开始充电。就这样循环下去,电容 C 周而复始地进行着充电和放电两个过程,使输出电压脉动减小。

上面说到电容的放电,电容的放电快慢跟时间常数有关,在第 6 章我们学习过,时间常数等于 R_LC。时间常数越大,说明电容放电时间就越久,那么输出电压就越平稳,从而平均值也越高。想获得输出平稳电压,在负载唯一的情况下,从电容入手。选择体积小且容量大的电容,这样时间常数增大,那么输出电压就平稳了。

本章小结

1. 在线性电路中,如果全部激励都是同一频率的正弦函数,则电路的全部稳态响应也将是同一频率的正弦函数。这类电路称为正弦电流电路。

2. 随时间按正弦规律变化的电流、电压、电动势统称为正弦量。正弦电压和电流的瞬时值表达式可用正弦函数也可用余弦函数表示。当用余弦函数表示时

$$u=U_m\cos(\omega t+\psi_u)$$

$$i=I_m\cos(\omega t+\psi_i)$$

式中 U_m、I_m 分别为电压、电流的正最大值;ω 为角频率;ψ_u、ψ_i 分别为电压、电流的初相。一个正弦量可由这三个参数唯一确定,故这三个量称为正弦量的三要素。

3. 两个同频率正弦量之间的相位之差称为相位差,它在任何瞬时都为一常数,即等于两者的初相之差,如 u 与 i 之间的相位差为

$$\varphi=(\omega t+\psi_u)-(\omega t+\psi_i)=\psi_u-\psi_i$$

$\varphi>0$,表示 u 超前 i 一个角度 φ;$\varphi<0$,表示 u 滞后 i 一个角度 $|\varphi|$;$\varphi=0$,表示 u 和 i 同相;$\varphi=$

$\pm\pi$，表示 u 和 i 反相；$\varphi=\pm\dfrac{\pi}{2}$，表示 u 和 i 正交。

比较相位差时，要求两个正弦量的函数表达式要统一，也要使两个函数表达式前的正、负号一致。

4. 周期量的有效值是一个其热效应与该周期量在一个周期内的平均热效应相等的直流量。周期电流的有效值定义为

$$I=\sqrt{\frac{1}{T}\int_0^T i^2\mathrm{d}t}$$

当周期电流为正弦量时，其有效值与最大值的关系为

$$I=\frac{I_\mathrm{m}}{\sqrt{2}}=0.707I_\mathrm{m}$$

同理

$$U=\frac{U_\mathrm{m}}{\sqrt{2}}=0.707U_\mathrm{m}$$

从而，正弦电压和电流的瞬时值表达式可写成

$$u=\sqrt{2}U\cos(\omega t+\psi_u)$$

$$i=\sqrt{2}I\cos(\omega t+\psi_i)$$

5. 复常数 $\dot{I}=I\mathrm{e}^{\mathrm{j}\psi_i}$ 表征了正弦量的有效值和初相，可用来表示一个正弦量，称为相量。注意相量表示正弦量，但不等于正弦量，两者之间只是时域与复数域之间的数学变换。相量在复平面上可用一条有向线段表示，这种图称为相量图。

6. KCL 的时域形式为 $\sum i=0$，相量形式为 $\sum\dot{I}=0$。KVL 的时域形式为 $\sum u=0$，相量形式为 $\sum\dot{U}=0$。注意，$\sum I=0$、$\sum U=0$ 不成立。

7. 关联参考方向下，线性电阻伏安关系的相量形式 $\dot{U}_R=R\dot{I}_R$，线性电感伏安关系的相量形式为 $\dot{U}_L=\mathrm{j}\omega L\dot{I}_L$，线性电容伏安关系的相量形式为 $\dot{U}_C=\dfrac{1}{\mathrm{j}\omega C}\dot{I}_C=-\mathrm{j}\dfrac{1}{\omega C}\dot{I}_C$。

7.1 节习题

7-1　将下列复数化为极坐标形式：

(1) $A_1=2+\mathrm{j}2$；　(2) $A_2=4-\mathrm{j}3$；　(3) $A_3=-\mathrm{j}5$；

(4) $A_4=\mathrm{j}6$；　(5) $A_5=10$；　(6) $A_6=1+\mathrm{j}\sqrt{3}$。

7-2　将下列复数化为代数形式：

(1) $B_1=5\angle 37^\circ$；　(2) $B_2=10\angle 60^\circ$；　(3) $B_3=8\angle -90^\circ$；

(4) $B_4=2\angle 45^\circ$；　(5) $B_5=7\angle 0^\circ$；　(6) $B_6=3\angle -180^\circ$。

7.3 节习题

7-3 已知电压

$$u_1 = 220\sqrt{2}\cos(314t+120°)\ \text{V}$$

$$u_2 = 220\sqrt{2}\sin(314t-30°)\ \text{V}$$

(1) 确定它们的有效值、频率和周期,并画出其波形;

(2) 写出它们的相量,确定它们的相位差,画出相量图。

7-4 已知正弦电流的最大值为 5 A,频率为 50 Hz,初相为 60°,试写出其瞬时值表达式,并求出 $t=0$ 和 $t=(1/300)$ s 时电流瞬时值。

7-5 已知某一支路的电压和电流在关联参考方向下分别为

$$u(t) = 311.1\sin(314t+30°)\ \text{V}$$

$$i(t) = 14.1\cos(314t-120°)\ \text{A}$$

(1) 确定它们的周期、频率与有效值;

(2) 画出它们的波形,求其相位差并说明超前与滞后关系;

(3) 若电流参考方向与前相反,重新回答(2)。

7-6 已知两个正弦电压分别为

$$u_1 = 220\sqrt{2}\cos(\omega t+30°)\ \text{V}$$

$$u_2 = 220\sqrt{2}\sin(\omega t+150°)\ \text{V}$$

试分别用相量作图法和复数计算法求$\dot{U}_1+\dot{U}_2$ 和$\dot{U}_1-\dot{U}_2$。

7.5 节习题

7-7 已知元件 A 中的电压、电流为关联参考方向,正弦电流 $i(t)=5\sqrt{2}\cos(1\,000t+60°)$ mA,求元件 A 两端的正弦电压 $u(t)$,若 A 为

(1) 电阻,且 $R=4$ kΩ;

(2) 电容,且 $C=4$ μF;

(3) 电感,且 $L=0.4$ H。

7-8 电路如题 7-8 图所示,图(a)电路中电压表 V_1 读数为 40 V,V_2 读数为 30 V;图(b)电路中电压表 V_1 读数为 50 V,V_2 读数为 30 V,V_3 读数为 80 V(电压表的读数表示电压有效值)。

(1) 求两个电路端电压的有效值 U。

(2) 如果外施加电压为 50 V 的直流电压时,试求图中各表的读数。

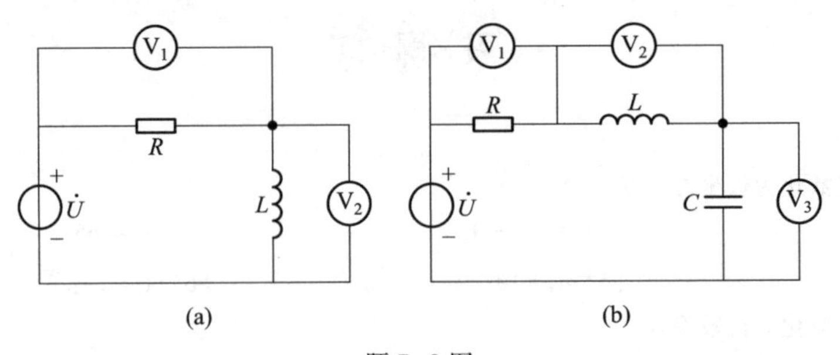

题 7-8 图

7-9 并联正弦交流电路如题 7-9 图所示,其中电流表读数(有效值)A_1为 5 A,A_2为 8 A,A_3为 4 A,求电流表 A 的读数。

7-10 如题 7-8(b)图所示电路,电压 U 是否有可能等于电阻 R 的端电压?题 7-9 图中总电流是否有可能

等于电阻 R_1 中的电流？如有可能，给出这一情况发生的条件。

7-11　某电路电压为

$$u(t)=3\cos(\omega t+90°)+4\cos\omega t+5\cos(\omega t+\varphi)\ \text{V}$$

（1）φ 为何值时 $u(t)$ 的振幅 U_m 最大？此时 U_m 为多少？

（2）φ 为何值时 $u(t)$ 的振幅 U_m 最小？此时 U_m 为多少？

7-12　电路如题 7-12 图所示。$i_s=10\cos100t$ A，$R=10\ \Omega$，$L=100$ mH，$C=500\ \mu$F，试求电压 $u_R(t)$、$u_L(t)$，$u_C(t)$ 和 $u(t)$，并画出电路的相量图。

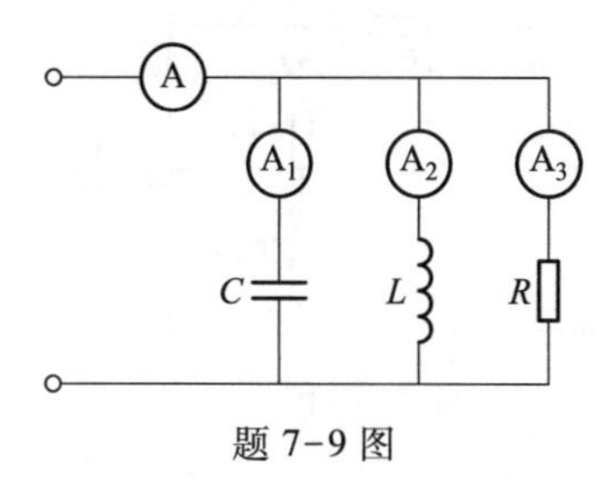

题 7-9 图

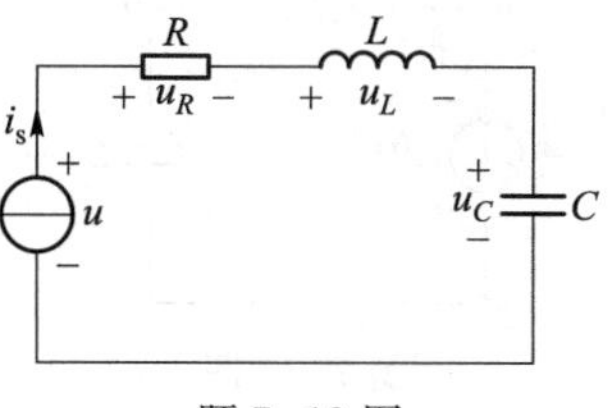

题 7-12 图

7-13　电路如题 7-13 图所示，$u_s(t)=100\cos100t$ V，$R=10\ \Omega$，$L=100$ mH，$C=500\ \mu$F，试求各支路电流 $i_R(t)$、$i_L(t)$、$i_C(t)$和 $i(t)$，并画出电路的相量图。

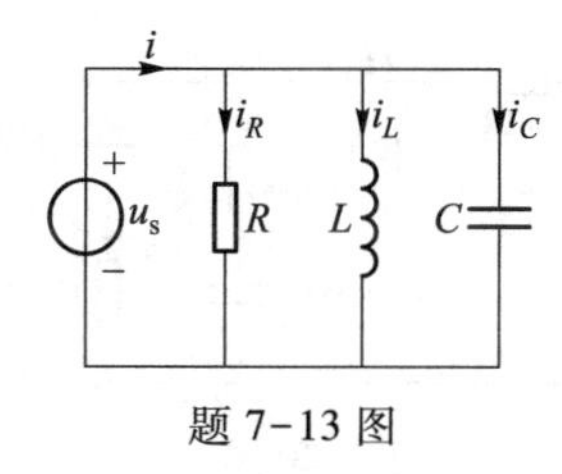

题 7-13 图

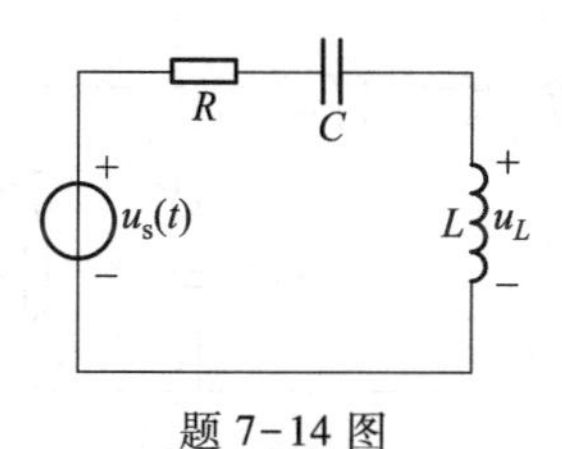

题 7-14 图

7-14　电路如题 7-14 图所示，$u_s(t)=100\sqrt{2}\cos1\ 000t$ V，$R=50\ \Omega$，$C=20\ \mu$F，$L=100$ mH，试求电压$u_L(t)$。

7-15　电路如题 7-15 图所示，$i_s=5\sqrt{2}\cos(10t+60°)$ A，$R=8\ \Omega$，$L=0.6$ H，试求电流 $i_R(t)$。

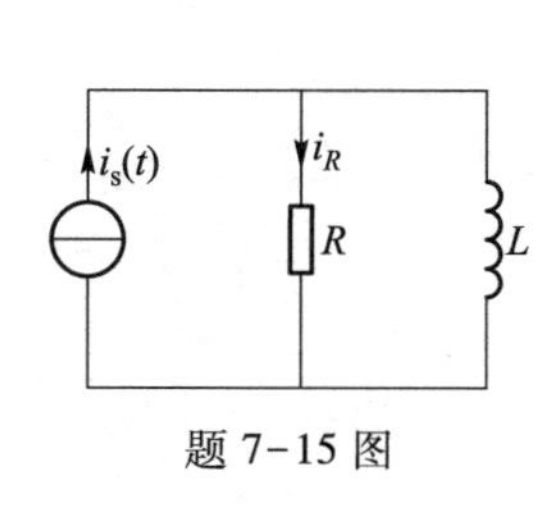

题 7-15 图

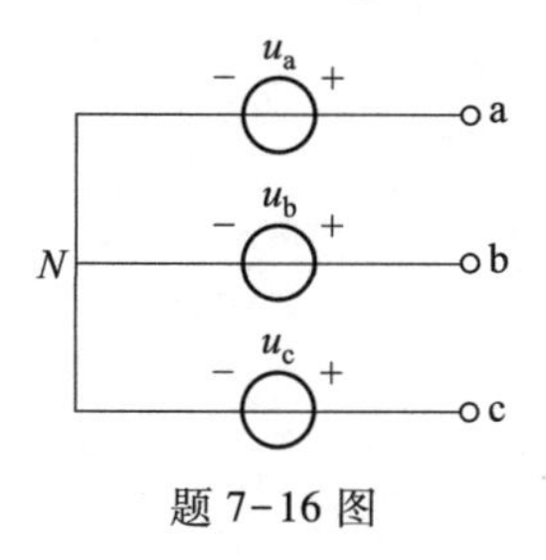

题 7-16 图

7-16　电路如题 7-16 图所示，三个电压源的电压分别为

$$u_a(t)=220\sqrt{2}\cos(314t-30°)\ \text{V}$$

$$u_b(t)=220\sqrt{2}\cos(314t-150°)\ \text{V}$$

$$u_c(t)=220\sqrt{2}\cos(314t+90°)\ \text{V}$$

试求：

（1）$u(t)=u_a(t)+u_b(t)+u_c(t)$；

（2）$u_{ab}(t)$、$u_{bc}(t)$、$u_{ca}(t)$；

（3）画出它们的相量图。

7-17　电路如题7-17图所示，已知 $u_s(t)=100\sqrt{2}\cos(1\,000t+45°)$ V，$R=50\ \Omega$，$C=5\ \mu F$。

(1) 求$\dot{I}$、$\dot{U}_{ab}$和$\dot{U}_{bc}$，并绘相量图；

(2) 求 $i(t)$、$u_{ab}(t)$和 $u_{bc}(t)$；

(3) 计算 $u_{ab}(t)$和 $u_{bc}(t)$间的相位差。

7-18　正弦稳态电路如题7-18图所示，已知$\dot{I}_2=2\angle 0°$ A，$I_2=I_3$。试求$\dfrac{1}{\omega C}$、U。

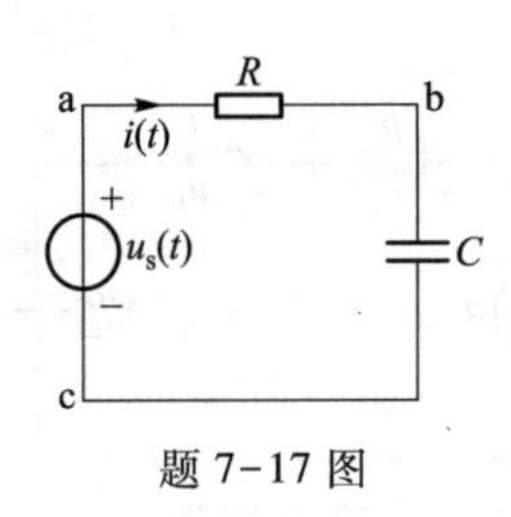

题7-17图

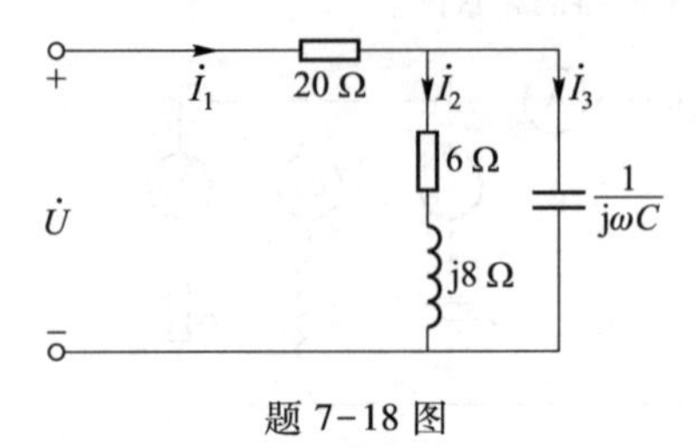

题7-18图

7-19　正弦稳态电路如题7-19图所示，已知 $i_R=\sqrt{2}\sin\omega t$ A，频率为 $\omega=2\times10^3$ rad/s，求 $i_1(t)$、$i_C(t)$、$u(t)$。

7-20　正弦稳态电路如题7-20图所示，已知$\dot{U}=10\sqrt{2}\angle -45°$ V，试求电压$\dot{U}_{ab}$。

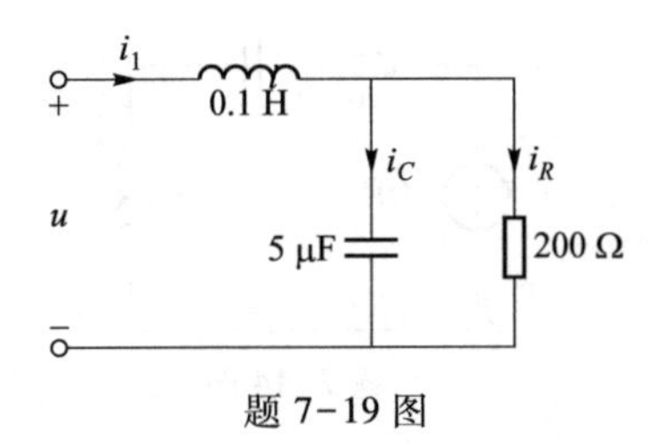

题7-19图

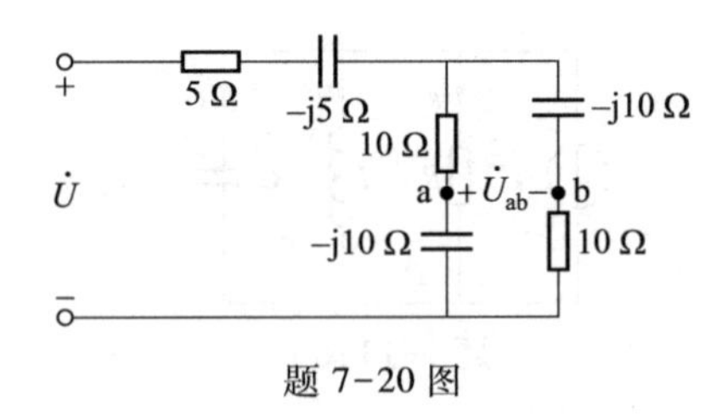

题7-20图

第 8 章　正弦稳态电路的分析

引入相量概念后，分析和计算线性电路的各种方法(例如等效变换法、节点电压法和网孔电流法等)和电路定理(例如戴维南定理和诺顿定理等)都可以推广应用于正弦稳态电路的分析。本章重点介绍阻抗与导纳、相量图和正弦稳态电路的瞬时功率、有功功率、无功功率、视在功率和复功率，并通过实例介绍正弦稳态电路的相量分析法，最后介绍电路的谐振。

8.1　阻抗和导纳

用相量法分析正弦稳态电路时，电路中的 KCL、KVL 用相量形式表示，如式(7-4-1)、式(7-4-2)所示。电路中电阻、电感、电容伏安关系也用相量形式表示，如式(7-5-2)、式(7-5-9)、式(7-5-14)所示，即电压和电流的参考方向关联时

$$\dot{U}_R = R\dot{I}_R \quad 或 \quad \dot{I}_R = G\dot{U}_R$$

其中，$G=\dfrac{1}{R}$

阻抗及其求取

$$\dot{U}_L = \mathrm{j}\omega L\dot{I}_L \quad 或 \quad \dot{I}_L = -\mathrm{j}\frac{1}{\omega L}\dot{U}_L$$

$$\dot{U}_C = -\mathrm{j}\frac{1}{\omega C}\dot{I}_C \quad 或 \quad \dot{I}_C = \mathrm{j}\omega C\dot{U}_C$$

如果将元件在正弦稳态时电压相量与电流相量之比定义为该元件的阻抗，记为 Z，即

$$Z=\frac{\dot{U}}{\dot{I}} \tag{8-1-1}$$

阻抗的单位为 Ω。根据阻抗的定义，电阻 R、电感 L、电容 C 的阻抗分别为

$$Z_R=R, Z_L=\mathrm{j}\omega L, Z_C=-\mathrm{j}\frac{1}{\omega C}$$

这三种元件的相量伏安关系式可统一表示为

$$\dot{U}=Z\dot{I} \tag{8-1-2}$$

式中，Z——元件的阻抗，其相量电路如图 8-1-1(a)所示。

式(8-1-2)称为欧姆定律的相量形式，其中电压和电流相量的参考方向关联。

阻抗的倒数定义为导纳，记为 Y，即

$$Y=\frac{1}{Z}=\frac{\dot{I}}{\dot{U}} \tag{8-1-3}$$

导纳的单位为 S(西)。电阻 R、电感 L、电容 C 的导纳分别为

$$Y_R=\frac{1}{R},Y_L=-\mathrm{j}\frac{1}{\omega L},Y_C=\mathrm{j}\omega C$$

这样,这三种元件的伏安关系还可以统一表示为

$$\dot{I}=Y\dot{U} \tag{8-1-4}$$

式中,Y 称为元件的导纳,其相量电路如图 8-1-1(b)所示。

式(8-1-4)也常称为欧姆定律的另一种相量形式。

式(8-1-1)、式(8-1-3)还可以推广到不含独立源的一端口正弦稳态电路,这时 Z 和 Y 分别为该电路的等效阻抗(输入阻抗)和等效导纳(输入导纳)。

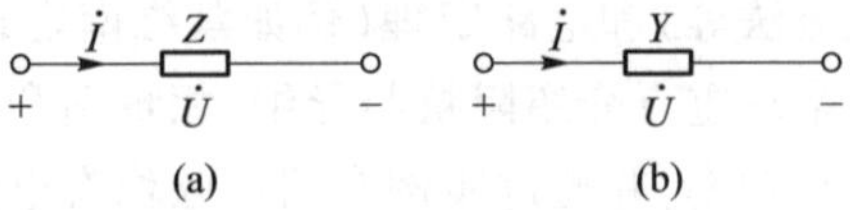

(a) (b)

图 8-1-1 阻抗和导纳

令 $\dot{U}=U\angle\psi_u$,$\dot{I}=I\angle\psi_i$,根据式(8-1-1),得

$$Z=\frac{\dot{U}}{\dot{I}}=\frac{U\angle\psi_u}{I\angle\psi_i}=\frac{U}{I}\angle\psi_u-\psi_i=|Z|\angle\varphi_Z=R+\mathrm{j}X$$

可见在电压和电流参考方向关联时,阻抗 Z 等于一端口电路端口上的电压相量与电流相量之比。阻抗 Z 是一个复数。当阻抗 Z 用极坐标表示时,$|Z|=\frac{U}{I}$称为阻抗 Z 的模,它等于电压与电流的有效值之比;$\varphi_Z=\psi_u-\psi_i$ 称为阻抗 Z 的阻抗角,它等于电压与电流的初相之差。

当阻抗 Z 用代数形式表示时,阻抗 Z 的实部 $\mathrm{Re}[Z]=R=|Z|\cos\varphi_Z$ 称为阻抗 Z 的电阻分量;阻抗的虚部 $\mathrm{lm}[Z]=X=|Z|\sin\varphi_Z$ 称为阻抗 Z 的电抗分量。它们的单位均为 Ω(欧姆)。

由 Z_R、Z_L、Z_C 的表达式可见,Z_R 的电阻分量为 R,其电抗分量为零;而 Z_L 和 Z_C 的电阻分量为零,Z_L 的电抗分量为 ωL,Z_C 的电抗分量为$-\frac{1}{\omega C}$。

令 $\omega L=X_L,-\frac{1}{\omega C}=X_C$

式中,X_L——电感的电抗,简称感抗;

X_C——电容的电抗,简称容抗。

导纳及其求取

根据式(8-1-3)得

$$Y=\frac{\dot{I}}{\dot{U}}=\frac{I\angle\psi_i}{U\angle\psi_u}=\frac{I}{U}\angle\psi_i-\psi_u=|Y|\angle\varphi_Y=G+\mathrm{j}B$$

可见,在电压和电流参考方向关联时,导纳 Y 等于一端口电路端口上的电流相量与电压相量之比。导纳也是一个复数。当导纳 Y 用极坐标表示时,$|Y|=\frac{I}{U}=\frac{1}{|Z|}$,称为导纳 Y 的模,它等于电流和电压有效值之比;$\varphi_Y=\psi_i-\psi_u=-\varphi_Z$,称为导纳 Y 的导纳角。

当导纳 Y 用代数形式表示时,导纳 Y 的实部 $\mathrm{Re}[Y]=G=|Y|\cos\varphi_Y$ 称为导纳 Y 的电导分量;导纳 Y 的虚部 $\mathrm{lm}[Y]=B=|Y|\sin\varphi_Y$ 称为导纳 Y 的电纳分量。它们的单位均为 S(西)。

由 Y_R、Y_L、Y_C 的表达式可见,Y_R 的电导分量为$\frac{1}{R}$,其电纳分量为零;而 Y_L 和 Y_C 的电导分量

为零，Y_L 的电纳分量为$-\frac{1}{\omega L}$，Y_C 的电纳分量为 ωC。

令
$$-\frac{1}{\omega L}=B_L, \omega C=B_C$$

式中，B_L——电感的电纳，简称感纳；

B_C——电容的电纳，简称容纳。

引入阻抗和导纳的概念以后，根据上述关系，并与电阻电路的有关公式作对比，不难得知，若一端口正弦稳态电路的各元件为串联，则其阻抗为

$$Z=\sum_{k=1}^{n} Z_k \tag{8-1-5}$$

若一端口正弦稳态电路的各元件为并联，则其导纳为

$$Y=\sum_{k=1}^{n} Y_k \tag{8-1-6}$$

若一端口正弦稳态电路为各元件的混联，此时等效阻抗的计算，形式上与线性电阻(电导)混联电路等效电阻(电导)的计算一样，只是将直流电路计算中的电阻(电导)用阻抗(导纳)替代就可以。

在图 8-1-2(a)所示的 *RLC* 串联正弦稳态电路中，根据阻抗串联公式，得到等效阻抗 Z，即

$$\begin{aligned}Z=Z_R+Z_L+Z_C &=R+\mathrm{j}\omega L-\mathrm{j}\frac{1}{\omega C}\\&=R+\mathrm{j}\left(\omega L-\frac{1}{\omega C}\right)\\&=R+\mathrm{j}X=|Z|\underline{/\varphi_Z}\end{aligned}$$

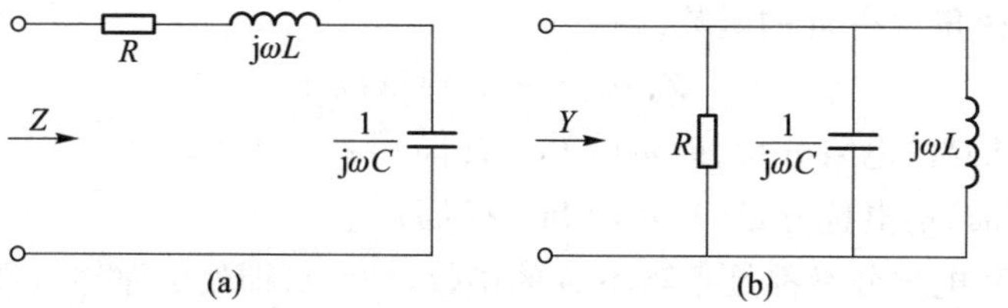

图 8-1-2 *RLC* 串联和并联的阻抗和导纳

可见，等效阻抗 Z 的实部是等效电阻 $R=|Z|\cos\varphi_Z$；Z 的虚部是等效电抗 $X=|Z|\sin\varphi_Z=\omega L-\frac{1}{\omega C}$，是角频率 ω 的函数。阻抗 Z 的模和阻抗角分别为：$|Z|=\sqrt{R^2+X^2}$，$\varphi_Z=\arctan\frac{X}{R}=\arctan\frac{X_L+X_C}{R}=\arctan\frac{\omega L-\frac{1}{\omega C}}{R}$。

由于电抗 X 是角频率 ω 的函数，当电抗 $X>0\left(\omega L>\frac{1}{\omega C}\right)$ 时，阻抗角 $\varphi_Z>0$，阻抗 Z 呈阻感性；当

电抗 $X<0\left(\omega L<\dfrac{1}{\omega C}\right)$ 时，阻抗角 $\varphi_Z<0$，阻抗 Z 呈阻容性；当电抗 $X=0\left(\omega L=\dfrac{1}{\omega C}\right)$ 时，阻抗角 $\varphi_Z=0$，阻抗 Z 呈阻性。

在图 8-1-2(b) 所示的 RLC 并联正弦稳态电路中，根据导纳并联公式，得到等效导纳 Y

$$\begin{aligned}Y=Y_R+Y_L+Y_C&=\frac{1}{R}+\frac{1}{\mathrm{j}\omega L}+\mathrm{j}\omega C\\&=\frac{1}{R}+\mathrm{j}\left(\omega C-\frac{1}{\omega L}\right)\\&=G+\mathrm{j}B=|Y|\underline{/\varphi_Y}\end{aligned}$$

可见，等效导纳 Y 的实部是等效电导 $G\left(=\dfrac{1}{R}\right)=|Y|\cos\varphi_Y$；$Y$ 的虚部是等效电纳 $B=|Y|\sin\varphi_Y=B_C+B_L=\omega C-\dfrac{1}{\omega L}$，它也是角频率的函数。导纳的模和导纳角分别为 $|Y|=\sqrt{G^2+B^2}$，$\varphi_Y=\arctan\dfrac{B}{G}=\arctan\dfrac{B_C+B_L}{G}=\arctan\dfrac{\omega C-\dfrac{1}{\omega L}}{G}$。

由于电纳 B 是角频率 ω 的函数，当电纳 $B>0\left(\omega C>\dfrac{1}{\omega L}\right)$ 时，导纳角 $\varphi_Y>0$，导纳 Y 呈阻容性；当电纳 $B<0\left(\omega C<\dfrac{1}{\omega L}\right)$ 时，导纳角 $\varphi_Y<0$，导纳 Y 呈阻感性；当电纳 $B=0\left(\omega L=\dfrac{1}{\omega C}\right)$ 时，导纳角 $\varphi_Y=0$，导纳 Y 呈阻性。

一般情况下，一个由电阻、电感、电容所组成的不含独立源的一端口正弦稳态电路的等效阻抗 $Z(\mathrm{j}\omega)$ 是外施正弦角频率 ω 的函数，即

$$Z(\mathrm{j}\omega)=R(\omega)+\mathrm{j}X(\omega)$$

式中，$R(\omega)$——$Z(\mathrm{j}\omega)$ 的电阻分量，$R(\omega)=\mathrm{Re}[Z(\mathrm{j}\omega)]$；

$X(\omega)$——$Z(\mathrm{j}\omega)$ 的电抗分量，$X(\omega)=\mathrm{Im}[Z(\mathrm{j}\omega)]$。

式中电阻分量和电抗分量都是角频率 ω 的函数。所以，即使电路结构和 R、L、C 的值完全相同的不含独立源的正弦稳态电路，若电源角频率 ω 不同，其等效阻抗也是不同的。

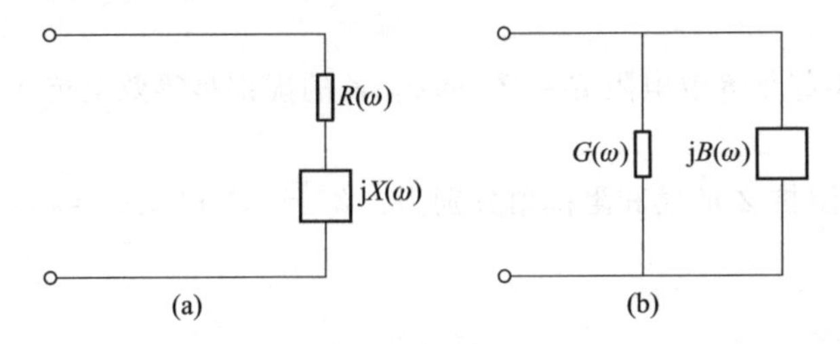

图 8-1-3 等效阻抗和等效导纳的等效电路

不含独立源的一端口正弦稳态电路的等效阻抗是该电路端口伏安特性的反映，不同的电路结构可能有相同的等效阻抗。不含独立源的一端口正弦稳态电路的等效阻抗，通常在给定的角

频率 ω 下用电阻和电抗的串联形式表示，如图 8-1-3(a)所示。当 $X(\omega)>0$ 时，方框图形用电感图形表示；当 $X(\omega)<0$ 时，方框图形用电容图形表示。

同理，一个由电阻、电感、电容所组成的不含独立源的一端口正弦电路的等效导纳 $Y(\mathrm{j}\omega)$ 也是外施正弦激励角频率 ω 的函数，即

$$Y(\mathrm{j}\omega)=G(\omega)+\mathrm{j}B(\omega)$$

式中，$G(\omega)$——$Y(\mathrm{j}\omega)$ 的电导分量，$G(\omega)=\mathrm{Re}[Y(\mathrm{j}\omega)]$；

$B(\omega)$——$Y(\mathrm{j}\omega)$ 的电纳分量，$B(\omega)=\mathrm{Im}[Y(\mathrm{j}\omega)]$。

电导分量和电纳分量也都是角频率 ω 的函数。所以即使电路结构和 R、L、C 的值完全相同的不含独立源的正弦稳态电路，若电源角频率 ω 不同，其等效导纳也是不同的。

不含独立源的一端口正弦稳态电路的等效导纳是该电路端口伏安特性的反映，不同的电路结构可能有相同的等效导纳。不含独立源的一端口正弦稳态电路的等效导纳，通常在给定的角频率 ω 下用电导和电纳的并联形式表示，如图 8-1-3(b)所示。当 $B(\omega)>0$ 时，方框图形用电容图形表示；当 $B(\omega)<0$ 时，方框图形用电感图形表示。

上述表明，对于同一个不含独立源的一端口正弦稳态电路，就其端口的伏安关系而言，既可以用某角频率 ω 的阻抗 Z 等效，也可以用同频率 ω 的导纳 Y 等效。不难看出，阻抗 Z 和导纳 Y 互为倒数，即

$$Y=\frac{1}{Z}\text{或 }Z=\frac{1}{Y}$$

应当注意，这两种等效电路互相变换时，应该由定义确定。例如，已知某不含独立源的一端口正弦稳态电路的等效阻抗

$$Z(\mathrm{j}\omega)=R(\omega)+\mathrm{j}X(\omega)$$

该电路所对应的等效导纳

$$\begin{aligned}Y(\mathrm{j}\omega)&=\frac{1}{Z(\mathrm{j}\omega)}=\frac{1}{R(\omega)+\mathrm{j}X(\omega)}\\&=\frac{R(\omega)}{R^2(\omega)+X^2(\omega)}+\mathrm{j}\frac{-X(\omega)}{R^2(\omega)+X^2(\omega)}\\&=G(\omega)+\mathrm{j}B(\omega)\end{aligned}$$

式中，$G(\omega)=\dfrac{R(\omega)}{R^2(\omega)+X^2(\omega)}$，　$B(\omega)=\dfrac{-X(\omega)}{R^2(\omega)+X^2(\omega)}$

一般情况下，$G(\omega)\neq\dfrac{1}{R(\omega)}$，　$B(\omega)\neq\dfrac{1}{X(\omega)}$。

同理，若某不含独立源的一端口正弦稳态电路的等效导纳

$$Y(\mathrm{j}\omega)=G(\omega)+\mathrm{j}B(\omega)$$

则该电路所对应的等效阻抗

$$\begin{aligned}Z(\mathrm{j}\omega)&=\frac{1}{Y(\mathrm{j}\omega)}=\frac{G(\omega)}{G^2(\omega)+B^2(\omega)}+\mathrm{j}\frac{-B(\omega)}{G^2(\omega)+B^2(\omega)}\\&=R(\omega)+\mathrm{j}X(\omega)\end{aligned}$$

式中，$R(\omega)=\dfrac{G(\omega)}{G^2(\omega)+B^2(\omega)}$，$X(\omega)=\dfrac{-B(\omega)}{G^2(\omega)+B^2(\omega)}$。

一般情况下，$R(\omega)\neq\dfrac{1}{G(\omega)}$，$X(\omega)\neq\dfrac{1}{B(\omega)}$。

例 8-1 RLC 串联电路如图 8-1-4(a)所示，已知 $R=2\ \Omega$，$L=2\ \text{mH}$，$C=250\ \mu\text{F}$，端电压$u=10\sqrt{2}\cos 2\,000t\ \text{V}$，求电路中的电流 i 和各元件上的电压瞬时值表达式。

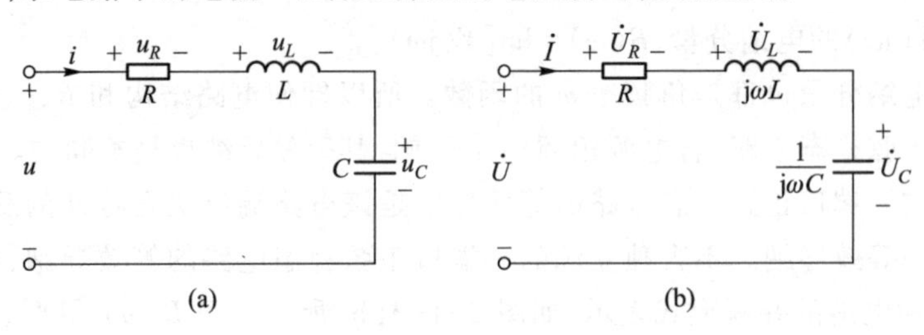

图 8-1-4 例 8-1 的电路

解 采用相量法，先画出相量电路如图 8-1-4(b)所示，写出已知相量，计算电路的复阻抗，然后求出未知相量，进而求出答案。

电路的端电压相量可以用最大值相量表示，也可以用有效值相量表示，通常取整数相量，则 $\dot{U}=10\angle 0^\circ\ \text{V}$。注意，相量电路中所有相量的形式要统一。

电路的阻抗

$$
\begin{aligned}
Z&=R+\text{j}\omega L-\text{j}\frac{1}{\omega C}\\
&=\left(2+\text{j}2\,000\times 2\times 10^{-3}-\text{j}\frac{1}{2\,000\times 250\times 10^{-6}}\right)\ \Omega\\
&=(2+\text{j}4-\text{j}2)\ \Omega=(2+\text{j}2)\ \Omega=2\sqrt{2}\angle 45^\circ\ \Omega
\end{aligned}
$$

电流
$$
\dot{I}=\frac{\dot{U}}{Z}=\frac{10\angle 0^\circ}{2\sqrt{2}\angle 45^\circ}\ \text{A}=2.5\sqrt{2}\angle -45^\circ\ \text{A}
$$

根据元件伏安关系的相量形式，得

电阻上电压 $\dot{U}_R=R\dot{I}=2\times 2.5\sqrt{2}\angle -45^\circ\ \text{V}=5\sqrt{2}\angle -45^\circ\ \text{V}$

电感上电压 $\dot{U}_L=\text{j}\omega L\dot{I}=\text{j}4\times 2.5\sqrt{2}\angle -45^\circ\ \text{V}=10\sqrt{2}\angle 45^\circ\ \text{V}$

电容上电压 $\dot{U}_C=-\text{j}\dfrac{1}{\omega C}\dot{I}=-\text{j}2\times 2.5\sqrt{2}\angle -45^\circ\ \text{V}=5\sqrt{2}\angle -135^\circ\ \text{V}$

它们的瞬时值表达式分别为

$$
\begin{aligned}
i(t)&=5\cos(2\,000t-45^\circ)\ \text{A}\\
u_R(t)&=10\cos(2\,000t-45^\circ)\ \text{V}\\
u_L(t)&=20\cos(2\,000t+45^\circ)\ \text{V}\\
u_C(t)&=10\cos(2\,000t-135^\circ)\ \text{V}
\end{aligned}
$$

例 8-2 GCL 并联电路如图 8-1-5(a)所示，已知 $G=1\ \text{S}$，$C=0.5\ \text{F}$，$L=2\ \text{H}$，$i_s(t)=$

$3\sqrt{2}\cos 2t$ A,求 $u_0(t)$ 及各支路电流的瞬时值表达式。

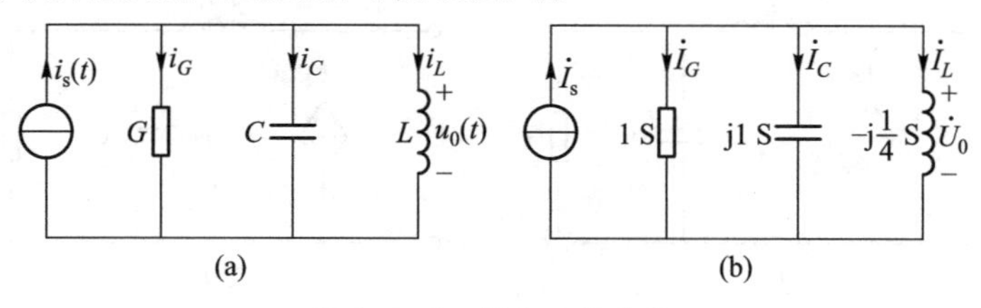

图 8-1-5 例 8-2 的电路

解 采用相量法

电流源的电流相量为

$$\dot{I}_s = 3\angle 0^\circ \text{ A}$$

各元件的导纳分别为

$$Y_G = G = 1 \text{ S}, Y_C = \text{j}\omega C = \text{j}1 \text{ S}$$

$$Y_L = -\text{j}\frac{1}{\omega L} = -\text{j}\frac{1}{4} \text{ S}$$

电路所对应的相量电路如图 8-1-5(b)所示。

电路的导纳

$$Y = G + \text{j}\omega C - \text{j}\frac{1}{\omega L} = \left(1 + \text{j} - \text{j}\frac{1}{4}\right) \text{ S}$$

$$= \left(1 + \text{j}\frac{3}{4}\right) \text{ S} = \frac{1}{4}(4 + \text{j}3) \text{ S} = \frac{5}{4}\angle 36.87^\circ \text{ S}$$

由相量电路可知

$$\dot{U}_0 = \frac{\dot{I}_S}{Y} = 3\angle 0^\circ \times \frac{4}{5}\angle -36.87^\circ \text{ V} = 2.4\angle -36.87^\circ \text{ V}$$

各支路的电流相量为

$$\dot{I}_G = G\dot{U}_0 = 1 \times 2.4\angle -36.87^\circ \text{ A} = 2.4\angle -36.87^\circ \text{ A}$$

$$\dot{I}_C = \text{j}\omega C\dot{U}_0 = \text{j}1 \times 2.4\angle -36.87^\circ \text{ A} = 2.4\angle 53.13^\circ \text{ A}$$

$$\dot{I}_L = -\text{j}\frac{1}{\omega L}\dot{U}_0 = -\text{j}\frac{1}{4} \times 2.4\angle -36.87^\circ \text{ A} = 0.6\angle -126.87^\circ \text{ A}$$

它们的瞬时值表达式分别为

$$u_0(t) = 2.4\sqrt{2}\cos(2t - 36.87^\circ) \text{ V}$$

$$i_G(t) = 2.4\sqrt{2}\cos(2t - 36.87^\circ) \text{ A}$$

$$i_C(t) = 2.4\sqrt{2}\cos(2t + 53.13^\circ) \text{ A}$$

$$i_L(t) = 0.6\sqrt{2}\cos(2t - 126.87^\circ) \text{ A}$$

例 8-3 电路如图 8-1-6(a)所示,试求等效阻抗 Z_{ab}。

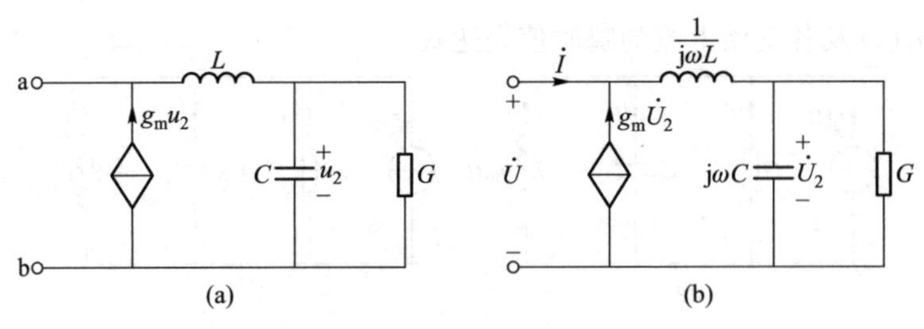

图 8-1-6 例 8-3 的电路

解 采用相量法,作出相量电路如图 8-1-6(b)所示,图中各元件用对应的导纳表示。由于电路中含受控源,故在 ab 之间加电压$\dot{U}$,求得电流$\dot{I}$,则 $Z_{ab}=\dot{U}/\dot{I}$。

$$\dot{I}=G\dot{U}_2+j\omega C\dot{U}_2-g_m\dot{U}_2=(G-g_m+j\omega C)\dot{U}_2$$

而

$$\dot{U}=j\omega L(G\dot{U}_2+j\omega C\dot{U}_2)+\dot{U}_2=(1-\omega^2 LC+j\omega LG)\dot{U}_2$$

$$Z_{ab}=\frac{\dot{U}}{\dot{I}}=\frac{1-\omega^2 LC+j\omega LG}{G-g_m+j\omega C}$$

思考与练习

8-1-1 在正弦电流电路中,对于同一个部分电路而言,设其阻抗角大于零,为什么导纳角却小于零?

8-1-2 计算阻抗与导纳的下列公式中哪些不正确?试改正。

(1) $Y=\frac{1}{|Z|}\angle-\varphi_Z$ (2) $Z=\frac{1}{Y}\angle-\varphi_Y$

(3) 对于 R、L 串联电路 $Z=R+j\omega L$, $Y=\frac{1}{R}-j\frac{1}{\omega L}$

(4) 对于 R、L 并联电路 $Z=R+j\omega L$, $Y=\frac{1}{R}+j\frac{1}{\omega L}$

(5) 对于 R、L、C 串联电路

$$Z=Z_R+Z_L+Z_C=R+j\omega L-j\frac{1}{\omega C}$$

$$Y=\frac{1}{Z_R}+\frac{1}{Z_L}+\frac{1}{Z_C}=\frac{1}{R}-j\frac{1}{\omega L}+j\omega C$$

(6) 对于 R、L、C 并联电路

$$Z=\frac{1}{Y_R}+\frac{1}{Y_L}+\frac{1}{Y_C}=\frac{1}{R}+j\omega L-j\frac{1}{\omega C}$$

$$Y=Y_R+Y_L+Y_C=\frac{1}{R}-j\frac{1}{\omega L}+j\omega C$$

8-1-3 某一端口网络,端口电压 u、电流 i 对端口内部参考方向关联且分别为下列组合,求其输入阻抗 Z 和导纳 Y。

(1) $u=100\sqrt{2}\cos 1\,000t$ V、$i=20\sqrt{2}\cos 1\,000t$ A;

(2) $u=100\cos(6\ 280t+90°)$ V、$i=25\cos(6\ 280t+45°)$ A;

(3) $u=311\cos(314t+120°)$ V、$i=14.14\cos(314t+30°)$ A;

(4) $u=20\sqrt{2}\cos(100t+75°)$ V、$i=5\sqrt{2}\sin(100t+45°)$ A;

(5) $u=36\cos\left(10^3t+\frac{\pi}{3}\right)$ V、$i=4\cos\left(10^3t-\frac{\pi}{6}\right)$ A;

(6) $u=100\cos(10^2t+37°)$ V、$i=25\cos 10^2t$A。

8.2 简单正弦稳态电路的分析及相量图

根据电路定律的相量形式和阻抗(导纳)的定义,由于由 n 个阻抗串联而成的正弦稳态电路,其等效阻抗

$$Z=Z_1+Z_2+\cdots+Z_n=\sum_{k=1}^{n}Z_k$$

对于由 n 个导纳并联而成的正弦稳态电路,其等效导纳

$$Y=Y_1+Y_2+\cdots+Y_n=\sum_{k=1}^{n}Y_k$$

当两个阻抗 Z_1 和 Z_2 并联时,其等效阻抗

$$Z=\frac{Z_1Z_2}{Z_1+Z_2} \tag{8-2-1}$$

并联支路电流的分配公式

$$\dot{I}_1=\frac{Z_2}{Z_1+Z_2}\dot{I}$$

$$\dot{I}_2=\frac{Z_1}{Z_1+Z_2}\dot{I}$$

式中,$\dot{I}$——总电流相量;

$\dot{I}_1$、$\dot{I}_2$——流过 Z_1 和 Z_2 的电流相量。

正弦稳态电路的相量图

在正弦稳态电路分析和计算中,往往需要画出一种能反映电路中电压、电流关系的几何图形,这种图形称为电路的相量图。与反映电路中电压、电流相量关系的电路方程相比较,相量图能直观地显示各相量之间的关系,特别是各相量的相位关系,它是分析和计算正弦稳态电路的重要手段。通常在未求出各相量之间的表达式之前,不可能准确地画出电路的相量图,但可以根据元件伏安关系的相量形式以及电路的 KCL 和 KVL 方程定性地画出电路的相量图。画相量图时,可以选择电路中某一相量作为参考相量,其他有关相量就可以根据它来确定。参考相量的初相可任意假定,可以为零,也可以取其他值。因为初相的不同选择只会使各相量的初相改变同一数值,而不会影响相量之间的相位关系,所以通常选参考相量的初相为零。在画串联电路的相量图时,一般取电流相量为参考相量,各元件的电压相量即可按元件上电压与电流的大小关系和相位关系画出。在画并联电路的

相量图时，一般取电压相量为参考相量，各元件的电流相量即可按元件上电压与电流的大小关系和相位关系画出。

在进行相量求和时，可用相量加法的多边形法，即将要求和的相量进行平移，使它们首尾相连，从第一个相量的尾端至最后一个相量的首端所得的相量即为这若干个相量的和相量。它与相量加法的平行四边形法则相比，可以使得途中的线条减少，因而图面清晰。以例 8-1 的 *RLC* 串联电路为例说明，根据计算结果，可以画出该电路的相量图如图 8-2-1(a)所示。也可以取电流相量为参考相量，再根据各元件上电压相量与电流相量的大小关系和相位关系依次画出各元件上的电压相量。例如，先画出$\dot{U}_R = R\dot{I}$（与$\dot{I}$同相），再从$\dot{U}_R$的首端画出下一个电压相量$\dot{U}_L = \mathrm{j}\omega L\dot{I}$（超前$\dot{I}$ 90°），再从$\dot{U}_L$的首端画出下一个电压相量$\dot{U}_C = -\mathrm{j}\dfrac{1}{\omega C}\dot{I}$（滞后$\dot{I}$ 90°）。最后，从第一个电压相量$\dot{U}_R$的尾端至最后一个电压相量$\dot{U}_C$的首端的相量就是端电压相量$\dot{U}$，所画的相量图如图 8-2-1(b)所示。根据相量图所示的几何关系可以看出$\dot{U}_R$、$\dot{U}_X = (\dot{U}_C + \dot{U}_L)$、$\dot{U}$构成了一个电压直角三角形。

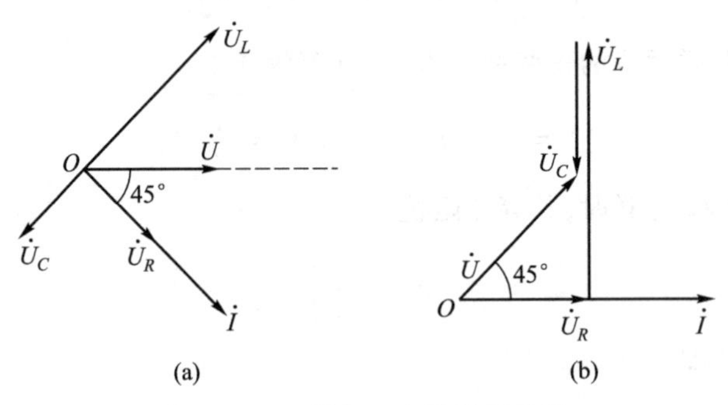

图 8-2-1 例 8-1 电路的相量图

本例中，如用交流电压表测量各元件的电压与电路的总电压可以发现，电感电压高于电路的总电压，部分电路的电压有效值高于总电压有效值在电阻电路中是不可能出现的，正弦稳态电路产生这种现象的原因是串联电路中各电压存在着相位差，且电感电压与电容电压在相位上恰好反相的缘故。相量图直观地说明了这个问题。

同理，对于例 8-2 所示的 *GCL* 并联电路，根据计算结果，可以画出该电路的相量图如图 8-2-2(a)所示。也可以取电压相量为参考相量，先画出$\dot{I}_G = G\dot{U}_0$（与$\dot{U}_0$同相），再从$\dot{I}_G$的首端画出下一个电流相量$\dot{I}_C = \mathrm{j}\omega C\dot{U}_0$（超前$\dot{U}_0$ 90°），接着从$\dot{I}_C$的首端画出下一个电流相量$\dot{I}_L = -\mathrm{j}\dfrac{1}{\omega L}\dot{U}_0$（滞后$\dot{U}_0$ 90°）。最后，从电流相量$\dot{I}_G$的尾端至电流相量$\dot{I}_L$的首端的相量就是总电流相量$\dot{I}_s$。所画相量图如图 8-2-2(b)所示。根据相量图所示的几何关系可以看出，$\dot{I}_G$、$\dot{I}_B = (\dot{I}_C + \dot{I}_L)$、$\dot{I}_s$构成了一个电流直角三角形。

例 8-4 如图 8-2-3(a)所示电路中，$R_1 = 20\ \Omega$，$L = 0.5\ \mathrm{H}$，$R_2 = 40\ \Omega$，$C = 250\ \mu\mathrm{F}$，$u_1(t) = 100\sqrt{2}\cos 100t\ \mathrm{V}$，求各支路的电流。

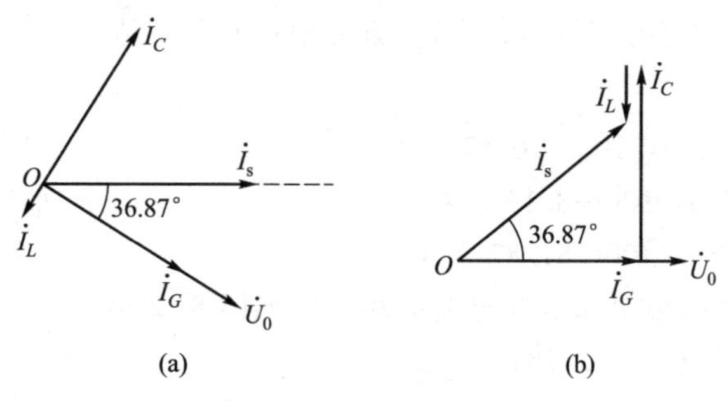

图 8-2-2 例 8-2 电路的相量图

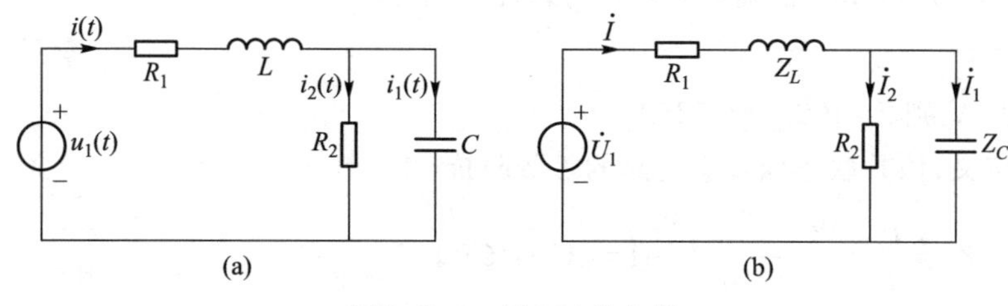

图 8-2-3 例 8-4 的电路

解 当要求正弦稳态电路的响应时，可以利用相量法进行，故先画出原电路所对应的相量电路如图 8-2-3(b)所示，其中

$$Z_L = \mathrm{j}\omega L = \mathrm{j}100\times 0.5\ \Omega = \mathrm{j}50\ \Omega$$

$$Z_C = -\mathrm{j}\frac{1}{\omega C} = -\mathrm{j}\frac{1}{100\times 250\times 10^{-6}}\ \Omega = -\mathrm{j}40\ \Omega$$

并联部分的等效阻抗为

$$Z_{\mathrm{eq}} = \frac{R_2 Z_C}{R_2 + Z_C} = \frac{40\times(-\mathrm{j}40)}{40-\mathrm{j}40}\ \Omega = \frac{40\times 40\angle -90^\circ}{40\sqrt{2}\angle -45^\circ}\ \Omega$$

$$= 20\sqrt{2}\angle -45^\circ\ \Omega = (20-\mathrm{j}20)\ \Omega$$

事实上，当一个纯电阻元件与纯电抗元件并联，且阻抗值相等，其并联等效阻抗的代数形式中的实部与虚部大小相等，其值为原电阻（或电抗）支路阻抗值的一半，且阻抗性质不变。

此时电路的总输入阻抗为

$$Z = R_1 + Z_L + Z_{\mathrm{eq}} = (20+\mathrm{j}50+20-\mathrm{j}20)\ \Omega = (40+\mathrm{j}30)\ \Omega = 50\angle 36.87^\circ\ \Omega$$

由于 $\dot{U}_1 = 100\angle 0^\circ$ V，可求得各支路电流相量如下

$$\dot{I} = \frac{\dot{U}_1}{Z} = \frac{100\angle 0^\circ}{50\angle 36.87^\circ}\ \mathrm{A} = 2\angle -36.87^\circ\ \mathrm{A}$$

$$\dot{I}_1 = \frac{40}{40-\mathrm{j}40}\dot{I} = \frac{40}{40\sqrt{2}\angle -45^\circ}\times 2\angle -36.87^\circ\ \mathrm{A} = \sqrt{2}\angle 8.13^\circ\ \mathrm{A}$$

$$\dot{I}_2 = \frac{-\mathrm{j}40}{40-\mathrm{j}40}\dot{I} = \frac{40\angle -90^\circ}{40\sqrt{2}\angle -45^\circ}\times 2\angle -36.87^\circ\ \mathrm{A} = \sqrt{2}\angle -81.87^\circ\ \mathrm{A}$$

当求出各支路电流对应的相量后，可以很方便地得到各电流的瞬时值表达式

$$i=2\sqrt{2}\cos(100t-36.87°)\ \text{A}$$
$$i_1=2\cos(100t+8.13°)\ \text{A}$$
$$i_2=2\cos(100t-81.87°)\ \text{A}$$

根据上述结果，也可以画出该混联电路的相量图如图 8-2-4 所示（各相量都逆时针旋转了 81.87°）。

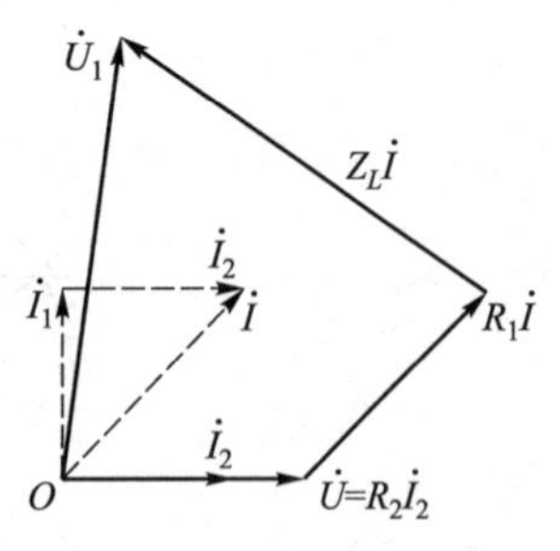

图 8-2-4　例 8-4 电路的相量图

例 8-5　如图 8-2-5 所示电路中，电压 $U=100$ V，电流 $I=5$ A，且端电压超前端电流 53.13°，试确定电阻 R 与感抗 X_L 的值。

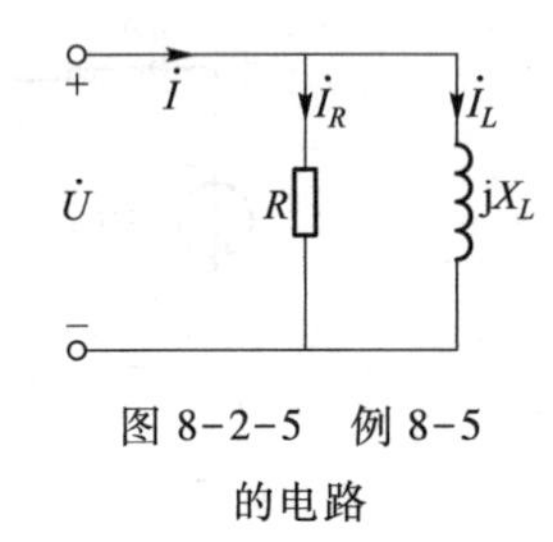

图 8-2-5　例 8-5 的电路

解　解法一：

令 $\dot{I}=5\angle 0°$ A，则 $\dot{U}=100\angle 53.13°$ V。

根据阻抗定义，该并联正弦稳态电路的等效阻抗

$$Z_{\text{eq}}=\frac{\dot{U}}{\dot{I}}=\frac{100\angle 53.13°}{5\angle 0°}\Omega=(12+\text{j}16)\ \Omega$$

另一方面该并联电路的等效阻抗为

$$Z_{\text{eq}}=\frac{R\cdot \text{j}X_L}{R+\text{j}X_L}=\frac{RX_L^2}{R^2+X_L^2}+\text{j}\frac{R^2X_L}{R^2+X_L^2}$$

因此

$$\frac{RX_L^2}{R^2+X_L^2}=12\qquad \frac{R^2X_L}{R^2+X_L^2}=16$$

联立求解该方程组，得

$$R=\frac{100}{3}\ \Omega\qquad X_L=25\ \Omega$$

解法二：

令 $\dot{U}=100\angle 0°$ V，则 $\dot{I}=5\angle -53.13°$ A $=(3-\text{j}4)$ A。

由于电阻支路的阻抗为一个纯实数，则 $\dot{I}_R=\dfrac{\dot{U}}{R}$ 将为一个纯实数；电感支路的阻抗为一个纯虚数，则 $\dot{I}_L=\dfrac{\dot{U}}{\text{j}X_L}$ 将为一个纯虚数。根据 KCL $\dot{I}=\dot{I}_R+\dot{I}_L$，所以

$$\dot{I}_R=3\ \text{A}\qquad \dot{I}_L=-\text{j}4\ \text{A}$$

由此可得

$$R=\frac{\dot{U}}{\dot{I}_R}=\frac{100\angle 0°}{3}\ \Omega=\frac{100}{3}\ \Omega$$

$$\text{j}X_L=\frac{\dot{U}}{\dot{I}_L}=\text{j}25\ \Omega，即\ X_L=25\ \Omega$$

例 8-6　如图 8-2-6(a) 所示电路中电压表 V、V_1 和 V_2 的读数分别为 100 V、171 V 和 240 V，

$Z_2=\mathrm{j}60\ \Omega$。试求阻抗 Z_1。

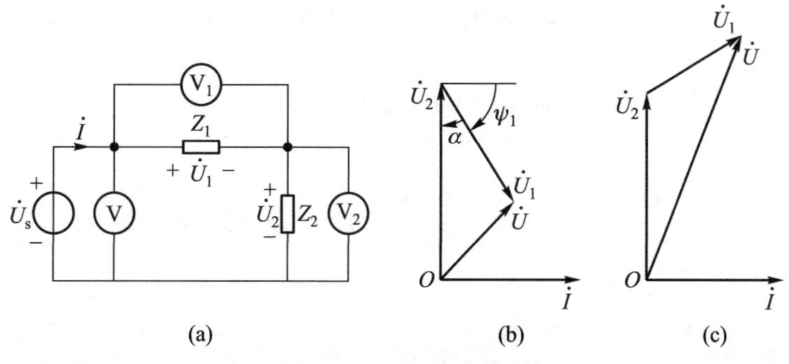

图 8-2-6　例 8-6 的电路及相量图

解　解法一：

由于是串联电路，且根据电压表 V_2 的读数与 Z_2 的阻抗值可以求得电流 I，则以电流 I 为参考相量，并令其初相为零，即

$$\dot{I}=\frac{240}{60}\angle 0^\circ\ \mathrm{A}=4\angle 0^\circ\ \mathrm{A}$$

因此可得$\dot{U}_2=Z_2\dot{I}=240\angle 90^\circ\ \mathrm{V}$，设$\dot{U}_1=171\angle\psi_1\ \mathrm{V}$，$\dot{U}=100\angle\psi\ \mathrm{V}$，根据 KVL，有

$$\dot{U}=\dot{U}_1+\dot{U}_2$$

即有

$$100\angle\psi=171\angle\psi_1+240\angle 90^\circ$$

只要求得 ψ_1，即可解得 Z_1。由上式可得

$$100\cos\psi=171\cos\psi_1$$

$$100\sin\psi=171\sin\psi_1+240$$

解得 $\psi_1=-69.42^\circ$或-110.58°。故有

$$Z_1=\frac{\dot{U}_1}{\dot{I}}=\frac{171\angle -69.42^\circ}{4\angle 0^\circ}\ \Omega=42.75\angle -69.42^\circ\ \Omega=(15.03-\mathrm{j}40.02)\ \Omega$$

阻抗 Z_1 为阻容性（另一个解答为 $Z_1=(-15.03-\mathrm{j}40.02)\ \Omega$，$Z_1$ 的实部为负值，即相当于负阻抗，通常不予以考虑）。

解法二：

由于是串联电路，可以以电流$\dot{I}$作为参考相量，定性地作出该电路的相量图如图 8-2-6(b)所示。由相量图可见，Z_1 为阻容性阻抗，这是因为根据 KVL，$\dot{U}=\dot{U}_1+\dot{U}_2$，且测量值已定。若 Z_1 为阻感性阻抗，则其相量图将如图 8-2-6(c)所示，显而易见，若 V_2、V_1 的读数为 240 V、171 V 时，V 的读数就不可能为 100 V。

由图 8-2-6(b)的相量图可知，利用余弦定理

$$\cos\alpha=\frac{U_1^2+U_2^2-U^2}{2U_1U_2}=0.936\ 2$$

则

$$\alpha=\arccos 0.9362=20.58°$$

因此

$$\psi_1=-(90°-\alpha)=-69.42°$$

则

$$Z_1=\frac{171\angle\psi_1}{\dot{I}}=\frac{171\angle -69.42°}{4\angle 0°}\ \Omega=(15.03-\text{j}40.02)\ \Omega$$

思考与练习

8-2-1　指出下面求解过程的错误，并改正。

电阻 $R=10\ \Omega$ 与电容 $C=0.01$ F 并联，其端电压 $u=220\sqrt{2}\cos 10^3 t$ V，则输入端总电流为

$$\begin{aligned} i &=Yu=\left(\frac{1}{R}+\text{j}\frac{1}{\omega C}\right)\dot{U}\angle 0°\ \text{A} \\ &=\left(\frac{1}{10}+\text{j}\frac{1}{10^3\times 0.01}\right)\times 220\angle 0°\ \text{A} \\ &=0.1\sqrt{2}\angle 45°\times 220\angle 0°\ \text{A}=22\sqrt{2}\angle 45°\ \text{A} \\ &=44\cos(10^3 t+\angle 45°)\ \text{A} \end{aligned}$$

8-2-2　对于 RLC 串联的正弦电流电路，下列有关其端电压和元件端电压的关系式中哪些是错误的？试改正。

（1）$U=U_R+U_L+U_C$　　　（2）$U=\sqrt{U_R^2+U_L^2+U_C^2}$

（3）$U=\sqrt{U_R^2+(U_L+U_C)^2}$　　　（4）$U=U_R+(U_L-U_C)$

（5）$\dot{U}=\dot{U}_R+\dot{U}_L+\dot{U}_C$　　　（6）$\dot{U}=\dot{U}_R+(\dot{U}_L-\dot{U}_C)$

8-2-3　对于 RLC 串联的正弦电流电路，若 $\dot{I}=I\angle 0°$，下列关系式中哪些是错误的？试改正。

（1）$\psi_u=\arctan\dfrac{X_L+X_C}{R}$　　　（2）$\psi_u=\arctan\dfrac{U_L-U_C}{U}$

（3）$\psi_u=\arctan\dfrac{U_L-U_C}{U_R}$　　　（4）$\psi_u=\arctan\dfrac{\omega L-\omega C}{R}$

（5）$\dot{U}=\dot{I}[R+\text{j}(X_L+X_C)]$　　　（6）$U=I\sqrt{R^2+(X_L+X_C)^2}$

8.3　正弦稳态电路的功率

由于正弦稳态电路中不仅含电阻元件还含动态元件，故电路中除电阻元件消耗功率外还存在能量的往返交换，且其电流、电压又是按正弦规律随时间变化的，所以正弦稳态电路中的功率、能量关系要比电阻电路复杂，需要引入一些新概念：平均功率、无功功率、视在功率、复功率和功率因数等。

输入任意一端口电路的瞬时功率 p 等于端口的电压 u 和电流 i 的乘积，此时端口的电压 u

与电流 i 的参考方向对电路内部关联。如图 8-3-1 所示的一端口电路 N 有

正弦稳态电路的功率(瞬时功率、平均功率)

$$p=ui$$

若设正弦稳态一端口电路的正弦电压和电流分别为

$$u=\sqrt{2}U\cos\omega t$$

$$i=\sqrt{2}I\cos(\omega t-\varphi)$$

式中,φ 为端口上电压与电流的相位差,$\varphi=\psi_u-\psi_i$,则在某瞬间输入该正弦稳态一端口电路的瞬时功率为

$$p=ui=\sqrt{2}U\cos\omega t\times\sqrt{2}I\cos(\omega t-\varphi)=UI[\cos\varphi+\cos(2\omega t-\varphi)] \quad (8-3-1)$$

由式(8-3-1)可知:瞬时功率由两部分组成,一部分是恒定分量 $UI\cos\varphi$,另一部分是两倍于电压(或电流)角频率的正弦分量。图 8-3-2 中画出了 $\varphi>0$ 时的正弦电压、正弦电流和瞬时功率随时间变化的波形。在 $\varphi\neq0$ 的情况下,在每一个周期内有两个时间段:$u>0,i<0$;$u<0,i>0$,这时的输入功率 $p<0$(如图 8-3-2 中画斜线部分所示),它表明该正弦稳态一端口电路输出能量。

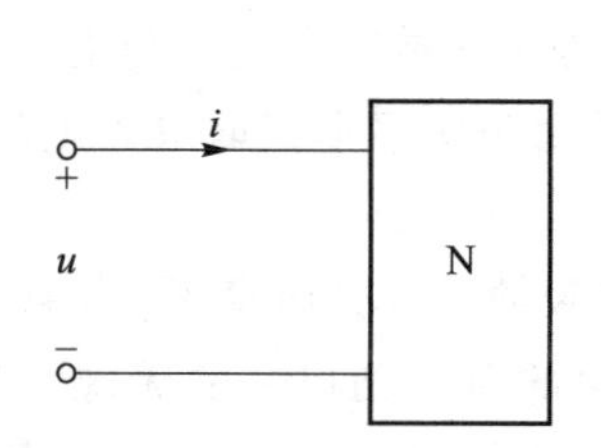

图 8-3-1 一端口正弦电流电路

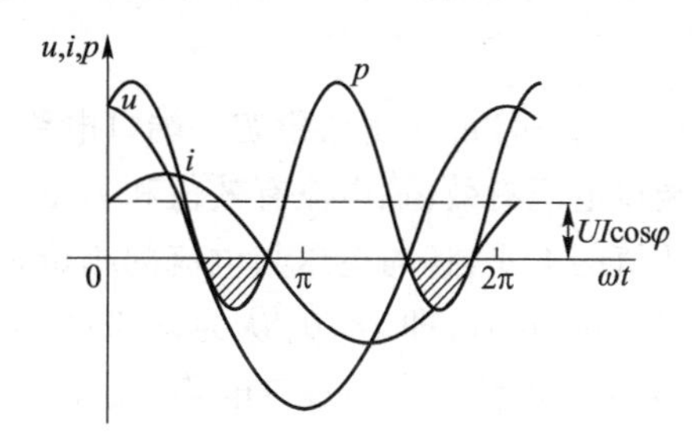

图 8-3-2 瞬时功率曲线($\varphi>0$)

如果将式(8-3-1)进一步展开

$$p=UI\cos\varphi(1+\cos2\omega t)+UI\sin\varphi\sin2\omega t \quad (8-3-2)$$

则瞬时功率分解为两个都随时间变化的部分,一部分是非正弦周期分量 $UI\cos\varphi(1+\cos2\omega t)$,它是输入正弦稳态一端口电路的瞬时功率中的不可逆部分,除零值外,它恒大于零,其作用是在正弦稳态一端口电路内部消耗的能量;另一部分是正弦分量 $UI\sin\varphi\sin2\omega t$,它是输入正弦稳态一端口电路的瞬时功率中的可逆部分,它在一个周期内正负交替变化两次,其作用是在正弦稳态一端口电路内部与外部之间周期性地交换能量。

如果正弦稳态一端口电路内部不含独立源(可以含受控源),则设一端口电路的输入阻抗为 $Z=R+\mathrm{j}X$,于是式(8-3-2)的第一部分就是电阻分量 R 吸收的瞬时功率,而第二部分就是电抗分量 X 吸收的瞬时功率。

由于瞬时功率的实用意义不大,为了充分反映正弦稳态电路中能量转换的情况,下面将介绍一些新的功率概念。

平均功率为瞬时功率在一个周期内的平均值,由于式(8-3-1)所示的瞬时功率为周期量,故正弦稳态一端口电路的平均功率

$$P=\frac{1}{T}\int_0^T p\mathrm{d}t=\frac{1}{T}\int_0^T UI[\cos\varphi+\cos(2\omega t-\varphi)]\mathrm{d}t=UI\cos\varphi \quad (8-3-3)$$

由式(8-3-3)可见,平均功率就是式(8-3-1)中的恒定分量,也是式(8-3-2)中不可逆部分的恒

定分量。这一结果从图 8-3-2 上可直接看出。式(8-3-3)表明,正弦稳态一端口电路吸收的平均功率等于在端口上电压和电流关联参考方向下端口上电压有效值、电流有效值和 $\cos\varphi$ 的乘积,也就是说平均功率不仅取决于电压有效值、电流有效值的大小,还与电压和电流的相位差的余弦有关。这是与直流电路的一个显著区别。当 $P>0$ 时,表示该一端口电路吸收平均功率 P;当 $P<0$ 时,表示该一端口电路发出平均功率 $|P|$。平均功率也称为有功功率,其单位为 W。

由于单一的无源元件有 $P_R=U_RI_R$、$P_L=0$、$P_C=0$,对于仅由 R、L、C 元件组成的一端口正弦稳态电路,可以证明,该一端口正弦稳态电路吸收的平均功率等于该电路内各电阻所吸收的平均功率之和。此时的 $I\cos\varphi$(在 G 和 jB 并联电路中流过电导 G 的电流)、$U\cos\varphi$(在 R 和 jX 串联电路中电阻 R 两端的电压)分别称为电流、电压的有功分量。当正弦稳态一端口电路内不含独立电源时,$\cos\varphi$ 用 λ 表示,称为该一端口电路的功率因数。

为了描述正弦稳态一端口电路内部和外部能量交换的规模,引入无功功率的概念。正弦稳态一端口电路内部与外部能量交换的最大速率(即瞬时功率可逆部分的振幅)定义为无功功率 Q

$$Q=UI\sin\varphi \tag{8-3-4}$$

式(8-3-4)说明正弦稳态一端口电路吸收的无功功率等于在端口上电压与电流参考方向关联时端口电压有效值、电流有效值和 $\sin\varphi$ 的乘积,也就是说无功功率不仅取决于电压有效值、电流有效值的大小,还与电压与电流的相位差的正弦有关。

当 $\sin\varphi>0$ 时,即 $Q>0$,认为该正弦稳态一端口电路“吸收”无功功率 Q;当 $\sin\varphi<0$ 时,即 $Q<0$,认为该正弦稳态一端口电路“发出”无功功率 $|Q|$。由此对下列单一的无源元件可得出下列结论:

电阻 R,$\varphi=0$,$\sin\varphi=0$,$Q_R=0$;

电感 L,$\varphi=90°$,$\sin\varphi=1$,$Q_L=U_LI_L>0$(吸收);

电容 C,$\varphi=-90°$,$\sin\varphi=-1$,$Q_C=-U_CI_C<0$(发出)。

正弦稳态电路的功率(无功功率、视在功率)

如果正弦稳态一端口电路仅由 R、L、C 元件组成,可以证明,该正弦稳态一端口电路吸收的总无功功率等于该电路内各电感和电容吸收的无功功率之和。此时的 $I\sin\varphi$(在 G 和 jB 并联电路中流过电纳 B 中的电流)、$U\sin\varphi$(在 R 和 jX 串联电路中电抗 X 两端的电压)分别称为电流、电压的无功分量。

无功功率的量纲与平均功率 P 的量纲相同,但它不表示实际吸收或(发出)的功率,为了区别起见,将无功功率的单位称为无功伏安或乏(var)。

在电工技术中,还将正弦稳态一端口电路端口上电压有效值和电流有效值的乘积定义为视在功率

$$S=UI \tag{8-3-5}$$

视在功率具有功率的量纲,为了使它与平均功率和无功功率有区别,令视在功率的单位为伏安(VA)。在工程上视在功率用于表示电源设备(发电机、变压器等)的容量,它由电源设备的输出额定电压有效值和额定电流有效值的乘积所确定。视在功率值也表示电源设备在安全运行下可能输出的最大平均功率值。

由式(8-3-3)、式(8-3-4)和式(8-3-5)可知,P、Q 和 S 之间满足下列关系

$$S^2=P^2+Q^2 \tag{8-3-6}$$

即有

$$S=\sqrt{P^2+Q^2} \qquad \tan\varphi=\frac{Q}{P}$$

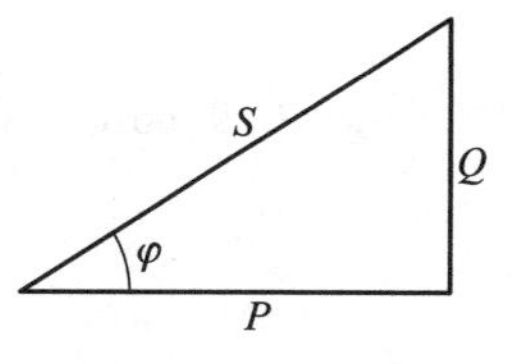

图 8-3-3 功率三角形

此关系也可用图 8-3-3 所示直角三角形表示，该三角形称为功率三角形。

在工业生产中广泛使用的异步电动机、感应加热设备等都是阻感性负载，有的阻感性负载功率因数很低。由 $P=UI\lambda$ 知阻感性负载的 P、U 一定时，λ 越小，由电网输送给此负载的电流就越大。这样一方面要占用较多的电网容量，使电网不能充分发挥其供电能力，又会在发电机和输电线上引起较大的功率损耗和电压降。对于这一类阻感性负载，可以通过在阻感性负载上并联适当的电容，使阻感性负载和电容组成的整体负载的功率因数提高到所要求的值。

功率因数及其提高

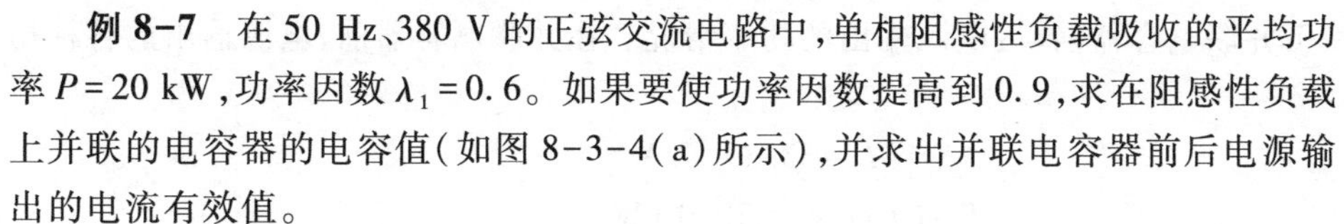

例 8-7 在 50 Hz、380 V 的正弦交流电路中，单相阻感性负载吸收的平均功率 $P=20$ kW，功率因数 $\lambda_1=0.6$。如果要使功率因数提高到 0.9，求在阻感性负载上并联的电容器的电容值（如图 8-3-4(a)所示），并求出并联电容器前后电源输出的电流有效值。

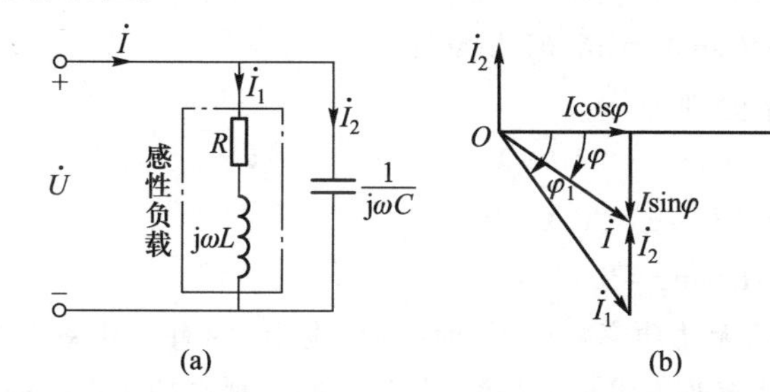

图 8-3-4 功率因数的提高

解 为了清楚地看出在端口上并联电容器后的补偿作用和功率因数的提高，先定性画出图 8-3-4(a)所示电路的电压、电流相量图，如图 8-3-4(b)所示。

从图 8-3-4(b)所示相量图可以看出阻感性负载上并联电容以后，并不改变原来负载的工作情况，但电源输出的电流显著地减小了。

在未并联电容之前，电源输出的电流 $I=I_1$。

由

$$P=UI_1\cos\varphi_1$$

得

$$I_1=\frac{P}{U\cos\varphi_1}=\frac{20\ 000}{380\times0.6}\ \text{A}=87.72\ \text{A}$$

并联电容以后，根据 KCL，得

$$\dot{I}=\dot{I}_1+\dot{I}_2$$

式中，$\dot{I}=I\cos\varphi+\mathrm{j}I\sin\varphi$，$\dot{I}_1=I_1\cos\varphi_1+\mathrm{j}I_1\sin\varphi_1$，$\dot{I}_2=\mathrm{j}\omega C\dot{U}$。

根据图 8-3-4(b)所示相量图，得电流的有功分量

$$I\cos\varphi=I_1\cos\varphi_1$$

电流的无功分量

$$I\sin\varphi+I_2=I_1\sin\varphi_1$$

式中，$\cos\varphi=0.9$，$\cos\varphi_1=0.6$。

于是

$$I=\frac{I_1\cos\varphi_1}{\cos\varphi}=58.48\ \text{A}$$

$$I_2=I_1\sin\varphi_1-I\sin\varphi=44.69\ \text{A}$$

则并联电容

$$C=\frac{I_2}{\omega U}=374.5\ \mu\text{F}$$

计算结果表明，欲使电路的功率因数由0.6提高到0.9，需在感性负载上并联一个374.5 μF的电容器，此时电源输出的电流也从87.72 A减小到58.48 A。

现在比较一下并联电容器前、后电源输出的功率情况。在并联电容器前，电源输出的各种功率分别为

$$S=UI_1=33.33\ \text{kVA}$$

$$P=UI_1\cos\varphi_1=20.0\ \text{kW}$$

$$Q=UI_1\sin\varphi_1=26.67\ \text{kvar}$$

并联电容器后，电源输出的各种功率分别为

$$S=UI=22.22\ \text{kVA}$$

$$P=UI\cos\varphi=20.0\ \text{kW}$$

$$Q=UI\sin\varphi=9.69\ \text{kvar}$$

上述结果表明：补偿后，电源"发出"的无功功率减少了，而电源"发出"的有功功率不变。这是因为阻感性负载所需要的另一部分无功功率改由电容C"发出"了。同时，视在功率也相应减少了。

本例还有一个满足要求的解答，如图8-3-4(c)所示相量图，其中

$$I_2=I_1\sin\varphi_1+I\sin|\varphi|=95.67\ \text{A}$$

$$C=\frac{I_2}{\omega U}=810.08\ \mu\text{F}$$

这个解答要求较大的电容值，显然是不经济的。

通过这个实例可以看出提高阻感性负载的功率因数的经济意义。为了充分利用电源设备的容量，同样要求提高功率因数。在工程上，并不要求将感性负载的功率因数提高到1。因为这样做将增加电容器的投资，使提高阻感性负载的功率因数带来的经济效果不显著。阻感性负载的功率因数提高到什么数值为宜，只能在作具体的技术经济指标综合比较以后才能决定。

正弦稳态电路的复功率

平均功率P和无功功率Q也可以根据电压相量和电流相量来计算。若正弦稳态一端口电路的电压相量和电流相量为

$$\dot{U}=U\underline{/\psi_u}\qquad \dot{I}=I\underline{/\psi_i}$$

且$\overset{*}{\dot{I}}=I\underline{/-\psi_i}$为电流相量$\dot{I}$的共轭相量，则

$$\dot{U}\overset{*}{\dot{I}}=UI\underline{/\psi_u-\psi_i}=UI\underline{/\varphi}=S\underline{/\varphi}=UI\cos\varphi+\text{j}UI\sin\varphi=P+\text{j}Q=\overline{S}\tag{8-3-7}$$

式中,$\overline{S}$称为正弦稳态一端口电路的复功率,它的模即为视在功率 S,它的实部为平均功率 P,它的虚部为无功功率 Q,它的辐角就是电压和电流的相位差 φ。如果一端口电路内不含独立源,则$\overline{S}$的辐角等于一端口电路的等效阻抗的阻抗角。复功率的单位与视在功率的单位相同,都是(VA)。

当正弦稳态一端口电路内不含独立源时,有$\dot{I}=Y\dot{U}=(G+\mathrm{j}B)\dot{U}$,或$\dot{U}=Z\dot{I}=(R+\mathrm{j}X)\dot{I}$,于是复功率可表示为

$$\overline{S}=Z\dot{I}\overset{*}{\dot{I}}=(R+\mathrm{j}X)I^2 \tag{8-3-8}$$

或

$$\overline{S}=\dot{U}(\overset{*}{Y}\overset{*}{\dot{U}})=(G-\mathrm{j}B)U^2 \tag{8-3-9}$$

式中,Z、Y分别为一端口正弦稳态电路的等效阻抗和等效导纳。

R、L、C 元件的复功率分别为

$$\overline{S}_R=\dot{U}_R\overset{*}{\dot{I}}_R=RI_R^2=P_R \tag{8-3-10}$$

$$\overline{S}_L=\dot{U}_L\overset{*}{\dot{I}}_L=\mathrm{j}\omega LI_L^2=\mathrm{j}Q_L \tag{8-3-11}$$

$$\overline{S}_C=\dot{U}_C\overset{*}{\dot{I}}_C=-\mathrm{j}\frac{1}{\omega C}I_C^2=\mathrm{j}Q_C \tag{8-3-12}$$

应当注意,复功率不代表正弦量,故不采用相量的符号表示。复功率本身并无任何物理意义,引入复功率的目的是为了能用相量法计算出的电压和电流相量直接计算 S、P 和 Q。

必须指出,对一端口正弦稳态电路用式(8-3-3)、式(8-3-4)和式(8-3-7)分别计算 P、Q、$\overline{S}$是在端口上电压和电流关联参考方向下进行的。如果在端口上电压和电流非关联参考方向下应分别用下列公式计算:

$$P=-UI\cos\varphi \tag{8-3-13}$$

$$Q=-UI\sin\varphi \tag{8-3-14}$$

$$\overline{S}=-\dot{U}\overset{*}{\dot{I}} \tag{8-3-15}$$

用上述三式计算所得的 $P>0(Q>0)$仍表示吸收平均功率(无功功率),$P<0(Q<0)$仍表示发出平均功率(无功功率)。

由前已知,正弦稳态电路中任何回路中各支路电压相量满足 KVL 的相量形式;任何节点上各支路电流相量满足 KCL 的相量形式,当然,任何节点上各支路电流的共轭相量也满足 KCL 的相量形式。在具有 b 条支路的正弦稳态电路中,可证明在正弦电流电路中复功率守恒,即

$$\sum_{k=1}^{b}\overline{S}_k=\sum_{k=1}^{b}\dot{U}_k\overset{*}{\dot{I}}_k=0 \tag{8-3-16}$$

平均功率守恒,即

$$\sum_{k=1}^{b}P_k=\sum_{k=1}^{b}U_kI_k\cos\varphi_k=0 \tag{8-3-17}$$

无功功率守恒,即

$$\sum_{k=1}^{b} Q_k = \sum_{k=1}^{b} U_k I_k \sin\varphi_k = 0 \tag{8-3-18}$$

但视在功率不守恒,即

$$\sum_{k=1}^{b} S_k \neq 0 \tag{8-3-19}$$

也就是说,在一端口正弦稳态电路中,总复功率等于该电路各部分的复功率之和,总的平均功率等于该电路各部分的平均功率之和,总的无功功率等于该电路各部分的无功功率之和。应该注意,在一般情况下,总视在功率不等于该电路各部分的视在功率之和。因为一般情况下复数之和的模不等于复数的模之和。

例 8-8　如图 8-3-5 所示电路,已知$\dot{U}_s = 100\angle 0°$ V,电路参数 $Z_1 = R_1 + jX_1 = (10+j17.3)$ Ω,$Z_2 = R_2 + jX_2 = (17.3-j10)$ Ω,求电路的平均功率 P、无功功率 Q、复功率$\overline{S}$,并验证其功率守恒。

解　在图示支路电流的参考方向下,解得

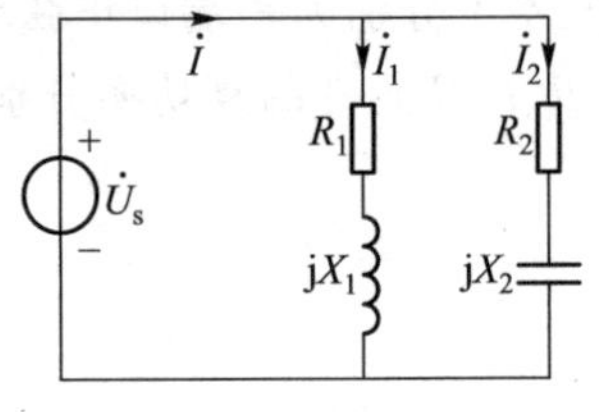

图 8-3-5　例 8-8 的电路

$$\dot{I}_1 = \frac{\dot{U}_s}{R_1 + jX_1} = \frac{100\angle 0°}{10+j17.3} \text{ A} = \frac{100\angle 0°}{20\angle 60°} \text{ A} = 5\angle -60° \text{ A}$$

$$\dot{I}_2 = \frac{\dot{U}_s}{R_2 + jX_2} = \frac{100\angle 0°}{17.3-j10} \text{ A} = \frac{100\angle 0°}{20\angle -30°} \text{ A} = 5\angle 30° \text{ A}$$

$$\dot{I} = \dot{I}_1 + \dot{I}_2 = 7.07\angle -15° \text{ A}$$

则

$$\overline{S} = -\dot{U}_s \overset{*}{I} = 707\angle -165° \text{VA} = (-683-j183) \text{ VA} = P + jQ$$

$$\overline{S}_1 = \dot{U}_s \overset{*}{I}_1 = 500\angle 60° \text{VA} = (250+j433) \text{ VA} = P_1 + jQ_1$$

$$\overline{S}_2 = \dot{U}_s \overset{*}{I}_2 = 500\angle -30° \text{VA} = (433-j250) \text{ VA} = P_2 + jQ_2$$

可见

$$\sum P_k = P + P_1 + P_2 = (-683 + 250 + 433) \text{ W} = 0$$

$$\sum Q_k = Q + Q_1 + Q_2 = (-183 + 433 - 250) \text{ var} = 0$$

$$\sum \overline{S}_k = \overline{S} + \overline{S}_1 + \overline{S}_2 = (-683 - j183 + 250 + j433 + 433 - j250) \text{ VA} = 0$$

但$\sum S_k = S + S_1 + S_2 = (707 + 500 + 500)$ VA $= 1\,707$ VA $\neq 0$

思考与练习

8-3-1　对于 R、L、C 串联的正弦电流电路,可以采用哪些方法计算其有功功率 P 和无功功率 Q?若用 $P = \dfrac{U^2}{R}$ 和 $Q = \dfrac{U^2}{X}$ 进行计算,试说明公式中 U 和 X 表示什么电压和什么电抗?

8-3-2　阻感性电路串联电容能否提高电路的功率因数?为什么在电力系统总不采用这种方法来提高阻感性负载的功率因数?

8-3-3 对正弦一端口网络,下列关系式正确的是:

(1) $S=P+Q$ (2) $S=ui$

(3) $\bar{S}=P+\mathrm{j}Q$ (4) $S=P\cos\varphi$

(5) $S=|Z|I^2$ (6) $\bar{S}=\dfrac{U^2}{Z}$

(7) $\tan\varphi=\dfrac{L-C}{R}$ (8) $\bar{S}=\dot{U}\dot{I}$

(9) $P=\dfrac{1}{2}U_{\mathrm{m}}I_{\mathrm{m}}\cos\varphi$ (10) $\bar{S}=P-\mathrm{j}Q$

8.4 正弦稳态电路的一般分析方法

根据相量法的特点,在正弦稳态电路中,KCL、KVL、元件的伏安关系相量形式

$$\sum_{k=1}^{m}\dot{I}_k=0 \qquad \sum_{k=1}^{m}\dot{U}_k=0 \qquad \dot{U}_k=Z_k\dot{I}_k$$

在形式上与线性电阻电路中的 KCL、KVL、元件的伏安关系

$$\sum_{k=1}^{m}i_k=0 \qquad \sum_{k=1}^{m}u_k=0 \qquad u_k=R_ki_k$$

相同,所以,分析和计算线性电阻电路的各种方法和电路定理,用相量形式表示后就可以推广到正弦稳态电路中应用。其差别仅在于所得到的电路方程为相量形式的复数代数方程、用相量形式描述的定理和相量模型,而计算为复数运算。

正弦稳态电路的分析和计算技巧则视题目类型而定。如果给定了电路的结构和参数,要求电路的响应,则可以根据给定电路列出电路方程,或进行等效变换后列出电路方程,而后解复数方程即可。如果已知电路响应满足某种给定的关系(例如,要求某一支路的电压或电流与另一支路的电压或电流之间有一定的相位差),要求确定电路的参数和参数之间应满足的关系,则往往依照题目给定的要求定性画出电路的相量图,根据相量图所表明的关系用几何方法求解或用相量图和复数计算相结合的方法求解。下面通过一些实例加以说明。

例 8-9 用网孔电流法求图 8-4-1(a)所示电路的各支路电流和各电压源发出的复功率。已知 $u_{\mathrm{s1}}(t)=100\sqrt{2}\cos 1\,000t$ V, $u_{\mathrm{s2}}(t)=50\sqrt{2}\cos(1\,000t+90°)$ V, $R_1=100\ \Omega$, $R_2=50\ \Omega$, $L=100$ mH, $C=20\ \mu$F。

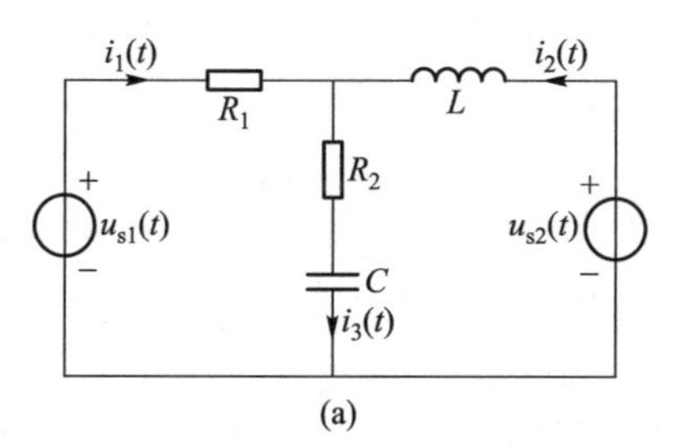

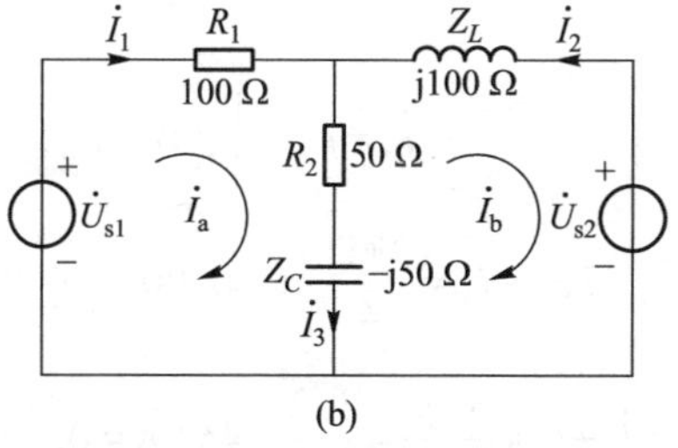

复杂正弦稳态电路的分析(1)

图 8-4-1 例 8-9 的电路

解 各电源相量为

$$\dot{U}_{s1}=100\underline{/0^\circ}\ \text{V} \qquad \dot{U}_{s2}=50\underline{/90^\circ}\ \text{V}$$

各元件的阻抗为

$$R_1=100\ \Omega, R_2=50\ \Omega, Z_L=\text{j}\omega L=\text{j}1\ 000\times100\times10^{-3}=\text{j}100\ \Omega$$

$$Z_C=-\text{j}\frac{1}{\omega C}=-\text{j}\frac{1}{1\ 000\times20\times10^{-6}}\ \Omega=-\text{j}50\ \Omega$$

对应的相量电路如图 8-4-1(b)所示。

与求解线性电阻电路的方法一样设网孔电流为$\dot{I}_a$、$\dot{I}_b$，如图 8-4-1(b)所示。列出网孔电流方程为

$$Z_{11}\dot{I}_a+Z_{12}\dot{I}_b=\dot{U}_{s11}$$
$$Z_{21}\dot{I}_a+Z_{22}\dot{I}_b=\dot{U}_{s22}$$

式中

$$Z_{11}=R_1+R_2+Z_C=(150-\text{j}50)\ \Omega$$
$$Z_{12}=Z_{21}=-(R_2+Z_C)=(-50+\text{j}50)\ \Omega$$
$$Z_{22}=R_2+Z_L+Z_C=(50+\text{j}50)\ \Omega$$
$$\dot{U}_{s11}=\dot{U}_{s1}=100\underline{/0^\circ}\ \text{V}$$
$$\dot{U}_{s22}=-\dot{U}_{s2}=-\text{j}50\ \text{V}$$

将上列各数值代入网孔电流方程，得

$$(150-\text{j}50)\dot{I}_a+(-50+\text{j}50)\dot{I}_b=100$$
$$(-50+\text{j}50)\dot{I}_a+(50+\text{j}50)\dot{I}_b=-\text{j}50$$

解得

$$\dot{I}_a=\frac{\begin{vmatrix}100 & -50+\text{j}50\\ -\text{j}50 & 50+\text{j}50\end{vmatrix}}{\begin{vmatrix}150-\text{j}50 & -50+\text{j}50\\ -50+\text{j}50 & 50+\text{j}50\end{vmatrix}}\ \text{A}=\frac{2\ 500+\text{j}2\ 500}{10\ 000+\text{j}10\ 000}\ \text{A}=\frac{1}{4}\underline{/0^\circ}\ \text{A}$$

$$\dot{I}_b=\frac{\begin{vmatrix}150-\text{j}50 & 100\\ -50+\text{j}50 & -\text{j}50\end{vmatrix}}{\begin{vmatrix}150-\text{j}50 & -50+\text{j}50\\ -50+\text{j}50 & 50+\text{j}50\end{vmatrix}}\ \text{A}=\frac{2\ 500-\text{j}12\ 500}{10\ 000+\text{j}10\ 000}\ \text{A}=\frac{1-\text{j}5}{4+\text{j}4}\ \text{A}=\frac{-2-\text{j}3}{4}\ \text{A}$$

则

$$\dot{I}_1=\dot{I}_a=\frac{1}{4}\underline{/0^\circ}\ \text{A}$$

$$\dot{I}_2=-\dot{I}_b=\frac{2+\text{j}3}{4}\ \text{A}=0.90\underline{/56.31^\circ}\ \text{A}$$

$$\dot{I}_3=\dot{I}_1+\dot{I}_2=\frac{3+\text{j}3}{4}=\frac{3\sqrt{2}}{4}\underline{/45^\circ}\ \text{A}=0.75\sqrt{2}\underline{/45^\circ}\ \text{A}$$

$$i_1(t)=0.25\sqrt{2}\cos 1\ 000t\ \text{A}$$

$$i_2(t)=0.90\sqrt{2}\cos(1\ 000t+56.31°)\ \text{A}$$

$$i_3(t)=1.5\cos(1\ 000t+45°)\ \text{A}$$

各电压源吸收的复功率为

$$\overline{S}_{s1}=-\dot{U}_{s1}\overset{*}{\dot{I}}_1=-100\times\frac{1}{4}\ \text{VA}=-25\ \text{VA}$$

$$\overline{S}_{s2}=-\dot{U}_{s2}\overset{*}{\dot{I}}_2=-\text{j}50\times\frac{2-\text{j}3}{4}\ \text{VA}=(-37.5-\text{j}25)\ \text{VA}$$

所以，$\dot{U}_{s1}$发出的复功率为 25 VA，$\dot{U}_{s2}$发出的复功率为(37.5+j25) VA。

例 8-10 用节点电压法求图 8-4-2(a)所示电路的各支路电流相量。已知 $G_1=G_2=2$ S，$G_3=4$ S，$C_4=4$ F，$L_5=\frac{1}{8}$ H，$\alpha=2$，$u_s(t)=8\cos(2t+45°)$ V，$i_s(t)=2\sqrt{2}\cos 2t$ A。

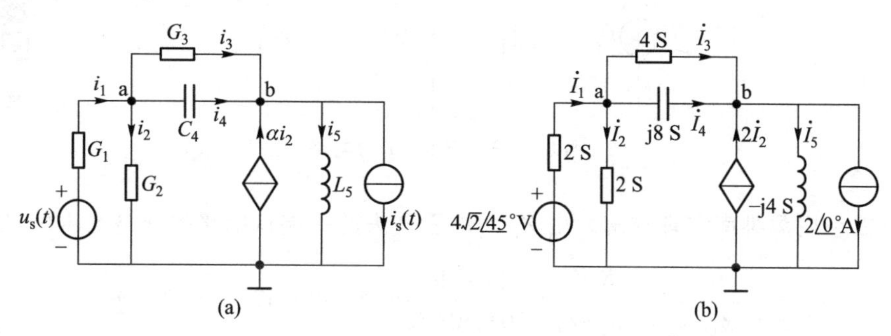

图 8-4-2 例 8-10 的电路

解 电路的相量电路如图 8-4-2(b)所示，设独立节点 a、b 的节点电压为$\dot{U}_{n1}$，$\dot{U}_{n2}$，列出节点电压方程为

$$Y_{11}\dot{U}_{n1}+Y_{12}\dot{U}_{n2}=\dot{I}_{s11}$$

$$Y_{21}\dot{U}_{n1}+Y_{22}\dot{U}_{n2}=\dot{I}_{s22}$$

式中

$$Y_{11}=G_1+G_2+G_3+\text{j}B_{C4}=(8+\text{j}8)\ \text{S}$$

$$Y_{12}=Y_{21}=-(G_3+\text{j}B_{C4})=-(4+\text{j}8)\ \text{S}$$

$$Y_{22}=G_3+\text{j}B_{C4}+\text{j}B_{L5}=(4+\text{j}4)\ \text{S}$$

$$\dot{I}_{s11}=G_1\dot{U}_s=8\sqrt{2}\angle 45°\ \text{A}$$

$$\dot{I}_{s22}=2\dot{I}_2-\dot{I}_s=2(G_2\dot{U}_{n1})-2=4\dot{U}_{n1}-2$$

将上列各数值代入节点电压方程，并进行整理，得

$$(8+\text{j}8)\dot{U}_{n1}-(4+\text{j}8)\dot{U}_{n2}=8\sqrt{2}\angle 45°$$

$$-(8+\text{j}8)\dot{U}_{n1}+(4+\text{j}4)\dot{U}_{n2}=-2$$

解得

$$\dot{U}_{n1}=1.075\angle 144.46°\ \text{V}$$

$$\dot{U}_{n2}=2.5\angle 143.1^\circ\ \text{V}$$

于是各支路电流相量为

$$\dot{I}_1=G_1(\dot{U}_s-\dot{U}_{n1})=11.86\angle 34.7^\circ\ \text{A}$$

$$\dot{I}_2=G_2\dot{U}_{n1}=2.15\angle 144.46^\circ\ \text{A}$$

$$\dot{I}_3=G_3(\dot{U}_{n1}-\dot{U}_{n2})=5.70\angle -37.87^\circ\ \text{A}$$

$$\dot{I}_4=\text{j}B_{C4}(\dot{U}_{n1}-\dot{U}_{n2})=11.40\angle 52.13^\circ\ \text{A}$$

$$\dot{I}_5=\text{j}B_{L5}\dot{U}_{n2}=10\angle 53.1^\circ\ \text{A}$$

例 8-11　如图 8-4-3 所示电路，已知 $\dot{U}_s=\sqrt{5}\angle -26.57^\circ$ V，$R_1=30\ \Omega$，$R_2=60\ \Omega$，$R_3=6\ \Omega$，$Z_C=-\text{j}60\ \Omega$，$Z_L=\text{j}24\ \Omega$，试求 Z_L 两端的电压 $\dot{U}_L$。

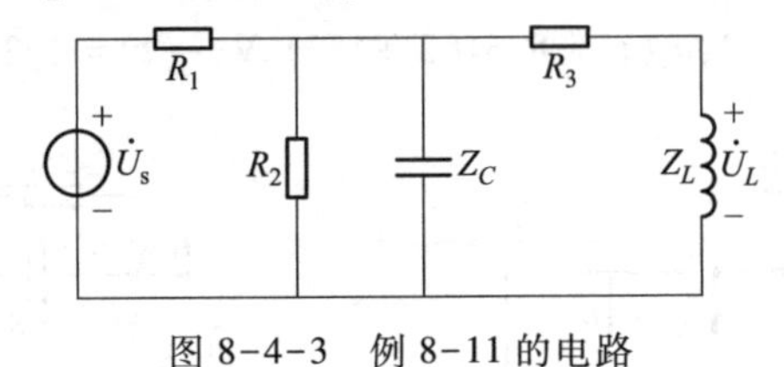

图 8-4-3　例 8-11 的电路

复杂正弦稳态电路的分析(2)

解　可以利用戴维南定理求解。由 Z_L 两端看进去的一端口电路的开路电压 $\dot{U}_{oc}$ 为

$$\dot{U}_{oc}=\frac{\dot{U}_s}{\dfrac{R_2Z_C}{R_2+Z_C}+R_1}\cdot\frac{R_2Z_C}{R_2+Z_C}=\frac{30-\text{j}30}{30-\text{j}30+30}\times\sqrt{5}\angle -26.57^\circ\ \text{V}=\sqrt{2}\angle -45^\circ\ \text{V}$$

由 Z_L 两端看进去的戴维南等效阻抗为

$$Z_{eq}=\frac{1}{\dfrac{1}{R_1}+\dfrac{1}{R_2}+\dfrac{1}{Z_C}}+R_3=(18-\text{j}6+6)\ \Omega=(24-\text{j}6)\ \Omega$$

则 Z_L 两端的电压为

$$\dot{U}_L=\frac{Z_L}{Z_L+Z_{eq}}\dot{U}_{oc}=\frac{\text{j}24}{24+\text{j}18}\times\sqrt{2}\angle -45^\circ\ \text{V}=\frac{24\angle 90^\circ}{30\angle 36.87^\circ}\times\sqrt{2}\angle -45^\circ\ \text{V}=0.8\sqrt{2}\angle 8.13^\circ\ \text{V}$$

例 8-12　如图 8-4-4(a)所示电路，已知 $U=100$ V，$I_1=I_2=I_3=10$ A。求 R、X_L、X_C 的值。

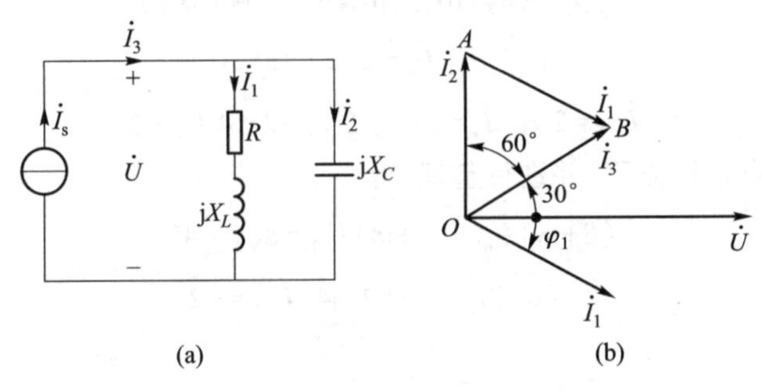

图 8-4-4　例 8-12 的电路与相量图

解 本题给定了电路具有的特点($I_1=I_2=I_3$),要求电路的参数。为此可以首先定性画出电路的相量图如图 8-4-4(b),然后依据相量图,利用几何关系和相量法进行求解。

以$\dot{U}=U\angle 0°=100\angle 0°$ V 为参考相量,根据元件上电压与电流的相位关系,$\dot{I}_2$应超前$\dot{U}$90°,$\dot{I}_1$应滞后$\dot{U}$一个小于 90°的 φ_1。根据 KCL,有$\dot{I}_3=\dot{I}_1+\dot{I}_2$,由此可以画出图 8-4-4(b)所示的相量图。由于 $I_1=I_2=I_3$,所以$\triangle AOB$ 为等边三角形。由此可知 $\varphi_1=30°$,得

$$|X_C|=\frac{U}{I_2}=10\ \Omega \quad 即\ X_C=-10\ \Omega$$

$$|Z_{RL}|=\frac{U}{I_1}=10\ \Omega$$

$$R=|Z_{RL}|\cos\varphi_1=8.66\ \Omega$$

$$X_L=|Z_{RL}|\sin\varphi_1=5\ \Omega$$

或

$$Z_{RL}=R+\mathrm{j}X_L=\frac{\dot{U}}{\dot{I}_1}=\frac{100\angle 0°}{10\angle -30°}\ \Omega=(8.66+\mathrm{j}5)\ \Omega$$

故
$$R=8.66\ \Omega \qquad X_L=5\ \Omega$$

例 8-13 求图 8-4-5 所示含理想运算放大器电路的转移电压比 $K_u=\dot{U}_2/\dot{U}_1$。

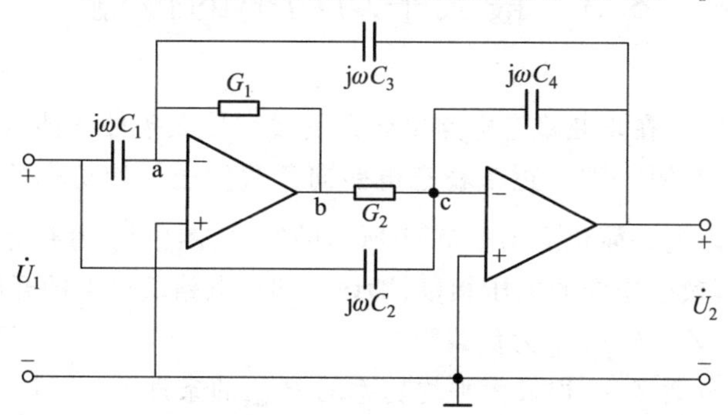

图 8-4-5 例 8-13 的电路

解 在分析含运算放大器的电路时,应采用节点电压法,并合理地使用"虚短"和"虚断"的概念。在列节点电压方程时,可以从最末一级运算放大器的输入端开始,依次前移,逐一求解。但要注意,对含运算放大器输出支路的节点不应列方程,以避免引入新的未知量。

首先由"虚短"概念,可以得到

$$\dot{U}_\mathrm{a}=0,\qquad \dot{U}_\mathrm{c}=0$$

再由"虚断"概念,对节点 c 列节点电压方程有

$$-\mathrm{j}\omega C_2\dot{U}_1-G_2\dot{U}_\mathrm{b}-\mathrm{j}\omega C_4\dot{U}_2=0$$

由此可得

$$\dot{U}_\mathrm{b}=-\frac{\mathrm{j}\omega C_2}{G_2}\dot{U}_1-\frac{\mathrm{j}\omega C_4}{G_2}\dot{U}_2 \tag{1}$$

同样由"虚断"概念,对节点 a 列节点电压方程有

$$-\mathrm{j}\omega C_1\dot{U}_1-G_1\dot{U}_{\mathrm{b}}-\mathrm{j}\omega C_3\dot{U}_2=0 \tag{2}$$

将式(1)代入式(2)有

$$-\mathrm{j}\omega C_1\dot{U}_1+\frac{\mathrm{j}\omega C_2 G_1}{G_2}\dot{U}_1+\frac{\mathrm{j}\omega C_4 G_1}{G_2}\dot{U}_2-\mathrm{j}\omega C_3\dot{U}_2=0$$

可见，这是一个关于$\dot{U}_1$与$\dot{U}_2$的电路方程，经过整理，最后可得转移电压比

$$K_u=\frac{\dot{U}_2}{\dot{U}_1}=\frac{C_1G_2-C_2G_1}{C_4G_1-C_3G_2}$$

思考与练习

8-4-1 R、L、C串联电路中，已知总电压U、电容电压U_C与RL两端电压U_{RL}均为100 V，则电流有效值I为多少？

8-4-2 R、L、C并联电路中，已知总电流I、电容电流I_C与RL并联支路电流之和I_{RL}均为10 A，$R=5\ \Omega$，则并联电压有效值U为多少？

8.5 最大平均功率的传输

在工程上，有时候需要在正弦稳态电路中研究负载在什么条件下能获得最大平均功率。这类问题可以归结为一个有源一端口正弦稳态电路向负载传送平均功率的问题。根据戴维南定理，最终可以将正弦稳态电路简化为图8-5-1所示的电路，图中$\dot{U}_{\mathrm{oc}}$为有源一端口正弦稳态电路的戴维南等效电路中等效电压源的电压相量，即该一端口电路端口上的开路电压相量，$Z_{\mathrm{eq}}=R_{\mathrm{eq}}+\mathrm{j}X_{\mathrm{eq}}$为戴维南等效阻抗，$Z_{\mathrm{L}}=R_{\mathrm{L}}+\mathrm{j}X_{\mathrm{L}}$为负载阻抗。

根据该等效电路，负载Z_{L}获得最大平均功率的P_{Lmax}的条件要看可以改变哪些参数而定。一般地讲，$\dot{U}_{\mathrm{oc}}$、Z_{eq}是不变的，而Z_{L}是可变的。由于负载阻抗Z_{L}是个复数，使负载阻抗Z_{L}可分为下列两种情况。

图8-5-1 最大平均功率传输

第一种情况，即负载Z_{L}的电阻和电抗均可独立变化时，由图8-5-1可知，负载Z_{L}中的电流相量为

最大平均功率传输中共轭匹配时的条件及最大平均功率的计算

$$\dot{I}=\frac{\dot{U}_{\mathrm{oc}}}{(R_{\mathrm{eq}}+R_{\mathrm{L}})+\mathrm{j}(X_{\mathrm{eq}}+X_{\mathrm{L}})}$$

负载所吸收的平均功率

$$P_{\mathrm{L}}=R_{\mathrm{L}}I^2=\frac{R_{\mathrm{L}}U_{\mathrm{oc}}^2}{(R_{\mathrm{eq}}+R_{\mathrm{L}})^2+(X_{\mathrm{eq}}+X_{\mathrm{L}})^2}$$

上式表明，负载吸收的平均功率是R_{L}和X_{L}的函数。由于X_{L}只出现在上式分母中，显然对于任何R_{L}值讲，当上式分母达最小时

$$X_L=-X_{eq}$$

该式为负载 Z_L 获得的平均功率为极大值时，所要求的负载电抗分量 X_L 应有的数值条件。满足这一条件时，负载所吸收的平均功率为

$$P_L=R_LI^2=\frac{R_LU_{oc}^2}{(R_{eq}+R_L)^2}$$

为求得负载 Z_L 所获 P_L 为最大值时，所要求的负载电阻 R_L 应有的数值条件，将上式对 R_L 求导，并令它为零，即

$$\frac{dP_L}{dR_L}=U_{oc}^2\left(\frac{1}{(R_{eq}+R_L)^2}-\frac{2R_L}{(R_{eq}+R_L)^3}\right)=0$$

由此可解得 P_L 获得极大值时的又一个条件

$$R_L=R_{eq}$$

上述表明，在 U_{oc} 和 Z_{eq} 给定的条件下，当负载的电阻和电抗分量均可独立变化时，负载获得最大功率的条件为

$$\begin{cases}R_L=R_{eq}\\X_L=-X_{eq}\end{cases}\text{或 } Z_L=\overset{*}{Z}_{eq}\tag{8-5-1}$$

这一条件称为最佳共轭匹配，并称负载 Z_L 与 Z_{eq} 共轭匹配，此时负载获得的最大平均功率

$$P_{Lmax}=\left.\frac{U_{oc}^2}{4R_{eq}}\right|_{\substack{R_L=R_{eq}\\X_L=-X_{eq}}}$$

例 8-14 如图 8-5-2(a)所示电路，已知负载 Z_L 的电阻与电抗分量均可独立变化。求负载 Z_L 的最佳共轭匹配值和获得的最大平均功率。

解 求解此类问题，首先应将负载 Z_L 两端左侧的有源一端口正弦稳态电路用戴维南等效电路替代，如图 8-5-2(b)所示，其中

$$\dot{U}_{oc}=\frac{j2}{2+j2}\cdot 10\angle 0^\circ\text{ V}=5\sqrt{2}\angle 45^\circ\text{ V}$$

$$Z_{eq}=\frac{2\cdot j2}{2+j2}\ \Omega=(1+j1)\ \Omega$$

所以 Z_L 得最佳共轭匹配值

$$Z_L=\overset{*}{Z}_{eq}=(1-j1)\ \Omega$$

此时

$$P_{Lmax}=\frac{U_{oc}^2}{4R_{eq}}=\frac{(5\sqrt{2})^2}{4\times 1}\text{ W}=12.5\text{ W}$$

例 8-15 求图 8-5-3 所示电路中 Z_L 的最佳共轭匹配值。

解 只要求出阻抗 Z_L 两端左侧的一端口正弦稳态电路的戴维南等效阻抗 Z_{eq}，就可以求得 Z_L 的最佳共轭匹配值

$$Z_{eq}=\frac{1}{\dfrac{1-\mu}{R_1}+j\omega C}$$

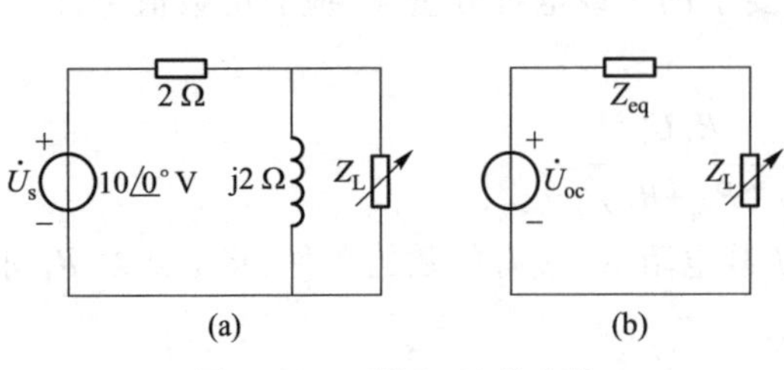

图 8-5-2 例 8-14 的电路

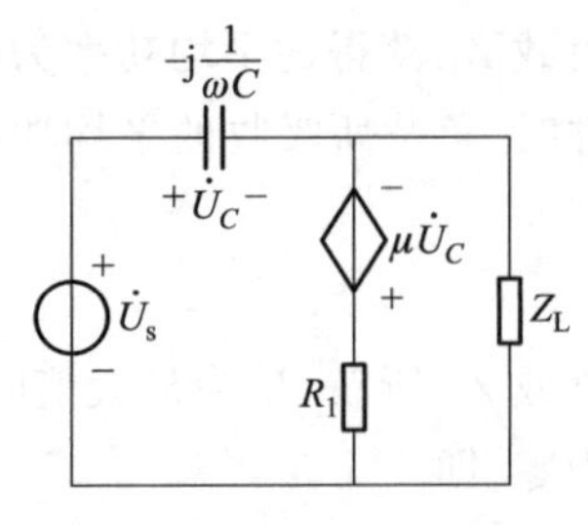

图 8-5-3 例 8-15 的电路

Z_L 的最佳共轭匹配值用导纳 Y_L 表示时

$$Y_L=\frac{1}{Z_L}=\frac{1}{Z_{eq}^*}=\frac{1-\mu}{R_1}-j\omega C$$

如果不考虑负电阻,则只有 $\mu\leqslant 1$ 时,解答才有意义。

第二种情况,即 Z_L 的阻抗角不变而其模可变时,令负载阻抗

$Z_L=|Z_L|\underline{/\varphi_L}=|Z_L|\cos\varphi_L+j|Z_L|\sin\varphi_L$,由图 8-5-1 可知,负载 Z_L 中的电流相量

$$\dot{I}=\frac{\dot{U}_{oc}}{(R_{eq}+|Z_L|\cos\varphi_L)+j(X_{eq}+|Z_L|\sin\varphi_L)}$$

负载所吸收的平均功率

$$P_L=|Z_L|\cos\varphi_L I^2=\frac{|Z_L|\cos\varphi_L U_{oc}^2}{(R_{eq}+|Z_L|\cos\varphi_L)^2+(X_{eq}+|Z_L|\sin\varphi_L)^2}$$

上式对 $|Z_L|$ 求导,并令它为零,即

$$\frac{dP_L}{d|Z_L|}=U_{oc}^2\left\{\frac{\cos\varphi_L}{(R_{eq}+|Z_L|\cos\varphi_L)^2+(X_{eq}+|Z_L|\sin\varphi_L)^2}-\frac{|Z_L|\cos\varphi_L[2\cos\varphi_L(R_{eq}+|Z_L|\cos\varphi_L)+2\sin\varphi_L(X_{eq}+|Z_L|\sin\varphi_L)]}{[(R_{eq}+|Z_L|\cos\varphi_L)^2+(X_{eq}+|Z_L|\sin\varphi_L)^2]^2}\right\}=0$$

由此可解得

$$|Z_L|^2=R_{eq}^2+X_{eq}^2=|Z_{eq}|^2$$

即

$$|Z_L|=|Z_{eq}| \tag{8-5-2}$$

上式表明,若 U_{oc} 和 Z_{eq} 给定的条件下,当负载阻抗的阻抗角不变而其模可变时,负载获得最大功率的条件。这一条件称为模值匹配。此时负载获得的最大平均功率

$$P_{Lmax}=\frac{|Z_{eq}|\cos\varphi_L U_{oc}^2}{(R_{eq}+|Z_{eq}|\cos\varphi_L)^2+(X_{eq}+|Z_{eq}|\sin\varphi_L)^2}$$

显然,在模值匹配时负载所获得的最大平均功率比最佳共轭匹配时所获得的最大平均功率要小。除非作特别说明,通常所说负载获得最大平均功率 P_{Lmax} 为最佳共轭匹配时负载获得的平均功率。

例 8-16 如图 8-5-2(a)所示电路,如果负载 $Z_L=R_L$ 可变,求负载 Z_L 获得最大平均功率的 R_L 值和获得的最大平均功率。

解 本题的负载是纯电阻，但戴维南等效电路的等效阻抗是复数，所以本题属于模值匹配问题，故

$$R_{\mathrm{L}}=|Z_{\mathrm{eq}}|=\sqrt{1^2+1^2}\ \Omega=\sqrt{2}\ \Omega$$

时可获得最大平均功率（其中 $\varphi_{\mathrm{L}}=0$）

$$P_{\mathrm{Lmax}}=R_{\mathrm{L}}I^2=\frac{\sqrt{2}\times(5\sqrt{2})^2}{(1+\sqrt{2})^2+1^2}\ \mathrm{W}=10.36\ \mathrm{W}$$

可见，模值匹配时负载所获得的平均功率比最佳共轭匹配时获得的平均功率小。

上面从理论上分析了负载从给定的有源一端口正弦稳态电路获取最大平均功率的条件。但在实际电路中，负载通常也是给定不可调的，为使负载获得最大平均功率，通常采用下列措施：

（1）当电源为单一频率时，可以在负载与有源一端口正弦稳态电路之间接入 LC 二端口电抗电路，如图 8-5-4(a)和(b)所示。适当地选择 L、C 的值，能使负载与二端口电抗电路所组成的不含独立源的一端口正弦稳态电路的等效阻抗与有源一端口正弦稳态电路的等效阻抗共轭匹配，从而获得最大平均功率。由于 L、C 元件本身不消耗平均功率，因而进入不含独立源的一端口正弦稳态电路的平均功率全部被负载 Z_{L} 获得。其中图 8-5-4(a)所示适用于 $R_{\mathrm{eq}}<R_{\mathrm{L}}$ 的情况；图 8-5-4(b)所示适用于 $R_{\mathrm{eq}}>R_{\mathrm{L}}$ 的情况，该 LC 二端口电抗电路常称为匹配电路。这种匹配电路的不足在于它的通频带较窄，且适用于电源为单一频率的电路，故通常不用这种匹配电路。

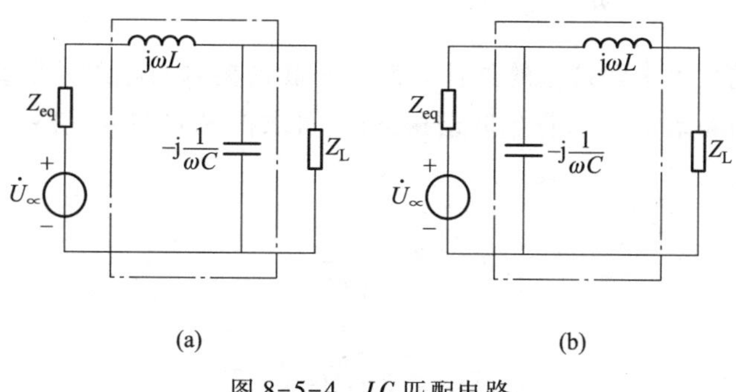

图 8-5-4 LC 匹配电路

（2）在负载与有源一端口正弦稳态电路之间插入理想变压器，使它达到模值匹配。由于理想变压器不消耗平均功率，从而使负载获得模值匹配的最大平均功率。有关这一部分的内容将在下一章介绍。

思考与练习

8-5-1 在正弦电流电路中，若电源电压 U_{s} 和内阻抗 Z_{s} 不变，而负载阻抗 $Z=R+\mathrm{j}X$ 可变，试问负载应如何变化才能获得最大平均功率？如果电源电压 U_{s} 和负载阻抗 Z 不变化，是否可以变化内阻抗 Z_{s} 使负载阻抗 Z 获得最大平均功率？该最大平均功率等于多少？试比较两种情况。

8.6 正弦稳态电路的谐振

谐振是正弦稳态电路的一种特定的工作状态。在电压和电流关联参考方向下，含 R、L、C 而不含独立源的一端口正弦稳态电路端口上电压相量与电流相量同相，就称这个电路发生了谐振。电路发生谐振时，电路中某些部分的电压或电流可能很大。这种现象在无线电和电工技术中得到广泛运用，但在另一些场合，过高的电压和电流可能破坏电路的正常工作。所以，对这一现象的研究有重要的实际意义。最常见的谐振电路是由电阻、电感和电容组成的串联谐振电路和并联谐振电路。下面首先研究串联谐振电路。

RLC 串联电路的谐振及其特点

对于图 8-6-1 所示 RLC 串联电路，端口上$\dot{U}$与$\dot{I}$的关系为

$$\dot{U}=Z(\mathrm{j}\omega)\dot{I}=(R+\mathrm{j}X)\dot{I}=\left[R+\mathrm{j}\left(\omega L-\frac{1}{\omega C}\right)\right]\dot{I}$$

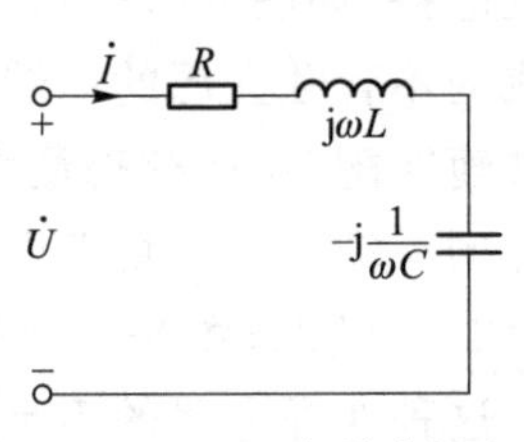

图 8-6-1 RLC 串联谐振电路

要使$\dot{U}$与$\dot{I}$同相，上式中的阻抗 $Z(\mathrm{j}\omega)$ 的虚部必须为零，即

$$\mathrm{Im}[Z(\mathrm{j}\omega)]=0$$

或

$$X=\omega L-\frac{1}{\omega C}=0$$

这就是 RLC 串联电路发生串联谐振的条件。发生串联谐振时的电源频率或角频率称为电路的谐振频率 f_0 或谐振角频率 ω_0。根据串联谐振条件，可求得 RLC 串联电路的谐振角频率 ω_0 和谐振频率 f_0 分别为

$$\omega_0=\frac{1}{\sqrt{LC}} \tag{8-6-1}$$

$$f_0=\frac{1}{2\pi\sqrt{LC}} \tag{8-6-2}$$

由上式可知，串联电路的谐振频率 f_0 与电阻无关，仅由电感 L 和电容 C 的参数决定，反映了 RLC 串联电路的固有性质，故有时称它为电路的固有谐振频率，而且对于每一个 RLC 串联电路，总有一个对应的谐振频率 f_0。所以可以通过改变 ω、L 或 C 使电路发生谐振或消除谐振。

下面讨论串联谐振的一些特征。

因为 RLC 串联电路发生谐振时，其电抗 $X(\omega_0)=0$，所以谐振时电路的阻抗

$$Z_0=R$$

是一个纯电阻，它的模为极小值 $|Z(\mathrm{j}\omega_0)|=R=|Z(\mathrm{j}\omega)|_{\min}$，阻抗角 $\varphi=0°$。这时虽有 $X_0=0$，但感抗 $X_{L0}=\omega_0 L$ 和容抗 $X_{C0}=-\frac{1}{\omega_0 C}$均不为零，即

$$X_0=X_{L0}+X_{C0}=\omega_0 L-\frac{1}{\omega_0 C}=0$$

$$\omega_0 L=\frac{1}{\omega_0 C}\neq 0$$

由于 $\omega_0=\frac{1}{\sqrt{LC}}$,则

$$\omega_0 L=\frac{1}{\omega_0 C}=\frac{1}{\sqrt{LC}}\times L=\sqrt{\frac{L}{C}}=\rho \tag{8-6-3}$$

上式表明电路谐振时的感抗和容抗的数值由电路参数 L、C 确定,与角频率 ω 无关。ρ 称为串联谐振电路的特性阻抗,单位为 Ω,它是描述谐振电路特性的一个重要参数。在无线电技术中,通常还根据谐振电路的特性阻抗 ρ 和回路电阻 R 的比值的大小来讨论谐振电路的性能,此比值用 Q 表示,即

$$Q=\frac{\rho}{R}=\frac{\omega_0 L}{R}=\frac{1}{\omega_0 RC}=\frac{1}{R}\sqrt{\frac{L}{C}} \tag{8-6-4}$$

将 Q 称为谐振电路的品质因数或谐振系数,工程上常简称为 Q 值。可见,品质因数 Q 是个仅与电路参数 R、L、C 有关的无量纲的参数,它是表征谐振电路特性的又一个重要参数。

谐振时电路中的电流相量

$$\dot{I}_0=\frac{\dot{U}}{Z_0}=\frac{\dot{U}}{R}$$

此时,端口上电流与电压同相,在端口上输入电压有效值 U 一定时,电流有效值 I 达到了极大值 I_0。而且,此电流的极大值完全决定于电阻值,而与电感和电容值无关。这是串联谐振电路的一个很重要的特征,根据它可以断定电路发生了谐振。

谐振时各元件的电压相量分别为

$$\dot{U}_{R0}=R\dot{I}_0=R\frac{\dot{U}}{R}=\dot{U}$$

$$\dot{U}_{L0}=\mathrm{j}\omega_0 L\dot{I}_0=\mathrm{j}\omega_0 L\frac{\dot{U}}{R}=\mathrm{j}Q\dot{U}$$

$$\dot{U}_{C0}=-\mathrm{j}\frac{1}{\omega_0 C}\dot{I}_0=-\mathrm{j}\frac{1}{\omega_0 C}\frac{\dot{U}}{R}=-\mathrm{j}Q\dot{U}$$

电感上与电容上的电压相量之和

$$\dot{U}_{X0}=\dot{U}_{L0}+\dot{U}_{C0}=\mathrm{j}Q\dot{U}-\mathrm{j}Q\dot{U}=0$$

可见,$\dot{U}_{L0}$和$\dot{U}_{C0}$的有效值相等,相位上反相,因而它们在任何时刻之和为零而互相抵消。这意味着如图 8-6-1 所示的串联电路在谐振时可以将 L 和 C 串联部分用“短路”替代而电流不变。根据这一特点,串联谐振又称为电压谐振。这时,外加电压全部加在电阻 R 上,电阻上电压有效值达到了极大值。图 8-6-2 是 RLC 串联电路谐振时的电压相量图。此外,U_{L0}和 U_{C0}是外加电压 U 的 Q 倍,因此可以用测量电容上的电压的办法来获得串联谐振电路的 Q 值,即

$$Q=\frac{U_{C0}}{U}$$

如果 $Q\gg1$，则电路在接近串联谐振时，电感和电容上便出现超过外加电压有效值 Q 倍的高电压，这种部分电压大于总电压的现象在线性电阻串联电路中是绝对不会发生的。串联谐振电路的这个特性在通信与无线电技术中得到了广泛的应用。例如，收音机的输入电路就是一个串联谐振电路，它之所以能从众多广播电台的微弱信号中将所需电台的信号鉴别与选择出来，正是依靠电路对某电台的信号频率谐振时可从电容（或电感）上获得比输入信号大 Q 倍的电压来实现的。收音机输入电路是取电感上电压，变电容用来调谐。需要指出的是，在电力系统中，由于电源电压数值较高，串联谐振产生的高电压会引起电气设备的损坏，因此，设计这种电路时要考虑设法避免出现谐振或接近谐振的情况。

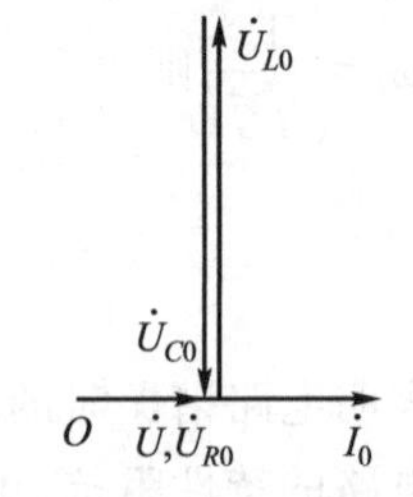

图 8-6-2　串联谐振时的电压相量图

串联谐振时电路吸收的无功功率为零，即

$$Q=UI\sin\varphi=0$$

也即

$$Q=Q_L+Q_C=0$$

或

$$Q_L=|Q_C|$$

它表明谐振时电路与电源之间没有能量的交换，电源只供给电阻所消耗的能量。尽管谐振时电路与电源之间没有能量交换，但电感和电容之间却在等量地交换能量，这从下面的分析中可以得到证明。

谐振时电路中的电流

$$i_0=\frac{u}{R}=\frac{\sqrt{2}\,U\cos\omega_0 t}{R}=\sqrt{2}\,I_0\cos\omega_0 t$$

电感的瞬时储能

$$W_{L0}=\frac{L}{2}i_0^2=\frac{L}{2}\cdot 2I_0^2\cos^2\omega_0 t=\frac{L}{2}\cdot I_0^2(1+\cos2\omega_0 t)$$

谐振时电容上的电压

$$u_{C0}=\frac{1}{\omega_0 C}\sqrt{2}\,I_0\cos\left(\omega_0 t-\frac{\pi}{2}\right)=\frac{\sqrt{2}\,I_0}{\omega_0 C}\sin\omega_0 t$$

电容的瞬时储能

$$W_{C0}=\frac{C}{2}u_{C0}^2=\frac{C}{2}\cdot\frac{2I_0^2}{(\omega_0 C)^2}\sin^2\omega_0 t$$

$$=\frac{C}{2}\,\frac{I_0^2}{(\omega_0 C)^2}(1-\cos2\omega_0 t)=\frac{L}{2}I_0^2(1-\cos2\omega_0 t)$$

电感和电容的瞬时储能之和

$$W=W_{L0}+W_{C0}=LI_0^2=CU_{C0}^2$$

由于谐振时有

$$U_{C0}=QU$$

所以

$$W=CQ^2U^2=\frac{C}{2}Q^2U_{\mathrm{m}}^2$$

可见，谐振时，在电感和电容中所存储的磁场和电场能量的总和 W 是不随时间变化的一个常量，且与电路品质因数 Q 值的平方成正比。

例 8-17 如图 8-6-3 所示电路。已知 $L=20\ \text{mH}$，$C=200\ \text{pF}$，$R=100\ \Omega$，正弦电源电压 $\dot{U}=10\angle 0°\ \text{mV}$。求电路的谐振频率 f_0、电路的 Q 值和谐振时的 U_{C0}、U_{L0}。

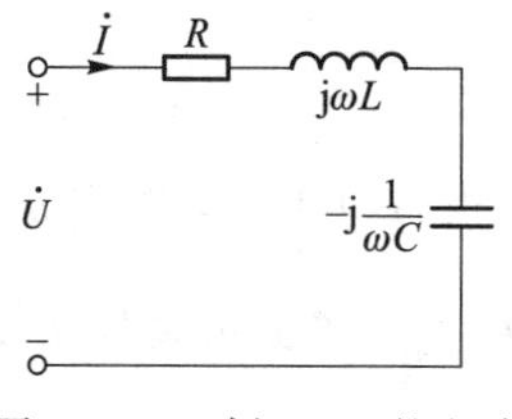

图 8-6-3 例 8-17 的电路

解
$$f_0=\frac{1}{2\pi\sqrt{LC}}=\frac{1}{6.28\times\sqrt{20\times10^{-3}\times200\times10^{-12}}}\ \text{Hz}=79.6\ \text{kHz}$$

$$Q=\frac{1}{R}\sqrt{\frac{L}{C}}=\frac{1}{100}\times\sqrt{\frac{20\times10^{-3}}{200\times10^{-12}}}=100$$

$$U_{L0}=U_{C0}=QU=1\ 000\ \text{mV}=1\ \text{V}$$

为了全面认识串联谐振电路的特性，还需进一步讨论电路中电流有效值、电压有效值、阻抗（或导纳）的模、电抗（或电纳）和阻抗角（或导纳角）等随频率变化的关系，这些关系称为频率特性。在直角坐标系中表明它们的图形称为频率特性曲线，统称为谐振曲线。

首先研究阻抗的频率特性。RLC 串联电路的阻抗

RLC 串联电路的频率特性及谐振曲线

$$Z=R+\text{j}\left(\omega L-\frac{1}{\omega C}\right)=R+\text{j}(X_L+X_C)=R+\text{j}X$$

式中，X_L——在以 ω 为横坐标的直角坐标系中为过原点的一条直线，$X_L=\omega L$；

X_C——一条与 ω 成反比的曲线，$X_C=-\dfrac{1}{\omega C}$；

X——感抗和容抗之和，$X=X_L+X_C$。

$|Z|=\sqrt{R^2+X^2}$，当 ω 很小时，它趋近于 $|X_C|$；当 ω 很大时，它趋近于 X_L；当 $\omega=\omega_0$ 时，$|Z_0|=R$，由此画出如图 8-6-4(a) 所示的 X_L、X_C、X、$|Z|$ 的频率特性曲线。$\varphi=\arctan\dfrac{X}{R}$，当 ω 很小时，φ 趋近于 $-\dfrac{\pi}{2}$；当 ω 很大时，φ 趋近于 $\dfrac{\pi}{2}$；当 $\omega=\omega_0$ 时，$\varphi=0°$，由此可画出如图 8-6-4(b) 所示 φ 的频率特性曲线。

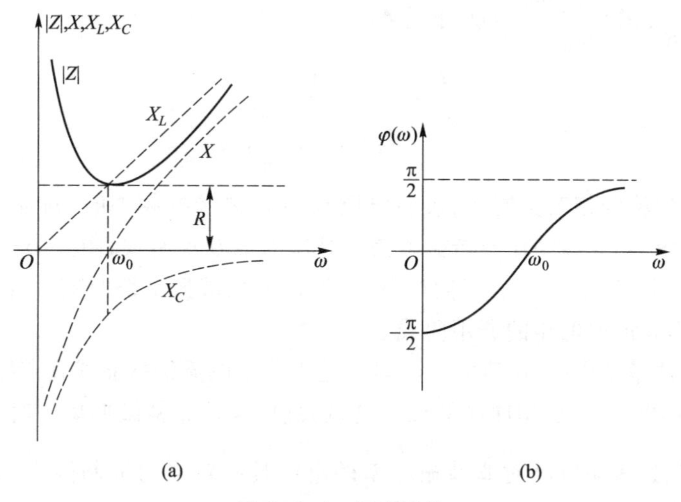

图 8-6-4 频率特性

其次研究电流有效值的频率特性。当外加电压有效值不变时,电流有效值

$$I=\frac{U}{|Z|}=\frac{U}{\sqrt{R^2+\left(\omega L-\dfrac{1}{\omega C}\right)^2}}$$

当 $\omega=0$ 时,$I=0$;当 ω 很小时,I 几乎与 ω 成正比;当 $\omega=\omega_0$ 时,$I_0=\dfrac{U}{R}$;当 ω 很大时,I 几乎与 ω 成反比;当 $\omega\to\infty$ 时,$I=0$,由此可画出如图 8-6-5 所示的电流有效值的频率特性曲线。

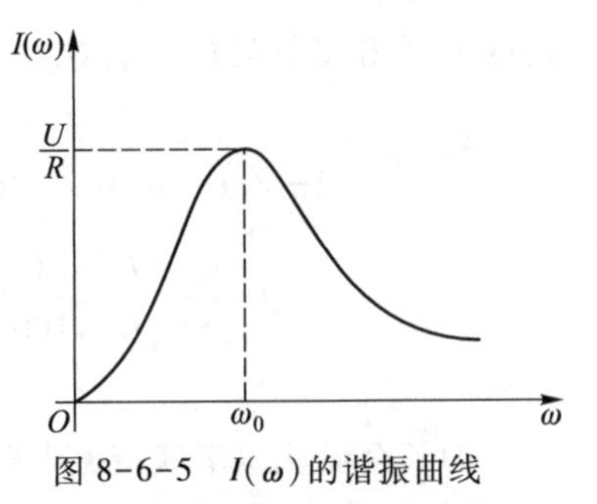

图 8-6-5　$I(\omega)$的谐振曲线

从电流有效值的频率特性曲线可以看出,电路只有在谐振频率附近的一段频率内,电流有效值才有较大的值,而在 $\omega=\omega_0$ 处,即谐振频率处出现极大值。当 ω 偏离谐振频率时,由于电抗 $|X|$ 增加,电流将从谐振时的极大值下降,这表明电路逐渐增强它对电流的抑制能力。所以串联谐振电路具有选择接近于谐振频率附近电流的性能,这种性能在无线电技术中称为选择性。不难看出,电路选择性的好坏与电流的频率特性曲线在谐振频率附近的尖锐程度有关,即与电流的变化陡度有关。为了清楚地显示 ω 偏离 ω_0 不同程度时 I 与 I_0 相比的百分数,将自变量和函数值都用相对值表示,即自变量用 $\dfrac{\omega}{\omega_0}=\eta$ 代替 ω,函数值用 $\dfrac{I}{I_0}$ 代替 I。为此将 I 的表达式改写为

$$\begin{aligned}I&=\frac{U}{R\sqrt{1+\left(\dfrac{\omega_0 L}{R}\right)^2\left(\dfrac{\omega L}{\omega_0 L}-\dfrac{1}{\omega_0 L\cdot\omega C}\right)^2}}\\&=\frac{I_0}{\sqrt{1+Q^2\left(\dfrac{\omega}{\omega_0}-\dfrac{\omega_0}{\omega}\right)^2}}=\frac{I_0}{\sqrt{1+Q^2\left(\eta-\dfrac{1}{\eta}\right)^2}}\end{aligned}$$

式中用到 $I_0=\dfrac{U}{R},\omega_0^2=\dfrac{1}{LC},\dfrac{\omega_0 L}{R}=Q$,于是

$$\frac{I}{I_0}=\frac{1}{\sqrt{1+Q^2\left(\eta-\dfrac{1}{\eta}\right)^2}}$$

此式等号左边的比值称为相对抑制比,表明电路在 ω 偏离谐振频率时,对非谐振电流的抑制能力。从上式可以看出,相对抑制比与谐振电路的品质因素 Q 值有关,图 8-6-6 画出了 $Q=1$、10、100 时的三条曲线。因为对于 Q 值相同的任何 RLC 串联谐振电路只有一条曲线与之对应,所以,这种曲线称为串联谐振电路的通用曲线。

这组曲线十分清楚地表明,Q 值的大小显著地影响了电流谐振曲线在谐振频率附近的陡度。Q 值越大(例如 $Q=100$ 时),通用曲线的形状就越尖锐,这时 η 稍微偏离 1 时(即 ω 稍稍偏离 ω_0 时),$\dfrac{I}{I_0}$ 就急剧下降,这表明电路对非谐振频率的电流具有较强的抑制能力,谐振电路的选择性

就好。反之，如果 Q 值很小（例如 $Q=1$ 时），则在谐振频率附近，电流变化不大，曲线的顶部形状比较平缓，选择性就差。

为了便于定量地衡量电路的选择性，通常将电流的通用曲线上 $\frac{I}{I_0}\geqslant\frac{1}{\sqrt{2}}=0.707$ 所对应的频率范围为谐振电路允许通过信号的频率范围。以 $Q=100$ 时的电流通用曲线为例，如图 8-6-6 所示，在 η_1 和 η_2 之间的频率范围为谐振电路允许通过信号的频率范围，将上频率 η_2 和下频率 η_1 之差 $\Delta\eta$ 称为谐振电路的通频带或带宽，即 $\Delta\eta=\eta_2-\eta_1$。

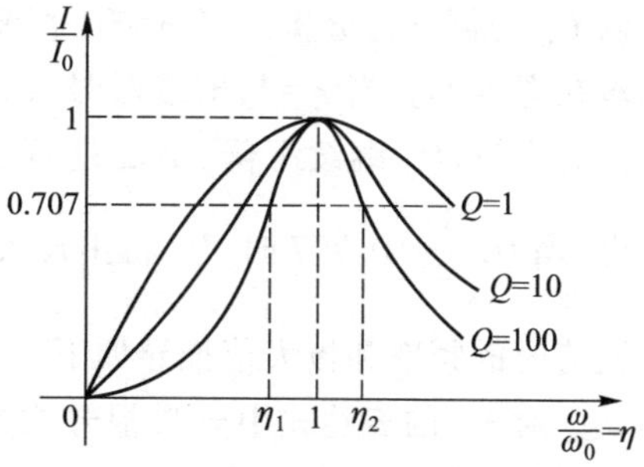

图 8-6-6 串联谐振电路的通用曲线

根据上述规定，当

$$\frac{I}{I_0}=\frac{1}{\sqrt{1+Q^2\left(\eta-\frac{1}{\eta}\right)^2}}=\frac{1}{\sqrt{2}}$$

时，得

$$\eta-\frac{1}{\eta}=\pm\frac{1}{Q}$$

当 $\eta-\frac{1}{\eta}=\frac{1}{Q}$ 时，可解得 $\eta_2=\frac{1+\sqrt{1+4Q^2}}{2Q}$。可见，$\eta_2>1$，它在谐振频率的右侧。

当 $\eta-\frac{1}{\eta}=-\frac{1}{Q}$ 时，可解得 $\eta_1=\frac{-1+\sqrt{1+4Q^2}}{2Q}$。可见，$\eta_1<1$，它在谐振频率的左侧。显然，$\eta_2$ 与 η_1 之间的宽度即通频带

$$\Delta\eta=\eta_2-\eta_1=\frac{1}{Q}$$

由于

$$\Delta\eta=\frac{\omega_2-\omega_1}{\omega_0}=\frac{f_2-f_1}{f_0}=\frac{\Delta f}{f_0}=\frac{1}{Q}$$

所以

$$\Delta f=\frac{1}{Q}f_0$$

式中，f_0——谐振频率。

可见，通频带 $\Delta\eta$（或 Δf）与电路的品质因素 Q 成反比，Q 值越大，通频带越窄；反之，Q 值越小，通频带越宽。

用类似的方法分析 U_L 和 U_C 的频率特性，它们分别为

$$U_L=\frac{\omega LU}{\sqrt{R^2+\left(\omega L-\frac{1}{\omega C}\right)^2}}=\frac{QU}{\frac{1}{\eta}\sqrt{1+Q^2\left(\eta-\frac{1}{\eta}\right)^2}}=\frac{QU}{\sqrt{\frac{1}{\eta^2}+Q^2\left(1-\frac{1}{\eta^2}\right)^2}}$$

$$U_C=\frac{U}{\omega C\sqrt{R^2+\left(\omega L-\frac{1}{\omega C}\right)^2}}=\frac{QU}{\sqrt{\eta^2+Q^2(\eta^2-1)^2}}$$

通用曲线如图8-6-7所示($Q=1.25$)。显然,它们的形状与Q值也有很大的关系。下面仅以U_C为例进行分析。当$\eta=0$(直流)时,$U_C=U$,全部电压降落在电容上。当$\eta=1$,即谐振时,$U_{C0}=QU$。当$\eta>1$而趋近于无穷大时,U_C继续下降,最后趋近于零。进一步分析可以看出,当$Q>\frac{1}{\sqrt{2}}=0.707$时,$U_C$将出现大于$QU$的极大值。出现极大值时的频率和极大值推导如下:

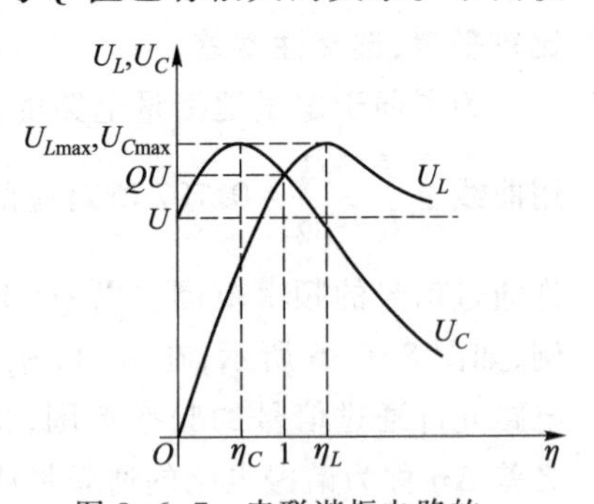

图8-6-7　串联谐振电路的U_L、U_C的频率特性

对U_C的表达式中分母根号内的表达式求导来获得这一极值的条件,即令

$$\frac{\mathrm{d}}{\mathrm{d}\eta_C}[\eta_C^2+Q^2(\eta_C^2-1)^2]=0$$

式中的下标C表示求出的η是对电容而言。得

$$2\eta_C+2Q^2(\eta_C^2-1)(2\eta_C)=0$$

从而解得,U_C的极大值出现在

$$\eta_C=\sqrt{1-\frac{1}{2Q^2}}=\frac{\omega_C}{\omega_0}$$

或

$$\omega_C=\omega_0\sqrt{1-\frac{1}{2Q^2}}<\omega_0$$

可见,只有当$1-\frac{1}{2Q^2}>0$,即$Q>\frac{1}{\sqrt{2}}=0.707$时,$\omega_C$才存在。此时$\eta_C<1$,亦即$U_C$在谐振频率左侧的$\eta=\eta_C$处出现大于$QU$的极大值。

$$U_{C\max}=\frac{QU}{\sqrt{1-\frac{1}{4Q^2}}}>QU$$

如图8-6-7所示。

同理,U_L的极大值出现在

$$\eta_L=\sqrt{\frac{2Q^2}{2Q^2-1}}$$

(式中的下标L表示求出的η是对电感L而言)

或

$$\omega_L=\omega_0\sqrt{\frac{2Q^2}{2Q^2-1}}>\omega_0$$

可见,只有当$2Q^2-1>0$,即$Q>\frac{1}{\sqrt{2}}=0.707$时,$\omega_L$才存在。此时,$\eta_L>1$,亦即$U_L$在谐振频率右侧的$\eta=\eta_L$处出现大于$QU$的极大值,所以

$$U_{L\max}=\frac{QU}{\sqrt{1-\dfrac{1}{4Q^2}}}>QU$$

如图 8-6-7 所示。

可以看出,$U_{C\max}=U_{L\max}$,当 Q 值很大时,这两个极大值的频率向谐振频率靠拢。当 $Q\leqslant 0.707$ 时 U_C、U_L 都没有极大值。

需要指出,如果在 RLC 串联谐振电路中,改变电路参数 L 和 C,则谐振特性要另做分析。

串联谐振电路适用于电源内阻较小的情况,当电源内阻较大时,较大的 R 值将会降低串联谐振电路的 Q 值而影响电路的选择性能,所以对高内阻的电源来讲宜采用并联谐振电路。图 8-6-8(a)所示的电路为最简单的 GCL 并联谐振电路,它与前面所介绍的 RLC 串联谐振电路互为对偶电路。故该谐振电路的谐振条件、谐振特点、电压、电流关系等与前面所述的 RLC 串联谐振电路有一一对偶关系,现简要分析如下:

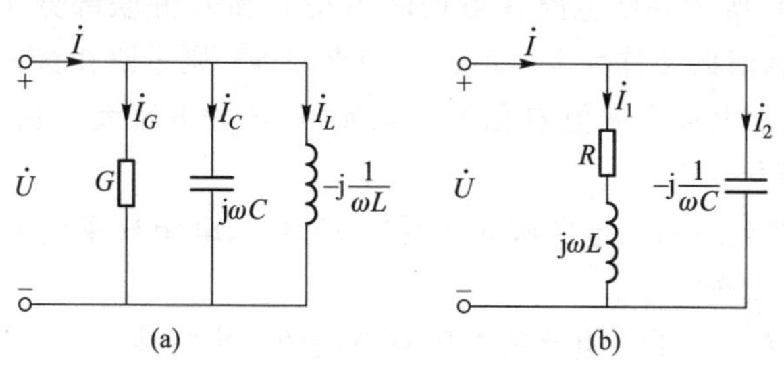

图 8-6-8 并联谐振电路

GCL 并联电路的谐振及其特点

图 8-6-8(a)所示 GCL 并联电路的导纳

$$Y(\mathrm{j}\omega)=G+\mathrm{j}\left(\omega C-\frac{1}{\omega L}\right)=G+\mathrm{j}B$$

根据端口上电压相量与电流相量同相时电路发生谐振的定义知,当时 $\mathrm{Im}[Y(\mathrm{j}\omega)]=0$,电路发生谐振,如果记此时电源的角频率为 ω_0,则有

$$\omega_0 C-\frac{1}{\omega_0 L}=0$$

由此可求得 GCL 并联电路的谐振角频率 ω_0 和谐振频率 f_0 分别为

$$\omega_0=\frac{1}{\sqrt{CL}} \tag{8-6-5}$$

和

$$f_0=\frac{1}{2\pi\sqrt{CL}} \tag{8-6-6}$$

当 $\omega=\omega_0$ 时,$Y_0=G$,电路呈电阻性。谐振时端口上电压相量

$$\dot{U}_0=\frac{\dot{I}}{Y_0}=\frac{\dot{I}}{G}$$

由于此时导纳的模为极小值,在端口上输入电流有效值一定时,电压有效值 U 达极大值。

谐振时,各元件的电流相量分别为

$$\dot{I}_{G0}=G\dot{U}_0=G\frac{\dot{I}}{G}=\dot{I}$$

$$\dot{I}_{C0}=\mathrm{j}\omega_0C\dot{U}_0=\mathrm{j}\omega_0C\frac{\dot{I}}{G}=\mathrm{j}Q\dot{I}$$

$$\dot{I}_{L0}=-\mathrm{j}\frac{1}{\omega_0L}\dot{U}_0=-\mathrm{j}\frac{1}{\omega_0L}\frac{\dot{I}}{G}=-\mathrm{j}Q\dot{I}$$

式中，Q——并联谐振电路的品质因数，$Q=\frac{\omega_0C}{G}=\frac{1}{\omega_0LG}$，其定义为谐振时的容纳或感纳与电导之比。通常并联电阻的阻值很大，即 G 很小，所以 Q 很大，可达几十至几百。

上述三式表明，并联谐振时电导支路的电流等于外加电流；电容支路和电感支路的电流是外加电流 I 的 Q 倍，且两者的有效值相等，相位上反相，因而它们在任何时刻之和为零而相互抵消。这意味着如图 8-6-8(a)所示并联电路在谐振时可将 L 和 C 并联部分用"开路"替代而电压不变。根据这一特点，并联谐振又称为电流谐振。如果 $Q\gg1$，则电路在接近并联谐振时，电感和电容支路中便出现超过外加电流有效值 Q 倍的大电流，这种分电流大于总电流的现象在线性电阻并联电路中是绝对不会发生的。

并联谐振时与串联谐振一样，电路吸收无功功率为零，电源只供给电导所消耗的能量，电感和电容之间却在等量地交换能量。

同理，可以推导 GCL 并联谐振电路的电压有效值的频率特性。

$$\frac{U}{U_0}=\frac{1}{\sqrt{1+Q^2\left(\eta-\frac{1}{\eta}\right)^2}}$$

实际的并联谐振电路由电感线圈和电容器并联组成。由于电感线圈有损耗，所以，电感线圈通常是用电阻和电感串联来表示，其电路模型如图 8-6-8(b)所示(电容器损耗很小，可忽略不计)。

图 8-6-8(b)所示电路的等效导纳

RL 串联与 C 并联电路的谐振，电抗网络的谐振

$$Y(\mathrm{j}\omega)=\mathrm{j}\omega C+\frac{1}{R+\mathrm{j}\omega L}=\frac{R}{R^2+(\omega L)^2}+\mathrm{j}\omega C-\mathrm{j}\frac{\omega L}{R^2+(\omega L)^2}=G_{\mathrm{eq}}+\mathrm{j}B_{\mathrm{eq}}$$

当该电路的等效电纳 B_{eq} 为零，即

$$B_{\mathrm{eq}}=\omega C-\frac{\omega L}{R^2+(\omega L)^2}=0$$

时，电路呈电阻性，电压与电流同相，电路发生谐振。如果记此时的电源角频率为 ω_0，则有

$$\omega_0C-\frac{\omega_0L}{R^2+(\omega_0L)^2}=0$$

由此可解得该并联电路的谐振角频率 ω_0 和谐振频率 f_0 分别为

$$\omega_0=\frac{1}{\sqrt{LC}}\sqrt{1-\frac{R^2C}{L}}$$

和

$$f_0=\frac{1}{2\pi\sqrt{LC}}\sqrt{1-\frac{R^2C}{L}}$$

上两式表明该电路的谐振频率决定于电路的参数 R、L、C。如果 $R>\sqrt{\frac{L}{C}}$，则 ω_0 将为虚数，这意味着此时该电路的端口上电压与电流不会同相，电路不会发生谐振。故该并联电路只有在 $R<\sqrt{\frac{L}{C}}$ 的前提下才可能发生谐振。此外，当满足 $R\ll\sqrt{\frac{L}{C}}$ 时，有

$$\omega_0\approx\frac{1}{\sqrt{LC}}$$

或

$$f_0\approx\frac{1}{2\pi\sqrt{LC}}$$

并联谐振时，电路的等效电纳为零，电路的等效导纳

$$Y_0=G_{\mathrm{eq}}=\frac{R}{R^2+(\omega_0L)^2}$$

将 $\omega_0=\frac{1}{\sqrt{LC}}\sqrt{1-\frac{R^2C}{L}}$ 代入上式，得

$$Y_0=G_0=\frac{CR}{L}$$

此时整个电路等效为一个电导，如果用 $R_0=\frac{1}{G_0}$ 表示，则

$$R_0=\frac{1}{G_0}=\frac{L}{CR}$$

谐振时端口上的电压相量

$$\dot{U}_0=R_0\dot{I}=\frac{L}{CR}\dot{I}$$

谐振时各支路电流相量分别为

$$\dot{I}_{10}=Y_1(\mathrm{j}\omega_0)\dot{U}_0=\frac{L}{CR\sqrt{R^2+(\omega_0L)^2}}\dot{I}\angle\varphi_{10}$$

$$\dot{I}_{20}=Y_2(\mathrm{j}\omega_0)\dot{U}_0=\frac{\omega_0L}{R}\dot{I}\angle\frac{\pi}{2}$$

式中，$\varphi_{10}=-\arctan\frac{\omega_0L}{R}$，$Y_1(\mathrm{j}\omega_0)=\frac{1}{R+\mathrm{j}\omega_0L}$，$Y_2(\mathrm{j}\omega_0)=\mathrm{j}\omega_0C$。

如果令 $\dot{I}=I\angle0°$ 为参考相量，则电流相量图如图 8-6-9 所示。可以看出，并联谐振时，$\dot{I}_{10}$ 和 $\dot{I}_{20}$ 的虚部之和为零。此时电感 L 所吸收的无功功率将由电容 C“发出”，即 $Q_L+Q_C=0$。另一方面可以看出，当 φ_{10} 很大时，谐振时电路阻抗的模就很高。因此，在接近并联谐振时，U_0 将会很高，

而且支路电流有效值I_{10}和I_{20}将比 I 大很多。

应当注意，如果并联谐振电路所调节的是 L 和 C，则电路的导纳和电流或电压随调节参数的变化规律需另作讨论。

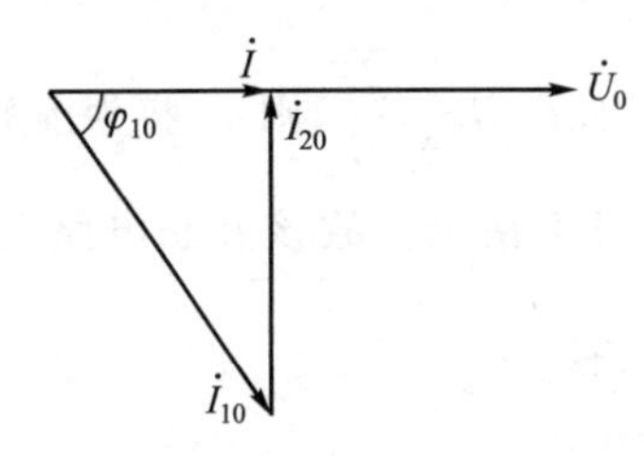

图 8-6-9 并联谐振电路的电流相量图

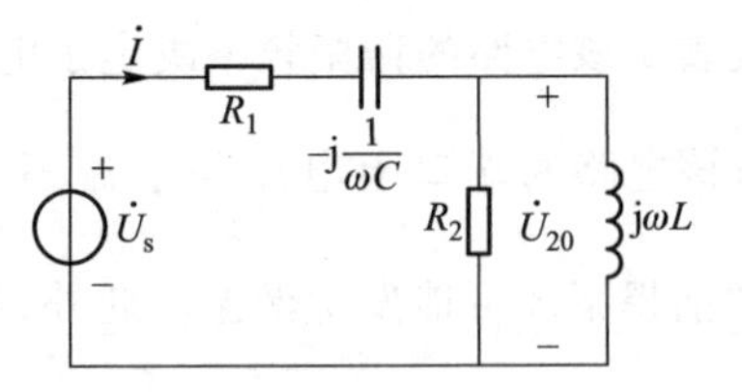

图 8-6-10 例 8-18 的电路

例 8-18 如图 8-6-10 所示电路。已知 $R_1=11.54\ \Omega$，$R_2=1\ 000\ \Omega$，$L=200$ mH，电路发生串联谐振时的角频率 $\omega_0=10^3$ rad/s，$\dot{U}_s=100\angle 0°$ V，求电容 C 和谐振时的电压$\dot{U}_{20}$。

解 电路的等效阻抗

$$Z=R_1-\mathrm{j}\frac{1}{\omega C}+\frac{\mathrm{j}\omega R_2L}{R_2+\mathrm{j}\omega L}=\left(11.54-\mathrm{j}\frac{1}{\omega C}+\frac{\mathrm{j}10^3}{5+\mathrm{j}}\right)$$

$$=\left(11.54-\mathrm{j}\frac{1}{\omega C}+38.46+\mathrm{j}192.31\right)\ \Omega$$

根据串联谐振条件 $\mathrm{Im}[Z(\mathrm{j}\omega)]=0$，串联谐振时有

$$-\frac{1}{\omega C}+192.31=0$$

解得 $$C=5.2\ \mu\mathrm{F}$$

发生串联谐振时

$$Z_0=(11.54+38.46)\ \Omega=50\ \Omega$$

$$\dot{I}_0=\frac{\dot{U}_s}{Z_0}=\frac{100\angle 0°}{50}\ \mathrm{A}=2\angle 0°\ \mathrm{A}$$

$$\dot{U}_{20}=\dot{I}_0Z_{R_2L0}=(76.92+\mathrm{j}384.62)\ \mathrm{V}=392.24\angle 78.69°\ \mathrm{V}$$

思考与练习

8-6-1 对于 R、L、C 串联的正弦电流电路，当其处于谐振状态时，如果分别改变 R、L、C 的数值（增大或减少），对电路性质有何影响？

8-6-2 对于具有电阻的线圈与电容并联的谐振电路，如果保持谐振频率 f_0 不变，要求扩宽通频带，应在电路上加接什么元件？试说明理由。

8-6-3 当 L 和 C 固定不变时，电阻 R 变小，分别对于 RLC 串联、RLC 并联、RL 串联后与 C 并联这三种正弦电流电路的品质因数 Q 值有何影响？

8-6-4 设 R、L、C 串联电路已经处于谐振状态，试讨论增大或减小电阻 R 是否会影响电路谐振状态？说明理由。如果电容 C 两端并联一个电阻，试讨论电路是否会偏离谐振状态？为什么？此时电路是感性还是容性？

8-6-5 为什么在无线电技术中常将串联谐振电路作为低内阻信号源的负载，而将并联谐振电路作为高内阻信号源的负载，反之会产生什么不良影响？

8-6-6 电路题 8-6-6 图所示，若 $\omega=\dfrac{1}{\sqrt{LC}}$，哪些端口相当于短路？哪些端口相当于开路？

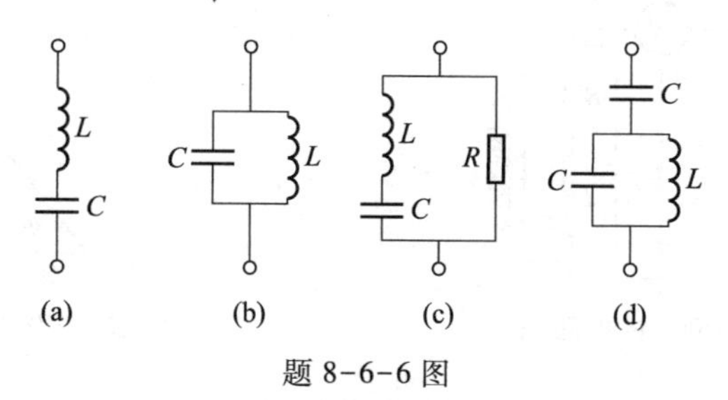

题 8-6-6 图

8-6-7 电路如题 8-6-7 图所示，试判断各电路能否发生谐振，并求出各谐振角频率。

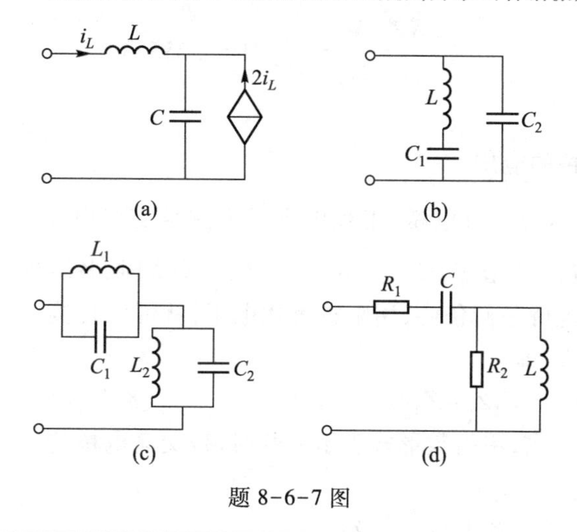

题 8-6-7 图

8.7 应用实例

实例 1：三表法测量电感元件参数

工程上用电压表、电流表和功率表测量一个元件的参数称为三表法，用三表法测量电感线圈的参数 R、L，测量线路如图 8-7-1 所示。三个表的读数分别为 $U=100$ V，$I=1$ A，$P=60$ W，电源频率 $f=50$ Hz。那么如何求出 R 和 L？

解 因为电感 L 的平均功率为零，使平均功率 $P=RI^2$，所以

$$R=\frac{P}{I^2}=60\ \Omega$$

电感线圈阻抗的模

$$|Z|=\frac{U}{I}=100\ \Omega$$

由如图 8-7-2 所示阻抗三角形知，

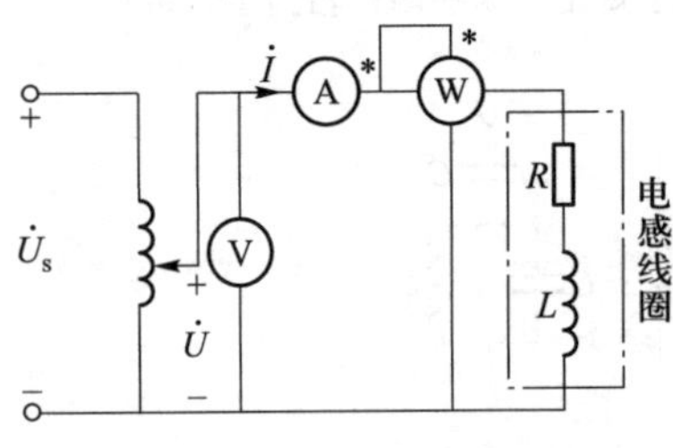

图 8-7-1　应用实例 1 的电路图

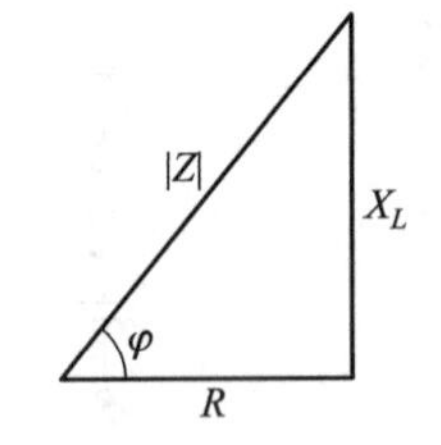

图 8-7-2　阻抗三角形

$$X_L=\omega L=\sqrt{|Z|^2-R^2}=80\ \Omega$$

所以

$$L=\frac{X_L}{\omega}=\frac{X_L}{2\pi f}=\frac{80}{314}\ \text{H}=0.255\ \text{H}$$

实例 2：交流电桥的应用

图 8-7-3 所示电路称为交流电桥，工程中常用来测量交流电路中不含独立源的元件的参数。当电桥平衡时，检流计 G 指零，即$\dot{U}_{cd}=0$。那么电桥平衡时，各阻抗之间应满足怎样的关系？

解　应用直流电阻电桥平衡条件，用阻抗替代电阻，就可以直接得出交流电桥的平衡条件，即

$$Z_1Z_4=Z_2Z_3 \tag{8-7-1}$$

该平衡条件是一个复数等式，用指数形式表示复数时，得交流电桥的两个平衡条件，即

$$|Z_1||Z_4|=|Z_2||Z_3|$$

$$\varphi_1+\varphi_4=\varphi_2+\varphi_3$$

式中，$|Z_i|$、φ_i 分别为阻抗 $Z_i(i=1,\cdots,4)$的模和辐角。当用代数形式表示复数时，得交流电桥的两个平衡条件：

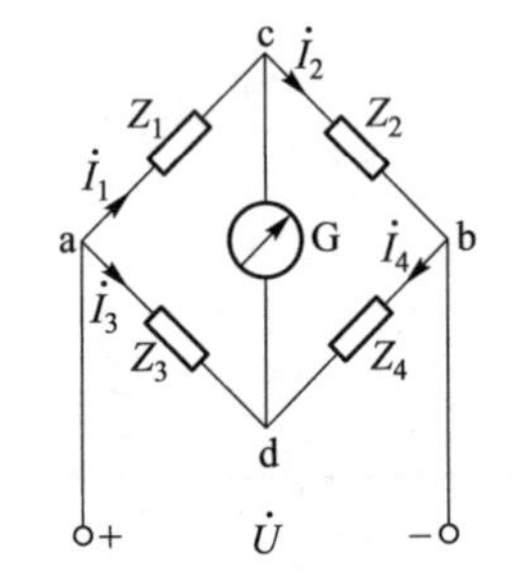

图 8-7-3　应用实例 2 的电路

$$R_1R_4-X_1X_4=R_2R_3-X_2X_3$$

$$R_1X_4+R_4X_1=R_2X_3+R_3X_2$$

式中，R_i、X_i——阻抗 $Z_i(i=1,\cdots,4)$的实部、虚部。所以，在调节交流电桥使其平衡时，必须调节两个参数。在测量技术中，可以根据测量中的不同要求，针对待测阻抗的性质，利用上述的平衡条件，设计出多种类型的交流电桥。图 8-7-4(a)、(b)为交流电桥的两种实例。图 8-7-4(a)为串联电容电桥，可以用它来测量待测电容器的电容值 C_x 和电阻值 R_x。由式(8-7-1)可知，电桥平衡时有

$$\left(R_N-j\frac{1}{\omega C_N}\right)R_A=\left(R_x-j\frac{1}{\omega C_x}\right)R_B$$

式中，R_A、R_B、R_N 和 C_N——标准电阻和标准电容的值。

由平衡条件得

$$R_x = R_N \frac{R_A}{R_B} \qquad C_x = C_N \frac{R_B}{R_A}$$

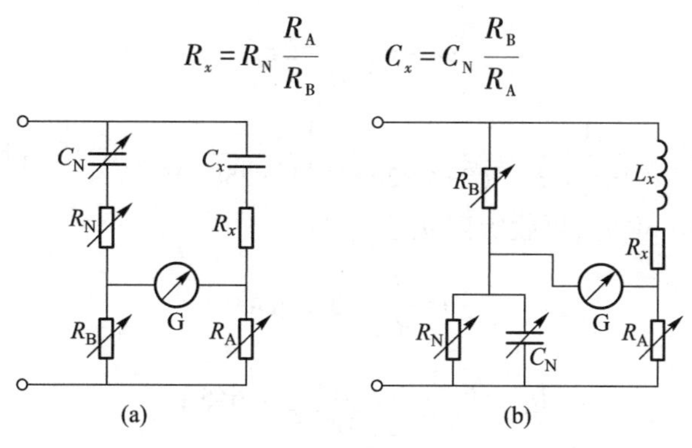

图 8-7-4 交流电桥的实例

图 8-7-4(b)为电感电容电桥,可以用它来测量待测电感线圈的电感值 L_x 和电阻值 R_x。由式(8-7-1)可知,电桥平衡时有

$$R_A R_B = (R_x + j\omega L_x)\frac{R_N \cdot \dfrac{1}{j\omega C_N}}{R_N + \dfrac{1}{j\omega C_N}} = (R_x + j\omega L_x)\frac{R_N}{1 + j\omega R_N C_N}$$

式中,R_A、R_B、R_N 和 C_N——标准电阻和标准电容的值。

由平衡条件得

$$\begin{cases} R_A R_B = R_N R_x \\ \omega C_N R_N R_A R_B = \omega L_x R_N \end{cases}$$

则

$$\begin{cases} R_x = \dfrac{R_A R_B}{R_N} \\ L_x = C_N R_A R_B \end{cases}$$

实例 3: 收音机接收电路

图 8-7-5(a)所示电路为收音机接收电路,其中 L_1 为接收天线部分,L_2 和 C 组成谐振电路,L_3 将选择的信号送接收电路。图 8-7-5(b)中 u_1、u_2、u_3 为来自 3 个不同电台(不同频率)的电压信号;L_2 和 C 组成的谐振电路,选出所需的电台信号。如果要收听 u_1 节目,C 应配多大?其中 $L_2 = 250\ \mu H$、$R_{L_2} = 20\ \Omega$、$f_1 = 820\ kHz$。如果 $u_1 = 10\ \mu V$,那么 u_1 信号在电路中产生的电流有多大?在 C 上产生的电压是多少?

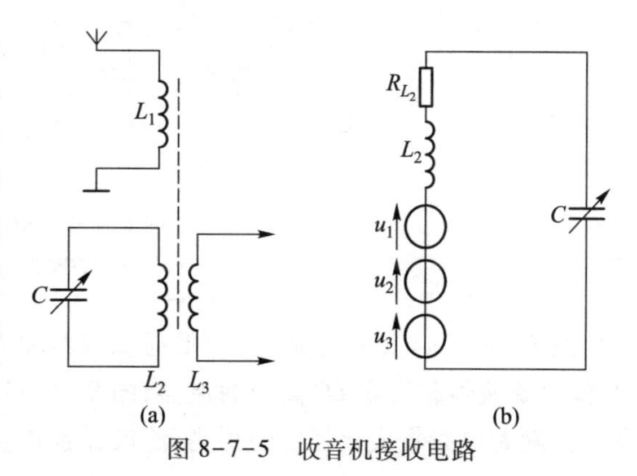

图 8-7-5 收音机接收电路

解

$$\omega_1 = \frac{1}{\sqrt{L_2 C}} = 2\pi f_1$$

$$C = \frac{1}{(2\pi f_1)^2 L_2} = \frac{1}{(2\pi\times820\times10^3)^2\times250\times10^{-6}}\text{F} = 150\ \text{pF}$$

所以,当 C 调到 150 pF 时,可收听到 u_1 的节目。

$$I = \frac{u_1}{R_{L2}} = 0.5\ \mu\text{A}$$

$$U_{C1} = I\frac{1}{\omega C_1} = I\frac{1}{2\pi f_1 C_1} = 645\ \mu\text{V}$$

可见所希望的信号被放大了 64.5 倍。

实例 4: 利用 RLC 电路频率特性的滤波器

根据 RLC 电路的频率特性,工程上利用感性元件和容性元件对偶的特性,设计一些基础滤波电路单元,如低通滤波电路、高通滤波电路等,然后再通过并联、级联等连接方式,搭建满足需求的滤波器网络。而利用谐振电路的频率特性,还可实现带通滤波器,即只允许谐振频率邻域内的信号通过;亦可实现带阻滤波器,即阻止谐振频率邻域内的信号通过。

图 8-7-6(a)、(b)分别为 RC 一阶低通滤波器和 RC 一阶高通滤波器;图 8-7-7(a)、(b)分别为 RC 二阶低通滤波器和 RC 二阶高通滤波器;图 8-7-8 为 RC 二阶带通滤波器。

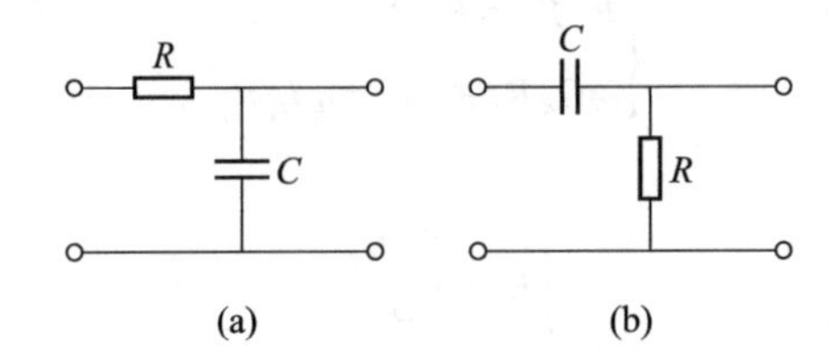

图 8-7-6 RC 一阶滤波器

(a) 低通滤波器;(b) 高通滤波器

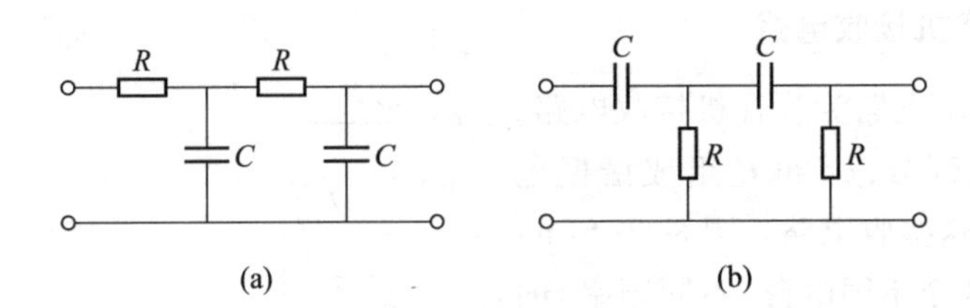

图 8-7-7 RC 二阶滤波器

(a) 低通滤波器;(b) 高通滤波器

图 8-7-9(a)、(b)分别为 LC 低通滤波器和 LC 高通滤波器;图 8-7-10(a)、(b)分别为级联 LC 低通滤波器和级联 LC 高通滤波器;图 8-7-11 为 LC 带通滤波器;图 8-7-12 为 LC 带阻滤波器。而随着电路集成化程度的提高,滤波器也逐步向模块化、集成化的方向发展。

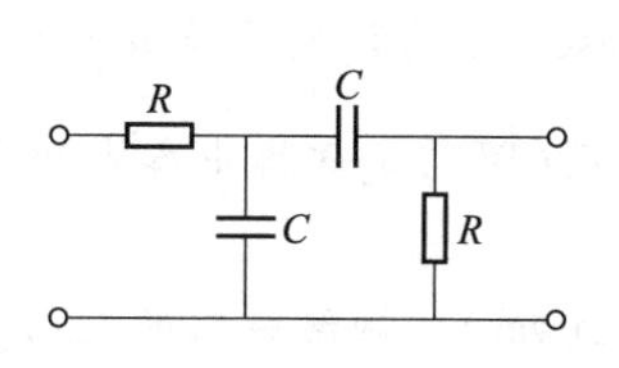

图 8-7-8 RC 二阶带通滤波器

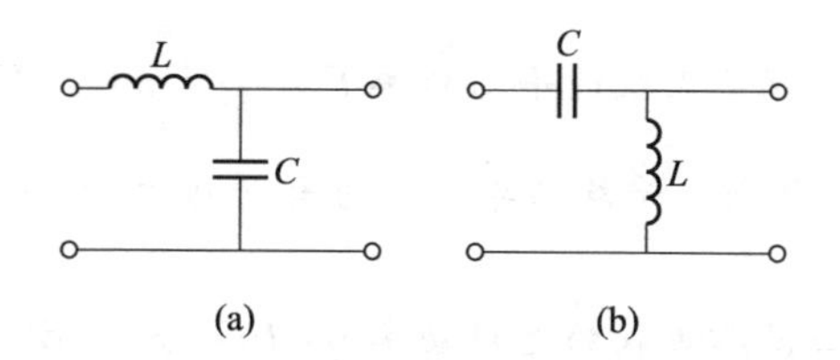

图 8-7-9 LC 滤波器

(a) LC 低通滤波器;(b) LC 高通滤波器

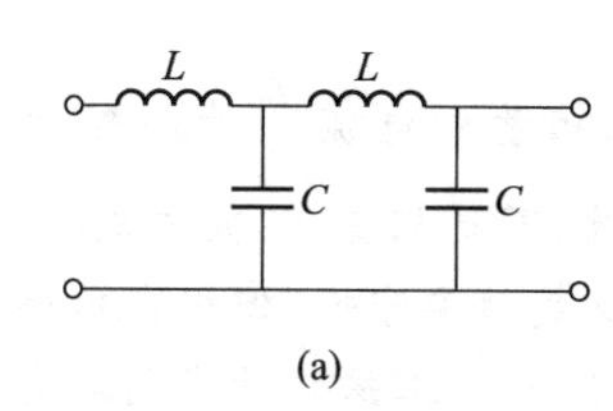

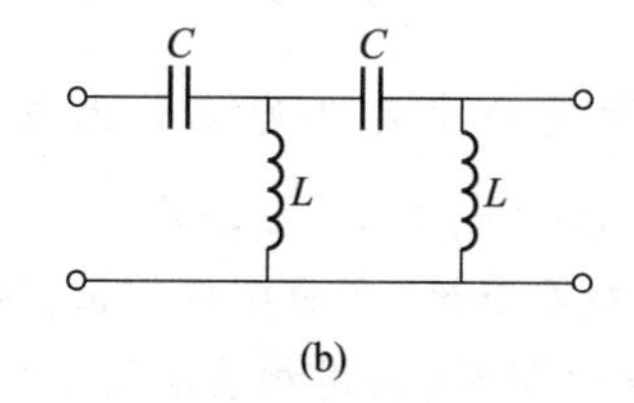

图 8-7-10 级联 LC 滤波器

(a) 级联 LC 低通滤波器;(b) 级联 LC 高通滤波器

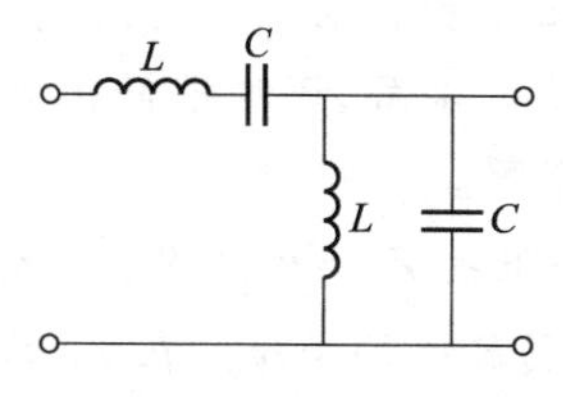

图 8-7-11 LC 带通滤波器

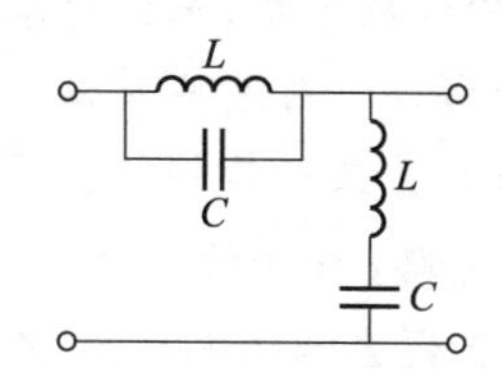

图 8-7-12 LC 带阻滤波器

相量法的由来

本章小结

1. 关联参考方向下,元件或不含独立源的一端口网络在正弦稳态时的电压相量与电流相量之比定义为该元件的阻抗,记为 Z,$Z=\dfrac{\dot{U}}{\dot{I}}=|Z|\underline{/\varphi_Z}=R+\mathrm{j}X$,电阻 R、电感 L、电容 C 的阻抗分别为 $Z_R=R$、$Z_L=\mathrm{j}\omega L$、$Z_C=-\mathrm{j}\dfrac{1}{\omega C}$。阻抗的倒数定义为导纳,记为 Y,$Y=\dfrac{\dot{I}}{\dot{U}}=|Y|\underline{/\varphi_Y}=G+\mathrm{j}B$,电阻 R、电感 L、电容 C 的导纳分别为 $Y_R=\dfrac{1}{R}$、$Y_L=-\mathrm{j}\dfrac{1}{\omega L}$、$Y_C=\mathrm{j}\omega C$。

2. n 个阻抗串联时,$Z=\sum\limits_{k=1}^{n}Z_k$;$n$ 个导纳并联时,$Y=\sum\limits_{k=1}^{n}Y_k$。

3. 相量图能直观显示各相量之间的关系,尤其是相位关系。相量图是分析和计算正弦稳态电路的重要手段。画相量图时,可选择电路中某一相量作为参考相量,参考相量的初相一般取为零。根据参考相量可确定其他相量。相量图有两种画法:一种是各相量都始于原点;另一种是按各元件上电压相量与电流相量间关系,依据 KCL 或 KVL,依次画出相对应的相量,组成电流多边形或电压多边形。

4. 一端口网络吸收的平均功率 $P=\frac{1}{T}\int_0^T p\mathrm{d}t=UI\cos\varphi$，$\varphi$ 为该网络等效阻抗 Z 的阻抗角。$\cos\varphi$ 称为功率因数。平均功率又称为有功功率，单位为瓦(W)，是网络中各电阻所消耗的功率之和。

5. 一端口网络吸收的无功功率 $Q=UI\sin\varphi$，单位为乏(var)。网络吸收的无功功率是网络中各个电感和电容所吸收的无功功率之和。

6. 一端口网络的视在功率定义为端口上电压有效值和电流有效值的乘积，用 S 表示，$S=UI$，表示电源设备的容量，单位为伏安(VA)。

7. 一端口网络的复功率定义为端口上电压相量和电流相量共轭相量的乘积，$\bar{S}=\dot{U}\overset{*}{\dot{I}}=UI\angle\varphi=UI\cos\varphi+\mathrm{j}UI\sin\varphi=P+\mathrm{j}Q=S\angle\varphi$，$\bar{S}$ 是一个复数，不是相量，不能写成 $\dot{S}$。

8. 电路中，平均功率守恒，无功功率守恒，所以复功率守恒，但视在功率不守恒。

9. 正弦稳态电路分析时，采用相量法的步骤：(a) 将正弦的时域电路变为相量电路，将元件参数表示为阻抗或导纳，画出相量模型；(b) 用等效变换法或用各种分析方法，如回路电流法、节点电压法等，或用各种定理如叠加定理、戴维南定理，列写相量形式的 KCL、KVL、元件伏安关系的电路方程；(c) 解复数形式的代数方程，求出待求的电压相量和电流相量；(d) 将电压相量和电流相量还原成正弦量的时域形式。对某些正弦稳态电路的求解，还可根据相量图所表明的关系用几何方法求解或用相量图和复数计算相结合的方法求解。

10. 有源一端口正弦稳态电路(可等效为电压源 $\dot{U}_{oc}$ 和阻抗 $Z_{eq}=R_{eq}+\mathrm{j}X_{eq}=|Z_{eq}|\angle\varphi_{eq}$ 串联组合的戴维南等效电路)向可变负载 $Z_L=R_L+\mathrm{j}X_L=|Z_L|\angle\varphi_L$ 传输平均功率。在 Z_L 的 R_L 和 X_L 均可变的情况下，负载获得最大平均功率 P_{Lmax} 的条件：$Z_L=\overset{*}{Z}_{eq}$，称为最佳共轭匹配。此时 $P_{Lmax}=\frac{U_{oc}^2}{4R_{eq}}$。在 Z_L 的 φ_L 不变而 $|Z_L|$ 可变的情况下，负载获得最大平均功率 P_{Lmax} 的条件：$|Z_L|=|Z_{eq}|$，称为模值匹配。此时 $P_{Lmax}=\frac{\cos\varphi_L U_{oc}^2}{2|Z_{eq}|+2(R_{eq}\cos\varphi_L+X_{eq}\sin\varphi_L)}$。

11. 在电压和电流关联参考方向下，含 RLC 的无源一端口正弦稳态电路端口上电压相量和电流相量同相的现象，称为电路谐振。RLC 串联电路和 GCL 并联电路谐振时的角频率 ω_0 和频率 f_0 分别为 $\omega_0=\frac{1}{\sqrt{LC}}$、$f_0=\frac{1}{2\pi\sqrt{LC}}$。

12. 串联谐振时：(a) 阻抗为电阻，阻抗模最小；(b) 电源激励(U 一定)时，电流有效值最大，$I_0=\frac{U}{R}$；(c) 谐振时各元件上电压 $\dot{U}_{L0}=\mathrm{j}\omega_0 L\dot{I}_0=\mathrm{j}\frac{\omega_0 L}{R}\dot{U}$、$\dot{U}_{C0}=-\mathrm{j}\frac{1}{\omega_0 C}\dot{I}_0=-\mathrm{j}\frac{\dot{U}}{\omega_0 CR}$、$\dot{U}_{R0}=R\dot{I}_0=R\frac{\dot{U}}{R}=\dot{U}$，此时 $\dot{U}_{L0}$ 与 $\dot{U}_{C0}$ 有效值相等、相位相反，互相抵消，故串联谐振又称为电压谐振；(d) 谐振时电源只提供电阻消耗能量，电路与电源之间没有能量交换，能量交换在 L 与 C 之间进行。

13. 并联谐振时：(a) 导纳为电阻性，导纳模最小，阻抗模最大；(b) 电流源激励(I 一定)时，电压有效值最大，$U_0=\frac{I}{G}$；(c) 谐振时各元件上电流 $\dot{I}_{C0}=\mathrm{j}\omega_0 C\dot{U}_0=\mathrm{j}\frac{\omega_0 C}{G}\dot{I}$、$\dot{I}_{L0}=-\mathrm{j}\frac{1}{\omega_0 L}\dot{U}_0=$

$-\mathrm{j}\dfrac{\dot{I}}{\omega_0 LG}$、$\dot{I}_{G0}=G\dot{U}_0=G\dfrac{\dot{I}}{G}=\dot{I}$，此时 $\dot{I}_{C0}$ 与 $\dot{I}_{L0}$ 有效值相等、相位相反，互相抵消，故并联谐振又称为电流谐振；(d) 谐振时电源只提供电阻消耗能量，电路与电源之间没有能量交换，能量交换在 L 与 C 之间进行。

例题 33 视频　例题 34 视频　例题 35 视频　例题 36 视频　例题 37 视频

例题 38 视频　例题 39 视频　例题 40 视频　例题 41 视频

习题进阶练习

8.1—3　8.4—6　8.7—9　8.10—12

习题 8

8.1 节习题

8-1　两个单一参数元件串联的电路中，已知 $u(t)=220\sqrt{2}\cos(314t+45°)$ V，$i(t)=5\sqrt{2}\cos(314t-15°)$ A。求此两元件的参数值，并写出这两个元件上电压的瞬时值表达式。

8-2　一个 RC 串联电路接到 $u(t)=311.1\cos100\pi t$ V 的正弦电源上，若 $R=10$ kΩ，在电压、电流参考方向关联的条件下，$u_R(t)$ 超前 $u(t)$ 45°。求电容 C 之值，写出电路中电流和电容元件上电压的瞬时值表达式。

8-3　题 8-3 图所示电路由两个元件串联而成。已知当 $u(t)=100\cos(100t-30°)$ V 时，$u_2(t)=50\sqrt{3}\cos(100t-60°)$ V。若元件 1 为电阻时，试确定元件 2 是什么元件。能否确定元件的参数值？

8-4　电路如题 8-4 图所示，已知 $i_s(t)=5\cos10t$ A，$u_{ab}(t)=12\cos(10t+36.87°)$ V。

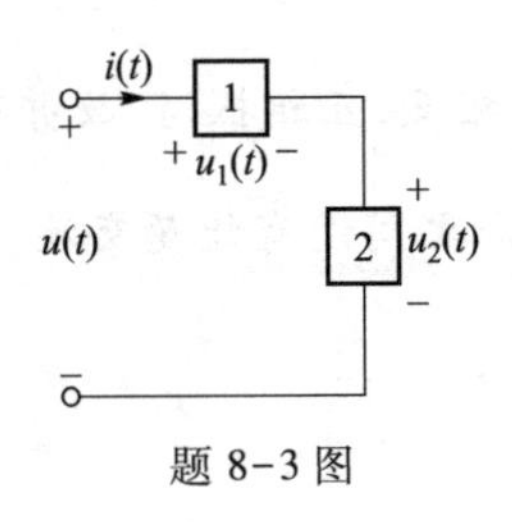

题 8-3 图

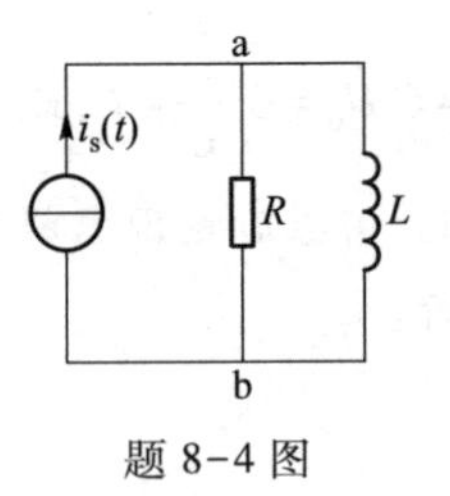

题 8-4 图

(1) 求 R 和 L;

(2) 若电流源改为 $i_s(t)=5\cos 15t$ A,试求稳态电压 $u_{ab}(t)$。

8-5 在 R、L、C 串联电路中,已知 $R=10\ \Omega$,$\omega L=15\ \Omega$,端电压 $u(t)$ 与电流 $i(t)$ 取关联参考方向。

(1) 欲使电路端电压相位超前电流相位 45°,则容抗 X_C 应为多少?此时电路总阻抗为多少?

(2) 若电源频率降低到原来的$\frac{1}{3}$,电路的总阻抗变为多少?此时电压与电流相位关系如何?

8.2 节习题

8-6 正弦电流电路如题 8-6 图所示,已知 $\dot{U}_L=10\angle 45^\circ$ V,$R=4\ \Omega$,$\omega L=3\ \Omega$,$\frac{1}{\omega C}=6\ \Omega$。求各元件的电压、电流,并画出电路的相量图。

8-7 列写题 8-7 图所示各电路的输入阻抗 Z 和输入导纳 Y 的表达式(不必化简)。

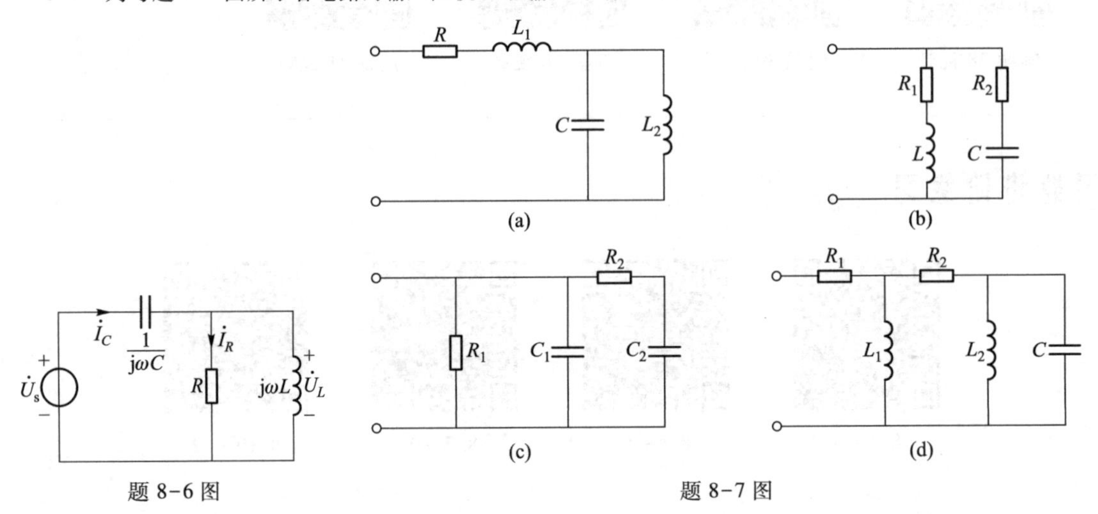

题 8-6 图

题 8-7 图

8-8 求题 8-8 图所示各电路的输入阻抗 Z_{ab}。

8.3 节习题

8-9 正弦稳态无源二端网络如题 8-9 图所示,各端口电压 $u(t)$ 和电流 $i(t)$ 如下式所示,求每种情况下的等效阻抗 Z、等效导纳 Y、电路的有功功率 P、无功功率 Q 和视在功率 S。

(1) $u(t)=100\cos 314t$ V,$i(t)=10\cos 314t$ A;

(2) $u(t)=100\cos(100t+60^\circ)$ V,$i(t)=10\cos(100t+90^\circ)$ A;

(3) $u(t)=20\cos(10t+30^\circ)$ V,$i(t)=5\cos(10t-60^\circ)$ A;

(4) $u(t)=50\cos(\omega t+45^\circ)$ V,$i(t)=5\cos(\omega t-15^\circ)$ A。

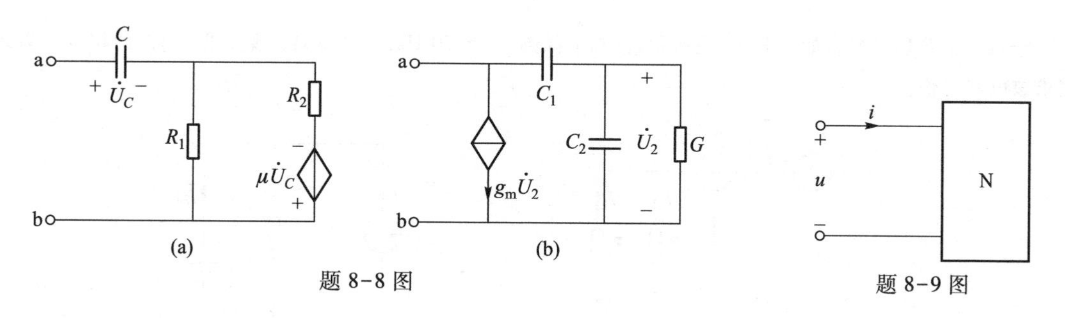

题 8-8 图　　　　题 8-9 图

8-10　正弦稳态电路如题 8-10 图所示，已知 $U_s = 100$ V，$U_R = 60$ V，$\omega L = 40\ \Omega$，$\dfrac{1}{\omega C} = 16\ \Omega$，电路消耗的平均功率 $P = 180$ W。试以 $\dot{U}_C$ 为参考相量画出电路的相量图，并求电阻 R 及电路消耗的无功功率 Q。

8-11　正弦稳态电路如题 8-11 图所示，$I_1 = \sqrt{3}I = \sqrt{3}I_2$，电路消耗的平均功率 $P = 240\sqrt{3}$ W。试求电阻 R、容抗 X_C，并以 $\dot{U}_C$ 为参考相量求电压 $\dot{U}_s$。

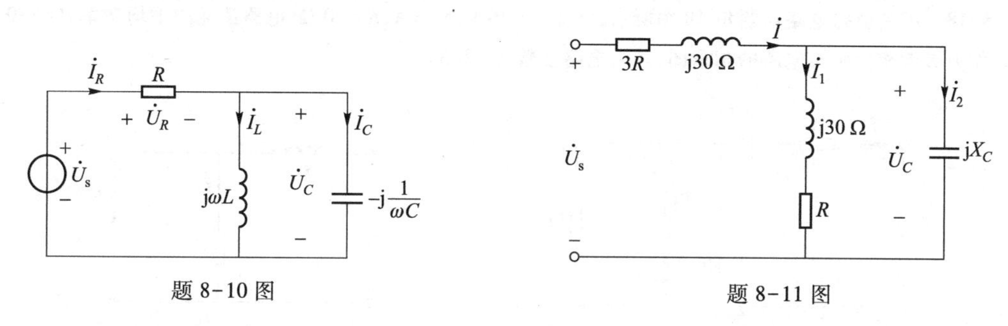

题 8-10 图　　　　题 8-11 图

8-12　电路如题 8-12 图所示，已知 $U = 200$ V，$I = 10$ A，$R = 10\ \Omega$，电路消耗的平均功率为 2 600 W，电路的无功功率 $Q < 0$，Z_1 消耗的无功功率 $Q_1 = 400$ var，Z_2 消耗的平均功率 $P_2 = 1\ 200$ W。试求电流有效值 I_1、I_2 及阻抗 Z_1、Z_2。

8-13　电路如题 8-13 图所示，已知 $I_1 = 22$ A，$I_2 = 10$ A，$I = 30$ A，$R_1 = 10\ \Omega$，$f = 50$ Hz，试求电路参数 R_2 和 L，电路的功率因数 $\cos\varphi$ 及平均功率 P。

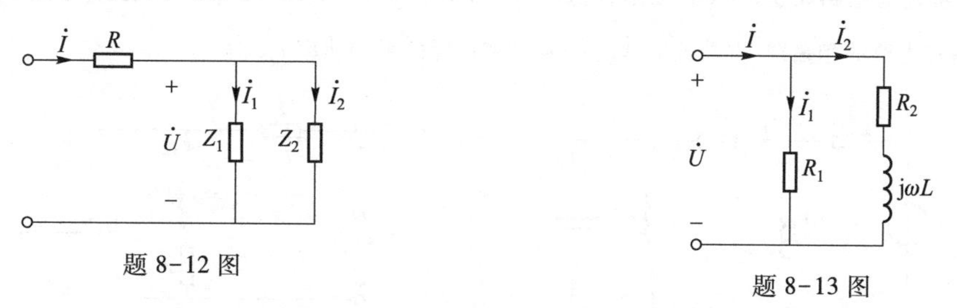

题 8-12 图　　　　题 8-13 图

8-14　功率为 60 W 的白炽灯和功率为 40 W、功率因数为 0.5 的荧光灯（感性负载）各 50 只并联在电压为 220 V、频率为 50 Hz 的工频交流电源上。如果要将电路的功率因数提高到 0.9，应并联多大的电容？

8-15　电路如题 8-15 图所示，已知工频交流电源电压 $U = 220$ V，$\omega = 314$ rad/s。两个并联负载的电流和功率因数分别为 $I_1 = 20$ A，$\cos\varphi_1 = 0.5(\varphi_1 > 0)$；$I_2 = 10$ A，$\cos\varphi_2 = 0.8(\varphi_2 < 0)$。

（1）试求图中电流表和功率表的读数以及电路的功率因数。

（2）如果电源的额定电流为 30 A，那么还能并联多大电阻？试求并上该电阻后，功率表的读数和电路的功率因数，并分析这是不是提高功率因数的有效方法。

（3）如果要使原电路的功率因数提高到 0.926，需要并联多大的电容？

8-16　正弦稳态电路如题 8-16 图所示，已知电源频率 $f=50\ \text{Hz}$，$R=150\ \Omega$。现要求$\dot{I}_s$与$\dot{I}_C$的相位差为30°，试求该电容 C 值。

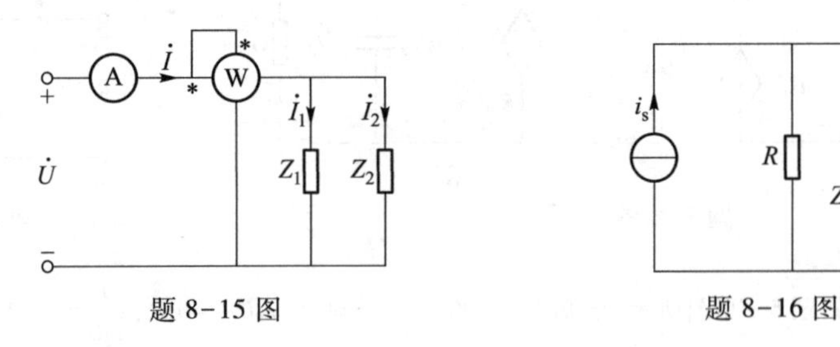

题 8-15 图　　　　题 8-16 图

8.4 节习题

8-17　电路如题 8-17 图所示，已知 $I_1=I_2=2\ \text{A}$，试求电阻 R、电压有效值 U 及电路消耗的平均功率 P、无功功率 Q 和视在功率 S。

8-18　正弦稳态电路如题 8-18 图所示，已知 $U=36\ \text{V}$，$I=5\ \text{A}$，$R=20\ \Omega$，电路消耗的平均功率 $P=180\ \text{W}$。试以$\dot{U}_R$作为参考相量画出电路的相量图，并求电路参数 X_L 和 X_C。

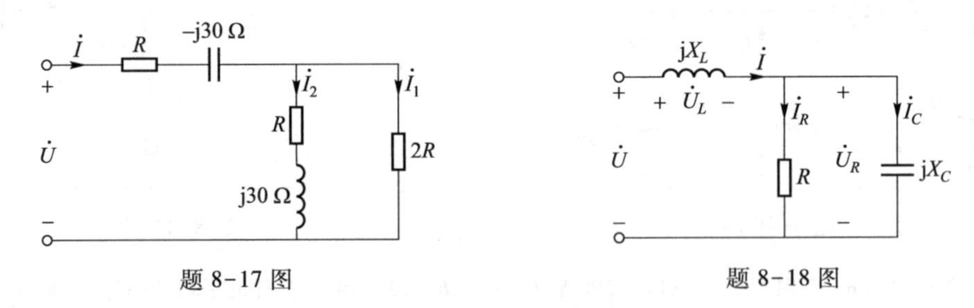

题 8-17 图　　　　题 8-18 图

8-19　电路如题 8-19 图所示，已知电压源电压 $u_s(t)=100\sqrt{2}\cos 100t\ \text{V}$，$R_1=80\ \Omega$，$R_2=100\ \Omega$，$L_1=0.6\ \text{H}$，$L_2=1\ \text{H}$。试求当电流 $i(t)=0$ 时，其他各支路的电流，并画出电路的相量图。

8-20　正弦稳态电路如题 8-20 图所示，已知 $U=250\ \text{V}$，$I=I_2=5\ \text{A}$，$I_1=8\ \text{A}$，$R=15\ \Omega$，且 $\dot{U}$ 与$\dot{U}_C$ 同相。试以$\dot{U}_C$为参考相量作电路的相量图，求参数 Z、X_C、X_L 及电路消耗的平均功率 P。

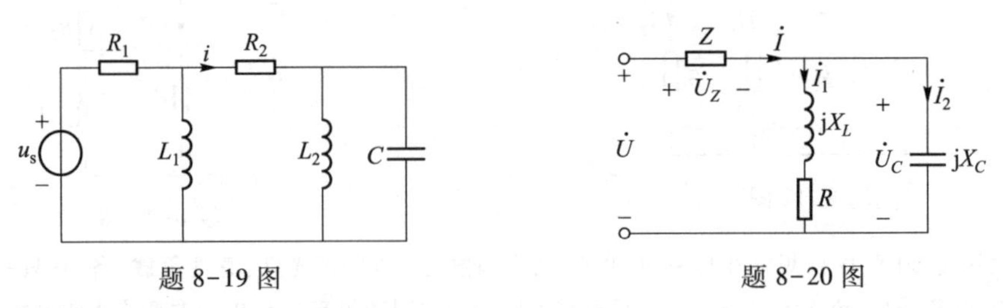

题 8-19 图　　　　题 8-20 图

8-21　电路如题 8-21 图所示，已知电流有效值 $I=I_L=I_1=5\ \text{A}$，电路消耗的平均功率 $P=150\ \text{W}$，试求电阻 R、感抗 X_L、容抗 X_C及电流有效值 I_2。

8-22　正弦稳态电路如题 8-22 图所示，已知 $R=1\ \text{k}\Omega$，$\omega RC=\sqrt{3}$。试作出以$\dot{U}_2$为参考相量的电路相量图，并求满足 $\varphi=\psi_1-\psi_2=45°$时所需的 ωL 值，ψ_1、ψ_2 分别为$\dot{U}_1$和$\dot{U}_2$的初相位。

8-23　电路如题 8-23 图所示，试求 $U_{cd}=U_{ab}$时的 L 值。

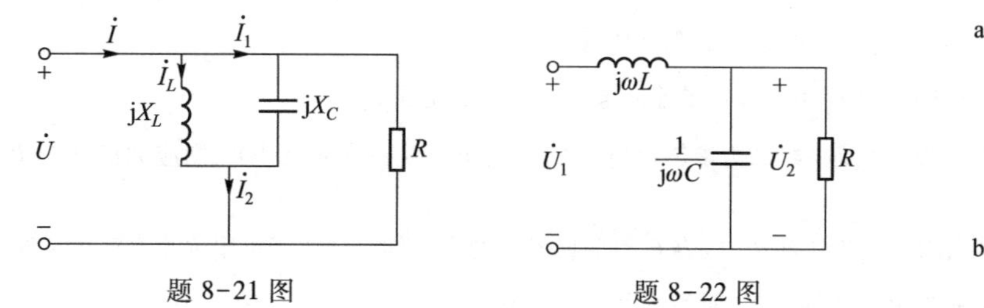

题 8-21 图　　　　题 8-22 图

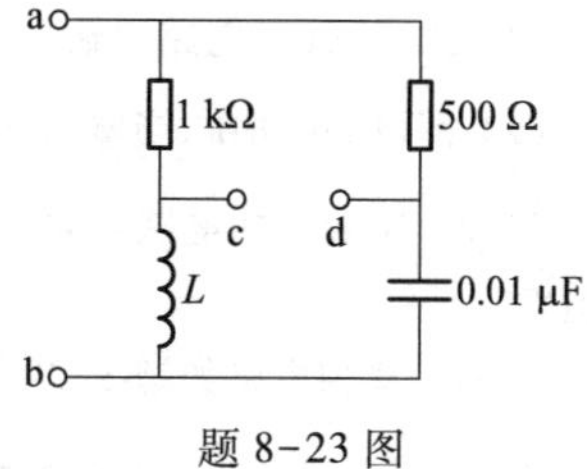

题 8-23 图

8-24　正弦稳态电路如题 8-24 图所示，$\omega=400$ rad/s，已知电流 $I_2=3$A，滑动触点 c 使电压表读数为最小。试求此时最小读数与表示触点位置的 K 值。

8-25　题 8-25 图所示电路为测量电容器的容值和电阻值的交流电桥电路，设待测电容器的电容为 C_X，电阻为 R_X，其他参数均为已知，列写当电桥平衡时 C_X 与 R_X 的计算公式。

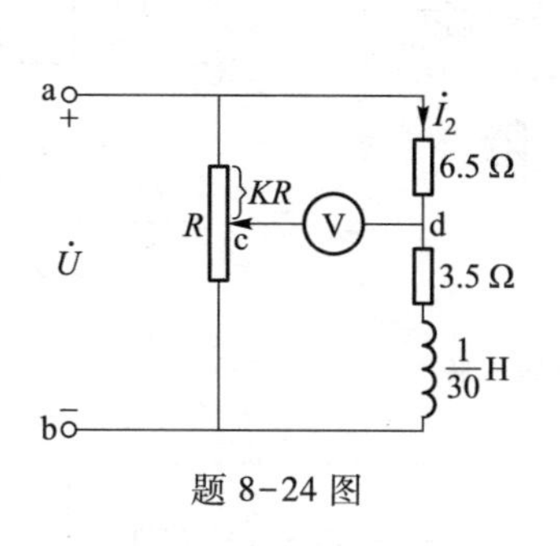

题 8-24 图

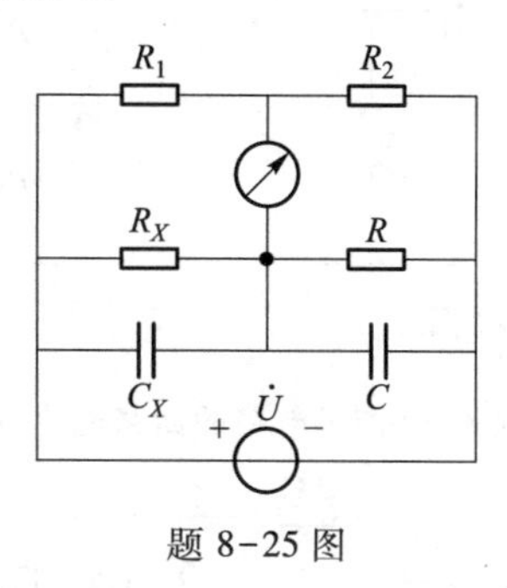

题 8-25 图

8-26　电路如题 8-26 图所示，求当等效阻抗 $Z_{ab}=R$ 时 L、C 和 ω 之间的关系。

8-27　电路如题 8-27 图所示，求当改变 R 而能保持电流 I 不变的 L、C 和 ω 之间的关系。

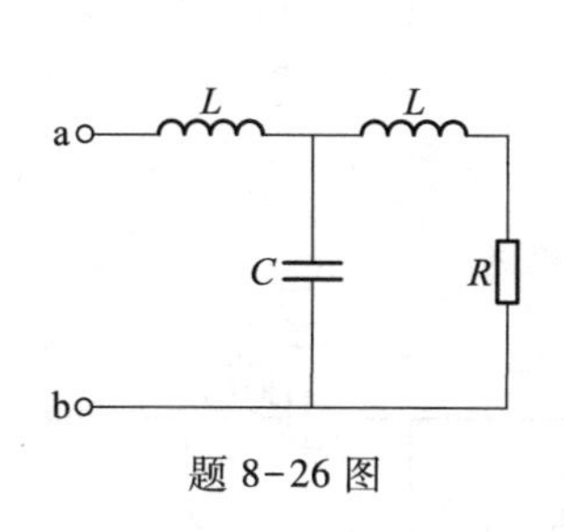

题 8-26 图

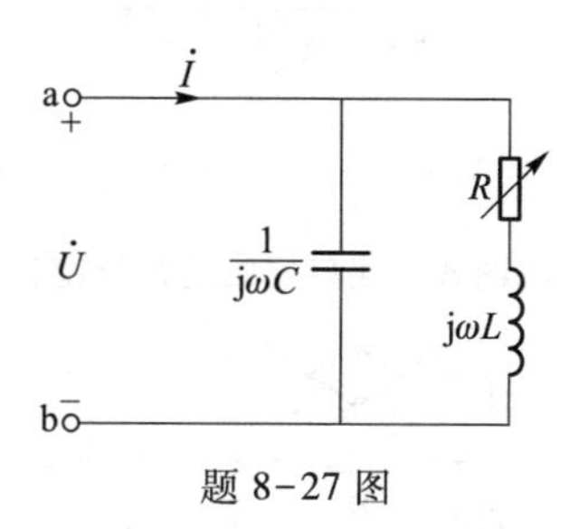

题 8-27 图

8-28　电路如题 8-28 图所示，$R=1\ \Omega$，$L=1$ H，$C=1$ F，$\omega=1$ rad/s。

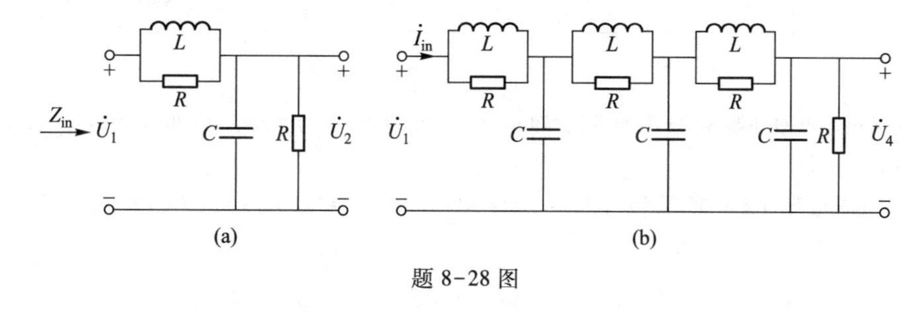

题 8-28 图

（1）试求图(a)电路中输入阻抗 Z_{in} 及转移电压比 $K_U=\dot{U}_2/\dot{U}_1$；

（2）图(b)电路中，当输入电压 $\dot{U}_1=10\angle 0°$ V 时，求输入电流 $\dot{I}_{in}$ 及输出电压 $\dot{U}_4$。

8-29 阻容移相电路如题 8-29 图所示，如果要求输出电压 $\dot{U}_R$ 超前电压 $\dot{U}_s$ 的角度为 90°，则应如何选择 R、C 值？

8-30 移相电路如题 8-30 图所示，设电阻 R_1、电容 C 和角频率 ω 均为已知。证明当电阻 R 由 0 变为 ∞ 时，输出电压 $\dot{U}_o$ 的大小不变，恒等于输入电压 $\dot{U}_s$ 的一半，而相位由 π 变为 0。

8-31 移相电路如题 8-31 图所示，设输入 $\dot{U}_s$、电感 L、电容 C 和角频率 ω 均为已知。问当改变 R 由 0 变为 ∞ 时为了维持输出电压 $U_C=U_s$，L、C 与 ω 之间应该满足什么条件？输出电压 $\dot{U}_C$ 的相位如何变化？

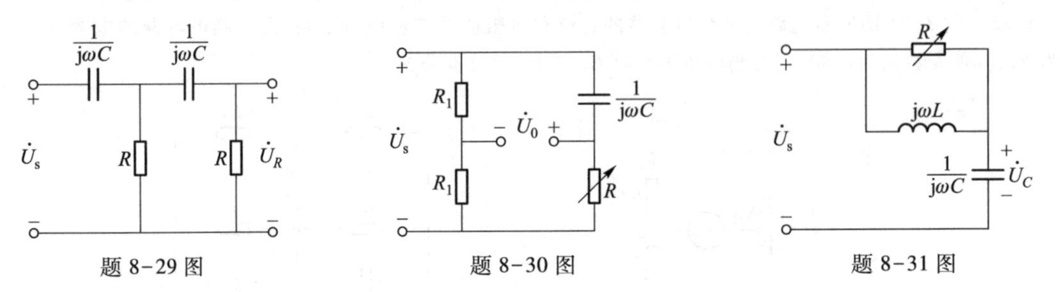

题 8-29 图　　题 8-30 图　　题 8-31 图

8-32 列写题 8-32 图各电路的回路电流方程和节点电压方程。

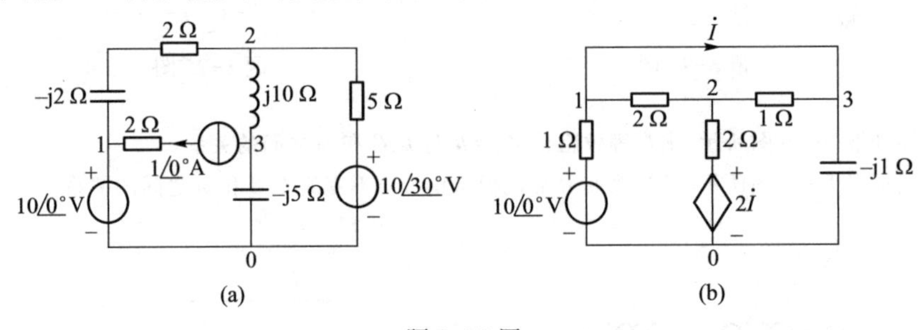

(a)　　(b)

题 8-32 图

8-33 求题 8-33 图各一端口网络的戴维南（或诺顿）等效电路。

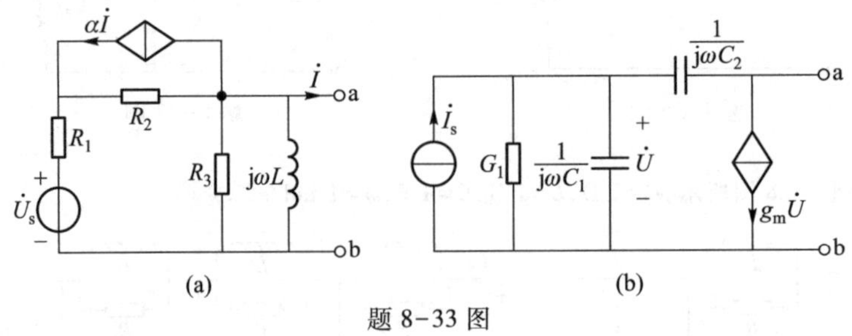

(a)　　(b)

题 8-33 图

8-34 正弦电流电路如题 8-34 图所示，已知 $u_S(t)=10\cos t$ V，$i_S(t)=5\cos(t+90°)$ A，$R=1\ \Omega$，$L=1$ H，$C=1$ F。试求电容电压 $u_C(t)$。

8-35 正弦电流电路如题 8-35 图所示，已知 $u_S(t)=10\cos 10^3 t$ V，$R=3\ \Omega$，$L=2$ mH，$C=1\ 000\ \mu$F。试求电流 $i_1(t)$。

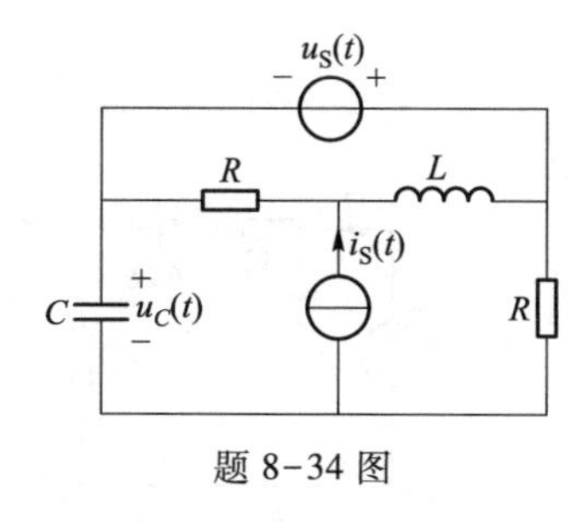

题 8-34 图

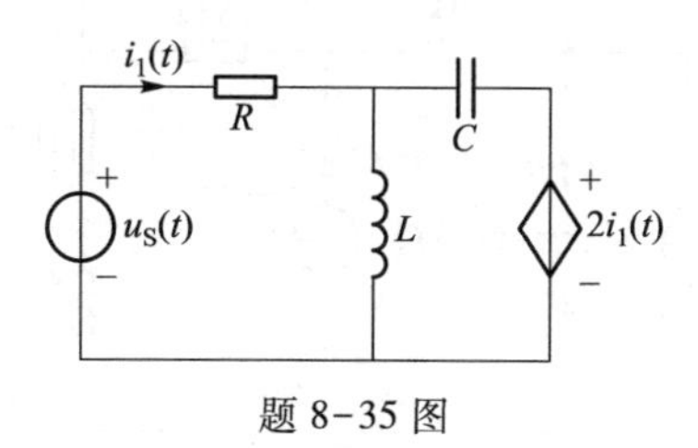

题 8-35 图

8-36　电路如题 8-36 图所示，已知 $R_1=R_2=1\ \Omega$，$R_3=0.5\ \Omega$，$X_L=0.5\ \Omega$，$X_C=-0.25\ \Omega$，$\dot{U}_{s1}=\mathrm{j}5\ \mathrm{V}$，$\dot{U}_{s2}=1\angle 0°\ \mathrm{V}$，试用节点电压法求节点电压及流过电感的电流 $\dot{I}_L$。

8-37　电路如题 8-37 图所示，已知 $R_1=4\ \Omega$，$R_2=2\ \Omega$，$X_L=3\ \Omega$，$X_C=-1\ \Omega$，$\dot{I}_s=5\angle 0°\ \mathrm{A}$，$\dot{U}_s=\mathrm{j}10\ \mathrm{V}$。试求电容电流 $\dot{I}_C$。

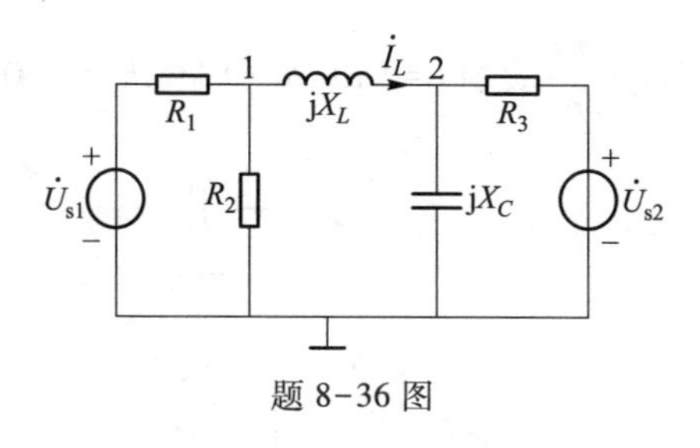

题 8-36 图

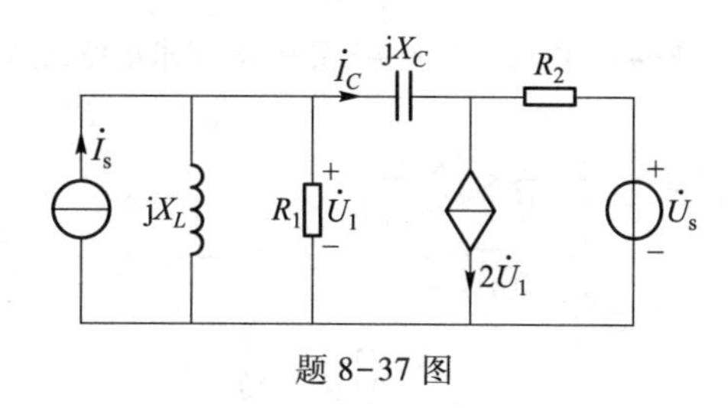

题 8-37 图

8.5 节习题

8-38　电路如题 8-38 图所示，已知 $R_1=1\ \Omega$，$Z_C=-\mathrm{j}1\ \Omega$，$\dot{I}_s=1\angle 0°\ \mathrm{A}$。若负载阻抗 Z 可调，试问 Z 为何值时可获得最大功率？最大功率 $P_{\max}$ 为多少？

8-39　电路如题 8-39 图所示，已知 $u_S(t)=4\sqrt{2}\cos 10^3 t\ \mathrm{V}$，$i_S(t)=\sqrt{2}\cos 10^3 t\ \mathrm{A}$，$R_1=1\ \Omega$，$R_2=6\ \Omega$，$L=12\ \mathrm{mH}$，$C=250\ \mu\mathrm{F}$。若负载阻抗 Z 可调，试问 Z 为何值时可获得最大功率？最大功率 $P_{\max}$ 为多少？

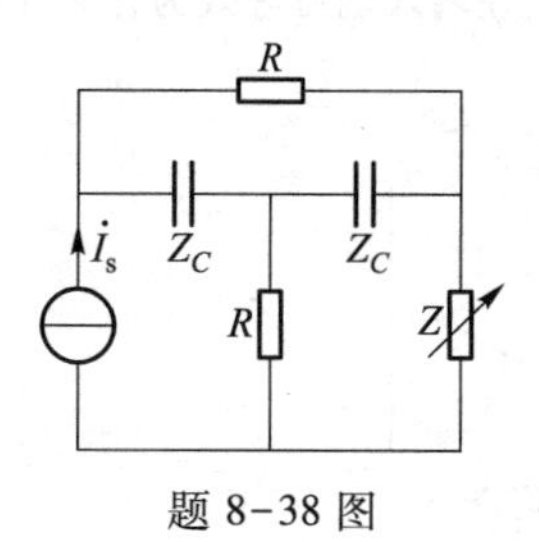

题 8-38 图

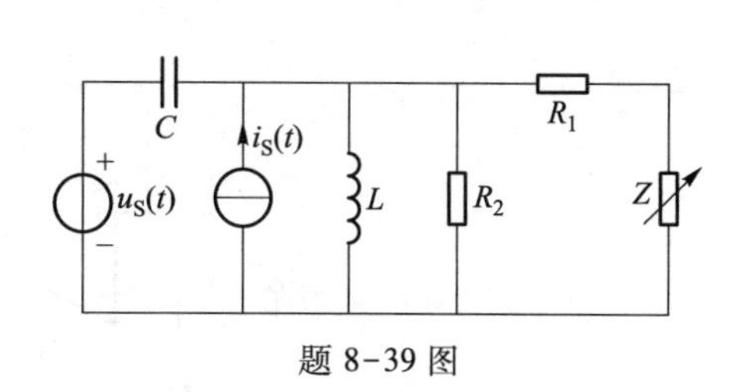

题 8-39 图

8-40　电路如题 8-40 图所示，负载阻抗 Z 为何值时可获得最大功率？最大功率为多少？

8-41　电路如题 8-41 图所示，若负载阻抗 Z 可调，试问 Z 为何值时可获得最大功率？最大功率为多少？如果电源电压增至 24 V，负载阻抗获得的功率将增大几倍？

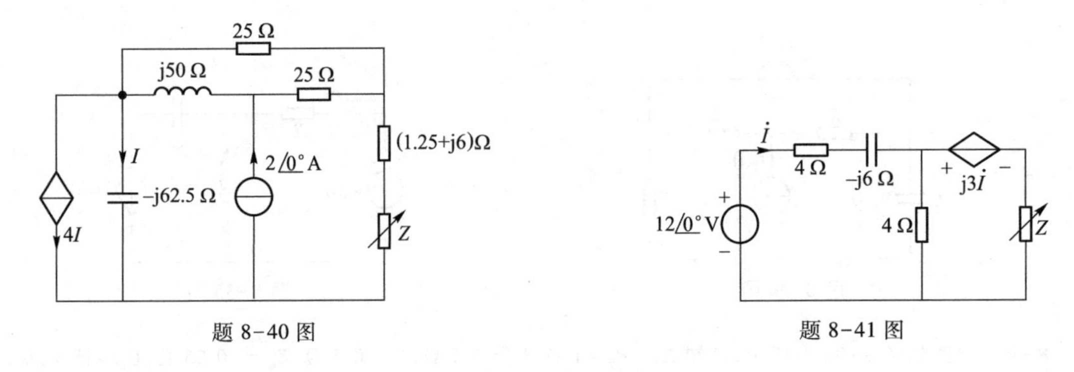

题 8-40 图　　　　题 8-41 图

8-42 电路如题 8-42 图所示，$\dot{U}_s=100\angle 0^\circ$ V，$\omega=10^3$ rad/s。

（1）试求当负载 $Z=16\ \Omega$ 时所获得的平均功率 P；

（2）为使负载获得最大平均功率，可在图中 abcd 间设计一个 LC 无源匹配网络，画出网络结构且确定参数，并求负载所获得的最大平均功率。

8-43 电路如题 8-43 图所示，试求电路的转移函数 $H(\mathrm{j}\omega)=\dfrac{\dot{U}_2}{\dot{U}_1}$，已知 $C=1\ \mu\mathrm{F}$，$R_1=1\ \mathrm{k}\Omega$，$R_2=2\ \mathrm{k}\Omega$。

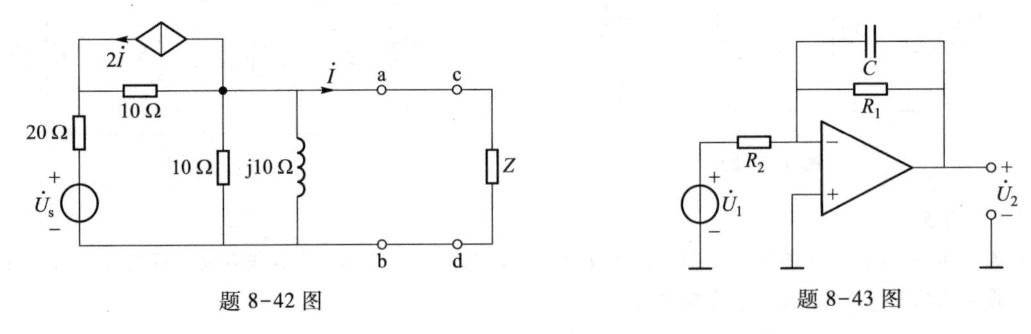

题 8-42 图　　　　题 8-43 图

8-44 电路如题 8-44 图所示，试求输入阻抗 $Z_i=\dfrac{\dot{U}_i}{\dot{I}_i}$，并说明此电路在输入端可等效为什么元件。

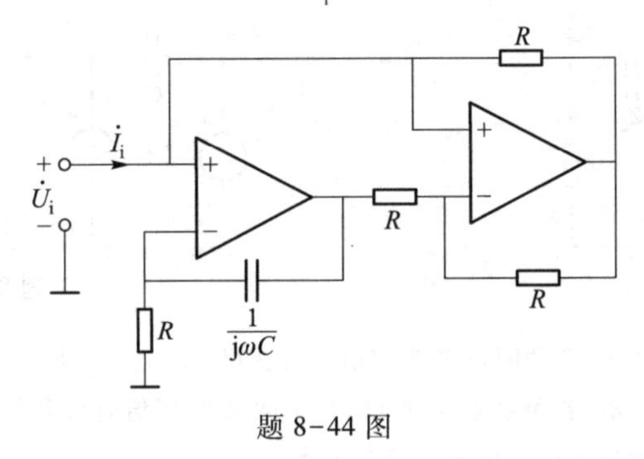

题 8-44 图

8.6 节习题

8-45 R、L、C 串联电路的端电压为 $u(t)=10\sqrt{2}\cos(2\ 500t+30^\circ)$ mV，当电容 $C=16\ \mu\mathrm{F}$ 时电路吸收的功率最大，其值为 0.01 mW。

（1）求电路中的 R、L 值及品质因数 Q 值；

（2）画出电路相量图。

8-46　正弦稳态电路如题 8-46 图所示，已知 $U=100\ \text{V}$，$\omega=500\ \text{rad/s}$，$C=250\ \mu\text{F}$，$L_1=100\ \text{mH}$，谐振时电流表读数为 6 A。试求谐振时的电路参数 R 和 L_2。

8-47　正弦稳态电路如题 8-47 图所示，已知 $I=I_1=I_2=10\ \text{A}$，$U_1=U_2=100\ \text{V}$，且电路发生谐振。试求电压有效值，各元件的参数 R_1、X_{L1}、R_2、X_{L2} 及 X_C。

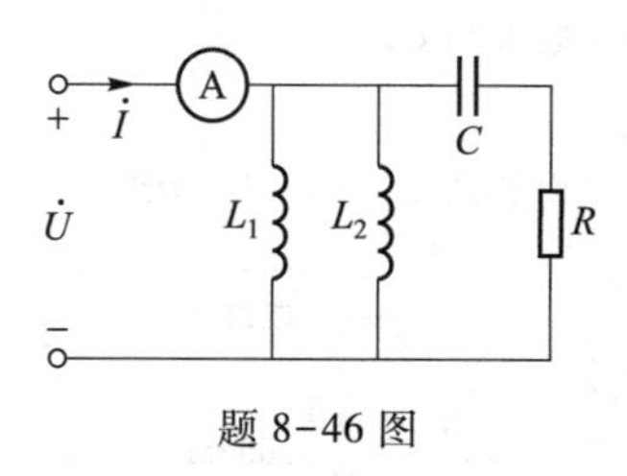

题 8-46 图

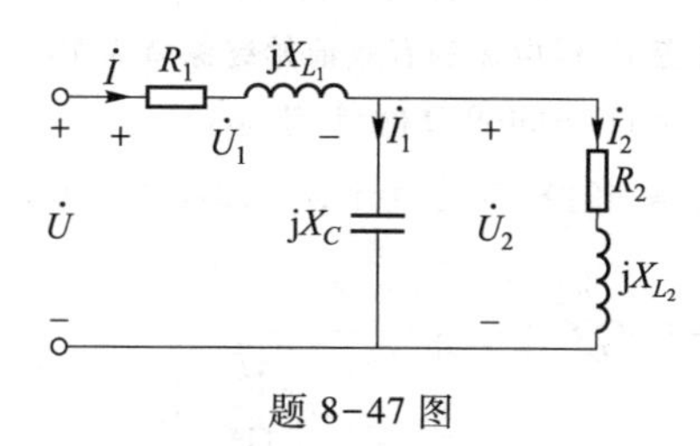

题 8-47 图

8-48　已知 $R=20\ \Omega$ 的电阻与 $L=0.5\ \text{H}$ 的电感和电容 C 串联后接到电压有效值 $U=100\ \text{V}$，角频率 $\omega=100\ \text{rad/s}$的正弦电压源时，电路中的电流$I=5\ \text{A}$。如果将 R、L、C 改成并联，仍然接到同一个电压源上，求并联的各支路电流。

8-49　正弦稳态电路如题 8-49 图所示，已知 $U=100\ \text{V}$，$\omega=400\ \text{rad/s}$，$L=10\ \text{mH}$，$C_1=60\ \mu\text{F}$。谐振时电流表读数为 10 A，试求此时的电路参数 R 和 C_2。

8-50　正弦稳态电路如题 8-50 图所示，已知电压有效值 $U=100\ \text{V}$，电流有效值 $I_1=3\ \text{A}$，$I_2=4\ \text{A}$，$\omega L=\dfrac{4}{\omega C}$，且整个电路的功率因数为 0.8。试以$\dot{U}_1$为参考相量画出电路的相量图，并求电路参数 R_1、ωL。

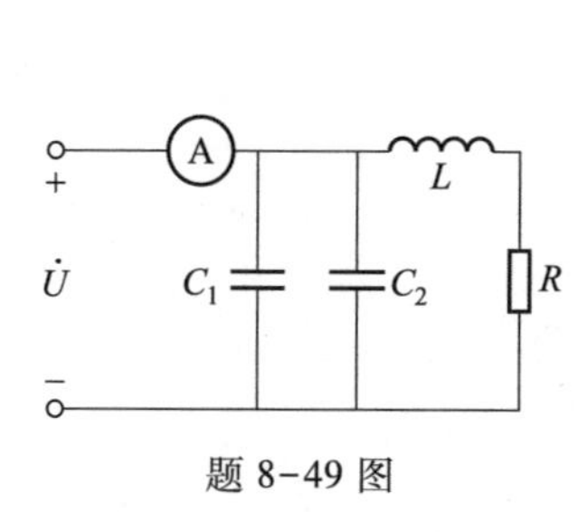

题 8-49 图

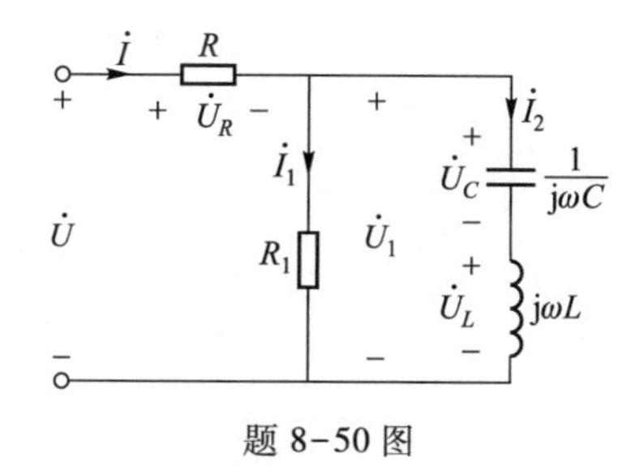

题 8-50 图

8-51　题 8-51 图所示为 RC 双 T 形选频网络，电路参数已知。求当$\dot{U}_2=0$时所对应电压$\dot{U}_1$的频率。

8-52　测量线圈品质因数 Q 值以及电感或电容值的 Q 表原理电路如题 8-52 图所示，其中电压源$\dot{U}_s$的幅值恒定但频率可以调节，两只电压表可以分别读取电压$\dot{U}_1$和$\dot{U}_2$的有效值 U_1 和 U_2。当电源频率$f=450\ \text{kHz}$、调节电容 $C=450\ \text{pF}$ 时电路达到谐振，电压表读得 $U_1=10\ \text{mV}$，$U_2=1.5\ \text{V}$。试求：

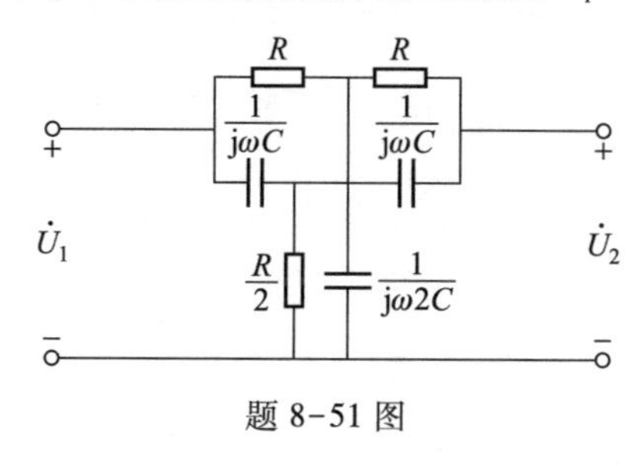

题 8-51 图

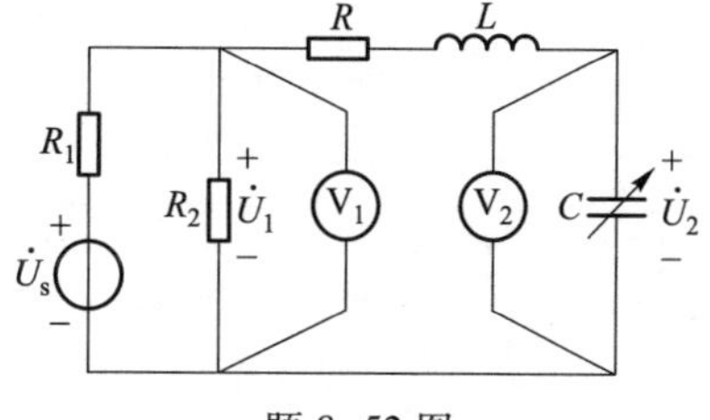

题 8-52 图

(1) 此时 R、L 值及品质因数 Q,并说明在调节 C 值时如何能判定电路已经达到谐振。

(2) 电路谐振时把一待测电容 C_X 并联在 C 两端,重新调节 C 使电路达到谐振时,得知 $C=220$ pF,此时 C_X 为多少?

8-53 电路如题 8-53 图所示,已知 $u_s(t)=220\sqrt{2}\cos314t$ V。

(1) 若改变 Z_L 但电流的有效值始终保持为 10 A,试确定电路参数 L 和 C;

(2) 当 $Z_L=11.7-j30.9\ \Omega$ 时,试求 $u_L(t)$。

8-54 电路如题 8-54 图所示,$i_s=\sqrt{2}\cos1\ 000t$ A,求 i_1、i_2、i_3 及电路所消耗的平均功率。

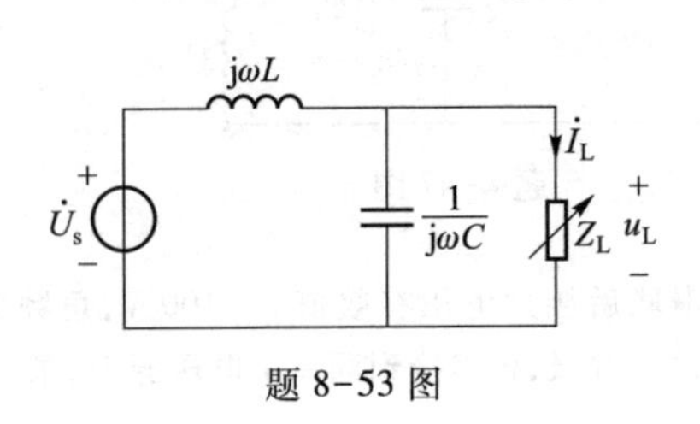

题 8-53 图

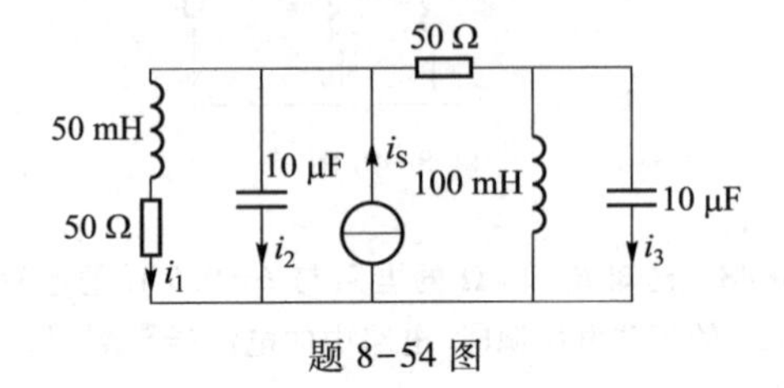

题 8-54 图

第 9 章　含耦合电感的电路

耦合电感和理想变压器属于电路的耦合元件，它们由两条支路构成，且一条支路上的电压、电流与另一条支路的电压、电流有直接关系。本章首先介绍耦合电感的参数、同名端及其端口的伏安关系，分析含耦合电感的正弦稳态电路；然后介绍空心变压器的一般概念；最后介绍理想变压器的端口伏安关系及其应用。

9.1　互　　感

由第 6 章可知，一个孤立的线圈通过电流时会产生磁通，当电流变化时该磁通将随电流变化而变化，并在线圈上产生感应电压。这种现象在电路模型中用电感元件来表征。对于线性非时变电感元件，当电流的参考方向与磁通的参考方向符合右螺旋定则时，磁链 Ψ 与电流 i 成正比，即 $\Psi=Li$，式中 L 为与时间无关的正实常数。根据电磁感应定律和线圈的绕向，如果电压的参考正极性指向参考负极性的方向与产生它的磁通的参考方向符合右螺旋定则时，也就是在电压和电流关联参考方向下，有

$$u=\frac{\mathrm{d}\Psi}{\mathrm{d}t}=L\frac{\mathrm{d}i}{\mathrm{d}t}$$

在此电感元件中，磁链 Ψ 和感应电压 u 均由流经该电感元件的电流所产生，此磁链和感应电压分别称为自感磁链和自感电压。

图 9-1-1(a)表示两个有磁耦合的线圈(简称耦合电感)，当线圈 1 中流过电流 i_1 时，它产生的磁场不仅与线圈 1 交链，而且将有一部分(或全部)与相邻的线圈 2 交链。i_1 在线圈 1 和 2 中产生的磁通分别为 Φ_{11} 和 Φ_{21}(本书中磁通、磁链、感应电压等物理量有时采用双下标，其规定如下：第一个下标表示该物理量所在线圈的编号，第二个下标表示产生该物理量的电流所在线圈的编号)，则 $\Phi_{21}\leqslant\Phi_{11}$。这种一个线圈的磁通交链于另一线圈的现象，称为磁耦合。电流 i_1 称为施感电流，Φ_{11} 称为自感磁通，Φ_{21} 称为耦合磁通或互感磁通。

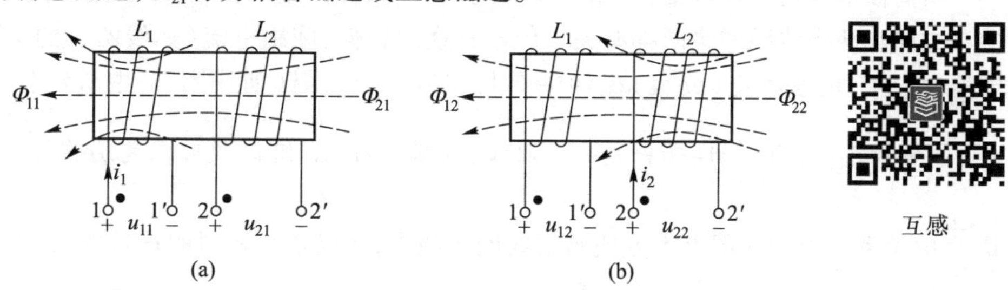

图 9-1-1　两个线圈的互感

如果线圈1中的电流 i_1 随时间变化,则自感磁通 Φ_{11} 和互感磁通 Φ_{21} 将随电流变化而变化。根据电磁感应定律,自感磁通 Φ_{11} 将在线圈1中产生自感电压 $u_{11}=L_1\dfrac{\mathrm{d}i_1}{\mathrm{d}t}$($u_{11}$ 和 i_1 的参考方向关联),互感磁通 Φ_{21} 将在线圈2中产生互感电压 u_{21}。根据线圈2的绕向,在互感电压 u_{21} 的参考正极性指向参考负极性的方向与产生它的互感磁通 Φ_{21} 的参考方向符合右螺旋定则时,有

$$u_{21}=\frac{\mathrm{d}\Psi_{21}}{\mathrm{d}t} \tag{9-1-1}$$

式中,Ψ_{21}——互感磁链。如果线圈2的匝数为 N_2,并假设互感磁通 Φ_{21} 与线圈2的每一匝都交链,则 $\Psi_{21}=N_2\Phi_{21}$。

同理,当线圈2中流过 i_2 时,如图9-1-1(b)所示,它产生的磁场不仅与线圈2本身交链,而且将有一部分(或全部)与相邻的线圈1交链。i_2 在线圈2和1中产生的磁通分别为 Φ_{22} 和 Φ_{12},且 $\Phi_{12}\leqslant\Phi_{22}$。如果线圈1的匝数为 N_1,并假设 Φ_{12} 与线圈1的每一匝都交链,则在线圈1中产生互感磁链 $\Psi_{12}=N_1\Phi_{12}$。如果线圈2中的电流 i_2 随时间变化,则自感磁通 Φ_{22} 和互感磁通 Φ_{12} 将随电流变化而变化。根据电磁感应定律,自感磁通 Φ_{22} 将在线圈2中产生自感电压 $u_{22}=L_2\dfrac{\mathrm{d}i_2}{\mathrm{d}t}$($u_{22}$ 和 i_2 的参考方向关联),互感磁通 Φ_{12} 将在线圈1中产生互感电压 u_{12}。根据线圈1的绕向,在 u_{12} 和 Φ_{12} 的参考方向符合右螺旋定则时,有

$$u_{12}=\frac{\mathrm{d}\Psi_{12}}{\mathrm{d}t} \tag{9-1-2}$$

如果线圈周围的媒质为非铁磁物质时,则线圈的互感磁链与产生该磁链的电流成正比,即

$$\Psi_{21}=M_{21}i_1 \tag{9-1-3}$$

$$\Psi_{12}=M_{12}i_2 \tag{9-1-4}$$

式中,M_{21}、M_{12}——互感系数或互感,单位为亨(H)。于是,互感电压可以分别写为

$$u_{21}=M_{21}\frac{\mathrm{d}i_1}{\mathrm{d}t} \tag{9-1-5}$$

$$u_{12}=M_{12}\frac{\mathrm{d}i_2}{\mathrm{d}t} \tag{9-1-6}$$

物理学中已经证明,两个线圈之间的互感系数是相等的,通常用 M 表示两个线圈之间的互感,即

$$M_{12}=M_{21}=M$$

由前面的分析可以看出,根据右螺旋定则所规定的互感电压的参考正、负极性与施感电流的参考方向和两个线圈的绕向都有关。但不管绕向如何,施感电流(如线圈1的 i_1)所产生的自感电压(如 u_{11})的参考正(或负)极性端与其在另一个线圈(如线圈2)中所产生的互感电压(如 u_{21})的参考正(或负)极性端总是一一对应,并满足在 u_{11} 和 i_1 关联参考方向下 $u_{11}=L_1\dfrac{\mathrm{d}i_1}{\mathrm{d}t}$,$u_{21}=M\dfrac{\mathrm{d}i_1}{\mathrm{d}t}$ 的关系。由于在图上不方便画出线圈的绕向,所以常用相同的符号如“Δ”“·”“*”等将这对具有相同正(或负)极性的端钮标记出来,并称它们为两个耦合电感的同名端。如图9-1-1中用相同的“·”标记的1和2端钮就是这对耦合电感的同名端。这样就可以将图9-1-1的两个

耦合电感用图 9-1-2 所示的图符来表示。

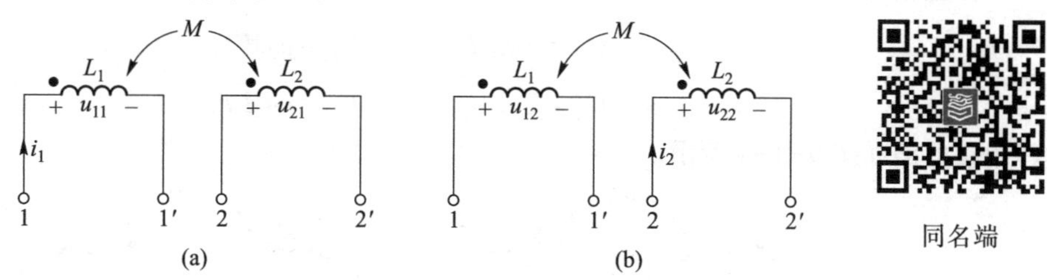

图 9-1-2　图 9-1-1 的电路符号

耦合电感的同名端可以按下列方法一对一对地加以标记。当耦合线圈中的一个线圈中通以施感电流（选定其参考方向），根据该线圈的绕向按右螺旋定则确定其自感磁通和在另一个线圈中互感磁通的参考方向，再根据自感磁通和互感磁通与所在线圈的绕向按右螺旋定则一一确定两个耦合电感中自感电压和互感电压的参考正极性端，则自感电压的参考正极性端与互感电压的参考正极性端构成此两个耦合电感的同名端，并给予标记。同名端与有磁耦合的两个线圈的绕向和相对位置有关。图 9-1-3 中给出了几种绕向和相对位置不同的耦合电感，并标出了它们的同名端（图中画出了线圈的框架，是为了便于看出线圈的绕向），读者可以根据同名端的标记方法加以查验。

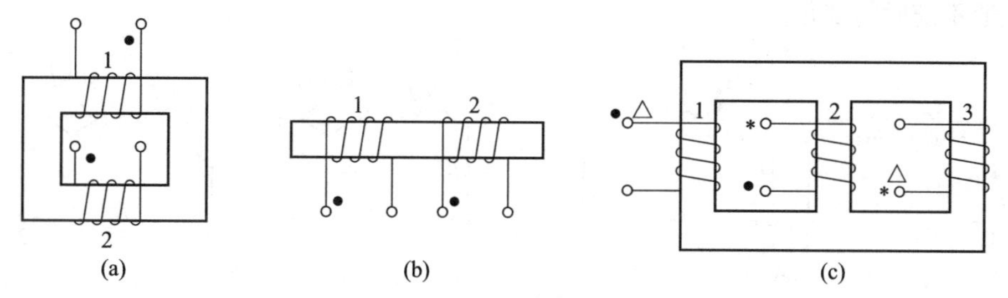

图 9-1-3　耦合电感的同名端

对于一对给定的耦合电感可以用实验的方法来确定它们的同名端。例如，当有随时间增长的电流流入一个线圈时，则在此线圈和另一线圈中电位升高的一对端钮便构成了同名端。

如果耦合电感的线圈都流过电流时，则每一个线圈中的总磁链将等于自感磁链和所有互感磁链的代数和（两部分叠加）。例如，对第 k 个线圈，在总磁链和自感磁链参考方向相同时，有

$$\boldsymbol{\Psi}_k = \boldsymbol{\Psi}_{kk} + \sum_{j \neq k} \boldsymbol{\Psi}_{kj} \tag{9-1-7}$$

式中，与自感磁链 $\boldsymbol{\Psi}_{kk}$ 同向的互感磁链 $\boldsymbol{\Psi}_{kj}$ 前取正号；反之，则取负号。与此相应的每一个线圈中的总电压也为自感电压和所有互感电压两部分叠加，即在总电压和自感电压参考极性相同时，则

$$\begin{aligned} u_k &= \frac{\mathrm{d}\boldsymbol{\Psi}_{kk}}{\mathrm{d}t} + \sum_{j \neq k} \frac{\mathrm{d}\boldsymbol{\Psi}_{kj}}{\mathrm{d}t} \\ &= L_k \frac{\mathrm{d}i_k}{\mathrm{d}t} + \sum_{j \neq k} M_{kj} \frac{\mathrm{d}i_j}{\mathrm{d}t} \end{aligned} \tag{9-1-8}$$

式中，与自感电压参考极性相同的互感电压前取正号；反之，则取负号。

在正弦电流电路中，图 9-1-1(a)、(b)所示的自感电压和互感电压可以用相量表示，即

$$\dot{U}_{11}=\mathrm{j}\omega L_1\dot{I}_1 \qquad \dot{U}_{21}=\mathrm{j}\omega M\dot{I}_1$$

$$\dot{U}_{22}=\mathrm{j}\omega L_2\dot{I}_2 \qquad \dot{U}_{12}=\mathrm{j}\omega M\dot{I}_2$$

其相量电路如图 9-1-4 所示。

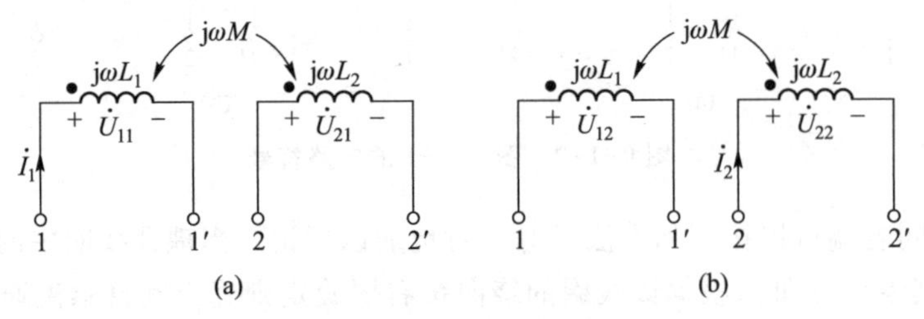

图 9-1-4　图 9-1-1 的相量电路

由此看出，互感电压超前产生它的电流 90°。仿照自感电抗的概念，如果令 $Z_M=\mathrm{j}\omega M=\mathrm{j}X_M$，$X_M$ 称为互感电抗（简称互感抗），则有

$$\dot{U}_{21}=Z_M\dot{I}_1=\mathrm{j}X_M\dot{I}_1, \qquad \dot{U}_{12}=Z_M\dot{I}_2=\mathrm{j}X_M\dot{I}_2$$

顺便在这里指出一个值得注意的问题，就是和自感一样，互感对于直流也不起作用，这是因为直流磁通不随时间变化。

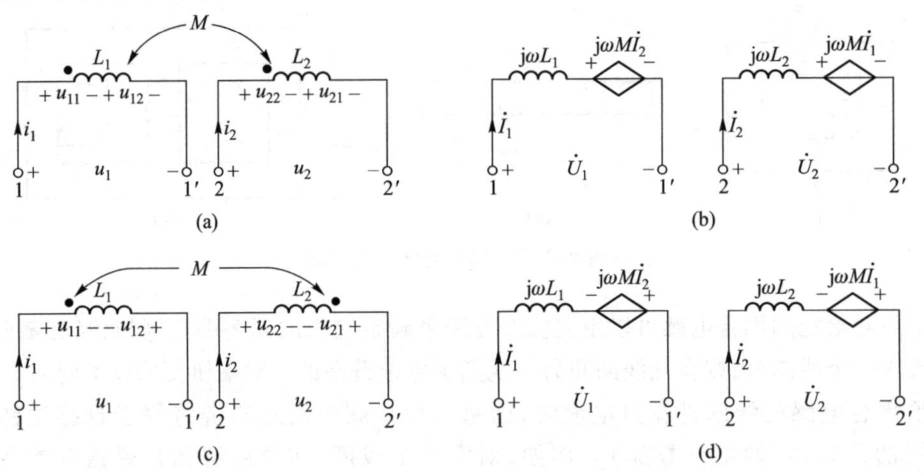

图 9-1-5　耦合电感的等效受控源电路

电路分析时也可以用电流控制电压源（CCVS）表示互感电压的作用。例如，在正弦电流电路中，对于图 9-1-5(a)所示的耦合电感，其伏安关系为

一对耦合电感同时有电流流入时的伏安关系

$$u_1=u_{11}+u_{12}=L_1\frac{\mathrm{d}i_1}{\mathrm{d}t}+M\frac{\mathrm{d}i_2}{\mathrm{d}t}$$

$$u_2=u_{21}+u_{22}=M\frac{\mathrm{d}i_1}{\mathrm{d}t}+L_2\frac{\mathrm{d}i_2}{\mathrm{d}t}$$

用相量表示为

$$\dot{U}_1=\mathrm{j}\omega L_1\dot{I}_1+\mathrm{j}\omega M\dot{I}_2$$

$$\dot{U}_2=\mathrm{j}\omega M\dot{I}_1+\mathrm{j}\omega L_2\dot{I}_2$$

用 CCVS 表示互感电压的等效电路的相量电路如图 9-1-5(b)所示。

同理,对于图 9-1-5(c)所示的耦合电感,其伏安关系为

$$u_1=u_{11}-u_{12}=L_1\frac{\mathrm{d}i_1}{\mathrm{d}t}-M\frac{\mathrm{d}i_2}{\mathrm{d}t}$$

$$u_2=-u_{21}+u_{22}=-M\frac{\mathrm{d}i_1}{\mathrm{d}t}+L_2\frac{\mathrm{d}i_2}{\mathrm{d}t}$$

用相量表示为

$$\dot{U}_1=\mathrm{j}\omega L_1\dot{I}_1-\mathrm{j}\omega M\dot{I}_2$$

$$\dot{U}_2=-\mathrm{j}\omega M\dot{I}_1+\mathrm{j}\omega L_2\dot{I}_2$$

则用 CCVS 表示互感电压的等效电路的相量电路如图 9-1-5(d)所示。

为了定量地描述耦合电感的两个线圈的耦合紧疏程度,工程上引入了耦合系数的概念,并定义为耦合电感的两个线圈的互感磁通链和自感磁链比值的几何平均值,用 k 表示,即

$$k=\sqrt{\frac{\Psi_{12}}{\Psi_{11}}\cdot\frac{\Psi_{21}}{\Psi_{22}}} \tag{9-1-9}$$

因为 $\Psi_{11}=L_1i_1$、$\Psi_{21}=Mi_1$、$\Psi_{22}=L_2i_2$、$\Psi_{12}=Mi_2$,代入上式,得

$$k\triangleq\frac{M}{\sqrt{L_1L_2}}\leqslant 1 \tag{9-1-10}$$

耦合电感的两个线圈之间的耦合程度或耦合系数 k 的大小与线圈的结构、两个线圈的相互位置和周围的磁介质有关。在无线电技术中,为了更有效地传输信号,可以将两个线圈紧密绕制在一起,如图 9-1-6(a)所示,则 k 值可能接近于 1。当然在实际电路中,有时也需尽量减小互感的作用,以避免线圈之间的相互干扰,为此可采用线圈轴线互相垂直放置的方式,如图 9-1-6(b)所示,以使 k 值很小,甚至可能接近于零。由此可见,改变或调整两个线圈的相互位置,可以改变耦合系数的大小。当 L_1、L_2 一定时,也就相应地改变互感 M 的大小。

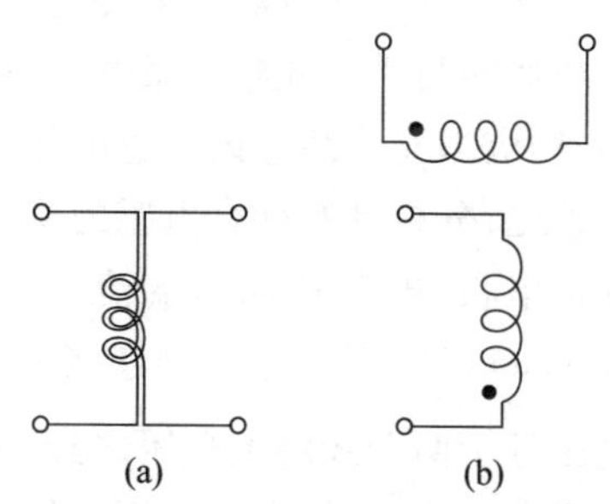

图 9-1-6 耦合电感的耦合系数与相互位置的关系

思考与练习

9-1-1 两个具有耦合电感的线圈的同名端与电压和电流参考方向的选取有关吗?试举例说明。

9-1-2 两个耦合电感线圈的耦合系数 k 的物理定义是什么?为什么收音机中输出变压器与电源变压器往往远离且互相垂直放置?

9-1-3 标出题 9-1-3 图各实际耦合线圈的同名端。

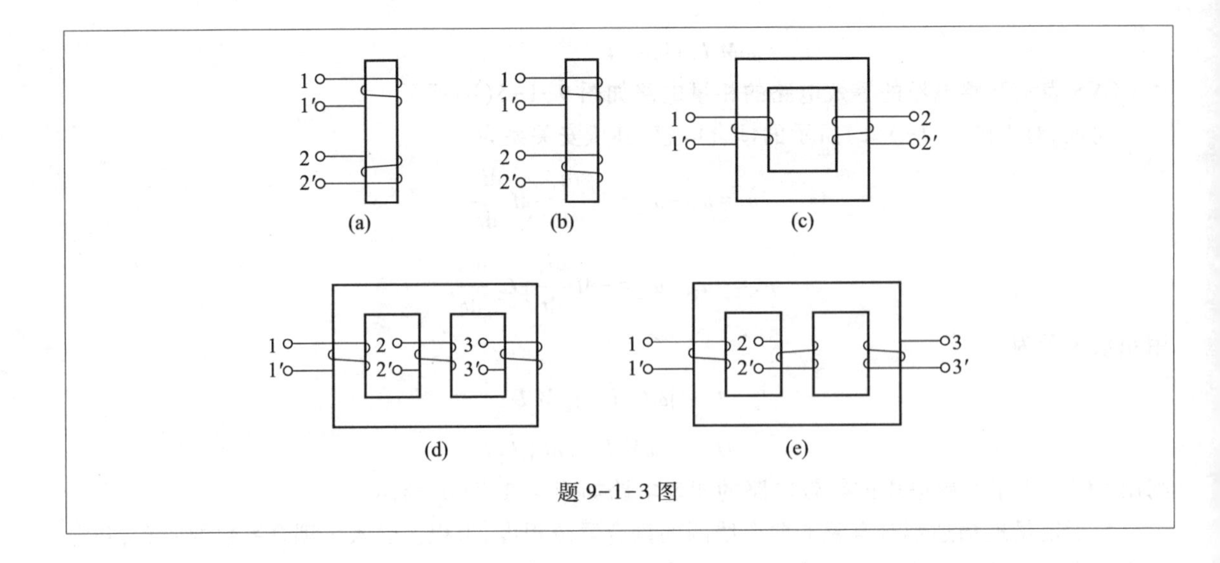

题 9-1-3 图

9.2 含耦合电感的电路计算

含耦合电感的正弦电流电路的计算，仍可以采用相量法。与一般的正弦电流电路的计算相比，其 KCL 方程的形式不变，但在 KVL 方程中应该计入由于互感作用所引起的互感电压。当电路中的某些支路含有耦合电感时，这些支路的电压将不仅与自身支路的电流有关（自感电压），而且与那些与之有互感关系的支路的电流有关（互感电压）。所以，在分析和计算含耦合电感的电路时，应当充分注意因互感的作用而出现的一些特殊问题。

首先，分析具有耦合电感的两个线圈的串联情况。耦合电感的两个线圈的串联有两种接法，即顺接串联（电流从同名端流入的串联）和反接串联（电流从异名端流入的串联），分别如图 9-2-1(a)、(b) 所示。这种连接的特点是耦合电感的两个线圈中的电流相同，外接端钮之间的总电压等于两个线圈上电压之和，即 $\dot{I}_1=\dot{I}_2=\dot{I}$，$\dot{U}=\dot{U}_1+\dot{U}_2$。由于总电压、自感电压和施感电流均为关联参考方向，故自感电压前均取正号。顺接串联时电流从同名端流入，使互感电压参考极性与自感电压参考极性相同，故互感电压前取正号。反接串联时电流从异名端流入，使互感电压参考极性与自感电压参考极性相反，故互感电压前取负号。由此可得

$$\begin{aligned}\dot{U}=\dot{U}_1+\dot{U}_2&=(\mathrm{j}\omega L_1\dot{I}\pm\mathrm{j}\omega M\dot{I})+(\mathrm{j}\omega L_2\dot{I}\pm\mathrm{j}\omega M\dot{I})\\&=\mathrm{j}\omega(L_1+L_2\pm2M)\dot{I}=\mathrm{j}\omega L_{\mathrm{eq}}\dot{I}\end{aligned}\qquad(9\text{-}2\text{-}1)$$

一对耦合电感的串联

由上式可见，其端电压 $\dot{U}$ 与流过其中的电流 $\dot{I}$ 的关系与电感元件相符，因此这一电路可用一等效电感 L_{eq} 替代［如图 9-2-1(c) 所示］，等效电感

$$L_{\mathrm{eq}}=L_1+L_2\pm2M\qquad(9\text{-}2\text{-}2)$$

式中，$2M$ 项前的正号对应于顺接串联，负号对应于反接串联。应当指出，上式适用于任意电流波形的电路。该式的物理意义也是十分明显的，因为顺接串联时，自感磁链和互感磁链参考方向相同，线圈中的总磁链比无互感时大，故等效电感大于两个自感之和；反接串联时

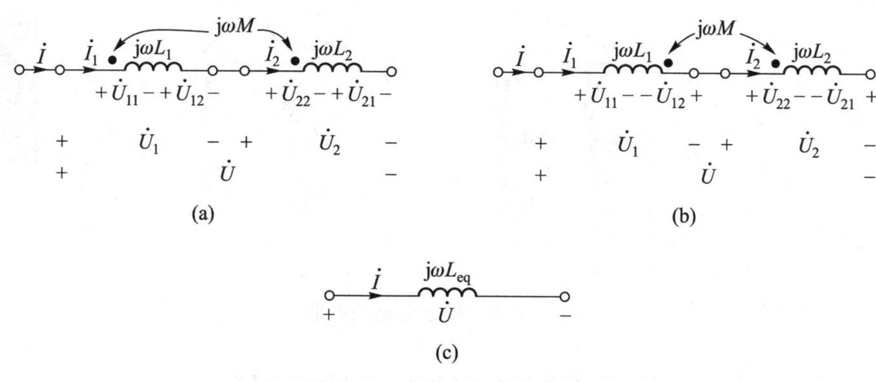

图 9-2-1 耦合电感的串联

自感磁链和互感磁链参考方向相反，总磁链比无互感时要小，故等效电感小于两个自感之和。这说明顺接串联时互感有增大电（自）感的作用，互感的这种作用称为互感的“感性”效应；反接串联时，互感有减小电（自）感的作用，互感的这种作用称为互感的“容性”效应。由于互感 M 不大于两个自感的几何平均值$\sqrt{L_1L_2}$，而两个自感的几何平均值$\sqrt{L_1L_2}$又不大于其算术平均值$\dfrac{L_1+L_2}{2}$，故互感系数 $M\leqslant\dfrac{L_1+L_2}{2}$，所以反接串联时仍然有 $L_{eq}\geqslant 0$。

如果两个线圈的电阻 R_1 和 R_2 也考虑在内，则在正弦电流电路中耦合电感的两个线圈串联可用一个等效阻抗替代，其等效阻抗

$$Z=R_1+R_2+j\omega(L_1+L_2\pm 2M)=(R_1+R_2)+j\omega L_{eq}$$

式中，L_{eq}的计算要注意的是顺接串联还是反接串联。

根据上述讨论，可以画出图 9-2-1(a)、(b)所示电路中线圈 1、2 分别串入电阻 R_1、R_2 的电路（图 9-2-1(c)所示等效电路中串入电阻(R_1+R_2)）的相量图如图 9-2-2(a)、(b)所示。图 9-2-2(a)中是顺接串联而 $M>L_1$，$M>L_2$ 的情况；图 9-2-2(b)中是反接串联而 $M>L_1$，$M<L_2$的情况。

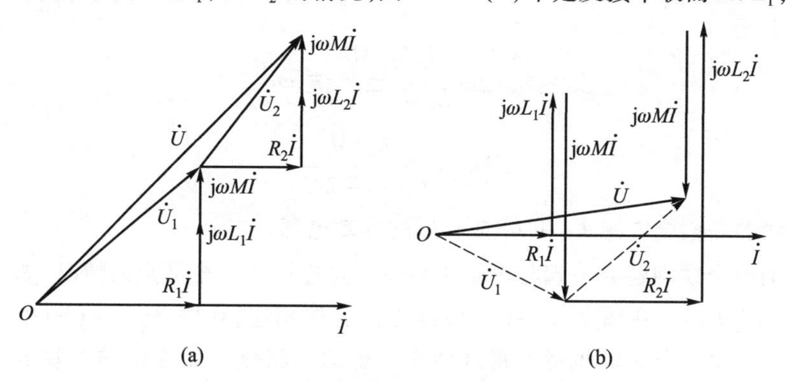

图 9-2-2 耦合电感串联电路的相量图

现在分析具有耦合电感的两个线圈的并联情况，这时也有两种接法。当同名端在同一侧时称为同侧并联，如图 9-2-3(a)所示；当同名端不在同一侧时称为异侧并联，如图 9-2-3(b)所示。此时，在图中所示的参考方向和极性下，得

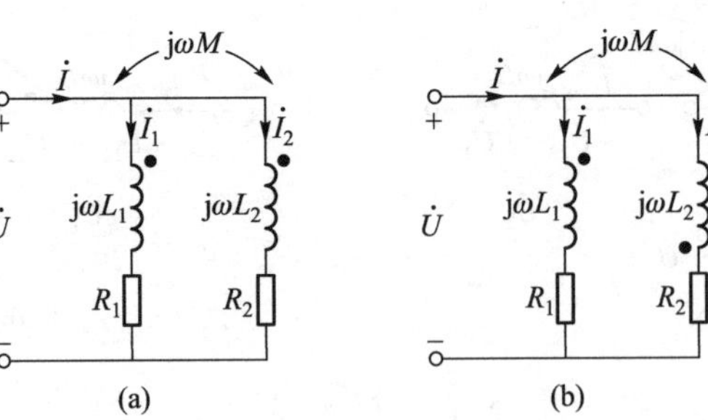

图 9-2-3 耦合电感的并联

一对耦合电感的并联

$$\dot{U}=Z_1\dot{I}_1\pm Z_M\dot{I}_2=(R_1+\mathrm{j}\omega L_1)\dot{I}_1\pm\mathrm{j}\omega M\dot{I}_2$$

$$\dot{U}=Z_2\dot{I}_2\pm Z_M\dot{I}_1=(R_2+\mathrm{j}\omega L_2)\dot{I}_2\pm\mathrm{j}\omega M\dot{I}_1$$

式中，含有 Z_M（或 M）项前面的符号，上面的对应于同侧并联，下面的对应于异侧并联（下同），求解上述两个方程，得

$$\dot{I}_1=\frac{\dot{U}(Z_2\mp Z_M)}{Z_1Z_2-Z_M^2}$$

$$\dot{I}_2=\frac{\dot{U}(Z_1\mp Z_M)}{Z_1Z_2-Z_M^2}$$

因为 $\dot{I}=\dot{I}_1+\dot{I}_2$，所以

$$\dot{I}=\frac{\dot{U}(Z_1+Z_2\mp Z_M)}{Z_1Z_2-Z_M^2} \tag{9-2-3}$$

于是可以得到耦合电感的两个线圈并联后的等效阻抗

$$Z_{\mathrm{eq}}=\frac{\dot{U}}{\dot{I}}=\frac{Z_1Z_2-Z_M^2}{Z_1+Z_2\mp Z_M}$$

在 $R_1=R_2=0$ 时，有

$$Z_{\mathrm{eq}}=\mathrm{j}\omega\frac{L_1L_2-M^2}{L_1+L_2\mp 2M}=\mathrm{j}\omega L_{\mathrm{eq}}$$

$$L_{\mathrm{eq}}=\frac{L_1L_2-M^2}{L_1+L_2\mp 2M} \tag{9-2-4}$$

式(9-2-4)表明的是耦合电感 L_1 和 L_2 并联后的等效电感。

耦合电感的两个线圈各有一端与电路中另一支路连接于一个节点的情况，如图 9-2-4(a)、(b)所示。在图 9-2-4(a)中称为同名端相连；在图 9-2-4(b)中称为异名端相连。电路分析时也可以将这种含互感的电路化为无互感的等效电路。图 9-2-4(a)、(b)所示电路的电路方程为

一对耦合电感的三端连接及其去耦等效变换

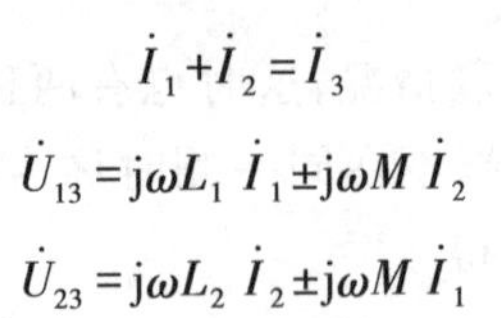

$$\dot{I}_1+\dot{I}_2=\dot{I}_3$$

$$\dot{U}_{13}=\mathrm{j}\omega L_1\dot{I}_1\pm\mathrm{j}\omega M\dot{I}_2$$

$$\dot{U}_{23}=\mathrm{j}\omega L_2\dot{I}_2\pm\mathrm{j}\omega M\dot{I}_1$$

式中，$j\omega M$ 前面的正号对应于图 9-2-4(a)所示同名端相连的情况；负号对应于图 9-2-4(b)所示异名端相连的情况。将$\dot{I}_2=\dot{I}_3-\dot{I}_1$代入$\dot{U}_{13}$的表达式，消去式中的$\dot{I}_2$；将$\dot{I}_1=\dot{I}_3-\dot{I}_2$代入$\dot{U}_{23}$的表达式，消去式中的$\dot{I}_1$，整理后，得

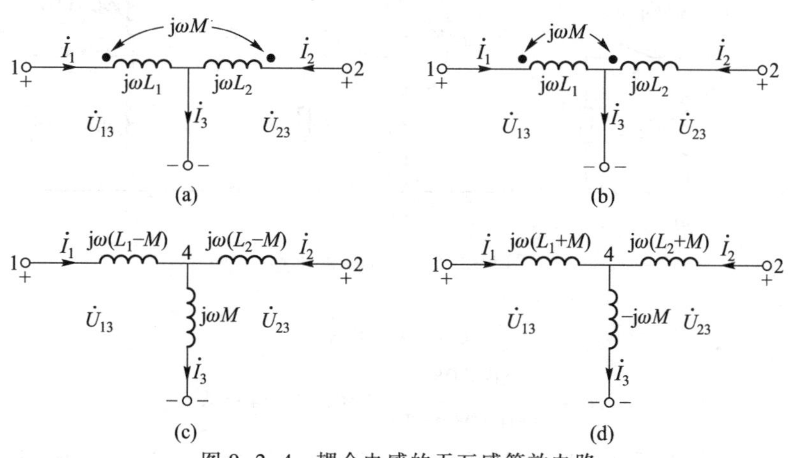

图 9-2-4 耦合电感的无互感等效电路

$$\dot{U}_{13}=j\omega(L_1\mp M)\dot{I}_1\pm j\omega M\dot{I}_3=j\omega(L_1\mp M)\dot{I}_1+j\omega(\pm M)\dot{I}_3 \tag{9-2-5}$$

$$\dot{U}_{23}=j\omega(L_2\mp M)\dot{I}_2\pm j\omega M\dot{I}_3=j\omega(L_2\mp M)\dot{I}_2+j\omega(\pm M)\dot{I}_3 \tag{9-2-6}$$

由上两式可见，$\dot{U}_{13}$和$\dot{U}_{23}$都可以等效地看成两个电(自)感电压之和。$\dot{U}_{13}$的第一项为$\dot{I}_1$流过等效电感$(L_1\mp M)$产生的电压，第二项为$\dot{I}_3$流过等效电感$\pm M$产生的电压。$\dot{U}_{23}$的第一项为$\dot{I}_2$流过等效电感$(L_2\mp M)$产生的电压，第二项为$\dot{I}_3$流过等效电感$\pm M$产生的电压。以上各等效电感中 M 项前上面的符号对应于图 9-2-4(a)所示的同名端相连的情况；下面的符号对应于图 9-2-4(b)所示的异名端相连的情况。由以上的分析便可以构成图 9-2-4(a)、(b)的无互感等效电路，分别如图 9-2-4(c)、(d)所示。这种等效电路不仅适用于正弦电流电路，也适用于任意波形电流的电路。将图 9-2-4(a)、(b)所示含互感的电路化为图 9-2-4(c)、(d)所示的无互感等效电路的方法称为互感消去法。

比较原电路和等效电路可见，这种等效变换使得电路的节点数增加一个，如图 9-2-4(c)、(d)所示的节点 4。因此，如果需要求原电路中的支路电压时，必须将等效电路中的节点与原电路中的节点一一对应，不可混淆。

最后要明确指出，这种等效变换仅与同名端的位置有关，而与电流的参考方向、电压的参考极性无关。

例 9-1 如图 9-2-5(a)所示电路，已知 $R_1=20\ \Omega$，$R_2=2\ \Omega$，$\omega L_1=10\ \Omega$，$\omega L_2=6\ \Omega$，$\omega M=2\ \Omega$，电压 $U=80$ V。求当开关打开和闭合时的电流$\dot{I}$。

含耦合电感电路的计算

解 开关打开时的电路如图 9-2-5(a)所示，由于是顺接串联，所以

$$\dot{I}=\frac{\dot{U}}{R_1+j\omega(L_1+L_2+2M)}$$

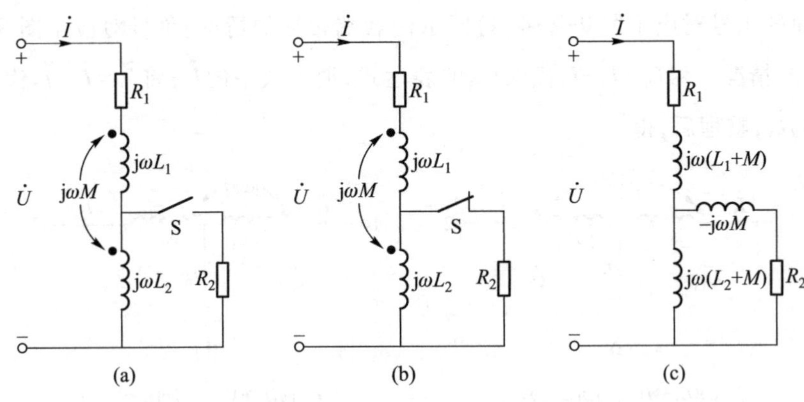

图 9-2-5 例 9-1 的电路

令
$$\dot{U}=80\angle 0^\circ\ \text{V}$$

则
$$\dot{I}=\frac{80\angle 0^\circ}{20+\text{j}(10+6+4)}\ \text{A}=2\sqrt{2}\angle -45^\circ\ \text{A}$$

开关合上时的电路如图 9-2-5(b)所示，由于是异名端相连，其等效的无互感电路如图 9-2-5(c)所示，有

$$\dot{I}=\frac{\dot{U}}{R_1+\text{j}\omega(L_1+M)+\dfrac{\text{j}\omega(L_2+M)(R_2-\text{j}\omega M)}{\text{j}\omega(L_2+M)-\text{j}\omega M+R_2}}$$

$$=\frac{80\angle 0^\circ}{20+\text{j}12+\dfrac{\text{j}8(2-\text{j}2)}{\text{j}8-\text{j}2+2}}\ \text{A}=\frac{3\ 200}{928+\text{j}416}\ \text{A}$$

$$=3.15\angle -24.15^\circ\ \text{A}$$

例 9-2 如图 9-2-6(a)所示电路，已知 $R_1=8\ \Omega$，$R_2=4\ \Omega$，$\omega L_1=20\ \Omega$，$\omega L_2=4\ \Omega$，$\omega M=8\ \Omega$，电压 $U=100$ V。试求各支路电流以及各线圈吸收的复功率。

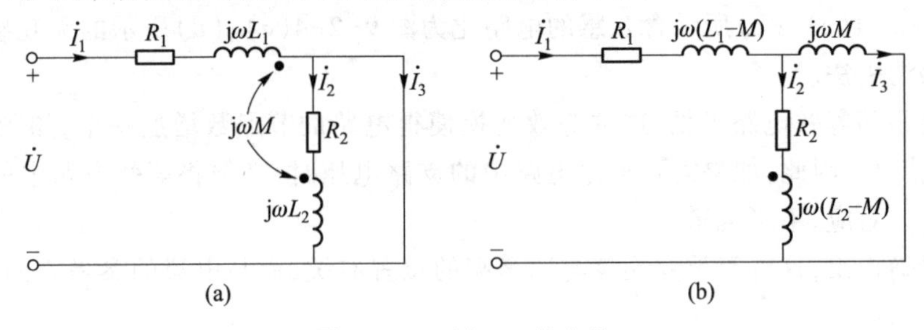

图 9-2-6 例 9-2 的电路

解 图 9-2-6(a)所示电路属同名端相连的电路，其等效的无互感电路如图 9-2-6(b)所示，有

$$Z_{\text{eq}}=R_1+\text{j}\omega(L_1-M)+\frac{[R_2+\text{j}\omega(L_2-M)]\text{j}\omega M}{R_2+\text{j}\omega(L_2-M)+\text{j}\omega M}$$

$$=8+\mathrm{j}12+\frac{(4-\mathrm{j}4)\mathrm{j}8}{4-\mathrm{j}4+\mathrm{j}8}\ \Omega=(16+\mathrm{j}12)\ \Omega$$

令

$$\dot{U}=100\angle 0^\circ\ \mathrm{V}$$

则

$$\dot{I}_1=\frac{\dot{U}}{Z_{\mathrm{eq}}}=\frac{100\angle 0^\circ}{16+\mathrm{j}12}\ \mathrm{A}=5\angle -36.87^\circ\ \mathrm{A}$$

$$\dot{I}_2=\frac{\mathrm{j}\omega M}{R_2+\mathrm{j}\omega(L_2-M)+\mathrm{j}\omega M}\dot{I}_1$$

$$=\frac{\mathrm{j}8}{4+\mathrm{j}4}\times 5\angle -36.87^\circ\ \mathrm{A}=7.07\angle 8.13^\circ\ \mathrm{A}$$

$$\dot{I}_3=\dot{I}_1-\dot{I}_2=5\angle -126.87^\circ\ \mathrm{A}$$

由于线圈 2 被短路，所以线圈 1 两端的电压为$\dot{U}$，则线圈 1 吸收的复功率为

$$\overline{S}_1=\dot{U}\overset{*}{\dot{I}}_1=100\angle 0^\circ\times 5\angle 36.87^\circ\ \mathrm{VA}=500\angle 36.87^\circ\ \mathrm{VA}$$
$$=400+\mathrm{j}300\ \mathrm{VA}$$

线圈 2 吸收的复功率为

$$\overline{S}_2=0\ \overset{*}{\dot{I}}_2=0$$

另一方面，线圈 2 吸收的复功率还可表示为

$$\overline{S}_2=[-\mathrm{j}\omega M\dot{I}_1+(R_2+\mathrm{j}\omega L_2)\dot{I}_2]\overset{*}{\dot{I}}_2$$
$$=-\mathrm{j}80\times 5\angle -36.87^\circ\times 7.07\angle -8.13^\circ\ \mathrm{VA}+(4+\mathrm{j}4)\times 7.07^2\ \mathrm{VA}$$
$$=(-2\,000-\mathrm{j}2\,000)\ \mathrm{VA}+(2\,000+\mathrm{j}2\,000)\ \mathrm{VA}$$
$$=0$$

上式中前一项$(-\mathrm{j}\omega M\dot{I}_1\overset{*}{\dot{I}}_2)$表示由线圈 1 通过磁耦合传输给线圈 2 的复功率，而后一项则为线圈 2 的电阻和电感吸收的复功率，两者恰好彼此平衡，这是线圈 2 被短路形成的结果。

例 9-3 求图 9-2-7(a)所示一端口电路的戴维南等效电路，已知 $R_1=R_2=8\ \Omega$，线圈 1 和 2 的阻抗为 $\omega L_1=\omega L_2=4\ \Omega$，耦合阻抗 $\omega M=2\ \Omega$，$U_1=10\ \mathrm{V}$。

解 求图 9-2-7(a)所示一端口电路的开路电压时，由于线圈 2 中的电流为零，则

$$\dot{U}_{\mathrm{oc}}=\dot{U}_{21}+\dot{U}_{R2}=\mathrm{j}\omega M\dot{I}_1+R_2\dot{I}_1$$

式中，第一项为电流$\dot{I}_1$在耦合电感的线圈 2 中产生的互感电压（参考极性左负右正），第二项为电流$\dot{I}_1$在电阻 R_2 上产生的电压。而电流

$$\dot{I}_1=\frac{\dot{U}_1}{R_1+R_2+\mathrm{j}\omega L_1}$$

由此可得

$$\dot{U}_{\mathrm{oc}}=\frac{R_2+\mathrm{j}\omega M}{R_1+R_2+\mathrm{j}\omega L_1}\dot{U}_1$$

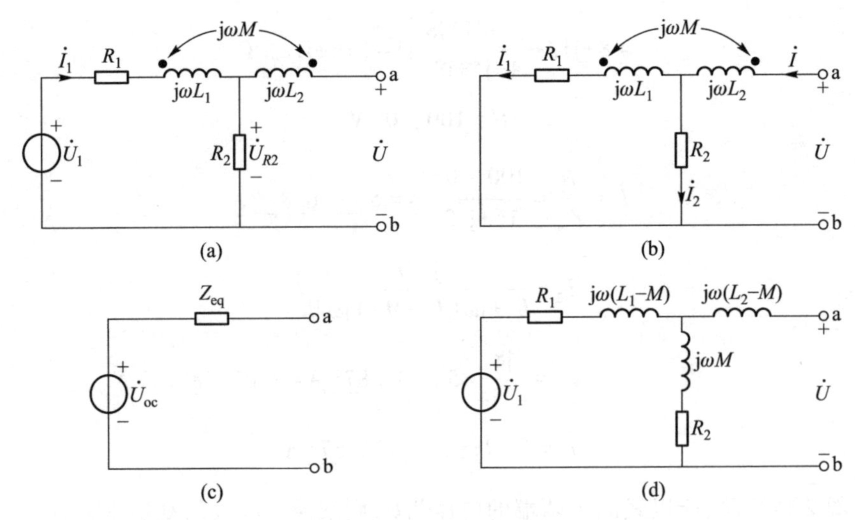

图 9-2-7 例 9-3 的电路

令

$$\dot{U}_1 = 10\ \underline{/0^\circ}\ \mathrm{V}$$

将已知数据代入上式,解得

$$\dot{U}_{oc} = 5\ \underline{/0^\circ}\ \mathrm{V}$$

由于该一端口电路含耦合电感,它的戴维南等效阻抗的求法应该与含受控源的电路一样,将原一端口电路中的独立电压源电压置为零值,用“短路”替代,在端口上外加电压$\dot{U}$,如图 9-2-7(b)所示。用支路电流法列出电路方程,得

$$\dot{U} = \mathrm{j}\omega L_2\dot{I} - \mathrm{j}\omega M\dot{I}_1 + R\dot{I}_2$$

$$0 = (R_1 + \mathrm{j}\omega L_1)\dot{I}_1 - \mathrm{j}\omega M\dot{I} - R\dot{I}_2$$

$$\dot{I} = \dot{I}_1 + \dot{I}_2$$

解得

$$\dot{I} = \frac{(R_1 + R_2 + \mathrm{j}\omega L_1)\dot{U}}{(R_2 + \mathrm{j}\omega L_2)(R_1 + R_2 + \mathrm{j}\omega L_1) - (R_2 + \mathrm{j}\omega M)^2}$$

根据戴维南等效阻抗的定义,并代入已知数据,得

$$Z_{eq} = \frac{\dot{U}}{\dot{I}} = R_2 + \mathrm{j}\omega L_2 - \frac{(R_2 + \mathrm{j}\omega M)^2}{R_1 + R_2 + \mathrm{j}\omega L_1}$$

$$= \left(8 + \mathrm{j}4 - \frac{(8 + \mathrm{j}2)^2}{16 + \mathrm{j}4}\right)\ \Omega = (4 + \mathrm{j}3)\ \Omega$$

该一端口电路的戴维南等效电路如图 9-2-7(c)所示。

从以上的例题可以看出两点:① 含耦合电感的电路具有含受控源电路的特点;② 在电路的 KVL 方程中,必须准确地计入互感电压。所以,在分析含耦合电感的电路时,应当考虑这两点。而互感消去法将原电路等效为无互感的电路以后,只需按一般的 R、L、C 电路进行分析。例如,图 9-2-7(a)所示一端口电路的无互感等效电路如图 9-2-7(d)所示,其开路电压为

$$\dot{U}_{oc}=\frac{R_2+j\omega M}{R_1+j\omega(L_1-M)+R_2+j\omega M}\dot{U}_1$$
$$=\frac{R_2+j\omega M}{R_1+R_2+j\omega L_1}\dot{U}_1=5\angle 0^\circ\ \text{V}$$

其等效阻抗 Z_{eq} 仅需将图 9-2-7(d)中的独立电压源置为零值，再利用阻抗串、并联化简的方法即可求得，即

$$Z_{eq}=j\omega(L_2-M)+\frac{[R_1+j\omega(L_1-M)](R_2+j\omega M)}{R_1+j\omega(L_1-M)+R_2+j\omega M}$$
$$=\left[j2+\frac{(8+j2)(8+j2)}{8+j2+8+j2}\right]\ \Omega=(4+j3)\ \Omega$$

与前面所求结果一样。可见，互感消去法是分析含耦合电感电路的行之有效的方法。

思考与练习

9-2-1 具有电阻的两个耦合电感线圈，其中一个线圈接在直流电压源两端已久，另一个线圈两端有互感电压吗？怎样计算接通直流电压源的线圈中的电流？

9-2-2 测量耦合电感的方法有几种？试举例说明。

9-2-3 试求题 9-2-3 图所示二端网络的等效电路。

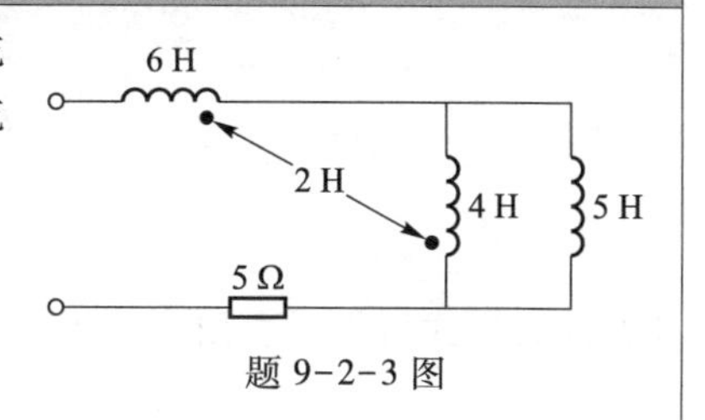

题 9-2-3 图

9.3 空心变压器

具有磁耦合的两个线圈在工程上有许多用途。变压器就是利用它来实现从一个电路向另一个电路传输能量或信号的一种器件。空心变压器是由两个绕在非铁磁材料制成的骨架上并具有磁耦合的线圈组成的。它在高频电路和测量仪器中应用广泛。

由于空心变压器属于一种线性变压器，所以，它可以由图 9-3-1 所示电路的点画线框所围部分作为它的电路模型。其中与电源相连的一边称为一次侧，其线圈称为一次绕组，R_1、L_1 分别为一次绕组的电阻、电感；与负载相连的一边称为二次侧，其线圈称为二次绕组，R_2、L_2 分别为二次绕组的电阻、电感。M 为两线圈之间的互感，这些都是空心变压器的参数。R_L、X_L 分别为负载的电阻、感抗。

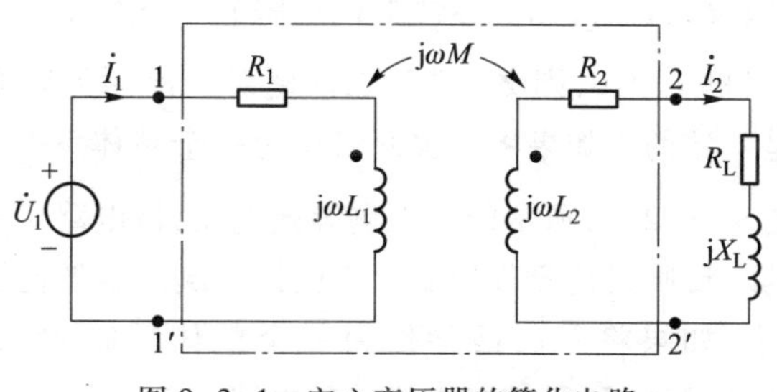

图 9-3-1 空心变压器的简化电路

含空心变压器电路的计算

根据图 9-3-1 所示的电压和电流的参考方向以及同名端,可写出其电路方程为

$$(R_1+\mathrm{j}\omega L_1)\dot{I}_1-\mathrm{j}\omega M\dot{I}_2=\dot{U}_1 \tag{9-3-1}$$

$$-\mathrm{j}\omega M\dot{I}_1+(R_2+R_\mathrm{L}+\mathrm{j}\omega L_2+\mathrm{j}X_\mathrm{L})\dot{I}_2=0 \tag{9-3-2}$$

如果令 $Z_{11}=R_1+\mathrm{j}\omega L_1$ 为一次回路的阻抗,$Z_{22}=R_2+R_\mathrm{L}+\mathrm{j}\omega L_2+\mathrm{j}X_\mathrm{L}$ 为二次回路的阻抗,$Z_M=\mathrm{j}\omega M$ 为互感阻抗,上述电路方程可简化为

$$Z_{11}\dot{I}_1-Z_M\dot{I}_2=\dot{U}_1 \tag{9-3-3}$$

$$-Z_M\dot{I}_1+Z_{22}\dot{I}_2=0 \tag{9-3-4}$$

可解得

$$\dot{I}_1=\frac{\dot{U}_1}{Z_{11}-\dfrac{Z_M^2}{Z_{22}}}=\frac{\dot{U}_1}{Z_{11}+\dfrac{(\omega M)^2}{Z_{22}}} \tag{9-3-5}$$

$$\dot{I}_2=\frac{Z_M\dot{U}_1}{Z_{11}Z_{22}-Z_M^2}=\frac{\dfrac{Z_M}{Z_{11}}\dot{U}_1}{Z_{22}+\dfrac{(\omega M)^2}{Z_{11}}} \tag{9-3-6}$$

由$\dot{I}_1$的表达式可得一次回路输入端的等效阻抗

$$Z_i=\frac{\dot{U}_1}{\dot{I}_1}=Z_{11}+\frac{(\omega M)^2}{Z_{22}}=Z_{11}+Z_{1\mathrm{f}} \tag{9-3-7}$$

式中,$Z_{1\mathrm{f}}=\dfrac{(\omega M)^2}{Z_{22}}$是一个决定于互感及二次回路参数的阻抗,它反映了二次回路通过磁耦合对一次回路所产生的影响,故称为二次侧对一次侧的反映阻抗。反映阻抗

$$Z_{1\mathrm{f}}=\frac{(\omega M)^2}{Z_{22}}=(\omega M)^2\left(\frac{R_{22}}{R_{22}^2+X_{22}^2}-\mathrm{j}\frac{X_{22}}{R_{22}^2+X_{22}^2}\right)=R_{1\mathrm{f}}+\mathrm{j}X_{1\mathrm{f}} \tag{9-3-8}$$

其实部 $R_{1\mathrm{f}}=\dfrac{(\omega M)^2R_{22}}{R_{22}^2+X_{22}^2}$称为二次侧对一次侧的反映电阻,如果 $R_{22}>0$,则 $R_{1\mathrm{f}}$总为正值;其虚部$X_{1\mathrm{f}}=-\dfrac{(\omega M)^2X_{22}}{R_{22}^2+X_{22}^2}$称为二次侧对一次侧的反映电抗,符号与 X_{22}相反。它表明二次侧的感性电抗反映到一次侧的反映电抗为容性;反之,二次侧的容性电抗反映到一次侧的反映电抗为感性。很显然,当二次回路开路时,反映阻抗 $Z_{1\mathrm{f}}=0$,则 $Z_i=Z_{11}$,二次侧对一次侧无影响。这个与$\dot{I}_2=0$,二次侧对一次侧无影响的结论是一致的。如果将二次回路作为一个整体反映到一次回路中去,则根据式(9-3-7)可以画出如图 9-3-2(a)所示的一次侧等效电路,该电路对于计算一次回路电流$\dot{I}_1$来说与原电路是完全等效的。反映阻抗吸收的复功率就是二次回路吸收的复功率。

运用同样的分析方法,如果将一次回路作为一个整体反映到二次回路中去,则根据式(9-3-6)可以画出如图 9-3-2(b)所示的二次侧等效电路。

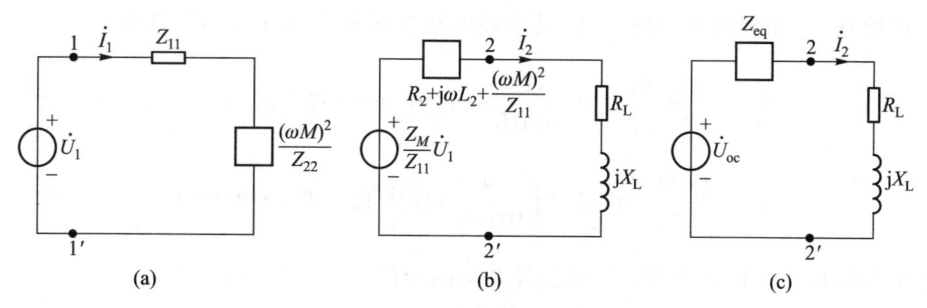

图 9-3-2 空心变压器电路的等效电路

由于二次回路开路时一次侧电流为$\dfrac{\dot{U}_1}{Z_{11}}$,二次侧开路时的二次侧开路电压为$\dfrac{Z_M}{Z_{11}}\dot{U}_1$,二次侧输出端的等效阻抗为$\dfrac{(\omega M)^2}{Z_{11}}+R_2+j\omega L_2$,故图 9-3-2(b)所示电路与在负载端应用戴维南定理求得的戴维南等效电路(如图 9-3-2(c)所示)是一致的,其中$\dot{U}_{oc}=\dfrac{Z_M}{Z_{11}}\dot{U}_1$,$Z_{eq}=\dfrac{(\omega M)^2}{Z_{11}}+R_2+j\omega L_2$。

最后应该指出,如果将图 9-3-1 中的 1′、2′两点相连接为如图 9-3-3(a)所示,由于该连线中无电流流过,故对原电路并无影响。但此时的耦合电感被化为三端连接形式,利用第 9.2 节中介绍的互感消去法,便可以得到如图 9-3-3(b)所示空心变压器的无互感等效电路。其所列回路的 KVL 方程与原电路的方程完全相同。

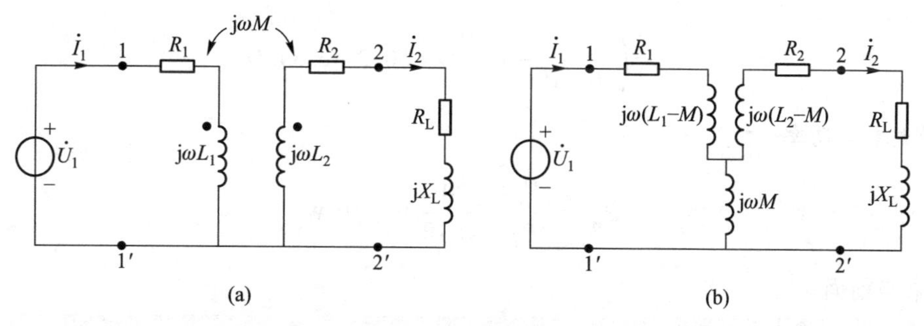

图 9-3-3 空心变压器电路的去耦等效电路

例 9-4 如图 9-3-4(a)所示电路,已知 $U_s=20$ V,Z_X 取何值时获最大平均功率?并求负载 Z_X 获得的平均功率。

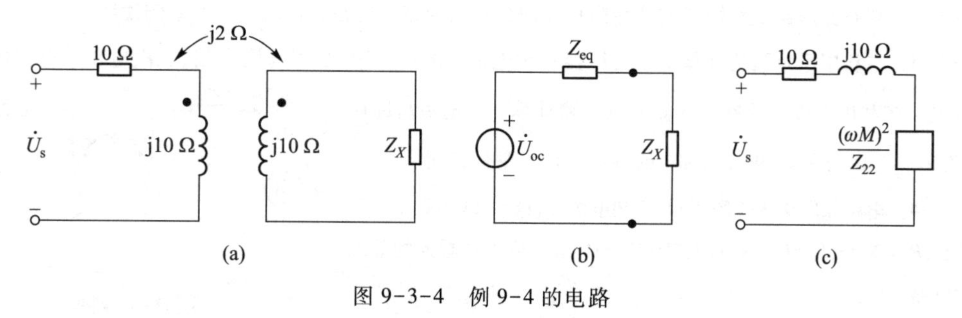

图 9-3-4 例 9-4 的电路

解 在负载 Z_X 端利用戴维南定理，其等效电路如图 9-3-4(b)所示，其中

$$\dot{U}_{oc}=\frac{Z_M}{Z_{11}}\dot{U}_s=\frac{j2}{10+j10}\times 20\angle 0^\circ\ \text{V}=2\sqrt{2}\angle 45^\circ\ \text{V}$$

$$Z_{eq}=\frac{(\omega M)^2}{Z_{11}}+j\omega L_2=\left(\frac{4}{10+j10}+j10\right)\ \Omega=(0.2+j9.8)\ \Omega$$

根据最大平均功率传输定理，Z_X 的最佳共轭匹配值

$$Z_X=\overset{*}{Z}_{eq}=(0.2-j9.8)\ \Omega$$

此时 Z_X 吸收的最大平均功率

$$P_{max}=\frac{U_{oc}^2}{4R_{eq}}=\frac{8}{4\times 0.2}\ \text{W}=10\ \text{W}$$

事实上，由于将二次回路反映到一次回路中(如图 9-3-4(c)所示)以后，反映阻抗吸收的复功率就是二次回路吸收的复功率，故如图 9-3-4(a)所示电路中 Z_X 获得最大平均功率时，即是图 9-3-4(c)电路中的二次侧反映阻抗 Z_{1f} 与一次回路阻抗 Z_{11} 共轭匹配时所获得的最大平均功率，即

$$Z_{1f}=\frac{(\omega M)^2}{j\omega L_2+Z_X}=\overset{*}{Z}_{11}=(10-j10)\ \Omega$$

时 Z_X 可获最大平均功率，由此可求得

$$Z_X=\left(\frac{4}{10-j10}-j10\right)\ \Omega=(0.2-j9.8)\ \Omega$$

所获的最大平均功率

$$P_{max}=\frac{U_s^2}{4R_{11}}=\frac{20^2}{4\times 10}\ \text{W}=10\ \text{W}$$

可见，结果与前面一样。

思考与练习

9-3-1 有人说：空心变压器二次回路在一次回路的反映阻抗并非真正存在，它只是反映了二次回路对一次侧回路的影响，它所消耗的功率就是二次回路所消耗的功率。你认为对吗？你是如何理解反映阻抗的？

9-3-2 空心变压器二次回路的感性阻抗反映到一次回路一定是容性阻抗吗？举例说明。

9-3-3 在利用反映阻抗计算空心变压器一次电流 $\dot{I}_1$ 的过程中，是否与同名端、二次电压和电流的参考方向有关？在利用空心变压器二次侧等效电路计算二次电流 $\dot{I}_2$ 过程中，是否需要考虑同名端、电流 $\dot{I}_1$ 和 $\dot{I}_2$ 的参考方向？举例说明。

9-3-4 电路如题 9-3-4 图所示，已知电源 $u_s(t)=120\sqrt{2}\cos 10^3 t\text{V}$，$R_1=40\ \Omega$，$R_2=30\ \Omega$，$L_1=L_2=30\ \text{mH}$，$M=10\ \text{mH}$，求从输出端看入的戴维南等效电路。

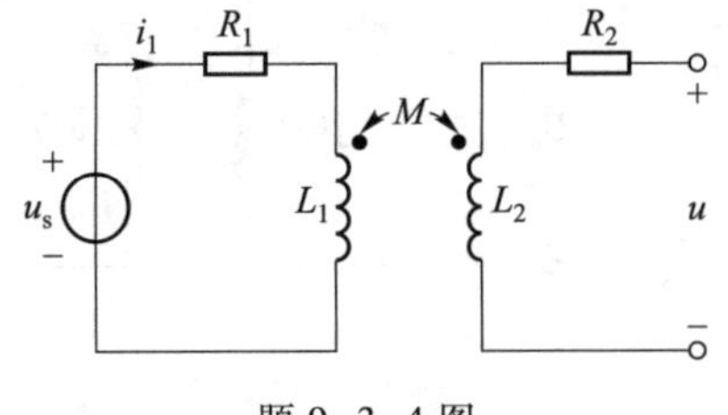

题 9-3-4 图

9.4 理想变压器

理想变压器也是一种磁耦合元件,它是实际铁心变压器的理想化电路模型的一部分,是一种特殊的无损耗全耦合变压器。

理想变压器应当满足下列三个条件:① 变压器本身无损耗,即电阻为零;② 耦合系数 $k=\dfrac{M}{\sqrt{L_1L_2}}=1$,即全耦合;③ L_1、L_2、M 均为无穷大,但 $\sqrt{\dfrac{L_1}{L_2}}$ 的值维持为规定的正实常数,即 $\sqrt{\dfrac{L_1}{L_2}}=\dfrac{N_1}{N_2}$。下面从符合条件①、②,如图 9-4-1 所示的无损耗全耦合变压器来推导理想变压器的伏安关系。

理想变压器及其端口伏安关系

图 9-4-1 全耦合变压器

首先,根据条件②,有 $\Phi_{12}=\Phi_{22}$,$\Phi_{21}=\Phi_{11}$,使线圈的总磁链

$$\Psi_1=\Psi_{11}+\Psi_{12}=N_1(\Phi_{11}+\Phi_{12})=N_1\Phi \tag{9-4-1}$$

$$\Psi_2=\Psi_{21}+\Psi_{22}=N_2(\Phi_{21}+\Phi_{22})=N_2\Phi \tag{9-4-2}$$

式中,$\Phi=\Phi_{11}+\Phi_{22}$ 称为主磁通。主磁通的变化在一、二次绕组分别产生感应电压 u_1 和 u_2,根据条件①,在图 9-4-1 所示的参考方向和参考极性下,有

$$u_1=\frac{\mathrm{d}\Psi_1}{\mathrm{d}t}=N_1\frac{\mathrm{d}\Phi}{\mathrm{d}t} \tag{9-4-3}$$

$$u_2=\frac{\mathrm{d}\Psi_2}{\mathrm{d}t}=N_2\frac{\mathrm{d}\Phi}{\mathrm{d}t} \tag{9-4-4}$$

得

$$\frac{u_1}{u_2}=\frac{N_1}{N_2}\triangleq n \quad 或 \quad u_1=nu_2 \tag{9-4-5}$$

式中,$n=\dfrac{N_1}{N_2}$ 是正实常数,为一次绕组匝数 N_1 和二次绕组匝数 N_2 之比,称为变比,它将是理想变压器的唯一参数。

在正弦电流电路中有

$$\frac{\dot{U}_1}{\dot{U}_2}=n \quad 或 \quad \dot{U}_1=n\dot{U}_2 \tag{9-4-6}$$

可见,理想变压器一、二次电压相量同相。

其次,在图 9-4-1 所示的参考方向下,全耦合变压器一次侧的伏安关系可以描述为

$$\dot{U}_1 = \mathrm{j}\omega L_1 \dot{I}_1 + \mathrm{j}\omega M \dot{I}_2$$

由上式可得

$$\dot{I}_1 = \frac{\dot{U}_1}{\mathrm{j}\omega L_1} - \frac{M}{L_1}\dot{I}_2$$

根据条件②,$k = \dfrac{M}{\sqrt{L_1 L_2}} = 1$,有

$$\dot{I}_1 = \frac{\dot{U}_1}{\mathrm{j}\omega L_1} - \sqrt{\frac{L_2}{L_1}}\dot{I}_2$$

根据条件③,$L_1 \to \infty$,但$\sqrt{\dfrac{L_1}{L_2}} = \dfrac{N_1}{N_2} = n$,代入上式,得

$$\dot{I}_1 = -\frac{N_2}{N_1}\dot{I}_2 = -\frac{1}{n}\dot{I}_2 \tag{9-4-7}$$

可见,理想变压器一、二次电流相量反相。

其时域形式则可表示为

$$i_1 = -\frac{1}{n} i_2 \tag{9-4-8}$$

式(9-4-5)~式(9-4-8)即为理想变压器的电压电流关系或称为它的特性方程。此时,理想变压器的电路符号如图 9-4-2(a)所示,电流同时流入同名端,且电压参考极性的标定对同名端一致。

如果一、二次电压参考极性的标定对于同名端不一致时,则式(9-4-5)、式(9-4-6)中添加一个“-”;如果一、二次电流不是同时流入同名端时,则式(9-4-7)、式(9-4-8)中添加一个“-”。例如,如图 9-4-2(b)所示,端口上电压参考极性的标定对于同名端不一致,且电流从异名端流入,它的伏安关系为

$$u_1 = -n u_2 \tag{9-4-9}$$

$$i_1 = -\left(-\frac{1}{n}\right) i_2 = \frac{1}{n} i_2 \tag{9-4-10}$$

理想变压器的变压、变流、变阻抗的性质

图 9-4-2(a)所示理想变压器用受控源表示的电路模型如图 9-4-3 所示。

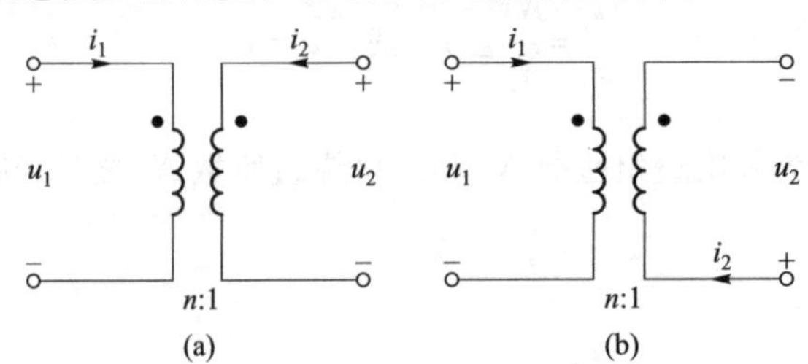

图 9-4-2 理想变压器的电路符号

在图 9-4-2(a)所示电压和电流参考方向下，理想变压器的瞬时功率

$$p=u_1i_1+u_2i_2=nu_2\left(-\frac{1}{n}\right)i_2+u_2i_2=0 \tag{9-4-11}$$

在任何时刻都为零。它表明理想变压器是一个既不耗能，也不储能的二端口元件，它在电路中仅起着传递能量的桥梁作用。

在工程上常采用两方面的措施，使实际变压器的性能接近理想变压器的性能。一是尽量采用具有高磁导率的铁磁性材料做芯子；二是尽量紧密耦合，使 k 接近于 1，并保持 n 不变的前提下，尽量增加一、二次绕组的匝数。

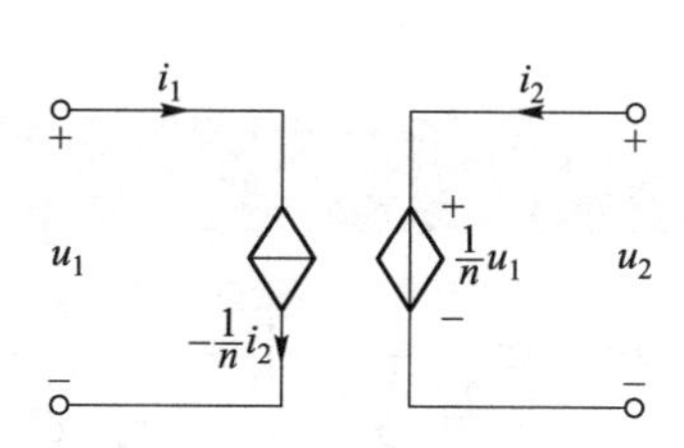

图 9-4-3 理想变压器模型

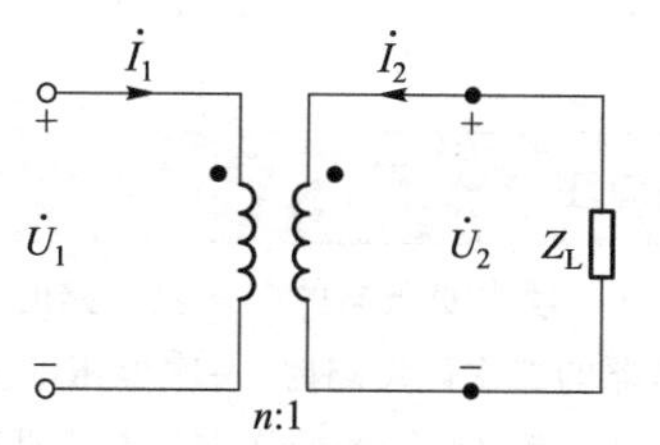

图 9-4-4 二次侧接负载的理想变压器

理想变压器除了具有变换电压和电流的性质以外，还具有变换阻抗的作用。例如，图 9-4-4 所示理想变压器二次侧接上阻抗 Z_L，则从一次侧看进去的输入阻抗

$$Z_{in}=\frac{\dot{U}_1}{\dot{I}_1}=\frac{n\dot{U}_2}{-\frac{1}{n}\dot{I}_2}=n^2\left(\frac{\dot{U}_2}{-\dot{I}_2}\right)=n^2Z_L \tag{9-4-12}$$

即二次侧的阻抗 Z_L 变换到一次侧为 n^2Z_L。当 $Z_L=R_L$ 时，$Z_{in}=n^2R_L$，这一特性在电子线路中常被用来实现电路匹配，使负载电阻 R_L 获得最大功率。

例 9-5 如图 9-4-5(a)所示电路，已知 $U_s=144$ V，电源内阻 $R_i=72\ \Omega$，负载电阻 $R_L=8\ \Omega$。问用什么办法可使负载电阻 R_L 获得最大功率？并求原电路中 R_L 上的功率与采用此法后获得的最大功率。

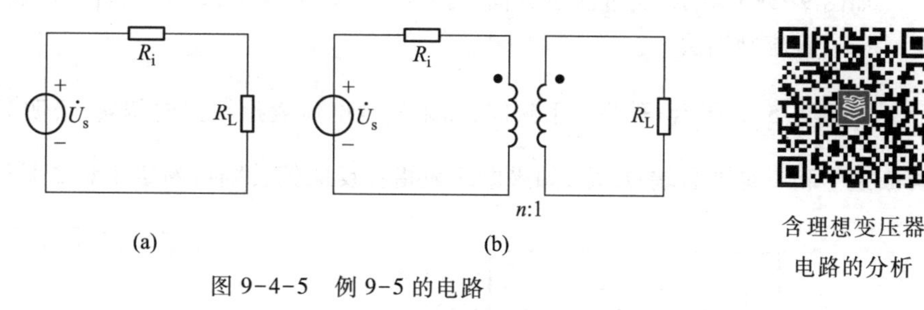

含理想变压器电路的分析

图 9-4-5 例 9-5 的电路

解 可在电源与负载之间插入一个变比适当的理想变压器，如图 9-4-5(b)所示。理想变压器的变比应按使负载获得最大功率的条件选取，即二次侧的负载电阻 R_L 变换到一次侧的电阻 n^2R_L 应等于电源的内阻 R_i，即

$$n^2R_L=R_i$$

故 $n^2=\dfrac{R_i}{R_L}$，则 $n=\sqrt{\dfrac{R_i}{R_L}}=3$。

原电路中负载获得的功率

$$P=\left(\frac{U_s}{R_i+R_L}\right)^2 R_L=25.92\ \text{W}$$

插入理想变压器后 R_L 获得的最大功率

$$P_{max}=\frac{U_s^2}{4R_i}=72\ \text{W}$$

思考与练习

9-4-1 理想变压器的二次侧开路时，一次电流为多少？当理想变压器的二次侧短路时，一次电压等于多少？

9-4-2 理想变压器的伏安关系式是否与同名端、一次和二次电压、电流的参考方向有关？

9-4-3 试求题 9-4-3 图的等效阻抗 Z_{ab}。

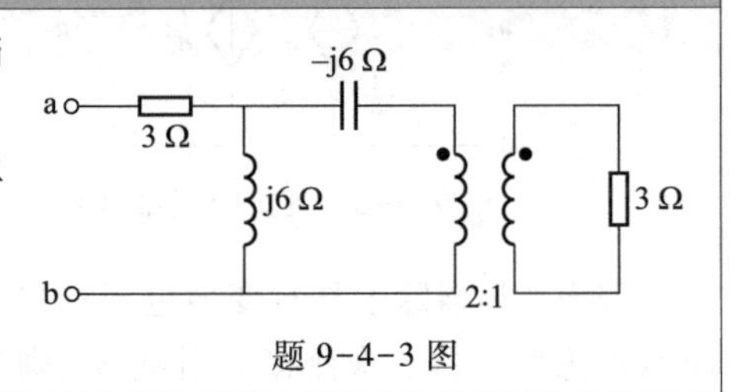

题 9-4-3 图

9.5 应用实例

实例 1: 互感线圈同名端的判别

关于互感线圈同名端的判别，主要采用绕向判别法和直流判别法。

(1) 绕向判别法

如图 9-5-1 所示，通过磁链方向，可知 1 与 2′，1 与 3′，2 与 3′，皆为同名端。

(2) 直流判别法

如图 9-5-2 所示，开关合下瞬间，如果发现电压表指针正向偏转，说明 $u_2=u_{2M}=M\dfrac{\mathrm{d}i_1}{\mathrm{d}t}>0$，则可断定 1 和 2 是同名端；反之，如果电压表指针反向偏转则可断定 1 和 2′是同名端。

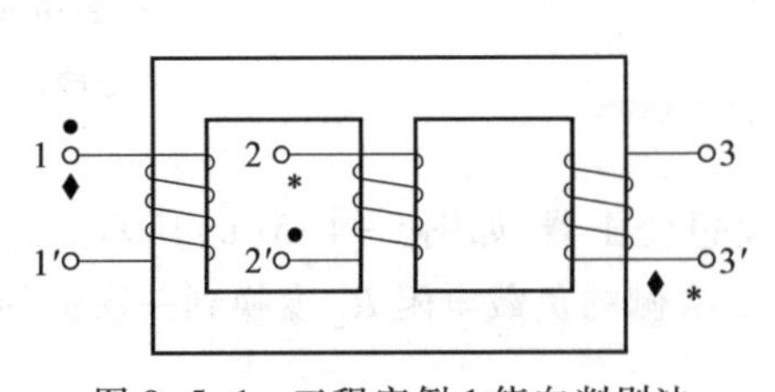

图 9-5-1 工程实例 1 绕向判别法

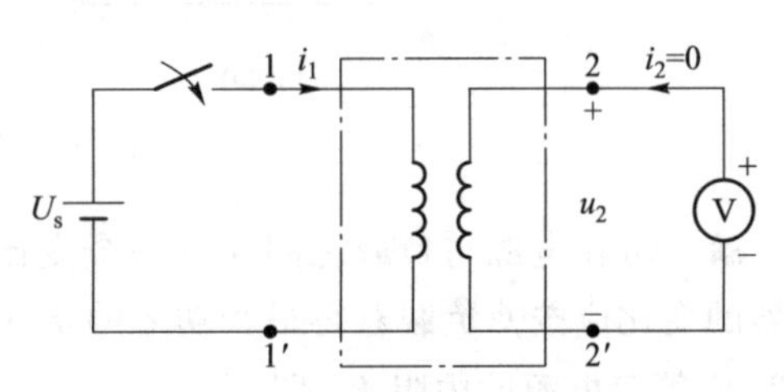

图 9-5-2 工程实例 1 直流判别法

实例 2：互感在电工测量中的应用

在工程电工测量中经常使用一种专用的双绕组变压器，称为仪用互感器。它的主要作用是使测量电路与待测高电压或者大电流电路隔离，保证工作安全，同时扩大测量仪器的量程。仪用互感器分为电压互感器与电流互感器两种。

电压互感器电路如图 9-5-3 所示，其一次侧绕组匝数多，与待测高电压电路并联；其二次侧绕组匝数很少，与测量电压表或其他仪表的电压线圈相连接。由于电压线圈阻抗较大，故电压互感器二次侧绕组的电流很小，近似于变压器空载运行，于是有

$$U_1 = \frac{N_1}{N_2} U_2 = K_u U_2$$

式中，K_u——电压互感器的变压比。

由于电压互感器一次侧绕组 N_1 远大于二次侧绕组 N_2，因此其变压比 K_u 比较大，二次侧绕组端电压 U_2 远小于一次侧绕组电压 U_1。于是，可以用小量程电压表去测量高电压。通常二次侧绕组额定电压为 100 V，采用统一的 100 V 标准交流电压表。当变压比 K_u 已知，测量时只要将电压表读数乘以该变压比就等于待测的高电压。

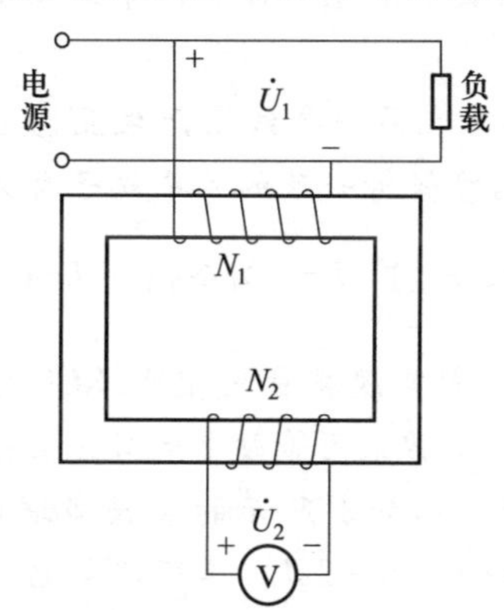

图 9-5-3 电压互感器

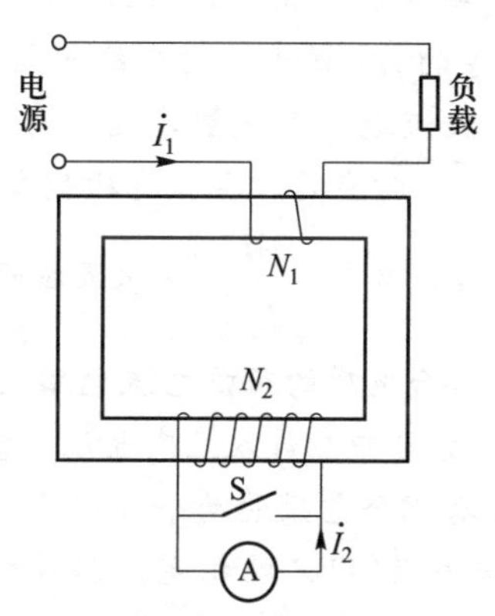

图 9-5-4 电流互感器

电流互感器电路如图 9-5-4 所示，它的一次侧绕组导线较粗，匝数很少，通常只有一匝或几匝，与待测量电流的负载串联；它的二次侧绕组导线较细，匝数很多，与电流表或其他仪表的电流线圈相连接。由于电流线圈阻抗很小，因此电流互感器的运行状态与变压器短路运行状态很相似。有

$$I_1 = \frac{N_2}{N_1} I_2 = K_i I_2$$

式中，K_i——电流互感器的变流比。由于电流互感器二次侧绕组匝数 N_2 远大于一次侧绕组匝数 N_1，因此变流比 K_i 很大，故可以利用小量程交流电流表连接在电流互感器二次侧绕组上，便能测量大电流。电流互感器二次侧绕组额定电流通常为 5 A，统一采用 5 A 标准交流电流表。测量时只要将电流表读数乘以电流互感器的变流比便等于待测量的大电流数值。

实例3：电动车无线充电

目前最为常见、也最成熟的无线充电解决方案，是利用电磁感应原理，在充电器端和用电端各装一个线圈，如果在充电器端线圈上通入一定频率的交流电，则会产生一个变化的磁场，附近的用电端线圈在变化的磁场作用下，会产生一定的感应电动势，从而将充电器端的电能转移到用电端，对电池等用电设备进行充电。

对拥有大功率和大电瓶的车辆来说，无线充电不是静止的，而是车辆在行驶的过程中实现充电，持续地给电池补充电量。科学家设想的方式是将汽车的电磁感应装置安排在车辆底部，铜质线圈埋放在地面下，地下的线圈和电动汽车底部的控制单元无线连接，电能就能以无线传输的方式传送到电动汽车中，这样车辆就能边行驶边充电。

本章小结

1. 电感元件中，磁链 Ψ 和感应电压 u 均由流经该电感元件的电流所产生，此磁链和感应电压分别称为自感磁链和自感电压。两个有磁耦合的线圈，一个线圈的磁通交链于另一个线圈产生的磁通、磁链以及相应的电压分别称为互感磁通、互感磁链和互感电压。两个线圈之间的互感系数是相等的，用 M 表示两个线圈之间的互感。

2. 电流流进一个线圈产生自感电压的参考正极性与其在另一个线圈产生互感电压的参考正极性是一一对应的。在具有磁耦合的两个线圈中极性始终保持一致的两个端子称为同名端。

3. 耦合系数 $k=\dfrac{M}{\sqrt{L_1L_2}}$，用来表征两个线圈的耦合程度，$0\leqslant k\leqslant 1$。$k=1$ 为全耦合，$k=0$ 为无耦合。

4. 含耦合电感的正弦电流电路的计算仍采用相量法。同常规相量法相比，KCL 方程形式不变，但 KVL 方程中应计入互感电压。含耦合电感的电路的计算常采用等效变换消去互感的方法。

5. 具有耦合电感的两个线圈串联，如图 9-2-1(a)和(b)分别所示的顺接串联(异名端相连)和反接串联(同名端相连)，其等效电感为 L_1+L_2+2M 和 L_1+L_2-2M。具有耦合电感的两个线圈并联，如图 9-2-3(a)和(b)分别所示的同侧并联(同名端在同一侧)和异侧并联(异名端在同一侧)，其等效电感为 $\dfrac{L_1L_2-M^2}{L_1+L_2-2M}$ 和 $\dfrac{L_1L_2-M^2}{L_1+L_2+2M}$。

6. 具有耦合电感的两个线圈有一端相连，用互感消去法可得去耦等效电路，如图 9-2-4 所示。注意，等效变换后的节点数增加一个。如求原电路中支路电压时，要正确地找出与其对应的等效电路中的两个节点，再求这两个节点之间的电压。将原电路等效变换为无互感电路后，就可用常规相量法分析计算。

7. 空心变压器是利用磁耦合来实现从一个电路向另一个电路传输能量或信号的器件。

8. 理想变压器也是一种磁耦合元件，是实际铁心变压器理想化的电路模型中的一部分。理想变压器可变换电压：$\dfrac{u_1}{u_2}=\dfrac{N_1}{N_2}=n$，$\dfrac{\dot{U}_1}{\dot{U}_2}=n$；变换电流：$\dfrac{i_1}{i_2}=-\dfrac{1}{n}$，$\dfrac{\dot{I}_1}{\dot{I}_2}=-\dfrac{1}{n}$；变换阻抗：二次侧接负载 Z_{L}，则从一次侧看进去的输入阻抗 $Z_{\mathrm{in}}=\dfrac{\dot{U}_1}{\dot{I}_1}=\dfrac{n\dot{U}_2}{-\dfrac{1}{n}\dot{I}_2}=n^2\left(\dfrac{\dot{U}_2}{-\dot{I}_2}\right)=n^2Z_{\mathrm{L}}$。

例题视频

例题 42 视频

例题 43 视频

例题 44 视频

例题 45 视频

习题进阶练习

9.1—3

9.4—6

9.7—9

9.10—12

习题 9

9.1 节习题

9-1　两个耦合的线圈如题 9-1 图所示，若 1 端流入的电流为 $i_1=1+3\cos(10^3t+60°)$ A，2 端流入的电流为 $i_2=6\cos 10^3t$ A，线圈 1 和线圈 2 的电感分别为 4 mH 和 2 mH，互感为 $M = 2$ mH，试求：(1) 端电压 $u_{11'}$ 和 $u_{22'}$；(2) 耦合系数 k。

9-2　耦合电感电路如题 9-2 图(a)所示，其中 $L_1=4$ H，$L_2=2$ H，$M=2$ H。电流 i_1 与 i_2 的波形分别如题 9-2 图(b)、(c)所示，绘出电压 u_1、u_2 的波形。

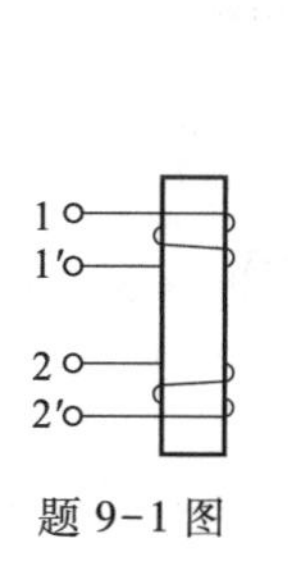

题 9-1 图

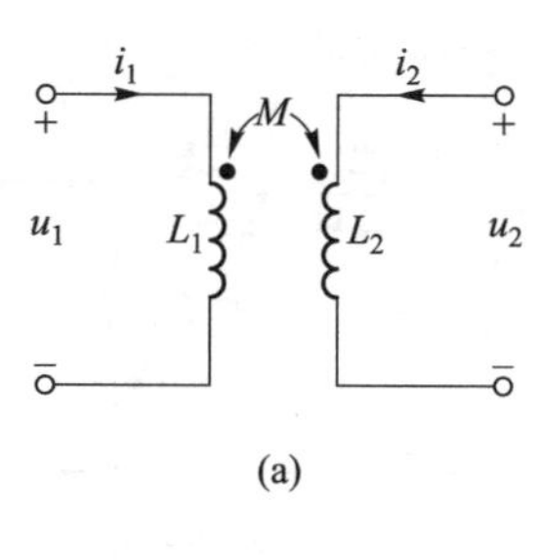

(a)

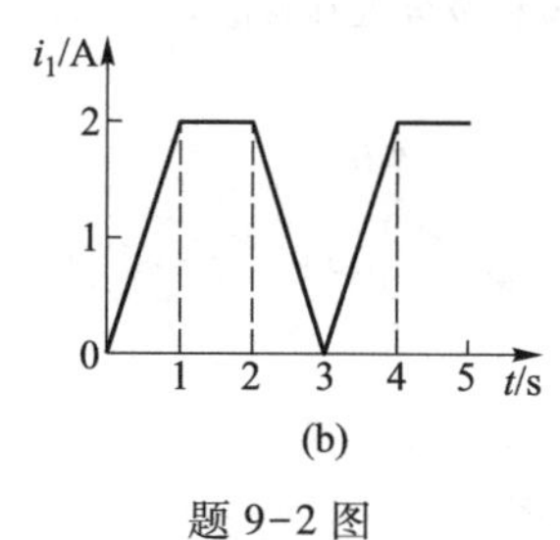

(b)

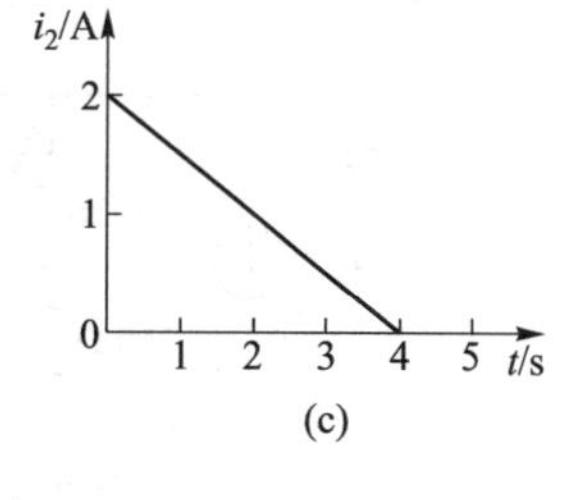

(c)

题 9-2 图

9.2 节习题

9-3　将两个线圈串联后接到 $U=220$ V、$f=50$ Hz 的正弦电源上，反接时电流 $I=5$ A，吸收的平均功率为 500 W；顺接时电流 $I'=3.2$ A，求互感系数 M。

9-4　电路如题 9-4 图所示，已知电源 $u_s(t)$ 是频率为 50 Hz 的正弦交流电压源，电流 $i_1(t)$ 的有效值为

1.2 A,开路电压 $u(t)$的有效值为 37.68 V,求互感系数 M。

9-5 电路如题 9-5 图所示,已知两个线圈的参数 $R_1=R_2=50\ \Omega, L_1=4\ \mathrm{H}, L_2=6\ \mathrm{H}, M=3\ \mathrm{H}$,正弦交流电压源 $U_s=220\ \mathrm{V}, \omega=10\ \mathrm{rad/s}$。

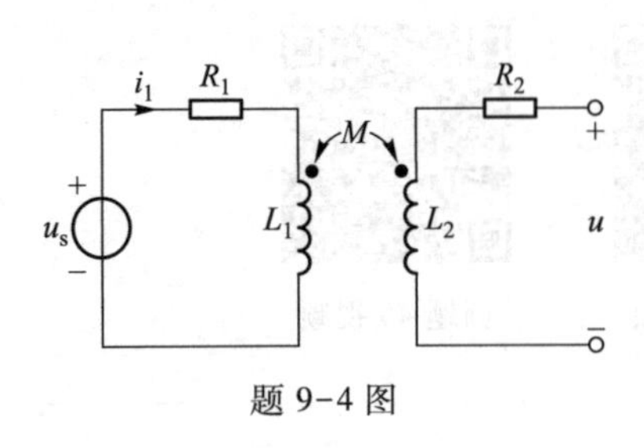

题 9-4 图

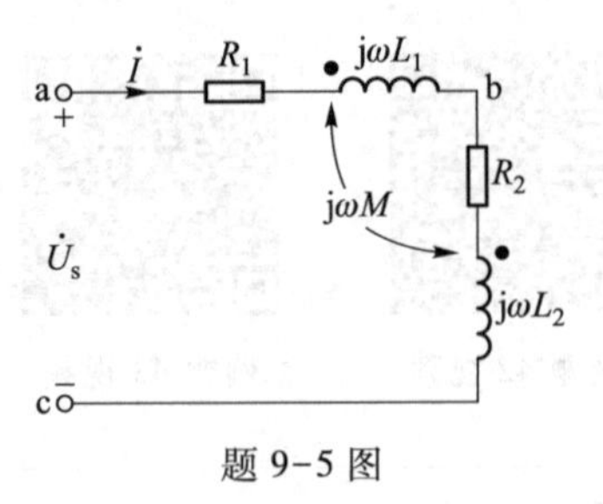

题 9-5 图

(1) 求电压 U_{ab}和 U_{bc};

(2) 串联多大容值的电容 C 可使电路发生谐振?

9-6 电路如题 9-6 图所示,$\dot{U}_1=20\sqrt{2}\angle 0°\mathrm{V}$,耦合系数 $k=\dfrac{1}{2}$,试求其戴维南等效电路。

9-7 电路如题 9-7 图所示,已知 $R_1=40\ \Omega, L_1=50\ \mathrm{mH}, L_2=40\ \mathrm{mH}, M=20\ \mathrm{mH}, C=50\ \mu\mathrm{F}$,正弦交流电压源的电压 $\dot{U}_s=120\angle 0°\mathrm{V}, \omega=10^3\ \mathrm{rad/s}$。试求各支路电流 $\dot{I}_1$、$\dot{I}_2$、$\dot{I}_3$ 及电压 $\dot{U}_{L1}$。

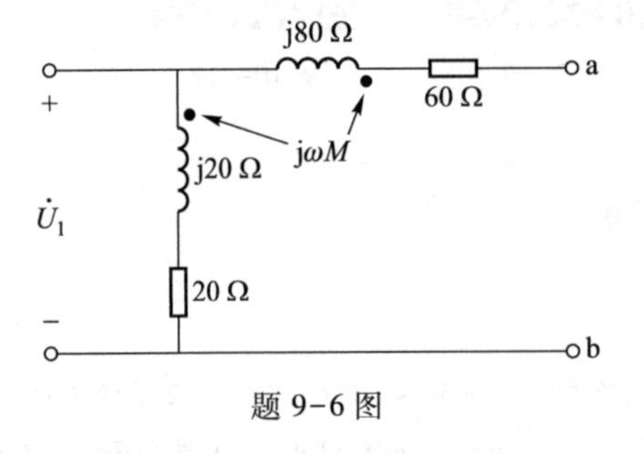

题 9-6 图

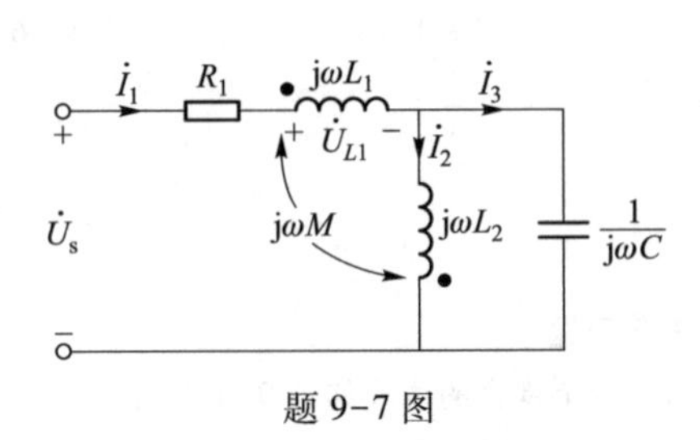

题 9-7 图

9-8 电路如题 9-8 图所示,耦合系数 $k=0.5$,欲使 $i(t)$与 $u_s(t)$的相位差为135°,则电源角频率应为何值?

9-9 电路如题 9-9 图所示,已知 $I=2\ \mathrm{A}, I_R=\sqrt{3}\ \mathrm{A}$,耦合系数 $k=\sqrt{\dfrac{2}{3}}$,电路消耗平均功率 $P=400\ \mathrm{W}$,$|X_C|=2X_L$。试求电路参数 R、X_L、X_C及电压有效值 U。

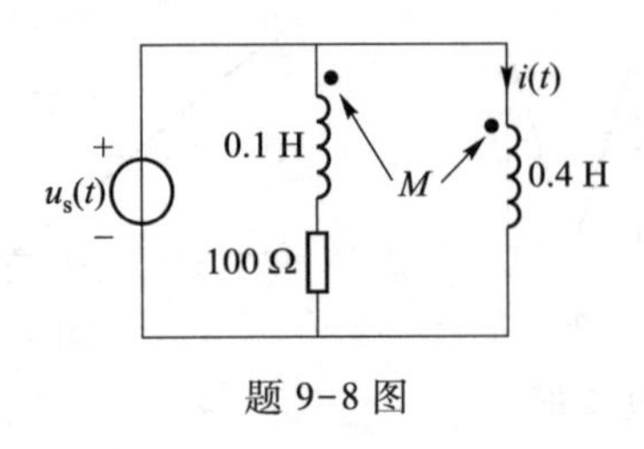

题 9-8 图

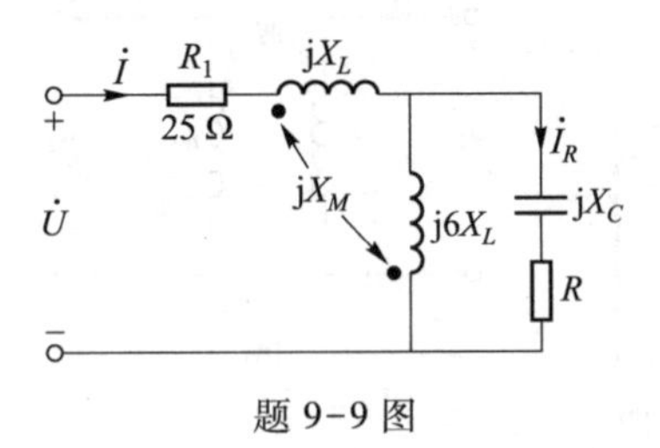

题 9-9 图

9-10 求如题 9-10 图所示各电路的输入阻抗 Z_{ab}(不必化简)。

9-11 电路如题 9-11 图所示,当交流电桥平衡时,$R_2=2R_4$,已知 $L_1=0.03\ \mathrm{H}$。求互感 M 值。

9-12 电路如题 9-12 图所示,$L_1=1\ \mathrm{H}, L_2=3\ \mathrm{H}, \mu=2$。$R_2$ 中的电流$\dot{I}_2=0$ 时,试用戴维南定理确定互感系数 M。

9-13　电路如题 9-13 图所示，已知 $R=4\ \Omega$，$Z_{C1}=-\mathrm{j}4\ \Omega$，$Z_{C2}=-\mathrm{j}8\ \Omega$，$Z_{L1}=Z_{L2}=\mathrm{j}8\ \Omega$，耦合系数 $k=0.5$，$\dot{U}_s=20\angle 0°\ \mathrm{V}$。求各支路电流及 L_1 支路吸收的平均功率 P_1。

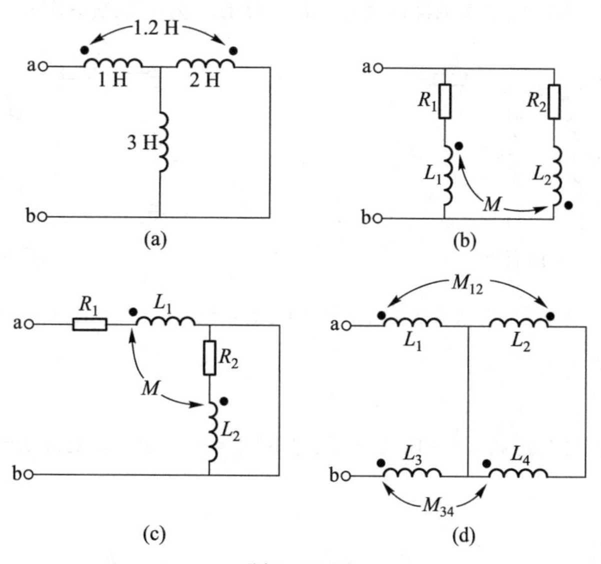

题 9-10 图

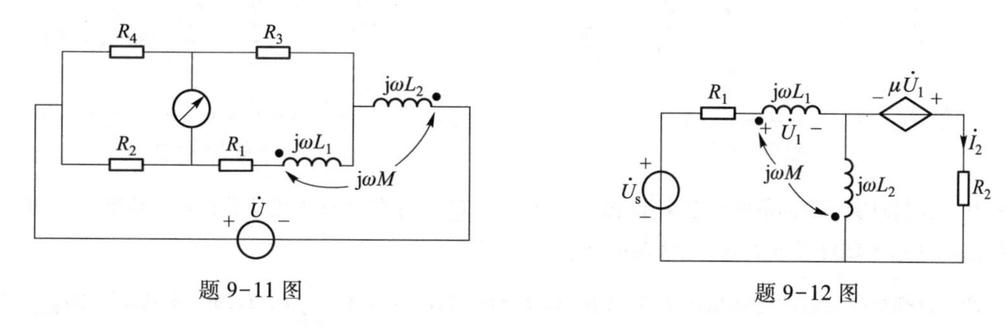

题 9-11 图

题 9-12 图

9.3 节习题

9-14　空心变压器电路如题 9-14 图(a)所示，一次测电流源电流 $i_s(t)$ 的波形如题 9-14 图(b)所示，二次侧电压表有效值读数 $U_2=10\ \mathrm{V}$。

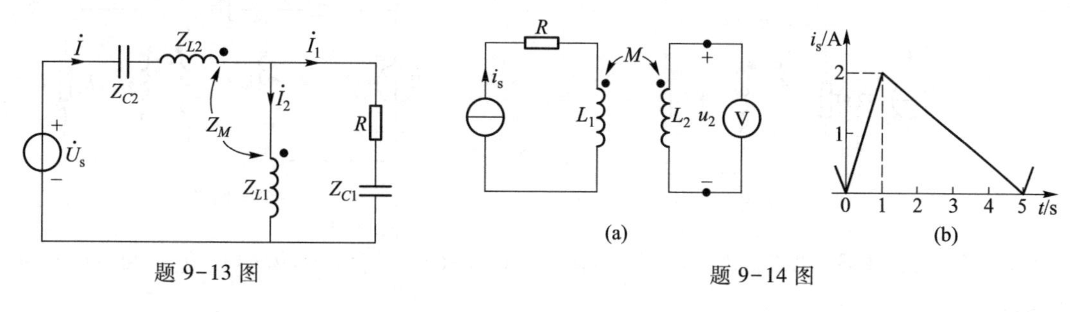

题 9-13 图

题 9-14 图

(1) 画出二次电压 u_2 的波形，并计算互感 M；

(2) 若弄错同名端，对(1)的结果有什么影响？

9-15　电路如题 9-15 图所示，$R_1=20\ \Omega$，$L_1=3.2\ \mathrm{H}$，$R_2=4\ \Omega$，$L_2=0.2\ \mathrm{H}$，$M=0.8\ \mathrm{H}$，$R_L=36\ \Omega$，已知电压源

$u_s(t)=220\sqrt{2}\cos 314t$ V。求电流 $i_1(t)$ 和 $i_2(t)$。

9-16　空心变压器电路如题9-16图所示，$R_1=5\ \Omega$，$\omega L_1=25\ \Omega$，$R_2=8\ \Omega$，$\omega L_2=40\ \Omega$，$\omega M=30\ \Omega$，一次侧所加正弦交流电压源有效值 $U_s=100$ V，二次侧接负载电阻 $R_L=12\ \Omega$。求一、二次电流与变压器的传输效率。

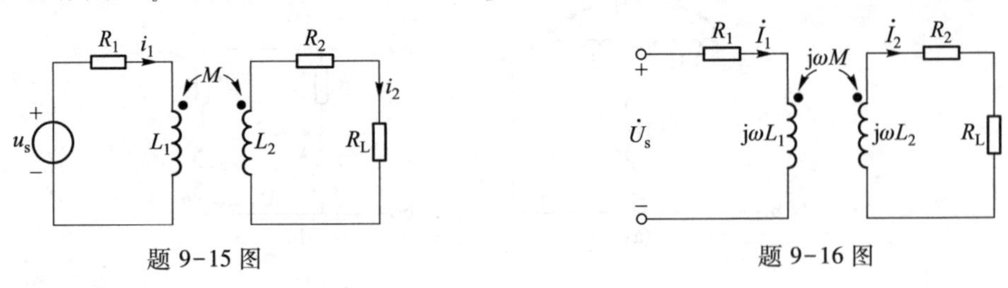

题 9-15 图　　　　题 9-16 图

9-17　电路如题9-17图所示，已知 $R_1=4\ \Omega$，$L_1=2$ H，$R_2=2\ \Omega$，$L_2=1.5$ H，$M=1$ H，$U_s=24$ V。设电路为零初始状态，求 $t>0$ 时的 $i_1(t)$。

9.4 节习题

9-18　含理想变压器的电路如题9-18图所示，已知 $R_1=2\ \Omega$，$R_2=3\ \Omega$，$j\omega L=j4\ \Omega$，$-j\dfrac{1}{\omega C}=-j1\ \Omega$，$\dot{I}_s=2\angle 0^\circ$ A。试求电压 $\dot{U}_2$。

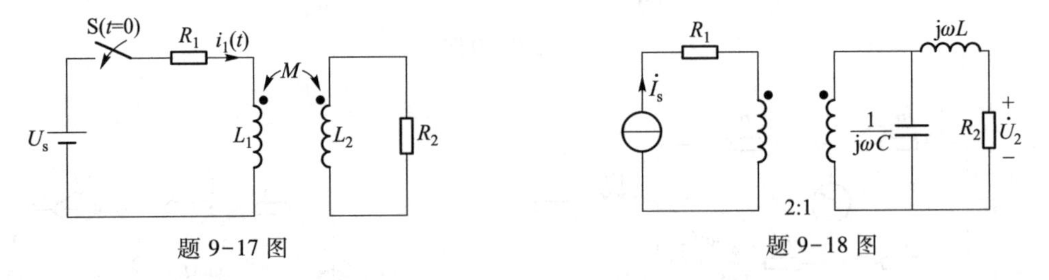

题 9-17 图　　　　题 9-18 图

9-19　含理想变压器的电路如题9-19图所示，$\dot{I}_s=1\angle 0^\circ$ A，欲使 8 Ω 电阻能获得最大功率，求理想变压器的电压比 n，并求 8 Ω 电阻所获得的最大功率 P_{max}。

9-20　含理想变压器的电路如题9-20图所示，$R_1=60\ \Omega$，$\omega L=30\ \Omega$，$\dfrac{1}{\omega C}=8\ \Omega$，$R_L=5\ \Omega$，$\dot{U}_s=20\angle 0^\circ$ V。当负载电阻 R_L 获取最大功率时，理想变压器的电压比 n 应为多大？最大功率为多少？

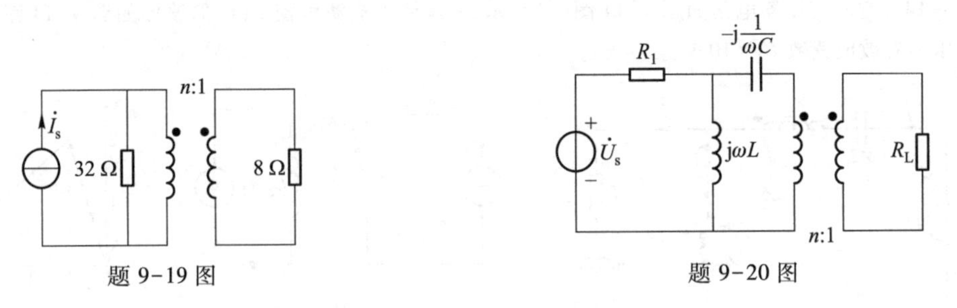

题 9-19 图　　　　题 9-20 图

9-21　含理想变压器的电路如题9-21图所示，$R=10\ \Omega$，$Z=(300+j400)\ \Omega$，$\dot{U}_1=10\angle 0^\circ$ V，电压比 $n=0.1$。试求电压 $\dot{U}_2$。

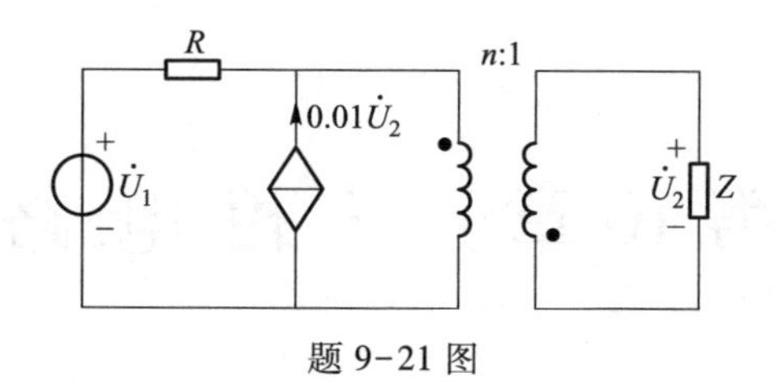

题 9-21 图

9-22　求题 9-22 图所示各电路的输入阻抗 Z_{ab}。

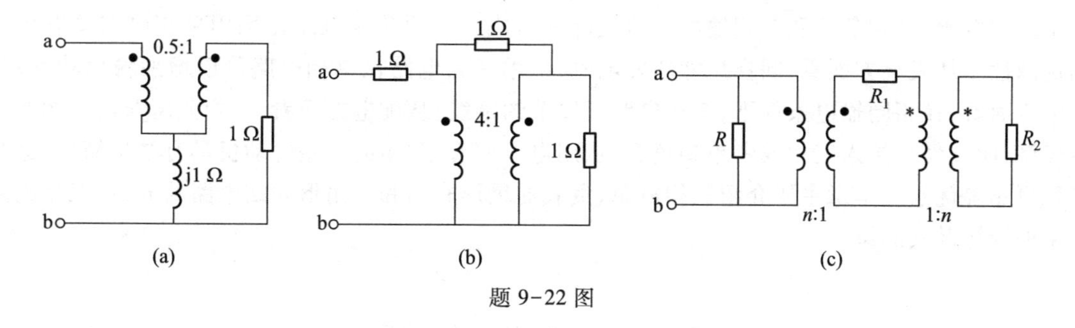

题 9-22 图

9-23　含理想变压器的电路如题 9-23 图所示，$R_1=10\ \Omega$，$R_2=20\ \Omega$，$\dfrac{1}{\omega C}=10\ \Omega$，电压比 $n=2$，$\dot{U}_s=100\underline{/0°}\ \text{V}$。求流过 R_2 的电流 $\dot{I}$。

9-24　电路如题 9-24 图所示，当负载 R_L 获得最大平均功率时，变比 n 为多少？容抗 X_C 为多少？并求负载所获得的最大平均功率 P_{max}。

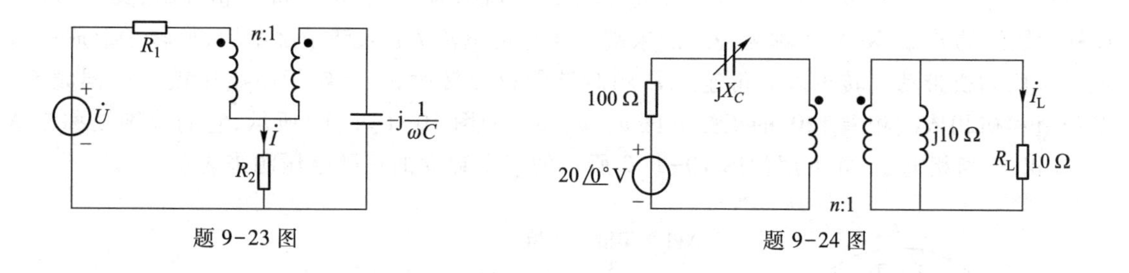

题 9-23 图　　　　题 9-24 图

9-25　耦合谐振电路如题 9-25 图所示，已知 $L_1=L_2$，耦合系数 $k=1$，$C_1=C_2$。求电路的谐振角频率。

9-26　试列写题 9-26 图所示电路的回路电流方程。

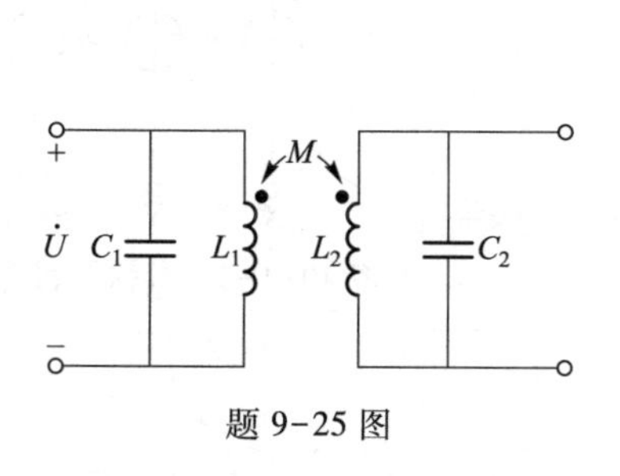

题 9-25 图

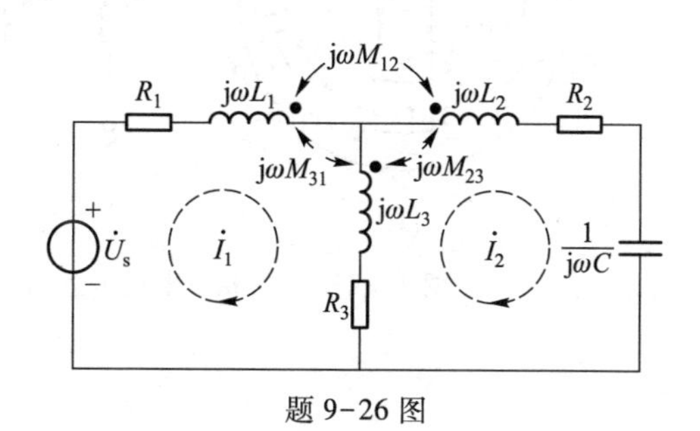

题 9-26 图

第10章　三相电路

目前,世界各国电力系统中电能的产生、传输和供电方式绝大多数采用三相制。三相电力系统由三相电源、三相负载和三相输电线路三部分组成。采用三相电路比采用单相电路具有更多的优越性。从发电方面看,同样尺寸的发电机,采用三相电路比单相电路可以增加输出功率;从输电方面看,在相同输电条件下,三相电路可以节约铜线;从配电方面看,三相变压器比单相变压器经济,而且便于接入三相或者单相负载;从用电方面看,常用的三相电动机具有结构简单、运行平稳可靠等优点。本章主要介绍三相电源、负载的星形联结和三角形联结电路的分析、三相电路功率的计算及其测量。

10.1　三相电源

三相电源由三相发电机产生,经过变压器升高后传送到各地,然后由各地变电所(站)变压器将高压降到适当数值,如 380 V 或 220 V 等,以满足不同用户的需要。图 10-1-1(a)所示为三相发电机示意图。在三相发电机定子槽内放置 AX、BY、CZ 三个结构完全相同而空间位置彼此相隔 120°的定子绕组,这三个定子绕组分别称为 A 相、B 相和 C 相绕组,其中 A、B、C 称为绕组的始端,X、Y、Z 称为绕组的末端。当直流电流 I 通入转子绕组后,使转子形成一对磁极。原动机带动此转子以等角速度 ω 顺时针匀速旋转时,三个定子绕组中就产生同频率、等幅值和初相依次相差 120°的正弦电压 u_A、u_B、u_C,如图 10-1-1(b)所示,它们分别被称为 A 相、B 相、C 相相电压,并可用如图 10-1-2 所示的三个独立的正弦电压源来表示。

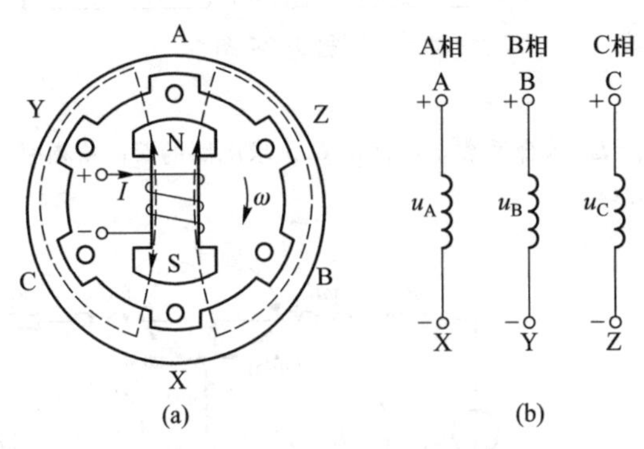

图 10-1-1　三相发电机示意图

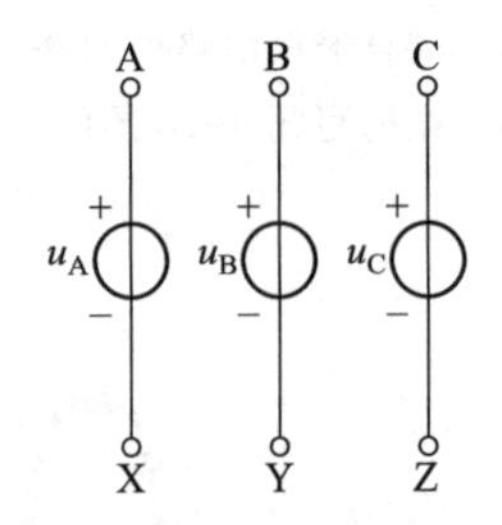

图 10-1-2　对称三相电源

以 u_A 为参考正弦量,则它们的瞬时值表达式为

$$\left.\begin{aligned} u_A &= U_m\cos\omega t \\ u_B &= U_m\cos(\omega t-120^\circ) \\ u_C &= U_m\cos(\omega t-240^\circ) \\ &= U_m\cos(\omega t+120^\circ) \end{aligned}\right\} \tag{10-1-1}$$

式中,ω 为正弦电压变化的角频率,U_m 为相电压的幅值。

用有效值相量表示时,即

$$\left.\begin{aligned} \dot{U}_A &= U\angle 0^\circ \\ \dot{U}_B &= U\angle -120^\circ \\ \dot{U}_C &= U\angle -240^\circ = U\angle 120^\circ \end{aligned}\right\} \tag{10-1-2}$$

式中,$U=U_m/\sqrt{2}$ 为相电压有效值。上述三个正弦电压源按一定方式连接,就构成对称三相电源,其波形和相量图分别如图 10-1-3(a)、10-1-3(b)所示。

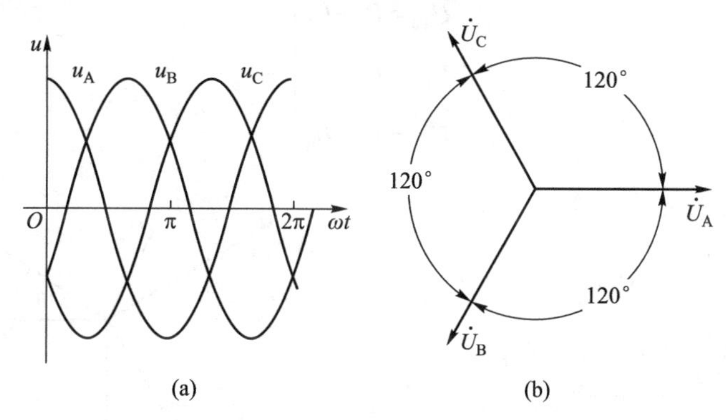

图 10-1-3 对称三相电源的电压波形图和相量图

对称三相电源的最大特点是三个相电压的瞬时值之代数和为零,或三个相电压相量之和为零,即

$$u_A+u_B+u_C=0$$

或

$$\dot{U}_A+\dot{U}_B+\dot{U}_C=0$$

对称三相电源中,各相电压到达幅值的先后次序称为相序。图 10-1-3(a)中各相电压到达幅值的次序为 A 相、B 相、C 相,相序为 A→B→C 时称为顺序或正序。顺序对称三相电压相量 $\dot{U}_A$、$\dot{U}_B$、$\dot{U}_C$ 在相量图中的次序是顺时针方向的,即 B 相滞后 A 相 120°,C 相滞后 B 相 120°,如图 10-1-3(b)所示。如果各相电压到达幅值的次序为 A 相、C 相、B 相,则相序 A→C→B 称为逆序或负序,此时 $\dot{U}_A$、$\dot{U}_B$、$\dot{U}_C$ 在相量图中的次序是逆时针方向的,即

三相电源与对称三相电源、三相电路的相序

$$\dot{U}_A = U\angle 0^\circ$$
$$\dot{U}_B = U\angle 120^\circ$$

$$\dot{U}_C = U\angle -120°$$

在三相电路分析中，确定三相电源的相序很重要。本章中，为方便分析起见，无特殊说明时，三相电源的相序均取顺序。

对称三相电源一般接成星形或三角形。如果将三相对称电源的末端连在一起，这一连接点即称为中性点（或中点），用 N 表示，三个始端分别引出，这种连接称为星形联结，如图 10-1-4 所示。从中点引出的导线称为中线，从始端 A、B、C 引出的三根导线称为端线，俗称火线，分别称为 A 线、B 线、C 线。在工程上，通常采用黄色、绿色、红色导线分别表示 A、B、C 三根火线，以方便区分它们的相序。

图 10-1-4 中，每相始端和末端之间的电压，即端线和中线之间的电压称为相电压，分别记为 $\dot{U}_A$、$\dot{U}_B$、$\dot{U}_C$，其参考极性以端线为正极性，中线为负极性。任意两个始端之间的电压，即两根端线之间的电压，称为线电压，分别记为 $\dot{U}_{AB}$、$\dot{U}_{BC}$、$\dot{U}_{CA}$，其参考极性以第一下标为正极性，第二下标为负极性。星形三相电源的线电压和相电压之间有下列关系：

$$\left.\begin{aligned}\dot{U}_{AB} &= \dot{U}_A - \dot{U}_B\\ \dot{U}_{BC} &= \dot{U}_B - \dot{U}_C\\ \dot{U}_{CA} &= \dot{U}_C - \dot{U}_A\end{aligned}\right\} \tag{10-1-3}$$

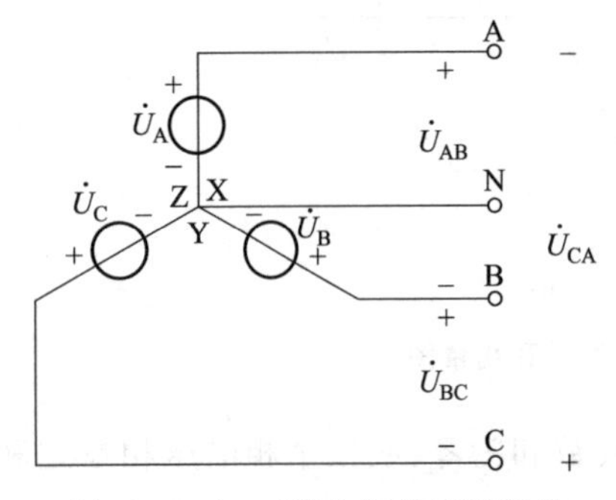

图 10-1-4 三相电源的星形联结

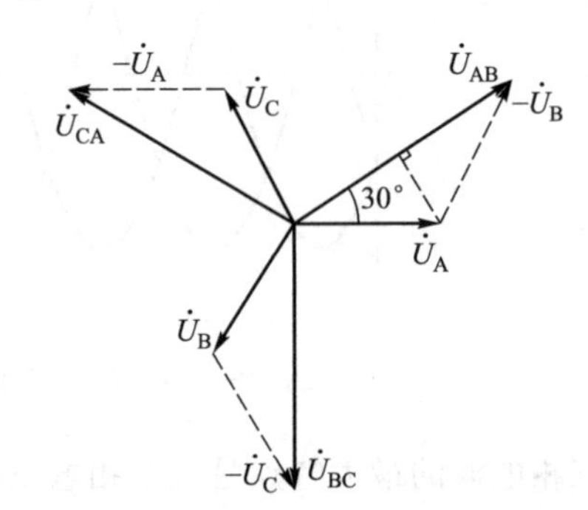

图 10-1-5 三相电源星形联结时线、相电压的相量图

对于对称三相电源，设 $\dot{U}_A = U\angle 0°$，则 $\dot{U}_B = U\angle -120°$，$\dot{U}_C = U\angle 120°$，则由式(10-1-3)得

$$\left.\begin{aligned}\dot{U}_{AB} &= U\angle 0° - U\angle -120° = \sqrt{3}\angle 30°\dot{U}_A\\ \dot{U}_{BC} &= U\angle -120° - U\angle 120° = \sqrt{3}\angle 30°\dot{U}_B\\ \dot{U}_{CA} &= U\angle 120° - U\angle 0° = \sqrt{3}\angle 30°\dot{U}_C\end{aligned}\right\} \tag{10-1-4}$$

各相电压、线电压的相量图如图 10-1-5 所示。由式(10-1-4)和图 10-1-5 的相量图，均可得出线电压和相电压的大小、相位关系。当三相相电压对称时，三相线电压也是对称的。线电压有效值是相电压有效值的 $\sqrt{3}$ 倍。在顺序条件下，线电压在相位上超前对应的相电压 30°，如 $\dot{U}_{AB}$、$\dot{U}_{BC}$、$\dot{U}_{CA}$ 分别超前 $\dot{U}_A$、$\dot{U}_B$、$\dot{U}_C$ 30°，各线电压之间的相位差也为 120°。如将线电压相量平移，相量图也可画成图 10-1-6 所示形状，线电压恰好是等边三角形的三条边，相电压恰好是等边三角形的重心至各顶点的连线。

如果将对称三相电源的始、末端顺次相接，即 X 接 B、Y 接 C、Z 接 A，再从各连接点 A、B、C 引出端线，则这种连接称为三角形联结，如图 10-1-7 所示。三角形接法是没有中点的，线电压就是相电压，即 $\dot{U}_{AB}=\dot{U}_{A}$、$\dot{U}_{BC}=\dot{U}_{B}$、$\dot{U}_{CA}=\dot{U}_{C}$，其相量图如图 10-1-8 所示。必须注意，如果任何一相电源接法相反，三个相电压之和将不为零，在三角形联结的闭合回路中将产生很大的环行电流，会造成严重事故。因此，在需要将三相电源连成三角形时，应先用电压表测量尚未连接的最后一对连接点间的电压是否为零。

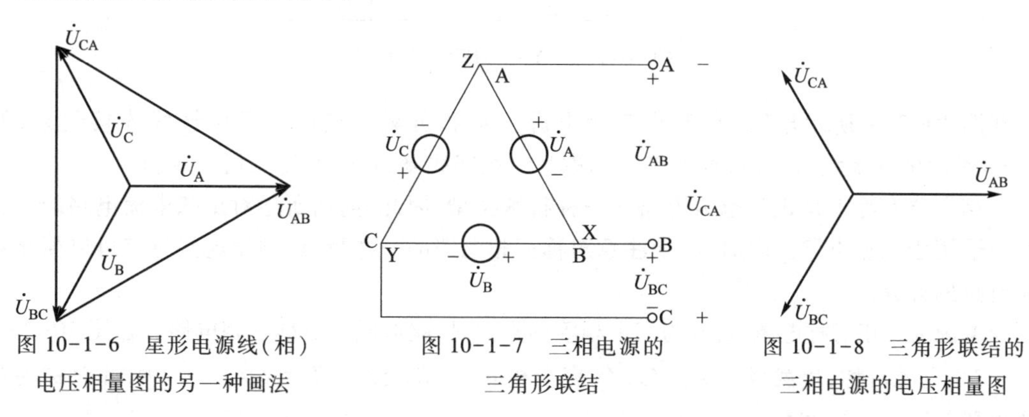

图 10-1-6　星形电源线（相）电压相量图的另一种画法

图 10-1-7　三相电源的三角形联结

图 10-1-8　三角形联结的三相电源的电压相量图

思考与练习

10-1-1　正序对称三相电源接成星形联结时，线电压与相电压之间有什么关系？如果三相电源为负序，则线电压与相电压之间有什么关系？

10-1-2　设三相电源为正序，且 $\dot{U}_{A}=220\angle 0^{\circ}$ V，如果三相电源星形联结，但将 C 相电源首末端错误倒接，会造成什么后果？试画出线（相）电压相量图加以说明。

10-1-3　已知某三相电路的相电压 $\dot{U}_{A}=220\angle -10^{\circ}$ V，$\dot{U}_{B}=220\angle -130^{\circ}$ V，$\dot{U}_{C}=220\angle 110^{\circ}$ V，当 $t=10$ s 时，三个相电压之和等于多少？

10.2　负载星形联结的三相电路

在三相电路中，三相电源可以接成星形（Y）或三角形（△），三相负载也可接成星形（Y）或三角形（△），根据三相电源和三相负载不同的连接方式，就可形成 Y-Y、△-Y、Y-△、△-△ 四种联结方式的三相电路系统。

对称星形联结时线电压与相电压、线电流与相电流的关系

对称三相电路星形联结时的计算

将三个单相负载 Z_{A}、Z_{B}、Z_{C} 的末端连接在一起（负载中性点用 N′表示），并将其始端分别接到三相电源的三根端线上，就构成负载的星形联结，根据三相电源的不同联结（星形或三角形），就可形成 Y-Y、△-Y 两种联结方式的三相电路系统，如图 10-2-1 所示为 Y-Y 三相电路系统。

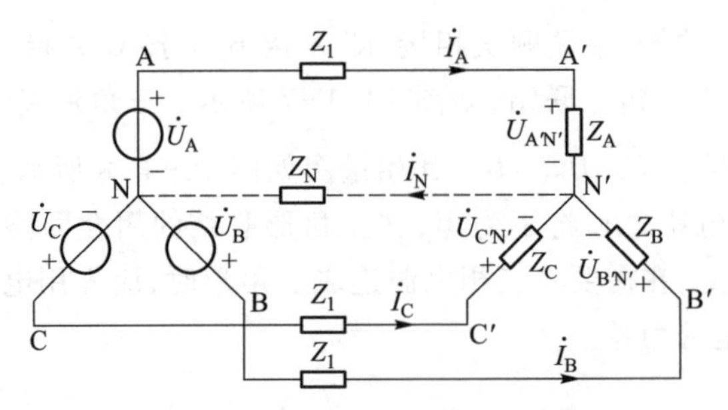

图 10-2-1 Y-Y 对称三相电路

在图 10-2-1 所示电路中,若将三相电源中点和负载中点用一条中性线连接起来,如图 10-2-1所示中的虚线所示,这种连接方式称为三相四线制,否则即为三相三线制。

三相电路实际上是正弦电流电路的一种特殊类型,因此,前面所述对正弦电流电路的分析方法完全适用于三相电路。同时,必须注意对称三相电路的一些特点,利用这些特点可以简化对称三相电路的计算。

当电源为三相对称电源,负载为三个相等的阻抗时,就形成了对称三相电路。在图 10-2-1 电路中,三相电源对称,负载阻抗 Z_A、Z_B、Z_C 完全相同,即 $Z_A=Z_B=Z_C=Z=|Z|\underline{/\varphi}$,此时称为对称三相负载。

下面首先分析图 10-2-1 所示的对称三相四线制电路,Z_1 为输电线的阻抗,Z_N 为中线阻抗,N、N′分别为电源的中性点、负载的中性点。选择 N 点为参考节点,由节点电压法可得

$$\dot{U}_{N'N}=\frac{(\dot{U}_A+\dot{U}_B+\dot{U}_C)\dfrac{1}{Z+Z_1}}{\dfrac{3}{Z+Z_1}+\dfrac{1}{Z_N}}$$

由于$\dot{U}_A+\dot{U}_B+\dot{U}_C=0$,故得$\dot{U}_{N'N}=0$,即 N′点和 N 点为等电位。由此可得对称三相星形负载电流

$$\left.\begin{aligned}\dot{I}_A&=\frac{\dot{U}_A-\dot{U}_{N'N}}{Z+Z_1}=\frac{\dot{U}_A}{Z+Z_1}\\\dot{I}_B&=\frac{\dot{U}_B-\dot{U}_{N'N}}{Z+Z_1}=\frac{\dot{U}_B}{Z+Z_1}=\dot{I}_A\underline{/-120^\circ}\\\dot{I}_C&=\frac{\dot{U}_C-\dot{U}_{N'N}}{Z+Z_1}=\frac{\dot{U}_C}{Z+Z_1}=\dot{I}_A\underline{/+120^\circ}\end{aligned}\right\}\tag{10-2-1}$$

中线电流 $\dot{I}_N=\dot{I}_A+\dot{I}_B+\dot{I}_C=0$

各相负载上的电压称为负载相电压。对称三相星形负载上相电压

$$\dot{U}_{A'N'}=\dot{I}_AZ\quad\dot{U}_{B'N'}=\dot{I}_BZ\quad\dot{U}_{C'N'}=\dot{I}_CZ$$

当 $\varphi>0$ 时,相量图如图 10-2-2 所示。负载端的任意两根端线之间的电压称为负载线电压。显然,对称三相电路中,对称三相星形负载线电压、相电压都对称,其线电压和相电压之间关系与对称三相电源一样,也是线电压有效值等于$\sqrt{3}$倍相电压有效值,线电压相位超前相应的相电压 30°。各相负载中的电流称为相电流,每根端线中的电流称为线电流。在星形联结中,线电流等

于对应的相电流。由式(10-2-1)或图 10-2-2 所示相量图可知,三个相电流$\dot{I}_A$、$\dot{I}_B$、$\dot{I}_C$之和为零,从而得到中线电流为零的结论。所以,在对称星形联结三相电路中,取消中线对电路是不会有影响的。

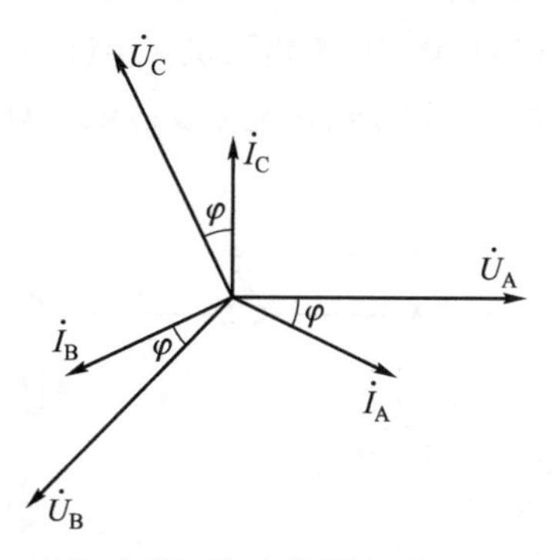

图 10-2-2 感性对称负载星形联结时的电压、电流相量图

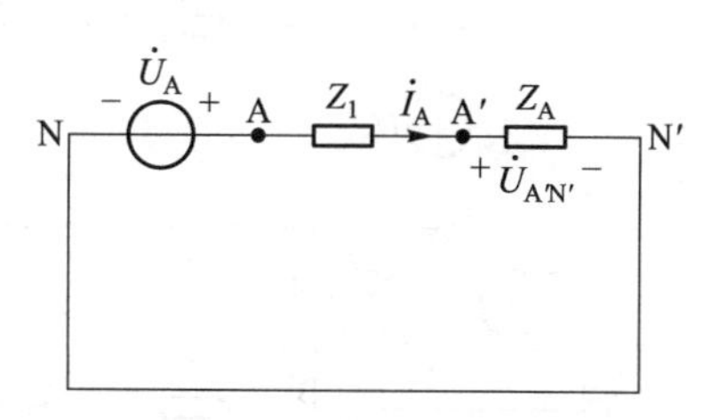

图 10-2-3 一相计算电路(A 相)

由于对称三相电路中$\dot{U}_{N'N}=0$,所以分析这类电路时,无论原来有没有中线,也不论中线的阻抗是多少,都可以设想在 N 与 N′之间用一根理想导线连接起来,使对称三相电路化为三个单相电路。因此,对称三相电路可以用处理单相电路的方法进行分析计算。其方法是:先画出一相计算电路(例如 A 相),如图 10-2-3 所示,求出 A 相负载相电流$\dot{I}_A$和相电压$\dot{U}_{A'N'}$;再根据对称性直接写出其他两相的相电流和相电压;最后利用对应关系直接写出各个线电压和线电流。

例 10-1 如图 10-2-4(a)所示对称三相电路,已知 $Z=(6+j8)\ \Omega$,$\dot{U}_{AB}=380\angle 30^\circ$ V,求负载中各相电流相量。

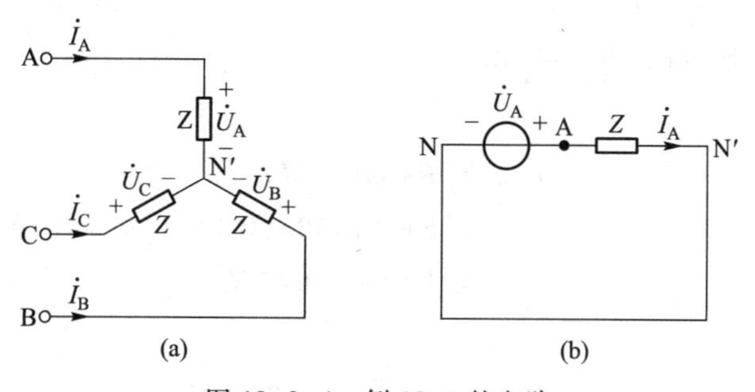

图 10-2-4 例 10-1 的电路

解 设有一个星形联结的三相对称电源作为图 10-2-4(a)所示电路的电源。由式(10-1-4)得此三相对称电源的 A 相相电压

$$\dot{U}_A=\frac{\dot{U}_{AB}}{\sqrt{3}\angle 30^\circ}=220\angle 0^\circ\ \text{V}$$

画出 A 相计算电路,如图 10-2-4(b)所示,得

$$\dot{I}_A=\frac{\dot{U}_A}{Z}=\frac{220\angle 0^\circ}{6+j8}\text{A}=22\angle -53.13^\circ\ \text{A}$$

根据对称性,可写出

$$\dot{I}_B=\dot{I}_A\angle -120° =22\angle -173.13°\ \text{A}$$

$$\dot{I}_C=\dot{I}_A\angle 120° =22\angle 66.87°\ \text{A}$$

例 10-2 图 10-2-5 所示为一对称三相正弦稳态电路,其中对称三相星形感性负载的每两相负载间存在互感。若感性负载参数 $R=5\ \Omega$,$L=0.06\ \text{H}$,$M=0.03\ \text{H}$,线路阻抗 $Z_1=(0.3+\text{j}0.4)\ \Omega$,对称三相电源的线电压为 380 V,频率为工频,试求感性负载的相电压、相电流及线电压有效值。

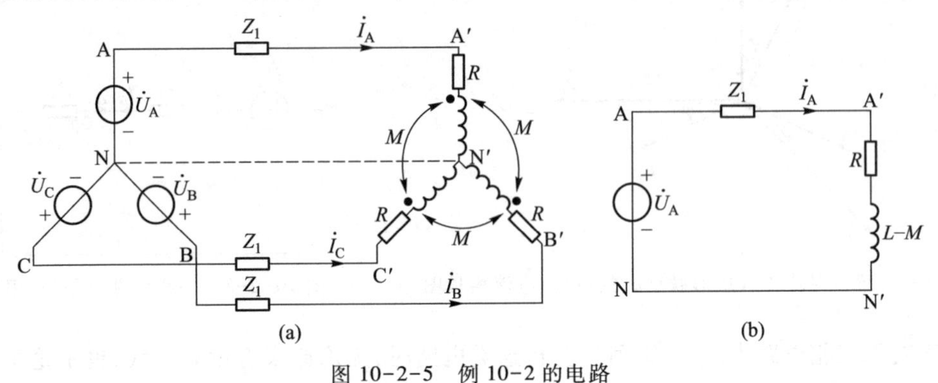

图 10-2-5 例 10-2 的电路

解 由于电源线电压为 380 V,故电源相电压为 220 V,现设 $\dot{U}_A=220\angle 0°\ \text{V}$。

已知电路为对称三相电路,故 $\dot{U}_{N'N}=0$,可用一根理想导线将 N′和 N 连接起来,如图 10-2-5(a)中虚线所示。依次对三相负载两两去耦后,画出 A 相计算电路,如图 10-2-5(b)所示,

$$\dot{I}_A=\frac{\dot{U}_A}{Z_1+R+\text{j}\omega(L-M)}=\frac{220\angle 0°}{0.3+\text{j}0.4+5+\text{j}2\pi\times 50\times(0.06-0.03)}\ \text{A}$$
$$=19.71\angle -61.64°\ \text{A}$$

负载端相电压为

$$\begin{aligned}\dot{U}_{A'N'}&=[R+\text{j}\omega(L-M)]\dot{I}_A\\&=[5+\text{j}2\pi\times 50\times(0.06-0.03)]\times 19.71\angle -61.64°\ \text{V}\\&=213.94\angle 0.4°\ \text{V}\end{aligned}$$

负载端线电压为

$$\begin{aligned}\dot{U}_{A'B'}&=\sqrt{3}\angle 30°\,\dot{U}_{A'N'}=\sqrt{3}\times 213.94\angle 30°+0.4°\ \text{V}\\&=370.6\angle 30.4°\ \text{V}\end{aligned}$$

故负载端的相电压、相电流和线电压的有效值分别为 213.94 V、19.71 A 和 370.6 V。

从本例可以看出,在计算分析对称三相电路时,除了应掌握对称情况下的一些重要特点之外,还应该注意根据具体情况灵活运用电路理论的基本概念、基本定律(定理)及各种分析计算方法。

当三相电路中有不对称电源或三相不对称负载时,就称为不对称三相电路。在电力系统中,除电动机等对称负载外,还包含许多由单相负载(如电灯、家用电器等)组成的三相负载。虽然人们尽可能将负载平均分配在各相上,但往往不可能完全平衡,而且这些负载并不都是同时运行的,这就使得三相负载不平衡,形成了三相不对称电路。当三相电路发生故障(如发电机某相绕组短路、输电线断线等)时,不对称情况可能更为严重。不对称三相电路不能像对称三相电路那

样按一相进行计算，而要用分析复杂正弦交流电路的方法求解。下面讨论图 10-2-6(a)所示简单不对称三相电路。

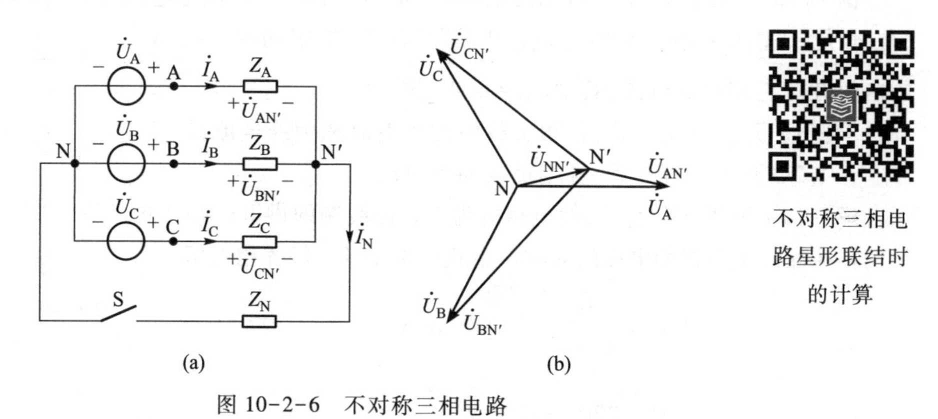

图 10-2-6　不对称三相电路

图 10-2-6(a)所示电路中，三相电源对称，Z_A、Z_B、Z_C 不相等。当开关 S 打开后，设 N 为参考点，根据节点电压法，得

$$\dot{U}_{N'N}=\frac{\dfrac{\dot{U}_A}{Z_A}+\dfrac{\dot{U}_B}{Z_B}+\dfrac{\dot{U}_C}{Z_C}}{\dfrac{1}{Z_A}+\dfrac{1}{Z_B}+\dfrac{1}{Z_C}}$$

由于三相负载不对称，故$\dot{U}_{N'N}\neq 0$，使 N′点和 N 点电位不同。

此时，各负载相电流

$$\dot{I}_A=\frac{\dot{U}_A-\dot{U}_{N'N}}{Z_A}$$

$$\dot{I}_B=\frac{\dot{U}_B-\dot{U}_{N'N}}{Z_B}$$

$$\dot{I}_C=\frac{\dot{U}_C-\dot{U}_{N'N}}{Z_C}$$

因此，各负载相电流也不对称。各负载相电压$\dot{U}_{AN'}=\dot{I}_A Z_A$，$\dot{U}_{BN'}=\dot{I}_B Z_B$，$\dot{U}_{CN'}=\dot{I}_C Z_C$ 也是不对称的。这将影响各相负载的正常工作状态。由图 10-2-6(b)所示的相量关系(定性)可见，N′和 N 点不重合，中性点发生位移。当中性点位移较大时，会造成负载相电压严重不对称，使各相负载无法正常工作。另一方面，如果负载变化时，由于各相工作状况彼此关联，相互也会有影响。

开关 S 闭合后，如果 $Z_N\approx 0$，则可强迫$\dot{U}_{N'N}=0$，使三相电路成为互不影响的三个分别由星形电源的单相电压$\dot{U}_A$、$\dot{U}_B$、$\dot{U}_C$供电的独立的单相电路，各相的工作状况仅取决于本相的电源和负载。在不计输电线路阻抗下，负载的相电压分别等于电源的相电压，各相负载均能正常工作。可见，中线的作用在于使星形联结的由单相负载组成的不对称负载的相电压对称，因此，中线的存在是非常重要的。为了保证这样的三相负载的相电压对称，不应让中线断开。实际工程中，中线上不允许接入熔断器和开关，有时还用机械强度较高的导线作为中线。由于相电流不对称，中线电流一般不为零，即$\dot{I}_N=\dot{I}_A+\dot{I}_B+\dot{I}_C\neq 0$。

例 10-3 如图 10-2-7 所示的电路中，A 相负载是一个额定电压为 220 V、额定功率为 100 W 的白炽灯，B 相和 C 相负载均是额定电压为 220 V、额定功率为40 W 的白炽灯。三相对称电源，其中$\dot{U}_{AB}=380\angle 30^\circ$ V。

求：(1) 开关 S 闭合后，各相负载中的相电流和中线电流；

(2) 开关 S 打开后，各相负载的相电压。

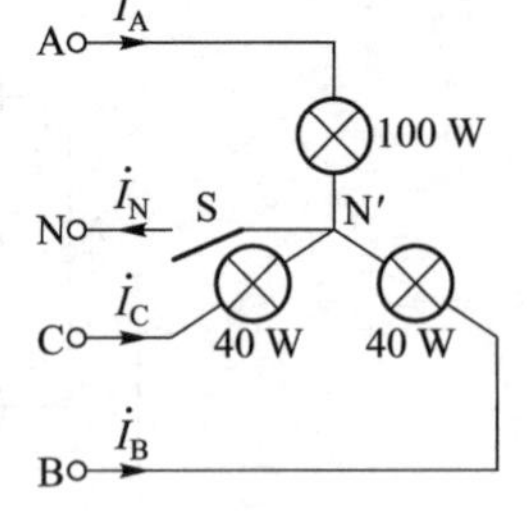

图 10-2-7 例 10-3 的电路

解 (1) 开关 S 闭合后，使电路成为三相四线制的供电电路，中线的存在保证了负载相电压的对称。由式(10-1-4)，得各相电压

$$\dot{U}_A=\frac{\dot{U}_{AB}}{\sqrt{3}\angle 30^\circ}=220\angle 0^\circ \text{ V}$$

$$\dot{U}_B=220\angle -120^\circ \text{ V}$$

$$\dot{U}_C=220\angle 120^\circ \text{ V}$$

各相负载电阻

$$R_A=\frac{U_N^2}{P_A}=\frac{220^2}{100}\Omega=484\ \Omega,\quad R_B=R_C=\frac{U_N^2}{P_C}=\frac{220^2}{40}\Omega=1\ 210\ \Omega$$

各相负载中相电流

$$\dot{I}_A=\frac{\dot{U}_A}{R_A}=\frac{220\angle 0^\circ}{484}\text{A}=0.455\angle 0^\circ \text{ A}$$

$$\dot{I}_B=\frac{\dot{U}_B}{R_B}=\frac{220\angle -120^\circ}{1\ 210}\text{A}=0.182\angle -120^\circ \text{ A}$$

$$\dot{I}_C=\frac{\dot{U}_C}{R_C}=\frac{220\angle 120^\circ}{1\ 210}\text{A}=0.182\angle 120^\circ \text{ A}$$

中线电流

$$\dot{I}_N=\dot{I}_A+\dot{I}_B+\dot{I}_C=(0.455\angle 0^\circ+0.182\angle -120^\circ+0.182\angle 120^\circ)\text{ A}=0.438\angle 0^\circ \text{ A}$$

(2) 开关 S 打开后，使电路成为无中线的不对称星形负载供电电路。设 N 为参考点，根据节点电压法，得

$$\dot{U}_{N'N}=\frac{\dfrac{\dot{U}_A}{R_A}+\dfrac{\dot{U}_B}{R_B}+\dfrac{\dot{U}_C}{R_C}}{\dfrac{1}{R_A}+\dfrac{1}{R_B}+\dfrac{1}{R_C}}$$

$$=\frac{\dfrac{220\angle 0^\circ}{484}+\dfrac{220\angle -120^\circ}{1\ 210}+\dfrac{220\angle 120^\circ}{1\ 210}}{\dfrac{1}{484}+\dfrac{1}{1\ 210}+\dfrac{1}{1\ 210}}\text{V}$$

$$=117.8\angle 0^\circ \text{ V}$$

$$\dot{U}_{AN'}=\dot{U}_{AN}-\dot{U}_{N'N}=220\angle 0^\circ-117.8\angle 0^\circ\ \text{V}=102.2\angle 0^\circ\ \text{V}$$

则

$$\dot{U}_{BN'}=\dot{U}_{BN}-\dot{U}_{N'N}=220\angle -120^\circ-117.8\angle 0^\circ\ \text{V}=297\angle -140.1^\circ\ \text{V}$$

$$\dot{U}_{CN'}=\dot{U}_{CN}-\dot{U}_{N'N}=220\angle 120^\circ-117.8\angle 0^\circ\ \text{V}=297\angle 140.1^\circ\ \text{V}$$

由于B、C相电压超过了电灯的额定电压,将会导致灯泡烧坏。A相电压远低于电灯的额定电压,灯光变暗。当B、C相40 W灯泡烧毁后,影响A相,100 W灯泡立刻熄灭。可见,中性线具有限制中性点位移的作用。因此,在我国低压(如额定电压有效值为220 V)配电系统中常采用三相四线制,而三相三线制仅在高电压远距离传输中采用。

思考与练习

10-2-1 为何低压供电系统大多采用三相四线制?在此供电制下,线电流、相电流一定对称吗?中线电流一定为零吗?试举例说明。

10-2-2 试分析"任何三相电路中,线电压相量之和恒等于零;而在三相三线制电路中,线电流相量之和也等于零。"这句话是否正确?并说明理由。

10-2-3 在对称星形负载联结的电路中,如果将具有阻抗的中性线用短路线代替,试分析替代后会不会影响三相负载的正常工作。为什么?

10-2-4 对称三相电源(顺序),星形联结,已知 $u_A=220\sin(\omega t-90^\circ)$ V,则 $u_{CA}=$______ V。

10-2-5 对称三相星形负载,忽略线路阻抗,已知负载的各相电流均为5 A,则中线电流 $I_N=$______ A;如A相负载开路,则 $I_N=$______ A;如A相与C相负载均开路,则 $I_N=$______ A。

10.3 负载三角形联结的三相电路

若将三相负载 Z_{AB}、Z_{BC}、Z_{CA} 依次连接,并将其中三个连接点接到三相电源的三根端线上,就构成负载的三角形联结,如图10-3-1所示。当三相电源星形联结时,构成三相三线制的Y-△电路;当电源三角形联结时,构成三相三线制的△-△电路。

负载三角形联结时,各相负载上的电压等于相应的电源线电压,因此,若求负载的电流、电压时,只要知道电源的线电压就行了,不必追究电源的具体接法。已知电源线电压时,各相负载中的电流为

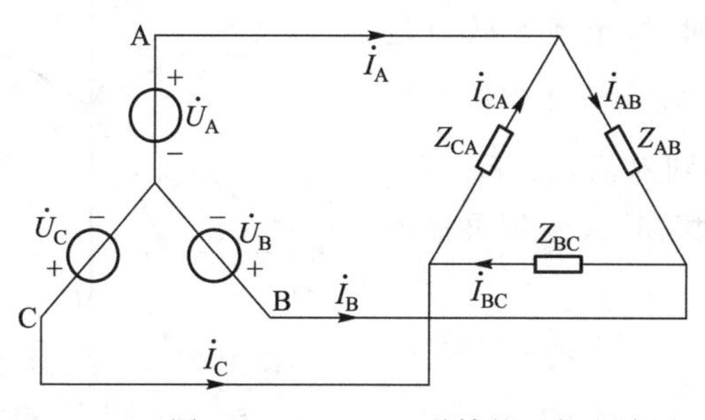

图10-3-1 Y-△联结的三相电路图

对称三角形联结时线电压与相电压、线电流与相电流的关系

对称三相电路三角形联结时的计算

$$\left.\begin{aligned}\dot{I}_{AB}&=\frac{\dot{U}_{AB}}{Z_{AB}}\\ \dot{I}_{BC}&=\frac{\dot{U}_{BC}}{Z_{BC}}\\ \dot{I}_{CA}&=\frac{\dot{U}_{CA}}{Z_{CA}}\end{aligned}\right\}\tag{10-3-1}$$

由 KCL，可求出图 10-3-2 所示参考方向下各线电流和相电流的关系

$$\left.\begin{aligned}\dot{I}_{A}&=\dot{I}_{AB}-\dot{I}_{CA}\\ \dot{I}_{B}&=\dot{I}_{BC}-\dot{I}_{AB}\\ \dot{I}_{C}&=\dot{I}_{CA}-\dot{I}_{BC}\end{aligned}\right\}\tag{10-3-2}$$

当三相负载对称，即负载阻抗 $Z_{AB}=Z_{BC}=Z_{CA}=Z$ 时，由式(10-3-1)，得

$$\left.\begin{aligned}\dot{I}_{AB}&=\frac{\dot{U}_{AB}}{Z_{AB}}\\ \dot{I}_{BC}&=\frac{\dot{U}_{BC}}{Z_{BC}}=\dot{I}_{AB}\angle{-120^\circ}\\ \dot{I}_{CA}&=\frac{\dot{U}_{CA}}{Z_{CA}}=\dot{I}_{AB}\angle{+120^\circ}\end{aligned}\right\}$$

由式(10-3-2)得下列关系

$$\left.\begin{aligned}\dot{I}_{A}&=\sqrt{3}\angle{-30^\circ}\dot{I}_{AB}\\ \dot{I}_{B}&=\sqrt{3}\angle{-30^\circ}\dot{I}_{BC}\\ \dot{I}_{C}&=\sqrt{3}\angle{-30^\circ}\dot{I}_{CA}\end{aligned}\right\}\tag{10-3-3}$$

式(10-3-3)就是对称负载三角形联结时的线电流和相电流的一般关系式。可见，相电流对称时，线电流也对称。这也可仿照分析星形联结的线电压和相电压之间关系的方法(如图 10-1-5 所示)，根据式(10-3-1)、式(10-3-2)和图 10-3-2 所示的电流相量图(其中设 Z 的阻抗角 $\varphi>0$)求得。可见，负载三角形联结时，线电压等于相电压；当负载对称时，线电流有效值是相电流有效值的$\sqrt{3}$倍，在顺序条件下，线电流在相位上滞后对应的相电流 30°，如$\dot{I}_A$、$\dot{I}_B$、$\dot{I}_C$分别滞后$\dot{I}_{AB}$、$\dot{I}_{BC}$、$\dot{I}_{CA}$ 30°。因此，负载对称时，可先计算一相，其余两相再根据对称性得出。

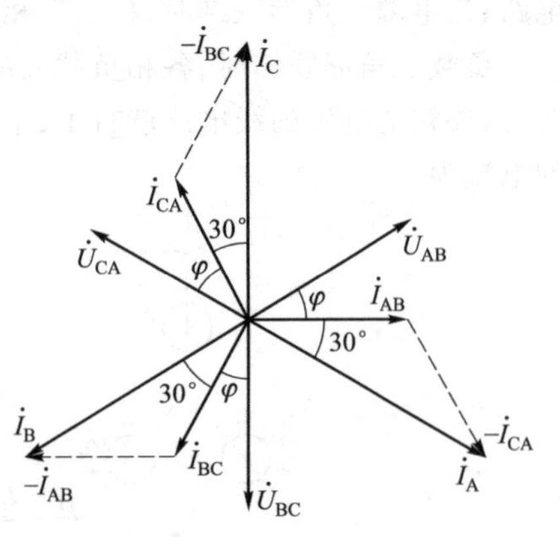

图 10-3-2 阻感性负载三角形联结时的电压、电流相量图

当各相负载不对称时，则应按式(10-3-1)、式(10-3-2)分别计算。

例 10-4 如图 10-3-3(a)所示对称三相电路中，已

知 $Z=6+\mathrm{j}8\ \Omega$，$\dot{U}_{AB}=380\angle 0^\circ$ V。

（1）试求各相电流和线电流；（2）当 AB 相负载断开时，求各相电流和线电流。

解　（1）电路如图 10-3-3(a)所示，因负载对称，故只需分析一相负载电路。已知 $\dot{U}_{AB}=380\angle 0^\circ$ V，由式(10-3-1)，

不对称三相电路三角形联结时的计算

得
$$\dot{I}_{AB}=\frac{\dot{U}_{AB}}{Z}=\frac{380\angle 0^\circ}{6+\mathrm{j}8}\text{A}=38\angle -53.13^\circ\ \text{A}$$

故
$$\dot{I}_{A}=\sqrt{3}\angle -30^\circ\dot{I}_{AB}=65.8\angle -83.13^\circ\ \text{A}$$

根据对称性，得

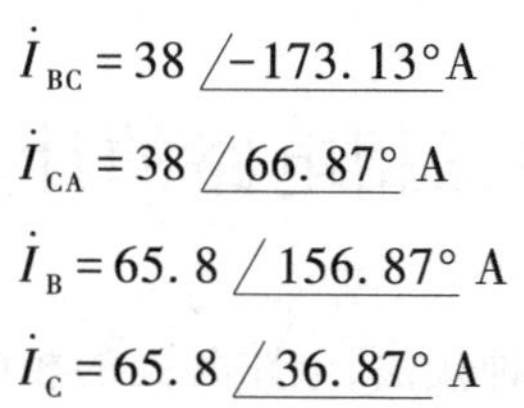

$$\dot{I}_{BC}=38\angle -173.13^\circ\text{A}$$
$$\dot{I}_{CA}=38\angle 66.87^\circ\ \text{A}$$
$$\dot{I}_{B}=65.8\angle 156.87^\circ\ \text{A}$$
$$\dot{I}_{C}=65.8\angle 36.87^\circ\ \text{A}$$

（2）电路如图 10-3-3(b)所示，由于 AB 相负载已断开，故线相电流均为不对称电流。需先求出各相相电流后，再由 KCL 求线电流。

不难看出，在三角形联结的负载中，尽管 AB 相负载已断开，但 BC 相和 CA 相负载相电流均没受到影响。即，

$$\dot{I}_{AB}=0$$
$$\dot{I}_{BC}=38\angle -173.13^\circ\ \text{A}$$
$$\dot{I}_{CA}=38\angle 66.87^\circ\ \text{A}$$

由 KCL 得，

$$\dot{I}_{A}=-\dot{I}_{CA}=-38\angle 66.87^\circ\ \text{A}=38\angle -113.13^\circ\ \text{A}$$
$$\dot{I}_{B}=\dot{I}_{BC}=38\angle -173.13^\circ\ \text{A}$$
$$\dot{I}_{C}=\dot{I}_{CA}-\dot{I}_{BC}=65.8\angle 36.87^\circ\ \text{A}$$

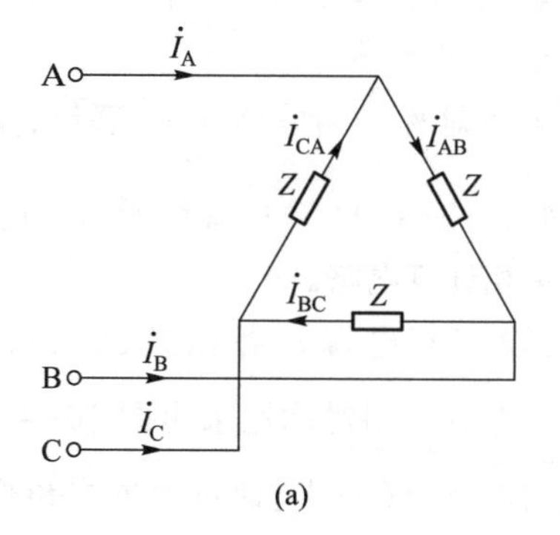

(a)

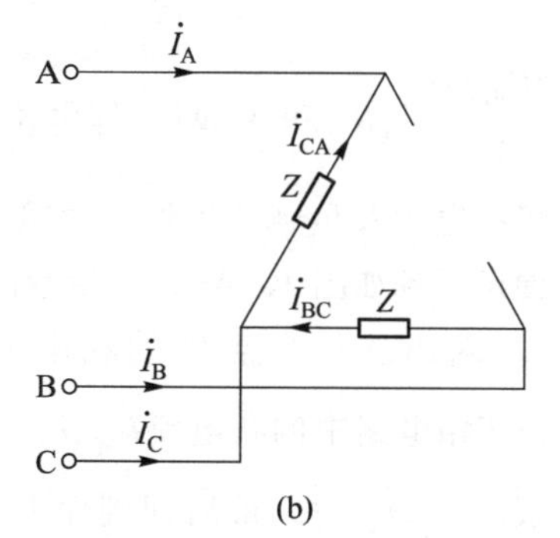

(b)

图 10-3-3　例 10-4 的电路

思考与练习

10-3-1 对称三相电路,负载三角形联结,电路中各线电流均为10 A。如C相开路,则线路流 $I_A=$____A,$I_B=$____A,$I_C=$____A。

10-3-2 三相电机可看成三相对称负载,现有一台三相电动机,接成三角形时额定电流(线电流)为67.4 A。求流过电动机每相绕组中的电流。

10-3-3 现有一台额定相电压为220 V的三相发电机,一台额定电压为380/220 V(Y/△)的三相电动机,一台额定电压为660/380 V(Y/△)的三相电炉和10盏额定电压为220 V的日光灯。如何将它们构成统一的供电系统?试画出其电路图。

10.4 复杂三相电路的计算

对于多负载组的对称三相电路,无论何种接法,电路各处的相电压、相电流、线电压和线电流均具有对称性,由此,可以抽出某一单相回路进行计算,然后根据电压、电流对称性得出其他各线、相电压或电流。

例10-5 对称三相电路如图10-4-1(a)所示,试画出等效的单相计算电路,并给出电路参数。

解 首先根据对称三相电路中的线电压和相电压之间关系和阻抗Y-△变换的方法,将三角形联结的电源和三角形联结的负载分别用等效星形联结的电源或负载代替,如图10-4-1(b)所示。

设N为参考点,由节点电压法,得

$$\frac{3}{Z_2}\dot{U}_{N_1}-\frac{1}{Z_2}\dot{U}_{A_1}-\frac{1}{Z_2}\dot{U}_{B_1}-\frac{1}{Z_2}\dot{U}_{C_1}=0$$

$$\frac{3}{Z_3+\dfrac{Z_4}{3}}\dot{U}_{N_2}-\frac{1}{Z_3+\dfrac{Z_4}{3}}\dot{U}_{A_1}-\frac{1}{Z_3+\dfrac{Z_4}{3}}\dot{U}_{B_1}-\frac{1}{Z_3+\dfrac{Z_4}{3}}\dot{U}_{C_1}=0$$

即$\dot{U}_{N_1}=\dot{U}_{N_2}=\dfrac{\dot{U}_{A_1}+\dot{U}_{B_1}+\dot{U}_{C_1}}{3}$,$N_1$和$N_2$两点等电位,由于对称三相电路Y-Y联结,又得到N和N_1、N_2等电位,则可将各电源及负载的中性点短接,如图10-4-1(b)中虚线所示。现取一相(例如A相)的计算电路,便可得到如图10-4-1(c)所示的单相计算电路。

假如要进一步求出各组负载中的相电流(设三相电源及各阻抗已知),则可先求出图10-4-1(c)所示的该相电路中的各电流$\dot{I}_{A_1}$、$\dot{I}_{A_2}$、$\dot{I}_A$,然后利用对称性求出图10-4-1(b)中其余两相的电流$\dot{I}_{B_1}$、$\dot{I}_{B_2}$、$\dot{I}_B$、$\dot{I}_{C_1}$、$\dot{I}_{C_2}$、$\dot{I}_C$,最后回到原电路10-4-1(a)中,通过对称三角形负载中相电流和线电流的关系,求出三角形负载中的相电流$\dot{I}_{AB}$、$\dot{I}_{BC}$、$\dot{I}_{CA}$。

三相电路从结构上看,其实就是一个多电源、多回路的正弦交流电路,因此对于非对称的复杂三相电路,可以根据电路的特点,用前面学过的各种方法去分析求解。

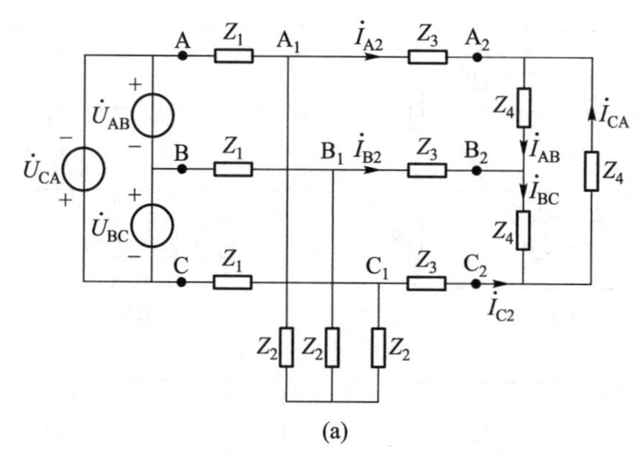

(a)

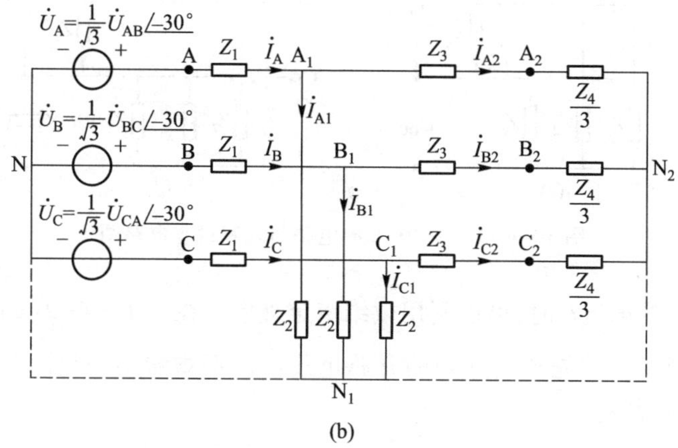

(b)

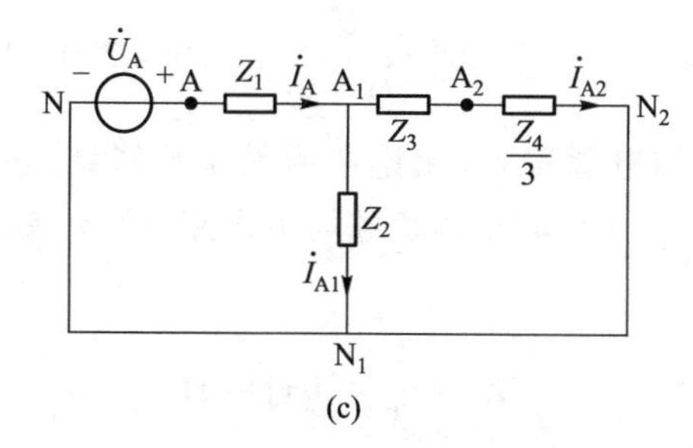

(c)

图 10-4-1 例 10-5 的电路

例 10-6 三相电路如图 10-4-2(a)所示，已知顺序对称三相电源线电压$\dot{U}_{AB}=380\angle 60°$ V。阻抗 $Z_1=(19+\mathrm{j}19\sqrt{3})\ \Omega$，$Z_2=(90+\mathrm{j}120)\ \Omega$，电阻 $R=10\ \Omega$。试求电流$\dot{I}_1$和$\dot{I}_2$。

解 图 10-4-2(a)中包含一组对称星形负载、一组对称三角形负载和一个接在 C 端线和星形负载中点之间的单相负载。由于图 10-4-2(a)所示中$\dot{I}_1$为 Z_1 三角形负载组的 B 相端线线电流，故可直接通过三角形负载组相电流$\dot{I}_{BC}$来求$\dot{I}_1$，电路如图 10-4-2(b)所示。

$$\dot{I}_{BC}=\frac{\dot{U}_{BC}}{Z_1}=\frac{\dot{U}_{AB}\angle -120°}{19+\mathrm{j}19\sqrt{3}}=\frac{380\angle -60°}{38\angle 60°}\mathrm{A}=10\angle -120°\ \mathrm{A}$$

得，$\dot{I}_1=\sqrt{3}\angle -30°\dot{I}_{BC}=10\sqrt{3}\angle -150°$ A

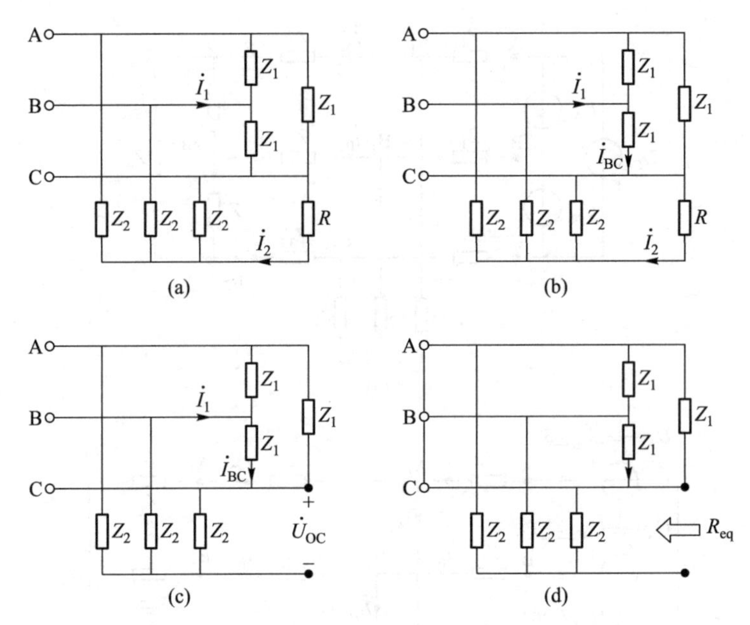

图 10-4-2　例 10-6 的电路与求解过程电路图

求单相负载 R 中的电流 $\dot{I}_2$ 时，可以利用戴维南定理求。在图 10-4-2(a) 中，断开 R 支路，电路如图 10-4-2(c) 所示。首先求断开处的开路电压 $\dot{U}_{OC}$，不难看出，对称 Z_2 星形负载组中点和电源中点 N 为等电位，故有

$$\dot{U}_{OC}=\dot{U}_{CN}=\dot{U}_{AN}\angle 120^\circ=\frac{\dot{U}_{AB}}{\sqrt{3}\angle 30^\circ}\angle 120^\circ=220\angle 150^\circ\ \text{V}$$

求等效阻抗 Z_{eq} 时，将三相电源置零，无论电源是星形联结，还是三角形联结，电路均如图 10-4-2(d) 所示，此时，原 Z_1 三角形联结的负载均被短路，原 Z_2 星形联结的三个负载处于并联状态，故有

$$Z_{eq}=\frac{Z_2}{3}=30+\text{j}40\ \Omega$$

最后，由戴维南定理可得

$$\dot{I}_2=\frac{\dot{U}_{OC}}{Z_{eq}+R}=\frac{220\angle 150^\circ}{40\sqrt{2}\angle 45^\circ}\text{A}=2.75\sqrt{2}\angle 105^\circ\ \text{A}$$

思考与练习

10-4-1　电路如题 10-4-1 图所示，三相对称电源 $\dot{U}_{AB}=380\angle 30^\circ$ V，负载 $Z=(30+\text{j}40)\Omega$，试求电流 $\dot{I}_Z$ 和 $\dot{I}_A$。

10-4-2　电路如题 10-4-2 图所示，三相对称电源 $\dot{U}_{AB}=380\angle 30^\circ$ V，$Z=22\angle -30^\circ\ \Omega$，$R=22\ \Omega$，试求 $\dot{I}_{CA}$、$\dot{I}_A$。

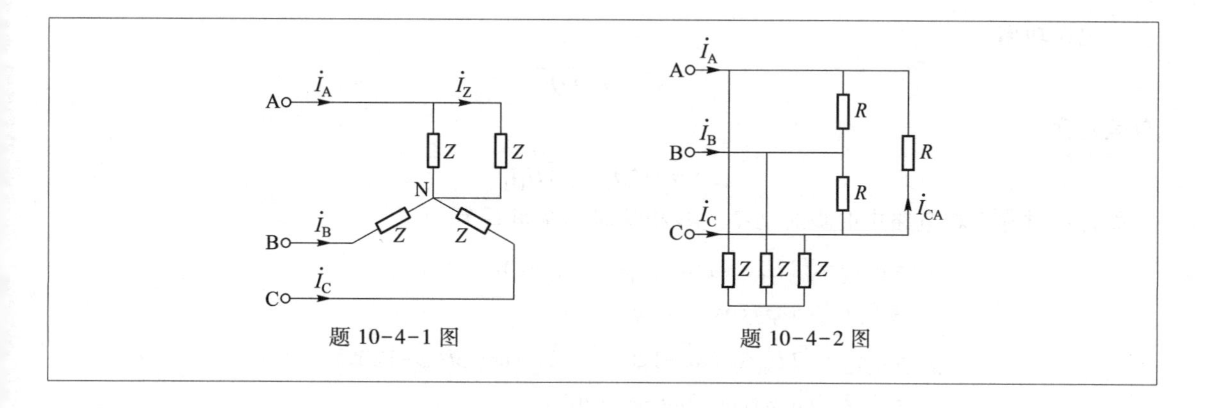

题 10-4-1 图　　题 10-4-2 图

10.5 三相电路的功率

三相电路的功率计算

在三相电路中，三相负载吸收的复功率等于各相复功率之和，即

$$\overline{S}=\overline{S}_A+\overline{S}_B+\overline{S}_C=P_A+jQ_A+P_B+jQ_B+P_C+jQ_C=P+jQ$$

因而三相电路吸收的总的平均功率 P、总的无功功率 Q 和总的视在功率 S 分别为

$$P=P_A+P_B+P_C$$

$$Q=Q_A+Q_B+Q_C$$

$$S=\sqrt{P^2+Q^2}$$

例如，在 10-2-6(a) 所示电路中，当开关 S 打开时，有 $\overline{S}=\dot{U}_{AN'}\overset{*}{\dot{I}}_A+\dot{U}_{BN'}\overset{*}{\dot{I}}_B+\dot{U}_{CN'}\overset{*}{\dot{I}}_C$。

显然，在对称三相电路中，$\overline{S}_A=\overline{S}_B=\overline{S}_C$，$\overline{S}=3\overline{S}_A$，$P_A=P_B=P_C$，$Q_A=Q_B=Q_C$，因此有

$$P=P_A+P_B+P_C=3U_PI_P\cos\varphi \tag{10-5-1}$$

$$Q=Q_A+Q_B+Q_C=3U_PI_P\sin\varphi \tag{10-5-2}$$

式中，下标“P”表示“相”，φ 是对称三相负载的阻抗角，也是每相负载的相电压和相电流之间的相位差。

当负载是星形联结时，有

$$U_l=\sqrt{3}\,U_P \qquad I_l=I_P$$

式中下标“l”表示“线”。

当负载是三角形联结时，有

$$U_l=U_P \qquad I_l=\sqrt{3}\,I_P$$

显然，无论负载是星形联结还是三角形联结，恒有

$$3U_PI_P=\sqrt{3}\,U_lI_l$$

则式(10-5-1)、式(10-5-2)可写成

$$P=P_A+P_B+P_C=3U_PI_P\cos\varphi=\sqrt{3}\,U_lI_l\cos\varphi$$

$$Q=Q_A+Q_B+Q_C=3U_PI_P\sin\varphi=\sqrt{3}\,U_lI_l\sin\varphi$$

视在功率

$$S=\sqrt{P^2+Q^2}$$

负载对称时

$$S=3U_PI_P=\sqrt{3}U_1I_1$$

下面讨论对称三相电路中的瞬时功率。各相瞬时功率可写为

$$\begin{aligned}p_A&=u_Ai_A=\sqrt{2}U_P\cos\omega t\times\sqrt{2}I_P\cos(\omega t-\varphi)\\&=U_PI_P[\cos\varphi+\cos(2\omega t-\varphi)]\\p_B&=u_Bi_B=\sqrt{2}U_P\cos(\omega t-120^\circ)\times\sqrt{2}I_P\cos(\omega t-\varphi-120^\circ)\\&=U_PI_P[\cos\varphi+\cos(2\omega t-\varphi+120^\circ)]\\p_C&=u_Ci_C=\sqrt{2}U_P\cos(\omega t+120^\circ)\times\sqrt{2}I_P\cos(\omega t-\varphi+120^\circ)\\&=U_PI_P[\cos\varphi+\cos(2\omega t-\varphi-120^\circ)]\end{aligned}$$

三相瞬时功率为各相瞬时功率之和,即

$$p=p_A+p_B+p_C=3U_PI_P\cos\varphi$$

上式表明,对称三相电路的三相瞬时功率是一个常量,且等于三相平均功率。这一现象被称为瞬时功率平衡,是对称三相电路的一个优越性能。对于三相发电机和三相电动机而言,瞬时功率不随时间变化意味着机械转矩不随时间变化,这样可以避免电机在运转时因转矩变化而产生的振动。

例 10-7 有一个三相对称负载,每相负载的 $R=6\ \Omega$、$X_L=8\ \Omega$,电源线电压有效值为380 V。试求:(1) 负载星形联结时,三相电路的三相平均功率、三相无功功率和三相视在功率;

(2) 负载三角形联结时,三相电路的三相平均功率、三相无功功率和三相视在功率。

解 (1) 负载星形联结时

$$U_P=\frac{U_1}{\sqrt{3}}=\frac{380}{\sqrt{3}}\text{V}=220\ \text{V}$$

每相负载的阻抗模

$$|Z|=\sqrt{R^2+X_L^2}=\sqrt{6^2+8^2}\ \Omega=10\ \Omega$$

得

$$I_P=I_1=\frac{U_P}{|Z|}=\frac{220}{10}\text{A}=22\ \text{A}$$

$$\cos\varphi=\frac{R}{|Z|}=6/10=0.6$$

$$\sin\varphi=0.8$$

所以

$$P_Y=\sqrt{3}U_1I_1\cos\varphi=\sqrt{3}\times380\times22\times0.6\ \text{W}=8.69\ \text{kW}$$

$$Q_Y=\sqrt{3}U_1I_1\sin\varphi=\sqrt{3}\times380\times22\times0.8\ \text{var}=11.58\ \text{kvar}$$

$$S_Y=\sqrt{3}U_1I_1=\sqrt{3}\times380\times22\ \text{VA}=14.48\ \text{kVA}$$

(2) 负载三角形联结时

$$U_1=U_P=380\ \text{V}$$

$$I_P=\frac{U_P}{|Z|}=\frac{380}{10}\text{A}=38\ \text{A}$$

$$I_1=\sqrt{3}I_P=\sqrt{3}\times 38\ \text{A}=66\ \text{A}$$

所以

$$P_\Delta=\sqrt{3}U_1I_1\cos\varphi=\sqrt{3}\times 380\times 66\times 0.6\ \text{W}=26.06\ \text{kW}$$

$$Q_\Delta=\sqrt{3}U_1I_1\sin\varphi=\sqrt{3}\times 380\times 66\times 0.8\ \text{var}=34.75\ \text{kvar}$$

$$S_\Delta=\sqrt{3}U_1I_1=\sqrt{3}\times 380\times 66\ \text{VA}=43.44\ \text{kVA}$$

上述计算表明,在相同线电压下,负载三角形联结时吸收的功率是星形联结时的 3 倍。

思考与练习

10-5-1 试分析“对称三相电路的有功功率 $P=\sqrt{3}U_1I_1\cos\varphi$ 中的功率因数角,对于星形联结负载而言是指相电压和相电流的相位差,对于三角形联结的负载而言是指线电压和线电流的相位差。”这句话是否正确,并说明理由。

10-5-2 两台三相电动机并联运行,第一台电动机星形联结,功率为 10 kW,功率因数为 0.8;第二台电动机三角形联结,功率为 20 kW,功率因数为 0.6。试问:在额定运行条件下,总的有功功率是否为 30 kW? 总的电路线电流是否等于两台电动机线电流有效值之和?

10.6 三相功率的测量

在三相三线制电路中,不论负载连接成星形还是三角形,也不论负载对称与否,都广泛采用两个功率表测量三相功率。测量三相平均功率的两个功率表的连接方式如图 10-6-1(a)所示。两个功率表的电流线圈分别串接在任意两根端线中(图 10-6-1(a)所示为 A、B 线);两个功率表的电压线圈的一端(非 * 端)都连接在未串联电流线圈的端线上(图 10-6-1(a)所示为 C 线),两个电压线圈的另一端(* 端)分别与电流线圈的 * 端相连接。功率表的接线只触及端线而与负载和电源的连接方式无关。此时,两个功率表读数的代数和就等于待测的三相平均功率。这种方法称为“二瓦计法”。可以证明,图 10-6-1(a)中两个功率表读数的代数和为三相三线制中右侧负载电路吸收的总平均功率。

设两个功率表读数分别为 P_1 和 P_2,根据功率表的工作原理,知

$$P_1=\text{Re}[\dot{U}_{AC}\overset{*}{\dot{I}}_A],P_2=\text{Re}[\dot{U}_{BC}\overset{*}{\dot{I}}_B]$$

由于 $\dot{U}_{AC}=\dot{U}_A-\dot{U}_C,\dot{U}_{BC}=\dot{U}_B-\dot{U}_C,\overset{*}{\dot{I}}_A+\overset{*}{\dot{I}}_B=-\overset{*}{\dot{I}}_C$

故

$$\begin{aligned}P_1+P_2&=\text{Re}[\dot{U}_{AC}\overset{*}{\dot{I}}_A+\dot{U}_{BC}\overset{*}{\dot{I}}_B]\\&=\text{Re}[(\dot{U}_A-\dot{U}_C)\overset{*}{\dot{I}}_A+(\dot{U}_B-\dot{U}_C)\overset{*}{\dot{I}}_B]\end{aligned}$$

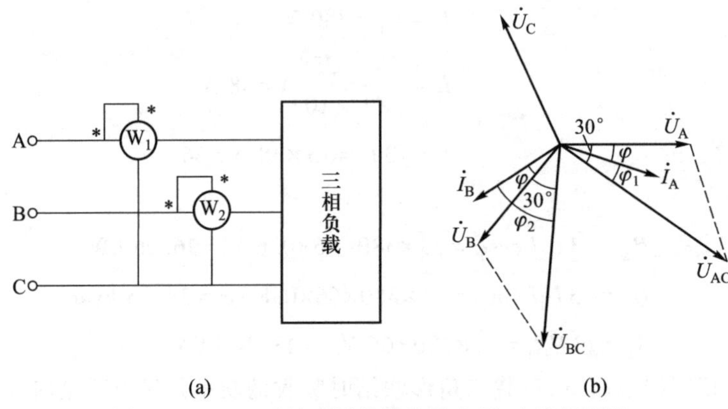

(a) (b)

图 10-6-1 二瓦计法测量线路及电压、电流相量图

$$=\mathrm{Re}[\dot{U}_A\overset{*}{\dot{I}}_A+\dot{U}_B\overset{*}{\dot{I}}_B+\dot{U}_C\overset{*}{\dot{I}}_C]$$
$$=\mathrm{Re}[\bar{S}_A+\bar{S}_B+\bar{S}_C]$$
$$=\mathrm{Re}[\bar{S}]$$

式中，$\mathrm{Re}[\bar{S}]$为右侧三相负载的平均功率。从而有

$$P_1+P_2=U_{AC}I_A\cos\varphi_1+U_{BC}I_B\cos\varphi_2 \tag{10-6-1}$$

式中 φ_1 为电压相量$\dot{U}_{AC}$和电流相量$\dot{I}_A$之间的相位差，φ_2 为电压相量$\dot{U}_{BC}$和电流相量$\dot{I}_B$之间的相位差。式(10-6-1)中第一项是图 10-6-1(a)中功率表 W_1 的读数 P_1，第二项是功率表 W_2 的读数 P_2，两个功率表读数的代数和等于三相负载的平均功率，即有

$$P=P_1+P_2$$

当负载对称时，由图 10-6-1(b)的相量图可知，两个功率表的读数分别为

$$P_1=\mathrm{Re}[\dot{U}_{AC}\overset{*}{\dot{I}}_A]=U_{AC}I_A\cos\varphi_1=U_{AC}I_A\cos(30°-\varphi)$$

$$P_2=\mathrm{Re}[\dot{U}_{BC}\overset{*}{\dot{I}}_B]=U_{BC}I_B\cos\varphi_2=U_{BC}I_B\cos(30°+\varphi)$$

式中，φ 为三相对称负载的阻抗角。因此，两个功率表读数之和为

$$\begin{aligned}P&=P_1+P_2\\&=U_lI_l\cos(30°-\varphi)+U_lI_l\cos(30°+\varphi)\\&=U_lI_l\times2\cos30°\cos\varphi=\sqrt{3}\,U_lI_l\cos\varphi\end{aligned} \tag{10-6-2}$$

由式(10-6-2)可知，当相电流与相电压同相时，即 $\varphi=0$，则 $P_1=P_2$，即两个功率表读数相等。如果相电流滞后相电压的角度 $\varphi>60°$，则 P_2 为负值，即功率表 W_2 的指针反向偏转，这样便不能读出功率的数值，必须将该功率表的电流线圈反接。此时三相平均功率便等于功率表 W_1 的读数减去功率表 W_2 的读数，即

$$P=P_1+(-P_2)=P_1-P_2$$

求代数和时 W_2 的读数应取负值。一般来说，一个功率表的读数是没有意义的。

两个功率表还可用来测量对称负载的三相无功功率，它们的接线如图 10-6-2(a)所示。由图 10-6-2(b)的相量图可知两个功率表的读数分别为

$$P_1'=U_{BC}I_A\cos(90°-\varphi)$$

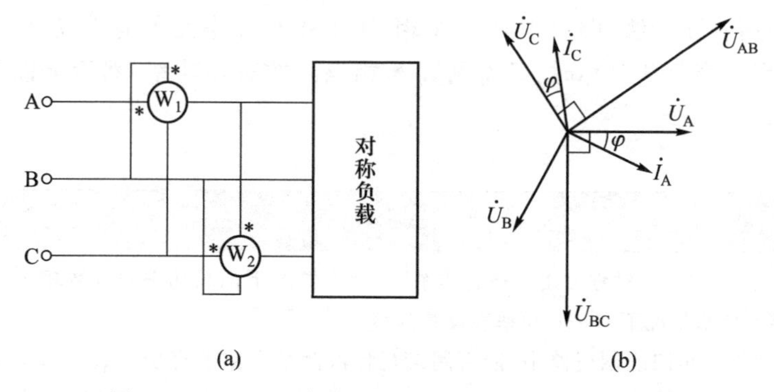

图 10-6-2 二瓦计法测量对称三相电路的无功功率

$$P_2' = U_{AB} I_C \cos(90° - \varphi)$$

两个功率表读数之和为

$$\begin{aligned} P' &= P_1' + P_2' \\ &= U_{BC} I_A \cos(90° - \varphi) + U_{AB} I_C \cos(90° - \varphi) \\ &= 2U_1 I_1 \sin\varphi \end{aligned}$$

可见，将读数之和 P' 再乘以 $\sqrt{3}/2$ 就是三相对称负载的无功功率。

例 10-8 某台三相电动机的功率为 2.5 kW，功率因数 $\cos\varphi = 0.866$，线电压为 380 V（对称），如图 10-6-3 所示。求图中两个功率表的读数。

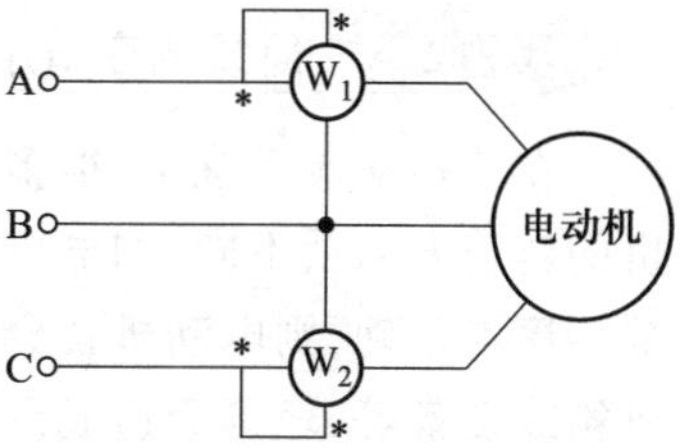

解 要求功率表的读数，需先求出相关电压、电流的相量即可。因为三相电动机为对称三相负载，所以

$$I_1 = \frac{P}{\sqrt{3} U_1 \cos\varphi} = \frac{2.5 \times 10^3}{\sqrt{3} \times 380 \times 0.866} \text{A} = 4.39 \text{ A}$$

$$\varphi = \arccos 0.866 = 30°$$

图 10-6-3 例 10-8 的电路

设 $\dot{U}_A = 220\angle 0°$ V，得

$$\dot{I}_A = 4.39\angle -30° \text{ A}$$

$$\dot{U}_{AB} = 380\angle 30° \text{ V}$$

$$\dot{I}_C = \dot{I}_A \angle 120° = 4.39\angle 90° \text{ A}$$

$$\dot{U}_{CB} = -\dot{U}_{BC} = -\dot{U}_{AB}\angle -120° = 380\angle 90° \text{ V}$$

因此，功率表的读数分别为

$$P_1 = U_{AB} I_A \cos\varphi_1 = 380 \times 4.39 \cos(30° + 30°) \text{ W} = 834.1 \text{ W}$$

$$P_2 = U_{CB} I_C \cos\varphi_2 = 380 \times 4.39 \cos(90° - 90°) \text{ W} = 1\ 668.2 \text{ W}$$

式中，φ_1 为 $\dot{U}_{AB}$ 和 $\dot{I}_A$ 的相位差，φ_2 为 $\dot{U}_{CB}$ 和 $\dot{I}_C$ 的相位差。

$$P = P_1 + P_2 = (834.1 + 1\ 668.2) \text{ W} = 2\ 502.3 \text{ W}$$

与给定的 2.5 kW 基本相符，误差是计算引起的。实际上，本例只要求出一个功率表的读数（如 P_1），另一个就可以获得，即 $P_2 = P - P_1$。

注意，二瓦计法一般只适于测量三相三线制电路的有功功率。对于三相四线制电路的有功功率的测量,可采用一瓦计法,即分别测量A相、B相和C相电路的有功功率,取其总和就是三相电路的有功功率。当负载对称时,只需测量A相电路的有功功率,然后乘以3,结果便是三相电路的有功功率。

思考与练习

10-6-1 用二瓦计法测量对称三相电路的功率时,什么情况下两只功率表读数相等?什么情况下有一只功率表读数为零?什么情况下有一只功率表读数为负?

10-6-2 不对称三相四线制电路中,能否用二瓦计法测量电路的有功功率?

10-6-3 试画出用一只瓦特表测量三相四线制对称电路平均功率的线路。

10-6-4 如题10-6-4图所示,若对称三相负载的总有功功率为P,总无功功率为Q,总视在功率为S,试求功率表的读数。

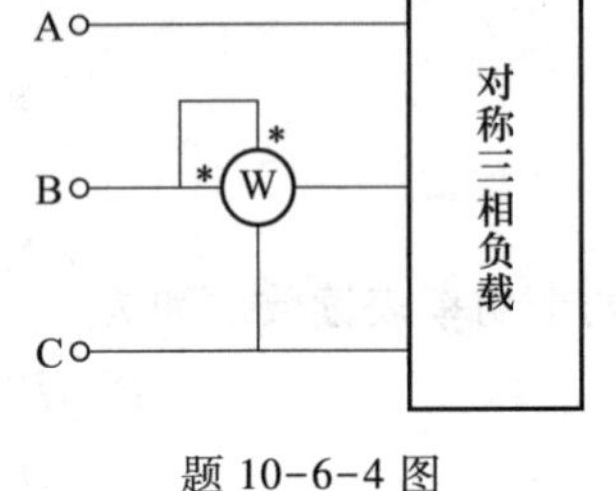

题10-6-4图

10.7 应用实例

实例: 简易相序指示器电路

在三相交流系统中,很多负载设备的运行和三相交流电源的相序有关。相序不同,三相电动机的转动方向就不同,如电机的负载是方向不可逆转的设备(如水泵、空压机、电梯等),假如电源相序不正确,则电动机就会向相反的方向运转,此时会发生电动机带动减速器和机械装置撞击机箱或设备等,轻则会造成设备不能正常工作,重则烧坏设备,甚至危及人身安全,这是工农业安全生产中必须杜绝的情况。

测定三相电源的相序可用相序检测仪测定,也可用如图10-7-1(a)所示的简易相序指示器电路测定。在图10-7-1(a)所示电路中,灯泡电阻$R(=1/G)=1/(\omega C)$,并假设灯泡电阻不随所加电压大小而变化。

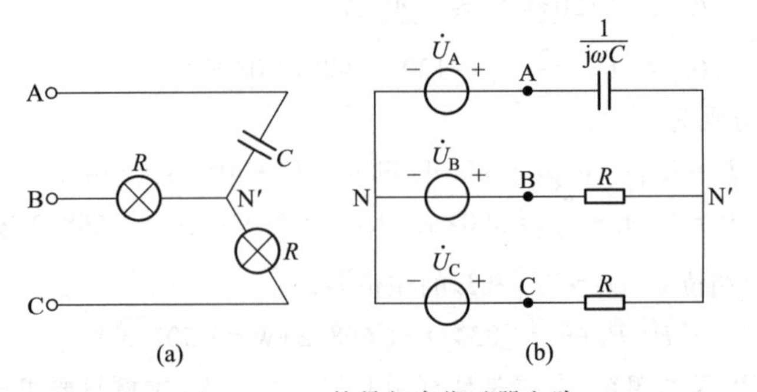

图10-7-1 简易相序指示器电路

图10-7-1(b)所示电路为图10-7-1(a)所示电路的等效电路。由节点电压法,得

$$\dot{U}_{\mathrm{N'N}}=\frac{\dot{U}_{\mathrm{A}}\mathrm{j}\omega C+\dot{U}_{\mathrm{B}}G+\dot{U}_{\mathrm{C}}G}{\mathrm{j}\omega C+2G}$$

令$\dot{U}_{\mathrm{A}}=U\angle 0°$,代入给定参数关系,经计算,得

$$\dot{U}_{\mathrm{N'N}}=0.63U\angle 108.43°$$

应用 KVL,得 B 相和 C 相电压

$$\begin{aligned}\dot{U}_{\mathrm{BN'}}&=\dot{U}_{\mathrm{B}}-\dot{U}_{\mathrm{N'N}}\\&=U\angle -120°-(-0.2+\mathrm{j}0.6)U\\&=1.5U\angle -101.53°\end{aligned}$$

所以

$$U_{\mathrm{BN'}}=1.5U$$

$$\begin{aligned}\dot{U}_{\mathrm{CN'}}&=\dot{U}_{\mathrm{C}}-\dot{U}_{\mathrm{N'N}}\\&=U\angle 120°-(-0.2+\mathrm{j}0.6)U\\&=0.4U\angle 138.01°\end{aligned}$$

$$U_{\mathrm{CN'}}=0.4U$$

计算结果,$U_{\mathrm{BN'}}>U_{\mathrm{CN'}}$。可见,如果假设电容 C 接在 A 相上,则灯光较亮的灯泡接在 B 相上,灯光较暗的灯泡接在 C 相上。也即根据灯光亮度,便可方便地测出三相电源相序。

本章小结

1. 三相电源和三相负载都有星形联结和三角形联结两种方式,可以组成三相三线制和三相四线制电路。

2. 如三相电源中三个相电压大小相等、频率相同、相位互差 120°,则此三相电源为对称三相电源;对称三相电源,在任意时刻,三个相电压瞬时值代数和恒等于零。三相电路中,如三相电源对称,且三相负载相等,则此三相电路为对称三相电路。

3. 对称三相电路中,

(1) 负载星形联结时,线电流与对应的相电流相等,线电压有效值是相电压有效值的$\sqrt{3}$倍,线电压相位超前相应相电压 30°;负载三角形联结时,线电压与对应的相电压相等,线电流有效值是相电流有效值的$\sqrt{3}$倍,线电流相位滞后相应相电流 30°。

(2) 在无中线星形联结的三相电路中,因负载中点和电源中点为等电位,故可以将负载中点和电源中点短接起来,取出任意一相简化计算(通常取 A 相),其他两相中对应的对称物理量可以由对称性得出。

(3) 无论负载接成星形还是三角形,其平均功率 $P=3U_{\mathrm{P}}I_{\mathrm{P}}\cos\varphi=\sqrt{3}\,U_{\mathrm{l}}I_{\mathrm{l}}\cos\varphi$,功率因数是相电压和相电流相位差的余弦,或对称负载阻抗角的余弦。

4. 不对称三相电路中有中点位移现象,不可以取出一相进行计算,而应将其视为一般正弦稳态电路采用适当的方法分析计算。

5. 三相三线制中,无论负载对称与否,均可采用二瓦计法测量平均功率,平均功率等于两个瓦特表读数的代数和。三相四线制中,如负载对称,可以用一个瓦特表测量平均功率,平均功率

等于瓦特表读数的3倍；如负载不对称，可以用3个瓦特表测量平均功率，平均功率等于3个瓦特表读数和。

例题视频

例题46视频

例题47视频

例题48视频

例题49视频

习题进阶练习

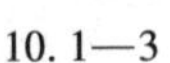

10.1—3

10.4—6

10.7—9

10.10—11

习题10

10.2 节习题

10-1　对称三相电路中，线电压为380 V，星形接法每相负载阻抗 $Z=(8+\mathrm{j}6)\ \Omega$，求线电流，并画出相量图。

10-2　对称三相电路，电源端线电压为380 V，星形负载 $Z=(17+\mathrm{j}18)\ \Omega$，端线阻抗 $Z_1=(2+\mathrm{j}1)\ \Omega$，中线阻抗 $Z_N=(1+\mathrm{j}1)\ \Omega$。求负载端的电流和线电压，并作电路的相量图。

10-3　题10-3图所示不对称三相电路中，对称三相电源的线电压为380 V，不对称负载为

$$Z_A=(19-\mathrm{j}51.6)\ \Omega,\quad Z_B=(19+\mathrm{j}51.6)\ \Omega,\quad Z_C=55\ \Omega。$$

(1) 计算各相负载电流与中线电流，画出对应的相量图；(2) 若中线在D点断开，计算各相负载的电流与电压，并分析可能产生的后果。

10.3 节习题

10-4　对称三相电路，电源端线电压为380 V，三角形负载 $Z=(40+\mathrm{j}30)\ \Omega$。求线电流和负载的相电流，并作电路的相量图。

10-5　对称三相电路，电源端电压为400 V，三角形负载 $Z=(160+\mathrm{j}120)\ \Omega$。

(1) 端线阻抗 $Z_1=(2.81+\mathrm{j}2.11)\ \Omega$ 时，求各线电流、相电流及负载端的线电压；(2) 若忽略端线阻抗，求各相电流与各线电流。

10-6　题10-6图所示三相电路中，已知开关 S_1 和 S_2 均闭合时各线电流均为10 A，求：

(1) 开关 S_1 闭合、S_2 打开时各线电流；(2) 开关 S_1 打开、S_2 闭合时各线电流；(3) 开关 S_1、S_2 均打开时各线电流。

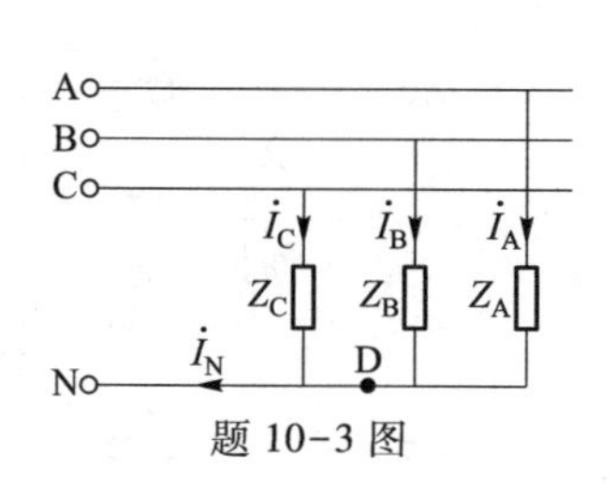

题 10-3 图

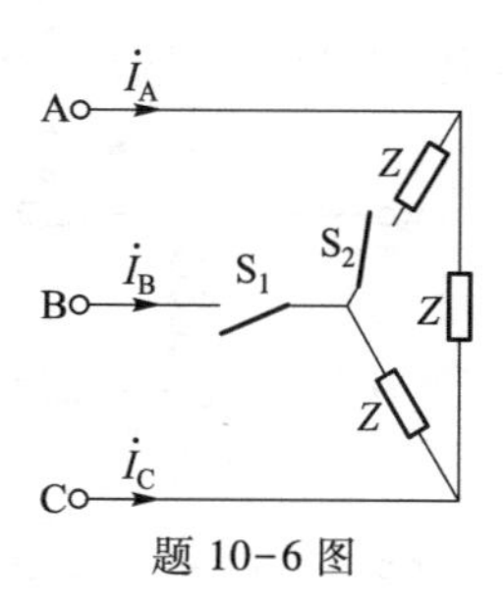

题 10-6 图

10.4 节习题

10-7　题 10-7 图所示三相电路中，$\dot{U}_{AN}=220\angle 0°$ V，$Z_1=(4-j3)\ \Omega$，$Z_2=(12+j9)\ \Omega$，端线阻抗 $Z_l=(1+j1)\ \Omega$，中线阻抗 $Z_N=(3+j1)\ \Omega$。求线电流$\dot{I}_A$、$\dot{I}_B$、$\dot{I}_C$和中线电流$\dot{I}_N$。

10-8　题 10-8 图所示电路中，对称三相电路电源线电压$\dot{U}_{AB}=380\angle 0°$ V，电动机负载的三相总功率为$P_M=$ 1.7 kW，功率因数 $\cos\varphi_M=0.8$(感性)，电阻 $R=100\ \Omega$，试求：

(1) 线电流$\dot{I}_A$、$\dot{I}_B$、$\dot{I}_C$；(2) 三相电路总的功率因数 $\cos\varphi$。

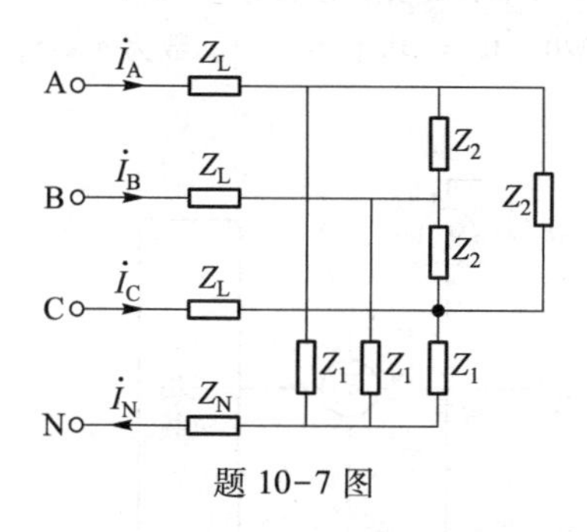

题 10-7 图

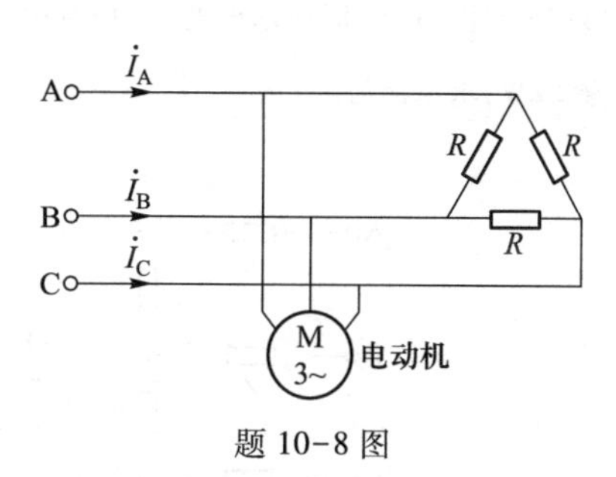

题 10-8 图

10-9　题 10-9 图所示电路能使星形对称电阻负载由单相电压供电获得对称三相电压。求当 ωL、$1/\omega C$ 和 R 三者之间满足什么条件后负载电阻 R 获得对称三相电压？设频率为 50 Hz，$R=20\ \Omega$，求 L、C 值。如果将电阻负载改接三角形，上述三参数之间又应满足什么关系才使 R 获得对称三相电压？

10.5 节习题

10-10　对称三相电路，线电压为 230 V，负载 $Z=(12+j16)\ \Omega$。

(1) 求星形联结负载时的线电流及吸收的总有功功率；

(2) 求三角形联结负载时的线电流、相电流以及吸收的总有功功率；

(3) 比较(1)与(2)的结果能得到什么结论？

10-11　对称工频三相电路，线电压为 380 V，Y 联结的每相负载为 $R=30\ \Omega$ 与 $L=0.210$ H 串联，两相负载之间有耦合 $M=0.12$ H，同名端位置对称，求相电流和负载吸收的总有功功率。

10-12　对称三相电路，已知线电压$\dot{U}_{AB}=380\angle 75°$ V，线电流$\dot{I}_A=5\angle 10°$ A。

(1) 欲用二瓦计法测定三相功率，画出其接线图，并分别求出两功率表读数；

(2) 根据这两只功率表的读数求出该三相电路的无功功率和功率因数。

10-13　不对称三相电路如题 10-13 图所示，已知对称的线电压为 380 V，不对称负载中 Z_A 为 R、L、C 串联组成：$R=50\ \Omega$，$\omega L=314\ \Omega$，$1/\omega C=264\ \Omega$；$Z_B=Z_C=50+j50\ \Omega$；$Z_1=100+j100\ \Omega$。

(1) 求开关 S 打开时的各线电流；

(2) 求开关 S 闭合时的各线电流；

（3）若 S 闭合时用二瓦计法测量电源端三相有功功率，画出接线图并分别求两只功率表的读数。

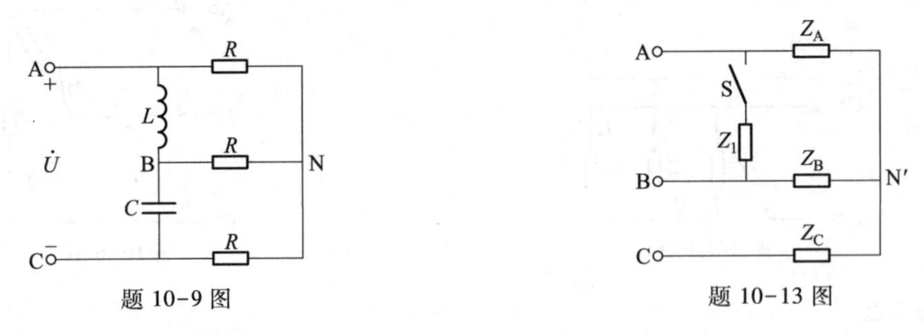

题 10-9 图　　题 10-13 图

10-14　题 10-14 图所示三相对称电路，三相电源线电压 $U_1 = 380$ V，$R = 3\ \Omega$，$Z = (2+j4)\ \Omega$，求三相电源提供的总平均功率和总无功功率。

10.6 节习题

10-15　对称三相电路，已知负载吸收总有功功率为 2.4 kW，功率因数为 0.4（感性）。

（1）用二瓦计法测定三相功率时，两只功率表读数各为多少？

（2）若使电路功率因数提高到 0.8，应该怎么办？此时两只功率表的读数分别为多少？

10-16　题 10-16 图所示电路，三相对称电源相电压 $\dot{U}_A = 220\angle 0°$ V，功率表 1 的读数为 4 kW，功率表 2 的读数为 2 kW，求电流 $\dot{I}_B$。

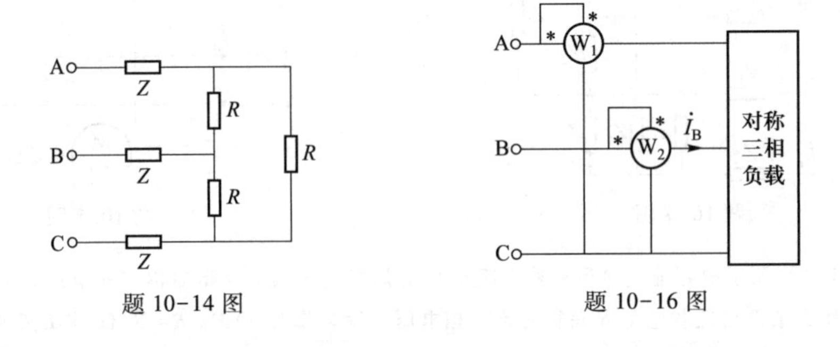

题 10-14 图　　题 10-16 图

10-17　对称三相四线制电路如题 10-17 图所示，其中 $Z_1 = (5+j12)\ \Omega$，$Z_2 = -j10\ \Omega$，对称三相电源线电压为 380 V；单相负载 R 吸收功率为 24.2 kW。

（1）开关 S 闭合时图中各表读数为多少？能否根据功率表读数求得整个电路的有功功率。

（2）开关 S 打开时图中各表读数如何变化？此时功率表读数有无意义？

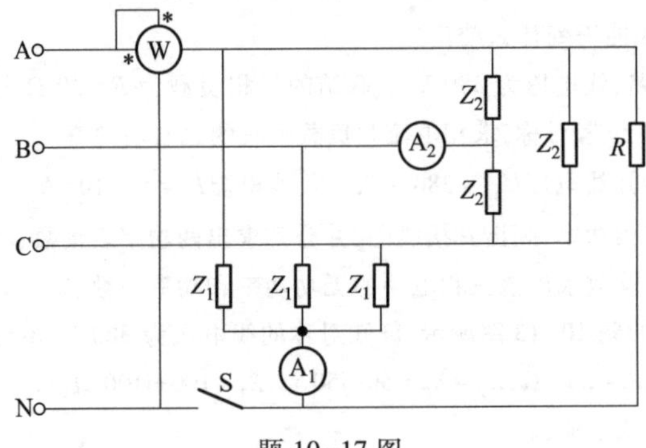

题 10-17 图

第 11 章　非正弦周期电流电路

在线性电路分析中,如果当激励为非正弦周期电压或电流时,将如何分析与计算电路响应呢?本章将介绍这类问题的分析方法——谐波分析法,它是正弦稳态分析方法在实际工程应用中的推广。

本章主要讨论非正弦周期函数分解为傅里叶级数、非正弦周期函数的有效值、非正弦周期电流电路的平均功率以及非正弦周期电流电路的分析计算。

11.1　非正弦周期信号

在电力工程和电子工程中,除了遇到前面已经讨论的直流与正弦信号激励外,有时还会遇到激励和响应随时间不按正弦规律变化的电路。如电信工程方面传输的各种信号大多就是按非正弦规律变化的。非正弦信号又可分为周期的和非周期的两种,当电路中激励和响应随时间按周期规律变化时,这种电路就被称为非正弦周期电流电路。在自动控制、电子计算机等技术领域内也大量地用到了非正弦周期的电压和电流信号。产生非正弦周期电流的原因概括起来有以下几种情况:(1) 发电机产生的电压不是标准的正弦电压。实际交流发电机由于定子和转子之间气隙中的磁感应强度很难做到按正弦规律分布,因此,发电机产生的电压或多或少地与正弦波有差别,严格地说,它是一种非正弦的周期性电压;(2) 当电路中存在非线性元件时,即使激励为正弦信号,其响应也将是非正弦信号。例如,由晶体二极管构成的半波或全波整流电路,输入的都是正弦信号,输出的都是非正弦信号。

非正弦周期电流电路的基本概念

图 11-1-1 中画出了一些常见的随时间按周期性变化的非正弦电压、电流波形,它们统称为非正弦周期信号。

本章主要讨论非正弦周期电源作用于线性电路的情况,且仅限于电路的稳态分析。

当非正弦周期激励作用于线性电路时,由于激励电压或电流不是正弦波,所以电路的稳态响应不能直接运用相量法求取。但是按照傅里叶级数展开法,任何一个满足狄利克雷(Dirichlet)条件的非正弦周期信号(函数)都可以分解为一个恒定分量与无穷多个频率为非正弦周期信号频率的整数倍且不同幅值的正弦分量的和。根据线性电路的叠加原理,非正弦周期信号作用下的线性电路稳态响应可以视为一个恒定分量和上述无穷多个正弦分量单独作用下各稳态响应分量之叠加。因此,非正弦周期信号作用下的线性电路稳态响应分析可以转化成直流电路分析和正弦电路的稳态分析,应用电阻电路计算方法和相量法分别计算出恒定分量和不同频率正弦分量作用于线性电路时的稳态响应分量,最后进行叠加,即可得到线性电路在非正弦周期信号作用下的稳态响应。这种分析方法称为谐波分析法。

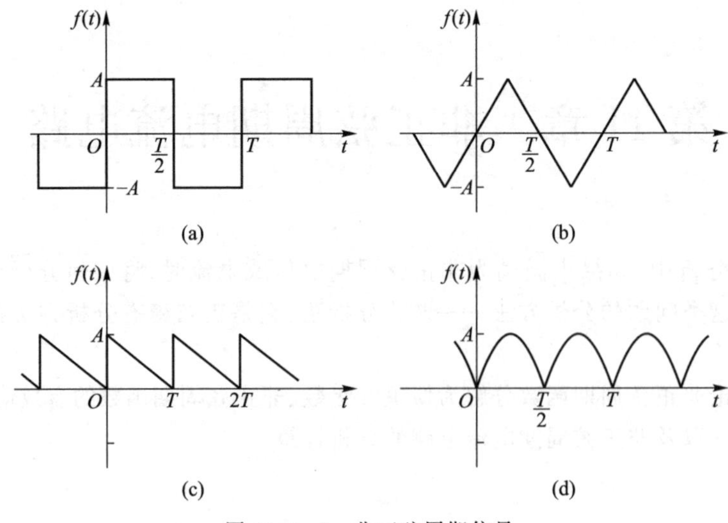

图 11-1-1　非正弦周期信号

11.2　非正弦周期信号分解为傅里叶级数

在高等数学中学过，任意一个以 T 为周期的非正弦周期信号 $f(t)$，若满足下列狄利克雷条件：

（1）在一个周期内连续或只存在有限个第一类间断点；

（2）在一个周期内只存在有限个极值点；

（3）在一个周期内函数绝对可积，即

$$\int_0^T |f(t)|\mathrm{d}t < \infty$$

则该函数 $f(t)$ 可以展开成收敛的傅里叶级数，如式（11-2-1）所示。

$$f(t) = a_0 + \sum_{k=1}^{\infty}(a_k\cos k\omega_1 t + b_k\sin k\omega_1 t) \tag{11-2-1}$$

式中 $\omega_1 = 2\pi/T$ 与原非正弦周期信号 $f(t)$ 的频率相同，称为非正弦周期信号的基波角频率；$k\omega_1$ 为基波角频率的 k 倍，称为 k 次谐波角频率；a_0、a_k、b_k 称为傅里叶系数，可按公式（11-2-2）计算：

$$\left.\begin{aligned} a_0 &= \frac{1}{T}\int_0^T f(t)\mathrm{d}t \\ a_k &= \frac{2}{T}\int_0^T f(t)\cos k\omega_1 t\mathrm{d}t \quad k = 1,2,\cdots \\ b_k &= \frac{2}{T}\int_0^T f(t)\sin k\omega_1 t\mathrm{d}t \quad k = 1,2,\cdots \end{aligned}\right\} \tag{11-2-2}$$

式（11-2-1）还可合并成另一种形式

$$f(t)=A_0+\sum_{k=1}^{\infty}A_{km}\cos(k\omega_1 t+\psi_k) \tag{11-2-3}$$

式(11-2-3)中恒定分量

$$A_0=a_0$$

k 次谐波分量幅值

$$A_{km}=\sqrt{a_k^2+b_k^2}$$

k 次谐波分量初相

$$\psi_k=\arctan\frac{-b_k}{a_k}$$

其中 A_0 称为非正弦周期信号的恒定分量(在电路分析中称为直流分量),$A_{km}\cos(k\omega_1 t+\psi_k)$ 称为非正弦周期信号的 k 次谐波分量(在电路分析中称为正弦分量)。式(11-2-3)表明任何一个满足狄利克雷条件的非正弦周期信号都可分解为一个直流分量与无穷多个角频率为非正弦周期信号角频率整数倍的正弦分量之和。$k=1$ 的正弦分量称为基次谐波分量(简称基波分量),$k>1$ 的正弦分量称为高次谐波分量,$k=2$、3、4、…分别称为二、三、四、…次谐波分量。k 为奇数的分量称为奇次谐波,k 为偶数的分量称为偶次谐波。

图 11-1-1 列举的几种非正弦周期信号,展开为傅里叶级数形式如下:

图 11-1-1(a)所示的矩形波

$$f(t)=\frac{4A}{\pi}\left(\sin\omega_1 t+\frac{1}{3}\sin 3\omega_1 t+\frac{1}{5}\sin 5\omega_1 t+\cdots\right)$$

图 11-1-1(b)所示的等腰三角波

$$f(t)=\frac{8A}{\pi^2}\left(\sin\omega_1 t-\frac{1}{9}\sin 3\omega_1 t+\frac{1}{25}\sin 5\omega_1 t+\cdots\right)$$

图 11-1-1(c)所示的锯齿波

$$f(t)=\frac{A}{2}+\frac{A}{\pi}\left(\sin\omega_1 t+\frac{1}{2}\sin 2\omega_1 t+\frac{1}{3}\sin 3\omega_1 t+\cdots\right)$$

图 11-1-1(d)所示的正弦整流全波

$$f(t)=\frac{4A}{\pi^2}\left(\frac{1}{2}-\frac{1}{3}\cos 2\omega_1 t-\frac{1}{15}\cos 4\omega_1 t-\frac{1}{35}\cos 6\omega_1 t-\cdots\right)$$

如果取矩形波的傅里叶级数形式中的前三项,即只取到 5 次谐波,分别画出它们的曲线后再相加,就可以得到如图 11-2-1(a)中虚线所示的合成曲线。而图 11-2-1(b)所示的曲线是取到 11 次谐波时的合成曲线。比较两个图形可见,谐波的次数取得越多,合成曲线就越接近原来的波形。

工程技术中遇到的周期函数的波形常具有某种对称性,利用函数的对称性质可使求傅里叶系数 a_0、a_k、b_k 的计算简化。

对于图 11-2-2 所示的波形关于纵轴对称,为偶函数,即

$$f(t)=f(-t)$$

则

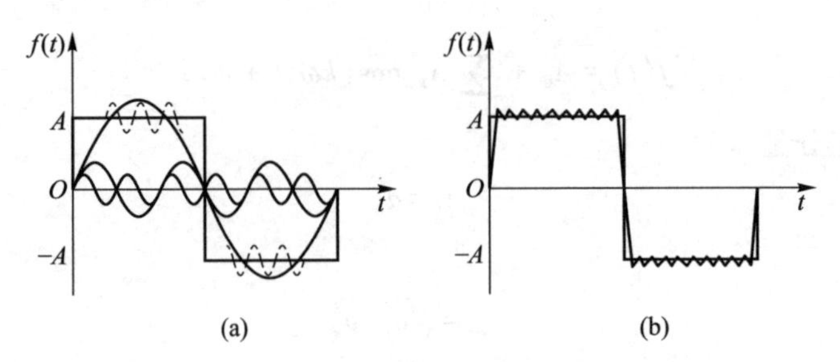

图 11-2-1 谐波合成示意图

$$\left.\begin{aligned} a_0 &= \frac{2}{T}\int_0^{\frac{T}{2}} f(t)\,\mathrm{d}t \\ a_k &= \frac{4}{T}\int_0^{\frac{T}{2}} f(t)\cos k\omega_1 t\,\mathrm{d}t \qquad k = 1,2,\cdots \\ b_k &= \frac{2}{T}\int_0^{T} f(t)\sin k\omega_1 t\,\mathrm{d}t = 0 \quad k = 1,2,\cdots \end{aligned}\right\} \tag{11-2-4}$$

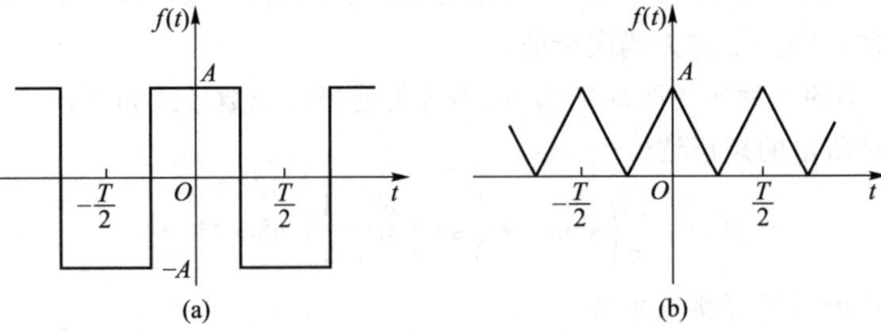

图 11-2-2 偶函数的例图

于是,偶函数的傅里叶级数展开式为

$$f(t) = a_0 + \sum_{k=1}^{\infty} a_k \cos k\omega_1 t \tag{11-2-5}$$

对于图 11-2-3 所示的波形关于原点对称,为奇函数,即

$$f(t) = -f(-t)$$

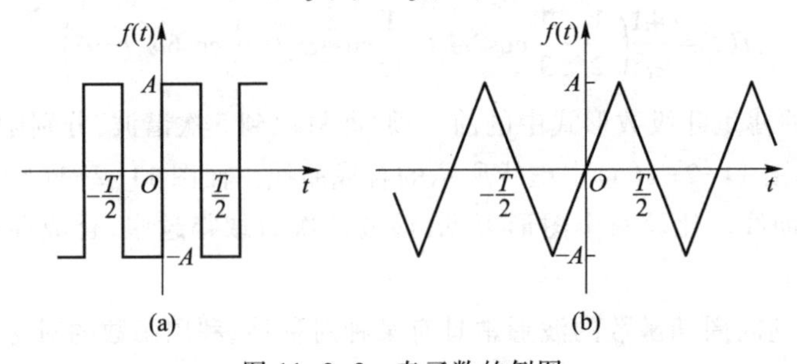

图 11-2-3 奇函数的例图

则

$$\left.\begin{aligned} a_0 &= \frac{1}{T}\int_0^T f(t)\,\mathrm{d}t = 0 \\ a_k &= \frac{2}{T}\int_0^T f(t)\cos k\omega_1 t\,\mathrm{d}t = 0 \quad k=1,2,\cdots \\ b_k &= \frac{4}{T}\int_0^{\frac{T}{2}} f(t)\sin k\omega_1 t\,\mathrm{d}t \quad k=1,2,\cdots \end{aligned}\right\} \tag{11-2-6}$$

于是,奇函数的傅里叶级数展开式为

$$f(t)=\sum_{k=1}^{\infty} b_k \sin k\omega_1 t \tag{11-2-7}$$

对于图 11-2-4 所示的波形移动半个周期后,便与原波形对称于横轴,为奇谐波函数,即

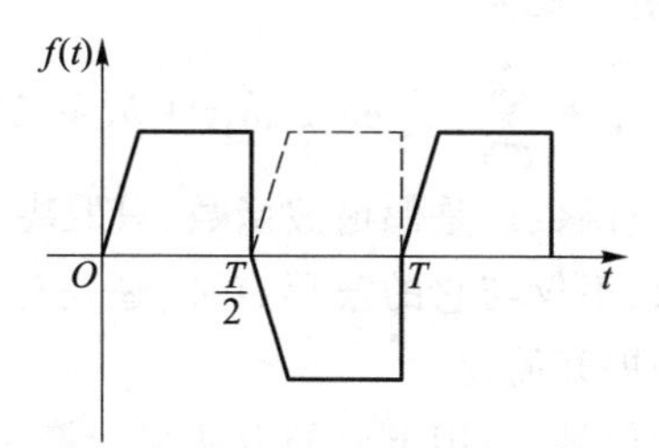

图 11-2-4 奇谐波函数的例图

$$f(t)=-f\left(t+\frac{T}{2}\right)$$

则

$$\left.\begin{aligned} a_0 &= 0 \\ a_{2k} &= 0 \qquad b_{2k}=0 \qquad k=1,2,\cdots \\ a_{(2k-1)} &= \frac{4}{T}\int_0^{\frac{T}{2}} f(t)\cos(2k-1)\omega_1 t\,\mathrm{d}t \quad k=1,2,\cdots \\ b_{(2k-1)} &= \frac{4}{T}\int_0^{\frac{T}{2}} f(t)\sin(2k-1)\omega_1 t\,\mathrm{d}t \quad k=1,2,\cdots \end{aligned}\right\} \tag{11-2-8}$$

于是,奇谐波函数的傅里叶级数展开式为

$$f(t)=\sum_{k=1}^{\infty}\left[a_{(2k-1)}\cos(2k-1)\omega_1 t + b_{(2k-1)}\sin(2k-1)\omega_1 t\right] \tag{11-2-9}$$

对于图 11-2-5 所示的波形移动半个周期后,便与原波形重合,为偶谐波函数,即

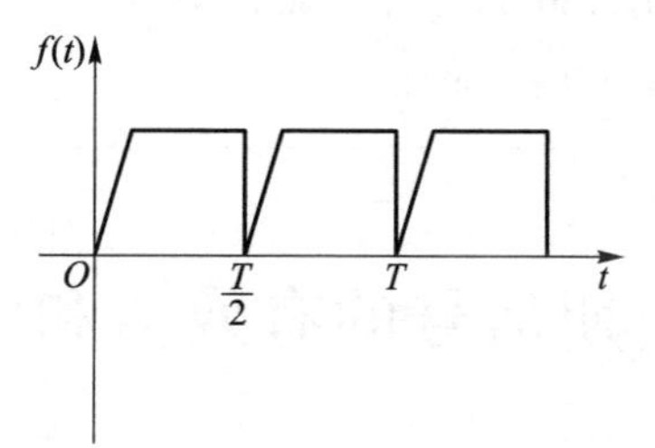

图 11-2-5 偶谐波函数的例图

$$f(t)=f(t+T/2)$$

则

$$\left.\begin{aligned}&a_{(2k-1)}=0,\quad b_{(2k-1)}=0 \qquad k=1,2,\cdots\\&a_0=\frac{2}{T}\int_0^{\frac{T}{2}}f(t)\,\mathrm{d}t\\&a_{2k}=\frac{4}{T}\int_0^{\frac{T}{2}}f(t)\cos 2k\omega_1 t\mathrm{d}t \quad k=1,2,\cdots\\&b_{2k}=\frac{4}{T}\int_0^{\frac{T}{2}}f(t)\sin 2k\omega_1 t\mathrm{d}t \quad k=1,2,\cdots\end{aligned}\right\}\tag{11-2-10}$$

于是,偶谐波函数的傅里叶级数展开式为

$$f(t)=a_0+\sum_{k=1}^{\infty}(a_{2k}\cos 2k\omega_1 t+b_{2k}\sin 2k\omega_1 t)\tag{11-2-11}$$

应当注意,一个函数是奇谐波函数还是偶谐波函数,只取决于它的波形,而与计时起点无关;但一个函数是奇函数还是偶函数,不仅与它的波形有关,还与计时起点的选择有关。因此,适当地选择计时起点有时会使函数的展开简化。

对于一个给定的非正弦周期信号,运用上面的方法来计算它的傅里叶级数,运算量还是相当大的。为了减少计算,人们已经将一些常见的非正弦周期函数的傅里叶系数计算出来,提供给使用者查询,在数学手册或电工手册中都能查到。

思考与练习

11-2-1 试分析"在线性电路中,只要电源是正弦函数,则电路中各部分的电压和电流均为正弦函数。"这句话是否正确,并说明理由。

11-2-2 下列各电压中__________属于非正弦周期电压。

(1) $u=(10\sin\omega t+4\sin\omega t)$ V

(2) $u=(10\sin\omega t+4\cos\omega t)$ V

(3) $u=(10\sin\omega t+4\sin 3\omega t)$ V

(4) $u=(10\sin\omega t-4\sin\omega t)$ V

11-2-3 判断下列函数是否为周期函数,并说明理由;若是周期函数,其周期等于多少?

(1) $f(t)=2\sqrt{2}+\sqrt{2}\sin 5t$

(2) $f(t)=20\sin 10\pi t+8\sqrt{2}\sin(20\pi t+30^\circ)+3\sqrt{2}\cos(40\pi t+78^\circ)$

(3) $f(t)=100+20\sin\sqrt{2}\pi t+8\sqrt{2}\sin(20\pi t+30^\circ)$

11.3 非正弦周期信号的有效值和电路的平均功率

在7.2节中曾经介绍过正弦量的有效值概念,其定义式可适用于任何周期性信号。以周期电流为例,它的有效值定义式为

$$I = \sqrt{\frac{1}{T}\int_0^T i^2(t)\,\mathrm{d}t} \tag{11-3-1}$$

若 $i(t)$ 为非正弦周期电流，且可以展开成下列傅里叶级数形式

$$i(t) = I_0 + \sum_{k=1}^{\infty} I_{km}\cos(k\omega_1 t + \psi_k)$$

则

$$i^2(t) = I_0^2 + \sum_{k=1}^{\infty} I_{km}^2\cos^2(k\omega_1 t + \psi_k) + \sum_{k=1}^{\infty} 2I_0 I_{km}\cos(k\omega_1 t + \psi_k) + \sum_{k=1}^{\infty}\sum_{q=1}^{\infty} I_{km}I_{qm}\cos(k\omega_1 t + \psi_k)\cos(q\omega_1 t + \psi_q) \quad q \neq k$$

将上式结果代入有效值定义式(11-3-1)，并利用三角函数的正交性，则有

$$\frac{1}{T}\int_0^T I_0^2\,\mathrm{d}t = I_0^2$$

$$\frac{1}{T}\int_0^T I_{km}^2\cos^2(k\omega_1 t + \psi_k)\,\mathrm{d}t = \frac{I_{km}^2}{2} = I_k^2$$

$$\frac{1}{T}\int_0^T 2I_0 I_{km}\cos(k\omega_1 t + \psi_k)\,\mathrm{d}t = 0$$

$$\frac{1}{T}\int_0^T I_{km}I_{qm}\cos(k\omega_1 t + \psi_k)\cos(q\omega_1 t + \psi_q)\,\mathrm{d}t = 0 \qquad q \neq k$$

其中，$I_k = \dfrac{I_{km}}{\sqrt{2}}$为 k 次谐波的有效值。故非正弦周期电流的有效值

$$I = \sqrt{I_0^2 + I_1^2 + I_2^2 + \cdots} = \sqrt{I_0^2 + \sum_{k=1}^{\infty} I_k^2} \tag{11-3-2}$$

同理，非正弦周期电压的有效值

$$U = \sqrt{U_0^2 + U_1^2 + U_2^2 + \cdots} = \sqrt{U_0^2 + \sum_{k=1}^{\infty} U_k^2} \tag{11-3-3}$$

非正弦周期量的有效值计算

以上两式表明，非正弦周期电流或电压的有效值为其直流分量和各次谐波分量有效值的平方和的平方根。在正弦电路中，正弦量的最大值与有效值之间存在$\sqrt{2}$倍的关系，对于非正弦周期信号，其最大值与有效值之间并无此种简单关系。

下面讨论非正弦周期电流电路的平均功率。

图 11-3-1 所示一端口电路的端口电压 $u(t)$ 和电流 $i(t)$ 均为非正弦周期量，其傅里叶级数形式分别为

$$u(t) = U_0 + \sum_{k=1}^{\infty} U_{km}\cos(k\omega_1 t + \psi_{uk})$$

$$i(t) = I_0 + \sum_{k=1}^{\infty} I_{km}\cos(k\omega_1 t + \psi_{ik})$$

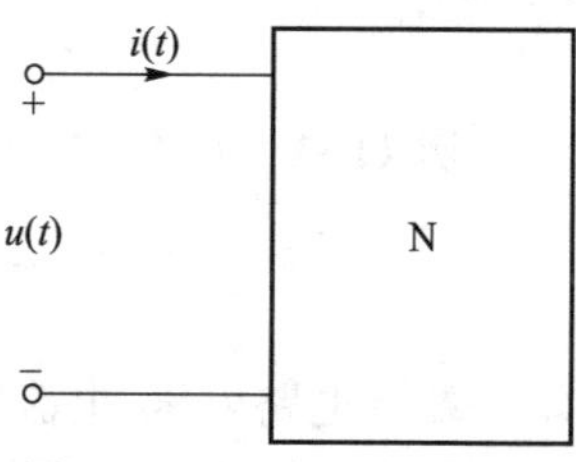

图 11-3-1 非正弦周期信号激励的一端口网络

在图示关联参考方向下，一端口电路吸收的瞬时功率

$$
\begin{aligned}
p(t) &= u(t)i(t) \\
&= \left[U_0 + \sum_{k=1}^{\infty} U_{km}\cos(k\omega_1 t + \psi_{uk})\right]\left[I_0 + \sum_{k=1}^{\infty} I_{km}\cos(k\omega_1 t + \psi_{ik})\right] \\
&= U_0 I_0 + U_0 \sum_{k=1}^{\infty} I_{km}\cos(k\omega_1 t + \psi_{ik}) + I_0 \sum_{k=1}^{\infty} U_{km}\cos(k\omega_1 t + \psi_{uk}) + \\
&\quad \sum_{k=1}^{\infty} U_{km}\cos(k\omega_1 t + \psi_{uk}) I_{km}\cos(k\omega_1 t + \psi_{ik}) + \\
&\quad \sum_{k=1}^{\infty}\sum_{q=1}^{\infty} U_{km}\cos(k\omega_1 t + \psi_{uk}) I_{qm}\cos(q\omega_1 t + \psi_{iq}) \qquad q \neq k
\end{aligned} \tag{11-3-4}
$$

其平均功率

$$
P = \frac{1}{T}\int_0^T p(t)\,\mathrm{d}t
$$

将式(11-3-4)代入上式进行积分,并利用三角函数的正交性,积分式中的第二、三、五项的积分值为零,平均功率计算式中仅剩下列两项积分

$$
\begin{aligned}
P &= \frac{1}{T}\int_0^T U_0 I_0\,\mathrm{d}t + \frac{1}{T}\int_0^T \sum_{k=1}^{\infty} U_{km} I_{km}\cos(k\omega_1 t + \psi_{uk})\cos(k\omega_1 t + \psi_{ik})\,\mathrm{d}t \\
&= U_0 I_0 + \sum_{k=1}^{\infty} \frac{1}{2} U_{km} I_{km}\cos(\psi_{uk} - \psi_{ik}) \\
&= U_0 I_0 + \sum_{k=1}^{\infty} U_k I_k \cos\varphi_k \\
&= P_0 + \sum_{k=1}^{\infty} P_k = P_0 + P_1 + P_2 + \cdots
\end{aligned} \tag{11-3-5}
$$

式中

$$
U_k = \frac{U_{km}}{\sqrt{2}}, \quad I_k = \frac{I_{km}}{\sqrt{2}}, \quad \varphi_k = \psi_{uk} - \psi_{ik}, \quad k = 1, 2, \cdots
$$

非正弦周期电流电路的平均功率计算

分别为 k 次谐波电压有效值、电流有效值和阻抗角。

式(11-3-5)表明,不同频率的电压与电流只构成瞬时功率,不能构成平均功率,只有同频率的电压与电流才能构成平均功率;电路的平均功率等于直流分量和各次谐波分量各自产生的平均功率之和。

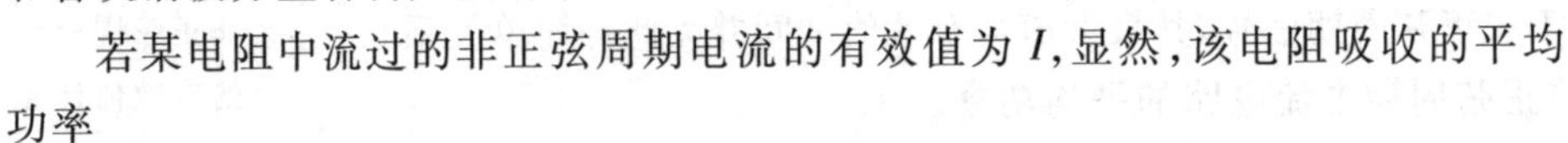

若某电阻中流过的非正弦周期电流的有效值为 I,显然,该电阻吸收的平均功率

$$
P = RI^2
$$

例 11-1 如图 11-3-1 所示一端口电路的端口电压、电流分别为

$$
u(t) = (100 + 100\cos t + 50\cos 2t + 30\cos 3t)\ \mathrm{V}
$$

$$
i(t) = [20 + 10\cos(t - 60^\circ) + 2\cos(3t + 45^\circ)]\ \mathrm{A}
$$

求一端口电路电压、电流的有效值和电路吸收的平均功率。

解 利用式(11-3-3)、式(11-3-2)可求得端口电压、电流的有效值分别为

$$U=\sqrt{U_0^2+U_1^2+U_2^2+U_3^2}$$
$$=\sqrt{100^2+\left(\frac{100}{\sqrt{2}}\right)^2+\left(\frac{50}{\sqrt{2}}\right)^2+\left(\frac{30}{\sqrt{2}}\right)^2}\ \mathrm{V}$$
$$=129.23\ \mathrm{V}$$
$$I=\sqrt{I_0^2+I_1^2+I_2^2}$$
$$=\sqrt{20^2+\left(\frac{10}{\sqrt{2}}\right)^2+\left(\frac{2}{\sqrt{2}}\right)^2}\ \mathrm{A}$$
$$=21.26\ \mathrm{A}$$

根据式(11-3-5)可以求得一端口电路吸收的平均功率为

$$P=U_0I_0+U_1I_1\cos\varphi_1+U_3I_3\cos\varphi_3$$
$$=\left\{100\times20+\frac{100\times10}{2}\cos[0°-(-60°)]+\frac{30\times2}{2}\cos(0°-45°)\right\}\mathrm{W}$$
$$=2\ 271.21\ \mathrm{W}$$

思考与练习

11-3-1 若非正弦周期电流 i 分解为各种不同频率成分：$i=I_0+i_1+i_2+i_3+\cdots$，试判断下列哪些式子是正确的。

(1) 有效值 $i=I_0+I_1+I_2+I_3+\cdots$

(2) 有效值相量 $\dot{I}=\dot{I}_0+\dot{I}_1+\dot{I}_2+\dot{I}_3+\cdots$

(3) 最大值相量 $\dot{I}_\mathrm{m}=\dot{I}_{0\mathrm{m}}+\dot{I}_{1\mathrm{m}}+\dot{I}_{2\mathrm{m}}+\dot{I}_{3\mathrm{m}}+\cdots$

(4) 有效值 $I=\sqrt{\left(\frac{I_0}{\sqrt{2}}\right)^2+\left(\frac{I_{1\mathrm{m}}}{\sqrt{2}}\right)^2+\left(\frac{I_{2\mathrm{m}}}{\sqrt{2}}\right)^2+\cdots}$

(5) 有效值 $I=\sqrt{I_0^2+I_1^2+I_2^2+I_3^2+\cdots}$

(6) 平均功率 $P=\sqrt{P_0^2+P_1^2+P_2^2+P_3^2+\cdots}$

(7) 平均功率 $P=P_0+P_1+P_2+P_3+\cdots$

11-3-2 某电阻两端电压 $u=[15+5\sqrt{2}\cos(10^3t+15°)+\sqrt{2}\cos(2\times10^3t+60°)]\ \mathrm{V}$，通过该电阻的电流为 $i=[3+\sqrt{2}\cos(10^3t+15°)+0.2\sqrt{2}\cos(2\times10^3t+60°)]\ \mathrm{A}$，试求电压有效值、电流有效值以及该电阻吸收的平均功率。

11.4 非正弦周期电流电路的计算

非正弦周期电流电路的计算

当非正弦周期信号作为激励，例如图 11-4-1(a)所示的非正弦周期电压源

$$u_\mathrm{s}(t)=\frac{4A}{\pi}\left(\sin\omega_1t+\frac{1}{3}\sin3\omega_1t+\frac{1}{5}\sin5\omega_1t+\cdots\right)=u_1+u_2+u_3+\cdots$$

作用于 RLC 线性电路时，$u_\mathrm{s}(t)$ 可等效成如图 11-4-1(b)所示无穷多个正弦电压

源 u_1、u_2、u_3…的串联。应用叠加定理，电路的总响应可由 u_1、u_2、u_3…无穷多个正弦电压源单独作用时的响应分量叠加而成。由于 u_1、u_2、u_3…均作为正弦分量，当其单独作用时，其稳态响应可由相量法求得。

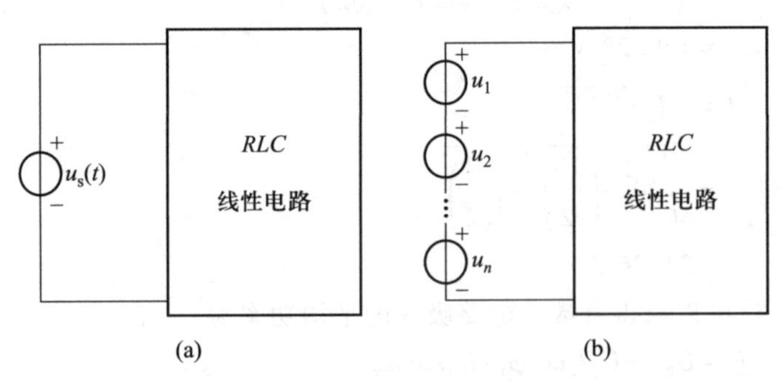

图 11-4-1 叠加定理分析非正弦周期函数激励的线性电路

从理论上讲，正弦分量有无穷多项，如对每一个正弦分量的响应进行计算，在实际中是不可能也是不必要的。当所给信号的波形越光滑和越接近正弦波时，它的傅里叶级数收敛得就越快，随着谐波次数的增高，其幅值呈减小趋势，通常只需计算前面几项的响应就可达到工程所要求的精度。高次谐波取至哪一项，可以根据所给非正弦周期信号的波形、电路的频率特性等因素来确定。由于电感的感抗和电容的容抗对各次谐波的作用不同，如图 11-4-2(a)所示简单的低通电路，其中电感 L 对高次谐波电流有抑制作用，电容 C 对高次谐波电流起分流作用，这样输出中的高次谐波分量就大大削弱，而低次谐波分量则能顺利地通过。因此，在分析该类电路时，一般只需计算前面几项的响应，就可以满足一定的精度。因此，实际分析过程中，可以根据工程所需的精度，确定高次谐波取至哪一项。此外，类似图 11-4-2(b)所示的滤波电路，可以利用 L、C 元件发生谐振时的特点，让某些频率的分量顺利地通过，而抑制某些不需要的频率分量。应当注意，若波形有间断点或有尖峰，就会存在严重的高次谐波，此时的高次项就不能忽略。

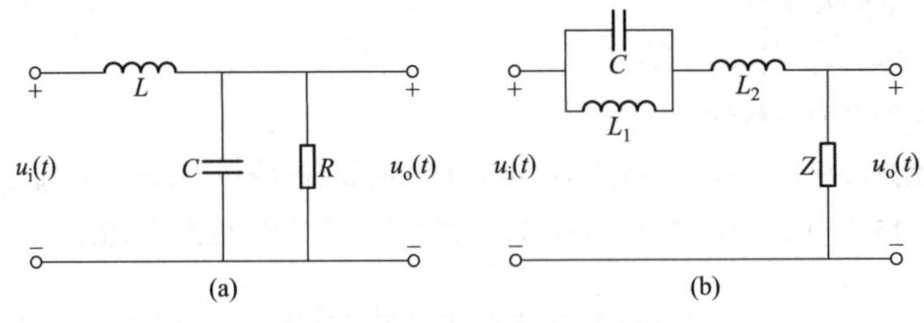

图 11-4-2 简单的滤波电路

下面只讨论给定谐波分量的非正弦周期电流的线性电路稳态响应的计算。

首先，分别求出独立电压源或电流源的恒定分量以及各谐波分量单独作用时的响应。当恒定分量作用时，电容用"开路"替代，电感用"短路"替代。当各次谐波分量单独作用时，可以用相量法进行计算，但要注意，此时电路中感抗与谐波频率成正比，容抗与谐波频率成反比。

其次，将上述所计算的各谐波相量形式的响应分量化为时域形式，然后应用叠加定理，将直流分量和各谐波时域瞬时分量进行叠加即可。

下面举例说明。为便于说明问题，以后某物理量的 k 次谐波分量，均在该物理量右下角加下标“(k)”表示，如电压 $u_{(k)}$ 是电压 u 的 k 次谐波分量。

例 11-2 如图 11-4-3(a)所示电路中的电压

$$u(t)=[10+141.4\cos\omega_1 t+70.7\cos(3\omega_1 t+30°)]\text{ V}$$

并且已知 $X_{L(1)}=\omega_1 L=2\ \Omega, X_{C(1)}=-1/\omega_1 C=-15\ \Omega, R_1=5\ \Omega, R_2=10\ \Omega$，求各支路电流 $i(t)$、$i_1(t)$ 和 $i_2(t)$。

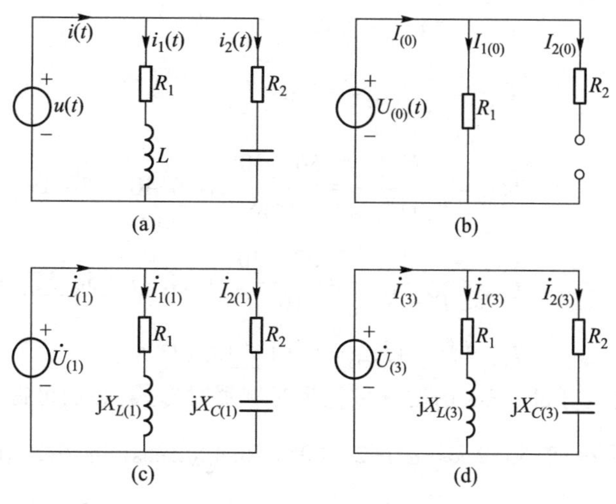

图 11-4-3 例 11-2 的电路

解 电压 $u(t)$ 的直流分量单独作用时的电路如图 11-4-3(b)所示。这种情况下电感用“短路”替代，电容用“开路”替代。各支路电流

$$I_{1(0)}=\frac{U_{(0)}}{R_1}=10/5=2\text{ A}$$

$$I_{2(0)}=0$$

$$I_{(0)}=I_{1(0)}+I_{2(0)}=2\text{ A}$$

当电压 $u(t)$ 的基波分量单独作用时，对应的相量电路如图 11-4-3(c)所示，这时应该用相量法进行，注意基波的角频率是 ω_1。

$$u_{(1)}=141.4\cos\omega_1 t\text{ V}$$

所以

$$\dot{U}_{(1)}=\frac{141.4}{\sqrt{2}}\angle 0°=100\angle 0°\text{ V}$$

$$\dot{I}_{1(1)}=\frac{\dot{U}_{(1)}}{R_1+\text{j}X_{L(1)}}=\frac{100\angle 0°}{5+\text{j}2}\text{A}=\frac{100\angle 0°}{5.39\angle 21.80°}\text{A}=18.55\angle -21.80°\text{ A}$$

$$\dot{I}_{2(1)}=\frac{\dot{U}_{(1)}}{R_2+\text{j}X_{C(1)}}=\frac{100\angle 0°}{10-\text{j}15}\text{A}=\frac{100\angle 0°}{18.03\angle -56.31°}\text{A}=5.55\angle 56.31°\text{ A}$$

$$\dot{I}_{(1)}=\dot{I}_{1(1)}+\dot{I}_{2(1)}=20.43\angle -6.38°\text{ A}$$

当电压 $u(t)$ 的三次谐波分量单独作用时的相量电路如图 11-4-3(d)所示，注意这时的角频

率是 $3\omega_1$。

$$u_{(3)}=70.7\cos(3\omega_1 t+30°)\ \text{V}$$

所以

$$\dot{U}_{(3)}=\frac{70.7}{\sqrt{2}}\angle 30°\text{V}=50\angle 30°\ \text{V}$$

$$X_{L(3)}=3X_{L(1)}=6\ \Omega$$

$$X_{C(3)}=\frac{1}{3}X_{C(1)}=-5\ \Omega$$

$$\dot{I}_{1(3)}=\frac{\dot{U}_{(3)}}{R_1+\text{j}X_{L(3)}}=\frac{50\angle 30°}{5+\text{j}6}\text{A}=6.40\angle -20.19°\ \text{A}$$

$$\dot{I}_{2(3)}=\frac{\dot{U}_{(3)}}{R_2+\text{j}X_{C(3)}}=\frac{50\angle 30°}{10-\text{j}5}\text{A}=4.47\angle 56.57°\ \text{A}$$

$$\dot{I}_{(3)}=\dot{I}_{1(3)}+\dot{I}_{2(3)}=8.61\angle 10.17°\ \text{A}$$

最后,将上面求得的基波分量、三次谐波分量化为时域瞬时形式,叠加可得

$$i_1(t)=[2+18.55\sqrt{2}\cos(\omega_1 t-21.80°)+6.40\sqrt{2}\cos(3\omega_1 t-20.19°)]\text{A}$$

$$i_2(t)=[5.55\sqrt{2}\cos(\omega_1 t+56.31°)+4.47\sqrt{2}\cos(3\omega_1 t+56.57°)]\text{A}$$

$$i(t)=[2+20.43\sqrt{2}\cos(\omega_1 t-6.38°)+8.61\sqrt{2}\cos(3\omega_1 t+10.17°)]\text{A}$$

例 11-3 如图 11-4-4(a)所示电路,求电流 $i_L(t)$。

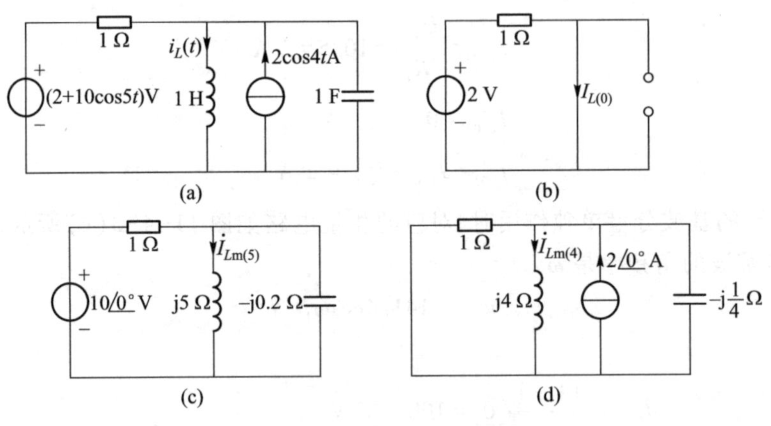

图 11-4-4 例 11-3 的电路

解 本题系不同频率电源作用于电路的问题,可以利用叠加定理,让每个不同频率的电源单独作用于电路,而其他不作用的独立电源均置为零值,求出对应的响应分量,最终以各分响应的时域瞬时形式进行叠加,以求出电感支路电流的稳态响应 $i_L(t)$。

电压源中的直流分量单独作用时的电路如图 11-4-4(b)所示。

$$I_{L(0)}=2/1\ \text{A}=2\ \text{A}$$

电压源中的正弦分量单独作用时对应的相量电路如图 11-4-4(c)所示,注意此时电路的激

励为最大值相量，则所得到的响应也为对应的最大值相量分量。

$$\dot{I}_{Lm(5)}=\frac{10\angle 0^\circ}{1+\frac{j5(-j0.2)}{j5-j0.2}}\times\frac{-j0.2}{j5-j0.2}\text{A}=\frac{-j2}{1+j4.8}\text{A}$$

$$=\frac{2\angle -90^\circ}{4.90\angle 78.23^\circ}\text{A}=0.41\angle -168.23^\circ\ \text{A}$$

$$i_{L(5)}(t)=0.41\cos(5t-168.23^\circ)\ \text{A}$$

电流源单独作用时的相量电路如图 11-4-4(d)所示。

$$\dot{I}_{Lm(4)}=\frac{\frac{1}{j4}}{1+\frac{1}{j4}+\frac{1}{-j\frac{1}{4}}}\times 2\angle 0^\circ\text{A}=\frac{-j0.5}{1+j3.75}\text{A}$$

$$=\frac{0.5\angle -90^\circ}{3.88\angle 75.07^\circ}\text{A}=0.13\angle -165.07^\circ\ \text{A}$$

$$i_{L(4)}(t)=0.13\cos(4t-165.07^\circ)\ \text{A}$$

所以

$$i_L(t)=I_{L(0)}+i_{L(5)}(t)+i_{L(4)}(t)$$
$$=[2+0.41\cos(5t-168.23^\circ)+0.13\cos(4t-165.07^\circ)]\text{A}$$

例 11-4 如图 11-4-5(a)所示滤波器电路，已知

$$u_s(t)=(63.7+42.44\cos 2\omega t+8.49\cos 4\omega t+\cdots)\text{V}$$

为正弦经全波整流后得到的电压，已知 L_1、C_1 串联而成的支路 1，L_2、C_2 并联而成支路 2，支路 1 和支路 2 均在角频率 2ω 时谐振，且 $\omega L_1=\omega L_2=10\ \Omega$，求输出电压 $u_o(t)$。

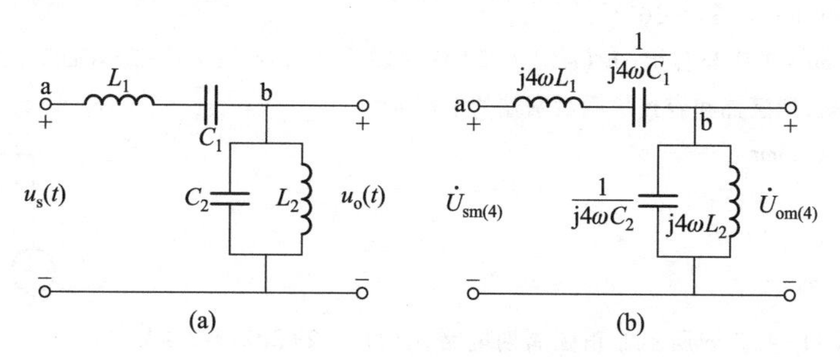

图 11-4-5 例 11-4 的电路

解 当电压 $u_s(t)$ 的直流分量 $u_{s(0)}=63.7$ V 单独作用时，因为 C_1 开路，故 $u_{o(0)}=0$。

当 $u_{s(2)}(t)=42.44\cos 2\omega t$ V 单独作用时，由于此时支路 1 和支路 2 均发生谐振，支路 1 串联谐振可视为短路，支路 2 并联谐振可视为开路，故 $u_{o(2)}(t)=u_{s(2)}(t)=42.44\cos 2\omega t$ V。

当 $u_{s(4)}(t)=8.49\cos 4\omega t$ V 单独作用时，对应的相量电路图如图 11-4-5(b)所示，

其中 $\dot{U}_{sm(4)}=8.49\angle 0^\circ$ V

支路 1 阻抗　$Z_{ab}=\mathrm{j}\left(4\omega L_1-\dfrac{1}{4\omega C_1}\right)=\mathrm{j}(40-10)\ \Omega=\mathrm{j}30\ \Omega$

支路 2 阻抗　$Z_{bc}=\dfrac{1}{\mathrm{j}\left(4\omega C_2-\dfrac{1}{4\omega L_2}\right)}=-\mathrm{j}13.3\ \Omega$

$$\dot{U}_{om(4)}=\frac{Z_{bc}}{Z_{bc}+Z_{ab}}\dot{U}_{sm(4)}=\frac{-\mathrm{j}13.3}{-\mathrm{j}13.3+\mathrm{j}30}\times 8.49\angle 0^\circ\ \mathrm{V}=-6.8\angle 0^\circ\ \mathrm{V}$$

故
$$u_{o(4)}(t)=-6.8\cos 4\omega t\ \mathrm{V}$$

最后由叠加定理得,总输出电压为

$$u_o(t)=(42.4\cos 2\omega t-6.8\cos 4\omega t+\cdots)\ \mathrm{V}$$

由此可见,$u_s(t)$中的二次谐波毫无衰减地出现在 $u_o(t)$中,说明这个电路具有选频作用,能让角频率为 2ω 的谐波顺利通过。如果希望 $u_o(t)$中只含二次谐波,显然这个电路无法实现,因为这个电路不能滤除四次、…谐波,特别是四次谐波在 $u_o(t)$中还占有一定的比重,其振幅与二次谐波振幅之比高达 16%。若要将四次谐波滤除,可在支路 1 上再并联一个电容,使得该支路在 4ω 处发生并联谐振即可。

思考与练习

11-4-1　若感抗 $\omega L=2\ \Omega$ 的端电压 $u=[10\cos(\omega t+30^\circ)+6\cos(3\omega t+60^\circ)]$ V,电压与电流参考方向关联,则 $i=$______A。

(1) $5\cos(\omega t+30^\circ)+3\cos(3\omega t+60^\circ)$

(2) $5\cos(\omega t+60^\circ)+3\cos(3\omega t-30^\circ)$

(3) $5\cos(\omega t-60^\circ)+\cos(3\omega t-210^\circ)$

(4) $5\cos(\omega t-60^\circ)+\cos(3\omega t-30^\circ)$

11-4-2　感抗 $\omega L=3\ \Omega$ 与容抗 $-1/(\omega C)=-27\ \Omega$ 串联后接到 $i=(3\sin\omega t-2\cos 3\omega t)$ A 的电流源上,若电压与电流参考方向关联,则感抗和容抗串联后两端的电压 $u=$______V。

(1) $72\sin\omega t-48\cos 3\omega t$

(2) $-72\sin\omega t$

(3) $-72\cos\omega t$

(4) $-72\sin\omega t-48\sin 3\omega t$

11-4-3　如题 11-4-3 图所示非正弦周期电路,$i_S(t)=(2+2\sqrt{2}\cos 2t)$ A,$R=2\ \Omega$,$C=0.25$ F。试求$i(t)$和电路消耗的功率 P。

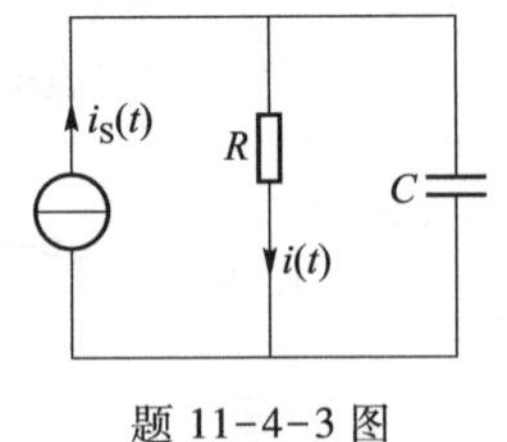

题 11-4-3 图

11.5　对称三相电路中的高次谐波

三相发电机产生的电压波形或多或少与正弦波有些差别,原因是含有一定的谐波分量;变压器的励磁电流是非正弦周期波,也含有高次谐波。因此,在三相对称电路中,电压、电流都可能含有高次谐波分量。本节着重讨论对称三相电路中的电源是非正弦周期量时，该电路的线电压、相电压、线电流、相电流及中性点电压含有高次谐波的情况。

对称三相周期性非正弦电压与对称三相负载按一定的方式连接就构成对称三相周期性非正弦电路。对于对称的三相制，3 个对称的非正弦周期相电压在时间上依次滞后 $T/3$，但其变化规律则相似。将对称三相周期性电源分解成傅里叶级数发现，发电机的相电压为奇谐波函数，即

$$
\begin{aligned}
u_A(t)=&\sqrt{2}U_1\cos(\omega_1 t+\psi_1)+\sqrt{2}U_3\cos(3\omega_1 t+\psi_3)\\
&+\sqrt{2}U_5\cos(5\omega_1 t+\psi_5)+\sqrt{2}U_7\cos(7\omega_1 t+\psi_7)+\cdots\\
u_B(t)=&\sqrt{2}U_1\cos\left(\omega_1 t+\psi_1-\frac{2\pi}{3}\right)+\sqrt{2}U_3\cos(3\omega_1 t+\psi_3)\\
&+\sqrt{2}U_5\cos\left(5\omega_1 t+\psi_5-\frac{4\pi}{3}\right)+\sqrt{2}U_7\cos\left(7\omega_1 t+\psi_7-\frac{2\pi}{3}\right)+\cdots\\
u_C(t)=&\sqrt{2}U_1\cos\left(\omega_1 t+\psi_1-\frac{4\pi}{3}\right)+\sqrt{2}U_3\cos(3\omega_1 t+\psi_3)\\
&+\sqrt{2}U_5\cos\left(5\omega_1 t+\psi_5-\frac{2\pi}{3}\right)+\sqrt{2}U_7\cos\left(7\omega_1 t+\psi_7-\frac{4\pi}{3}\right)+\cdots
\end{aligned}
$$

其中基波、7 次、13 次等谐波分别都是正序的对称三相电压，构成正序对称组；5 次、11 次、17 次等谐波构成负序对称组；而 3 次、9 次、15 次等谐波却彼此同相，构成零序对称组。总之，三相对称非正弦周期电源可分为三类对称组，即正序、负序和零序组。下面以 Y-Y 联结电阻性电路为例，说明这种电路的计算方法。

例 11-5 Y-Y 对称三相周期性非正弦电路如图 11-5-1 所示，已知

$$
\begin{aligned}
&u_{SA}(t)=(100\sqrt{2}\cos\omega t+50\sqrt{2}\cos 3\omega t+20\sqrt{2}\cos 5\omega t)\text{ V}\\
&u_{SB}(t)=[100\sqrt{2}\cos(\omega t-120^\circ)+50\sqrt{2}\cos 3\omega t+20\sqrt{2}\cos(5\omega t+120^\circ)]\text{ V}\\
&u_{SC}(t)=[100\sqrt{2}\cos(\omega t+120^\circ)+50\sqrt{2}\cos 3\omega t+20\sqrt{2}\cos(5\omega t-120^\circ)]\text{ V}\\
&R=100\ \Omega,\qquad R_N=20\ \Omega
\end{aligned}
$$

试写出各相电流、中性线电流及各线电压的瞬时表达式，并求它们的有效值。

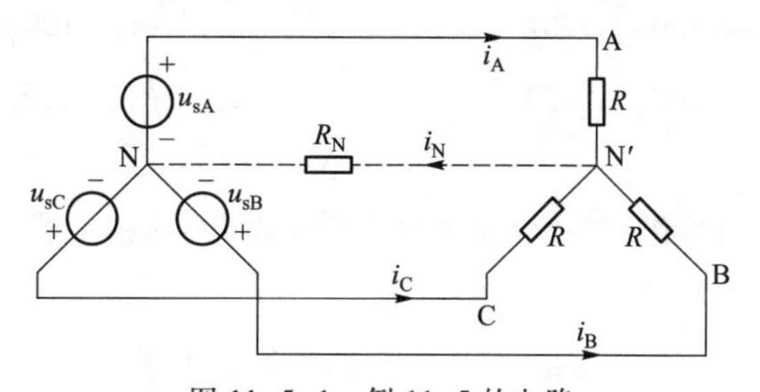

图 11-5-1 例 11-5 的电路

解 (1) 基波（正序对称组）三相电源单独作用，其相量模型电路如图 11-5-2(a) 所示，其中

$$
\dot{U}_{SA(1)}=100\,\angle 0^\circ\text{ V}
$$

$$
\dot{U}_{SB(1)}=100\,\angle -120^\circ\text{ V}
$$

$$\dot{U}_{SC(1)}=100\angle 120^{\circ}\ \text{V}$$

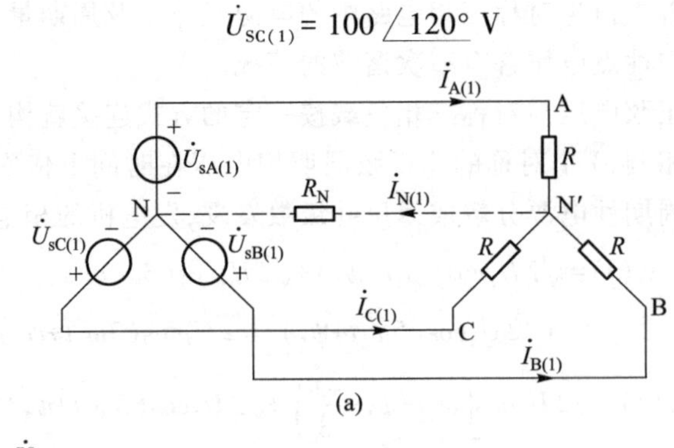

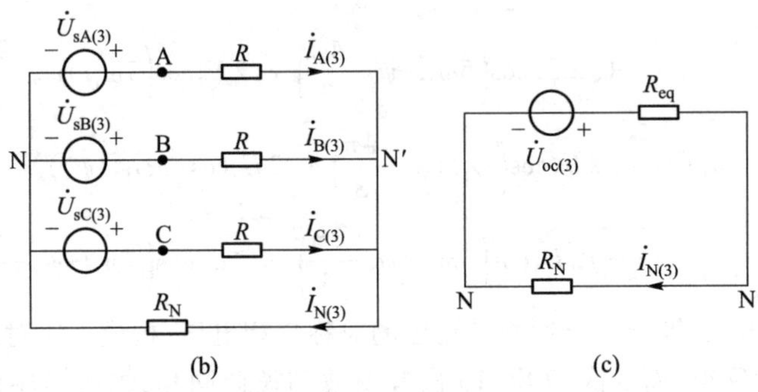

图 11-5-2 例 11-5 的求解附图

解得

$$\dot{I}_{A(1)}=\frac{\dot{U}_{SA(1)}}{R}=1\angle 0^{\circ}\ \text{A}\qquad i_{A(1)}(t)=\sqrt{2}\cos\omega t\ \text{A}$$

$$\dot{I}_{B(1)}=1\angle -120^{\circ}\ \text{A}\qquad i_{B(1)}(t)=\sqrt{2}\cos(\omega t-120^{\circ})\ \text{A}$$

$$\dot{I}_{C(1)}=1\angle 120^{\circ}\ \text{A}\qquad i_{C(1)}(t)=\sqrt{2}\cos(\omega t+120^{\circ})\ \text{A}$$

$$\dot{U}_{AB(1)}=100\sqrt{3}\angle 30^{\circ}\ \text{V}\qquad u_{AB(1)}(t)=100\sqrt{6}\cos(\omega t+30^{\circ})\ \text{V}$$

$$\dot{U}_{BC(1)}=100\sqrt{3}\angle -90^{\circ}\ \text{V}\qquad u_{BC(1)}(t)=100\sqrt{6}\cos(\omega t-90^{\circ})\ \text{V}$$

$$\dot{U}_{CA(1)}=100\sqrt{3}\angle 150^{\circ}\ \text{V}\qquad u_{CA(1)}(t)=100\sqrt{6}\cos(\omega t+150^{\circ})\ \text{V}$$

中性线电流 $\dot{I}_{N(1)}=0$

(2) 三次谐波(零序对称组)三相电源单独作用于电路,其相量模型如图 11-5-2(b)所示,其中

$$\dot{U}_{sA(3)}=\dot{U}_{sB(3)}=\dot{U}_{sC(3)}=50\angle 0^{\circ}\ \text{V}$$

根据戴维南定理,可以将图 11-5-2(b)等效成图 11-5-2(c)所示,图中

$$\dot{U}_{oc(3)}=\dot{U}_{sA(3)}=\dot{U}_{sB(3)}=\dot{U}_{sC(3)}=50\angle 0^{\circ}\ \text{V}$$

$$R_{eq}=R/3=33.33\ \Omega$$

解得

$$\dot{I}_{N(3)}=\frac{\dot{U}_{oc(3)}}{R_{eq}+R_N}=0.94\angle 0^{\circ}\ \text{A}$$

$$\dot{I}_{A(3)}=\dot{I}_{B(3)}=\dot{I}_{C(3)}=\dot{I}_{N(3)}/3=0.31\angle 0^\circ\ \text{A}$$
$$\dot{U}_{AB(3)}=R\dot{I}_{A(3)}-R\dot{I}_{B(3)}=0\ \text{V}$$
$$\dot{U}_{AB(3)}=\dot{U}_{BC(3)}=\dot{U}_{CA(3)}=0\ \text{V}$$

瞬时表达式为

$$i_{A(3)}(t)=i_{B(3)}(t)=i_{C(3)}(t)=0.31\sqrt{2}\cos 3\omega t\ \text{A}$$
$$u_{AB(3)}(t)=u_{BC(3)}(t)=u_{CA(3)}(t)=0\ \text{V}$$
$$i_{N(3)}(t)=0.94\sqrt{2}\cos 3\omega t\ \text{A}$$

(3) 五次谐波(负序对称组)三相电源单独作用于电路,负序对称三相电路和正序对称三相电路计算方法相似。

$$\dot{I}_{A(5)}=\frac{\dot{U}_{SA(5)}}{R}=0.2\angle 0^\circ\ \text{A} \qquad i_{A(5)}(t)=0.2\sqrt{2}\cos 5\omega t\ \text{A}$$
$$\dot{I}_{B(5)}=0.2\angle 120^\circ\ \text{A} \qquad i_{B(5)}(t)=0.2\sqrt{2}\cos(5\omega t+120^\circ)\ \text{A}$$
$$\dot{I}_{C(5)}=0.2\angle -120^\circ\ \text{A} \qquad i_{C(5)}(t)=0.2\sqrt{2}\cos(5\omega t-120^\circ)\ \text{A}$$
$$\dot{U}_{AB(5)}=20\sqrt{3}\angle -30^\circ\ \text{V} \qquad u_{AB(5)}(t)=20\sqrt{6}\cos(5\omega t-30^\circ)\ \text{V}$$
$$\dot{U}_{BC(5)}=20\sqrt{3}\angle 90^\circ\ \text{V} \qquad u_{BC(5)}(t)=20\sqrt{6}\cos(5\omega t+90^\circ)\ \text{V}$$
$$\dot{U}_{CA(5)}=20\sqrt{3}\angle -150^\circ\ \text{V} \qquad u_{CA(5)}(t)=20\sqrt{6}\cos(5\omega t-150^\circ)\ \text{V}$$

中性线电流 $\dot{I}_{N(5)}=0$

(4) 由叠加定理可得各物理量的表达式

$$i_A(t)=(\sqrt{2}\cos\omega t+0.31\sqrt{2}\cos 3\omega t+0.2\sqrt{2}\cos 5\omega t)\ \text{A}$$
$$i_B(t)=[\sqrt{2}\cos(\omega t-120^\circ)+0.31\sqrt{2}\cos 3\omega t+0.2\sqrt{2}\cos(5\omega t+120^\circ)]\ \text{A}$$
$$i_C(t)=[\sqrt{2}\cos(\omega t+120^\circ)+0.31\sqrt{2}\cos 3\omega t+0.2\sqrt{2}\cos(5\omega t-120^\circ)]\ \text{A}$$
$$u_{AB}(t)=[100\sqrt{6}\cos(\omega t+30^\circ)+20\sqrt{6}\cos(5\omega t-30^\circ)]\ \text{V}$$
$$u_{BC}(t)=[100\sqrt{6}\cos(\omega t-90^\circ)+20\sqrt{6}\cos(5\omega t+90^\circ)]\ \text{V}$$
$$u_{CA}(t)=[100\sqrt{6}\cos(\omega t+150^\circ)+20\sqrt{6}\cos(5\omega t-150^\circ)]\ \text{V}$$
$$i_N(t)=0.94\sqrt{2}\cos 3\omega t\ \text{A}$$

相电流、线电压及中线电流的有效值分别为

$$I_P=\sqrt{I_{P(1)}^2+I_{P(3)}^2+I_{P(5)}^2}=\sqrt{1^2+0.31^2+0.2^2}\ \text{A}=1.067\ \text{A}$$
$$U_l=\sqrt{U_{l(1)}^2+U_{l(5)}^2}=\sqrt{(100\sqrt{3})^2+(20\sqrt{3})^2}\ \text{V}=176.64\ \text{V}$$
$$I_N=0.94\ \text{A}$$

结果表明,在 Y-Y 联结(有中性线)对称三相周期非正弦电路中,线电压不含零序分量,中性线只有零序分量通过。

在电力系统中,电能质量包括额定电压、额定频率和波形等指标,其中波形的理想情况是为正弦波。但由于各种原因,常导致电力系统中出现高次谐波,使得电压、电流的波形发生畸变而成为非正弦波,从而使得电能质量下降。高次谐波带来的不良后果主要有:电动机的运行性能变坏,增加损耗;仪表测量误差增大;干扰通信信号等。所以,采取措施提高电能质量是极为重要的问题。

11.6 应用实例

实例: 不同品质因数下带通滤波器的滤波性能

带通滤波器允许非零频率起始的特定有限频率范围的信号顺利通过,而使通带两侧的低频和高频分量信号受到抑制。品质因数 Q 是衡量滤波器在其中心频率处性能的一个重要指标,不同的品质因数决定了滤波器不同的滤波性能。

通过本章的学习可知,任意满足狄利克雷条件的周期信号都能被表示为一个直流分量和无数不同频率正弦波的和,其中正弦波的频率由周期信号的频率(基波分量)和该频率的整数倍(高次谐波分量)确定。工程上,常用一个周期信号来检验带通滤波器或带阻滤波器的品质因数。二阶带通滤波器的传递函数为

$$H(s)=\frac{H_0(\omega_0/Q)s}{s^2+(\omega_0/Q)s+\omega_0^2}$$

式中,s 为复频率(s 的详细定义可参见本书第 15 章)。现给出两个通带增益和中心频率均一样的滤波器,如图 11-6-1(a)和图 11-6-2(a)所示。通过图 11-6-1(a)电路参数可得该滤波器的传递函数为

$$H(s)=\frac{H_0(\omega_0/Q)s}{s^2+(\omega_0/Q)s+\omega_0^2}=\frac{(400/313)\times 2\ 000s}{s^2+2\ 000s+40\ 000^2}$$

其中,$H_0=400/313$,$B=\omega_0/Q=2\ 000\ \mathrm{rad/s}$,$\omega_0=40\ 000\ \mathrm{rad/s}$,品质因数 Q 为 $40\ 000/2\ 000=20$。

通过图 11-6-2(a)电路参数可得该滤波器的传递函数为

$$H(s)=\frac{H_0(\omega_0/Q)s}{s^2+(\omega_0/Q)s+\omega_0^2}=\frac{(400/313)\times 20\ 000s}{s^2+20\ 000s+40\ 000^2}$$

其中,$H_0=400/313$,$B=\omega_0/Q=20\ 000\ \mathrm{rad/s}$,$\omega_0=40\ 000\ \mathrm{rad/s}$,品质因数 Q 为 $40\ 000/20\ 000=2$。显然,两个滤波器的通带增益 H_0 和中心频率 ω_0 一致,但图 11-6-2(a)滤波器带宽 B 增加了 10 倍,致使品质因数 Q 变为 2。

下面利用 Multisim 软件进行仿真,图 11-6-1(a)和图 11-6-2(a)均选择频率与带通滤波器中心频率相同的方波信号作为输入信号,仿真结果发现,图 11-6-1(a)滤波器输出主要成分为基波,输出波形近似为正弦波,如图 11-6-1(b)所示;图 11-6-2(b)滤波器输出成分除基波外,还包含了一定成分的高次谐波,导致图 11-6-2(a)滤波器输出为畸变波形,如图 11-6-2(b)所示。

结果表明,具有较高品质因数的滤波器对方波中的高次谐波分量抑制效果比较好,即品质因数 $Q=20$ 的滤波选择性要比 $Q=2$ 的滤波选择性高。

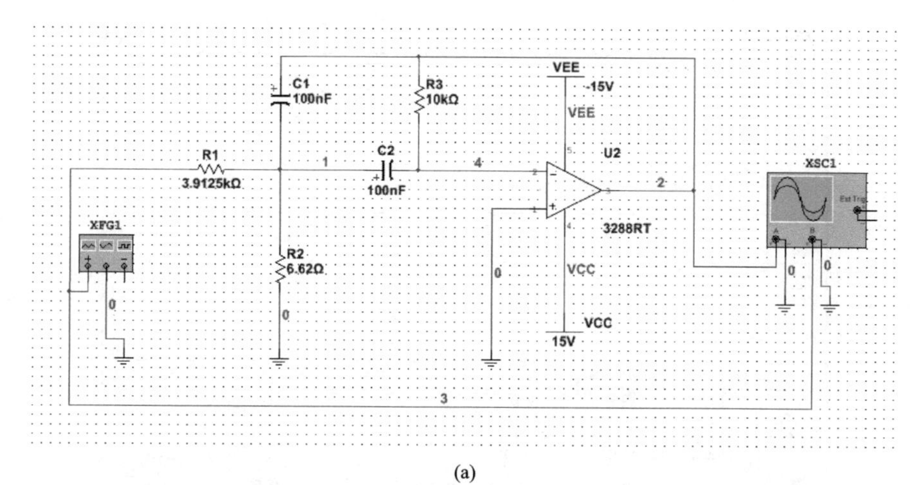

(a)

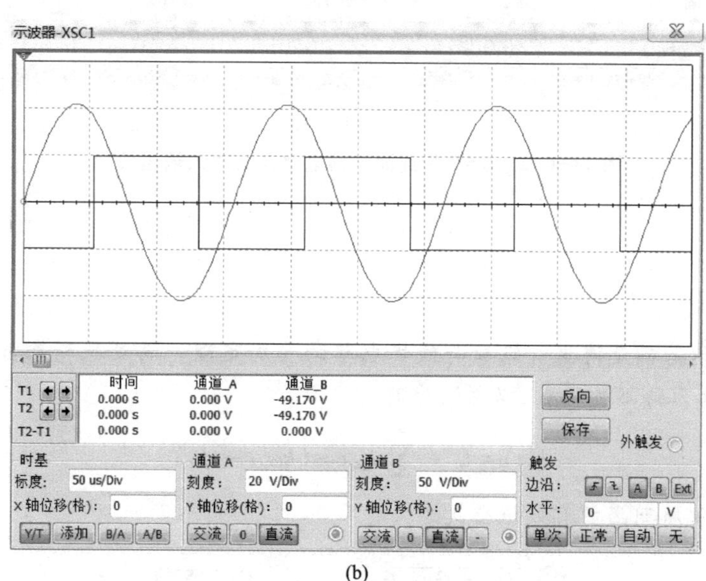

(b)

图 11-6-1 $Q=20$ 带通滤波器电路及其输入输出波形

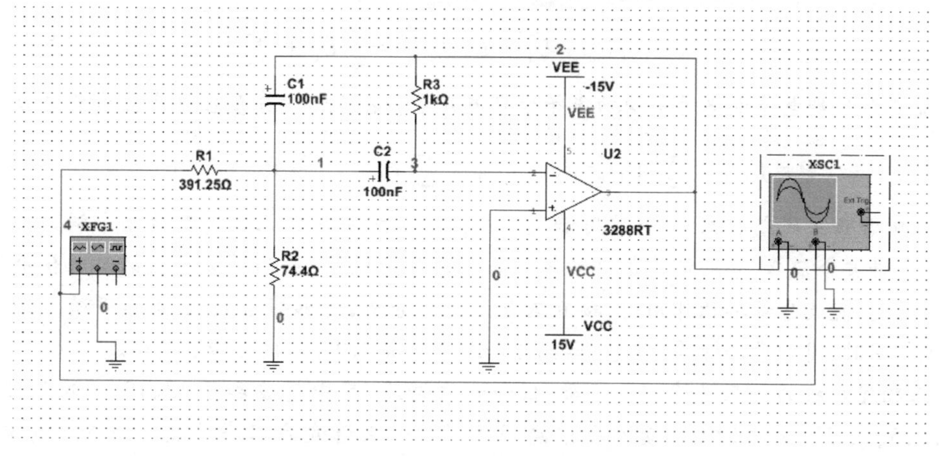

(a)

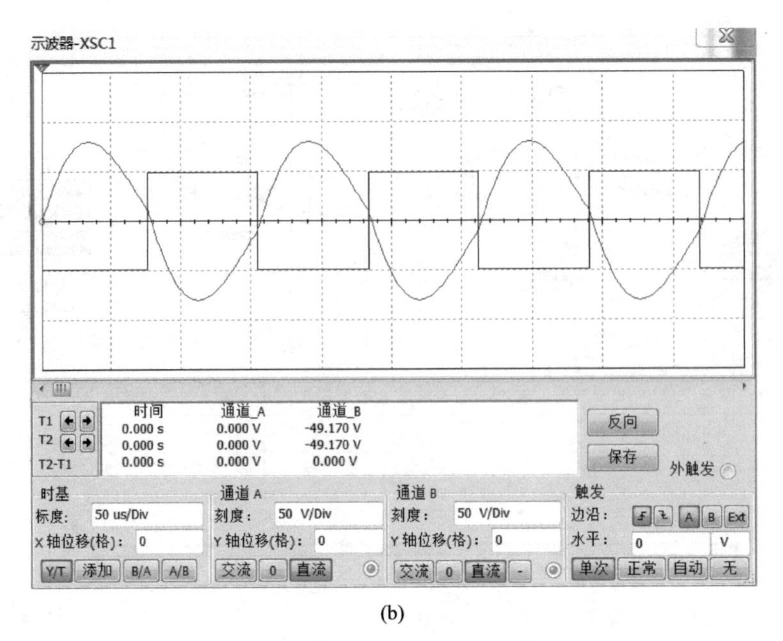

(b)

图 11-6-2　$Q=2$ 带通滤波器电路及其输入输出波形

本章小结

1. 本章的理论基础是傅里叶级数与线性电路的叠加定理。满足狄利克雷条件的非正弦周期函数 $f(t)$ 可展开为傅里叶级数，以电流为例

$$i(t)=I_0+\sum_{k=1}^{\infty}I_{km}\cos(k\omega_1 t+\psi_k)$$

2. 计算非正弦周期函数有效值公式为

$$I=\sqrt{I_0^2+I_1^2+I_2^2+\cdots}=\sqrt{I_0^2+\sum_{k=1}^{\infty}I_k^2}$$

$$U=\sqrt{U_0^2+U_1^2+U_2^2+\cdots}=\sqrt{U_0^2+\sum_{k=1}^{\infty}U_k^2}$$

3. 非正弦周期电流电路的平均功率等于直流分量和各次谐波分量各自产生的平均功率之和

$$P=U_0I_0+\sum_{k=1}^{\infty}U_kI_k\cos\varphi_k=P_0+\sum_{k=1}^{\infty}P_k=P_0+P_1+P_2+\cdots$$

4. 分析非正弦周期电流电路，常用谐波分析法。该方法将非正弦周期激励分解为恒定分量、基波和各次谐波分量后，分别计算各分量单独作用时的分响应，最后将分响应的瞬时值叠加即可。值得注意的是：直流分量单独作用时，按直流电阻电路分析，电感短路处理，电容开路处理；各谐波分量单独作用时，用相量法计算（注意：感抗与谐波频率成正比，容抗与谐波频率成反比）。

5. 三相发电机的电压是奇谐波函数，仅含奇次谐波，其中基波和 7、13、19、… 次谐波为正序对称谐波，5、11、17、… 次谐波为负对称谐波，3、9、15、… 次谐波为零序谐波。分析含高次谐波的对称三相电路时，要注意各次谐波的影响。

例题视频

例题 50 视频

例题 51 视频

例题 52 视频

习题进阶练习

11. 1—3

11. 4—6

11. 7—8

11. 9—11

11.1 节习题

11-1　判断题 11-1 图所示电压波形的傅里叶级数展开式中哪些波形不含正弦项？哪些波形只含正弦项？哪些波形不含奇谐波项？哪些波形只含奇谐波项？

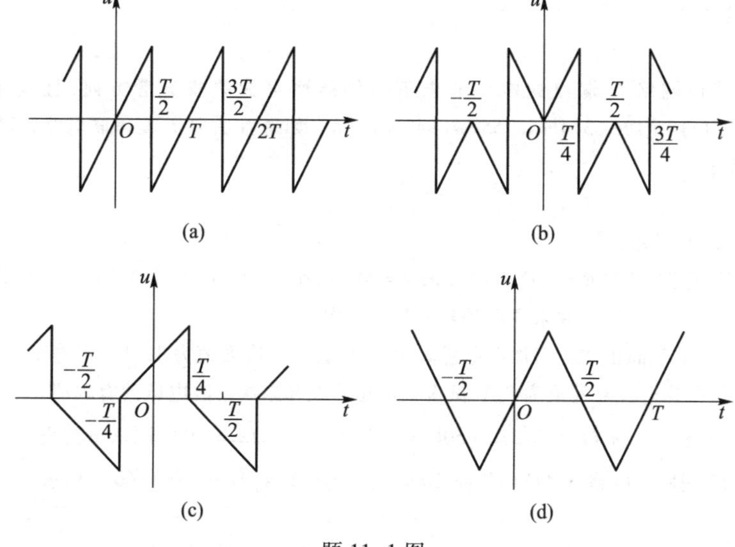

题 11-1 图

11-2　已知某电流 $i(t)$ 半个周期的波形如题 11-2 图所示，根据下述两条件绘出整个周期波形。

（1）$i(t)$ 为偶函数；

（2）$i(t)$ 为奇函数。

11.2 节习题

11-3　求题 11-3 图所示两个电流波形的傅里叶级数展开式。

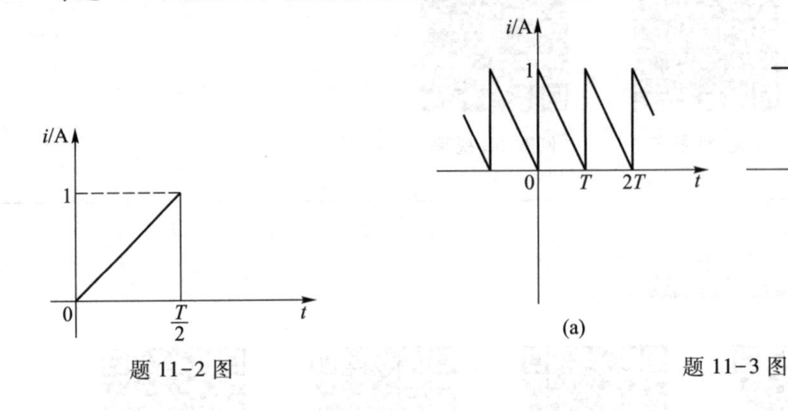

题 11-2 图　　　　题 11-3 图

11.3 节习题

11-4　求题 11-4 图所示电路中 $u(t)$ 和 $i(t)$ 的有效值 I 和 U。

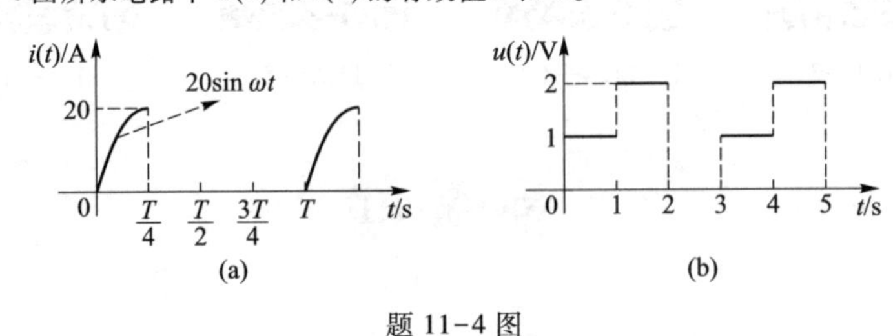

题 11-4 图

11-5　电阻 $R=15\ \Omega$，端电压 $u(t)=[100+22.4\cos(\omega t-45^\circ)+4.11\cos(3\omega t+65^\circ)]$ V，试求电压 $u(t)$ 的有效值与电阻消耗的平均功率。

11.4 节习题

11-6　无源一端口网络 N 端口的电压和电流对网络而言为关联参考方向，且 $u(t)=[100\cos314t+50\cos(942t-30^\circ)]$ V，$i(t)=[10\cos314t+1.755\cos(942t+\theta)]$ A。如果 N 为 R、L、C 串联电路，试求：

（1）R、L、C 的值；

（2）θ 的值；

（3）电路消耗的平均功率。

11-7　R、L、C 串联电路，已知 $R=11\ \Omega$，$L=15$ mH，$C=70\ \mu$F，外施电压 $u(t)=[11+141.4\cos10^3t-35.4\sin2\times10^3t]$ V，试求电路中电流 $i(t)$ 及其有效值 I，并求电路消耗的平均功率。

11-8　有效值为 100 V 的正弦电压加在电感 L 两端时，其电流有效值为 10 A。当电压中含三次谐波分量而有效值仍为 100 V 时，电感电流有效值为 8 A，试求该电压基波和三次谐波电压的有效值。

11-9　如题 11-9 图所示，$u_1(t)=8\sqrt{2}\cos(50t+30^\circ)$ V，$u_2(t)=6\sqrt{2}\cos100t$ V，求电流表Ⓐ的读数。

11-10　题 11-10 图所示电路，$u_S(t)=\sqrt{2}\cos100t$ V，$i_S(t)=3+4\sqrt{2}\cos(100t-60^\circ)$ A，求：

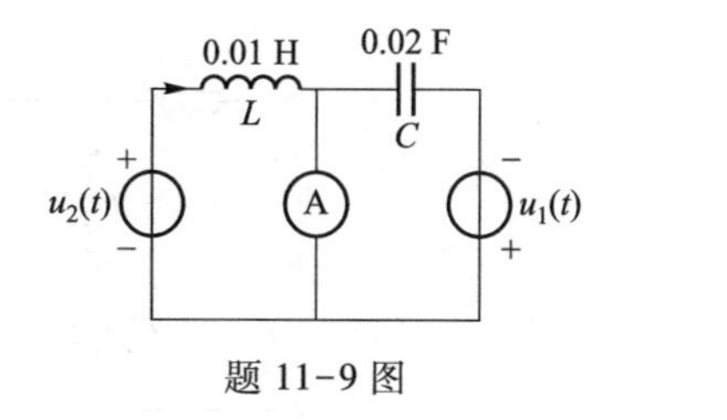

题 11-9 图

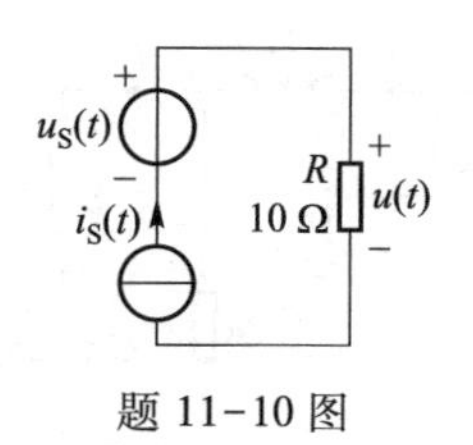

题 11-10 图

(1) 电压 $u(t)$ 的有效值 U；

(2) 电压源 $u_S(t)$ 发出的平均功率 P。

11-11　题 11-11 图所示，已知 $u(t)=(30+10\sqrt{2}\cos 10^3 t)$ V，求 $u_C(t)$ 及电压源发出的功率。

11-12　题 11-12 图所示，已知 $u_S(t)=[10+80\cos(\omega t-60°)+18\cos(3\omega t-90°)]$ V，$R=6\ \Omega$，$\omega L=2\ \Omega$，$\frac{1}{\omega C}=18\ \Omega$，求 $i(t)$ 及电压表、电流表和功率表的读数。

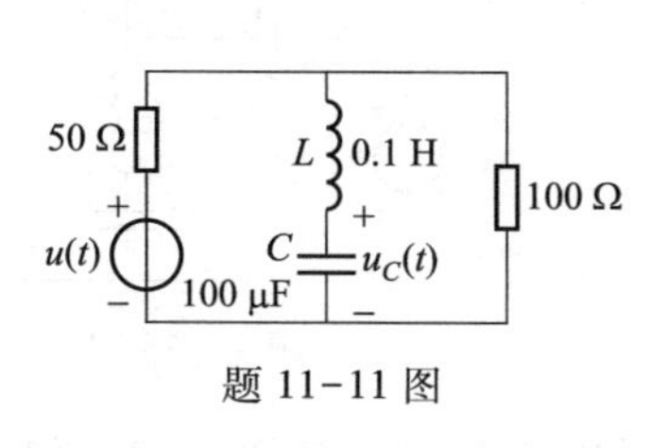

题 11-11 图

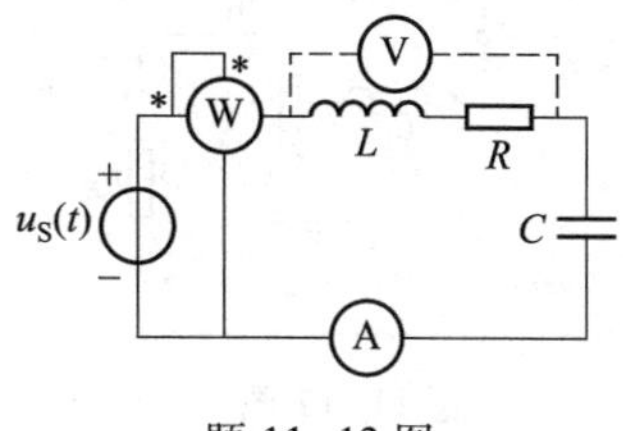

题 11-12 图

11-13　电路如题 11-13 图所示，已知电源电压为 $u(t)=[50+100\sin 314t-40\cos 628t+10\sin(942t+20°)]$ V，$R_1=10\ \Omega$，$L_1=10$ mH，$R_2=50\ \Omega$，$L_2=100$ mH，$C=50\ \mu$F。求：

(1) 电流 $i(t)$；

(2) 电流 $i(t)$ 和电压 $u(t)$ 的有效值；

(3) 电源发出的平均功率。

11-14　电路如题 11-14 图所示，已知 $u_s(t)=5\sin 3t$ V，$i_s(t)=3\cos(4t+30°)$ A，$R=1\ \Omega$，$L=2$ H，$C=1/2$ F。试求电容电压 $u_C(t)$ 及其有效值。

11-15　电路如题 11-15 图所示，已知 $u(t)=[60+40\sqrt{2}\cos\omega t+20\sqrt{2}\cos 2\omega t]$ V，$R=40\ \Omega$，$\omega L_1=100\ \Omega$，$\omega L_2=100\ \Omega$，$1/\omega C_1=400\ \Omega$，$1/\omega C_2=100\ \Omega$，求电流 $i_1(t)$、$i_2(t)$ 与电压 $u_C(t)$ 及其它们的有效值。

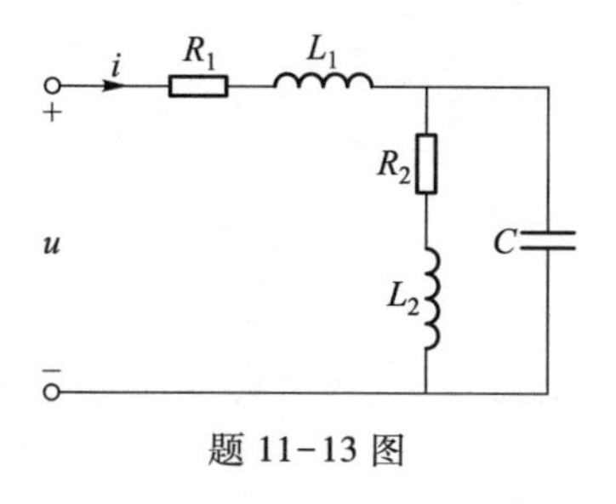

题 11-13 图

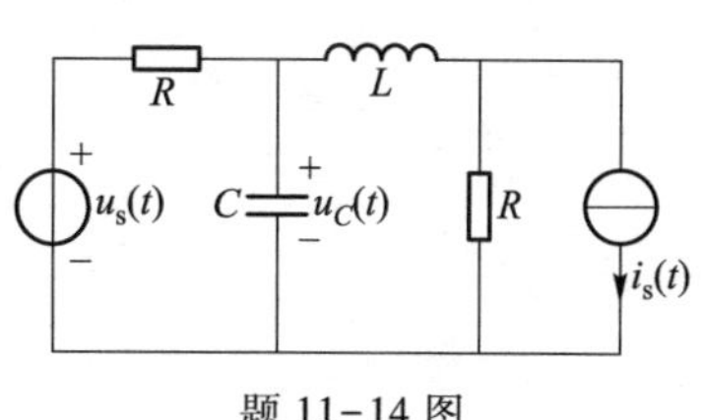

题 11-14 图

11-16　电路如题 11-16 图所示，电压 $u(t)$ 含有基波和三次谐波分量，已知基波角频率 $\omega=10^4$ rad/s。若要求电容电压 $u_C(t)$ 中不含基波，仅含与 $u(t)$ 完全相同的三次谐波分量，且知 $R=1$ kΩ，$L=1$ mH，求电容 C_1 和 C_2 值。

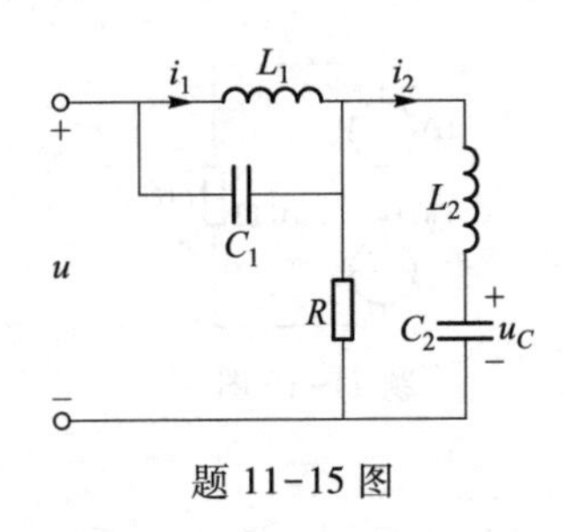

题 11-15 图

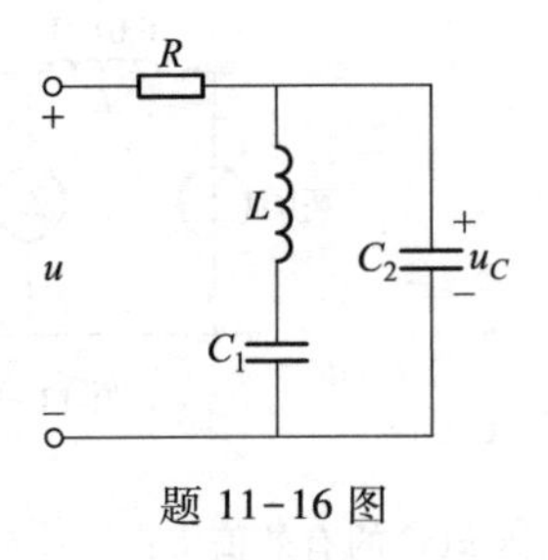

题 11-16 图

11-17 电路如题 11-17 图所示,已知 $u(t)=[220\sqrt{2}\cos(1\ 000t+30°)+100\sqrt{2}\cos(3\ 000t+60°)]$ V,$C=0.125$ μF,欲使 R 中三次谐波电流 $i_{(3)}=0$,且基波在 ab 端压降 $u_{ab(1)}=0$,试求 L_1、C_1、u_R。

11-18 电路如题 11-18 图所示,已知电源电压 $u_s(t)$ 为含有 3ω 和 7ω 谐波分量的非正弦波,已知 $C_1=1$ F,$L_2=1$ H。今要求在输出电压 $u(t)$ 中不含有 3ω 和 7ω 的谐波分量,求 L_1 和 C_2 值。

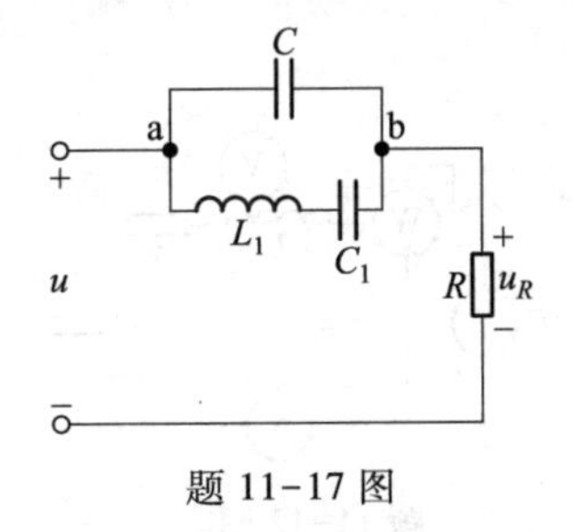

题 11-17 图

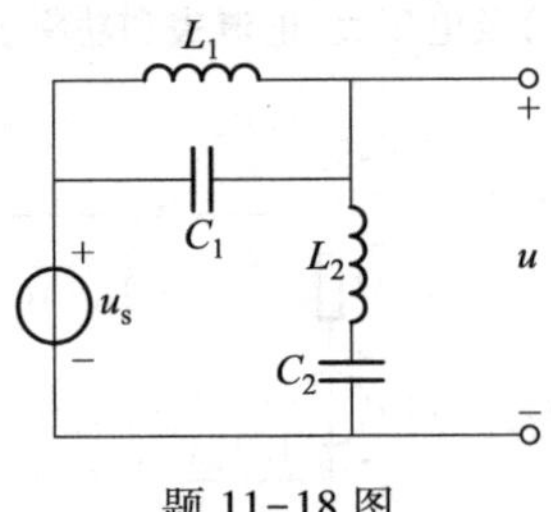

题 11-18 图

11-19 电路如题 11-19 图所示,$C_1=100$ μF,电源 $u_S(t)=[10+14.1\cos(10^3t+30°)+8\cos(2\times10^3t+45°)]$ V,$i_S(t)=1$ A;图中 $i(t)=1.41\cos(10^3t+30°)$ A,电阻 R 中电流 i_R 的直流分量为 0.5 A,求 R、L、C_2、R_3 的值及 $u(t)$。

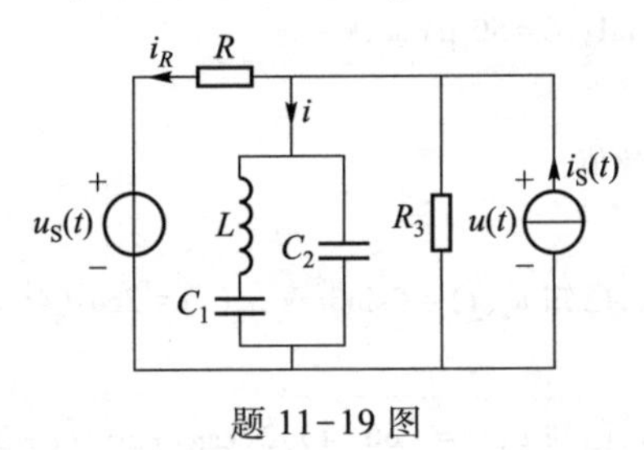

题 11-19 图

第 12 章　电路方程的矩阵形式

对于结构比较简单的电路可以采用前面章节介绍的观察法建立电路方程进行求解，但是，当电路规模较大、结构较复杂时，需要借助计算机辅助分析。为此，需要采用系统化的方法建立便于计算机求解的矩阵形式的电路方程。

本章主要介绍电路的计算机辅助分析所需要的基本知识：电路图论和矩阵代数。内容有电路的图、回路、树、割集等概念和关联矩阵、回路矩阵、割集矩阵以及节点电压方程等。

12.1　电 路 的 图

图论是拓扑学的一个分支。电路图论是应用图论通过电路的几何结构及其性质，对电路进行分析和研究。电路的图与大家熟知的电路图的那个“图”不同。电路的图通常用 G 表示，它没有任何电路元件，只有抽象的线段（将它画成直线或曲线都无关紧要）和点。图 12-1-1(a)、(b) 分别给出了一个电路和它的图。对一个给定的电路，很容易画出它的图，但不可能从图的结构画出它的原电路。因此，画图的目的仅是表达给定电路的节点和支路的互相连接的约束关系，即所谓电路的拓扑性质。

网络的图、子图、连通图

图 G 中两个节点之间连接的线段就是支路，支路的端点就是节点。图 12-1-1(b) 所示的图 G 有 5 个节点和 8 条支路。如果一条支路的两端连接在一个节点上，则称此为自环，如图 12-1-2所示支路 1。如果一条支路的两端连接在两个节点上，则称此支路与这两个节点彼此关联。需要指出，在图 G 中，孤立节点可以存在，如图 12-1-2 所示节点 1′。任一条支路两端必须连接在节点上，因此，移去一条支路，并不意味同时移去与此支路关联的节点，但是，移去一个节点，则应将与这个节点关联的全部支路同时移去。

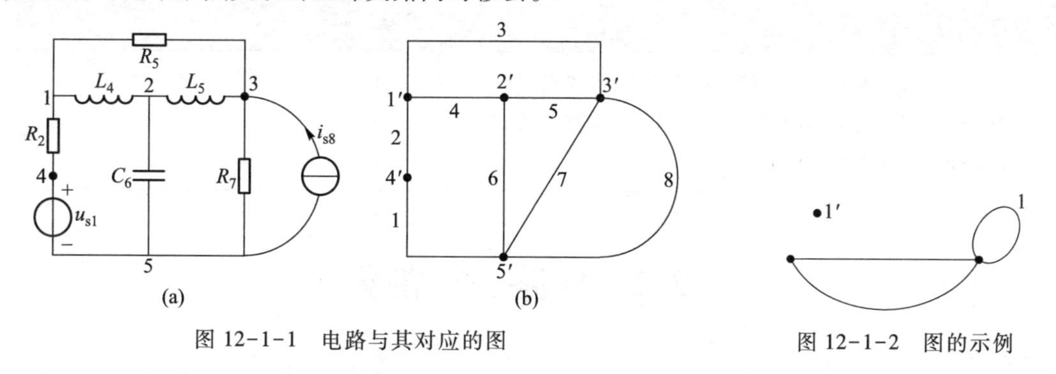

图 12-1-1　电路与其对应的图

图 12-1-2　图的示例

如果图 G_1 的每个节点和支路是图 G 的节点和支路，则称图 G_1 为图 G 的一个子图，如图

12-1-3(b)、(c)、(d)、(e)所示的图都是图 12-1-3(a)所示图 G 的子图。

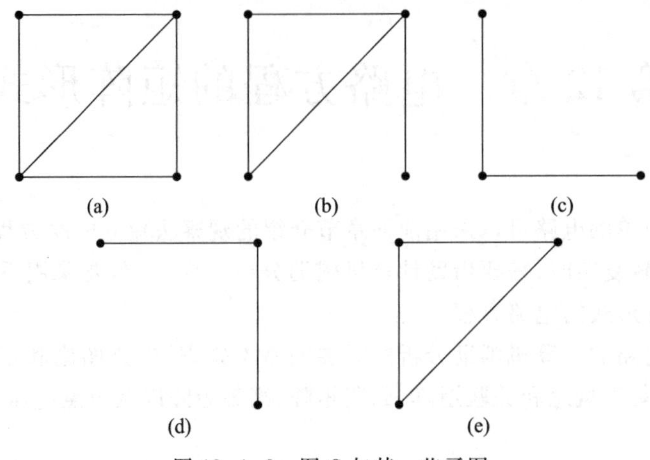

图 12-1-3 图 G 与其一些子图

从图 G 的某一节点出发,沿着一些支路连续移动,从而达到另一指定节点(或回到原出发节点),这样的一系列支路构成了图 G 的两个节点之间的一条路径。当图 G 的任意两个节点之间至少存在一条路径时,则称图 G 为连通图,否则就是非连通图。需要指出,图 12-1-1(b)又可以画成如图 12-1-4(a)、(b)所示的两种形式,支路的形状(直线或曲线)并不影响图的拓扑性质。

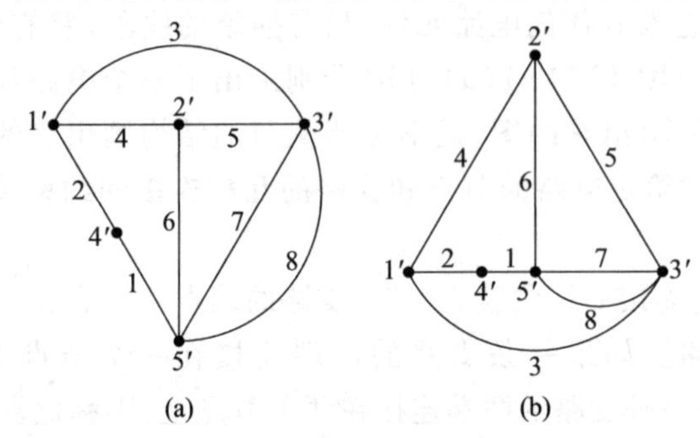

图 12-1-4 图 12-1-1(a)所示电路的另两种形式的图

思考与练习(判断题)

12-1-1 移去支路,节点保留;移去节点,支路保留。 (　　)

12-1-2 移去支路,节点移去;移去节点,支路保留。 (　　)

12-1-3 移去支路,节点保留;移去节点,支路移去。 (　　)

12.2 回路、树、割集

如果一条路径的起始节点和终止节点重合,这条路径就称为闭合路径。如果从起始节点回到原出发节点的闭合路径中所经过的节点都是一次,则这条闭合路径便构成图 G 的一个回路。在图 12-2-1 所示图 G 中,支路 1、2、5,支路 2、3、6,支路 1、3、6、5 等构成的闭合路径都是回路,而支路 1、2、6、9、8、5 所构成的闭合路径就不是回路,因为节点 3′经过了两次。因此,图中回路一定是闭合路径,但闭合路径不一定是回路。

回路、树、割集

一个连通图具有很多回路,例如,图 12-2-1 所示的图 G 共有 21 个不同的回路,但其独立回路数远少于回路数,如支路 1、2、5,支路 2、3、6,支路 3、4、10、9,支路 5、8、7 和支路 6、9、8 构成的 5 个回路相互独立,构成一组独立回路。要确定一个图的一组独立回路,有时并不容易,如图 12-2-2 所示的图 G。

借助于"树"的概念可以方便地确定一个图的独立回路组。一个连通图 G 的一个树 T 是指图 G 的一个包含图 G 的全部节点而不包含任一回路的连通子图。如图 12-2-3(a)、(b)所示都是图 12-2-1 所示图 G 的树。图 12-2-3(c)、(d)所示都不是图 12-2-1 所示图 G 的树,因为图 12-2-3(c)所示子图含有一个回路,图 12-2-3(d)所示子图不连通。一个连通图有许多不同的树,对于一个具有 $n(n>1)$ 个节点的电路,如果每对节点都有一条支路连接,称此电路对应的图 G 为完备图,它共有 n^{n-2} 个树。

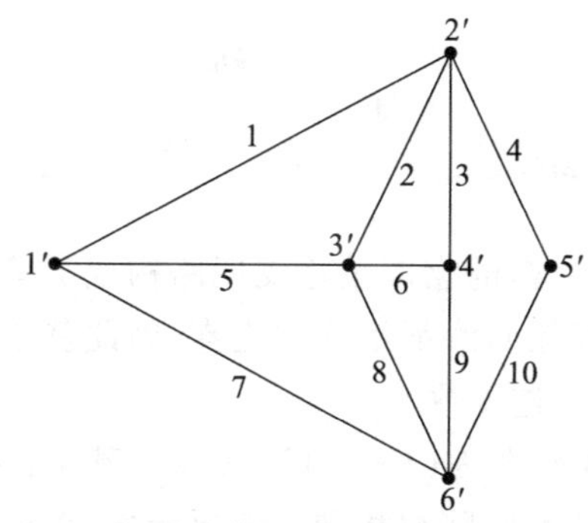

图 12-2-1 回路的定义

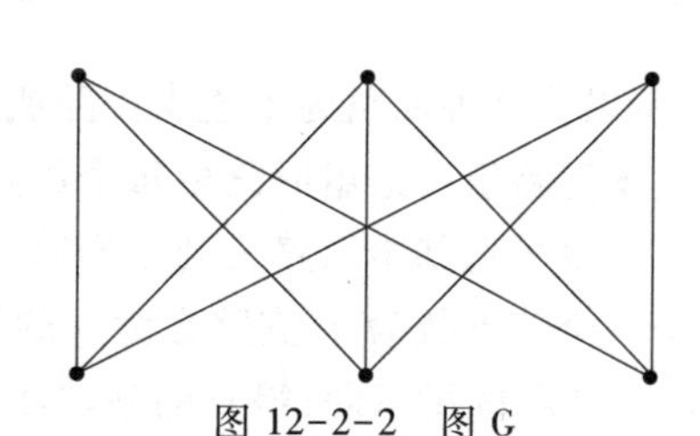
图 12-2-2 图 G

对于一个连通图 G,确定其一个树 T 后,属于这个树 T 的支路称为图 G 的树支,不属于这个树 T 的支路称为图 G 的连支,连支的集合称为"补树"。对于图 12-2-1 所示图 G,如果选择图 12-2-3(a)所示的树,则支路 3、4、5、6、9 为树支,支路 1、2、7、8、10 为连支。如果选择图 12-2-3(b)所示的树,则支路 1、2、3、4、8 为树支,支路 5、6、7、9、10 为连支。

一个连通图 G 的树支数、连支数与它的节点数、支路数之间存在确定的关系。如果图 G 的节点数为 n,支路数为 b,则图 G 的树支数为$(n-1)$,连支数为$(b-n+1)$。这是因为对于连通图 G,第一条树支必然连接两个节点;然后增加一条树支,又连接到一个新的节点;由此类推,当将 n 个节点连通起来,但不构成闭合路径时,则需要$(n-1)$条树支。所以,树应是连通所有节点的最少支路的集合。由于树支数和连支数的总和为支路数,所以连支数为$(b-n+1)$。对于图 12-2-1 所示的图 G,$n=6$,$b=10$,它的树支数为 5,连支数也为 5。

连通图 G 的一个树包含图 G 的全部节点而不包含回路。因此,对任一个树,每加进一条连支就构成一个只含该连支而其他为树支的回路。以图 12-2-4(a)所示图 G 为例,选支路 3、4、5、6、9 为树支,用实线段表示,则支路 1、2、7、8、10 为连支,用虚线表示,如图 12-2-4(b)所示。对这个树分别加入连支 1、2、7、8、10,就形成了 5 个回路,如图 12-2-4(c)所示,每个回路只含有一

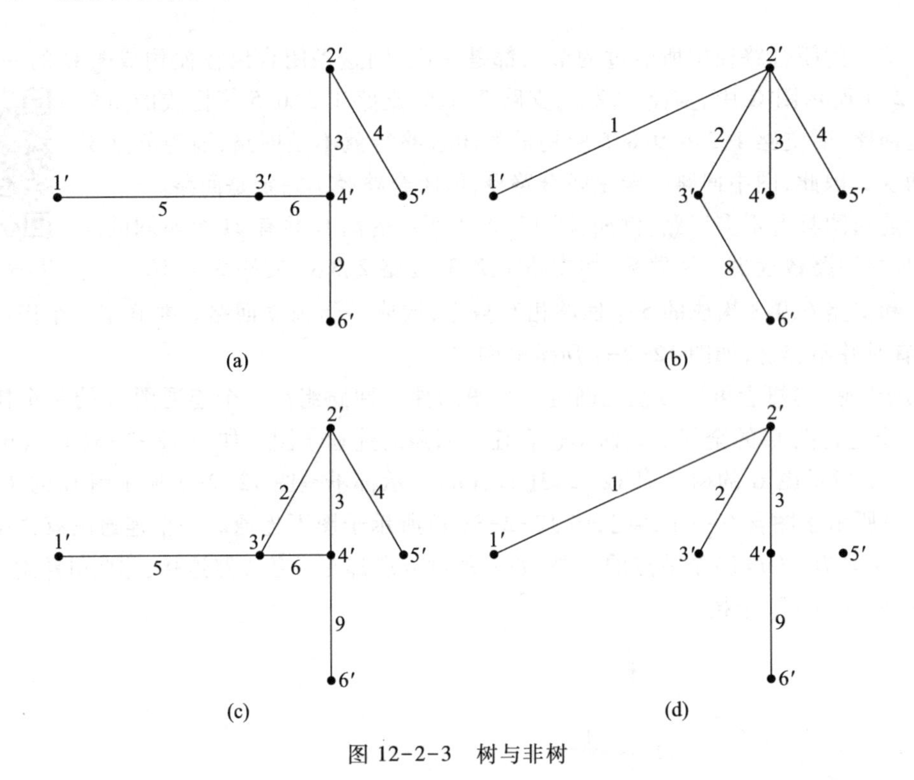

图 12-2-3 树与非树

个连支，所以称这种回路为单连支回路或基本回路。某个树的全部单连支回路构成了单连支回路组或基本回路组。这组回路中每个回路包含了一条其他回路都不含的连支，因此基本回路是独立的。所以可选基本回路为独立回路，基本回路数就是连支数。

对于一个节点数为 n、支路数为 b 的连通图，由于连支数为 $(b-n+1)$，所以其基本回路数为 $(b-n+1)$。选择的树不同，得到的基本回路组不同，但基本回路数相同。需要指出，单连支回路是独立回路，而独立回路不一定是单连支回路。

一个图，如果能够画在平面上而不使任何两条支路相交叉，则这个图称为平面图。平面图周界的支路所构成的回路称为外网孔，而平面图的内网孔是指网孔所限定的区域内不再含有支路。例如，图 12-2-4(a)所示图 G 中，支路 1、2、5，支路 2、3、6，支路 3、4、9、10，支路 5、7、8 和支路 6、8、9 各自构成的回路是内网孔，而支路 1、4、7、10 构成的回路是外网孔。支路 5、6、7、9 构成的回路就不是网孔。平面图的全部内网孔也是一组独立回路，其数目恰好是该图的独立回路数。

割集在图论中也很重要。连通图 G 的一个割集是图 G 的一个被切割支路集合，将这些支路移去，图 G 分离为两个分离部分，但是只要留下其中任一条支路，图 G 仍然是连通的。图 12-2-5(a)所示图 G 中，支路 1、5、7，支路 1、2、6、9、10 和支路 3、6、9 都分别构成图 G 的割集，分别如图 12-2-5(b)、(c)、(d)所示，用虚线表示了这些割集中的支路。支路 2、3、9、6 和支路 1、5、7、10、4 都不构成图 G 的割集，因为前者如果少移去支路 2，则图 G 仍然可被分为两个分离部分；而后者如果移去这些支路，则图 G 就变为三个分离部分。通常确定连通图 G 的割集可以采用在图 G 上画闭合面的方法，让闭合面包围图 G 的某些节点，如果将被此闭合面切割的所有支路全部移去后图 G 变为闭合面内外的两个分离部分，则这样被闭合面切割的一组支路就构成图 G 的一个割集。注意，有时一个分离部分可能只包含一个孤立节点。

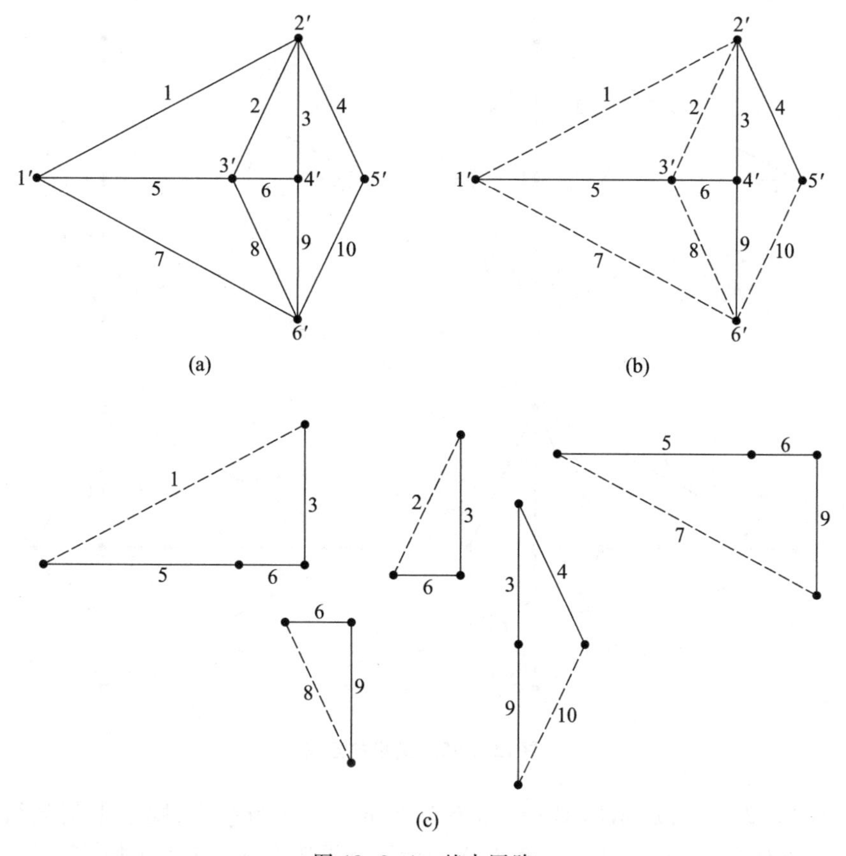

图 12-2-4 基本回路

一个连通图具有很多割集。例如,图 12-2-5(a)所示图 G 共有 18 个不同的割集,但独立割集数远少于割集数。对图 12-2-5(a)所示图 G 来说,支路 1、5、7,支路 1、2、6、8、7,支路 1、2、3、10,支路 4、10 和支路 7、8、9、10 构成的 5 个割集是相互独立的,因而构成一组独立割集。确定图 G 的一组独立割集可以借助树的概念。

对于连通图 G,当选定一个树后,任何连支集合不能构成图 G 的一个割集,因为将全部连支从图 G 中移去后,得到图的一个树,它仍是连通的,与割集定义相矛盾。对于图 12-2-6 所示连通图 G,选一个树 T,其树支和连支分别用粗线和细线表示。如果将全部连支移去,就得到图 G 的一个树,它仍然是连通的,所以任何连支集合不能构成一个割集。由于树包含图 G 中全部节点而不包含回路,因此,移去任何一条树支 t,树 T 就分离为 T_1 和 T_2 两部分,从而连接 T_1 和 T_2 的连支 l_1、l_2 同 t 一起就构成割集,因为移去 l_1、l_2、t 后图 G 分离为两个独立部分。由于 t 的任意性,可以得到树 T 中的每一个树支都可以与相应的一些连支构成割集。由树的一条树支与一些连支所构成的割集被称为单树支割集或基本割集。某个树的全部单树支割集构成了单树支割集组或基本割集组。这组割集中每个割集包含了一条其他割集都不含的树支,因此基本割集是独立的,故可选基本割集为独立割集,基本割集数就是树支数。对一个节点数为 n 的连通图,由于其树支数为$(n-1)$,所以其基本割集数也为$(n-1)$。选择的树不同,得到的基本割集组不同,但基本割集数相同。需要指出,单树支割集是独立割集,但独立割集不一定是单

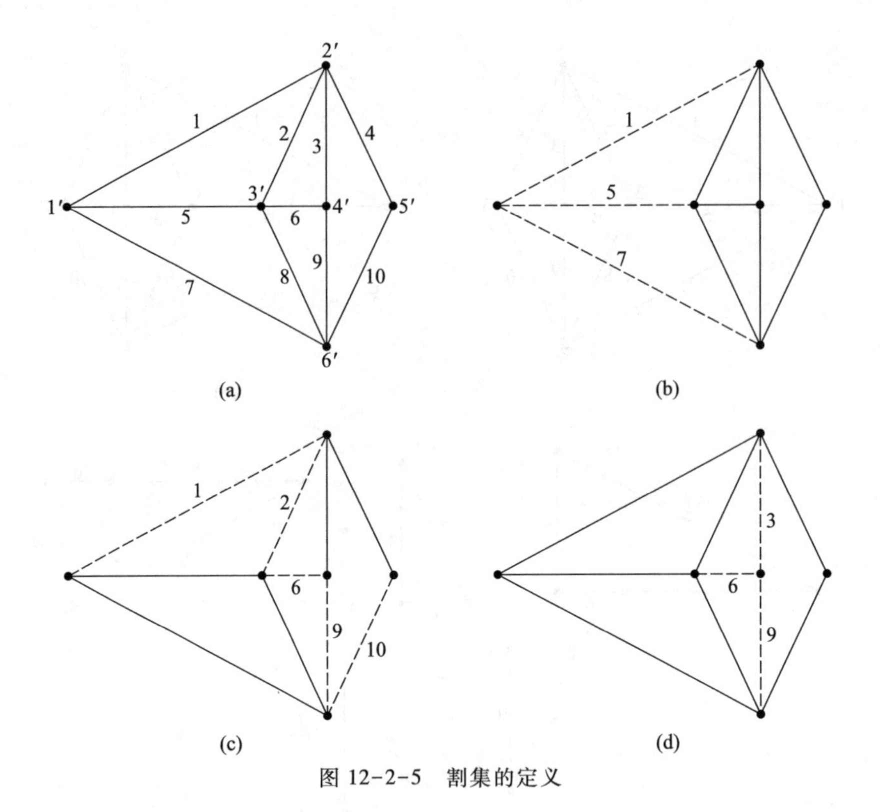

图 12-2-5 割集的定义

树支割集。图 12-2-7(a)所示图 G 中,如果选支路 2、3、5 为树支,则基本割集组为 Q_1(1、2、4),Q_2(4、5、6)和 Q_3(1、3、6),如图 12-2-7(b)所示;如果选支路 2、3、4 为树支,则基本割集组为 Q_1(1、3、6),Q_2(1、2、5、6)和 Q_3(4、5、6),如图 12-2-7(c)所示。

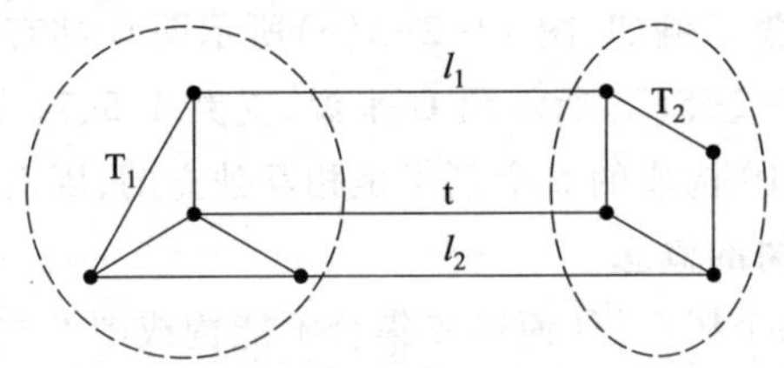

图 12-2-6 单树支割集

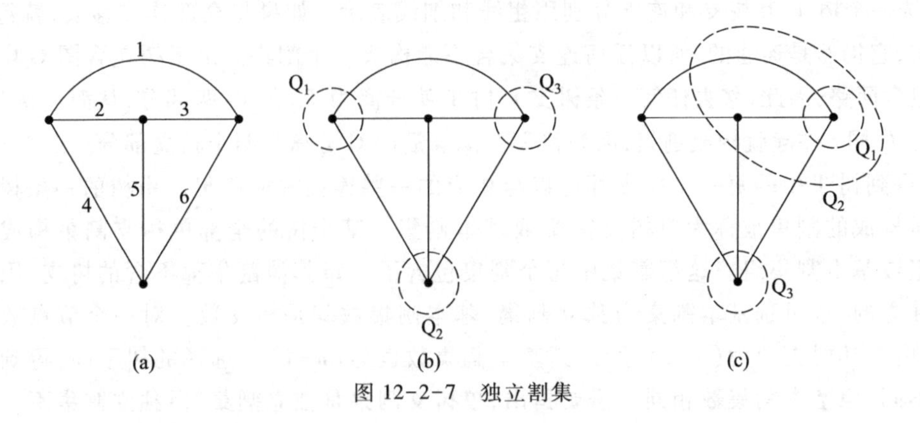

图 12-2-7 独立割集

思考与练习(判断题)

12-2-1　连通图中每一条支路不是树支便是连支，因此每一条支路可以唯一地被确定为树支或连支。（　　）

12-2-2　电路的割集数与树支数相等。（　　）

12-2-3　一个连通图的基本割集数与其树支数相等。（　　）

12-2-4　一个连通图的基本割集数与基本回路数的和等于支路数。（　　）

12-2-5　一个连通图的两个基本回路的公共支路一定是树支。（　　）

12.3　关联矩阵、回路矩阵、割集矩阵

关联矩阵

如果对电路图中各条支路赋予一个参考方向(即支路电压和电流的关联参考方向)，则这个图就称为有向图。有向图的拓扑性质可分别用关联矩阵、回路矩阵、割集矩阵来描述。

如果电路有向图的节点数为 n、支路数为 b，并且将该有向图的全部节点和支路分别编号，则该有向图的节点和支路的关联性质可用一个 $n\times b$ 阶矩阵来描述，此矩阵用

$$A_a=[a_{jk}]_{n\times b}$$

表示，它的行对应于节点，列对应于支路，其中元素 a_{jk} 定义如下：

$a_{jk}=+1$，表示支路 k 与节点 j 相关联，且它的方向离开该节点；

$a_{jk}=-1$，表示支路 k 与节点 j 相关联，且它的方向指向该节点；

$a_{jk}=0$，表示支路 k 与节点 j 无关联。

矩阵 $\boldsymbol{A}_a$ 称为图的完全节点-支路关联矩阵，简称为完全关联矩阵。例如对于图 12-3-1 所示的有向图，它的完全关联矩阵

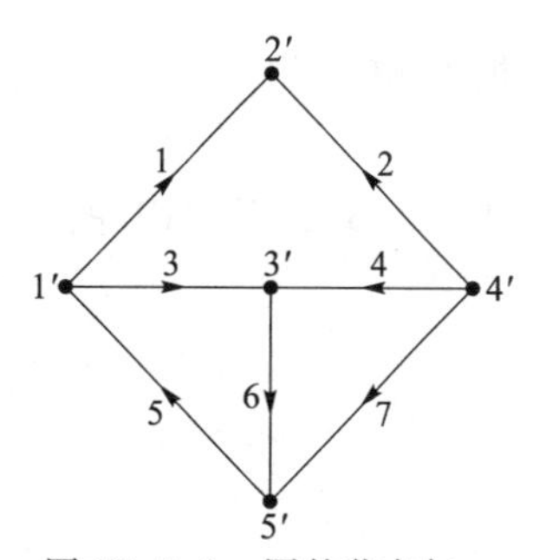

图 12-3-1　图的节点与支路的关联性质

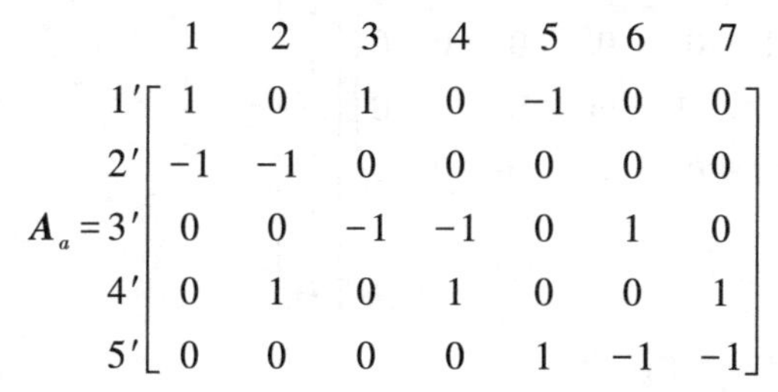

$$\boldsymbol{A}_a=\begin{matrix} \\ 1' \\ 2' \\ 3' \\ 4' \\ 5' \end{matrix}\begin{matrix} \begin{matrix}1 & 2 & 3 & 4 & 5 & 6 & 7\end{matrix} \\ \begin{bmatrix} 1 & 0 & 1 & 0 & -1 & 0 & 0 \\ -1 & -1 & 0 & 0 & 0 & 0 & 0 \\ 0 & 0 & -1 & -1 & 0 & 1 & 0 \\ 0 & 1 & 0 & 1 & 0 & 0 & 1 \\ 0 & 0 & 0 & 0 & 1 & -1 & -1 \end{bmatrix}\end{matrix}$$

$\boldsymbol{A}_a$ 的每一列对应于一条支路。由于每一条支路连接于两个节点，所以每一条支路的方向如果是离开其中一个节点，则必指向另一个节点。因此，$\boldsymbol{A}_a$ 的每一列只有两个非零元素：+1 和 -1。$\boldsymbol{A}_a$ 的每一行对应于一个节点，当将 $\boldsymbol{A}_a$ 中的所有行相加后，就得到元素全为零的一行。这说明 $\boldsymbol{A}_a$ 的行不是相互独立的。由于 $\boldsymbol{A}_a$ 的每一列只有+1 和-1 两个非零元素，所以 $\boldsymbol{A}_a$ 中任意一行能容易地从其他$(n-1)$行导出。

如果划去 $\boldsymbol{A}_a$ 中的任意一行，所得的$(n-1)\times b$ 阶矩阵，称为降阶节点-支路关联矩阵，用 $\boldsymbol{A}$ 表示。今后主要用这个矩阵，故常省略“降阶”二字，简称 $\boldsymbol{A}$ 为节点-支路关联矩阵或关联矩阵。例

如，图 12-3-1 中如果将对应于节点 5 的一行划去，则关联矩阵

$$\boldsymbol{A}=\begin{array}{c} \\ 1' \\ 2' \\ 3' \\ 4' \end{array}\begin{array}{c} \begin{matrix} 1 & 2 & 3 & 4 & 5 & 6 & 7 \end{matrix} \\ \begin{bmatrix} 1 & 0 & 1 & 0 & -1 & 0 & 0 \\ -1 & -1 & 0 & 0 & 0 & 0 & 0 \\ 0 & 0 & -1 & -1 & 0 & 1 & 0 \\ 0 & 1 & 0 & 1 & 0 & 0 & 1 \end{bmatrix} \end{array} \tag{12-3-1}$$

$\boldsymbol{A}$ 中只具有非零元素+1 或-1 的列，对应于与划去的节点相关联的支路。被划去的行所对应的节点可以当作参考点。这些列所对应的支路的方向可以根据非零元素符号来判断。因此，矩阵 $\boldsymbol{A}$ 同样充分地描述了图 12-3-1 的节点与支路的关联性质。

电路中的 b 个支路电流可以用一个 b 阶列向量来表示，即

$$\boldsymbol{i}=[\,i_1 \quad i_2 \quad \cdots \quad i_b\,]^{\mathrm{T}}$$

如果用矩阵 $\boldsymbol{A}$ 左乘支路电流列向量 $\boldsymbol{i}$，则将获得一个 $(n-1)$ 阶列向量。由于矩阵 $\boldsymbol{A}$ 的每一行对应于一个节点，每一行中的非零元素表示与该节点相关联的支路，所以这个列向量的每一元素恰好等于流出每个相应节点的各支路电流的代数和，即

$$\boldsymbol{Ai}=\begin{bmatrix} \text{节点 1 的} \sum i \\ \text{节点 2 的} \sum i \\ \vdots \\ \text{节点} (n-1) \text{的} \sum i \end{bmatrix} \tag{12-3-2}$$

根据 KCL，得

$$\boldsymbol{Ai}=\boldsymbol{0}$$

式(12-3-2)为 KCL 的矩阵形式。例如，对于图 12-3-1 所示的有向图，得

$$\boldsymbol{Ai}=\begin{bmatrix} 1 & 0 & 1 & 0 & -1 & 0 & 0 \\ -1 & -1 & 0 & 0 & 0 & 0 & 0 \\ 0 & 0 & -1 & -1 & 0 & 1 & 0 \\ 0 & 1 & 0 & 1 & 0 & 0 & 1 \end{bmatrix}\begin{bmatrix} i_1 \\ i_2 \\ i_3 \\ i_4 \\ i_5 \\ i_6 \\ i_7 \end{bmatrix}$$

$$=\begin{bmatrix} i_1+i_3-i_5 \\ -i_1-i_2 \\ -i_3-i_4+i_6 \\ i_2+i_4+i_7 \end{bmatrix}=\begin{bmatrix} 0 \\ 0 \\ 0 \\ 0 \end{bmatrix}$$

电路中的 b 个支路电压可以用一个 b 阶列向量表示，即

$$\boldsymbol{u}=[\,u_1 \quad u_2 \quad \cdots \quad u_b\,]^{\mathrm{T}}$$

$(n-1)$ 个节点电压可以用一个 $(n-1)$ 阶列向量来表示,即

$$\boldsymbol{u}_{\mathrm{n}}=\left[\begin{array}{llll}u_{\mathrm{n}1} & u_{\mathrm{n}2} & \cdots & u_{\mathrm{n}(n-1)}\end{array}\right]^{\mathrm{T}}$$

由于矩阵 $\boldsymbol{A}$ 的每一列,即矩阵 $\boldsymbol{A}$ 的转置矩阵 $\boldsymbol{A}^{\mathrm{T}}$ 的每一行对应于每一条支路,$\boldsymbol{A}^{\mathrm{T}}$ 的每一行中的非零元素表示与对应支路相关联的节点,从而得

$$\boldsymbol{u}=\boldsymbol{A}^{\mathrm{T}}\boldsymbol{u}_{\mathrm{n}} \tag{12-3-3}$$

例如,对图 12-3-1 所示的有向图来说,有

$$\begin{bmatrix}u_1\\u_2\\u_3\\u_4\\u_5\\u_6\\u_7\end{bmatrix}=\begin{bmatrix}1&-1&0&0\\0&-1&0&1\\1&0&-1&0\\0&0&-1&1\\-1&0&0&0\\0&0&1&0\\0&0&0&1\end{bmatrix}\begin{bmatrix}u_{\mathrm{n}1}\\u_{\mathrm{n}2}\\u_{\mathrm{n}3}\\u_{\mathrm{n}4}\end{bmatrix}=\begin{bmatrix}u_{\mathrm{n}1}-u_{\mathrm{n}2}\\-u_{\mathrm{n}2}+u_{\mathrm{n}4}\\u_{\mathrm{n}1}-u_{\mathrm{n}3}\\-u_{\mathrm{n}3}+u_{\mathrm{n}4}\\-u_{\mathrm{n}1}\\u_{\mathrm{n}3}\\u_{\mathrm{n}4}\end{bmatrix}$$

可见式(12-3-3)表明了电路中各支路电压可以用与该支路关联的两个节点的节点电压之差(参考节点的节点电压为零)表示。而支路电压与节点电压之间的关系式,实质上是 KVL 方程,因此,可以认为式(12-3-3)是 KVL 的矩阵形式。

回路矩阵用来描述有向图中回路与支路关联性质。如果电路的有向图的独立回路数为 l、支路数为 b,则独立回路矩阵 $\boldsymbol{B}$ 为一个 $l\times b$ 阶矩阵,即

$$\boldsymbol{B}=\left[b_{jk}\right]_{l\times b}$$

回路矩阵

其元素 b_{jk} 定义如下:

$b_{jk}=+1$,表示支路 k 与独立回路 j 相关联,且它们的方向一致;

$b_{jk}=-1$,表示支路 k 与独立回路 j 相关联,且它们的方向相反;

$b_{jk}=0$,表示支路 k 与独立回路 j 无关联。

矩阵 $\boldsymbol{B}$ 简称为回路矩阵。

如果所选的独立回路组对应于一个树的单连支回路组,则这种回路矩阵称为基本回路矩阵,用 $\boldsymbol{B}_{\mathrm{f}}$ 表示。如果将 $\boldsymbol{B}_{\mathrm{f}}$ 的第 1 列至第 l 列依次按连支号由小到大排列成 l 个列;第 $(l+1)$ 列至第 b 列依次按树支号由小到大排列成 $(n-1)$ 列,且每个单连支回路序号取对应连支所在列序号,并将该连支方向选为这个单连支回路的绕行方向,则 $\boldsymbol{B}_{\mathrm{f}}$ 中出现一个 l 阶单位子矩阵,即

$$\boldsymbol{B}_{\mathrm{f}}=\left[\boldsymbol{B}_{l}\ \vdots\ \boldsymbol{B}_{t}\right]=\left[\boldsymbol{1}_{l}\ \vdots\ \boldsymbol{B}_{t}\right]$$

式中,下标 l 和 t 分别表示连支和树支。

例如,对图 12-3-2(a)所示有向图,如果选支路 2、3、6、7 为树支,支路 1、4、5 为连支,对应的单连支回路如图 12-3-2(b)所示,对应的基本回路矩阵

$$\boldsymbol{B}_{\mathrm{f}}=\begin{array}{c}\\1\\2\\3\end{array}\begin{array}{c}\begin{array}{ccccccc}1&4&5&2&3&6&7\end{array}\\\begin{bmatrix}1&0&0&-1&-1&-1&1\\0&1&0&0&0&1&-1\\0&0&1&0&1&1&0\end{bmatrix}\end{array}$$

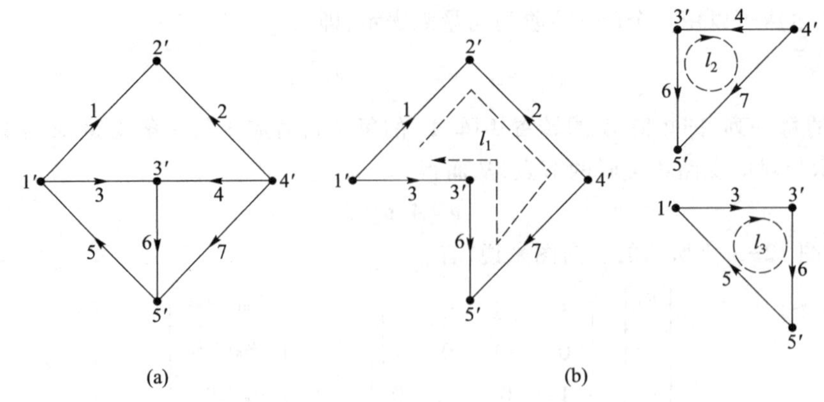

图 12-3-2　图与其基本回路

通常选单连支回路为独立回路，将连支电流视为相应的回路电流，设 $\boldsymbol{i}_l$ 是基本回路组的回路电流列向量。由于矩阵 $\boldsymbol{B}_\mathrm{f}$ 的每一列，即矩阵 $\boldsymbol{B}_\mathrm{f}$ 的转置矩阵 $\boldsymbol{B}_\mathrm{f}^\mathrm{T}$ 的每一行对应于一条支路，$\boldsymbol{B}_\mathrm{f}^\mathrm{T}$ 的每一行中的非零元素表示与对应支路相关联的回路，从而得

$$\boldsymbol{i}=\boldsymbol{B}_\mathrm{f}^\mathrm{T}\boldsymbol{i}_l \tag{12-3-4}$$

式中，$\boldsymbol{i}$ 的行次序应按 $\boldsymbol{B}_\mathrm{f}$ 的列次序排列。例如，对图 12-3-2(a)所示的有向图，如果选支路 2、3、6、7 为树支，支路 1、4、5 为连支，得

$$\boldsymbol{i}=\begin{bmatrix} i_1\\ i_4\\ i_5\\ i_2\\ i_3\\ i_6\\ i_7 \end{bmatrix}=\begin{bmatrix} 1 & 0 & 0\\ 0 & 1 & 0\\ 0 & 0 & 1\\ -1 & 0 & 0\\ -1 & 0 & 1\\ -1 & 1 & 1\\ 1 & -1 & 0 \end{bmatrix}\begin{bmatrix} i_{l1}\\ i_{l2}\\ i_{l3} \end{bmatrix}=\begin{bmatrix} i_{l1}\\ i_{l2}\\ i_{l3}\\ -i_{l1}\\ -i_{l1}+i_{l3}\\ -i_{l1}+i_{l2}+i_{l3}\\ i_{l1}-i_{l2} \end{bmatrix}$$

式(12-3-4)表明电路中各支路电流可以用连支电流(回路电流)的代数和表示，式(12-3-4)是用矩阵 $\boldsymbol{B}_\mathrm{f}$ 表示的 KCL 的矩阵形式。

根据 KVL，能得到

$$\boldsymbol{B}\boldsymbol{u}=\boldsymbol{0} \tag{12-3-5}$$

或

$$\boldsymbol{B}_\mathrm{f}\boldsymbol{u}=\boldsymbol{0} \tag{12-3-6}$$

割集矩阵是用来描述有向图中割集与支路关联性质的。电路对应的有向图中独立割集数为$(n-1)$、支路数为 b，于是独立割集矩阵 $\boldsymbol{Q}$ 为一个$(n-1)\times b$ 阶矩阵，即

基本割集矩阵

$$\boldsymbol{Q}=[\,q_{jk}\,]_{(n-1)\times b}$$

其中元素 q_{jk}定义如下：

$q_{jk}=+1$，表示支路 k 与独立割集 j 相关联，且它们的方向一致；

$q_{jk}=-1$，表示支路 k 与独立割集 j 相关联，且它们的方向相反；

$q_{jk}=0$,表示支路 k 与独立割集 j 无关联。

矩阵 $\boldsymbol{Q}$ 简称为割集矩阵。

对于图 12-3-3(a)所示的有向图,独立割集数等于 4。如果选一组独立割集如图 12-3-3(b)所示,则对应的割集矩阵

$$\boldsymbol{Q}=\begin{array}{c}\\1\\2\\3\\4\end{array}\begin{array}{c}\begin{array}{ccccccc}1&2&3&4&5&6&7\end{array}\\\left[\begin{array}{ccccccc}1&1&0&0&0&0&0\\1&0&1&0&-1&0&0\\1&0&0&-1&-1&1&0\\-1&0&0&1&0&0&1\end{array}\right]\end{array}$$

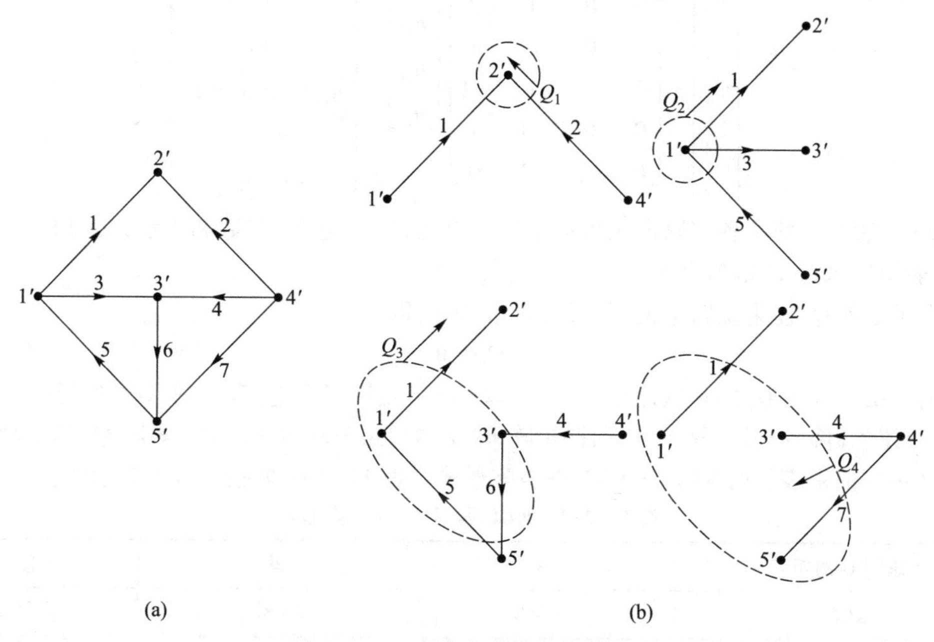

图 12-3-3 割集与支路的关联性质

如果所选的独立割集组对应于一个树的单树支割集组,则这种割集矩阵称为基本割集矩阵,用 $\boldsymbol{Q}_{\mathrm{f}}$ 表示。如果 $\boldsymbol{Q}_{\mathrm{f}}$ 的行列次序安排如下:$\boldsymbol{Q}_{\mathrm{f}}$ 的第 1 至第($n-1$)列依次按树支号由小到大排列成($n-1$)列,第 n 至第 b 列依次按连支号由小到大排列成($b-n+1$)列。如果每个单树支割集的序号取对应树支所在列的序号,且将该树支的方向选为这个单树支割集的方向,则在 $\boldsymbol{Q}_{\mathrm{f}}$ 中必将有一个($n-1$)阶单位子矩阵出现,从而得

$$\boldsymbol{Q}_{\mathrm{f}}=[\,1_t\ \vdots\ Q_l\,]$$

式中,下标 t 和 l 分别表示树支和连支。例如,如图 12-3-3(a)所示的有向图,如果选支路 2、3、6、7 为树支,支路 1、4、5 为连支,则图 12-3-3(b)所示的一组独立割集为一组单树支割集,于是

$$\boldsymbol{Q}_{\mathrm{f}}=\begin{array}{c}\\1\\2\\3\\4\end{array}\begin{array}{c}\begin{array}{ccccccc}2&3&6&7&1&4&5\end{array}\\\left[\begin{array}{ccccccc}1&0&0&0&1&0&0\\0&1&0&0&1&0&-1\\0&0&1&0&1&-1&-1\\0&0&0&1&-1&1&0\end{array}\right]\end{array}$$

由于通常选单树支割集作为独立割集,将树支电压视为相应的割集电压,因此树支电压 $\boldsymbol{u}_t$ 又是基本割集组的割集电压列向量。由于矩阵 $\boldsymbol{Q}_f$ 的每一列,即矩阵 $\boldsymbol{Q}_f^T$ 的每一行对应于一条支路,$\boldsymbol{Q}_f^T$ 的每一行中的非零元素表示与对应支路相关联的割集,从而有

$$\boldsymbol{u}=\boldsymbol{Q}_f^T\boldsymbol{u}_t \tag{12-3-7}$$

式中,$\boldsymbol{u}$ 的行次序应按 $\boldsymbol{Q}_f$ 的列次序排列。例如,对图 12-3-3(a)所示的有向图,如果选图 12-3-3(b)所示的一组独立割集为一组单树支割集,其中,支路 2、3、6、7 为树支,支路 1、4、5 为连支,则得

$$\boldsymbol{u}=\begin{bmatrix}u_2\\u_3\\u_6\\u_7\\u_1\\u_4\\u_5\end{bmatrix}=\begin{bmatrix}1&0&0&0\\0&1&0&0\\0&0&1&0\\0&0&0&1\\1&1&1&-1\\0&0&-1&1\\0&-1&-1&0\end{bmatrix}\begin{bmatrix}u_{t1}\\u_{t2}\\u_{t3}\\u_{t4}\end{bmatrix}=\begin{bmatrix}u_{t1}\\u_{t2}\\u_{t3}\\u_{t4}\\u_{t1}+u_{t2}+u_{t3}-u_{t4}\\-u_{t3}+u_{t4}\\-u_{t2}-u_{t3}\end{bmatrix}$$

式(12-3-7)表明电路中各支路电压可以用树支电压(割集电压)代数和表示,式(12-3-7)是用矩阵 $\boldsymbol{Q}_f$ 表示的 KVL 的矩阵形式。

如果用矩阵 $\boldsymbol{Q}_f$ 左乘支路电流列向量,根据 KCL,得

$$\boldsymbol{Q}_f\boldsymbol{i}=\boldsymbol{0} \tag{12-3-8}$$

式中,$\boldsymbol{i}$ 的行次序应按 $\boldsymbol{Q}_f$ 的列次序排列。式(12-3-8)是用矩阵 $\boldsymbol{Q}_f$ 表示的 KCL 的矩阵形式。至此,已经介绍了(降阶)关联矩阵 $\boldsymbol{A}$、回路矩阵 $\boldsymbol{B}$(基本回路矩阵 $\boldsymbol{B}_f$)和割集矩阵 $\boldsymbol{Q}$(基本割集矩阵 $\boldsymbol{Q}_f$),以及用它们来表示的 KCL 和 KVL 的矩阵形式。表 12-3-1 概括了这些表示式。

表 12-3-1 KCL 和 KVL 的矩阵形式

连通图 G 的矩阵	$\boldsymbol{A}$	$\boldsymbol{B}_f$	$\boldsymbol{Q}_f$
KCL	$\boldsymbol{A}\boldsymbol{i}=0$	$\boldsymbol{i}=\boldsymbol{B}_f^T\boldsymbol{i}_l$	$\boldsymbol{Q}_f\boldsymbol{i}=0$
KVL	$\boldsymbol{u}=\boldsymbol{A}^T\boldsymbol{u}_n$	$\boldsymbol{B}_f\boldsymbol{u}=0$	$\boldsymbol{u}=\boldsymbol{Q}_f^T\boldsymbol{u}_t$

思考与练习

12-3-1 有向图中,支路电压电流参考方向非关联,这个说法对吗?

12-3-2 独立割集组在什么条件下对应的割集矩阵称为基本割集矩阵?

12-3-3 已知某连通图有 8 条支路,选定支路(1,3,6,7)为一个树后,支路(1,2,8)构成割集 1,支路(3,4,5,8)构成割集 2,支路(2,4,5,6)构成割集 3,支路(2,4,7)构成割集 4。画出此连通图,并写出基本回路矩阵。

12.4 矩阵 $\boldsymbol{A}$、$\boldsymbol{B}_f$、$\boldsymbol{Q}_f$ 之间的关系

对于任一个连通图 G,如果其关联矩阵 $\boldsymbol{A}$ 和回路矩阵 $\boldsymbol{B}$ 的列按照相同的支路顺序排列,

则得

$$\boldsymbol{A}\boldsymbol{B}^{\mathrm{T}}=\boldsymbol{0}\quad 或\ \boldsymbol{B}\boldsymbol{A}^{\mathrm{T}}=\boldsymbol{0} \tag{12-4-1}$$

证明：

由于 $\boldsymbol{u}=\boldsymbol{A}^{\mathrm{T}}\boldsymbol{u}_{\mathrm{n}}$ 和 $\boldsymbol{B}\boldsymbol{u}=\boldsymbol{0}$，设此两式中支路排列顺序相同，将前式代入后式，得

$$\boldsymbol{B}\boldsymbol{u}=\boldsymbol{B}\boldsymbol{A}^{\mathrm{T}}\boldsymbol{u}_{\mathrm{n}}=\boldsymbol{0}$$

$\boldsymbol{u}_{\mathrm{n}}\neq\boldsymbol{0}$，得 $\boldsymbol{B}\boldsymbol{A}^{\mathrm{T}}=\boldsymbol{0}$。此式等号两边转置，得$(\boldsymbol{B}\boldsymbol{A}^{\mathrm{T}})^{\mathrm{T}}=(\boldsymbol{A}^{\mathrm{T}})^{\mathrm{T}}\boldsymbol{B}^{\mathrm{T}}=\boldsymbol{A}\boldsymbol{B}^{\mathrm{T}}$，即 $\boldsymbol{A}\boldsymbol{B}^{\mathrm{T}}=\boldsymbol{0}$。

用类似的方法可以证明：

对于任一个连通图 G，如果其割集矩阵 $\boldsymbol{Q}$ 和回路矩阵 $\boldsymbol{B}$ 的列按照相同的支路顺序排列，则有

$$\boldsymbol{Q}\boldsymbol{B}^{\mathrm{T}}=\boldsymbol{0}\quad 或\quad \boldsymbol{B}\boldsymbol{Q}^{\mathrm{T}}=\boldsymbol{0} \tag{12-4-2}$$

如果选连通图 G 的一个树 T，按此树 T 定义 $\boldsymbol{B}_{\mathrm{f}}$ 和 $\boldsymbol{Q}_{\mathrm{f}}$，并将 $\boldsymbol{A}$、$\boldsymbol{B}_{\mathrm{f}}$、$\boldsymbol{Q}_{\mathrm{f}}$ 的列按照相同的支路编号和先树支、后连支的顺序排列，使 $\boldsymbol{A}=[\boldsymbol{A}_{t}\ \vdots\ \boldsymbol{A}_{l}]$，$\boldsymbol{B}_{\mathrm{f}}=[\boldsymbol{B}_{t}\ \vdots\ \boldsymbol{1}_{l}]$，$\boldsymbol{Q}_{\mathrm{f}}=[\boldsymbol{1}_{t}\ \vdots\ \boldsymbol{Q}_{l}]$，由于

$$\boldsymbol{A}\boldsymbol{B}_{\mathrm{f}}^{\mathrm{T}}=[\boldsymbol{A}_{t}\ \vdots\ \boldsymbol{A}_{l}]\begin{bmatrix}\boldsymbol{B}_{t}^{\mathrm{T}}\\ \cdots\\ 1_{l}\end{bmatrix}=\boldsymbol{0}$$

得

$$\boldsymbol{A}_{t}\boldsymbol{B}_{t}^{\mathrm{T}}+\boldsymbol{A}_{l}=\boldsymbol{0}$$

或

$$\boldsymbol{B}_{t}^{\mathrm{T}}=-\boldsymbol{A}_{t}^{-1}\boldsymbol{A}_{l} \tag{12-4-3}$$

可以证明 $\boldsymbol{A}_{t}$ 是非奇异的子矩阵，所以 $\boldsymbol{A}_{t}$ 的逆阵 $\boldsymbol{A}_{t}^{-1}$一定存在。

同理，由于

$$\boldsymbol{Q}_{\mathrm{f}}\boldsymbol{B}_{\mathrm{f}}^{\mathrm{T}}=[\boldsymbol{1}_{t}\ \vdots\ \boldsymbol{Q}_{l}]\begin{bmatrix}\boldsymbol{B}_{t}^{\mathrm{T}}\\ \cdots\\ \boldsymbol{1}_{l}\end{bmatrix}=\boldsymbol{0}$$

得

$$\boldsymbol{B}_{t}^{\mathrm{T}}+\boldsymbol{Q}_{l}=\boldsymbol{0}$$

或

$$\boldsymbol{Q}_{l}=-\boldsymbol{B}_{t}^{\mathrm{T}}=\boldsymbol{A}_{t}^{-1}\boldsymbol{A}_{l} \tag{12-4-4}$$

可见，如果已知 $\boldsymbol{B}_{\mathrm{f}}=[\boldsymbol{B}_{t}\ \vdots\ \boldsymbol{1}_{l}]$，则 $\boldsymbol{Q}_{\mathrm{f}}=[\boldsymbol{1}_{t}\ \vdots\ -\boldsymbol{B}_{t}^{\mathrm{T}}]$。反之，如果已知 $\boldsymbol{Q}_{\mathrm{f}}=[\boldsymbol{1}_{t}\ \vdots\ \boldsymbol{Q}_{l}]$，则 $\boldsymbol{B}_{\mathrm{f}}=[-\boldsymbol{Q}_{l}^{\mathrm{T}}\ \vdots\ \boldsymbol{1}_{l}]$。

12.5　节点电压方程的矩阵形式

节点电压法是以节点电压为电路的独立变量并用 KCL 列出所需的独立方程组进行电路分析的一种方法。关联矩阵 $\boldsymbol{A}$ 充分地描述节点和支路的关联性质，因此可以用矩阵 $\boldsymbol{A}$ 表示的 KCL 和 KVL 的矩阵形式来推导节点电压方程的矩阵形式。矩阵 $\boldsymbol{A}$ 表示的 KVL 矩阵形式

$$\boldsymbol{u}=\boldsymbol{A}^{\mathrm{T}}\boldsymbol{u}_{\mathrm{n}} \tag{12-5-1}$$

式中，$\boldsymbol{u}_{\mathrm{n}}$——节点电压列向量；

$\boldsymbol{u}$——支路电压列向量。

矩阵 $\boldsymbol{A}$ 表示的 KCL 矩阵形式

$$\boldsymbol{A}\boldsymbol{i}=\boldsymbol{0} \tag{12-5-2}$$

式中，$\boldsymbol{i}$——支路电流列向量。

式(12-5-1)和式(12-5-2)是导出节点电压方程矩阵形式的两个基本关系式。此外，还必须有一组支路的伏安关系方程。

为了写出支路伏安关系的矩阵形式，必须规定一条支路的结构和内容。在直流电路、正弦稳态电路分析或应用拉普拉斯变换分析电路中，尤其是编写矩阵形式的电路方程时，一种有效的方法是定义一条"复合支路"。一条复合支路一般包含几种元件并按规定方式相互连接。这里用正弦稳态电路来说明，如图12-5-1所示为一条复合支路的相量电路，其中下标 k 表示第 k 条支路，$\dot{U}_{sk}$ 和 $\dot{I}_{sk}$ 分别表示独立电压源电压相量和独立电流源电流相量，$\dot{I}_{dk}$ 表示受控电流源电流相量，Y_k(或 Z_k)表示导纳(或阻抗)且规定它只可能是单一电阻、电感或电容，而不能是它们的组合，即

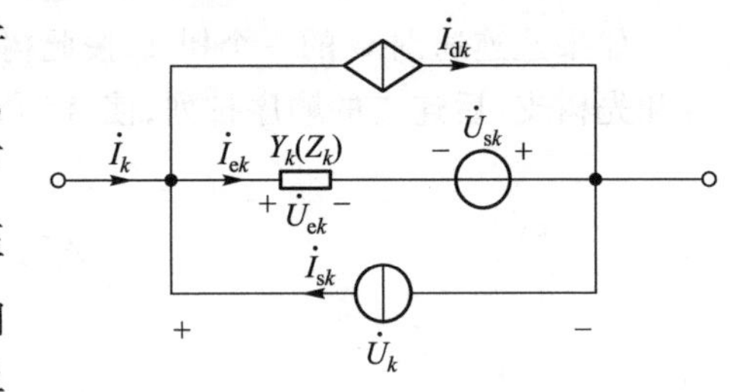

图 12-5-1 复合支路

$$Y_k=\begin{cases}\dfrac{1}{R_k}\\ \dfrac{1}{\mathrm{j}\omega L_k}\\ \mathrm{j}\omega C_k\end{cases} \quad 或 \quad Z_k=\begin{cases}R_k\\ \mathrm{j}\omega L_k\\ \dfrac{1}{\mathrm{j}\omega C_k}\end{cases}$$

注意：按这种复合支路的规定，电路中不允许存在受控电压源。由于电路中每一条支路不一定像复合支路那样都含有这四种元件，因此允许一条支路缺少其中某些元件。例如对于一条无源支路，作为复合支路时，可令复合支路中 $\dot{U}_{sk}$、$\dot{I}_{sk}$ 和 $\dot{I}_{dk}$ 等于零，即将电压源用"短路"替代，电流源和受控电流源用"开路"替代。对于节点电压法来说，不允许存在纯电压源支路。

为了写出复合支路的伏安关系方程，需要规定电压、电流的参考方向。如图12-5-1所示，规定支路电流 $\dot{I}_k$ 与支路电压 $\dot{U}_k$ 取关联参考方向，独立电压源电压 $\dot{U}_{sk}$ 与支路电压 $\dot{U}_k$ 的参考极性相反，独立电流源电流 $\dot{I}_{sk}$ 与支路电流 $\dot{I}_k$ 的参考方向相反，受控电流源电流 $\dot{I}_{dk}$ 与支路电流 $\dot{I}_k$ 的参考方向一致。下面推导整个电路的支路伏安关系的矩阵形式。

由图12-5-1所示，第 k 条支路的伏安关系相量形式为

$$\dot{I}_k=Y_k(\dot{U}_k+\dot{U}_{sk})+\dot{I}_{dk}-\dot{I}_{sk} \tag{12-5-3}$$

首先考虑电路中没有受控电流源、电感之间无磁耦合的情况。此时，对于第 k 条支路，令 $\dot{I}_{dk}=0$，式(12-5-3)变为

$$\dot{I}_k=Y_k(\dot{U}_k+\dot{U}_{sk})-\dot{I}_{sk} \tag{12-5-4}$$

如果设

$\dot{\boldsymbol{I}}=[\dot{I}_1\dot{I}_2\cdots\dot{I}_b]^{\mathrm{T}}$ 为支路电流列向量；

$\dot{\boldsymbol{U}}=[\dot{U}_1\dot{U}_2\cdots\dot{U}_b]^{\mathrm{T}}$ 为支路电压列向量；

$\dot{\boldsymbol{I}}_{\mathrm{s}}=[\dot{I}_{\mathrm{s1}}\dot{I}_{\mathrm{s2}}\cdots\dot{I}_{\mathrm{s}b}]^{\mathrm{T}}$ 为支路电流源电流列向量；

$\dot{\boldsymbol{U}}_{\mathrm{s}}=[\dot{U}_{\mathrm{s1}}\dot{U}_{\mathrm{s2}}\cdots\dot{U}_{\mathrm{s}b}]^{\mathrm{T}}$ 为支路电压源电压列向量。

则可得整个电路的支路伏安关系的矩阵形式，即

$$\begin{bmatrix}\dot{U}_1\\\dot{U}_2\\\vdots\\\dot{U}_b\end{bmatrix}=\begin{bmatrix}Z_1 & & & 0\\ & Z_2 & & \\ & & \ddots & \\ 0 & & & Z_b\end{bmatrix}\begin{bmatrix}\dot{I}_1+\dot{I}_{\mathrm{s1}}\\\dot{I}_2+\dot{I}_{\mathrm{s2}}\\\vdots\quad\vdots\\\dot{I}_b+\dot{I}_{\mathrm{s}b}\end{bmatrix}-\begin{bmatrix}\dot{U}_{\mathrm{s1}}\\\dot{U}_{\mathrm{s2}}\\\vdots\\\dot{U}_{\mathrm{s}b}\end{bmatrix}$$

或

$$\begin{bmatrix}\dot{I}_1\\\dot{I}_2\\\vdots\\\dot{I}_b\end{bmatrix}=\begin{bmatrix}Y_1 & & & 0\\ & Y_2 & & \\ & & \ddots & \\ 0 & & & Y_b\end{bmatrix}\begin{bmatrix}\dot{U}_1+\dot{U}_{\mathrm{s1}}\\\dot{U}_2+\dot{U}_{\mathrm{s2}}\\\vdots\quad\vdots\\\dot{U}_b+\dot{U}_{\mathrm{s}b}\end{bmatrix}-\begin{bmatrix}\dot{I}_{\mathrm{s1}}\\\dot{I}_{\mathrm{s2}}\\\vdots\\\dot{I}_{\mathrm{s}b}\end{bmatrix}$$

即

$$\dot{\boldsymbol{U}}=\boldsymbol{Z}(\dot{\boldsymbol{I}}+\dot{\boldsymbol{I}}_{\mathrm{s}})-\dot{\boldsymbol{U}}_{\mathrm{s}}$$

或

$$\dot{\boldsymbol{I}}=\boldsymbol{Y}(\dot{\boldsymbol{U}}+\dot{\boldsymbol{U}}_{\mathrm{s}})-\dot{\boldsymbol{I}}_{\mathrm{s}} \tag{12-5-5}$$

式中，$\boldsymbol{Z}$——支路阻抗矩阵，是一个对角阵；

$\boldsymbol{Y}$——支路导纳矩阵，$Y=Z^{-1}$，也是一个对角阵。

其次考虑电路中没有受控电流源，但电感之间有磁耦合的情况。此时，式(12-5-4)将包含有其他有关支路电流所产生的互感电压。设第 1 条支路到第 p 条支路之间相互都有磁耦合，这时第 1 条支路到第 p 条支路的伏安关系相量形式为

$$\begin{aligned}\dot{U}_1&=Z_1\dot{I}_{\mathrm{e1}}\pm\mathrm{j}\omega M_{12}\dot{I}_{\mathrm{e2}}\pm\mathrm{j}\omega M_{13}\dot{I}_{\mathrm{e3}}\pm\cdots\pm\mathrm{j}\omega M_{1p}\dot{I}_{\mathrm{e}p}-\dot{U}_{\mathrm{s1}}\\\dot{U}_2&=\pm\mathrm{j}\omega M_{21}\dot{I}_{\mathrm{e1}}+Z_2\dot{I}_{\mathrm{e2}}\pm\mathrm{j}\omega M_{23}\dot{I}_{\mathrm{e3}}\pm\cdots\pm\mathrm{j}\omega M_{2p}\dot{I}_{\mathrm{e}p}-\dot{U}_{\mathrm{s2}}\\&\vdots\qquad\qquad\qquad\qquad\qquad\qquad\qquad\qquad\vdots\\\dot{U}_p&=\pm\mathrm{j}\omega M_{p1}\dot{I}_{\mathrm{e1}}\pm\mathrm{j}\omega M_{p2}\dot{I}_{\mathrm{e2}}\pm\mathrm{j}\omega M_{p3}\dot{I}_{\mathrm{e3}}\pm\cdots+Z_p\dot{I}_{\mathrm{e}p}-\dot{U}_{\mathrm{s}p}\end{aligned}$$

式中，所有互感电压前取正号或负号决定于各电感的同名端和电压、电流的参考方向，且$\dot{I}_{\mathrm{e1}}=\dot{I}_1+\dot{I}_{\mathrm{s1}}$，$\dot{I}_{\mathrm{e2}}=\dot{I}_2+\dot{I}_{\mathrm{s2}}$，$\cdots$，$M_{12}=M_{21}$，$\cdots$。因为其余支路即第 $q(=p+1)$ 条支路到第 b 条支路之间无磁耦合，所以，第 q 条支路到第 b 条支路的伏安关系相量形式为

$$\begin{aligned}\dot{U}_q&=Z_q\dot{I}_{\mathrm{e}q}-\dot{U}_{\mathrm{s}q}\\&\vdots\qquad\quad\vdots\\\dot{U}_b&=Z_b\dot{I}_{\mathrm{e}b}-\dot{U}_{\mathrm{s}b}\end{aligned}$$

从而得整个电路的支路伏安关系矩阵形式

$$\begin{bmatrix}\dot U_1\\ \dot U_2\\ \vdots\\ \dot U_p\\ \dot U_q\\ \vdots\\ \dot U_b\end{bmatrix}=\begin{bmatrix}Z_1 & \pm j\omega M_{12} & \cdots & \pm j\omega M_{1p} & 0 & \cdots & 0\\ \pm j\omega M_{21} & Z_2 & \cdots & \pm j\omega M_{2p} & 0 & \cdots & 0\\ \vdots & & & & & & \vdots\\ \pm j\omega M_{p1} & \pm j\omega M_{p2} & \cdots & Z_p & 0 & \cdots & 0\\ 0 & 0 & \cdots & 0 & Z_q & \cdots & 0\\ \vdots & & & & & & \vdots\\ 0 & 0 & \cdots & 0 & 0 & \cdots & Z_b\end{bmatrix}\begin{bmatrix}\dot I_1+\dot I_{s1}\\ \dot I_2+\dot I_{s2}\\ \vdots\\ \dot I_p+\dot I_{sp}\\ \dot I_q+\dot I_{sq}\\ \vdots\\ \dot I_b+\dot I_{sb}\end{bmatrix}-\begin{bmatrix}\dot U_{s1}\\ \dot U_{s2}\\ \vdots\\ \dot U_{sp}\\ \dot U_{sq}\\ \vdots\\ \dot U_{sb}\end{bmatrix} \quad (12-5-6)$$

即

$$\dot{\boldsymbol U}=\boldsymbol Z(\dot{\boldsymbol I}+\dot{\boldsymbol I}_s)-\dot{\boldsymbol U}_s$$

式中,支路阻抗矩阵 $\boldsymbol Z$ 的主对角线元素为各支路的阻抗,而非主对角线元素为相应的支路之间的互感阻抗,$\boldsymbol Z$ 已不为对角阵。如果令支路导纳矩阵 $Y=Z^{-1}$,则

$$\boldsymbol Y\dot{\boldsymbol U}=\dot{\boldsymbol I}+\dot{\boldsymbol I}_s-\boldsymbol Y\dot{\boldsymbol U}_s$$

得

$$\dot{\boldsymbol I}=\boldsymbol Y(\dot{\boldsymbol U}+\dot{\boldsymbol U}_s)-\dot{\boldsymbol I}_s$$

上式与式(12-5-5)完全相似,只是此时 $\boldsymbol Y$ 不再为对角阵。

如果将具有磁耦合的电感支路连续编号,则在 $\boldsymbol Z$ 中与这些支路有关的元素将集中在某一子矩阵中,通过对这个子矩阵的求逆运算,得到 $\boldsymbol Y$ 就简便了,减轻了计算工作量。例如,如果第 j 与 k 条支路是含有磁耦合的电感支路,且此两支路电流的进端为同名端,则在 $\boldsymbol Z$ 中将有子矩阵,即

$$\begin{array}{cc} j & k\end{array}$$
$$\begin{bmatrix}j\omega L_j & j\omega M_{jk}\\ j\omega M_{kj} & j\omega L_k\end{bmatrix}\begin{matrix}j\\ k\end{matrix}$$

从而在 $\boldsymbol Y(=\boldsymbol Z^{-1})$ 中将有对应的子矩阵

$$\begin{array}{cc} j & k\end{array}$$
$$\begin{bmatrix}\dfrac{L_k}{\Delta} & -\dfrac{M_{jk}}{\Delta}\\ -\dfrac{M_{kj}}{\Delta} & \dfrac{L_j}{\Delta}\end{bmatrix}\begin{matrix}j\\ k\end{matrix}$$

式中,$M_{jk}=M_{kj}$,$\Delta=j\omega(L_jL_k-M_{jk}^2)$。如果全耦合,$M_{jk}^2=L_jL_k$,则 $\boldsymbol Y$ 不存在。

最后,考虑电路中含有受控电流源的情况。如果第 k 条支路中有受控电流源,它受第 j 条支路中无源元件的电压$\dot U_{ej}$或电流$\dot I_{ej}$控制,且有$\dot I_{dk}=g_{kj}\dot U_{ej}$或$\dot I_{dk}=\beta_{kj}\dot I_{ej}$,则由式(12-5-3),在 VCCS 情况下得到

$$\begin{aligned}\dot I_k&=Y_k(\dot U_k+\dot U_{sk})+\dot I_{dk}-\dot I_{sk}\\ &=Y_k(\dot U_k+\dot U_{sk})+g_{kj}\dot U_{ej}-\dot I_{sk}\\ &=Y_k(\dot U_k+\dot U_{sk})+g_{kj}(\dot U_j+\dot U_{sj})-\dot I_{sk}\end{aligned}$$

在 CCCS 情况下

$$\begin{aligned}\dot{I}_k &= Y_k(\dot{U}_k+\dot{U}_{sk})+\beta_{kj}\dot{I}_{ej}-\dot{I}_{sk} \\ &= Y_k(\dot{U}_k+\dot{U}_{sk})+\beta_{kj}Y_j\dot{U}_{ej}-\dot{I}_{sk} \\ &= Y_k(\dot{U}_k+\dot{U}_{sk})+\beta_{kj}Y_j(\dot{U}_j+\dot{U}_{sj})-\dot{I}_{sk}\end{aligned}$$

从而得整个电路的支路伏安关系的矩阵形式

$$\begin{bmatrix}\dot{I}_1\\ \dot{I}_2\\ \vdots\\ \dot{I}_j\\ \vdots\\ \dot{I}_k\\ \vdots\\ \dot{I}_b\end{bmatrix}=\begin{bmatrix}Y_1 & & & & & & & \\ 0 & Y_2 & & & & & & \\ \vdots & & \ddots & & & 0 & & \\ 0 & \cdots & 0 & Y_j & & & & \\ \vdots & & & 0 & \ddots & & & \\ 0 & \cdots & 0 & Y_{kj} & 0 & Y_k & & \\ \vdots & & & 0 & \cdots & 0 & \ddots & \\ 0 & \cdots & & 0 & \cdots & 0 & & Y_b\end{bmatrix}\begin{bmatrix}\dot{U}_1+\dot{U}_{s1}\\ \dot{U}_2+\dot{U}_{s2}\\ \vdots\quad\vdots\\ \dot{U}_j+\dot{U}_{sj}\\ \vdots\quad\vdots\\ \dot{U}_k+\dot{U}_{sk}\\ \vdots\quad\vdots\\ \dot{U}_b+\dot{U}_{sb}\end{bmatrix}-\begin{bmatrix}\dot{I}_{s1}\\ \dot{I}_{s2}\\ \vdots\\ \dot{I}_{sj}\\ \vdots\\ \dot{I}_{sk}\\ \vdots\\ \dot{I}_{sb}\end{bmatrix}$$

（矩阵上方标注：第 j 列、第 k 列）

式中

$$Y_{kj}=\begin{cases}g_{kj} & \text{当}\dot{I}_{dk}\text{为 VCCS 的电流时}\\ \beta_{kj}Y_j & \text{当}\dot{I}_{dk}\text{为 CCCS 的电流时}\end{cases}$$

即

$$\dot{\boldsymbol{I}}=\boldsymbol{Y}(\dot{\boldsymbol{U}}+\dot{\boldsymbol{U}}_s)-\dot{\boldsymbol{I}}_s$$

上式与式(12-5-5)完全相似，只是此时 $\boldsymbol{Y}$ 不再为对角阵。

如果电路中除含有受控电流源外还含有电感之间的磁耦合，则可分别采用上述方法后进行组合得到 $\boldsymbol{Y}$，而支路的伏安关系矩阵形式仍然具有式(12-5-5)的形式。

下面导出节点电压方程的矩阵形式。

将支路方程

$$\dot{\boldsymbol{I}}=\boldsymbol{Y}(\dot{\boldsymbol{U}}+\dot{\boldsymbol{U}}_s)-\dot{\boldsymbol{I}}_s$$

代入 KCL 方程

$$\boldsymbol{A}\dot{\boldsymbol{I}}=\boldsymbol{0}$$

得

$$\boldsymbol{A}[\boldsymbol{Y}(\dot{\boldsymbol{U}}+\dot{\boldsymbol{U}}_s)-\dot{\boldsymbol{I}}_s]=\boldsymbol{0}$$

$$\boldsymbol{AY}\dot{\boldsymbol{U}}+\boldsymbol{AY}\dot{\boldsymbol{U}}_s-\boldsymbol{A}\dot{\boldsymbol{I}}_s=\boldsymbol{0} \tag{12-5-7}$$

再将 KVL 方程

$$\dot{\boldsymbol{U}}=\boldsymbol{A}^{\mathrm{T}}\dot{\boldsymbol{U}}_n$$

代入式(12-5-7)，得

$$\boldsymbol{AYA}^{\mathrm{T}}\dot{\boldsymbol{U}}_{\mathrm{n}}=\boldsymbol{A}\dot{\boldsymbol{I}}_{\mathrm{s}}-\boldsymbol{AY}\dot{\boldsymbol{U}}_{\mathrm{s}}$$

或写为

$$\boldsymbol{Y}_{\mathrm{n}}\dot{\boldsymbol{U}}_{\mathrm{n}}=\dot{\boldsymbol{J}}_{\mathrm{n}} \tag{12-5-8}$$

式中，$\boldsymbol{Y}_{\mathrm{n}}$——节点导纳矩阵，是一个$(n-1)$阶方阵，$\boldsymbol{Y}_{\mathrm{n}}=\boldsymbol{AYA}^{\mathrm{T}}$；

$\dot{\boldsymbol{J}}_{\mathrm{n}}$——由独立源引起的流入各节点的电流列向量，为$(n-1)$阶列向量，

$$\dot{\boldsymbol{J}}_{\mathrm{n}}=\boldsymbol{A}\dot{\boldsymbol{I}}_{\mathrm{s}}-\boldsymbol{AY}\dot{\boldsymbol{U}}_{\mathrm{s}}$$

式(12-5-8)就是节点电压方程的矩阵形式。当从式(12-5-8)中解出节点电压列向量$\dot{\boldsymbol{U}}_{\mathrm{n}}$后，由式(12-5-1)和式(12-5-5)可得到支路电压和支路电流列向量

$$\dot{\boldsymbol{U}}=\boldsymbol{A}^{\mathrm{T}}\dot{\boldsymbol{U}}_{\mathrm{n}}$$

$$\dot{\boldsymbol{I}}=\boldsymbol{YA}^{\mathrm{T}}\dot{\boldsymbol{U}}_{\mathrm{n}}+\boldsymbol{Y}\dot{\boldsymbol{U}}_{\mathrm{s}}-\dot{\boldsymbol{I}}_{\mathrm{s}}$$

例 12-1 如图 12-5-2(a)所示电路，图中元件的下标表示支路编号。在下述两种情况下用相量形式写出电路节点电压方程的矩阵形式：

(1) $M_{12}=0$；

(2) $M_{12}\neq 0$。

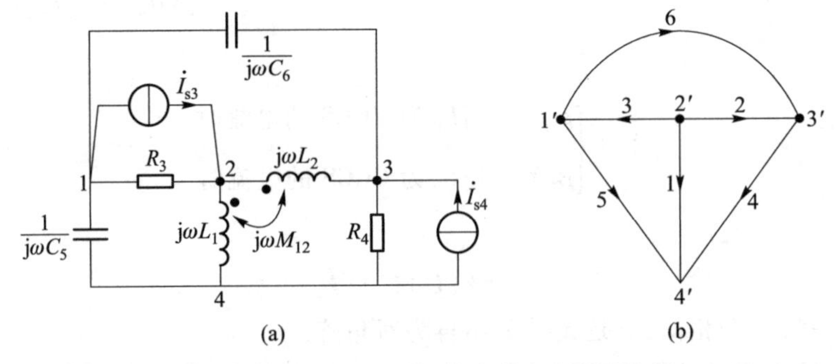

图 12-5-2 例 12-1 的电路与其对应的有向图

解 画出图 12-5-2(a)所示电路的有向图，如图 12-5-2(b)所示。如果选节点 4′为参考节点，节点 1′、2′、3′的节点电压相量分别为$\dot{U}_{\mathrm{n1}}$、$\dot{U}_{\mathrm{n2}}$、$\dot{U}_{\mathrm{n3}}$，则关联矩阵

$$\boldsymbol{A}=\begin{bmatrix}0 & 0 & -1 & 0 & 1 & 1\\ 1 & 1 & 1 & 0 & 0 & 0\\ 0 & -1 & 0 & 1 & 0 & -1\end{bmatrix}$$

电压源电压列向量$\dot{\boldsymbol{U}}_{\mathrm{s}}=\boldsymbol{0}$，电流源电流列向量

$$\dot{\boldsymbol{I}}_{\mathrm{s}}=\begin{bmatrix}0 & 0 & \dot{I}_{\mathrm{s3}} & \dot{I}_{\mathrm{s4}} & 0 & 0\end{bmatrix}^{\mathrm{T}}$$

节点电压列向量

$$\dot{\boldsymbol{U}}_{\mathrm{n}}=\begin{bmatrix}\dot{U}_{\mathrm{n1}} & \dot{U}_{\mathrm{n2}} & \dot{U}_{\mathrm{n3}}\end{bmatrix}^{\mathrm{T}}$$

(1) $M_{12}=0$ 时的支路导纳矩阵

$$\boldsymbol{Y}=\mathrm{diag}\left[\frac{1}{\mathrm{j}\omega L_1}\ \frac{1}{\mathrm{j}\omega L_2}\ \frac{1}{R_3}\ \frac{1}{R_4}\mathrm{j}\omega C_5\mathrm{j}\omega C_6\right]$$

节点电压方程的矩阵形式

$$\begin{bmatrix}\dfrac{1}{R_3}+\mathrm{j}\omega C_5+\mathrm{j}\omega C_6 & -\dfrac{1}{R_3} & -\mathrm{j}\omega C_6\\ -\dfrac{1}{R_3} & \dfrac{1}{R_3}+\dfrac{1}{\mathrm{j}\omega L_1}+\dfrac{1}{\mathrm{j}\omega L_2} & -\dfrac{1}{\mathrm{j}\omega L_2}\\ -\mathrm{j}\omega C_6 & -\dfrac{1}{\mathrm{j}\omega L_2} & \dfrac{1}{R_4}+\dfrac{1}{\mathrm{j}\omega L_2}+\mathrm{j}\omega C_6\end{bmatrix}\begin{bmatrix}\dot{U}_{\mathrm{n}1}\\ \dot{U}_{\mathrm{n}2}\\ \dot{U}_{\mathrm{n}3}\end{bmatrix}=\begin{bmatrix}-\dot{I}_{\mathrm{s}3}\\ \dot{I}_{\mathrm{s}3}\\ \dot{I}_{\mathrm{s}4}\end{bmatrix}$$

（2）$M_{12}\neq 0$ 时的支路导纳矩阵

$$\boldsymbol{Y}=\boldsymbol{Z}^{-1}=\begin{bmatrix}\dfrac{L_2}{\Delta} & -\dfrac{M_{12}}{\Delta} & 0 & 0 & 0 & 0\\ -\dfrac{M_{12}}{\Delta} & \dfrac{L_1}{\Delta} & 0 & 0 & 0 & 0\\ 0 & 0 & \dfrac{1}{R_3} & 0 & 0 & 0\\ 0 & 0 & 0 & \dfrac{1}{R_4} & 0 & 0\\ 0 & 0 & 0 & 0 & \mathrm{j}\omega C_5 & 0\\ 0 & 0 & 0 & 0 & 0 & \mathrm{j}\omega C_6\end{bmatrix}$$

式中，$\Delta=\mathrm{j}\omega(L_1L_2-M_{12}^2)$。所以节点电压方程的矩阵形式

$$\begin{bmatrix}\dfrac{1}{R_3}+\mathrm{j}\omega C_5+\mathrm{j}\omega C_6 & -\dfrac{1}{R_3} & -\mathrm{j}\omega C_6\\ -\dfrac{1}{R_3} & \dfrac{L_1}{\Delta}+\dfrac{L_2}{\Delta}-\dfrac{2M_{12}}{\Delta}+\dfrac{1}{R_3} & \dfrac{M_{12}-L_1}{\Delta}\\ -\mathrm{j}\omega C_6 & \dfrac{M_{12}-L_1}{\Delta} & \dfrac{L_1}{\Delta}+\dfrac{1}{R_4}+\mathrm{j}\omega C_6\end{bmatrix}\begin{bmatrix}\dot{U}_{\mathrm{n}1}\\ \dot{U}_{\mathrm{n}2}\\ \dot{U}_{\mathrm{n}3}\end{bmatrix}=\begin{bmatrix}-\dot{I}_{\mathrm{s}3}\\ \dot{I}_{\mathrm{s}3}\\ \dot{I}_{\mathrm{s}4}\end{bmatrix}$$

例 12-2　如图 12-5-3(a)所示电路，图中元件的下标表示支路编号，图 12-5-3(b)所示为它的有向图。设$\dot{I}_{\mathrm{d}2}=g_{21}\dot{U}_1$，$\dot{I}_{\mathrm{d}3}=\beta_{36}\dot{I}_6$，写出支路方程的矩阵形式。

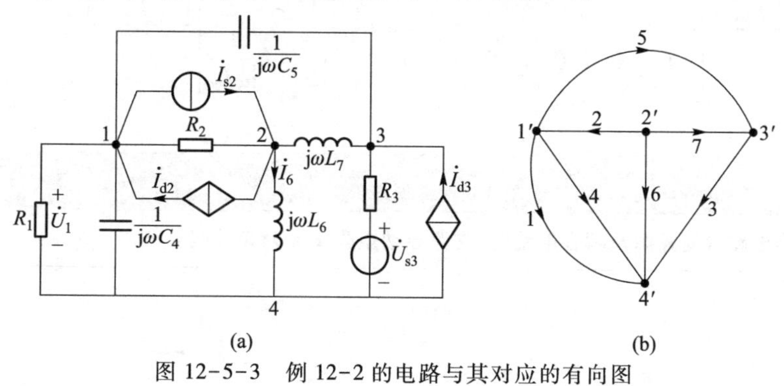

图 12-5-3　例 12-2 的电路与其对应的有向图

解　支路导纳矩阵（注意 g_{21} 和 β_{36} 出现的位置及其“+、-”号）

$$
\boldsymbol{Y}=\begin{bmatrix}
\frac{1}{R_1} & 0 & 0 & 0 & 0 & 0 & 0 \\
g_{21} & \frac{1}{R_2} & 0 & 0 & 0 & 0 & 0 \\
0 & 0 & \frac{1}{R_3} & 0 & 0 & -\frac{\beta_{36}}{\mathrm{j}\omega L_6} & 0 \\
0 & 0 & 0 & \mathrm{j}\omega C_4 & 0 & 0 & 0 \\
0 & 0 & 0 & 0 & \mathrm{j}\omega C_5 & 0 & 0 \\
0 & 0 & 0 & 0 & 0 & \frac{1}{\mathrm{j}\omega L_6} & 0 \\
0 & 0 & 0 & 0 & 0 & 0 & \frac{1}{\mathrm{j}\omega L_7}
\end{bmatrix}
$$

电流源电流列向量与电压源电压列向量分别为

$$
\dot{\boldsymbol{I}}_{\mathrm{s}}=\begin{bmatrix}0 & \dot{I}_{\mathrm{s2}} & 0 & 0 & 0 & 0 & 0\end{bmatrix}^{\mathrm{T}}
$$

$$
\dot{\boldsymbol{U}}_{\mathrm{s}}=\begin{bmatrix}0 & 0 & -\dot{U}_{\mathrm{s3}} & 0 & 0 & 0 & 0\end{bmatrix}^{\mathrm{T}}
$$

于是得支路方程的矩阵形式

$$
\begin{bmatrix}\dot{I}_1 \\ \dot{I}_2 \\ \dot{I}_3 \\ \dot{I}_4 \\ \dot{I}_5 \\ \dot{I}_6 \\ \dot{I}_7\end{bmatrix}
=\begin{bmatrix}
\frac{1}{R_1} & 0 & 0 & 0 & 0 & 0 & 0 \\
g_{21} & \frac{1}{R_2} & 0 & 0 & 0 & 0 & 0 \\
0 & 0 & \frac{1}{R_3} & 0 & 0 & -\frac{\beta_{36}}{\mathrm{j}\omega L_6} & 0 \\
0 & 0 & 0 & \mathrm{j}\omega C_4 & 0 & 0 & 0 \\
0 & 0 & 0 & 0 & \mathrm{j}\omega C_5 & 0 & 0 \\
0 & 0 & 0 & 0 & 0 & \frac{1}{\mathrm{j}\omega L_6} & 0 \\
0 & 0 & 0 & 0 & 0 & 0 & \frac{1}{\mathrm{j}\omega L_7}
\end{bmatrix}
\begin{bmatrix}\dot{U}_1 \\ \dot{U}_2 \\ \dot{U}_3-\dot{U}_{\mathrm{s3}} \\ \dot{U}_4 \\ \dot{U}_5 \\ \dot{U}_6 \\ \dot{U}_7\end{bmatrix}
-\begin{bmatrix}0 \\ \dot{I}_{\mathrm{s2}} \\ 0 \\ 0 \\ 0 \\ 0 \\ 0\end{bmatrix}
$$

思考与练习

12-5-1　当电路含受控源及耦合电感时，支路导纳矩阵 $\boldsymbol{Y}$ 是对角阵吗？

12.6 回路电流方程的矩阵形式

回路电流法是以回路电流为电路的独立变量,并用 KVL 列出所需的独立方程组进行电路分析的一种方法。回路矩阵 $\boldsymbol{B}$ 充分地描述了回路和支路的关联性质,因此可以用矩阵 $\boldsymbol{B}$ 表示的 KCL 和 KVL 的矩阵形式来推导回路电流方程的矩阵形式。矩阵 $\boldsymbol{B}$ 表示的 KCL 矩阵形式

$$\boldsymbol{i}=\boldsymbol{B}^{\mathrm{T}}\boldsymbol{i}_l \tag{12-6-1}$$

式中,$\boldsymbol{i}_l$——回路电流列向量;

$\boldsymbol{i}$——支路电流列向量。

矩阵 $\boldsymbol{B}$ 表示的 KVL 矩阵形式

$$\boldsymbol{Bu}=\boldsymbol{0} \tag{12-6-2}$$

式中,$\boldsymbol{u}$——支路电压列向量。

式(12-6-1)和(12-6-2)是导出回路电流方程矩阵形式的两个基本关系式。此外,还必须有一组支路的伏安关系方程。

为了写出支路伏安关系的矩阵形式,仍采用上节中复合支路的定义,但将受控电流源改为与无源元件串联的受控电压源。所有电压、电流的参考极性和方向的规定都与上节相同,仍用正弦稳态电路的相量电路来说明。如图 12-6-1 所示为第 k 条复合支路的相量电路,其伏安关系的相量形式

$$\dot{U}_k=Z_k(\dot{I}_k+\dot{I}_{\mathrm{s}k})-\dot{U}_{\mathrm{d}k}-\dot{U}_{\mathrm{s}k} \tag{12-6-3}$$

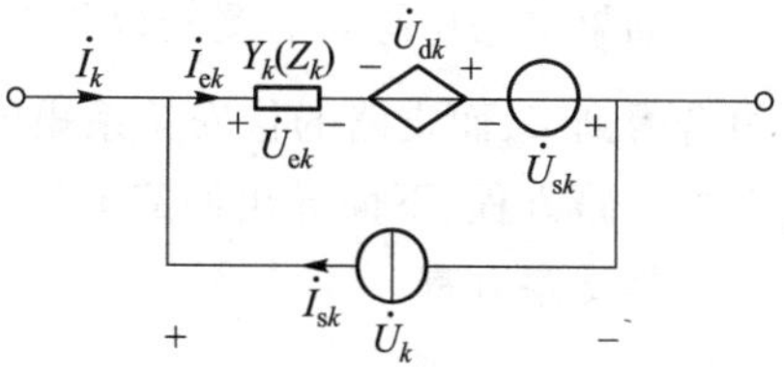

首先,考虑电路中没有受控源、电感之间无磁耦合的情况。对于第 k 条支路,令 $\dot{U}_{\mathrm{d}k}=0$,式(12-6-3)变为

$$\dot{U}_k=Z_k(\dot{I}_k+\dot{I}_{\mathrm{s}k})-\dot{U}_{\mathrm{s}k} \tag{12-6-4}$$

得整个电路的支路伏安关系的矩阵形式

$$\dot{\boldsymbol{U}}=\boldsymbol{Z}(\dot{\boldsymbol{I}}+\dot{\boldsymbol{I}}_{\mathrm{s}})-\dot{\boldsymbol{U}}_{\mathrm{s}} \tag{12-6-5}$$

式中,$\boldsymbol{Z}$ 称为支路阻抗矩阵,是一个对角阵。

图 12-6-1 含受控电压源的复合支路

其次,考虑电路中没有受控电压源,但电感之间有磁耦合的情况。此时,式(12-6-4)将包含有其他有关支路电流所产生的互感电压。设第 1 条支路到第 p 条支路之间相互都有磁耦合,由上节讨论可得到式(12-5-6),其与式(12-6-5)完全相似,只是此时 $\boldsymbol{Z}$ 不再为对角阵。

最后,考虑电路中含有受控源的情况。如果第 k 条支路中有受控电压源,它受第 j 条支路中无源元件中的电流 $\dot{I}_{\mathrm{e}j}$ 或电压 $\dot{U}_{\mathrm{e}j}$ 控制,且有 $\dot{U}_{\mathrm{d}k}=r_{kj}\dot{I}_{\mathrm{e}j}$ 或 $\dot{U}_{\mathrm{d}k}=\mu_{kj}\dot{U}_{\mathrm{e}j}$,则由式(12-6-3)在 CCVS 情况下得到

$$\begin{aligned}\dot{U}_k&=Z_k(\dot{I}_k+\dot{I}_{\mathrm{s}k})-\dot{U}_{\mathrm{d}k}-\dot{U}_{\mathrm{s}k}\\&=Z_k(\dot{I}_k+\dot{I}_{\mathrm{s}k})-r_{kj}\dot{I}_{\mathrm{e}j}-\dot{U}_{\mathrm{s}k}\\&=Z_k(\dot{I}_k+\dot{I}_{\mathrm{s}k})-r_{kj}(\dot{I}_j+\dot{I}_{\mathrm{s}j})-\dot{U}_{\mathrm{s}k}\end{aligned}$$

在 VCVS 情况下得到

$$\begin{aligned}\dot{U}_k&=Z_k(\dot{I}_k+\dot{I}_{sk})-\dot{U}_{dk}-\dot{U}_{sk}\\&=Z_k(\dot{I}_k+\dot{I}_{sk})-\mu_{kj}\dot{U}_{ej}-\dot{U}_{sk}\\&=Z_k(\dot{I}_k+\dot{I}_{sk})-\mu_{kj}Z_j\dot{I}_{ej}-\dot{U}_{sk}\\&=Z_k(\dot{I}_k+\dot{I}_{sk})-\mu_{kj}Z_j(\dot{I}_j+\dot{I}_{sj})-\dot{U}_{sk}\end{aligned}$$

从而得

$$\begin{bmatrix}\dot{U}_1\\\dot{U}_2\\\vdots\\\dot{U}_j\\\vdots\\\dot{U}_k\\\vdots\\\dot{U}_b\end{bmatrix}=\begin{bmatrix}Z_1&&&&&&\\0&Z_2&&&&&\\\vdots&&\ddots&&&0&\\0&\cdots&0&Z_j&&&\\\vdots&&&0&\ddots&&\\0&\cdots&0&Z_{kj}&0&Z_k&\\\vdots&&\vdots&&&&\ddots&\\0&\cdots&0&\cdots&&&0&Z_b\end{bmatrix}\begin{bmatrix}\dot{I}_1+\dot{I}_{s1}\\\dot{I}_2+\dot{I}_{s2}\\\vdots\quad\vdots\\\dot{I}_j+\dot{I}_{sj}\\\vdots\quad\vdots\\\dot{I}_k+\dot{I}_{sk}\\\vdots\quad\vdots\\\dot{I}_b+\dot{I}_{sb}\end{bmatrix}-\begin{bmatrix}\dot{U}_{s1}\\\dot{U}_{s2}\\\vdots\\\dot{U}_{sj}\\\vdots\\\dot{U}_{sk}\\\vdots\\\dot{U}_{sb}\end{bmatrix}$$

式中，$\dot{U}_{dk}$为 CCVS 的电压时，$Z_{kj}=-r_{kj}$；$\dot{U}_{dk}$为 VCVS 的电压时，$Z_{kj}=-\mu_{kj}Z_j$。即

$$\dot{\boldsymbol{U}}=\boldsymbol{Z}(\dot{\boldsymbol{I}}+\dot{\boldsymbol{I}}_s)-\dot{\boldsymbol{U}}_s$$

上式与式(12-6-5)完全相似，只是此时 $\boldsymbol{Z}$ 不再为对角阵。

如果电路中除含有受控电压源外还含有电感之间的磁耦合，则可分别采用上述方法后进行组合得到 $\boldsymbol{Z}$，而支路的伏安关系矩阵形式仍然具有式(12-6-5)的形式。至此，已导出了$\dot{\boldsymbol{U}}$和$\dot{\boldsymbol{I}}$关系的支路方程，下面导出回路电压方程的矩阵形式。

将支路方程

$$\dot{\boldsymbol{U}}=\boldsymbol{Z}(\dot{\boldsymbol{I}}+\dot{\boldsymbol{I}}_s)-\dot{\boldsymbol{U}}_s$$

代入 KVL 方程

$$\boldsymbol{B}\dot{\boldsymbol{U}}=\boldsymbol{0}$$

得

$$\boldsymbol{B}[\boldsymbol{Z}(\dot{\boldsymbol{I}}+\dot{\boldsymbol{I}}_s)-\dot{\boldsymbol{U}}_s]=\boldsymbol{0}$$

$$\boldsymbol{BZ}\dot{\boldsymbol{I}}+\boldsymbol{BZ}\dot{\boldsymbol{I}}_s-\boldsymbol{B}\dot{\boldsymbol{U}}_s=\boldsymbol{0}\tag{12-6-6}$$

再将 KCL 方程

$$\dot{\boldsymbol{I}}=\boldsymbol{B}^{T}\dot{\boldsymbol{I}}_l$$

代入式(12-6-6)得

$$\boldsymbol{BZB}^{T}\dot{\boldsymbol{I}}_l=\boldsymbol{B}\dot{\boldsymbol{U}}_s-\boldsymbol{BZ}\dot{\boldsymbol{I}}_s\tag{12-6-7}$$

或写为

$$\boldsymbol{Z}_l\dot{\boldsymbol{I}}_l=\boldsymbol{B}\dot{\boldsymbol{U}}_s-\boldsymbol{BZ}\dot{\boldsymbol{I}}_s\tag{12-6-8}$$

式中,$\boldsymbol{Z}_l=\boldsymbol{BZB}^{\mathrm{T}}$,称为回路阻抗矩阵,是一个 l 阶方阵,$\boldsymbol{B}\dot{\boldsymbol{U}}_{\mathrm{s}}$和 $\boldsymbol{BZ}\dot{\boldsymbol{I}}_{\mathrm{s}}$都为 l 阶列向量。

式(12-6-8)就是回路电流方程的矩阵形式。当从式(12-6-8)中解出回路电流列向量$\dot{\boldsymbol{I}}_l$后,由式(12-6-1)和式(12-6-5)可得到支路电流和支路电压列向量

$$\dot{\boldsymbol{I}}=\boldsymbol{B}^{\mathrm{T}}\dot{\boldsymbol{I}}_l$$

$$\dot{\boldsymbol{U}}=\boldsymbol{ZB}^{\mathrm{T}}\dot{\boldsymbol{I}}_l+\boldsymbol{Z}\dot{\boldsymbol{I}}_{\mathrm{s}}-\dot{\boldsymbol{U}}_{\mathrm{s}}$$

例 12-3 如图 12-6-2(a)所示电路,用相量形式写出回路电流方程的矩阵形式。

解 画出图 12-6-2(a)所示电路的有向图,如图 12-6-2(b)所示,并选支路 1、2、3、7 为树支,支路 4、5、6 为连支,分别如图 12-6-2(b)中的粗线和细线所示。三个连支电流相量$\dot{I}_{l1}=\dot{I}_4$,$\dot{I}_{l2}=\dot{I}_5$,$\dot{I}_{l3}=\dot{I}_6$。回路矩阵

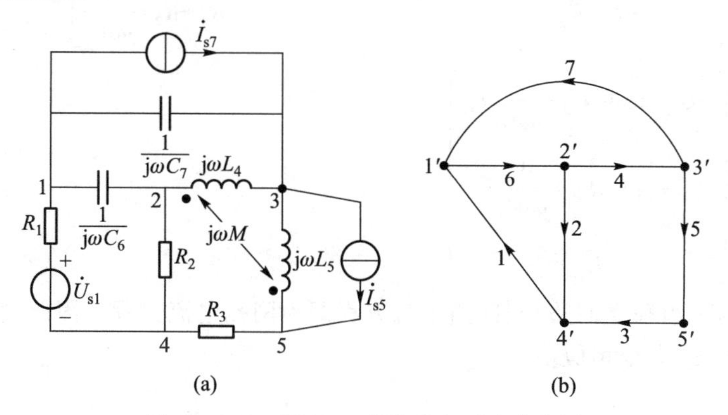

图 12-6-2 例 12-3 的电路与对应有向图

$$\boldsymbol{B}=\begin{array}{c} \begin{matrix} 1 & 2 & 3 & 4 & 5 & 6 & 7 \end{matrix} \\ \begin{bmatrix} -1 & -1 & 0 & 1 & 0 & 0 & 1 \\ 1 & 0 & 1 & 0 & 1 & 0 & -1 \\ 1 & 1 & 0 & 0 & 0 & 1 & 0 \end{bmatrix} \end{array}$$

支路阻抗矩阵

$$\boldsymbol{Z}=\begin{bmatrix} R_1 & & & & & & \\ & R_2 & & & & 0 & \\ & & R_3 & & & & \\ & & & j\omega L_4 & j\omega M & & \\ & & & j\omega M & j\omega L_5 & & \\ & 0 & & & & \dfrac{1}{j\omega C_6} & \\ & & & & & & \dfrac{1}{j\omega C_7} \end{bmatrix}$$

电压源电压列向量

$$\dot{\boldsymbol{U}}_{\mathrm{s}}=[\dot{U}_{\mathrm{s1}}\,0\;0\;0\;0\;0\;0]^{\mathrm{T}}$$

电流源电流列向量

$$\dot{\boldsymbol{I}}_{\mathrm{s}}=[0\ 0\ 0\ 0\ -\dot{I}_{\mathrm{s5}}\ 0\ \dot{I}_{\mathrm{s7}}]^{\mathrm{T}}$$

回路电流列向量

$$\dot{\boldsymbol{I}}_{l}=[\dot{I}_{l1}\quad \dot{I}_{l2}\quad \dot{I}_{l3}]^{\mathrm{T}}$$

将上述各矩阵和列向量代入式(12-6-7)，得回路电流方程的矩阵形式

$$\begin{bmatrix} R_1+R_2+\mathrm{j}\omega L_4+\dfrac{1}{\mathrm{j}\omega C_7} & -R_1+\mathrm{j}\omega M-\dfrac{1}{\mathrm{j}\omega C_7} & -R_1-R_2 \\ -R_1+\mathrm{j}\omega M-\dfrac{1}{\mathrm{j}\omega C_7} & R_1+R_3+\mathrm{j}\omega L_5+\dfrac{1}{\mathrm{j}\omega C_7} & R_1 \\ -R_1-R_2 & R_1 & R_1+R_2+\dfrac{1}{\mathrm{j}\omega C_6} \end{bmatrix}\begin{bmatrix}\dot{I}_{l1}\\ \dot{I}_{l2}\\ \dot{I}_{l3}\end{bmatrix}$$

$$=\begin{bmatrix} -\dot{U}_{\mathrm{s1}}+\mathrm{j}\omega M\dot{I}_{\mathrm{s5}}-\dfrac{1}{\mathrm{j}\omega C_7}\dot{I}_{\mathrm{s7}} \\ \dot{U}_{\mathrm{s1}}+\mathrm{j}\omega L_5\dot{I}_{\mathrm{s5}}+\dfrac{1}{\mathrm{j}\omega C_7}\dot{I}_{\mathrm{s7}} \\ \dot{U}_{\mathrm{s1}} \end{bmatrix}$$

如果选网孔为一组独立回路，则回路电流方程即为网孔电流方程。因此，网孔电流方程的矩阵形式与式(12-6-8)完全相似。

思考与练习

12-6-1　对于具有 n 个节点和 b 条支路的网络，至少要已知几个支路电流才能确定网络中所有支路的电流？

12-6-2　试总结回路电流方程的列写步骤。

12.7　割集电压方程的矩阵形式

割集电压法是节点电压法的推广，是以割集电压为电路的独立变量，并用KCL列出所需的独立方程组进行电路分析的一种方法。割集矩阵 $\boldsymbol{Q}$ 充分地描述割集与支路的关联性质，因此可用矩阵 $\boldsymbol{Q}$ 表示的KCL和KVL的矩阵形式来推导割集电压方程的矩阵形式。通常选单树支割集组作为独立割集组，树支电压就是对应的割集电压。$\boldsymbol{Q}_{\mathrm{f}}$ 表示的KVL矩阵形式为

$$\boldsymbol{u}=\boldsymbol{Q}_{\mathrm{f}}^{\mathrm{T}}\boldsymbol{u}_{\mathrm{t}} \tag{12-7-1}$$

式中，$\boldsymbol{u}$ 的行次序应按 $\boldsymbol{Q}_{\mathrm{f}}$ 的列次序排列，$\boldsymbol{u}_{\mathrm{t}}$ 为割集电压(树支电压)列向量。矩阵 $\boldsymbol{Q}_{\mathrm{f}}$ 表示的KCL矩阵形式

$$\boldsymbol{Q}_{\mathrm{f}}\boldsymbol{i}=\boldsymbol{0} \tag{12-7-2}$$

式(12-7-1)和式(12-7-2)是导出割集电压方程矩阵形式的两个基本关系式。复合支路的定义如图12-5-1所示，支路方程的矩阵形式与式(12-5-5)相同，即

$$\dot{\boldsymbol{I}}=\boldsymbol{Y}(\dot{\boldsymbol{U}}+\dot{\boldsymbol{U}}_{\mathrm{s}})-\dot{\boldsymbol{I}}_{\mathrm{s}}$$

将上式代入 KCL 方程

$$\boldsymbol{Q}_{\mathrm{f}}\dot{\boldsymbol{I}}=\boldsymbol{0}$$

得

$$\boldsymbol{Q}_{\mathrm{f}}[\boldsymbol{Y}(\dot{\boldsymbol{U}}+\dot{\boldsymbol{U}}_{\mathrm{s}})-\dot{\boldsymbol{I}}_{\mathrm{s}}]=\boldsymbol{0}$$

$$\boldsymbol{Q}_{\mathrm{f}}\boldsymbol{Y}\dot{\boldsymbol{U}}+\boldsymbol{Q}_{\mathrm{f}}\boldsymbol{Y}\dot{\boldsymbol{U}}_{\mathrm{s}}-\boldsymbol{Q}_{\mathrm{f}}\dot{\boldsymbol{I}}_{\mathrm{s}}=\boldsymbol{0} \tag{12-7-3}$$

再将 KVL 方程

$$\dot{\boldsymbol{U}}=\boldsymbol{Q}_{\mathrm{f}}^{\mathrm{T}}\dot{\boldsymbol{U}}_{\mathrm{t}}$$

代入式(12-7-3),得

$$\boldsymbol{Q}_{\mathrm{f}}\boldsymbol{Y}\boldsymbol{Q}_{\mathrm{f}}^{\mathrm{T}}\dot{\boldsymbol{U}}_{\mathrm{t}}=\boldsymbol{Q}_{\mathrm{f}}\dot{\boldsymbol{I}}_{\mathrm{s}}-\boldsymbol{Q}_{\mathrm{f}}\boldsymbol{Y}\dot{\boldsymbol{U}}_{\mathrm{s}} \tag{12-7-4}$$

或写为

$$\boldsymbol{Y}_{\mathrm{t}}\dot{\boldsymbol{U}}_{\mathrm{t}}=\dot{\boldsymbol{J}}_{\mathrm{t}} \tag{12-7-5}$$

式中,$\boldsymbol{Y}_t$——割集导纳矩阵,是一个$(n-1)$阶方阵,$\boldsymbol{Y}_{\mathrm{t}}=\boldsymbol{Q}_{\mathrm{f}}\boldsymbol{Y}\boldsymbol{Q}_{\mathrm{f}}^{\mathrm{T}}$;

$\dot{\boldsymbol{J}}_t$——由独立源引起的流入各基本割集的电流列向量,为$(n-1)$阶列向量。

$$\dot{\boldsymbol{J}}_t=\boldsymbol{Q}_{\mathrm{f}}\dot{\boldsymbol{I}}_{\mathrm{s}}-\boldsymbol{Q}_{\mathrm{f}}\boldsymbol{Y}\dot{\boldsymbol{U}}_{\mathrm{s}}$$

式(12-7-5)就是割集电压方程的矩阵形式。当从式(12-7-5)中解出割集电压列向量$\dot{\boldsymbol{U}}_t$后,不难得到支路电压和支路电流列向量。

$$\dot{\boldsymbol{U}}=\boldsymbol{Q}_{\mathrm{f}}^{\mathrm{T}}\dot{\boldsymbol{U}}_{\mathrm{t}}$$

$$\dot{\boldsymbol{I}}=\boldsymbol{Y}\boldsymbol{Q}_{\mathrm{f}}^{\mathrm{T}}\dot{\boldsymbol{U}}_{\mathrm{t}}+\boldsymbol{Y}\dot{\boldsymbol{U}}_{\mathrm{s}}-\dot{\boldsymbol{I}}_{\mathrm{s}}$$

例 12-4 如图 12-7-1(a)所示电路,用相量形式写出割集电压的矩阵形式。

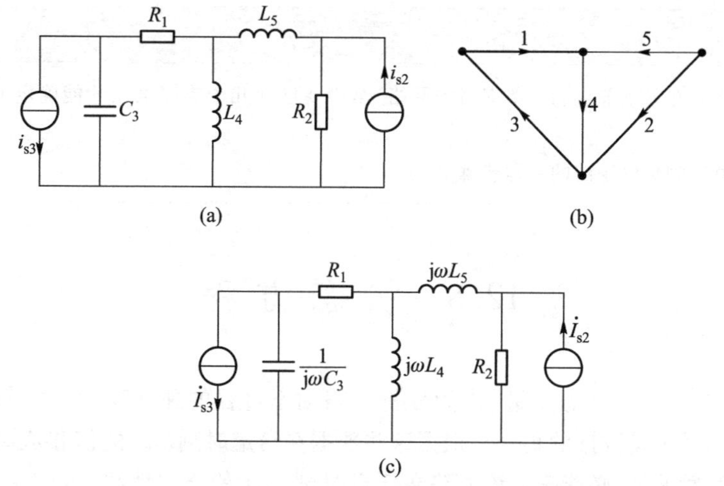

图 12-7-1 例 12-4 的电路与对应的有向图、相量电路

解 画出图 12-7-1(a)所示电路的有向图,如图 12-7-1(b)所示。选支路 1、2、3 为树支,支路 4、5 为连支,分别如图 12-7-1(b)中粗线和细线所示。三个树支电压为$\dot{U}_{\mathrm{t1}}$、$\dot{U}_{\mathrm{t2}}$、$\dot{U}_{\mathrm{t3}}$,其相量

电路如图 12-7-1(c)所示。割集矩阵

$$\boldsymbol{Q}_{\mathrm{f}}=\begin{matrix} & \begin{matrix}1 & 2 & 3 & 4 & 5\end{matrix} \\ & \begin{bmatrix}1 & 0 & 0 & -1 & 1\\ 0 & 1 & 0 & 0 & 1\\ 0 & 0 & 1 & 1 & -1\end{bmatrix}\end{matrix}$$

支路导纳矩阵

$$\boldsymbol{Y}=\mathrm{diag}\begin{bmatrix}\dfrac{1}{R_1} & \dfrac{1}{R_2} & \mathrm{j}\omega C_3 & \dfrac{1}{\mathrm{j}\omega L_4} & \dfrac{1}{\mathrm{j}\omega L_5}\end{bmatrix}^{\mathrm{T}}$$

电压源电压列向量

$$\dot{\boldsymbol{U}}_{\mathrm{s}}=\mathbf{0}$$

电流源电流列向量

$$\dot{\boldsymbol{I}}_{\mathrm{s}}=[0 \quad \dot{I}_{\mathrm{s2}} \quad -\dot{I}_{\mathrm{s3}} \quad 0 \quad 0]^{\mathrm{T}}$$

将上述各矩阵和列向量代入式(12-7-4),得割集电压方程的矩阵形式

$$\begin{bmatrix}\dfrac{1}{R_1}+\dfrac{1}{\mathrm{j}\omega L_4}+\dfrac{1}{\mathrm{j}\omega L_5} & \dfrac{1}{\mathrm{j}\omega L_5} & -\dfrac{1}{\mathrm{j}\omega L_4}-\dfrac{1}{\mathrm{j}\omega L_5}\\ \dfrac{1}{\mathrm{j}\omega L_5} & \dfrac{1}{R_2}+\dfrac{1}{\mathrm{j}\omega L_5} & -\dfrac{1}{\mathrm{j}\omega L_5}\\ -\dfrac{1}{\mathrm{j}\omega L_4}-\dfrac{1}{\mathrm{j}\omega L_5} & -\dfrac{1}{\mathrm{j}\omega L_5} & \mathrm{j}\omega C_3+\dfrac{1}{\mathrm{j}\omega L_4}+\dfrac{1}{\mathrm{j}\omega L_5}\end{bmatrix}\begin{bmatrix}\dot{U}_{\mathrm{t1}}\\ \dot{U}_{\mathrm{t2}}\\ \dot{U}_{\mathrm{t3}}\end{bmatrix}=\begin{bmatrix}0\\ \dot{I}_{\mathrm{s2}}\\ -\dot{I}_{\mathrm{s3}}\end{bmatrix}$$

如果选一组独立割集,使每一割集都由关联于一个节点上的支路构成时,则割集电压方程即为节点电压方程。

思考与练习

12-7-1 对于具有 n 个节点和 b 条支路的网络,至少要已知几个支路电压才能确定网络中所有支路的电压?

12-7-2 试总结割集电压法的列写步骤。

12.8 状态方程

在电路理论中还引用“状态变量”作为分析电路动态过程的独立变量。状态变量是指确定电路的性状所必需的最少量数据的集合。根据这些数据在给定时刻(t_0)的值和从该给定时刻开始作用于电路的任意激励波形,必能确定该电路在任意时刻 $t>t_0$ 的全部性状。独立的电感电流和独立的电容电压的集合就是电路的状态,电感电流和电容电压称为状态变量,常作为电路的一组独立的动态变量。对状态变量列出的一阶微分方程称为状态方程。如果已知状态变量在 $t_{0\_}$ 时刻的值和从 t_0 时刻开始作用于电路的激励,就能唯一地确定在任意时刻 $t>t_0$ 电路的全部性状。

例如，在图 12-8-1 所示 RLC 串联电路中，激励为电压源 u_s，已知电容电压和电感电流在 $t=t_{0\_}$ 时刻的初始值。如果用经典法求解，不论选择电容电压还是电感电流作为求解量，写出的微分方程都是二阶微分方程。现在以电容电压 u_C 和电感电流 i_L 为求解量，根据 KVL 方程

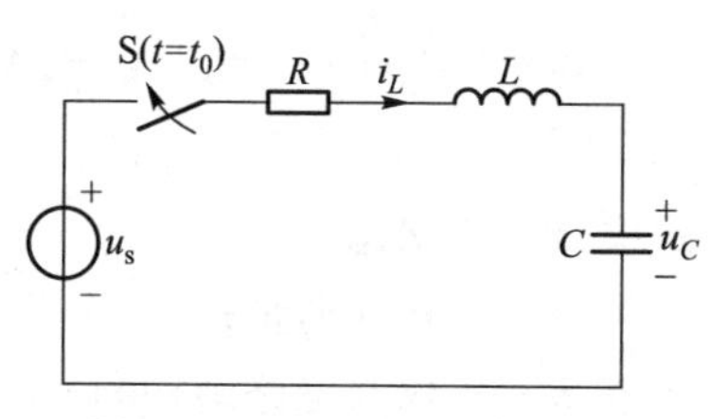

图 12-8-1 RLC 串联电路

$$Ri_L+L\frac{\mathrm{d}i_L}{\mathrm{d}t}+u_C=u_s \qquad t>t_0$$

和元件伏安关系

$$i_L=C\frac{\mathrm{d}u_C}{\mathrm{d}t}$$

写出图 12-8-1 所示电路的方程

$$C\frac{\mathrm{d}u_C}{\mathrm{d}t}=i_L$$

$$L\frac{\mathrm{d}i_L}{\mathrm{d}t}=u_s-Ri_L-u_C$$

整理后，得

$$\left.\begin{aligned}\frac{\mathrm{d}u_C}{\mathrm{d}t}&=0+\frac{1}{C}i_L+0\\ \frac{\mathrm{d}i_L}{\mathrm{d}t}&=-\frac{1}{L}u_C-\frac{R}{L}i_L+\frac{1}{L}u_s\end{aligned}\right\} \qquad (12-8-1)$$

根据 $t=t_{0+}$ 时的 u_C、i_L 和 u_s，可确定 $t=t_{0+}$ 时电路中其他电流、电压的初始值。由 u_C、i_L 和 u_s，可确定 $t>t_0$ 的任一时刻电路中其他的电流、电压值。所以 u_C 和 i_L 提供了确定电路全部响应的必不可少的信息。u_C、i_L 是能与 u_s 一起确定电路中全部响应的一组独立的动态变量。以 u_C 和 i_L 为状态变量的这组一阶微分方程就是描写电路动态过程的状态方程。

状态方程的一般形式常用矩阵表示，式(12-8-1)可写为下列矩阵形式：

$$\begin{bmatrix}\frac{\mathrm{d}u_C}{\mathrm{d}t}\\ \frac{\mathrm{d}i_L}{\mathrm{d}t}\end{bmatrix}=\begin{bmatrix}0 & \frac{1}{C}\\ -\frac{1}{L} & -\frac{R}{L}\end{bmatrix}\begin{bmatrix}u_C\\ i_L\end{bmatrix}+\begin{bmatrix}0\\ \frac{1}{L}\end{bmatrix}[u_s] \qquad (12-8-2)$$

如果令 $x_1=u_C, x_2=i_L, \dot{x}_1=\frac{\mathrm{d}u_C}{\mathrm{d}t}, \dot{x}_2=\frac{\mathrm{d}i_L}{\mathrm{d}t}$，则式(12-8-2)可写为

$$\begin{bmatrix}\dot{x}_1\\ \dot{x}_2\end{bmatrix}=\boldsymbol{A}\begin{bmatrix}x_1\\ x_2\end{bmatrix}+\boldsymbol{B}[u_s] \qquad (12-8-3)$$

式中

$$\boldsymbol{A}=\begin{bmatrix}0 & \frac{1}{C}\\ -\frac{1}{L} & -\frac{R}{L}\end{bmatrix} \qquad \boldsymbol{B}=\begin{bmatrix}0\\ \frac{1}{L}\end{bmatrix}$$

如果令$\dot{\boldsymbol{x}}=[\dot{x}_1 \quad \dot{x}_2]^{\mathrm{T}}$,$\boldsymbol{x}=[x_1 \quad x_2]^{\mathrm{T}}$,$\boldsymbol{v}=[u_s]$,则式(12-8-3)可写为

$$\dot{\boldsymbol{x}}=\boldsymbol{A}\boldsymbol{x}+\boldsymbol{B}\boldsymbol{v} \tag{12-8-4}$$

式中,$\boldsymbol{x}$——状态向量;

$\boldsymbol{v}$——输入向量;

$\boldsymbol{A}$ 和 $\boldsymbol{B}$——仅与电路结构和元件参数有关的系数矩阵。

这就是状态方程的标准形式。如果说电路有 n 个状态变量,m 个输入量,则$\dot{\boldsymbol{x}}$与 $\boldsymbol{x}$ 都是 n 阶列向量,则 $\boldsymbol{A}$ 为 n 阶方阵,$\boldsymbol{B}$ 为 $n\times m$ 阶矩阵,$\boldsymbol{v}$ 为 m 阶列向量。式(12-8-4)有时称为一阶向量微分方程。

在对上述二阶电路列写状态方程的过程中可以看到,要列出包含有$\frac{\mathrm{d}u_C}{\mathrm{d}t}$的方程,由于 $C\frac{\mathrm{d}u_C}{\mathrm{d}t}$为电容电流,就须对只接有一个电容的节点或割集写出 KCL 方程;要列出包含有$\frac{\mathrm{d}i_L}{\mathrm{d}t}$的方程,由于$L\frac{\mathrm{d}i_L}{\mathrm{d}t}$为电感电压,就须对只包含一个电感的回路写出 KVL 方程。对于不太复杂的电路,可用直观法写出状态方程。例如,对图 12-8-2 所示电路,如果以 u_C、i_1 和 i_2 为状态变量,则对节点 1 写出 KCL 方程

$$C\frac{\mathrm{d}u_C}{\mathrm{d}t}=-i_1-i_2$$

再分别对回路 1 和回路 2 写出 KVL 方程

$$L_1\frac{\mathrm{d}i_1}{\mathrm{d}t}=-u_s+u_C-u_{R1}=-u_s+u_C-R_1i_1$$

$$L_2\frac{\mathrm{d}i_2}{\mathrm{d}t}=u_C-u_{R2}=u_C-R_2(i_2-i_s)$$

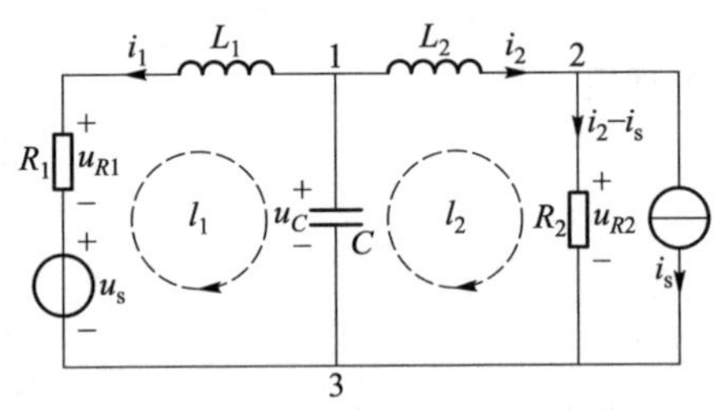

图 12-8-2 用直观法列写状态方程

整理上述方程并写为矩阵形式,得

$$\begin{bmatrix}\frac{\mathrm{d}u_C}{\mathrm{d}t}\\ \frac{\mathrm{d}i_1}{\mathrm{d}t}\\ \frac{\mathrm{d}i_2}{\mathrm{d}t}\end{bmatrix}=\begin{bmatrix}0 & -\frac{1}{C} & -\frac{1}{C}\\ \frac{1}{L_1} & -\frac{R_1}{L_1} & 0\\ \frac{1}{L_2} & 0 & -\frac{R_2}{L_2}\end{bmatrix}\begin{bmatrix}u_C\\ i_1\\ i_2\end{bmatrix}+\begin{bmatrix}0 & 0\\ -\frac{1}{L_1} & 0\\ 0 & \frac{R_2}{L_2}\end{bmatrix}\begin{bmatrix}u_s\\ i_s\end{bmatrix}$$

需要注意,在写出包含$\frac{\mathrm{d}u_C}{\mathrm{d}t}$和$\frac{\mathrm{d}i_L}{\mathrm{d}t}$的方程时,有时会出现非状态变量,如图 12-8-2 中的 u_{R1} 和 u_{R2}。为了得到状态方程的标准形式,需要利用适当的节点电流方程、回路电压方程和元件伏安关系消去这些非状态变量。

对于复杂电路,可以利用特有树的概念建立状态方程。所谓特有树,是指其树支含有电路中全部电压源支路与电容支路和一部分电阻(电导)支路,其连支含有电路中全部电流源支路与电感支路和其余电阻(电导)支路。当电路中不存在仅由电容与电压源支路构成的回路和仅由电

流源与电感支路构成的割集时,每个电感电流和电容电压都是独立的,所以总存在特有树。从而选一个特有树后,对单电容树支割集写出 KCL 方程,对单电感连支回路写出 KVL 方程,消去两组方程中的非状态变量,整理成矩阵形式就可以得到状态方程的标准形式。

例 12-5 列出图 12-8-3(a)所示电路的状态方程矩阵形式。

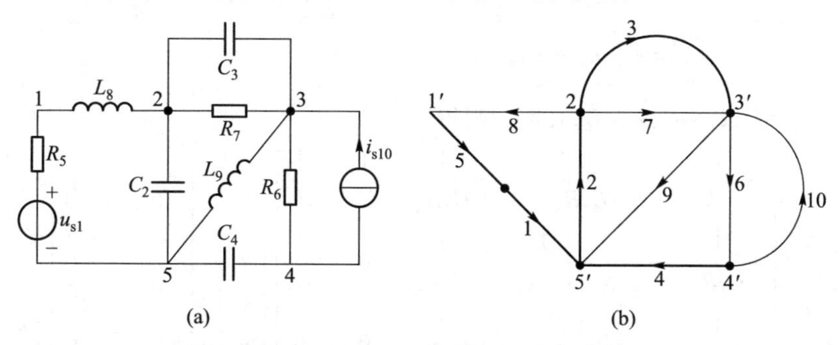

图 12-8-3 例 12-5 的电路与对应的有向图

解 选图 12-8-3(b)粗线所示树支组成的树以及支路的编号和参考方向。对由树支 2、3、4 所确定的基本割集,写出 KCL 方程

$$C_2\frac{\mathrm{d}u_2}{\mathrm{d}t}=i_6+i_8+i_9-i_{s10}$$

$$C_3\frac{\mathrm{d}u_3}{\mathrm{d}t}=i_6-i_7+i_9-i_{s10}$$

$$C_4\frac{\mathrm{d}u_4}{\mathrm{d}t}=i_6-i_{s10}$$

对由连支 8、9 所确定的基本回路,列出 KVL 方程

$$L_8\frac{\mathrm{d}i_8}{\mathrm{d}t}=-u_2-u_5-u_{s1}$$

$$L_9\frac{\mathrm{d}i_9}{\mathrm{d}t}=-u_2-u_3$$

根据

$$u_5=R_5i_8$$

$$i_6=-\frac{u_2+u_3+u_4}{R_6}$$

$$i_7=\frac{u_3}{R_7}$$

消去非状态变量 u_5、i_6、i_7,经整理后得

$$\frac{\mathrm{d}u_2}{\mathrm{d}t}=-\frac{1}{C_2R_6}u_2-\frac{1}{C_2R_6}u_3-\frac{1}{C_2R_6}u_4+\frac{1}{C_2}i_8+\frac{1}{C_2}i_9-\frac{1}{C_2}i_{s10}$$

$$\frac{\mathrm{d}u_3}{\mathrm{d}t}=-\frac{1}{C_3R_6}u_2-\left(\frac{1}{C_3R_6}+\frac{1}{C_3R_7}\right)u_3-\frac{1}{C_3R_6}u_4+\frac{1}{C_3}i_9-\frac{1}{C_3}i_{s10}$$

$$\frac{\mathrm{d}u_4}{\mathrm{d}t}=-\frac{1}{C_4R_6}u_2-\frac{1}{C_4R_6}u_3-\frac{1}{C_4R_6}u_4-\frac{1}{C_4}i_{s10}$$

$$\frac{\mathrm{d}i_8}{\mathrm{d}t}=-\frac{1}{L_8}u_2-\frac{R_5}{L_8}i_8-\frac{1}{L_8}u_{s1}$$

$$\frac{\mathrm{d}i_9}{\mathrm{d}t}=-\frac{1}{L_9}u_2-\frac{1}{L_9}u_3$$

如果令 $x_1=u_2$，$x_2=u_3$，$x_3=u_4$，$x_4=i_8$，$x_5=i_9$，则得

$$\underset{\dot{\boldsymbol{x}}}{\begin{bmatrix}\dot{x}_1\\ \dot{x}_2\\ \dot{x}_3\\ \dot{x}_4\\ \dot{x}_5\end{bmatrix}}=\underset{\boldsymbol{A}}{\begin{bmatrix}-\frac{1}{C_2R_6} & -\frac{1}{C_2R_6} & -\frac{1}{C_2R_6} & \frac{1}{C_2} & \frac{1}{C_2}\\ -\frac{1}{C_3R_6} & -\frac{1}{C_3R_6}-\frac{1}{C_3R_7} & -\frac{1}{C_3R_6} & 0 & \frac{1}{C_3}\\ -\frac{1}{C_4R_6} & -\frac{1}{C_4R_6} & -\frac{1}{C_4R_6} & 0 & 0\\ -\frac{1}{L_8} & 0 & 0 & -\frac{R_5}{L_8} & 0\\ -\frac{1}{L_9} & -\frac{1}{L_9} & 0 & 0 & 0\end{bmatrix}}\underset{\boldsymbol{x}}{\begin{bmatrix}x_1\\ x_2\\ x_3\\ x_4\\ x_5\end{bmatrix}}+\underset{\boldsymbol{B}}{\begin{bmatrix}0 & -\frac{1}{C_2}\\ 0 & -\frac{1}{C_3}\\ 0 & -\frac{1}{C_4}\\ -\frac{1}{L_8} & 0\\ 0 & 0\end{bmatrix}}\underset{\boldsymbol{v}}{\begin{bmatrix}u_{s1}\\ i_{s10}\end{bmatrix}}$$

这就是所要求的状态方程矩阵形式。

在实际应用中，如果需以节点电压为输出，则需导出节点电压与状态变量之间的关系。在线性电路中，节点电压可用状态变量和输入激励的线性组合来表示。例如，在例 12-5 中，若要求以节点 1′、2′、3′、4′的节点电压（节点 5′为参考节点）u_{n1}、u_{n2}、u_{n3}、u_{n4} 为输出时，则有 $u_{n1}=u_5+u_{s1}=R_5i_8+u_{s1}$，$u_{n2}=-u_2$，$u_{n3}=-u_2-u_3$，$u_{n4}=u_4$。整理后，并写成矩阵形式

$$\begin{bmatrix}u_{n1}\\ u_{n2}\\ u_{n3}\\ u_{n4}\end{bmatrix}=\begin{bmatrix}0 & 0 & 0 & R_5 & 0\\ -1 & 0 & 0 & 0 & 0\\ -1 & -1 & 0 & 0 & 0\\ 0 & 0 & 1 & 0 & 0\end{bmatrix}\begin{bmatrix}u_2\\ u_3\\ u_4\\ i_8\\ i_9\end{bmatrix}+\begin{bmatrix}1 & 0\\ 0 & 0\\ 0 & 0\\ 0 & 0\end{bmatrix}\begin{bmatrix}u_{s1}\\ i_{s10}\end{bmatrix}$$

这种待求的任意输出量与状态变量和输入量之间的关系式称为电路的输出方程，输出方程的标准形式为

$$\boldsymbol{y}=\boldsymbol{C}\boldsymbol{x}+\boldsymbol{D}\boldsymbol{v} \tag{12-8-5}$$

式中，$\boldsymbol{y}$——输出向量；

$\boldsymbol{x}$——状态向量；

$\boldsymbol{v}$——输入向量；

$\boldsymbol{C}$ 和 $\boldsymbol{D}$——仅与电路结构和元件参数有关的系数矩阵。

如果电路有 n 个状态变量，m 个输入量，p 个输出量，则 $\boldsymbol{x}$ 为 n 阶列向量，$\boldsymbol{y}$ 为 p 阶列向量，$\boldsymbol{v}$ 为 m 阶列向量，$\boldsymbol{C}$ 和 $\boldsymbol{D}$ 分别为 $p\times n$ 和 $p\times m$ 阶矩阵。

思考与练习(判断题)

12-8-1 分析电路动态过程时,电感电流和电容电压的集合就是电路的状态,电感电流和电容电压称为状态变量。 ( )

12-8-2 状态方程一定是一阶微分方程。 ( )

12.9 应用实例

最短路径问题是图论研究中的一个经典算法问题,旨在寻找图(由节点和路径组成的)两节点之间的最短路径。可用来解决导航线路、管路铺设、线路安装和动态规划等实际问题。算法具体的形式包括:

(1) 确定起点的最短路径问题——即已知起始节点,求最短路径的问题。适合使用 Dijkstra 算法。

(2) 确定终点的最短路径问题——与确定起点的问题相反,该问题是已知终结节点,求最短路径的问题。在无向图中该问题与确定起点的问题完全等同,在有向图中该问题等同于把所有路径方向翻转的确定起点的问题。

(3) 确定起点终点的最短路径问题——即已知起点和终点,求两节点之间的最短路径。

(4) 全局最短路径问题——求图中所有的最短路径。适合使用 Floyd-Warshall 算法。

这里以 Dijkstra 算法为例:

戴克斯特拉算法(Dijkstra's algorithm)是由荷兰计算机科学家艾兹赫尔·戴克斯特拉提出,该算法使用了广度优先搜索解决赋权有向图的单源最短路径问题,算法最终得到一个最短路径树。该算法常用于路由算法或作为其他图算法的一个子模块。举例来说,如图 12-9-1 所示,如果图中的点 1 表示城市 1,而边上的权重表示城市间开车行经的距离,该算法可以用来找到城市 1 到其他城市之间的最短路径。

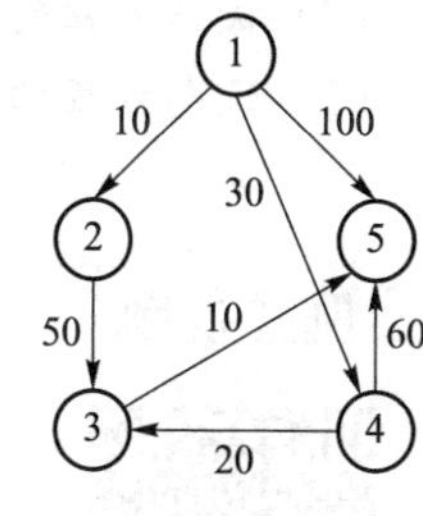

图 12-9-1

本章小结

1. 图的概念

(1) 图(线图):电路的图通常用 G 表示,图中的节点和支路分属不同的集合,画图的目的是为了描述给定电路的节点和支路的互相联系。

(2) 有向图:标出图中支路电压和电流的关联参考方向的图。

(3) 连通图:图中任意两个节点之间至少存在一条由支路构成的路径。

(4) 子图:如果图 G_1 的所有节点和支路属于图 G,则称图 G_1 为图 G 的一个子图。

2. 回路、树、割集

(1) 回路:若图 G 中任一闭合路径的每个节点仅有两条支路相连,则这个闭合路径称为一个回路。

(2) 树：在连通图 G 中，将所有节点连通起来但不包含任一闭合路径的部分线图称为一个树。

(3) 基本回路：在连通图 G 中选取一棵树后，由一条连支及相应的树支构成的回路称为该树的基本回路。

(4) 割集：图 G 中所有被切割支路的集合同时满足下列两个条件时称为割集（每一条支路只能被切割一次）。

a. 移去所有被切割支路时原图成为两个分离部分。

b. 留下任意被切割支路时，原图依然连通。

(5) 基本割集：在连通图 G 中选取一棵树后，由一条树支及相应的连支构成的割集称为该树的基本割集。

3. 关联矩阵，回路矩阵，割集矩阵

关联矩阵：描述电路中支路与节点关联关系的矩阵。

回路矩阵：包括 a. 独立回路矩阵；b. 基本回路矩阵。

割集矩阵：包括 a. 独立割集矩阵；b. 基本割集矩阵。

4. 状态方程

(1) 状态：在给定时刻描述网络所需要的一组最少信息，它连同从该时刻开始的任意输入，便可以确定网络今后的性状。

(2) 状态变量：描述系统所需要的一组最少变量。

(3) 状态方程：以状态变量为变量的一组一阶微分方程。

(4) 状态方程的列写方法包括：a. 直观法；b. 系统法。

(5) 状态方程的求解方法包括：a. 时域解法；b. 拉氏变换解法。

例题视频

例题 53 视频

例题 54 视频

例题 55 视频

习题进阶练习

12.1—3

习 题 12

12. 1 节习题

12-1　设每个元件均作一条支路处理，画出如题 12-1 图所示电路对应的连通图，并说明其节点数和支路数。如果按"复合支路"处理，则上述连通图有什么变化？节点数和支路数各为多少？

12. 2 节习题

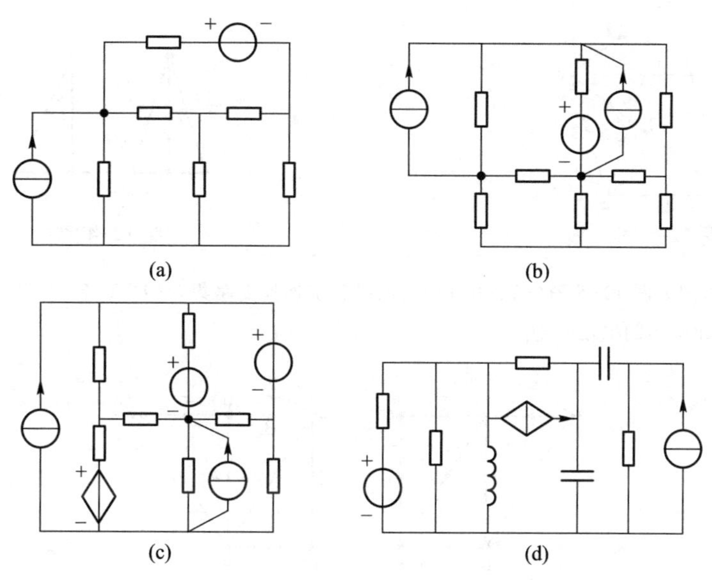

题 12-1 图

12-2　连通图如题 12-2 图所示，任选一个树，确定对应树的基本回路和基本割集。

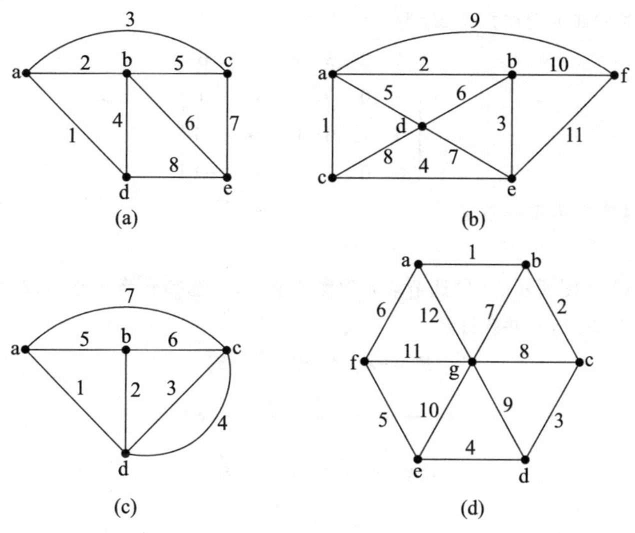

题 12-2 图

12.3 节习题

12-3　连通图如题 12-3 图所示，列写对应的关联矩阵 $\boldsymbol{A}$，对下述两个树确定对应的基本回路、基本割集、基本回路矩阵 $\boldsymbol{B}_{\mathrm{f}}$ 和基本割集矩阵 $\boldsymbol{Q}_{\mathrm{f}}$。

(1) 选择支路(1,2,3,4)为树；

(2) 选择支路(5,6,7,8)为树。

12-4　试判断题 12-4 图中封闭面所切割的支路是否构成割集。

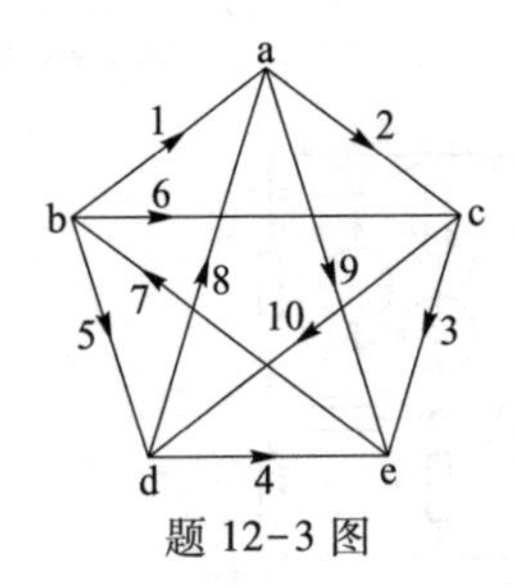

题 12-3 图

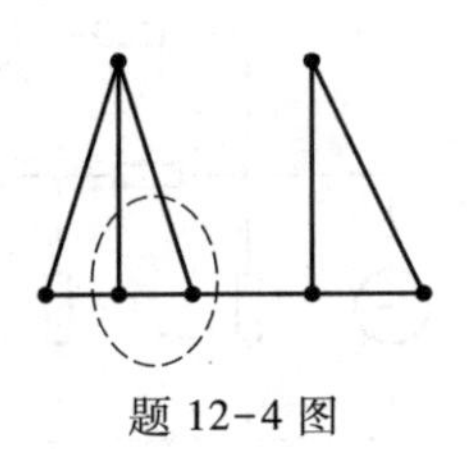
题 12-4 图

12-5　连通有向图如题 12-5 图(a)、(b)所示，如果分别选择支路集合(1, 2, 3, 7)和(1, 2, 3, 6)为树，列写基本回路矩阵 $\boldsymbol{B}_{\mathrm{f}}$ 和基本割集矩阵 $\boldsymbol{Q}_{\mathrm{f}}$。

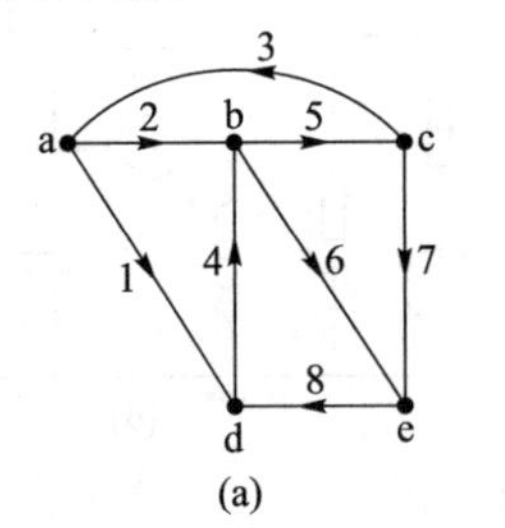

(a)

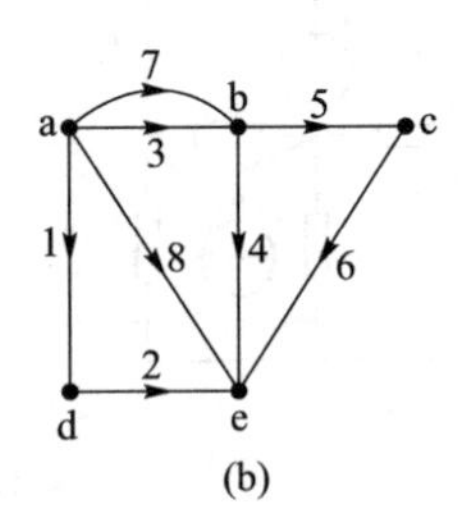

(b)

题 12-5 图

12-6　已知某连通图的基本回路矩阵 $\boldsymbol{B}_{\mathrm{f}}$ 为

$$
\begin{array}{c} \\ \boldsymbol{B}_{\mathrm{f}}= \end{array}
\begin{array}{c}
\begin{matrix} 1 & 2 & 3 & 4 & 5 & 6 \end{matrix} \\
\begin{bmatrix} 1 & 0 & 0 & 1 & 0 & 0 \\ 0 & 1 & 0 & 0 & 0 & -1 \\ 0 & 0 & 1 & 1 & -1 & -1 \end{bmatrix}
\end{array}
$$

列写对应于同一个树的基本割集矩阵 $\boldsymbol{Q}_{\mathrm{f}}$。

12.4 节习题

12-7　有向图如题 12-7 图所示，如果选节点 e 为参考节点，并选择支路集合(1,2,4,5)为树，列写其关联矩阵、基本回路矩阵和基本割集矩阵，并验证：

$$\boldsymbol{B}_{t}^{\mathrm{T}}=-\boldsymbol{A}_{t}^{-1}\boldsymbol{A}_{l}\ \text{和}\ \boldsymbol{Q}_{l}=-\boldsymbol{B}_{t}^{\mathrm{T}}$$

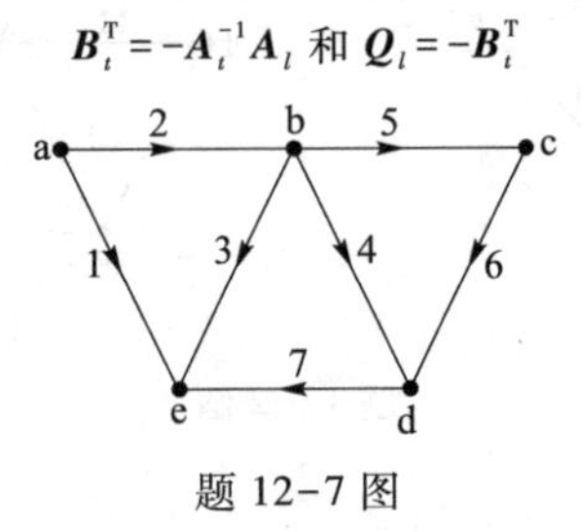

题 12-7 图

12-8　某连通图的关联矩阵 $\boldsymbol{A}$ 为

$$\boldsymbol{A}=\begin{bmatrix}1 & 1 & 0 & 0 & 0 & 0 & 1\\ -1 & -1 & 1 & 0 & 0 & 0 & 0\\ 0 & 0 & -1 & 1 & 0 & 0 & 0\\ 0 & 0 & 0 & -1 & -1 & -1 & 0\end{bmatrix}$$

如果选择支路集合(1,3,4,5)为一个树,列写对应的基本回路矩阵 $\boldsymbol{B}_{\mathrm{f}}$ 和基本割集矩阵 $\boldsymbol{Q}_{\mathrm{f}}$。

12-9　已知某连通有向图的基本割集矩阵 $\boldsymbol{Q}_{\mathrm{f}}=\begin{matrix} & 2 & 3 & 5 & 1 & 4 & 6\end{matrix}$

$$\boldsymbol{Q}_{\mathrm{f}}=\begin{bmatrix}+1 & 0 & 0 & -1 & 0 & -1\\ 0 & +1 & 0 & +1 & -1 & +1\\ 0 & 0 & +1 & 0 & +1 & -1\end{bmatrix}$$

(列依次对应支路 2　3　5　1　4　6),试列写对应同一个树的基本回路矩阵 $\boldsymbol{B}_{\mathrm{f}}$,并作出对应的有向图,列写全阶关联矩阵 A_{a}(其中支路 2 连接于节点 a、b 间;支路 3 连接于节点 b、c 间;支路 5 连接于节点 c、d 间)。

12.5 节习题

12-10　列写题 12-10 图所示直流电阻电路矩阵形式的节点电压方程。

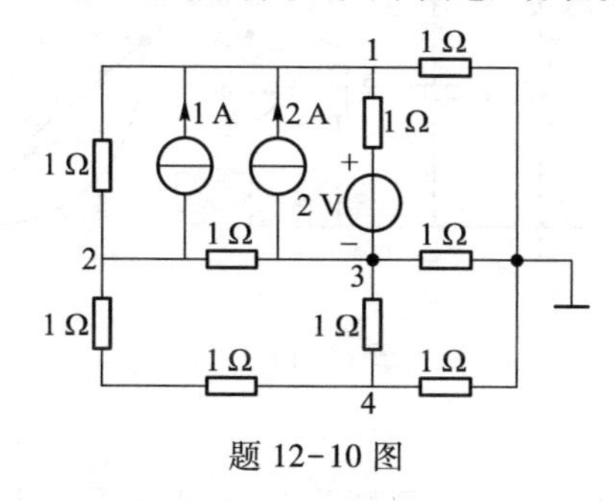

题 12-10 图

12-11　电路如题 12-11 图(a)所示,对应的有向图如题 12-11 图(b)所示。用相量形式列写支路导纳矩阵、电压源列向量、电流源列向量以及矩阵形式的节点电压方程。

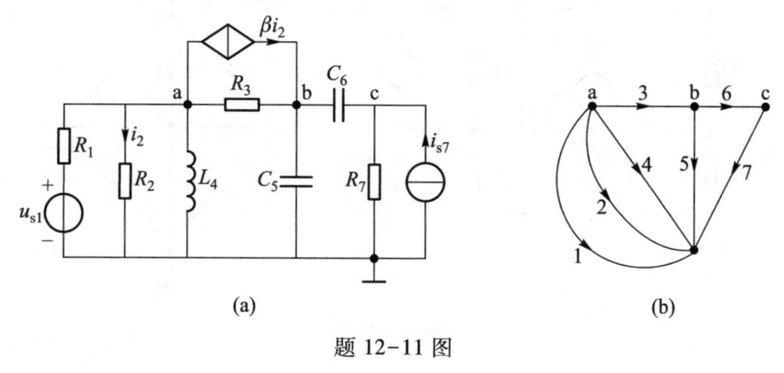

题 12-11 图

12-12　对题 12-12 图所示电路列出支路导纳矩阵和节点电压方程的矩阵形式。

12-13　对题 12-13 图所示电路,在下述两种情况下列写节点电压方程的矩阵形式。

(1) 电感 L_5 和 L_6 之间无互感;

(2) 电感 L_5 和 L_6 之间存在互感 M。

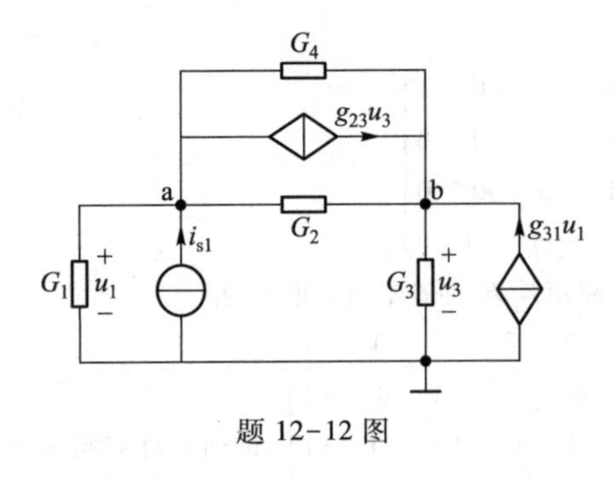

题 12-12 图

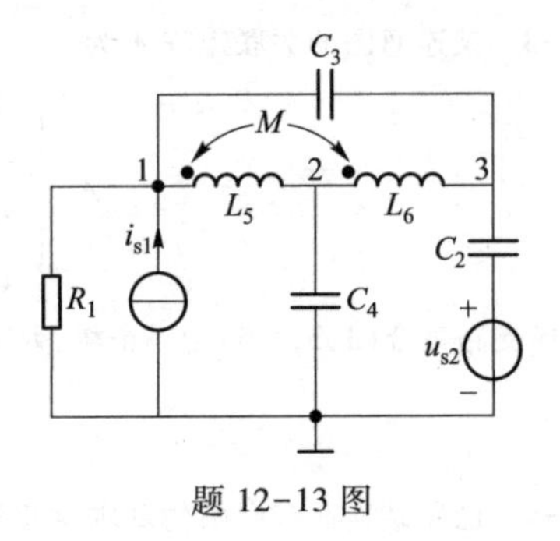

题 12-13 图

12.6 节习题

12-14 电路如题 12-14 图(a)所示,其有向图如题 12-14 图(b)所示,用相量形式列写回路电流方程的矩阵形式(回路电流方向如题 12-14 图(b)中所示)。

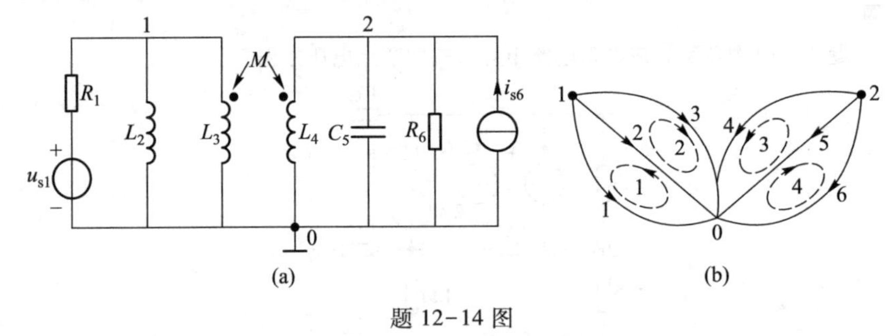

题 12-14 图

12.7 节习题

12-15 电路如题 12-15 图(a)所示,其有向图如题 12-15 图(b)所示,用相量形式列写其节点电压方程、回路电流方程和割集电压方程的矩阵形式。设支路集合(1,2,6,7)为树。

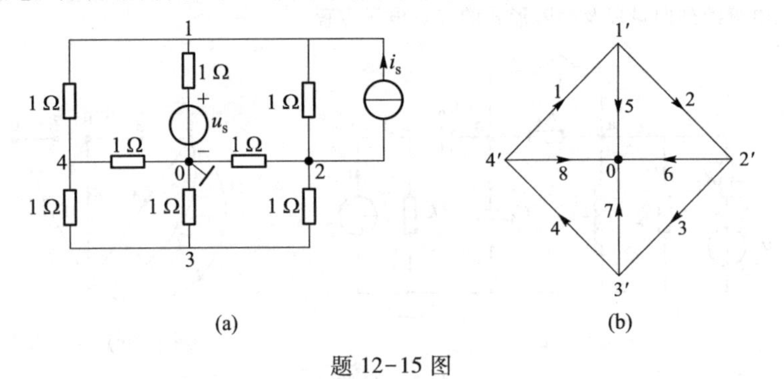

题 12-15 图

12-16 电路如题 12-16 图(a)所示,其有向图如题 12-16 图(b)所示,若选择支路集合(1,2,3)为树,用相量形式列写其节点电压方程、回路电流方程和割集电压方程的矩阵形式。

12.8 节习题

12-17 电路如题 12-17 图所示,试:

(1) 列写其状态方程;

(2) 列写以节点 1 和 2 的节点电压为输出变量的输出方程。

12-18 电路如题 12-18 图所示,电压源 $u_s=2\cos t$ V,电流源 $i_s=2e^{-t}$ A,试:

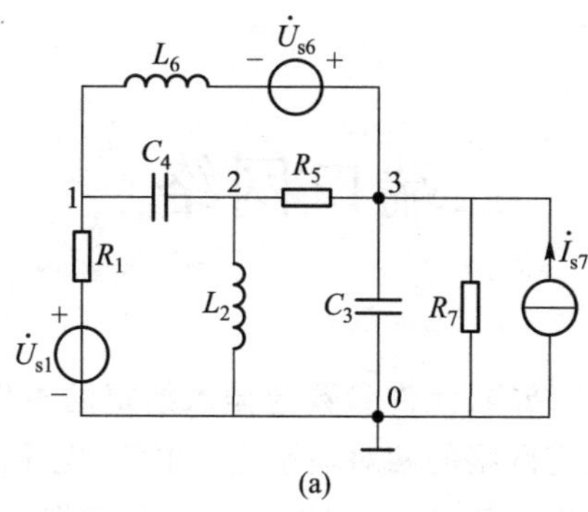

(a)

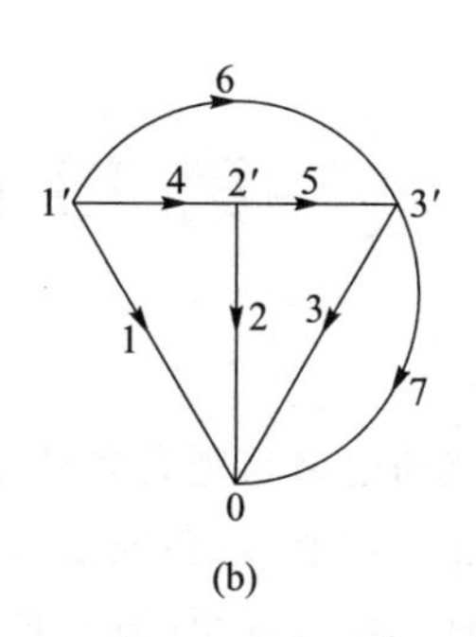

(b)

题 12-16 图

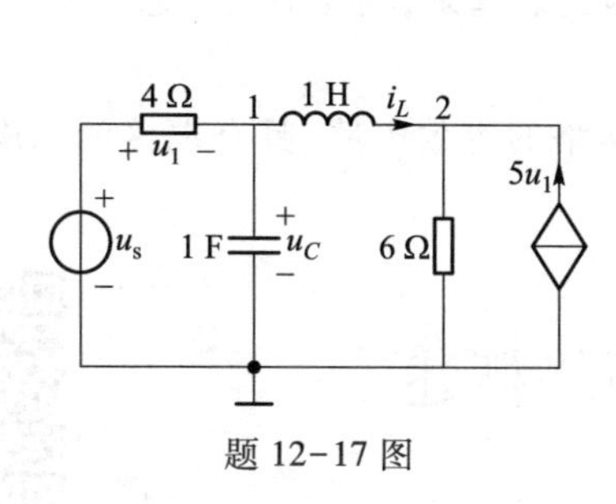

题 12-17 图

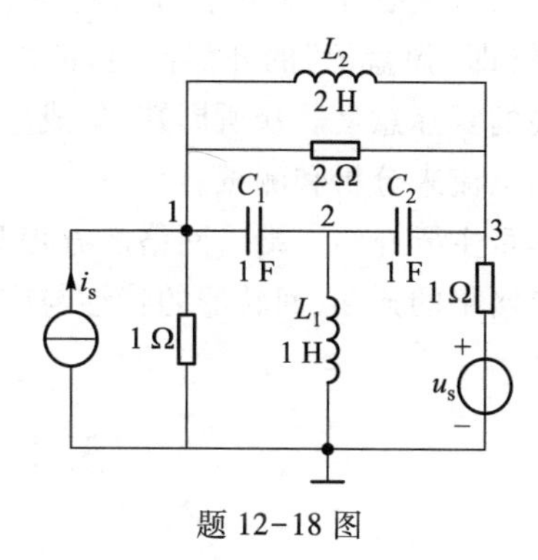

题 12-18 图

（1）列写其状态方程；

（2）列写以节点 2 和 3 的节点电压为输出变量的输出方程。

12-19　电路如题 12-19 图所示，列写以 u_{C1}、u_{C2} 和 i_L 为状态变量的状态方程。

12-20　电路如题 12-20 图所示，列写以 u_{C1}、u_{C2} 和 i_L 为状态变量的状态方程。

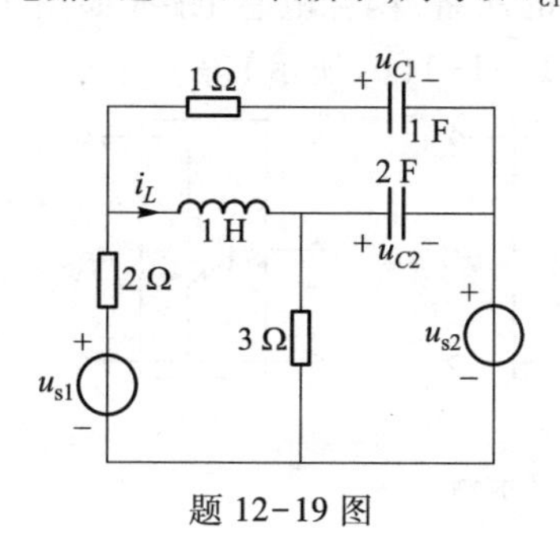

题 12-19 图

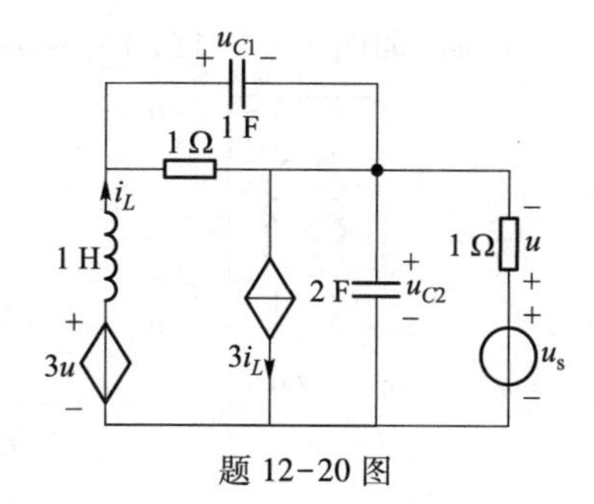

题 12-20 图

第 13 章　二端口网络

前面几章研究的电路问题大多是在网络结构、元件参数与输入给定的条件下分析与计算支路电流和电压。在工程上，还会经常遇到研究网络的两对端钮之间电流、电压的关系问题。这两对端钮中通常一对为输入端钮，另一对为输出端钮，网络的内部结构和元件一般并不知道，可以将该网络看成装在“黑盒子”内，用一个方框来表示。研究这类网络输入、输出端钮之间电压、电流关系（即“黑盒子”的外部特性）的思想和方法对于分析和测试如集成电路之类的电路问题有着重要的实际意义。众所周知，集成电路一旦制成就被封装起来，其性能只能通过伸出的端钮的电压和电流来分析和测试。

本章主要介绍二端口网络的方程和参数、二端口网络的等效电路、具有端接的二端口网络、二端口网络的连接、回转器的特性与应用。

13.1　二端口网络概述

二端口网络

前面已学过等效电阻和戴维南等效电路，它们分别是无源二端网络和含源二端网络的等效电路。这类网络对外引出一对端钮，电流从一个端钮流入，从另一个端钮流出。因此这对端钮形成了网络的一个端口，故二端网络也称为一端口网络。

在电工技术和电子线路中经常遇到具有两个端口的网络：耦合电感电路（如图 13-1-1(a)所示）、受控源（如图 13-1-1(b)所示）和晶体管（如图 13-1-1(c)所示）等。

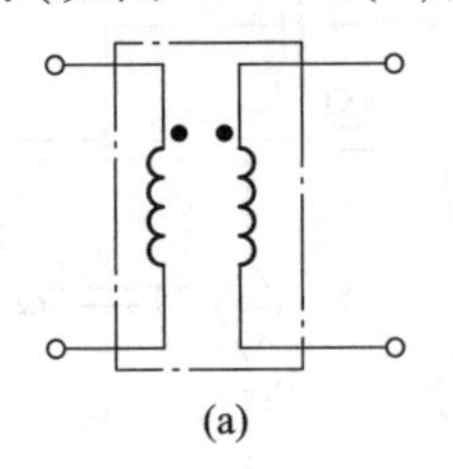

(a)

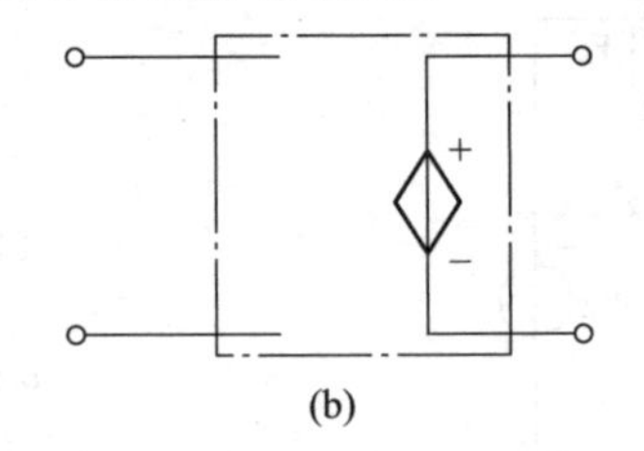

(b)

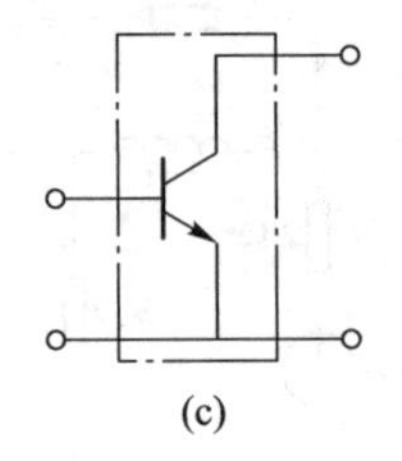

(c)

图 13-1-1　二端口网络示例

这类网络尽管内部结构有所不同，但共同点是都有形成两个端口的四个引出端钮，其中 11′为一个端口称为输入端口，22′为另一个端口称为输出端口。在输入端口处加上激励，在输出端口处产生响应。二端口网络的任一端口必须满足端口条件，即由一个端钮流入的电流，应等于该端口的另一端钮流出的电流（如图 13-1-2所示）。因此，二端口网络一定是四端网络，且满足端口条件，而四端网络不一定就是二端口网络。

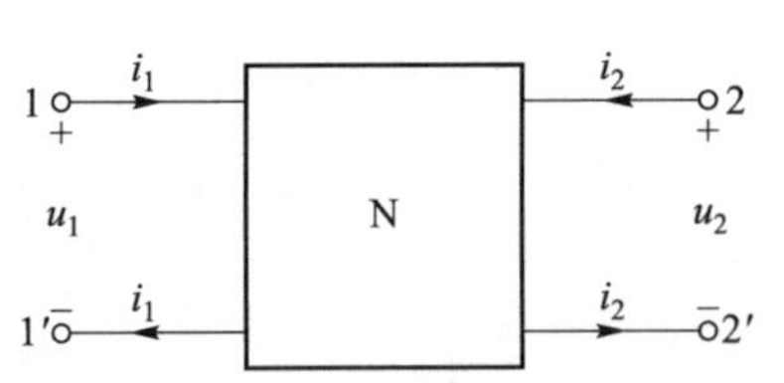

图 13-1-2　二端口网络的端口条件

本章研究的二端口网络限于内部不含独立源，而是由线性的电阻、电感、电容、互感和受控源等元件构成。当研究含二端口网络的动态过程时，假定网络内部所有的储能元件初始储能为零，即所有电容的初始电压、电感的初始电流为零，电路的任何响应均指零状态响应。

对于线性无源的二端口网络，主要研究端口的电压和电流之间的关系，这些关系可以用一些参数表示，这些参数的数值取决于网络本身的结构和元件的参数。二端口网络共有四个物理量：u_1、i_1、u_2 和 i_2。如果任选其中两个为自变量，则另外两个就为因变量。根据组合公式，从四个元素中取出两个元素的组合方案共有六种，对应地就有六种不同的参数表征这种二端口网络端口伏安关系的方程，本章介绍常用的四种参数。

思考与练习

13-1-1　你同意下述论断吗？

（1）具有四个引出端钮的网络都是二端口网络。

（2）二端口网络一定是四端网络，但四端网络不一定是二端口网络。

（3）三端元件一般均可以用二端口理论进行研究。

（4）二端口网络内部总是连通的。

（5）二端网络有一个输入端和一个输出端。

13-1-2　二端口网络有四个端口变量，研究电压电流关系共有多少组关系。研究这些关系有什么意义？

13.2　二端口网络的方程和参数

Z 参数及方程

首先介绍阻抗方程和 Z 参数。对图 13-2-1 所示二端口网络，如果在其两个端口各施加一个电流源，电流分别为$\dot{I}_1$和$\dot{I}_2$，则根据叠加定理，$\dot{U}_1$、$\dot{U}_2$ 应等于各个电流源单独作用时所产生的电压之和，即

$$\left.\begin{aligned}\dot{U}_1=Z_{11}\dot{I}_1+Z_{12}\dot{I}_2\\ \dot{U}_2=Z_{21}\dot{I}_1+Z_{22}\dot{I}_2\end{aligned}\right\}\qquad(13-2-1)$$

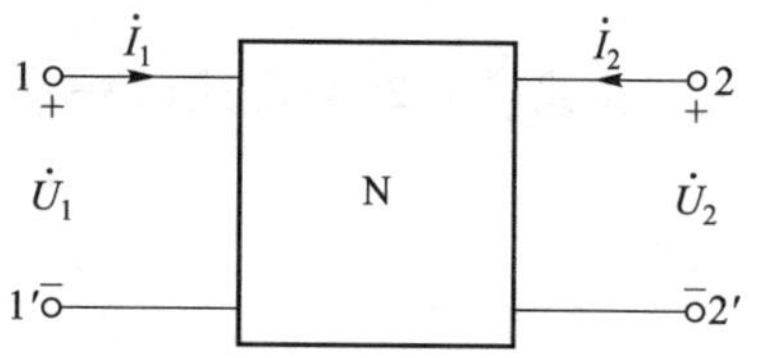

图 13-2-1　二端口网络的伏安特性

式(13-2-1)称为阻抗方程，也称为二端口网络的 Z 参数方程，式中 Z_{11}、Z_{12}、Z_{21}、Z_{22}称为二端口网络的 Z 参数，它们都具有阻抗的量纲。式(13-2-1)可以写成矩阵形式，即

$$\begin{bmatrix}\dot{U}_1\\ \dot{U}_2\end{bmatrix}=\begin{bmatrix}Z_{11} & Z_{12}\\ Z_{21} & Z_{22}\end{bmatrix}\begin{bmatrix}\dot{I}_1\\ \dot{I}_2\end{bmatrix}$$

上式中的系数矩阵称为 Z 参数矩阵，记为 $\boldsymbol{Z}$。Z_{11}、Z_{12}、Z_{21}、Z_{22}可以用下述方法计算或测试得到。

令端口 22′开路，即$\dot{I}_2=0$，在端口 11′施加电流源$\dot{I}_1$，由式(13-2-1)得

$$Z_{11}=\frac{\dot{U}_1}{\dot{I}_1}\bigg|_{\dot{I}_2=0} \tag{13-2-2}$$

$$Z_{21}=\frac{\dot{U}_2}{\dot{I}_1}\bigg|_{\dot{I}_2=0} \tag{13-2-3}$$

式中，Z_{11}——端口22′开路时端口11′的输入阻抗；

Z_{21}——端口22′开路时端口11′转移到端口22′的转移阻抗。

同理，令端口11′开路，即$\dot{I}_1=0$，在端口22′施加电流源$\dot{I}_2$，由式(13-2-1)得

$$Z_{12}=\frac{\dot{U}_1}{\dot{I}_2}\bigg|_{\dot{I}_1=0} \tag{13-2-4}$$

$$Z_{22}=\frac{\dot{U}_2}{\dot{I}_2}\bigg|_{\dot{I}_1=0} \tag{13-2-5}$$

式中，Z_{12}——端口11′开路时端口22′转移到端口11′的转移阻抗；

Z_{22}——端口11′开路时端口22′的输入阻抗。

由于Z参数都是在一个端口开路的情况下计算或测试得到，所以Z参数也称为开路阻抗参数。

例 13-1　求图13-2-2所示T形二端口网络的Z参数，设阻抗Z_1、Z_2和Z_3都为已知。

解　由式(13-2-2)和式(13-2-3)，得端口11′的输入阻抗

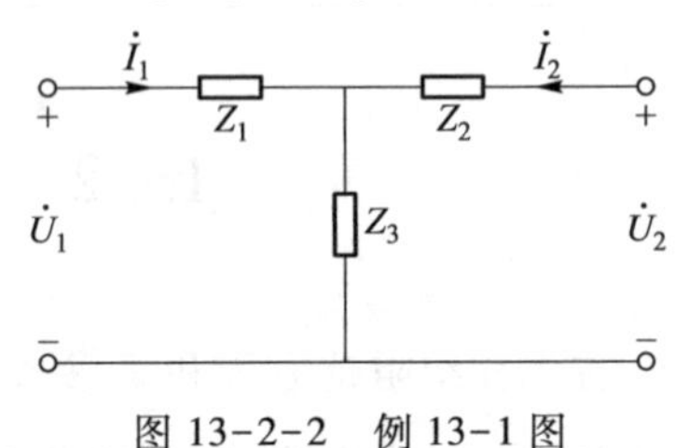

图13-2-2　例13-1图

$$Z_{11}=\frac{\dot{U}_1}{\dot{I}_1}\bigg|_{\dot{I}_2=0}=\frac{(Z_1+Z_3)\dot{I}_1}{\dot{I}_1}=Z_1+Z_3$$

转移阻抗

$$Z_{21}=\frac{\dot{U}_2}{\dot{I}_1}\bigg|_{\dot{I}_2=0}=\frac{Z_3\dot{I}_1}{\dot{I}_1}=Z_3$$

由式(13-2-4)和式(13-2-5)，得转移阻抗

$$Z_{12}=\frac{\dot{U}_1}{\dot{I}_2}\bigg|_{\dot{I}_1=0}=\frac{Z_3\dot{I}_2}{\dot{I}_2}=Z_3$$

端口22′的输入阻抗

$$Z_{22}=\frac{\dot{U}_2}{\dot{I}_2}\bigg|_{\dot{I}_1=0}=\frac{(Z_2+Z_3)\dot{I}_2}{\dot{I}_2}=Z_2+Z_3$$

通常Z参数并非总是相互独立的。本例中，$Z_{12}=Z_{21}=Z_3$，Z参数中只有三个是独立的。对于由线性R、$L(M)$、C元件所组成的任何无源二端口网络来说，根据互易定理，容易证明$Z_{12}=Z_{21}$总是成立的，称这种二端口网络为互易二端口网络。

如果将二端口网络的输入端口(端口11′)与输出端口(端口22′)对调后，其各端口电流、电压均不改变，这种二端口网络称为对称二端口网络。结构对称的不含受控源的二端口网络是对

称二端口网络。对称二端口网络 Z 参数除满足 $Z_{12}=Z_{21}$ 外，还满足 $Z_{11}=Z_{22}$，此时 Z 参数中只有两个是独立的。

例 13-2　求图 13-2-3 所示二端口网络的 Z 参数。

解　用网孔电流法求解

$$\dot{U}_1=(1+3)\dot{I}_1+3\dot{I}_2+4\dot{I}_1$$

$$\dot{U}_2=3\dot{I}_1+(1+3)\dot{I}_2+4\dot{I}_1$$

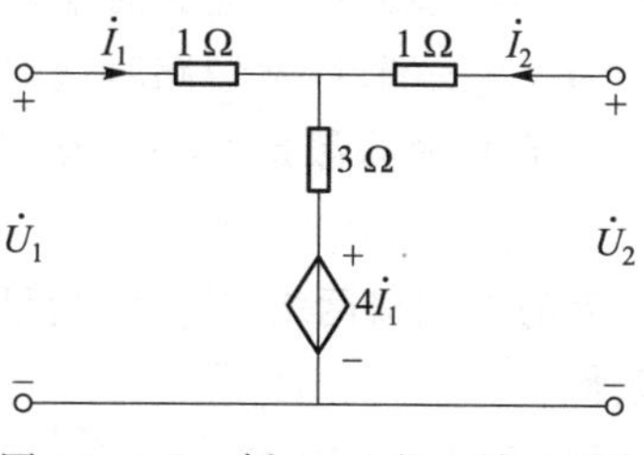

图 13-2-3　例 13-2 的二端口网络

整理后，得该二端口网络的阻抗方程

$$\dot{U}_1=8\dot{I}_1+3\dot{I}_2$$

$$\dot{U}_2=7\dot{I}_1+4\dot{I}_2$$

将上述方程与式(13-2-1)比较，可知 $Z_{11}=8\ \Omega$，$Z_{12}=3\ \Omega$，$Z_{21}=7\ \Omega$，$Z_{22}=4\ \Omega$。

本例也可根据式(13-2-2)～式(13-2-5)求得，但网孔电流法求解较容易。由计算结果可知，$Z_{12}\neq Z_{21}$，$Z_{11}\neq Z_{22}$，故此二端口网络的独立参数有四个。

下面介绍导纳方程和 Y 参数。对图 13-2-1 所示二端口网络，如果在其两个端口各施加一个电压源，电压分别为 $\dot{U}_1$ 和 $\dot{U}_2$，则根据叠加定理，$\dot{I}_1$、$\dot{I}_2$ 应等于各个电压源单独作用时所产生的电流之和，即

Y 参数及方程

$$\left.\begin{aligned}\dot{I}_1&=Y_{11}\dot{U}_1+Y_{12}\dot{U}_2\\\dot{I}_2&=Y_{21}\dot{U}_1+Y_{22}\dot{U}_2\end{aligned}\right\}\tag{13-2-6}$$

式(13-2-6)称为导纳方程，又称为二端口网络的 Y 参数方程，式中 Y_{11}、Y_{12}、Y_{21}、Y_{22} 称为二端口网络的 Y 参数，它们具有导纳的量纲。式(13-2-6)又可写成矩阵形式，即

$$\begin{bmatrix}\dot{I}_1\\\dot{I}_2\end{bmatrix}=\begin{bmatrix}Y_{11}&Y_{12}\\Y_{21}&Y_{22}\end{bmatrix}\begin{bmatrix}\dot{U}_1\\\dot{U}_2\end{bmatrix}$$

上式中的系数矩阵称为 Y 参数矩阵，记为 $\boldsymbol{Y}$。Y_{11}、Y_{12}、Y_{21}、Y_{22} 可以用下述方法计算或测试得到。

令端口 22′短路，即 $\dot{U}_2=0$，在端口 11′施加电压源 $\dot{U}_1$，由式(13-2-6)得

$$Y_{11}=\left.\frac{\dot{I}_1}{\dot{U}_1}\right|_{\dot{U}_2=0}\tag{13-2-7}$$

$$Y_{21}=\left.\frac{\dot{I}_2}{\dot{U}_1}\right|_{\dot{U}_2=0}\tag{13-2-8}$$

式中，Y_{11}——端口 22′短路时端口 11′的输入导纳；

Y_{21}——端口 22′短路时端口 11′转移到端口 22′的转移导纳。

同理，令端口 11′短路，即 $\dot{U}_1=0$，在端口 22′施加电压源 $\dot{U}_2$，由式(13-2-6)得

$$Y_{12}=\left.\frac{\dot{I}_1}{\dot{U}_2}\right|_{\dot{U}_1=0}\tag{13-2-9}$$

$$Y_{22}=\left.\frac{\dot{I}_2}{\dot{U}_2}\right|_{\dot{U}_1=0} \tag{13-2-10}$$

式中，Y_{12}——端口 11′短路时端口 22′转移到端口 11′的转移导纳；

Y_{22}——端口 11′短路时端口 22′的输入导纳。

由于 Y 参数都是在一个端口短路的情况下计算或测试得到，所以 Y 参数也称为短路导纳参数。

互易二端口网络，Y 参数满足 $Y_{12}=Y_{21}$。对称二端口网络，除满足 $Y_{12}=Y_{21}$ 外还满足 $Y_{11}=Y_{22}$ 的条件。

例 13-3 求图 13-2-4(a)所示二端口网络的 Y 参数。

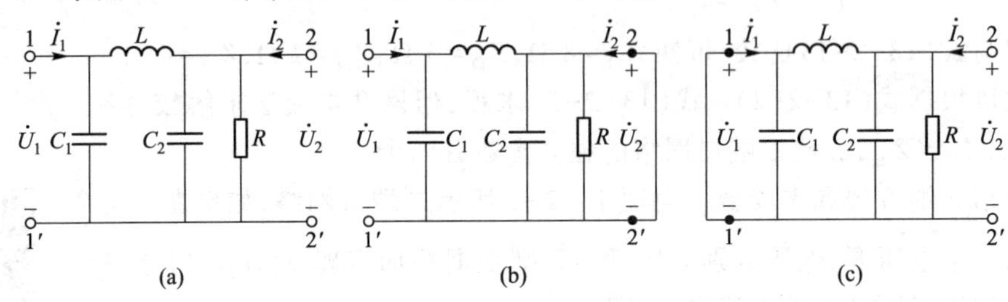

图 13-2-4 例 13-3 的二端口网络及其求解过程

解 将端口 22′短路，在端口 11′加电压源 $\dot{U}_1$，如图 13-2-4(b)所示。对节点 1 和 2 分别列出 KCL 方程，端口 11′的电流 $\dot{I}_1=\mathrm{j}\omega C_1\dot{U}_1+\frac{1}{\mathrm{j}\omega L}\dot{U}_1$。于是，端口 22′短路时端口 11′的输入导纳

$$Y_{11}=\left.\frac{\dot{I}_1}{\dot{U}_1}\right|_{\dot{U}_2=0}=\mathrm{j}\omega C_1+\frac{1}{\mathrm{j}\omega L}$$

端口 22′的电流

$$\dot{I}_2=-\frac{1}{\mathrm{j}\omega L}\dot{U}_1$$

于是端口 22′短路时转移导纳

$$Y_{21}=\left.\frac{\dot{I}_2}{\dot{U}_1}\right|_{\dot{U}_2=0}=-\frac{1}{\mathrm{j}\omega L}$$

同理，将端口 11′短路，在端口 22′加电压源 $\dot{U}_2$，如图 13-2-4(c)所示，于是可得

$$Y_{22}=\frac{1}{R}+\mathrm{j}\omega C_2+\frac{1}{\mathrm{j}\omega L}$$

$$Y_{12}=-\frac{1}{\mathrm{j}\omega L}$$

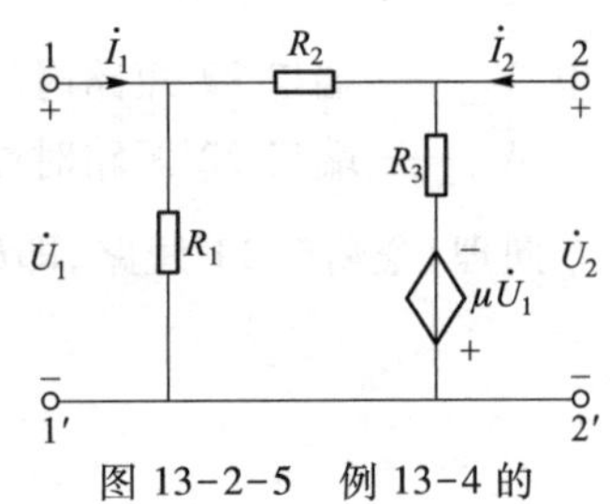

图 13-2-5 例 13-4 的二端口网络

由本例可知，$Y_{12}=Y_{21}$，所以该二端口网络是互易网络。若 $C_1=C_2$，$R\to\infty$，则 $Y_{11}=Y_{22}$，它变为对称二端口网络。

例 13-4 求图 13-2-5 所示二端口网络的 Y 参数。

解 此例可以继续如同上例，采用定义的方法来求参数。此

处，采用节点电压法来求。选1′(2′)点为参考点，列节点电压方程：

$$\left(\frac{1}{R_1}+\frac{1}{R_2}\right)\dot{U}_1-\frac{1}{R_2}\dot{U}_2=\dot{I}_1$$

$$-\frac{1}{R_2}\dot{U}_1+\left(\frac{1}{R_2}+\frac{1}{R_3}\right)\dot{U}_2=\dot{I}_2-\frac{\mu\dot{U}_1}{R_3}$$

整理后得

$$\dot{I}_1=\left(\frac{1}{R_1}+\frac{1}{R_2}\right)\dot{U}_1-\frac{1}{R_2}\dot{U}_2$$

$$\dot{I}_2=\left(\frac{\mu}{R_3}-\frac{1}{R_2}\right)\dot{U}_1+\left(\frac{1}{R_2}+\frac{1}{R_3}\right)\dot{U}_2$$

将上述方程与式(13-2-6)比较，得

$$Y_{11}=\frac{1}{R_1}+\frac{1}{R_2},\quad Y_{12}=-\frac{1}{R_2}$$

$$Y_{21}=\frac{\mu}{R_3}-\frac{1}{R_2},\quad Y_{22}=\frac{1}{R_2}+\frac{1}{R_3}$$

可见 $Y_{12}\neq Y_{21}$，故该二端口网络为非互易二端口网络。

另外从本例可以看出，采用节点电压法求解 Y 参数的过程更直接。

对于给定的二端口网络，有的只有 Z 参数，没有 Y 参数，如图 13-2-6(a)所示。也有的二端口网络却相反，没有 Z 参数，只有 Y 参数，如图 13-2-6(b)所示。还有的二端口网络既无 Z 参数，也无 Y 参数，如图 13-2-6(c)所示。对于大多数二端口网络，既可用 Z 参数表示，也可用 Y 参数表示，且 $\boldsymbol{Z}=\boldsymbol{Y}^{-1}$ 或 $\boldsymbol{Y}=\boldsymbol{Z}^{-1}$。此外还可用下述其他形式的参数表示。

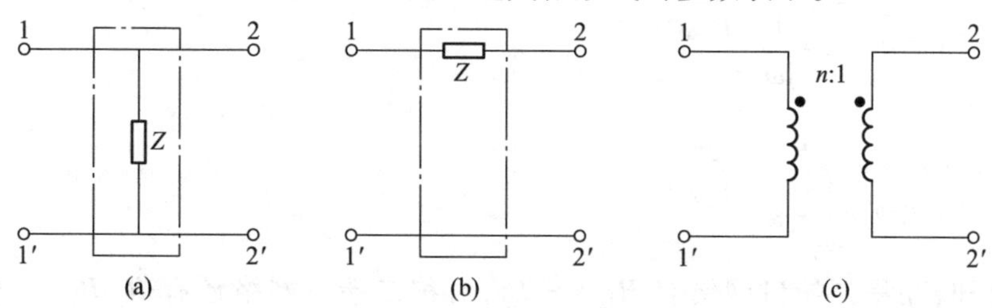

图 13-2-6 单个元件组成的二端口网络

下面介绍混合方程和 H 参数。对图 13-2-1 所示二端口网络，如果在其两个端口分别施加一个电流源 $\dot{I}_1$ 和一个电压源 $\dot{U}_2$，则根据叠加定理，$\dot{U}_1$ 和 $\dot{I}_2$ 应等于电流源 $\dot{I}_1$ 和电压源 $\dot{U}_2$ 单独作用时所产生的电压和电流之和，即

H 参数和方程

$$\left.\begin{aligned}\dot{U}_1&=H_{11}\dot{I}_1+H_{12}\dot{U}_2\\ \dot{I}_2&=H_{21}\dot{I}_1+H_{22}\dot{U}_2\end{aligned}\right\}\qquad(13-2-11)$$

式(13-2-11)称为混合方程，又称为二端口网络的 H 参数方程。式中 H_{11}、H_{12}、H_{21}、H_{22} 称为二端口网络的混合参数或 H 参数。H 参数在晶体管电路中获得广泛的应用。

式(13-2-11)可以写成矩阵形式，即

$$\begin{bmatrix}\dot{U}_1\\ \dot{I}_2\end{bmatrix}=\begin{bmatrix}H_{11} & H_{12}\\ H_{21} & H_{22}\end{bmatrix}\begin{bmatrix}\dot{I}_1\\ \dot{U}_2\end{bmatrix}$$

式中系数矩阵称为混合参数矩阵，记为 $\boldsymbol{H}$。H_{11}、H_{12}、H_{21}、H_{22} 可按下式计算或测试得到。

$$H_{11}=\left.\frac{\dot{U}_1}{\dot{I}_1}\right|_{\dot{U}_2=0}\qquad H_{12}=\left.\frac{\dot{U}_1}{\dot{U}_2}\right|_{\dot{I}_1=0}$$

$$H_{21}=\left.\frac{\dot{I}_2}{\dot{I}_1}\right|_{\dot{U}_2=0}\qquad H_{22}=\left.\frac{\dot{I}_2}{\dot{U}_2}\right|_{\dot{I}_1=0}$$

可以看出 H_{11} 的量纲为 Ω，H_{22} 的量纲为 S，H_{12} 和 H_{21} 分别为电压比和电流比，无量纲。

可以证明互易二端口网络有 $H_{12}=-H_{21}$，对称二端口网络还有 $H_{11}H_{22}-H_{12}H_{21}=1$。

例 13-5　求图 13-2-7 所示二端口网络的 H 参数。

图 13-2-7　例 13-5 的二端口网络

解　由式(13-2-11)，得

$$H_{11}=\left.\frac{\dot{U}_1}{\dot{I}_1}\right|_{\dot{U}_2=0}=\frac{1}{\mathrm{j}\omega}+\frac{1}{\mathrm{j}\omega+\frac{1}{\mathrm{j}\omega}}=\frac{1}{\mathrm{j}\omega}+\frac{\mathrm{j}\omega}{1-\omega^2}=\frac{1-2\omega^2}{\mathrm{j}\omega(1-\omega^2)}$$

$$H_{21}=\left.\frac{\dot{I}_2}{\dot{I}_1}\right|_{\dot{U}_2=0}=-\frac{\mathrm{j}\omega}{\mathrm{j}\omega+\frac{1}{\mathrm{j}\omega}}=\frac{\omega^2}{1-\omega^2}$$

$$H_{12}=\left.\frac{\dot{U}_1}{\dot{U}_2}\right|_{\dot{I}_1=0}=\frac{\mathrm{j}\omega}{\mathrm{j}\omega+\frac{1}{\mathrm{j}\omega}}=\frac{-\omega^2}{1-\omega^2}$$

$$H_{22}=\left.\frac{\dot{I}_2}{\dot{U}_2}\right|_{\dot{I}_1=0}=\frac{1}{\frac{1}{\mathrm{j}\omega}+\mathrm{j}\omega}=\frac{\mathrm{j}\omega}{1-\omega^2}$$

由本例可知，互易二端口网络有 $H_{12}=-H_{21}$，对称二端口网络还有 $H_{11}H_{22}-H_{12}H_{21}=1$。

T 参数及方程

最后介绍传输方程和 T 参数。在电力和电信传输中，分析二端口网络时经常用到下式：

$$\left.\begin{aligned}\dot{U}_1&=A\,\dot{U}_2+B(-\dot{I}_2)\\ \dot{I}_1&=C\,\dot{U}_2+D(-\dot{I}_2)\end{aligned}\right\}\qquad(13\text{-}2\text{-}12)$$

注意，这里 $\dot{I}_2$ 的参考方向仍按图 13-2-1 所标示，规定为流入二端口网络的端钮 2。式中

$$A=\left.\frac{\dot{U}_1}{\dot{U}_2}\right|_{\dot{I}_2=0}\qquad B=\left.\frac{\dot{U}_1}{-\dot{I}_2}\right|_{\dot{U}_2=0}$$

$$C=\left.\frac{\dot{I}_1}{\dot{U}_2}\right|_{\dot{I}_2=0}\qquad D=\left.\frac{\dot{I}_1}{-\dot{I}_2}\right|_{\dot{U}_2=0}$$

其中 A、B、C、D 参数也常称为传输参数 T 参数，分别反映两个端口之间电压、电流关系，因而都具有转移性质。其中 A 和 D 分别为电压比和电流比，无量纲，B 为电阻的量纲，C 为电导的量纲。式(13-2-12)称为传输方程。传输方程的矩阵形式如下：

$$\begin{bmatrix}\dot{U}_1\\ \dot{I}_1\end{bmatrix}=\begin{bmatrix}A & B\\ C & D\end{bmatrix}\begin{bmatrix}\dot{U}_2\\ -\dot{I}_2\end{bmatrix}$$

上式中系数矩阵称为传输矩阵或 T 参数矩阵，记为 $\boldsymbol{T}$。

可以证明互易二端口网络有 $AD-BC=1$，对称二端口网络 T 参数还应满足 $A=D$。

例 13-6　求图 13-2-8 所示理想变压器的 T 参数。

解　在第 9 章中已讨论过理想变压器的电压、电流关系。在图 13-2-8所示电压、电流的参考方向和同名端情况下，有

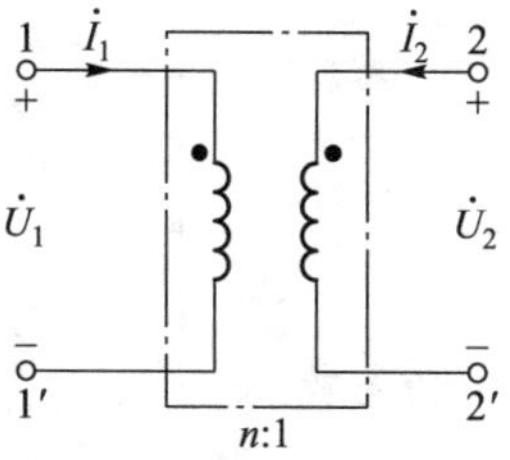

$$\dot{U}_1=n\dot{U}_2,\dot{I}_1=-\frac{1}{n}\dot{I}_2$$

图 13-2-8　例 13-6 的二端口网络

与 T 参数方程式(13-2-12)比较，可知

$$A=\left.\frac{\dot{U}_1}{\dot{U}_2}\right|_{\dot{I}_2=0}=n\qquad B=\left.\frac{\dot{U}_1}{-\dot{I}_2}\right|_{\dot{U}_2=0}=0$$

$$C=\left.\frac{\dot{I}_1}{\dot{U}_2}\right|_{\dot{I}_2=0}=0\qquad D=\left.\frac{\dot{I}_1}{-\dot{I}_2}\right|_{\dot{U}_2=0}=1/n$$

可见，$AD-BC=1$，故理想变压器为互易二端口网络。

前面共介绍了二端口网络的四种参数，即 Z 参数、Y 参数、H 参数和 T 参数（还有两种参数，与 H 参数和 T 参数类似，只是将两个端口的变量进行了互换，这里不做讨论）。如果已知二端口网络的某种参数（例如 Z 参数），可以求出该二端口网络的其他参数（例如 H 参数），其方法是首先写出已知参数的对应方程

$$\dot{U}_1=Z_{11}\dot{I}_1+Z_{12}\dot{I}_2 \tag{13-2-13}$$

$$\dot{U}_2=Z_{21}\dot{I}_1+Z_{22}\dot{I}_2 \tag{13-2-14}$$

然后对上述方程整理出所求参数对应方程的形式。对式(13-2-14)有

$$\dot{I}_2=\frac{1}{Z_{22}}(-Z_{21}\dot{I}_1+\dot{U}_2) \tag{13-2-15}$$

将 $\dot{I}_2$ 值代入式(13-2-13)，整理后，得

$$\dot{U}_1=\left(Z_{11}-\frac{Z_{12}Z_{21}}{Z_{22}}\right)\dot{I}_1+\frac{Z_{12}}{Z_{22}}\dot{U}_2 \tag{13-2-16}$$

将式(13-2-15)(13-2-16)与式(13-2-11)比较，可知

$$H_{11}=Z_{11}-\frac{Z_{12}Z_{21}}{Z_{22}},\qquad H_{12}=\frac{Z_{12}}{Z_{22}}$$

$$H_{21}=-\frac{Z_{21}}{Z_{22}}\qquad\qquad H_{22}=\frac{1}{Z_{22}}$$

其他各参数之间的关系,也可用同样方法推出。表13-2-1列出了四种参数之间的换算关系,以备查用。

表13-2-1 二端口网络参数之间的关系

	用 Z 参数表示	用 Y 参数表示	用 H 参数表示	用 T 参数表示
Z 参数	$\begin{matrix} Z_{11} & Z_{12} \\ Z_{21} & Z_{22}\end{matrix}$	$\begin{matrix} \frac{Y_{22}}{\Delta Y} & -\frac{Y_{12}}{\Delta Y} \\ -\frac{Y_{21}}{\Delta Y} & \frac{Y_{11}}{\Delta Y}\end{matrix}$	$\begin{matrix} \frac{\Delta H}{H_{22}} & \frac{H_{12}}{H_{22}} \\ -\frac{H_{21}}{H_{22}} & \frac{1}{H_{22}}\end{matrix}$	$\begin{matrix} \frac{A}{C} & \frac{\Delta T}{C} \\ \frac{1}{C} & \frac{D}{C}\end{matrix}$
Y 参数	$\begin{matrix} \frac{Z_{22}}{\Delta Z} & -\frac{Z_{12}}{\Delta Z} \\ -\frac{Z_{21}}{\Delta Z} & \frac{Z_{11}}{\Delta Z}\end{matrix}$	$\begin{matrix} Y_{11} & Y_{12} \\ Y_{21} & Y_{22}\end{matrix}$	$\begin{matrix} \frac{1}{H_{11}} & -\frac{H_{12}}{H_{11}} \\ \frac{H_{21}}{H_{11}} & \frac{\Delta H}{H_{11}}\end{matrix}$	$\begin{matrix} \frac{D}{B} & -\frac{\Delta T}{B} \\ -\frac{1}{B} & \frac{A}{B}\end{matrix}$
H 参数	$\begin{matrix} \frac{\Delta Z}{Z_{22}} & \frac{Z_{12}}{Z_{22}} \\ -\frac{Z_{21}}{Z_{22}} & \frac{1}{Z_{22}}\end{matrix}$	$\begin{matrix} \frac{1}{Y_{11}} & -\frac{Y_{12}}{Y_{11}} \\ \frac{Y_{21}}{Y_{11}} & \frac{\Delta Y}{Y_{11}}\end{matrix}$	$\begin{matrix} H_{11} & H_{12} \\ H_{21} & H_{22}\end{matrix}$	$\begin{matrix} \frac{B}{D} & \frac{\Delta T}{D} \\ -\frac{1}{D} & \frac{C}{D}\end{matrix}$
T 参数	$\begin{matrix} \frac{Z_{11}}{Z_{21}} & \frac{\Delta Z}{Z_{21}} \\ \frac{1}{Z_{21}} & \frac{Z_{22}}{Z_{21}}\end{matrix}$	$\begin{matrix} -\frac{Y_{22}}{Y_{21}} & -\frac{1}{Y_{21}} \\ -\frac{\Delta Y}{Y_{21}} & -\frac{Y_{11}}{Y_{21}}\end{matrix}$	$\begin{matrix} -\frac{\Delta H}{H_{21}} & -\frac{H_{11}}{H_{21}} \\ -\frac{H_{22}}{H_{21}} & -\frac{1}{H_{21}}\end{matrix}$	$\begin{matrix} A & B \\ C & D\end{matrix}$
互易网络	$Z_{12}=Z_{21}$	$Y_{12}=Y_{21}$	$H_{12}=-H_{21}$	$\Delta T=1$
对称网络	$Z_{12}=Z_{21}$ $Z_{11}=Z_{22}$	$Y_{12}=Y_{21}$ $Y_{11}=Y_{22}$	$H_{12}=-H_{21}$ $\Delta H=1$	$\Delta T=1$ $A=D$

注:表中,

$$\Delta Z=\begin{vmatrix} Z_{11} & Z_{12} \\ Z_{21} & Z_{22}\end{vmatrix}=Z_{11}Z_{22}-Z_{12}Z_{21},\Delta Y=\begin{vmatrix} Y_{11} & Y_{12} \\ Y_{21} & Y_{22}\end{vmatrix}=Y_{11}Y_{22}-Y_{12}Y_{21}$$

$$\Delta H=\begin{vmatrix} H_{11} & H_{12} \\ H_{21} & H_{22}\end{vmatrix}=H_{11}H_{22}-H_{12}H_{21},\Delta T=\begin{vmatrix} A & B \\ C & D\end{vmatrix}=AD-BC$$

思考与练习

13-2-1 如果二端口网络参数满足 $Y_{12}=Y_{21}$,则必然有 $Z_{12}=Z_{21}$,$AD-BC=1$,$H_{12}=-H_{21}$ 吗?

13-2-2 如果知道二端口网络的一种参数,就可以求出其他三种参数吗?

13-2-3 证明不含受控源的线性无源二端口网络都是互易的。

13-2-4 任何二端口网络都会有 Z、Y 参数吗?如不是,请举出例子。

13-2-5　电路如题 13-2-5 图所示，求 T 参数和 H 参数。

题 13-2-5 图

13.3　二端口网络的等效电路

二端口网络的等效电路

任何一个线性无独立源一端口网络，不管内部如何复杂，从外部的电性能来看，总可以用一个阻抗（或导纳）来等效替代。同理，对于一个线性无独立源二端口网络，也可寻找一个最简单的线性无源二端口网络来等效替代而不改变外部的电性能。一个二端口网络的等效电路一定与原二端口网络有相同的端口特性，具有相同的二端口网络参数。尽管每个二端口网络可能（非必然）有六种不同的参数，但总可以用简单形式 T 形或 π 形等效电路来等效。建立等效电路的方法是，列相应参数的方程，根据方程画出等效电路，或者变换参数方程，再根据变换的方程画出等效电路。这里仅讨论根据常用的 Z 参数、Y 参数和 H 参数建立等效电路的方法。

首先研究二端口网络的 Z 参数等效电路。

由式（13-2-1），二端口网络的 Z 参数方程为

$$\dot{U}_1=Z_{11}\dot{I}_1+Z_{12}\dot{I}_2$$
$$\dot{U}_2=Z_{21}\dot{I}_1+Z_{22}\dot{I}_2$$

此方程实质上是一组 KVL 方程，因此可画出含有双受控源的 Z 参数等效电路，如图 13-3-1（a）所示。

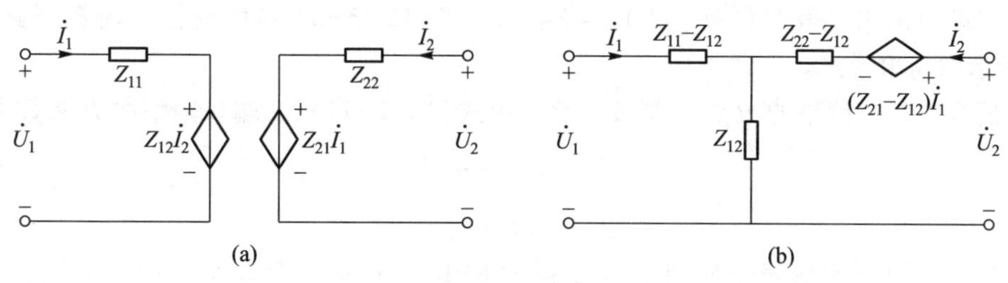

图 13-3-1　二端口网络的 Z 参数等效电路

若将上式进行适当变换，可得

$$\left.\begin{aligned}\dot{U}_1&=(Z_{11}-Z_{12})\dot{I}_1+Z_{12}(\dot{I}_1+\dot{I}_2)\\ \dot{U}_2&=(Z_{22}-Z_{12})\dot{I}_2+Z_{12}(\dot{I}_1+\dot{I}_2)+(Z_{21}-Z_{12})\dot{I}_1\end{aligned}\right\}\tag{13-3-1}$$

由式(13-3-1)可建立图 13-3-1(b)所示的单受控源的 Z 参数等效电路。这种电路具有 T 形结构，称为 T 形等效电路。还有其他形式的单受控源的 Z 参数等效电路，留给读者自推。

如果二端口网络是互易网络，则 $Z_{12}=Z_{21}$，那么图 13-3-1(b)中受控电压源短路，变为图 13-3-2 所示的简单形式。

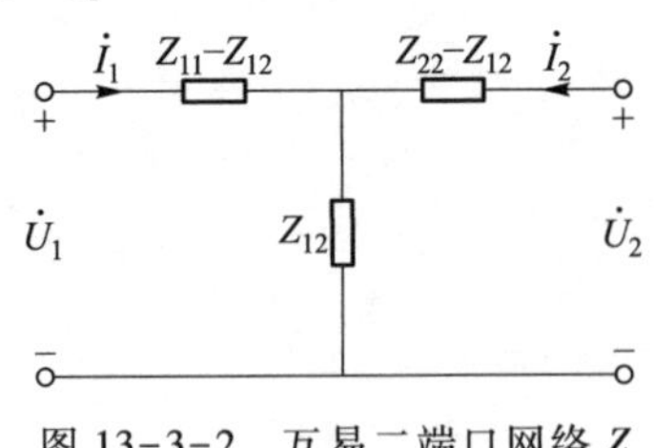

图 13-3-2　互易二端口网络 Z 参数 T 形等效电路

其次研究二端口网络的 Y 参数等效电路。

由式(13-2-6)，二端口网络的 Y 参数方程为

$$\begin{aligned}\dot{I}_1&=Y_{11}\dot{U}_1+Y_{12}\dot{U}_2\\ \dot{I}_2&=Y_{21}\dot{U}_1+Y_{22}\dot{U}_2\end{aligned}$$

此方程实质上是一组 KCL 方程，由此可画出含有双受控源的 Y 参数等效电路，如图 13-3-3(a)所示。

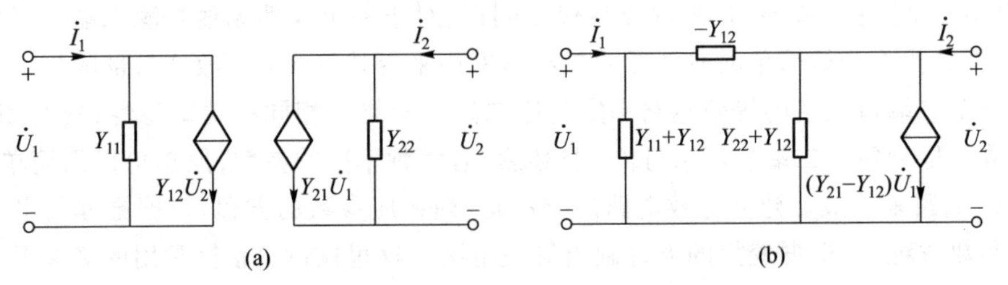

图 13-3-3　二端口网络的 Y 参数等效电路

若将上式进行适当变换，可得

$$\left.\begin{aligned}\dot{I}_1&=(Y_{11}+Y_{12})\dot{U}_1-Y_{12}(\dot{U}_1-\dot{U}_2)\\ \dot{I}_2&=(Y_{22}+Y_{12})\dot{U}_2-Y_{12}(\dot{U}_2-\dot{U}_1)+(Y_{21}-Y_{12})\dot{U}_1\end{aligned}\right\}\tag{13-3-2}$$

由式(13-3-2)可建立图 13-3-3(b)所示的单受控源 Y 参数等效电路。这种电路具有 π 形结构，称为 π 形等效电路。

如果二端口网络是互易网络，则 $Y_{12}=Y_{21}$，那么图 13-3-3(b)中受控电流源开路，变为图 13-3-4所示的简单形式。

最后研究二端口网络的 H 参数等效电路。由式(13-2-11)，二端口网络的 H 参数方程为

$$\begin{aligned}\dot{U}_1&=H_{11}\dot{I}_1+H_{12}\dot{U}_2\\ \dot{I}_2&=H_{21}\dot{I}_1+H_{22}\dot{U}_2\end{aligned}$$

二端口网络用 H 参数表征时，第一个方程为 KVL 方程，第二个方程为 KCL 方程。由此可画出二端口网络的 H 参数等效电路如图 13-3-5 所示。

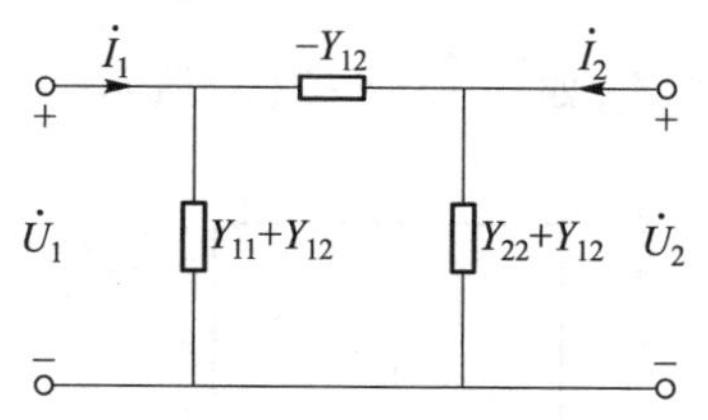

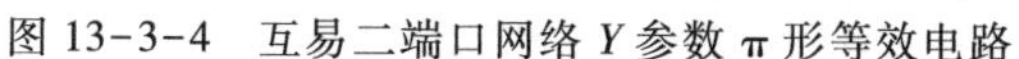

图 13-3-4　互易二端口网络 Y 参数 π 形等效电路

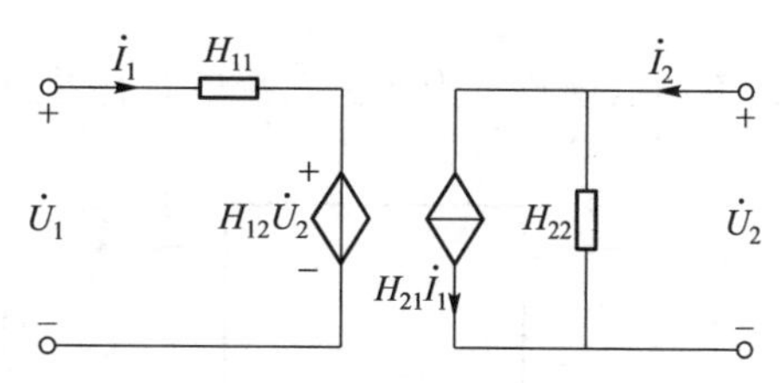

图 13-3-5　二端口网络的 H 参数等效电路

需指出的是，若各参数方程可等效变换，则总存在其相应的 T 形或 π 形等效电路，读者可自行练习。

思考与练习

13-3-1　T 形等效电路只能够从 Z 参数方程得到吗？请简述理由。

13-3-2　如果一个二端口网络的参数方程和另一个二端口网络的参数方程相同，则该两个二端口网络相互等效吗？请简述理由。

13-3-3　已知二端口网络的 Y 参数为 $Y_{11}=5\text{ S}$，$Y_{12}=-2\text{ S}$，$Y_{21}=0$，$Y_{22}=3\text{ S}$。求该电路的 π 形等效电路。

13.4　二端口网络的网络函数

具有端接二端口网络的输入阻抗与输出阻抗

在工程上大多数二端口网络如放大器、滤波器等都是接在信号源和负载之间，完成输入到特定输出的功能，如图 13-4-1 所示。当端口 11′外加输入电源且无内阻抗、端口 22′不接负载时，称此二端口网络为“无端接”的；当只考虑 Z_s 或 Z_L 时，称此二端口网络为“单端接”的，当同时考虑 Z_s 和 Z_L 时，称此二端口网络为“双端接”的。

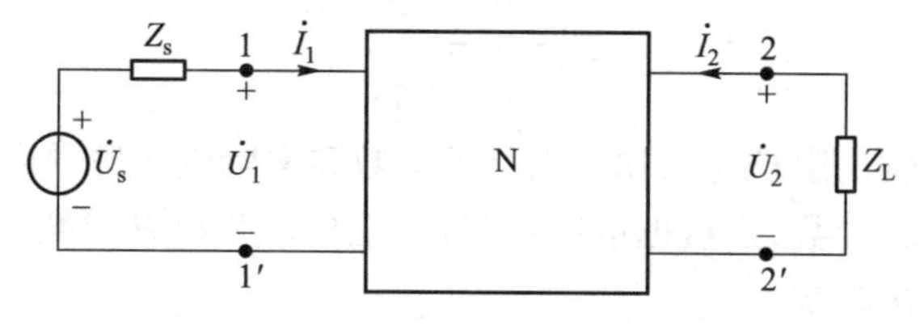

图 13-4-1　双端接的二端口网络

讨论正弦稳态二端口网络时，其网络函数是响应相量和激励相量之比，记为 $H(\mathrm{j}\omega)$。若响应相量和激励相量属于同一端口，则称该二端口的网络函数为策动点函数，否则称为转移函数。策动点函数又分为策动点阻抗函数和策动点导纳函数，转移函数又分为转移阻抗函数、转移导纳函数、电压转移函数和电流转移函数。

首先讨论具有端接的二端口网络的策动点函数。对图 13-4-1 所示二端口网络，二端口输入端口策动点函数$\dfrac{\dot{U}_1}{\dot{I}_1}$为从输入端口向右看进去的输入阻抗 Z_i，如图 13-4-2(a)所示。

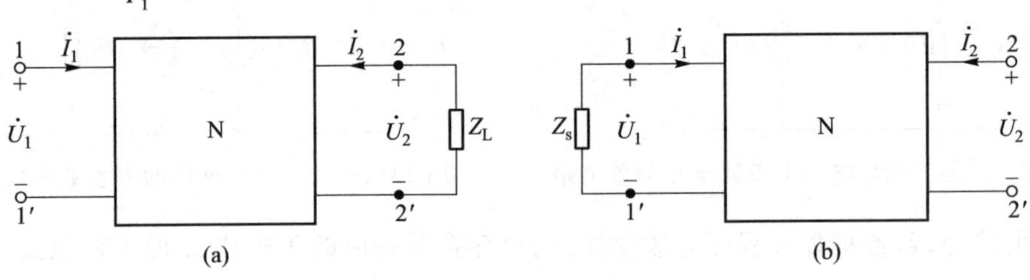

图 13-4-2 输入阻抗和输出阻抗

如果二端口网络用传输参数表示，则由式(13-2-12)，有

$$Z_i=\frac{\dot{U}_1}{\dot{I}_1}=\frac{A\,\dot{U}_2-B\,\dot{I}_2}{C\,\dot{U}_2-D\,\dot{I}_2}$$

因为

$$\dot{U}_2=-Z_L\,\dot{I}_2$$

故

$$Z_i=\frac{AZ_L+B}{CZ_L+D} \tag{13-4-1}$$

上式表明输入阻抗不仅与二端口网络的参数有关，而且与负载阻抗有关。对于不同的二端口网络，Z_i 与 Z_L 的关系不同，因此二端口网络具有变换阻抗的作用。

如果移去电压源$\dot{U}_s$和负载 Z_L，但保留实际电压源的内阻抗 Z_s。这时在输出端口加一电压源$\dot{U}_2$，如图 13-4-2(b)所示，输出端口策动点函数$\dfrac{\dot{U}_2}{\dot{I}_2}$为从输出端口向左看进去的输出阻抗 Z_o，即戴维南等效阻抗。

由式(13-2-12)，考虑到输入端口$\dot{U}_1=-Z_s\,\dot{I}_1$，经化简整理，可得

$$Z_o=\frac{\dot{U}_2}{\dot{I}_2}=\frac{DZ_s+B}{CZ_s+A} \tag{13-4-2}$$

上式表明二端口网络的输出阻抗与二端口网络的参数和实际电压源的内阻抗有关。

上面分析用的是传输参数，当然也可以用其他参数(Z、Y 和 H 参数)来表示具有端接的二端口网络的输入阻抗和输出阻抗。

引入输入阻抗、输出阻抗概念后，会给电路分析带来方便。如图 13-4-3(a)所示电路，当分析输入端口的某些问题时，可以用图 13-4-3(b)所示的等效电路来分析；而当分析输出端口的问题时，可以用图 13-4-3(c)所示的等效电路来分析。注意，此时的$\dot{U}'_s$为输出端口开路时的开路电压$\dot{U}_{oc}$。

其次讨论无端接的二端口网络的转移函数。端口 22′开路的转移电压比 K_U 和转移阻抗 Z_T，若用 Z 参数来表示，则根据$\dot{I}_2=0$，由式(13-2-1)分别可得

$$K_U=\dot{U}_2/\dot{U}_1=Z_{21}/Z_{11}$$

具有端接二端口网络的转移函数

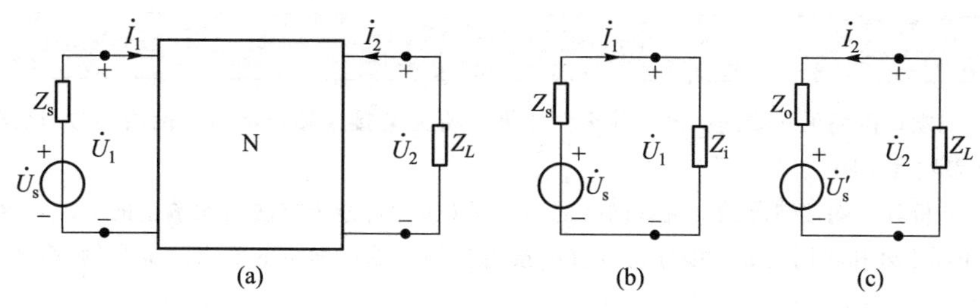

图 13-4-3 应用等效电路来分析具有端接的二端口网络

$$Z_T=\dot{U}_2/\dot{I}_1=Z_{21}$$

端口 22′短路的转移电流比 K_I 和转移导纳 Y_T，若用 Z 参数来表示，根据 $\dot{U}_2=0$，由式(13-2-1)分别可得

$$K_I=\dot{I}_2/\dot{I}_1=-Z_{21}/Z_{22}$$

$$Y_T=\dot{I}_2/\dot{U}_1=-\frac{Z_{21}}{Z_{11}Z_{22}-Z_{12}Z_{21}}$$

上述二端口的网络函数也可由 T 参数、H 参数导出。

最后考虑二端口网络输出端接有负载阻抗 Z_L 的“单端接”情况的转移阻抗。此时，转移函数不仅与二端口网络参数有关，还与端接阻抗 Z_L 有关。因此，除了应用二端口网络的参数方程以外，还需应用输出端所接负载的伏安关系式。

例如，求转移电压比，若用 Z 参数来表示，有

$$\dot{U}_1=Z_{11}\dot{I}_1+Z_{12}\dot{I}_2 \tag{13-4-3}$$

$$\dot{U}_2=Z_{21}\dot{I}_1+Z_{22}\dot{I}_2 \tag{13-4-4}$$

且负载的伏安关系式

$$\dot{U}_2=-Z_L\dot{I}_2 \tag{13-4-5}$$

将式(13-4-5)代入式(13-4-4)后，得

$$-Z_L\dot{I}_2=Z_{21}\dot{I}_1+Z_{22}\dot{I}_2 \tag{13-4-6}$$

联立求解式(13-4-3)和式(13-4-6)，得

$$\dot{I}_2=-\frac{\dot{U}_1Z_{21}}{Z_{11}(Z_L+Z_{22})-Z_{12}Z_{21}}$$

故此时转移电压比

$$K_U=\frac{\dot{U}_2}{\dot{U}_1}=\frac{-Z_L\dot{I}_2}{\dot{U}_1}=\frac{Z_{21}Z_L}{Z_{11}(Z_L+Z_{22})-Z_{12}Z_{21}}$$

由上式可知，此时转移函数与 Z 参数、负载 Z_L 有关。若进一步讨论双端接的二端口网络时，则除了应用二端口网络的参数方程和负载的伏安关系式外，还需应用输入端口的伏安关系，即

$$\dot{U}_1=\dot{U}_s-Z_s\dot{I}_1$$

此时转移函数与 Z 参数、Z_L 和 Z_s 均有关，读者可自行推导出其结果。

思考与练习

13-4-1　二端口网络无端接的概念是什么？如果分析无端接二端口网络的网络函数，该网络函数可以用二端口网络参数表示吗？

13-4-2　分析具有端接情况的二端口网络的网络函数时，其分析方法与无端接的二端口网络分析方法相比，有哪些相同之处和不同之处？以分析具有端接情况的二端口网络的输入阻抗为例，简述分析方法，指出该阻抗和哪些因素有关。

13-4-3　电路如题 13-4-3 图所示，其中二端口网络传输参数矩阵为 $\boldsymbol{T}=\begin{bmatrix}2 & 6\ \Omega\\ 1\ \mathrm{S} & 3\end{bmatrix}$，求输入阻抗 Z_{i}。

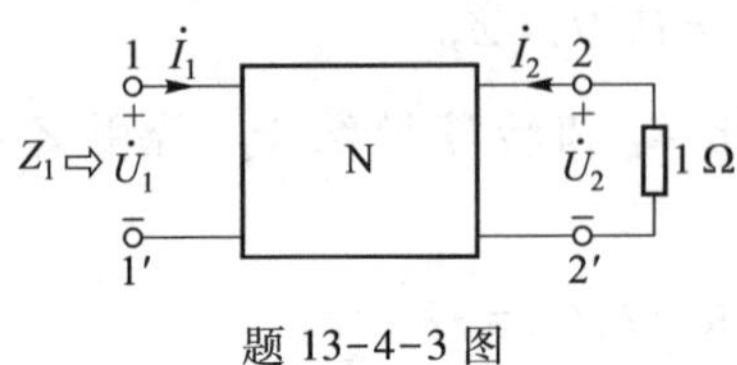

题 13-4-3 图

13.5　二端口网络的特性阻抗与实验参数

二端口网络的特性阻抗

为使负载获得尽可能大的功率，通常要求二端口网络的输入阻抗 Z_{i} 等于电源内阻抗 Z_{s}，输出阻抗 Z_{o} 等于负载阻抗 Z_{L}，即阻抗匹配。为此引入特性阻抗概念。

从上一节式(13-4-1)、式(13-4-2)可知具有端接的二端口网络的输入阻抗 Z_{i} 与网络参数及负载阻抗 Z_{L} 有关，二端口网络的输出阻抗 Z_{o} 与网络参数及电源内阻抗 Z_{s} 有关。改变 Z_{L}、Z_{s} 可改变输入阻抗 Z_{i} 和输出阻抗 Z_{o}。

在一般情况下，具有端接的二端口网络的输入阻抗 Z_{i} 与电源内阻抗 Z_{s} 是不相等的；其输出阻抗 Z_{o} 与负载阻抗 Z_{L} 也是不相等的。但如果改变 Z_{s} 及 Z_{L} 的值，使它们与二端口网络参数间满足一定关系，也可同时使

$$Z_{\mathrm{i}}=Z_{\mathrm{s}}\qquad Z_{\mathrm{o}}=Z_{\mathrm{L}}$$

按上述要求，可画出图 13-5-1 所示电路。

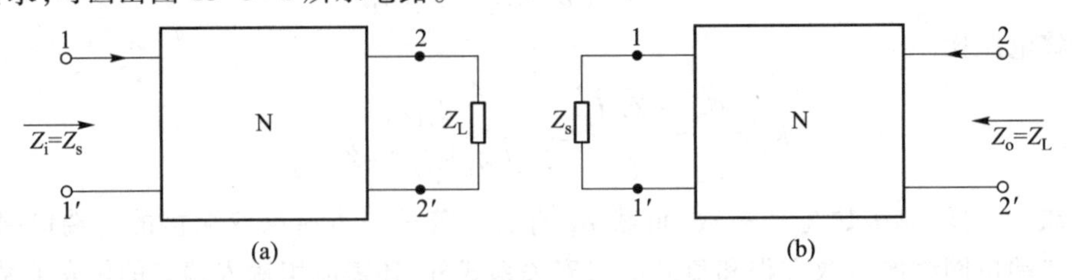

图 13-5-1　求特性阻抗的电路图

重写式(13-4-1)和式(13-4-2)

$$Z_{\mathrm{i}}=\frac{AZ_{\mathrm{L}}+B}{CZ_{\mathrm{L}}+D}\tag{13-5-1}$$

$$Z_o=\frac{DZ_s+B}{CZ_s+A} \tag{13-5-2}$$

当一个无源线性二端口网络的输出端口接上某一阻抗 $Z_L=Z_{c2}$时，从网络的输入端向其终端看去的输入阻抗为 $Z_i=Z_{c1}$；当输入端口接以内阻为 $Z_s=Z_{c1}$ 的电源时，由网络的输出端向其输入端看去的网络输出阻抗为 $Z_o=Z_{c2}$，称这样两个特定的阻抗 Z_{c1}、Z_{c2}为二端口网络的输入特性阻抗和输出特性阻抗，又称为影像阻抗。

当二端口网络对称时，由于 $A=D$，式(13-5-2)就变为

$$Z_o=\frac{AZ_s+B}{CZ_s+D} \tag{13-5-3}$$

由式(13-5-1)和式(13-5-3)可知在 $Z_L=Z_s$ 的情况下有 $Z_i=Z_o$。如果让 $Z_L(=Z_s)$为某一值 Z_c 时，恰好使 $Z_i(=Z_o)$也等于 Z_c，则有 $Z_c=\dfrac{AZ_c+B}{CZ_c+D}$，可解得

$$Z_c=\sqrt{\frac{B}{C}} \tag{13-5-4}$$

Z_c 仅由二端口网络的本身参数来确定，故称 Z_c 为对称二端口网络的特性阻抗。

由上所述，对于对称二端口网络，若在 22′(11′)处接上特性阻抗 Z_c，则从 11′(22′)处看进去的输入阻抗恰为这个 Z_c，故 Z_c 又称重复阻抗。

对称二端口网络的特性阻抗 Z_c 除了可用式(13-5-4)来求得外，一般还可用实验参数来求得。

对于式(13-5-1)，当 $Z_L=\infty$ 和 $Z_L=0$ 时，Z_i 就是输出端口开路和短路时的输入阻抗，分别用 $Z_{i\infty}$和 Z_{i0}表示，得

$$Z_{i\infty}=A/C$$

$$Z_{i0}=B/D$$

同理，对于式(13-5-2)，当 $Z_s=\infty$ 和 $Z_s=0$ 时，Z_o 就是输入端口开路和短路时的输出阻抗 Z_o，分别用 $Z_{o\infty}$ 和 Z_{o0}表示，得

$$Z_{o\infty}=D/C$$

$$Z_{o0}=B/A$$

对于对称二端口网络，$Z_{i\infty}=Z_{o\infty}=Z_\infty$，$Z_{i0}=Z_{o0}=Z_0$，得

$$Z_c=\sqrt{\frac{B}{C}}=\sqrt{Z_{i\infty}\cdot Z_{i0}}=\sqrt{Z_{o\infty}\cdot Z_{o0}}=\sqrt{Z_\infty\cdot Z_0} \tag{13-5-5}$$

上式中 $Z_{i\infty}$、$Z_{o\infty}$、Z_{i0}和 Z_{o0}便于用实验方法测量得到，所以称它们为实验参数。式(13-5-5)常用来计算特性阻抗 Z_c。

例 13-7 求图 13-5-2 所示 T 形网络特性阻抗 Z_c。

解 由图 13-5-2 可见，网络为对称网络，根据式(13-5-5)可知

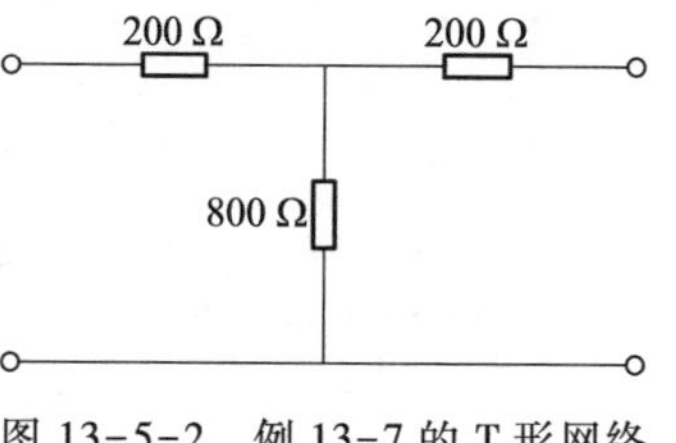

图 13-5-2 例 13-7 的 T 形网络

$$Z_\infty=(200+800)\ \Omega=1\ 000\ \Omega$$

$$Z_0=[200+800\times 200/(800+200)]\ \Omega=360\ \Omega$$

所以特性阻抗

$$Z_c=\sqrt{Z_\infty\cdot Z_0}=\sqrt{1\ 000\times 360}\ \Omega=600\ \Omega$$

思考与练习

13-5-1　怎样理解二端口网络的特性阻抗？Z_{c1}、Z_{c2}的值为多少？二端口网络的特性阻抗在网络的信号传输方面有何应用价值？

13-5-2　对称二端口网络的特性阻抗和哪些因素有关？

13-5-3　求题13-5-3图所示二端口网络的特性阻抗 Z_C。

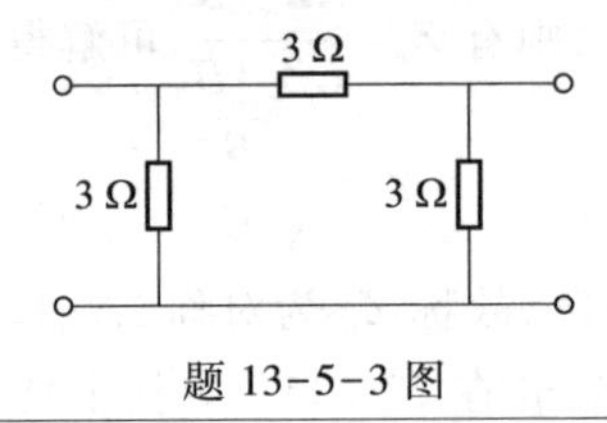

题13-5-3图

13.6　二端口网络的连接

二端口网络的级联

二端口网络的连接比一端口网络的连接复杂，不但有串联、并联和级联，而且还有串并联、并串联。本节主要讨论两个二端口网络级联、串联和并联三种不同的连接方式（分别如图13-6-1(a)、(b)、(c)所示），分析复合的二端口网络的参数与部分二端口网络参数的关系。

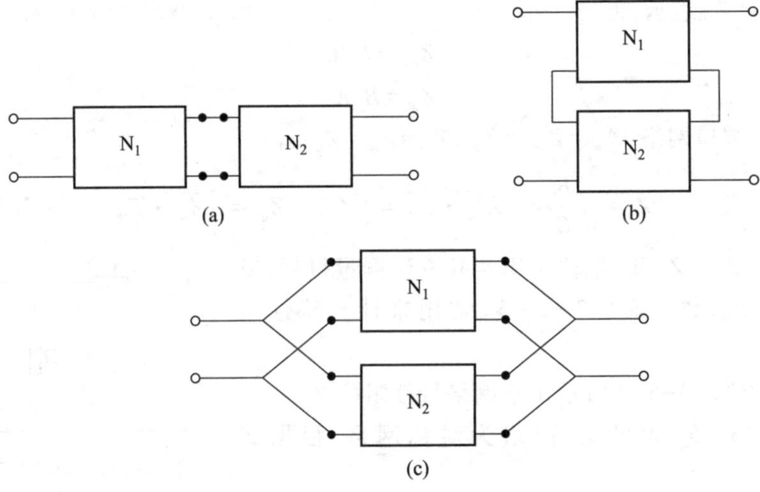

图13-6-1　二端口网络的连接

当一个二端口网络的输出端口与下一个二端口网络的输入端口相连接时，称这两个二端口网络级联，它们构成了一个复合二端口网络，如图 13-6-2 所示。

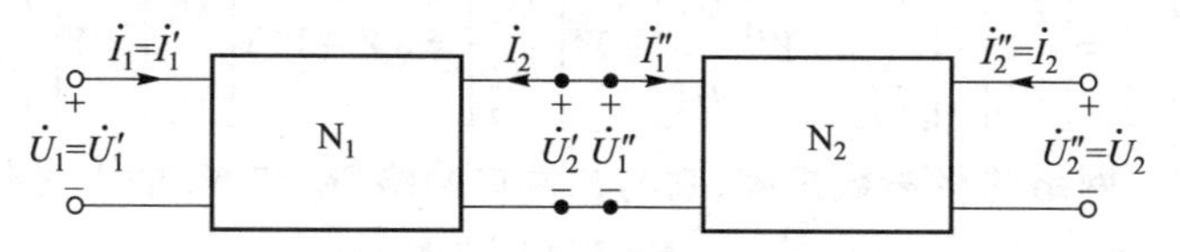

图 13-6-2 二端口网络的级联

对于二端口网络的级联，采用 T 参数分析比较方便。在图 13-6-2 中，由于

$$\dot{U}_1=\dot{U}'_1, \dot{U}'_2=\dot{U}''_1, \dot{U}''_2=\dot{U}_2, \dot{I}_1=\dot{I}'_1, \dot{I}'_2=-\dot{I}''_1, \dot{I}''_2=\dot{I}_2$$

若二端口网络 N_1 和 N_2 的 T 参数分别为

$$\boldsymbol{T}'=\begin{bmatrix} A' & B' \\ C' & D' \end{bmatrix}, \qquad \boldsymbol{T}''=\begin{bmatrix} A'' & B'' \\ C'' & D'' \end{bmatrix}$$

则有

$$\begin{bmatrix} \dot{U}_1 \\ \dot{I}_1 \end{bmatrix}=\begin{bmatrix} \dot{U}'_1 \\ \dot{I}'_1 \end{bmatrix}=\boldsymbol{T}'\begin{bmatrix} \dot{U}'_2 \\ -\dot{I}'_2 \end{bmatrix}=\boldsymbol{T}'\begin{bmatrix} \dot{U}''_1 \\ \dot{I}''_1 \end{bmatrix}=\boldsymbol{T}'\boldsymbol{T}''\begin{bmatrix} \dot{U}''_2 \\ -\dot{I}''_2 \end{bmatrix}=\boldsymbol{T}'\boldsymbol{T}''\begin{bmatrix} \dot{U}_2 \\ -\dot{I}_2 \end{bmatrix}=\boldsymbol{T}\begin{bmatrix} \dot{U}_2 \\ -\dot{I}_2 \end{bmatrix}$$

其中，$\boldsymbol{T}$ 为复合二端口网络的 T 参数矩阵，它与二端口网络 N_1 和 N_2 的 T 参数矩阵的关系为

$$\boldsymbol{T}=\boldsymbol{T}'\boldsymbol{T}'' \tag{13-6-1}$$

即

$$\boldsymbol{T}=\begin{bmatrix} A'A''+B'C'' & A'B''+B'D'' \\ C'A''+D'C'' & C'B''+D'D'' \end{bmatrix}$$

当两个二端口网络的输入端口和输出端口分别并联时，称这两个二端口网络并联，如图 13-6-3所示。

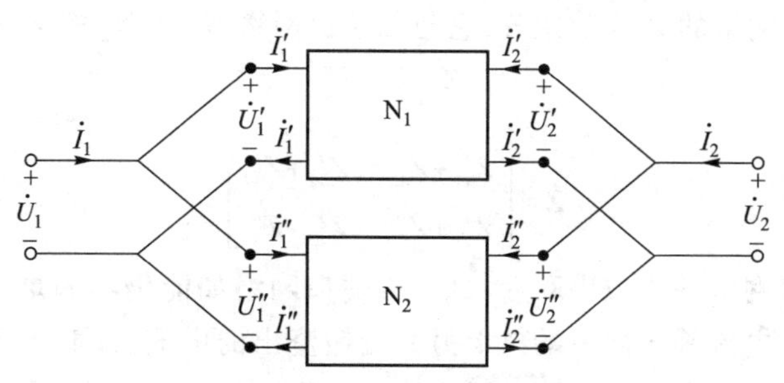

图 13-6-3 二端口网络的并联

对于二端口网络的并联，采用 Y 参数分析比较方便，在图 13-6-3 中，由于

$$\dot{U}_1=\dot{U}'_1=\dot{U}''_1 \qquad \dot{U}_2=\dot{U}'_2=\dot{U}''_2$$

$$\dot{I}_1=\dot{I}'_1+\dot{I}''_1 \qquad \dot{I}_2=\dot{I}'_2+\dot{I}''_2$$

若二端口网络 N_1 和 N_2 的 Y 参数分别为

$$\boldsymbol{Y}'=\begin{bmatrix} Y'_{11} & Y'_{12} \\ Y'_{21} & Y'_{22} \end{bmatrix}, \qquad \boldsymbol{Y}''=\begin{bmatrix} Y''_{11} & Y''_{12} \\ Y''_{21} & Y''_{22} \end{bmatrix}$$

则有

$$\begin{bmatrix}\dot{I}_1\\ \dot{I}_2\end{bmatrix}=\begin{bmatrix}\dot{I}'_1\\ \dot{I}'_2\end{bmatrix}+\begin{bmatrix}\dot{I}''_1\\ \dot{I}''_2\end{bmatrix}=\boldsymbol{Y}'\begin{bmatrix}\dot{U}'_1\\ \dot{U}'_2\end{bmatrix}+\boldsymbol{Y}''\begin{bmatrix}\dot{U}''_1\\ \dot{U}''_2\end{bmatrix}=(\boldsymbol{Y}'+\boldsymbol{Y}'')\begin{bmatrix}\dot{U}_1\\ \dot{U}_2\end{bmatrix}=\boldsymbol{Y}\begin{bmatrix}\dot{U}_1\\ \dot{U}_2\end{bmatrix}$$

其中,$\boldsymbol{Y}$ 为复合二端口网络的 Y 参数矩阵,它与二端口网络 N_1 和 N_2 的 Y 参数矩阵的关系为

$$\boldsymbol{Y}=\boldsymbol{Y}'+\boldsymbol{Y}'' \tag{13-6-2}$$

即

$$\boldsymbol{Y}=\begin{bmatrix}Y'_{11}+Y''_{11} & Y'_{12}+Y''_{12}\\ Y'_{21}+Y''_{21} & Y'_{22}+Y''_{22}\end{bmatrix}$$

当两个二端口网络的输入端口和输出端口分别串联时,称这两个二端口网络串联。如图 13-6-4所示。

对于二端口网络的串联,采用 Z 参数分析比较方便。在图 13-6-4 中,由于

$$\dot{I}_1=\dot{I}'_1=\dot{I}''_1 \qquad \dot{I}_2=\dot{I}'_2=\dot{I}''_2$$

$$\dot{U}_1=\dot{U}'_1+\dot{U}''_1 \qquad \dot{U}_2=\dot{U}'_2+\dot{U}''_2$$

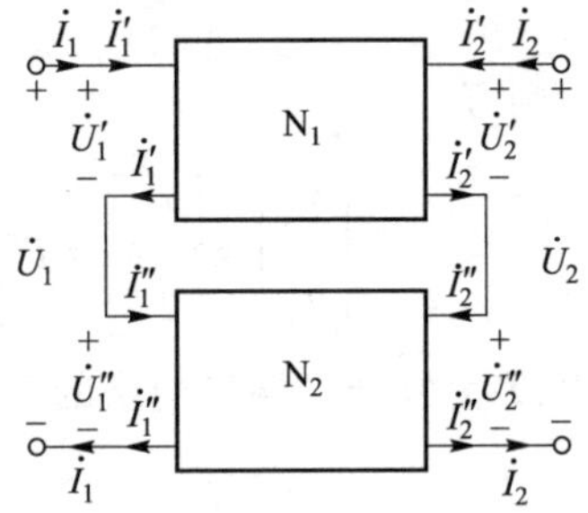

图 13-6-4　二端口网络的串联

若二端口网络 N_1 和 N_2 的 Z 参数分别为

$$\boldsymbol{Z}'=\begin{bmatrix}Z'_{11} & Z'_{12}\\ Z'_{21} & Z'_{22}\end{bmatrix},\qquad \boldsymbol{Z}''=\begin{bmatrix}Z''_{11} & Z''_{12}\\ Z''_{21} & Z''_{22}\end{bmatrix}$$

则有

$$\begin{bmatrix}\dot{U}_1\\ \dot{U}_2\end{bmatrix}=\begin{bmatrix}\dot{U}'_1\\ \dot{U}'_2\end{bmatrix}+\begin{bmatrix}\dot{U}''_1\\ \dot{U}''_2\end{bmatrix}=\boldsymbol{Z}'\begin{bmatrix}\dot{I}'_1\\ \dot{I}'_2\end{bmatrix}+\boldsymbol{Z}''\begin{bmatrix}\dot{I}''_1\\ \dot{I}''_2\end{bmatrix}=(\boldsymbol{Z}'+\boldsymbol{Z}'')\begin{bmatrix}\dot{I}_1\\ \dot{I}_2\end{bmatrix}=\boldsymbol{Z}\begin{bmatrix}\dot{I}_1\\ \dot{I}_2\end{bmatrix}$$

其中,$\boldsymbol{Z}$ 为复合二端口网络的 Z 参数矩阵,它与二端口网络 N_1 和 N_2 的 Z 参数矩阵的关系为

$$\boldsymbol{Z}=\boldsymbol{Z}'+\boldsymbol{Z}'' \tag{13-6-3}$$

即

$$\boldsymbol{Z}=\begin{bmatrix}Z'_{11}+Z''_{11} & Z'_{12}+Z''_{12}\\ Z'_{21}+Z''_{21} & Z'_{22}+Z''_{22}\end{bmatrix}$$

注意,两个二端口网络并联或串联后,每个二端口网络如能仍然满足 13.1 节所述的端口条件,即流入一个端钮的电流等于同一端口上另一端钮流出的电流,此时才可应用式(13-6-2)或式(13-6-3)。如果发现其中任一二端口网络的端口条件已被破坏,则上面的公式就不能应用。

例 13-8　求图 13-6-5 所示二端口网络的 T 参数矩阵 $\boldsymbol{T}$。

解　将图中二端口网络看作两个二端口网络(如虚线所示)的级联。应用式(13-2-12),可得到

$$\boldsymbol{T}'=\begin{bmatrix}1 & R\\ 0 & 1\end{bmatrix},\qquad \boldsymbol{T}''=\begin{bmatrix}-n & 0\\ 0 & -1/n\end{bmatrix}$$

由式(13-6-1)得

$$\boldsymbol{T}=\boldsymbol{T}'\boldsymbol{T}''$$

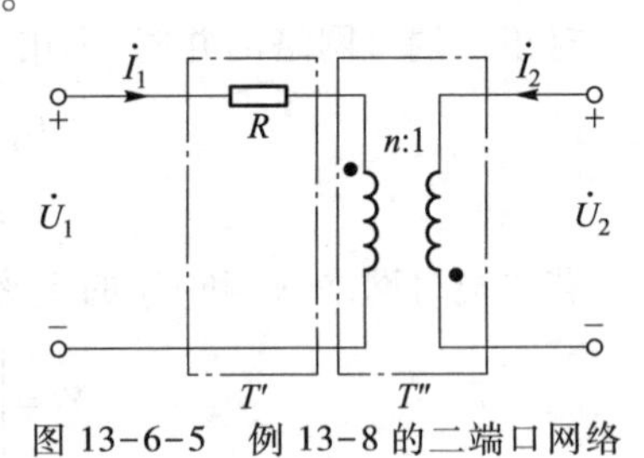

图 13-6-5　例 13-8 的二端口网络

$$=\begin{bmatrix}1 & R\\0 & 1\end{bmatrix}\begin{bmatrix}-n & 0\\0 & -1/n\end{bmatrix}=\begin{bmatrix}-n & -R/n\\0 & -1/n\end{bmatrix}$$

本题也可直接列写 T 参数方程,得 T 参数矩阵。

思考与练习

13-6-1 分析二端口网络的连接有何意义？二端口网络的常用连接方式有几种？

13-6-2 在分析二端口网络的串联和并联时,分别采用什么参数分析较为方便？

13-6-3 在分析二端口网络的级联时,要注意什么问题？

13-6-4 题 13-6-4 图所示电路中,二端口网络 N′的 Z 参数矩阵为 $\boldsymbol{Z}_{\mathrm{N'}}=\begin{bmatrix}5 & 3\\3 & 5\end{bmatrix}\Omega$,求整个二端口网络的 Z 参数矩阵。

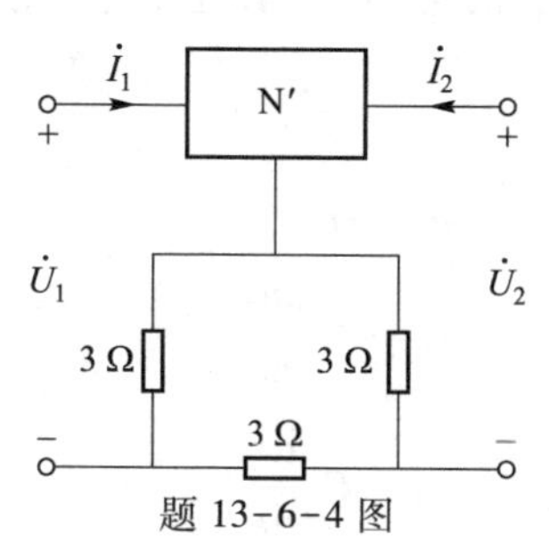

题 13-6-4 图

13.7 回 转 器

回转器

回转器是一种二端口网络元件,可以用含晶体管或运算放大器的电路来实现。理想回转器的电路符号如图 13-7-1 所示,图中箭头表示回转方向。在图示参考方向下,理想回转器端口的伏安关系为

$$\left.\begin{aligned}i_1&=gu_2\\i_2&=-gu_1\end{aligned}\right\}\tag{13-7-1}$$

或

$$\left.\begin{aligned}u_1&=-ri_2\\u_2&=ri_1\end{aligned}\right\}\tag{13-7-2}$$

式中,g 和 r——回转器的回转电导和回转电阻,其单位分别是 S 和 Ω,统称为回转常数,且有 $g=1/r$。注意若回转方向相反,则式(13-7-1)和式(13-7-2) g 和 r 前的正、负号应互换。

由式(13-7-1)和式(13-7-2)可见,回转器的一端口电压(或电流)可用另一端口电流(或电压)表示。回转器的等效电路可以用受控电压源或受控电流源表示,如图 13-7-2(a)或(b)所示。

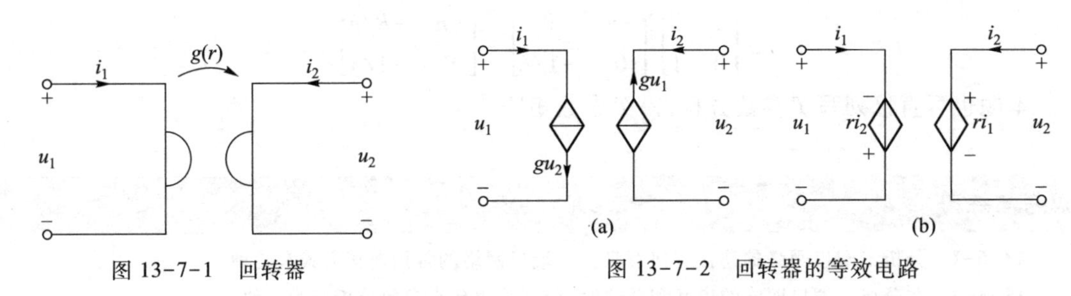

图 13-7-1　回转器　　　　图 13-7-2　回转器的等效电路

由式(13-7-1)和式 (13-7-2)可知,回转器具有将一个端口的电压(或电流)“回转”成另一端口电流(或电压)的能力。所以回转器的一个重要用途是可以将电容“回转”成电感,或反之。

如果图 13-7-3(a)所示回转器的端口 22′接电容 C,则从端口 11′看进去即为电感,如图 13-7-3(b)所示。现分析如下:

由式(13-7-2),有

$$u_1=-ri_2$$

而

$$i_2=-C\frac{\mathrm{d}u_2}{\mathrm{d}t}$$

得

$$u_1=rC\frac{\mathrm{d}u_2}{\mathrm{d}t}$$

又由式(13-7-2),有

$$u_2=ri_1$$

所以

$$u_1=r^2C\frac{\mathrm{d}i_1}{\mathrm{d}t}=L\frac{\mathrm{d}i_1}{\mathrm{d}t}$$

式中等效电感

$$L=r^2C=C/g^2$$

如果回转器的回转电阻 $r=1\ \mathrm{k}\Omega$,电容 $C=1\ \mu\mathrm{F}$,则等效电感

$$L=r^2C=(10^3)^2\times10^{-6}=1\ \mathrm{H}$$

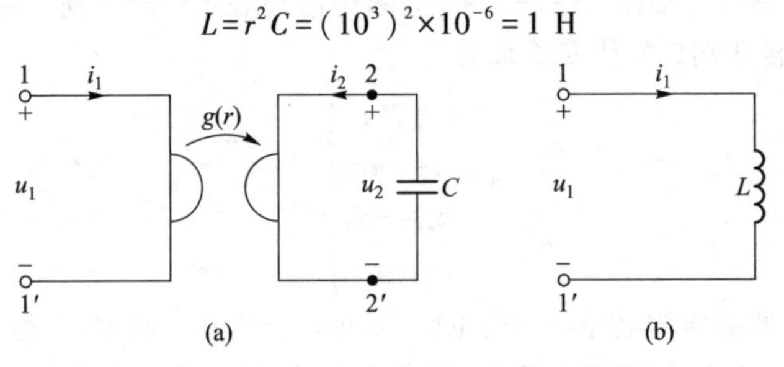

图 13-7-3　回转器将电容“回转”成电感

说明该回转器可以将 1 μF 的电容“回转”成 1 H 的电感,这在工程上有重大的意义。因为在微电子器件中电容易于集成,而电感难以集成,利用回转器和电容来模拟电感是解决这个问题的一个重要途径。

对于图 13-7-1 所示的回转器,在任何时刻输入回转器的总瞬时功率

$$p=u_1i_1+u_2i_2=-ri_2i_1+ri_1i_2=0$$

这说明理想回转器是既不消耗又不产生功率的无源元件。另外，由理想回转器的 Z 参数 $\begin{bmatrix} 0 & r \\ -r & 0 \end{bmatrix}$ 和 Y 参数 $\begin{bmatrix} 0 & g \\ -g & 0 \end{bmatrix}$ 可知 $Z_{12} \neq Z_{21}$，$Y_{12} \neq Y_{21}$，故理想回转器还是一个非互易元件。

综上所述，当 r 或 g 是常数时，理想回转器是一个线性、无源、非互易的二端口元件。

例 13-9 图 13-7-4(a)所示是含回转器的 RC 带通电路，求转移电压比 $\dot{U}_2/\dot{U}_1$。

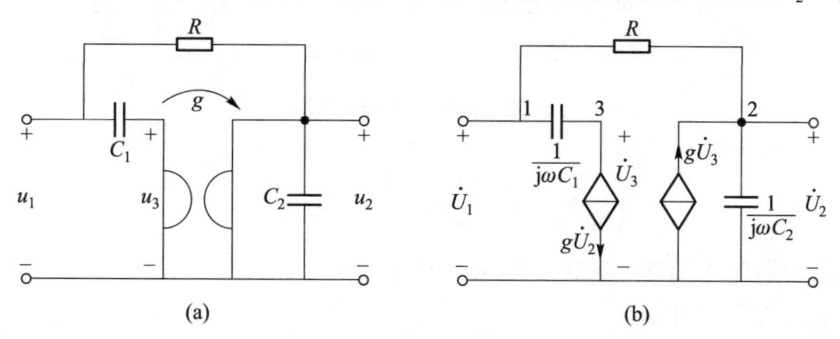

图 13-7-4 含回转器的 RC 带通电路

解 将图 13-7-4(a)所示的电路用相量电路表示，其中回转器部分用两个受控电流源等效，如图 13-7-4(b)所示。

对节点 3 和 2 列节点电压方程

$$-\mathrm{j}\omega C_1 \dot{U}_1 + \mathrm{j}\omega C_1 \dot{U}_3 = -g \dot{U}_2 \tag{1}$$

$$-\frac{1}{R}\dot{U}_1 + \left(\frac{1}{R} + \mathrm{j}\omega C_2\right)\dot{U}_2 = g \dot{U}_3 \tag{2}$$

由式(2)得 $\dot{U}_3$，代入式(1)得

$$-\mathrm{j}\omega C_1 \dot{U}_1 + \mathrm{j}\omega C_1 \times \frac{1}{g}\left[\left(\frac{1}{R} + \mathrm{j}\omega C_2\right)\dot{U}_2 - \frac{1}{R}\dot{U}_1\right] = -g \dot{U}_2$$

故

$$\frac{\dot{U}_2}{\dot{U}_1} = \frac{\dfrac{\mathrm{j}\omega C_1}{Rg} + \mathrm{j}\omega C_1}{\dfrac{\mathrm{j}\omega C_1}{g}\left(\dfrac{1}{R} + \mathrm{j}\omega C_2\right) + g} = \frac{\mathrm{j}\omega C_1(1+Rg)}{-\omega^2 C_1 C_2 R + \mathrm{j}\omega C_1 + g^2 R}$$

式中，g——回转器的回转电导。

由本例可知，含回转器的电路在用受控源模型等效后，同样可用节点电压法进行分析。

例 13-10 图 13-7-5 所示为两个运算放大器及一些电阻构成的一种回转器电路，求该回转器的 Y 参数。

解 根据运算放大器输入端“虚断”，由节点电压法得节点 A、B、D、E 节点电压方程

$$\left(\frac{1}{R} + \frac{1}{R}\right)u_1 - \frac{1}{R}u_{\mathrm{C}} - \frac{1}{R}u_2 = i_1$$

$$\left(\frac{1}{R} + \frac{1}{R}\right)u_{\mathrm{B}} - \frac{1}{R}u_{\mathrm{C}} = 0$$

$$\left(\frac{1}{R} + \frac{1}{R}\right)u_{\mathrm{D}} - \frac{1}{R}u_{\mathrm{C}} - \frac{1}{R}u_{\mathrm{F}} = 0$$

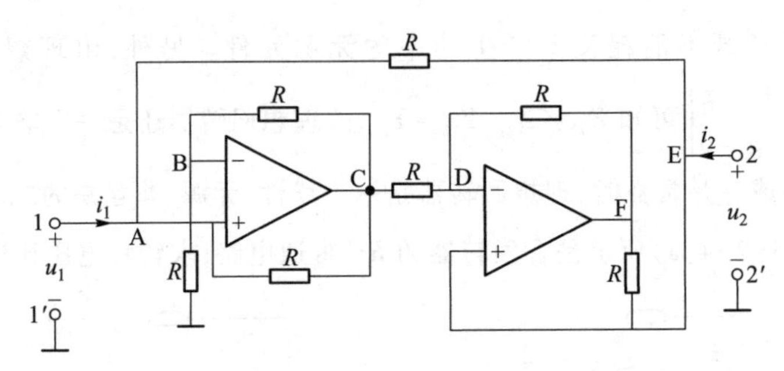

图 13-7-5 例 13-10 图

$$\left(\frac{1}{R}+\frac{1}{R}\right)u_2-\frac{1}{R}u_1-\frac{1}{R}u_F=i_2$$

根据运算放大器输入端的"虚短",有 $u_B=u_1,u_D=u_2$。

联立求解上述方程组可得

$$i_1=\frac{-u_2}{R},\qquad i_2=\frac{u_1}{R}$$

即 $Y_{11}=Y_{22}=0,Y_{12}=-\frac{1}{R},Y_{21}=\frac{1}{R}$。

思考与练习

13-7-1 回转器是否消耗功率？它是一个对称二端口网络吗？是互易网络吗？请解释原因。

13-7-2 回转器和变压器有何区别？回转器有何应用价值？它可以实现任意参数值的电感吗？

13-7-3 求题 13-7-3 图二端口网络的传输参数矩阵。

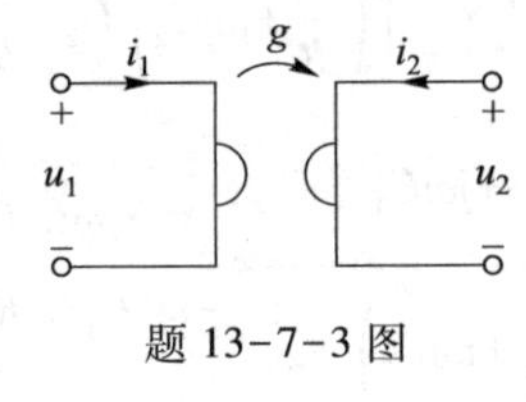

题 13-7-3 图

13.8 应用实例

实例： 晶体三极管电路分析

晶体三极管是一个三端元件,可以建立其二端口网络的等效电路。本节主要介绍晶体三极管直流工作状态等效电路和晶体三极管小信号 H 参数等效电路。

首先简要回顾一下物理中所介绍的二极管。二极管是用半导体材料制成的,它的内部结构和电路符号如图 13-8-1 所示。当直流电压正极接二极管阳极,负极接二极管阴极时,二极管实现正向偏置;当直流电压正极接二极管阴极,负极接二极管阳极时,二极管实现反向偏置。二极管具有电压正向偏置导通,电压反向偏置截止的特点。一般硅 PN 结的正向工作电压在 0.6~0.8 V 之间,工程计算常取 0.7 V;锗 PN 结的正向工作电压在 0.2~0.4 V 之间,工程计算常取 0.3 V。

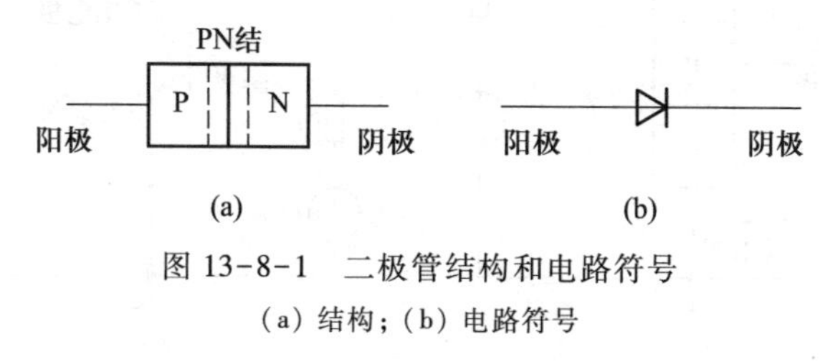

图 13-8-1 二极管结构和电路符号

(a) 结构; (b) 电路符号

晶体三极管也是用半导体材料制成的,具有两个 PN 结,可以分为 NPN 型和 PNP 型两种类型。NPN 型晶体三极管的内部结构和电路符号如图 13-8-2 所示。

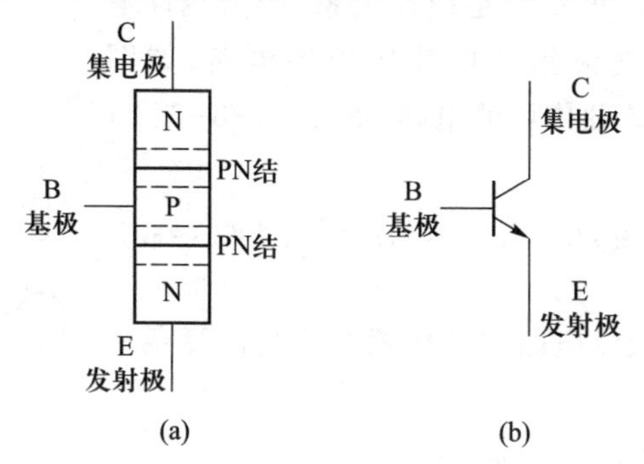

图 13-8-2 NPN 型三极管结构和电路符号

(a)结构; (b)电路符号

三极管仿佛由两个二极管构成,基极和发射极之间是一个二极管,基极和集电极之间也是一个二极管。

三极管是一个三端器件,是一个二端口网络。在一定条件下,它可以实现电流放大。以 NPN 型三极管为例,三极管欲实现电流放大,必须满足四个基本条件:① 集电极电位必须高于发射极电位;② 基极电位必须高于发射极电位;③ 集电极电位必须高于基极电位;④ 电路产生的 I_B、I_C、U_{CE}等电压电流,不能超过三极管器件所允许的最大值。

从 PN 结的角度说,三极管欲实现放大,基极和发射极之间必须加正偏电压,基极和集电极之间必须加反偏电压。图 13-8-3 为晶体三极管放大工作时的直流偏置电路。

当三极管处于电流放大工作状态时,电路集电极电流 $I_C=\beta I_B$,电路分析的等效电路如图 13-8-4所示。

由此电路可分析得到:

$$I_B=\frac{U_{BB}-U_{BE}}{R_B}\approx\frac{U_{BB}-0.7}{R_B}$$

$$U_{CE}=U_{CC}-I_C R_C$$

通常晶体管放大器,用于交流信号的放大,如图 13-8-5(a)所示。交流输入电压会产生一个交流基极电流 i_b 和交流集电极电流 i_c。如果交流输入电压为小信号,即使得在发射结产生的

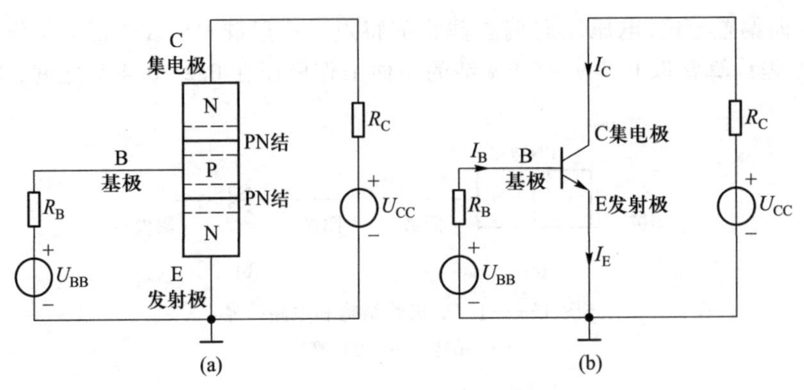

图 13-8-3 晶体三极管直流偏置电路

交流电压 u_{be} 足够小，小到 u_{be} 和 i_b 满足线性关系，则为线性电路，满足叠加定理。此时，交流信号单独作用的电路，如图 13-8-5(b) 所示；直流信号单独作用的电路，如图 13-8-3(b) 所示。

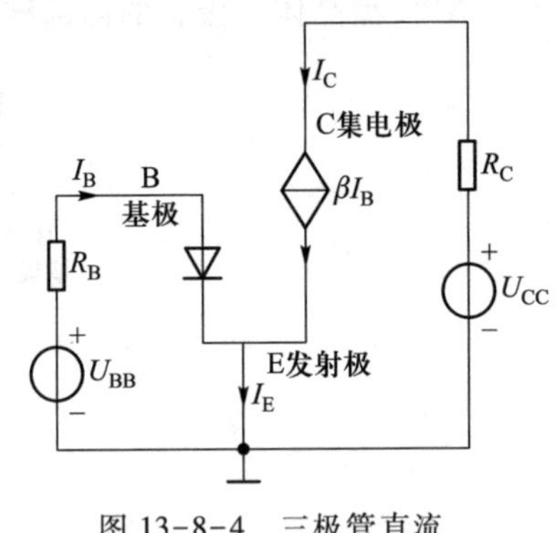

图 13-8-4 三极管直流偏置等效电路

由叠加定理知 $i_B=I_B+i_b$，$i_C=I_C+i_c$，$u_{CE}=U_{CE}+u_{ce}$，$u_{BE}=U_{BE}+u_{be}$

图 13-8-5(b) 小信号交流电路的分析相对于直流复杂一些，研究表明：

$$u_{be}=h_{ie}i_b+h_{re}u_{ce}$$
$$i_c=h_{fe}i_b+h_{oe}u_{ce}$$

此式即为二端口网络的 H 参数方程，式中：

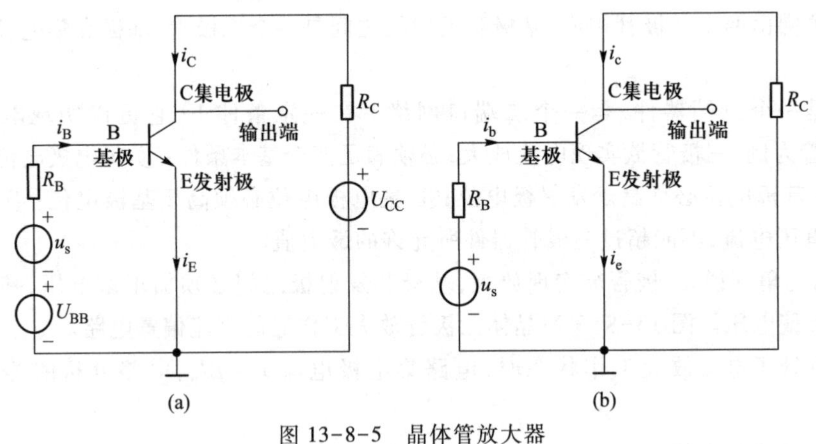

图 13-8-5 晶体管放大器

（a）直流交流信号共同作用；（b）交流信号单独作用

h_{ie} 为 H_{11}，具有电阻量纲，它为输出端交流短路时，三极管的输入电阻。

h_{re} 为 H_{12}，无量纲，它为输入端开路时，三极管的反向电压传输系数，又称电压反馈系数。

h_{fe} 为 H_{21}，无量纲，它为输出端交流短路时，三极管正向电流传输系数，又称电流放大系数。习惯上用 β 表示。

h_{oe}为 H_{22}，具有电导量纲，它为输入端交流开路时，三极管的输出电导。

这些参数在具体三极管的数据手册中给出，在低频状态下，也可方便地通过实验测得。由此根据 H 参数，可以画出三极管小信号作用下，图 13-8-5(b)的 H 参数等效电路模型如图 13-8-6 所示。

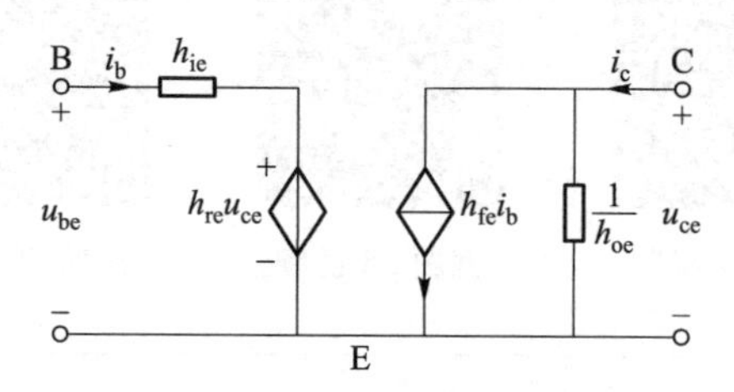

图 13-8-6　三极管 H 参数等效电路模型

对一般三极管，$h_{re}(H_{12})$很小(约 10^{-4}左右)，$h_{oe}(H_{22})$也很小(约 10^{-5} S 左右)，所以在其等效电路中常令 $H_{12}\approx H_{22}\approx 0$，使其简化。

本章小结

1. 二端口网络在其两个端口共有四个物理量 u_1、i_1、u_2 和 i_2。本章研究了四个常用的方程：阻抗方程、导纳方程、混合方程和传输方程。二端口网络的 Z、Y、H 和 T 参数一般情况下可以相互转化，特殊情况的二端口网络可能不存在某种或几种参数。

2. 二端口网络参数的求法有两种：按参数的定义根据电路来计算，需要分析四次电路，如果二端口网络复杂，计算工作量将较大；根据电路结构，直接列写网络方程，通过与标准方程比照，得到网络参数。

3. 二端口网络中分析网络函数，不仅要注意二端口网络的参数方程，也要注意关注端接的单端口网络的伏安关系。

4. 对于复杂的复合二端口网络分析，可以运用二端口网络的串联、并联和级联后的参数关系进行分析。

当二端口网络可以分解为两个二端口网络 N_1 和 N_2 的级联时，采用 T 参数分析较为简便，先求出二端口网络 N_1 的 T 参数矩阵 $\boldsymbol{T}'$，再求出二端口网络 N_2 的 T 参数矩阵 $\boldsymbol{T}''$，复合二端口网络 T 参数矩阵的关系为 $\boldsymbol{T}=\boldsymbol{T}'\boldsymbol{T}''$。

当二端口网络可以分解为两个二端口网络 N_1 和 N_2 的串联时，采用 Z 参数分析较为简便，先求出二端口网络 N_1 的 Z 参数矩阵 $\boldsymbol{Z}'$，再求出二端口网络 N_2 的 Z 参数矩阵 $\boldsymbol{Z}''$，复合二端口网络 Z 参数矩阵的关系为 $\boldsymbol{Z}=\boldsymbol{Z}'+\boldsymbol{Z}''$。

当二端口网络可以分解为两个二端口网络 N_1 和 N_2 的并联时，采用 Y 参数分析较为简便，先求出二端口网络 N_1 的 Y 参数矩阵 $\boldsymbol{Y}'$，再求出二端口网络 N_2 的 Y 参数矩阵 $\boldsymbol{Y}''$，复合二端口网络 Y 参数矩阵的关系为 $\boldsymbol{Y}=\boldsymbol{Y}'+\boldsymbol{Y}''$。

5. 回转器是一种二端口网络，常用运算放大器来实现。回转器的一端口电压(或电流)可用另一端口电流(或电压)表示。回转器的一个重要用途是阻抗变换，它们可以将电容“回转”成电感，或反之。

例题视频

例题 56 视频

例题 57 视频

例题 58 视频

例题 59 视频

习题进阶练习

13.1—3

13.4—6

13.7—9

13.10—12

13.2 节习题

13-1 电路如题 13-1 图所示,求二端口网络的 Z 参数矩阵。

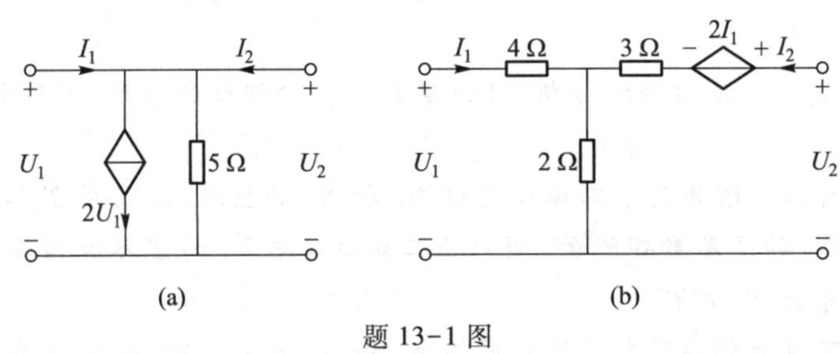

题 13-1 图

13-2 电路如题 13-2 图所示,求二端口网络的 Y 参数矩阵。

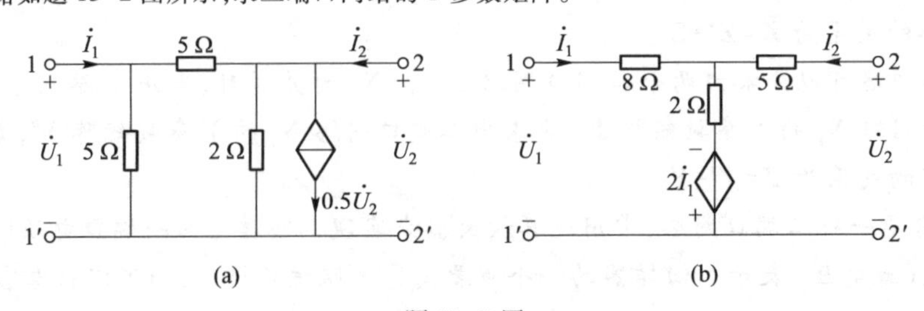

题 13-2 图

13-3 电路如题 13-3 图所示,求二端口网络的 Z、Y 参数矩阵。

13-4　电路如题 13-4 图所示，求二端口网络的 T 参数矩阵和 H 参数矩阵。

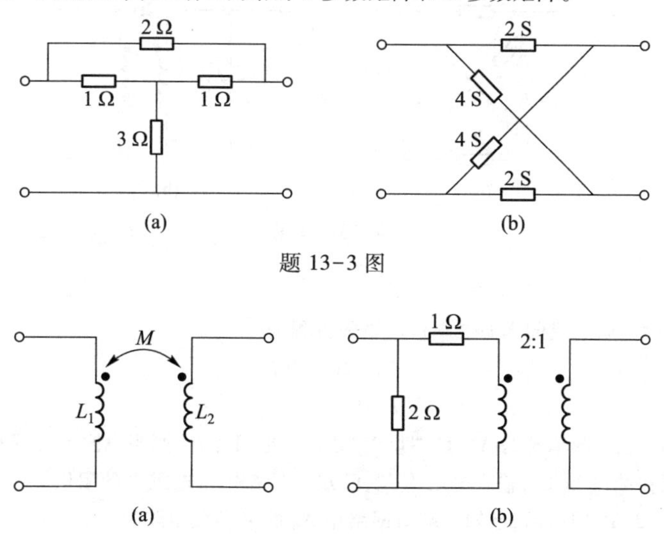

题 13-4 图

13.3 节习题

13-5　电路如题 13-5 图所示，已知二端口网络的 Z 参数矩阵为

$$\boldsymbol{Z}=\begin{bmatrix}10 & 6\\ 2 & 8\end{bmatrix}\ \Omega$$

求 R_1、R_2、R_3 和 r 的值。

13-6　已知两个二端口网络的 Z、Y 参数矩阵分别为

(a) $\boldsymbol{Z}=\begin{bmatrix}6 & 4\\ 4 & 6\end{bmatrix}\ \Omega$　　(b) $\boldsymbol{Y}=\begin{bmatrix}6 & -3\\ 2 & 5\end{bmatrix}\ \mathrm{S}$

这两个二端口网络是否含受控源？并求出它们对应的 π 形等效电路。

13-7　如果已知某二端口网络的 T 参数矩阵为

$$\boldsymbol{T}=\begin{bmatrix}4 & 3\ \Omega\\ 9\ \mathrm{S} & 7\end{bmatrix}$$

求它的等效 T 形网络和 π 形网络。

13-8　电路如题 13-8 图所示，求双 T 电路的 Y 参数矩阵。

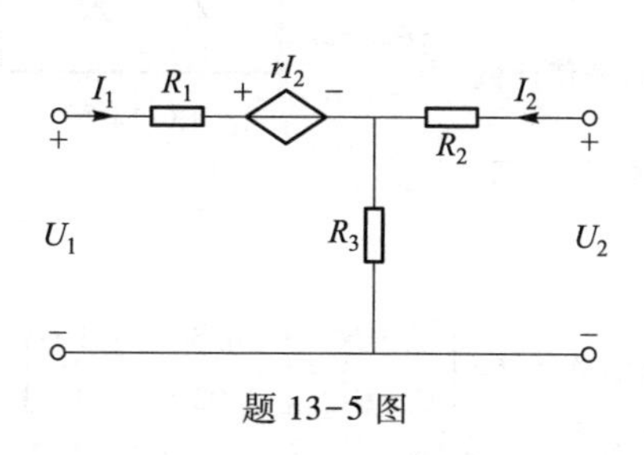

题 13-5 图

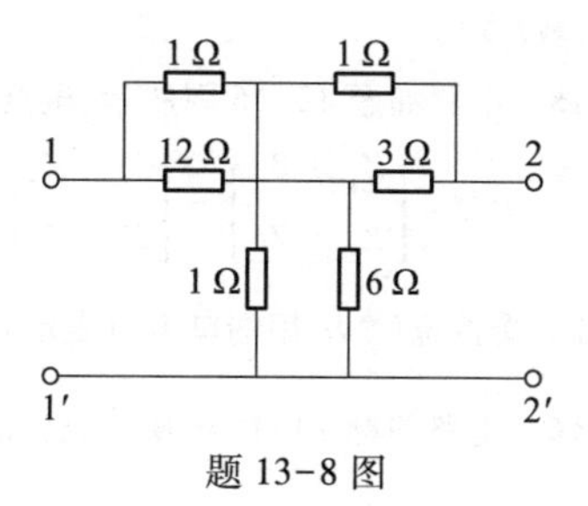

题 13-8 图

13-9　某互易二端口网络的传输参数 $A=7$，$B=3\ \Omega$，$C=9\ \mathrm{S}$，求其 T 形和 π 形等效电路中各元件参数，并绘出该等效电路图。

13-10　电路如题 13-10 图所示，求各二端口网络的等效 T 形网络中各元件的参数。

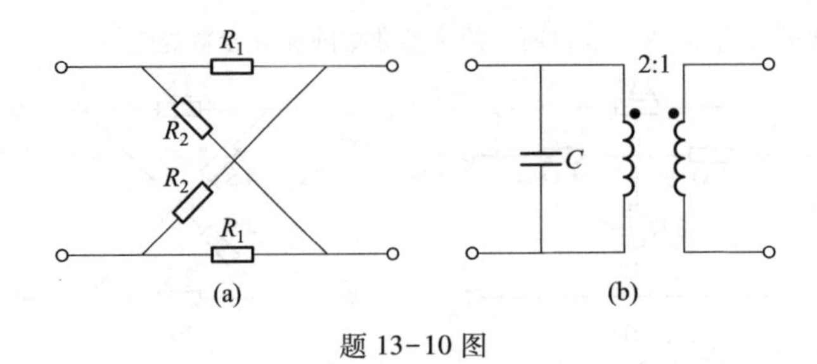

题 13-10 图

13.4 节习题

13-11 某仅由线性电阻组成的无源二端口网络的方程为

$$U_1 = 2U_2 - 30I_2$$

$$I_1 = 0.1U_2 - 2I_2$$

式中 U_1、U_2 的单位为 V，I_1、I_2 的单位为 A。设端口 11′处输入电阻为 R_i，则当电阻 R 并联在端口 22′时，输入电阻为 R_i'；当把电阻 R 并联在端口 11′时，输入电阻为 R_i''，已知 $R_i' = 6R_i''$，求电阻 R 的阻值。

13-12 电路如题 13-12 图所示，已知二端口网络中 N_0 的 Z 参数矩阵为

$$\boldsymbol{Z} = \begin{bmatrix} 2 & 3 \\ 3 & 3 \end{bmatrix} \Omega$$

求 U_2/U_s 值。

13-13 电路如题 13-13 图所示，已知二端口网络的 N_0 的 Y 参数矩阵为

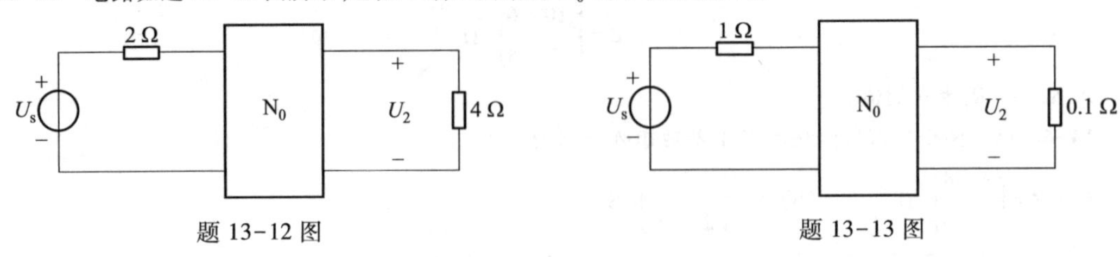

题 13-12 图　　题 13-13 图

$$\begin{bmatrix} 3 & -1 \\ 20 & 2 \end{bmatrix} \text{S}$$

求 U_2/U_s。

13-14 电路如题 13-14 图所示，双口网络中 11′端的电压 $\dot{U}_1$ 及该网络的阻抗参数 Z_{11}，Z_{12}，Z_{21}，Z_{22} 均已知，试求从 22′端向左看进去的等效电流源参数 $\dot{I}_s$ 和 Z。

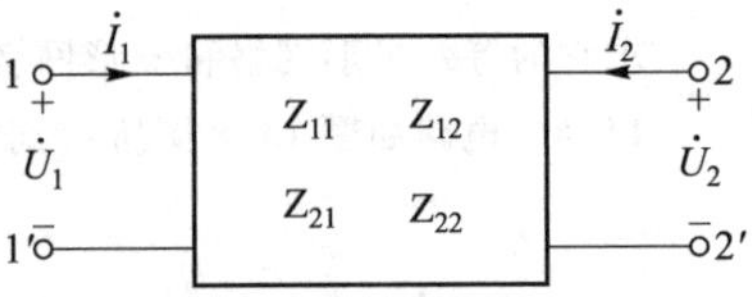

题 13-14 图

13-15 电路如题 13-15 图所示，电路是一个二端口网络，若使此网络的 Z 参数为 $\boldsymbol{Z} = \begin{bmatrix} Z_{11} & Z_{12} \\ Z_{21} & Z_{22} \end{bmatrix} = \begin{bmatrix} Z_1 & Z_a \\ Z_b & Z_2 \end{bmatrix}$，式中 Z_1，Z_2，Z_a，Z_b 为已知。试将网络中受控源 $\dot{I}_C$，$\dot{U}_C$ 用端口电流表示。

13-16 电路如题 13-16 图所示，已知二端口网络的传输矩阵为 $\boldsymbol{T} = \begin{bmatrix} A & B \\ C & D \end{bmatrix} = \begin{bmatrix} 0.5 & \text{j}25\ \Omega \\ \text{j}0.02\ \text{S} & 1 \end{bmatrix}$，正弦电流源 $\dot{I}_s = 1$ A，问负载阻抗 Z_L 为何值时，它将获得最大的功率？并求此最大功率。

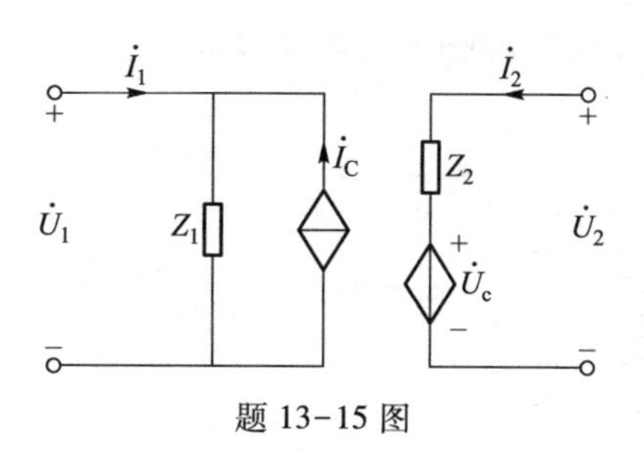

题 13-15 图

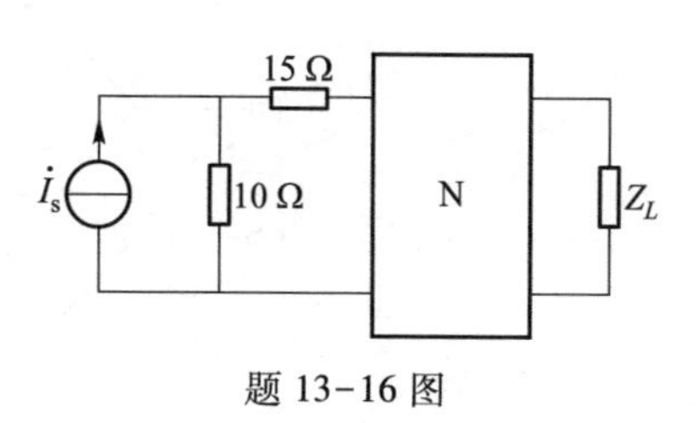

题 13-16 图

13-17　某线性无源电阻二端口网络的 Z 参数矩阵为

$$\boldsymbol{Z}=\begin{bmatrix}2 & 3\\4 & 8\end{bmatrix}\ \Omega$$

当端口 11′处连接电压为 5 V 的直流电压源、端口 22′处连接负载电阻 R 时，调节 R 使其获得最大功率，求这一最大功率。

13.5 节习题

13-18　电路如题 13-18 图所示，求各二端口网络的特性阻抗。

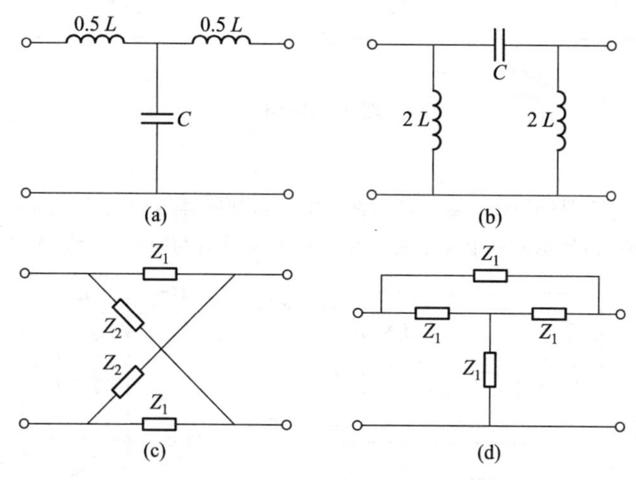

题 13-18 图

13.6 节习题

13-19　电路如题 13-19 图所示，已知二端口网络 N_0 的 T 参数矩阵为

$$\boldsymbol{T}_1=\begin{bmatrix}A & B\\C & D\end{bmatrix}$$

分别求图(a)、(b)所示两个二端口网络的 T 参数矩阵。

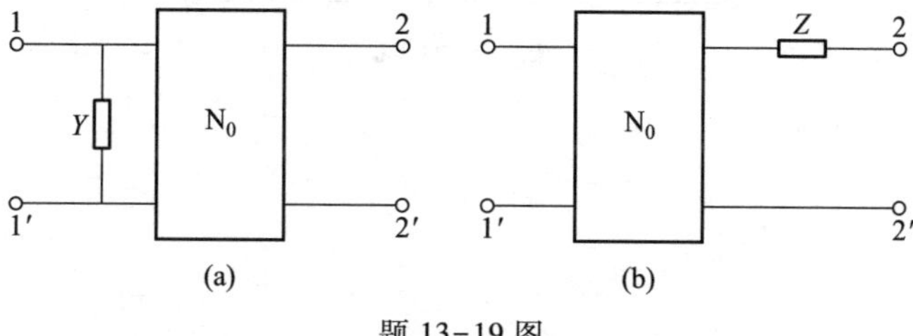

题 13-19 图

13-20 电路如题 13-20 图所示，求网络的 Y 参数。图中变压器是理想变压器，$R=1\ \Omega$。

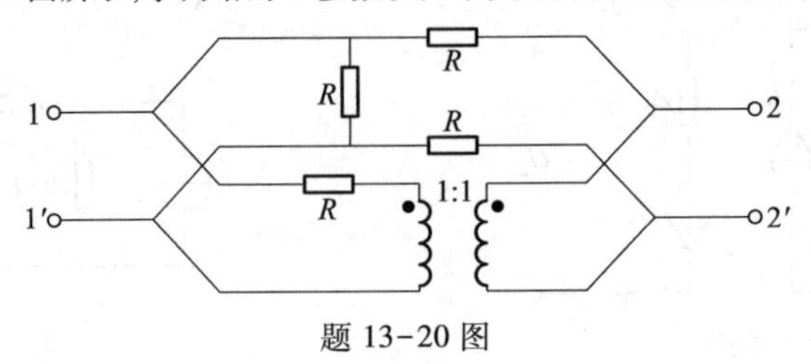

题 13-20 图

13-21 电路如题 13-21 图所示，求二端口网络的 T 参数矩阵。已知图(a)中 $\omega L_1=10\ \Omega$，$\dfrac{1}{\omega C}=20\ \Omega$，$\omega L_2=\omega L_3=8\ \Omega$，$\omega M=4\ \Omega$。图(b)中 $R=1\ \Omega$。

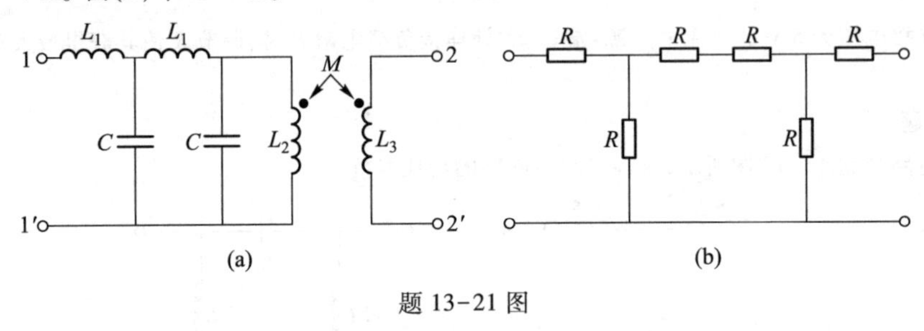

题 13-21 图

13.7 节习题

13-22 电路如题 13-22 图(a)所示，求二端口网络的 T 参数矩阵，证明题如题 13-22 图(a)所示二端口网络可以等效为题 13-22 图(b)所示的一个理想变压器，并求出变比 n 与两个回转器的回转电导 g_1 和 g_2 的关系。

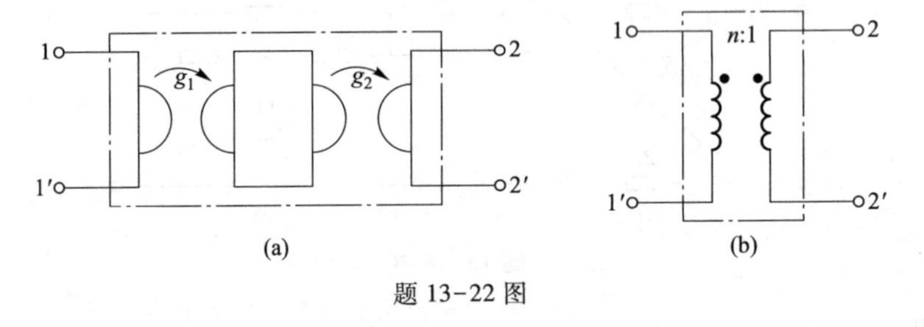

题 13-22 图

13-23 求题 13-23 图所示双端口网络的传输参数和导纳参数。

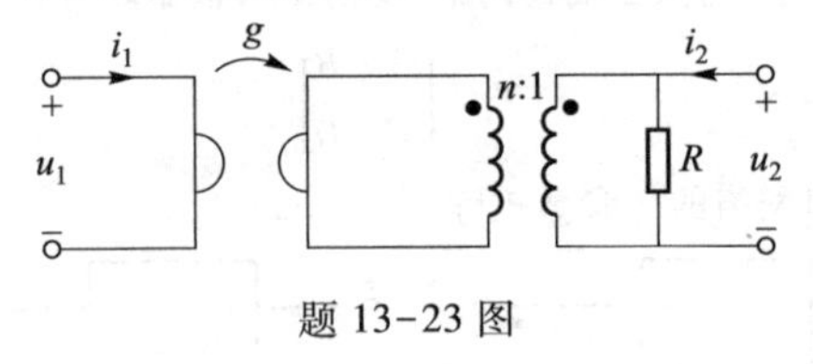

题 13-23 图

第 14 章　非线性电阻电路

前面各章讨论的都是由线性电路元件和独立源组成的线性电路,其中线性电路元件的参数都是与元件中电流、电压、电荷或磁链的量值无关的常数。但是,在电工技术应用中,还会遇到另外一类元件,其参数不是常数,而是电流、电压、电荷或磁链等量值的函数。这类元件称为非线性电路元件。含有非线性电路元件的电路称为非线性电路。

严格地说,实际电路都是非线性的,不同的是,有些电路非线性程度强些,有些电路非线性程度弱些。在工程上往往不考虑那些非线性程度较弱的电路元件的非线性,而认为它们是线性的,这样的处理也能满足工程精度的要求。但对于那些非线性程度较明显的电路元件,则必须另作考虑,如再按线性电路元件处理不仅会产生极大的误差,而且有时还会无法解释电路中所发生的现象,也无法建立正确的数学模型进行理论分析。

本章仅讨论非线性电阻电路,它是整个非线性电路的理论基础,了解和掌握其基本概念和计算的方法,有助于对其他形式的非线性电路的研究。

分析非线性电阻电路的基本依据仍然是基尔霍夫定律和元件的伏安关系,但非线性电阻电路的电路方程是非线性代数方程,其列写和求解比线性电路要复杂和困难得多,甚至会写不出明确的解析表达式,有时还没有唯一解。本章主要介绍分析非线性电路的一些常用方法,如分段线性化法、小信号分析法等。学习本章时,应与线性电阻电路对比,从两者的异同点去认识和掌握非线性电阻元件及其电路的特点。

14.1　非线性电阻

非线性电阻、非线性电阻的分类

在电压和电流关联参考方向下,线性电阻的伏安关系式

$$u=Ri$$

式中 R 为正实常数。对于非线性电阻来说,它的伏安特性不是在 i-u 平面上通过原点的一条直线,而是遵循某种特定的非线性函数关系。非线性电阻的电路图形符号如图 14-1-1 所示。

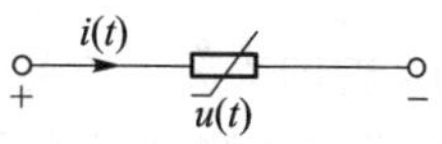

在电压和电流关联参考方向下,非线性电阻的伏安特性可以用下列的解析式(伏安关系)表示

图 14-1-1　非线性电阻

$$u=f(i) \tag{14-1-1}$$

或

$$i=g(u) \tag{14-1-2}$$

由式(14-1-1)表示的非线性电阻,它两端的电压是电流的单值函数,这种非线性电阻称为电流控制型电阻,其典型的伏安特性如图 14-1-2 所示。可以看出这类非线性电阻对于每一个电流值 i,有且仅有一个电压值 u 与之对应;反之,对于同一个电压值,电流可能是多值的。如图

14-1-2中 $u=u_1$ 时,i 就有 i_1、i_2 和 i_3 三个不同的值。某些充气二极管就具有这样的伏安特性。

由式(14-1-2)表示的非线性电阻,它的电流是其两端电压的单值函数,这种非线性电阻称为电压控制型电阻,其典型的伏安特性如图 14-1-3 所示。可以看出,这类非线性电阻对于每一个电压值 u,有且仅有一个电流值 i 与之对应;反之,对于同一个电流值,电压可能是多值的。隧道二极管就具有这样的伏安特性。

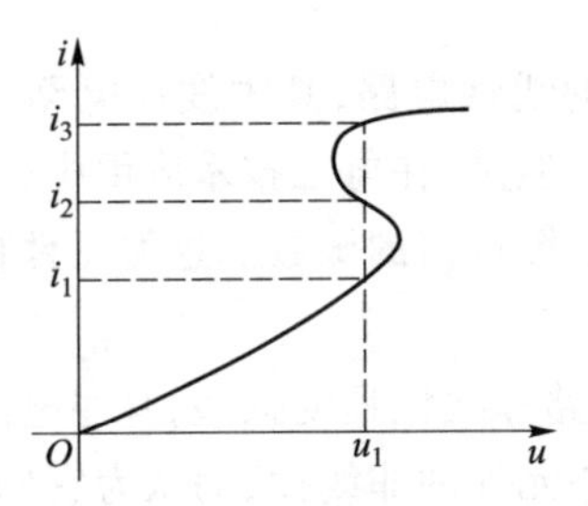

图 14-1-2 电流控制型电阻的伏安特性

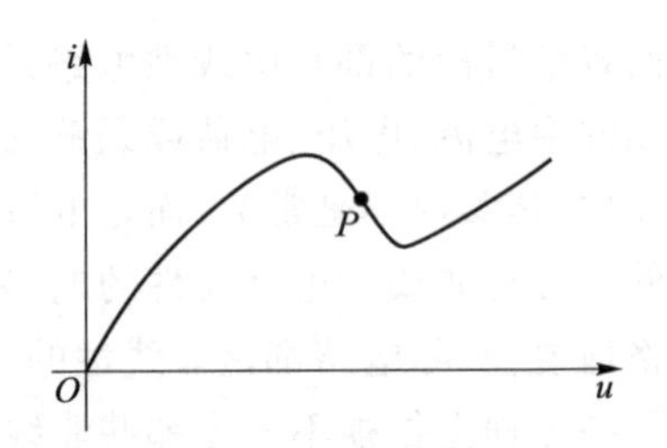

图 14-1-3 电压控制型电阻的伏安特性

还有一种非线性电阻,它的伏安特性呈单调增长或单调下降,它既是电流控制型又是电压控制型,可同时用式(14-1-1)或式(14-1-2)来表征,这种非线性电阻称为单调型电阻,其典型的伏安特性如图 14-1-4 所示。晶体二极管就具有这样的伏安特性,图 14-1-4 中还标出晶体二极管两端电压和电流的参考极性和方向。

晶体二极管的伏安特性也可用下式表示:

$$i=I_s(e^{\lambda u}-1) \tag{14-1-3}$$

式中 I_s 为常数,称为反向饱和电流,约 10^{-9} A,λ 为与温度有关的常数,室温下大约等于 40 V^{-1}。一般在 $u>(0.2\sim0.6)$ V 时,$i\approx I_s e^{\lambda u}$,因此晶体二极管的正向特性是按指数曲线上升的;而在 $u<0$ 时,$i\approx -I_s$,故其反向特性近似是一条与 u 轴平行的直线。

为了计算的需要,非线性电阻有两种电阻:静态电阻和动态电阻。非线性电阻在某一工作点(如图 14-1-4 中 Q 点)下的静态电阻 R 定义为该工作点电压值 u_Q 与电流 i_Q 之比,即

$$R=u_Q/\ i_Q\propto \tan\alpha \tag{14-1-4}$$

在图 14-1-4 中 Q 点的静态电阻 R 正比于 $\tan\alpha$,α 是 Q 点和原点的连线与 i 轴的夹角。非线性电阻在某一工作点(如图 14-1-4 中 Q 点)下的动态电阻 R_d 定义为该工作点电压增量与电流增量之比的极限,也就是电压对电流的导数,即

$$R_d=du/di\propto \tan\beta \tag{14-1-5}$$

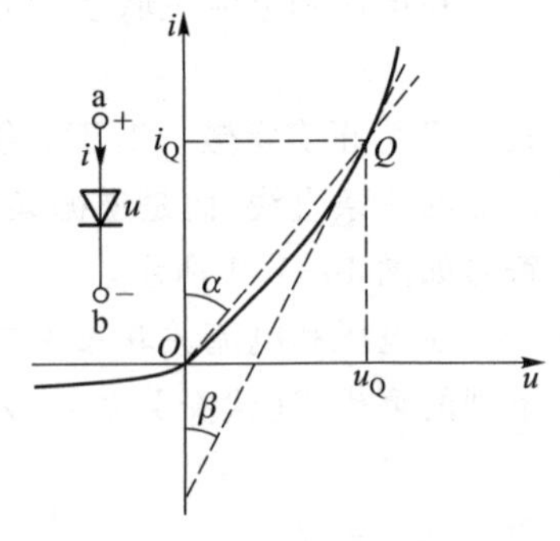

图 14-1-4 晶体二极管的伏安特性

在图 14-1-4 中 Q 点的动态电阻正比于 $\tan\beta$,β 是 Q 点的切线与 i 轴的夹角。在电压和电流关联参考方向下,静态电阻总是正的,动态电阻则可能是正的,也可能是负的。在特性曲线的上升部分,动态电阻为正;在特性曲线的下降部分,动态电阻为负,如图 14-1-3 中的 P 点。同理,图 14-1-2 中也有下降部分,其动态电阻为负,因此非线性电阻有时会有负电阻的性质。显然静态电阻和动态电阻都不是常数,而是电压 u 或电流 i 的函数。

线性电阻是双向性的,即线性电阻的伏安特性与电压极性或电流方向无关,特性曲线对称于坐标原点。但大多数非线性电阻都不是双向性的,而是单向性的,即其伏安特性与加在它两端的电压极性或流过的电流方向有关,其特性曲线不对称于坐标原点。例如,当晶体二极管两端施加的电压极性不同时,流过它的电流完全不同(如图 14-1-4 所示),因此对于单向性元件必须明确地区分它的两个端钮。

例 14-1 设有一个非线性电阻的伏安特性用式 $u=f(i)=50i+i^3$ 表示。

(1) 分别求出 $i_1=2$ A、$i_2=10$ A 和 $i_3=2\cos 314t$ A 时的电压 u_1、u_2、u_3。

(2) 设 $u_1=f(i_1)$,$u_2=f(i_2)$,$u_{12}=f(i_1+i_2)$,问 u_{12}是否等于(u_1+u_2)?

(3) 忽略非线性电阻伏安特性等号右边第二项 i^3,即将此非线性电阻视为 50 Ω 的线性电阻,当 $i=10$ mA 时,由此产生的误差为多大?

解 (1) 当 $i_1=2$ A 时,$u_1=(50\times 2+2^3)\ \text{V}=108\ \text{V}$

当 $i_2=10$ A 时, $u_2=(50\times 10+10^3)\ \text{V}=1\ 500\ \text{V}$

当 $i_3=2\cos 314t$ A 时,$u_3=(50\times 2\cos 314t+8\cos^3 314t)\ \text{V}$

利用三角恒等式 $\cos 3\theta=4\cos^3\theta-3\cos\theta$,得

$$\begin{aligned}u_3&=(100\cos 314t+6\cos 314t+2\cos 942t)\ \text{V}\\&=(106\cos 314t+2\cos 942t)\ \text{V}\end{aligned}$$

从 u_1、u_2 结果可以看出,非线性电阻上的电压电流变化不具齐次性;从 u_3 的结果可以看出,非线性电阻具有倍频作用。

(2) 由
$$\begin{aligned}u_{12}&=f(i_1+i_2)\\&=50(i_1+i_2)+(i_1+i_2)^3\\&=50(i_1+i_2)+(i_1^3+i_2^3)+3i_1i_2(i_1+i_2)\\&=u_1+u_2+3i_1i_2(i_1+i_2)\end{aligned}$$

得 $u_{12}\neq u_1+u_2$

从 u_{12}的结果可以看出,非线性电阻上的响应不具叠加性。

(3) 当 $i=10$ mA 时,

$$\begin{aligned}u&=[50\times 10\times 10^{-3}+(10\times 10^{-3})^3]\ \text{V}\\&=(0.5+10^{-6})\ \text{V}\end{aligned}$$

若忽略非线性电阻伏安特性等号右边第二项 i^3,即

当 $i=10$ mA 时,$u=50\times 10\times 10^{-3}\ \text{V}=0.5\ \text{V}$

结果表明,当电流较小的时候,如果将此非线性电阻视为 50 Ω 的线性电阻,则误差仅为 0.000 1%。

由本例可以得到非线性电阻的一些主要性质:

(1) 叠加定理不适用于非线性电阻电路,仅适用于线性电阻电路。

(2) 非线性电阻可以产生频率不同于输入频率的输出,因此可以用来进行各种需要的频率变换。

(3) 当输入信号很小时,将非线性电阻作为线性电阻来处理,所产生的误差并不很大。

(4) 可以利用非线性电阻的单向导电特性组成整流器。

思考与练习

14-1-1 非线性电阻和线性电阻的主要区别是什么？

14-1-2 什么是静态电阻？什么是动态电阻？试分析“静态电阻和动态电阻均为正值。”这句话是否正确，并说明理由。

14-1-3 为什么分析非线性电路的基本依据仍然是基尔霍夫定律？能否应用叠加定理分析非线性电路？

14-1-4 某非线性电阻元件在电压电流关联参考方向下的伏安特性曲线如题 14-1-4 图(a)所示，其 OP 段等效电路为图________，动态电阻为________ Ω；PQ 段等效电路为图________，动态电阻为________ Ω；QS 段等效电路为图________，动态电阻为________ Ω。

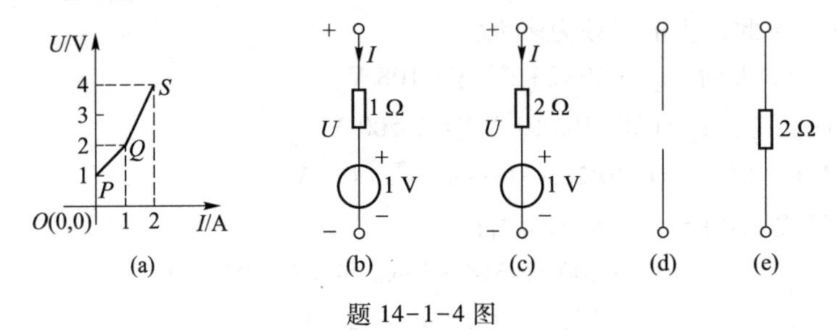

题 14-1-4 图

14.2 非线性电阻的串联和并联

线性电阻串、并联后等效电阻值的计算是十分方便的，但非线性电阻串、并联后的伏安特性往往难以计算，用图解法解决较为容易。

图 14-2-1 所示为两个非线性电阻的串联电路。根据 KCL 和 KVL 得

$$\left.\begin{aligned} i&=i_1=i_2 \\ u&=u_1+u_2 \end{aligned}\right\} \tag{14-2-1}$$

设这两个非线性电阻都是电流控制型的，其伏安特性的解析式为

$$\left.\begin{aligned} u_1&=f_1(i_1) \\ u_2&=f_2(i_2) \end{aligned}\right\} \tag{14-2-2}$$

将式(14-2-2)代入式(14-2-1)，串联后的伏安特性的解析式为

$$u=f_1(i_1)+f_2(i_2)=f_1(i)+f_2(i)=f(i) \tag{14-2-3}$$

式(14-2-3)表明：两个电流控制型电阻串联后的等效非线性电阻为一个电流控制型电阻。

设图 14-2-1 所示两个非线性电阻的伏安特性在图 14-2-2 中，将同一电流值下的 u_1 和 u_2 相加即可得到 u。例如，当 $i^{(1)}=i_1^{(1)}=i_2^{(1)}$ 时，$u_1=u_1^{(1)}$，$u_2=u_2^{(1)}$，而电压 $u^{(1)}=u_1^{(1)}+u_2^{(1)}$，取不同的 i 值，可逐点画出等效伏安特性 $u=f(i)$，如图 14-2-2 所示。

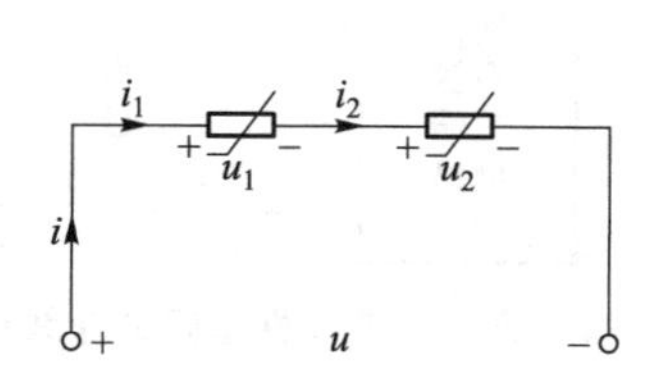

图 14-2-1 非线性电阻的串联

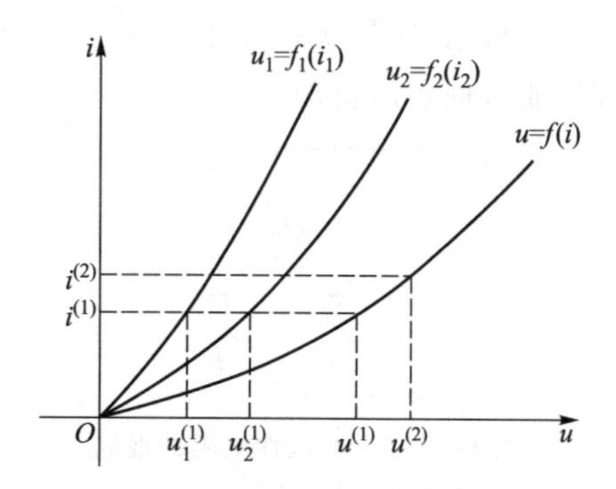

图 14-2-2 非线性电阻串联的图解法

图 14-2-3 所示为两个非线性电阻的并联电路，根据 KCL 和 KVL，得

$$\left.\begin{aligned} u&=u_1=u_2 \\ i&=i_1+i_2 \end{aligned}\right\} \tag{14-2-4}$$

设这两个非线性电阻都是电压控制型的，其伏安特性的解析式为

$$\left.\begin{aligned} i_1&=g_1(u_1) \\ i_2&=g_2(u_2) \end{aligned}\right\} \tag{14-2-5}$$

将式(14-2-5)代入式(14-2-4)，并联后的伏安特性的解析式为

$$i=g_1(u_1)+g_2(u_2)=g_1(u)+g_2(u)=g(u) \tag{14-2-6}$$

式(14-2-6)表明：两个电压控制型电阻并联后的等效非线性电阻为一个电压控制型电阻。

设图 14-2-3 所示两个非线性电阻的伏安特性为图 14-2-4 中的 $i_1=g_1(u_1)$ 和 $i_2=g_2(u_2)$，将同一电压值下的 i_1 和 i_2 相加即可得到 i，可逐点画出等效伏安特性 $i=g(u)$，如图14-2-4所示。

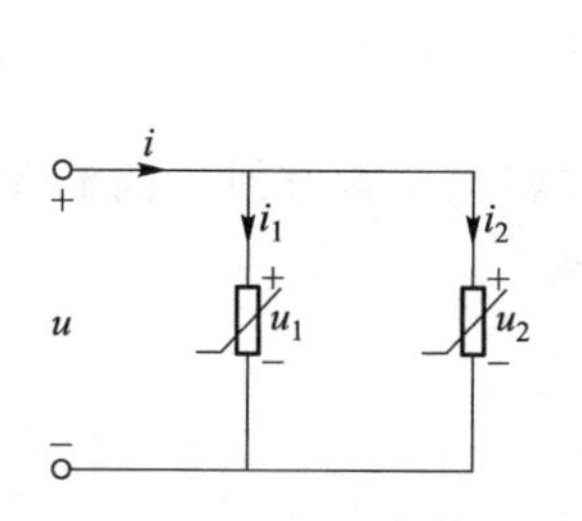

图 14-2-3 非线性电阻的并联

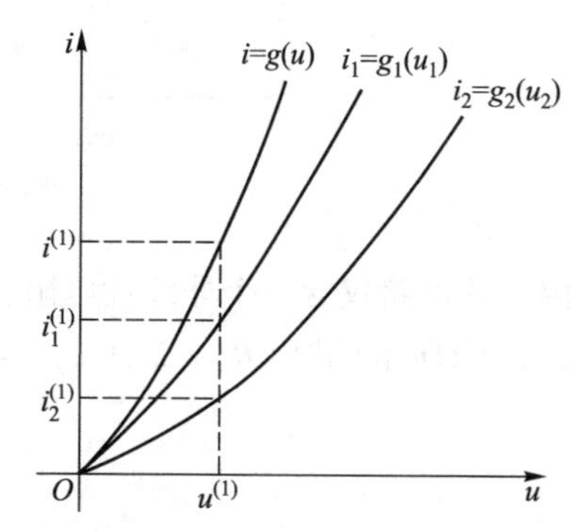

图 14-2-4 非线性电阻并联的图解法

如果并联的非线性电阻中有一个不是电压控制型的，在电压值的某范围内电流是多值的，则写不出式(14-2-6)的解析式，但用图解法总可以得到等效非线性电阻的伏安特性。

图 14-2-5 所示为一个简单的非线性电阻的混联电路。不难看出可以按上述的方法用图解法来求等效非线性电阻的伏安特性。首先求出两个非线性电阻并联的等效非线性电阻的伏安特性，然后再求串联后的等效非线性电阻的伏安特性。

在非线性电阻电路中，仅含一个非线性电阻的电路是很常见的。这样的电路可以看成是一个线性有源二端网络端接一个非线性电阻组成，如图 14-2-6 所示。对于这样的非线性电阻电路,可用解析法、图解法等方法分析。如电路中非线性电阻的伏安特性是一个给定的数学函数表达式时,通常使用解析法。

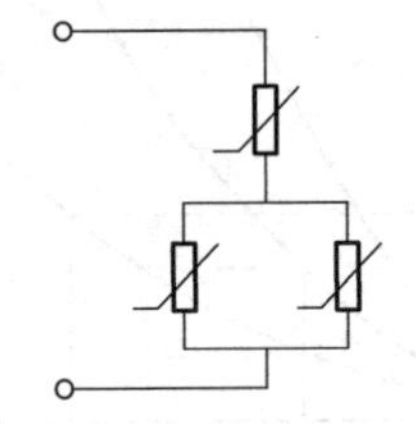

图 14-2-5 非线性电阻的混联

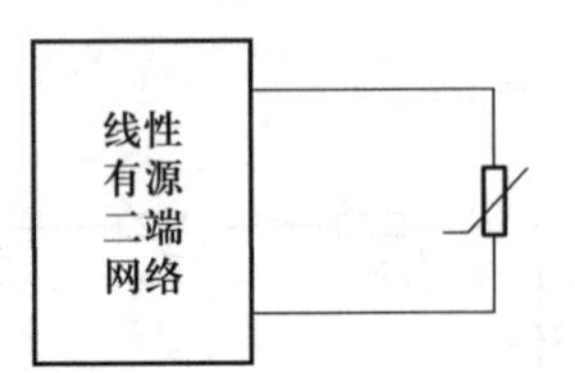

图 14-2-6 含一个非线性电阻的非线性电路

例 14-2 电路如图 14-2-7(a)所示,已知 $U_s=8\ \text{V}, R_1=2\ \Omega, R_2=2\ \Omega, R_3=1\ \Omega$,非线性电阻的伏安特性为 $i=(u^2-u+1.5)\ \text{A}$。试计算 u 和 i。

仅含一个非线性电阻的电路分析

解 设网孔电流为 i_1 和 i_2,可列写方程为

$$\begin{cases}(R_1+R_2)i_1-R_2i_2=U_S\\-R_2i_1+(R_2+R_3)i_2+u=0\\i=i_2=u^2-u+1.5\end{cases}$$

求此方程组即可得到两组解

$$\begin{cases}u_1=1\ \text{V}\\i_1=1.5\ \text{A}\end{cases}\quad 或\quad \begin{cases}u_2=-0.5\ \text{V}\\i_2=2.25\ \text{A}\end{cases}$$

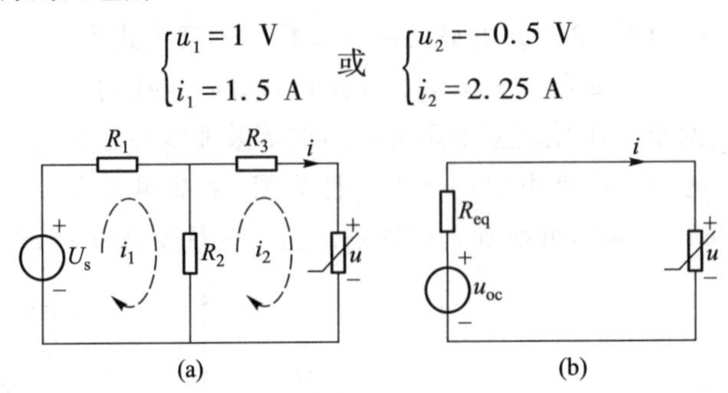

图 14-2-7 例 14-2 图

另解 该电路仅含一个非线性电阻,应用戴维南定理求解也非常方便。戴维南等效电路如图 14-2-7(b)所示(其中 $R_{eq}=2\ \Omega, u_{oc}=4\ \text{V}$),列写方程可得

$$\begin{cases}u_{oc}=R_{eq}i+u\\i=u^2-u+1.5\end{cases}$$

同样可得到两组解

$$\begin{cases}u_1=1\ \text{V}\\i_1=1.5\ \text{A}\end{cases}\quad 或\quad \begin{cases}u_2=-0.5\ \text{V}\\i_2=2.25\ \text{A}\end{cases}$$

应该指出,非线性电阻电路的求解,最后常会归结到非线性方程的求解问题。在很多情况下,用普通的解析法求解非线性代数方程是比较困难的,这时就需要应用数值计算方法。其中最常用的是牛顿-拉夫逊数值分析法。

有时非线性电阻的伏安特性是以曲线形式给出的,而由伏安特性曲线寻求其解析表达式往往并不容易。这时可以通过作图的方法得到非线性电阻电路的解，这种方法称为图解法。

在图 14-2-8(a)所示电路中，非线性电阻以外的线性有源网络已用戴维南等效电路代替。根据 KVL，有

$$u_s = R_s i + u \tag{14-2-7}$$

式(14-2-7)为戴维南等效电路端口的伏安特性解析式，在 u-i 平面上，它是如图 14-2-8(b)所示的一条直线 MN，该直线与 u 轴、i 轴的交点分别为 U_s 和 U_s/R_s。设非线性电阻的伏安特性解析式为

$$i = g(u) \tag{14-2-8}$$

直线 MN 与此伏安特性曲线的交点 $Q(u_Q, i_Q)$ 同时满足式(14-2-7)和式(14-2-8)，所以此电路的解就是(u_Q, i_Q)。交点 Q 称为电路的静态工作点，在电子电路中直线 MN 常称为负载线。

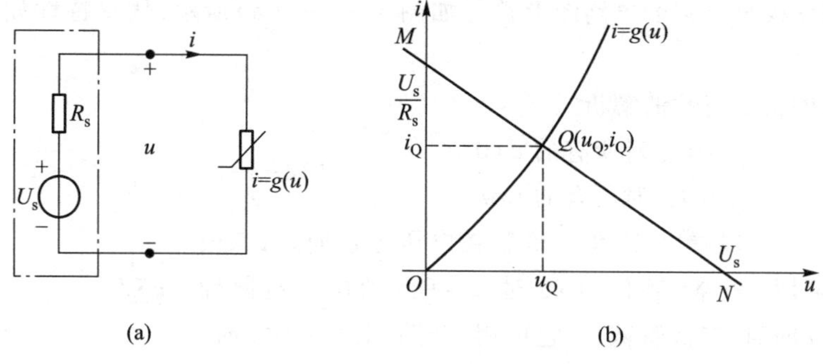

图 14-2-8　含一个非线性电阻的电路

如果图 14-2-8(a)中的非线性电阻为隧道二极管，其伏安特性曲线形状具有 N 形，如图 14-2-9所示。它与直线 MN 有三个交点：Q_1、Q_2 和 Q_3，则此电路解就有三个：$(u_1、i_1)$、$(u_2、i_2)$和$(u_3、i_3)$。

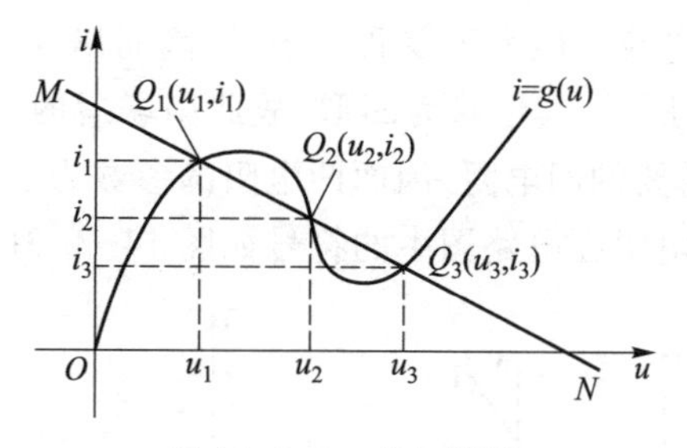

图 14-2-9　多解情况

思考与练习

14-2-1　试分析“不论线性电阻还是非线性电阻元件，当它们串联时，总电压一定等于各元件电压之和，总功率一定等于各元件功率之和。”这句话是否正确？并说明理由。

14-2-2　试分析“不论线性电阻还是非线性电阻元件，当它们并联时，总电流一定等于各元件电流之和，总功率一定等于各元件功率之和。”这句话是否正确？并说明理由。

14.3 分段线性化法

理想二极管、含理想二极管电路伏安特性的绘制

分段线性化法(又称为折线法),是将非线性电阻的伏安特性曲线近似地用若干条直线段来表示。这样就将非线性电路的求解过程分成几个线性区域,对每个线性区域来说,都可以用线性电路的计算方法来求解。分段的数目,可以根据非线性电阻的伏安特性和计算精度的要求来确定,所以分段线性化法是研究非线性电路的一种非常有用和有效的方法。

在分段线性化法中,常引用理想二极管模型。理想二极管可视为一个非线性电阻,是 p-n 结二极管的理想化模型。它的电路图形符号如图 14-3-1(a)所示,伏安特性如图 14-3-1(b)所示。

理想二极管的伏安特性的解析式

$$\begin{cases} i=0 & \text{对所有的 } u<0 \\ u=0 & \text{对所有的 } i>0 \end{cases} \tag{14-3-1}$$

由式(14-3-1)可以看出,理想二极管在电压为正向时,二极管完全导通,它可用“短路”替代($i>0$ 时,$u=0$,i 值由外电路确定)。在电压为反向时,二极管截止,它可用“开路”替代($u<0$ 时,$i=0$)。

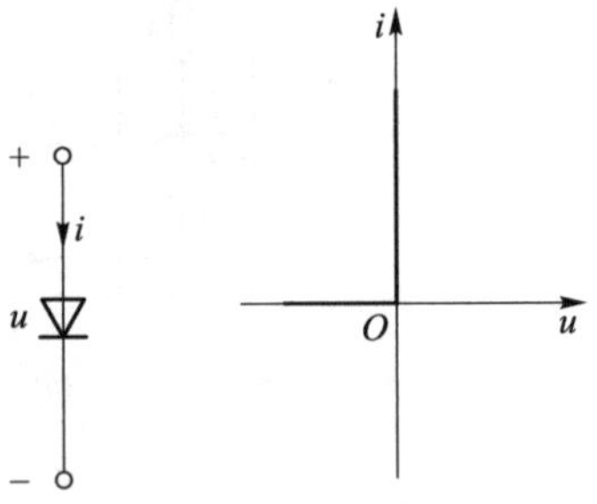

图 14-3-1 理想二极管及其伏安特性

例 14-3 如图 14-3-2(a)所示理想二极管、线性电阻 R 和直流电压源 U_s 串联的电路,求该串联电路的伏安特性。

解 如图 14-3-2(b)所示曲线 1、2、3 分别表示线性电阻 R、理想二极管和直流电压源 U_s 的伏安特性。用图解法将在同一电流 i 下的三个电压相加可得到电压 u,另外注意到曲线 2 的电流只能大于零和等于零,因而串联后的伏安特性中电流 i 不会小于零,其特性如图 14-3-3(a)所示,其形状为凹形,故此串联后的非线性电阻称为凹电阻。改变 U_s 和 R 的值,就可以获得所需要的凹电阻,因而凹电阻的参数为伏安特性的转折点电压 U_s 和倾斜段直线的斜率 $G=1/R$。凹电阻在电路图中的符号如图 14-3-3(b)所示。

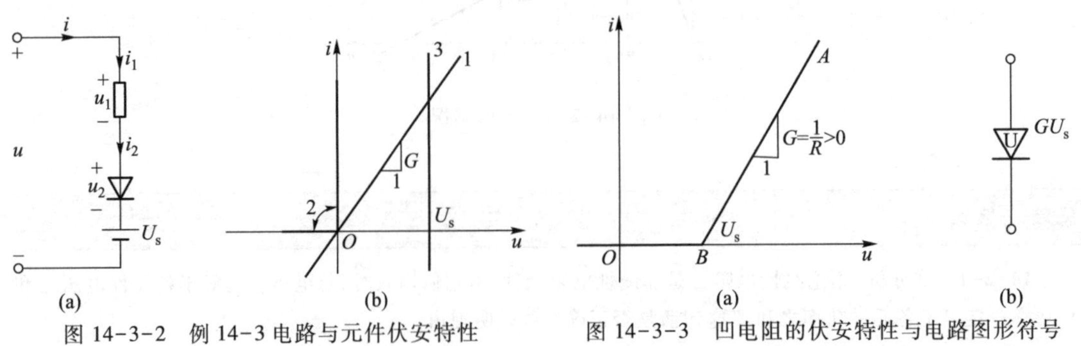

图 14-3-2 例 14-3 电路与元件伏安特性

图 14-3-3 凹电阻的伏安特性与电路图形符号

例 14-4 如图 14-3-4(a)所示理想二极管、线性电阻 R 和直流电流源并联的电路,求该并联电路的伏安特性。

解 如图 14-3-4(b)所示曲线 1、2、3 分别表示线性电阻 R、理想二极管和直流电流源 I_s 的伏安特性(注意,本例曲线 2 和上例的曲线 2 在不同的象限中)。由于是并联电路,所以将在同一电压 u 下的三个电流相加可得到电流 i,另外注意到曲线 2 的电压只能大于零或等于零,因而并联后的伏安特性中电压不会小于零,其特性如图 14-3-5(a)所示,其形状为凸形,故此并联后的非线性电阻称为凸电阻。改变 I_s 和 R 的值,就可以获得所需要的凸电阻,因而凸电阻的参数为伏安特性的转折点电流 I_s 和倾斜段直线的斜率 $G=1/R$。凸电阻在电路图中的符号如图 14-3-5(b)所示。

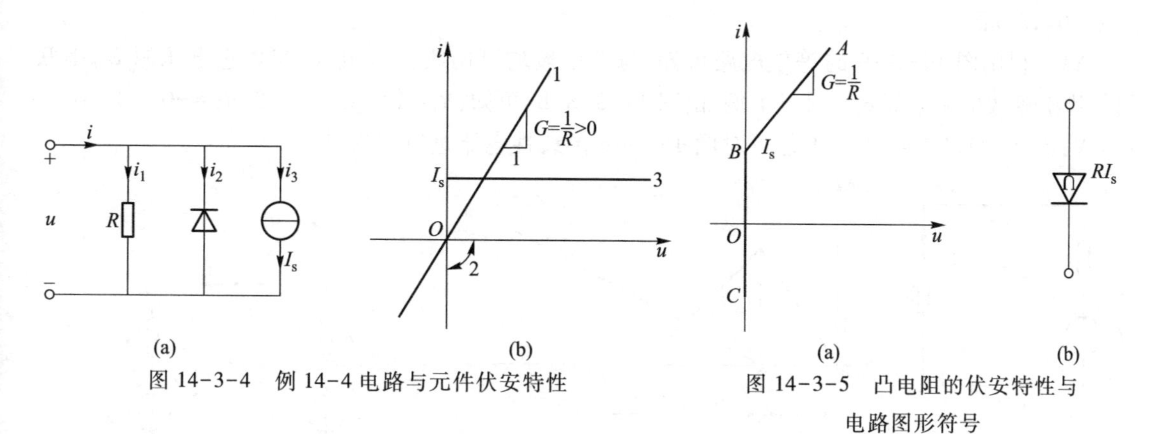

图 14-3-4 例 14-4 电路与元件伏安特性

图 14-3-5 凸电阻的伏安特性与电路图形符号

例 14-3 和例 14-4 介绍了凹电阻和凸电阻的概念,它们相当于一些基本积木块,由这些凹、凸电阻的不同连接,可以得到所需要的各种形状的伏安特性。

如图 14-3-6 中曲线所示隧道二极管的伏安特性,它可用三条直线组成的折线来近似表示。

这三个直线段将隧道二极管的伏安特性分成三个区域,在每一个区域,可用一个线性电路来近似等效。当 $0\leqslant u\leqslant u_1$ 时可用线性电阻 R_1 来代替,$R_1=1/G_1$,G_1 与 $\text{tg}\alpha$ 成正比,此时等效电路如图 14-3-7(a)所示。

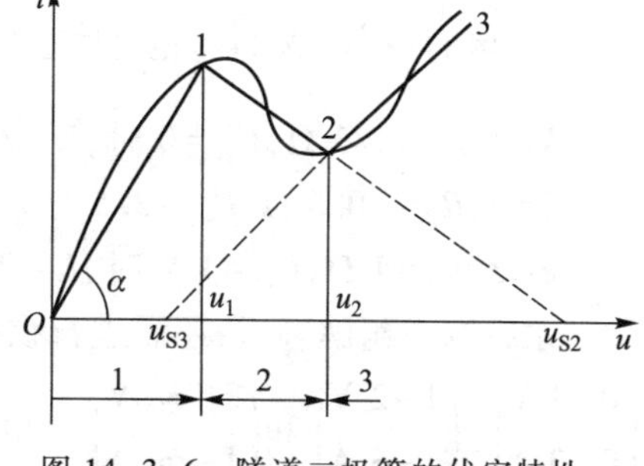

图 14-3-6 隧道二极管的伏安特性

当 $u_1\leqslant u\leqslant u_2$,直线 1、2 上任一点电压电流关系可写成:

$$u=u_{s2}+R_2 i$$

图 14-3-7 图 14-3-6 中伏安特性各段的等效电路图

区域 2 上非线性电阻可用理想电压源 u_{s2} 与线性电阻 R_2 串联的戴维南等效电路来代替,如图 14-3-7(b)所示,其中 u_{s2} 量值上等于直线 1、2 在 u 轴上的截距,线性电阻 R_2 等于这一段上的动态电阻,具有负阻值,动态电阻为负值,表明电压增大时,电流反而减小。当 $u>u_2$ 时,

$$u=u_{s3}+R_3 i$$

区域3上非线性电阻同样可用戴维南等效电路来代替，如图14-3-7(c)所示，其中u_{s3}量值上等于直线2、3在u轴上的截距，线性电阻R_3等于这一段上的动态电阻。

可见，将非线性电阻元件的伏安特性分成几段，就可以画出相同数目的等效电路，可以用前面学过的线性电路分析方法来分别计算。分段的数目，可以根据非线性电阻元件的伏安特性和要求的计算精度来确定。

例14-5 含隧道二极管电路如图14-3-8(a)所示，其中$U_s=8$ V，$R_0=2$ Ω。隧道二极管的伏安特性经分段线性化法分成三段直线，分别位于三个区域，如图14-3-8(b)所示。试求工作点$Q(U_Q,I_Q)$值。

解 利用图14-3-9的等效电路可知，每个区域均可用线性电阻R_k与理想电压源U_{sk}串联的戴维南等效电路来等效。对于本例，由图14-3-8(b)可知：$R_1=1/3$ Ω，$U_{s1}=0$；$R_2=-0.5$ Ω，$U_{s2}=2.5$ V；$R_3=1$ Ω，$U_{s3}=1$ V。于是可对图14-3-8的线性电路进行三次计算。

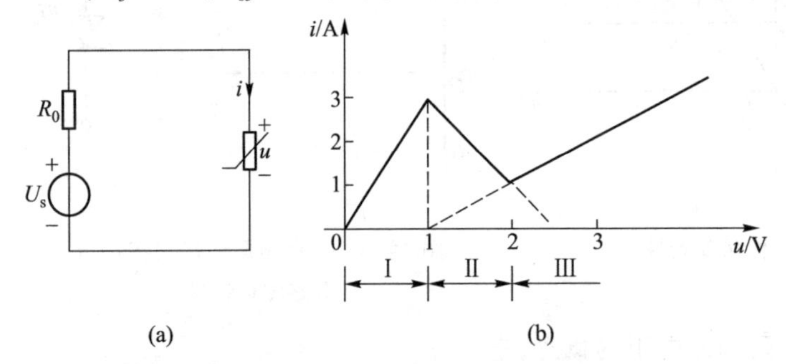

图14-3-8 例14-5电路与隧道二极管的伏安特性

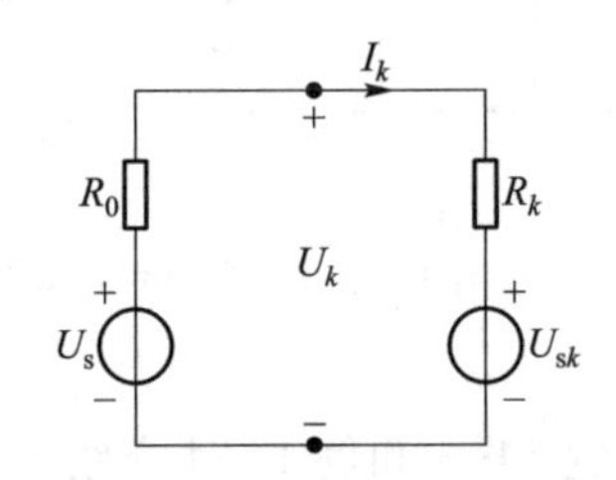

图14-3-9 分段线性化的等效电路

$k=1$，$R_1=1/3$ Ω，$U_{s1}=0$时，$I_1=3.43$ A，$U_1=1.14$ V；

$k=2$，$R_2=-0.5$ Ω，$U_{s2}=2.5$ V时，$I_2=3.67$ A，$U_2=0.67$ V；

$k=3$，$R_3=1$ Ω，$U_{s3}=1$ V时，$I_3=2.33$ A，$U_3=3.33$ V。

求得这三组解答后，还需进行校验，根据图14-3-8(b)可知区域Ⅰ、Ⅱ、Ⅲ的定义域分别为$\begin{pmatrix}0\sim1\ \text{V}\\0\sim3\ \text{A}\end{pmatrix}$，$\begin{pmatrix}1\sim2\ \text{V}\\1\sim3\ \text{A}\end{pmatrix}$和$\begin{pmatrix}2\sim\infty\ \text{V}\\1\sim\infty\ \text{A}\end{pmatrix}$。由此可见上面前两组解均在对应的定义域之外，故称为虚假解，只有第三组解落在该区域的定义域中，此解才是真实解。故$I_Q=2.33$ A，$U_Q=3.33$ V。不难看出本例只有一个非线性电阻元件，用前面介绍过的作负载线、利用曲线相交法很容易得到此解。但本例用等效线性电路计算的方法可推广应用于含有多个非线性电阻元件的计算。

思考与练习

14-3-1 试分析“在应用分段线性化法分析非线性电阻电路时，非线性电阻的伏安特性的各段直线对应的等效电路中，对于第一象限的伏安特性而言，其等效电阻和电压源总是正值。”这句话是否正确，并说明理由。

14-3-2 试分析“设非线性电阻电路有解。采用分段线性化法分析时可能出现无解，但如果将折线段数分得更多更细，最后总可以求出解。”这句话是否正确，并说明理由。

14-3-3 非线性电阻电路如题 14-3-3(a)图所示，非线性电阻的伏安特性曲线如题 14-3-3(b)图所示，试求电压 U 和 I。

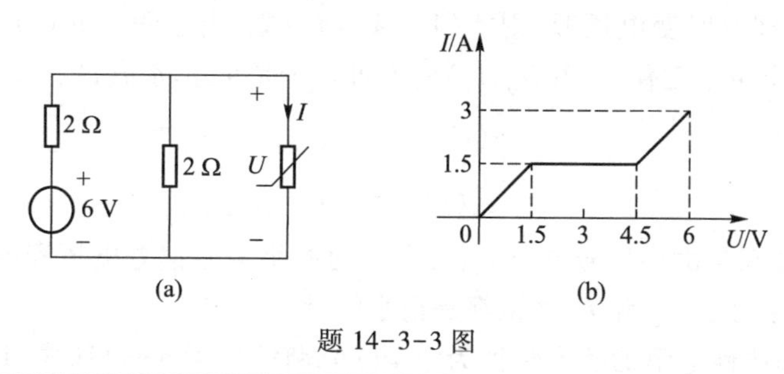

题 14-3-3 图

14.4 小信号分析法

小信号分析法，利用小信号分析法分析非线性电阻电路

在电子线路中遇到的非线性电路，不仅有作为偏置电源的直流电源 U_0，同时还有随时间变动的输入电压 $u_s(t)$ 的作用。一般讲，如果在任意时刻都有 $U_0 \gg |u_s(t)|$，则将 $u_s(t)$ 称为小信号。当输入信号的幅度变动很小时，它所涉及的仅是非线性电阻伏安特性的局部，因此在此小范围内可以用一段直线来近似非线性电阻的伏安特性，这就是本节要介绍的小信号分析法。小信号分析法是工程上分析非线性电阻电路的一个重要方法。在电子电路中有关放大器的分析和设计，都是以小信号分析法为基础的。

图 14-4-1(a)所示电路中，U_0 是直流电压源电压，$u_s(t)$ 是随时间变化的小信号。R_0 是线性电阻，而非线性电阻是电压控制型的，设其伏安特性可表示为 $i=g(u)$，如图 14-4-1(b)所示。现在待求的是非线性电阻的电压 $u(t)$ 和电流 $i(t)$。

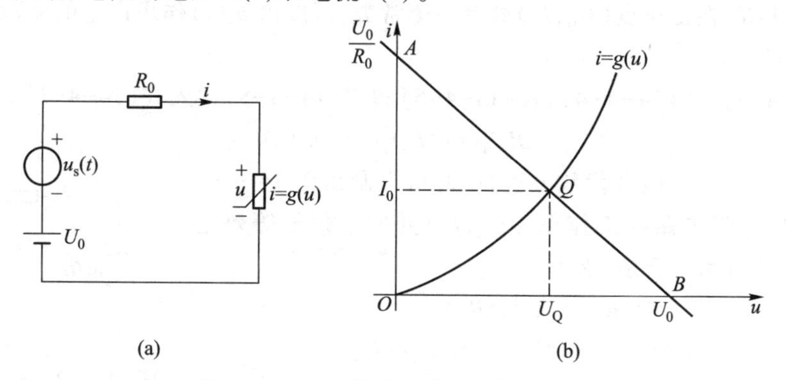

图 14-4-1 非线性电路的小信号分析

对于图 14-4-1(a)所示电路，根据 KVL，得

$$R_0 i(t)+u(t)=U_0+u_s(t) \tag{14-4-1}$$

首先假设没有时变电压源，即 $u_s(t)=0$，于是可以用图解法画出负载线 AB，求出静态工作点 Q 的电压 U_Q 和电流 I_Q，如图 14-4-1(b)所示，它应同时满足

$$I_Q = g(U_Q) \tag{14-4-2}$$

和

$$U_0 - R_0 I_Q = U_Q \tag{14-4-3}$$

当 $u_s(t) \neq 0$ 时,即有时变电压源,则式(14-4-1)成立,由于假设 $u_s(t)$ 的幅度很小,所以对应不同 $u(t)$,$i(t)$ 必定位于工作点 $Q(U_Q, I_Q)$ 的附近。于是可以将 $u(t)$、$i(t)$ 写成

$$u(t) = U_Q + u_1(t) \tag{14-4-4}$$

$$i(t) = I_Q + i_1(t) \tag{14-4-5}$$

式中,$u_1(t)$ 和 $i_1(t)$ 分别是由小信号电压 $u_s(t)$ 所引起的小信号偏差电压和电流。在所有的时刻 t,$u_1(t)$ 和 $i_1(t)$ 分别相对于 U_Q 和 I_Q 来说都是很小的量。

考虑到给定的非线性电阻的伏安特性为 $i = g(u)$,将式(14-4-4)和式(14-4-5)代入,得

$$I_Q + i_1(t) = g(U_Q + u_1(t)) \tag{14-4-6}$$

由于 $u_1(t)$ 很小,上式等号右边可用泰勒级数展开,如果取泰勒级数的前两项而略去一次项以上的高次项,则上式可写为

$$I_Q + i_1(t) \approx g(U_Q) + \left.\frac{\mathrm{d}g}{\mathrm{d}u}\right|_{u=U_Q} u_1(t)$$

由于 $I_Q = g(U_Q)$,所以

$$i_1(t) \approx \left.\frac{\mathrm{d}g}{\mathrm{d}u}\right|_{u=U_Q} u_1(t) \tag{14-4-7}$$

又因为

$$\left.\frac{\mathrm{d}g}{\mathrm{d}u}\right|_{u=U_Q} = G_d = 1/R_d$$

为非线性电阻在工作点 (U_Q, I_Q) 处的动态电导,所以

$$i_1(t) = G_d u_1(t) \tag{14-4-8}$$

或

$$u_1(t) = R_d i_1(t)$$

由于 $G_d = 1/R_d$ 在工作点 (U_Q, I_Q) 处是一个常数,所以由 $u_s(t)$ 作用产生的 $u_1(t)$ 和 $i_1(t)$ 之间的关系是线性的。

将式(14-4-3)、式(14-4-4)、式(14-4-5)和式(14-4-8)代入式(14-4-1),得

$$R_0 i_1(t) + R_d i_1(t) = u_s(t) \tag{14-4-9}$$

式(14-4-9)是一个线性代数方程,由此可以画出图14-4-1(a)所示非线性电阻电路在工作点 (U_Q, I_Q) 处的小信号等效电路,如图14-4-2所示。于是,求得

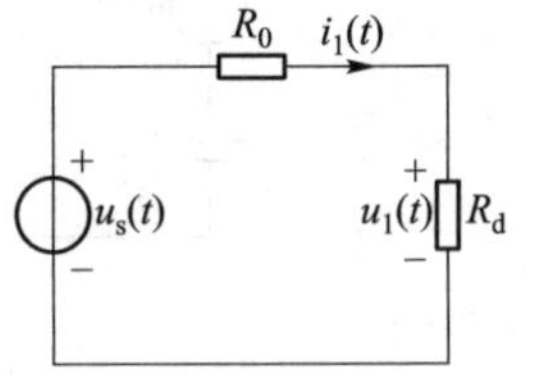

$$i_1(t) = u_s(t)/(R_0 + R_d)$$

$$u_1(t) = R_d i_1(t) = u_s(t)\ R_d/(R_0 + R_d)$$

图 14-4-2 小信号等效电路

最后,得

$$u(t) = U_Q + u_s(t) R_d/(R_0 + R_d)$$

$$i(t) = I_Q + u_s(t)/(R_0 + R_d)$$

例 14-6 在图14-4-3(a)所示电路中,已知直流电流源 $I_s = 10$ A,时变电流源的电流 $i_s(t) = \cos\omega t$ mA,$R_0 = 1/3\ \Omega$,非线性电阻为电压控制型,其伏安特性的解析式为

$$i=g(u)=\begin{cases}u^2 & u>0\\0 & u\leqslant 0\end{cases}$$

试用小信号分析法求 $i(t)$ 和 $u(t)$。

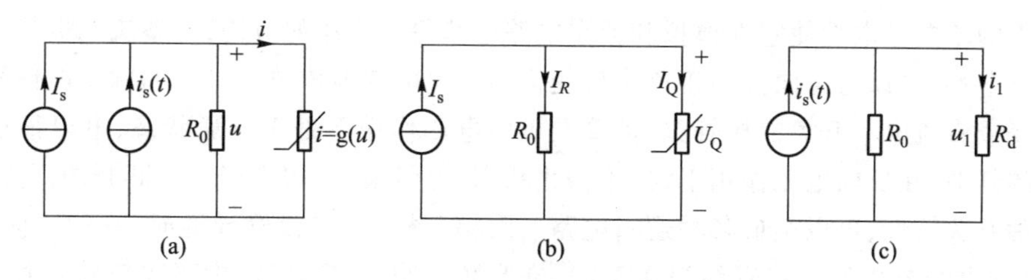

图 14-4-3 例 14-6 电路及其小信号等效电路

解 首先,求工作点。图 14-4-3(a)所示电路为 I_s 和 $i_s(t)$ 共同作用,如先考虑直流电流源单独作用,则令 $i_s(t)=0$,如图 14-4-3(b)所示,有

$$I_s-I_R-I_Q=0$$

式中,$I_R=U_Q/R_0$ 和 $I_Q=U_Q^2$(当 $U_Q>0$)

$$10-3U_Q-U_Q^2=0$$

解得 $U_Q=2\ \text{V}$,$I_Q=4\ \text{A}$;另一解 $U_Q=-5\ \text{V}$,$I_Q=25\ \text{A}$ 不符合 $u>0$ 的条件,故舍去。

其次,求非线性电阻在工作点处的动态电导。当 $U_Q=2\ \text{V}$ 时,动态电导

$$G_d=\left.\frac{\mathrm{d}i}{\mathrm{d}u}\right|_{u=U_Q}=\left.\frac{\mathrm{d}}{\mathrm{d}u}(u^2)\right|_{u=U_Q}=2u\,\Big|_{u=U_Q=2\ \text{V}}=4\ \text{S}$$

再次,求小信号电压和电流。画出小信号等效电路,如图 14-4-3(c)所示。于是小信号电压和电流分别为

$$u_1=\frac{1}{7}\cos\omega t\ \text{mV}=0.143\cos\omega t\ \text{mV}$$

$$i_1=\frac{4}{7}\cos\omega t\ \text{mA}=0.571\cos\omega t\ \text{mA}$$

最后,求得非线性电阻的电压和电流分别为

$$u(t)=U_Q+u_1(t)=(2+0.143\times10^{-3}\cos\omega t)\ \text{V}$$

$$i(t)=I_Q+i_1(t)=(4+0.571\times10^{-3}\cos\omega t)\ \text{A}$$

思考与练习

14-4-1 试分析“用小信号法分析非线性电阻电路时,小信号作用时的等效电路中非线性电阻元件应当用其动态电阻建立电路模型。”这句话是否正确,并说明理由。

14.5　应 用 实 例

二极管的单向导电性使它在模拟和数字电路中获得了广泛的应用,如整流二极管:利用二极管的单向导电性,可以将方向大小正负交替变化的交流电变换成单一方向的脉动电信号,经低通滤波后可变成直流电。开关二极管:二极管在正向电压作用下处于导通状态,电阻很小,相当于一个闭合的开关;在反向电压作用下,处于截止状态,电阻很大,相当于一个断开的开关。利用二极管的这种开关特性,可以组成各种逻辑电路。限幅二极管:二极管导通时,它的正向压降几乎保持不变(硅管约为 0.7 V,锗管约为 0.3 V),在高频脉冲、高频载波、中高频信号放大等电路中,常利用这一特性将信号幅度限制在一定的范围内。续流二极管:在控制线路中,常在含线圈、继电器等感性负载的两端并联一个二极管,起续流作用,以释放线圈中的能量,避免感性负载瞬间产生高压,破坏电路。检波二极管:利用其单向导电性将高频或中频中的低频信号或音频信号取出来,广泛应用于半导体收音机、电视机及通信设备的小信号电路中,其工作频率较高,处理信号幅度较弱。变容二极管:这种二极管又称电压调谐电容,在施加反向电压时,其结电容随反向电压变化而变化,可以取代电路中的可变电容器,如今的电视系统或通信系统中的频道选择及呼叫等电路,基本都由变容二极管完成。

下面具体介绍限幅电路和二极管逻辑门电路:

1. 限幅电路

在电子线路中,为了降低信号的幅度,避免某些器件受大信号作用而损坏,往往利用二极管的导通和截止特性来限制信号的幅度,如图 14-5-1(a)所示,就是一种由 R 和硅二极管组成的简单限幅电路。

图 14-5-1(a)中,R_i为运放输入端电阻,阻值远大于 R,故 $u_i' \approx u_i$。当输入信号 u_i 瞬时值大于零,且幅值大于二极管导通电压时,D_1导通;当输入信号 u_i 瞬时值小于零,且幅值大于二极管导通电压时,D_2导通。如此,u_i'大小就被限制在±0.7V 范围内,如图 14-5-1(b)所示,限幅后的 u_i'可以确保运放正常工作,不被损坏。

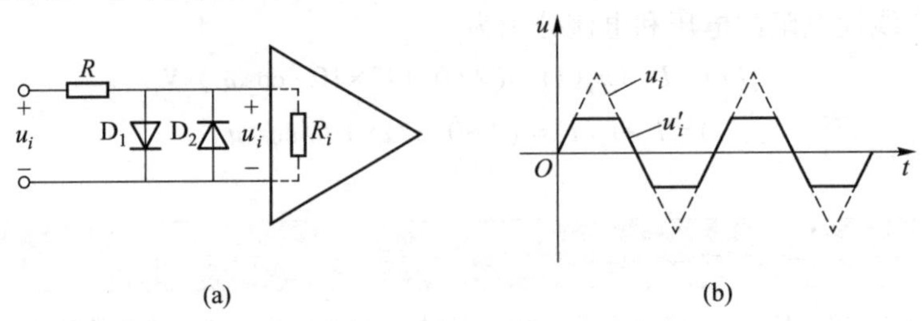

图 14-5-1　限幅电路及其工作波形

2. 二极管逻辑门电路

在数字电路中,利用二极管的单向导电性,可以构成简单的与和或两种逻辑门电路。图 14-5-2(a)和(b)所示分别为三输入端的与门和或门电路。

图 14-5-2(a)中,三个输入逻辑变量 I_1、I_2和 I_3中,只要有一个为零,即低电平(0 V 地电平或

一个负电平),与该输入端连接的二极管就导通,则输出端与该输入端逻辑变量等值,只有三个输入端输入逻辑变量全为1(对应高电平 V^+)时,输出逻辑变量 O 才为1,即

$$O=I_1\cdot I_2\cdot I_3$$

式中"·"为逻辑与的运算符号。

图14-5-2(b)中,三个输入逻辑变量 I_1、I_2 和 I_3 中,只要有一个为1,即高电平(对应电压 V^+),输出逻辑变量 O 就为1,即

$$O=I_1+I_2+I_3$$

式中"+"为逻辑或的运算符号。

需要说明的是,由于二极管不能构造非逻辑门电路,所以不能仅用二极管构造出所有的逻辑门电路。

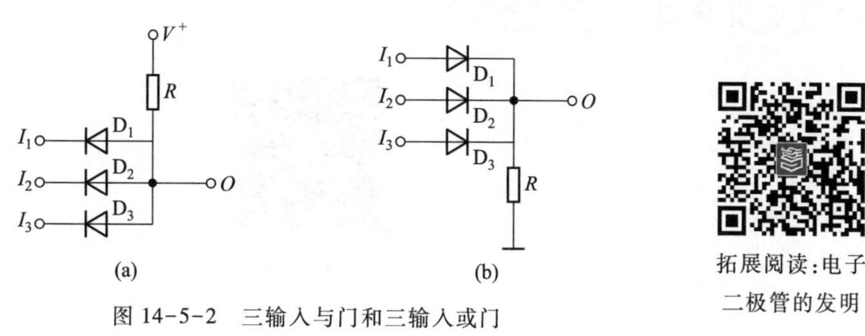

图14-5-2　三输入与门和三输入或门

拓展阅读:电子二极管的发明

本章小结

1. 在伏安平面上,若二端元件的伏安特性曲线是过原点的一条曲线,而不是一条直线,则该二端元件为非线性电阻元件。

2. 非线性电阻有两个重要参数:静态电阻和动态电阻。对于伏安特性曲线(假设 u 为纵轴,i 为横轴)上一确定的直流工作点 Q,静态电阻正比于直线 OQ 的斜率,而动态电阻正比于伏安特性曲线在 Q 点处切线的斜率;非线性电阻的静态电阻和动态电阻都随工作点不同而不同,静态电阻一律为正,动态电阻可正可负。

3. KCL、KVL仍然适用于非线性电阻电路。对只含一个非线性电阻的电路来说,一般的解题方法是:将电路的线性部分等效简化成戴维南或诺顿等效电路,然后在简化后的等效电路中进行求解即可。当电路中有非单调的非线性电阻时,可能存在多个解。

4. 当非线性电阻的伏安特性是以曲线形式给出时,常利用图解法或分段线性化法确定直流工作点。

5. 小信号分析法用来求解非线性电路中既含直流激励又含小信号时变激励情况下的响应。其方法是:首先求直流激励作用下的工作点;其次求出该工作点下的动态电阻(或动态电导),得出小信号等效电路;再次通过小信号等效电路求出小信号时变激励下的时变响应;最后将直流工作点和时变响应合成,即可得到电路的解。

6. 需要说明的是,由于受到非线性电阻特性曲线的精度和解法本身的限制,非线性电路的解几乎都是近似解。

例题视频

例题 60 视频

例题 61 视频

例题 62 视频

习题进阶练习

14. 1—3

14.1 节习题

14-1 如果电流 $\cos\omega t$ A 通过某非线性电阻，该电阻两端电压的角频率为 4ω，求该非线性电阻的伏安关系。

14-2 某一线性电阻的伏安特性为 $u=f(t)=10i+0.1i^3$（单位：V，A）。

(1) 试分别求出当流过电阻的电流为 $i_1=2$ A，$i_2=2\sin t$ A 时，相应的电压 u_1 和 u_2，并求出组成 u_2 的各频率分量；

(2) 当流过电阻的电流为 $i=i_1+i_2$ 时，相应的电压 $u=u_1+u_2$ 吗？当 $i=ki_1$（k 为常数）时，相应的 $u=ku_1$ 吗？

14-3 电路如题 14-3 图所示，非线性电阻的伏安特性为 $i_2=0.3u_2+0.04u_2^2$，求电流 i_2。

14-4 电路如题 14-4 图所示，非线性电阻的伏安特性为 $u=2i^2+1$，求 2 Ω 电阻端电压 u_1。

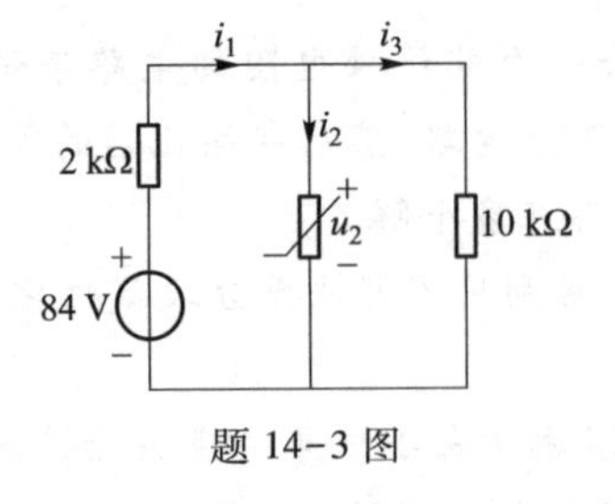

题 14-3 图

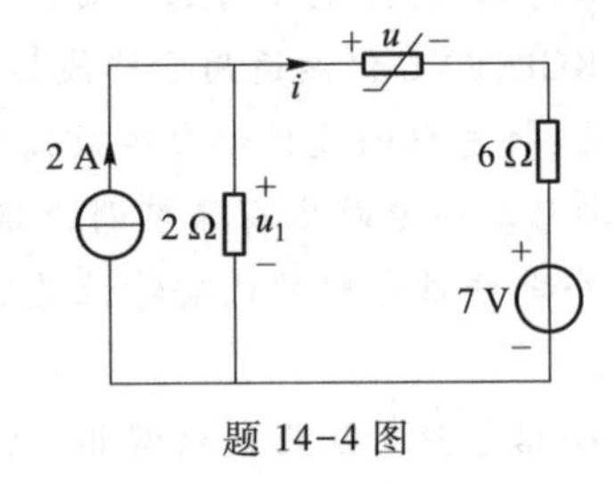

题 14-4 图

14-5 电路如题 14-5 图所示，设二极管伏安特性为

$$i_d=10^{-6}(e^{40u_d}-1)\ \text{A}$$

式中，u_d 为二极管的电压，单位为伏（V）。求该电路以 u_d 为待求量的方程。

14-6 非线性电阻电路如题 14-6 图（a）所示，非线性电阻的伏安特性曲线如题 14-6 图（b）所示，求电压 u 和电流 i。

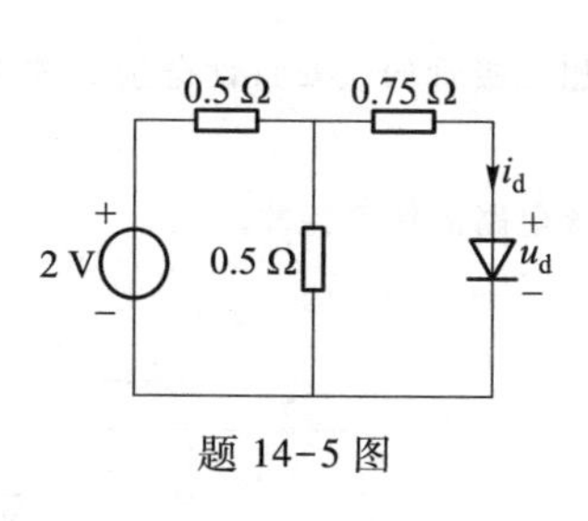

题 14-5 图

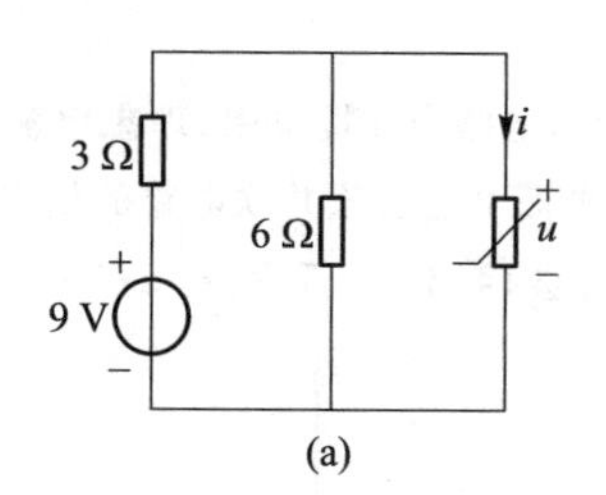

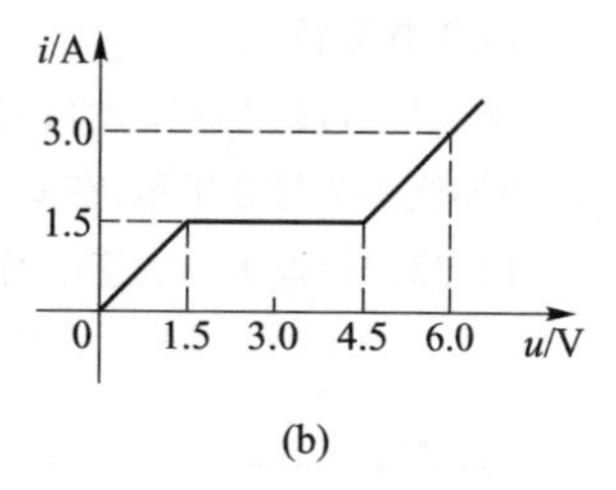

题 14-6 图

14-7　非线性电阻电路如题 14-7 图所示，非线性电阻伏安特性为 $u=i^2$，求当 $i>0$ 时电压 u 和电流 i_1。

14-8　题 14-8 图所示电路中非线性电阻的伏安特性为 $u=i^2$，求 i、u。

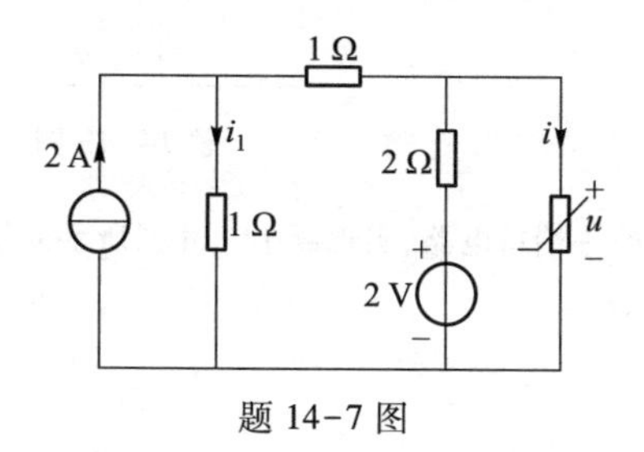

题 14-7 图

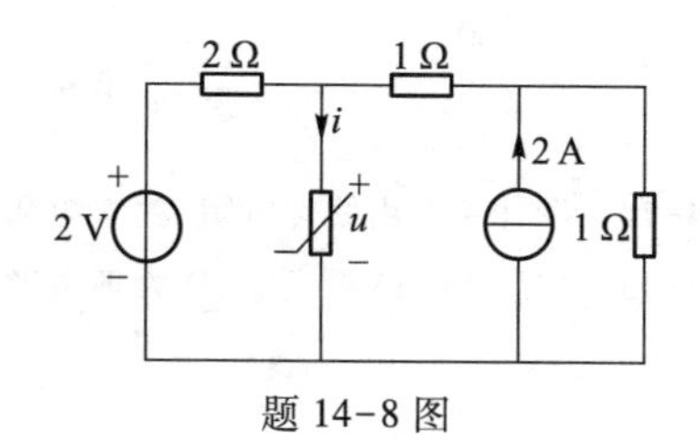

题 14-8 图

14-9　如题 14-9 图所示，非线性电阻的伏安特性为 $i=4\times10^{-3}u^2$ A，$u\geqslant0$，求 u 和 U_1。

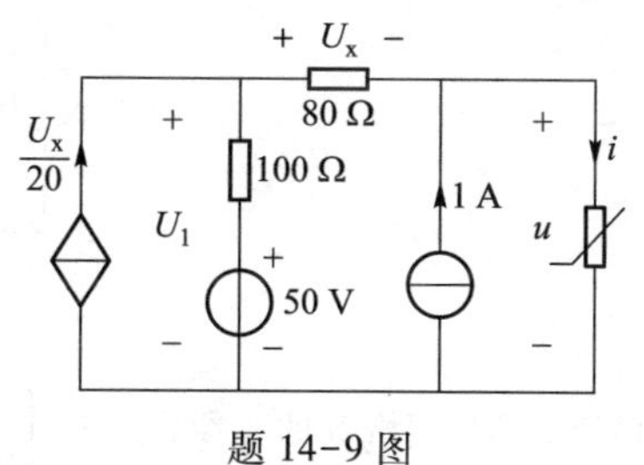

题 14-9 图

14.2 节习题

14-10　已知两个非线性电阻的伏安特性曲线分别为 $u_1=f_1(i_1)$ 和 $u_2=f_2(i_2)$，如题 14-10 图所示，试画出两个非线性电阻串联后等效非线性电阻的伏安特性曲线。

14-11　已知两个非线性电阻的伏安特性曲线分别为 $u_1=f_1(i_1)$ 和 $u_2=f_2(i_2)$，如题 14-11 图所示，试画出两个非线性电阻并联后等效非线性电阻的伏安特性曲线。

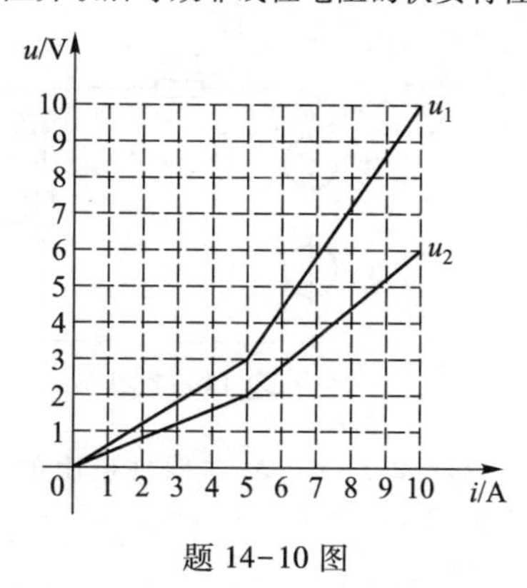

题 14-10 图

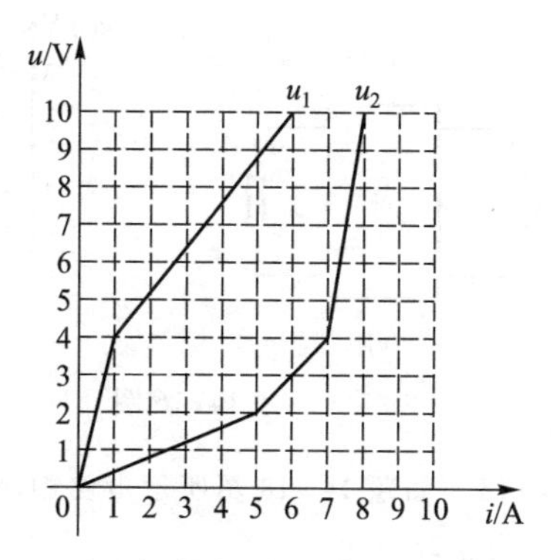

题 14-11 图

14.3 节习题

14-12　如题 14-12 图(a)所示电路中线性电阻、理想电流源与理想二极管的伏安特性分别如题 14-12 图(b)中曲线 1、2 与 3 所示，在 u-i 平面上绘出该并联电路的伏安特性。

14-13　含理想二极管电路如题 14-13 图所示，在 u-i 平面上绘出该电路的伏安特性。

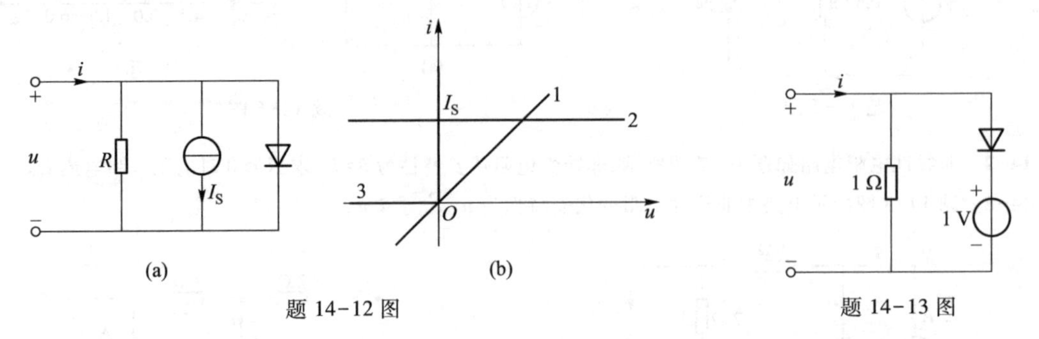

题 14-12 图　　　　题 14-13 图

14-14　设计一个由线性电阻、独立源和理想二极管构成的一端口电路，实现题 14-14 图所示的伏安特性。

14-15　如题 14-15 图所示，D 为理想半导体二极管，求 u、i。

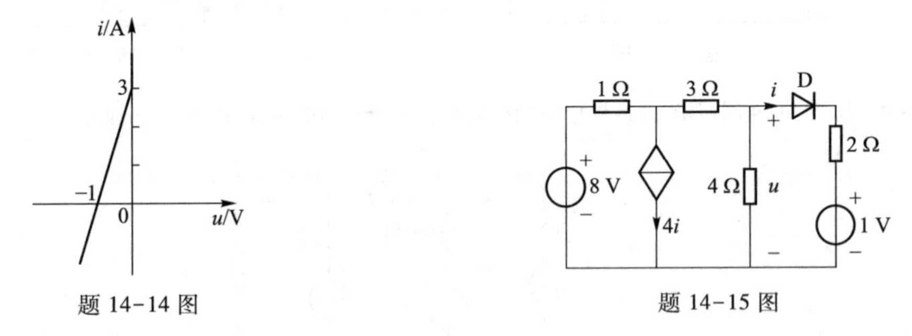

题 14-14 图　　　　题 14-15 图

14-16　如题 14-16 图(a)所示，已知二端口网络 N 的 T 参数为 $\boldsymbol{T}=\begin{bmatrix}1.5 & 2.5\ \Omega\\ 0.5\mathrm{S} & 1.5\end{bmatrix}$，非线性电阻的伏安特性如题 14-16 图(b)所示，求非线性电阻上的 u 和 i。

14.4 节习题

14-17　如题 14-17 图所示电路中非线性电阻伏安特性为 $u=i^2$(单位：V，A)，小信号电压 $u_s(t)=\cos t$ V，试用小信号分析法求 $i(t)$ 与 $u(t)$。

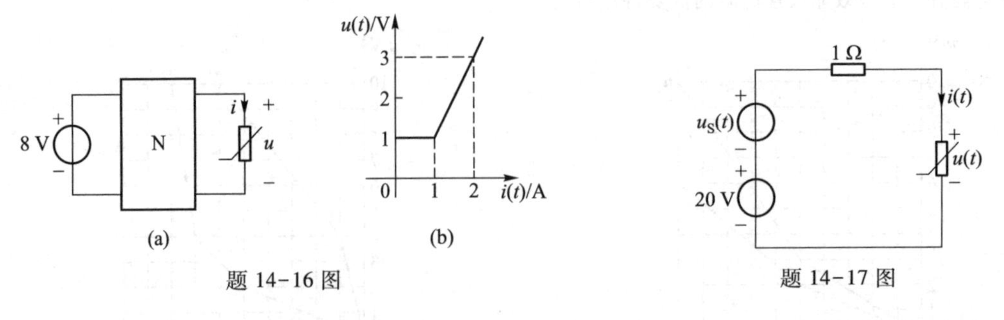

题 14-16 图　　　　题 14-17 图

14-18　如题 14-18 图所示电路中小信号电流源电流 $i_s(t)=0.5\cos\omega t$ A，非线性电阻的伏安特性为 $i=\begin{cases}u^2 & 当\ u\geqslant 0\\ 0 & 当\ u<0\end{cases}$(单位：V，A)，试用小信号分析法求 $i(t)$ 与 $u(t)$。

14-19　如题 14-19 图所示电路中，非线性电阻的伏安特性为 $u=i^3+2i$ V，式中 i 单位为 A。R 为线性电阻，已知当 $u_s(t)=0$ 时，回路电流 $i(t)=1$ A，求当 $u_s(t)=\cos 500t$ mV 时回路电流 $i(t)$。

14-20　如题 14-20 图所示电路中，非线性电阻的伏安特性为 $i=u^2$ A，式中 u 的单位为 V，小信号电压源电压 $u_s(t)=2\times10^{-3}\cos 942t$ V，试用小信号分析法求解 $i(t)$ 和 $u(t)$。

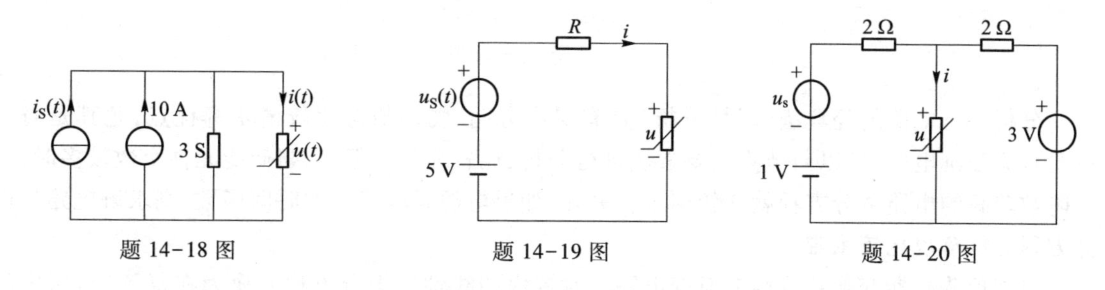

题 14-18 图　　题 14-19 图　　题 14-20 图

第 15 章　运算法和网络函数

分析动态电路的经典法(时域分析)具有层次分明、物理概念比较清楚等优点,尤其是对于一阶直流激励电路,可以归结为三要素法进行分析,比较简便。但是,当储能元件个数较多时,建立阶数较高的电路微分方程就比较困难。另外,如果电源是较复杂的时间函数,则求解电路的微分方程的特解也比较困难。

应用拉普拉斯变换将线性非时变电路在时域内的线性常微分方程变换为在复频(s)域内的线性代数方程进行电路分析的方法称为运算法。由于采用了运算电路,简化了求解步骤,不必分别计算稳态分量与暂态分量,而是一次得到响应的完全解,分析比较简便。另外也不需要确定积分常数,因为初始条件已在变换过程中给予了考虑。一般常用的电源,通过拉普拉斯变换都可以变换成比较简单的拉普拉斯变换式,因此,运算法是分析线性动态电路的常用方法。由于运算法是在复频域内对线性动态电路进行分析和计算,因此也称为线性电路的复频域分析。

本章主要介绍拉普拉斯变换、求拉普拉斯反变换的部分分式展开法、电路定律的运算形式、运算电路和应用运算法分析与计算线性动态电路。最后引入网络函数、极点和零点的概念。

15.1　拉普拉斯变换

拉氏变换

一个定义在 $0_- \leqslant t < \infty$ 区间的函数 $f(t)$ 的拉普拉斯变换(简称拉氏变换)式 $F(s)$ 定义为

$$F(s)=\int_{0_-}^{\infty} f(t)\mathrm{e}^{-st}\mathrm{d}t \tag{15-1-1}$$

式(15-1-1)等号右边是对变量 t 的积分,其积分结果与 t 无关,仅是复变量 $s=\sigma+\mathrm{j}\omega$ 的函数。变量 s 常称为复频率,通常称积分结果 $F(s)$ 为 $f(t)$ 的象函数,称 $f(t)$ 为 $F(s)$ 的原函数。

式(15-1-1)也可写为 $F(s)=\mathscr{L}[f(t)]=\int_{0_-}^{\infty} f(t)\mathrm{e}^{-st}\mathrm{d}t$,这里用记号“$\mathscr{L}[\ ]$”表示对方括号中的函数进行拉氏变换。原函数 $f(t)$ 与象函数 $F(s)$ 有一一对应的关系。今后用小写字母表示原函数,用大写字母表示对应的象函数。例如电流 $i(t)$ 的象函数为 $I(s)$,电压 $u(t)$ 的象函数为 $U(s)$。

如果已知象函数 $F(s)$,要求出它对应的原函数 $f(t)$,则这种变换称为拉氏反变换,可表示为 $f(t)=\mathscr{L}^{-1}[F(s)]$。拉氏反变换将在 15.3 节中讨论。

式(15-1-1)等号右边可积分的一个充分条件是该函数 $f(t)$ 满足第 11 章中提到的狄利克雷条件,且存在某正实数 σ,使

$$\int_{0_-}^{\infty} |f(t)|\mathrm{e}^{-\sigma t}\mathrm{d}t < \infty$$

式中 $e^{-\sigma t}$ 称为收敛因子。电路分析中所遇到的函数 $f(t)$ 通常都能满足上述条件，所以均能用式(15-1-1)进行拉氏变换，求得对应的象函数。

式(15-1-1)中的积分下限取为 0_-，这是为了使此积分能够计及时间函数 $f(t)$ 在 $t=0$ 时刻可能包含的冲激函数。

常见函数的拉氏变换

例 15-1 求单位阶跃函数 $f(t)=\varepsilon(t)$ 的象函数。

解

$$\mathscr{L}[\varepsilon(t)]=\int_{0_-}^{\infty}\varepsilon(t)e^{-st}dt=\int_{0_-}^{\infty}e^{-st}dt=-\frac{1}{s}e^{-st}\Big|_{0_-}^{\infty}=\frac{1}{s}$$

例 15-2 求指数函数 $f(t)=e^{at}\varepsilon(t)$ 的象函数。

解
$$\mathscr{L}[e^{at}\varepsilon(t)]=\int_{0_-}^{\infty}e^{at}e^{-st}dt=\int_{0_-}^{\infty}e^{-(s-a)t}dt=\frac{-1}{s-a}e^{-(s-a)t}\Big|_{0_-}^{\infty}=\frac{1}{s-a}$$

例 15-3 求单位冲击函数 $f(t)=\delta(t)$ 的象函数。

解
$$\mathscr{L}[\delta(t)]=\int_{0_-}^{\infty}\delta(t)e^{-st}dt=\int_{0_-}^{0+}\delta(t)e^{-st}dt=\int_{0_-}^{0+}\delta(t)dt=1$$

由于拉氏变换的下限为 0_-，从而积分区间将 $\delta(t)$ 包含在内，于是为存在冲激函数 $\delta(t)$ 的电路分析带来了方便。

表 15-1-1 给出了一些常用时间函数的拉氏变换式，可供查阅使用。

对表中所有函数 $f(t)$ 都假定 $t<0$ 时，$f(t)=0$，即，可认为它们都被 $\varepsilon(t)$ 相乘($\delta(t)$ 除外)。

表 15-1-1 常用函数的拉氏变换式

原函数	象函数	原函数	象函数
$\delta(t)$	1	$\varepsilon(t)$	$\frac{1}{s}$
A	$\frac{A}{s}$	t	$\frac{1}{s^2}$
t^n	$\frac{n!}{s^{n+1}}$(n 为正整数)	e^{-at}	$\frac{1}{s+a}$
te^{-at}	$\frac{1}{(s+a)^2}$	$t^n e^{-at}$	$\frac{n!}{(s+a)^{n+1}}$
$\sin\omega t$	$\frac{\omega}{s^2+\omega^2}$	$\cos\omega t$	$\frac{s}{s^2+\omega^2}$
$\cos(\omega t+\varphi)$	$\frac{s\cos\varphi-\omega\sin\varphi}{s^2+\omega^2}$	$2\|k\|e^{-at}\cos(\beta t+\theta)$	$\frac{\|k\|e^{j\theta}}{s+a-j\beta}+\frac{\|k\|e^{-j\theta}}{s+a+j\beta}$

思考与练习

15-1-1 电路分析中拉普拉斯变换被定义为 0_- 到 ∞ 的积分，即 $F(s)=\int_{0_-}^{\infty}f(t)e^{-st}dt$，为什么不定义为 0_+ 到 ∞ 的积分？

15-1-2 电流 $i(t)$ 经拉普拉斯变换后的象函数 $I(s)$ 的单位仍然是安培吗？

15-1-3　应用拉普拉斯变换分析电路时，是否电路的初始值无论取 0_- 还是 0_+ 的值（设 $t=0$ 时换路），所求得的响应都是相同的？

15-1-4　求下列函数的象函数：(1) $f(t)=3\varepsilon(t)$；(2) $f(t)=2e^{-2t}\varepsilon(t)$；(3) $f(t)=3\delta(t)$。

15.2　拉普拉斯变换的主要性质

拉氏变换主要性质

掌握和应用电路分析中一些最常用的拉氏变换性质，有助于求得一些较复杂的原函数的象函数，而且可以将原函数的线性常微分方程变换为象函数的线性代数方程。

线性性质

如果　$\mathscr{L}[f_1(t)]=F_1(s)$，$\mathscr{L}[f_2(t)]=F_2(s)$，则对任意常数 a 和 b 有

$$\mathscr{L}[af_1(t)\pm bf_2(t)]=aF_1(s)\pm bF_2(s) \tag{15-2-1}$$

证明

$$\mathscr{L}[af_1(t)\pm bf_2(t)]=\int_{0_-}^{\infty}[af_1(t)\pm bf_2(t)]e^{-st}dt$$

$$=a\int_{0_-}^{\infty}f_1(t)e^{-st}dt\pm b\int_{0_-}^{\infty}f_2(t)e^{-st}dt=aF_1(s)\pm bF_2(s)$$

由式（15-2-1）可知拉氏变换满足齐次性和可加性，是线性变换。

例 15-4　求正弦函数 $\sin\omega t$ 和余弦函数 $\cos\omega t$ 的象函数。

解

$$\mathscr{L}[\sin\omega t]=\mathscr{L}\left[\frac{1}{2j}(e^{j\omega t}-e^{-j\omega t})\right]=\frac{1}{2j}\left(\frac{1}{s-j\omega}-\frac{1}{s+j\omega}\right)=\frac{\omega}{s^2+\omega^2}$$

$$\mathscr{L}[\cos\omega t]=\mathscr{L}\left[\frac{1}{2}(e^{j\omega t}+e^{-j\omega t})\right]=\frac{1}{2}\left(\frac{1}{s-j\omega}+\frac{1}{s+j\omega}\right)=\frac{s}{s^2+\omega^2}$$

微分性质

如果　$\mathscr{L}[f(t)]=F(s)$

则

$$\mathscr{L}[f'(t)]=\mathscr{L}\left[\frac{df(t)}{dt}\right]=sF(s)-f(0_-) \tag{15-2-2}$$

式中 $f(0_-)$ 为原函数 $f(t)$ 在 $t=0_-$ 时的值。

证明

$$\mathscr{L}[f'(t)]=\int_{0_-}^{\infty}f'(t)e^{-st}dt=\int_{0_-}^{\infty}\frac{df(t)}{dt}e^{-st}dt=\int_{0_-}^{\infty}e^{-st}df(t)$$

$$=e^{-st}f(t)\Big|_{0_-}^{\infty}-\int_{0_-}^{\infty}f(t)d(e^{-st})=-f(0_-)+sF(s)$$

当 $F(s)$ 存在时，只要 $\mathrm{Re}(s)=\sigma$ 足够大，使 $t\to\infty$ 时，$e^{-st}f(t)\to 0$。由此类推，得

$$\mathscr{L}[f''(t)]=\mathscr{L}\left[\frac{d}{dt}f'(t)\right]=s[sF(s)-f(0_-)]-f'(0_-)=s^2F(s)-sf(0_-)-f'(0_-)$$

…　…　…　…　…　…

$$\mathscr{L}[f^n(t)]=\mathscr{L}\left[\frac{d^n}{dt^n}f(t)\right]$$

$$=s^nF(s)-s^{n-1}f(0_-)-s^{n-2}f'(0_-)-\cdots-sf^{(n-2)}(0_-)-f^{(n-1)}(0_-)$$

例 15-5　图 15-2-1 所示电路，$t<0$ 时已达到稳定，$t=0$ 时开关 S 闭合，用运算法求 $t>0$ 时的电流 $i(t)$。

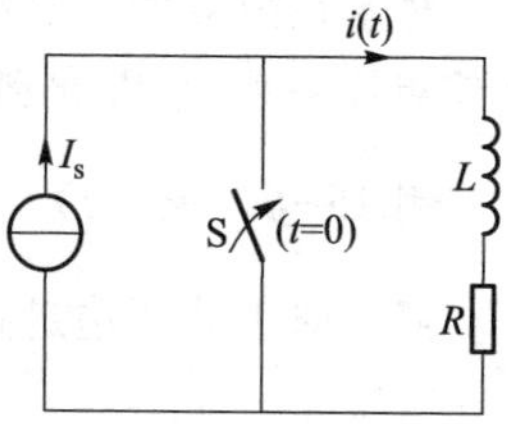

解　换路后电路的微分方程

$$L\frac{\mathrm{d}i}{\mathrm{d}t}+Ri=0$$

$$i(0_-)=I_s$$

图 15-2-1　*RL* 电路

对微分方程两边进行拉氏变换，根据线性性质和微分性质，得

$$sLI(s)-Li(0_-)+RI(s)=0$$

$$I(s)=\frac{Li(0_-)}{sL+R}=\frac{I_s}{s+R/L}$$

根据表 15-1-1，求得 $I(s)$ 的原函数

$$i(t)=I_s\mathrm{e}^{-\frac{R}{L}t}\qquad(t>0)$$

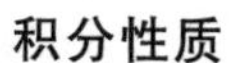

积分性质

如果　$\mathscr{L}[f(t)]=F(s)$

则
$$\mathscr{L}\left[\int_{0_-}^{t}f(\xi)\,\mathrm{d}\xi\right]=\frac{F(s)}{s}\tag{15-2-3}$$

证明　因为 $\dfrac{\mathrm{d}}{\mathrm{d}t}\displaystyle\int_{0_-}^{t}f(\xi)\,\mathrm{d}\xi=f(t)$

对上式两边进行拉氏变换，并由式(15-2-2)得

$$\mathscr{L}[f(t)]=\mathscr{L}\left[\frac{\mathrm{d}}{\mathrm{d}t}\int_{0_-}^{t}f(\xi)\,\mathrm{d}\xi\right]$$

$$=s\mathscr{L}\left[\int_{0_-}^{t}f(\xi)\,\mathrm{d}\xi\right]-\int_{0_-}^{t}f(\xi)\,\mathrm{d}\xi\bigg|_{t=0_-}$$

$$F(s)=s\mathscr{L}\left[\int_{0_-}^{t}f(\xi)\,\mathrm{d}\xi\right]$$

故
$$\mathscr{L}\left[\int_{0_-}^{t}f(\xi)\,\mathrm{d}\xi\right]=\frac{F(s)}{s}$$

可见，原函数 $f(t)$ 从 0_- 到 t 的积分的象函数等于它的象函数 $F(s)$ 除以 s。

同理，可得

$$\mathscr{L}\left[\int_{0_-}^{t}\int_{0_-}^{t}\cdots\int_{0_-}^{t}f(\xi)\,\mathrm{d}\xi\right]=\frac{F(s)}{s^n}$$

时域平移性质

如果　$\mathscr{L}[f(t)]=F(s)$

则
$$\mathscr{L}[f(t-t_0)\varepsilon(t-t_0)]=\mathrm{e}^{-st_0}F(s)$$

证明　$\mathscr{L}[f(t-t_0)\varepsilon(t-t_0)]=\displaystyle\int_{0_-}^{\infty}f(t-t_0)\,\varepsilon(t-t_0)\,\mathrm{e}^{-st}\mathrm{d}t$

$$=\int_{t_{0_-}}^{\infty}f(t-t_0)\,\mathrm{e}^{-st}\mathrm{d}t=\int_{t_{0_-}}^{\infty}f(t-t_0)\,\mathrm{e}^{-s(t-t_0)}\,\mathrm{e}^{-st_0}\mathrm{d}(t-t_0)$$

作变量置换,令 $\tau=t-t_0$,由上式得

$$\mathscr{L}[f(t-t_0)\varepsilon(t-t_0)]=\int_{0_-}^{\infty}\mathrm{e}^{-st_0}f(\tau)\mathrm{e}^{-s\tau}\mathrm{d}\tau=\mathrm{e}^{-st_0}F(s) \tag{15-2-4}$$

对于在第 6 章中介绍的矩形脉冲波和任意阶梯波,由于它们可用单位阶跃函数和延时单位阶跃函数来表示,因此利用时域平移性质可直接写出这些波形的象函数。

例 15-6 求 $f(t)=t=\int_{0_-}^{t}1\mathrm{d}\xi$ 的象函数。

解 对上式两边进行拉氏变换,并由式(15-2-3)得

$$\mathscr{L}[t]=\mathscr{L}\left[\int_{0_-}^{t}1\mathrm{d}\xi\right]=\frac{1}{s}\mathscr{L}[1]=\frac{1}{s^2}$$

同理,可得

$$t^2=2\int_{0_-}^{t}\xi\mathrm{d}\xi$$

$$\mathscr{L}[t^2]=2\times\frac{1}{s}\mathscr{L}[t]=\frac{2}{s^3}$$

$$\cdots\quad\cdots\quad\cdots$$

$$\mathscr{L}[t^n]=\frac{n!}{s^{n+1}}$$

例 15-7 图 15-2-2 所示电路,$t<0$ 时,$u_C(0_-)=U_0$,$t=0$ 时开关 S 闭合,用运算法求$t>0$时的电流 $i(t)$。

解 换路后电路的方程

$$Ri+u_C=0$$

$$Ri+u_C(0_-)+\frac{1}{C}\int_{0_-}^{t}i\mathrm{d}t=0$$

$$u_C(0_-)=U_0$$

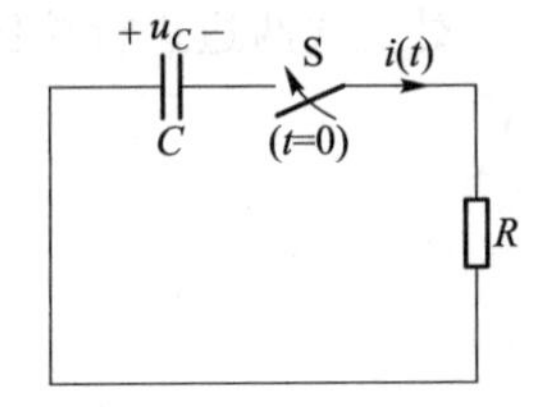

图 15-2-2 RC 电路

对方程两边进行拉氏变换,并由式(15-2-3)得

$$RI(s)+\frac{U_0}{s}+\frac{1}{sC}I(s)=0$$

$$I(s)=\frac{-\dfrac{U_0}{s}}{R+\dfrac{1}{sC}}=\frac{-U_0}{R\left(s+\dfrac{1}{RC}\right)}$$

根据表 15-1-1,得

$$i(t)=-\frac{U_0}{R}\mathrm{e}^{-\frac{t}{RC}}\qquad(t>0)$$

由上述四个性质和例 15-5、例 15-7 可见,拉氏变换将原函数的微积分运算变换为象函数的代数运算,从而将电路的线性常微分方程变换为对应的线性代数方程,而且在上述过程中,已经将初始条件包括在内[式(15-2-2)],故不需要像第 6 章经典法那样确定积分常数,这是运算法的一个显著优点。

思考与练习

15-2-1 矩形脉冲波和任意阶梯波的拉普拉斯变换象函数如何求取?

15-2-2 将电路的线性常微分方程拉氏变换为对应的线性代数方程,应用了拉氏变换的哪些性质?

15-2-3 已知 $\mathscr{L}[i_L(t)]=I_L(s)$,$\mathscr{L}[u_C(t)]=U_C(s)$。求 $\mathscr{L}\left[L\dfrac{\mathrm{d}i_L(t)}{\mathrm{d}t}\right]$;$\mathscr{L}[C\dfrac{\mathrm{d}u_C(t)}{\mathrm{d}t}]$。

15.3 拉普拉斯反变换

拉氏反变换

通常有些函数的拉普拉斯变换式可以直接在表 15-1-1 中查到,但有些函数需略加整理后才能在表 15-1-1 中查到。如果已知象函数 $F(s)$,要求原函数 $f(t)$,则需进行拉氏反变换。求拉氏反变换的公式

$$f(t)=\frac{1}{2\pi\mathrm{j}}\int_{\sigma-\mathrm{j}\infty}^{\sigma+\mathrm{j}\infty}F(s)\mathrm{e}^{st}\mathrm{d}s \tag{15-3-1}$$

计算这一积分要用到复变函数的积分,比较麻烦,因而在工程上一般不用此公式,常用部分分式展开法求拉氏反变换。

在电路分析中所得到的象函数 $F(s)$大都是有理真分式,即

$$F(s)=\frac{F_1(s)}{F_2(s)}=\frac{b_ms^m+b_{m-1}s^{m-1}+\cdots+b_1s+b_0}{a_ns^n+a_{n-1}s^{n-1}+\cdots+a_1s+a_0} \tag{15-3-2}$$

部分分式展开法

式中 m、n 均为正整数,且 $m<n$。

用部分分式展开有理真分式 $F(s)$时,首先必须求出 $F_2(s)=0$ 的根。这时有两种情况:(1) 全部的根都是单根;(2) 有重根。下面分别讨论在这两种情况下原函数的求法。

首先讨论单根情况下求原函数的方法。

设 $F_2(s)=(s-s_1)(s-s_2)\cdots(s-s_n)=0$,式中 s_1、s_2、…、s_n 为互不相等的单根,它们可以是实数,也可以是复数。$F(s)$可展开为

$$F(s)=\frac{F_1(s)}{F_2(s)}=\frac{A_1}{s-s_1}+\frac{A_2}{s-s_2}+\cdots+\frac{A_n}{s-s_n}=\sum_{k=1}^{n}\frac{A_k}{s-s_k} \tag{15-3-3}$$

式中,A_1、A_2、…、A_n 为待定的常数。

下面以求 A_1 为例,说明确定这些常数的方法。将式(15-3-3)的等号两边乘以$(s-s_1)$,得

$$(s-s_1)\frac{F_1(s)}{F_2(s)}=A_1+(s-s_1)\frac{A_2}{s-s_2}+\cdots+(s-s_1)\frac{A_n}{s-s_n}$$

在上式中,令 $s=s_1$,则上式右边除 A_1 项以外,其余各项均为零,得

$$A_1=(s-s_1)\frac{F_1(s)}{F_2(s)}\bigg|_{s=s_1}$$

同理,

$$A_k=(s-s_k)\frac{F_1(s)}{F_2(s)}\bigg|_{s=s_k}\qquad k=1、2、\cdots n \tag{15-3-4}$$

于是,可以求出所有待定的常数,得到

$$f(t)=\sum_{k=1}^{n}A_k e^{s_k t} \tag{15-3-5}$$

例 15-8　已知 $F(s)=\dfrac{s^2+3s+5}{(s+1)(s+2)(s+3)}$,求 $f(t)$。

解

$$F(s)=\frac{s^2+3s+5}{(s+1)(s+2)(s+3)}$$
$$=\frac{A_1}{s+1}+\frac{A_2}{s+2}+\frac{A_3}{s+3}$$

根据式(15-3-4),得

$$A_1=(s+1)\frac{s^2+3s+5}{(s+1)(s+2)(s+3)}\bigg|_{s=-1}$$
$$=\frac{s^2+3s+5}{(s+2)(s+3)}\bigg|_{s=-1}=\frac{3}{2}=1.5$$
$$A_2=\frac{s^2+3s+5}{(s+1)(s+3)}\bigg|_{s=-2}=\frac{3}{-1}=-3$$
$$A_3=\frac{s^2+3s+5}{(s+1)(s+2)}\bigg|_{s=-3}=\frac{5}{2}=2.5$$

故

$$f(t)=\mathscr{L}^{-1}\left[\frac{s^2+3s+5}{(s+1)(s+2)(s+3)}\right]$$
$$=\mathscr{L}^{-1}\left[\frac{1.5}{(s+1)}+\frac{-3}{(s+2)}+\frac{2.5}{(s+3)}\right]$$
$$=1.5e^{-t}-3e^{-2t}+2.5e^{-3t}$$

例 15-9　已知 $F(s)=\dfrac{2s+2}{5s(s^2+2s+2)}$,求 $f(t)$。

解　令

$$F_2(s)=5s(s^2+2s+2)=0$$

得 $s_1=0, s_2=-1+j1, s_3=-1-j1$,可见 s_2 和 s_3 是一对共轭复根。

$$F(s)=\frac{A_1}{s}+\frac{A_2}{s-s_2}+\frac{A_3}{s-s_3}$$

根据式(15-3-4),得

$$A_1=\frac{2s+2}{5(s^2+2s+2)}\bigg|_{s=0}=0.2$$
$$A_2=\frac{2s+2}{5s(s-s_3)}\bigg|_{s=s_2}=\frac{j2}{5(-1+j1)j2}=\frac{1}{5\sqrt{2}\angle 3\pi/4}=0.14\angle -3\pi/4$$

$$A_3=\left.\frac{2s+2}{5s(s-s_2)}\right|_{s=s_3}=\frac{-\mathrm{j}2}{5(-1-\mathrm{j}1)(-\mathrm{j}2)}=\frac{1}{5\sqrt{2}\angle-3\pi/4}=0.14\angle 3\pi/4$$

可见 s_2 和 s_3 是一对共轭复数时,A_2 和 A_3 也是一对共轭复数,这是由于 $F(s)$ 是 s 的实系数有理函数的缘故。于是

$$F(s)=\frac{0.2}{s}+\frac{0.14\angle-3\pi/4}{s+1-\mathrm{j}1}+\frac{0.14\angle 3\pi/4}{s+1+\mathrm{j}1}$$

一般情况,如有复根 $s_{1,2}=\alpha\pm\mathrm{j}\beta$,求出的常数为

$$A_{1,2}=|k|\mathrm{e}^{\pm\mathrm{j}\theta}$$

则在 $\mathscr{L}^{-1}[F(s)]$ 中对应的项为

$$\begin{aligned}A_1\mathrm{e}^{s_1t}+A_2\mathrm{e}^{s_2t}&=|k|\mathrm{e}^{\mathrm{j}\theta}\mathrm{e}^{(\alpha+\mathrm{j}\beta)t}+|k|\mathrm{e}^{-\mathrm{j}\theta}\mathrm{e}^{(\alpha-\mathrm{j}\beta)t}\\&=|k|\mathrm{e}^{\alpha t}[\mathrm{e}^{\mathrm{j}(\beta t+\theta)}+\mathrm{e}^{-\mathrm{j}(\beta t+\theta)}]\\&=2|k|\mathrm{e}^{\alpha t}\cos(\beta t+\theta)\end{aligned}\tag{15-3-6}$$

所以

$$f(t)=\mathscr{L}^{-1}[F(s)]=0.2+0.28\mathrm{e}^{-t}\cos\left(t-\frac{3\pi}{4}\right)$$

现在讨论 $F_2(s)$ 有重根情况下求原函数的方法。为简单起见,仅讨论二重根的情况。

设 $F_2(s)=(s-s_1)^2(s-s_3)\cdots(s-s_n)$,$s=s_1$ 为二重根,则

$$F(s)=\frac{F_1(s)}{F_2(s)}=\frac{A_{12}}{(s-s_1)^2}+\frac{A_{11}}{s-s_1}+\frac{A_3}{s-s_3}+\cdots+\frac{A_n}{s-s_n}\tag{15-3-7}$$

对式(15-3-7)的等号两边乘以 $(s-s_1)^2$,得

$$\frac{F_1(s)}{F_2(s)}(s-s_1)^2=A_{12}+A_{11}(s-s_1)+(s-s_1)^2\left(\frac{A_3}{s-s_3}+\cdots+\frac{A_n}{s-s_n}\right)\tag{15-3-8}$$

在上式中,令 $s=s_1$ 得

$$A_{12}=\left.(s-s_1)^2\frac{F_1(s)}{F_2(s)}\right|_{s=s_1}$$

为了求 A_{11},可将式(15-3-8)对 s 求导后,再令 $s=s_1$,即

$$A_{11}=\left.\left\{\frac{\mathrm{d}}{\mathrm{d}s}[F(s)(s-s_1)^2]\right\}\right|_{s=s_1}\tag{15-3-9}$$

其余待定的常数 A_3、…、A_n 可按式(15-3-4)来求,为单根的求法。求出各待定的常数以后,有

$$f(t)=\mathscr{L}^{-1}[F(s)]=A_{12}t\mathrm{e}^{s_1t}+A_{11}\mathrm{e}^{s_1t}+A_3\mathrm{e}^{s_3t}+\cdots+A_n\mathrm{e}^{s_nt}$$

例 15-10 已知 $F(s)=\dfrac{s+2}{s(s+1)^2(s+3)}$,求 $f(t)$。

解 $F(s)$ 的分母有四个根,一个二重根 $s_1=s_2=-1$,两个单根 $s_3=0$ 和 $s_4=-3$,于是

$$F(s)=\frac{A_{12}}{(s+1)^2}+\frac{A_{11}}{s+1}+\frac{A_3}{s}+\frac{A_4}{s+3}$$

$$A_{12}=\left.\frac{s+2}{s(s+3)}\right|_{s=-1}=-\frac{1}{2}$$

$$A_{11}=\left\{\frac{\mathrm{d}}{\mathrm{d}s}\left[\frac{s+2}{s(s+1)^2(s+3)}\times(s+1)^2\right]\right\}\Bigg|_{s=-1}$$

$$=\left\{\frac{\mathrm{d}}{\mathrm{d}s}\left[\frac{s+2}{s(s+3)}\right]\right\}\Bigg|_{s=-1}$$

$$=\left\{\frac{s(s+3)-(s+2)(2s+3)}{s^2(s+3)^2}\right\}\Bigg|_{s=-1}=-\frac{3}{4}$$

$$A_3=\frac{s+2}{(s+1)^2(s+3)}\Bigg|_{s=0}=\frac{2}{3}$$

$$A_4=\frac{s+2}{s(s+1)^2}\Bigg|_{s=-3}=\frac{-1}{(-3)(-2)^2}=\frac{1}{12}$$

于是

$$f(t)=-\frac{1}{2}t\mathrm{e}^{-t}-\frac{3}{4}\mathrm{e}^{-t}+\frac{2}{3}+\frac{1}{12}\mathrm{e}^{-3t}$$

以上讨论均假设 $F(s)$ 为有理真分式，即式(15-3-2)中的 $m<n$ 的情况。如果 $m\geqslant n$，由于 $F(s)$ 分子多项式的幂次高于或等于分母多项式的幂次，则可先将分子和分母多项式相除，然后再对余下的真分式应用部分分式展开法进行计算。下面举例说明。

例 15-11 已知 $F(s)=\dfrac{3s^2+s+3}{s^2+3s+2}$，求 $f(t)$。

解 由于分母多项式的幂次等于分子多项式的幂次，故需先进行除法，然后应用部分分式展开法计算。

$$F(s)=\frac{3s^2+s+3}{s^2+3s+2}=3-\frac{8s+3}{s^2+3s+2}=3-\frac{8s+3}{(s+2)(s+1)}=3-\frac{13}{s+2}+\frac{5}{s+1}$$

于是

$$f(t)=3\delta(t)-13\mathrm{e}^{-2t}+5\mathrm{e}^{-t}$$

思考与练习

15-3-1 要求原函数 $f(t)$，则需进行拉氏反变换，工程上常用的求拉氏反变换的方法是什么？

15-3-2 简述有理真分式部分分式展开的方法。

15-3-3 已知电压 $u(t)$ 象函数分别为(1) $U(s)=\dfrac{2}{s(s+1)}$；(2) $U(s)=\dfrac{s+6}{s^3+3s^2+2s}$。用拉氏反变换法求原函数 $u(t)$。

15.4　电路定律的运算形式

电路定律的运算形式

在 15.2 节中例 15-5 和例 15-7 已介绍了用拉氏变换方法分析电路的过渡过程。一般来说，它由下述步骤组成：① 列写电路的微分方程；② 将微分方程进行拉氏变换，使之成为象函数的代数方程；③ 解此代数方程，求得待求量的象函数$F(s)$；④ 利用 15.3 节中介绍的方法，对$F(s)$进行拉氏反变换，求得待求量的原函数$f(t)$。

实际上，上述步骤可以简化，可从给定的电路直接列出象函数的代数方程，无须列出电路的微分方程。为此，引出电路定律的运算形式和元件伏安关系的运算形式。这种处理方式与前面正弦电流电路分析中引出电路定律的相量形式和元件伏安关系的相量形式后，便可直接列出电路的相量代数方程相似。

在时域中，基尔霍夫定律为

$$\sum i(t)=0 \quad (\text{KCL})$$
$$\sum u(t)=0 \quad (\text{KVL})$$

设

$$\mathscr{L}[i(t)]=I(s)$$
$$\mathscr{L}[u(t)]=U(s)$$

则由拉氏变换的线性性质，在复频域中的基尔霍夫定律为

$$\sum I(s)=0 \quad (\text{KCL}) \tag{15-4-1}$$
$$\sum U(s)=0 \quad (\text{KVL}) \tag{15-4-2}$$

式(15-4-1)和式(15-4-2)分别称为 KCL 和 KVL 的运算形式。

下面导出电路元件的运算电路(或称 s 域电路)。

图 15-4-1(a)所示线性电阻的电压和电流的关系为 $u(t)=Ri(t)$，等号两边取拉氏变换，得

$$U(s)=RI(s) \tag{15-4-3}$$

式(15-4-3)是线性电阻的伏安关系的运算形式，与此相对应的线性电阻的运算电路如图15-4-1(b)所示。

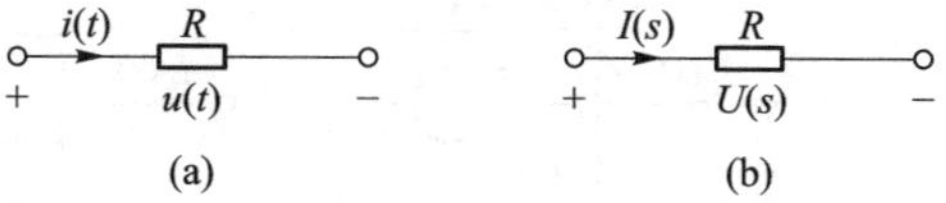

(a)　(b)

图 15-4-1　线性电阻的运算电路

图 15-4-2(a)所示线性电感的电压电流关系为 $u_L(t)=L\dfrac{\mathrm{d}i_L(t)}{\mathrm{d}t}$，等号两边取拉氏变换 $\mathscr{L}[u_L(t)]=\mathscr{L}\left[L\dfrac{\mathrm{d}i_L}{\mathrm{d}t}\right]$，得

$$U_L(s)=sLI_L(s)-Li_L(0_-) \tag{15-4-4}$$

或

$$I_L(s)=\frac{1}{sL}U_L(s)+\frac{i_L(0_-)}{s} \tag{15-4-5}$$

式中，sL——线性电感的运算阻抗；

　　$1/sL$——线性电感的运算导纳。

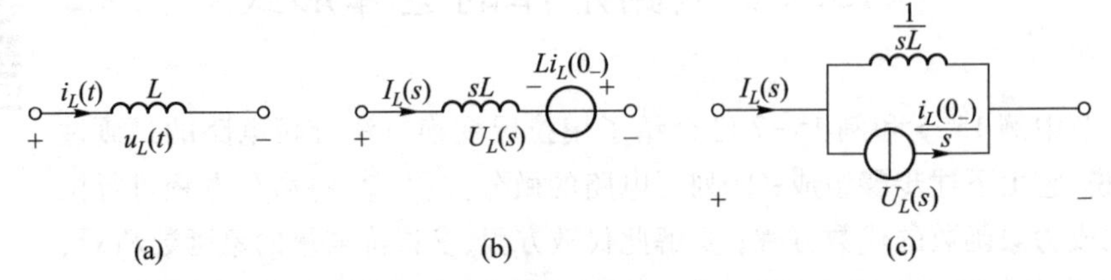

图 15-4-2　线性电感的运算电路

sL、$1/sL$ 与正弦电流电路的相量法中线性电感的阻抗与导纳的形式相似，仅是以 s 替代 $\mathrm{j}\omega$ 而已。式(15-4-4)和式(15-4-5)是线性电感的伏安关系的运算形式，与此两式对应的线性电感的运算电路分别如图 15-4-2(b)和(c)所示。在式(15-4-4)中 $Li_L(0_-)$ 称为线性电感的附加电压源电压，注意它的参考极性与 $i_L(0_-)$ 的参考方向为非关联参考方向。图 15-4-2(c)所示的运算电路也可由图 15-4-2(b)所示的运算电路经过电源的等效变换得到，其附加电流源电流为 $i_L(0_-)/s$，它的参考方向与 $i_L(0_-)$ 的参考方向一致。

图 15-4-3(a)所示线性电容的电压电流关系为 $u_C(t)=u_C(0_-)+\dfrac{1}{C}\int_{0_-}^{t} i_C(\xi)\,\mathrm{d}\xi$，等号两边取拉氏变换，$\mathscr{L}[u_C(t)]=\mathscr{L}\left[u_C(0_-)+\dfrac{1}{C}\int_{0_-}^{t} i_C(\xi)\,\mathrm{d}\xi\right]$

得

$$U_C(s)=\frac{1}{sC}I_C(s)+\frac{u_C(0_-)}{s} \tag{15-4-6}$$

或

$$I_C(s)=sCU_C(s)-Cu_C(0_-) \tag{15-4-7}$$

式中，$1/sC$——线性电容的运算阻抗；

　　sC——线性电容的运算导纳。

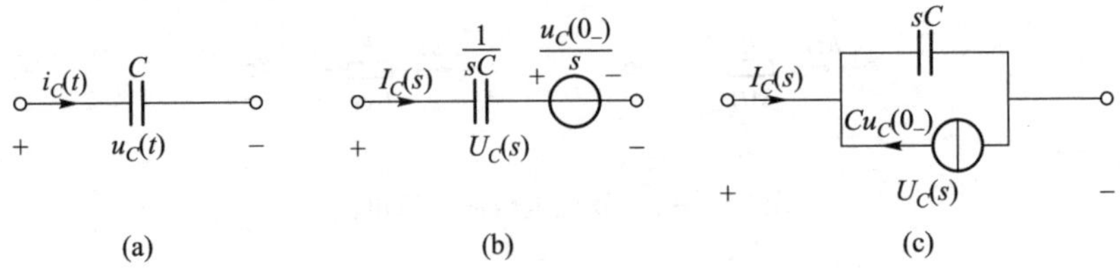

图 15-4-3　线性电容的运算电路

$1/sC$、sC 与正弦电流电路的相量法中线性电容的阻抗与导纳的形式相似，仅是以 s 替代 $\mathrm{j}\omega$ 而已。式(15-4-6)和式(15-4-7)是线性电容的伏安关系的运算形式，与此两式对应的线性电容的运算电路分别如图 15-4-3(b)和(c)所示。在式(15-4-6)中 $u_C(0_-)/s$ 称为线性电容的附加电压源电压，它的参考极性与 $u_C(0_-)$ 的参考极性相同。图 15-4-3(c)所示的运算电路也可由图 15-4-3(b)所示的运算电路经过电源的等效变换得到，其附加电流源电流为 $Cu_C(0_-)$，它的参考方向与 $u_C(0_-)$ 的参考极性为非关联参考方向。

根据上述 R、L、C 元件的伏安关系运算形式和运算电路，就可导出 RLC 串联电路欧姆定律的运算形式。

RLC 串联电路如图 15-4-4(a)所示，换路后，其运算电路如图 15-4-4(b)所示。

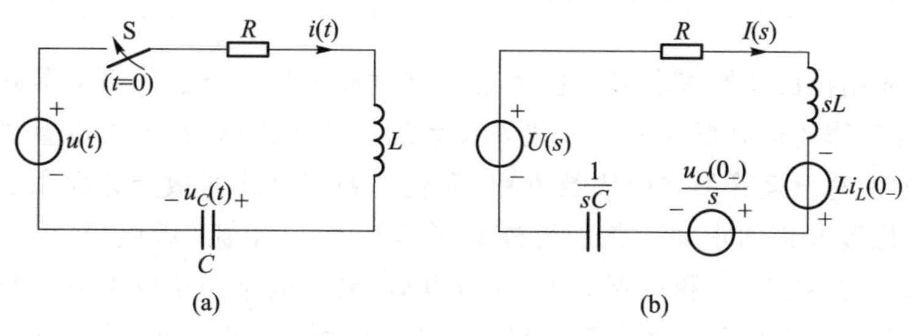

图 15-4-4　RLC 串联电路

按 $\sum U(s)=0$，得

$$\left(R+sL+\frac{1}{sC}\right)I(s)=U(s)+Li_L(0_-)-\frac{u_C(0_-)}{s}$$

$$I(s)=\frac{U(s)+Li_L(0_-)-\dfrac{u_C(0_-)}{s}}{R+sL+\dfrac{1}{sC}}$$

$$=\frac{U(s)+Li_L(0_-)-\dfrac{u_C(0_-)}{s}}{Z(s)}$$

式中，$Z(s)$——RLC 串联电路的运算阻抗，$Z(s)=R+sL+\frac{1}{sc}$。在零初始条件下，即 $i_L(0_-)=0$、$u_C(0_-)=0$，有

$$U(s)=Z(s)I(s) \tag{15-4-8}$$

式(15-4-8)称为欧姆定律的运算形式。

思考与练习

15-4-1　根据电路时域的电路模型可以画出 s 域的电路模型，根据 s 域的电路模型可以反变换回时域吗？

15-4-2　在时域分析时，如果假定电容和电感的电压和电流为关联参考方向，则对应的运算电路图该如何画？若电压和电流为非关联参考方向，运算电路图该如何变化？

15-4-3　题 15-4-3 图所示电路，开关闭合前原电路稳定，试画出 $t>0$ 后的运算等效电路。

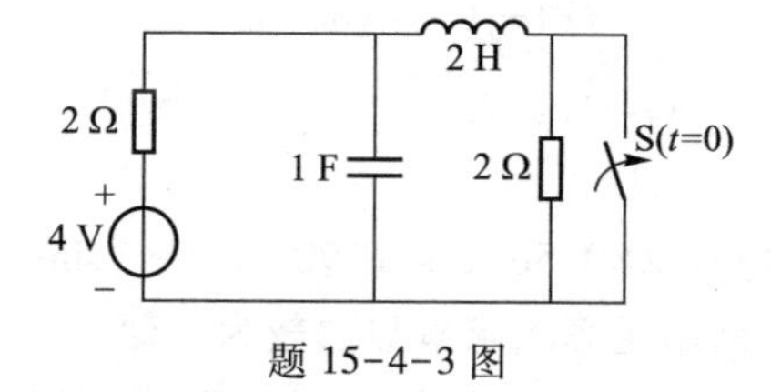

题 15-4-3 图

15.5　线性电路的复频域分析——运算法

线性电路的复频域分析——运算法

运算法就是应用拉氏变换来求解线性动态电路过渡过程的方法。由上节知道，当引入了电路定律的运算形式和元件伏安关系的运算形式以后，就可以直接得到运算电路，然后写出运算形式的代数方程，简化了列写电路的微分方程和从微分方程变换为代数方程的求解步骤。另外有了运算电压、电流（即电压、电流的象函数）以及运算阻抗 $Z(s)$ 和运算导纳 $Y(s)$ 以后，电阻电路和正弦电流电路分析中所有的电路计算方法和各种定理全部可以相似应用。一般来说，当换路时刻为 $t=0$，应用运算法解题的步骤如下：

(1) 计算出换路时刻前电路中的电感电流 $i_L(0_-)$ 和电容电压 $u_C(0_-)$ 值，以确定运算电路中反映初始条件的附加电源，并画出换路后的运算电路。

(2) 应用电路分析的各种计算方法（例如回路电流法、网孔电流法、节点电压法等），列出运算形式的电路方程，并求出待求量的象函数。

(3) 应用部分分式展开法对待求量的象函数进行拉氏反变换，求得待求量的原函数。

例 15-12　电路如图 15-5-1(a) 所示，电容 C 初始充电到 1 V 电压，电感的初始电流为零。$t=0$ 时开关 S 闭合，用运算法求 $t>0$ 时电流 $i(t)$。

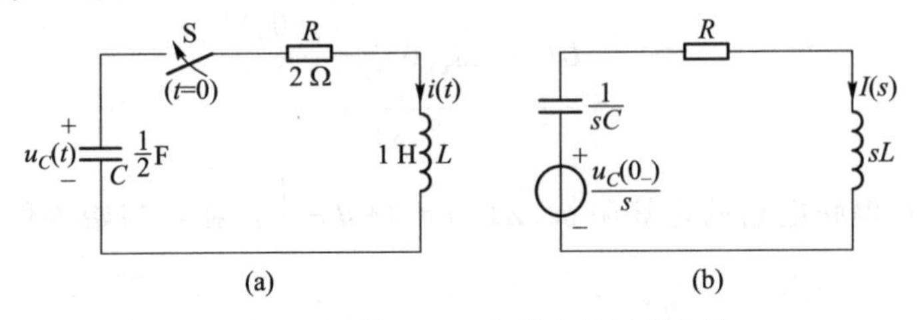

图 15-5-1　例 15-12 电路与其运算电路

解　已知 $u_C(0_-)=1$ V，$i(0_-)=0$，画出运算电路，如图 15-5-1(b) 所示。根据 KVL，得

$$\left(2+s+\frac{2}{s}\right)I(s)=1/s$$

$$I(s)=\frac{1}{s^2+2s+2}=\frac{A_1}{s+1-\mathrm{j}1}+\frac{A_2}{s+1+\mathrm{j}1}$$

$$s_{1,2}=-1\pm\mathrm{j}1$$

$$A_1=\left.\frac{1}{s+1+\mathrm{j}1}\right|_{s=-1+\mathrm{j}1}=\frac{1}{\mathrm{j}2}=-\mathrm{j}0.5$$

$$A_2=\overset{*}{A}_1=\mathrm{j}0.5$$

由式 (15-3-6)，得

$$i(t)=2\times0.5\mathrm{e}^{-t}\cos(t-90^\circ)\ \mathrm{A}=\mathrm{e}^{-t}\sin t\ \mathrm{A}$$

电流 $i(t)$ 呈指数衰减振荡。本例用运算法求解显然较为方便。

例 15-13　电路如图 15-5-2(a) 所示，已知 $u(t)=U_s\mathrm{e}^{-at}$，$i(0_-)=0$，用运算法求下列两种情

况下 $t>0$ 时电流 $i(t)$。

(1) $a\neq R/L$;

(2) $a=R/L$。

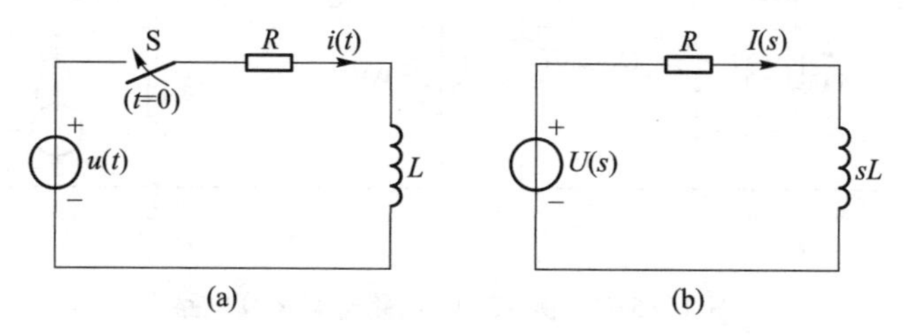

图 15-5-2 例 15-13 电路与其运算电路

解 已知 $i(0_-)=0$,由于 $u(t)=U_se^{-at}$,则 $U(s)=U_s/(s+a)$,画出运算电路,如图 15-5-2(b)所示。根据 KVL,得

$$I(s)=\frac{U_s}{(s+a)\left(s+\frac{R}{L}\right)L}$$

由上式可知,在 $a\neq R/L$ 和 $a=R/L$ 下分别可得不同的电流。

(1) $a\neq R/L$,即单根情况,

$$I(s)=\frac{A_1}{s+a}+\frac{A_2}{s+\frac{R}{L}}=\frac{\frac{U_s}{R-aL}}{s+a}+\frac{-\frac{U_s}{R-aL}}{s+\frac{R}{L}}$$

对 $I(s)$ 求拉式反变换:

$$i(t)=\mathscr{L}^{-1}\left[\frac{\frac{U_s}{R-aL}}{s+a}+\frac{-\frac{U_s}{R-aL}}{s+\frac{R}{L}}\right]=\frac{U_s}{R-aL}(e^{-at}-e^{-\frac{R}{L}t})\qquad t>0$$

(2) $a=R/L$,即重根情况,

$$I(s)=\frac{U_s}{(s+a)^2L}$$

对 $I(s)$ 求拉式反变换:

$$i(t)=\mathscr{L}^{-1}\left[\frac{U_s}{(s+a)^2L}\right]=\frac{U_s}{L}te^{-\frac{R}{L}t}\qquad t>0$$

本例虽是一阶电路,但电源电压呈指数函数,其特解较难求得,用运算法却很容易求得。

例 15-14 电路如图 15-5-3(a)所示,开关 S 闭合前电路已达稳定。$t=0$ 时开关 S 闭合。用运算法求 $t>0$ 时电容电压 $u_C(t)$。

解 开关 S 闭合前电路已达稳定,所以电感用短路替代,电容用开路替代,得

$$i_L(0_-)=\frac{U_1}{R_2}=\frac{1}{4}\ \text{A}=0.25\ \text{A}$$

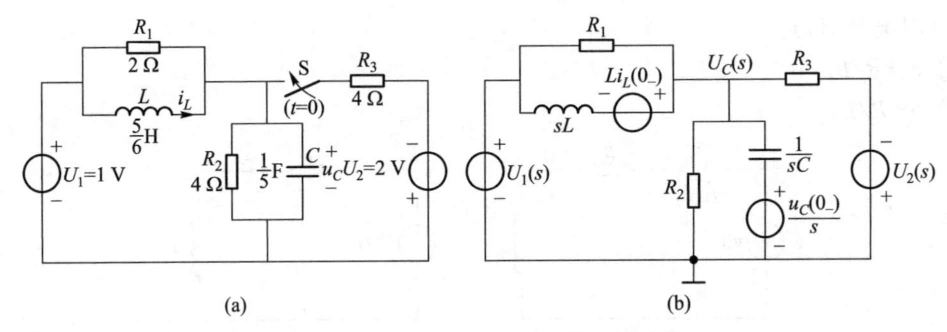

图 15-5-3　例 15-14 电路与其运算电路

$$u_C(0_-)=U_1=1\ \text{V}$$

画出运算电路如图 15-5-3(b)所示，其中 $U_1(s)=1/s$，$U_2(s)=2/s$。应用节点电压法求解，列写节点电压方程

$$\left(\frac{1}{R_1}+\frac{1}{sL}+\frac{1}{R_2}+sC+\frac{1}{R_3}\right)U_C(s)-\left(\frac{1}{R_1}+\frac{1}{sL}\right)U_1(s)$$

$$=\frac{Li_L(0_-)}{sL}+sC\frac{u_C(0_-)}{s}-\frac{1}{R_3}U_2(s)$$

代入已知数据

$$\left(\frac{1}{2}+\frac{6}{5s}+\frac{1}{4}+\frac{s}{5}+\frac{1}{4}\right)U_C(s)=\left(\frac{1}{2}+\frac{6}{5s}\right)\times\frac{1}{s}+\frac{0.25}{s}+\frac{1}{5}-\frac{1}{4}\times\frac{2}{s}$$

经整理得

$$U_C(s)=\frac{4s^2+5s+24}{4s(s^2+5s+6)}=\frac{A_1}{s}+\frac{A_2}{s+2}+\frac{A_3}{s+3}=\frac{1}{s}+\frac{-3.75}{s+2}+\frac{3.75}{s+3}$$

于是

$$u_C(t)=\mathscr{L}^{-1}[U_C(s)]=(1-3.75\mathrm{e}^{-2t}+3.75\mathrm{e}^{-3t})\ \text{V}$$

例 15-15　已知电路和 $u_i(t)$ 波形分别如图 15-5-4(a)和(b)所示，已知 $i_L(0_-)=0$，$u_C(0_-)=0$，用运算法求 $i_L(t)$。

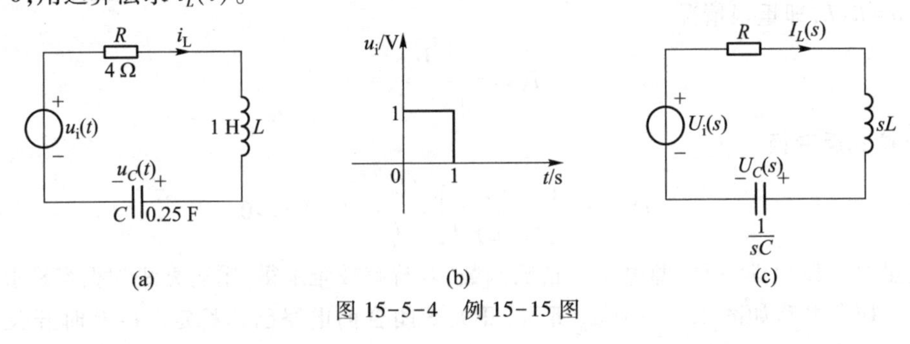

图 15-5-4　例 15-15 图

解　由图 15-5-4(b)可以写出 $u_i(t)$ 的函数表达式为

$$u_i(t)=[\varepsilon(t)-\varepsilon(t-1)]\ \text{V}$$

$$U_i(s)=\mathscr{L}[u_i(t)]=\mathscr{L}[\varepsilon(t)-\varepsilon(t-1)]=\frac{1}{s}(1-\mathrm{e}^{-s})$$

由图 15-5-4(a)与初始条件可得运算电路如图 15-5-4(c)。根据 KVL 可得

$$\left(R+sL+\frac{1}{sC}\right)I_L(s)=U_{\mathrm{i}}(s)$$

$$I_L(s)=\frac{U_{\mathrm{i}}(s)}{R+sL+\frac{1}{sC}}=\frac{\frac{1}{s}(1-\mathrm{e}^{-s})}{4+s+\frac{1}{0.25s}}=\frac{1-\mathrm{e}^{-s}}{4s+s^2+4}$$

$$=\frac{1-\mathrm{e}^{-s}}{(s+2)^2}$$

所以 $i_L(t)=\mathscr{L}^{-1}[I_L(s)]=[t\mathrm{e}^{-2t}\varepsilon(t)-(t-1)\mathrm{e}^{-2(t-1)}\varepsilon(t-1)]$ A

例 15-16 求图 15-5-5(a)所示电路的运算阻抗 $Z(s)$。

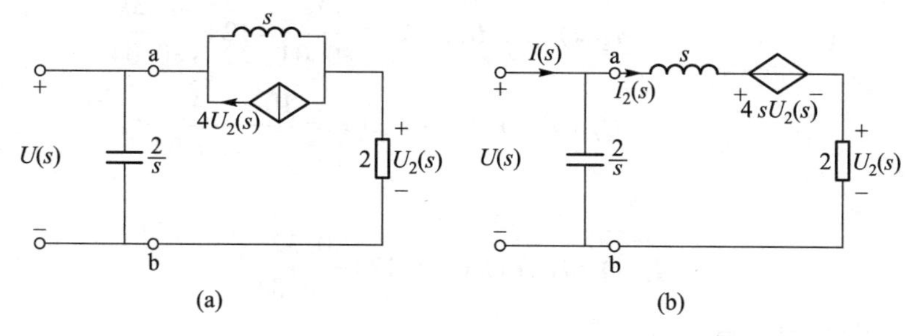

图 15-5-5 例 15-16 的运算电路

解 首先进行电源等效变换,如图 15-5-5(b)所示。由于 $U_2(s)=2I_2(s)$,可得

$$U(s)=sI_2(s)+4sU_2(s)+U_2(s)=sI_2(s)+(4s+1)2I_2(s)=(9s+2)I_2(s)$$

则 ab 端向右部分电路的运算阻抗为

$$Z_{\mathrm{ab}}(s)=\frac{U(s)}{I_2(s)}=9s+2$$

故电路的运算阻抗为

$$Z(s)=\frac{(9s+2)\frac{2}{s}}{9s+2+\frac{2}{s}}=\frac{2(9s+2)}{9s^2+2s+2}$$

例 15-17 电路如图 15-5-6(a)所示。已知 $U_{\mathrm{s}}=10$ V,$C_1=2$ F,$C_2=3$ F,$R=5$ Ω,两电容原未充电,$t=0$ 时开关 S 闭合。用运算法求 $t>0$ 时 $u_{C1}(t)$、$u_{C2}(t)$、$i(t)$、$i_1(t)$和 $i_2(t)$。

解 $u_{C1}(0_-)=u_{C2}(0_-)=0$,画出运算电路,如图 15-5-6(b)所示,电容的附加电源为零。

由节点电压法列出方程为$\left(sC_1+sC_2+\frac{1}{R}\right)U_{C2}(s)=sC_1U_{\mathrm{s}}(s)$,代入已知数据得

$$(0.2+5s)U_{C2}(s)=2s\times\frac{10}{s}$$

$$U_{C2}(s)=\frac{20}{0.2+5s}=\frac{4}{s+0.04}$$

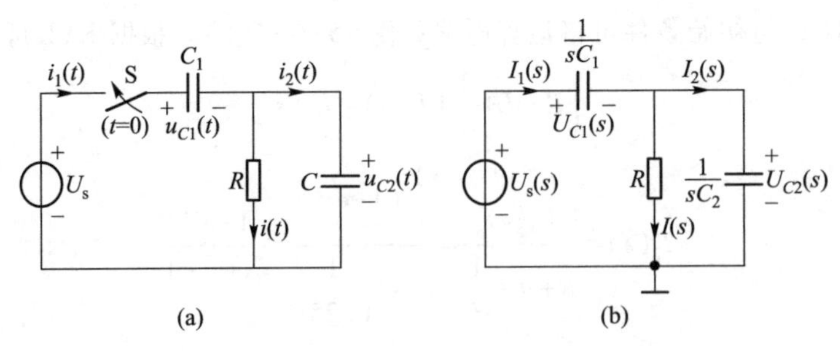

图 15-5-6　例 15-17 的电路及其运算电路

$$I(s)=\frac{U_{C2}(s)}{R}=\frac{0.8}{s+0.04}$$

$$I_2(s)=sC_2U_{C2}(s)=\frac{12s}{s+0.04}=12+\frac{-0.48}{s+0.04}$$

又

$$U_{C1}(s)=U_s(s)-U_{C2}(s)=\frac{10}{s}-\frac{4}{s+0.04}$$

得

$$I_1(s)=I(s)+I_2(s)=12+\frac{0.32}{s+0.04}$$

对各象函数求拉氏反变换，得

$$u_{C1}(t)=\mathscr{L}^{-1}[U_{C1}(s)]=(10-4\mathrm{e}^{-0.04t})\ \mathrm{V}\qquad t\geqslant 0$$

$$u_{C2}(t)=\mathscr{L}^{-1}[U_{C2}(s)]=4\mathrm{e}^{-0.04t}\ \mathrm{V}\qquad t\geqslant 0$$

$$i_1(t)=\mathscr{L}^{-1}[I_1(s)]=(12\delta(t)+0.32\mathrm{e}^{-0.04t})\ \mathrm{A}\qquad t\geqslant 0$$

$$i_2(t)=\mathscr{L}^{-1}[I_2(s)]=(12\delta(t)-0.48\mathrm{e}^{-0.04t})\ \mathrm{A}\qquad t\geqslant 0$$

$$i(t)=\mathscr{L}^{-1}[I(s)]=0.8\mathrm{e}^{-0.04t}\ \mathrm{A}\qquad t\geqslant 0$$

由本例可以看出在 $t=0$ 时 $u_{C1}(t)$ 和 $u_{C2}(t)$ 都发生跃变，使 $u_{C1}(0_+)=6\ \mathrm{V}$，$u_{C2}(0_+)=4\ \mathrm{V}$，故 $i_1(t)$ 和 $i_2(t)$ 都含有冲激分量。$i(t)=0.8\mathrm{e}^{-0.04t}$ A 中没有冲激分量是因为电阻 R 两端的电压是有限值。处理这类电容电压和电感电流强迫跃变的问题，应用运算法求解最为简便，因为在拉氏变换中时间起点从 0_- 算起，故可计入电容电压和电感电流的跃变值。利用经典法求解时需令换路前后总电荷或总磁链不变来求得 $u_C(0_+)$ 和 $i_L(0_+)$ 值，而运算法就不需要，这是运算法的又一优点。

思考与练习

15-5-1　比较用运算法求解电路的步骤与用相量法求解正弦稳态电路的步骤的相同与区别。

15-5-2　对不含独立源但含受控源的运算等效电路，求其运算阻抗时能否应用运算阻抗串、并联化简方法直接求出？如果不能，试举例说明应该采用哪些方法。

15-5-3 运算等效电路如题 15-5-3 图所示,求电流 $I(s)$ 所对应的 $i(t)$。

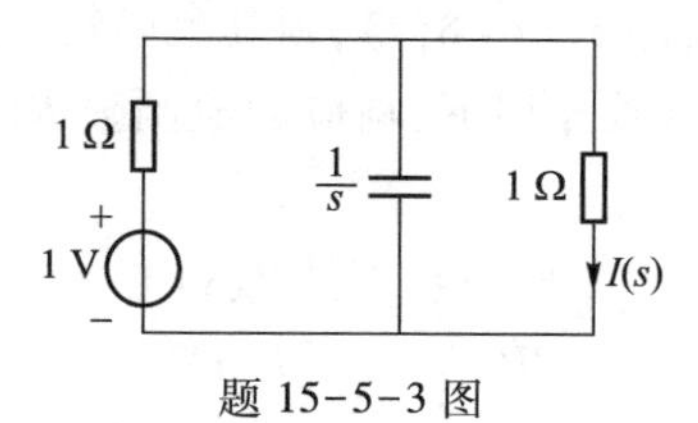

题 15-5-3 图

15.6 网络函数、极点和零点

网络函数

对于一个线性电路,如果电路的激励是单一的独立电压源或独立电流源,则网络零状态响应的象函数和激励的象函数之比定义为网络函数 $H(s)$,即

$$H(s)=\frac{R(s)}{E(s)} \tag{15-6-1}$$

式中,$R(s)$——零状态响应 $r(t)$ 的象函数;

$E(s)$——激励 $e(t)$ 的象函数。

由于激励 $E(s)$ 可以是独立电压源或独立电流源,响应 $R(s)$ 可以是电路中任意两点之间的电压或任一支路的电流,响应和激励可以在同一对端钮或不在同一对端钮。于是,网络函数的类型就有六种,它们分别称为策动点运算阻抗、策动点运算导纳(以上两种为响应和激励在同一对端钮)、转移运算阻抗、转移运算导纳、转移运算电压比和转移运算电流比(以上四种为响应和激励不在同一对端钮)。根据上述网络函数的定义可知前面介绍的无源二端网络的运算阻抗、运算导纳都是网络函数,也可分别称为策动点运算阻抗和策动点运算导纳。

例 15-18 低通滤波器的运算电路如图 15-6-1 所示,电路处于零状态,$U_1(s)$ 为输入电压源 $u_1(t)$ 的象函数。求响应为 $I_2(s)$ 的转移运算导纳。

解 对图 15-6-1 所示电路,

$$I_2(s)=\frac{U_1(s)}{sL_1+\dfrac{\dfrac{1}{sC}(sL_2+R)}{\dfrac{1}{sC}+sL_2+R}}\cdot\frac{\dfrac{1}{sC}}{\dfrac{1}{sC}+sL_2+R}$$

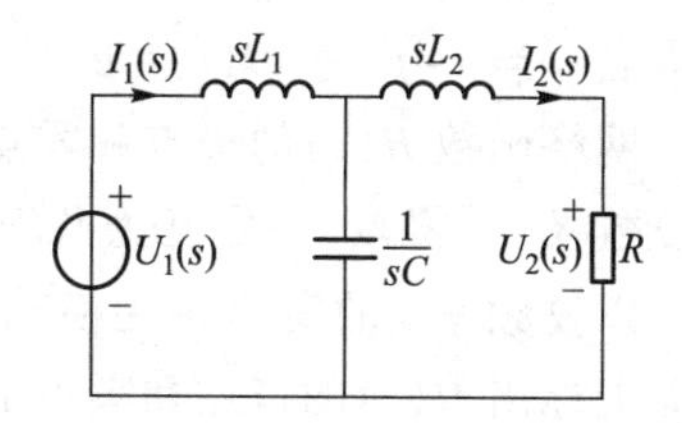

图 15-6-1 例 15-18 的运算电路

故转移运算导纳

$$H(s)=\frac{I_2(s)}{U_1(s)}=\frac{\dfrac{1}{sC}}{\dfrac{L_1}{C}+L_1L_2s^2+RL_1s+\dfrac{L_2}{C}+\dfrac{R}{sC}}=\frac{1}{L_1L_2Cs^3+RL_1Cs^2+(L_1+L_2)s+R}$$

从以上例题可见网络函数只决定于网络的结构和参数,而与激励无关。

下面讨论网络函数与单位冲激响应的关系。

设外施激励是单位冲激函数，即 $e(t)=\delta(t)$，则其象函数 $E(s)=\mathscr{L}[\delta(t)]=1$。

由式(15-6-1)，在单位冲激函数作用下，响应的象函数 $R(s)=H(s)E(s)=H(s)$，即单位冲激响应

$$h(t)=\mathscr{L}^{-1}[H(s)] \tag{15-6-2}$$

或

$$H(s)=\mathscr{L}[h(t)] \tag{15-6-3}$$

可见网络函数与单位冲激响应构成拉氏变换对。一般来说，时域中单位冲激响应较难求，可以先在复频域中求出网络函数 $H(s)$，然后利用式(15-6-2)，即对求得的 $H(s)$ 进行拉氏反变换，便可得到冲激响应 $h(t)$。

另外，根据式(15-6-1)，有 $R(s)=H(s)E(s)$。如果已知网络的单位冲激响应 $h(t)$，则由式(15-6-3)和式(15-6-1)可确定网络对其他任意激励的零状态响应。网络函数 $H(s)$ 是计算线性电路零状态响应的重要工具。

网络函数 $H(s)$ 的一般表达式可以写为

$$H(s)=\frac{N(s)}{D(s)}=\frac{b_m s^m+b_{m-1}s^{m-1}+\cdots+b_0}{a_n s^n+a_{n-1}s^{n-1}+\cdots+a_0} \tag{15-6-4}$$

网络函数的零点和极点分析

即 $H(s)$ 的分子、分母均为 s 的多项式，多项式的系数($a_n, a_{n-1}, \cdots, a_0; b_m, b_{m-1}, \cdots, b_0$)均为实数。式(15-6-4)又可写成

$$\begin{aligned} H(s) &= H_0\frac{(s-z_1)(s-z_2)\cdots(s-z_i)\cdots(s-z_m)}{(s-p_1)(s-p_2)\cdots(s-p_j)\cdots(s-p_n)} \\ &= H_0\frac{\prod_{i=1}^{m}(s-z_i)}{\prod_{j=1}^{n}(s-p_j)} \end{aligned} \tag{15-6-5}$$

式中，H_0——实数，称为标度因子。

z_1、z_2、…、z_i、…、z_m 是 $N(s)=0$ 的根，当 $s=z_i$ 时，$H(s)=0$，故 z_1、z_2、…、z_i、…、z_m 称为网络函数的零点。当 $s=p_j$ 时，$D(s)=0$，$H(s)$ 趋向无穷大，故 p_1、p_2、…、p_j、…、p_n 称为网络函数的极点。

网络函数 $H(s)$ 的极点和零点可以是实数、纯虚数或复数。由于多项式的系数都是实数，所以复数极点(零点)一定互为共轭成对出现。

以复频率 s 的实部 σ 为横轴，虚部 $\mathrm{j}\omega$ 为纵轴的坐标平面称为复频率平面(或 s 平面)。在 s 平面上标出 $H(s)$ 的极点和零点的位置(通常用“×”表示极点，“o”表示零点)，就得到网络函数的极、零点分布图。

例 15-19　画出 $H(s)=\dfrac{s+2}{(s+1)(s^2+2s+5)}$ 的极零点分布图。

解

$$\begin{aligned} H(s) &= \frac{s+2}{(s+1)(s^2+2s+5)} \\ &= \frac{s+2}{(s+1)(s+1-\mathrm{j}2)(s+1+\mathrm{j}2)} \end{aligned}$$

于是零点 $z_1=-2$，极点 $p_1=-1$、$p_2=-1+\mathrm{j}2$、$p_3=-1-\mathrm{j}2$。p_2 与 p_3 是一对共轭复根。$H(s)$ 的极零点

分布图如图 15-6-2 所示。

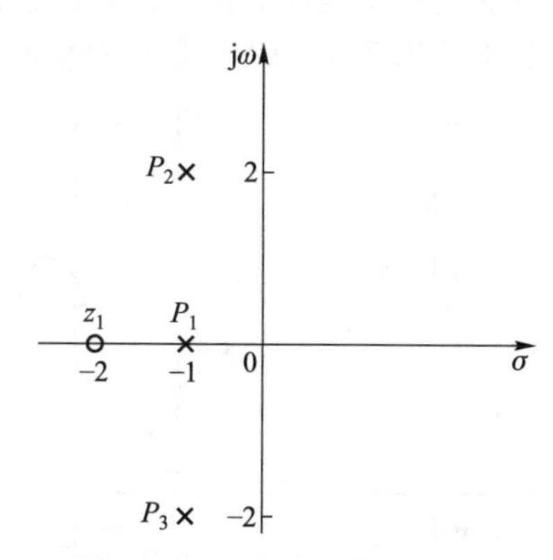

图 15-6-2 极点、零点分布图

思考与练习

15-6-1 求解冲激响应通常的方法是什么？为什么通过复频域分析的方法较为简单？

15-6-2 网络函数的极零点是否与输入信号有关？

15-6-3 画出 $H(s)=\dfrac{s}{s^2+3s+2}$ 的极零点分布图。

15.7 应用实例

实例 1：运用拉氏变换分析系统的稳定性

考察一个电路的稳定性，通常分析冲激响应，当 $\lim\limits_{t\to\infty}|h(t)|=$ 有限值，称电路稳定。反之，在 $t\to\infty$ 时，$h(t)$ 没有边界，则电路是不稳定的。

由式(15-6-4)，如果网络函数 $H(s)$ 分子的阶数高于分母的阶数，由长除法可知，展开式中含有 s 的多项式，故由反变换知系统不稳定。

如果网络函数 $H(s)$ 的分母具有单根且为真分式，则网络的冲激响应

$$h(t)=\mathscr{L}^{-1}[H(s)]=\mathscr{L}^{-1}\left[\sum_{j=1}^{n}\frac{A_j}{s-p_j}\right]=\sum_{j=1}^{n}A_j e^{p_j t} \tag{15-7-1}$$

式中，p_j——$H(s)$ 的极点。

利用网络函数象函数的极点 p_j 在 s 平面上的分布情况，可以定性地了解网络的冲激响应 $h(t)$ 的特性。

从式(15-7-1)可见，当 p 为负实根时，$e^{p_j t}$ 为衰减的指数函数；当 p_j 为正实根时，$e^{p_j t}$ 为增长的指数函数；而且 $|p_j|$ 越大，衰减或增长的速度越快。当 p_j 为共轭复数时，从式(15-7-1)可知 $h(t)$ 是以指数曲线为包络线的正弦函数，且 p_j 的实部 σ 和虚部 ω 分别决定了指数曲线的形状和正弦函数的频率。如果 $\sigma<0$，则 $h(t)$ 的包络线是衰减的指数曲线；反之，如果 $\sigma>0$，则 $h(t)$ 的包络线是增长的指数曲线；如果 $\sigma=0$，极点位于虚轴上，则 $h(t)$ 为等幅的正弦振荡。如果 ω 越大，

表示极点离开实轴越远，则 $h(t)$ 的振荡频率越高。网络函数的极点在 s 平面上的分布与网络的时域特性有密切的关系。图 15-7-1 画出了 p_j 为不同值时对应的 $h(t)$ 的波形。

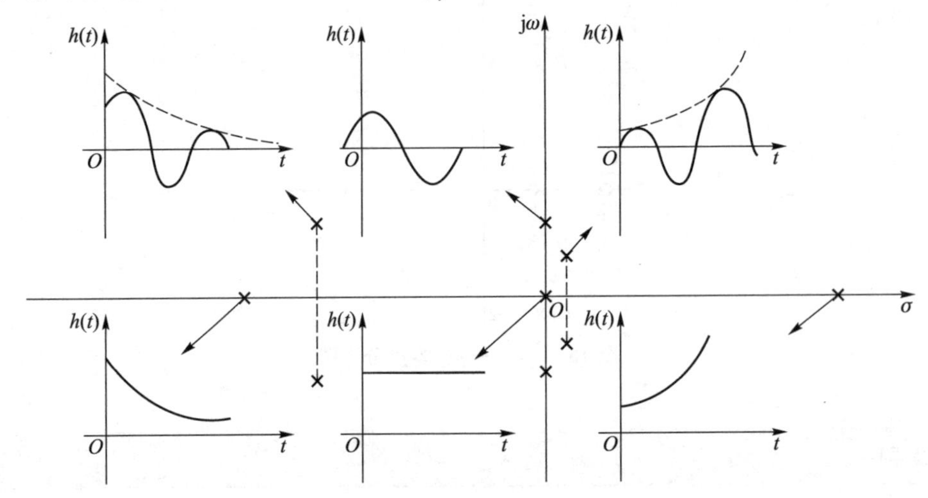

图 15-7-1 网络函数的极点位置与冲激响应关系

可以看出 $h(t)$ 随时间按指数规律增长的电路称为不稳定电路；$h(t)$ 随时间按指数规律衰减的电路为稳定电路。因此对于一个实际的线性电路，其网络函数极点一般位于左半平面。

网络函数与输出响应

从式(15-7-1)可见，零点位置只影响 A_j 的大小，而不影响 $h(t)$ 的变化规律。所以，根据 $H(s)$ 极点的分布情况，完全可以预见冲激响应 $h(t)$ 的特性。

在一般情况下，$h(t)$ 的特性就是时域响应中固有响应的特性，而强制响应的特性仅决定于激励的变化规律，所以，根据 $H(s)$ 的极点分布情况和激励的变化规律不难预见时域响应的全部特性。

实例 2：运用拉氏变换分析电路的频率特性

根据极点和零点的分布，可以用图解法来确定网络函数 $H(s)$ 在某一 s 值时的大小。例如，网络函数

$$H(s)=\frac{H_0(s-z_1)}{(s-p_1)(s-p_2)}$$

图 15-7-2 表示了 $H(s)$ 的一个零点和两个极点在 s 平面上的分布，当 $s=s_a$ 时，

$$H(s_a)=\frac{H_0(s_a-z_1)}{(s_a-p_1)(s_a-p_2)}$$

(s_a-p_1) 可以用 p_1 到 s_a 的有向线段表示，它是模为 M_1、辐角为 θ_1 的一个复数，即 $(s_a-p_1)=M_1\angle\theta_1$；同理，$(s_a-p_2)=M_2\angle\theta_2$。而 (s_a-z_1) 可以用 z_1 到 s_a 的有向线段来表示，它是模为 N_1、辐角为 ψ_1 的一个复数，即有 $(s_a-z_1)=N_1\angle\psi_1$。

注意，上述各辐角均是指水平线正方向与有向线段间的夹角，如图 15-7-2 中辐角的箭头所示。这样

$$H(s_a)=\frac{H_0N_1\angle\psi_1}{M_1M_2\angle\theta_1+\theta_2}$$

$$|H(s_a)|=\left(\frac{N_1}{M_1M_2}\right)H_0$$

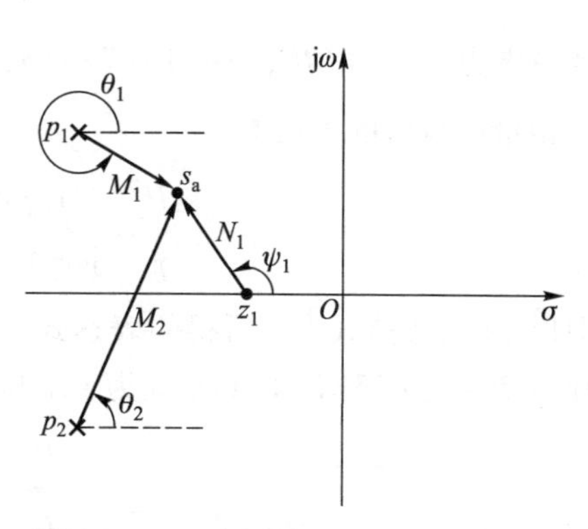

图 15-7-2 由极零点分布求网络函数

其辐角

$$\arg(H(s_a))=\psi_1-\theta_1-\theta_2$$

上述这些复数的模和辐角均可用测量求得，因而可以方便地求出 $H(s)$ 在任一 s 时的模和辐角。

如果用 jω 替代运算电路中的 s，则电感和电容的运算阻抗 sL、$1/sC$ 分别变为阻抗 $\mathrm{j}\omega L$、$1/\mathrm{j}\omega C$，而 $U(s)$ 和 $I(s)$ 分别变为相量 $\dot{U}$ 和 $\dot{I}$，使运算电路变为相量电路，所以正弦稳态响应是 s 域网络函数对应于 $s=\mathrm{j}\omega$ 的一个特殊情况，因此，网络函数极零点的分布还可以确定正弦稳态响应。在 $s=\mathrm{j}\omega$ 处，网络函数 $H(s)$ 即 $H(\mathrm{j}\omega)$ 给出了在频率为 ω 时正弦稳态下输出相量与输入相量之比。这样，网络函数就跟那些易测量的物理量（有效值、正弦输入与输出之间的相位差）联系起来，就可以用实验的方法来确定网络函数。

对于某一固定角频率 ω 来说，由式（15-6-5）有

$$H(\mathrm{j}\omega)=H_0\frac{\prod_{i=1}^{m}(\mathrm{j}\omega-z_i)}{\prod_{j=1}^{n}(\mathrm{j}\omega-p_j)}=|H(\mathrm{j}\omega)|\angle\varphi(\omega) \qquad (15-7-2)$$

于是得

$$\left.\begin{aligned}|H(\mathrm{j}\omega)|&=H_0\frac{\prod_{i=1}^{m}|(\mathrm{j}\omega-z_i)|}{\prod_{j=1}^{n}|(\mathrm{j}\omega-p_j)|}\\ \varphi(\omega)&=\arg(H(\mathrm{j}\omega))=\sum_{i=1}^{m}\arg(\mathrm{j}\omega-z_i)-\sum_{j=1}^{n}\arg(\mathrm{j}\omega-p_j)\end{aligned}\right\} \qquad (15-7-3)$$

式中，$|H(\mathrm{j}\omega)|$——网络函数在频率 ω 处的模；

$\varphi(\omega)$——网络函数在频率 ω 处的辐角。

通常将 $|H(\mathrm{j}\omega)|$ 随 ω 变化的关系称为幅频响应，$\varphi(\omega)$ 随 ω 变化的关系称为相频响应。幅频响应和相频响应统称为频率响应。如果已知网络函数的零、极点，根据式（15-7-2）可计算出相应变量的频率响应。为了更直观地看出极点、零点对电路频率响应的影响，可以用上述的图解法来定性地描绘出频率响应。

例 15-20 图 15-7-3 所示 RC 串联电路。定性地画出以电压 u_2 为输出时该电路的频率响应。

解 以 u_2 为响应的网络函数

$$H(s)=\frac{U_2(s)}{U_1(s)}=\frac{1/RC}{s+1/RC}$$

其极点为 $p_1=-1/RC$，如图 15-7-4(a)所示。在正弦稳态情况下，电压相量 $\dot{U}_1$ 与 $\dot{U}_2$ 的关系为

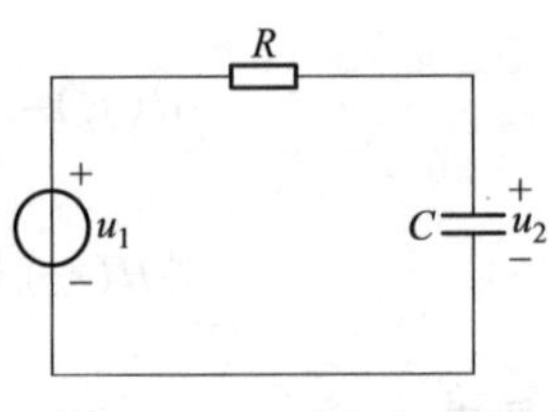

图 15-7-3　RC 电路的网络函数

$$\frac{\dot{U}_2}{\dot{U}_1}=\frac{1/RC}{j\omega+1/RC}$$

即以 jω 代替前式中 s 所得的表达式。当 ω 变化时，相当于 s 沿着虚轴在变化，图 15-7-4(a)是 s 为 $j\omega_1$ 和 $j\omega_2$ 的情况。当 $s=j\omega_1$ 时

$$\left|\frac{\dot{U}_2}{\dot{U}_1}\right|=\frac{1/RC}{M_1}\qquad \arg\left(\frac{\dot{U}_2}{\dot{U}_1}\right)=-\theta_1$$

同理，可得到 $\left|\frac{\dot{U}_2}{\dot{U}_1}\right|$ 和其辐角在其他 ω 时的大小。这样就可得到如图 15-7-4(b)和 15-7-4(c)所示的 $\left|\frac{\dot{U}_2}{\dot{U}_1}\right|$ 和 $\varphi(\omega)$ 随 ω 变化的曲线。由图 15-7-4(b)可知，ω 越低，$\left|\frac{\dot{U}_2}{\dot{U}_1}\right|$ 越大，故该电路具有低通特性，即低频部分容易通过；另外从图 15-7-4(c)中可以看出，输出电压 $\dot{U}_2$ 的相位总是滞后输入电压 $\dot{U}_1$，所以该电路又称为滞后电路。

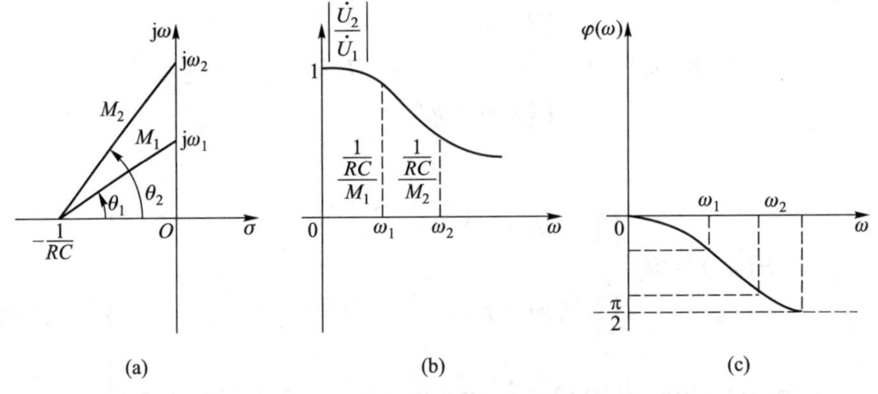

图 15-7-4　RC 电路的频率响应

不难看出，当 $\omega=0$ 时，$\frac{\dot{U}_2}{\dot{U}_1}=1\angle 0°$。当 $\omega=|p_1|=1/RC$ 时，

$$\frac{\dot{U}_2}{\dot{U}_1}=\frac{1/RC}{j\frac{1}{RC}+\frac{1}{RC}}=\frac{1}{j+1}=\frac{1}{\sqrt{2}}\angle -\pi/4$$

所以，此时 $\frac{U_2}{U_1}=70.7\%$，相当于 $\omega=0$ 时 $\frac{U_2}{U_1}$ 比值的 0.707 倍，在滤波器理论中常称此角频率（或频率）为低通滤波器的截止角频率（或频率），用 ω_C（或 f_C）表示，并称 0 到 ω_C（或 f_C）的角频率（或频率）范围为此低通滤波器的通频带。

思考与练习

15-7-1 网络函数的极点分布远离或靠近 s 平面的 $j\omega$ 轴时，对响应变化进程的快慢有什么影响？而极点分布远离或靠近 s 平面的 σ 轴时，对响应变化进程又有什么影响？

15-7-2 网络函数的极零点分布可以确定正弦函数的稳态响应吗？请简述。

本章小结

1. 采用拉普拉斯变换分析电路的方法，是电路分析的核心方法之一，掌握拉普拉斯变换的定义，熟记常用函数的拉普拉斯变换表是掌握本章内容的基础。通常求解象函数 $F(s)$ 的原函数 $f(t)$ 的具体步骤为：① 用有理分式展开法，将 $F(s)$ 分解为若干简单项；② 通过熟记的拉普拉斯变换变换对，求出各项的拉普拉斯反变换，并求和。

2. 电路定律的运算形式和元件伏安关系的运算形式与正弦电流电路相量法中形式类似，具体为

$$\sum I(s)=0 \qquad (\mathrm{KCL})$$

$$\sum U(s)=0 \qquad (\mathrm{KVL})$$

$$U_R(s)=RI_R(s)$$

$$U_L(s)=sLI_L(s)-Li_L(0_-)$$

$$U_C(s)=\frac{1}{sC}I_C(s)+\frac{u_C(0_-)}{s}$$

在画元件复频域模型时，注意电感和电容的运算阻抗及附加电压源的参考方向和电源值。

3. 在复频域分析电路时，当换路时刻为 $t=0$，应用运算法分析的过程如下：

（1）计算出换路时刻前电路中的电感电流 $i_L(0_-)$ 和电容电压 $u_C(0_-)$ 值，以确定运算电路中反映初始条件的附加电源，并画出换路后的运算电路。

（2）应用电路分析的各种计算方法（例如回路电流法、网孔电流法、节点电压法等），列出运算形式的电路方程，并求出待求量的象函数。

（3）应用部分分式展开法对待求量的象函数进行拉氏反变换，求得待求量的原函数。

4. 只要用标度因子和它的 m 个零点和 n 个极点就能完整地描述一个电路的网络函数。单位冲激响应 $h(t)$ 是单位冲击信号 $\delta(t)$ 作用下的零状态响应。$h(t)$ 和 $H(s)$ 构成拉普拉斯变换对。在无重极点情况下：若 $H(s)$ 极点落于原点，则冲激响应 $h(t)$ 波形为阶跃函数；若 $H(s)$ 极点落于左半平面，则冲激响应 $h(t)$ 波形为衰减形式；若 $H(s)$ 极点落于右半平面，则冲激响应 $h(t)$ 波形为增长形式；若 $H(s)$ 极点落于虚轴上，则冲激响应 $h(t)$ 波形为等幅振荡。

例题视频

例题63视频

例题64视频

例题65视频

例题66视频

例题67视频

例题68视频

例题69视频

例题70视频

例题71视频

习题进阶练习

15.1—3

15.4—6

15.7—9

15.10—13

习题15

15.2节习题

15-1 求如题15-1图所示 $u(t)$ 的象函数。

15-2 求下列各函数的象函数。

(1) t^2　(2) $e^{-at}+at-1$　(3) $\sinh(at)$

(4) $\cos(\omega t+\theta)$　(5) $t+2+2\delta(t)$　(6) $t\cos at$

(7) $(3t-15)e^{-2(t-5)}\varepsilon(t-5)$　(8) $6e^{a(t-5)}\varepsilon(t-5)$　(9) $e^{-t}+e^{-(t-1)}\varepsilon(t-1)+\delta(t-2)$

15.3节习题

15-3 求下列各函数的原函数。

(1) $\dfrac{6s+12}{(s+1)(s+3)(s+4)}$　(2) $\dfrac{1000}{s(s+250)}$　(3) $\dfrac{2s^2+6s+9}{s^2+3s+2}$

(4) $\dfrac{s^2+4s+2}{s(s^2+6s+8)}$　(5) $\dfrac{(s^2+1)(s^2+3)}{s(s^2+2)(s^2+4)}$　(6) $\dfrac{s+1}{s(s^2+4s+4)}$

(7) $\dfrac{50}{s^2+2s+2}$　(8) $\dfrac{4s^2-3s+5}{s(s^2+2s+5)}$　(9) $\dfrac{1}{(s+1)(s+2)^2}$

(10) $\dfrac{1}{s^3(s^2-1)}$　(11) $\dfrac{s}{(s^2+1)^2}$　(12) $\dfrac{5s}{s^2+3s+2}$

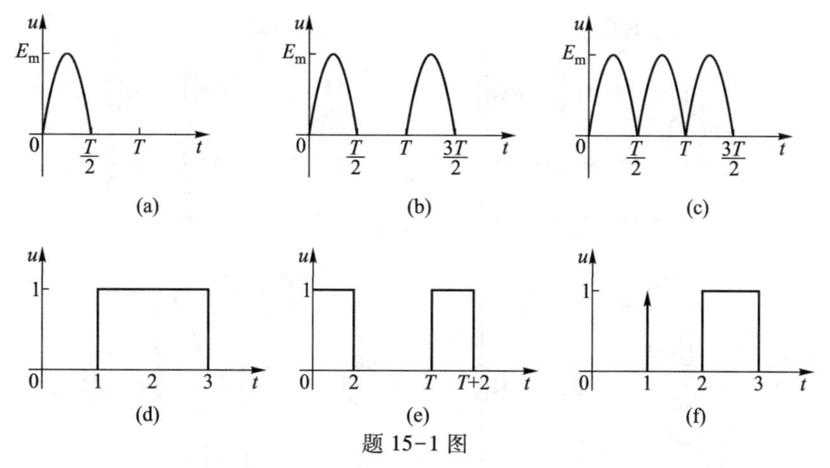

题 15-1 图

（a）$E_m\sin\omega t$ 的一个正半波；（b）$E_m\sin\omega t$ 的正半波；（c）$|E_m\sin\omega t|$；（d）单一矩形波；（e）连续脉冲波；（f）只有此两波。

15.4 节习题

15-4　电路如题 15-4 图所示，各电路原已达稳态，$t=0$ 时闭合开关 S，分别画出对应的运算电路图。

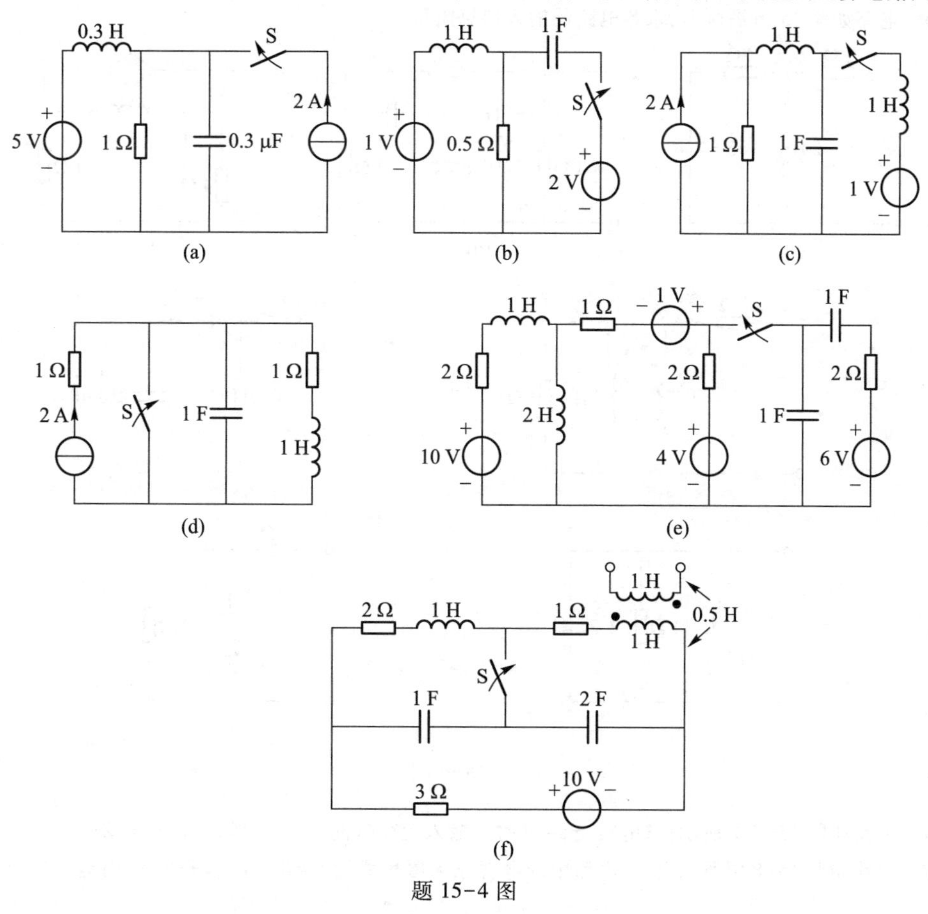

题 15-4 图

15-5　电路如题 15-5 图所示，已知各电路原已达稳态，$t=0$ 时打开开关 S，分别画出对应的运算电路图。

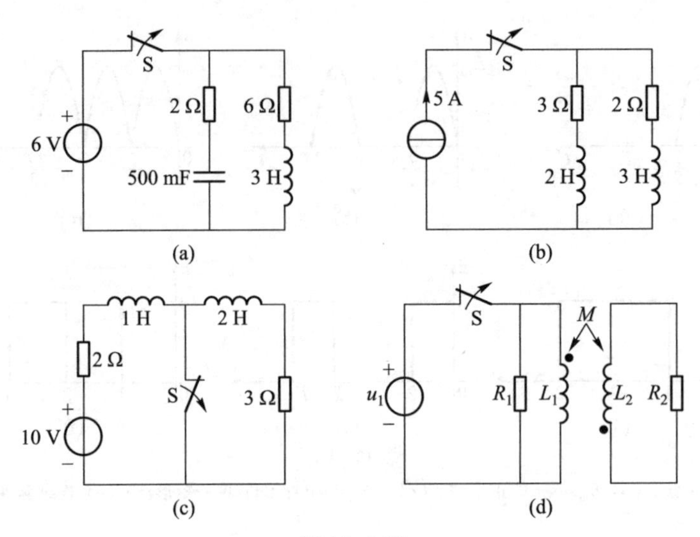

题 15-5 图

15.5 节习题

15-6 电路如题 15-6 图所示,求各电路的输入运算阻抗。

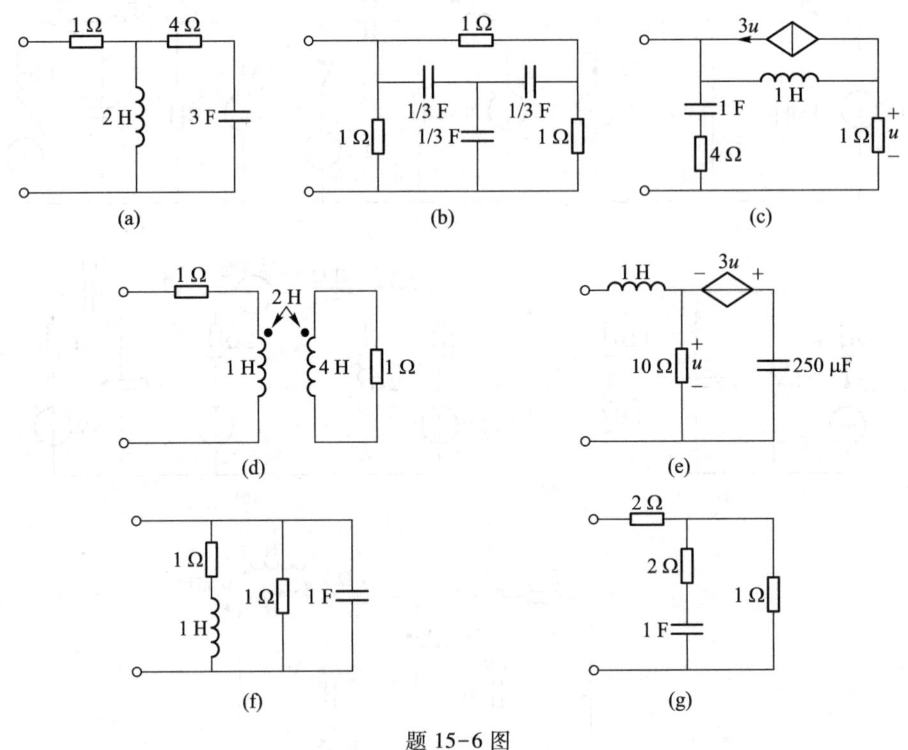

题 15-6 图

15-7 电路如题 15-7 图所示,求电路当 $s \to 0$ 时的输入运算阻抗 $Z(s)$ 和当 $s \to \infty$ 时的 $Z(s)$。

15-8 电路如题 15-8 图所示,已知电路中的电感原无磁场能量,$t=0$ 时闭合开关 S,用运算法求电路中电流 i。

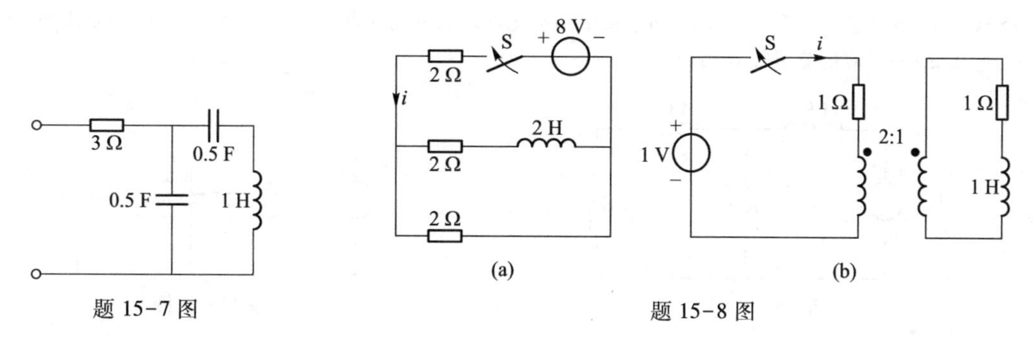

题 15-7 图　　　　题 15-8 图

15-9　电路如题 15-9 图所示，已知电路中的电容原无储存电荷，$t=0$ 时闭合开关 S，用运算法分别求电容电流 i_C 和电压 u_C。

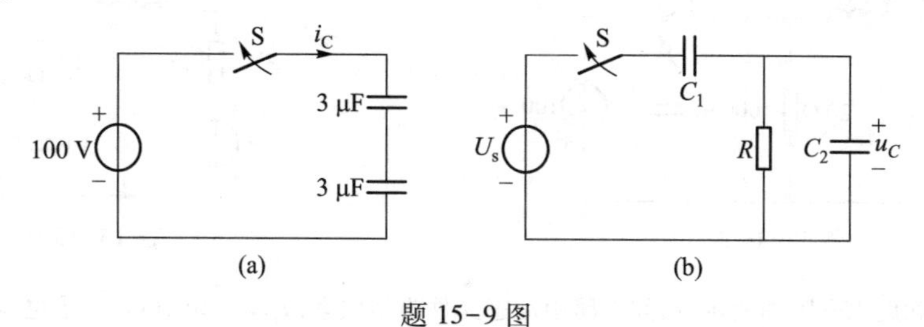

题 15-9 图

15-10　电路如题 15-10 图所示，已知电路已稳定，$t=0$ 时打开开关 S，求电感中电流 i_1 和 i_2。

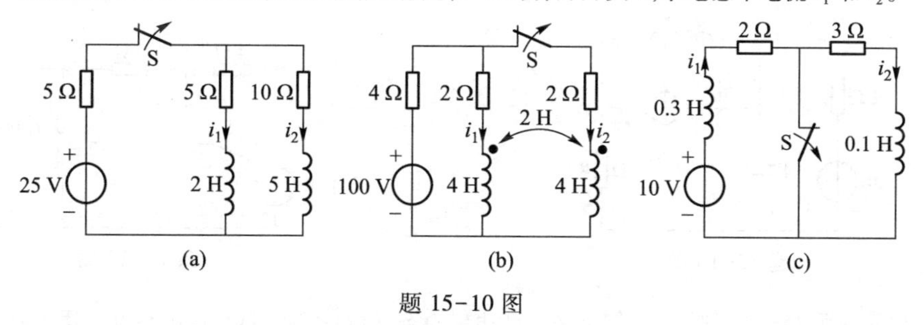

题 15-10 图

15-11　电路如题 15-11 图所示，求电容电压 $u_C(t)$ 的单位阶跃响应。

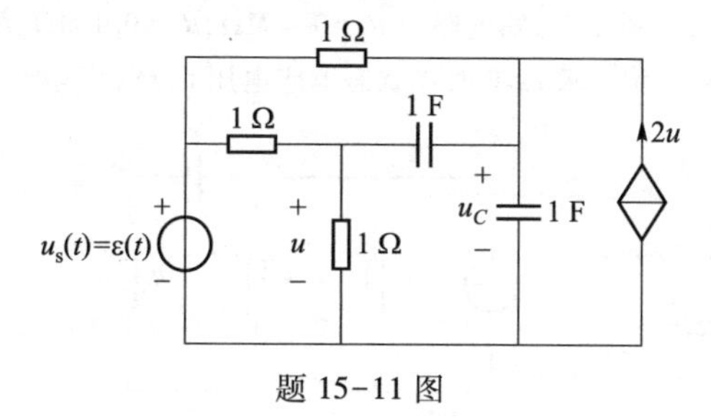

题 15-11 图

15-12　电路如题 15-12 图所示，已知电路原已稳态，$t=0$ 时合上开关 S，求 $t\geqslant 0$ 时流过开关的电流 i。

15-13　电路如题 15-13 图所示，已知开关 S 闭合前电路已稳定，且 $u_{C2}(0_-)=0$，在 $t=0$ 时开关 S 闭合。求 $t\geqslant 0$时的响应 $u_{C2}(t)$。

15-14　电路如题 15-14 图所示，已知电路原已达稳态，在 $t=0$ 时开关 S 由“1”位合到“2”位，求 $t\geqslant 0$ 时电感电流 $i(t)$。

15-15　电路如题 15-15 图所示，已知电路中动态元件均为零初始状态，$u_s(t)=5\varepsilon(t)$ V，分别求当 $r=3$ 和 $r=-3$时电压 $u_1(t)$ 对应的象函数 $U_1(s)$。

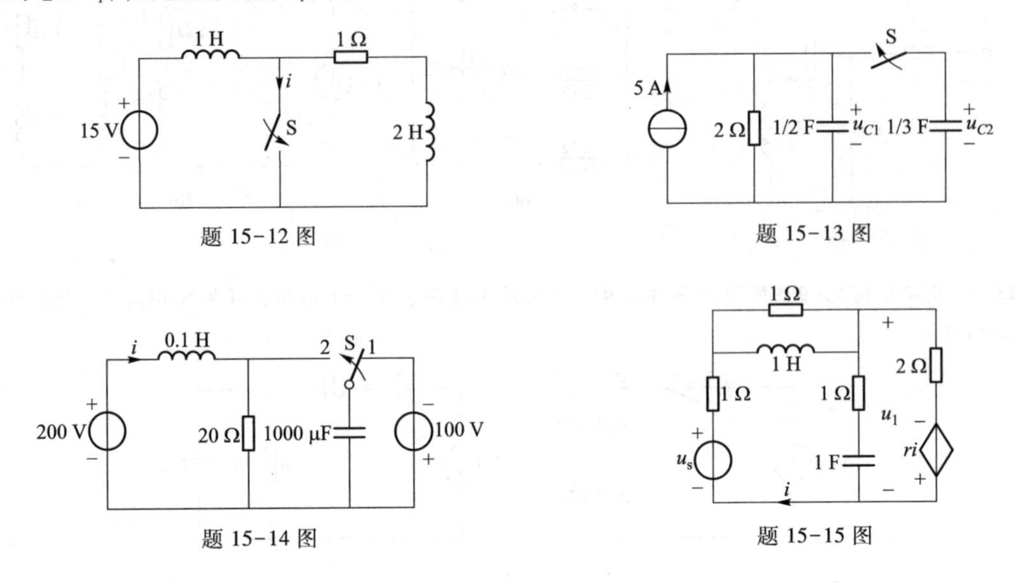

题 15-12 图　　题 15-13 图

题 15-14 图　　题 15-15 图

15-16　电路如题 15-16 图所示，已知电路中动态元件为零状态，$u_s(t)=5t\varepsilon(t)$ V，求电压 $u(t)$。

15-17　电路如题 15-17 图所示，已知电路原已达到稳态，在 $t=0$ 时闭合开关 S，求 $t\geqslant0$ 时电压 $u(t)$。

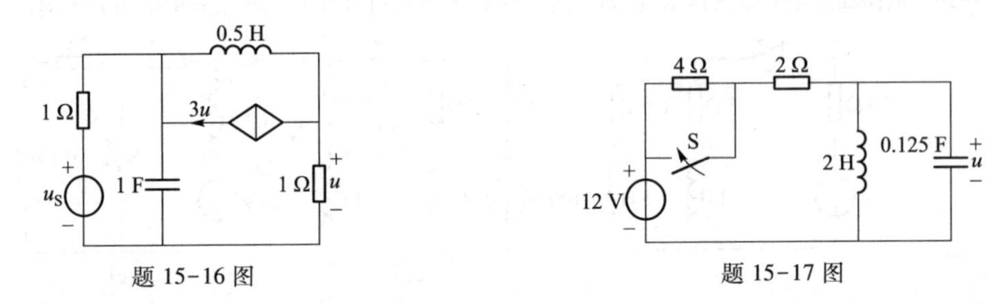

题 15-16 图　　题 15-17 图

15-18　电路如题 15-18 图所示，已知电路原已达到稳态，$i_s(t)=2\sin100t$ A，在 $t=0$ 时闭合开关 S，求 $t\geqslant0$ 时电压 $u_C(t)$。

15-19　电路如题 15-19 图(a)所示，已知电路中 $R_1=0.4$ MΩ，$R_2=0.1$ MΩ，$R_3=0.2$ MΩ，$C=100$ μF，电流源电流 $i_S(t)$ 波形如题 15-19 图(b)所示。求 $t\geqslant0$ 时零状态响应电压 $u(t)$。

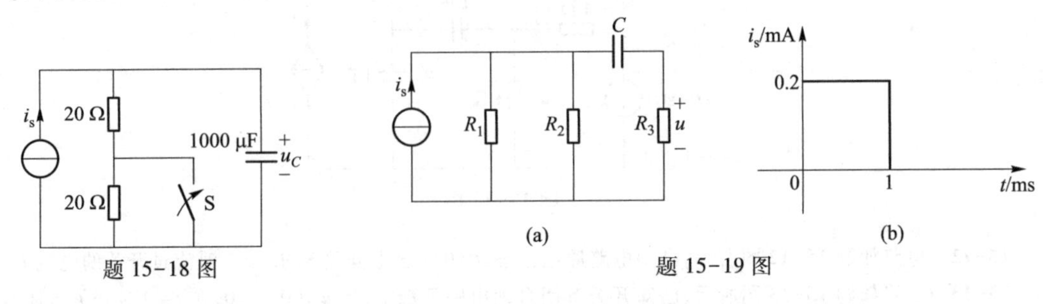

题 15-18 图　　题 15-19 图

15-20　电路如题 15-20 图所示。求阶跃电源作用下的阶跃响应 $u(t)$。

15-21　*RLC* 串联电路如题 15-21 图所示，已知 $i_L(0_-)=5$ A，$u_C(0_-)=1$ V，$u_s(t)=12\sin5t\varepsilon(t)$ V。求$t\geqslant0$时电流 $i_L(t)$。

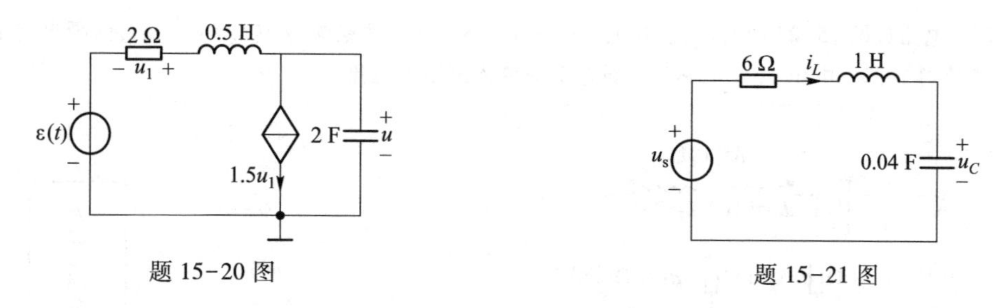

题 15-20 图　　　　题 15-21 图

15-22　电路如题 15-22 图(a)所示,已知电路中电感原无磁场能量,$u_s(t)$波形如题 15-22 图(b)所示,求$t \geqslant 0$时电感电流 $i(t)$。

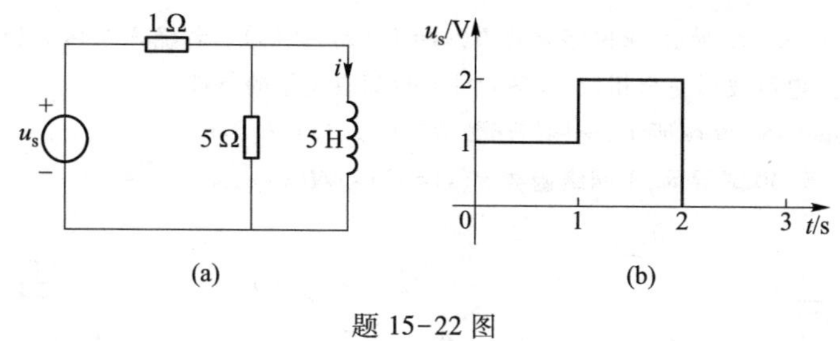

题 15-22 图

15-23　电路如题 15-23 图所示,已知电路中电容原无储能,$t=0$ 时闭合开关,用运算法分别求 $\mu=2$ 和$\mu=5$ 时的电压 $u_o(t)$。

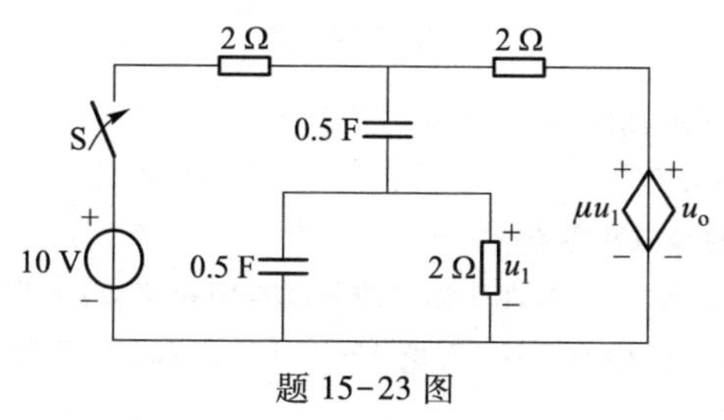

题 15-23 图

15-24　电路如题 15-24 图所示,已知电路在$-\infty<t<+\infty$ 内,激励电源为 $u_1(t)=2-e^{-2t}\varepsilon(t)$ V。求在整个时间域内的输出电压 $u_2(t)$。

15-25　电路如题 15-25 图所示,已知电路在 $t<0$ 时电路稳定,$u_2(0_-)=0$,在 $t=0$ 时开关闭合。求 $t \geqslant 0$ 时的 $i_2(t)$和 $u_2(t)$。

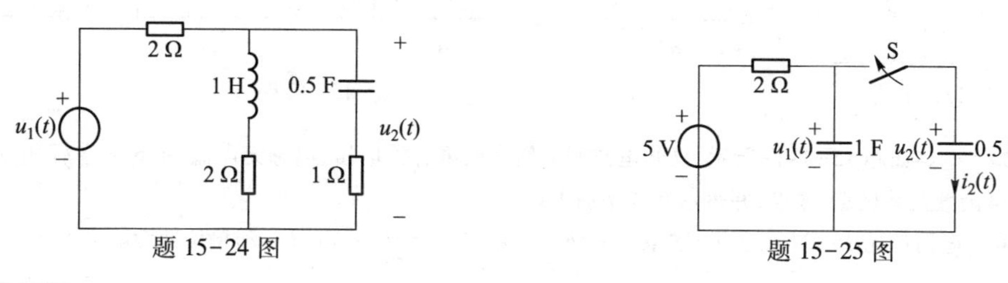

题 15-24 图　　　　题 15-25 图

15.6 节习题

15-26　电路如题 15-26 图所示,求电路的转移电压比$\dfrac{U_2(s)}{U_1(s)}$。

15-27 电路如题15-27图所示，已知电路中 $u(t)=\delta(t)$ 时，冲激响应 $i(t)=e^{-2t}\cos t$，试画出这个网络的等效电路。若在零状态下电压 $u(t)=Ee^{-2t}$ V，试求此时流入网络的电流。

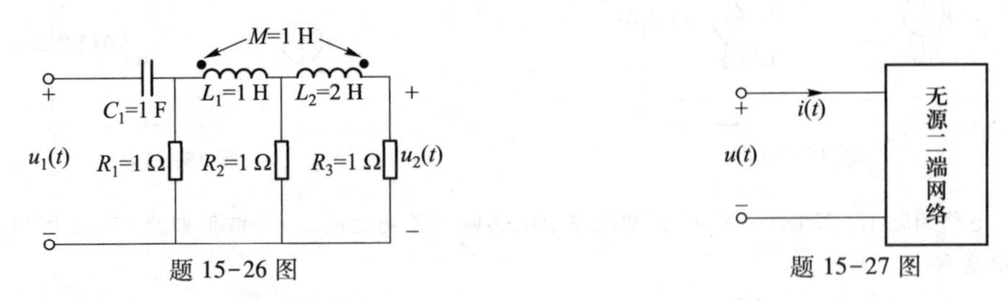

题15-26图　　题15-27图

15-28 电路如题15-28图所示，求网络函数 $H(s)=U_o(s)/U_s(s)$。若输入电压 $u_s(t)$ 为非正弦周期量，要使输出电压 $u_o(t)$ 和输入电压波形完全相似，求各元件参数间应满足的条件。

15-29 *RC* 电路如题15-29图所示，求网络函数 $H(s)=U_o(s)/U_s(s)$。

15-30 电路如题15-30图所示，求网络函数 $H(s)=U_o(s)/U_s(s)$。

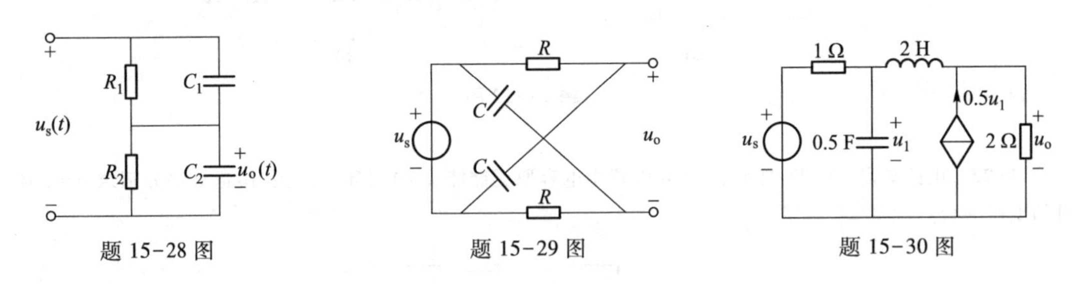

题15-28图　　题15-29图　　题15-30图

15-31 电路如题15-31图所示，求：

（1）驱动点阻抗 $Z_i(s)=U_i(s)/I_i(s)$；

（2）在 s 平面上绘出 $Z_i(s)$ 的极点和零点。

15-32 电路如题15-32图所示，求各线性一端口的驱动点阻抗 $Z(s)$ 的表达式，并在 s 平面上绘出其极点和零点分布图。设 $R=1\ \Omega$，$C=0.5$ F，$L=0.5$ H。对题15-32图(c)和(d)证明：如果 $R^2=L/C$，则 $Z(s)=R$，与 s 无关。

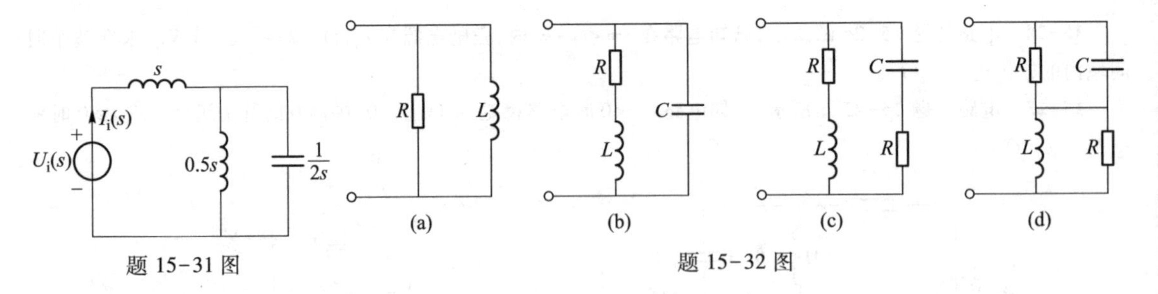

题15-31图　　题15-32图

15-33 电路如题15-33图所示，已知电路开关闭合前电容无电压，电感无电流，求S闭合后，电路中对应响应 i 的网络函数及其极点、零点，并表示在复平面上。

15-34 电路如题15-34图所示，求电路的网络函数 $H(s)=U_o(s)/U_S(s)$ 和单位冲激响应 $h(t)$。

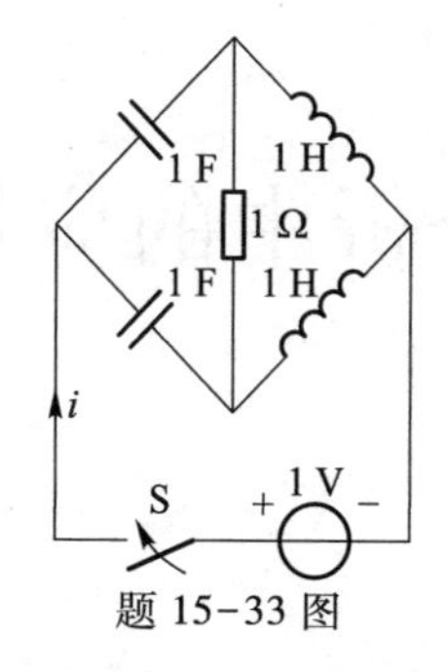

题 15-33 图

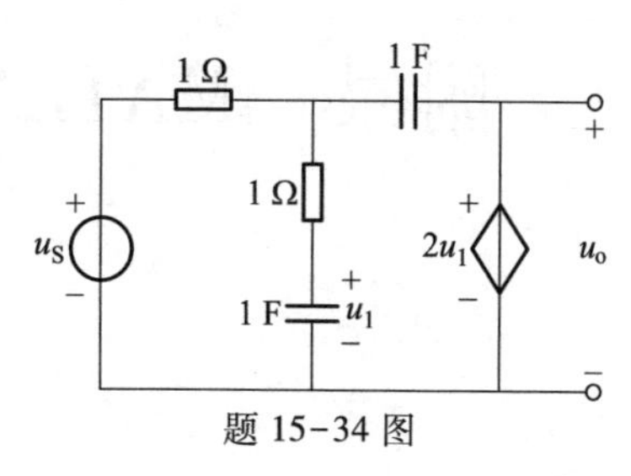

题 15-34 图

15-35　求题 15-35 图所示双口网络的 s 域短路导纳矩阵 $Y(s)$。

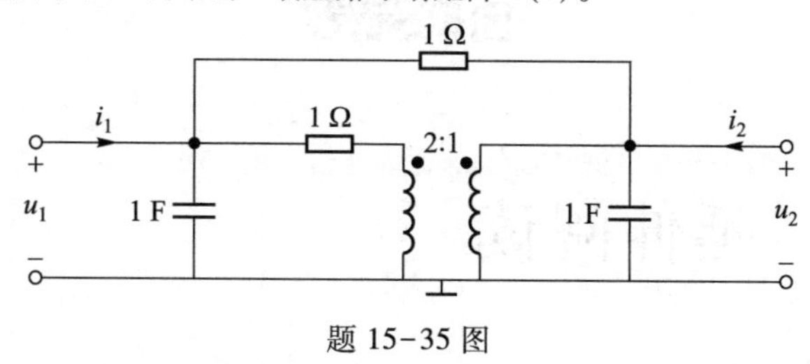

题 15-35 图

15-36　已知题 15-36 图所示双口网络 N 的阻抗参数矩阵 $\mathbf{Z}=\begin{bmatrix} j\omega & j2\omega \\ j2\omega & j4\omega \end{bmatrix}\ \Omega$。直流电压源 $U_s=1$ V。开关 S 在 $t=0$ 时闭合，求零状态响应 $i(t)$。

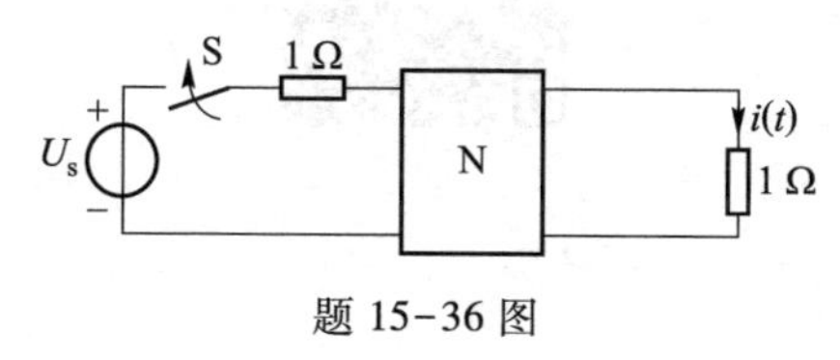

题 15-36 图

附录　MATLAB 在电路分析中的应用

延伸阅读

部分习题参考答案

中英文对照

B

闭环放大倍数　closed-loop gain

并联　parallel connection

波形　waveform

不对称双口网络　unsymmetrical two-port network

部分分式展开法　partial-fraction expansion

C

参考点　reference point

参考电位　reference potential

参考方向　reference direction

参考节点　reference node

参数　parameter

磁场　magnetic field

磁场强度　magnetic field strength

磁感应强度　flux density

磁路　magnetic circuit

磁通　flux

磁通势　magnetomotive force

常系数微分方程　constant coefficients differential equation

初始值　initial　value

储能元件　energy storage element

重复阻抗　iterative impedance

串联　series connection

冲激响应　impulse response

D

代数和　algebraic sum

戴维南定理　Thevenin's theorem

单口网络　one-port network, one-port

单位冲激函数　unit impulse function

单位阶跃函数　unit step function

单位斜坡函数　unit ramp function

叠加定理　superposition theorem

等效变换　equivalent transformation

等效电导　equivalent conductance

等效电阻　equivalent resistance

等效电路模型　equivalent circuit model

电场　electric field

电场力　electric field force

电导　conductance

电动势　electromotive force

电感　inductance

电感器　inductor

电感的复频域阻抗　complex frequency domain impedance of inductor

电荷　electric charge

电流　current

电流控制电流源　current controlled current source, CCCS

电流控制电压源　current controlled voltage source, CCVS

电流源　current source

电路　electric circuit

电路分析　circuit analysis

电路方程　circuit equation

电路模型　circuit model

电路元件　circuit element

电路综合　circuit synthesis

电能　electric power

电容　capacitance

电容的复频域阻抗　complex frequency domain impedance of capacitor

电容器　capacitor

电容元件　capacitor

电位　potential

电位差　potential difference

电压　voltage

电压电流约束关系　voltage current relation, VCR

电压控制电流源　voltage control current source, VCCS

电压控制电压源　voltage control voltage source, VCVS

电压源 voltage source
电源 source
电阻(值) resistance
电阻元件 resistor
定子 stator
动态电导 dynamic conductance
动态电路 dynamic circuit
动态电阻 dynamic resistance
独立变量 independent variable
对称负载 balanced load
对称三相电路 symmetric three-phase circuit
对称三相电源 balanced three-phase sources
对称双口网络 symmetrical two-port network
对偶电路 dual circuit
对偶元件 dual element
对偶原理 principle of duality
端口 port
短路 short circuit
短路电流 short-circuit current

E

二端口网络 two-port network
二极管 diode
二阶电路 second-order circuit

F

反向饱和区 negative saturation
反向放大器 inverting amplifier
反向输入端 inverting input
非线性电路 nonlinear circuit
非线性电阻 nonlinear resistance
非线性网络 nonlinear network
非线性元件 nonlinear element
分段线性化法 piece-wise linear method
分流公式 current division equivalent
分压公式 voltage division equivalent
复合双口网络 composite two-port network
复频率 complex frequency
复频率平面 complex frequency plane
复频域 complex frequency domain
复频域等效电路 complex shifting equivalent circuit
复数 complex
复数域 Complex-number domain
傅里叶变换 Fourier transformation
傅里叶级数 Fourier series
傅里叶系数 Fourier coefficient

G

割集 cut set
割集导纳矩阵 cut-set admittance matrix
割集分析法 cut-set analysis
割集电压 cut-set voltage
工作点 operating point
功率 power
固有频率 natural frequency
关联矩阵 incidence matrix
广义节点 generalized node
过渡过程 transient process/ transient
过阻尼情况 overdamped case

H

互电导 mutual conductance
互电阻 mutual resistance
互易定理 reciprocal theorem
混合参数矩阵 hybrid parameter matrix
换路 switching
换路定则 switch law
回路电流法 method of loop current
回转器 gyrator

J

基本割集 fundamental cut-set
基本割集矩阵 fundamental cut-set matrix
基本回路 fundamental loop
基本回路矩阵 fundamental loop matrix
基尔霍夫定律 Kirchhoff's law
基尔霍夫电流定律 Kirchhoff's current law(KCL)
基尔霍夫电压定律 Kirchhoff's voltage law(KVL)
积分电路 integrating circuit
积分器 integrator
集总参数电路 lumped parameter circuit
集总参数元件 lumped parameter element
加法器 summing amplifier / summer
阶跃响应 step response

节点导纳矩阵　node admittance matrix
节点电压　node voltage
节点电压法　method of node voltage
晶体管　transistor
静态电导　static conductance
静态电阻　static resistance
卷积　convolution
均匀传输线　uniform transmission line

K
开尔文电桥　Kelvin bridge
开环放大倍数　open loop gain
开路　open circuit
开路电压　open-circuit voltage
控制变量　control variables
控制系数　control coefficient

L
拉普拉斯　Laplace
拉普拉斯正变换　Laplace transform
拉普拉斯反变换　inverse Laplace transform
拉普拉斯象函数　Laplace transform
理想变压器　ideal transformer
理想二极管　ideal diode
列向量　column vector
零输入响应　zero-input response
零状态响应　zero-state response
留数计算法　evaluation by the residue method

M
密勒定理　Miller's theorem
脉冲持续时间　pulse duration
脉冲重复周期　repeating period of pulse

N
逆序或负序　negative sequence
临界阻尼　critically damped
诺顿定理　Norton's theorem

O
欧姆定律　Ohm's law

P
π形网络　π-network
匹配　matching
平面电路　planar circuit
频率　frequency

Q
齐次定理　homogeneity theorem
齐次微分方程　homogeneous differential equation
起始条件　initial condition
起始值　initial value
欠阻尼情况　underdamped case
强迫响应　forced response
强制分量　forced component
全响应　complete response

R
入端电阻　input resistance

S
三角形联结　△-connection
三相发电机　three-phase ac generator
三相电路　three-phase circuit
三相三线制　three-phase three-wire system
三相四线制　three-phase four-wire system
三要素法　three-factor method
四端网络　four-terminal network
受控变量　controlled variable
受控源　controlled source
时间常数　time constant
时域　time domain
时域延迟　time delay
输出端　output
输出电阻　output resistance
输出方程　output equation
输入电阻　input resistance
树　tree
树支　tree branch
树余　co-tree
衰减　attenuation
衰减器　attenuator
衰减系数　damping factor

衰减振荡 damped oscillation
双 T 网络 double-T network
顺序或正序 positive sequence
瞬时功率 instantaneous power
瞬时值 instantaneous value

T
T 形网络 T-network
替代定理 substitution theorem
特解 particular solution
特勒根定理 Tellegen's theorem
特性阻抗 characteristic impedance
特征方程 characteristic equation
特征根 characteristic root
特征向量 eigenvector
特征值 eigenvalue
跳变现象 jump phenomenon
通解 general solution
同向放大器 noninverting amplifier
同向输入端 noninverting input
图 graph

W
网孔电流法 method of mesh current
网络函数 network function
稳态 steady state
稳态响应 steady-state response
稳态值 final value
微分电路 differentiating circuit
微分器 differentiator
无损 lossless
无源元件 passive element

X
线电压 line voltage
线性非时变电路 linear time-invaried circuit
线性工作区 linear region
线性电路 linear circuit
线性网络 linear network
相电压 phase voltage
相似矩阵 similar matrix
相序 phase sequence
小信号分析 small-signal analysis
小信号分析法 small-signal analysis method
小信号模型 small-signal mode
谐振频率 resonant frequency
星形联结 Y-connection

Y
一阶电路 first-order circuit
一阶微分方程 first-order differential equation
运算放大器 operational amplifier(op amp)

Z
暂态 transient state
暂态响应 transient response
子图 subgraph
自电导 self-conductance
自电阻 self-resistance
自由分量 natural component
自然频率 natural frequency
自由响应 natural response
支路电流法 method of branch current
支路方程 equation of branch
指数函数 exponential function
正向饱和区 positive saturation
正弦响应 sinusoidal response
中线 neutral line
转移导纳 transfer admittance
转移函数 transfer function
转移电流比 transfer current ratio
转移电压比 transfer voltage ratio
转移阻抗 transfer impedance
转子 rotor
状态变量 state variable
状态方程 state equation
状态空间 state space
状态转移矩阵 state transition matrix
最大功率传输 maximum power transfer

参考文献

[1] 邱关源.电路[M]. 5 版. 北京:高等教育出版社, 2006.

[2] 李瀚荪.简明电路分析基础[M]. 北京:高等教育出版社, 2003.

[3] 孙雨耕等. 电路基础理论[M]. 北京:高等教育出版社,2017.

[4] James W.Nilsson 等编著,周玉坤等译. 电路[M]. 10 版. 北京:电子工业出版社,2015.

[5] 陈晓平等. 电路实验与 Multisim 仿真设计[M].北京:机械工业出版社,2015.

[6] 王勇.电路基础理论[M]. 北京:科学出版社, 2005

[7] 张永瑞等. 电路分析基础[M]. 西安:电子科技大学出版社, 2012.

[8] 诸住哲监修,胡波译. 日本智能电网图解[M]. 北京:中国电力出版社,2015.

[9] 魏秉国, 梁成升. 模拟电子技术与应用[M]. 北京:国防工业出版社,2008.

[10] Paul Horowitz,Winfield Hill. 电子学[M]. 2 版. 吴利民,余文国等,译. 北京:电子工业出版社,2005.

[11] Donald A.Neamen 赵桂钦,卜艳萍,译. 电子电路分析与设计[M]. 北京:电子工业出版社,2003.

[12] Thomas L.Floyd 杨栈云,李世文,王俊惠,曾鸿祥,译. 电子器件[M]. 北京:科学出版社,2008.

[13] Charles K Alexander,Matthew N.O.Sadiku. Fundamentals of Electric Circuits[M]. 北京:清华大学出版社,2004.

[14] 汪健,汪泉. 电路原理教程[M]. 北京:清华大学出版社,2017.

[15] 王树民等. 电路原理试题选编(第二版)[M]. 北京:清华大学出版社,2008.